Bäume und Zeiten – Eine Geschichte der
Jahrringforschung

Hans Hermann Rump

Bäume und Zeiten – Eine Geschichte der Jahrringforschung

 Springer Spektrum

Hans Hermann Rump
Wiesbaden, Deutschland

Dieser Text wurde in ausführlicher Form schon einmal 2017 als Hochschulschrift der Universität Frankfurt/M. veröffentlicht.

ISBN 978-3-662-57726-4   ISBN 978-3-662-57727-1   (eBook)
https://doi.org/10.1007/978-3-662-57727-1

Die Deutsche Nationalbibliothek verzeichnet diese Publikation in der Deutschen Nationalbibliografie; detaillierte bibliografische Daten sind im Internet über http://dnb.d-nb.de abrufbar.
Springer Spektrum
© Springer-Verlag GmbH Deutschland, ein Teil von Springer Nature 2018

Verantwortlich im Verlag: Stefanie Wolf

Springer Spektrum ist ein Imprint der eingetragenen Gesellschaft Springer-Verlag GmbH, DE und ist ein Teil von Springer Nature
Die Anschrift der Gesellschaft ist: Heidelberger Platz 3, 14197 Berlin, Germany

Vorwort

Das vorliegende Buch ist eine überarbeitete und ergänzte Fassung meiner 2017 vom Fachbereich Philosophie und Geschichtswissenschaften der Goethe-Universität Frankfurt am Main angenommenen Dissertation über die historische Entwicklung von Dendrochronologie und Jahrringforschung in Europa. Die Idee zur Beschäftigung mit diesem Thema kam mir vor vielen Jahren während einer Diskussion über die Bedeutung naturwissenschaftlicher Datierungsverfahren. Ein tragfähiges Konzept war rasch erstellt, doch erwies sich der zeitliche Aufwand für die Beschaffung des historischen Materials und für das Schließen eigener methodischer Lücken in der Wissenschaftsgeschichte größer als ursprünglich gedacht.

Überrascht war ich zunächst davon, wie sehr historische Erzählungen über die Jahrringforschung auf die USA und hier vor allem auf die Person Andrew Ellicott Douglass fokussiert waren. Entwicklungen in Europa wurden dagegen kaum zur Kenntnis genommen. Ob sich dies allein mit der „Hegemonialität der englischsprachigen Wissenschaftskultur" erklären lässt, wie beispielsweise Jürgen Mittelstraß und Kollegen unlängst mutmaßten, sei dahingestellt. Einig waren sie sich nur darin, dass anderssprachige Forschung einen zunehmend schweren Stand hat. Sprachexperten und Wissenschaftstheoretiker mögen darüber entscheiden. Ich jedenfalls entschied, mich mit der Entstehungsgeschichte der genannten Methoden in Europa *und* in den USA zu befassen. Allein das oft breite wissenschaftliche Spektrum und die Wirkung vieler europäischer Naturforscher erschienen mir Begründung genug für einen solchen Versuch.

Herzlich bedanken möchte ich mich bei meinem Betreuer Moritz Epple, Leiter der Arbeitsgruppe Wissenschaftsgeschichte der Moderne am Historischen Seminar der Universität Frankfurt am Main. In ihm fand ich einen Hochschullehrer, der mich bei meiner Arbeit intensiv begleitete und unterstützte. Seine manchmal grundsätzliche Kritik an Form und Inhalt meiner Ausführungen haben der Konsistenz der Darstellung sicherlich gutgetan; den Inhalt verantworte ich selbstverständlich allein. Annette Warner, die die Wissenschaftsgeschichte der vormodernen Welt am Historischen Seminar vertritt, möchte ich ebenfalls für ihre hilfreiche Unterstützung danken. Dies gilt auch für die Kommilitonen des Frankfurter Kolloquiums für Wissenschaftsgeschichte, die meine Arbeit wohlwollend und kritisch begleiteten.

Einen besonderen Dank schulde ich Fritz H. Schweingruber (Birmensdorf), der mich an der Fülle seines Wissens in der Holz- und Jahrringforschung teilhaben ließ und mir dabei half, Kontakte herzustellen und Informationen zu beschaffen.

Den Einstieg in meine Arbeit erleichterten mir Thorsten Westphal und André Billamboz; Rolf und Peter Huber stellten mir bereitwillig persönliche Unterlagen ihres Vaters zur Verfügung. Gunter Schöbel vom Pfahlbaumuseum in Unteruhldingen unterstützte mich mit Archivmaterial, ebenso Michael Friedrich von der Universität Hohenheim und Bernd

Kromer von der Universität Heidelberg. Ihre große Erfahrung teilten mit mir: Michael Baillie (Belfast), Géraldine Delley (Neuchâtel), Dieter Eckstein (Hamburg), Peter Kuniholm (Tucson), Mikkel Sanders (Kopenhagen), Burghart Schmidt (Lohmar), Barbara Wohlfarth (Stockholm) sowie die unter „Archive und Materialien" aufgeführten Gesprächs- und Interviewpartner. Benjamin Steiner und Claus Stoeckle halfen mit wichtigen Ratschlägen beim Text. Ihnen allen sei herzlich gedankt.

Stefanie Wolf, Stefanie Adam und Christine Hoffmeister von Springer Spektrum bin ich für die professionelle Betreuung des Buchprojekts sehr zu Dank verpflichtet. Klaus Koschwitz vom Stadtarchiv Wiesbaden schaffte es mit Geduld und Sachkenntnis, aus dem nicht immer optimalen älteren Bildmaterial gute Druckvorlagen herzustellen.

Nicht zuletzt danke ich meiner Frau Elisabeth für ihre Hilfe im Verlauf vieler Jahre. Insbesondere während schwieriger Arbeitsphasen war sie für mich die wichtigste Stütze.

Wiesbaden   Hans Hermann Rump
Mai 2018

Inhaltsverzeichnis

Abkürzungsverzeichnis

AD	Anno Domini
ADB	Allgemeine Deutsche Biographie
APM	Archiv Pfahlbaumuseum Unteruhldingen
BC	Before Christ
BP	Before Present
BAK	Bundesarchiv Koblenz
BIH	Botanisches Institut der Universität Hohenheim
BOKU	Hochschule für Bodenkultur (heute: Universität für B.)
C14	Radiokohlenstoff (exakt: das Kohlenstoffisotop ^{14}C)
CRU	Climatic Research Unit, University of East Anglia/GB
DAI	Deutsches Archäologisches Institut, Berlin
DZA	Deutsches Zentralarchiv, ab 1973 Zentrales Staatsarchiv der DDR, Potsdam
DBG	Deutsche Botanische Gesellschaft
DFG	Deutsche Forschungsgemeinschaft, Bonn
HA	Hauptabteilung (der DFG)
DKG	Deutsche Kolonialgesellschaft
DSB	Dictionary of Scientific Biography
EAFV	Eidgenössische Anstalt für das forstliche Versuchswesen, Birmensdorf/CH (Nachfolger: WSL)
ETH	Eidgenössische Technische Hochschule, Zürich (und Lausanne)
FIAT	Field Information Agency, Technical (Einrichtung der Alliierten nach dem Zweiten Weltkrieg)
GFF	Geologiska Föreningens Förhandlingar (schwed. geologische Zeitschrift)
GIB	Geographisches Institut, Universität Bonn
HH39	Holz-Belegstück zur Überbrückung zweier Jahrringchronologien um 1200 AD
HStAD	Hessisches Staatsarchiv Darmstadt
IGCP	International Geological Correlation Programme
IIASA	International Institute for Applied Systems Analysis, Laxenburg/AU
IPCC	International Panel of Climate Change („Weltklimarat"), Genf/CH
KORAG	Koloniale Reichsarbeitsgemeinschaft
KWG	Kaiser-Wilhelm-Gesellschaft zur Förderung der Wissenschaften
KWI	Kaiser-Wilhelm-Institute
LMU	Ludwig-Maximilians-Universität, München
LTRR	Laboratory of Tree-Ring Research, Tucson/AZ
MEV	Megaelektronenvolt
MNA	Museum of Northern Arizona, Flagstaff/AZ

MPGA	Archiv der Max-Planck-Gesellschaft, Berlin
NASA	National Aeronautics and Space Administration, Washington, D.C.
NDB	Neue Deutsche Biographie
NL	Nachlass
NSDStB	Nationalsozialistischer Deutscher Studentenbund
NSF	National Science Foundation, Arlington/VA
OKW	Oberkommando der Wehrmacht
OSRD	Office of Scientific Research and Development (US-Behörde von 1941 bis 1947)
PDSI	Palmer Drought Severity Index
PH	Pädagogische Hochschule
PIH	Physikalisches Institut II, Universität Heidelberg
RAC	Reallexikon für Antike und Christentum
REM	Reichsministerium für Wissenschaft, Erziehung und Volksbildung
RFR	Reichsforschungsrat
RGK	Römisch-Germanische Kommission, Frankfurt/M.
RM	Reichsmark
SO	Southern Oscillation
STS	Swedish Time Scale
TH	Technische Hochschule
TUBS	Technische Universität Braunschweig
UAM	Universitätsarchiv München
WSL	Eidgenössische Forschungsanstalt für Wald, Schnee und Landschaft, Birmensdorf/CH

Einleitung

Inhaltsverzeichnis

1.1 Jahrringe: Wachstumsphänomen und Zeitkapsel

Das Objekt der vorliegenden Untersuchung sind die Jahrringe von Bäumen. In ihnen manifestiert sich deutlich sichtbar das Wachstum einzelner Zellen, der Teile von Wurzel und Spross und des ganzen Baumes im Verlauf vieler Jahre. Durch genaue Untersuchung dieser Ringe ist deshalb eine Bestimmung von Zeit möglich, weil die Wachstumsprozesse Jahr für Jahr ähnlich ablaufen. Metaphorisch lässt sich dabei von einem „Schnitt durch die Zeit" sprechen, bei dem die Jahrringe als exakte chronologische Registratur der Vergangenheit aufgefasst werden (Baillie 1995). Erstmals wurde das Wort Jahresring um 1780 verwendet, während man davor im deutschen Sprachraum den Kreislauf des Jahres mit dem althochdeutschen Begriff „Jörring" verband und später oft nur von den „Jahren" des Holzes sprach (vgl. Köbler 2014). Deutsche Bezeichnungen waren vor 1800 auch „Holzringe" und „Wachstumsringe", englische „tree rings" und „annual rings", französische „cernes de croissance" und lateinische „circuli" oder „circuli anni".

Seit vielen Jahrtausenden haben Menschen Querschnitte, Radialschnitte und Tangentialschnitte durch Holz gelegt, sei es absichtslos als Handwerker und Künstler oder in neuerer Zeit als Naturforscher und Naturwissenschaftler. In Altertum, Mittelalter und früher Neuzeit berichteten Naturforscher wie Theophrastos von Eresos (372–287 v. Chr.), Albertus Magnus (1200–1280) und Marcello Malpighi (1628–1694) bei verschiedenen Baumarten über die jährliche Neubildung von Holzringen, und auch danach gab es von Fachleuten und Laien immer wieder solche Hinweise.

Botaniker untersuchten Jahrringe von Bäumen und anderen Holzgewächsen aber erst seit der Mitte des 19. Jahrhunderts mit wissenschaftlichen Methoden. Ins Bewusstsein der Wissenschaftshistoriker trat die Jahrringforschung sogar erst 1954, als George Sarton in der von ihm herausgegebenen Zeitschrift *Isis* um Hinweise auf seine Frage „When was tree-ring analysis discovered?" bat (Sarton 1954, S. 383 f.). Dies lenkte die Aufmerksamkeit auf die Historisierbarkeit des Begriffs, womit sich zwangsläufig auch die Frage nach der Definition von Wissenschaft – oder einer ihr ähnlichen Vorstufe – und ihrer Kontinuität in den verschiedenen historischen Epochen stellte. In den folgenden Kapiteln wird versucht, den Unterschied zwischen geschichtslosen wissenschaftlichen Objekten und den historisch sich entwickelnden Begriffen, Methoden und Tatsachen zu berücksichtigen, den Georges Canguilhem so beschrieb: „Die Wissenschaftsgeschichte ist also die Historie eines Gegenstandes, der eine Geschichte hat, während die Wissenschaft zum Gegenstand nimmt, was keine Geschichte hat." (Canguilhem 1979, S. 29). Neben der Frage nach dem Wissen über das Baumwachstum vor Beginn der neueren wissenschaftlichen Botanik sowie der zeitgenössischen Vorstellungen über Zellentwicklung und Waldertrag soll untersucht werden, welche besonderen Voraussetzungen und Impulse es für die moderne Jahrringforschung gab.

Die Jahrringe von Bäumen – d. h. die entweder mit unbewaffnetem Auge oder mit Lupe und Mikroskop sichtbaren ringförmigen Querschnittsflächen des Holzes mit ihrer strukturellen und farblichen Differenzierung – wurden bis zum 19. Jahrhundert als Phänomen des Pflanzenwachstums entsprechend dem jeweiligen botanischen Kenntnisstand

© Springer-Verlag GmbH Deutschland, ein Teil von Springer Nature 2018
H. H. Rump, *Bäume und Zeiten – Eine Geschichte der Jahrringforschung*, https://doi.org/10.1007/978-3-662-57727-1_1

erklärt. Erst nach 1900 kam es mit neuen Konzepten des Baumwachstums zu einer Bedeutungserweiterung und schließlich zu einer doppelten Bedeutung:

- Jahrringe wurden nun zu Objekten der Naturforschung, was Fragen nach statischen oder dynamischen Zuständen evozierte, etwa nach ihrer Begrenzung auf ein Jahr oder nach der stofflichen Änderung ihrer Zellbestandteile im Verlauf eines Jahres. Die Untersuchung der pflanzenphysiologisch relevanten internen und externen Einflüsse auf die Gewebedifferenzierung bekam dabei ein besonderes Gewicht.

Außerdem wurden Jahrringe:

- Epistemologische Hilfsmittel, die den Naturforscher, Prähistoriker und Historiker dabei unterstützten, einzelne Ereignisse der Geschichte und längere zeitliche Abschnitte chronologisch korrekt einzuordnen oder eine notwendige Ordnung überhaupt erst herzustellen.

Beide Bedeutungsbereiche – der an zweiter Stelle genannte umfasst nur das 20. Jahrhundert und spielte davor kaum eine Rolle – lassen sich in ihrer Entstehungsgeschichte nachzeichnen und sind somit historisierbar, wobei unterschiedliche disziplinäre Interessen und Methoden eine einheitliche Behandlung erschweren: So gibt es einen forstwirtschaftlichen, botanischen, klimatologischen, ökologischen und archäologischen Ansatz zur Untersuchung der Ringe und zur Auswertung von Messergebnissen. Die Ansätze unterscheiden sich vor allem durch ihre Untersuchungstiefe, die bei klimatologischen und archäologischen Analysen statische Phänomene wie Ringbreite, Ringgrenzen oder Ringausfälle berücksichtigt, während forstwirtschaftliche, botanische und ökologische Untersuchungen daneben auch Mikrostrukturen des Zellgewebes und die das Wachstum steuernde Größen während der Ringentstehung in den Blick nehmen. Oft ist es nicht einfach, solche Konzepte im Rahmen dieses Buches zu vergleichen, weil Beobachtungen und Untersuchungen von Fachleuten unterschiedlicher Disziplinen von ungleichen Voraussetzungen ausgehen.

Baumringe wurden sehr wahrscheinlich bereits vor vielen hundert oder sogar tausend Jahren für Menschen von wachem Geist mit ihrer Fertigkeit und Freude an der Erkenntnis als Naturphänomene wahrgenommen, ohne tiefere Spuren zu hinterlassen. Wie aber lässt sich der Widerspruch erklären zwischen dem gleichbleibenden geistigen Potenzial des Menschen von der Urgeschichte bis heute und dem Eindruck von der Stagnation des Wissens in Spätantike und Mittelalter? Der Ethnologe Claude Levi-Strauss fand bei seinen Untersuchungen zum Wissen indigener Völker über die Natur Erstaunliches: Auch das mystische Denken könne verallgemeinernd, d. h. wissenschaftlich sein, weil es mit

Analogien und Vergleichen arbeite. So seien Klassifikationen vieler Pflanzen und Tiere der unmittelbaren menschlichen Umwelt in Gebrauch (Levi-Strauss 1973, S. 34). Das erwähnte Paradoxon lasse nur eine Lösung zu:

> [...] daß es nämlich zwei verschiedene Arten wissenschaftlichen Denkens gibt, die beide Funktion nicht etwa ungleicher Stadien der Entwicklung des menschlichen Geistes, sondern zweier strategischer Ebenen sind, auf denen die Natur mittels wissenschaftlicher Erkenntnis angegangen werden kann, wobei die eine, grob gesagt, der Sphäre der Wahrnehmung und der Einbildungskraft angepasst, die andere von ihr losgelöst wäre (ebd., S. 27).

Levi-Strauss plädiert hier dafür, die Gegenwart nicht zum unverrückbaren Bezugspunkt bei der Erforschung des historischen Wissens zu machen, eine Idealforderung, die sich oft nur schwer einlösen lässt. Die nachfolgend nur kursorisch aufgeführten Tatsachen zum Baumwachstum folgen weitgehend dem heutigen Kenntnisstand, um die in den einzelnen Kapiteln diskutierten Texte der Autoren verschiedener Epochen besser einordnen zu können. Bei der Bearbeitung der Zeitabschnitte vom Altertum bis heute wird versucht, den Stand des jeweils aktuellen zeitgenössischen Wissens zu berücksichtigen. Dadurch wirkt man dem Fortschrittsglauben eines von angelsächsischen Autoren als „whig history" bezeichneten Geschichtsverständnisses entgegen, das von einem kontinuierlichen, kumulativen und meist zielgerichteten Erkenntnisgewinn ausgeht. Die jeweiligen Leitvorstellungen und Konzepte der einzelnen Epochen sollten nach Meinung des Autors aber möglichst für sich selbst stehen, unabhängig davon, ob sie heute als richtig oder falsch, modern oder überholt gelten (Shaffer 1998, S. 3; Borchers 2011, S. 8), ein Ziel, das sich nicht einfach erreichen lässt.

Bei zahlreichen Baumarten erkennt man im Querschnitt bereits mit bloßem Auge eine Abfolge verschieden breiter Jahrringe, die Ausdruck der Bedingungen während der einzelnen Jahre des Baumwachstums sind. Ungünstige Umstände führen zu einem engen Ring, günstige zu einem breiten. Bäume gleicher Art weisen deshalb in derselben Region ähnliche und charakteristische Ringfolgen als Jahrringmuster auf, die mit hoher Wahrscheinlichkeit nicht noch einmal auftreten. Die Holzzellen der Bäume werden von einer Schicht gebildet, die zwischen der Baumrinde und dem Holz sitzt – dem Kambium, einer hohlzylindrischen Stammzellschicht, die meist nur eine Zelllage umfasst und sich aus der Vorstufe des Prokambiums entwickelt. Diese Stammzellen – auch Kambiuminitialen genannt – sind lange, flache und an den Enden zugespitzte Zellen, die im Spross längs ausgerichtet sind und deren Flachseiten tangential anliegen (Strasburger 1998, S. 174 f.). Bei Teilung der Kambiumzellen entstehen Holzzellen auf der nach innen gewandten Seite des Kambiums (Xylem) und Bastzellen für die Entwicklung der Rinde an der Außenseite (Phloem). Bei guter Wasser- und Nährstoffversorgung nimmt die Anzahl der sich konzentrisch um den Baum herumlegenden Zellen und damit sein Stammumfang allmählich zu; eine schwächere Versorgung führt zu vermindertem Wachstum. In den gemäßigten Klimazonen wird die Baumentwicklung mit seinem differenzierten Holzwachstum im Verlauf des Jahres primär durch Länge und Intensität des Tageslichts gesteuert. Hier ist das Wachstum im Frühjahr am schnellsten, es nimmt bis zum Spätsommer allmählich ab und hört zu Beginn des Winters vollständig auf. Durch diese Abfolge unterschiedlicher Wachstumsphasen entstehen die typischen Jahrringe. Ihre Abgrenzung ist leicht erkennbar, weil das dunkle Spätholz eines Jahres und das helle Frühholz des darauffolgenden Jahres direkt nebeneinanderliegen. In den Tropen und Subtropen wachsen die meisten Bäume während des gesamten Jahres sehr viel gleichmäßiger. Die Temperaturen sind hier fast ohne Einfluss auf die Zellteilung im Kambium, wohingegen Trockenperioden das Wachstum unterbrechen können. Die Hölzer dieser Zonen zeigen oft ebenfalls unterscheidbare Zuwachsmuster, die sich für die Dendrochronologie aber nicht eignen, weil sie keine Jahrringe, sondern „Niederschlagsringe" sind.

Lange unbeachtet blieben neben diesen holzanatomischen und -physiologischen Erkenntnissen die Ursachen und Auslöser des Baumwachstums. Aus Untersuchungen zu Störungen der anatomischen Holzstruktur und lokal inaktiver Kambien schlossen Holzforscher auf eine „lokal variierende Zellteilung, Differenzierung und Lignifizierung sowie variables Zellwandwachstum", welche die Autonomie von Zellen oder Zellgruppen und deren Modifizierbarkeit nahelegten (Schweingruber 2001, S. 44). Doch was steuert das Wachstum? Der Botaniker Hans Klebs schrieb 1914 besonderen Naturstoffen wie den gerade erst entdeckten Enzymen eine solche Wirkung zu (Abschn. 3.6), was sich in den 1930er-Jahren als grundsätzlich richtig herausstellen sollte (Abschn. 5.2), nachdem die in der Pflanze selbst gebildeten Phytohormone wie Auxin und Giberellin als Stimulanzien der kambialen Aktivität und Zelldifferenzierung und außerdem für die Bildung der Holzfasern identifiziert wurden. Auf der molekularen und mikroskopisch sichtbaren Ebene der Zelle konnte man die Mechanismen jedoch nur schwer nachvollziehen, so dass der Forstbotaniker und Jahrringforscher Bruno Huber noch 1961 hier eine besondere Herausforderung für die Botanik sah: „Der ontogenetische und der phylogenetische Zusammenhang des Gewordenen war und ist bis heute eines der reizvollsten Forschungsziele." (Huber 1961, S. VII). Dieses Ziel wurde aber bis heute nicht vollständig erreicht, und das Verständnis vom Zellwachstum auf der molekularen Ebene scheint sogar noch ziemlich am Anfang zu stehen (vgl. Chaffey 2002).

Um das Jahrringphänomen besser einzuordnen, hilft manchmal der heuristische Wert der Netzwerkmetapher.

Ein Jahrring besteht nämlich aus einer netzartigen, dreidimensionalen Zellstruktur und kann zudem als Netz für die Gewinnung und Filterung von Daten bezeichnet werden, das dabei hilft, Hypothesen zur Ordnung der Zeit zu entwickeln. Bekannt wurde ein ähnlicher Ansatz der Philosophen Gilles Deleuze und Felix Guattari, mit Hilfe der Metapher des Rhizoms [H.H.R: das beide fälschlich als Wurzelgeflecht auffassten, obwohl es sich um ein unterirdisches Sprossachsensystem handelt] das ältere hierarchische Modell vom „Baum des Wissens" zu ersetzen. Nach ihrer Auffassung könnten viele Denkansätze in einem solch offenen System besser verknüpft werden (Deleuze und Guattari 1977). Auf der untersten Ebene der molekularen Dimension stellt das Netz ein Geflecht biochemischer Interaktionen dar, dessen Signalwege und Regulationen die „Systembiologie" erst unvollständig aufgeklärt hat. Es lässt sich auch auffassen als ein Beziehungsnetz eines dreidimensionalen abstrakten Systems, das Realität abbildet oder auch nur suggeriert, ohne selbst Realität zu sein. Auf der nächsthöheren Stufe finden wir ein dreidimensionales Netz von hoher Komplexität, das z. B. aus Proteinfilamenten von 3–6 μm Durchmesser besteht, auch „mikrotrabekuläres Netz" genannt. Darunter versteht man ein Netzwerkarrangement, das bei elektronenmikroskopischer Betrachtung des Zytoplasmas sichtbar wird. Falls ein solches Netz wirklich existiert, muss es bei rascher Bewegung von Zellflüssigkeit und Organellen allerdings recht labil sein (Linß und Fanghänel 1998, S. 31 f.). Man weiß nicht, ob solche Netze in lebenden Zellen wirklich auftreten oder ob es sich um eine durch die Präparationstechnik hervorgerufene Täuschung handelt. Gleichwohl arbeitet die heutige Epigenetik mit der Netzwerkmetapher, da dies zu einer Erweiterung des herkömmlichen Gewebegedankens und einem „Regulationsnetzwerk" führt (Karafyllis 2006, S. 282).

Seit Mitte des 17. Jahrhunderts sind Gewebeuntersuchungen eng verbunden mit der mikroskopischen Technik und der hierfür notwendigen Herstellung von Präparaten. Robert Hooke nutzte für seine Untersuchungen ein zusammengesetztes Mikroskop mit Objektivlinse und einer Vergrößerungslinse als Okular, während Antoni van Leeuwenhoek erfolgreich ein einfaches, nur aus einer einzigen Linse bestehendes Gerät verwendete, das allerdings nur er selbst perfekt zu handhaben wusste. Ein zeichnerisches Talent war Leeuwenhoek allerdings nicht; mikroskopische Abbildungen ließ er von Zeichnern anfertigen (Leonhard 2007, S. 235 f.). Bis weit ins 19. Jahrhundert hinein kämpften Naturforscher noch mit Problemen bei der Untersuchung und der Interpretation mikroskopischer Abbildungen. So konnte die Topologie der Teilstrukturen von Zellen und Organellen des Gewebes, d. h. ihre räumliche Anordnung zueinander, oft nicht hinreichend geklärt werden. Erst als man die optischen Prinzipien der Mikroskopie besser verstand, wurde die Analyse der Form biologischer Präparate eine erkenntnisgewinnende und theoriebildende Tätigkeit. Selbst in der heutigen mikroskopischen Praxis ist das Problem der Interpretation von Strukturen noch vorhanden. So stellte der Hirnforscher Valentin Braitenberg fest, dass er bei der erstmaligen Betrachtung eines mikroskopischen Präparats oft den Eindruck einer „wirren Ansammlung von Abfällen verschiedener Sorten von exotischem Gemüse" habe. Erst allmählich ließen sich Strukturen erkennen und einem Schema zuordnen (Bredekamp und Werner 2003, S. 9).

Der Immunologe und Erkenntnistheoretiker Ludwik Fleck hatte viele Jahrzehnte zuvor eine ähnliche Erfahrung bei der Untersuchung von Diphteriekulturen gemacht: Er sah zunächst Striche von gewisser eigentümlicher Struktur, Gestalt und Anordnung, während sich das Gesamtbild für ihn zu einem Etwas formte, von dem Fleck meinte, nur der „geschulte Beobachter" vermöge es zu interpretieren, nicht aber der Laie (Fleck 1983, S. 65). Erfahrung und Geschicklichkeit in Verbindung mit einer „gerichteten Bereitschaft zu gewissen Wahrnehmungen" sei notwendig, um die Gestalt aus dem Hintergrund heraustreten zu lassen, einem Hintergrund, der in der physikalischen Messtechnik heute als „weißes Rauschen" bezeichnet wird. Anders als bei Beobachtungen mit bloßem Auge ist ein Kontrollblick auf das „lebende" Objekt nicht mehr möglich: „Mikroskopische Präparate waren demnach reine Wissenssache – epistemisch hochaufgeladene Erkenntnisdinge" (Rheinberger 2006, S. 317). Außerdem ließen sich Objekte im Grunde nur zweidimensional bei geglätteter Oberfläche betrachten. Durch diese besondere Art der Sicht und die Art der Präparation kam es gewissermaßen zu einer Verzahnung von Objekt, Instrument und Beobachter. Dieses Erkenntnisproblem wird bei der Elektronenmikroskopie aufgrund der besonderen Anforderungen an die Präparation noch schwieriger, wie auch bei vielen anderen physikalisch-chemischen und molekularbiologischen Messverfahren.

Aus heutiger Perspektive ist offensichtlich, wie sehr frühere Naturforscher auf ihre Beobachtungsgabe und – bei verwickelten Strukturen – auch auf ihre Intuition und manchmal auch auf ihre Phantasie vertrauten, wie Stephen Hales 1748 beim Dickenwachstum des Holzes (vgl. Abschn. 2.3):

> [...] man [hat] sich vorzustellen, dass die Holtzadern oder Bekleidungen des zweyten, dritten etc. Jahres nicht aus blossen horizontalen Ausspannungen der Gefäße entstehen, sondern vielmehr, dass die in die Länge gehenden Fäsergen, und die Röhrgen, die aus dem vorjährigen Holtze kommen, mit denen Gefäßen, mit denen sie freye Communication unterhalten, sich weiter in die Länge fortstrecken (Hales 1748, S. 191).

Die Ungewissheit und Spekulation der frühen Mikroskopie setzte E. T. A. Hoffmann in seinem Text „Meister Floh" literarisch um, in dem der Mikroskopiker Leeuwenhoek und der Anatom Swammerdam die Phantasiewelt in

die Realität holen. Als dem Protagonisten Peregrinus ein winziges mikroskopisches Glas ins Auge gesetzt wurde, sieht er sonderbare Dinge: „Hinter der Hornhaut von Herrn Swammers Augen gewahrte er seltsame Nerven und Äste, deren wunderlich verkreuzten Gang er bis tief ins Gehirn zu verfolgen und zu erkennen vermochte, daß es Swammers Gedanken waren." Und er erfuhr: „Trüget Ihr aber beständig dies Glas im Auge, so würde Euch die stete Erkenntnis der Gedanken zuletzt zu Boden drücken, denn nur zu oft wiederholte sich die bittere Kränkung, die Ihr soeben erfahren habt." (Hoffmann 1873, S. 167 f.; vgl. Mayer 2006, S. 22–24). Das Mikroskop stiftet in dieser Erzählung Verwirrung, obwohl es eigentlich der rationalen Erfassung der Natur dienen soll. Zwar besteht die Möglichkeit zum Gewinn von Erkenntnis, aber die Verschiebung der Perspektive und unbekannte Verfremdungseffekte gestatten dies oft nicht.

Verschiebungen und unklare Effekte führten offensichtlich auch dazu, dass das Wachstum der Bäume bis heute zu metaphorischen Beschreibungen und Erklärungen anregte. Biologiemetaphern wie „Zelle" (Hooke 1665, S. 112–116), „Gleichgewicht" oder „Fitness" findet man ebenso häufig wie die literarische Metapher „Jahrring" für das wachsende und sich entwickelnde Leben: Seneca erkannte in den Lebensabschnitten eine Folge von Ringen, die einander sukzessiv umschließen (Seneca 1832, S. 65). Friedrich Nietzsche verglich das Leben des einzelnen Menschen und sein Verhältnis zu Kunst und Wissenschaft mit „Jahresringe[n] der individuellen Kultur" und zog daraus für die Geschichte aller Menschen den Schluss: „Es ist die Recapitulation eines Pensums, an welchem die Menschheit vielleicht dreissigtausend Jahre sich abgearbeitet hat." (Nietzsche 2013, S. 211 f.). Rainer Maria Rilke verwendete eine ähnliche Figur: „Ich lebe mein Leben in wachsenden Ringen, die sich über die Dinge ziehn [...]" (Rilke 1905, S. 253). Der vollständige Baum wurde bei Raimundus Lullus am Ende des 13. Jahrhunderts zur Metapher der Systematisierung des Wissens („arbor scientiarum"), als dessen Wurzeln die neun „principia" und neun „relationes" gelten, während er sich in 16 Äste verzweigt, die selbst wieder Bäume darstellen. Ein solches Baumsystem, das schon der Neuplatoniker Porphyrios verwendete, sollte die Anordnung der Wirklichkeit repräsentieren und so zu einem System des „wahren" Wissens werden; die Baummetapher als Ordnungssystem (Steiner 2009, S. 34; vgl. Eco 1994, S. 79 f.).

Metaphern sind nicht nur in Umgangssprache und Literatur weit verbreitet, und Goethe schätzte ihre erklärende Kraft: „Gleichnisse dürft ihr mir nicht verwehren, ich wüsste mich sonst nicht zu erklären." (Goethe 1961, S. 96). In der Wissenschaft sind sie unverzichtbar, wenn sonst schwer verständliche Zusammenhänge auf eine neuartige Weise verstehbar gemacht werden sollen, indem sie Analogien zu vertrauten Dingen herstellen. Oft aber gibt es Zweifel an ihrer Stimmigkeit und ihrem Wert, und es wäre zu fragen: Reichen die üblichen Metaphern von Zelle und Netz aus, um die Prozesse im Zellinnern zu beschreiben, und sind sie ein Gewinn für das Verständnis von der biologischen Zelle? Schließlich erklären sie nicht deren komplexe Funktion. Vielmehr wäre ein Konzept wünschenswert, das die gesamte Funktionseinheit umfasst und das auch ein- und austretende Stoffe, welche die Zellwand passieren und die Energie für den Organismus bereitstellen, angemessen berücksichtigt. Oft sind metaphorische Begriffe dem sozialen Bereich entlehnt: So tun Teile der Pflanze ihre Arbeit („doing their business"), manchmal miteinander im Wettbewerb, manchmal kooperativ. Die Zelle wurde auch als Fabrik bezeichnet, in die Stoffe hineingelangen und verändert wieder herauskommen. Eine solch umfassende und funktionale Metapher entspricht dem Verständnis von der Zellfunktion und dem daraus resultierenden Wachstum der Pflanze vermutlich eher als eine stark vereinfachende Zuschreibung: „Cells are the basic building blocks of living organisms, and the cell can be pictured as a very complicated factory of life." (Hurtley 1999, S. 1881; vgl. Brown 2003, S. 146–159; Finke 2003, S. 50, 55).

1.2   Zeit und Zeitskalen

Ist Zeit etwas Messbares und real Existierendes, oder entsteht sie nicht vielmehr in der menschlichen Vorstellung? Der Kultursoziologe Norbert Elias definierte Zeit als eine Synthese auf sehr hoher Ebene, mit der „Positionen im Nacheinander des physikalischen Naturgeschehens, des Gesellschaftsgeschehens und des individuellen Lebensablaufs in Beziehung gebracht werden können." (Elias 1984, S. XXIII). Jeder Versuch einer Erklärung von Zeit beschreibt demnach subjektiv deren Eigenschaften, und selbst die vom Menschen unabhängig erscheinende Aufeinanderfolge des Geschehens erhält ihre subjektive Bedeutung nur als Konstrukt. Erst nach der Entwicklung von Kalendern und Uhren ließen sich Ereignisse zeitlich genau einordnen, was technische Kenntnisse von der Messung der Zeit voraussetzte. Beobachtung und Aufzeichnung der Bewegungen von Himmelskörpern waren vermutlich die frühesten Referenzen für die Bildung von Zeitmaßstäben, so dass das Wissen darüber nicht auf der Erkenntnis einer unabhängig von menschlichen Vorstellungen existierenden Welt zurückzuführen ist. Dies bedeutet aber: Zeit ist keine reale oder konstante Größe, sondern eine „Entität, die der konstruierten Wirklichkeit des Menschen entspringt." (Albrecht 2005, S. 5). Sie ist aus heutiger Perspektive das Ergebnis eines bewussten Denkvorgangs für die zeitliche Zuordnung von Ereignissen; ihre Messung dient der Orientierung auf einer Zeitskala. Die „erlebte"

und die „physikalische" Zeit stehen nach dieser Auffassung nicht beziehungslos nebeneinander. Manche Forscher unterscheiden zwischen einer „natürlichen" und einer „sozialen" Zeit, von denen die erste als sequenziell angeordnet und universell gültig aufgefasst wird, während die zweite auf die menschliche Erfahrung zurückgreife und eine Bindung an nicht wiederholbare Vorgänge besitze.

Der physikalische Zeitbegriff entstand erst, nachdem die irreversible Prozesszeit von der zählbaren Zeit abgelöst wurde, die auf solche Bezugspunkte verzichtete. Beliebige Ereignisse wurden zeitlich bestimmbar, nachdem die methodischen Voraussetzungen für die Messung von Zeit gegeben waren. In der Antike war das Konzept von Zeit vor allem mit der rotierenden Himmelsbewegung verbunden, bei der bestimmte astronomische Konstellationen immer wieder auftraten und so periodische Zeitabläufe nahelegten. In der frühen Neuzeit unterschieden Naturforscher wie Isaac Newton zwischen einer relationalen und einer absoluten Theorie von Raum und Zeit, in der die absolute Zeit ohne Abhängigkeit von Körpern und Bewegungen existiert, während die „relative, scheinbare und gewöhnliche Zeit" durch die Einteilung in Stunde, Tag, Monat und Jahr ausgedrückt wird (ebd., S. 7–9; Steiner 2009, S. 262–269). Uhren und Kalender wurden damit zu standardisierten Zeitreferenzen: „Uhren sind genau das; sie sind nichts als menschengeschaffene physikalische Wandlungskontinuen, die in bestimmten Gesellschaften als Bezugsrahmen und Maßstab für andere soziale oder physikalische Wandlungskontinuen standardisiert werden." (Elias 1984, S. 12). Erst lange nach dem als Bruch empfundenen Übergang von der frühen Neuzeit zur Neuzeit um 1800 (Lepenies 1976, S. 39). konnte gegen Ende des 19. Jahrhunderts bei der Messung von Zeit an verschiedenen Punkten der Erde und der Übertragung von Nachrichten durch neue technische Netzwerke Gleichzeitigkeit hergestellt werden. Durch das vereinheitlichte Zeitsystem gab es von nun an die Vorstellung von gleichen Chronologien und Kalendern, und man versuchte, auch ältere Zeitrechnungsformen der unterschiedlichen Kulturregionen der Erde durch Umrechnung an die neue Zeit anzupassen. Detaillierte Ausführungen zur Gleichzeitigkeit und zur Umrechnung von Chronologien machen deutlich, dass Zeitkonzepte so zu einem zentralen Thema der Wissenschaftsgeschichte wurden (vgl. Galison 2003, S. 7–44 und S. 322–328; Ginzel 1906/1914).

Neben den für die menschliche Geschichte wichtigen chronologischen Aufzeichnungen und Bezügen erlebten seit der frühen Neuzeit auch Naturphänomene ihre „Verzeitlichung". So stellte der dänische Naturforscher Nikolaus Steno erstmals um 1670 einen deutlichen Zusammenhang zwischen Gesteinsschichten und der Vorstellung von „Zeit in der Erdgeschichte" her, und der italienische Geologe Giovanni Arduino teilte Mitte des 18. Jahrhunderts die erdgeschichtliche Zeit in Abschnitte, die er von „erster" bis

„vierter" nummerierte. Sukzessiv abgelagerte Gesteinsschichten lassen sich so mit Hilfe von Leitfossilien als Ordnungskriterien meist einer geologischen Zeitskala zuordnen, während das Verfahren nach sekundärer Umlagerung der Schichten stark streuende oder sogar völlig falsche Datierungen ergibt.

Auch Organismen sind an den Faktor Zeit gekoppelt. Im Gegensatz zu erdgeschichtlichen Prozessen, die durch die sich ausschließenden Metaphern des gerichteten „Zeitpfeils" und des „Zeitzyklus" beschrieben werden können, dominieren hier gerichtete Prozesse (Decker 1994, S. 48). Allerdings gilt dies nur für die gesamte Lebensspanne eines Organismus, während das Wachstum höherer Pflanzen in zeitlich identischen und damit zyklisch erscheinenden Abschnitten verläuft. Möchte man diese sich jährlich wiederholenden Prozesse des Wachstums für historische Datierungen und zur Konstruktion von Zeitskalen verwenden, ist zu fragen: Unterscheidet sich das jährliche Wachstumsinkrement deutlich von dem vorhergehenden, und gibt es exakt den Zeitabschnitt einer Referenzgröße wieder, z. B. des astronomischen Jahres? Forstbotanische Forschungen lieferten in der Vergangenheit für Holzgewächse ein eindeutiges Ergebnis: Das sich jährlich wiederholende Wachstum ist abgrenzbar und repräsentiert mit jeder neuen Holzschicht das astronomische Jahr, mit Ausnahme bei tropischen Bäumen. Allerdings funktioniert eine Datierung durch einfache Ringzählung nur bei rezenten Bäumen, nicht aber bei älterem oder fossilem Holz, bei dem man erst nach exakter Bestimmung der Ringbreiten spezifische Muster ähnlich einem Fingerabdruck einer bereits standardisierten Jahrringchronologie zuordnen kann. Die zweite Frage ist die nach der Übertragbarkeit der so gewonnenen natürlichen Zeitangabe auf Ereignisse und Abschnitte in historischer Zeit. Hier fällt die Antwort weniger eindeutig aus, da das Konzept einer singulären geschichtlichen Zeit gelegentlich angezweifelt wird und einige Historiker stattdessen von multiplen, einander überlagernden Zeiten sprechen. Manche Ansätze stellen sogar das Konzept einer einheitlichen und kontinuierlichen Zeitlichkeit und verweisen auf alternative Vorstellungen (Malich 2011, S. 364; Metzger 2011, S. 42–48).

Auch manche Archäologen und Prähistoriker äußerten Bedenken, aber weniger gegen die Dendrochronologie als vielmehr gegen die mit ihrer Hilfe kalibrierte Radiokohlenstoffdatierung: Es erscheine wenig sinnvoll, physikalisch ermittelte Daten den historischen Zeitbestimmungen der Archäologie gegenüberzustellen. Trotzdem löste die neue Datierungsmöglichkeit zunächst Begeisterung aus, da Archäologen nun ein unfehlbares Mittel zur absoluten Datierung in der Hand zu haben glaubten. Das Hauptargument der Skeptiker: Die sogenannten historischen Daten seien ebenso „fremdbestimmt" und uneindeutig wie Radiokarbondaten, da beide aufgrund fachspezifischer Normen

und Verfahrensweisen hergestellt und deshalb auch mit fachspezifischen Unsicherheiten behaftet seien. Andere verteidigten die Position der naturwissenschaftlichen Methode: „Die extreme Betonung von ‚historischen Daten' innerhalb der Urgeschichtsforschung gegenüber den Mittelwerten der C14-Messung ist nicht recht verständlich, liegt es doch im Wesen unseres Faches, dass wir von uns aus gar keine echten ‚historischen Daten' zu geben vermögen." (Schwabedissen und Münnich 1958, S. 139). Der britische Archäologe Colin Renfrew war aufgrund der neuen Verfahren zur Festlegung historischer Ereignisse sogar der Auffassung, Teile der Vorgeschichte Europas müssten neu bewertet werden (Renfrew 1973).

Um gelegentlich auftretende Diskrepanzen bei der Interpretation zeitlicher Ereignisse der Vergangenheit durch Archäologen und Naturwissenschaftler zu erklären, untersuchte der Prähistoriker Wolfram Schier die unterschiedlichen Möglichkeiten zur Bestimmung von Zeit. Dabei orientierte er sich an dem von dem Psychologen Stanley Stevens 1946 erarbeiteten Konzept einer statistischen Skalentheorie, das zwischen ordinalen und rationalen Skalen und den ihnen zugeordneten nominalen, ordinalen, Intervall- und Proportionalskalen unterschied (vgl. Stevens 1946, S. 677–680). Von ihnen hängt nämlich ab, welche Kalkulationen und Transformationen ohne Informationsverlust durchgeführt werden dürfen. *Nominalskalen* kennen nur die Unterscheidung zwischen gleich und ungleich, so dass der Modalwert der Häufigkeitsverteilung der einzige statistische Lageparameter ist. Bei *ordinalen Zeitskalen* wird Zeit nicht direkt ermittelt, sondern vielmehr die Reihenfolge von Ereignissen bestimmt, weshalb nur Rechenoperationen wie Zählen, Häufigkeitsbestimmung und Reihung (t1 > t2; t1 < t2) zulässig sind, nicht aber Messungen und die Bildung von Verhältnissen. Der Median kommt bei diesem Verfahren als Lageparameter hinzu. *Intervallskalen* besitzen feststehende Abstände zwischen den einzelnen Werten bei willkürlich gewähltem Nullpunkt; die Einzelwerte können addiert und subtrahiert werden. Das arithmetische Mittel ist hier ein zusätzlicher Lageparameter. *Proportionalskalen* besitzen neben den metrisch festgelegten Abständen einen absoluten Nullpunkt. Deshalb ist hier auch Multiplikation und Division möglich, um Verhältnisse zwischen Skalenwerten zu berechnen (Schier 2013, S. 259 f.).

Archäologie und Geologie kennen außer intervallskalierten auch ordinale Zeitskalen, deren zeitliche Auflösung in beiden Fällen von dem gewählten Datierungsverfahren abhängt. Während Historiker und Prähistoriker die dendrochronologische Datierungsmethode in den USA etwa ab 1930 und in Europa ein Jahrzehnt später für sich entdeckten und ihre Verlässlichkeit nicht anzweifelten, war dies bei der „absoluten" Datierung mit Hilfe der Radiokohlenstoffmethode anders. Hier gab es nämlich verfahrensbedingt nur Wahrscheinlichkeitsangaben über Zeitintervalle auf einer kalendarischen Skala, die einer anderen Argumentationslogik unterlagen als bisher üblich, „[…] der Grund für zahlreiche Missverständnisse und Probleme bei der schlüssigen Interpretation radiometrischer Datierungen in der Archäologie." (Ebd., S. 267). In jüngster Zeit nimmt der Umgang mit Wahrscheinlichkeitsaussagen auch in der Vorgeschichte immer mehr zu, nachdem die Glaubwürdigkeit der mit Hilfe der Bayes'schen Statistik berechneten wahrscheinlichsten Werte und deren Genauigkeit durch zahlreiche Untersuchungen belegt ist.[1]

1.3 Methodik und Gliederung

In den einzelnen Kapiteln und Abschnitten des Buches geht es vor allem darum, die Forschungsansätze der Vergangenheit historisch einzuordnen und abgrenzbare Perioden der Wissensgenerierung und Erkenntniserweiterung in den Blick zu nehmen. Berücksichtigt werden möglichst auch die sozialen Strukturen der Forschergemeinschaften, z. B. Hierarchien, Kommunikationsnetze oder Karrieremuster, da sich im zeitlichen Verlauf nicht nur Wissensinhalte änderten, sondern auch deren Tradierung historischen Veränderungen unterlag. Für die Geschichte der Jahrringforschung und Dendrochronologie gilt deshalb das Gleiche wie für diejenige anderer naturwissenschaftlicher Methoden: Ergebnis und Bewertung von Untersuchungen veränderten sich im Verlauf des innerdisziplinären Diskurses, so dass sie oft nicht mehr als die Leistung Einzelner wahrgenommen werden.

Bei der Sichtung des oft inhomogenen historischen Materials – dieser Begriff wird im vorliegenden Buch dem der „Quelle" vorgezogen (Zimmermann 1997; Oexle 2004)[2] – war es hilfreich, sich an das Diktum Max Webers zu halten: „Nicht die ‚sachlichen Zusammenhänge der Dinge' sondern die gedanklichen Zusammenhänge der Probleme liegen den Arbeitsgebieten der Wissenschaften zugrunde." (Weber 1985, S. 165 f.). Methodisch erforderte dies manchmal die Abkehr von der chronologischen Erzählung, da sich einige Themen besser im strukturellen Querschnitt als im zeitlichen Längsschnitt behandeln ließen. Eine Periodisierung innerhalb der einzelnen Kapitel wurde nicht angestrebt, um willkürliche Grenzziehungen und Überschneidungen zu vermeiden; die Untergliederung nach Sachgebieten erschien deshalb sinnvoller.

Das vorliegende Buch stützt sich bei der Rekonstruktion der Vergangenheit vor allem auf die Sammlung geeigneter Materialien und ihrer Bewertung (vgl. Abschn. 1.4). Dabei sind vor allem die wichtigsten Anforderungen an ihre Relevanz angesichts der langen untersuchten Zeitabschnitte und der oft uneinheitlichen Struktur der historischen Materialien zu berücksichtigen, z. B. an ihre Zuverlässigkeit und den heuristischen Wert des Materials, sowie in jüngster Zeit an die Suchmaschinenkritik (vgl. Dietrich und Meixner 2001, S. 127–143; Wolbring 2006, S. 79–148).

Zumindest für die Perioden des Altertums, Mittelalters und der frühen Neuzeit ist die Materialsituation nicht optimal. Auch historische Messdaten sollten kritisch gesehen werden, obwohl Originalaufzeichnungen manchmal nicht mehr vorhanden sind oder sich nur schwer rekonstruieren lassen. In der Regel wird man auf eine detaillierte Überprüfung solcher Daten verzichten, da dem Historiker entweder mathematisch-statistisches Rüstzeug und Zeit fehlen oder die beschriebenen Rechenverfahren spezielle Kenntnisse erfordern. Auf die Möglichkeiten zur Aufdeckung der Fälschung historischer Zeitreihen mit Hilfe der Benford-Verteilung soll hier nur hingewiesen werden (vgl. Dieckmann 2004, S. 583–603).

Für die wissenschaftshistorische Interpretation der historischen Materialien wird im Buch die narrative Erklärung bevorzugt, da mit wenigen Ausnahmen (z. B. in Kap. 5) die Gesetzmäßigkeit voraussetzenden nomologischen Erklärungen weniger geeignet erscheinen (vgl. Rüsen 1986, S. 37 f.). Dies trifft auf die wissenschaftliche Botanik und ihre Methoden ebenso zu wie auf die Materialgattung der Mentalitätsgeschichte, die als Geschichte der Alltagswahrnehmungen andere Informationen ergänzt, um alltägliche unausgesprochene Vorstellungen zu überprüfen. Letztere findet man etwa in persönlichen Briefen, Nachrufen, Zeitungen oder populären Schriften.

Die Botanik als wissenschaftliche Teildisziplin ist nicht nur auf Klassen natürlicher Objekte bezogen, sondern auch auf Untersuchungsmethoden. In angelsächsischen Ländern wird seit den 1970er-Jahren der Disziplinbegriff oft sogar vermieden und durch Begriffe wie „research area" oder „scientific field" ersetzt (Laitko 2002, S. 44 f.). Dabei ist auch in subdisziplinären Arbeitsfeldern wie der Pflanzenanatomie und -physiologie oder bei der Methode der Jahrringforschung die Bedeutung von Naturgesetzen selten direkt erkennbar. Biologische Teildisziplinen verfügen nur über wenige allgemeine Naturgesetze und daneben über viele „Mikrogesetze" für Subsysteme, die nur in einem engen Anwendungsbereich gelten. Für die botanische Forschung des Mittelalters war die Quantifizierung von Tatsachen ohnehin nicht vorrangig, weil das Bedürfnis nach tieferem physikalischem Denken nicht vorhanden

---

[1]In der Statistik ist „Genauigkeit" der Oberbegriff für Präzision und Richtigkeit, Letzteres als Abweichung vom Bezugswert bzw. „wahren Wert".

[2]„Quelle" als Metapher suggeriert eine ursprüngliche Reinheit, die so selten existiert. In seiner „Historik" sprach Droysen 1868 nicht von Quellen, sondern von historischem Material, das er als Objekt der Geschichtsforschung bezeichnete.

war (Dijksterhuis 1956, S. 131). In der Neuzeit wurden die Besonderheiten der biologischen Gegenstandsbereiche wie Vielheit, Individualität und Ganzheit im Vergleich zu Physik und Chemie deutlicher, und es zeigte sich manchmal sogar eine gewisse Gemeinsamkeit mit geisteswissenschaftlichen Disziplinen. Andererseits suchten auch die biologischen Teildisziplinen Ordnung in der Vielfalt und gingen daran, das Wirkungsgefüge von Teilen im organischen Ganzen aufzuklären (Köchy 1999, S. 77–79). Für die Methodenentwicklung der Jahrringforschung gibt es solche rationalen, Gesetzmäßigkeit voraussetzende Erklärungen beispielsweise bei der mikroskopischen Messung der Zuwachsstruktur von Holz oder bei der statistischen Analyse von Jahrringzeitreihen.

Im Hinblick auf früher verwendete Arbeitsverfahren ist auch auf das Problem des „Vorläufers" hinzuweisen, der häufiger zu Auseinandersetzungen führte („precursitis virus") (Clark 1959, S. 103). Einfluss und Wirkung von Vorläufern auf später erfolgreiche Naturforscher wurden in der Wissenschaftsgeschichte häufig beschrieben und dienten als Beleg für eine „Wissenschaftsentwicklung als Fortschrittsgeschichte" (Hagner 2001, S. 10), deren Anachronismen typisch für die „whig history" sind, die es nach heutiger Auffassung zu vermeiden gilt. Georges Canguilhem lehnte eine Diskussion über den „Vorläufer" sogar völlig ab, da dieser eine „Karikatur der Wissenschaftsgeschichte" sei, nämlich „[…] jener Wissenschaftler, von dem man erst viel später weiß, daß er seinen Zeitgenossen voraus war und daß er jenem vorausging, der nun als Sieger des Rennens gilt." (Canguilhem 1979, S. 35). Ein weiteres Problem tritt bei der „rekurrenten Historiographie" auf, durch welche die Realgeschichte – falls eine solche überhaupt vorstellbar ist – und „konstruierte Geschichte" einander angeglichen werden. Frühere, für die Entwicklung nützliche Konzepte, tauchen nun nicht mehr auf, nachdem sie später als überholt eingestuft wurden. Deshalb sollte die Geschichtsschreibung einer Wissenschaft nie als abgeschlossen betrachtet werden.

Das vorliegende Buch ist entsprechend der Zielsetzung in folgende fünf voneinander abgrenzbare Entwicklungsstränge gegliedert:

- Der lange Abschnitt vom Altertum bis zum Beginn der Frühen Neuzeit, der wegen einer relativ schwachen Belegung mit historischem Material bis 1800 verlängert wurde.
- Das 19. Jahrhundert mit seinem Übergang von der Naturgeschichte zur Naturwissenschaft.
- Die Forschungsentwicklung in den USA ab 1900 unter dem Einfluss von A. E. Douglass.
- Die unterschiedlichen Entwicklungsstränge der Forschung in Europa bis 1945.

- Die Nachkriegszeit und die anschließende moderne Konstituierung (Radiokohlenstoffdatierung, Konstruktion sehr langer Chronologien).

Aufgrund der eingeschränkten Materialien über Jahrringe und ihre Verwendung für chronologische Zwecke fällt der Umfang der Darstellung in dem riesigen Zeitabschnitt vom Altertum bis 1800 relativ knapp aus. Dabei wird der Eindruck einer teleologisch ausgerichteten Vor-Geschichte vermieden. Vielmehr werden die überlieferten Texte zur Naturbeschreibung als Materialien „sui generis" zu betrachten, d. h., sie werden nicht gewaltsam anderen Kategorien zugeordnet. Der zeitliche Schwerpunkt des Buchs liegt eindeutig im 19. und 20. Jahrhundert, der räumliche Rahmen wird in Europa und in den USA abgesteckt. Die Einzelkapitel behandeln vor allem die historische Bedeutung der jeweiligen Forschungsansätze, ihre Ziele und Wendepunkte sowie die abgrenzbaren Perioden der Generierung von Wissen. Wie für fast alle spezialisierten Forschungsfelder gilt auch für Jahrringforschung und Dendrochronologie, dass ihre Resultate nicht allein durch die Leistung Einzelner erbracht wurden, sondern vielmehr Ergebnis eines innerfachlichen Diskurses waren.

Die Untersuchung beginnt in Kap. 2 mit einem knapp gefassten Rückblick auf das in Altertum, Spätantike und Mittelalter vorhandene Wissen über das Wachstum verschiedener Baumarten und die Erfahrungen bei der technischen Verwendung von Holz. Schriftsteller wie Theophrast und Plinius beschrieben bereits vor etwa 2000 Jahren Gestalt und Alter der höheren Pflanzen und wiesen auch auf das Phänomen der Jahrringe hin. Aber erst nach 1500 erkannten Naturforscher den deutlichen Zusammenhang zwischen Jahrringbreite und dem Wechsel von Witterung und Klima, zunächst Leonardo da Vinci, später Marcello Malpighi, Nehemia Grew und Forstwissenschaftler wie Duhamel de Monceau oder August von Burgsdorff. Die Nutzung optischer Linsen beim Einsatz des einfachen und zusammengesetzten Mikroskops durch Antoni van Leeuwenhoek und Robert Hooke brachte während des 17. Jahrhunderts einen erheblichen Erkenntnisschub (Abschn. 2.3), ebenso wie die institutionelle Ausweitung der Wald- und Forstökonomie (Abschn. 2.4). Daneben sind die im Gartenbau erworbenen Wissensbestandteile und die botanischen Klassifikationen mit den zugehörigen Sammlungen und anderen Repräsentationsformen zu nennen (Abschn. 2.5 und 2.6).

Kap. 3 behandelt zunächst die am Anfang des 19. Jahrhunderts entscheidenden Begriffe der Erforschung des pflanzlichen Wachstums (Abschn. 3.1). Einflüsse lassen sich hier aus den divergierenden Anschauungen über die rasche bzw. allmähliche erdgeschichtliche Entwicklung ableiten, die auch die belebte Natur einschließt. Frühe zelltheoretische Erklärungsversuche bei Pflanzen ergaben ein besseres Verständnis nicht nur für die Anatomie der Holz-struktur, sondern auch für ihre Physiologie und damit für die Dynamik der pflanzlichen Entwicklung. Bedeutsam erscheint außerdem das durch einige wirkungsmächtige, oft aber wirkungsarme Außenseiter erworbene Wissen („personal knowledge", „tacit knowledge"), das nur durch heute schwer zugängliche Schriften oder Zeitungen Verbreitung fand (Abschn. 3.3.2). Eine wichtige Rolle spielte die Paläontologie bei der Untersuchung fossiler Hölzer (Abschn. 3.4), vor allem aber die emotional oder gar ideologisch aufgeladene Pfahlbauforschung, die die Frage nach dem Alter prähistorischer Siedlungen stellte (Abschn. 3.5). Die Vorstellungen der neueren forstbotanischen Forschung bis etwa 1914 behandelt Abschn. 3.6, bei der es u. a. um Auslösereize bei der Zellbildung und die steuernden endogenen und exogenen Einflüsse ging.

Kap. 4 befasst sich mit dem eigentlichen Entstehen der Dendrochronologie in den Vereinigten Staaten, ausgelöst durch Überlegungen des Astronomen Andrew Ellicott Douglass. Es dient gewissermaßen als Referenz für die sich anschließende Behandlung der historischen Jahrring-forschung in Europa. Ausgehend von Planetenbeobachtung und länger bekannten Sonnenfleckenzyklen suchte Douglass einen Zusammenhang zwischen solarer Aktivität und dem Klimageschehen auf der Erde mit Hilfe der Unter-suchung von Jahrringen (Abschn. 4.2 und 4.3). Dies führte auch zu Entwicklungen wie dem ideologisch geprägten Klimadeterminismus des Geographen Ellsworth Hun-tington, der die Dendrochronologie nach Auffassung vie-ler Zeitgenossen und späterer Fachleute wissenschaftlich angreifbar machte und zu diskreditieren drohte. Aber auch dies gehört zu einer Geschichte der Jahrringforschung und wird deshalb in ihrer zeitlichen Verflechtung beschrieben (Abschn. 4.4). Douglass stellte Huntingtons Arbeitsweise seine eigene Methode bei der Suche nach Zusammen-hängen zwischen Klima und Baumringen entgegen, z. B. bei der Analyse von Zeitreihen, die ihn mit dem schwe-dischen Quartärgeologen Gerard de Geer zusammen-führte (Abschn. 4.5). Der spektakuläre Durchbruch für die dendrochronologische Methode und ihre Bekanntheit in der breiten Öffentlichkeit war die Datierung von Siedlungs-phasen der frühen indigenen Bevölkerung des amerikani-schen Südwestens (Abschn. 4.6). Ein weiterer Erfolg für die wissenschaftliche Entwicklung der Dendrochrono-logie in den USA und deren institutioneller Absicherung gelang Douglass durch die Gründung des Laboratory of Tree-Ring Research (LTRR) an der University of Arizona (Abschn. 4.7).

Kap. 5 umfasst die Periode der europäischen Jahrringfor-schung von etwa 1900 bis 1945, die sich nach bescheidenen Anfängen allmählich zu einer ernst zu nehmenden Arbeits-richtung entwickelte. Skandinavische Naturwissenschaftler

wie das Ehepaar Gerard und Ebba Hult de Geer oder Ernst Antevs hatten schon während der 1920er-Jahre auf das in den USA erprobte Datierungsverfahren hingewiesen und es mit ihrer geochronologischen Methode zu vergleichen versucht (Abschn. 5.1). Abschn. 5.2 knüpft an die um 1914 vorhandenen Erfahrungen von Baumphysiologie und Holzanatomie an und beschreibt deren Weiterentwicklung bis etwa 1940. Dies lieferte wichtige Grundlagen für eine mitteleuropäische Jahrringforschung durch den Forst-botaniker Bruno Huber und andere deutsche Botaniker mit ihren Erkundungen in der Türkei und in Südwestafrika (Abschn. 5.3 und 5.4). Huber versuchte ab 1937 die Erfahrungen in den USA auf die im Vergleich zum ame-rikanischen Südwesten völlig anderen klimatischen und botanischen Bedingungen in Mitteleuropa zu übertragen und hatte damit Erfolg, zunächst an der Forsthochschule Tharandt und nach 1945 dann an der Universität München. Unterstützung fand er neben der Deutschen Forschungs-gemeinschaft und dem Reichsforschungsrat auch bei dem Prähistoriker Hans Reinerth, der durch Ausgrabungen am Federsee bekannt geworden war und als Amtsleiter im „Amt Rosenberg" die Vorgeschichte offensiv vertrat. Auf die personelle und finanzielle Unterstützung dieser Forschungsarbeiten durch Institutionen des NS-Staates, der sich davon eine Wirkung nach innen und außen versprach, wird schon hier hingewiesen.

Das abschließende Kap. 6 widmet sich der Forschung während der Nachkriegszeit in den USA und in Europa, vor allem aber der modernen Konstituierung der Jahrring-forschung, deren Beginn etwa mit Einführung der Radio-kohlenstoffmethode um 1950 festgelegt werden kann und an der Huber noch beteiligt war. So hatten zunächst ame-rikanische Wissenschaftler (Abschn. 6.1), in Deutschland Huber mit seinem Team und etwas verzögert auch For-scher anderer Länder wesentlichen Anteil an der metho-dischen Weiterentwicklung der Dendrochronologie, nicht zuletzt durch die Vielseitigkeit ihrer Arbeiten (Abschn. 6.2). Für einen ersten großen Modernisierungsschub sorgte die Radiokohlenstoffdatierung während der 1950er-Jahre, die zunächst die Dendrochronologie als Datierungsver-fahren überflüssig zu machen drohte. Wenige Jahre spä-ter erwies diese sich jedoch als Kalibrierverfahren für die C14-Messung als unverzichtbar, so dass eine Symbiose entstand (Abschn. 6.3). Für die Forschungsbelebung mit-entscheidend wurden nach 1960 außerdem neue Ver-fahren der Datenverarbeitung, die nach der Einführung von Rechenmaschinen die Analyse von Messwerten stark beschleunigten (Abschn. 6.4). Dies alles eröffnete den archäologischen und historischen Wissenschaften neue Möglichkeiten, trieb in der Klimaforschung die Rekon-struktion historischer Klimadaten voran und wurde so auch für die Konstruktion von Vorhersagemodellen konstitutiv.

1.4   Arbeitsziele und historische Materialien

Das übergreifende Ziel der Untersuchung besteht darin, nicht nur Kenntnislücken über eine von der Wissenschaftsgeschichte bisher wenig beachteten Methode zu schließen, sondern Erkenntnisvorgänge zu rekonstruieren und eine Deutung der entsprechenden Forschungs- und Argumentationsabläufe zu versuchen. Die Wurzeln heutiger Jahrringforschung lassen sich in der Pflanzenanatomie und -physiologie ab dem 17. Jahrhundert und in den Geowissenschaften nach 1800 verorten. Zu unterscheiden ist dabei zwischen Jahrringen einschließlich der sie steuernden Einflussgrößen als unmittelbare Objekte biologischer Forschung und den „Jahrringsignaturen" als erkenntnistheoretisches Mittel zur Wissenserweiterung, beispielsweise in der Klimatologie und Archäologie. Dabei erscheinen nur die Letzteren historisierbar, denn: „Wissenschaftsobjekte sind immer Transformationen früherer Wissenschaftsobjekte und damit im Innersten historische Gegenstände." (Rheinberger 2006, S. 52). Wie auch bei anderen historischen Untersuchungen langer Zeiträume kann man hier nicht von einer Kontinuität des Erkenntniszuwachses ausgehen, zumal sich die Vergangenheit erheblich von der Gegenwart unterscheidet und dem Historiker weit fremder ist als oft angenommen (Hoyningen-Huene 2001, S. 2).

Für die Mikroebene ist zu fragen, welche historischen Entwicklungen beim Zuwachs des Wissens vom Pflanzengewebe – speziell dem Holzgewebe – von erkenntnisleitender Bedeutung waren. Wie bereits angedeutet, sollte der heutige Kenntnisstand nicht als wesentlicher Bezugsrahmen dienen, ohne dies immer vermeiden zu können. Für die Makroebene ist zu klären, wie die Gewinnung von Wissen über ein Naturphänomen historisch ablief, ausgehend von ersten Beschreibungen, über die Erfahrungsberichte von Naturforschern oder botanischen Laien, bis hin zur späteren Verwendung der Ringsequenzen als Codes für externe Einflüsse und als Eichmaß für physikalische Datierungen. Die dafür notwendigen Voraussetzungen und Antriebskräfte sind hier ebenso zu berücksichtigen wie die kulturelle Bedingtheit der Entstehung wissenschaftlicher Tatsachen, auf die Ludwik Fleck nachdrücklich hinwies (Fleck 1980). Dabei bleibt der Anspruch an die Art der Darstellung bescheiden: Bei all dem geht es nicht um wissenschaftliche Theoriebildung, sondern um die Praxis der Arbeit mit dem Phänomen des Jahrrings und seiner Verwendung für die Einordnung zeitlicher Prozesse. Im Mittelpunkt der Betrachtung stehen die problembehafteten Einzelheiten, an denen abzulesen ist, „[…] wie dieses Wissen entstand, behalten und akzeptiert bzw. nicht entstand, verworfen und vergessen wurde." (Steiner 2009, S. 4).

Zwei Forschungsstränge werden genauer betrachtet:

- Der Zeitraum von den frühen und schon durch das Mikroskop unterstützten holzanatomischen Beobachtungen über Untersuchungen zur Gewebedifferenzierung durch Zellwachstum und Saftfluss im 19. Jahrhundert bis schließlich zur Analyse von Holzzuwachszonen mit Hilfe ökophysiologischer Verfahren im 20. Jahrhundert.
- Von der Phase erster Mutmaßungen über die Beziehungen zwischen Jahrring, Witterung und Nährstoffangebot bis zum Konzept multifaktorieller Zusammenhänge in Raum und Zeit im Rahmen umfassender Jahrringnetzwerke.

Vor der Behandlung dieser separaten und manchmal zusammenlaufenden Stränge waren Arbeitsziele und die wichtigsten erkenntnisleitenden Forschungsfragen zu formulieren, die in den Einzelkapiteln aufgegriffen werden. Dabei sind dem Autor angesichts der langen Zeiträume und der Historisierbarkeit des Wissenschaftsbegriffs die Schwierigkeiten bewusst, die vorhandenen Materialien auf der Metaebene und der Sachebene objektiv und vorurteilsfrei auszuwerten. Vertrauten Naturforscher in Antike und Mittelalter bei der Feststellung von Tatsachen meist der persönlichen Beobachtung, gab es während der frühen Neuzeit abweichende Auffassungen. So galten für Naturforscher der Renaissance das Zeugnis von Beobachtern und die Autorität von Büchern als entscheidend, während ab Mitte des 16. Jahrhunderts jedoch die Ansicht vorherrschte, man solle auf Zeugnis und Autorität nur zurückzugreifen, wenn etwas der individuellen Erfahrung nicht zugänglich sei (Shapin 1998, S. 90). In jüngerer Zeit wurden Zeitzeugen als historisches Material – anders als in der Rechtsprechung – meist kritisch gesehen, da hier durch ungefilterte Vorurteile und Ignoranz Verfälschungen möglich sind.

Anhand der folgenden Kernfragen [kursiv gesetzt] versuchte der Autor, seine eigenen Arbeitsziele zu präzisieren und zugleich auf wesentliche Aspekte zu begrenzen. Die beiden ersten sind übergreifenderer Art, die übrigen sind auf die Arbeitsmethodik gerichtet:

Lassen sich aus der Fülle der vorhandenen Geschichten Anregungen für eine übergreifende Interpretation zu gewinnen? War die räumliche oder personelle Nähe von Personen und Institutionen bedeutsam für deren Interaktion?

Berücksichtigt man, dass die Wissenschaftssprache vor vielen Jahrhunderten sich von der heutigen nicht nur graduell, sondern grundsätzlich unterscheidet, besteht die Gefahr, oft keine Geschichte zu betreiben, sondern eine „Archäologie der Wissenschaften". Soll die Erforschung der historischen Wissenschaft aber mehr sein als eine fortlaufende Narration, sind die jeweiligen Entwicklungsstufen deutlich zu machen (Lepenies 1978, S. 443 f.).

Was war für die Methodenentwicklung konstitutiv entscheidend?

Für die Periode bis 1800 war das Wissen über das sekundäre Wachstum der Bäume zu überprüfen, für die Zeit danach vor allem die Ursache-Wirkungsbeziehungen zwischen Holzstruktur und den internen und externen Regelmechanismen.

War die Unterscheidung zwischen Internalismus und Externalismus für die historische Behandlung des Pflanzenwachstums bedeutsam?

Während in Europa bis zum 20. Jahrhundert die Wissenschaft Teil der gesellschaftlichen Kultur war, kam es mit der Professionalisierung der Wissenschaften zu einer gesellschaftlichen Aufspaltung. Georges Canguilhem war der Auffassung, dass die von außen auf den Erkenntnisprozess wirkenden Faktoren und Bedingtheiten unbedingt zu berücksichtigen seien (Canguilhem 1979, S. 27–37; vgl. Rapp 1987, S. 141–146).

Welche Bedeutung hatte das nichtzirkulierende Wissen für die Dendrochronologie, und welche Rolle spielte das Alltagsbewusstsein?

Dieser Frage wird vor allem im Abschnitt über das 19. Jahrhundert nachgegangen. In dieser Zeit dachten viele botanische Laien und Wissenschaftler über die Auswertung von Ringfolgen nach, was sich erst viel später als fruchtbar erweisen sollte.

Wie bedeutsam waren das Experiment und die instrumentelle Entwicklung während der einzelnen Zeitabschnitte?

Die Nachvollziehbarkeit von Experimentalregeln garantierte den Naturwissenschaften spätestens seit Mitte des 19. Jahrhunderts die Identität ihres Forschungsobjektes. Nicht trivial ist, wie in den biologischen Wissenschaften durch Instrumente und Experimente „Realität erschlossen und neue Wirklichkeit erzeugt wird" (Meinel 2000, S. 9)[3]; (Böhme 1974, S. 5–7). Deutlich wurde dies nach Einführung des Mikroskops im 17. Jahrhundert und in der Jahrringforschung des späten 20. Jahrhunderts bei C14-Methode, Elektronenmikroskop und Datenauswertung mit Computern.

Wie stark waren Kopplung und Rückkopplung der Jahrringforschung mit anderen wissenschaftlichen Methoden und Disziplinen?

Lose Verbindungen gab es schon früh, doch erst gegen Ende des 20. Jahrhundert wurde die Kopplung mit der Klimaforschung besonders eng, vor allem durch die Einbeziehung von Dendrochronologen in die jüngste Debatte über die Erderwärmung. In Archäologie und Vorgeschichte wurden seit Colin Renfrews Buch *The Radiocarbon Revolution* manche Vorstellungen über Wanderungsbewegungen von Volksgruppen geändert, nachdem naturwissenschaftliche Datierungsmethoden die bis dahin gültigen Konzepte umzustoßen drohten.

Gab es ideologische Einflüsse auf die Methodenentwicklung?

Dies war bei vitalistischen Konzepten zum pflanzlichen Wachstum um 1800 und 1900 eindeutig der Fall. Auch der Beginn der Pfahlbauuntersuchungen war nicht frei von ideologisch geprägten Vorstellungen, während die prähistorische Forschung in Deutschland lange vor 1933 und besonders danach stark ideologiegetrieben war. In den USA sind hierzu archäologische Interpretationen über Befunde der Pueblosiedlungen des amerikanischen Südwestens zu nennen.

Wie groß waren die Unterschiede zwischen amerikanischer und europäischer Jahrringforschung und Dendrochronologie?

Die auf Mitteleuropa fokussierte Forschungsarbeit Bruno Hubers und seiner Mitarbeiter erscheint wesentlich stärker pflanzenanatomisch und pflanzenphysiologisch geprägt als diejenige amerikanischer Wissenschaftler. Das führte – zumindest vorübergehend – zu einer eigenständigen Methodenentwicklung.

Zur technischen Durchführung der Recherchen:

Die Bearbeitung wurde durch die mit mehr als 14.000 Titeln in der „Bibliography of Dendrochronology" erfasste und durch Suchfunktionen gut erschlossene dendrochronologische Fachliteratur erleichtert. Deren Daten werden durch die Schweizerische Forschungsanstalt für Wald, Schnee und Landschaft (WSL) in Birmensdorf/Schweiz fortlaufend aktualisiert und ins Netz gestellt. Die zunächst beschaffte, thematisch und zeitlich geordnete Forschungsliteratur erleichterte die sich anschließende Auswertung archivalischer Materialien. Eine erste Orientierung bildete der Nachlass von A. E. Douglass im Archiv der University of Arizona und die Schriften des Laboratory of Tree-Ring Research (LTRR), beide in Tucson. Darin fanden sich Hinweise zur Datierung von Hölzern der Mammutbäume im Briefwechsel von 1910 bis 1920 zwischen Douglass und Ellsworth Huntington und zur Datierung von Sedimentschichten und Hölzern die Korrespondenz zwischen Douglass und dem schwedischen Geochronologen Gerard de Geer. Ein weiterer ergiebiger Materialienbestand waren die im Bundesarchiv Koblenz verwahrten Akten der Forschungsanträge Bruno Hubers und anderer Holzforscher bei der Deutschen Forschungsgemeinschaft DFG bzw. dem Reichsforschungsrat für den Zeitraum von 1934 bis 1945. Die DFG-Anträge Hubers und seiner Mitarbeiter nach dem Zweiten Weltkrieg wurden bei der Schriftgutverwaltung der DFG in Bonn eingesehen. Hubers Schriftwechsel nach 1945 befand sich im Botanischen Institut der Universität

---

[3]Siehe hier insbesondere die Aufsätze von K. Hentschel, H.-J. Rheinberger, H. O. Sibum und P. Brenni.

Hohenheim, wohin sie von Bernd Becker, einem Assistenten Hubers, nach dessen Tod gebracht worden waren.

Für die Zeit zwischen 1935 und 1975 wurden Dokumente aus Archiven, Nachlässen und aus persönlichem Besitz ausgewertet, z. B. die Personalakten Hubers im Archiv der Universität München, Unterlagen über den Fortgang der Jahrringforschung nach Hubers Tod im Nachlass Carl Troll an der Universität Bonn und eine unveröffentlichte Biographie Hubers bis 1945. Unterlagen zur Untersuchung von Pfahlbauhölzern durch Huber und andere stellte das Archiv des Pfahlbaumuseums in Unteruhldingen zur Verfügung. Noch unerschlossene Aufzeichnungen aus der Zeit von 1950 bis 1965 wurden im Physikalischen Institut II der Universität Heidelberg eingesehen. Interviews und Gespräche des Autors rundeten die Materialgewinnung ab.

Für die Bearbeitung der Zeit vor 1800 wurden fast ausschließlich Quelltexte in Verbindung mit der entsprechenden Sekundärliteratur herangezogen; für die Zeit danach kamen Archivmaterial, Regesten, populäre Schriften, Laboraufzeichnungen und mündliche Hinweise als Materialien dazu. Darüber hinaus waren historische und neuere Objekte der materiellen Kultur wie Holzsammlungen, Instrumente und Präparate als historische Materialien von Bedeutung, da diese den oft auf Ideen- und Theoriegeschichte gerichteten Forschungsfokus erweiterten.

Ein günstiger Umstand für die Literatursuche war die Nähe des Autors zu den Bibliotheken der Universitäten Frankfurt, Darmstadt und Mainz und zur Landesbibliothek Wiesbaden. Frankfurt verfügt über Material des DFG-Sammelschwerpunkts Botanik; außerdem befinden sich dort umfangreiche archäologische und prähistorische Literatur und Materialien zur deutschen Kolonialforschung. In Darmstadt und Wiesbaden sind seit landesherrlicher Zeit umfangreiche forstwissenschaftliche und paläontologische Bestände vorhanden, in Mainz Schrifttum aus Frankreich. Wichtige Informationen zur Bewertung des verfügbaren Materials lieferte Fritz H. Schweingruber, schweizerischer Jahrringforscher von der Eidgenössischen Forschungsanstalt für Wald, Schnee und Landschaft WSL in Birmensdorf. Auch der Botaniker und Dendrochronologe Harold Fritts aus Tucson ist hier zu nennen, durch den im persönlichen Gespräch einige Grundzüge der amerikanischen Dendrochronologie von 1950 bis 1970 und die Bedeutung des Laboratory of Tree Ring Research LTRR während dieser Zeit transparenter wurden.

Für ein besseres Verständnis der zeitgenössischen Literatur bis 1875 wurde das historische Material bedarfsweise mit den entsprechenden Ausführungen des damals einflussreichsten Pflanzenphysiologen Julius Sachs in seiner „Geschichte der Botanik" verglichen. Bei aller fachlichen Kompetenz auf etlichen Teilgebieten der experimentellen und beschreibenden Botanik und seiner „zupackenden" Art wies Sachs aber auch Züge von Selbstherrlichkeit auf.

So kritisierte er die „außerordentliche Gedankenarmuth" von Naturforschern des 16. und 17. Jahrhunderts wie Brunfels, Bock und Fuchs, Fehleinschätzungen der Gewebestruktur durch Malpighi oder im 19. Jahrhundert die physiologischen Konzepte von C. Treviranus und zuletzt die Rindendrucktheorien von Russow (vgl. die jeweiligen Abschnitte von Kap. 3). Diesem Verdikt wird man sich heute kaum noch anschließen. Der Botaniker Martin Bopp urteilte so: „Like many other outstanding scientists, Sachs was often overbearing and unfair. In scientific controversies and in many letters he occasionally adopted a harsh and implacable tone." (Bopp 1975, S. 58–60; vgl. Gimmler 2003). Gleichwohl sind Sachs' Wertungen noch heute wichtige Vergleichsmuster. Eine neuere und ähnliche Vergleichsplattform bieten die Monographien und Aufsätze des Forsthistorikers Heinrich Rubner, z. B. mit seinen Arbeiten zur französischen Forstgeschichte des Spätmittelalters, zur Forstgeschichte im Zeitalter der industriellen Revolution und zur Forstgeschichte im NS-Staat (Rubner 1964, 1967, 1997).

Literatur

Albrecht, M., 2005. *Die individuelle und soziale Konstruktion von Wirklichkeit im Hinblick auf die Zeit*. Dissertation, Univ. Münster.

Baillie, M. G. L. 1995. *A slice through time: Dendrochronology and precision dating*. London: Batsford.

Böhme, G. 1974. Die Bedeutung der Experimentalregeln für die Wissenschaft. *Z. f. Soziologie* 3: 5–7.

Bopp, M. 1975. Julius Sachs. In: *Dictionary of Scientific Biography DSB* 12: 58–60.

Borchers, S. 2011. *Die Erzeugung des ganzen Menschen*. Berlin: de Gruyter.

Bredekamp, H., G. Werner (Hrsg.). 2003. *Bildwelten des Wissens – Bilder in Prozessen*. Berlin: Akad. Verlag.

Brown, T. L. 2003. *Making Truth. Metaphors in science*. Urbana: Univ. of Illinois Press.

Canguilhem, G. 1979. *Wissenschaftsgeschichte und Epistemologie*. Frankfurt a. M.: Suhrkamp.

Chaffey, N. J. (Hrsg.) 2002. *Wood formation in trees. Cell and molecular biology techniques*. London: Taylor & Francis.

Clark, J. T. 1959. The philosophy of science and the history of science. In: M. Clagett (Hrsg.), *Critical Problems in the History of Science* (S. 103–140). Madison: Univ. of Wisconsin Press.

Decker, K. 1994. Biologische Uhren. Zeit in biologischen Systemen. In: H. M. Baumgartner (Hrsg.), *Zeitbegriffe und Zeiterfahrung* (S. 45–73). Freiburg: Alber.

Deleuze, G., F. Guattari. 1977. *Rhizom*. Berlin: Merve.

Dieckmann, A. 2004. „Betrug und Täuschung in der Wissenschaft". Datenfälschung, Diagnoseverfahren, Konsequenzen. *Jahrbuch 2003 d. Dt. Akad. der Naturforscher Leopoldina* 49: 583–603.

Dietrich, E., W. Meixner. 2001. Quellenstudien in der historischen Forschung. In: T. Hug (Hrsg.), *Einführung in das wissenschaftliche Arbeiten* (S. 127–143), Bd. I. Baltmannsweiler: Schneider.

Dijksterhuis, E. J. 1956. *Die Mechanisierung des Weltbildes*. Berlin: Springer.

Eco, U. 1994. *Auf der Suche nach der vollkommenen Sprache*. München: Beck.

Elias, N. 1984. Über die Zeit. *Arbeiten zur Wissenssoziologie II.* Frankfurt a. M.: Suhrkamp.

Finke, P. 2003. *Misteln, Wälder und Frösche: Über Metaphern in der Wissenschaft.* Metaphorik.de 04/2003, S. 45–65. Http.www.metaphorik.de/04/finke.pdf. Zugegriffen: 15.10.2017.

Fleck, L. 1980. *Entstehung und Entwicklung einer wissenschaftlichen Tatsache.* Frankfurt a. M.: Suhrkamp.

Fleck, L. 1983. Über die wissenschaftliche Beobachtung und die Wahrnehmung im allgemeinen. In: Ders., *Erfahrung und Tatsache. Gesammelte Aufsätze.* Frankfurt a. M.: Suhrkamp.

Galison, P. 2003. *Einsteins Uhren, Poincarés Karten. Die Arbeit an der Ordnung der Zeit.* Frankfurt: S. Fischer.

Gimmler, H. (Hrsg.). 2003. Julius Sachs in Briefen und Dokumenten. Teil 1. In: *Materialien zur Bibliographie und Biographie von Julius Sachs 1832–1897.* Würzburg: Julius-von-Sachs-Inst. für Biowissenschaften.

Ginzel, F. K. 1906–1914. *Handbuch der mathematischen und technischen Chronologie,* 3 Bde. Leipzig: Hinrichs.

Goethe, J. W. 1961. *Sämtliche Gedichte,* 4. Teil, Bd. 4. München: DTV.

Hagner, M. 2001. Ansichten der Wissenschaftsgeschichte, In: Ders. (Hrsg.), *Ansichten der Wissenschaftsgeschichte* (S. 7–39). Frankfurt: Fischer.

Hales, S. 1748. *Statick der Gewächse.* Halle: Renger. Übers. d. engl. Ausgabe von 1727: *Vegetable staticks: or, an account of some statical experiments on the sap in vegetables.* London: Innys.

Hoffmann, E. T. A. 1873. *Gesammelte Schriften,* Bd. 10. Berlin: Reimer.

Hooke, R. 1665. *Micrographia.* London: Martyn & Allestry.

Hoyningen-Huene, P. 2001. Thomas Kuhn und die Wissenschaftsgeschichte. *Berichte z. Wissenschaftsgeschichte* 24: 1–12.

Huber, B. 1961. *Grundzüge der Pflanzenanatomie.* Berlin: Springer.

Hurtley, S. M. 1999. Frontiers in cell biology: Quality control. *Science* 286: 1881.

Karafyllis, N. 2006. *Die Phänomenologie des Wachstums.* Habil. Schrift, Univ. Stuttgart.

Köbler, G. 2014. *Althochdeutsches Wörterbuch.* 6. Aufl. https: www.koeblergerhard.de/ahdwbhin.html. Zugegriffen: 1.10.2014.

Köchy, K. 1999. Zwischen der „Physik des Organischen" und der „Organisierung der Physik": Überlegungen zu Gegenstand und Methode der Biologie. *J. for General Phil. of Science* 30: 59–85.

Laitko, H. 2002. Die Disziplin als Strukturprinzip und Entwicklungsform der Wissenschaft – Motive, Verläufe und Wirkungen von Disziplingenesen. In: E. Höxtermann, J. Kaasch, M. Kaasch (Hrsg.), *Die Entstehung biologischer Disziplinen* (S. 19–55). Beiträge 10. Jahrestagung der DGGTB. Berlin: VWB.

Leonhard, K. 2007. Kritik an der Hand. Zum Verhältnis von Wissenschaftler und Zeichner in der frühen Mikroskopie. In: G. Wimböck, K. Leonhard, M. Friedrich (Hrsg.), *Evidentia* (S. 235–264). Berlin: LIT.

Lepenies, W. 1976. *Das Ende der Naturgeschichte.* München: Hanser.

Lepenies, W. 1978. Wissenschaftsgeschichte und Disziplingeschichte. *Geschichte und Gesellschaft* 4: 437–451.

Levi-Strauss, C. 1973 [1962]. Die Wissenschaft vom Konkreten. In: Ders., *Das wilde Denken* (S. 11–48). Frankfurt a. M.: Suhrkamp.

Linß, W., J. Fanghänel. 1998. *Histologie.* Berlin: de Gruyter.

Malich, L. 2011. Zeitpfeile, Zeitfaltungen und Diskursanalyse: zu Kontinuitäten der Imaginationslehre. *Berichte zur Wissenschaftsgeschichte* 34: 363–378.

Mayer, P. 2006. *E. T. A. Hoffmanns Meister Floh: Eine grotesk märchenhafte Satire.* Goethezeitportal: Http://www.goethezeitportal.de/db/wiss/hoffmann/floh-groteske-satire_mayer.pdf. S. 22–24. Zugegriffen: 15.10.2014.

Meinel, C. (Hrsg.). 2000. *Instrument – Experiment. Historische Studien.* Berlin: GNT.

Metzger, F. 2011. *Geschichtsschreiben und Geschichtsdenken im 19. und 20 Jahrhundert.* Bern: Haupt.

Nietzsche, F. 2013. *Menschliches, Allzumenschliches.* Hamburg: Meiner.

Oexle, O. G. 2004. Was ist eine historische Quelle? *Die Musikforschung* 57: 332–350.

Rapp, F. 1987. Die Komplementarität von interner und externer Wissenschaftsgeschichte. *Ber. z. Wissenschaftsgeschichte* 10: 141–146.

Renfrew, C. 1973. *Before civilization. The radiocarbon revolution and prehistoric Europe.* London: Penguin.

Rheinberger, H.-J. 2006. *Epistemologie des Konkreten. Studien zur Geschichte der modernen Biologie.* Frankfurt a. M.: Suhrkamp.

Rilke, R. M. 1905 [1899]. *Das Stundenbuch.* Leipzig: Insel.

Rubner, H. 1964. Die französische Forstwirtschaft am Vorabend der Großen Revolution. *Z. f. Agrargeschichte und Agrarsoziologie* 12: 181–192.

Rubner, H. 1967. *Forstgeschichte im Zeitalter der industriellen Revolution.* Berlin: Duncker & Humblot.

Rubner, H. 1997. *Deutsche Forstgeschichte 1933–1945.* 2. Aufl. St. Katharinen: Scripta Mercaturae.

Rüsen, J. 1986. *Rekonstruktion der Vergangenheit.* Göttingen: Vandenhoek.

Sarton, G. 1954. Queries and answers. *Isis* 45, 383 f.

Schier, W. 2013: Zeitbegriffe und chronologische Konzepte in der prähistorischen Archäologie. *Prähistorische Zeitschrift* 88: 258–273.

Schwabedissen, H., K. O. Münnich. 1958. Zur Anwendung der C14-Datierung und anderer naturwissenschaftlicher Hilfsmittel in der Ur- und Frühgeschichtsforschung. *Germania* 36: 133–149.

Schweingruber, F. H. 2001. *Dendroökologische Holzanatomie. Anatomische Grundlagen der Dendrochronologie.* Bern: Haupt.

Seneca. 1832. Lettre XII. In: *Oeuvres complète de Sénéque.* T. 5. Paris: Panckoucke.

Shaffer, E. S. 1998. *The third culture: Literature and science.* Berlin: de Gruyter.

Shapin, S. 1998. *Die wissenschaftliche Revolution.* Frankfurt a. M.: Fischer TB.

Steiner, B. 2009. *Die Ordnung der Geschichte. Historische Tabellenwerke in der frühen Neuzeit.* Köln: Böhlau.

Stevens, S. S. 1946. On the Theory of Scales of Measurement. *Science* 103: 677–680.

Strasburger, E. 1998. *Lehrbuch der Botanik für Hochschulen.* 34. Aufl. Stuttgart: G. Fischer.

Weber, M. 1985. Die ‚Objektivität' sozialwissenschaftlicher und sozialpolitischer Erkenntnis. In: Ders., *Gesammelte Aufsätze zur Wissenschaftslehre.* 6. Aufl. Tübingen: Mohr.

Wolbring, B. 2006. *Neuere Geschichte studieren.* Konstanz: UTB.

Zimmermann, M. 1997. Quelle als Metapher – Überlegungen zur Historisierung einer historiographischen Selbstverständlichkeit. *Historische Anthropologie* 5: 268–287.

Inhaltsverzeichnis

In diesem Kapitel sind angesichts des langen Zeitraums von fast 400 Jahren zwangsläufig sehr heterogene Materialarten zu berücksichtigen: Eine Disziplin „Biologie" gab es vor 1800 nicht, so dass Pflanzenbeschreibungen oft in Gesamtwerken und in dem Briefwechsel von Naturforschern, in kameralistischen Schriften oder in Publikationsorganen fachlich unterschiedlicher Ausrichtung versteckt sind. Beschreibungen von Theophrast, Albertus Magnus oder die der Kräuterbücher ab 1530 sind heute relativ leicht zugänglich, während Berichte arabischer Botaniker schwieriger zu beschaffen waren. Da die Prüfung feiner innerer Gewebeteile von Pflanzen erst nach Erfindung des Mikroskops möglich war, wurde eine Sichtung der einschlägigen Literatur zur Mikroskopie notwendig. Auf der Suche nach frühen Erfahrungen über kausale Zusammenhänge zwischen der Pflanzenentwicklung und von außen wirkenden Faktoren wird man oft fündig bei Berichten über Experimente mit Pflanzen, etwa zur Wasseraufnahme, zum „Pfropfen" und „Okulieren" im Rahmen der „Baumkunst", sowie bei den Schriften der frühen Forstwirtschaft. Als weitere Materialiengruppe sind Veröffentlichungen über das Sammeln, Klassifizieren und Präsentieren von Pflanzen und Pflanzenteilen zu nennen. Diese Arbeitsgebiete und ihre Schriften berührten sich oft wenig oder gar nicht. Von einem frei zirkulierenden Wissen kann man deshalb vor 1800 häufig nicht ausgehen. Vermutlich meinte die Biologiehistorikerin Ilse Jahn diese Heterogenität von Informationen und Materialien, als sie schrieb: „[…] daß vieles, was in der Retrospektive so konsistent, so logisch

und zielgerichtet erscheint, sich auch bei einer individualgeschichtlichen ,Mikroanalyse' in viele ,Zufälle' auflöst." (Müller-Wille 2002, S. 6). In den Kapiteln dieses Buches über das 19. und 20. Jahrhundert wird deutlich, wie sich das Wissen zwischen Einzelpersonen und Institutionen zunächst allmählich und schließlich rasch verbreitete.

2.1 Ein Rückblick: Botanisches Wissen in Antike, Spätantike und Mittelalter

Frühe Belege für die Auswahl und Verwendung von Hölzern findet man in der Periode des „Neuen Reiches" in Ägypten, der Zeit der 18. bis 20. Dynastie von 1550 bis 1070 v. Chr., vor allem bei Inschriften über Baumhaine und Alleen in Tempelbezirken wie dem von Dendera. Sie berichten von der Verwendung zahlreicher Baumarten einschließlich importierter Nutzhölzer, obwohl es eine Forstkultur im Niltal niemals gab (Moldenke 1886, S. 7 f.). Eine archäologisch bedeutsame Reliefdarstellung von Pflanzen sind die im „botanischen Garten" des Tempels von Amun-Ra in Karnak aus der Zeit von Thutmosis II. (18. Dynastie). Ramses III. (20. Dynastie) ließ später zahlreiche Gärten anlegen, die auch Bäume in ihrem Bestand hatten. Strukturuntersuchungen der im alten Ägypten verwendeten Hölzer zeigten anhand von Ausstellungsstücken des Heidelberger Ägyptologischen Instituts und der Berliner Sammlung Spiegelberg, dass neben Akazien auch die damals im Niltal nicht verbreiteten Baumarten wie Eibe, Kiefer,

Eiche, Weide, Pappel und Buche verwendet wurden. Viele Belegstücken wiesen markante Jahrringe auf, etwa Nilakazien, Tamarisken, Ziziphus (Kreuzdorngewächs) und die Weidenart *Oncoba spinosa*. Sicher sind sie erfahrenen Handwerkern jener Zeit aufgefallen; Abbildungen oder schriftliche Hinweise dazu gibt es aber nicht (Ribstein 1925). In privaten Gärten und Tempelanlagen wurden nutzbare Bäume, Sträucher und Ziergewächse fremder Regionen kultiviert, darunter neben technisch wichtigen Holzarten auch wohlriechende und kostbare Gewächse, die beispielsweise Thutmosis III. bei Kriegszügen aus Phönizien, Mesopotamien oder Syrien nach Ägypten transportieren ließ. Die natürliche Baumvegetation Ägyptens war beherrscht von autochthonen Sykomoren (Maulbeerfeigen), Tamarisken und Akazien, den einzigen einheimischen Gewächsen, die sich als Material für Hausgeräte, Bau- und Kunstwerke oder für die Herstellung von Mumiensärgen eigneten, wobei die in Ägypten „sent" genannte Akazie häufig als Material zur Herstellung von Statuen diente. Aufgrund ihrer Zähigkeit und geringen Neigung zur Fäulnis waren diese Hölzer sehr geschätzt, obwohl ihr ungleichmäßiger Wuchs die Bearbeitung erschwerte; selbst Türen, Gebälk und Pfeiler von Tempeln wurden daraus gefertigt. Das harte und beständige Holz der Nilakazie („tieha sent") verwendete man vorwiegend zum Bau von Schiffen: Wandgemälde aus Gräbern zeigen, wie Zimmerleute die Schiffsplanken und -spanten mit Äxten, Bohrern und Stecheisen bearbeiteten und sie anschließend zusammenfügten (Woenig 1886, S. 279–283, 299 f.), während im Papyrus Anastasi IV eine Vorrichtung für den Ersatz schadhafter Akazienholzplanken und -bretter einer heiligen Barke („sekti") beschrieben wird (Moldenke 1886, S. 79). Die schon im alten Reich bekannte Verbindung der Holzteile durch Nuten und Zapfen war eine viele Jahrhunderte lang verwendete Technik, bei der die Planken nicht unbedingt parallel ausgerichtet waren, sondern auch Krummholz individuell angepasst wurde. Nur bei den 40 m langen Khufu-Schiffen verwendete man gleichmäßig gewachsenes importiertes Zedernholz (Ward 2006, S. 122–125), das je nach Verwendungszweck zu bearbeiten war (Gale et al. 2000, S. 334–371).

Erst mehrere Jahrhunderte später findet man erneut Schriften über Bäume und die Struktur von Hölzern. Theophrastos von Eresos (372–287 v. Chr.) war zuerst Schüler von Platon, wandte sich aber später Aristoteles zu und wurde nach dessen Tod im Jahr 322 sein Nachfolger als Leiter der peripatetischen Schule in Athen. In seinen botanischen Schriften über die Naturgeschichte und die Ursachen der Gewächse spielen die Beobachtung der Organismen und die Vorgänge in ihrer Umgebung eine zentrale Rolle. Dabei blieb er stets skeptisch gegenüber theoretischen Erklärungen und beschrieb die Naturphänomene in einem realistischen Stil. Für den Botaniker

und Wissenschaftshistoriker Gustav Senn bedeuteten Theophrasts botanische Spätwerke „[…] in der Geschichte der Biologie, und der Naturwissenschaft überhaupt, einen entscheidenden Wendepunkt, da in ihnen der Übergang von der idealistischen zur realistischen Naturauffassung vollzogen und die biologische Forschungsmethode auf eine neue Grundlage gestellt wurde." (Senn 1933, S. 223 f.). Mit ihnen habe Theophrast in der Biologie das imponierende philosophisch-biologische System des Aristoteles durchbrochen und zwischen den Jahren 310 und 250 als großer Neuerer eine Glanzzeit der antiken Biologie entstehen lassen. In der Spätantike sei demgegenüber das Niveau der Naturforschung zurückgegangen, da nun Deduktion, Analogieschluss und Schematisierung dominierten und sich im anschließenden Mittelalter wissenschaftsfremde Elemente wie Utilitarismus und Mystik ausbreiteten.

Bei der Beschreibung der Bäume stützte sich Theophrast vor allem auf eigene Beobachtungen in Griechenland, aber auch auf mündlich überlieferte Berichte von Teilnehmern der Eroberungszüge Alexanders des Großen in Ägypten und Vorderasien. In seinen Texten findet man deshalb mehr Hinweise auf subtropische und tropische Pflanzen als auf solche nördlicher Regionen. Die Vermehrung der Bäume erfolge entweder durch eigene Sprösslinge oder durch aus Baumsamen gezogene Stecklinge, nicht aber wie bei einjährigen Pflanzen durch spontane Vermehrung. Diese sei nur bei günstigen Niederschlagsbedingungen auch bei größeren Pflanzen möglich (Theophrastos 1976, S. 3–33). Mehrfach erwähnte er die Vorteile einer günstigen Exposition und die schädlichen Folgen des Frostes für das Baumwachstum (ders. 1990, S. 127–141). Vermutlich war er der Erste, der die Zusammenhänge zwischen Baumumfang, Saftstrom, Blatt- und Wurzelwachstum sowie von Dicken- und Längenwachstum erklärte, während man in früheren Texten nicht einmal den Versuch einer Beschreibung des Dickenwachstums findet (Wöhrle 1985, S. 40–44). Bei seiner Beschreibung der Holzstruktur dickerer Bäume ist zu berücksichtigen, dass geeignete Werkzeuge für die Herstellung sauberer Quer- und Längsschnitte kaum bekannt waren. In *Historia plantarum* V. 6.4 erwähnte Theophrast die Holzbearbeitung mit dem Beil, während er in Abschn. V. 5.4 zwar das Schränken der Säge beschrieb, diese damals aber nicht zum Fällen der Bäume, sondern nur zum Holzschneiden in Längsrichtung verwendet wurde (Makkonen 1966, S. 165–172). Unklar ist, ob Theophrast oder anderen griechischen Naturforschern die Bedeutung der Jahrringe bewusst war. Zweifellos hat er die Abfolge solcher Ringe beobachtet, z. B. bei der von ihm beschriebenen Herstellung von Schiffsmasten, die nach seinen Angaben mehrere Holzkerne und eine unterschiedliche Gewebestruktur im Früh- und Spätholz aufwiesen. Nur bei der Tanne erwähnte er Ringe, ohne sie jedoch eindeutig als Jahrringe zu bezeichnen.

Die Übersetzungen stimmen hier nicht vollständig überein: Kurt Sprengel übersetzte 1822 Theophrasts Ausführungen zur Silberfichte so: „Der Stamm besteht aus mehreren Häuten (Schichten)," (Theophrastos 1822, Bd. 1., S. 203), während es bei Buche und Tanne einen „Zusammenhang concentrischer Holzlagen" gebe (ebd., Bd. 2, S. 207). Arthur Hort übersetzte die Passage zur Silberfichte so: „Moreover the wood of the silver-fir has many layers, like an onion: there is always another beneath that which is visible, and the wood is composed of such layers throughout." (Theophrastos 1916, Bd. l, S. 423). Auch die folgende Passage lässt indirekt auf Theophrasts Kenntnis der Jahrringe schließen: „[…] if one makes a hole in a tree and puts a stone into it or some other such thing, it becomes buried, being completely enveloped by the wood which grows all round it: this happened with the wild olive in the market-place at Megara." (Ebd., 432); (vgl. Theophrastos 1976, Bd. I, S. 3).

Präziser als die Jahrringe kennzeichnete Theophrast andere Gewebeelemente des Holzes: „Denn sie haben gleichsam Fasern (Adern); die sind zusammenhängende, sich spaltende, in die Länge gezogene, einfache Teile, die sich nicht zerästeln; sie haben auch Adern; diese sind übrigens der Faser ähnlich, nur größer und dicker: sie haben Seitensprossen und enthalten Flüssigkeiten." (Theophrastos 1822, Bd. 1., S. 184); (ders. 1916, S. 2–6. Trotz der manchmal uneindeutigen Erklärung der Holzelemente blieb Theophrast in den folgenden 1500 Jahren bis zu Albertus Magnus der einzige Naturforscher, der sich überhaupt mit der Anatomie und Physiologie von Bäumen befasste. Zwar findet man auch in den Schriften von Plinius d. Ä. (24–79 n. Chr.) Erläuterungen zur Holzstruktur, etwa: „Im Fleisch gewisser Bäume finden sich zartere Teile und Adern. Sie lassen sich leicht unterscheiden: die Adern sind breiter und heller; die zarteren, fleischigen Stücke sitzen in den Holzteilen, die sich leicht spalten lassen."[1] Plinius' eigene Kenntnisse erschienen aber aus Sicht späterer Botaniker mangelhaft und lassen, wie bei diesem Zitat, die Vorlage des Theophrast erkennen.

Während der Blütezeit der arabischen Naturforschung findet man kompilierte Beschreibungen zahlreicher Bäume des Mittelmeerraums in den botanischen Schriften des Abu Hanifa al-Dinawari (828–889 oder 895), allerdings vorwiegend unter dem Aspekt ihrer Nutzung (Fahd 1996, S. 820–829, 839 f.). Ihm kamen als Empiriker bei seinem Bedürfnis nach Präzision nicht zuletzt die speziellen Ausdrücke der wortreichen arabischen Sprache für Pflanzengruppen und die Morphologie der Gewächse entgegen (Silberberg 1910, S. 50–53). Diese Art der Pflanzenbeschreibung entsprach dem Bedürfnis des Nomadenlebens

der Beduinen, die oft Pflanzen mit unterschiedlichem Aussehen zu großen Gruppen zusammenfassten und bei Hölzern deren Wuchsform und nicht die innere Struktur hervorhoben (ebd., S. 65); (vgl. Jagiella und Kürschner 1987). Sprachhistorische Untersuchungen von 1870 zur Differenzierung der Namen von Holzbestandteilen lassen vermuten, dass arabische Naturforscher die Schriften des Theophrast nicht kannten. Nützliche Tätigkeiten wie das Pfropfen der Bäume oder die Pflege der Knospen beschrieben sie auf sehr differenzierte Weise (Clément-Mullet 1870, S. 7 f., 13).

Für Botaniker wie Ibn al Awwam in Sevilla stand bis zum 12. Jahrhundert die Baumzucht und die Veredlung von Obstbäumen eindeutig im Mittelpunkt des Interesses, während es „rein botanische Werke, solche, deren unmittelbarer Gegenstand die Natur der Pflanze und deren Unterschiede sind, […] im Arabischen nicht [gibt]." (Meyer 1856, S. 132). Auch ein andalusischer Pflanzenkenner wie Abul al Abas (Beiname: al Nabati „der Botaniker") schrieb wie sein Vorbild Dioskorides keine Naturgeschichte der Pflanzen, sondern vielmehr eine Heilmittellehre. Zum Phänomen der Jahrringe findet man in diesem „Goldenen Zeitalter" der arabischen Zivilisation fast nichts. Nicht eindeutig belegt ist eine Überlieferung, nach welcher der abbasidische Kalif Al-Mutawakkil (822–861) um 850 die den Magiern heilige Zypresse von Kashmar südlich Maschhad fällen ließ, deren Alter mit 1450 Jahren angegeben wurde.

Als der bedeutendste Naturforscher des Hochmittelalters gilt der Geistliche und Gelehrte Albertus Magnus (ca. 1200–1280), dessen Verdienst nach Auffassung heutiger Historiker darin besteht, das Niveau der Naturbeobachtung und die zeitgenössischen Kenntnisse über Pflanzen und Tiere auf den Stand der Antike gehoben zu haben. In seinen Schriften zur Botanik folgte er dem Leitspruch „fui et vidi experiri" (ich war dabei und sah es geschehen) und sprach von „nos experti sumus" (wir beobachten). Der Wissenschaftshistoriker Eduard Dijksterhuis ging auch von Experimenten Alberts aus (Dijksterhuis 1956, S. 148–150); (vgl. Hoßfeld 1983, S. 84, 95 f.). Trotz seiner Vertrautheit mit den wissenschaftlichen Schriften des Aristoteles bewahrte Albert ihm gegenüber eine kritische Distanz, etwa in „De vegetabilibus", die sich nur strukturell an die [pseudo-aristotelische] Vorlage „De plantis" des Nikolaus Damascenus hielt und sich vielmehr auf eigene Erfahrungen stützte (Albertus 1992, S. 12 f.); (vgl. Rex 1998, S. 192). Allerdings war Albert bei seinem Versuch, einheitliche Erklärungsmodelle für die Bewegung von Lebewesen zu finden, ein Repräsentant des 13. Jahrhunderts und noch nicht Wegbereiter der Moderne. So führte er das Pflanzenwachstum auf die Eigenschaft der „Leichtigkeit" zurück, die sich in der griechischen Philosophie wie die „Schwere" von der Vier-Elemente-Lehre ableitet: „Der Wachstumsvorgang war […] ein Prozeß, der die Pflanze beim Streben nach oben gleichzeitig auch die

---

[1] Lat.: „In quarundam arborum carnibus pulpae venaeque sunt. Discrimen earum facile." (Plinius d. Ä. 1991; Buch 16, S. 118).

ihr angemessene Gestalt gewinnen lässt." (Nitschke 1980, S. 2 f.). In *De vegetabilibus* erklärte Albert deshalb die Entwicklung der Pflanzen vor allem durch den Einfluss von Feuchte und Wärme, erkannte aber auch die Wirkungen der Pflanzenexposition und der Wasserspeicherung des Bodens nach winterlichem Schneefall (Schmitt 1909, S. 74 ff.).

Die Ursache des Dickenwachstums der Bäume erklärte Albert vor allem mit der Feinheit der Poren, die den Aufstieg des Nahrungssafts behindere und nach Stau zu einer Verdichtung im Mark führe. Die beim Saftaufstieg wirkenden Kräfte erklärte er mit der Anziehungskraft der Hohlräume im Boden und in der Wurzel, außerdem durch die schwammartige Struktur des Gewebes im Holz. Aus heutiger Sicht entspräche dies dem Wurzeldruck im unteren und der Saugkraft im oberen Teil der Pflanze (Fellner 1881, S. 44, 88). Die Jahrringe der Bäume bezeichnete Albert in seinem Text als „tunicae ligneae" (Hüllen aus Holz), die sich bei fast allen Bäumen außer bei Palmen bildeten: „Die Pflanze wächst bis zu einer bestimmten pflanzlichen oder holzigen Hülle, von denen sich eine über die anderen legt." (Jessen 1867, S. 121)[2]. Solche Hinweise Alberts findet man bei Jessen (1867) unter den folgenden Seitenzahlen: für die Schwarzerle (*Alnus glutinosa*: „crescit autem tunicis ligneis, poris suis recte ascendentibus", 350), Zeder und Zypresse („crescit autem substantia eius per circuitum a radice rursum ex tunicis ligneis", 361), Buche (*Fagus silvatica*, 389), Weißbirke (*Betula alba*, 391), Esche (*Fraxinus excelsior*: „crescit autem ex tunicis ligneis, ita quod inter tunicam et tunicam est quaedam substantia rara, et tamen valde dura", 391), Ölbaum (*Olea europeae*: „crescens ex tunicis ligneis, et non ex medulla per radios", 418), Dattelpalme (*Phoenix dactylifera*: „non ex circularibus tunicis crescens", 428), Birne (*Pirus communis*, 433), Zirbelkiefer (*Pinus cembra*: „crescit autem ex tunicis ligneis ordinate ascendentibus ad modum abietis", 456), Wein (*Vinis vinifera*: „quod non crescit ex tunicis ligneis, sed potius ex medio sui emittit ligneos radios albos ad exterius sui", 462) und sogar beim krautigen Lauch (*Allium porrum*: „omne autem genus huius saporis crescit ex tunicis quibusdam", 550). Diese und andere Schriften Alberts sind im Netz frei verfügbar unter: http://www.arts.uwaterloo.ca/~albertus/. Zugegriffen: 29.11.2017. Hinweise auf die Verwendung botanischer Begriffe durch Albert findet man bei Sprague (1933).

Als Transportwege für den Nahrungssaft dienen nach Alberts Vorstellung venenartige Gefäße, die vertikal und horizontal im Gewebe verlaufen und auch zum Wachstum der Holzschichten beitragen. Sein physiologisches Konzept kommt der heutigen Vorstellung beachtlich nahe:

[I]hre Saftwege [werden] Venen genannt. Zuweilen steigen sie gerade auf, und dann wächst die Pflanze gleichsam durch krautartige und holzige Lagen (tunicae), deren eine die andere einschließt. Zuweilen sind sie gewunden und dann wird die Pflanze knotig. Zuweilen ziehen sie sich netzförmig durch den ganzen Körper, und dann steigt der Saft in den geraden Venen empor, und wird in den querlaufenden aufgehalten und zur Ernährung verwandt. Auch kommen die Venen bald von unten herauf aus der Wurzel, bald verlaufen sie strahlenförmig vom Mark nach der Oberfläche zu (Meyer 1836, S. 678); (lat. in Jessen 1864, S. 121 f.).

Der Auffassung Ernst Meyers, die botanische Leistung Alberts des Großen sei in den nächsten drei Jahrhunderten nicht mehr erreicht oder gar übertroffen worden, kann auch der Autor dieses Buches eindeutig zustimmen. Meyer schrieb weiter: „Wir finden vor Albert nicht einen einzigen Botaniker, der sich mit ihm vergleichen ließe, außer Theophrast, den er nicht kannte; nach ihm keinen, der die Natur der Pflanze überhaupt lebhafter aufgefasst, tiefer durchschauet hätte als er, bis auf Konrad Gessner und Cesalpini." (Meyer 1836, S. 730).

2.2 Frühe pflanzenanatomische und -physiologische Untersuchungen

Das botanische Wissen in der Antike war vor allem darauf gerichtet, die Wesenseigenschaften der Pflanzentypen zu erkennen. Die beobachteten Tatsachen der belebten Natur wurden durch induktives Herangehen, aber auch deduktiv-spekulativ erklärt. So versuchte Aristoteles in seinen zoologischen Schriften sowohl Unterschiede („differentiae") von Lebewesen durch das Sammeln von Beobachtungen und Tatsachen zu erfassen als auch deren allgemeine und spezifische Funktionen und deren Wirkursachen zu erklären. Theophrast richtete in seinen Pflanzenschriften das Augenmerk auf die Verschiedenheit der konstitutiven Teile der Pflanzen und ihre Funktion. Während des Mittelalters gingen diese methodischen Ansätze weitgehend verloren, zumal die Scholastiker dem theoretischen Wissen den Vorzug gegenüber dem Erwerb persönlicher Erfahrungen in der Natur einräumten. Nach Schätzungen gab es während des gesamten Mittelalters kaum mehr als zwei Dutzend Menschen, die eigene Beobachtungen an Pflanzen machten; die antiken Schriften zur Botanik wie Theophrasts *Historia plantarum* waren während dieser Epoche unbekannt (Reeds 1976, S, 521–526). Erst im frühen 15. Jahrhundert brachte Giovanni Aurispa Manuskriptkopien von *Historia plantarum* und *De causis plantarum* aus Konstantinopel nach Italien, die durch Theodorus Gaza in Lateinische übersetzt wurden und um 1450 gedruckt erschienen. Erst 80 Jahre später lagen die Schriften von Theophrast, Plinius, Dioscorides und Galen gedruckt in lateinischer Sprache vor (Jahn 2004, S. 68 f.).

---

[2]Lat.: „Tunc crescit planta quasi per quasdam tunicas herbales vel ligneas, quarum una superponitur alteri." (Dt. H.H.R.).

Während der Renaissance und der sich daran anschließenden Phase der sogenannten wissenschaftlichen Revolution versuchte man nicht allein mit philologischen Methoden die antiken Schriften der peripatetischen Schule zu überprüfen, sondern in Botanik und Zoologie das Wissen durch direkt beobachtbare Eigenschaften der Objekte zu erweitern. Erstmalig wurden in manchen Büchern botanische Illustrationen nahezu gleichberechtigt neben die Texte gestellt (Shapin 2001, S. 56–60). Stand anfänglich noch die essentielle Anschauung vom Wesen der Pflanzentypen im Vordergrund, wurden zunehmend Pflanzenteile wie Wurzel, Spross, Blüten und Blätter qualitativ nach Farbe, Geruch, Geschmack, aber auch quantitativ durch Größe, Anzahl, Lage und Anordnung charakterisiert, d. h. nach den Kategorien des Aristoteles: Ort (locus und situs), Zeit (tempus), Quantität (numerus und magnitudo), Qualität (color, odor, sapor, crasis, figura). Vorher vernachlässigte anatomische Eigenarten der Teile in ihrer Beziehung zu den physiologischen Erscheinungen des Stoffwechsels wurden seit Ende des 16. Jahrhunderts wichtig für das botanische Wissen. Aber erst viel später erneuerte Joachim Jungius (1587–1657) die botanische Methodologie, indem er sich von aristotelischen Vorstellungen trennte und Pflanzen wie Mineralien als physikalische Körper ohne „anima" betrachtete und deren vielfältige Erscheinungen auf möglichst objektiv definierbare Begriffe zurückzuführen suchte. Diese Sichtweise beeinflusste beispielsweise den englischen Naturforscher John Ray (1627–1705), der als Anhänger der sensualistischen Erkenntnistheorie die Notwendigkeit materieller Träger von Eigenschaften hervorhob, die deren Wahrnehmbarkeit bedingen (Hoppe 1976, S. 294–297)[3].

Der erst seit Beginn des 19. Jahrhunderts so bezeichnete Epochenbegriff „Renaissance" wurde oft als Wiedergeburt („renascita") übersetzt. Etymologisch von doppelter Bedeutung, war er zunächst botanisch betrieblicher Herkunft und hatte mit dem Wiederausschlagen von Bäumen nach dem Hieb zu tun. Forstleute nannten es „auf die Wurzel setzen" im Sinne einer Verjüngung.[4] Die Metapher wurde vielfach aufgegriffen, u. a. von Albrecht Dürer, der die „rinascita" als „Widerwaxung" des „silva renascens" verwendete, was mehr bedeutet als die Wiedererwachung der Antike: Sie meinte auch den Baum im Bewusstsein der Menschen, der neben anderen Elementen als Chiffre für eine bukolische Natur steht. Diese wird von nun an auch um ihrer selbst willen dargestellt, wie Dürers Bild „Linde auf der Bastion" von 1494 beispielhaft zeigt. Mit der alten Metapher verband sich erst nachträglich eine zweite, nämlich die „regeneratio" im christlich-religiösen Sinn als Wiedergeburt (Demandt 2002, S. 208 f.); (vgl. Trier 1961).

Die bis heute andauernde Debatte über die Frage, ob die westliche Wissenschaftstradition mit der Renaissance direkt an die Antike angeknüpft und mittelalterliches Wissen somit beiseitegelassen habe (wie Jacob Burckhardt meinte), oder ob (nach der Auffassung Pierre Duhems) es in Mathematik und Naturphilosophie eine ununterbrochene Abfolge allmählicher Verbesserungen schon seit dem Mittelalter gegeben habe, erscheint hier weniger wichtig als die Tatsache, dass sich zur Zeit des Humanismus in den „res herbaria" drei Dinge neu entwickelten: Beschäftigung mit alten botanischen Texten, naturalistische Beschreibung lebender Pflanzen und die Einbeziehung der Botanik in das medizinische Curriculum. Dabei verfügte das mittelalterliche Latein über keinen Begriff für „Botanik", man nannte die Beschäftigung mit Pflanzen die „res herbaria".

Während der Renaissance begannen neben Naturforschern auch Laien, die Pflanzen in ihrer natürlichen Umgebung zu beobachteten. So berichtet Leonardo da Vinci (1452–1519) über die Zunahme der Dicke von Baumstämmen nach dem Saftsteigen zwischen Bast und Holz des Stammes im Monat April. Während dieser Zeit verwandle sich der Bast in Rinde, die Schnittflächen abgesägter Äste zeigten die Zahl der Jahre an. Auch seien die Ringe je nach Feuchte des Jahres breiter oder enger, und zwar der nach Norden gerichtete Teil breiter als der südliche, weshalb das Zentrum eines Stammes näher zum Süden liege (Leonardo da Vinci 1925, S. 355 f.). Leonardo kannte Plinius' *Naturalis historia* und Lucretius' *De rerum natura,* vermutlich auch Theophrasts und Albertus Magnus' Schriften. Neben Dürer war es sein Verdienst, die Pflanzen erstmals nach der Natur zu zeichnen. Allerdings wurde Leonardos zeitgenössische Wirkung auf die Wissenschaftsentwicklung oft falsch eingeschätzt: *Trattato de la pittura* erschien erst 1651, die Pariser Codices und die *Codice Atlantico* zwischen 1881 und 1894 (Randall 1953); (Morley 1979). Aus der Sicht eines Bergmannes befasste sich Georg Agricola (1494–1555) mit der Anzeige bodennaher Erzgänge durch Pflanzen. Gewisse Kräuter und Pilze wüchsen in einer Linie über den Gängen, „außerdem muss man auf die Bäume achten, deren Blätter im Frühling bläulich oder bleifarben sind, deren Zweigspitzen vornehmlich schwärzlich oder sonst unnatürlich gefärbt sind, deren Stamm- und Astholz schwarz oder bunt ist", verursacht durch warme und trockene „Ausströmungen" der Gänge (Agricola 1978, S. 30). Der Philosoph und Essayist Michel de Montaigne (1533–1592) schrieb in seinem Reisebericht nach Italien 1581 in Pisa über das Phänomen des exzentrischen Baumwachstums:

Tous les arbres ont intérieurement autant de cercles et de tours qu'ils ont d'années. […] La partie du bois tournée vers le septentrion ou le nord, est plus étroite, a les cercles plus serrés et plus épais que l'autre; ainsi quelque bois qu'on lui porte, il se vante de pouvoir juger quel âge avait l'arbre et dans quelle situation il était (Montaigne 1983, S. 318 f.).

---

[3]Biographisches zu Jungius: DSB 7, S. 193–196.
[4]Reallexikon für Antike und Christentum (RAC) 6 (1966), S. 20 ff.

Fast 100 Jahre später findet man eine wichtige Beobachtung von Baumwachstum und -physiologie durch einen Mediziner: Der Hanauer Hofarzt Salomon Reisel (1625–1701) (Bröer 1996) teilte Ende 1672 der Royal Society of London und ihrem Sekretär Henry Oldenburg in getrennten Schreiben mit, dass im Innern eines 1654 gespaltenen Buchenstammes das Abbild römischer Majuskeln und einer fünfeckigen Figur deutlich zu erkennen seien.[5] Er vermutete das Anwachsen eines benachbarten Baumes an der nun rindenfreien Stelle der eingeschnittenen Buchstaben, wodurch sich das Holzwachstum kaum gestört habe fortsetzen können. Oldenburg dankte in seiner Antwort zwar kurz für die Übermittlung dieser Beobachtung und ihre natürliche Erklärung durch Reisel, diskutierte aber vor allem die Untersuchungen verschiedener „vessel" im Holz durch englische Naturforscher und wies auf die Analogie zum Blutkreislauf der Tiere hin.[6] Diese Ausführungen stellten Reisel offenbar nicht zufrieden, denn er erläuterte ein halbes Jahr später noch einmal seine Auffassung vom möglichen Überwachsen der Schrift und der Figur: Eine Schicht von etwa 14 cm Holz mit 70 Jahresringen läge über den eingeritzten Zeichen, und diese seien sogar bei Betrachtung der Oberfläche des Stammes wegen der hier auftretenden Verknotungen und Unregelmäßigkeiten zu sehen. Besonders beim festen Holz von Buche und Walnuss seien derartige Beobachtungen schon früher gemacht worden. Im Übrigen könne er Oldenburgs Hinweise auf unterschiedliche Holzgefäße für den Hin- und Rücktransport von Pflanzensäften nicht bestätigen, und das 70 Jahre andauernde Überwachsen der Figuren sei wohl nur unter dem Schutz eines angelehnten Astes oder anderen Baumes möglich geworden.[7] Als Beleg führte er die Ergebnisse einer „Dissertatio botanica" von Johann Daniel Major aus dem Jahre 1665 zum Wachstum eines riesigen Baumes in Gottorf bei Schleswig („planta monstrosa gottorpiensi") an, der in dieser Arbeit im Gegensatz zu Reisel allerdings eine Zirkulationstheorie vertreten hatte. Schließlich fasste Reisel seine Überlegungen innerhalb einer umfangreichen Sammlung von Naturbeobachtungen zusammen (Reisel 1675/1676, S. 9–15).

Zur eigenständigen Wissenschaft wurde die Botanik im 16. Jahrhundert vor allem durch ihre enge Verbindung zur Medizin, da Pflanzen wichtige Bestandteile der Medikamente („materia medica") waren. Die Pflanzenbeschreibungen in den nach 1530 veröffentlichten Kräuterbüchern nahmen deshalb ständig Bezug auf die Schriften von Theophrast, Dioscorides, Plinius und Galen. 1530 erschien das Kräuterbuch von Otto Brunfels (1488–1534) in lateinischer Sprache mit zahlreichen naturalistischen Abbildungen des Zeichners Hans Weiditz. Eine deutsche Fassung erschien zwei Jahre später. Bäume werden darin nur morphologisch beschrieben, holzanatomische und -physiologische Erläuterungen finden sich nicht, lediglich Hinweise auf die medizinische Verwendung von Pflanzenteilen oder Pflanzenextrakten (Brunfels 1532). Das 1539 erschienene *New Kreütter Buch* von Hieronymus Bock (1498–1554) enthielt in der ersten Auflage keine Abbildungen und beschrieb die Pflanzen in ihrer zeitlichen Entwicklung und nach ihrem Habitus, außerdem Vorkommen und Fundort (Bock 1539). Dagegen enthielten das 1542 von Leonhart Fuchs (1501–1566) veröffentlichte Werk *De historia stirpium commentarii* und die deutsche Ausgabe *New Kreüterbuch* von 1543 Abbildungen von etwa 500 Pflanzenarten ausgesucht schöner Exemplare aller Entwicklungsstufen in hervorragender Holzschnittillustration, bei denen er persönlich die Arbeit der Maler H. Füllmaurer und A. Meyer sowie V. Speckle als Holzschneider überwachte (Baumann et al. 2001, S. 24); (vgl. Kusukawa 1997). Bei Fuchs findet man anders als in den vorgenannten Büchern gelegentlich Hinweise auf holzanatomische Details wie die später als Kambium bezeichnete Wachstumsschicht: „[…] aber das klein subtil heutlin so zwüsche der rinden und dem stamen würt gefunden." (Fuchs 1543, Cap. LXXXII, C). Wichtig war auch sein Bemühen um die Definition botanischer Begriffe, z. B. für „caudex" als oberirdischen Spross der holzbildenden Gewächse, der die von der Wurzel kommenden Nährstoffe nach oben trägt. Auch der Begriff „stirps", der so viel wie „Pflanzenstock" oder das „Wurzelhabende" bedeutet, tauchte in der botanischen Literatur des 16. Jahrhundert auf (vgl. Karafyllis 2006, S. 215).

Spätere Botanikhistoriker wie Kurt Sprengel bemängelten Ungenauigkeiten und Irrtümer der Pflanzenbeschreibung in den Kräuterbüchern des 16. Jahrhunderts oder sprachen wie Julius Sachs gar von der „außerordentlichen Gedankenarmuth dieser meist sehr dickleibigen Folianten". Immerhin hob Sachs die präzisen Beschreibungen von Brunfels, Bock und Fuchs hervor, obwohl sie die Schwierigkeiten der zeitgenössischen Auseinandersetzung mit den scholastischen Lehren und die äußeren Lebensbedingungen der Naturforscher in der Renaissance unberücksichtigt gelassen hätten (Sprengel 1817, S. 257–338); (Sachs 1875, S. 14–30). Noch 1973 folgte der Botaniker Karl Mägdefrau in seiner „Geschichte der Botanik" dem Urteil von Sachs.

Wenige Jahrzehnte nach Erscheinen der Kräuterbücher tauchten in den Schriften von Andreas Caesalpinus und Carolus Clusius gelegentlich Angaben zur Holzanatomie und -physiologie auf. Caesalpinus (1519–1603, oft als Cesalpino bezeichnet, unternahm 1583 in *De plantis libri*

---

[5]In Hall und Boas-Hall (1975, 1672 f.): Letter 2077 v. 1. Okt. 1672 und Hinweis auf den Brief an die Royal Society v. 30. Sept. 1672.

[6]Ebd., letter 2131 v. 15. Jan. 1673.

[7]Ebd., letter 2246 v. 10.06.1673.

XVI den Versuch einer neuen Klassifikation der Pflanzen, indem er sie nicht nur wie die antiken Schriftsteller in Bäume, Sträucher und Kräuter einteilte, sondern auch nach der Charakteristik ihrer Früchte. Deshalb nannte ihn Carl v. Linné deshalb später den „primus verus systematicus". Die Flüssigkeitsaufnahme der Pflanzen über die Wurzeln, die man zuvor recht vage mit der Funktion eines Schwamms gleichgesetzt hatte, verglich Cesalpino mit der Destillation zur Trennung von Stoffen in Chemie und Pharmazie und somit rein mechanistisch (Cesalpino 1583, S. 5). Dieses von Cesalpino „destillatio per penicillum" genannte Einsaugen der Flüssigkeit aus dem Boden hatte schon 1500 Hieronymus Brunschwygk in seiner Schrift „Liber de arte distillandi" als „destillatio per filtrum" erwähnt. Nach seiner Auffassung übernähmen feine Poren und Leitungen im Innern der Wurzeln den Flüssigkeitstransport, während die tuchähnliche Eigenschaft des Holzgewebes zur Abtrennung der gelösten Substanzen führe (Hoppe 1976, S. 123). Aus Sicht des Autors handelt es sich bei dieser „destillatio per filtrum" nicht um eine Destillation, sondern um eine Trennung der gelösten Stoffe von der Flüssigkeit durch Adsorption während des kapillaren Aufstieges, vergleichbar mit Vorgängen bei der Papier- oder Dünnschichtchromatographie.

Carolus Clusius (1526–1609, Charles de l'Écluse) hatte während seiner Reise im Dienst der Fugger auf die iberische Halbinsel 1564/65 die Pflanzen der Region beschrieben, Herbare angelegt und Samen mitgenommen. Sein Werk erschien 1576, ein weiteres über die ungarisch-österreichische Flora 1583.[8] Clusius fand als Hofrat am Hof von Maximilian II. und dessen Sohn Rudolf II. und Direktor des botanischen Gartens 1573 bis 1587 günstige Bedingungen für seine Untersuchungen zur Pflanzensystematik, für die er auch Geruch und Geschmack der Pflanzen zur Charakterisierung heranzog. Daneben führte er Aussaatversuche durch und beschrieb die Unterschiede der Blütenfarbe nach mehrfacher Kreuzung, ohne allerdings diese Experimente systematisch weiterzuführen (Christ 1912b, S. 330); (Christ 1913, S. 161). Das Wachstum der Bäume, ihre Knospung und Blütenbildung behandelte er kursorisch für alle bekannten Arten. Zur Holzanatomie versteinerter Eichen des Pinkatals an der heutigen österreichisch-ungarischen Grenze stellte er beispielsweise fest, dass sich Stamm und Äste in dunklen Feuerstein mit einem hellen Überzug umgewandelt hätten. Die natürliche Form sei erhalten geblieben, ebenso die „Holzadern" und die Jahrringe (Clusius 1965, S. 10).

Die neue Art, mit der während der Frühen Neuzeit Pflanzen beschrieben, verglichen und ihre Teile untersucht wurden, führte spätestens nach Einführung des Mikroskops zu Fragestellungen, die zuvor keine Rolle gespielt hatten. Das Innere der Pflanze mit ihrer Feinstruktur und dem Zusammenwirken der einzelnen Teile wurde ebenso bedeutsam wie ihre äußere Erscheinung und die Systematik von Arten und Gattungen. Ganz im Sinne Bacons galt es nun, Fragen auch durch das Experiment zu klären wie etwa: Verläuft der Saftstrom aufwärts und abwärts? Welcher Anteil bewegt sich in der Rinde, welcher im Mark? Wie geschieht die Nahrungsaufnahme über die Wurzel? Haben Regen und Bodenfeuchte eine direkte Wirkung auf den Saft? (Anonymus 1668). Auch praktische Erwägungen spielten eine Rolle, wenn etwa Probleme des Holzbedarfs für den Schiffbau durch Untersuchungen der jahreszeitlich schwankenden Saftgehalte in Baumstämmen gelöst werden sollten und die Schriften der antiken Schriftsteller nicht weiterhalfen (Pepys 1686–1692). Und schließlich entwickelte sich nicht zuletzt aufgrund der Kenntnisse der frühneuzeitlichen Botaniker allmählich eine Vorstellung vom Zusammenhang zwischen pflanzlichen und tierischen Fossilien in abgelagerten Schichten der Erde und der Entwicklung von Lebewesen. So war etwa für Nikolaus Steno (1638–1686) das Vorhandensein ehemaliger Lebewesen innerhalb einer Erdschicht ein Indiz für die benötigte Zeit zur Ablagerung der Sedimente, wobei jüngere Schichten sich auf die älteren legten. Außerdem glichen eingebettete Pflanzen den lebenden Pflanzen und ihren Teilen vollkommen oder unterschieden sich von ihnen nur durch Farbe und Gewicht (Steno 1923, S. 33 f., 56 f.). Wurde vorher die Zeit nicht als Entwicklungsprinzip der Lebewesen in ihrer inneren Organisation gesehen, war nun in Anlehnung an Foucault (1980, S. 195) eine stetige Veränderung der Organismen immerhin denkbar.

2.3   Wissenserweiterung mit Hilfe des Mikroskops

Francis Bacon betonte in seinem „Novum Organum" besonders die Bedeutung der induktiven Methode für die Gewinnung neuen Wissens und zeigte mit diesem programmatischen Ansatz die Möglichkeiten, welche Vergrößerungsgläser und das gerade erst erfundene Mikroskop für das Eindringen in die Welt jenseits des normal Sichtbaren boten:

> Der Gesichtssinn hat unter allen Sinnen die stärkste Vermittlungskraft, ihm gebührt daher besondere Hilfe […] [Die] Mikroskope vermitteln uns verborgene, sonst unsichtbare Teilchen der Körper und ihre innere Gestaltung und Bewegung […] Selbst eine mit Feder und Lineal gezogene Linie soll durch solches Mikroskop uneben und krumm erscheinen, weil die Hand auch mit Hilfe eines Lineals zittert und der Eindruck von Tinte und Farbe nie gleich bleibt (Bacon 1990, T. 2, S. 470 f.); über Bacons Erfahrungen mit Vergrößerungsgläsern vgl. Harting (1856, Bd. 3, S. 580 ff.).

---

[8]Zur Biographie von Clusius vgl. DSB 8, 120–121; zu seinen botanischen Schriften vgl. Christ (1912a, 1912b, 1913).

Man müsse auf die „wahren kleinsten Teile, wie sie vorgefunden werden", zurückgehen. Auf diese Weise ginge der Naturforscher „vom Vielfachen zum Einfachen über, vom Unmessbaren zum Messbaren, vom Unfassbaren zum Berechenbaren" (Bacon 1990, T. 2, S. 297). Schon zu Bacons Lebzeiten entstanden gelehrte Gesellschaften wie die Academia dei Lincei in Rom, die sich der Naturforschung durch das Experiment und die neuen optischen Instrumente widmeten. Naturforscher griffen Bacons Diktum auf, das die Kenntnis vom bisher Verborgenen verhieß: „Whosoever is acquainted with the Forms, embraces the unity of nature in substances the most unlike – and is able therefore and bring to light things never yet done" (Bacon, zit. in Wilson 1988, S. 96). Dies aber setzte zunächst die Beherrschung von Fehlern und Verzerrungen beim Instrument voraus, und außerdem musste das Sehen erst gelernt werden: Der mikroskopisch sichtbare Ausschnitt des Präparates war zu beurteilen, Unzusammenhängendes zu verknüpfen, und optische Aberrationen durften den Beobachter nicht täuschen. Ohne Übung war dies unmöglich. Robert Hooke (1635–1703) beschrieb die Schwierigkeiten des Mikroskopikers so: „[…] it is exceeding difficult in some Objects, to distinguish between a prominency and a depression, between a shadow and a black stain, or a reflection and a whiteness in the colour." (Hooke 1665, Preface: unpag. S. 23)[9]. Dabei erschienen je nach Art des Lichteinfalls unterschiedliche Gebilde: manchmal ein Gitter, auch Pyramiden oder Kegel, bei direkter Sonnenbeleuchtung goldene Schuppen. Trotz solcher Probleme hegten Naturforscher die Hoffnung, Phänomene auf Wirkursachen zurückführen zu können und dies durch unbegrenztes Verschieben der Sichtbarkeitsgrenzen. Skeptiker wie John Locke zweifelten allerdings an der Evidenz des im Mikroskop Sichtbaren und stellten die Zuverlässigkeit optischer Instrumente grundsätzlich in Frage: Sinneswahrnehmungen änderten sich mit jedem neuen Vergrößerungsmaßstab: „Blood, to the naked eye, appears all red; but by a good microscope, wherein its lesser parts appear, shows only some globules of red, swimming in a pellucid liquor." (Locke 1798, S. 16); (vgl. Yost 1951); (Wilson 1995, S. 29). Was würde ein Mensch erst bei einer 1000-fachen oder 10.000-fachen Vergrößerung sehen? Ein Beobachter käme zwar den kleinsten Teilchen näher, doch befände er sich in einer völlig anderen Welt, und nichts erschiene ihm so wie den anderen Menschen.

Viele Jahre später versuchte man, alte Mikroskope oder deren Nachbildungen auf ihre optischen Eigenschaften zu überprüfen und der Frage nachzugehen, was die ersten Mikroskopiker eigentlich wahrgenommen hätten. Meist besaßen die Vortriebschrauben des alten Instruments keine gleichmäßige Steigung, die Linsen waren unpräzise

geschliffen und poliert oder nicht dauerhaft in ihrer Halterung fixiert. Daraus resultierte beim einfachen Mikroskop ein farbiger Nebel („coloured fog"), und auch beim zusammengesetzten zeigten sich störende Erscheinungen (z. B.:„fluffy"; „spherical fog"; „chromatic aberration") (Nelson 1910) (Nelson 1910). Dies alles führte bei vielen Naturforschern zur Geringschätzung erster, manchmal beeindruckender Darstellungen der Mikrowelt, und das Mikroskop wurde zunehmend zur Belustigung und zum Zeitvertreib genutzt. Eine Ausnahme stellten nach Vergleichsprüfungen von Meyer (1998, S. 605–644) Leeuwenhoeks einfache Mikroskope wegen eindeutig besserer Linsen und gekonnter Fertigung dar.

Die erste Anleitung zum praktischen Arbeiten mit dem Mikroskop einschließlich der Beschreibung und zeichnerischen Darstellung des Beobachteten war Hookes weithin rezipierte *Micrographia*. Hooke war als „Curator of Experiments" Angestellter der Royal Society und wurde von ihr im März 1663 gedrängt, seine Erkenntnisse über die Mikroskopie zu veröffentlichen und jeweils eine seiner Beobachtungen während der wöchentlichen Sitzung der Gesellschaft vorzuführen. Zum Verhältnis Hookes zur Royal Society vgl. Bennett (1989) sowie Bradbury (1989, S. 281–285). Das von ihm anfangs verwendete und vielfach abgebildete Compound-Mikroskop hatte er nicht selbst gefertigt, sondern von einem Londoner Instrumentenbauer bezogen, wahrscheinlich von Reeve oder Cock. Die Abbildungen in der *Micrographia* geben keine Hinweise auf die jeweilige Vergrößerung des Gerätes; bei späteren Nachprüfungen ergaben sich Werte zwischen x56 und x186 (Bradbury 1989, S. 286). Der aus vier ausziehbaren Röhren bestehende Tubus hatte einen Durchmesser von 3 Inch (1 Inch ≙ 2,54 cm), eine Länge von 7 Inch und enthielt eine bikonvexe Objektivlinse, wahlweise eine Feldlinse im Tubus für die Vergrößerung des Gesichtsfeldes bei größeren Objekten und schließlich das Okular zur Betrachtung des virtuellen Zwischenbildes. Ausschließlich konzipiert für die Objektbetrachtung im Auflicht gehörten zur Geräteausstattung: Beleuchtungsapparat mit Öllampe, mit Wasser gefüllte Glaskugel („Schusterkugel") und eine auf das Objekt gerichtete bikonvexe Sammellinse (Harting 1856, S. 659); (De Martin 1983, S. 19). Einige Jahre später beschrieb Johann Griendel v. Ach (1687, S. 3–8) sein Auflichtmikroskop mit hölzernem Tubus, steilgängiger Spindel und anderer Linsenanordnung mit drei Paaren plankonvexer Linsen, deren sphärische Flächen einander nicht berühren. Dies und die Einführung eines Maßstabgitters („Niederländischer Flor") führten zu einer deutlich besseren Abbildung. Ab 1683 gab es in England zwei kommerziell erhältliche Gerätetypen, das „tripod" von Edmund Culpeter und das „side-pillar" von John Marshall. Wegen mechanischer Vorteile entschied sich Hooke kurz darauf bei einer Neuanschaffung für das Letztere (Bennett 1989, S. 271).

---

[9]Biographisches zu Robert Hooke vgl. DSB 6, S. 481–488.

Mit seinem ersten, schwer einstellbaren Instrument von geringer Lichtstärke untersuchte Hooke ab 1660 u. a. Holzkohle, versteinertes Holz und Kork, jedoch kein „normales" Holz. Holzkohlen unterschiedlicher Baumarten stellte er nach der Methode von John Evelyn durch Glühen in Tiegeln aus Ton oder Eisen her. Die Kohlestücke zeigten im Querschnitt vom Mark bis zur Rinde gleichmäßig angeordnete Poren, deren Anordnung und schmale Trennwände er mit dem Muster von Honigwaben verglich. Die rundlichen Poren folgten in ihrer konzentrischen Anordnung den Wachstumsringen des Holzes („rang'd in rows that radiated from the pith to the bark"). Bei seiner Berechnung kam er auf etwa 5,7 Mio. Poren pro „square inch" (Hooke 1665, S. 102); (Evelyn 1664, S. 100–103). Für die Untersuchung des Korks einer Korkeiche schnitt Hooke eine fast durchscheinende Lage mit einem feinen Messerchen ab und verstärkte das Auflicht mit Hilfe einer plankonvexen Linse. Das Objekt erschien wie durchlöchert und war bedeckt mit etwa 1 Mio. unregelmäßig angeordneten Poren pro square inch. Anders als bei den meisten anderen pflanzlichen Geweben waren die Hohlräume voneinander getrennt („Air is perfectly enclosed in little Boxes or Cells distinct from one another"), und Hooke wunderte sich, dass trotzdem Flüssigkeit in sie eindringen konnte, da der Kork nach seiner Auffassung seine Nahrung aus der benachbarten Rinde erhalte und wohl eine Wucherung des Baumes darstelle (Hooke 1665, S. 112, 116). Hooke verwendete offenbar als Erster den Begriff „Zelle" und assoziierte dies möglicherweise mit eng nebeneinanderliegenden Klosterzellen. Zu einer Zeit, als man allgemein von der Porosität der Materie ausging, dienten aus heutiger Sicht die Pflanzengewebe Hooke als Beispiele für die porösen Mikrostrukturen der Natur und nicht als epistemische Objekte zur Beschäftigung mit dem Aufbau von Pflanzen (vgl. Sachs 1875, S. 246–248); (Harris 1999, S. 5–7).

Auf Drängen der Royal Society untersuchte Hooke auch versteinertes Holz, bereitgestellt von Dr. Goddard, Mitglied des Councils der Society, und fand hier die gleiche Struktur wie bei rezentem Holz: Die äußere Form erschien unverändert, Holz und Rinde ließen sich unterscheiden, und die Poren waren bei mikroskopischer Betrachtung eines transversal geschnittenen und polierten Präparats ähnlich angeordnet wie bei verrottetem Holz. Die gängige Vorstellung einer „Plastick virtue", einer der Erde zugeschriebenen Kraft, Stein in jede Art Form zu bringen, lehnte er jedoch ab. Seinen Beitrag trug Hooke am 17. Juni 1663 während einer Sitzung des Councils der Royal Society vor und übernahm ihn 1665 in seine „Micrographia" (Birch 1756, Bd. 1, S. 260–262).

Während Hooke bei seinen mikroskopischen Beobachtungen der Organismen nicht von der Struktur der Objekte zur Erklärung physiologischer Zusammenhänge

gelangte, vertrat er nach eigenen Untersuchungen in dem Diskurs zur Entstehung und Verteilung von Fossilien eine eindeutige, heute modern anmutende Position: Fossilien seien konservierte ehemalige Lebewesen und könnten bei der Konstruktion einer Chronologie der Erde nützlich sein. Auch bedürfe es keiner außernatürlichen Erklärungen beispielsweise für das Vorkommen von Muschelschalen oder Relikten anderer Meeresbewohner weit oberhalb des Meeresniveaus (Birch 1756, Bd. 2, S. 183, 487 und Bd. 5, S. 4, 511). Ähnliche Vermutungen wurden bereits Leonardo da Vinci zugeschrieben, und neben Hooke trat auch der Mediziner und Geologe Nikolaus Steno (1638–1686) der vorherrschenden Meinung des 17. Jahrhunderts entgegen (Dom Rome 1956, S. 264).

Anders als Robert Hooke arbeiteten die Naturforscher Marcello Malpighi (1628–1694) und Nehemia Grew (1641–1712)[10] nicht an der technischen Verbesserung des Mikroskops, sondern sie nutzten seine Möglichkeiten für anatomische und physiologische Untersuchungen. Ihre wichtigsten Arbeiten, *Anatome plantarum* (Malpighi) bzw. *The anatomy of plants* (Grew), erschienen 1671 als Urfassungen mit Unterstützung der Royal Society und wurden bis 1682 wesentlich erweitert. Auf Julius Sachs machte 1875 Malpighis Werk den Eindruck einer genial hingeworfenen Skizze, die weitgehend frei sei von philosophisch-theologischen Vorstellungen und die Grundzüge der Architektur der Pflanze festlege, während er Grews Darstellung als ein sorgfältig durchgearbeitetes, aber oft weitschweifiges Lehrbuch bezeichnete (Sachs 1875, S. 257).

Nach Malpighis Beobachtung verlaufen im Holzteil der Bäume die Fasern und Röhren nicht gerade und parallel, sondern sie stellen ein Netzwerk mit eckigen Maschen dar, von denen die größeren erfüllt sind mit Bündeln von Bläschen oder Zellen. Und zu den Wachstumsschichten stellte er fest: „Die faserigen Theile des Holzes, aus denen der Stamm besteht, bilden concentrisch in einander steckende Schichten und hängen zusammen und werden von den von der Peripherie nach dem Centrum horizontal verlaufenden Zellenreihen durchsetzt." (Malpighi 1901, S. 6). Zwischen den faserigen Bündeln erkannte er bei manchen Laubbäumen große Spiralröhren in bestimmten Positionen innerhalb der konzentrischen Ringe. Durch mehrjährige Wachstumsexperimente, z. B. mit der Esskastanie (*Castanea sativa* Mill.), belegte er dies mit Hilfe der zeichnerischen Darstellung seiner mikroskopischen Beobachtungen als Abfolge eines 5-jährigen Wachstums (Abb. 2.1). Die Zeichnungen zeigen Querschnitte junger Äste mit bis zu acht Faserzellengruppen in der Rinde, den Holzkörper mit den konzentrischen Ringen A, B, C und D. A ist am

---

[10]Biographisches zu Malpighi: DSB 9, S. 62–66; Biographisches zu Grews: DSB 5, S. 534–536.

Abb. 2.1 Querschnitte von
1–5 Jahre alten Ästen von
Castanea sativa Mill. mit
Faserzellengruppen A in der
Rinde. (aus Malpighi 1675)

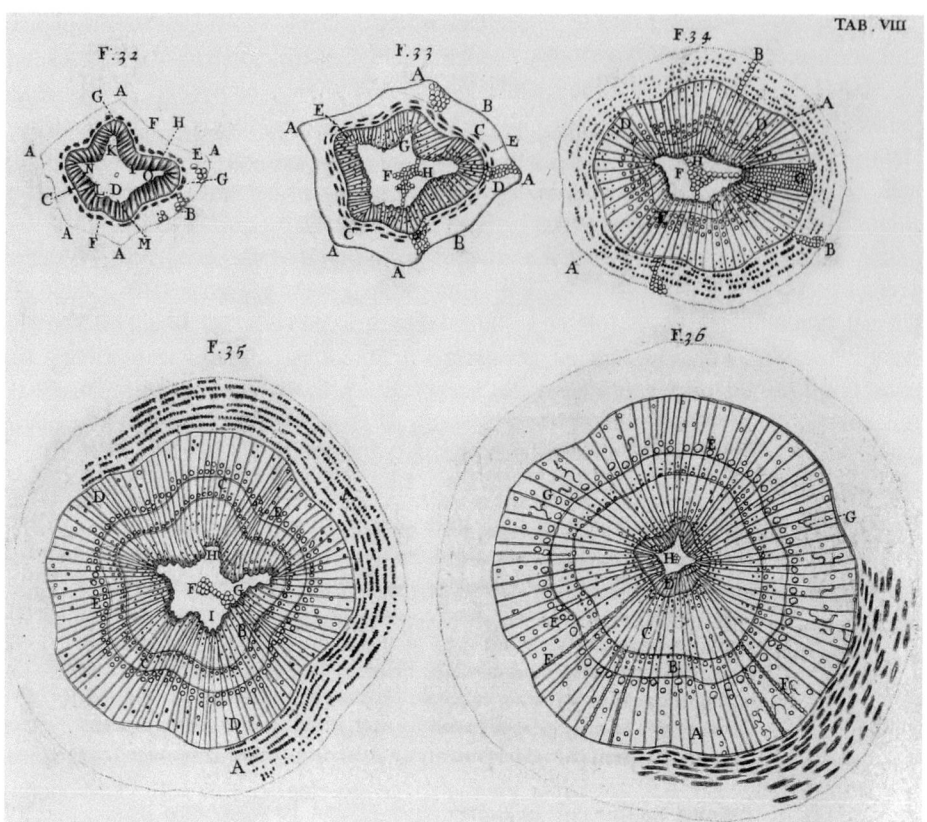

breitesten und hat die weitesten Tracheen E. Die Markstrahlen, die den Holzkörper nur teilweise durchziehen,
sind mit F gekennzeichnet, G sind quer verlaufende Zellenreihen, H das Mark mit seinen Vorsprüngen. Im Vergleich
zu modernen Abbildungen von *Castanea sativa* erscheinen
die Bilder Malpighis detailgenau mit überwiegend korrekt
angeordneten Elementen des Holzes. Untersuchungen des
Autors H.H.R. mit selbst hergestellten Präparaten von 2- bis
4-jährigen Kastanienästen bestätigten die Beobachtungen
Malpighis (vgl. Schweingruber 2001, S. 220, 225, 232).
Verwendet wurde ein Leitz Binokular mit Auflicht, Vergrößerung x20 bis x120.

Die innere Bastschicht der Rinde (Cortex) erschien Mal-
pighi als der wichtigste Teil des Stammes, weil hier das
Dickenwachstum seinen Ausgang nimmt und sich neue
Jahrringe bilden. Diese enge Zone zwischen eigentlicher
Rinde und älterem Holz konnte er jedoch mit den ihm zur
Verfügung stehenden Mitteln nicht direkt beobachten. Als
Anhänger der Präformationslehre stellte er folgende Über-
legung an: In den faserigen Teilen der Rinde, aus denen der
jeweilige neue Holzzylinder entstehe, müssten die Anlagen
zu seiner Bildung schon vorher zusammengedrängt existie-
ren, vergleichbar mit der Entwicklung von Schmetterlingen.
Das neue Splintholz (Alburnum) gewinne anschließend seine
Festigkeit durch den Zufluss des Saftes (Malpighi 1675,
S. 4). Nach Auffassung von Julius Sachs sind Malpighis

Erklärungen der Spiralröhren und der Wachstumszone des
jungen Holzes entscheidende Irrtümer in der Physiologie des
17. Jahrhunderts, während er die meist guten Darstellungen
und Erläuterungen lobte.

Malpighi wies als Anatom und Mediziner nach der Entdeckung des Blutkreislaufs durch William Harvey und seiner
eigenen Entdeckung der menschlichen Kapillargefäße in seinen Schriften stets auf die Analogie zwischen pflanzlichem
und tierischem Gewebe hin und tat dies auch in *Anatome
plantarum*. Sein Konzept der Pflanzenuntersuchung war
mehrstufig: Diese beginnt mit der äußeren Erscheinung,
gefolgt von der inneren Struktur, die durch Schnitte offen-
gelegt und mikroskopisch vergrößert wird; es schließt sich
die manchmal durch Experimente unterstützte Prüfung der
Inhaltsstoffe an und schließt ab mit ihrem tiefen Eindringen
in den Organismus zur Klärung der Ernährungsphysiologie.
In *Anatome plantarum* setzte Malpighi dieses Konzept weitgehend um: Von der Struktur kam er stets auf die inneren
Abläufe sowie auf Wachstum und Erneuerung. Atmung,
Nährstoffzufuhr, Exkretionen und Fortpflanzung verglich er
mit denen der Tiere, auch glaubte er, pflanzliche Milch- und
Lymphgefäße herauspräparieren und unterscheiden zu kön-
nen. Dabei wurde für ihn das Mikroskop mit seiner in die
Tiefe gehenden Sicht zum entscheidenden Instrument.

Analysen von Zeichnungen Malpighis zeigen, welche Fehlinterpretationen ihm nach Auffassung des Autors

gelegentlich unterliefen. So betrachtete er beispielsweise Oberflächenschnitte der Gattung Portulaca von oben und projizierte die Epidermiszellen mit der darunterliegenden Schicht kleinerer Zellen auf dieselbe horizontale Ebene. Die kleineren Zellen der unteren Schicht mussten ihm dann erscheinen, als wären sie in die oberen größeren Epidermiszellen eingefügt. Auch hielt er die Zellwände aufgrund dieser Betrachtungsweise für Fasern und entwickelte die Vorstellung eines Fasernetzes. Rinde von Quercus stellte er perspektivisch dar: Der Betrachter schaut auf den Radialschnitt, während die tangentiale Ansicht verkürzt erscheint. Dies führt dazu, dass im Radialschnitt die Markstrahlen verlaufen, während sie tangential als vertikale Zellenreihen erscheinen (z. B. Malpighi 1675, Tab I, Fig. 2, Tab. III, Fig. 8); (vgl. Hanstein v. 1886, S. 51–57).

Nehemia Grew zeichnete in seinem Hauptwerk die anatomischen Bilder von Pflanzenschnitten nicht mit leichter Hand wie Malpighi, sondern perfektionierte sie lange nach der mikroskopischen Betrachtung. Sie sind nach heutiger Auffassung Lehrbuchdarstellungen von hohem didaktischem Wert, obwohl sie der Natur durch ihre starke Schematisierung gelegentlich Gewalt antun. Die Bestandteile von „corticeous part", „lignous part" und „pithy part" des Baumstammes oder Details wie die Struktur der Tracheïden – der kleinen Spiralgefäße im Holz der Koniferen – beschrieb er präzise. Wie Malpighi betrachtete auch Grew die innere Schicht der Rinde als Ort des Entstehens neuer Jahrringe, ohne jedoch die Funktion des Kambiums zu verstehen. Das Gewebe der Zellwände, vor allem das des Marks, besteht für Grew aus einzelnen Fasern, die sich zu einem Netz anordnen (Grew 1965, S. 77, vgl. Tab. XXXVIII und XL).

Dies sollte sich nach Auffassung von Julius Sachs später als Fehleinschätzung der Faserstruktur beim Parenchym- wie beim Spiralgewebe herausstellen, und er führte dies hauptsächlich auf stumpfe Seziermesser zurück, die das Gewebe nicht glatt durchtrennten. Außerdem vermutete er eine gewisse Theoriebeladenheit der Beobachtung, die die zeitübliche Vorstellung eines feinen Spitzengewebes auf das Zellgewebe („contextus cellulosus") übertrug. Allerdings halte sich Grew, der in seine anatomischen Untersuchungen immer auch physiologische Aspekte einbezog, aufs Ganze gesehen frei von vielen Vorurteilen späterer Zeit. Den Unterschied zwischen parenchymatischem Gewebe und Fasern, echten Gefäßen und saftführenden Kanälen habe er klar erkannt und ihr Zusammenwirken in den verschiedenen Pflanzenorganen nachgewiesen, was viele Jahrzehnte lang maßgebend gewesen sei (Sachs 1875, S. 258 ff.).

Antoni van Leeuwenhoek (1632–1723) war als Autodidakt maßgeblich an der Verbesserung der mikroskopischen Technik beteiligt, insbesondere beim einfachen Mikroskop. Dieses bestand aus einer rechteckigen Messingplatte mit einer kleinen Bohrung für die Linse, vor die das zu betrachtende Untersuchungsobjekt mit Hilfe einer auf der Platte befestigten Stellschraube geschoben wurde. Bis zur heutigen Zeit blieb ungeklärt, wie Leeuwenhoek kleinste Linsen von hoher Präzision und einer bis zu 270-fachen Vergrößerung herstellen konnte. Sein Wissen hielt er geheim, und erst experimentelle Untersuchungen an Linsen aus seinem Nachlass gaben Aufschluss über deren Brennweite, Vergrößerung, Apertur, Auflösungsvermögen, Glasqualität und -oberfläche sowie den Arbeitsabstand. So war beispielsweise die „Utrechter Linse" nicht wie übliche Linsen geschliffen und poliert, sondern aus kleinsten Glaskügelchen erschmolzen und dann geblasen (Harting 1856, S. 601 ff.). Die Mechanik der Leeuwenhoek'schen Mikroskope war schwer zu handhaben, und offenbar war nur der Hersteller selbst in der Lage, feinste Objekte überhaupt zu fokussieren und die beobachteten Details zu bewerten (vgl. Dobell 1932); (Ford 1991); (Meyer 1998).

Bei der Beurteilung der pflanzenanatomischen und -physiologischen Leistungen Leeuwenhoeks im Vergleich zu denen von Malpighi und Grew waren sich Fachleute nicht einig. Der Botaniker Meyen rühmte zu Beginn des 19. Jahrhunderts Leeuwenhoeks herausragenden Ruf als Mikroskopiker, bezeichnete seine Erkenntnisse in der Anatomie aber nur als „brauchbar" und wegen der verstreuten Veröffentlichungen als wenig systematisch, obwohl einzelne Beobachtungen diejenigen Malpighis und Grews überträfen (Meyen 1830, S. 9 ff.). Sachs räumte Leeuwenhoeks Einzelleistungen ein, z. B. die erstmalige Beschreibung der Gefäßtüpfel und von Kristallen im Pflanzengewebe, doch machten seine Mitteilungen im Vergleich zur „geschmackvollen Klarheit Malpighi's und der systematischen Gründlichkeit Grew's einen peinlichen Eindruck von Zerfahrenheit und Dilettantenthum". (Sachs 1875, S. 262 ff.). Dieser nach Prüfung der Originalschriften schwer nachvollziehbaren negativen Beurteilung widersprachen Wissenschaftshistoriker im 20. Jahrhundert und wiesen auf Leeuwenhoeks Ideenreichtum bei der Herstellung von Präparaten, die Klarheit seiner Beschreibung mikroskopisch kleiner Details und seine selbstkritische Haltung bei Beobachtungen hin (Smith 1915, S. 74 f.); (Ford 1981); (Palm und Snelders 1982, S. 79–107). Die Faszination, die von seiner Person und seinem Werk ausgeht, ist formal an der breiten Rezeption durch Wissenschaftler vieler Fachrichtungen und an der Fülle neuerer Veröffentlichungen abzulesen. Wie sehr Leeuwenhoek aber auch an der Erweiterung botanischen Wissens seiner Epoche beteiligt war, belegen seine Einzelschriften, die allerdings, anders als bei Malpighis und Grews einheitlichen Hauptwerken, den Zugang zu seinen Überlegungen erschweren. In seiner wissenschaftshistorischen Bedeutung steht er sicherlich gleichberechtigt neben den beiden anderen Naturforschern. Wegen der ausführlichen Korrespondenz Leeuwenhoeks mit der Royal Society und ihrer zeitnahen Zusammenstellung sind seine Arbeitsmethoden und Überlegungen einschließlich irrtümlicher Annahmen gut belegt. Anders als bei manchen späteren Biologen wurde sein Wissen von den Sekretären der Royal Society, Oldenbourg, Hooke und Grew, hochgeschätzt.

Häufig befasste sich Leeuwenhoek mit der Holzanatomie, etwa bei der Beschreibung unterschiedlich großer Gefäße (lat. „vasa"; engl. „vessels") nach Längsschnitten von Holz zahlreicher Baumarten. Die großen weisen innere Hohlräume mit dem Durchmesser eines menschlichen Haares auf, die kleinen nur 1/25 davon, wobei Letztere in Bündeln von 8 bis 12 Einzelgefäßen auftreten und die Form eines Weberschiffchens besitzen.[11] Für die verschiedenen Gefäßarten des Holzes verwendete er nur den Begriff „vasa", so dass nachträglich kaum zu entscheiden ist, welches der Gefäße er konkret meinte. Für ihre Bestimmung zog er zum Vergleich stets Grews *Anatomy of plants* heran. Beim Fichtenholz erkannte er beispielsweise, dass auch die beim Schneiden zerstörten feinen Röhrchen aufsteigende Gefäße waren, die auf einer Seite der Gefäßbündel verliefen: „Jetzt verstand ich, es könnte sein, dass wir die Gefäße, die rund oder längs der Tuben verlaufen, wegen ihrer Kleinheit oder Enge nicht in allen Hölzern erkennen können."[12]

Den Zusammenhang zwischen der Witterung im Verlauf eines Jahres, der Nährstoffaufnahme der Bäume und den jeweiligen Jahresringbreiten erläuterte er anhand unterschiedlich alter Eichen aus Danzig und Riga.[13] Und am 1. Juni 1696 schrieb er an Pieter Rabus über seine Untersuchungen von Weidenholz für die Nutzung als Wünschelruten, er erkenne zwischen den vertikalen auch feine horizontale Gefäße, von denen 8 bis 10 von der Breite einer einzigen Zelle in gerader Linie zusammenlägen (Palm 1983, S. 269–273). Seine ausführlichste Beschreibung und zeichnerische Darstellung der von ihm beobachteten horizontalen und vertikalen Gefäße im Holz findet man in einem Brief an die Royal Society vom 10. Juni 1683. Darin verglich er die eigenen mikroskopischen Beobachtungen mit den ihm bekannten Beschreibungen Malpighis und Grews und ergänzte bzw. verbesserte anhand seiner histologischen Belegstücke zahlreiche Details.[14] Gelegentlich kam er dabei zu anderen Schlussfolgerungen: Die in jedem Frühjahr auftretende Ablösung von innerer Rinde und Splint erschien ihm konstitutiv für die Bildung

neuen Gewebes und eines Jahrrings, und er postulierte einen zusätzlichen Safttransport durch die horizontal verlaufenden Markstrahlen vom Mark bis zur Rinde. Zum Eichenholz bemerkte er: „[W]here the brown strokes appear, are the Separations of the growth of one year. For when the growth doth stop, the Wood becomes firm, and thick; and is supplied with many small Vessels, such as are hardly to be distinguished, and therefore appear as brown Rays or streaks." (Ebd., S. 199). Unter dem Mikroskop zählte er bei einem Holzpräparat mit ca. 7 mm^2 Fläche etwa 20.000 Poren, was nach seiner Berechnung bei einer Eiche von einem Fuß Durchmesser unter Berücksichtigung normaler Feuchteverhältnisse möglicherweise einer transportierten Wassermenge von 7475 lib. (≙3500 L) pro Tag entspreche (ebd., S. 207).

Viele Zeitgenossen Leeuwenhoeks waren tief beeindruckt von der Wissenserweiterung durch die mikroskopische Beobachtung, aber erst im 19. Jahrhundert setzte sich diese Wertschätzung fort, vor allem getragen von einer neuen, teilweise romantisierenden „Sicht in die Tiefe". Der Dichter E. T. A. Hoffmann poetisierte 1822 in einer seiner phantastischen Erzählungen die Welt des für den Naturforscher bisher nicht Sichtbaren und ließ „Meister Floh" dem Herrn Peregrinus Tyß ein winziges Mikroskop der Erfinder Leeuwenhoek und Swammerdam zum Gedankenlesen in die Pupille einsetzen (vgl. Leeuwenhoek 1695, S. 76); (vgl. auch Abschn. 1.1).

2.4   Nachhaltige Forstwirtschaft und frühe Forstbotanik

Der Holzeinschlag in den Wäldern weiter Teile Europas erfolgte bis zur frühen Neuzeit und stellenweise noch lange danach in der Art des Plenterbetriebs. Dabei wurde das am bequemsten zu hauende und zu befördernde Holz zunächst siedlungsnah entnommen und wertvollerer Altbestand bevorzugt. Seit Ausgang des Mittelalters kam es nach ungünstigen Erfahrungen mit dieser Art der Waldwirtschaft zum schlagweisen Betrieb als Übergang zur geordneten Waldnutzung, damit aber auch zu Großkahlschlägen vor allem in den Alpen und in den zentralen Mittelgebirgen Deutschlands (Hasel 1985, 189–194).

Neben Wind- und Wasserkraft war Holz bis weit ins 18. Jahrhundert fast der einzige Energieträger. Protoindustrien wie die Salinenwirtschaft und vorindustrielle Eisenerzeugung mit ihrem steigenden Energiebedarf, die Glasmacherei mit dem Bedarf an Holzasche zur Herstellung von Pottasche (Kaliumkarbonat, K_2CO_3) und schließlich der Haus- und Brückenbau waren weitere Holzverbraucher neben der Dauernutzung des Holzes für das häusliche Heizen und Kochen. Außerdem war der Wald unverzichtbar für die Ernährung: Im Sommer wurde das Vieh je nach örtlichen

---

[11]Briefauszug in Philosophical Transactions 1676, 11: 653–660.

[12]Brief 74 an die Royal Society v. 12. August 1692 in Palm (1983, S. 317 f.), dt. in Meyer (1998, S. 342–362).

[13]Brief an die Royal Society in Philosophical Transactions 1694, 18: 224 f.

[14]Brief an die Royal Society in Philosophical Transactions 1983, 13: 197–208 mit 20 Abbildungen.

Besitzverhältnissen auf die Waldwiese getrieben, im Winter diente die Waldstreu als ergänzendes Viehfutter.

Schon lange vor Beginn der industriellen Revolution war der Holzbedarf in England, Spanien und Frankreich gestiegen, wo der Aufbau großer Flotten zum Raubbau nicht nur an den Wäldern dieser Länder, sondern auch an denen Mittel- und Nordeuropas führte. Die Schiffsbauer benötigten Holz besonderer Konsistenz und Form für Schiffsrumpf und Masten, vor allem von Eichen *(Quercus robur)* und Kiefern *(Pinus sylvestris),* was beim Holzeinschlag die Plenterwirtschaft und beim Transport wegen der Holzknappheit im eigenen Land den Fernhandel, z. B. aus den baltischen Gebieten, begünstigte (Albion 1926, S. 3–39).

Das Bedürfnis zur Erhaltung und Pflege der Wälder entwickelte sich parallel dazu schon im 14. und 15. Jahrhundert, und Waldfrevel stand zumeist unter Strafe. In Italien war die Waldwirtschaft vom Altertum bis zum Mittelalter Teil der Landwirtschaft; Berufsforstleute waren zumeist noch unbekannt. Der Wald litt regional unterschiedlich an dem zunehmenden Raubbau, und nach drastischen Holzverlusten ging es Waldbesitzern wie Landesherren und Reichsstädten zunächst darum, die Waldverwüstung einzudämmen. Verschiedentlich gab es schon vor dem Dreißigjährigen Krieg eine Vorform der später als „nachhaltig" bezeichneten Waldbewirtschaftung, d. h., es wurde möglichst nur so viel Holz geschlagen, wie absehbar nachwachsen konnte.

Auf der Grundlage landesherrlicher Anordnungen aus dem 16. und 17. Jahrhundert entwickelte sich aber erst nach dem auch für die Wälder verheerenden Dreißigjährigen Krieg allmählich eine separate Forstwirtschaftslehre, z. B. in Tirol, Württemberg, Hessen und Brandenburg. Lexikalisch tauchte der Begriff „Forstwirtschaft" erstmals 1780 bei J. F. Stahl (1780) auf, obwohl ihn lange zuvor schon H. C. v. Carlowitz in seiner *Sylvicultura oeconomica* verwendet hatte und forstwirtschaftliche Inhalte ab 1727 an den Universitäten Halle und Frankfurt an der Oder gelehrt worden waren. Erst der Forstkameralist W. G. Moser schuf aber 1757 mit „Grundsätze der Forstökonomie" die Grundlagen für ein geordnetes Lehrgebäude (Mantel 1967, S. 360–363). Die Forstwirtschaft war einerseits geprägt von der Staats- und Wirtschaftslehre und andererseits von den Naturwissenschaften und der Mathematik. Erstere war in den deutschen Kleinstaaten im 17. und 18. Jahrhundert in Form des Kameralismus eng mit dem landesfürstlichen Polizeistaat und den merkantilistischen Zielen des Absolutismus verbunden, während Letztere erst gegen Ende des 18. Jahrhunderts für die Forstwirtschaft bedeutsam und im 19. Jahrhundert durch institutionelle Förderung voll wirksam wurden. Die Forstbotanik blieb deshalb lange ein praktisch wenig bedeutendes Teilgebiet von Naturgeschichte und Naturforschung. Den Terminus „Forstbotanik" findet man

im deutschen Schrifttum zuerst bei J. G. Gleditsch (1774) und F. W. Weiß (1775). Für die Entwicklung der Forstbotanik als Teilgebiet der Botanik waren in Deutschland die Mitte des 18. Jahrhunderts übersetzten Schriften des französischen Naturforschers H. L. Duhamel du Monceau bedeutsam, der die Botanik Réaumurs und Buffons auf die Forstpraxis übertrug (Kehr 1964, S. 38).

Beispielhaft für die sich langsam entwickelnden Regelungen zur Bewirtschaftung von Wäldern und Forsten werden im Folgenden einige der von den Markgrafen von Brandenburg und ihren Nachfolgern, den Königen von Preußen, erlassenen Edikte und Verordnungen aufgeführt (Mylius 1744):

- Edikt No. IV von 1593: Holzordnung, erlassen durch Johann Georg, Markgraf von Brandenburg. Sie beschrieb Rechte und Pflichten der mit der Aufsicht über Wälder und Feldfluren beauftragten Bediensteten, legte die Zeiten für Holzmärkte mit den zu zahlenden Preisen für Stamm- und Klafterholz fest und regelte darüber hinaus die Waldnutzung einschließlich der Jagd (ebd., S. 506–520).
- Erweiterung des vorstehenden Edikts durch die Verordnung von 1602, erlassen von Joachim Friedrich, Markgraf von Brandenburg. Darin werden u. a. die Eichelmast der Waldweide, die Beweidung der Heiden und die Teergewinnung geregelt (ebd., 520–524).
- Edikt No. XVIII von 1674 als Zusatzregelung, erlassen von Friedrich Wilhelm, Markgraf von Brandenburg, gegen die Waldverwüstung in der Uckermark.
- Edikt No. CII von 1719, erlassen durch Friedrich Wilhelm I. von Preußen „[...] daß kein Holtz ohne Vorzeigung eines Attests von dem Ober-Forstmeister, durch die Schleusen, Bäume und Brücken gelassen werden soll." (Ebd., S. 680 f.).
- Edikt No. CIV von 1720, erlassen durch Friedrich Wilhelm I. von Preußen: „Renovirte und verbesserte Holtz-Mast- und Jagdordnung." Diese regelt in 43 „Titeln" auf umfassende Weise die von Georg Wilhelm, Markgraf von Brandenburg, erlassene Holzordnung von 1622 neu. So wird neben Anbauvorschriften und der Wildhege auch der Holzverbrauch der wachsenden Zahl von Gewerbebetrieben angesprochen (ebd., S. 683–720).

Die Entwicklung dieses Rechtskorpus für das Forstwesen einzelner Regionen macht deutlich, wie im 17. Jahrhundert die zu den Regalien gezählte Forsthoheit ausgehend vom Grundbesitz des Landesherrn sich allmählich auf die Besitztümer der Gemeinden und privaten Grundbesitzer ausdehnte.

In Sachsen hatte nach dem Dreißigjährigen Krieg die Entwicklung des Bergbaus und des übrigen Gewerbes im Erzgebirge einen solch hohen Bedarf an Holz entstehen lassen, dass der Landesherr schon 1560 mit einer

Forst- und Holzordnung reglementierend eingriff (Mantel 1967, S. XIV f.). Dabei war die Bevölkerung Europas von 1500 bis 1700 keineswegs dramatisch gestiegen, etwa in Deutschland (bezogen auf die Reichgrenzen von 1914) von ca. 12 auf 16 Mio. Erst nach 1750 setzte hier, lange vor Beginn der „industriellen Revolution", ein starkes Bevölkerungswachstum ein; Schätzungen nennen um 1750 zwischen 16 und 18 Mio. Einwohner, um 1800 23 bis 24 Mio. In manchen Regionen wie in Schlesien, Ostpreußen und Pommern erreichte das Wachstum in dieser Zeitspanne 50 bis 100 % (Wehler 1987, S. 69 f.). Bevölkerungswachstum und Wachstum des Gewerbes allein konnten somit kaum die Ursachen für die enormen Probleme der Wälder zu Beginn des 18. Jahrhunderts sein. Zudem erschien Wachstum bis ins 18. Jahrhundert als von Gott gegeben oder genommen, und nur innerhalb eines göttlichen Gleichgewichts schien somit ein Wachstum möglich. Der Haushalt der Natur war dabei immer ausgeglichen, aus heutiger Sicht ein Denkmuster, welches den einzelnen Elementen einer stationär gedachten Welt ihren festen Platz zuwies und als Vorläufer des heutigen Kreislaufgedankens gesehen werden kann.

In dieser Lage erschien 1713 mit der *Sylvicultura Oeconomica* des Berghauptmanns Hanns Carl von Carlowitz (1645–1714) aus Freiberg in Sachsen das erste und lange Zeit einzige umfassende Werk zur Bewirtschaftung von Wäldern und Forsten (Carlowitz v. 2000). Darin stellte der Autor den Wald einerseits als Objekt naturforschender, auch forstbotanischer Betrachtung und andererseits als Objekt eines rationellen Wirtschaftsdenkens dar. Für seine Heimatregion, dem Erzgebirge, schlug er angesichts des Holzmangels Möglichkeiten der Verwendung anderer Energieträger vor:

> […] da man doch vorietzo mit Rath, Vorsicht und geringen Kosten selbigen fürkommen können, worzu Gottlob unter andern mit Brennung der Turff- oder Moth-Kohlen und des Turffes selbsten allbereits gute Vorschläge hiesiger Lande vorhanden, sonderlich aber dass das Säen deren wilden Bäume nebst Göttlicher Hülffe unsere Nachkommen von allen Holzmangel befreyen wird (ebd., S. 53).

Insbesondere widmete sich v. Carlowitz den Holzproblemen und der Versorgung großer Holzverbraucher im Erzgebirge; wichtig sei dort der Ausgleich der geschlagenen Holzmenge durch planmäßige Wiederaufforstung:

> [W]enn man genugsame Sorge trüge, dass solche nutzbare, importante, und höchstnöthige Werke continuirlich mit Holtz versehen werden möchten, allermaßen die Holtz refieren darzu verhanden, und nur der Mangel daran ist, dass so bald das Holtz abgetrieben, so sollte man auch wieder auf den würcklichen Anflug und Wiederwuchs bedacht seyn (ebd. S. 97).

Ein wirklich selbständiger Zweig der Staatswirtschaft wurde die Forstwirtschaft in Deutschland erst ab 1757 nach Wilhelm Gottfried von Mosers Veröffentlichung der *Grundsätze der Forstökonomie*. Von Moser, Kameralist in den Diensten mehrerer süddeutscher Landesherren, betonte in seinem Werk die Gestaltung forstwirtschaftlicher Maßnahmen unter dem Gesichtspunkt ihres Ertrages und wirkte so bahnbrechend für die forstliche Aufklärung (Rubner 1967, S. 65 f.). Auch das erstmals von v. Carlowitz formulierte Konzept der Nachhaltigkeit wurde gegen Ende des 18. Jahrhunderts auf die Praxis der Waldbewirtschaftung übertragen. Auf S. 105 seiner Schrift beschrieb er die „Nachhaltigkeit" bei der Bewirtschaftung des Waldes zunächst so: „[…] dass es eine continuirliche beständige und nachhaltende Nutzung gebe […]". Inhaltlich bedeutete Nachhaltigkeit von nun an das Streben nach Stetigkeit, Dauer und Gleichmaß hoher Holzerträge. Georg Ludwig Hartig erweiterte wenig später diese Definition: „Unter allen Bemühungen des Forstwirts ist wohl keine wichtiger und verdienstlicher, als die Nachzucht des Holzes, oder die Erziehung junger Wälder, weil dadurch die jährliche Holzabgabe wieder ersetzt, und dem Wald eine ewige Dauer verschaft werden muss." (Hartig 1791, S. V).

In Frankreich nahm die Forstpolitik im Vergleich zu Deutschland einen anderen Verlauf: Zwar war auch dort die Forstwirtschaft wie in den deutschen Territorien seit der frühen Neuzeit eng an das staatliche Handeln gebunden, allerdings sehr viel straffer, bedingt durch die zentralistische Politik- und Wirtschaftsstruktur des Landes. König Franz I. hatte nach seinem Regierungsantritt 1515 die nationale Forstverfassung und Forstwirtschaft ausgebaut; und als Colbert 1661 unter Ludwig XIV. die Generalkontrolle der Finanzen übernahm, vertrat er zur Versorgung der Kriegsflotte eine holzwirtschaftliche Autarkie und veranlasste die „Grande Réformation" der Domanial-, Kirchen- und Gemeindewälder des Landes (Rubner 1964, S. 181).

Führender Vertreter der französischen Forstwirtschaft war in den 60er- und 70er-Jahren des 18. Jahrhunderts der Agronom und Gutsbesitzer Henri Louis Duhamel du Monceau (1700–1782). 1751 wurde er bekannt durch die Bearbeitung der Werke des Engländers Jethro Tull über das Beenden der Dreifelderwirtschaft und den Beginn des Fruchtwechselsystems. Schon vorher erkannte er als Naturwissenschaftler die Einheit von Land- und Forstwirtschaft und war in der Lage, aufgrund seines Vermögens unabhängig von staatlichen Institutionen zu experimentieren und dabei eine Forstbotanik auf breiter Grundlage zu etablieren (vgl. Abschn. 2.5). Daneben suchte er nach verbesserten Verfahren der Wiederaufforstung im Sinne einer forstlichen Nachhaltigkeit (ebd., S. 182).

Erst 1763 änderte sich nach der Niederlage Frankreichs im Siebenjährigen Krieg die Situation: Der Ökonom (und Mediziner) François Quesnay stellte in diesem Jahr in seiner „Philosophie rurale" den Kalkül für eine Privatisierung der französischen Forstwirtschaft auf, um deren Profit zu steigern. Im neu geschaffenen Ministerium für Landwirtschaft,

Handel und öffentliche Arbeiten erklärten die versammelten Agronomen und Physiokraten die bisherige staatliche Forstwirtschaft für unwirtschaftlich und drängten auf Änderung (Rubner 1967, S. 41–50). Zwar behielt auf dem Gebiet der Forstbotanik Duhamel einen großen Einfluss, aber in Frankreich entwickelte sich die Forstwirtschaftslehre im Vergleich zu den deutschen Territorien ungünstig. So waren am Ende der Regierungszeit Ludwigs XVI. empirische Forstdisziplinen wie das Forstrecht in Deutschland besser entwickelt als in Frankreich. Nach der französischen Revolution stellten dann die Arbeiten der deutschen forstlichen „Klassiker" Georg Ludwig Hartig, Heinrich Cotta, Wilhelm Pfeil und Johann Christian Hundeshagen die Nachbarn in den Schatten. Diese Fachleute waren mit der Arbeit im Wald vertraut, hatten studiert, übernahmen leitende Positionen in den Forstverwaltungen und waren zugleich Universitätslehrer.

Bis heute ist strittig, warum es im 18. Jahrhundert in vielen Ländern Europas zu einer Wald- und Forstdevastierung und damit zu der viel beschriebenen und gut erforschten „Holtz-Not" gekommen war. Nach der These von Günter Bayerl änderte sich in diesem Jahrhundert die Naturauffassung derart, dass Natur nur noch in ihrem ökonomischen Nutzen für den Menschen gesehen wurde, wobei die damaligen ökonomischen und wissenschaftlichen Theorien die Legitimation für die Ausbeutung des Naturreichs lieferten (vgl. Bayerl 1994, S. 29–54). Aber offenbar kam es wegen der Technologiegrenzen zu „Flaschenhälsen" wie im Bergbau und der bereits vorhandenen Protoindustrie.

Im Gegensatz zur Forstwirtschaft hatte es die Forstbotanik im 17. und 18. Jahrhundert schwer bei der Bildung eigenständiger Konzepte oder gar einer wissenschaftlichen Teildisziplin. Gleichwohl wurden bei botanischen Beschreibungen und Experimenten oft Bäume als Objekte herangezogen, da Morphologie und innere Struktur dieser großen Gewächse leichter zu erkennen waren als die der Kräuter und niederen Pflanzen. Auch gab es seit der Antike viele naturgeschichtliche Werke, die sich aus den unterschiedlichsten Gründen mit Bäumen befassten. Anders jedoch als in Antike, Mittelalter und früher Neuzeit ging es nun verstärkt um die Art ihres Wachstums, der Feinstruktur im Innern und um die Funktion ihrer Teile.

Einen wichtigen Denkansatz bot das 1649 von dem Mediziner und Naturforscher William Harvey entwickelte Konzept des tierischen und menschlichen Blutkreislaufs durch seine Übertragung auf Pflanzen. Harvey beschrieb, wie ein Flüssigkeitsstrom vom Herzen transportiert wird, sich in feinen Kapillargefäßen des Gewebes verästelt und durch ein Venensystem zum Herzen zurückfließt. Der Umlauf des Saftes in Pflanzen, so die Vorstellung von Botanikern, könnte sich analog verhalten, entweder in einem echten oder einem Teilkreislauf: Ein roher Nahrungssaft, von den Wurzeln aus der Erde aufgenommen, stiege durch die anatomisch nachgewiesene Gefäße oder Röhren empor und gelangte in die oberirdischen Pflanzenteile, vor allem in die Blätter. Dort würde der Saft in einen eigenen Nahrungssaft umgewandelt, der die ganze Pflanze wieder bis in die Wurzel hinab durchliefe (Jessen 1864, S. 321). Die Zuschreibung einer Kreislaufbewegung erwies sich jedoch für Pflanzen schwieriger als für Tiere, da jene durch die Verwurzelung und autotrophe Lebensweise schlechter von den umgebenden Medien Boden und Luft abzugrenzen waren. Auch war ungewiss, welche Art von „Saft" überhaupt zirkuliere: Wasser, ein Wasser-Nährstoffgemisch oder Milchsaft. Und schließlich gab es in der Pflanze kein dem Herz vergleichbares Organ.

Schon vorher hatte der flämische Naturforscher Johan van Helmont[15] in einem berühmt gewordenen 5-jährigen Wachstumsexperiment mit einem Weidenschössling diesen nur mit Wasser „ernährt" und aus den Ergebnissen von vergleichenden Wägungen gefolgert, die Pflanze entnehme ihre Nahrung dem Wasser und nicht den Substanzen der Erde. Dabei war er nach der Auffassung des Wissenschaftshistorikers Hans-Werner Schütt (2000, S. 468–478) der Gedankenwelt der Alchemie stark verbunden und zugleich ein Meister quantitativer Experimente, welcher Waage und Thermometer als Forschungsmittel nutzte und der die Erhaltung der Materie bei chemischen Umsätzen klar formulierte. Bei Jahn (2004, S. 215 f.) findet man die genauen Gewichtsangaben Helmonts zu Beginn und am Ende des Wachstumsexperiments: Gewicht der Weide vorher 2,5 kg, Gewicht der trockenen Erde 91 kg, Gewichtszunahme der Weide nach 5 Jahren 75 kg, Gewichtsverlust der trockenen Erde nach dieser Zeit 0,057 kg.

Van Helmont sah nur zwei Grundelemente der Körper und ihrer Lebensprozesse als wesentlich an: das Wasser als materiellen und das Ferment oder Samenhafte als dynamischen Urgrund, nicht jedoch die Erde. Wasser könne so zu Nährstoffen und „Luft" transmutieren und Erde zurück zu Wasser. Robert Boyle nahm 1668 Bezug auf dieses frühe Experiment einer Gewichtszunahme der Pflanzen beim Wachstum und ließ durch seinen Gärtner Versuche mit Gurke und Kürbis durchführen. Hierzu stellte er fest, dass „[…] der Hauptteil der Pflanze aus verwandeltem Wasser besteht, obwohl ein Teil der Erde oder vielmehr das lösliche Salz, das in ihr enthalten ist, verloren ging." Salz, Spiritus, Erde oder Öl könnten aus Wasser entstehen und somit ein „Prinzip der Chemiker wie ein Element der Peripatetiker" neu erzeugt oder aus einem Quantum Materie neu erhalten werden (Boyle 2000, S. 37–40). Diese stark alchemistisch geprägte Vorstellung mit ihrer spirituellen Interpretation physiologischer Prozesse wurde während des 17. Jahrhunderts zunehmend durch die der Iatrochemie – welche Lebensvorgänge und krankhafte Änderungen im Organismus

---

[15]Biographisches zu van Helmonts: DSB 6, S. 253–259.

durch chemische Prozesse erklärte – sowie durch die experimentelle Praxis verdrängt und schließlich abgelöst.

Auch der sächsische Bergrat Johann Friedrich Henckel[16] wies 1722 in seiner *Flora Saturnizans* nach, dass allein die Erde Quelle aller festen Pflanzenbestandteile ist, einer der ersten Versuche, die Pflanzenernährung ohne Rückgriff auf eine Lebenskraft allein durch chemisch-physikalische Ursachen zu erklären. Er kritisierte, wie schon vor ihm die Naturforscher Edme Mariotte (1620–1684) und John Woodward (1665–1728), die Wachstumsversuche von Helmont und Boyle, insbesondere die Vorstellung, Wasser allein könne zum Pflanzenwachstum beitragen. Als Kenner bergbau- und hüttentechnischer Laboruntersuchungen stellte Henckel dabei sehr praktische Fragen, z. B.: Welche Gefäße wurden verwendet? Wie lange war das Wasser darin? War das Gefäß aus Holz? Wurde das Regenwasser zum Begießen der Pflanzen im Freien oder von Dächern gesammelt? Warum führte Boyle die Versuche nicht selbst durch, sondern übergab sie komplett seinem Gärtner, wodurch sich die Gefahr von Fehlmessungen erhöhte? Auch hätte man Weide, Kürbis und Gurke nach Abschluss der Versuche untersuchen müssen, um deren Trockenrückstand und Wasseranteil abschätzen zu können. Henckel bemängelte weiterhin, es sei zum Gießen nicht nur Regen-, sondern auch Brunnenwasser verwendet worden, welches gelöste Stoffe enthalte. Die Versuche der kritisierten Naturforscher seien demnach kaum brauchbar; er sprach abschätzig von „Wasser-Vorstellungen" und bezeichnete Helmont als „Wasser-Philosoph" (Henckel 1722, S. 114–123). Erst gegen Ende des 18. Jahrhunderts konnte eine endgültige Klärung der Ursachen der Gewichtszunahme durch die Chemiker Lavoisier, Berthollet und Fourcroy herbeigeführt werden, zunächst für die anorganischen Stoffe. Organische Stoffe waren der Analyse weniger leicht zugänglich, obgleich Lavoisier von 1784 bis 1789 den Weg zur organischen Elementaranalyse wies.

Schwieriger zu lösen als das Problem der Gewichtszunahme bei Pflanzen war offenbar das der Funktion einzelner Pflanzenteile und der Art der Pflanzensäfte. In dem 1691 erschienenen Werk *The wisdom of god, manifested in the works of Creation* schrieb der britische Naturforscher und Theologe John Ray[17] den Teilen des Baumes ganz im Sinne der Physikotheologie ihre Bestimmung zu (Ray 1691, S. 103–105). Einen Rücklaufstrom von den Blättern bis in die Wurzeln hielt er durch die Untersuchungen Malpighis für bewiesen; außerdem sei nach den durchgeführten Experimenten evident: „If you cut off a Ring of Bark from the Trunk of any Tree that Part of the Tree above the Barked

Ring shall grow and increase in Bigness, but not that beneath." Trotzdem hielt Ray Zweifel am Prinzip der Zirkulation für angebracht (ebd.).

Anders als bei seinen forstwirtschaftlichen Betrachtungen trug Hanns Carl von Carlowitz nichts Wesentliches zur Physiologie der Bäume und zur Holzanatomie bei. Trotzdem war er einer der Ersten, der eigene Beobachtungen und Erfahrungen anderer Personen zum Ansetzen der Jahrringe im Holz zusammenfasste:

> Die viele oder wenige Jahr-Wächse oder Circkel im Stamm einer Tanne/Fichte oder Kiefer sollen zwar das Alter eines Stammes angeben, und jeder Circkel eines Jahres Wuchs anzeigen, alleine es machet mancher Circkel oder Jahrwachs zum öfftern zwey biß drey und mehrere Jahr aus, nachdem er sich ausdehnet […] Sonst sagt man auch, dass die Circkel, oder so genanden Jahre im Holtze, oder in einem Baum gegen der Mitternachts Seite enger und dichter zusammen oder bey einander seyn, als gegen Mittag, da sie grösser und weiter von einander stehen, aus Ursachen, weil die Sonne und Wärme mehr Würkung alhier hat, als gegen der Mitternachts Seite, da die Kälte und Nord-Winde das Wachsthum, oder Ergrösserung der Jahren verhindern (Carlowitz v. 2000, S. 37 f.).

Diesen Aussagen zum Ansatz der Jahrringe bei älteren Bäumen widersprach entschieden der Naturphilosoph Ludwig Philipp Thuemmig, der bei Carlowitz die erforderliche „tüchtige observatio" vermisste und das jährlich sich wiederholende Saftsteigen als Beleg für die Bildung neuen Holzes ansah. Die Frage „[…] ob die Jahre [d. h. die Jahrringe, H.H.R.] schon alle im kleinen vorhanden, oder ob sie aus dem Safte, der zwischen der Rinde und den Holtze hinauf steiget, von neuem erzeiget würden," wurde von Thuemmig entgegen der Präformationslehre im Sinne einer Epigenese erklärt (Thuemmig 1723, S. 76 ff.). Die später gestellte Frage nach der Funktion der großen Gefäße bei Laubbäumen, die von Grew als Luftröhren, von anderen für Saftröhren angesehen wurden, blieb allerdings zu dieser Zeit noch offen. Es galt noch immer die von Malpighi, Grew und Leeuwenhoek vorgenommene Einteilung der „Röhrlein" des Baumes in Saft- und Luftröhren, wobei Leeuwenhoek die Saftröhren weiter in Adern und Pulsadern unterteilte. Weitergehende mikroskopische Beobachtungen wurden zwar diskutiert, blieben aber umstritten. So zweifelte Bernard Bovier de Fontenelle (1994, Bd. 6, S. 42 f.) an den Luftröhren, weil man sie auch durch ein Mikroskop nicht deutlich sehen könne. Zudem zeige das Mikroskop alles, was man wolle, und jeder nehme etwas Verschiedenes wahr.

Stephen Hales (1677–1761)[18] war der erste Naturforscher, der systematisch pflanzenphysiologische Experimente ersann und durchführte. Unterstützt durch die Royal Society of London und ihren damaligen Präsidenten,

---

[16]Biographisches zu Henckel: DSB 6, S. 259 f.

[17]Biographisches zu Ray: DSB 11, S. 313–318.

[18]Biographisches zu Hales: DSB 6, S. 35–48.

Isaac Newton, veröffentlichte er 1727 in *Vegetable Staticks* die Ergebnisse von 124 Versuchen, durch die er u. a. das Wissen zur Lokalisierung der Saftströme des Baumes erweiterte. „Ringelungsversuche" – bei denen das Rindensegment eines Baumes abgeschält wird, um die Wirkung auf das Wachstum einzelner Baumteile aufzuspüren – und Versuche zur Transpiration mit Hilfe abgeschnittener Zweige spielten hierbei die entscheidende Rolle. Hales kannte Thuemmigs Erklärung der Saftbewegung und stimmte ihr zu: Der Aufstieg erfolge in der Rinde und den äußeren Holzringen. Die Vorstellung eines parallel dazu verlaufenden Saftaufstiegs im Mark und die Erklärung des absteigenden Saftstroms lehnte er jedoch ab (Hales 1748, S. XX). Hales beschrieb die zwischen Rinde und Holz befindliche geschmeidige und zähe Schicht von „leimiger Feuchtigkeit" – erst im 19. Jahrhundert Kambium genannt – und entwickelte vermutlich als Erster die Vorstellung einer Wachstumsschicht, in welcher neue Fasern, „Bläsgen" [Zellen bzw. Gefäße im heutigen Sinne, H.H.R.] und Knospen entstünden. Zu Bildung und dem Zusammenwirken von Gefäßen, so Hales:

> […] hat man sich vorzustellen, dass die Holtzadern oder Bekleidungen des zweyten, dritten etc. Jahres (der Zuwachs in der Dicke) nicht aus blossen horizontalen (in die Breite gehenden) Ausspannungen der Gefäße entstehen, sondern vielmehr, dass die in die Länge gehenden Fäsergen, und die Röhrgen, die aus dem vorjährigen Holtze kommen, mit denen Gefäßen, mit denen sie freye Communication unterhalten, sich weiter in die Länge fortstrecken. […] Man findet, daß jedes Jahrs neuer Holtzring, der das alte Holtz bedecket, aus Fasern bestehe, die von unten und gleichsam aus der zwischen Stamm und Wurtzel vorhandenen Scheidung […] aufsteigen (ebd., S. 191).

In seinen botanischen und zoologischen Untersuchungen und bei der Verwendung des Mikroskops wurde Caspar Friedrich Wolff (1734–1794) stark von Hales beeinflusst, Julius Sachs nannte ihn den Ersten, der nach Malpighi und Grew wieder die Pflanzenanatomie pflege (Sachs 1875, S. 269). Dabei bestand für Wolff kein prinzipieller Unterschied bei der Organisation und Entwicklung von Tier und Pflanze, da die Ernährungsprozesse Grundlage der Entwicklung aller Organismen seien. Seine morphologisch-anatomischen Beschreibungen orientierten sich konsequent an der Beobachtung, z. B. bei Vertikalschnitten von Wurzel-, Stamm- und Rindengewebe: So beschrieb er durchsichtige Längsgefäße oder rundliche und zylindrische Flüssigkeitströpfchen, die er mit einer Nadel oder einem Messerchen bewegen konnte (Wolff 1999, S. 12), oder er drückte unter dem Mikroskop ein Gewebeteil zusammen, wobei eine klare Flüssigkeit austrat, die zunächst dünnflüssig war, danach dicklich und schließlich zäh und hornähnlich. Solche Eigenarten der Säfte und die Strukturierung der Gewebeteile führten ihn schließlich zu der Verzahnung seiner Beobachtungen mit einem Theoriekontext und außerdem zu einer generalisierenden Interpretation des Lebens

der Organismen, wie Olaf Breidbach (1999) in der Einleitung zur Neuauflage der Schrift Wolffs feststellte. Dabei war es nach dem Stand des Wissens der damaligen Physiologie noch nicht möglich, die von Wolff als rund erkannten Zellen – d. h. Zellen im heutigen Sinne – und die länglichen Gefäße funktional zu unterscheiden; beide sollten nach seiner Auffassung Hohlräume im festen Substrat schaffen, durch die sich Nahrungssäfte fortbewegten (Wolff 1999, S. 16) (Wolff 1999); (vgl. Sachs 1875, S. 270); Jahn 2004, S. 263).

Wolffs epigenetische Erklärung von Saftbewegung, Funktion von Gefäßen und Zellen, vor allem aber die von ihm postulierte Grundkraft („vis essentialis") standen im deutlichen Widerspruch zum Schöpfungsglauben und wurden vielfach als ein Angriff auf die Religion gedeutet. Dabei beschrieb Wolff diese Kraft nicht vitalistisch im Sinne einer irgendwie gearteten „Lebenskraft", sondern deutete sie heuristisch als zunächst noch unbekannten Faktor. Anders als bei den Autoritäten der Epoche und Vertretern der Präformationstheorie wie Leeuwenhoek, Malphighi, Leibniz und Haller wurden die Organismen in ihrer Genese hier von der Natur her erläutert, die Organismenstruktur durch die Eigenschaften der unorganischen Substanz: „[…] dass in Entwicklung begriffene Körper nicht Maschinen sind, sondern bloß aus unorganischer Substanz bestehen. Und diese sich entwickelnde Substanz ist von der Maschine, in die sie eingehüllt ist, wohl zu unterscheiden. Die Maschine aber ist als das Erzeugnis derselben anzusehen." (Wolf 1999, S. 164); zur Erklärung vgl. Breidbach (1999, S. XXII f.); Cremer (1985, 93 ff.). Epigenese und Wolffs Vorstellungen von der Zelle vertrugen sich jedenfalls glänzend miteinander, eine Ausnahme bildete die Erklärung des Befruchtungsvorganges bei Tieren.

Dass Wolffs Thesen sich als weniger wirkungsmächtig erwiesen als die von der Öffentlichkeit als skandalös und atheistisch aufgefassten Werke *L'Homme Machine* und *L'Homme Plante* von Julien Offray de La Mettrie (1709–1751) (La Mettrie 1748a); (ders. 1748b) lag vermutlich an der geringen Verbreitung von Wolffs Werk und seiner eher verhaltenen Diktion. Erst allmählich verschwanden gegen Ende des 18. Jahrhunderts präformistische Vorstellungen, und ein Paradigmenwechsel in der botanischen Naturforschung setzte ein.

Der britische Naturkundler John Hill (1707–1775) verließ sich, anders als C. F. Wolff, in „The construction of timber, from its early growth" (Hill 1770) bei der anatomischen und funktionalen Beschreibung einzelner Teile des Baumes ausschließlich auf die von Londoner Instrumentenmachern mit seiner Hilfe entwickelten Technik. Er war der Erste, der reproduzierbar Holzpräparate mit einer Stärke von bis zu 1/2000 Inch (ca. 0,13 mm) mit einem Mikrotom herstellte, sie erst beizte und dann färbte, um Oberflächen und Gefäßstrukturen besser sichtbar zu machen. Mit dieser Technik glaubte er den Untersuchungen früherer Naturforscher überlegen zu sein. Für seine Beobachtungen diente ihm ein leistungsfähiges zusammengesetztes Mikroskop von George Adams jr. (vgl. Abschn. 2.3) (ebd., S. 3–16); (vgl. Smith 1915, S. 78–83). Hill unterschied Borke, Bast, Splintholz, Holz, den Gefäßbündelring der Corona und das Mark und ordnete ihnen die jeweiligen „vessels" zu. Aufgrund der vor allem an amerikanischen Eichen vorgenommenen Untersuchungen postulierte er neben „year circles" auch „circles of the season", die zunächst im Frühjahr und dann im Hochsommer entstünden, eine Verallgemeinerung, die zunächst wenig Akzeptanz fand. Trotz oder gerade wegen der üppigen Ausstattung mit Abbildungen wurde Hills Werk bei Pflanzenanatomen des 19. Jahrhunderts nicht sehr hoch eingeschätzt. Die Abbildungen der Holzquerschnitte sind jedoch gute Beispiele der vergleichenden Holzanatomie und beeindruckender als die früheren von Malpighi und Grew. Den Forschungsstand seiner Zeit konnte Hill durch seine Arbeit nach Meinung späterer Botaniker jedoch nicht grundlegend verbessern. Hierfür erschienen seine Erklärungsversuche zur Baumphysiologie oft zu spekulativ und die Beschränkung auf mikroskopische Beobachtungen ohne begleitendes Experimentieren unzureichend. Die Bedeutung der Gefäßbündel für die Struktur des Holzes hat er wohl eher geahnt als erkannt. Dies seien „the exterior" des weicheren Splintholzes und „the interior" des Kernholzes. Von der „Corona", den Gefäßbündeln rings um das Mark, soll nach seiner Auffassung das Baumwachstum ausgehen, die Bedeutung des Kambiums als Wachstumsschicht blieb von ihm unbeachtet (Hill 1770, S. 19–23 und zahlreiche Abbildungen). Hill galt als einer jener Naturforscher, der wegen seiner Eitelkeit, cholerischen Temperaments und seiner dauerhaften Kontroverse mit der Royal Society im eigenen Land als Forscher oft herablassend beurteilt wurde, während er anderswo mehr Anerkennung fand, beispielsweise durch Linné und A. v. Haller (vgl. Woodruff 1926) (Woodruff 1926); (Dolman 1983); (Fraser 1994).

Etwa zeitgleich mit Hill lehrte in Preußen seit 1746 am Berliner Collegium-Medico-Chirurgicum der Botaniker und Mediziner Johann Gottlieb Gleditsch (1714–1786)[19] neben medizinischen Fächern auch Physiologie und medizinische Botanik. Außerdem war er Kurator des botanischen Gartens in Berlin. Ab 1768 übernahm er forstliche Vorlesungen und zwei Jahre später auf Weisung des Königs den forstlichen Unterricht an der ersten wissenschaftlichen Forstlehranstalt, um nach den Zerstörungen des Siebenjährigen Krieges die preußischen Bemühungen um eine umfassende akademische Ausbildung von Forstfachleuten umzusetzen. Besonders wirkungsvoll für die forstwirtschaftliche Entwicklung Preußens war dabei der Entschluss des Königs, in

der Berliner Zentralverwaltung ein Forstdepartement unter einem Forstminister zu schaffen. In die Hauptforstkasse dieser Einrichtung sollten alle forstlichen Einkünfte zusammenfließen (Rubner 1967, S. 69).

Geeignete Lehr- oder Handbücher gab es nicht, wenn man von einem Büchlein des badischen Forstrats Joseph Enderlin absieht. Dessen Erkenntnisse gingen im Allgemeinen nicht über diejenigen früherer Autoren wie Grew, Hales oder Duhamel hinaus, während seine Erklärung der Anziehung von Säften an gleichartigen Oberflächen (heutige Bezeichnung: Hydrophilie) und zur kapillaren Wirkung beim Saftaufstieg in eine neue Richtung wiesen (vgl. Enderlin 1770, S. 57–60). Gleditsch verfasste deshalb selbst eine systematische Einleitung in die Forstwissenschaft, ein zweibändiges Werk, das nach Auffassung von Zeitgenossen den Ansprüchen an einen geordneten Lehrbetrieb genügte (Gleditsch 1774/1775). Bereits lange zuvor hatte er sich nach der Lektüre von Carl von Linnés Werken *Systema naturae* und *Critica botanica* bei diesem über den schlechten Zustand der deutschen Ausbildung in der Naturgeschichte beklagt. (Ihre Korrespondenz ist unter http://linnaeus.c18.net frei im Netz verfügbar.) So besäßen z. B. in Leipzig die Medizinstudenten keine praktischen botanischen Erfahrungen aus Furcht, ihre Kleidung und die gepuderten Haare zu ruinieren. Gleditsch selbst kannte die botanische Praxis von Exkursionen ins Vogtland, nach Hessen, Thüringen und Franken und hatte die dort gesammelten 1500 Pflanzen nach dem Linné'schen Sexualsystem geordnet.[20] Offenbar besaß er schon 1740 das für die Betrachtung und Beurteilung winziger pflanzlicher Fortpflanzungsorgane erforderliche mikroskopische Wissen, nachdem er sich um ein Mikroskop bei dem Instrumentenbauer Johann Lieberkühn bemüht hatte.[21]

Auf seinen Exkursionen nach 1735 war Gleditsch bei Potsdam, Treuenbritzen und Belitz, außerdem zwischen den Dörfern Schöneberg und Charlottenburg auf das schon von anderen Autoren beschriebene Phänomen der „Osteocolle" gestoßen. Diese meist tief im Boden steckenden Gebilde, oft von heller Farbe, zuweilen auch sand- oder tuffhaltig, erinnerten in ihrer Form an Baumwurzeln oder dünne Stämme und wurden mit Namen wie „Fossile arborescens", „Lapis ossifragus" oder „Pierre des os rompus" belegt. Ihre innere Struktur erinnerte an die des Holzes, und Gleditsch verband ihr Vorkommen mit den fossilen Wäldern der Region, bestehend aus Eichen, Birken, Weißbuchen und Erlen. Die Osteocolles seien ohne Zweifel versteinerte

---

[19]Biographisches zu Gleditsch: ADB 9, S. 224 f.

[20]Gleditsch an Linnaeus v. 21.3.1739 und 23.7.1745: The Linnaean correspondence, linnaeus.c18.net, letter L0276 bzw. L0641. Zugegriffen: 01.12.2017.

[21]Vgl. Gleditsch an Linnaeus v. 20.4.1740: The Linnaean correspondence, linnaeus.c18.net, letter L0381. Zugegriffen: 01.12.2017.

Rückstände dieser Wälder, belegt sei das vor allem durch die chemischen Untersuchungen von Andreas Marggraf. Sie entstünden durch langsames Ausfällen von Kalk und anderen Erdbestandteilen im Innern des fossilen Holzes, wobei Holzringe und Parenchymzellen nicht oder nur selten abgebildet würden (vgl. Gleditsch 1750); (Marggraf 1750). Gleditsch berichtete darüber 1747 in einem Brief an Linné und beschrieb Verwitterung und Eindringen von Bodenflüssigkeiten in die entstandenen Hohlräume der Stämme:

> Trunci temporis tractu perpetuo humidi affluxu putrefacti, cariosi facti et excavati sensim sensimque quasi colliquescunt. Horum cavitates formam largiuntur fossili nostro naturali ex asse simillimam, cujus materia aquis soluta per loca cariosa truncum facile subintrat, ad radices usque descendit et tandem omne cavum prorsus implet.[22]

In seinem forstwissenschaftlichen Lehrbuch nahm Gleditsch vor allem die Anatomie und Physiologie der Holzgewächse in den Blick und behandelt dabei auch die Differenzierung der Jahrringentwicklung. Ausgehend von der herkömmlichen Einteilung der Pflanzen in Kräuter, Stauden, Sträucher und Bäume, die für ihn auf „einer alten Gewohnheit und unsichern Gründen" beruht, fand er bei allen Gruppen eine vergleichbare Art des Zuwachses: Das Gewebe beginne sich im Frühjahr aus einer feuchten bis zähen inneren Rindenlage zu entwickeln, die sich allmählich verfestigt und ein holzähnliches Gewebe bildet (Gleditsch 1774, Bd. 1, S. 95, 105–110). Bei den Bäumen werde das Mark (Medulla) umschlossen vom Holz (Lignum), dessen Zuwachs (Alburnum) es erhält von dem „innern faserigen holzigen anliegenden fester gewordenen Gewebe der Rinde", bezeichnet als Bast (Liber), dieser wiederum umschlossen von der Rinde (Cortex), die nur die „gedachte innere Lage ihres Gewebes zu dem Baste abgiebt". Ganz außen befinde sich eine Haut (Epidermis oder Cuticula) (ebd., S. 121).

Zweifellos nutzte Gleditsch Vergrößerungsgläser und Mikroskope (wahrscheinlich ab einer 50-fachen Vergrößerung) zur Beobachtung der Gewebedetails, denn er schrieb, dass die Holzfasern

> [...sich] in einer wohl bestimmten Ordnung verschiedentlich ausbreiten, krümmen, in und durcheinander laufen, umschlingen, zusammenflechten und dadurch zugleich so vielfältig vergrößern, daß endlich daraus sehr derbe Bündel von Fasern entstehen, und Zellen, Saftröhren und Häutchen von einem ordentlichen netzförmigen oder anders gestalteten und regelmäßig ausgebreiteten Gewebe, in ungewissen Lagen der Zahl nach übereinander gebildet werden (ebd., S. 130).

Zwischenräume seien überall mit „allerfeinstem Marke" ausgefüllt – gemeint ist vermutlich das Parenchym. Die Bildung der jährlichen Holzringe ist für Gleditsch die Folge

des Aneinanderlegens von Einzelfasern unter Ausbildung von Hohlräumen, runden und eckigen Saftröhren. Letztere würden im frischen Zustand von Saft durchströmt, bis sie sich nach und nach verengten und keinen Saftfluss mehr gestatteten. Aus der Dicke eines Stammes lasse sich dabei nicht auf sein Alter schließen, vielmehr seien Bodenbeschaffenheit, Wechsel von Sonne, Regen und Tau wichtig, auch der Zufall spiele eine Rolle, „dass nemlich die weiten und groben, mit den engern und feinern Holzringen abwechseln." (Ebd., S. 136).

Für Gleditsch war, anders als für einige seiner Zeitgenossen, noch unbewiesen, ob es überhaupt getrennte Luft- und Saftgefäße in Bäumen gebe oder ob dieselben Gefäße beide Stoffe zugleich oder im Wechsel beförderten. Hingegen war für ihn das Eindringen und Einsaugen des Wassers in die Pflanzen seit Hales' Untersuchungen von 1727 gesichertes Wissen (ebd., S. 149). Er stellte fest, dass alle Nahrungsteile aus Luft und Erde (auch die Wärme zählte er zur Nahrung) mit dem Wasserstrom transportiert würden, vor allem jedoch, dass nach den Erfahrungen der Chemie und Landwirtschaftslehre „[…] deren Abgang beständig durch andere von außen ersetzt werden muß." (Ebd., 150). Gleditsch formulierte hier ca. 60 Jahre vor dem Erscheinen von Liebigs *Agrikulturchemie* die Ansprüche der Pflanzen an eine ständige Zufuhr von mineralischen Stoffen und Stoffen aus „verfaulten Thier- und Pflanzenerden". Die Säfte würden durch Luft und Wärme in Bewegung gesetzt, indem sich die Gefäße ausdehnen und zusammenziehen und dabei einen Kreislauf wie bei den Tieren vermuten lassen. In den Blättern der Pflanzen, von Gleditsch als „Saugewerke" bezeichnet, fänden zweifellos die entscheidenden Saftveränderungen und die Verdampfung innerhalb des Kreislaufs statt, die grüne Blattfarbe werde von der aus der freien Luft von außen eindringenden freien Säure unterhalten. Hierzu formulierte er ein spezielles Forschungskonzept für die Saftbewegung in den Blättern: „1. Auf welche Art sie gegen die Blätter geschehe; 2. Wie sie in ihnen vorgehe; 3. Wie diese Säfte darinnen, durch die Bewegung verändert, und dadurch zubereitet werden; 4. Auch durch welche Wege die darinnen zubereiteten Säfte aus denselben nach der Pflanze zurücke gehen oder auch ausdampfen?" (Ebd., S. 197 ff.).

Nach Auffassung des Autors beteiligte sich Gleditsch durch die Art seiner Beobachtungen, seinen auf Erfahrung beruhenden Feststellungen und seiner Skepsis gegenüber wundersamen Erscheinungen maßgeblich an dem Bemühen, die eher statische Betrachtungsweise der Naturgeschichte zu überwinden und die Pflanzenanatomie und -physiologie als Teilgebiete der Naturforschung zu etablieren. Vergleicht man seine Schriften zur Forstbotanik mit denen anderer Autoren des ausgehenden 18. Jahrhunderts, wird dieser Fortschritt besonders deutlich. So bezeichnete der zeitgenössische Rezensent P. D. Giesecke Gleditschs

---

[22]Gleditsch an Linnaeus v. 28.2.1747: The Linnaean correspondence, linnaeus.c18.net, letter L0786. Zugegriffen: 01.12.2017.

Werk als ein „System", die etwa gleichzeitig erschienene *Forstbotanik* von Friedrich Wilhelm Weiß (1775) nur als ein „Compendium".

2.5   Baum- und Gartenkunst

Seit der frühen Neuzeit standen in der Wald- und Holzwirtschaft vor allem Ertragsfragen und die Nachhaltigkeit des Wirtschaftens im Mittelpunkt, während andere Entwicklungen der Naturforschung bis zur frühen Aufklärung an der Forstwirtschaftslehre weitgehend vorbeigegangen waren (Mantel 1967, S. XXXI). Deren Literatur wurde dominiert von der Ordnung im Forstwesen, der Waldnutzung und der kameralistischen Ertragslehre.

Parallel dazu gab es aber stets eine als „Baum- und Gartenkunst" bezeichnete und seit der Antike tradierte Erfahrung zum Wachstum der Bäume und zur Struktur der inneren Teile der Pflanzen, die so zum Ausgangspunkt der Erweiterung des botanischen Wissens seit der frühen Neuzeit wurde. Ein besonderer Impuls, dieses Erfahrungswissen durch wissenschaftliche und experimentelle Forschung zu ergänzen, kam aus England und Frankreich. Hier arbeiteten Naturforscher und Mitglieder der großen Akademien wie John Evelyn (1620–1706), George-Louis Leclerc de Buffon (1707–1788) und Henri Louis Duhamel du Monceau (1700–1780) auch an der wissenschaftlichen Erforschung des Waldes und des Holzes. Ausgehend vom Problem der Versorgung mit Brenn- und Bauholz studierten sie die pflanzlichen Wachstumsphasen und die Veränderungen der inneren pflanzlichen Struktur im jahreszeitlichen Verlauf.

Von der Antike über das Mittelalter bis in die Neuzeit galten Gärten als vom Menschen gestaltete und veränderte Lebensräume, gewissermaßen Gegenentwürfe zur „wilden" Natur und zu einem chaotischen und mühevollen Alltag. Ausgehend vom „Paradiesgärtlein" wurde der Garten auch Projektionsfläche menschlicher Sehnsüchte und zugleich Objekt für die wissenschaftliche Erkundung zur Ordnung der Natur. Er war ein lebendes Artefakt, der wie das unbelebte Artefakt dauernder Pflege bedurfte. Blieb diese aus, verwandelte sich der Gartenraum wieder in den Zustand vor dem Eingriff des Menschen zurück. Gärten konnten verschiedene, sich oft ausschließende Funktionen besitzen: Obst-, Gemüse- und Arzneipflanzengärten sollten Erträge bringen, Ziergärten verschafften angenehme Empfindungen, während botanische Gärten dem Wissenstransfer dienten (Schulze 2006, S. 15, 61). In einem 1938 geschriebenen Traktat *Der leidenschaftliche Gärtner* führte der Publizist Rudolf Borchardt die Gartenidee auf ihren archaischen Ursprung, den Garten Eden, zurück und nannte den Garten eine Kulturanlage, die eben keine „nachgeahmte Naturanlage" darstelle. Diese Auffassung wurde auch als Gegenentwurf zum biologischen Determinismus Nazi-Deutschlands interpretiert (ebd., S. 85).

Allen Gartentypen erscheint gemeinsam, dass sie zunächst einer Planung und Investition bedurften, einer Ordnungsstruktur folgten und aus einer Mischung von Boden, Gewässer, Pflanzen und Architektur bestanden. Diese vernünftigen, natürlichen Verhältnisse glaubte man bereits in den antiken Beschreibungen der „res rustica" und des Gartenbaus durch Cato, Varro und Columella sowie im feudalen Landleben dieser Zeit vorzufinden (vgl. Rex 1998). Im Mittelalter fehlte dann eine wichtige Voraussetzung für den entspannten Genuss der Gärten, nämlich der Reichtum einer feudalen oder bürgerlichen Oberschicht, friedliche politische Zustände und ein unbeschwertes Verhältnis zu den Freuden dieser Welt. Irdische Gartenlust konnte so nicht entstehen, Bäume und Kräuter wurden vor allem als nützlich betrachtet. Nur selten beschrieb man Gärten und Bäume wegen ihrer Schönheit, anders als zuvor in der Antike und in der sich anschließenden Epoche der Renaissance. Typische Schriften dieser Epoche sind die Gartenbaubeschreibung des Klosters Reichenau um 800 durch Strabo (2007) oder die Verordnung Karls des Großen über Krongüter und Reichshöfe, zusammengestellt von Ernst Wies (1992). Während der Renaissance wurde der angenehme Ort wiederentdeckt, der „locus amoenus", doch handelt es sich nun nicht mehr um das „Paradiesgärtlein", sondern um den Ort weltlicher Ideale von Frieden, Harmonie, Schönheit, auch Liebe. Fruchtbare Gärten, idyllische Landschaften und pastorale Szenerien verbanden sich so mit Bildern orientalischer Lustgärten (Schulze 2006, S. 290).

Viel trug in der frühen Neuzeit Francis Bacons 1597 erschienener Essay „Of Gardens" zur Förderung der Gartenkultur bei. Literarisch ein „Versuch" und wegen seiner eher vagen Beschreibungen keine geeignete Vorlage für einen überzeugenden Gartenplan, erschien er doch faszinierend und diente so manchem Leser zur Bestätigung eigener Überzeugungen. Bacon beschrieb einen Garten, von ihm als „prince-like" bezeichnet, mit einer Größe von mehr als 30 acres, „a green in the entrance, a heath or desart in the going forth" und einem „main garden in the midst." (Bacon 1752, S. 172). Die als „heath or desart" bezeichnete Region war für Bacon Ausdruck einer „natural wildness", jedoch anderer Art als die im 18. Jahrhundert bevorzugt beschriebene, von Bäumen dominierte erhabene Wildnis. In den Ecken des rechteckig angelegten Gartens befanden sich Hügel „to look abroad into the fields", wohl um den Kontrast zwischen gezähmter und wahrer Natur zu spüren. Die Bäume wurden angepflanzt entlang der Hauptwege „ranged on both sides with fruit trees, and some pretty tufts of fruit trees" sowie auf den Hügeln (ebd., S. 176); vgl. Hennebo (1965, S. 39 f.).

Im 16. und 17. Jahrhundert waren neben Kartoffel, Tomate und Tabak einige neue Baumarten aus Asien und Amerika nach Europa gebracht worden. Die für England relevanten Baumdaten sind beispielsweise: *Quercus ilex* und *Morus nigra* um 1500, *Pinus pinea* 1548, *Platanus orientalis* 1582, später *Aesculus hippocastanum* 1637, *Taxodium distichum* 1640 und *Cedrus libani* 1659. Im Jahr 1527 wurde der erste botanische Garten einer Universität in Padua angelegt, andere wie die von Leiden, Leipzig und Heidelberg folgten in ihrer Anordnung seinem Beispiel, ebenso wie königliche und private Pflanzensammlungen (Thacker 1979, S. 127 f.).

In Frankreich entstand im 16. Jahrhundert der Typ des Gartens als eine Fläche, wo die sonst ungeordnete und irreguläre Natur gezähmt wurde. Das Wachstum von Bäumen und Büschen wurde hier in eine geometrische und symmetrische Form gebracht, am augenfälligsten in den Pariser Tuileriengärten der Zeit Katharina von Medicis, die dort italienische Gartenkultur repräsentierten. Dies alles erfuhr noch eine Steigerung durch den vom Gartenbaumeister Ludwigs XIV., André Le Nôtre, 1650 bis 1653 in Versailles angelegten Schlossgarten. Hier wurde selbst das Größenverhältnis zwischen Krone, Stamm und Kübel eines Orangenbaumes exakt festgelegt (Demandt 2002, S. 216).

In England waren sich Gartenschriftsteller des französischen Einflusses zwar wohl bewusst, doch wurde eine französische Dominanz meist zurückgedrängt. Erst bei der Neugestaltung des Hampton Court 1689 trat auch hier ein solcher Einfluss in Erscheinung, allerdings nur 20 bis 30 Jahre lang, bevor das neue Interesse an der „Natur" und der „Landschaft" spürbar wurde (Thacker 1979, S. 145). Mit John Evelyn trat ab 1650 in England ein Vertreter der Gartenkultur hervor, der die von Bacon angestrebten Ideale mit der sich entwickelnden Baum- und Gartenkunst zu vereinen suchte. Sein 1664 erschienenes Werk „Sylva" war eine Auftragsarbeit: Wegen des Holzbedarfs für die britische Flotte hatte der Navy Board die Royal Society damit beauftragt, Vorschläge zur Linderung des schon seit Langem andauernden Holzmangels zu erarbeiten. Den Auftrag erhielt Evelyn, der eine Reihe praktischer Empfehlungen zur Waldnutzung, zur Auswahl geeigneter Baumarten und deren wirtschaftlichem Umtrieb präsentierte. Unterstützt durch einen Erlass der Regierung wurde wenige Jahre später vorhandenes Parkland in Wald umgewandelt und Brachland neu bepflanzt, so dass schließlich auf einer Fläche von insgesamt 4450 ha vorwiegend Eichen nach einem standardisierten Verfahren mit 80 bis 120 Jahren Umtrieb kultiviert wurden Nach den napoleonischen Kriegen lobte Premierminister Disraeli diese Leistung Evelyns: „Inquire at the Admiralty how the fleets of Nelson have been constructed and they can tell you it was with the oaks which the genius of Evelyn planted." Sicher war dies übertrieben, aber Evelyn konnte die Landbesitzer davon überzeugen, Bäume aus patriotischen Gründen anzupflanzen (Holmes 1975, S. 72).

In *Sylva* beschrieb Evelyn das Wachstum verschiedener Baumarten, besonders der Eiche, indem er eigene Beobachtungen und Beschreibungen früherer Schriftsteller verarbeitete. Nicht immer scheint er sich eigener Aussagen sicher zu sein, etwa wenn er exzentrisches Stammwachstum auf die Ausrichtung zur Sonne und vorherrschenden Windrichtung zurückführte oder wenn er unter Berufung auf Seneca das Holz windexponierter Bäume als besonders fest bezeichnete (Evelyn 1664, S. 8–12). In Abschnitt XXIX mit der Überschrift: „Of the Age, Stature, and Felling of Trees" verwies er auf Plinius d. Ä., der über Eichen im „Hercynian Forest" – das nach Plinius sich von West- nach Osteuropa erstreckende Mittelgebirge – berichtet habe, die offenbar so alt wie die Welt selbst seien. Andere Autoren hätten über Obstbäume berichtet, die eine Phase des Wachstums, eine des Stillstands und eine des Vergehens von jeweils 300 Jahren erlebten, wieder andere von 2500-jährigen Eichen. Evelyn stellte solche Angaben nicht grundsätzlich in Frage, kehrte im Text aber immer wieder zu eigenen Beobachtungen wie der über die innere Struktur der Bäume und deren Wachstumsphasen zurück. Über Stammquerschnitte sagte er: „These rings are more large, gross, and distinct in colour and substance in some kind of tree", und über die Ringbreite: „The outer spaces are generally narrower than the inner." Für ihn stand fest, dass Bäume jährlich nur einen neuen Ring erzeugen. Außerdem stellte er Unterschiede in der Ringstruktur fest: „The outermost being newly produced in the summer, the exterior superficies is condens'd in the winter." Und zum Thema Zuwachs stellte er den Nährstofftransport und vor allem die entscheidende Bedeutung der Grenzschicht zwischen Holz und Rinde heraus (ebd., S. 88 f.).

In Frankreich ging bei der Gestaltung der großen Gärten, aber auch bei Hausgärten, Alleen und allen der Öffentlichkeit gewidmeten Anlagen die Regelmäßigkeit nie vollständig verloren, auch nicht während der Aufklärung und trotz des Einflusses von Rousseau. Dieser bezeichnete in seiner *Nouvelle Héloise* den französischen Garten als eine Usurpation und ein Denkmal der Eitelkeiten. Sein wissenschaftlich schwer zu fassender Naturbegriff war ausschließlich literarisch geprägt, aber eben, weil dieser so diffus war, hatte er großen Einfluss auf die Salons und in der Gartenkultur. Rousseaus Landschaften sollten „schön" sein, wild und ungezähmt; doch taugte dieses Vorbild kaum für die praktische Gartenkunst, ebenso wenig wie in England das frühe literarische Ideal der Wildnis (Hennebo 1965, S. 14, 34 f.). Nach 1765 wurde ein Abweichen von der bisher vorherrschenden französischen Definition des Begriffs „Garten" erkennbar: Die Autoren der französischen Enzyklopädie forderten die Rückkehr zu den Gartenideen

Le Nôtres („un de ces génies créateurs"), außerdem sollte Frankreich den Typ des englischen Landschaftsgartens übernehmen und davon abgehen, die Natur zu schmücken und geschminkt zur Schau zu stellen. Als Beispiel dieses neuen Typs galt der herzogliche Garten Monceau bei Paris, der in seiner Kombination von regelmäßigen Partien und natürlich zurechtgemachter Gegend allerdings noch unausgewogen wirkte (Encyclopédie 1757–1765, Bd. 8, S. 459 f.).

Neben der vorwiegend an ästhetischen Empfindungen ausgerichteten Gartenkultur gab es in der Tradition der antiken und mittelalterlichen Nutzgärten aber auch stets die weniger spektakuläre praktische „Baum- und Gartenkunst", die sich mit Auswahl, Zucht, Vermehrung und Pflege der Pflanzen befasste. Beispiele waren *Le jardinier francais,* erstmals 1651 erschienen, oder *Heinrich Hessens teutscher Gärtner* von 1696. Beide Werke behandelten ausführlich das Pfropfen und Okulieren der Obstbäume und gaben Anweisungen für Gerätschaften und Vorbereitung der Böden (Bonnefons 1651); (Hesse 1696).

Georg Andreas Agricola (1672–1738), Mediziner aus Regensburg, beschrieb in einem Buch von 1716 ein von ihm entwickeltes Verfahren der schnellen Pflanzenvermehrung mit Hilfe der Wurzelimpfung und die dafür erforderlichen Werkzeuge wie Hohlbohrer, Schnittmesser oder Stemmeisen. Dabei sollte durch Erhitzen eines Baumharzklumpens, genannt „weiche Mumie", das Anwachsen innerhalb weniger Stunden vor sich gehen. Das Verfahren war von Beginn an umstritten und wurde von Friedrich Küffner (1716) völlig abgelehnt, was bis 1718 zu einem erbitterten öffentlichen Streit mit Agricola über den Nutzen verschiedener Vermehrungstechniken führte, obwohl er sich selbst ausschließlich mit der Pfropftechnik bei Bäumen befasste. Gleichwohl wurde das Buch in die holländische, englische und französische Sprache übertragen, erlebte 1784 eine deutsche Neuauflage und wurde so populär.

Um dem gebildeten Leser sein Verfahren nahezubringen, beschrieb Agricola die Struktur des Holzes sehr detailliert. Graphisch ansprechend gestaltete Kupferblätter gaben „Einblick" ins Innere der Pflanzen mit ihren Kanälen, Röhren und dem Mark und erklären so, wie das Anwachsen nach der Pfropfung vor sich geht. Die Teile eines jungen Eichbaums und die Funktionen der Gefäße präsentierte er „aufgeklappt" in sechs aufeinanderfolgenden Abbildungen „wie es sich nach dem Vergrößerungsglase darstellet" und stellte funktional die Analogie zum tierischen Organismus her. Nach Entfernen der Rinde sah er einen „sehr starken Canal oder Röhre, die eine Gestalt hatte, wie etwan der Magen mit dem Därmwerk in den Fischen", umgeben von „fibris nervosis transversalibus". Agricola ordnete diese Gefäße dem auf- und absteigenden Transport des Saftes zu und fand in ihnen manchmal feste Absonderungen (Agricola 1784, S. 28 ff.). Tiefer im Holz gab es die „ductus lymphaticos

und Wassergänge", dazwischen weiße runde Flecken – vermutlich das Holzparenchym – und im noch tiefer liegenden Schnittbild große Flecken, deren Funktion er sich nicht recht erklären konnte.[23] Eine Ausschnittvergrößerung der zu- und abführenden Gefäße deutet er so: „Die zuführende[n] Adern gehen aus der Weite in die Enge, die abführende[n] aber aus der Enge in die Weite. Jene führen den Saft hinauf, diese bringen selbigen wieder herunter." Schließlich hielt Agricola die nahe dem Mark befindlichen Teile für „zerschnittene Wassergänge, die inwendig ihre Valveln hatten, theils auch [für] Drüsen und Nerven samt der festen holzigten Substanz, welche die Höhle des Marks ausmachten." (Ebd., S. 29).

Die Grenzschicht zwischen Rinde und Holz unterteilte Agricola in „Häutgen, Haut und Bast oder zarten Häutgen", die möglicherweise aus „Fasern, Fäden und Drüsen zusammen gewebet" sei. Sie könne aber auch aus einer sich allmählich verfestigenden zähen Materie der Haut bestehen, wofür eine von ihm im direkten Kontakt mit dem Holz beobachtete und als „Peritonaeum" bezeichnete schlüpfrige feuchte Substanz sprach (ebd., S. 31 f.). Dieser Begriff aus der Humanmedizin bezeichnet eine Haut, die die Innenwand der Bauchhöhle und die meisten inneren Organe bedeckt.

Einen wesentlichen Anteil an der Entwicklung der neuzeitlichen Forstwissenschaft in enger Anlehnung an die Praxis der „Baumkunst" hatten die französischen Naturforscher Henri Louis Duhamel du Monceau und Georges-Louis Leclerc, Comte de Buffon.[24] Seit den 1720er-Jahren befassten sie sich mit den Erscheinungen des Baumwachstums, den Gründen für die mechanische Belastbarkeit des Holzes und den feinen Strukturen im Holzinnern. Im Anschluss an eigene Beobachtungen beschrieb Duhamel die Bedeutung der Holzfasern so: „On prétend attribuer le prompt accroissement des plantes terrestres à la souplesse & de la flexibilité donne à leurs fibres". Außerdem stellte er sich die Frage, welche Kraft den Saft bis zum Wipfel steigen lässt (Duhamel 1729, S. 351). Der Meinung Malpighis, Rays und Grews, es müsse sich um einen rein kapillaren Aufstieg handeln, schloss sich Duhamel aufgrund der in Bäumen erreichten Steighöhe aber nicht an. Vielmehr müsse man eine von der Bewegung des Windes im Baum ausgelöste Pumpkraft annehmen (ebd., S. 354–357).

Darüber hinaus präzisierte Duhamel nach Serienversuchen die Bedeutung von Größe und Verhalten der saftführenden Gefäße für den Erfolg der Pfropftechnik im Obstanbau. Hierfür sollten die Schichten der Unterlage

---

[23]Offenbar waren dies die großen und mittleren offenen Poren des Jahrringes im Eichenholz.

[24]Biographisches zu Duhamel: DSB 4, S. 223–225; Biographisches zu Buffon DSB 2, S. 576–582.

und des Pfropfreises, die den lebenden Teil der Bäume ausmachen und sich zwischen Rinde und Holz befinden, in direkte Verbindung gebracht werden. Für einen ordentlichen Wuchserfolg verwies Duhamel dabei auf die möglichst große Ähnlichkeit der Baumart und ihrer Säfte. In dem etwas später erschienenen *Dictionnaire universel de l'agriculture et de jardinage* (1751, S. 471) wurde das Pfropfen als „triomphe de l'art sur la nature" bezeichnet und in der *Encyclopédie ou Dictionnaire Raisonné* (1757–1765, Bd. 7, S. 921) wurde diese Sicht sogar in eine Beherrschung der Natur umgedeutet: „Par ce moyen on force la nature à prendre d'autres arrangements, à suivre d'autres voies [...]." Die Gründe für das häufig in Wald- und Obstbäumen beobachtete exzentrische Dickenwachstum lagen für Duhamel und Buffon jedoch nicht, wie bisher meist angenommen, an der Himmelsrichtung oder an der Sonnen- bzw. Schattenexposition, sondern allein an den Boden- und Wuchsbedingungen jedes Einzelstandorts und der damit zusammenhängenden Bildung der Hauptwurzeln (Duhamel und Buffon 1737); (Duhamel 1758).

1740 diskutierte Buffon in zwei Schriften über die mechanische Stärke des Holzes auch die Faserstruktur von Holz und Rinde. Seit den Versuchen von Grew, Malpighi und Hales sei zum Dickenwachstum der Bäume zwar schon manches bekannt, die Wissenslücken seien aber offensichtlich (Buffon 1740, S. 454). So könne man beispielsweise bei der Jahrringentwicklung der Eiche ein frühes schwächeres Gewebe eindeutig von einem späteren und kräftigeren unterscheiden. Beim ganz jungen Baum befänden sich die saftführenden Röhren zwischen Rinde und dem schon entwickelten Holz in einem schwammigen frischen Gewebe. Systematische Messungen an Probeklötzchen wiesen auf den Einfluss von Gestalt und Anordnung des Gewebes auf die Holzdichte im Verlauf des Baumwachstums hin: Im äußeren Splintholz der Eiche sei die Dichte geringer als im Innern des Stammes. Mit 32 mechanischen Versuchen bewies Buffon experimentell, dass wie erwartet vor allem Länge und Querschnitt des Holzes sein Bruchverhalten bestimmen, daneben aber auch Dichte, Faserrichtung und Zahl der „Holzlagen", d. h. der Jahrringe (Buffon 1741). Duhamel bestätigte durch eigene Versuche den Zusammenhang zwischen Faserstruktur und Bruchverhalten und fasste schließlich alle bisherigen Einzelbeobachtungen zum Holzwachstum und zur Holzstruktur in dem Buch *La physique des arbres* zusammen (Duhamel 1742); (ders. 1758, S. 1–98).

Die erste Monographie der forstlichen Literatur über eine einzelne Baumart, die Buche, verfasste August von Burgsdorf (1747–1802) im Jahr 1783. Seine ursprüngliche Absicht, ihr eine Serie ähnlicher Darstellungen folgen zu lassen, konnte er nicht umsetzen, so dass es 1787 nur noch zu einem Werk über die einheimischen und fremden Eichenarten kam. Obwohl ihm eine gründliche

akademische Ausbildung fehlte, boten die Vorlesungen bei Gleditsch und die Lektüre der Schriften von Naturforschern und Forstleuten wie Büchting, Buffon, Gleditsch, Duhamel, Linné und Stahl das Rüstzeug für seine praktische und forstwissenschaftliche Tätigkeit als königlicher Forstrat in Preußen.[25] Noch vor Veröffentlichung der beiden Monographien und seines Hauptwerks, der zweibändigen *Forstbotanik,* definierte Burgsdorf die Bedeutung einzelner Fachgebiete für die Forstwissenschaft und erläuterte dies einem gebildeten Laienpublikum: Wesentlich für den Fächerkanon seien neben naturkundlichen und kameralistischen Fächern auch Mathematik, Mechanik, Zivil-, Wasser- und Schiffbau (Burgsdorf 1783a). Seine Anstrengungen galten insbesondere der Vermehrung einheimischer und fremder Gehölzarten durch Baumschulzucht und Pflanztechnik, aber auch dem von manchen Fachkollegen als unwissenschaftlich abqualifizierten kommerziellen Vertrieb von Baumsamen (vgl. Milnik 2002, S. 41–51, 88–93).

Burgsdorf widmete in seinem Werk über die Buche der Holz- und Rindenanatomie und dem Safttransport große Aufmerksamkeit; seine mikroskopische Erfahrung half ihm dabei. Nach seiner Auffassung waren Erklärungen des Zusammenwirkens von Teilen der Pflanze Konstrukte des Verstandes, da sich die Teile zum Zeitpunkt des Betrachtens statisch verhielten und ihre Veränderungen beim Wachstum nur selten beobachtet werden könnten. Beispiele für solche Konstrukte waren die vom Mark zur Rinde laufenden Markstrahlen, die „in der Länge als Wände von blättrigen Häutchen zusammengesetzt" seien, das jährliche Auftreten der Safthaut, die Verdichtung der Ringe im Jahresverlauf und das allmähliche Schwinden der Fasern und Lufttöhren am Jahresende. Für Burgsdorf waren diese Erscheinungen ebenso „wirklich" wie die feinsten, manchmal spiraligen Fasern in der Baumrinde, die erst unter dem Mikroskop nach vorheriger trockener Präparation durch Schneiden und Radieren oder nach Nasspräparation durch Mazerierung erkennbar wurden. Eine wirkliche Kreislaufführung der Säfte zwischen Wurzeln und Blättern und zurück konnte er aufgrund eigener Experimente mit Rindenschnitten nicht bestätigen (Burgsdorf 1783b, S. 127–142), suchte aber weiterhin in der Rinde das Agens für Saftänderung und -transport: „[...] eingedrungene rohe Säfte [werden] zuerst etwas vorbereitet [...] und in dem Raume zwischen Holz und Rinde sowohl, als in den Gefäßen selbst, bei mehrerer Digestion aufwärts geleitet, woselbst sie ferner zubereitet und verwandelt werden." (Ebd., S. 148). Zur Zahl und Anordnung der Jahrringe des Baumes vertrat Burgsdorf allerdings eine eindeutige Meinung:

---

[25]Biographisches zu Burgsdorf: ADB 3, S. 613–615.

Ob nun zwar die Anzahl der gegenwärtigen Holzringe das Alter außer Zweifel setzt [...] so trifft es doch nicht immer ein, dass eine gewisse und bestimmte Anzahl solcher Ringe, auch allezeit einerley Maaß von Dicke oder Stärke, im Durchschnitt des Körpers anzeigen sollte, und auch eben so wenig, dass ein Stamm von weniger Holzringen, blos wegen geringerer Menge derselben, allezeit nothwendig dünner seyn müsste [...], denn es kann der eine Stamm ein feinjähriges Holz, mit schmalen Ringen, der andere hingegen ein sehr grobjähriges mit ausgedehnten Ringen haben (ebd., S. 126).

Ende des 18. Jahrhunderts war in England Erasmus Darwin (1731–1802), Großvater von Charles Darwin, nicht nur als Naturforscher und Übersetzer von Linnés Schriften, sondern auch als Verfasser poetischer Abhandlungen wie dem „Botanic garden" einer breiten Öffentlichkeit bekannt.[26] Sein Buch *Phytologia* behandelte Physiologie und Ökonomie der Pflanzen, außerdem Landwirtschaft und Gartenbau in einer Weise, die sich von der älteren Naturgeschichte abwandte und bereits eine neue, wissenschaftlich geprägte Epoche erkennen ließ. Vom Wirken eines Schöpfers ist darin keine Rede mehr. In einem Abschnitt über das Holz und seine Struktur folgte er gelegentlich noch dem Urteil früherer Forstwissenschaftler, etwa wenn er über den Feuchtetransport in den Poren der Rinde oder über das bessere Wachstum von Bäumen auf der Südseite schrieb (Darwin 1800, S. 515 f.). Neu für seine Zeit war aber die Eindeutigkeit, mit der Darwin den Ursprung des sekundären Baumwachstums in die Grenzschicht unter der Rinde verlegte: „[...] the bark is the only living part of the tree", wie sich das Gewebe nach Neubildung weiterentwickelt und am Ende gleichsam einen Indikator für die Witterung vergangener Jahre bildet:

As the bark of trees annually changes into laburnum or sapwood, so the laburnum annually changes into lifeless wood; whence the concentric rings, which are seen in the trunks of trees, when they are felled, are annually produced [...] These rings, when they lose their vegetable life, and at the same time a part of their moisture by evaporation, or absorption, gradually become harder and of a darker colour; insomuch, that by counting their number, it is said, that not only the age of the tree, but that the mildness or moisture of each summer during the time of its growth may be estimated by the respective thickness of the rings of timber (ebd., S. 523).

2.6   Sammeln, Klassifizieren, Präsentieren

Das frühe naturgeschichtliche Wissen beruhte vor allem auf dem Sammeln und Beschreiben dessen, was man von den Reichen der Mineralien, Pflanzen und Tiere wusste. Es konnte zeitgenössischen oder früheren Beschreibungen entnommen sein, aber auch auf eigenen Beobachtungen

beruhen. Oft wurden die Werke antiker Autoren zitiert, vor allem Aristoteles' *De partibus animalium* oder Plinius' d. Ä. *Naturalis historia*.

Aus Artefakten und aus Naturobjekten bestehende Sammlungen wurden jedoch in bemerkenswertem Umfang erst seit der Renaissance und der beginnenden Frühen Neuzeit angelegt. Die heute oft fremd erscheinende Zusammenstellung künstlicher und natürlicher Schaustücke in „Kuriositätenkabinetten" und „Wunderkammern" entsprach einer frühmodernen Psychologie der Neugier mit ihrer Vorliebe für das Neuartige und gelegentlich Bizarre. Die Gegenstände ähnelten Luxusgütern: Sie waren selten, neuartig und extravagant. Staunen und Wissbegierde haben hier ihre Ursprünge; die Ursachen von Naturerscheinungen nicht zu kennen, stimuliere sogar die wissenschaftliche Neugierde, wie Descartes und Hobbes meinten (vgl. Daston 1994, S. 43 ff.). Die Kabinette und Kammern gaben zunächst als scheinbare Sammelsurien dem Buchgelehrten „Curiosus" des 17. Jahrhunderts die Ordnung der Welt vor: die der Antike mit den vier Elementen, den drei Naturreichen und das, was der Mensch daraus machte, Physis und Techne. Vorgegeben wurde aber auch die Ordnung der biblischen Schöpfung: der Himmel mit Sonne, Mond und Sternen, die Erde mit Land, Wasser und ihren Lebewesen.

Ab 1700 wurden die Raritätenkabinette der frühen Neuzeit allmählich von einer anderen Art der Wissensvermittlung vom Typus der naturhistorischen Sammlung, meist privaten Sammlungen, abgelöst, die auf distanzierte und ordnende Weise, gleichsam mit „unbeteiligter Neugierde", sowohl den Anspruch auf Wissen und Bildung befriedigte als auch zur Popularisierung von Wissenschaft beitrug. Dominierte vorher die Singularität, ging es von nun an vorwiegend um Ordnung, Klassifikation und Vergleich der Objekte, wobei neben den Orten der Wissensproduktion wie dem Labor und der Sammlung auch Forschungsreisen und Expeditionen betrachtet wurden (Pomian 1990, S. 217); (Te Heesen und Spary 2001, S. 14).

Nach einer Typisierung früher Sammlungen – etwa die fürstliche Sammlung 1450–1630, die Sammlung des Wissenschaftlers 1630–1750 und die Sammlung wissenschaftlicher Gesellschaften 1750–1800 – haben Sammlungsobjekte ab 1630 zunehmend lehrhaft zu wirken, wobei nach wie vor Naturphänomene zusammengetragen wurden: „Der Makrokosmos wird so in den Mikrokosmos gebracht." (Grote 1994, S. 11 ff.). Dabei blieben die Sammlungsstücke häufig eine Quelle ästhetischen Vergnügens, zeugten vom Geschmack und Prestige des Sammlers, seiner intellektuellen Neugier oder seinem Reichtum, ermöglichten aber vor allem historische oder wissenschaftliche Erkenntnisse. Auch heimische und exotische Pflanzen fanden so nach dem Einsammeln im Herbarium und der Holzsammlung ihren dauerhaften Platz und den Weg aus der Natur in den Untersuchungsraum. Ihre ständige Verfügbarkeit für Vergleich und

---

[26]Biographisches zu Darwin: DSB 3, S. 579.

Klassifizierung wurde dadurch sichergestellt. Folgt man der Metapher Bacons über die Art, Wissenschaft zu betreiben, war es dem forschenden Naturphilosophen durch Nutzung der Sammlung neuen Typs nunmehr möglich, nicht bloß sammelnde „Ameise" oder die Vernunft überbetonende und ihre Netze selbst schaffende „Spinne" zu sein, sondern als „Biene" gleichsam einen Mittelweg zu gehen: „[…Er] stützt sich nicht ausschließlich oder hauptsächlich auf die Kräfte des Geistes, und nimmt den von der Naturlehre und den mechanischen Experimenten dargebotenen Stoff nicht unverändert in das Gedächtnis auf, sondern verändert und verarbeitet ihn im Geiste." (Bacon 1990, T. 1, S. 211). Für eine verbesserte Beweisführung und um Folgerungen glaubwürdiger zu machen, sollten von nun an konkrete Beispiele Logik und Gelehrsamkeit ergänzen.

Wie aber konnten die Erscheinungen der belebten Natur geordnet und in einen Zusammenhang gebracht werden, sei es natürlich oder künstlich? Schien doch eine Verständigung und ein stetiger Erfahrungsaustausch über einzelne Organismen erst durch deren präzise Charakterisierung möglich. Außerdem war unklar, ob man nicht schon vor Beginn einer Sammelreise die Klassifikationsprinzipien der Sammelobjekte kennen müsse, um sie systematisch, chronologisch oder alphabetisch ordnen zu können (Messerschmidt 1968, Teil 4, S. 258). Die Absicht der natürlichen Systematik bestand darin, möglichst viele geeignete Merkmale der Organismen zur Klassifikation heranzuziehen, um Ähnlichkeiten und Verwandtschaften aufzuzeigen. Für Aristoteles spiegelte eine natürliche biologische Klassifikation die Harmonie der Natur wider, für die Naturtheologen der frühen Neuzeit war sie Ausdruck eines Schöpfungsplanes, daneben lag ihr praktischer Nutzen vor allem in ihrer Funktion als Bestimmungsschlüssel. Noch Cesalpino (1519–1603) (Cesalpino 1583) wählte ein System, das auf Merkmalen wie Wurzeln, Stamm oder Blüten beruhte: Er sortierte die Pflanzen in diese Gruppen und suchte dann nach Schlüsselmerkmalen, die ihm eine Anordnung der Gruppen nach Abwärtsklassifikation mit Hilfe der logischen Zweiteilung ermöglichten. So konnte er gleichzeitig einen geeigneten Bestimmungsschlüssel und eine Einteilung nach „Ähnlichkeit" vornehmen. Allerdings waren die von ihm bevorzugten Wuchsmerkmale zur Abgrenzung wenig geeignet. Diese Art der Klassifikation, die auf den wahren „Essenzen" der Organismen beruhte, war ein vollkommenes Abbild der essentialistischen Philosophie der Zeit. So verfuhr nach Cesalpino noch John Ray (1627–1705) (Ray 1691), der die Pflanzen zunächst in Bäume, Sträucher und Kräuter einteilte und in diesen Gruppen zur Klassifikation Merkmale wie Blütenzahl, Blütenform und Fortpflanzungsorgane verwendete (Mayr 1984, S. 129 f.); (Siemer 2004, S. 265 ff.).

Um den Aufwand zur Bestimmung einer großen Zahl von Merkmalen zu senken und die Klassen besser abzugrenzen, konnte man die unterscheidenden Merkmale verringern, kam dann aber zu künstlichen Systemen. Von diesen gab es bis zur Klassifikation von Linné, beschrieben in *Systema naturae* von 1735 und ergänzt um die binominale Artbezeichnung in der *Philosophia botanica* 1753, mehr als ein Dutzend; das bis dahin bekannteste stammte von Tournefort. Zedlers *Universal-Lexikon* (im Netz verfügbar unter: https://www.zedler-lexikon.de/) stellte 1739 unter dem Stichwort „Natur-Geschichte" in Bd. 23 Sp. 1063–1068 fest, dass es ein vollständiges naturgeschichtliches System nicht gebe und die Beschreibungen des Pflanzenreiches große Lücken aufweise. Zu den Pflanzensystemen vor und nach Linné vgl. Krünitz' Oekonomische Encyclopädie, Bd. 111, S. 715–753 (frei im Netz: www.kruenitz1.uni-trier.de).

Regeln der Zuordnung existierten schon vor Linné, doch legte dieser nicht nur Klassifikation, Einordnung und Benennung von Pflanzen und Tieren fest, sondern auch die Art des Sammelns einschließlich der Datums- und Ortsangabe. Er nutzte allein die Anordnung und den Bau eines Teiles der Pflanzen, nämlich das als „fructificatio" bezeichnete Ensemble von Kelch, Krone, Staubblatt, Stempel, Fruchthülle, Samen und Blütenboden als Einteilungsmerkmal und fand so eine entscheidende Vereinfachung. Sein Einwand gegen herkömmliche Klassifikationen: Manche Botaniker verwendeten gleichermaßen zufällige und wesentliche Merkmale und kämen so zu neuen Arten, was ein Durcheinander zur Folge habe.

Widerstand gegen Linnés Klassifikationsverfahren kam vor allem von Buffon, der es ablehnte, den Begriff der Art von einem einzigen Merkmal herzuleiten und der Arten nur als Individuen innerhalb fließender Grenzen verstand und akzeptierte. Auch die Existenz höherer systematischer Kategorien lehnte er entschieden ab, weil nach seiner Auffassung in der Natur nur einzelne Dinge existierten, während Gattungen, Ordnungen und Klassen allein in der menschlichen Einbildung zu suchen seien (Buffon 1749, S. 9a, b); vgl. Sloan (1976). Doch der Erfolg und die anhaltende Beliebtheit der Linné'schen Klassifikation war nach Unterstützung aus Frankreich und England nicht aufzuhalten, da ein wichtiges Ziel der Methode praktischer Natur war, nämlich die korrekte Bestimmung von Pflanzen und Tieren bei kurzer Diagnosezeit, eine durchdachte Terminologie der Pflanzenmorphologie und die verständliche binominale Nomenklatur. Dabei blieben für Linné Gattungen die Eckpfeiler seiner Klassifikation; sie vor allem galten ihm als „natürlich", anders als höhere Gruppen wie Ordnungen oder Klassen. Er klassifizierte nicht Dinge, sondern ihre „Essenzen" (Mayr 1984, S. 38, 195). Nach Auffassung von Ernst Mayr liegt Linnés natürlichem System ein „typologischer" oder „essentialistischer" Artbegriff zugrunde. Außerdem folgten Pflanzen einem teleologischen Prinzip, da sie, um ihre wesentliche Funktion auszüben zu können, eine jeweils arteigentümliche Form besäßen. Dem widersprach jedoch Müller-Wille (1999, S. 195 f.): Linnés taxonomische Begriffe besäßen eine Dimension in der genealogischen Linie und im Prozess der Fruchtbildung.

Vorwiegend an Fragen der Taxonomie und Fortpflanzung der Lebewesen interessiert, registrierte Linné aber auch die räumliche Verteilung der Vegetation und ihre Abhängigkeit von Boden, Witterung und Klima, nach heutiger Begrifflichkeit biogeographische und ökologische Aspekte innerhalb der Botanik. Die Ordnungsbeziehungen verschiedener Pflanzen in ihrem geographischen Nebeneinander und ihre standort- und klimabedingten Lebensräume waren ihm nach Müller-Willes Ansicht durchaus bewusst, allerdings lieferten Standorte und deren Eigenheiten für ihn immer nur täuschende, zufällige oder schwankende Merkmalskategorien, die zu Unterschieden bei Größe, Farbe oder Lebensspanne der Pflanzenindividuen führten (ebd., S. 271).

Ein Wandel in der Deutung der Naturgeschichte, bei der neue Fragen nach Entstehung und Fortentwicklung von Organismen und ihrer Wechselwirkungen auftauchten, trat erst nach Linnés Tod gegen Ende des 18. Jahrhunderts ein. Obwohl er die Ordnung der Natur als überwiegend statisch auffasste und den göttlichen Schöpfungsplan in seinem System zu rekonstruieren suchte, war er nicht der Dogmatiker der Naturgeschichte, als den ihn beispielsweise Ernst Haeckel bezeichnet hatte (Haeckel 1868, S. 39 f.); (Lepenies 1980, S. 25).

Vor allem in seinen Reisebeschreibungen befasste Linné sich mit den vielfältigen Naturerscheinungen, ohne sie immer zu erklären. Zahlreiche Freunde, Helfer und Korrespondenzpartner ermöglichten ihm einen Blick in die Pflanzen- und Tierwelt fremder Länder und Kontinente. In den Berichten seiner Reisen nach Gotland, Öland und Schonen beschrieb er häufig Wälder und einzelne Baumarten, deren Unterschiede in Wachstum und Alter er näher untersuchte. So erklärte er anhand des Baumwachstums sein allgemeines Wachstumsmodell: Die von innen nach außen konzentrisch übereinander angeordneten Schichten von Mark (medulla), Holz (lignum), Bast (librum), Borke (cortex) und äußerer Haut (epidermis) stünden miteinander in Wechselwirkung. Das Mark nimmt nach Linné an Umfang zu, indem es sich selbst und die darüberlagernden Schichten ausdehnt, während von außen das von der Außenhaut angereizte und durch die Substanzen der inneren Schichten weitergeleitete Begrenzungsvermögen wirkt: „Medulla crescit extendendo se & Integumenta" (Linné 1783, S. 37). Im frühen Wachstumsstadium prägt die Rindensubstanz die Gestalt der Pflanze im Spross, in den letzten Wachstumsstadien dominiert jedoch die „vis multiplicativa" der Marksubstanz, und die Pflanze entfaltet schließlich ihre Blüten und Fruchtorgane (ebd., S. 82 f.).

In den „Adumbrationes" genannten Skizzen seiner *Philosophia Botanica* fasste Linné frühere Beobachtungen und Untersuchungen zum Wachstum der Bäume so zusammen:

Die Zeit des Wachstums umfasst die Jahre, in denen die Pflanzen leben; die Jahre lassen sich leicht aus den konzentrischen Ringen oder den Harzringen des gefällten Stammes herleiten. […] An den Zweigen des Vorjahres zählt man die Jahre von Fichte, Zeder, Apfelbaum, Birnbaum etc. Eine Chronik strenger oder milder Winter ergibt sich bei den meisten Bäumen aus den inneren Jahrringen, besonders bei der Eiche (ebd., S. 276).

Im folgenden Text beschrieb Linné die frühere Untersuchung einer Eiche während seiner Reise nach Öland und Gotland, deren Wachstum 1581 begonnen habe und deren Alter somit 260 Jahre betrage. Dabei unterlief Linné aus Sicht des Autors offenbar ein Rechen- oder Übertragungsfehler, wenn es im Original heißt: „Quercus Oelandiae nata 1581, aetate 260". Linnés Ölandreise fand aber nachweislich 1741 statt, und der Baum begann demnach 1481 mit seinem Wachstum. In der Reisebeschreibung von 1745 hieß es:

Ein ziemlich großer im vergangenen Winter abgehauener Eichenstamm, im Durchmesser 7 Quarter ohne Rinde, war nach der Anzahl seiner Ringe 260 Jahre alt. Einige Ringe waren näher zusammen und andere weiter auseinander, welches mir von den kalten Wintern herzurühren schien, welche verursachen können, dass die Ringe näher zusammen kommen. Ich zählte also von dem äußersten Ringe an der Rinde nach innen zum Zentrum bis zu den Jahren 1708 und 1709, da der starke Winter war, und fand, dass diese Ringe dicht zusammen waren. Ebenso waren die von den Jahren 1587 und 1658 viel schmäler. Eben dasselbe bemerkte ich auch an einer Menge kleinerer Eichenstämme. Wir haben also an der Eiche gleichsam eine Chronik der Winter, welche wir daran 200 bis 300 Jahr zurück erkennen können (Linné 1745, S. 68).[27]

In einem zweiten Text beschrieb Linné eine Fichte aus Vermland während seiner Reise nach Westgotland im Jahr 1747 und verglich den Baum, dessen Wachstum 1337 begann, mit solchen aus anderen Regionen. Zur Terminologie: Aus dem schwedischen Original übersetzte Wastenson (1927) den Namen „Furu" mit „Fichte", während im Register der „Westgötha Resa" Linné unter „Furu" die Gattung Pinus verstand und in seiner Klassifikation die Fichte als *Pinus abies* aufnahm. Auch in zeitgenössischen Forstzeitschriften wurde „Furu" meist falsch als „Kiefer (*Pinus sylvestris)*" definiert, und erst ab 1881 wurde die Fichte als *Picea abies* (L.) Karst neu klassifiziert. Linné schrieb:

Die Fichte wird der höchste Baum Schwedens und streitet oft mit der Eiche in Jahren und Alter. Herr Assessor Ulr. Rudenschöld hat in Finnland Fichtenstämme von 320 Jahren gefunden. Hier bei Norum sahen wir einen abgehauenen Fichtenstamm, der einer der größten war, die wir je gesehen hatten, denn er war 33 Ellen lang ohne Wipfel. Das große Ende war 5 Quarter breit, das kleine Ende 3½ Quarter [1 schwed. Elle ≙ 59,38 cm; 1 Quarter ≙ ¼ Elle, H.H.R]. Wir waren also dazu geneigt, die Jahre dieses großen Stammes zu zählen, wobei wir fanden, dass er am großen Ende 409 Ringe oder Jahre hatte. Er war also etwa 100 Jahre älter als die größte

---

[27]Dieser und die zwei folgenden Texte Linnés wurden von H.H.R. unter Zuhilfenahme von Wastenson (1927) übersetzt.

Fichte, die Herr Rudenschöld in Finnland gezählt und gefunden hatte, wozu er selbst ein Zeuge wurde, der uns hier auf Norum begegnete und dabei war, als wir zählten (Linné 1747, S. 247).

Schließlich schrieb Linné über die Umstände seiner Untersuchung von Ringbreiten einer Eiche in Schonen und leitete aus dem Messergebnis die klimatischen Einflüsse der Winterperioden ab. Seinem Text fügte er eine Tabelle aller Jahre zwischen 1648 und 1748 hinzu, die er bei entsprechenden Ringbreiten der Eiche mit den Zeichen † und ○ markierte:

> Eine Eiche lag gestern gefällt am Wege, so dass wir recht deutlich die Ringe des gefällten Stammes zählen und daraus ihr Alter wie auch die kalten Winter, die sie überstanden hatte, beurteilen konnten. Die Ringe fanden wir näher zusammen bei den mit † markierten Jahren, weit entfernt aber voneinander, wo ein ○ beigefügt wird. Also wurden die Ringe und Jahre zurück von der Rinde ab 1748 gezählt, denn im Jahre 1749 hatte sie noch keinen Ring bilden können, und sie war genau 100 Jahre alt (Linné 1751, S. 68 f.).

Ein weiterer schwedischer Naturforscher, Pehr Kalm (1716–1779),[28] unternahm mit Unterstützung seines Freundes und Lehrers Linné von 1747 bis 1751 eine Reise über England nach Nordamerika, um den ökonomischen Nutzen von bisher in Schweden noch unbekannten Pflanzen zu prüfen. In Hertfortshire/England stellte auch Kalm anhand gefällter Eschen und Eichen Überlegungen zum Einfluss äußerer Faktoren auf die Wachstumsgeschwindigkeit an (Kalm 1754, S. 390 f.). Schließlich versuchte Pehr Adrian Gadd (1727–1797), ein Chemiker und Naturforscher aus Åbo in Finnland, die Hebung der finnischen Küstenlinie durch Serienuntersuchungen der Jahrringe von Koniferen zu belegen. Der Hinweis der Autoren Kirby und Hinkkanen (2000, S. 18), Gadd sei „the founder of the modern science of dendrochronology" gewesen, erscheint nicht nur stark übertrieben, sondern berücksichtigt offenbar nicht den Verlauf der historischen Jahrringforschung.

Während sich die Klassifikation der Pflanzen nach dem System Linnés zunehmend durchsetzte, wurde es für den botanischen Wissensaustausch zwischen Naturforschern erforderlich, Pflanzen auch außerhalb ihres natürlichen Lebensraumes verfügbar zu haben. Als Medien der Repräsentation wurden Abbildungen und botanische Gärten schon seit dem 16. Jahrhundert genutzt, Letztere oft als „Medizinalgärten" wie der „Orto dei Semplici" der Universität Padua. Nach Vorbildern der Natur gezeichnete und zum Teil naturgetreu kolorierte Abbildungen fand man zuerst im 16. Jahrhundert, beispielsweise in den Kräuterbüchern von Otto Brunfels (1488–1534) und Leonhard

Fuchs (1501–1566). Tournefort nutzte in seinem *Institutiones rei herbariae* und Linné in *Philosophia botanica* als Textergänzung bildliche Darstellungen als wichtige Begleitelemente. Beide versuchten, einen Standard in die pflanzliche Morphologie einzuführen und so gleichsam „Modelle" von Art und Gattung zu entwerfen, obwohl der Begriff „Modell" im 18. Jahrhundert noch unbekannt war (Nickelsen 2006, S. 94–102).

Ein weiteres Darstellungsmedium kam im 18. Jahrhundert hinzu: das Herbarium, die in Mappen geordnete oder zu Büchern gebundene Sammlung getrockneter Pflanzen oder Pflanzenteile, die sich systematisch erweitern ließ. Das naturkundliche Museum enthielt von nun an Herbarsammlungen und wurde so zusammen mit der Autorität der hierzu verfügbaren Texte zu einem Ort der sinnlichen Erfahrung, wo man Natur unmittelbar „lesen" konnte (Findlen 1994, S. 198). Die Anordnung der Pflanzen in der Nähe von Büchern einer wissenschaftlichen Bibliothek, manchmal in Form von Herbarbüchern, war aber nicht zufällig: Die „Vermittlungsfunktion der Bücher" war unverkennbar bei Artefakten und Pflanzenpräparaten, die wie Bücher einen interpretierbaren „Text" aufwiesen (Olmi 1994, S. 173). Wissenschaftshistoriker haben den Aspekt der Präsentationsweise von Objekten früher kaum beachtet, sondern nach Auffassung von Nicholas Jardine (Jardine 2002, S. 200) erst nach der Neuformulierung der Wissenschaftsgeschichte als Kulturgeschichte berücksichtigt. Auf diese Weise waren nicht nur die gedruckten Texte der „Bibliothek in der Sammlung" das Referenzmedium zu dem in den präsentierten Naturobjekten enthaltenen Wissen, sondern die gesammelten und in Buchform gebrachten Objekte wurden selbst zur Bibliothek. So waren die zahlreichen Herbarien des Naturforschers Hans Sloan zu mehr als 300 Büchern gebunden, was Linné allerdings konsequent ablehnte (Siemer 2004, S. 177). Scheinbar banale Naturobjekte wie Teile getrockneter Pflanzen erhielten durch die Einordnung und die Form der Präsentation zugleich eine ganz neue Bedeutung. Linné hat diese spezifische Bedeutung von Herbarien und botanischen Gärten erkannt und nannte die von ihm geschätzten Gärten von Leyden oder Uppsala „vivae Bibliothecae plantarum", in denen lebende Pflanzen je nach Jahreszeit und Anbaubedingungen ihr Erscheinungsbild im Gegensatz zum Herbarium ändern konnten (Müller-Wille 1999, S. 167 f.).

Eine andere Art der Materialisierung des „Buches der Natur" waren die gegen Ende des 18. Jahrhunderts erstmalig hergestellten und als „Holzbibliotheken" oder „Xylotheken" bezeichneten Sammlungen wichtiger Teile der Bäume in Buchform. Zwar gab es schon zuvor Blätter und Blüten der Bäume in Herbarien, doch wurden Holzschnitte, Rinde oder Wurzelteile kaum gezeigt und bestenfalls in begleitenden Texten angesprochen. Schon vor der kommerziellen Verbreitung

---

[28]Geb. im schwedischen Angermanland, seit 1721 in Finnland und Studium ab 1747 in Åbo (Turku).

der Holzbibliotheken unterschied die *Oekonomische Encyklopädie* von Krünitz (1781, Bd. 24, S. 947 f.) die „lebendige" von der „todten" Holzsammlung. Vorlage für Letztere waren die vom Forstbotaniker August von Burgsdorf angelegten und zunächst ausschließlich für Zwecke der Ausbildung verwendeten Präparate einheimischer Hölzer, ergänzt durch jeweils beigelegte Pflanzenkeime, Blätter, Blüten, Früchte, Samen, trockne Zweiglein sowie andere Dinge von Interesse. Der 1824 im „Krünitz" erschienene Beitrag zum Stichwort „Holzkabinett" beschrieb in Bd. 135, S. 664–672 die Konzepte verschiedener Hersteller von Holzbibliotheken zu einer Zeit, als diese Sammlungen längst bedeutungslos geworden waren und nur noch Restbestände zum Verkauf standen.

Es ist nicht geklärt, wer als Erster das Wissen über die verschiedenen Baumarten in eine Buchform brachte und so eine neuartige Ordnung der Dinge herstellte. Das Motiv hierzu ist aber leicht zu finden: Die belehrende und ästhetisch anspruchsvolle Präsentation des Baumes als Buch knüpfte an die sorgfältig ausgeführten Herbarsammlungen Linnés und seiner Zeitgenossen an, die Inventarisierung der Natur im Sinne der Aufklärung sollte vorangebracht und eine methodische Ordnung hergestellt werden. Die elegante Bauart und Anordnung der Möbel der Linné'schen Herbarsammlung waren – folgt man Te Heesen (1996, S. 31 f.) – eng mit der jeweiligen Ordnung und Klassifikation der Objekte verknüpft.

Hersteller der Xylotheken wie Candid Huber entlehnten die Systematik ihrer Holzbücher der Einteilung der im Forsthandbuch von Burgsdorf beschriebenen Baumarten. Das Linné'sche System erschien dafür wenig geeignet, weil in ihm die Zusammenfassung der Holzgewächse in einer geschlossenen Gruppe nicht vorgesehen war. Burgsdorf verwendete ein für praktische Forstzwecke geeignetes System mit der Grobeinteilung in Laub- und Nadelhölzer, innerhalb derselben in die Ordnungen Sommergrün und Immergrün und schließlich in diesen fünf Abteilungen nach den Kriterien Wuchs und Größe. Das führte zur folgenden Hierarchie, die vor allem für die Praxis der Forstwirtschaft bedeutsam wurde (Burgsdorf 1788, S. 95):

- I. Abteilung: Bauholz
- II. Abteilung: Baumholz a) der ersten Größe [< 30 Fuß], b) der zweiten Größe [< 18 Fuß]
- c) der dritten Größe [< 10 Fuß].
- III. Abteilung: Ganze Sträucher
- IV. Abteilung: Halbe Sträucher
- V. Abteilung: Rankende Sträucher und Erdholz

Diese Ausrichtung an praktisch-ökonomischen Interessen, die Orientierung an Burgsdorf mit der Trennung zusammengehöriger Gattungen prägte auch das äußere Erscheinungsbild der Huber'schen Holzbibliothek, in

der die Höhenklassen von 10 auf 4 Zoll abnahmen. Carl Schildbach, der die Pflanzenklassifikationen Tourneforts und Linnés offenbar gut kannte, entschied sich jedoch für eine alphabetische Einteilung der Holzbücher und stellte sie in gleicher Größe her (Feuchter-Schawelka et al. 2001, S. 25 ff.); vgl. Burgsdorf (1788, S. 95, 102, 124).

Mit seiner Ebersberger Holzbibliothek verfolgte Candid Huber vor allem das Ziel, das Forsthandbuch Burgsdorfs als das renommierteste Forstlehrbuch seiner Zeit gleichsam durch die Natur selbst zu illustrieren. Daneben sollte die Bibliothek ein Lehrmittel für Forstleute sein und Kenntnisse einheimischer Holzarten vermitteln. Geleitet von dem in der Natur und beim Erstellen seiner Holzbücher erworbenen Wissen machte er sich daran, zunächst einen Begleittext für seine Holzbücher, eine „*Kurzgefasste Naturgeschichte der vorzüglichsten baierischen Holzarten*" (1793), und später eine *Vollständige Naturgeschichte* der Bau- und Baumhölzer (1808) zu verfassen, die auch als Schulbücher in Bayern verwendet wurden (Huber 1808, S. III–IX); vgl. Feuchter-Schawelka et al. (2001, S. 54). Als Einziger der bekannt gewordenen Hersteller von Holzbibliotheken vollzog er den Schritt vom handwerklichen zum forstlichen Fachmann. Huber verwies so auf den wissenschaftlichen Horizont, der Ende des 18. Jahrhunderts bereits aufschien und der das Ende der Naturgeschichte bedeutete.

Am Beispiel der Holzbibliothek von Carl Schildbach lassen sich Konzept und Anordnung der einzelnen Holzbücher gut erkennen. Der Öffentlichkeit präsentierte er sein Produkt und warb für den Kauf in zeitgenössischen deutschsprachigen Zeitschriften. Es handelte sich um insgesamt 343 von ihm ausgewählte Holzarten in alphabetischer Auflistung vom tartarischen Steppenahorn *Acer tartaricum* bis zum Herkulesbaum *Zanthoxylum herculis clava,* wobei diese beiden Arten gerade nicht in Deutschland, sondern in Südosteuropa bzw. den östlichen USA beheimatet sind. Schildbachs Anordnung folgte einem einheitlichen Schema:

Der Rücken an jedem dieser Bücher zeigt a) die Schaale oder Rinde der Holz-Gattung, woraus das ganze Buch besteht. b) ein rother Titel, welcher mit goldenen Lettern nach Linnäischer Ordnung, die Classe, Geschlecht und speciellen Namen in Lateinischer und Deutscher Sprache nicht nur angibt, sondern auch die vorzüglichsten Autoren bemerkt. c) ihre Harze. d) die Moose, welche auf der Schaale oder Rinde entstehen.

Der obere Schnitt des Buchs zeigt das quer durchschnittene junge und Mittel-Holz mit seinem Mark und ringförmigen Ansätzen, an welchen man mittelst eines Vergrößerungsglases die verschiedenen Gefässe der Pflanzen erkennen kann. Der untere Schnitt des Buchs besteht aus ganz altem Stammholz, quer durchschnitten; der aufmerksame Beobachter sieht hieran ohne viele Mühe, wie das Mark und die Gefässe mehr zusammengedrückt sind, wodurch das Holz seine Härte erlangt hat (Schildbach 1788).

Des Weiteren benannte Schildbach andere im Innern des Buches angeordnete Teile, die den Lebenszyklus der Pflanze im Uhrzeigersinn darstellten: „Schwammart [Für die Holzart typische Pilze]; je ein Cubik-Zoll des besten Holzes" für die Bestimmung der „specifiken Schwere" im Frühjahr, Herbst und nach Trocknung; ein Stück Holzkohle und der vom jeweiligen Holz erzeugte „Grad der Hitze"; Nutzen des Baumes und bevorzugter Boden für sein Wachstum; Samen nach der Tournefort'schen Ordnung; Keim, Wurzel, Aststücke, Knospen, Blütenteile nach der Ordnung Linnés, verschiedene Blätter in natürlicher Farbe sowie ein Blattskelett.

Nach einem Besuch der Sammlung Schildbachs im Kasseler Ottoneum beschrieb der Kunsthistoriker Günther Metken (1979, S. 664) die Anordnung der einzelnen Teile im Innern der Holzbücher. Sein Eindruck von einem Einzelexemplar: „Man steigt von der rohen Außenseite zu den Einzelteilen und -analysen, von der ungeordneten Natur zur künstlich-künstlerischen Einteilung auf, deren Krone die Namengebung und Beschreibung als klassifizierende Beherrschung des Angebots ist."

Etwa zeitgleich mit Schildbachs Präsentation kündigte auch Bartholomäus Bellermann aus Erfurt die Lieferung von Holzstücken in Buchform an, begleitet von einem Kupferstich der jeweiligen Blätter, Blüten und Früchte verschiedener Baumarten sowie einem erläuternden Begleittext. Bellermann verzichtete allerdings auf eine aufwendige

Gestaltung seines Buches, vor allem auf eingearbeitete Teile wie Blätter, Blüten etc. (Bellermann 1787).

Manche der Sammlungen blieben vollständig erhalten, viele sind verschollen, andere wurden erst seit den 1970er-Jahren auf Dachböden oder Lagerräumen „wiederentdeckt", restauriert und erneut Teil einer materiellen Wissenskultur von Ausstellungen und Museen. Nicht immer konnte die Urheberschaft eindeutig geklärt werden, wie bei der aus 189 Bänden bestehenden Hohenheimer Holzbibliothek (Abb. 2.2 und 2.3) (Rahmann et al. 1992).

Die Hersteller der Holzsammlungen wurden als „Pioniere, Patrioten und Idealisten" bezeichnet, oft im Konflikt mit den zünftigen Naturforschern. Sicherlich waren sie und auch manche Käufer der Sammlungen Aufklärer und Teil einer heterogenen Bildungsschicht von selbstbewussten Funktionsträgern aus Staat, Kirche, Wirtschaft und Bildungswesen, die sich in den neu entstandenen Akademien, Clubs und Sozietäten trafen. Auf diese Weise entstanden nach Meinung des Autors neue Räume, in denen viele Regeln der höfisch-absolutistischen Welt und der Ständegesellschaft nicht mehr galten: Stand, Herkunft, Beruf und Konfession erschienen weniger bedeutsam. Gleichwohl wurden die Sammlungen vorwiegend von den Vertretern der bestehenden Ordnung gekauft, was sich für deren dauerhaften Bestand und unser heutiges Wissen darüber als vorteilhaft erwies. August von Burgsdorf, Candid Huber und Carl Schildbach waren stark geprägt von diesem

Abb. 2.2 Holzbibliothek Schloss Hohenheim: Anordnung der „Holzbücher". (Photo H. H. Rump)

Abb. 2.3 Das Innere des „Holzbuches" Kastanie. (Photo H. H. Rump)

Spannungsverhältnis, entfernten sich aber im Laufe ihres Berufslebens allmählich von ihrer sozialen Herkunft oder ihrem ursprünglichen Stand. Huber erhielt vom bayerischen König die Große Goldene Verdienstmedaille für „ingenio et industria", Schildbach wurde vom französischen Naturforscher Buffon umworben, eine Anstellung am Jardin des Plantes in Paris anzunehmen, und die russische Zarin Katharina II. versuchte, seine Sammlung nach St. Petersburg zu bringen (Feuchter-Schawelka et al. 2001, S. 16–19).

Die Holzbibliotheken waren im Grunde schon nach der Wende zum 19. Jahrhundert, spätestens nach 1812 überholt. In der von der „Verzeitlichung der Naturgeschichte" geprägten Periode zeigte sich der Übergang von der Naturgeschichte zur Geschichte der Natur besonders deutlich in der Botanik und Zoologie, allerdings gab es hier im Gegensatz zu anderen Disziplinen auch später noch starke Widerstände gegen diese Entwicklung. Das Wissen von der Natur mit seiner bis dahin fest gefügten Ordnung wurde „wissenschaftlich" im Sinne von Kants *Kritik der Urteilskraft*, § 80 (Lepenies 1976, S. 16–20, 50 f.). Parallel dazu löste sich auch die Geschichte von ihrer Vorform ab. Der überkommenen Naturgeschichte ging so ihre Grundlage verloren, Glauben und Wissen erschienen nicht mehr gleichberechtigt. In den zwei bis drei Jahrzehnten des Aufkommens der Holzbibliotheken war diese Neuausrichtung von Naturforschung und Historie noch nicht klar erkennbar. Doch im Verlauf weniger Jahre verlor diese Art zu repräsentieren an Bedeutung. Auch die mit der politischen Veränderung einhergehende ökonomische Ausrichtung der Forstwirtschaft und die Forderungen an eine jetzt naturwissenschaftlich ausgerichtete Forstbotanik ließ kaum noch eine Nische für die Holzbibliotheken übrig. Sie waren

obsolet geworden, ihren Platz nahmen in Unterricht und Gewerbe von nun an Holzmustersammlungen ein (Feuchter-Schawelka et al. 2001, S. 33 ff.).

Literatur

Agricola, G. 1978. *De re metallica libri XII*. Nachdruck von 1556. Düsseldorf: VDI-Verlag.

Agricola, G. A. 1784. *Versuch einer allgemeinen Vermehrung aller Bäume, Stauden und Blumengewächse*. Regensburg: Montag. [Erstausgabe 1716].

Albertus Magnus. 1992. *De vegetabilibus*. Buch VI. Lat.-dt. Übers. Stuttgart: Wiss. Verlagsges.

Albion, R. G. 1926. *Forests and sea power. The timber problem of the Royal Navy 1652–1862*. Cambridge/Ma.: Harvard Univ. Press.

Anonymus. 1668. Queries concerning vegetation. *Phil. Transactions* 3: 797–801.

Bacon, F. 1752. *Essays, or, counsels, civil and moral*. Glasgow: Urie.

Bacon, F. 1990. *Neues Organon*. T. 1 u. 2. Hamburg: Meiner.

Baumann, B., H. Baumann, S. Baumann-Schleihauf (Hrsg.) 2001. *Die Kräuterbuchhandschrift des Leonhart Fuchs*. Stuttgart: Ulmer.

Bayerl, G. 1994. Prolegomenon der „Großen Industrie". In: W. Abelshausen (Hrsg.), *Umweltgeschichte* (S. 29–56). Göttingen: Vandenhoek.

Bellermann, J. B. 1787. Ankündigung eines Kabinets […] *Journal von und für Deutschland* 4: 414–416.

Bennett, J. A. 1989. The social history of the microscope. *J. of Microscopy* 155: 267–280.

Birch, T. 1756. *The history of the Royal Society of London*. Bd. 1–5. London: Millar.

Bock, H. 1539. *New Kreütter Buch*. Straßburg: Rihel.

Bonnefons, N. de. 1651. *Le jardinier francais*. Paris: Cellier.

Bovier de Fontenelle le, B. 1994. *Oeuvres complètes*. Bd. VI. Histoire de l'Académie des Sciences. Paris: Librairie Fayard.

Boyle, R. 2000. *Der skeptische Chemiker*. Ostwalds Klassiker der exakten Wissenschaften Bd. 229. Frankfurt: H. Deutsch.

Bradbury, S. 1989. Landmarks in biological light microscopy. *J. of Microscopy* 155: 281–305.

Breidbach, O. 1999. [Einleitung]. In: C. F. Wolff, Theoria generationis. *Über die Entwicklung der Pflanzen und Tiere*. Ostwalds Klassiker der exakten Wissenschaften 84, Reprint v. 1896, Bd. 84 u. 85. Frankfurt: H. Deutsch.

Bröer, R. 1996. *Salomon Reisel (1625–1701). Barocke Naturforschung eines Leibarztes im Banne der mechanistischen Philosophie*. Halle: Acta Historica Leopoldina Nr. 23.

Brunfels, O. 1532. *Contrafayt Kreuterbuch*. Straßburg: Schott. [Digitalisat, Bayer. Staatsbibliothek]

Buffon, G. L. de. 1740. Expériences sur la force du bois. *Mémoires de l'Académie Royale des Sciences Paris*: 453–467.

Buffon, G. L. de. 1741. Expériences sur la force du bois. 2. partie. *Mémoires de l'Académie Royale des Sciences Paris*: 447–470.

Buffon, G. L. de. 1749 [2007]. *Histoire naturelle. Oeuvres complètes* 1. Paris: Champion.

Burgsdorf, F. A. L. v. 1783a. Abhandlung von den eigentlichen Theilen und Grenzen der systematischen aus ihren wahren Quellen hergeleiteten Experimental- und höhern Forstwissenschaft. *Schr. d. Berlinischen Gesellschaft naturforschender Freunde* 4: 99–127.

Burgsdorf, F. A. L. v. 1783b/1787. *Versuch einer vollständigen Geschichte vorzüglicher Holzarten in systematischen Abhandlungen*. Teil 1: Die Buche, Teil 2: Die einheimischen und fremden Eichenarten. Berlin: Pauli.

Burgsdorf, F. A. L. v. 1788. *Forsthandbuch* Bd. 1. Berlin: Pauli.

Carlowitz, H. C. v. 2000. *Sylvicultura Oeconomica*. Reprint von 1713. Freiberg: Akad. Buchhdl.

Cesalpino, A. 1583. *De plantis libri XVI*. Florenz: Marescottu.

Christ, H. 1912a. Die illustrierte spanische Flora des Carl Clusius vom Jahre 1576. *Öst. Botanische Z.* 62: 132–135, 189–194, 229–238.

Christ, H. 1912b. Die ungarisch-österreichische Flora des Carl Clusius vom Jahre 1583. *Öst. Botanische Z.* 62: 330–334, 393 f., 426–430, sowie ders. 63 (1913): 131–136, 159–167.

Clément-Mullet, J. J. 1870. Etudes sur les noms arabes de diverses familles de végétaux. *Journal Asiatique* 6ème ser. 15: 5–150.

Clusius, C. 1965. *Rariorum aliquot stirpium historia*. Reprint von 1583. Graz: Akad. Verlagsanst.

Cremer, T. 1985. *Von der Zellenlehre zur Chromosomentheorie. Naturwissenschaftliche Erkenntnis und Theorienwechsel in der frühen Zell- und Vererbungsforschung*. Berlin: Springer.

Darwin, E. 1800. *Phytologia, or the philosophy of agriculture and gardening*. London: Bensley.

Daston, L. 1994. Neugierde als Empfindung und Epistemologie in der frühmodernen Wissenschaft. In: A. Grote (Hrsg.), *Macrocosmos in microcosmo. Die Welt in der Stube. Zur Geschichte des Sammelns 1450 bis 1800* (S. 35–59). Opladen: Leske.

De Beer, E. S. 1960. John Evelyn, F.R.S. (1620–1706). *Notes and Records of the Royal Soc. of London* 15: 231–238.

De Martin, H. u. M. 1983. *Vier Jahrhunderte Mikroskop*. Wiener Neustadt: Weilburg.

Demandt, A. 2002. *Über allen Wipfeln. Der Baum in der Kulturgeschichte*. Köln: Böhlau.

Dictionnaire universel de l'agriculture et de jardinage. 1751. Paris: David.

Dijksterhuis, E. J. 1956. *Die Mechanisierung des Weltbildes*. Berlin: Springer.

Dobell, C. 1932. *Antony van Leeuwenhoek and „his little animals"*. London: Bale & Danielsson.

Dolman, C. E. 1983. That impudent fellow Hill [Rezension]. *Annals of Science* 40: 281–288.

Dom Rome, R. 1956. Nicolas Stenon et la „Royal Society of London". *Osiris* 12: 244–268.

Duhamel du Monceau, H. L. 1729. Recherches physiques. *Mémoires de l'Académie Royale des Sciences Paris*: 349–360.

Duhamel du Monceau, H. L. 1742. Réflexions et expériences sur la force des bois. *Mémoires de l'Académie Royale des Sciences Paris*: 335–346.

Duhamel du Monceau, H. L. 1758. *La physique des arbres*. Paris: Guerin & Delatour.

Duhamel du Monceau, H. L., G. L. de Buffon. 1737. Recherches de la cause de l'excentricité. *Mémoires de l'Académie Royale des Sciences Paris*: 121–134.

Encyclopédie ou Dictionnaire Raisonné (1757–1765) (DVD-Version 1.2.0; Version, Marsanne: Edité par Redon: 08 25 39 03 89). UB Frankfurt (2002).

Enderlin, J. F. 1770: *Die Natur und Eigenschaften des Holzes*. 2. Aufl. Basel: Imhof.

Evelyn, J. 1664. *Sylva: A discourse on forest trees and the propagation of timber in His Majesty's Dominions*. London: Martyn and Allestry.

Fahd, T. 1996. Botany and agriculture. In: R. Rashed (Hrsg.), *Encyclopedia of the history of arabic science* Bd. 3 (S. 813–851). London: Routledge.

Fellner, S. 1881. *Albertus Magnus als Botaniker*. Wien: Hölder.

Feuchter-Schawelka, A., W. Freitag, D. Grosser. 2001. *Alte Holzsammlungen. Die Ebersberger Holzbibliothek: Vorgänger, Vorbilder und Nachfolger*. Ebersberg: Kreissparkasse Ebersberg.

Findlen, P. 1994. Die Zeit vor dem Laboratorium. In: A. Grote (Hrsg.), *Macrocosmos in microcosmo. Die Welt in der Stube. Zur Geschichte des Sammelns 1450 bis 1800* (S. 191–207). Opladen: Leske.

Ford, B. J. 1981. The van Leeuwenhoek specimens. *Notes and records of the Royal Society of London* 36: 37–59.

Ford, B. J. 1991. *The Leeuwenhoek legacy*. Bristol: Biopress.

Foucault, M. 1980. *Die Ordnung der Dinge*. Frankfurt/M.: Suhrkamp.

Fraser, K. J. 1994. John Hill and the Royal Society in the eighteenth century. *Notes and records of the Royal Society of London* 48: 43–67.

Fuchs, L. 1543. *New Kreüterbuch*. Basel: Isingrin.

Gale, R. et al. 2000. Wood. In: P. Nicholson, I. Shaw, 2000 (Hrsg.), *Ancient Egyptian materials and technology* (S. 334–371). Cambridge: Cambridge Univ. Press.

Gleditsch, J. G. 1750. Observations sur la veritable osteocolle de la Marche de Brandenbourg. *Hist. de l'Acad. Royale des Sciences et des Belles Lettres de Berlin* 4: 32–51.

Gleditsch, J. G. 1774–1775. *Systematische Einleitung in die neuere aus ihren eigentümlichen physikalisch-ökonomischen Gründen hergeleitete Forstwissenschaft*. 2 Bde. Berlin: Wever.

Grew, N., 1965. *The anatomy of plants*. Reprint from 1682 ed. New York: Johnson.

Griendel v. Ach, J. F. 1687. *Micrographia nova*. Nürnberg: Zieger.

Grote, A. 1994. Vorrede – Das Objekt als Symbol. In: A. Grote (Hrsg.), *Macrocosmos in microcosmo. Die Welt in der Stube. Zur Geschichte des Sammelns 1450 bis 1800* (S. 11–17). Opladen: Leske.

Haeckel, E. 1868. *Natürliche Schöpfungsgeschichte*. Dritter Vortrag. Berlin: Reimers.

Hales, S. 1748. *Statick der Gewächse*. Halle: Renger. Übers. d. engl. Ausg. von 1727: Vegetable staticks: or, an account of some statical experiments on the sap in vegetables. London: Innys.

Hall, R., M. Boas-Hall (Hrsg.) 1975. *The Correspondence of Henry Oldenburg*. Bd. 10. London: Mansell.

Hanstein, A. v. 1886. *Über die Begründung der Pflanzenanatomie durch Nehemia Grew und Marcello Malpighi*. Dissertation, Univ. Bonn.

Harris, H. 1999. *The birth of the cell*. New Haven: Yale Univ. Press.

Hartig, G. L. 1791. *Anweisung zur Holzzucht für Förster*. Marburg: Akademische Buchhandlung.

Harting, P. 1856. *Das Mikroskop: Theorie, Gebrauch, Geschichte und gegenwärtiger Zustand desselben*. Bd. 3. Braunschweig: Vieweg.

Hasel, K. 1985. *Forstgeschichte*. Hamburg: Parey.

Henckel, J. F. 1722. *Flora saturnizans, die Verwandtschaft des Pflanzen- mit dem Mineralreich*. Leipzig: Martini.

Hennebo, D. 1965. *Der architektonische Garten: Renaissance und Barock*. Hamburg: Broschek.

Hesse, H. 1696. *Teutscher Gärtner*. Leipzig: Fritsch.

Hill, J. 1770. *The construction of timber, from its early growth*. London: Baldwin.

Hoffmann, E. T. A. 1873. *Gesammelte Schriften*. Bd. 10. Berlin: Reimer.

Holmes, G. D. 1975. History of forestry and forestry management. *Phil. Trans. Royal Soc. London* 271: 69–80.

Hooke, R. 1665. *Micrographia*. London: Martyn & Allestry.

Hooke, R. 1705. *The posthumous works of Robert Hooke*, publ. by R. Waller. London: Smith and Walford.

Hoppe, B. 1976. Biologie – Wissenschaft von der belebten Materie von der Antike zur Neuzeit. *Sudhoffs Archiv*, H. 17. Wiesbaden: Steiner.

Hoßfeld, P. 1983. *Albertus Magnus als Naturphilosoph und Naturwissenschaftler*. Bonn: Albertus-Magnus-Institut.

Huber, K. 1808. *Vollständige Naturgeschichte*. München: Schulbücher-Hauptverl.

Jagiella, C., H. Kürschner. 1987. *Atlas der Hölzer Saudi Arabiens*. Wiesbaden: Reichert.

Jahn, I. (Hrsg.) 2004. *Geschichte der Biologie*. 3. Aufl. Heidelberg: Spektrum.

Jardine, N. 2002. Sammlung, Wissenschaft, Kulturgeschichte. In: A. Te Heesen, E. C. Spary (Hrsg.), *Sammeln als Wissen. Das Sammeln und seine wissenschaftsgeschichtliche Bedeutung* (S. 199–220). Göttingen: Wallstein.

Jessen, K. 1864. *Botanik der Gegenwart und Vorzeit. Ein Beitrag zur Geschichte der abendländischen Völker.* Leipzig: Brockhaus.

Jessen, K. 1867. *Alberti Magni. De vegetabilibus libri VII.* Berlin: Reimer.

Kalm, P. 1754. *Des Herren Peter Kalms [...] Beschreibung der Reise, die er nach dem nördlichen Amerika [...] unternommen hat.* 1. Teil. Göttingen: Vandenhoek.

Karafyllis, N. 2006. *Die Phänomenologie des Wachstums.* Habilitationsschrift, Univ. Stuttgart.

Kehr, K. 1964. *Die Fachsprache des Forstwesens im 18. Jahrhundert.* Gießen: Schmitz.

Kepler, J. 1969. *Gesammelte Werke.* Bd. 10: Tabulae Rudolphinae. München: Beck.

Kirby, D., M. L. Hinkkanen. 2000. *The Baltic and the north seas.* London: Routledge.

Kosenina, A. 2004. Schönheit im Detail oder im Ganzen? Mikroskop und Guckkasten als Werkzeuge und Metaphern der Poesie. In: Goethezeitportal online. https://www.goethezeitportal.de/db/wiss/epoche/kosenina_mikroskop.pdf. Zugegriffen: 15.11.2017.

Krünitz Oekonomische Encyklopädie. 1773–1853. [262 Bde.]. Elektronische Volltextversion. https://www.kruenitz1.uni-trier.de.

Küffner, F. 1716. *Architectura viv-àrboreo-neo-synem-phyteuca Pomonea [...]* Hof: Mintzel.

Kusukawa, S. 1997. Leonhart Fuchs on the importance of pictures. *J. History of Ideas* 58: 403–427.

La Mettrie, J. O. de. 1748a. *L'Homme machine.* Leiden: Luzac.

La Mettrie, J. O. de. 1748b. *L'Homme plante.* Potsdam: Voss.

Leeuwenhoek, A. van. 1695. *Arcana naturae.* Delft: Krooneveld.

Leonardo da Vinci. 1925. *Traktat von der Malerei.* Übers. von H. Ludwig. Jena: Diederichs.

Lepenies, W. 1976. *Das Ende der Naturgeschichte.* München: Hanser.

Lepenies, W. 1980. Naturgeschichte und Anthropologie im 18. Jahrhundert. *Historische Z.* 231: 21–42.

Linné, C. v. 1745. *Ölandska och Gothlandska Resa.* Stockholm: Kiesewetter.

Linné, C. v. 1747. *Westgötha Resa.* Stockholm: Salvi.

Linné, C. v. 1751. *Skanska Resa.* Stockholm: Salvi.

Linné, C. v. 1783. *Philosophia botanica.* 2. Aufl. Wien: Thoma.

Locke, J. 1798. *Essay concerning human understanding* II. Edinburgh: Mundell.

Makkonen, O. 1966. Die Holzernte im Altertum. *Z. Agrargeschichte u. Agrarsoziologie* 14: 165–172.

Malpighi, M. 1675. *Anatome plantarum.* London: Martin.

Malpighi, M. 1901. *Die Anatomie der Pflanzen.* Teil I. u. II., bearb. von M. Möbius. Leipzig: Engelmann.

Mantel, K. 1967. *Deutsche forstliche Bibliographie 1560–1965.* Freiburg: Forstgesch. Institut.

Marggraf, A. S. 1750. Expériences chymiques faites sur l'osteocolle de la Marche. *Hist. de l'Acad. Royale des Sciences et des Belles Lettres de Berlin* 4: 52–59.

Mayr, E. 1984. *Die Entwicklung der biologischen Gedankenwelt.* Berlin: Springer.

Messerschmidt, D. G. 1968. *Forschungsreise durch Sibirien 1720–1727* Teil 4 (1725). Berlin: Aufbau-V.

Metken, G. 1979. Holzbibliotheken als Buch der Natur. *Akzente. Z. f. Literatur* 26: 654–664.

Meyen, F. J. 1830. *Phytotomie.* Berlin: Haude u. Spener.

Meyer, E. 1836. Albertus Magnus. Ein Beitrag zur Geschichte der Botanik im dreizehnten Jahrhundert. *Linnaea* 10: 641–741.

Meyer, E. H. 1856. Geschichte der Botanik bei den Arabern. In: E. Meyer (Hrsg.), *Geschichte der Botanik* Bd. 3 (S. 89–327). Königsberg: Bornträger.

Meyer, K. 1998. *Geheimnisse des Antoni van Leeuwenhoek.* Lengerich: Pabst.

Meyer, T. 1999. *Natur, Technik und Wirtschaftswachstum im 18. Jahrhundert.* Münster: Waxmann.

Milnik, A. 2002. *Oberforstmeister August von Burgsdorf.* Eberswalde: Eigenverlag.

Moldenke, C. E. 1886. *Über die in altägyptischen Texten erwähnten Bäume und deren Verwertung.* Dissertation, Univ. Strassburg.

Montaigne, M. de. 1983. *Journal de voyage en Italie par la Suisse et Allemagne en 1580 et 1581.* Paris: Gallimard.

Morley, B. 1979. The plant illustrations of Leonardo da Vinci. *Burlington Magazine* 121: 553–560.

Müller-Wille, S. (Hrsg.). 2002. *Sammeln – Ordnen – Wissen.* Berlin: MPI für Wissenschaftsgeschichte. Preprint 215.

Müller-Wille, S. 1999. *Botanik und weltweiter Handel.* Berlin: VWB.

Mylius, C. O. 1744. *Corpus Constitutionum Marchicarum* IV. Theil I. Berlin und Halle: Buchladen d. Waysenhauses.

Nelson, E. M. 1910. What did our forefathers see in a microscope? *J. Royal Microscopical Soc.* 30 (2. Ser.): 327–339.

Nickelsen, K. 2006. *Draughtsmen, botanists and nature: The construction of eighteenth botanical illustrations.* Dordrecht: Springer.

Nitschke, A. 1980. Albertus Magnus – ein Wegbereiter der modernen Wissenschaft. *Historische Z.* 231: 1–20.

Olmi, G. 1994. Die Sammlung – Nutzbarmachung und Funktion. In: A. Grote (Hrsg.), *Macrocosmos in microcosmo. Die Welt in der Stube. Zur Geschichte des Sammelns 1450 bis 1800* (S. 169–189). Opladen: Leske.

Palm, L. C. (Hrsg.) 1983. *The collected letters of Antoni van Leeuwenhoek.* Bd. XI. Lisse: Swets & Zeitlinger.

Palm, L. C., H. A. Snelders (Hrsg.) 1982. *Antoni van Leeuwenhoek 1632–1723.* Amsterdam: Rodopi.

Pepys, S. 1686–1692. A discourse concerning the most seasonable time of felling of timber. *Phil. Transactions* 16: 455–461.

Plinius d. Ä. 1991. *Naturkunde. Lateinisch-deutsch.* Buch XVI: Botanik, Waldbäume. Darmstadt: Wiss. Buchges.

Pomian, K. 1990. *Collectors and curiosities: Paris and Venice 1500–1800.* Cambridge: Polity Press.

Rahmann, M. et al. 1992. Die Hohenheimer Holzbibliothek. *Hohenheimer Themen* 1: 65–111.

Randall, J. H. 1953. The place of Leonardo da Vinci in the emergence of modern science. *J. History of Ideas* 14: 191–202.

Ray, J. 1691. *The wisdom of god, manifested in the works of Creation.* London: Harbin.

Reallexikon für Antike und Christentum (RAC) 6. 1966. Stuttgart: Hiersemann.

Reeds, K. M. 1976. Renaissance humanism and botany. *Annals of Science* 33: 519–542.

Reisel, S. 1675/76. *De literis intra ipsum fagi fissae truncum inventis.* Misc. Curiosa Medica-Physica. Frankfurt: Fritsch. https://digitale.bibliothek.uni-halle.de/vd17/content/pageview/8707576. Zugegriffen: 16.11.2018.

Rex, H. 1998. *Die lateinische Agrarliteratur von den Anfängen bis zur frühen Neuzeit.* Dissertation, Univ. Wuppertal.

Ribstein, W. 1925. Zur Kenntnis der im alten Ägypten verwendeten Hölzer. *Botanisches Archiv* 9: 194–209.

Rubner, H. 1964. Die französische Forstwirtschaft am Vorabend der Großen Revolution. *Z. f. Agrargeschichte und Agrarsoziologie* 12: 181–192.

Rubner, H. 1967. *Forstgeschichte im Zeitalter der industriellen Revolution.* Berlin: Duncker & Humblot.

Sachs, J. 1875. *Geschichte der Botanik vom 16. Jahrhundert bis 1860.* München: Oldenbourg.

Schildbach, C. 1788. Beschreibung einer Holzbibliothek nach selbst gewähltem Plan, ausgearbeitet von Carl Schildbach zu Cassel. *Journal von und für Deutschland* 5: 322–328.

Schmitt, T. 1909. *Die Meteorologie und Klimatologie des Albertus Magnus.* Dissertation, TH München.

Schulze, S. (Hrsg.) 2006. *Gärten: Ordnung – Inspiration – Glück*. Ausstellungskatalog 2006/07. Frankfurt: Städel-Museum.

Schütt, H. W. 2000. *Auf der Suche nach dem Stein der Weisen. Die Geschichte der Alchemie*. München: Beck.

Schweingruber, F. H. 2001. *Dendroökologische Holzanatomie. Anatomische Grundlagen der Dendrochronologie*. Bern: Haupt.

Senn, G. 1933. *Die Entwicklung der biologischen Forschungsmethode in der Antike und ihre grundsätzliche Förderung durch Theophrast von Eresos*. Aarau: Sauerländer.

Shapin, S. 2001. Woher stammte das Wissen in der wissenschaftlichen Revolution? In: M. Hagner (Hrsg.), *Ansichten der Wissenschaftsgeschichte* (S. 43–103). Frankfurt: Fischer TB.

Siemer, S. 2004. *Gesellligkeit und Methode. Naturgeschichtliches Sammeln im 18. Jahrhundert*. Dissertation, Univ. Zürich.

Silberberg, B., 1910. Das Pflanzenbuch des Abu Hanifa Ahmed Ibn D'du a-Dinawari. *Z. f. Assyriologie und verwandte Gebiete* 24: 39–88.

Sloan, P. R. 1976. The Buffon-Linnaeus controversy. *Isis* 67: 356–375.

Smith, G. M. 1915. The development of botanical microtechnique. *Trans. Amer. Microscopical Soc.* 34: 71–129.

Sprague, T. A. 1933. Botanical terms in Albertus Magnus. *Kew Bulletin* 9: 440–459.

Sprengel, K. 1817. *Geschichte der Botanik*. Altenburg u. Leipzig: Brockhaus.

Steno, N. 1923. *Vorläufer einer Dissertation über feste Körper, die innerhalb anderer fester Körper von Natur aus eingeschlossen sind*. Ostwald's Klassiker der Exakten Wissensch. Leipzig: Akad.-V.

Strabo, W. 2007. De cultura hortorum. *Reichenauer Texte und Bilder* 13. Heidelberg: Mattes.

Te Heesen, A., E. C. Spary (Hrsg.) 2001. *Sammeln als Wissen. Das Sammeln und seine wissenschaftsgeschichtliche Bedeutung*. Göttingen: Wallstein.

Thacker, C. 1979. *The history of gardens*. London: Croom Helm.

Theophrastos. 1822. *Naturgeschichte der Gewächse*. Bd. 1 und 2. Altona: Hammerich.

Theophrastos. 1916 [Reprint 1961]. *Historia plantarum (Enquiry into plants)*. Bd. 1. London: Heinemann.

Theophrastos. 1976/1990. *De causis plantarum*. Bd. I./V. Transl.: B. Einarson. London: Heinemann.

Thuemmig, L. P. 1723. *Versuch einer gründlichen Erläuterung der merckwürdigsten Begebenheiten in der Natur*. Halle: Spörl.

Trier, J. 1961. Wiedwuchs. *Archiv für Kulturgeschichte* 43: 177–187.

Ward, C. 2006. Boat-building and its social context in early Egypt: interpretations from the First Dynasty boat-grave cemetery at Abydos. *Antiquity* 80: 118–129.

Wastenson, A. 1927. Linné als Biochronolog. *Svenska Linné-Sallskapets Arsskrift* 10: 150–153.

Wehler, H.-U. 1987/2003. *Deutsche Gesellschaftsgeschichte*. Bd. 1 u. Bd. 4. München: Beck.

Weiß, F. W. 1775. *Entwurf einer Forstbotanik*. Göttingen: Vandenhoek.

Wies, E. 1992. *Capitulare de villis et curtis imperialibus*. Aachen: Einhard.

Wilson, C. 1988. Visual surface and visual symbol: The microscope and the occult in early modern science. *J. History of Ideas* 49: 85–108.

Wilson, C. 1995. *The invisible world*. Princeton: Princeton Univ. Press.

Woenig, F. 1886: *Die Pflanzen im alten Ägypten*. Leipzig: Friedrich.

Wöhrle, G. 1985. *Theophrasts Methode in seinen botanischen Schriften*. Amsterdam: Grüner.

Wolff, C. F. 1999. *Theoria generationis. Über die Entwicklung der Pflanzen und Tiere*. Ostwalds Klassiker der exakten Wissenschaften 84, Reprint v. 1896. Bd. 84 u. 85. Frankfurt: H. Deutsch.

Woodruff, L. L. 1926. The versatile Sir John Hill, MD. *American Naturalist* 60: 416–442.

Yost, R. M. 1951. Locke's rejection of hypotheses about sub-microscopic events. *J. History of Ideas* 12: 111–130.

Zedler, J. H. 1731–1754. *Grosses vollständiges Universal-Lexicon aller Wissenschafften und Künste*. [64 Bde. u. 4 Suppl. Bde.]. https://www.zedler-lexikon.de/.

„Die Wissenschaftliche Botanik" im 19. und frühen 20. Jahrhundert

3

Inhaltsverzeichnis

In diesem Kapitel werden vor allem die von der wissenschaftlichen Botanik geschaffenen Voraussetzungen für die wesentlichen Fortschritte der Jahrringforschung betrachtet, um so deren Wirkung auf Institutionen, Gruppen und Einzelpersonen besser verfolgen zu können. Hierbei wird deutlich, wie ganzheitliche Vorstellungen der Lebenswissenschaften nicht nur vor und um 1800, sondern bis weit ins 20. Jahrhundert hinein ihre Wirkung entfalteten und auch heute gelegentlich als Erklärungsmuster für Lebensprozesse und Wachstum verwendet werden. Manche Einzelaspekte lassen sich im Rahmen dieser Darstellung nicht vertiefen, so dass auf weiterführende Literatur hingewiesen wird: Zu den botanischen Disziplinen vgl. Jahn (2004, S. 302–323); zur Pflanzenphysiologie: Jahn (2004, S. 499–536) und Hoppe (1976, S. 230–292); zur Zellenlehre des 19. Jahrhunderts vgl. Harris (1999) und Cremer (1985).

In der Biologie spielten bei der Untersuchung von Organismen nach der Wende vom 18. zum 19. Jahrhundert vergleichende Anatomie, Physiologie und Paläontologie eine besondere Rolle und wurden deshalb zu Schlüsseldisziplinen. Die Physiologie – unterstützt durch eine verbesserte mikroskopische Technik – entwickelte sich dabei aus einem vorwiegend medizinischen Fachgebiet zu einer Teildisziplin der Biologie, in der bei Organismen von nun an vermehrt physikalische und chemische Lebensprozesse

untersucht wurden. Der Streit um die Vorstellung, ob lebende Organismen Maschinen seien oder nicht, wurde von einigen Naturforschern und Naturphilosophen erbittert geführt. Botaniker suchten als Reaktion auf ganzheitliche oder vitalistische Konzepte zunehmend eine reduktionistische Erklärung für die Gestalt der Pflanze (Morphogenese und Ontogenese), für Struktur und das Zusammenwirken ihrer Bestandteile (Physiologie) und für die Gründe pflanzlichen Wachstums (Zelltheorie). Insbesondere das 1842/1843 entstandene zweibändige Werk *Grundzüge der wissenschaftlichen Botanik* des Botanikers Matthias Schleiden prägte die materialistische Denkweise der Biologie, in dem die Lebensvorgänge mechanistisch auf Vorgänge in der unbelebten Natur zurückgeführt wurden. Auch Schleiden kam jedoch nicht ohne das Konzept einer „Bildungskraft" aus, die sich nach seiner Auffassung während verschiedener Entwicklungsstufen vom Keimzustand bis zur Reife auf das Wachstum der Pflanze auswirke (Jahn 2004, S. 313).

Auf dem Gebiet der Erdwissenschaften kam es nach 1800 zu einer veränderten Vorstellung vom Alter der Erde und von der zeitlichen Ausdehnung geologischer Abschnitte. Die neue Disziplin Geologie, die sich auf der Grundlage eines überwiegend statischen geognostischen Wissens über die Morphologie und die Gesteinsfolge der Erdkruste zu einer dynamischen und prozessualen

Betrachtung der Geoprozesse entwickelte, drängte allmählich naturphilosophische Ansätze in den Hintergrund. Wissenschaftler wie James Hutton, Charles Lyell oder Louis Agassiz gingen bei ihren Untersuchungen von einer „Tiefenzeit" der Erdgeschichte aus, die entweder einem „Zeitpfeil" folgend irreversibel war oder die in einem sich stets wiederholenden „Zeitzyklus" ablief. Ältere Darstellungen findet man bei Zittel (1899), neuere bei Gohau (1990, S. 11–150 [zu Vulkanismus, Fossilien, Aktualismus]), Guntau (1978, S. 280–290) und Rupke (1998, S. 61–90).

An der Erweiterung des Wissens über Jahrringe waren erwartungsgemäß vor allem Botaniker und Forstbotaniker beteiligt. Diese Personen waren in der Regel institutionell fest verankert, folgten einem disziplinären Lehrkanon und tauschten ihre Erfahrungen direkt oder in Fachzeitschriften miteinander aus. Ihre naturwissenschaftlichen Erkenntnisse, oft unterstützt durch die Fortschritte der Mikroskopie, wurden allgemein als verlässliches Wissen angesehen. Aber welche Kreise erreichte dieses Wissen? Vergleicht man hierzu die Fachliteratur des 19. Jahrhunderts, ergibt sich aus heutiger Sicht das Bild eines gut funktionierenden Wissensaustausches innerhalb geschlossener Expertengruppen mit einer oft nur geringen Außenwirkung.

Wichtige Beiträge zur Jahrringforschung des 19. Jahrhunderts erbrachten Autoren, die im Rahmen der vorliegenden Arbeit unter der Rubrik „Nicht-Botaniker" zusammengefasst werden sollen. Ihre oft in abseitigen oder schwer zugänglichen Schriften niedergelegten Erkenntnisse bildeten ebenso wie Beiträge in Tageszeitungen und populären Schriften ein nicht zu unterschätzendes Material kaum bekannten Wissens, das oft erst spät wiederentdeckt wurde und selten eine historiographische Würdigung erfuhr. Auch Paläontologen und Pfahlbauforscher trugen zur Kenntnis des Baumwachstums und speziell der Jahrringe bei, Erstere meist eingebunden in bio- und geowissenschaftliche Institutionen, Letztere als Wissenschaftler der „Altertumsforschung" oder wissenschaftliche Laien mit oft beachtlicher Erfahrung und Sachkunde.

3.1 Lebenskraft, Ganzheit, Vitalismus

Im 17. und zu Beginn des 18. Jahrhunderts zogen Naturforscher noch keine klare Grenze zwischen unbelebten und belebten Stoffen. Man beschrieb Lebewesen als Maschinen, die wie diese den bekannten mechanischen Gesetzen folgen. Unter dem Einfluss des Naturforschers und Vertreters der „Phlogistonlehre" Georg Ernst Stahl (1660–1734) entwickelten sich aber auch antimechanistische Vorstellungen und vor allem in der Medizin ein Psychovitalismus, die ein der Natur innewohnendes „Lebensprinzip" postulierten. In Deutschland begann zur Zeit der bürgerlichen Aufklärung

in der Naturforschung eine erneute Blüte teleologischen Denkens, für dessen wichtigsten Vertreter Christian Wolff (1679–1754) die Welt einen Spiegel der Vollkommenheit Gottes darstellte. Einen Vorgang oder Gegenstand der Natur zu erklären bedeutete, klare Gründe anzugeben, durch die sich seine Vollkommenheit erschließt (Spaemann und Löw 2005, S. 102 f.). Für seinen Namensvetter, den Physiologen Caspar Friedrich Wolff (1734–1794) stand jedoch die von ihm angenommene Grundkraft der Lebewesen („vis essentialis") im Widerspruch zum Schöpfungsglauben, was von einigen Zeitgenossen als ein Angriff auf die Religion gedeutet wurde. Dabei beschrieb Wolff die „vis essentialis" gar nicht vitalistisch im Sinne einer „Lebenskraft" – der Begriff „Vitalismus" kam erst gegen Ende des 19. Jahrhunderts auf –, sondern er erklärte sie heuristisch zu einem noch unbekannten Faktor (vgl. Abschn. 3.3). Ließ sich das „Leben" als eine Emergenz beschreiben? Mit dieser Frage kann man die Konfliktlinie zwischen Befürwortern und Gegnern einer besonderen Lebenskraft während des gesamten 19. Jahrhunderts charakterisieren. Der Physiologe Theodor Roose (1771–1803) sah die Uranfänge der organischen Materie in der unbelebten Materie, die vom „Kern oder Stock eines organischen Wesens" in eine zweckmäßige Ordnung gebracht würden (Roose 1797, S. 51 f.), während der Naturforscher Johann Friedrich Blumenbach (1752–1840) einen „Bildungstrieb" („nisus formativus") der Organismen definierte, der über die anderen Lebenskräfte, z. B. die Irritabilität, hinausführt, dessen Ursprung aber noch unbekannt sei und den er daher als „qualitas occulta" bezeichnete (Blumenbach 1791, S. 32 f.); vgl. Richards (2000, S. 17–21). Der Anatom Xavier Bichat (1771–1802) trennte dann die lebende und tote Substanz, fasste verschiedene Lebensfunktionen bei Pflanzen und Tieren zu spezifischen Organsystemen zusammen und sah als Wesen des Organischen dessen Instabilität und Wandlungsfähigkeit (Bichat 1805, S. 75 f.).

Das Wesentliche des pflanzlichen Lebens innerhalb des Wesens der Natur beschäftigte auch Johann Wolfgang v. Goethe, für den Wachstum und Entwicklung einem ständigen Formenwandel unterworfen war, hervorgerufen durch eine Lebenskraft und äußerlich sichtbar durch den Bildungstrieb. Nach seiner Vorstellung von einem geordneten Naturgefüge manifestiert sich dabei die Wandlungsfähigkeit des Organischen in der Metamorphose einer Ganzheit, die aus einzelnen Teilen besteht: „Daß eine Pflanze, ja ein Baum, die uns doch als Individuum erscheinen, aus lauter Einzelheiten bestehn, die sich untereinander und dem Ganzen gleich und ähnlich sind, daran ist wohl kein Zweifel." (Goethe 1982, S. 55). In seinen durch Arbeiten mit dem Mikroskop unterstützten morphologischen Studien erkannte er die ständige Bewegung des ganzen Lebewesens in der Auftrennung und Wiedervereinigung seiner Teile:

Betrachten wir aber alle Gestalten, besonders die organischen, so finden wir, daß nirgend ein Bestehendes, nirgend ein Ruhendes, ein Abgeschlossenes vorkommt, sondern daß vielmehr alles in einer steten Bewegung schwanke. […] Jedes Lebendige ist kein Einzelnes, sondern eine Mehrheit; selbst insofern es uns als Individuum erscheint, bleibt es doch eine Versammlung von lebendigen selbständigen Wesen (Goethe 1982, S. 55)[1].

Es ist bekannt, dass Goethe auf seiner italienischen Reise am 27. September 1786 nach dem Besuch des botanischen Gartens von Padua über das Konzept einer „Urpflanze" nachdachte. Ob er zu diesem Zeitpunkt oder später diesen Gedanken in Richtung einer Entwicklung der Individuen und der Differenzierung der Arten erweiterte, lässt sich nur vermuten. Im Jahr 1790 veröffentlichte er seinen *Versuch die Metamorphose der Pflanzen zu erklären* und widersprach darin Linnés Überzeugung von der Konstanz der Arten (Goethe 1790, S. 73–78); (ders. 1963, Bd. 25, S. 51 und Bd. 39, S. 61 f.); vgl. Ishihara (2005, S. 24). Aber auch an praktischem Wissen über Baum- und Holzarten war Goethe interessiert, als er beispielsweise am 1. Mai 1825 mit seinem Vertrauten Eckermann und einem Forstexperten beim Bogenschießen ausführlich über die Vorzüge verschiedener Hölzer für die Herstellung von Bögen und Pfeilen sprach. Seine Äußerungen zur Spiraltendenz des Gewebes wie zur Klimawirkung und Exposition des Baumstandorts lassen dabei eine gewisse Vertrautheit mit der Forstbotanik erkennen (Eckermann 1999, S. 567–573).

Zu Beginn der 1790er-Jahre studierte Alexander von Humboldt (1769–1859) an der Bergakademie in Freiberg und war anschließend als junger Bergassessor in preußischen Diensten. Seine Jugendbriefe belegen seine Faszination für die „vitale Chemie", für die die Irritabilität des Organismus ein Kriterium des Lebens war, ganz im Sinne einer chemischen Physiologie der Lebewesen (Humboldt 1795, S. 3–5)[2]. Voller Bewunderung für Lavoisier und die „Antiphlogistoniker" veröffentlichte er seine Schrift *Florae Fribergensis Specimen* mit dem Anhang „Aphorismi ex doctrina physiologiae chemicae plantarum." Darin verglich er pflanzliche und tierische Gewebe, vor allem die von Holz und Knochen und erkannte ihre anatomische und physiologische Ähnlichkeit in der Statik und Dynamik ihrer „Gefäße" und Faserstrukturen. Belebte und unbelebte Materie schienen in einer neuen Physiologie, die den von Lavoisier in die Chemie eingeführten Fortschritt aufgriff, besser abgrenzbar (Humboldt 1794, S. 29).

Humboldt setzte hier eine spezifische Lebenskraft belebter Körper voraus, welche die „Bande der chemischen Verwandtschaft" löst und eine freie Verbindung der Teile des Körpers verhindert. Erst im Tod ordneten sich die „Urstoffe" wieder nach ihrer chemischen Verwandtschaft. Bei Bäumen ließ sich das Leben sehr einfach nachweisen: „So lange Lebenskraft in den Fibern ist, setzt sich jährlich ein neuer Ring von Fibern an." (Humboldt 1794, S. 23). Erst bei genauerer Betrachtung zeige sich, dass die Saftbewegung in den verschiedenen Arten von Gefäßen der „vegetabilischen Geschöpfe" dieses Leben erst möglich macht. In die Lebensprozesse für den gesamten Baum seien zwei Gruppen spezialisierter Gefäße einbezogen (ebd., S. 34):

Gruppe A

• Saftführende Gefäße („vasa chymifera") als Schläuche („utriculi", „contextus cellulosus"),
• schnurförmige Saftgefäße („vasa succosa vel fibrosa"),
• zuführenden Gefäße („vasa adducentia"),
• zurückführende Gefäße („vasa reducentia"),
• Markgefäße („vasa medullaria"),
• eigene Gefäße („vasa propria") als Nahrungsgefäße.

Gruppe B

• Luft- oder Spiralgefäße („vasa pneumato–chymifera", „fistula spirales", Tracheae).

Auch literarisch versuchte Humboldt in seinem in Schillers Zeitschrift *Die Horen* abgedruckten Aufsatz „Die Lebenskraft oder der Rhodische Genius" die Erscheinungen der Einzelphänomene der Mikrowelt als Abbild des Großen darzustellen: „Hier tritt die Lebenskraft gebieterisch in ihre Rechte ein; sie kümmert sich nicht um die demokritische Freundschaft und Feindschaft der Atome; sie vereinigt Stoffe, die in der unbelebten Natur sich ewig fliehen, und trennt, was in dieser sich unaufhaltsam sucht." (Humboldt 1849, Bd. 2, S. 297–308). Während Friedrich Schiller Beitrag und Autor heftig angriff, war die allgemeine Rezeption positiv. Nach 1800 löste sich Humboldt allmählich von der Vorstellung einer auf ein Ziel zusteuernden vitalistischen Kraft, die außerhalb physikalischer oder chemischer Prozesse liegt. Naturphilosophische Systeme hätten von den Naturwissenschaften abzulenken gedroht, schrieb er nun. Die Schuld dafür sei bei der „Hohlheit der Speculation oder in der Anmaßung der Empirie" zu suchen, wobei diese der Erfahrung meist unbegründet vertraue (Humboldt 1845, S. 69).

Der Botaniker Julius Sachs übte sogar Kritik an Biologen, die nicht Anhänger der Naturphilosophie waren, da sie glaubten, „in den Organismen etwas der übrigen

---

[1]Mitte der 1780er-Jahre verwendete Goethe etliche Mikroskope für die Untersuchung von Pflanzenbestandteilen (Germann et al. 1975, S. 396 f.; vgl. Reukauf 1906).

[2]Zu Humboldts Briefen vgl. Jahn und Lange (1973): Humboldt an G. C. Lichtenberg zur Physiologie und ihr Verhältnis zur Chemie v. 21.04.1792 (S. 183–185), an C. Girtanner zu „Oxygen als Princip der Lebenskraft" v. 12.12.1793 (S. 236 f.), an Goethe (S. 449) und Blumenbach (S. 445) über eigene galvanische Versuche.

Natur Fremdes sehen zu müssen." (Sachs 1875, S. 589). Sie hätten die Annahme einer Lebenskraft nicht als Hypothese in ihre Forschungsarbeit eingeführt, sondern sie als gegeben hingenommen. Dies traf sicher auf den Mediziner Julien-Joseph Virey (1775–1846) zu, der ähnlich wie Goethe oder Bichat den kleinsten Teilen eines lebenden Körpers keine Eigenständigkeit des Lebens zubilligte, „[…] mais elles l'ont cédée au tout, et n'obéissent plus aux attractions, aux lois de la matière brute. Elles y sont tellement entrelacées, mixtionnées, rattachées au foyer vital qui les gouverne, que toute leur forcé est abandonnée à ce centre." (Virey 1823, S. 52). Virey war es auch, der 1814 die „Chronobiologie" begründete und die biologischen Rhythmen der Lebewesen auf Synchronisation mit Rhythmen der Umwelt zurückführte (vgl. Reinberg und Lewy 2000, S. 90–99).

Sachs griff bei seiner Kritik vor allem Christian Treviranus (1779–1864) an, der in dem zweibändigen Werk *Physiologie der Gewächse* von 1835/1838 noch einmal „das Rüstzeug der veralteten Lebenskraftlehre" (Sachs 1875, S. 562); (vgl. Treviranus 1835/38) herausgesucht und sich nicht an den rational begründeten Lehren von Jan Ingenhousz, Jean Senebier und Nicolas Saussure über Atmung, Ernährung und Physiologie der Pflanzen orientiert habe. Aus Sicht des Autors H.H.R. erscheint Sachs' Kritik allerdings nach Durchsicht von Treviranus' „Physiologie" ungerechtfertigt, weil darin nur die Lebenskraftvorstellungen früherer Biologen besprochen wurden. Auch die Wissenschaftshistorikerin Brigitte Hoppe beurteilte 1976 Treviranus völlig anders als Sachs: Er habe die Grundlagen der CO_2-Assimilation und der Atmung der Pflanzen gekannt, ebenso die pflanzenanatomischen Erkenntnisse der ersten Jahrzehnte des 19. Jahrhunderts, die schließlich zur Anerkennung der Zelle als Ursprungs-, Bildungs- und Struktureinheit geführt habe. Eine anfangs blasenförmige, längliche oder faserförmige Zellstruktur habe Treviranus für unwesentlich gehalten, da diese sich beispielsweise beim Holz erst in einem späteren Stadium zu dem lockeren Zellgewebe des Parenchyms, dichtem Bastgewebe oder zu gestreckten kanalartigen Zellen ausbilde und damit ihre Funktion erhalte (Hoppe 1976, S. 279–281). Eine extrem vitalistische Position ist nach Hoppe in Treviranus' Schriften nicht zu erkennen.

Der Konflikt zwischen Vitalisten und Reduktionisten in der Biologie wurde während des 19. Jahrhunderts nicht entschieden, auch nicht, als Justus von Liebig 1837 erklärte, mit der Wöhler'schen Synthese des organischen Harnstoffs aus unbelebter Substanz habe ein neues wissenschaftliches Zeitalter begonnen. Dabei ist nach Meinung des Autors gerade Liebig kein gutes Beispiel für den Antivitalismus, wie manche Chemiehistoriker heute noch glauben machen (vgl. Foncave 2010, S. 4109 f.). Der Physiologe Emil Du Bois-Reymond griff ihn sogar wegen

seines Bekenntnisses zu besonderen Lebenskräften in organischen Stoffen an und nannte ihn deshalb eine „Geißel Gottes" (Du Bois–Reymond 1848, S. XXXVII). Diese Kritik erscheint berechtigt, da Liebig neben den drei Ursachen für das Entstehen einer chemischen Verbindung – Wärme, Affinität und „formbildende Kraft der Kohäsion oder Kristallisation" (Liebig 1859, S. 115 f.) – noch eine vierte wirksame Kraft zu erkennen glaubte:

> Im lebendigen Körper kommt eine vierte Ursache hinzu, durch welche die Cohäsionskraft beherrscht wird, durch welche die Elemente zu neuen Formen zusammengefügt werden, durch die sie neue Eigenschaften erlangen, Formen und Eigenschaften, die außerhalb des Organismus nicht bestehen (Liebig 1859, S. 361).

Solche Überlegungen beschäftigen auch heute noch manche Molekularbiologen und Zellforscher, wenn sie die Frage stellen: „To what extent the ‚postgenomic' view would convince a nineteenth century vitalist that the nature of life was now understood [?]" (Kirschner und Mitchison 2000, S. 79). Der Genotyp eines Lebewesens lasse sich nämlich nicht aus seinem aktuellen Phänotyp ableiten, sondern er schaffe nur das Wissen von der Gesamtheit möglicher Phänotypen. Sich selbst organisierende biologische Systeme schränkten bei ihrer Entwicklung diese Phänotypen ein, die vermutlich ebenso von äußeren Einflüssen und dem Zufall wie von der im Genom eingeschriebenen Struktur abhingen. Aus dieser potenziell nichtdeterministischen Umgebung heraus bilde sich eine sehr stabile Physiologie und Embryologie, was den Schluss zulässt: „It is this robustness that suggested ‚vital forces', and it is this robustness that we wish ultimately to understand in terms of chemistry". (Ebd., S. 87).

Der Konflikt um den Vitalismus erscheint demzufolge auch heute noch nicht vollständig entschieden. Zum zweiten Schub der vitalistischen Auffassung von der Entwicklung der belebten Natur um 1900, ausgelöst durch den Biologen Hans Driesch, vgl. Abschn. 5.2.1. Auf die Vorstellungen des nach 1926 virulenten „Holismus", der dem Vitalismus des 19. Jahrhunderts in manchem ähnelt, soll hier aus chronologischen Gründen nur hingewiesen werden. Holismus bezeichnete ein Konzept, das die empirisch zu untersuchenden Naturphänomene als eine Stufenfolge von Ganzheiten oder „Totalitäten" begreift. Angeblich sind für das Verständnis des Zusammenwirkens der Ganzheit besondere Erkenntnisarten und Arbeitsmethoden notwendig, über die die induktiven Wissenschaften nicht verfügten, vielmehr gelte das Prinzip einer „autonombiologischen Kausalität" (Meyer-Abich 1954, S. 105); (vgl. Bueno 1990). Niemals lasse sich das Leben allein auf Physik und Chemie zurückführen, das Netz „unentwirrbarer" Erscheinungen müsse ganz neu analysiert werden, aus heutiger Sicht eine eindeutig vitalistische Position.

3.2   „Uniformitarians" und „Catastrophists"

Zu Beginn des 19. Jahrhunderts entstand während des Übergangs von der überwiegend statischen Geognostik zur dynamischeren Lehre der neuen Geologie eine erdwissenschaftliche Kontroverse, die von Wissenschaftshistorikern später als Kampf zwischen „Uniformitarians" und „Catastrophists" gedeutet wurde (Cannon 1960). Als Protagonisten beider Richtungen galten Mitte des Jahrhunderts der Geologe Charles Lyell (1797–1875) einerseits und der Naturforscher Georges Cuvier, der Geologe Adam Sedgwick und der Naturphilosoph William Whewell andererseits. Die von Lyell nach Erscheinen seines dreibändigen Werkes *Principles of Geology* bewusst zugespitzte Auseinandersetzung beeinflusste mehrere Jahrzehnte lang nicht nur den Diskurs in der Geologie, sondern wurde auch für Darwins Evolutionskonzept und die Naturgeschichte der Holzgewächse bedeutsam. Im Untertitel fasste Lyell sein Programm zusammen: „Being an attempt to explain the former changes of the earth's surface, by reference to causes now in operation." In allen drei Bänden stellte Lyell jedoch nicht differenziert dar, ob sich die von ihm beschriebenen Phänomene „uniform" im Sinne des Aktualismus verhielten oder ob sie einem geologischen Gradualismus mit langsamer, ungleichmäßiger Entwicklungsgeschwindigkeit folgten.[3] Außerdem wird aus heutiger Sicht nicht immer deutlich, welche Art von Aktualität gemeint ist: Ist sie eine materielle, von gleichförmigen Stoffen oder Prozessen ausgehende oder eine methodische, die die Konstanz der Naturgesetze voraussetzt und nicht auf unbekannte Prozesse zurückgreift, solange sich Beobachtungsergebnisse durch bekannte Prozesse erklären lassen? (Swinton 1975, S. 734).

Lyells Überlegungen waren nicht völlig neu: Im 17. Jahrhundert hatte Nikolaus Steno das Vorkommen früherer Organismen in einer geologischen Schicht als Indiz für die Zeit der Ablagerung von Sedimenten interpretiert, wobei sich jüngere Schichten stets auf die älteren legen (vgl. Abschn. 2.2). Der Geologe Georg Füchsel vertrat 1773 ein aktualistisches Konzept einer Stratigraphie, das die vorhandenen Gesteinsformationen zeitlich gliederte und dabei auch räumlich entfernte Formationen in diese Gliederung einbezog (Füchsel 1773, S. 9–11, 23–30). Wenig später versuchte der schottische Geologe James Hutton (1726–1797) nach umfangreichen Felduntersuchungen, die erdgeschichtlichen Phänomene zu verallgemeinern. Dabei standen für ihn eine zeitlose Ordnung und gesetzmäßige Strukturen außer Frage, die von Stephen Gould als „Zeitkreis" gedeutet

wurden, ganz im Gegensatz zum „Zeitpfeil", der für irreversible und gerichtete Ereignisse steht (Gould 1990, S. 33 f.). Insofern folge Huttons Konzept der aristotelischen Vorstellung einer wandellosen und zyklischen Ewigkeit, in der der Zeitkreis „die Weltmaschine aus Erosion, Ablagerung, Verdichtung und Erhebung" regiert und nicht eine gerichtete Naturgeschichte mit unwiederholbaren Ereignissen (ebd., S. 101). Auffallend häufig verwendet Hutton die Maschinenmetapher zur Erklärung geologischer Abläufe auf der Erde („machine of a peculiar construction"), was nach Beginn des industriellen Zeitalters in Großbritannien kaum verwundert. Gleichförmige Prozesse benötigten keine außergewöhnliche Erklärung, auch nicht das Vorkommen fossiler Hölzer in geologischen Schichten: „[T]here is no occasion for having recourse to any unnatural supposition of evil, to any destructive accident in nature, or to the agency of any preternatural cause, in explaining that which actually exists." (Hutton 1788, S. 285).[4] Im Gegensatz zu Abraham Werner von der Bergakademie in Freiberg, der Veränderungen der Erdoberfläche ausschließlich mit der Wirkung der Ozeane erklärte, sah Hutton auch andere Kräfte wie das glutflüssige Erdinnere am Werk. Seine Beobachtungen zeigten, dass die auf die Erdkruste einwirkenden Prozesse nicht immer gleichförmig abliefen, sondern starken Veränderungen unterlagen: Gesteinsverwitterung, Bodenabschwemmung durch Flüsse oder der Küstenabtrag führten letztlich zu einer Verfrachtung von Lockermaterial ins Meer, woraufhin sich am Meeresboden fortlaufend Schichten aufbauten, in die Relikte früherer Lebewesen eingebettet wurden (vgl. Gregory 1921, S. 102, 107).

Nach Huttons Überzeugung entstünden so neue Landmassen, und der Zyklus beginne von vorn. Als beeindruckendes Beispiel für seine Hypothese führte er die großflächigen Vorkommen von Mineralsalzen im Nordwesten Englands an, die sich ähnlich wie andere Ablagerungstypen als „circles" übereinanderlegten:

It was all composed of concentric circles; and these appeared to be the section of a mass, composed altogether of concentric spheres, like those beautiful systems of configuration which agates so frequently present us with in miniature. In about eight or ten feet from the top, the circles growing large, were blended together, and gradually lost their regular appearance, until, at a greater depth, they again appeared in resemblance of a stratification (Hutton 1788, S. 244).

Fossilien wurden in geologischen Aufschlüssen vor 1800 noch als Absonderlichkeiten angesehen und nicht als Indikatoren für die Schichtenbildung. Das änderte sich erst durch Untersuchungen des Ingenieurs William Smith, dem

---

[3]Der englische Begriff „uniformitarianism" wird deutsch oft als „Uniformismus" im Sinne eines Aktualismus bezeichnet. Gradualismus ist nicht dasselbe, da dieser nur eine allmähliche Entwicklung beschreibt, ohne unbedingt seinen Referenzpunkt in der Jetztzeit zu haben.

[4]In zahlreichen Passagen findet man Hinweise auf fossile Hölzer, in denen Hutton die ursprüngliche Holzstruktur nach dem Eindringen mineralischer Lösungen erwähnte, z. B. auf S. 232–235, 293–295.

beim Kanalbau in England auffiel, dass bestimmte fossile Gattungen von Organismen nur in bestimmten Schichten von Sedimentgesteinen auftraten. Das von ihm eingeführte Verfahren zur stratigraphischen Zuordnung und Altersbestimmung geologischer Schichten auf der Grundlage von Leitfossilien ergänzte die bisher dominierende chemische und mineralogische Gesteinsanalyse (Smith 1816). Mit Charles Lyells berühmt gewordenen *Principles of Geology* erfuhr schließlich das Konzept der Leitfossilien als sicherstes Mittel für vergleichende geologische Studien der Sedimentgesteine ihre endgültige und breite Anerkennung. Ein schönes Beispiel für die in konzentrischen Kreisen wie Baumringe übereinanderliegenden geologischen Zeitalter findet man im Frontispiz der *Outlines of comparative physiology* der Naturforscher Louis Agassiz und Augustus Gould (Abb. 3.1). Wie Markstrahlen im Holz entstehen hier zahlreiche Tierklassen und -ordnungen nach dem Anfang des physischen Geschehens, entwickeln sich weiter und verschwinden manchmal schon vor Erreichen der Gegenwart.

Trotz Huttons Idee einer allmählichen Entwicklung der Erdkruste vertraten manche Geologen zu Beginn des 19. Jahrhunderts eine Kontraktionstheorie, die ausging von dem unterschiedlich raschen Schrumpfen der Erdoberfläche, wonach Gebirgsregionen sich nicht abkühlen wie Ozeane und es deshalb zu raschen und oft katastrophalen Änderungen kommt. Auch die Annahme der Entwicklung früherer Lebewesen oder ihr gänzliches Verschwinden in manchen geologischen Schichten wies auf rasche Änderungen hin. Lyell ging trotz solcher Erscheinungen nicht von gigantischen Umwälzungen oder zerstörerischen Fluten aus. In seinen *Principles* vertrat er vielmehr die Auffassung, die Erdoberfläche erlebe Phasen der Ruhe und der graduellen Bewegung, nicht aber Katastrophen. Sie befinde sich in einem dynamischen Gleichgewicht mit den tiefen Schichten, wobei die ganze Kruste auf einem Lavasee schwimme, in den sie bei neu hinzukommenden Sedimenten einsinke:

Die *Principles* wirkten nach Meinung des Wissenschaftshistorikers Martin Rudwick für die meisten Geologen insgesamt so überzeugend, dass die „catastrophists" sich kaum behaupten konnten. Lyell neigte hinsichtlich der Organismenentwicklung zwar Lamarcks Theorie zu, welche die wiederholte Urzeugung jeder neuen Art mit Ausnahme primitiver Organismen ausschließe, aber es blieben Zweifel. Lamarcks Vorstellung von sehr langen geologischen Zeiträumen deckte sich mit seiner eigenen, mit Ausnahme der Veränderung („transmutation") von Arten. Hier übernahm Lyell widerwillig Cuviers Meinung einer Artenkonstanz, obwohl er die Katastrophentheoretiker als „bibelfromme Wundermittelkrämer" zu diskreditieren suchte (Rudwick 1970, S. 18); (vgl. Cuvier 1825). Andererseits hatte Cuviers wissenschaftliche Reputation Auswirkungen auf die Argumente der „catastrophists" wie Sedgwick und Whewell, für die heute wirksamen Kräfte

auf der Erde frühere geologische Phänomene nicht hinreichend erklärten. Lyell selbst präsentierte ein Beispiel für das rasche Absinken der Erdkruste in Finnland und machte damit seine eigene Argumentation angreifbar:

> On the Finland coast were some large pines, growing close to the water's edge; these were cut down, and, by counting the concentric rings of annual growth, as seen in a transverse section of the trunk, it was demonstrated that they had stood there for four hundred years. Now, according to the Celsian hypothesis, the sea had sunk fifteen feet during that period, so that the germination and early growth of these pines must have been for many seasons below the level of the water (Lyell 1830, Bd. I, S. 229)[5].

Um 1850 wurde deutlich, dass es bei zahlreichen geologischen Fragestellungen zunehmend schwieriger würde, die aktualistische Position exakt von der katastrophischen zu trennen. Charles Darwin, der eng mit Lyell befreundet war und im Dezember 1831 als 22-Jähriger den ersten Band der *Principles* auf seiner Reise mit der „Beagle" mitführte, übernahm den Aktualismus als Gesamtkonzept nicht. Vielmehr setzte für ihn die evolutionäre Entwicklung von Lebewesen durch natürliche Selektion die Vorstellung einer kumulativen und manchmal raschen Entwicklung voraus. Das geologische und biologische Beweismaterial dafür erschien ihm eindeutig, während die Aktualisten eine solche Vorstellung vehement ablehnten (Cannon 1960, S. 55).

Auch dem bekanntesten Aktualisten Lyell schien ab 1850 angesichts der zahlreichen Belege für rasch wirkende Kräfte wie Erdbeben, Vulkanausbrüche oder Eiszeiten das Vertrauen in die eigene Theorie zu schwinden. Sein Aktualismus beruhte auf einer anti-evolutionären Überzeugung, die die Wiederkehr des immer Gleichen voraussetzte und keine zunehmende Entwicklung im Verlauf fast endloser geologischer Zeiträume akzeptierte. Nach Veröffentlichung von Darwins *Origin of species* schrieb er „It cost me a struggle to renounce my old creed." (Lyell 1881, Bd. II, S. 376). Der Historiker Geoffrey Bowker zeichnete ein differenziertes Bild des Gelehrten Lyell, der nach gängiger Darstellung nicht nur „die Erde älter gemacht" habe. Vielmehr stellte er ihn in den Kontext der industriellen Revolution und brachte ihn auch in Verbindung mit der Romantik. Lyells Auffassung von der Natur der Zeit mit ihren periodischen Zyklen sei mit den Mechanismen des Kosmos, aber auch den mechanisierten Abläufen der industriellen Fertigung vergleichbar. Insofern habe seine Theorie gleichförmiger und vorhersehbarer geologischer Abläufe ihre Entsprechung im sozialen Umfeld des frühen 19. Jahrhunderts (Bowker 1994, S. 717). Lyells Konzept lasse eine „[S]

---

[5]Auch in Bd. II von 1832 findet man zahlreiche Hinweise auf versunkene Hölzer in Mooren.

Abb. 3.1 Frontispiz des
Buches *Outlines of comparative
physiology* von Agassiz und
Gould 1851

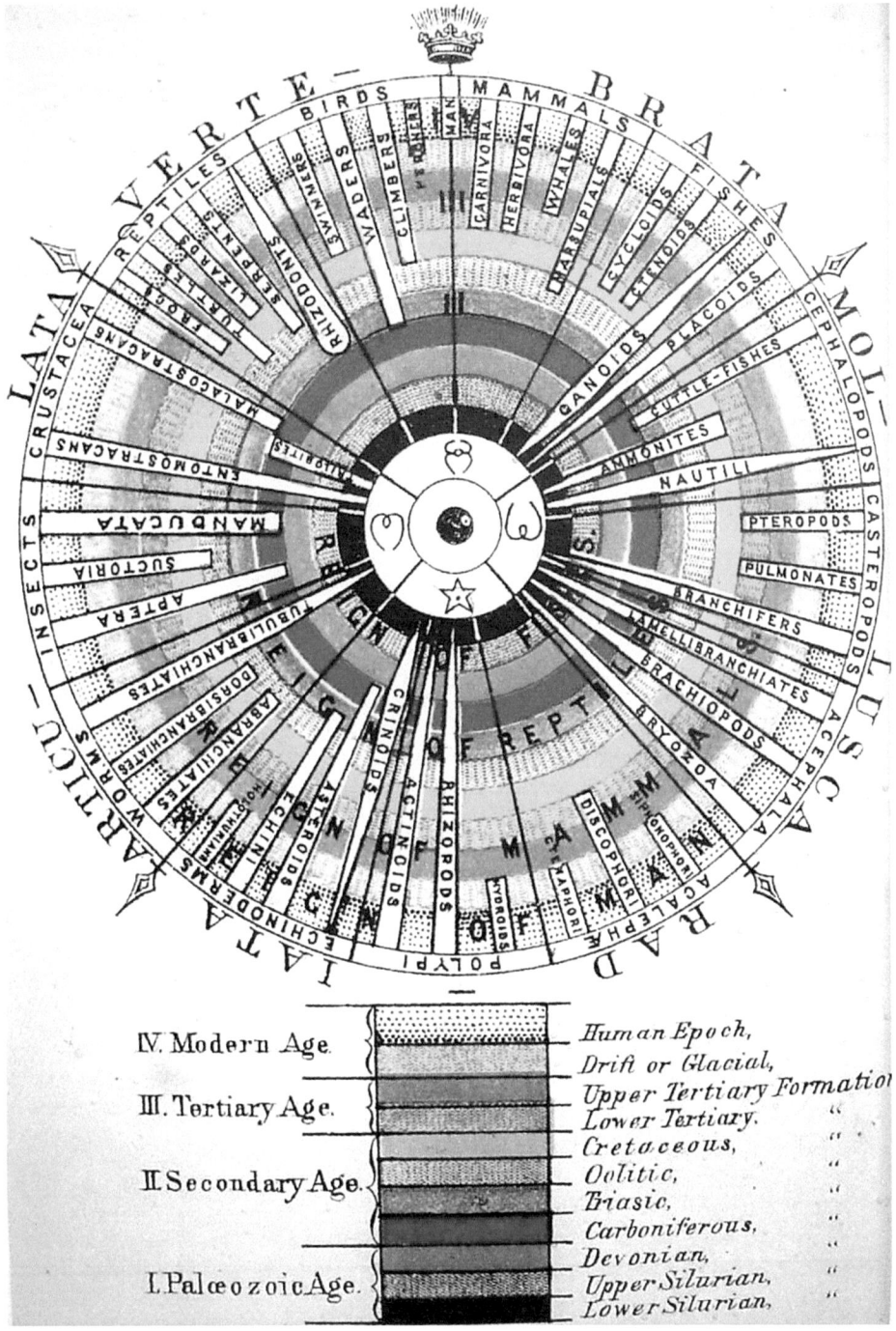

imilarity of the prospects of two new sciences, different as
they are in their subjects, geology and political economy"
erkennen, bei der die Ökonomie der Natur und das Prinzip der Arbeitsteilung in der Wirtschaft einen Zeittakt fest-
legten, der für beide charakteristisch ist.[6]

3.3 Frühe Jahrringforschung

Was in diesem Abschnitt unter Jahrringforschung subsumiert ist, wurde getragen von Naturforschern, die
meist dem akademischen Milieu angehörten. Die allmähliche Auflösung der Naturgeschichte hatte allerdings
nicht zu einer an den Universitäten verankerten neuen
Disziplin „Biologie" geführt, sondern zu verschiedenen
Teildisziplinen, die sich an den von ihnen bevorzugten

---

[6]Aus dem Brief Lyells an Leonard Horner v. 24.02.1838, s. Lyell
(1881), S. 39; vgl. Bowker (1994), S. 712–714.

Objekten und Methoden orientierten. Eine zweite Gruppe bestand aus Wissenschaftlern oder gebildeten Personen von ganz unterschiedlicher beruflicher Herkunft, die als Außenseiter ihre Erfahrungen nur selten mit anderen Kreisen austauschten. Erst in jüngerer Zeit wurde mancher verschüttete Wissensschatz wiederentdeckt und historisch eingeordnet.

Der Jahrring von Holzgewächsen ist ein deutlich erkennbares Wachstumsphänomen. Dieses beruht auf den Eigenschaften eines als Meristem bezeichneten Gewebetyps, der aus undifferenzierten Zellen nach Teilung spezialisierte Holz- und Rindenzellen entstehen lässt. Für die Botaniker und Forstbotaniker des 19. Jahrhunderts hatte der Jahrring deshalb im Vergleich zu anderen Erscheinungen der Gewebebildung allenfalls eine randliche Bedeutung bei der Suche nach den Vorgängen der Zellvermehrung mit Hilfe des Mikroskops. Im Gegensatz dazu bezog die Gruppe der Außenseiter den Jahrring „als Ganzes" in ihre Überlegungen ein und machte so auch Laien mit dieser erstaunlichen Naturerscheinung vertraut.

3.3.1 Botanische Erklärungsmuster zum Baumwachstum

Im Jahr 1800 veröffentlichte Moritz Borkhausen (1760–1806), Kameralist in hessen-darmstädtischen Diensten, ein Handbuch für Forstpraktiker, das noch ganz im Zeichen der Kenntnisse des 18. Jahrhunderts stand. Es enthielt neben einer Dendrographie der wichtigsten einheimischen Hölzer auch eine Naturgeschichte der Holzarten, für die er nicht die Linné'sche Nomenklatur verwendete, sondern eine nach seiner Meinung für den Förster einfacher zu handhabende Bezeichnung nach Blüte und Frucht. Unklar war für Borkhausen die Funktion der von Duhamel de Monceau als „zellenförmige Hülle" bezeichnete Schicht der inneren Rinde, die aus heutiger Sicht wahrscheinlich mit dem später „Cambium" genannten Gewebe gleichzusetzen ist. Die innere Rinde, von ihm als Bast bezeichnet, beschrieb er als „[...] eine junge Schicht, welche aus weichen und saftreichen Gefäßen besteht, und das Resultat des Wachsthums eines jeden Jahres ist." Im Winter erfolge deren Teilung, wobei der innere Teil des Basts zu Splint wird und der andere sich an die Rinde anlegt, eine nach endgültiger Entdeckung des Kambiums von Botanikern danach nicht mehr akzeptierte Auffassung. Demgegenüber behielt eine andere allgemeine Feststellung Borkhausens auch später ihre Bedeutung: „Aus dem Saftvorrat des Zellengewebes, der aus den Nahrungsstoffen der Pflanzen in den Gefäßen bereitet worden ist, bilden sich bey den Holzpflanzen die neuen Jahrringe und die neuen Triebe mit ihren Gefäßen." (Borkhausen 1800, S. 181 und 247). Auch andere Botaniker um die Jahrhundertwende blieben im Wesentlichen den älteren Vorstellungen vom Zellgewebe verhaftet,

trugen aber gleichwohl zum Erkenntnisfortschritt bei. So waren die Beobachtungen des Botanikers Étienne Ventenat (1757–1808) über die aus Faserbündeln bestehende Holzstruktur mit dem sie verbindenden Schlauchgewebe schon Duhamel bekannt. Andererseits wiesen seine Vermutungen und Experimente über den „Nahrungssaft" und den holzspezifischen Saft („suc propre") und deren Transport im Stamm in eine neue Richtung: Röhrchen oder Kanäle bildeten sich durch Zusammenfügen mehrerer, wahrscheinlich hohler Fasern, was man wegen deren Feinheit aber nicht überprüfen könne. Ventenats Farbstoffversuche mit abgeschnittenen und in Tinte getauchten Teilen von Holunder und Feige gaben einen verblüffenden Eindruck von dem Verhalten der Saftströme. Der gefärbte Saft stieg zunächst erwartungsgemäß im Holz auf, während sich ein anderer Teil anschließend unerwartet in der Rinde nach unten bewegte. Bei einem zweiten Versuch band Ventenat einen Draht fest um einen Baum, woraufhin sich ein größerer Wulst oberhalb der Einschnürung und ein kleinerer unterhalb entwickelte. Nach seiner Auffassung wäre dies bei nur einem einzigen zusammenhängenden Saftstrom nicht passiert, eine Hypothese, die sich später als richtig erwies. Einen Flüssigkeitskreislauf wie im Tierreich schloss er deshalb aus und sprach vielmehr von einer vollständigen Trennung der Teilströme. Demgegenüber ließ sich seine Beobachtung von elastischen, schraubenförmig gewundenen Gefäßen, die als Luftröhren fungierten, nicht bestätigen (Ventenat 1802, S. 11–23)[7]. Gestützt wurde das Konzept zweier vollständig getrennter Saftströme im Baum durch den Botaniker Thomas Knight (1759–1838), der sich bei seinen gartenbaulichen Versuchen an den Experimenten des Physiologen Stephen Hales aus dem Jahre 1727 orientierte (vgl. Abschn. 2.4), wie dieser die Kreislaufhypothese des Pflanzensafts ablehnte und der Bewegung des abwärts strömenden Nahrungssaftes eine besondere Bedeutung für das Wachstum zuschrieb:

> I must therefore conclude that when the true sap has been delivered from the cotyledon or leaf into the returning or true sap vessels of the bark, one portion of it secretes through the external cellular, or more probably glandular substance of the bark, [...] the other portion of it secretes through the internal glandular substance of the bark, where one part of it produces the new layer of wood, and the remainder enters the pores of the wood already formed, and subsequently mingles with the ascending aqueous sep; which thus becomes capable of affording the matter necessary to form, new buds and leaves (Knight 1805, S. 101).

Der Ingenieur Thomas Tredgould knüpfte 1820 als Praktiker der Holzverarbeitung an Knights Überlegungen zum Safttransport in den äußeren Holzschichten an: Nur die

---

[7]Dieses Prinzip der Teilung des auf- und absteigenden Saftes wurde experimentell erst 100 Jahre später bestätigt.

dünnen membranartigen Hüllen der Zellen und Gefäße könne man als feste faserige Substanzen bezeichnen, die sich im neuen Jahrring manchmal voneinander lösten und zusätzliche Flüssigkeit von der Wurzel bis zu den Blättern transportierten. Nach einer [nicht näher beschriebenen] Veränderung trete eine ganz andere Flüssigkeit von dort den Weg abwärts durch die Rinde an, die sich wegen der Feuchtigkeitszunahme vom alten Holz löse und in dieser Lücke dem Nahrungssaft die Bildung von neuem Holz erlaube (Tredgold 1875, S. 332).

In den USA prüfte der Mediziner Benjamin Barton (1766–1815) das Verhalten der Baumstämme während des Saftsteigens und glaubte eine innere Auftrennung der Schichten von Epidermis, Borke, Bast, Splint und Holz festgestellt zu haben. Auch in den Jahrringen konnte er nach Mazeration des Holzes mehrere Schichten unterscheiden: „[W]hen a piece of wood of an oak or other tree has been macerated, for some time, in water, we readily discover, by the assistance of glasses, that each layer may be divided into other smaller layers, and these again into still smaller." (Barton 1803, S. 17). Im ersten amerikanischen Lehrbuch für Botanik wies Barton außerdem auf die archäologisch wichtige Zählung von Jahrringen bei einer Grabung in Marietta/Ohio hin. Dort waren Ende des 18. Jahrhunderts Erdhügel als Kultstätten früher Indianerkulturen identifiziert worden. An den im Boden steckenden mächtigen Baumstümpfen zählten die Ausgräber bis zu 500 Jahrringe, was nach Meinung Bartons auf den Zeitpunkt der Aufgabe dieser Stätten hindeute (ebd., S. 18)[8].

In Deutschland vertrat der Leiter der thüringischen Forstakademie Dreißigacker, Johann Bechstein (1757–1822), die Auffassung von der Durchlässigkeit der an den Enden geschlossenen Abschnitte von Saftröhren-Zellen im Jahrring (Bechstein 1821, S. 10). Ihre Anordnung bestehe oft aus aufgerichteten, lang gestreckten Rhombendekaedern, deren Wände aber nicht zusammenstoßen. Dadurch entstünden schmale Gänge ohne umschließende Haut, die den röhrenförmigen Gefäßen ähnelten und „Intercellulargänge" genannt werden. Bei Eichen mit ihrem ringporigen Holz waren solche, wegen geschrumpfter Zellwände als „Zellenzwischengänge" entstandenen Röhren ohne Vergrößerung erkennbar. Sie erschienen dem Betrachter als saftführende Holzfasern, obwohl sie an beiden Enden zugespitzt und geschlossen waren. Nach Bechsteins Auffassung transportieren diese Gebilde die Saftströme auf- und abwärts, was damals den Feststellungen der meisten anderen Botaniker zuwiderlief. Bei der Bildung von neuem

Holz erkannte aber auch Bechstein die Bedeutung des Kambiums noch nicht: Eine neue Splintlage bilde sich im Baum von oben nach unten. „[Sie] zeigt sich anfangs in einer schleimartigen zähen Masse, die sich um den letzten Holzring anhäuft, nach und nach zwischen der Basthaut immer mehr verdichtet, und sich zu neuen Gefäßen ausbildet." (Ebd, S. 24).

Auch der schweizerische Botaniker Augustin Pyrame de Candolle (1778–1841) ging 1828 bei seiner Prüfung der Struktur des Jahrrings von den beobachtbaren Phänomenen aus, ohne eine leitende Hypothese zur Bildung der unterschiedlichen Holzbestandteile zu entwickeln: Die Schichten seien komplexe Teile, da sie nicht nur aus unterschiedlichen Faserarten bestünden, „[…] sondern auch noch aus einem mehr oder weniger häufigen Zellgewebe, welches sowohl die Fasern einer Schicht, als auch die verschiedenen Schichten unter einander verbindet oder absondert." (Candolle 1828, S. 52). Holz und Splint seien nur dadurch zu unterscheiden, dass beim Holz die tragenden Zellen inkrustiert seien, während sie beim Splint entweder leer oder mit verdickten Säften gefüllt seien. Anders als nach den Vorstellungen Duhamels und einiger jüngerer Botaniker sei der Jahrring das „Produkt des Wachsthumes eines Jahres", eine Unterteilung in Zwischenschichten könne er nicht bestätigen. Candolle untersuchte die Anordnung der „konzentrischen Holzringe" später genauer, da diese nicht nur Hinweise auf die Zahl der verflossenen Jahre seit Keimung des Baumes, sondern auch über sein Wachstum lieferten. Dabei ging er etwa so vor, wie solche Messungen auch heute noch durchgeführt werden:

> I place a slip of paper on the branch from the centre to the circumference; on it I mark with a pencil or pen the junction of each zone, noting the side of the pith, of the bark, the name of the tree, its native country, and the particular observations which it has suggested. The collection of these slips, not unlike those in the shops of tailors, gives me an exact appreciation of the growth of trees and the means of comparing them. I am in the practice of marking, in a more striking manner, the lines which indicate the tenths of years, and also of measuring the increase from tenth to tenth. My measures being taken from the centre to the circumference, give me the radius (Candolle 1833, S. 334).

Der Botaniker Ferdinand Meyen (1804–1840) betrachtete die Zelle als elementaren Bestandteil der Pflanze, die er als einen „von der vegetabilischen Membran vollkommen umschlossenen Raum" definierte (Meyen 1830, S. 47). Durch seine 1830 in der *Phytotomie* beschriebenen Untersuchungen, die er 1837 grundlegend ergänzte, gilt er als Vorbereiter der Zellenlehre von Schleiden und Schwann. Die Ursachen der zellulären Saftbewegung konnte er ohne die damals unbekannten Methoden zur differenzierten Anfärbung von Zellbestandteilen noch nicht erklären, obwohl er die Zelle morphologisch und physiologisch bereits als elementaren Teil der Pflanze betrachtete: „Wir

---

[8]Zur Grabung in Marietta vgl. Atwater (1820), S. 171 f.; neuere Untersuchungen zeigten die Zugehörigkeit Mariettas zur nordamerikanischen Hopewell-Kultur (100 BC–AD 500), vgl. Bernardini (2004).

sehen die Bewegung der Säfte in diesen Pflanzen, können aber kein Organ auffinden, das dieselbe bewirkt, wir schließen daher, dass diese Erscheinung durch eine, dem Zellensaft selbst innewohnende Kraft hervorgerufen wird." (Meyen 1830, S. 183); (vgl. Cremer 1985, S. 44). Die Abbildungen in seinen Veröffentlichungen ließ er nach den eigenen mikroskopischen Zeichnungen drucken, seine Darstellung beruhte ausschließlich auf selbst durchgeführten Untersuchungen, was den damals gängigen Qualitätsstandard übertraf. Die Art der kontinuierlichen Beobachtung seiner Objekte bei meist 220-facher mikroskopischer Vergrößerung erlaubte Meyen für Laubhölzer eine genaue Beschreibung des Zellwachstums: „Wenn sich nun allmählig die Holzbündel, durch vorschreitendes Wachsthum, vergrössern und zu einem Holzringe zusammenwachsen, dann wird das dazwischen liegende Zellengewebe zurück- und zusammengedrängt." Ähnlich erklärte er die Jahrringbildung für die einkeimblättrigen Pflanzen:

> Ueberall wo im späten Alter der Pflanze vollkommene Holzringe vorhanden sind, da stehen die Spiralröhren-Bündel in frühester Jugend getrennt, wie bei den Monocotyledonen. Mit vorschreitendem Wachsthume dehnen sich die Spiralröhren-Bündel seitwärts aus, rücken zusammen, verdrängen das umhüllende Zellengewebe und bilden zuletzt einen zusammenhängenden Kreis, einen Holzring (Meyen 1830, S. 80 und 238 f.).

Einer der bedeutendsten Forstbotaniker des 19. Jahrhunderts, Theodor Hartig (1805–1880), bemühte sich wie Meyen um eine Klärung der besonderen Funktion des „Cambiums" für die Entwicklung des Baums. Es handele sich dabei nicht um eine frei zwischen Rinde und Holz abgelagerte zähflüssige Substanz, sondern um den Inhalt der empfindlichen Holzzellen des neuen Jahrrings und der zugehörigen „Intercellularräume". Trenne man Rinde und Holz gewaltsam voneinander, würden die Membranen dieser Zwischenbildung zerstört (Hartig 1838, S. 604). Hartig erkannte zwar als einer der Ersten die Besonderheit des Kambiums, aber er zögerte, es eindeutig als Ort und Stoff von Strukturzellen zur Bildung ganz unterschiedlicher Holz- und Rindenzellen zu bezeichnen. Dagegen stellte er die Bedeutung des meist ignorierten Zellkerns für das Wachstum heraus: „[...] ich [habe] diesen Körpern, ohne Brown's Entdeckung zu kennen, eine besondere Aufmerksamkeit gewidmet, und halte den Nukleus für wichtiger in Beziehung zur Vegetation, als er bisher betrachtet wurde." (Ebd., S. 91).

Franz Unger (1800–1870) galt als Verfechter der neuen Zelltheorie von Schleiden und Schwann und bezeichnete die Zelle als „Faktotum" oder „Proteus", aus der sich alle höheren Strukturen entwickelten. In einer Preisschrift von 1840 versuchte er wie zuvor Hartig, das Geheimnis des Kambiums zu lüften, aber er kam nicht über die Feststellung hinaus,

es handele sich dabei um eine Substanz, die die Anbindung neuer elementarer Teilchen (Zellen) nach innen und außen erlaube (Unger 1840, S. 12–16). Ebenso wenig wie im 18. Jahrhundert Duhamel oder wie seine Zeitgenossen Meyen und Hartig fand Unger eine schlüssige Erklärung für das Phänomen der Bildung unterschiedlicher Zelltypen aus einem einheitlichen Primärgewebe.

Der Botaniker Matthias Schleiden (1804–1881) gilt gemeinsam mit dem Physiologen Theodor Schwann (1810–1882) als einer der Begründer der Zelltheorie. Beide stellten ihre miteinander abgestimmte Hypothese etwa gleichzeitig in zwei umfangreichen Publikationen vor (Schleiden 1838); (Schwann 1839).[9] Nach Schleidens Auffassung stellte die höhere Pflanze ein Aggregat von in sich abgeschlossenen Zellen dar. Diese Zellen bildeten sich vermutlich aus den Zellkernen (Zytoblasten) und machten den gesamten Wachstumsprozess mit. Eine Besonderheit bei der Zellbildung sei beim Kambium der Bäume zu beobachten, in dem es keine Zytoblasten gebe und in dem sich deshalb keine Zellen aus Zellen entwickelten. Vielmehr entstehe aus einer „organisierbaren Flüssigkeit" zunächst das Prosenchym als aneinandergelagertes, noch gelatinöses Zellgewebe. Die weitere Entwicklung beschrieb Schleiden so:

> Kurz nachher zeigen sich einzelne Längsreihen dieser Zellen etwas in die Breite ausgedehnt, wodurch sie sich denn noch allein von ihrer Umgebung unterscheiden. Bei fernerer Entwickelung bemerken wir, dass an den Wänden einzelner dieser erweiterten Zellen dunkle Flecke erscheinen, die wir bald für kleine flache Luftbläschen erkennen, die sich zwischen der Wand dieser und der benachbarten Zelle gebildet. Nach und nach werden alle übereinander liegenden erweiterten Zellen auf diese Weise verändert (Schleiden 1838, S. 172 f.).

Schleidens Vorstellung von Zellbildung und -entwicklung hielt Meyen für falsch und stellte fest, dass „[...] die Vermehrung der Zellen durch Selbsttheilung eine, bei niederen und bei höheren Pflanzen sehr allgemein verbreitete Erscheinung ist." (Meyen 1839, S. 334). Obwohl noch in den 1860er-Jahren der Mediziner Rudolf Virchow an Schleidens Vorstellung der Zellvermehrung durch Teilung des Kerns festhielt („omnis cellula e cellula"), schlossen sich viele Naturwissenschaftler nach 1850 der Auffassung von der Teilung der gesamten Zelle nach Einschnürung an, beispielsweise Unger, Hartig und von Mohl. Trotzdem war der heuristische Wert der Theorie von Schleiden und Schwann erheblich, da sie für einige Jahre Zeit das gültige Paradigma der Zellentstehung und ein entscheidender Schlüssel für das Verständnis von Bau und Funktion der Pflanzen blieb. Schleidens *Wissenschaftliche Botanik* von 1842 wurde im In- und Ausland breit rezipiert. Darin

---

[9]Biographisches zu Schleiden: DSB 12, S. 173–176; Biographisches zu Schwann: NDB 23, S. 52–54.

lehnte er vitalistische Vorstellungen der Naturphilosophie und eine „erste Ursache" strikt ab. Alle Erscheinungen seien vielmehr „[...] unter Naturgesetzen stehend und somit nennen wir die Thatsache, sobald wir sie als Folge eines bestimmten Naturgesetzes erkannt habe, notwendig." (Schleiden 1844, S. 74).

Für seine Beobachtungen nutzte Schleiden die damals bekannten mikroskopischen Techniken, was allerdings beim Zellkern oder Kambium wegen deren optischer Kontrastarmut ohne histologische Färbung zu Fehlschlüssen führte (Schleiden 1842, S. 127). Bei der „perennirenden Rinde", der Jahrringentwicklung oder bei der Beurteilung der indirekten Wirkung des absteigenden Saftstroms für die Neubildung von Zellen erbrachten seine Untersuchungen jedoch einen erheblichen Erkenntnisfortschritt. Die Herstellung von Gewebepräparaten durch bessere Mikrotome und Färbeverfahren erleichterte erst nach 1851 die direkte Beobachtung kontrastarmer pflanzlicher Gewebeteile (Hintsche et al. 1943, S. 3074–3108). Schleiden und von Mohl ätzten 1838 bzw. 1840 Zellpräparate mit Schwefelsäure und färbten dann die hydrolysierte Zellulose mit Jod (Stärkereaktion), vgl. Smith (1915, S. 96 f.); Mikrotome schätzten Unger und von Mohl nicht, da sie nach ihrer Meinung unpräzise Schnitte lieferten.

Für die Praxis der Förster verwendete der Forstwissenschaftler Gustav Heyer (1826–1883) ein Verfahren zum Sichtbarmachen schwacher Jahrringgrenzen, indem er den Baumquerschnitt zunächst mit Kaliumhexacyanoferrat(II) („gelbes Blutlaugensalz") bestrich und anschließend Eisen(III)chloridlösung darauf gab. Durch die entstehende Färbung von Berliner Blau wurden die Grenzen besser hervorgehoben (Heyer 1852, S. 84). Schleiden beteiligte sich nicht mehr an dieser Entwicklung, im Gegensatz zu von Mohl (1805–1872), der Mikroskope selbst herstellte und wie auch Hartig Zellgewebe gelegentlich mit Karminrot anfärbte. Nach physiologischen und mikroskopischen Messungen erklärte er zum Dickenwachstum der Bäume, dieses hänge ausschließlich von „[...] der physiologischen Thätigkeit der Blätter ab, indem diese einen Nahrungssaft bereiten, welcher durch die Rinde abwärts fließt." (Mohl 1844, S. 89). Das Dickenwachstum führte er auf das Entstehen des Kambiumrings aus dem Meristem des Vegetationspunktes zurück. Schon 1835 hatte er in seiner Dissertation über Meeresalgen die Teilung der gesamten Zelle ohne Anfärbung beobachtet und übertrug dieses Konzept fortan auch auf höhere Pflanzen. Den meisten der Botaniker schien Mitte des 19. Jahrhunderts das Kernproblem mikroskopischer Präparate bewusst zu sein, in dem das Untersuchungsobjekt in einem unbeweglichen Zustand fixiert und damit der Beobachtung auf Dauer verfügbar gemacht werden sollte. Die Frage stellte sich, was daran noch natürlich und was Artefakt war, da ja die Sichtkontrolle am lebenden Gegenstück fehlte. Mit den Mitteln der Zellforschung des 19. Jahrhunderts ließ sich das Problem nicht lösen, und noch heute ist es nicht überwunden und wird manchmal kontrovers diskutiert (vgl. Rheinberger 2003, S. 9–19)[10].

Um 1850 untersuchten drei Wissenschaftler im Rahmen umfassender Feldstudien in den Alpen auch die Jahrringe von Bäumen in größerer Meereshöhe, wenige Jahre später auch Waldbestände im Himalaya. Hermann Schlagintweit (1826–1882) und seine Brüder Adolph (1829–1857) und Robert (1833–1885) waren Söhne eines Augenarztes aus München und verfügten über eine gute naturwissenschaftliche Ausbildung (vgl. NDB 23 2007, S. 23–25); (Müller und Raunig 1982, S. 11–13, 62–77).

Ihre während mehrerer Alpenexkursionen zusammengetragenen Ergebnisse publizierten Hermann und Adolph Schlagintweit 1850 in dem Kapitel „Einfluss der Höhe auf die Dicke der Jahresringe bei den Coniferen" und stellten darin ihre Wachstumsmessungen für Lärche *(Pinus larix)*, Fichte *(Picea abies)* und Zirbe *(Pinus cembra)* an der Baumgrenze oberhalb 2000 m zusammen (Schlagintweit und Schlagintweit 1850, S. 361–385). Dieser Textabschnitt ähnelte in seiner Diktion und der Dominanz von Messwerttabellen ihren späteren Expeditionsberichten aus Indien, so dass der Wissenschaftshistoriker Gabriel Finkelstein so urteilte: „[I]t was as if the Schlagintweits' desire for facts had exceeded any rational measure", was aber zum Erfolg geführt habe, denn: „Quantity became quality." (Finkelstein 1999, S. 9); (vgl. ders. 2000). Während ihrer Arbeit verglichen die Brüder die botanische Fachliteratur des 18. und 19. Jahrhunderts akribisch mit eigenen Beobachtungen und trugen so wesentlich zur Kenntnis des Baumwachstums in den Höhenlagen der Zentral- und Ostalpen bei. Listen mit Einzelmesswerten ließen sich nach eigener Recherche im Nachlass der Brüder Schlagintweit in der Bayerischen Staatsbibliothek nicht nachweisen, weshalb die Ergebnisse nur einschränkt zur Beschreibung der Jahrringforschung des 19. Jahrhunderts beitragen. Für ihre Veröffentlichung stellten sie die Jahrringbreiten nur in Form von Gruppenmittelwerten zusammen, ohne näher auf die Schwankungen der Einzelwerte einzugehen:

> In vielen Fällen wurden die Ringe von 10 zu 10 durch das Einstecken von Nadeln bezeichnet und die gegenseitigen Abstände derselben mit einem Messingmassstabe bestimmt, auf welchem noch halbe Millimeter geteilt waren; wir erhielten so eine Reihe von Größen, deren Summe den Radius darstellte, wie er sich durch direkte Messungen an der Oberfläche des Stammes ergibt. [...] Für die Bestimmung der mittleren Dicke von 10 zu 10 Jahresschichten wurden vorzüglich schöne oder charakteristische Stämme ausgewählt. Da solche Beobachtungen längere Zeit in Anspruch nahmen, so suchten wir durch Messungen von 20 zu 20 und von 50 zu 50 Jahresringen dieselben

---

[10]Rheinberger bezeichnete hier Präparate als epistemisch hochaufgeladene Erkenntnisdinge.

etwas zu vereinfachen, wobei dennoch die grösseren Perioden des Wachstums sich beurteilen lassen. Die Zählung wurde zur Vermeidung von Irrungen gewöhnlich zweimal wiederholt (Schlagintweit und Schlagintweit 1850, S. 364).

Die Messhöhe war bei 0,5 m über dem Boden, exzentrischen Baumwuchs glichen sie rechnerisch aus. Durch Vergleich der Mittelwerte einschließlich der Maxima und Minima aus verschiedenen Höhen ergab sich so ein Bild der Wachstumsgeschwindigkeit ganzer Waldbestände, die nach Auffassung der Schlagintweits vorwiegend klimatisch geprägt war, aber auch Einflüsse der Bodenqualität erkennen ließ. In Höhen von fast 3000 m fanden sie nur noch wenige Gehölze, deren Jahrringe denen der Beschreibung von arktischen Standorten wie Novaja Semlja und Nordsibirien ähnelten (ebd., S. 585).

Während der Endphase des weltumspannenden Forschungsprogramms zur Messung des Erdmagnetismus („magnetic crusade") empfahl Alexander von Humboldt der Royal Society in London, die Brüder Schlagintweit nach Indien zu senden, um dort im Hochgebirge von Karakorum und Himalaya Messungen durchzuführen. Die drei seien aufgrund ihrer Alpenerfahrung und ihrer naturwissenschaftlichen Kenntnisse dafür bestens geeignet. Die Reise könne von König Friedrich Wilhelm IV. von Preußen und der britischen East India Company finanziert werden. Das während der Indien-Expedition 1854 bis 1857 von den drei Brüdern zusammengetragene Material umfasste u. a. Pflanzensammlungen und ca. 650 „Baumdurchschnitte", die vermutlich bereits vor 1900 einzeln verkauft oder zerstört wurden. In der im Archiv der Münchener Staatsbibliothek vorhandenen Beschreibung dieses Bestandes findet man allgemeine botanische Angaben zu zahlreichen Baumarten und ihrer Verwendung. Nur einige Texte betreffen die Abschätzung des Alters von Bäumen, beispielsweise zur Untersuchung von 27 Exemplaren fossiler Hölzer des indischen Subkontinents (Schenk 1882, S. 353–358) oder zum Baumbestand im westlichen Tibet: „At an elevation of 12,000 to 15,000 Eng. feet a [unles.] of fine shrub vegetation of a large species of juniper, of willows and birches is generally met with; below 12,000 feet this shrub vegetation becomes much thinner and disappears almost entirely, owing to the greater heat and dryness." (Schlagintweit [A., H. und R.] 1858, S. 12)[11]. In der Nähe der tibetischen Ortschaft Balti fielen den Schlagintweits bei Koniferen und anderen Waldbäumen schmale Jahrringe und damit stark eingeschränktes Wachstum auf, was sie auf heiße und trockene Sommer selbst in der großen Höhe der Region zurückführten.

Angetrieben von den grundlegenden botanischen Erkenntnissen zum Zellwachstum der Bäume durch von Mohl, Unger, Hartig und Schleiden erschienen nach 1850 einige Monographien zur anatomischen Charakteristik des Holzkörpers, die die neuen Erkenntnisse verarbeiteten und einer breiteren, praxisorientierten Leserschaft verfügbar machten (Roßmäßler 1847); (Jussieu 1858). Darunter befand sich auch Hermann Nördlingers *Querschnitte von hundert Holzarten*. Dieses Werk inspirierte in den 1860er-Jahren offenbar auch Gregor Mendel (1822–1884), Abt und Prälat des Stiftes St. Thomas in Brünn, sich intensiv mit der Struktur verschiedener Holzarten zu beschäftigen. Mendel trug zwar nicht nachweislich zum Wissen über das Entstehen von Jahrringe bei, wissenschaftshistorisch sind seine Holzuntersuchungen aber aufschlussreich, da bisher kaum über sie berichtet wurde.

Als Schüler und danach als Student u. a. von Franz Unger in Wien interessierte sich Mendel für die Land- und Forstwirtschaft und insbesondere für die Meteorologie. Als Mitglied des Naturforschenden Vereins in Brünn und während einer Nebentätigkeit als Dozent an der dortigen Oberrealschule begann er mit dem Aufbau einer Wetterstation auf dem Stiftsgelände und schickte ab 1863 seine Wetteraufzeichnungen an das Meteorologische Zentralinstitut in Wien. Des Weiteren prüfte er die Bodenfeuchte, veröffentlichte Kurzstellungnahmen zu Klimadaten aus Mähren und Schlesien und führte Messungen zur Ozonkonzentration der Luft mit Hilfe der kolorimetrischen Schönbein-Methode durch (Iltis 1924, S. 64–68); (Dubec und Orel, 1980, S. 220). 1869 trat er der Österreichischen Meteorologischen Gesellschaft in Wien bei[12] und befasste sich anschließend auch mit Wettervorhersagen für die Landwirtschaft. Die einschlägige Fachliteratur und die Geräte zur Wetterbeobachtung waren ihm offensichtlich vertraut.

Mendels Hinterlassenschaft enthielt u. a. 178 mikroskopische Fertigpräparate, von denen er 169 selbst hergestellt hatte, davon 96 Hölzer als Fertigpräparate auf Glasträgern (Milovidov 1968). Die von ihm verwendete Technik der Einbettung wurde bereits 1935 genau beschrieben und bewertet (Milovidov 1935, S. 338–342). Die Präparateträger waren handgeschnittene, leicht grünliche Fenstergläser, auf denen die Hölzer in Kanadabalsam eingebettet und mit einem Deckglas versehen wurden. Sie bestanden aus 6 bis 9 mm langen, meist gut geglätteten Schnitten von dreieckiger Form. In jeden Objektträger war mit einer Diamantspitze eine Nummer eingeritzt, die Mendels Handschrift aufwies. Alle mit großem Geschick angefertigten Schnitte stellte er mit der Hand her, da sich

---

[11]Manuskript in der Bayerischen Staatsbibliothek München: Schlagintweitiana II, 1.43, S. 344.

[12]Mitgliedsverzeichnis in: Z. Österr. Ges. f. Meteorologie 4 (1869) No. 22, v. 01.10.1869, darin wurde er als „Mendl, Gregor" geführt.

kein Mikrotom in seinem Nachlass fand und solche Geräte zum Schneiden von Holz damals noch kaum in Gebrauch waren. Als Herstellungsmuster dienten ihm zur Präparation Nördlingers *Querschnitte,* einem in Mendels Nachlass befindlichen Lehrmittel mit beigefügten Blättern, auf denen die jeweiligen Holzspäne mit den Maßen 20 × 50 × 0,1 mm aufgeklebt waren. Ein ovales Loch im Blatt erleichterte die Betrachtung gegen das Licht (Abb. 3.2). Sowohl mit der Lupe als auch bei exakten mikroskopischen Prüfungen sind die Jahrringe der Hölzer klar erkennbar.

Mendels Sammlung enthält Belegstücke zahlreicher europäischer Laub- und Nadelbäume, die Jahrringe, Markstrahlen und einzelne Zellbestandteile meist gut sichtbar machen. Aufzeichnungen über seine Beobachtungen hinterließ er nicht, doch ist aufgrund der sorgfältigen Präparation und Dokumentation davon auszugehen, dass er vergleichende Studien durchführte. Für seine Untersuchungen verwendete Mendel drei verschiedene Mikroskope: ein einfaches Modell von Plößl in Wien (Milovidov 1935, S. 345–348); vgl. Hölzl et al. (1969), ein „mittleres" Modell ebenfalls von Plößl und

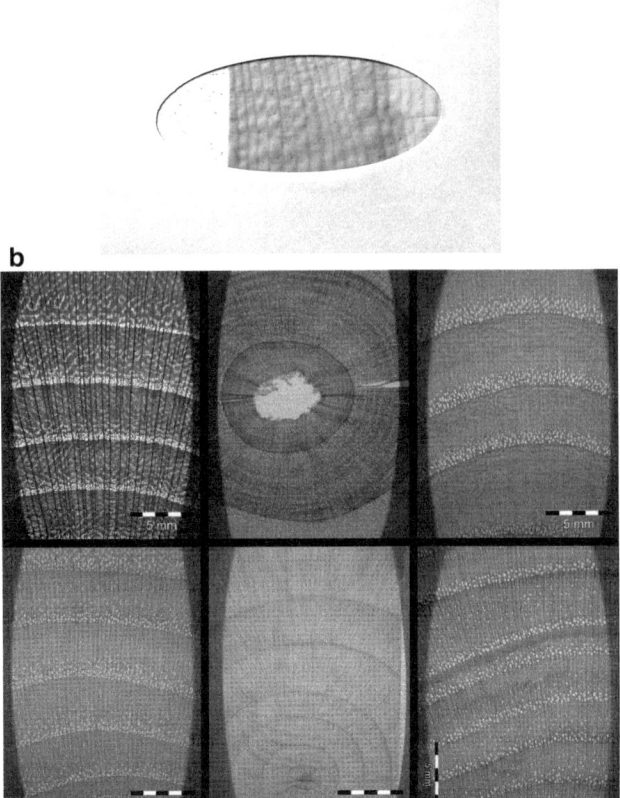

a

b

Abb. 3.2 a Span von *Pinus cembra* (aus Nördlinger 1858; Photo: H. H. Rump); **b** mikroskopische Bilder von Nördlinger-Querschnitten, von oben links: *Cytisus alpinus, Elæagnus hortensis, Fraxinus pubescens, Gymnocladus canadensis, Pinus cedrus, Sophora japonica.* (Photos aus Bubner 2008; mit freundlicher Genehmigung von © Ben Bubner 2018. All Rights Reserved)

ein 1877 entwickeltes Reichert-Mikroskop Modell No. 37 mit Wechselobjektiven für eine bis zu 1500-fache Vergrößerung einschließlich eines Ölimmersionsobjektivs und einem Okular mit Messskala. Daneben befanden sich vier populäre Mikroskopie-Anleitungen in Mendels Besitz. Diese Überprüfung der materiellen und immateriellen Hinterlassenschaft Mendels lässt zwar nur einen eingeschränkten Blick auf seine Denk- und Arbeitsweise als Naturforscher zu, gibt aber einen Eindruck vom verborgenen Wissen des 19. Jahrhunderts („tacit knowledge") über die Anatomie der Hölzer, das bisher nur wenig erforscht wurde.

Etwa zur gleichen Zeit, als Mendel seine mikroskopischen Studien durchführte, erklärte der Pädagoge und Botaniker Alois Pokorny, Direktor am Realgymnasium des 2. Wiener Bezirks, im Februar 1866 bei einem Vortrag vor interessierten Laien den aktuellen Kenntnisstand zur Jahrringbildung von Bäumen. Dabei führte er aus, dass das Kambium in der Regel aus zwei Zellreihen besteht, die nach innen Holzzellen und nach außen Bastzellen erzeugen. Bei steigender Temperatur im Frühjahr entstünden Holzzellen mit dünnen Wandungen und weitem Lumen, die sich von den kleineren und abgerundeten Zellen des Spätholzes unterscheiden (Pokorny 1867, S. 214 f.). Eine umfassende Überprüfung des Zusammenhanges zwischen Klimafaktoren und Jahrringbreite stehe zwar noch aus, aber bei positivem Nachweis seien Bäume von besonderem wissenschaftlichen Interesse: „Sie werden dadurch zu wahren meteorologischen Jahrbüchern, welche bei dem hohen Alter mancher Bäume nicht nur auf Jahrhunderte, sondern sogar auf Jahrtausende zurück datiren." (Ebd., S. 226). Bei einer solchen Untersuchung komme es für die Abbildung von Witterungsschwankungen gar nicht auf die absolute, sondern vielmehr auf die relative Breite der Jahrringe an. Außerdem sei die Varianz der Ringbreiten derselben Baumart weit geringer als die mittlere Varianz ganzer Baumbestände (ebd., S. 228–230)[13]. Mit einigen Sätzen skizzierte Pokorny ein Forschungsprogramm, das unter günstigen Bedingungen Erfolg verspreche und das in dieser Form vorher noch niemand vorgeschlagen hatte:

Die beste Grundlage werden vergleichende Untersuchungen der Jahresringe von gleichem Jahresdatum sein, eine Untersuchung, die, wie es scheint, bisher noch nicht angestellt wurde, obgleich sie so nahe liegt. Man wird Jahre von ausgeprägten meteorologischen Eigentümlichkeiten in den Querschnitten möglichst vieler Bäume aufsuchen müssen, um die Wirkung der Witterung nachzuweisen (ebd., S. 27); vgl. Pokorny (1865, S. 254).

---

[13]Pokorny hielt offenbar die statistische Auswertung großer Datenmengen zur Prüfung von Zusammenhängen zwischen Witterung und Baumwachstum für eine erfolgversprechende Methode.

Sein Forschungsdesiderat fand jedoch kein Gehör, weil Forstexperten, Meteorologen oder Klimatologen und die sie tragenden Institutionen in dieser Zeit dafür vermutlich keinen Bedarf sahen. Erst der amerikanische Astronom Andrew Ellicott Douglass begann 1911 als Außenseiter mit der Umsetzung eines ähnlichen Konzepts, ohne jedoch Pokornys Arbeit zu kennen. Erst Bruno Huber würdigte 1948 dessen Idee (Huber 1948).

3.3.2 Versuche von Nicht-Botanikern

Nach der Mitte des 19. Jahrhunderts nahmen Botaniker die Jahrringe von Bäumen als Objekt wissenschaftlicher Untersuchungen wahr, obwohl es auch vorher immer wieder Hinweise von Naturforschern und Laien auf dieses auffällige Phänomen gegeben hatte. Anhand der Arbeiten von Nicht-Botanikern und fachlichen Außenseitern des 19. Jahrhunderts wird im Folgenden geprüft, wie frühes dendrochronologisches Wissen außerhalb einer „scientific community" entstand, ob es sich dabei um ein nicht zirkulierendes Wissen handelte und ob spätere Wissenschaftler darauf zurückgriffen. Im Gegensatz zu Botanikern und Forstwissenschaftlern verfügten die Außenseiter meist nicht über spezialisierte Institute, Akademien oder Fachzeitschriften für ihre wissenschaftliche Kommunikation. Ihre Wirkung wird am Ende von Abschn. 3.3.2 zusammenfassend betrachtet.

Alexander Catlin Twining
Der Ingenieur, Amateurastronom und Erfinder Alexander Twining (1801–1884) aus New Haven in Connecticut arbeitete von 1825 bis 1839 an mehreren Kanalbau- und Eisenbahnprojekten in Neuengland und Pennsylvania. Anschließend wurde er Professor für Mathematik und Naturphilosophie am Middlebury College und entwickelte ab 1848 als unabhängiger Erfinder eine Kompressionskältemaschine, die fast 1 t Eis pro Tag herstellen konnte. Als Mitglied einer Gruppe von Wissenschaftlern um den Astronomen Denison Olmsted in Yale beobachtete er lebenslang gelegentlich auftretende Meteorschauer und vertrat mit ihm die noch nicht verbreitete Auffassung, Meteore seien extraterrestrische Objekte im Sonnensystem (vgl. Garraty 1999a., S. 63 f.); (Hill 1918, S. 284–286).

Im Jahr 1827 wurden in der Nähe von New Haven Hemlocktannen für den Bau eines Schiffsanlegeplatzes am neuen Farmington-Kanal geschlagen. Als Ingenieur prüfte Twining das Holz vor seiner Verwendung und bemerkte im Querschnitt markante Jahrringe, die in manchen Jahren fast 6-mal breiter waren als in anderen. Bei einem systematischen Vergleich von Proben stellte er eine sich stark ähnelnde Abfolge der Breitenmuster fest und verglich diese Muster bei jungen und alten Bäumen:

Thus, if you began at the outer layer of two trees, one young and the other old, and counted back 20 years, if the young tree indicated, by a full layer, a growing season for that kind of timber, the older tree indicated the same. My next observation was, that the growing seasons clustered together and also the meagre seasons, came in companies. Thus, it was rare to find a meagre season immediately preceding or following a season of full growth, – but, if you commenced in a cluster of thin and meagre layers, and proceeded on, it gradually enlarged and swelled to the maximum, after which a decrease began and went on, until it terminated in a minimum (Twining 1833, S. 302).

Twining schlug daraufhin vor, die Klimaverhältnisse weit zurückliegender Zeiten mit Hilfe vieler, im ganzen Land zu sammelnden Holzproben zu untersuchen. Dies sei ein wertvoller Wissenschatz: „This being done, why, in the eye of science, might not this natural, unerring, graphical record of seasons past deserve as careful preservation as a curious mineral or a new form of crystals?" (Ebd.). Diese Vorstellungen Twinings von einer Jahrringanalyse einschließlich „cross-dating" gerieten danach jedoch völlig in Vergessenheit und wurden erst 1955 wieder „entdeckt" (Studhalter 1955, S. 56 ff.).

Theodorick Bland
Im Jahr 1830 fand in Baltimore am High Court of Chancery of Maryland, einem Sondergericht für Vermögensstreitigkeiten, unter dem Vorsitz des obersten Richters Chancellor Theodorick Bland (1776–1846) ein Verfahren im Fall Patterson gegen McCausland statt. Beide Parteien hatten ein Jahr zuvor die von ihnen beanspruchten Waldgrundstücke in Harford County an der Grenze zu Virginia vermessen lassen und dabei Unstimmigkeiten festgestellt. Zu dieser Zeit dienten markante Einzelbäume („line trees") im Osten der Vereinigten Staaten noch als Referenzpunkte für die Festlegung von Grundstücksgrenzen von Wäldern, während das Verfahren etwa ab 1860 nur noch im Westen verwendet wurde. Im dem Rechtsstreit ging es um eine „Black Oak" *(Quercus velutina),* die auf dem Grundstück eines Dritten während früherer Landvermessungen vorschriftsmäßig unter Zeugen mit einer Axt markiert worden war (Bland's Reports 1837/1841).

Eine solche 1791 ins Grundstückskataster eingetragene Markierung nutzte im Jahre 1829 der Kläger McCausland unter Zeugen bei der Neuvermessung als neuen eigenen Referenzpunkt für sein Grundstück. Der beklagte Patterson jedoch widersprach diesem Anspruch mit dem Argument, seit der Markierung der Eiche im Jahr von 1791 bis 1829 hätten exakt 38 neue Jahrringe die Markierungsstelle überwachsen müssen. Es seien aber nur 12 neue Ringe vorhanden, was er dem Gericht durch das abgetrennte Holzteil belegen konnte. Der von McCausland bezeichnete Referenzbaum sei nicht derselbe wie der 1791 markierte, und deshalb sei McCauslands Rechtsanspruch abzuweisen.

Theodorick Bland galt als ein in Politik und Justiz erfahrener Experte. Bis 1824 war er Richter des Staates Maryland und der amerikanischen Bundesregierung und anschließend in sein neues Amt als Chancellor in Baltimore gewählt worden (vgl. Romero 1897). In dieser Funktion wurde er bekannt für umfassende, gelegentlich ausschweifende Urteilsbegründungen, die ihn auch im Fall Patterson gegen McCausland tief in naturphilosophische Fragen führten. Der Schriftsteller Edgar Allan Poe kritisierte dies in einer Besprechung des ersten Bandes der *Bland's Reports* im *Southern Literary Messenger*: Grundsätzlich sei die Schriftflut eines der großen Übel der Zeit, welche die Weitergabe seriöser Informationen behindere. Dies betreffe auch die Veröffentlichung der Urteile Blands, aus denen sich Nutzer erst mühsam das für sie Brauchbare heraussuchen müssten: „Many of its cases are inordinately voluminous." (Poe 1836, S. 731 f.).

Im Fall Patterson gegen McCausland diskutierte Bland in Band 3 der *Bland's Reports* die Auffassungen bekannter europäischer Autoritäten der Botanik und Pflanzenphysiologie wie de Candolle, Erasmus Darwin, Loudon und Michaux. Ausführlich ging er ein auf das verfügbare Wissen über das Alter von Bäumen und die äußeren Einflüsse auf ihr Wachstum durch Mikro- und Makroklima, Nährstoffzufuhr, Standortverhältnisse und Baumschädlinge. Die Naturvorgänge verliefen gleichförmig und allmählich, während übernatürliche Gründe oder sogar Wunder als Prinzip natürlichen Wachstums und Vergehens abzulehnen seien. Bland machte deutlich, dass die Rechtsprechung sich grundsätzlich an dieses Prinzip von Naturerkenntnis zu halten habe (Bland's Reports 1837/1841, o. S.) – eine während der Aufklärung vor allem von David Hume geprägte Auffassung.

Bland stellte die Meinung Linnés, Bäume wüchsen von innen nach außen den Auffassungen Duhamels, de Condolles und vor allem Michaux' – den er in seiner Urteilsbegründung 23-mal zitierte – gegenüber, die davon ausgingen, dass der Holzzuwachs direkt unter der Rinde vor sich gehe. Außerdem wies Bland auf die Zellstruktur der Jahrringe, die Ursachen der Ringbildung und auf gelegentliche und unerklärbare Ringausfälle hin. Beobachtungen an Einzelbäumen ließen sich auf andere Standorte und sogar andere Arten übertragen – ein wesentliches Prinzip der späteren dendrochronologischen Methode.

Die Urteilsbegründung, in der das Gericht McCausland Recht gab, fiel knapp und aus heutiger Sicht überraschend aus: Die zwischen 1791 und 1829 am „line tree" ermittelten 12 Jahresringe gegenüber den nach den „Gesetzen der Natur" zu erwartenden 38 Ringe seien zwar beachtenswert, lieferten aber juristisch keinen ausreichenden Beweis für die Rechtmäßigkeit der Ansprüche Pattersons. Vielmehr vertraue das Gericht den Zeugen von 1791 und 1829. Mit diesem Urteil befand sich Bland auf sicherem juristischem Terrain.

Als Wahrheitskriterium gewichtete er in diesem Fall die Zeugenaussagen stärker als das Ergebnis eines ungeplanten biologischen Experiments, das zudem nicht wiederholbar war (vgl. Daston 2001, S. 144). Schon lange vor dieser Gerichtsentscheidung hatte sich in der angelsächsischen Rechtsphilosophie die Vorstellung durchgesetzt, eine Ursache könne nie eindeutig mit einer Wirkung in Verbindung gebracht werden; im günstigsten Fall könne man aufgrund einer hohen Wahrscheinlichkeit urteilen. Das 1830 von Chancellor Theodorick Bland gefällte Urteil ist deshalb aus heutiger Sicht nicht als außergewöhnlich zu betrachten.

Charles Babbage

Zwischen 1833 und 1836 erschien in Großbritannien mit den *Bridgewater Treatises* ein achtbändiges Werk mit dem Untertitel „On the Power, Wisdom and Goodness of God as Manifested in the Creation", das großen Einfluss auf die Gebildeten des Landes ausübte (vgl. Topham 1998). Die Repräsentanten einer orthodoxen „natürlichen Theologie" versuchten damit, den göttlichen Eingriff in die Natur wissenschaftlich zu belegen und sich so gegen andere Erklärungsmuster natürlicher Prozesse abzugrenzen, wie es beispielsweise Charles Lyell in den drei Bänden seiner *Principles of Geology* tat. Dieser suchte den geologischen Prozessen eine Zeit zuzuordnen, auf die er sich auch bei seiner Rekonstruktion der Erdgeschichte stützte, und verwarf die Vorstellung, die geologische Zeit habe sich nach dem Auftreten der Menschheit geändert. Die Summe der schöpferischen Kräfte der Erde bleibe dabei immer gleich null wie beim dauerhaft konstanten Verhältnis der Flächen von Land und Meer. Dieselbe Auffassung von einem gleichförmigen physischen Ablauf der Erdgeschichte vertrat auch der mit ihm befreundete Mathematiker, Philosoph und Erfinder Charles Babbage (1792–1871),[14] zwar weniger rigoros den Vertretern der Naturtheologie als vielmehr den Anhängern erdgeschichtlicher Katastrophentheorien wie Georges Cuvier gegenüber. Als Anhänger des Laplace'schen Determinismus betrachtete er die Abläufe der Erdgeschichte als ebenso vorhersehbar wie das Funktionieren seiner Rechenmaschinen.

Im Jahr 1828 unternahm Babbage den Versuch, seine exakte Methode bei der Untersuchung eines geologischen Phänomens zu verwenden und damit Lyells Position zu stärken. Untersuchungsobjekt war das antike Macellum in Pozzuoli in der Nähe von Neapel, auch bekannt als „Tempel von Serapis". Lyell hatte den Tempel 1824 aufgesucht und danach von einem schubweisen und plötzlichen Absinken und Wiederaufsteigen des Bauwerks gesprochen. Entgegen der ab 1800 bekannten Kontraktionstheorie, nach der Erdbewegungen durch die unterschiedlich starke thermische

---

[14]Biographisches vor allem zu Babbages Rechenmaschinen in DSB 1, S. 354–356; Hyman (1987).

Expansion der Gesteine entstehen, vertraten Lyell und Babbage die Auffassung von einer Erdkruste, die sich im dynamischen Gleichgewicht mit den flüssigen Schichten in der Tiefe befinde. Starke Sedimentbildung müsste demnach die Erdkruste einsinken lassen. Lyells naturhistorischen Deutungsversuch von 1824 hielt Babbage aber für unzutreffend, und er untersuchte den Tempel während seiner Europareise im Mai und Juni 1828 erneut. Durch umfangreiche Messungen und Berechnungen gelang ihm der Beweis einer langsamen und kontinuierlichen Krustenbewegung (Babbage 1847); (vgl. Lyell 1830, Bd. I., S. 455 f.). Wegen des überzeugenden Beweises durch Babbage übernahm Lyell in späteren Auflagen seiner *Principles* dessen Theorie einer langsamen Krustenbewegung.

Als Antwort auf den von William Whewell verfassten Band 3 der *Bridgewater Treatises* über Astronomie, Physik und „Natürliche Theologie" veröffentlichte Babbage ein nicht bestelltes ergänzendes Werk: *The Ninth Bridgewater Treatise*. In Kapitel VII „On Time" schrieb er: „The lives of individual trees are lost in the continued destruction and renovation which take place in forest masses." (Babbage 1838, S. 88); vgl. Schaffer (2007). Tausende aufeinanderfolgende Wälder würden im Meer versinken und von Sedimentschichten überdeckt. In Anhang M der *Ninth Bridgewater Treatises* – einer Sammlung eigener Aufsätze – beschrieb Babbage die Bildung von Jahrringen unter wechselnden äußeren Bedingungen und präsentierte einen Vorschlag für die Altersbestimmung fossiler Hölzer aus Sedimenten und Mooren. Dieses Gedankenexperiment beruhte auf der Lektüre von Aufsätzen der drei Naturforscher Buckland, de la Bèche und Fitton über die in dem geologischen Aufschluss von „Dirt-bed" auf der Insel Portland gefundenen versteinerten Bäume.[15] In zahlreichen geologischen Formationen des Landes könne man die Geschichte fossiler Hölzer verfolgen: „The remains of vegetation, and of animal life, embedded in their coeval rocks, attest the existence of far distant times; and as science and the arts advance, we shall be enabled to read the minuter details of their living history." (Babbage 1838, S. 257). Sein Konzept zur Altersbestimmung einzelner Bäume, vor allem aber zur exakten Verlängerung von Einzelchroniken, ist der Beweisführung am Tempel von Serapis fast ebenbürtig und der von ihm vertretenen „culture of calculation" geschuldet. Babbage führte zur Altersbestimmung aus [H.H.R.: Da das Prinzip des „cross-dating" hier erstmals auftaucht, wird ausnahmsweise das umfangreiche Zitat auf Deutsch in einer Übersetzung des Autors wiedergegeben; das Original findet man in Anhang 1]:

[…] Solch eine Gruppe [von Ringfolgen] soll durch die Buchstaben

oLLsooosLLoo

gekennzeichnet werden, wobei *o* ein Normaljahr bezeichnet, *L* einen breiten Ring und *s* einen schmalen darstellt. Falls eine solche Gruppe in den Abschnitten mehrerer Bäume vorkäme, wäre dies einer gemeinsamen Ursache zuzuordnen. Angenommen, man findet solch eine Gruppe im Zentrum des einen Baumes und nahe der Rinde eines anderen, so sollten wir mit Sicherheit schließen, dass der Baum mit der Gruppe außen der ältere ist; dass er bereits wuchs, als *diese* Jahrringgruppe ihre Spur im Mark des jüngeren Baumes hinterließ. Falls wir beispielsweise bei diesem jüngeren Baum von außen nach innen bis zur markierten Gruppe 350 Jahrringe zählen, lässt sich folgern, dass 350 Jahre vor dem Absterben des Baumes (nennen wir ihn A) der andere Baum (genannt B), dessen markierte Gruppe wir außen beobachtet hatten, bereits ein alter Baum gewesen war. Suchen wir nun in Richtung des zweiten Baumes B nach einer weiteren bemerkenswerten Ringgruppe, und finden wir danach eine ähnliche Gruppe nahe der Rinde eines dritten Baumes C, und zählen außerdem im Baum B 420 Jahrringe von der zweiten Gruppe zur ersten, so schließen wir, dass Baum A 350 Jahre vor seinem Tod in seinem Wachstum durch eine Abfolge von 10 besonderen Jahren gekennzeichnet war. Diese Prägung findet sich auch im benachbarten Baum B, der zu jener Zeit schon bedeutend älter war. Wir schließen weiterhin, dass Baum B in seiner Jugend, d. h. 420 vor dieser „Zehnergruppe", durch eine weitere besondere Abfolge des Wachstums beeinflusst wurde, die auch den damals schon alten Baum C prägte. Auf diese Weise verbinden wir die Zeit des Todes von Baum A mit der Jahrringfolge, die Baum C im Alter prägte, zu einer Periode von 770 Jahren. Falls wir noch weitere Bäume mit messbaren besonderen Ringfolgen finden könnten, ließe sich die Geschichte des fossilen Waldes zurückverfolgen. Auch könnte man dadurch Vermutungen über den Zeitpunkt der Sedimentablagerungen anstellen (Babbage 1838, S. 261 f.).

Die Auseinandersetzung um die Deutung natürlicher Prozesse setzte sich fort bis zum Erscheinen der Arbeiten von Charles Darwin und spaltete die Meinungsführer der britischen Wissenschaft in zwei Gruppen. Babbage stand dabei auf der Seite der „Liberalen", welche die Position der einflussreichen „Konservativen" um William Whewell, Gott greife nach seinem Schöpfungsakt weiterhin in weltliche Abläufe ein, nicht teilten. Nicht nur bei seiner Arbeit mit mechanischen Rechenmaschinen sah er quantifizierbare physische Prozesse am Werk, sondern auch in den meisten Erscheinungen der Natur. Mit Hilfe mathematischer Verfahren versuchte er diese ebenso zu erfassen wie bei seiner Analyse industrieller Prozesse („rhythm of the factory") gemeinsam mit John Herschel (Babbage 1989 [1833]; (vgl. Schaffer 1994), (Ashworth 1996, S. 646 ff.).

Babbages kleiner Beitrag zum „cross-dating" von Jahrringmustern erscheint aus heutiger Sicht erstaunlich, wurden doch lange Chronologien von Jahrringen fossiler Hölzer systematisch erst nach 1960 erstellt.[16] Vollständig

---

[15]Zu Babbages Lektüre vgl. Transactions Geol. Soc. London, Ser. 2 (1836), S. 4, Diagramm von W. Buckland und H. T. de la Bèche zum dirt-bed, S. 13., zu den versteinerten Bäumen W. H. Fitton, S. 220 f.

[16]Erst mehr als 100 Jahre später wurde Babbages Schrift von 1837 wieder „entdeckt": Zeuner (1950, S. 404).

begreift man sein Konzept erst im Kontext des Konfliktes zwischen herkömmlicher Naturforschung und dem Beginn naturwissenschaftlicher Analyse im 19. Jahrhundert: Man wollte jetzt die Natur nicht nur verstehen, sondern sie auch erklären.

Johann Jacob Küchler

Jacob Küchler (1823–1893) brach Anfang April 1847 gemeinsam mit anderen jungen Männern in Mainz nach Galveston in Texas auf (Heinemann 1994) und traf im Juli am endgültigen Ziel Neu Braunfels ein. Die als sogenannte „Darmstädter Vierziger" in die deutsche Auswanderungsgeschichte eingegangene Gruppe war bei ihrem Vorhaben vertraglich gebunden an den „Verein zum Schutz deutscher Einwanderer in Texas", bekannt auch als „Mainzer Adelsverein". Einige von ihnen hatten Kameralistik und Forstwissenschaften, andere an der Gewerbeschule Darmstadt studiert, darunter der damals 25-jährige Jacob Küchler aus Untersensbach im Odenwald. Er besuchte von 1840 bis 1842 die Höhere Gewerbeschule Darmstadt und die beiden folgenden Jahre die Universität Gießen (vgl. Großherzogl. TH Darmstadt 1885); (Reinhold 1957, S. 368–374). Nicht weit von Neu Braunfels gründeten sie eine Landkommune, gaben diese aber wieder auf, als sich herausstellte, dass einige ihrer idealistischen Kommunarden ein dauerhaftes autarkes Leben mitten im Indianerland nur schwer ertrugen. Küchler blieb zunächst, siedelte dann bei Fredericksburg und führte in den folgenden Jahren ein unstetes Leben als Jäger, Führer für Neusiedler, Milizionär an der mexikanischen Grenze und als Landvermesser in Gillespie County.

Am 6. August 1859 erschien in der deutschsprachigen *Texas Staats-Zeitung* in San Antonio ein Beitrag von Jacob Küchler, in dem er über seine Untersuchung der Jahrringe von Eichen im Gillespie County berichtete. Gustav Schleicher, Freund und Kommilitone aus Gießener Zeit[17] und Herausgeber der *Texas Staats-Zeitung,* hatte ihn gebeten, den Klagen deutscher Einwanderer über eine längere Dürreperiode nachzugehen. Schleicher erläuterte im Vorspann des Artikels:

> Vielleicht erinnern sich unsere Leser an eine Aufforderung, welche wir vor einiger Zeit an unsere Farmer ergehen ließen, durch Untersuchung der Jahrringe von Bäumen eine Geschichte der verflossenen Jahreszeiten in unserem Staate zu gewinnen. Was wir damals nur als eine unausgeführte flüchtige Idee berührten, hat Herr J. Küchler von Gillespie County mit einer so wissenschaftlichen und gewissenhaften Genauigkeit und mit einem solchen Aufwand von Fleiß und uneigennütziger Mühe ausgeführt, daß er sich unsern Dank nicht allein, sondern auch den Dank der ganzen Bevölkerung erworben hat (Küchler 1859).

Typisch für das Gebiet nahe Neu Braunfels und Fredericksburg war der Wechsel von Wald und Grasland bei kalkhaltigem Boden und recht günstigen Wasserverhältnissen (Biesele 1930, S. 139, 149 f.). Bei einer zeitgenössischen botanischen Bestandsaufnahme sammelte und bestimmte der Paläontologe Ferdinand Roemer etwa 300 Arten, darunter die Gattungen Eiche (vier verschiedene Arten), Pappel, Ulme und Platane (Roemer 1849). Für seine Untersuchungen wählte Küchler in der Nähe von Fredericksburg drei etwa 130-jährige Eichen („post oaks", d. h. *Quercus obtusiloba* Michx., syn. *Quercus stellata* Wangenh.) aus, ließ sie fällen und untersuchte deren Jahrringe. Dieser von Kanada bis Florida verbreitete Baum wächst auf anspruchslosen Böden und bis 17 m hoch; der gerade Stamm kann einen Durchmesser von 50 cm aufweisen. Das Holz war im 19. Jahrhundert vor allem für den Blockhaus- und Schiffbau gefragt. Einleitend schrieb Küchler:

> *Das Clima von Texas.* Die aufeinanderfolgenden trockenen Jahrgänge haben die Farmer sehr entmutigt. Mit Furcht und Mißtrauen blicken sie in die Zukunft und sind geneigt diese Trockenheit als Regel und die verflossenen guten Jahre als seltene Ausnahmen zu betrachten. Über den eigentlichen Charakter des texanischen Klimas und namentlich in wie weit es den Ackerbau begünstigt, vermag noch Niemand aus Erfahrung Aufschluß zu geben (Küchler 1859).

Er glaube an den Ausnahmecharakter der jüngsten Dürreperiode, es gebe allerdings keine Überlieferungen der Indianer zum Klima der Region. Wachstum und Jahrringe der gefällten Bäume deuteten auf den jährlichen Niederschlag als wachstumsbegrenzenden Faktor hin. Weiter führte er aus:

> Seinen jährlichen Zuwachs haben wir in dem der Jahrringe, dessen Stärke also hauptsächlich abhängig war vom vorhandenen Wasser, so daß die breiten Ringe den feuchten Jahren und die schmalen, die oft kaum durch das unbewaffnete Auge unterschieden werden können, den dürren Jahren entsprechen werden. Dieß ist die Idee, die uns in die Vergangenheit zurückführt (ebd.).

Bei der Auswahl der Probebäume müsse man besonders vorsichtig sein: Wichtig seien gesunde Bäume an hoch gelegenen, isolierten Standorten, die schon früh im Jahr der Trockenheit ausgesetzt waren. Nach Aufbereitung der drei Eichenholzproben durch Schleifen und Firnisbehandlung verglich Küchler die mit einer einfachen Lupe messbaren Ringbreiten der einzelnen Jahre von 1858 zurück bis 1727 und ordnete sie in einer Tabelle einer qualitativen Skala von „sehr trocken" bis „sehr feucht" zu. Abb. 3.3 zeigt, wie gut sich die Jahrringe bei *Quercus obtusiloba* Michx. auch ohne spezielle Vorbehandlung voneinander abgrenzen lassen. Als ehemaliger Gießener Student der Kameralwissenschaften mit einer gediegenen Ausbildung[18] kannte Küchler

---

[17]Schleicher war Ingenieur, 1837/1838 an der Höheren Gewerbeschule Darmstadt und studierte danach wie Küchler an der Universität Gießen.

[18]Hessisches Staatsarchiv Darmstadt HStAD, R21 B und G33 Nr. 129: u. a. Chemieprüfung bei Justus Liebig („sehr fleißig"). Sein Maturitätszeugnis aus Darmstadt v. 05.04.1842 bescheinigte ihm gute Kenntnisse in Mathematik, Physik und Naturkunde.

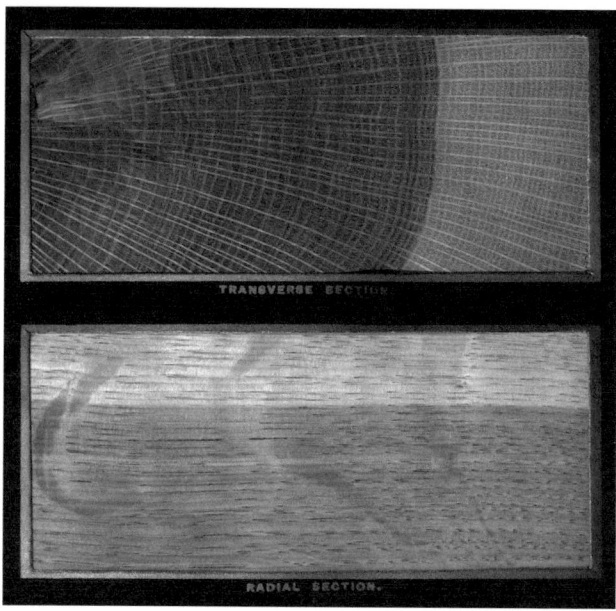

Abb. 3.3 Quer- und Längsschnitt von *Quercus obtusiloba* Michx. („post oak"). (Aus Hough 1894, Part IV)

die Anweisung Carl Heyers zur Altersbestimmung von Bäumen für die Bestimmung des Waldertrags. Darin beschrieb Heyer, wie eine verlässliche Ringzählung auszusehen habe: Messung immer am Stammfuß; Glätten der rauen Untersuchungsradien möglichst mit einem Hohlhobel; Einreiben der Radien mit Humusboden oder Kohlepulver, um die Ringgrenzen besser zu erkennen; danach Auszählen von jeweils zwei Radien, „um doppelte (Johannis)ringe auszuscheiden" (Heyer 1841, S. 117 f.).

Seine in Form einer Tabelle aufgeführten Messergebnisse fasste Küchler so zusammen:

> In den 134 Jahren waren also nach den vorstehenden Beobachtungen: 10 Jahre trocken, 11 Jahre sehr trocken und 12 Jahre außerordentlich trocken. Es ist auffallend, dass letztere ununterbrochen von 1806 bis 1811 und von 1771 bis 1776 aufeinander folgten. Dagegen waren 22 Jahre mittelmäßig, 11 Jahre feucht und 59 Jahre sehr feucht (ebd.).

Diese Arbeit Küchlers über Jahrringe sollte seine einzige bleiben und geriet bald in Vergessenheit. 1917 erwähnte sie der Quartärgeologe Ernst Antevs in seiner Monographie über Jahrringe erneut (vgl. Abschn. 5.2.1), doch erst 1949 würdigte sie der Anthropologe Thomas Campbell als eine frühe dendrochronologische Pionierleistung und stellte den Bezug zur Einwanderungsgeschichte des Staates Texas her (Antevs 1917, S. 366); (Campbell 1949).

Nach dem amerikanischen Bürgerkrieg gelangte Küchler auf einem „Ticket" der Republikanischen Partei in das hohe Staatsamt eines Vorstandes des „Land Office" von ganz

Texas. Sein Freund Gustav Schleicher[19] war schon vor dem Bürgerkrieg texanischer Senator, im Krieg Major der konföderierten Armee im Korps der „Texas Rangers" und schließlich von 1874 bis zu seinem Tod 1879 Kongressabgeordneter der Demokraten in Washington.

Jacobus Cornelius Kapteyn

Jacobus Cornelius Kapteyn (1851–1922) war 1914 ein bekannter Astronom, als seine erste und einzige Veröffentlichung über den Einfluss des Klimas auf das Baumwachstum erschien. Feld- und Laborarbeiten hierzu hatte er schon 1880/1881 durchgeführt, sich aber erst 1911 nach einem Treffen mit dem Astronomen und Jahrringforscher Andrew Ellicott Douglass im Observatorium auf dem Mount Wilson zur Publikation entschlossen, wo Kapteyn Forschungsmitarbeiter von Direktor George Hale war (vgl. Pannekoek 1922, S. 977). Die Motive für seine mehr als 30 Jahre zurückliegenden Untersuchungen lassen sich nicht mehr prüfen, da Kapteyns privater und wissenschaftlicher Nachlass im Mai 1940 während der deutschen Bombardierung Rotterdams vollständig verbrannte. Man vermutete, der mit 27 Jahren an der Universität Groningen auf den neuen Lehrstuhl für Astronomie und theoretische Mechanik Berufene habe sich vorübergehend mit Jahrringen und den klimatischen Wachstumsbedingungen von Bäumen befasst, weil er enttäuscht von der schlechten Ausstattung seines Instituts und dem Fehlen eines Observatoriums gewesen sei (Kruit und Berkel 2000, S. 53–77). Vielleicht war es auch sein Versuch, die bei der systematischen Durchmusterung von Sternphotographien verwendeten statistischen Verfahren auf einem ganz anderen Gebiet zu erproben. In der hagiographisch anmutenden Kapteyn-Biographie seiner Tochter Henrietta findet sich jedenfalls kein Hinweis auf ein Motiv. Deren Feststellung, ihr Vater habe die Jahrringuntersuchungen leichtfertig und ohne ein wissenschaftliches Konzept durchgeführt, („None of this wholly pleased him; this was really just child's play") (Paul 1993, S. 24) klingt jedoch wenig überzeugend. Es erscheint deshalb wichtiger, sich an Kapteyns Veröffentlichungen und Untersuchungsergebnisse zu halten, vor allem an seine Arbeiten zur Verwendung statistischer Methoden. Sie waren wesentliches Merkmal seiner erfolgreichen Forschungsmethode bei der Durchmusterung photographischer Serienaufnahme von Sternensystemen – man sprach sogar von einer statistischen Astronomie (Pannekoek 1922, S. 970 f.).

Kapteyn stellte bei seinen astronomischen Berechnungen zur Quantifizierung von Zusammenhängen mehrerer Faktoren die Vorteile des zuerst 1846 von Auguste Bravais

---

[19]HStAD, R21 B, G32, Nr. 115.

mathematisch abgeleiteten Korrelationskoeffizienten heraus (Kapteyn 1912), wies aber auch auf häufig auftretende falsche Korrelationen bei biologischen Wachstumsfaktoren aufgrund ihrer meist „schiefen" Häufigkeitsverteilung hin. Ausgehend von der Normalverteilung als Standard versuchte er deshalb auch ungleichförmige Verteilungen dieser Faktoren zu bearbeiten. Hierzu betrachtete er zunächst die Wachstumsreaktionsfunktionen nach Einwirken äußerer Einflüsse und prüfte anschließend die resultierende Variation der Fehler (Kapteyn und van Uven 1916, S. 5).

In den Jahren 1880/1881 besuchte Kapteyn während mehrerer Erkundungsreisen nach Deutschland die Gebiete an Rhein, Main, Mosel und Ems mit den angrenzenden Mittelgebirgen Spessart, Odenwald und Westerwald, dazu die Städte Worms, Bürstadt, Bonn und Wesel. Dort versuchte er bei lokalen Holzhändlern möglichst viele Eichenstammscheiben mit gesicherter Herkunft zu beschaffen. Manche Proben untersuchte er sofort, andere erst später im Institut für Botanik an der Universität Groningen. Die Jahrringbreiten der Einzelproben mittelte er für jede der von ihm als homogen betrachteten Regionen und verwendete die Mittelwerte für die Prüfung statistischer Zusammenhänge mit den Zeitreihen anderer Parameter. Diese Vorgehensweise ähnelte der später von A. E. Douglass und B. Huber beschriebenen Methode zu Erstellung sogenannter Standardchronologien und bot die Grundlage für Kapteyns Untersuchung von Wachstumsursachen (Kapteyn 1914). Dabei „normierte" er das raschere Baumwachstum während der ersten Jahrzehnte anhand einer durchschnittlichen Wachstumskurve und gewichtete extrem breite Ringe geringer. Diese Art der Ringbreitennormierung schwächte Ausreißer ab, die transformierten Messwerte waren nun weitgehend normalverteilt, was die Verlässlichkeit der Korrelationskoeffizienten erhöhte. Das prozentuale Wachstum der Einzeljahre ließ sich außerdem am Über- oder Unterschreiten eines 15-jährigen gleitenden Mittelwertes ablesen. Insgesamt bewiesen seine Messergebnisse die hohe Übereinstimmung von Werten benachbarter Baumbestände, während die Zusammenhänge zwischen unterschiedlichen Klimaregionen deutlich geringer waren (vgl. Abb. 3.4).

In allen untersuchten Regionen fand Kapteyn bei Eichen einen dominanten Einfluss der Witterung auf den Wachstumsvorgang: „The very considerable fluctuations which appear in the yearly growth of the oak-wood of the region under investigation must in great be certainly be due to meteorological influences." (Ebd., S. 80). Sogar die beiden etwa 200 km voneinander entfernten Gebiete von Main und Mosel zeigten noch eine 50 %ige Übereinstimmung der Jahrringkurven und damit einen statistisch signifikanten Zusammenhang. Lokale Ursachen könne man vernachlässigen. Dagegen führte Kapteyn an manchen Flachlandstandorten wie im Wald bei Bürstadt breite Jahrringe nicht auf höhere Niederschläge, sondern auf einen vorübergehenden Anstieg des Grundwassers zurück und fand dies durch den Vergleich mit Messwerten vom Rheinpegel Mainz bestätigt (ebd., S. 84).

Die Messergebnisse aller Jahrringkurven und ihren Vergleich mit Zeitreihen nahe gelegener Messstellen für Niederschläge, Flusspegel oder weit in die Vergangenheit zurückreichende qualitative Witterungsbeschreibungen [H.H.R.: heute als „Proxydaten" bezeichnet] fasste Kapteyn folgendermaßen zusammen (ebd., S. 81–86):

- Zu- und Abnahme der Jahrringbreiten von Eichen hatten in jeder Region ausschließlich meteorologische Ursachen.
- Die Temperaturen der untersuchten Regionen waren fast ohne Einfluss auf die Ringbreite.
- In den meisten Fällen erklärten Niederschläge während des Frühjahrs und Sommers statistisch die Ringbreite am besten.

Abb. 3.4 Kapteyns Messungen mittlerer Jahrringbreiten von 1640 bis 1880 im Westen Deutschlands, sowie Niederschlagswerte der Messstation Trier ab 1785. (Aus Kapteyn 1914)

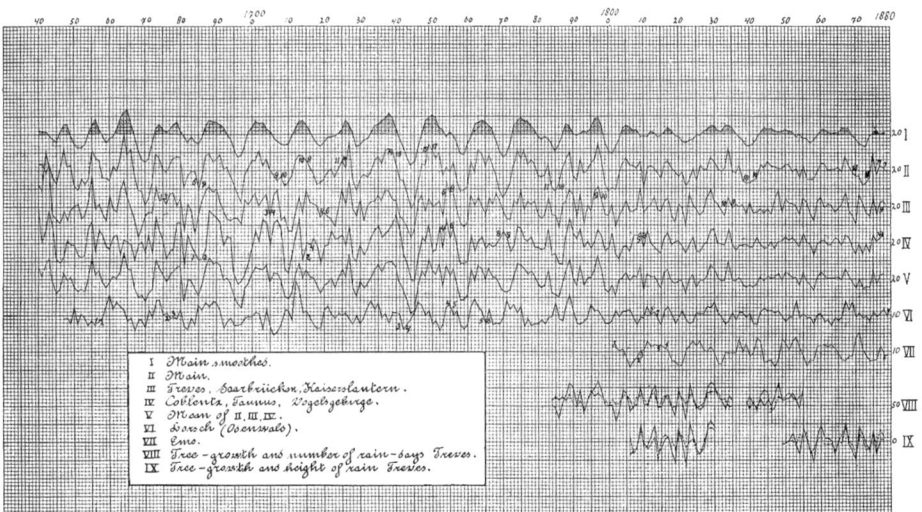

- Der Feuchteanteil tieferer Bodenschichten beeinflusste das Baumwachstum fast immer stärker als kurzfristige Niederschläge.
- Eichen wiesen jährlich ausnahmslos nur einen einzigen Jahrring auf.
- Außer einem gleichförmigen Verlauf der Jahrringzeitreihen der einzelnen Regionen ergaben sich Hinweise auf periodische Schwankungen der Jahrringbreiten.

An Kapteyns singulärem Beitrag zur Jahrringforschung erstaunt aus heutiger Sicht die „handwerkliche" Bandbreite der Methoden des Astronomen, ausgehend von Materialbeschaffung und -bearbeitung bis zur Anwendung komplexer statistischer Techniken. Als Desiderate einer zukünftigen Forschung nannte er die Zeitreihenanalyse durch Fourier-Transformation, außerdem die Prüfung zyklischer außerterrestrischer Einflüsse auf das regionale Klima (ebd., S. 92). Dass er seine Untersuchung keineswegs als Spielerei ansah wie seine Tochter und Biographin Henrietta Hertzsprung-Kapteyn, ist leicht zu belegen: Schon vor der endgültigen Veröffentlichung in einer niederländischen Zeitschrift für Botanik nutzte Kapteyn seine Erfahrungen mit der Jahrringanalyse auch bei öffentlichen Anlässen, so 1889, 1900 und 1909 in Vorlesungs- und Vortragsvorlagen in Groningen, 1901 in Leeuwarden und schließlich 1908 in Pasadena [z. B. abgedruckt am 19.12.1908 im *Pasadena Star*]. Kapteyn ermunterte seinen Astronomenkollegen A. E. Douglass 1911 bei einem Gespräch, die Jahrringforschung fortzuführen, und Douglass wiederum drängte Kapteyn zur Veröffentlichung der Untersuchungen von 1880 (Douglass 1937, S. 29).

In dem Tagungsband zum Symposium „The Legacy of J. C. Kapteyn" vom 9. bis 11. Juni 1999 in Groningen findet sich kein Hinweis auf diese dendrochronologische Untersuchung oder Kapteyns statistische Behandlung des biologischen Wachstums. Aus heutiger Sicht ist dies insofern bedauerlich, als Kapteyn sich nach seiner Ernennung zum Professor in Groningen ein Jahr lang diesem Thema gewidmet hatte und er außerhalb der astronomischen Community vor allem durch diese Arbeiten bekannt wurde.

Fjodor Nikiforovic Shvedov

Im Jahr 1870 wurde der Physiker Fjodor Nikiforovic Shvedov (1840–1905) zum ordentlichen Professor für Physik, Leiter des physikalischen Kabinetts und des Hochschulobservatoriums an der Universität Odessa ernannt. Die Stadt liegt am nordwestlichen Rand des Schwarzen Meeres in einer „südlichen krautarmen Federgrassteppe" mit geringem natürlichem Baumbestand. 1794 gegründet, wuchs sie im 19. Jahrhundert von allen russischen Städten am raschesten und galt wegen der starken Zuwanderung aus vielen Ländern als weltoffen. Nach Gründung der Novorossiysk-Universität im Jahr 1865 wurde sie eines der geistigen Zentren des Landes (Herlihy 1986, S. 122 f.).

Shvedov wurde als Sohn eines Offiziers aus Kilia/Bessarabien im äußersten Südwesten Russlands geboren, studierte ab 1859 an der mathematischen Fakultät der Universität St. Petersburg und ging nach seinem Abschluss für zwei Jahre als Laborleiter zu Gustav Magnus an das physikalische Institut der Universität Berlin. Sein Arbeitsgebiet war breit gefächert: Seine Diplom- und Doktorarbeit befassten sich mit elektrostatischen Nichtleitern und der Umwandlung elektrischer Energie in Wärmeenergie; er hielt Vorlesungen in der landwirtschaftlichen Fakultät über physische Geographie und Meteorologie, entwickelte Lehrgeräte für den Physikunterricht und Zielgeräte für die Artillerie. International bekannt wurde er mit seiner Forschung über Reibungsphänomene und Schmierstoffe. [Vgl. Shvedovs Lebenslauf am Schluss von Anhang 2].

Im Jahre 1881 untersuchte Shvedov eher beiläufig den Querschnitt einer neben der Universität Odessa gefällten Robinie (*Robinia pseudoacacia* L.) und glaubte, in dem Muster der Jahrringbreiten einen periodischen Wechsel von schmalen und breiten Ringabständen erkennen zu können. Aufgrund seiner breiten naturwissenschaftlichen Kenntnisse sah er einen Zusammenhang mit Bodenfeuchte, Niederschlagsverteilung und den vom Baum aufgenommenen Nährstoffen. Im Herbst des folgenden Jahres ließ die Stadtverwaltung zahlreiche Alleebäume an der Chersoner Straße fällen, wobei sich ihm die Gelegenheit für eine weiter reichende Untersuchung des Zusammenhangs zwischen Jahrringmuster und Klimazyklen bot. Aufgrund beruflicher Verpflichtungen kam er jedoch erst 1892 dazu, die Ergebnisse in der Zeitschrift *Meteorologicheskii Vestnik* zu veröffentlichen (Shvedov 1892, russ.). Anhang 2 des vorliegenden Buches enthält die deutsche Übersetzung des vollständigen Shvedov-Artikels durch Andreas Schürmann.

Nach Präparation der Baumquerschnitte anhand von Diagrammen beschrieb Shvedov eine Vorstellung von der Normierung der gemessenen Ringbreitensequenzen so:

> Um die einzelnen Resultate verschiedener Exemplare miteinander verrechnen zu können, müssen wir zunächst die Jahrringe jedes Exemplars auf den normalen Durchmesser zurückrechnen. Als solchen setzte ich einen Meter, was einem normalen Radius des letzten Ringes von 500 mm entspricht. […] Zurückgerechnet wird wie folgt: Die Dicke jedes Jahrrings des einen wie des anderen Baumes multipliziert sich im Verhältnis von 500 mm zum Radius der Außenschicht in der festgelegten Richtung. Es versteht sich von selbst, dass eine solche Multiplikation aller Dicken mit einem gleichbleibenden Koeffizienten weder das Verhältnis zwischen ihnen verändert, noch die Lage der kleinsten Ringstärken in der Zeitabfolge (ebd., S. 3; Paginierung wie Anhang 2).

Unter der Annahme, dass die Breite des Jahrringes funktional von der Niederschlagsmenge abhängt, könnten Jahrringuntersuchungen nach Shvedovs Auffassung fehlende Niederschlagsmessungen ersetzen. Allerdings sei der Jahreszuwachs von Bäumen manchmal auf komplexe Weise zusätzlich mit weiteren Faktoren verknüpft, z. B. Bodenwasser, Baumalter, Exzentrizität des Stamms, Besonderheiten des Baumindividuums und auch zufälligen Einflüssen. Nach Auswertung der normierten dendrometrischen und Niederschlagszeitreihen von vier Klimastationen der Region kam Shvedov zu dem Schluss:

1. Aride und humide Jahre wechseln sich in einer bestimmten Reihenfolge ab.
2. Das Jahr der Dürre tritt nicht unvermittelt auf; zumeist geht ihr eine abgeschwächte Niederschlagstätigkeit der Atmosphäre voraus.
3. Die Niederschlagsminima, d. h. die Dürrejahre der beobachteten Periode, entfallen auf die Jahre 1854/1855, 1863, 1872/1873 und 1882, was auf eine neunjährige Periode hinweist (ebd., S. 6).

Anschließend gruppierte Shvedov die Einzeljahre entsprechend einem von ihm angenommenen 9-jährigen Zyklus und kam so zu einem „Normdendrogramm der Periode", das noch kürzere Zyklen erkennen ließ, während er wegen der recht kurzen Zeitreihe keine Aussagen zu längeren Zyklen treffen wollte. Schließlich empfahl Shvedov die „Dendrometrie" zur Kontrolle vorhandener Niederschlagsmessstellen und zur Ergänzung lückenhafter Resultate. Zyklen im Klimageschehen ließen sich so möglicherweise erkennen und berechnen, obwohl eine Extrapolation immer problematisch sei (ebd., S. 9).

Schon etliche Jahre vor seiner Veröffentlichung hatte Shvedov für das Jahr 1891 eine Dürre mit Ernteausfällen für Südrussland vorhergesagt. Als diese dann tatsächlich eintrat, trug ihm das die Anerkennung von Landwirtschaftsexperten ein. Dabei war ihm und anderen Fachleuten bewusst, dass gelegentliche Dürren in Südrussland nicht unbedingt zu Hungersnöten führen mussten, sondern dass wirtschaftliche und soziale Gegebenheiten solche Ereignisse auslösen oder verstärken konnten (Levasseur 1892); (Nuttonson 1947); (Simms 1982).

John Muir

Im Jahr 1903 schrieb Präsident Theodore Roosevelt über die Schönheit der Mammutbäume an der Westküste der Vereinigten Staaten und wandte sich dabei an die politisch Verantwortlichen des Landes: „I appeal to you, as I say, to protect these mighty trees, these wonderful monuments of beauty. I appeal to you to protect them for the sake of their beauty, but I also make the appeal just as strongly on economic ground." (Roosevelt 1903, S. 71). Im Jahr 1907 richtete die US-Regierung 21 neue Naturschutzgebiete mit einer Gesamtfläche von etwa 162.000 km^2 ein, davon fast die Hälfte in den Gebirgen des Westens. Ein Jahr später unterzeichnete Roosevelt eine Proklamation, mit der ein „Muir Woods National Monument" genanntes Gebiet in Nordkalifornien unter den Schutz der Bundesregierung gestellt

wurde. Dies geschah zu Ehren des wohl wirkungsmächtigsten amerikanischen Naturforschers und „Naturalists", John Muir. Anders als bei früheren Nationalparks geschah dies mit der Begründung, die endemischen Mammutbäume der Art *Sequoia sempervirens* in Muir Woods besäßen eine besondere Bedeutung für die Wissenschaft.

John Muir (1838–1914) war sich des Einflusses der noch jungen Naturschutzbewegung auf die öffentliche Meinung des Landes bewusst, als er 1901 sein programmatisches Werk *Our National Parks* mit den Worten abschloss:

> It took more than three thousand years to make some of the trees in these western woods, – trees that are still standing in perfect strength and beauty, waving and singing in the mighty forests of the Sierra. Through all the wonderful, eventful centuries since Christ's time – and long before that – God has cared for these trees, saved them from drought, disease, avalanches, and a thousand straining, leveling tempests and floods; but he cannot save them from fools, – only Uncle Sam can do that (Muir 1901, S. 365).

Und Uncle Sam hörte auf ihn – und handelte durch den Präsidenten persönlich. 1903 bat Roosevelt John Muir, ihm das Gebiet des Yosemite Valley zu zeigen: „[…] I wish to write you personally to express the hope that you will take me through the Yosemite. I do not want anyone with me but you, and I want to drop politics absolutely for four days and just be out in the open with you."[20] Muir bedankte sich für diese Ehre,[21] und beide waren – vermutlich von nur wenigen Sicherheitsbeamten begleitet – Anfang Mai vier Tage und Nächte zu Fuß und mit Pferden unterwegs in den Wäldern der Sierra, schliefen im Zelt und diskutierten über die schlimmen Wirkungen einer ungezügelten Holzwirtschaft und die Möglichkeiten von Politik und Naturschützern, daran etwas zu ändern. Roosevelt dankte einige Tage später Muir für ihr gemeinsames Erlebnis.

> My dear Mr. Muir, […] I trust I need not tell you, my dear sir, how happy days we had in the Yosemite I owed to you, and how greatly I appreciated them. I shall never forget our three camps; the first in the solemn temple of the giant sequoias; the next in the snow storm among the silver firs near the brink of the cliff; and the third on the floor of the Yosemite, in the open valley, fronting the stupendous rocky mass of El Capitan, with the falls thundering in the distance of either hand. Good luck go with you always. Faithfully yours Theodore Roosevelt.[22]

Diese Reise der beiden Männer in eine kaum berührte Naturlandschaft und Muirs Schriften waren von großer Bedeutung für den Schutz der Wälder in einem Land,

---

[20]John Muir Papers JMP, Univ. of the Pacific Library Holt-Atherton, Special Collections: Theodore Roosevelt, The White House and John Muir v. 14.03.1903. http://www.oac.cdlib.org. Zugegriffen: 25.10.2015.

[21]Ebd., Muir an Roosevelt v. 27.03.1903.

[22]Ebd., Roosevelt an Muir v. 19.05.1903; El Capitan ist ein Felsen im Yosemite, in Abb. 3.5 im Hintergrund links.

das natürliche Ressourcen bis dahin als unerschöpflich betrachtet hatte. Eine nachhaltige amerikanische Forstwirtschaft existierte nicht vor 1876 und führte erst später in Verbindung mit dem Naturschutz zu einer allmählichen Änderung der Verhältnisse. Die enge persönliche Bekanntschaft des Politikers und des Naturfreundes Muir war wahrscheinlich ein Auslöser dieser Entwicklung (vgl. Abb. 3.5).

Im Alter von 11 Jahren war Muir mit seinen calvinistischen Eltern aus Schottland nach Wisconsin gekommen. Hier vertiefte sich der Junge in Naturkunde, Poesie und Philosophie. Nach Abbruch des Studiums der Naturwissenschaften an der Universität Wisconsin beschloss er, es großen Entdeckern wie Mungo Park oder Alexander von Humboldt gleichzutun, um wenig bekannte Gebiete in Südamerika zu erforschen. Mit den Schriften Humboldts im Gepäck machte er sich 1867 auf den Weg in den Süden, doch er kam nur bis nach Florida, Kuba und Panama und fuhr von dort mit dem Schiff schließlich nach Kalifornien. Hier erkundete und beschrieb Muir von nun an die Bergwelt der Sierra Nevada und ließ sich dabei literarisch leiten von der Ästhetisierung der Natur in den naturphilosophischen und naturreligiösen Schriften zeitgenössischer nordamerikanischer Schriftsteller. Auf diese Weise wurde

er zur zentralen Figur bei der Schaffung der amerikanischen Nationalparks (Garraty 1999b).

Es ist hier nicht der Ort, Muirs ideengeschichtliche Wirkung nachzuzeichnen, die vor allem durch seine mehrfach aufgelegten naturkundlichen Werke transportiert wurde. Sein dauerhafter Einfluss auf die nordamerikanische Naturschutzbewegung, auf Naturforscher in aller Welt und die ökologische Bewegung nach dem Zweiten Weltkrieg ist jedoch kaum zu überschätzen. Verglichen mit den anderen der in diesem Kapitel behandelten Naturforscher besaß John Muir eine weit größere Wirkung, obwohl er zum botanischen Wissen und speziell zur Baumphysiologie nicht übermäßig viel beitrug. Auch um die systematische Datierung der Bäume oder die Verknüpfung der Jahrringbreite mit klimatischen Faktoren bemühte er sich nur am Rande und wurde deshalb in späteren dendrochronologischen Publikationen nur selten erwähnt. Für die Öffentlichkeit pflegte Muir bis ins hohe Alter sein Bild als Naturbursche und Vater der „conservation movement". Kaum bekannt sind jedoch seine wissenschaftlichen Arbeiten während dieser Zeit des „first wave environmentalism" (Bergthaller 2004, S. 30), z. B. während einer Asienreise mit dem Botaniker Charles Sargent vom Harvard-Arboretum, oder seine Pflanzenuntersuchungen mit Hilfe des Mikroskops: „A good microscope is indispensible in their analysis do you ever find time to botanize".[23]

Die Baumriesen der Gattung Sequoia faszinierten Muir sein Leben lang ganz unmittelbar und weniger als Objekte wissenschaftlicher Forschung, obwohl er manchmal tagelang mit einer Lupe auf den gewaltigen Baumstümpfen deren Alter festzustellen suchte: „[…] I spent a day in making estimates of its age, clearing away the charred surface with an ax and carefully counting the annual rings with the aid of a pocket-lens." (Muir 1894, S. 182, 188, 215). Nach 1910 erkannten der Geograph Ellsworth Huntington und der Jahrringforscher Andrew Ellicott Douglass die wissenschaftliche Bedeutung der von John Muir verehrten Gattung Sequoia für die Datierung. Die Entwicklung des zentralen wissenschaftlichen Konstrukts der Dendrochronologie – das „cross-dating" – wäre ohne Sequoia-Untersuchungen wohl nicht so rasch entwickelt worden (vgl. Kap. 4). Auch eine zweite für die Entwicklung der Dendrochronologie nach dem Zweiten Weltkrieg wichtige Baumart ist mit dem Namen John Muir verbunden: die in großen Höhenlagen der White Mountains Kaliforniens vorkommende Borstenkiefer *(Pinus aristata)*. Muir hatte

Abb. 3.5 Theodore Roosevelt und John Muir 1903 im Yosemite National Park. (© Wellcome Library, London, Image L0002109; creative commons)

---

[23]John Muir Papers JMP, Univ. of the Pacific Library Holt-Atherton, Special Collections: Muir an Emely Pelton v. 23.05.1865; mit dem Instrumentenhändler Fred Barber korrespondierte Muir später über die Ergänzung seines Bausch & Lomb-Mikroskops zur Holzuntersuchung, ebd., Barber an Muir v. 18.09.1907.

die Art um 1880 gesehen und beschrieben, ohne jedoch von ihr sonderlich beeindruckt gewesen zu sein. *Pinus aristata* kann nach heutigem Wissen unter günstigen Umständen ein Alter von fast 5000 Jahren erreichen und gilt deshalb als der Organismus mit der längsten Lebensdauer (vgl. Abschn. 6.1 und 6.3). Nach 1960 wurde *Pinus aristata* zu einem Referenzorganismus der Dendrochronologie, der vor allem die Kalibrierung der Radiokohlenstoffmethode möglich machte (Schulman 1958); (Ferguson 1968); (Fritts 1969).

Bei seiner Art, die Natur zu betrachten, folgte Muir seinem Vorbild Humboldt, dessen Beschreibung eines physiognomischen „Totaleindrucks" von Landschaft und Vegetation vor allem auf die sinnliche Anschauung gerichtet war. In seinen Schriften typisierte er Pflanzen anhand ihrer Gestalt und beschrieb sie durch makroskopisch-morphologische Merkmale. Seine starke gesellschaftliche Wirkung beruhte aber nach Auffassung des Autors eher auf seiner transzendentalen Romantisierung der Natur und seiner radikalen, pantheistischen, manchmal auch animistischen Art zu denken und zu schreiben (vgl. Worster 2005); (Taylor 2008, S. 29–32).

Zeitungsmitteilungen

Betrachtet man die Jahrringforschung des 19. Jahrhunderts, werden einige grundsätzliche Probleme auch bei der Sichtung populärer Schriften wie Tageszeitungen und Magazinen erkennbar. Zeitungsberichte aus Großbritannien und den USA griffen das Phänomen der Jahrringe häufig auf, wobei es meist um den Einfluss des Klimas auf die Ringbreite oder die Anzahl der Ringe pro Jahr ging. Die nachfolgende, nicht systematische Auswahl von Sekundärinformationen spiegelt den Diskurs der Fachleute lediglich wider, hilft aber dabei, die zeitgenössische Aufnahme dendrochronologischer Tatsachen besser zu verstehen: Eine Meldung aus den 1840er-Jahren berichtete von einer riesigen Eiche im französischen Rochelle, bei der sich wegen des verfaulten Holzkerns nur noch 200 äußere Ringe zählen ließen. Bei einem Baumdurchmesser von 8 m kam man mit den Erfahrungswerten der forstlichen Taxation auf ein Alter von fast 2000 Jahren.[24] In einem anderen Zeitungsartikel empfahl dessen Verfasser nach der Serienmessung von Bäumen aus England und dem Baltikum, die Jahrringbreite als geeignete Prüfgröße für die Stabilität von Schiffbauhölzern zu verwenden.[25] Auch skurrile Thesen wurden vertreten, wie die früher bekannte Auffassung, Bäume entwickelten keine jährlichen Ringe, sondern diese entstünden nur während des Wachstums bei jeder Vollmondphase.[26]

Zeitungsartikel über die genaue Messung des jahreszeitlichen Früh- und Spätholzes bei nur einem Ring pro Jahr waren aber in der Überzahl,[27] wobei insbesondere Messungen an Mammutbäumen sichere Ergebnisse zu liefern schienen.[28] Doppelte Ringe durch Wachstumsunterbrechungen nach Insektenfraß wurden ebenso beschrieben wie der noch wenig bekannte Verlauf des aufsteigenden und absteigenden Saftstroms der Bäume.[29] Berichte über sukzessiv abgestorbene und von Sedimenten überdeckte Wälder des Mississippi-Deltas beschrieben Zypressen mit 25 Fuß Durchmesser und 5700 Ringen, allerdings ohne die näheren Umstände von Ablagerung und Untersuchung anzugeben.[30] Die Scottish Meteorological Society schlug nach Prüfung einer umgestürzten Eiche mit 480 Ringen vor, systematische Untersuchungen zum Verhältnis von Witterung und Jahrringbreite anzustellen,[31] während selbst gegen Ende des 19. Jahrhunderts Forstexperten des US-Landwirtschaftsministeriums von der Verlässlichkeit einer jährlichen Ringbildung noch nicht überzeugt waren und diese für „guesswork" hielten.[32] Dagegen kam der Beitrag einer populären Bauzeitschrift dem Prinzip des „cross-dating" bereits sehr nahe, als er über die Untersuchung von verschieden alten Hemlocktannen berichtete: „If you began at the outer layer of two trees, one young and the other old, and counted back twenty years when the young tree indicated a growing season by a full layer, the older tree indicated the same."[33] Zur Absicherung solle man diese und ähnliche Ergebnisse mit den Witterungsdaten meteorologischer Messstationen vergleichen.

Die Wirkung der Nicht-Botaniker

Vergleicht man die sieben „Außenseiter" der Jahrringforschung miteinander, ist nach Auffassung des Autors kein einheitliches soziales Umfeld erkennbar. Es gab unter ihnen dominante Mitglieder der Gesellschaft wie Bland und Babbage, von der wissenschaftlichen Kommunikation Abgeschnittene wie Küchler, von romantischen und naturreligiösen Einflüssen geprägte Einzelgänger wie Muir oder Wissenschaftler anderer Disziplinen wie Twining, Shvedov und Kapteyn. Ein Erklärungsmuster für ihr Interesse am Wachstum von Bäumen drängt sich nicht auf, und doch entstanden ihre Untersuchungen wohl kaum zufällig: Die Biologie als Wissenschaft von der belebten Natur etablierte

---

[24]North American [Philadelphia] v. 14.06.1844.

[25]Hampshire Telegraph and Sussex Chronicle v. 08.04.1848.

[26]The Wide West v. 16.11.1856 [San Francisco].

[27]Z. B. Easton Gazette [Maryland] v. 04.06.1859.

[28]Georgia Weekly Telegraph v. 25.10.1870: hier wurde über 1500 Jahrringe berichtet.

[29]Springfield Republican v. 27.07.1879.

[30]Aberdeen Weekly Journal v. 13.12.1879 und Columbus Daily Enquirer v. 14.12.1881.

[31]Glasgow Herald v. 22.07.1880.

[32]R. W. Furras in: The Brooklyn Daily Eagle v. 14.08.1887.

[33]The Manufacturer and Builder 22 (1890), 107.

sich während der ersten Hälfte des 19. Jahrhunderts und beanspruchte die für den Erkenntniszuwachs relevanten Kategorien wie Naturgesetz, Beweis, Rationalität, Präzision und Objektivität auch für sich (vgl. Hagner 2001). Warum aber blieb die Wirkung von sechs der sieben Naturforscher so beschränkt, und warum verwiesen Jahrringforscher später kaum auf ihre Arbeiten? Möglicherweise lag es daran, dass keiner von ihnen biologischen oder geowissenschaftlichen Zirkeln angehörte, durch die ihr Wissen über Jahrringe hätte kommuniziert werden können. Einige wollten nur Anreger sein wie Twining, Babbage, Shvedov und Kapteyn, ohne dass ihre Anregungen Resonanz gefunden hätten. Sie bemühten sich weder um die Verbreitung einer Hypothese oder um die Popularisierung ihres Expertenwissens, noch führten sie weitere Experimente durch. Nur John Muir, ein Mann ohne größere wissenschaftliche Ambition, hinterließ mit seinen populären Schriften über die Berge und Riesenbäume Kaliforniens eine nachhaltige Wirkung bei naturinteressierten Laien und Naturforschern des 20. Jahrhunderts. Muir widerstand dabei auf eine eigentümliche und faszinierende Weise der Tendenz des ausgehenden 19. Jahrhunderts, nicht nur den Naturbegriff, sondern auch die Natur selbst zu funktionalisieren und zu materialisieren. Der auf die sinnliche Anschauung gerichtete „Totalcharakter der Landschaft" (Hard 1973, S. 78) war für ihn nicht bloße Metapher, sondern Wesenselement seiner Art der Naturbetrachtung, die an Alexander von Humboldt, Ralph Waldo Emerson und Henry David Thoreau anknüpfte. Emerson (1982, S. 142, 188) hatte Muir 1871 kennengelernt und zählte ihn wie schon Thoreau zu seinen Leuten („my men").

3.4   Fossiles Holz

Die Untersuchung fossiler Hölzer mit Hilfe des Mikroskops war zwar schon von Robert Hooke 1665 beschrieben worden (Hooke 1665, S. 106–110), aber erst nach der Entwicklung der Paläobotanik im 19. Jahrhundert[34] führte sie zu neuen Fragestellungen über die Phänomene und Gestalt der früheren Pflanzenwelt. Die Rekonstruktion des inneren Baus der Holzpflanzen ging einher mit dem Fortschritt von Holzanatomie und -physiologie, und man versuchte, mit diesen Mitteln Fragen der Stammesgeschichte und der Ökologie der Gewächse zu klären. Manche der Botaniker widmeten sich ausschließlich der Untersuchung von Fossilien, andere suchten die Phänomene fossiler und rezenter Pflanzen in ihrer historischen Entwicklung zu vergleichen.

Das Klima verschiedener geologischer Epochen ließ sich vor allem am jährlichen Wachstum der Bäume ablesen, und viele Naturforscher waren sich einig, dass die „Jahresringfrage in der Klimaproblemforschung der Vorzeit eine äußerst wichtige Rolle spielt", da es sich hier um einen physiologischen Faktor handele, der auch an den Bäumen der Gegenwart studiert werden konnte (Gothan 1911, S. 443). Dabei fiel ihnen die Jahrringlosigkeit mancher sehr alter versteinerter Hölzer auf, ohne dies sofort erklären zu können. Erst gegen Ende des 19. Jahrhunderts bot die Forschung über die geologischen Altersstufen der Erde eine Erklärung an: Die Bäume des Paläozoikums wiesen keine Jahrringe auf, weil das Wachstum der früher dominierenden Gewächse physiologisch anders abgelaufen sei als bei „modernen" Gymnospermen und Angiospermen. Selbst die dicksten Stämme aus dem Karbon besaßen keine Zuwachsringe, die erstmals während des Perm auftraten. Seit dieser geologischen Periode galt: „Die Zuwachszonenbildung ist eine ganz alte Eigenschaft von Reaktionen der Holzgewächse mit sekundärem dickem Wachstum." (ders. 1948, S. 72).

Für die Untersuchung fossiler Hölzer trug neben dem Wissensfortschritt über die verschiedenen erdgeschichtlichen Perioden auch die verbesserte mikroskopische Untersuchungstechnik in erheblichem Maße bei. Der Botaniker Matthias Schleiden, Mitbegründer der Zellthorie, fasste 1842 Vorbehalte gegen die Mikroskopie so zusammen: „Das eine Vorurtheil ist die vage Redensart, dass den mikroskopischen Untersuchungen nie recht zu trauen sey, weil das Mikroskop gar zu oft täusche." Und weiter: „Man meint nämlich, es gehöre zu einer mikroskopischen Beobachtung nicht viel mehr als ein gutes Instrument und ein Gegenstand, dann könne man nur das Auge über das Ocularglas halten, um au fait zu seyn." (Schleiden 1842, S. 137 f.). Für die sinnvolle Nutzung des Mikroskops als Werkzeug sei vielmehr eine sorgfältige Vorbereitung des Präparats, vor allem aber Geübtheit beim Anschauen der Gewebestrukturen notwendig. Abbildungen sollten möglichst „unkontaminiert" von der Subjektivität des Beobachters sein, um wirkliche Bildstrukturen von mikroskopischen Artefakten unterscheiden zu können. Der Beobachter müsse die Bilder „erst richtig deuten lernen, wie die Zeichen und Wörter einer fremden Sprache." (Nägeli und Schwendener 1877, S. 187).

Zwar gehören auch Pfahlbauhölzer zu den fossilen Hölzern, doch wird diese Gruppe separat in Abschn. 3.5 behandelt. Ein kurzer Hinweis soll deshalb hier zur Einordnung genügen: Die Entdeckung von Pfahlbauten lieferte ab 1854 große Mengen fossiler Holzproben, ohne dass dies allerdings Auswirkungen auf die Verbesserung der Untersuchungstechnik gehabt hätte. Erst um 1925 wurden Pfahlbauhölzer interessante Untersuchungsobjekte der Holzanatomie, und es vergingen weitere 12 Jahre, bis

---

[34]Der französische Zoologe und Anatom Henri de Blainville führte 1825 den Begriff „Paläontologie" ein, deren Teile Paläobotanik und Paläozoologie sind. Als Arbeitsgebiete entstanden diese bereits Ende des 18. Jahrhunderts. Sie befassen sich mit vorzeitlichen, fossilen Lebewesen und sind an der Grenze zwischen Biologie und Geologie angesiedelt.

Bruno Huber solche Hölzer zu Datierungszwecken einzusetzen begann. Dagegen rückten im Zuge des „Pfahlbaufiebers" archäologische Aspekte rasch in den Vordergrund. Ferdinand Keller wurde bei seiner Erklärung der Entstehung von Pfahlbauten nicht zuletzt von ethnographischen Texten beeindruckt, etwa dem Bericht des französischen Reisenden Dumont d'Urville, der 1834 „Wasserdörfer" wie die von Dorei im Nordwesten Neuguineas beschrieben hatte. Keller lehnte sich in seinem ersten Pfahlbaubericht an solche exotischen Vorbilder an, als er die Siedlungen vom Zürcher- und Bielersee bildhaft darstellte (Keller 1854, S. 81); (vgl. Heierli 1901, S. 106–112); (Rahemipour 2009, S. 154).

Doch nun zu den fossilen Hölzern im engeren Sinne. Der englische Naturforscher Henry Witham, ein Autodidakt ohne botanische Ausbildung, veröffentlichte 1833 als einer der Ersten die umfassende Beschreibung zur Herstellung von Präparaten fossiler Hölzer. Sein Material stammte vorwiegend aus dem „Lias-Oolite", einer Formation des Jura in der südenglischen Grafschaft Dorset. Die Abbildungen, die er nach den am Mikroskop hergestellten Zeichnungen als Stiche anfertigen ließ, waren von hervorragender Qualität. Witham fiel während der Untersuchungen auf, dass die Holzquerschnitte der Lias-Oolite stärker ausgeprägte Jahrringgrenzen aufwiesen als die von Kalksteinserien aus dem höheren Bergland oder von den gut bekannten bituminösen Hölzern von Bovey Tracey in Devonshire (Witham 1833, S. 31). Für die paläobotanischen Untersuchungen anderer Fachleute, wie dem Deutschen Heinrich Göppert (s. u.), erwies sich seine Präparationstechnik mit Schleifen, Einbetten und der Beseitigung von Störstellen als vorbildlich (ebd., S. 76).

Einer der ersten Botaniker, die im 19. Jahrhundert fossiles Holz mikroskopisch genau prüften, war Franz Unger. Seine Beobachtungen und Untersuchungsergebnisse beruhten auf dem gleichen Präparationsverfahren, das er auch für rezente Proben einsetzte. Bei dem Naturforscher und Naturalienhändler Andrew Pritchard in London beschaffte er sich fertige Muster auf Objektträgern, die ihm als Vorlage für die Präparation dienten (Unger 1842). Leider hatte Pritchard keine Angaben über die Art ihrer Anfertigung gemacht, so dass Unger eigene Versuchsserien durchführen musste. Zum Schneiden verwendete er Trennscheiben, wie man sie auch zum Schneiden von Steinen verwendete. Die Dicke der so gewonnenen Holzquerschnitte betrug bei Hartholz etwa 1 mm, bei Weichholz etwas mehr. Die Rohlinge kittete er auf Glas oder Schieferplättchen und schnitt sie auf einem selbst gefertigten Support noch dünner. Danach glättete er die Oberfläche mit einer Planscheibe aus Glockenmetall oder Gusseisen und schließlich mit feinem Schmirgel, ohne sie jedoch zu polieren. Plättchen von allen drei Schnittrichtungen befestigte er dann mit Spezialkitt – einer Schmelze aus 4 Teilen weißem Wachs, 2 Teilen Mastix und 1 Teil Kolophonium – auf dünnem Spiegelglas und schliff sie mit einer Scheibe so weit, bis sie lichtdurchlässig wurden. Opake Hölzer waren deshalb am Ende dünner als durchscheinende. Die abschließende Behandlung erfolgte mit Tripel (Kieselgur), einem besonders feinen silikatischen Poliermittel (ebd., S. 154–158). Nach zahlreichen, manchmal unbefriedigenden Vorversuchen stellte Unger gemeinsam mit einem Steinschneider als Gehilfe mit dieser Methode schließlich Hunderte einheitlicher Dauerpräparate her.

Erst diese sorgsame Holzpräparation erlaubte Unger eine angemessene Diagnostik zur Unterscheidung der Holzstrukturen fossiler Hölzer. Bei der Prüfung von Jahrringen unterschied er deutliche, undeutliche und fehlende; deren Breite differenzierte er grob in über 2" breite, 1–2" breite und sehr schmale unter 1". In seinem Bestimmungskatalog findet man außerdem Angaben zur Gleichmäßigkeit der Ringbreiten und zu unterbrochenen Jahreslagen. Die Breite hänge von der spezifischen Beschaffenheit der Gewächse ab, vor allem aber von der Pflanzenart:

> Es ist bekannt, dass die Breite der Jahres-Ringe an einer Pflanzenart nach Verschiedenheit der Individuen, nach ihrem Alter, – ferner, dass dieselben in einem und demselben Stamme, ja selbst in dem nämlichen Jahres-Ringe sehr ungleich ist, und dass hierauf der Standort, der Boden, die Richtung nach der Welt-Gegend, die Bewurzelung, der Wechsel trockner und feuchter Jahre, so wie das Alter der Pflanzen einen regelmäsigen [sic], oft sehr genau zu bemessenden Einfluss ausübt (ebd., S. 163).

Während einer Reise nach Ägypten fand Unger Belege für verkieselte Hölzer nahe Kairo und untersuchte nach Rückkehr einige Belegstücke fossiler Wälder aus der Sammlung der Universität München, z. B. vom Wadi el Tih, die bereits 1777 Reisenden aufgefallen waren (Unger 1858); (Anonymus 1787, S. 13 f.). Die meisten Stücke wiesen typische Spuren der Einwirkung starker Druckkräfte auf, obwohl seltener auch schwache Jahrringe auftraten (Abb. 3.6): „Auffällig durch den rötlich gefärbten Inhalt sind gewisse Elementartheile, welche vermischt unter den Prosenchymzellen vorkommen. Sie sind nichts anderes als langgestreckte dünnwandige, mit Harz erfüllte Zellen." (Unger 1858, S. 227). Wie Untersuchungen Müller-Stolls von 1950 zeigten, wirkt bei Nadelholzligniten die radiale Druckspannung auf den schwächsten Teil der Jahrringe, die Frühholzzonen und presst sie zusammen, während die stabilen Spätholzzellen meist erhalten bleiben. In den gequetschten Zonen aufeinanderfolgender Jahrringe werden dabei die Markstrahlen zu verschiedenen Seiten umgebogen (Müller-Stoll 1951, S. 760–762). Bei Ungers Überprüfung konnte es sich deshalb nicht um Palmen handeln, wie in der Sammlungsbeschreibung offensichtlich falsch deklariert. Er glaubte vielmehr, eine bis dahin noch unbeschriebene Art früher Pinien oder Auricariaceen gefunden zu haben und

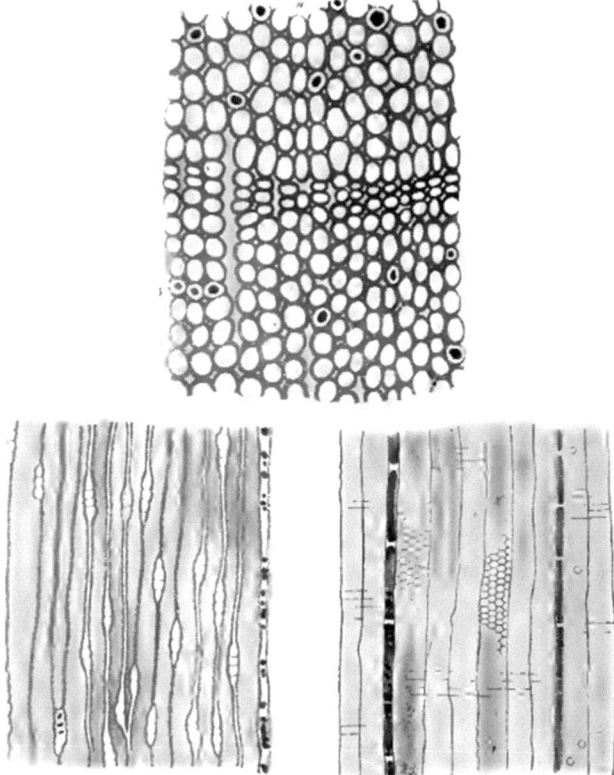

Abb. 3.6 Fossiles Holz im Quer-, Tangential- und Radialschnitt. Die Jahrringgrenze ist im Querschnitt deutlich erkennbar; Wadi el Tih, Ägypten. (Nach Unger 1858)

ordnete dieses Holz der Gattung Dadoxylon mit der Artbezeichnung *D. aegyptiacum* Ung. zu (Unger 1858, S. 229 f.).

In Deutschland prägte während des 19. Jahrhunderts vor allem der Botaniker und Arzt Heinrich Göppert (1800–1884) aus Breslau die wissenschaftliche paläobotanische Forschung.[35] Auch er verwendete Withams Präparationsvorschrift für die von ihm untersuchten bituminösen, braunkohleähnlichen und verkieselten Holzfossilien aus Wolhynien und passte sie seinen Bedürfnissen an. Wie bei Witham beschrieben, befestigte er die Proben mit Pech an einem Stab und bearbeitete sie mit einer normalen Schleifmaschine, bis ein dünnes Plättchen zurückblieb. Verkieselungen löste er mit Flusssäure auf, Reste von Bitumen entfernte er durch Glühen, ohne dabei die Holzstrukturen zu beeinträchtigen (Göppert 1841, S. 496–500). Besondere Vorsicht war bei Querschliffen geboten: „[Sie] sind aber oft sehr spröde und brechen gern an den engeren, die Jahrringe begränzenden Zellen ab, wie dies insbesondere bei den Coniferen wahrgenommen wird." (ebd., S. 498). Danach polierte er mit „Eisenroth" (Caput mortuum), einem künstlichen Eisenoxid. Für die mikroskopische Prüfung der Präparate verwendete Göppert Mikroskope der Instrumentenbauer Plössl (Wien) oder Schiek (Berlin).

In seiner 1849 von der wissenschaftlichen Gesellschaft in Harleem preisgekrönten Monographie über fossile Koniferen erläuterte Göppert den Zusammenhang von Baumwachstum und externen Einflüssen. So hänge bei Vorkommen im Riesengebirge der Baumwuchs eindeutig von den Bodenverhältnissen und der Höhenlage ab, so dass beispielsweise auf der Schneekoppe in 1400 m Höhe bei *Picea abies* nur 2 bis 3 Zellenreihen pro Ring aufträten, während die Ringe in tieferen Lagen bis zu 2 mm breit seien (Göppert 1850, S. 43). Für die Beurteilung des Wachstums bedeuteten seine bisherigen Beobachtungen, dass es in den geologischen Formationen von Muschelkalk und Keuper-Abschnitten des Trias, aber auch während Jura und Kreide keine grundsätzliche Abweichung der Jahrringe von der Jetztzeit gegeben habe. Die größte Anzahl von Ringen fand Göppert bei einem fossilen Stamm von 3 m Durchmesser aus der Gattung der Zypressengewächse, bei dem sich im Querschnitt zwischen 2200 und 2500 einzelne Ringe identifizieren ließen (ebd., S. 258).[36] Bei den meisten seiner von Querschnitten gewonnenen fossilen Holzpräparate erkannte er Holzzellen mit typischen Pressspuren aufgrund horizontaler und vertikaler Krafteinwirkung, was zu verbogenen Jahrringen mit Zickzackform geführt hatte. Völlig fehlende Jahrringe in fossilen Stämmen könne man nach seiner Ansicht auf ein dauerhaftes Wachstum unter dem Einfluss gleichmäßig hoher Tropentemperaturen zurückführen. Für die nach der Steinkohlebildung beginnenden Zeiträume gelte:

> Je mehr sich die Temperatur in den drauf folgenden bis jetzt als selbständig erkannten Erdperioden verminderte, also ein größerer Wechsel der Jahreszeiten verbunden mit immer schärferer Scheidung der Zonen eintrat, desto deutlicher erscheinen jene konzentrischen Kreise, die höchst wahrscheinlich auch damals schon als jährlich sich bildende Lagen, also als Jahresringe anzusehen waren und umso mehr traten auch Verschiedenheiten zwischen den einzelnen Floren verschiedener Gegenden hervor, während dies in der Steinkohlenperiode nicht der Fall ist (ebd., S. 260 f.).

Diese Feststellungen Göpperts gelten noch heute, wie neuere Untersuchungen fossiler Hölzer zeigen: Verschwommene Jahrringgrenzen findet man oft bei tropischen Arten wie Araucariaceen (vorwiegend in Jura und Kreide), den meist auf der Südhalbkugel der Erde vorkommenden Podocarpaceen (meist mittleres Trias) und einigen Cupressaceen. Erkennt man Ringgrenzen mit bloßem Auge, liegt offenbar ein Strukturunterschied zwischen Früh- und Spätholz vor (vgl. Greguss 1968, S. 27 f.).

---

[35]Biographisches zu Göppert: ADB 49, S. 455–460; NDB 6, 519 f.

[36]Schon 1815 hatte Oberbergrat Nöggerath in Braunkohlenlagern nahe Bonn dicke Stämme beobachtet. An einem Querschnitt konnte er bei 3 m Baumdurchmesser 792 Jahrringe identifizieren (Nöggerath 1819, S. 54 f.).

Im 19. Jahrhundert gab es noch keine Vorstellung von der langsamen Drift der Kontinentalplatten auf der Erdkugel, bei der sich geographische Lage und Zusammensetzung der Landmassen veränderten. In Jura, Kreide und frühem Tertiär lag zwischen 32° N und 32° S ein breites Band, in welchem Hölzer entweder keine Ringe besaßen oder diese nur schwach entwickelt waren. Hier dominierte kontinuierliches Wachstum. Wie bei den heutigen Sumpfzypressen Floridas in 25° nördlicher Breite unterlagen Baumarten mit schwach entwickelten Ringen in der zweiten Hälfte des Mesozoikums einem photoperiodischen Mechanismus, der an die jährliche Austriebszeit der Blätter geknüpft war (Creber und Chaloner 1984a, S. 421–425). Aufgrund der Jahrringbefunde in der späten Kreidezeit war der Klimagürtel mit geringer Saisonalität breiter und das globale Klima vermutlich wärmer als heute. Fossilienfunde spielen deshalb bei der plattentektonischen Bestimmung der Position von Landmassen bis zurück zum späten Paläozoikum eine erhebliche Rolle (Brison et al. 2001, S. 536); (Creber und Chaloner 1984b, S. 69).

Eindeutige Belege für eine Kontinentaldrift gab es schon um 1850, als der dänische Geologe Hinrich Rink in Westgrönland am Omenak-Fjord in 72° N aufrecht stehende und unter Lehm und Sand in ihrer ursprünglichen Stellung begrabene fossile Baumstämme fand. Auch kleinere Kohlevorkommen gab es hier, über die sich später Ströme von Trappbasalt ergossen hatten. An anderer Stelle fand Rink Bruchstücke kolossaler Baumstämme, die vom Inlandeis zur Küste transportiert worden waren (Rink 1854, S. 198)[37]. Einen weiteren Beleg findet man in der Dissertation von Fritz Beust – einem Neffen von Friedrich Engels –, der fossile Hölzer aus Grönland mit Hilfe mikroskopischer Dünnschliffpräparate untersuchte und dabei Jahrringgrenzen von Früh- und Spätholz unterschied (Beust 1885). Nahe am Äquator fanden die Brüder Schlagintweit 1856 bei ihrer Expedition für die Royal Society im tropischen Südindien fossile, teilweise verkieselte Hölzer mit unerwartet eindeutigen Jahrringen. Querschnitte der 27 erhaltenen Belegstücke wurden erst 1882 mikroskopisch untersucht: Bei Araucarioxylon waren die Jahrringe durch zwei bis drei Lagen tangential abgeplatteter Tracheïden scharf gegen das Frühjahrsholz des folgenden Jahres abgegrenzt, während das Sommerholz allmählich in Herbstholz überging. Bei Cedroxylon aus Nagpur grenzten sich die Jahresringe durch sechs bis sieben Lagen Herbstholzzellen scharf von den Zellen des folgenden Jahres ab (Schenk 1882, S. 355). Ohne die erst 1915 von Alfred Wegener formulierte Hypothese einer permanenten Kontinentalverschiebung konnten

solche an Fossilien gewonnenen Ergebnisse aber nicht endgültig erklärt werden.

Um 1900 war trotz des erwähnten Defizits einer geophysikalischen Erklärung der früheren Lage von Landmassen ein großer Fortschritt bei der paläobotanischen Forschung erkennbar: Die Untersuchungsmethode war gut entwickelt, die Entstehungsgeschichte des fossilen Holzgewebes ließ sich befriedigend rekonstruieren, und die Faktoren des Zellwachstums waren überwiegend bekannt. Fast immer orientierte man sich an der Struktur rezenter Pflanzen und verwendete für die Jahrringbildung fossiler Hölzer das Erklärungsmuster der modernen Baumphysiologie: „A process of exogenious growth demands the pre-existence of some meristemic equivalent of a cambium." So seien die bei Fossilpräparaten unter dem Mikroskop sichtbaren Schichten von offensichtlich gequetschten länglichen Zellen mit quadratischem Ende folgendermaßen entstanden: „[Layers] which may fairly be regarded as cambiform products of a cambial layer, the meristemic activity of which may have manifested itself irregularly rather than periodically." (Williamson 1887, S. 17).

An Untersuchungen zur Holzstruktur der Paläohölzer war auch Hugo Conwentz beteiligt, ein Schüler Göpperts, der bei der Untersuchung von zwischeneiszeitlichen Geschiebehölzern aus Südschweden mit Ringbreiten von 0,3 bis 2,3 mm (d. h. von 12 bis 69 Zelllagen) feststellte: „Die Wandstärke nimmt von der ersten Frühlings- bis zur letzten Sommertracheïde allmählich zu und gleichzeitig verkürzt sich der radiale Durchmesser der Zellen von innen nach außen." (Conwentz 1892, S. 15 f.). Unterschiedliche wirkende Druckkräfte führten zu ganz unterschiedlichen geometrischen Formen der Holzzellen. Nicht immer war man sich jedoch über das Auftreten von Baumringen aus verschiedenen Weltregionen im Klaren. So zeigten sich bei der Prüfung der anatomischen Anordnung der Holzelemente an rezenten und fossilen Araucariaceen der Südhalbkugel bei vielen Stämmen markante Ringe, die aber nur mikroskopisch zu unterscheiden waren, während sie bei anderen fehlten, etwa bei A. brasiliensis. Vorhandene Ringe bei Exemplaren aus den Royal Botanic Gardens in Kew ließen dabei nicht unbedingt Schlüsse auf ihr Vorkommen in Südchile zu (Seward und Ford 1906).

Nach der Jahrhundertwende trug vor allem Walter Gothan[38] viel zum Wissen über fossile Hölzer bei, einschließlich der Araucariaceen. Er bestätigte das gelegentlich auftretende Phänomen von mit bloßem Auge sichtbaren Ringen, die sich beim Blick durch das Mikroskop aber nicht mehr als Ringe deuten ließen. Oft lagen optische Täuschungen durch das unterschiedliche Verhalten der Zellmembranen vor, bei denen das Charakteristikum echter

---

[37]Auch der Paläontologe Oswald Heer fand im Süden Grönlands fossile Zypressen und Sequoien aus dem Miozän, vgl. Heer (1874, S. 7) und passim.

[38]Biographisches zu Gothan: NDB 6, S. 654.

Ringe fehlte, nämlich „das Absetzen der englumig-dick-wandigen Spätzellen gegen die weitlumig-dünnwandigen Frühjahrszellen." (Gothan 1904, S. 914). Die Zell-membranen wurden nämlich im Laufe der Fossilierung wei-cher, so dass sich bei seitlichem Druck auf die Zellwände die Zellabschnitte zusammenschoben. Durch die Verengung des Lumens erschien deshalb die untersuchte Schicht bei makroskopischer Betrachtung dunkler als vorher. Got-han hielt daher die Jahrringdiagnostik fossiler Hölzer zur Bestimmung geologischer Formationen für ein wichti-ges Hilfsmittel, das in Zweifelsfällen Aufschluss über den Wechsel von Wärme–Kälte oder Feuchte–Trockenheit gebe: „Obwohl im Tertiär in unseren Gegenden noch ein recht tropisches Klima geherrscht haben muß, sind die Jahrringe in dieser Formation so deutlich wie heute." (Gothan 1905, S. 90 f.).

Eine bis zum Anfang des 20. Jahrhunderts wenig beachtete Quelle fossiler Hölzer wurden für Paläonto-logen und Holzforscher die großen Braunkohletagebaue wie die im Rheinland westlich von Köln oder die der Lau-sitz. Die Lagerstätten aus dem Miozän mit einem Alter von 5 bis 25 Mio. Jahren enthielten oft gut erhaltene fossile Stämme von Zypressen (Cupressynoxylon) mit schmalen Ringen und großem Harzanteil: „Den besten Erhaltungs-zustand weisen oft vertikal stehende Stümpfe auf. Der auf ihnen lastende Druck hat sie wohl vielfach zertrümmert, konnte aber, wie die beschriebenen Druckversuche lehren, ihre Struktur nicht wesentlich beeinflussen." (Schönfeld 1921/23, S. 318). Baumstubben von Juniperoxylon aus der-selben Pflanzenfamilie in Braunkohlen der niederländischen Provinz Limburg wiesen ebenfalls deutliche Ringe neben Pseudojahrringen mit dickwandigen verkürzten Zellen auf (Kräusel und Schönfeld 1924, S. 259).

Praktiker des Tagebaus wie der Oberingenieur Theo-dor Teumer stellten sich die Frage, ob das Wachstum fossiler Bäume den gleichen Einflüssen folgte wie bei rezenten Bäumen, wenn die Klimafaktoren nicht iden-tisch waren. Welche Schwankungen traten beim Wachstum auf, und worauf lassen sich diese zurückführen? Gab es Wachstumsunterschiede in den einzelnen geologischen Horizonten? (Teumer 1922, S. 19). Die Resultate seiner Prüfung zeigten ein meist stark schwankendes Wachs-tum mit schwacher Korrelation zwischen der Anzahl der Jahrringe und dem Baumdurchmesser. Doch gab es auch Ausnahmen wie in der „Grube Renate" in der Nieder-lausitz, wo Teumer ein Taxodiumstubben mit 16 Ringen auf 2,1 mm Radiuslänge auffiel. Beim Absuchen der Nach-barschaft fand er im Querschnitt von vier weiteren Stub-ben die gleiche signifikante Ringfolge, d. h., diese Bäume waren etwa gleichaltrig und hatten dieselbe Trocken-periode erlebt. Nach seiner Auffassung hätten nur „[…] konsistent gewordene Moore während einer Stillstandslage im Senkungsvorgang jene gigantischen Wälder getragen,

deren Reste wir in den Stubbenhorizonten vor uns haben." Ein Vergleich mit rezenten Wäldern sei deshalb schwie-rig (ebd., S. 25). Neuere Untersuchungen zeigten, dass ein zuverlässiger dendrochronologischer Altersvergleich durch „cross-matching" fossiler Hölzer einschließlich einer Rekonstruktion der Paläoumwelt möglich ist, z. B. mit Hilfe der Röntgendensitometrie zur besseren Unter-scheidung der Jahrringe, s. Bridge et al. (1990, S. 90); (vgl. Schweingruber et al. 1978). Offenbar folgte das Wachstum von Bäumen früherer Erdzeitalter denselben Einflussgrößen wie heute, obwohl die jeweils wirksamen Klimafaktoren nicht völlig identisch waren.

3.5 Pfahlbauten

Kaum ein Ereignis hat die Entwicklung der jungen wissen-schaftlichen Disziplin Vor- und Frühgeschichte ähnlich stark beeinflusst wie Mitte des 19. Jahrhunderts die Ent-deckung der Pfahlbauten in der Schweiz. Der Wissen-schaftshistoriker George Sarton erinnerte 1934 an den Beginn dieser Entwicklung und an die zunehmende Inter-aktion zwischen Archäologie und Naturwissenschaften (Sarton 1934). Nach seiner Auffassung hätten Archäologen damals erfolgreich die Grenze zwischen zwei Forschungs-bereichen überbrückt, eine These, deren Erläuterung er jedoch schuldig blieb. Desungeachtet erscheinen aus heuti-ger Sicht die Anfänge der Pfahlbauforschung in ihrer Wir-kung auf die „Altertumswissenschaften" vergleichbar mit der Einführung der Radiokohlenstoffmethode nach 1950, vor allem wegen der sich anschließenden Revision mancher archäologischer Datierungen.

3.5.1 Die Bedeutung der Pfahlbauten

Die Beschreibung der ersten Pfahlbauten löste in ganz Europa ein wahres Pfahlbaufieber aus, und innerhalb weni-ger Jahre wurden an den meisten Seen am Rande der Alpen und an zahlreichen Mooren Pfahlbausiedlungen entdeckt: „Die Geschichte begann nicht mehr in Rom oder Athen, sondern mit den Pfahlbauten von Steckborn, Wangen und Schussenried." (Leuzinger und Schöbel 2004, S. 12). Auf internationalen Kongressen, beispielsweise 1864 und 1877 in Konstanz oder 1899 in Lindau, sprachen Anthropologen wie Rudolf Virchow mit Prähistorikern wie Oskar Monte-lius über die Bedeutung der Pfahlbauten am Bodensee für die frühe Geschichte Europas. Mit einer oft schwärmeri-schen Begeisterung konstruierte man neue Fakten über die noch unbekannte eigene Vergangenheit und stellte sie in ersten Versuchen als Idyll südseeartiger Dörfer im freien Wasser zur Schau, beispielsweise auf der Weltausstellung 1867 in Paris und in Vorlagen für den Schulunterricht in

Preußen und der Schweiz (Schöbel 2004, S. 223 f.). Diese Konstruktion einer Parallelentwicklung mit fremden Völkern und deren Kulturen war gewollt: „Sie wurden kurzerhand mit den steinzeitlichen Kulturen auf eine Stufe gestellt und bildeten die Folie für alle möglichen Projektionen nach rückwärts." (Schlichtherle und Wahlster 1986, S. 16). Der britische Historiker Eric Hobsbawm prägte später für den Sachverhalt einer solchen Projektion, die von manchen Staaten für die Legitimation einer langen Traditionslinie genutzt wurde, die Formel von der „invention of tradition" (Hobsbawm und Ranger 1983, S. 1–3).

Nach dem Ersten Weltkrieg begann die Pfahlbauforschung in größerem Umfang, naturwissenschaftliche Methoden für die Grabungen und Interpretation der gewonnenen Befunde einzusetzen. Nach dem Zweiten Weltkrieg kam es in Deutschland erst nach einer längeren Verzögerungsphase zur Weiterentwicklung solcher Methoden, um mit ihrer Hilfe ideologisch geprägte Fehlinterpretationen der Vorgeschichte während der NS-Zeit zu korrigieren. In dem 2009 gestellten Antrag zur Kandidatur der alpenländischen Pfahlbauten für das UNESCO-Welterbe wurden deshalb bewusst kultur- und naturwissenschaftliche Ansätze für die Präsentation und zukünftige Forschung aufgenommen (PALAFITTES 2009); (vgl. Schöbel 2004, S. 233). Dies war der Einsicht geschuldet, dass es voraussetzungslose Wissenschaft, einschließlich der Naturwissenschaften, nicht geben könne. Für die im vorliegenden Buch behandelte Entwicklung der Jahrringforschung wie auch für andere archäologische „Hilfswissenschaften" waren die Pfahlbauten als Untersuchungsobjekte deshalb außerordentlich bedeutsam.

3.5.2 Zur Geschichte der mitteleuropäischen Pfahlbauforschung

Die Anfänge der Pfahlbauforschung spielten für die Nationalgeschichte der 1848 vom Staatenbund zum Bundesstaat gewordenen Schweiz eine besondere Rolle. Die meisten Schriften sehen in der ersten Beschreibung und Interpretation der Pfahlwerke von Obermeilen am Zürichsee durch den Archäologen und Altertumsforscher Ferdinand Keller (1800–1881) ihren Ausgangspunkt. In seinem ersten Grabungsbericht von 1854 erläuterte Keller die Umstände der Entdeckung und bot bereits in Titel und Vorwort eine Interpretation der Befunde an. Im Januar 1854 hatten Arbeiter und Bewohner in kurzfristig verlandeten Zonen am See zwischen Obermeilen und Dollikon Pfahlköpfe, Hirschgeweihe und verschiedene Gerätschaften gefunden und dies dem Lehrer Johannes Aeppli gemeldet. Aeppli war schon 1851 auf ähnliche Funde aufmerksam geworden, schenkte seine 1854 gesammelten Gegenstände der Antiquarischen Gesellschaft in Zürich und zeichnete

auf Veranlassung von deren Präsident Keller einen Plan der Fundstelle (Historisches Lexikon der Schweiz 2017).[39] Für das Verständnis späterer Beobachtungen, Untersuchungen und kontroverser Deutungen der Pfahlbauten („Pfahlbauproblem") sind die ersten Äußerungen Kellers noch heute mitteilenswert. Über die Lage der Fundstelle und erste Beobachtungen schrieb er:

In Folge der ausserordentlichen Trockenheit und anhaltenden Kälte während der Wintermonate von 1853 auf 1854 stellte sich im Alpengebiete die ungewöhnliche Erscheinung ein, dass sich die Flüsse ins Innere ihrer Bahn zurückzogen und die Spiegel der Seen bedeutend sanken, so dass am einen Orte ein breiter Strand das Schwinden des Wassers verkündigte, am andern eine nie gesehene Insel auftauchte. […] Während an den Ufern des Rheins, der Aar, der Limmat Ueberreste von Römerbauten zum Vorschein kamen, trat am Zürchersee eine Ansiedelung aus grauer Vorzeit zu Tage, die zwar schon im J. 1829 bemerkt, erst jetzt aber genauer untersucht werden konnte (Keller 1854, S. 68).

Zu den Befunden an den Hauptstellen der Niederlassung, die er zunächst nicht auf dem Land, sondern seewärts bis zu einer Linie plötzlich zunehmender Wassertiefe vermutete, schrieb Keller:

Die Pfähle bestehen aus Eichen-, Buchen-, Birken- und Tannenholz und haben eine Dicke von 4–6 Zoll. Sie sind nur ausnahmsweise ganze Stämme, viel häufiger, wie die Jahrringe in den Querschnitten deutlich zeigen, Drittel oder Viertel gespaltener Stämme. Alle sind am untern Ende durch Behauen oder Anbrennen zugespitzt worden. […] Die ursprüngliche Länge der Pfähle lässt sich nicht mehr bestimmen, da sie alle in der Culturschicht endigen und die eigentlichen Köpfe, die ohne allen Zweifel über die Wasserfläche hervorragten, längst verschwunden sind. Sie muss aber jedenfalls sehr verschieden gewesen sein, da einige Pfähle, die ausgegraben werden konnten, 7–8 Fuss massen, und das Ende anderer bei 8 und 10 Fuss unter der Culturschicht noch nicht erreicht wurde. […] Nach der übereinstimmenden Angabe aller Arbeitsleute liefen die Pfahlreihen parallel mit dem Ufer und in ziemlich geraden Linien sowohl dem See entlang als seeeinwärts. Sie standen an einem Orte etwas gedrängter als am anderen aber im Mittel in Zwischenräumen von 1–1½ Fuss (ebd., S. 69 f.).

Die Anordnung der Pfahlbaubefunde und ihre erste Interpretation durch Keller führten bei der Mehrzahl der Prähistoriker bis nach der Wende zum 20. Jahrhundert zur fast kritiklosen Annahme einer weitgehend homogenen „Pfahlbaukultur", die, wie damals bei vorrömischen Befunden üblich, den Kelten zugeschrieben wurde. Diese Auffassung wurde erst durch Forschungen im 20. Jahrhundert revidiert, nachdem deutlich wurde, dass zwischen 5000 und 1000 v. Chr. die Seerand- und Feuchtbodensiedlungen meist entstanden, wenn eine allgemeine Zunahme der

[39]Am Bodensee lässt sich die Erforschung der dortigen Pfahlbauten auf das Jahr 1811 zurückführen, als Kaspar Löhle bei Wangen am Untersee auf freigelegte Stümpfe aufmerksam wurde und u. a. Steinbeile zu sammeln begann, vgl. Schlichtherle (1988, S. 21 f.).

Siedlungstätigkeit im Landesinneren auftrat. In Deutschland ging man dieser Frage beispielsweise im Rahmen des DFG-Schwerpunktprogramms „Siedlungsarchäologische Untersuchungen im Alpenvorland" (1983–1993) mit verschiedenen Methoden nach, etwa der Holzforschung, Siedlungsarchäologie und Pollenanalyse (DFG 1990). Offenbar waren die Menschen bei starkem Bevölkerungswachstums gezwungen, auch auf scheinbar ungünstige Randzonen auszuweichen. Sicher war es nachteilig, weite Wege zum bebaubaren Ackerland zurücklegen, doch standen dem die Nähe zu den Verkehrswegen auf dem Wasser und den Fischfanggründen entgegen. Die Frage der kulturellen Zugehörigkeit der Pfahlbauer wurde dabei besonders in Deutschland nach 1920 ideologisch besetzt, und erst nach dem Zweiten Weltkrieg setzte sich die Auffassung von verschiedenen Kulturkreisen durch, die oft unabhängig voneinander einen auf den ersten Blick ungünstigen Bauplatz wählten. Von einem „nordischen Einfluss" war bei anthropologischen Untersuchungen nach 1900 im Wauwilermoos jedenfalls noch nicht die Rede, vgl. Schlaginhaufen (1924); zur Frage der Besiedlung der Seeufer: allgemein vgl. Vogt (1955, S. 131); zum Federseegebiet vgl. Landesdenkmalamt BW (2004, S. 52 f., 223).

Keller stellte 1854 in seiner ersten Beurteilung der Pfahldörfer die Frage, ob deren Bewohner ihre Bauten auf trockenem Uferboden gebaut oder ob diese wie gegenwärtig im See gestanden hätten und auf der Höhe des Pfahldammes wie auf einer Brücke aufgereiht gewesen seien (Keller 1854, S. 80). Bald darauf entschied er sich jedoch für reine „Seebauten" mit einheitlich pfahlgetragener Plattform, auf der die Häuser ständig über der Wasseroberfläche standen, außerdem für die keltische Herkunft ihrer Bewohner. Im 2. Pfahlbaubericht von 1858 verschwand dann der Begriff „keltisch" aus dem Berichtstitel und im 3. Bericht von 1860 wurden ebenerdige Siedlungen diskutiert, ohne dass Keller aber jemals von seiner Auffassung abwich (vgl. Martin-Kilcher 1979). Nach Kellers Vermutung waren alle Pfähle gleichzeitig gesetzt worden, außerdem sah er den Wasserstand der Seen bis in die Gegenwart als konstant an. Unterstützt wurde seine These von dem Züricher Geologen Arnold Escher von der Lindt, der aufgrund der Schichtenabfolge die Ansicht vertrat, das Pfahlwerk müsse von allem Anfang an im See gestanden haben (Keller 1854, S. 69 f.); (vgl. Speck 1981, S. 105).

Nach 1858 führte Keller gemeinsam mit dem prähistorisch interessierten Torfstecher Jakob Messikommer eine Flächengrabung im Robenhausener Moor am Pfäffikersee durch, die 1872 der französische Archäologe Gabriel de Mortillet zu einer Typenlokalität machte. Das „Robenhausien" wurde so zu einem Abschnitt der Jungsteinzeit. Mit dieser Grabung gesellten sich zu den „Seedörfern" nun die Niederlassungen im vertorften Uferbereich kleiner Verlandungsseen, von Keller „Moor- oder Riedseen" genannt

(Keller 1854, S. 106–110). Zu dem Wauwilermoos (1858) und dem Robenhausener Moor (1858) kamen 1862 Niederwil und 1875 Schussenried am Federsee hinzu. Oberst Suter von Zofingen entdeckte im Wauwilermoos zum ersten Mal Hausböden aus Holzprügeln. Die falsche Annahme, Torfbildung fände unter Wasser statt, bestätigte die Ablehnung ebenerdiger Moorsiedlungen. Keller gab diesen neuartigen Baubefunden den Namen „Packwerk- oder Floßbauten", deren kreuzweise geschichtete Prügelböden die Hütten trugen, durch senkrechte Pfähle am Ort fixiert waren und sich je nach Wasserstand hoben oder senkten. Außerdem hielt er diese Bauweise auf Seen von geringer Tiefe und Ausdehnung („Sumpfseen") beschränkt (ebd., S. 109 f.). Die ersten Kontroversen um Pfahl- oder Moorbau zogen sich bis etwa 1910 hin, nachdem im Wauwilermoos der Bauer Meyer von Schötz mit Unterstützung des Archäologen Jakob Heierli das „Pfahlhaus Meyer" am Standort Schötz I Ende 1906 vollständig freigelegt hatte (vgl. Abb. 3.7). Nach den Originalplänen von Heierli und Meyer wurde später zeichnerisch eine Rekonstruktion der sechs Holzlagen des Pfahlhauses Meyer versucht (vgl. Abb. 3.8). Meyer hatte am Standort Schötz II zudem direkt auf dem Torf aufliegende Hausböden gefunden, die Heierli allerdings ganz im Sinne Kellers als ehemaligen Wasserpfahlbau interpretierte (vgl. Vogt 1955, S. 127); (Speck 1981, S. 116 f.). Der Archäologe Christian Strahm erklärte dieses „Pfahlbauproblem" 1983 für erledigt, da es an den Alpenrandseen keine einheitliche Siedlungsweise gebe, sondern nur unterschiedliche Lösungen als Folge der Anpassung an die vorgefundenen Naturräume, eine Auffassung, der sich die Forschung seitdem angeschlossen hat (Strahm 1983); (vgl. Hoops und Beck 2004, S. 56).

Nach den ersten Pfahlbauberichten Kellers erschienen zahlreiche Übersichtsartikel, Vortragsveröffentlichungen und Studien, die fast alle sein Konzept der Besiedlung von Seeuferflächen mit Gründung der Pfähle im Flachwasserbereich

Abb. 3.7 Wauwilersee, Ausgrabung Schötz I, Pfahlhaus Meyer, Stand Sep. 1904; hinten Johann Meyer mit einer Gneissplatte des Herdes. (Aus Heierli und Scherer 1924)

Abb. 3.8 Zeichnerische Rekonstruktion der sechs Holzlagen des Pfahlhauses Meyer. (Aus Heierli und Scherer 1924)

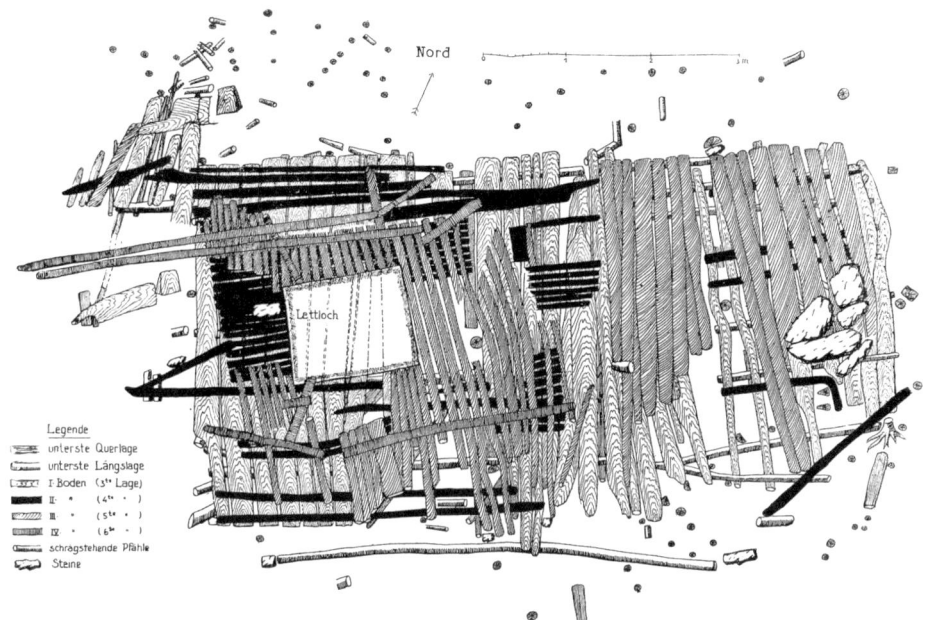

einerseits und der Besiedlung von Moorflächen andererseits publizistisch verbreiteten.

Besonders wirksam bei der Verbreitung der romantischen „Pfahlbauidee" außerhalb Mitteleuropas war der schottische Archäologe Robert Munro (1835–920), der nach eigenen Forschungen an schottischen Seeufersiedlungen die ersten sechs ins Englische übersetzten Pfahlbauberichte Kellers 1888 in seine *Rhind Lectureship in Archaeology* integrierte. Zur Vorbereitung auf diese von der Society of Antiquaries of Scotland unterstützte Veranstaltungsreihe reiste Munro zwei Jahre lang durch Europa und besuchte zahlreiche Museen und Ausgrabungsstätten. Nach einem „hasty run" schrieb er unter dem Eindruck von Kellers Pfahlbaukonzept: „This discovery of Dr. Keller was not of the nature of a lucky find, but was the result of a purely mental process." (Munro 1890, S. 3). Seine Reiseeindrücke über die Entdeckungs- und Grabungsgeschichte von Königsberg bis Triest einschließlich der Beschreibung von Funden vor 1854 verarbeitete er zu einem relativ geschlossenen Konzept einer neuen wissenschaftlichen Forschungsrichtung. Einen entscheidenden Einfluss auf die Methoden der Archäologie im ausgehenden 19. Jahrhundert und damit auch auf Fragen der Pfahlbauforschung sah er in Charles Lyells *Principles of Geology*. Dieser habe schon in Untertitel und Vorwort seines Werks Gesetzmäßigkeiten und daraus abzuleitende Ereignisse der Erdgeschichte postuliert, die bis in die Gegenwart unverändert wirksam seien („uniformity"). Dadurch angeregt habe der dänische Altertumsforscher Christian J. Thomsen dann 1830 sein bekanntes Dreiperiodensystem aus Stein-, Bronze- und Eisenzeit für das nördliche Europa aufgestellt (ebd., S. vii, 1).

Munro übernahm die Keller'sche Zuordnung der Pfahlbaubewohner der schweizerischen Seen zur Stein- und Bronzezeit und auch dessen Vermutung über die Herkunft der ersten jungsteinzeitlichen Einwanderer aus dem Raum des Schwarzen Meeres und des östlichen Mittelmeeres (ebd., S. 551 f.), ebenso die Zuordnung der in Schussenried am Federsee 1876 entdeckten Feuchtbodensiedlung zur steinzeitlichen Periode (ebd., S. 147). Nach dem Forschungsstand von 1997 gilt die Zuordnung des Fundplatzes Riedschachen in der Gemarkung Schussenried am Federsee zum Neolithikum als gesichert, während nahe gelegene Siedlungen wie Dullenried dem Endneolithikum, die „Siedlung Forschner" der frühen Bronzezeit und die „Wasserburg Buchau" der späten Bronzezeit zugeordnet werden (Schlichtherle 1997).

Drei wesentliche Punkte kennzeichnen die frühe Pfahlbauforschung insgesamt und speziell im Hinblick auf die Anwendung naturwissenschaftlicher Untersuchungsmethoden:

- Sie trug zur Etablierung einer institutionalisierten Vorgeschichtsforschung in den Ländern rund um die Alpen bei.
- Unterschiede bei der Interpretation der Befunde führten nach dem Ersten Weltkrieg vor allem in Deutschland zu heftigen wissenschaftlichen und politisch-ideologischen Auseinandersetzungen.
- Die überraschend unzureichende Bestandsaufnahme ganzer Siedlungen ging einher mit einer ebenso unzureichenden Untersuchung der Einzelbefunde durch archäologisch-stratigraphische und naturwissenschaftliche Methoden.

Während die beiden ersten Feststellungen heute nicht umstritten sind, lässt sich der dritte Punkt von dem Satz des Pfahlbauforschers Emil Vogts ableiten: „Es ist eigentlich erstaunlich, dass eine Idee wie die Ferdinand Kellers solches Aufsehen erregte, denn er hat sie nie durch eine ausführlichere Beweisführung unterbaut." (Vogt 1955, S. 120). Nach seiner Auffassung fanden in den Pfahlbauberichten vor allem die Gegenstände menschlicher Kultur, meist spektakuläre Funde wie Schmuckstücke, Werkzeuge, Waffen und Gefäße, Beachtung. Wissenschaftlich brauchbare Pläne seien entweder gar nicht erstellt oder – falls es überhaupt Pläne gab wie beim Pfahlhaus Meyer im Wauwilermoos – sie seien wegen der Schwierigkeiten bei der Planaufnahme mehrerer Hausböden später nicht mehr verständlich oder interpretierbar (ebd., S. 125, 127). Außerdem habe es eine zu geringe Unterstützung archäologischer Arbeiten durch die Naturwissenschaften gegeben während einer Zeit, in der sich die Glazialgeologie und die Geologie der Seen und Moore gerade erst entwickelten. Die Auffassung Vogts, neuere Untersuchungsmethoden hätten während der frühen Phase der Pfahlbauforschung überhaupt noch nicht existiert, erscheint dem Autor jedoch nicht haltbar. Zwar räumte Vogt das Interesse von Botanikern an Resten von Wild- und Kulturpflanzen in den Kulturschichten ein, übersah dabei aber das vorhandene Wissen über fossile Hölzer. Bereits um 1800 wurde nämlich in England über solche Untersuchungen berichtet, und Heinrich Göppert beschrieb Mitte des 19. Jahrhunderts mehrfach die Strukturen solcher Hölzer, Oswald Heer einige Jahrzehnte später.[40] Auch Fritz Beust hatte eine Bestandsaufnahme zur Anatomie fossiler Hölzer aus Grönland mit Hilfe mikroskopischer Dünnschliffpräparate vorgelegt. Dabei konnte er im Quer- und Radialschliff „Frühjahrs- und Herbstholzzellen" einschließlich der Jahrringe eindeutig beschreiben (Beust 1885, S. 4 f.). 1901 beklagte Fritz Netolitzky die nicht ausreichende Nutzung des Mikroskops bei Pflanzenuntersuchungen in der Urgeschichtsforschung und führte als Beispiel dafür Heers Buch *Die Pflanzen der Pfahlbauten* an, in dem eine Vergrößerung der Objekte keine Rolle spiele (Netolitzky 1901, S. 1 f.). Zahlreiche mikroskopische Untersuchungen von Walther Gothan und Ernst Neuweiler über Holzstrukturen, mit denen beide einen Zusammenhang zwischen Holzwachstum und dem Klima der Vorzeit herzustellen suchten, lassen sich ebenfalls als Belege für die bereits gut entwickelten naturwissenschaftlichen Untersuchungstechniken heranziehen (Gothan 1905); (Neuweiler 1901); (ders. 1905, S. 23). Gothan beschrieb hier den Einfluss von Klimafaktoren auf die Jahrringbildung und die

geologische Altersbestimmung, was mikroskopische Untersuchungen erforderlich mache, und Neuweiler beklagte die oft unzulängliche Bestimmung von Holzpflanzen, deren Resultate meist kritiklos übernommen würden.

Auch bei der Planaufnahme von Pfahlbausiedlungen gab es entgegen der von Vogt vorgetragenen Auffassung durchaus schon den Einsatz von Methoden, die auch einer heutigen Bewertung noch standhalten. Zu nennen sind umfangreiche Untersuchungen von 1873/1874 mit Profilen und der Beschreibung von Artefakten am Bielersee im Rahmen der Juragewässerkorrektion durch den Geologen Edmund v. Fellenberg (Fellenberg 1874); (vgl. Speck 1981, S. 115). 1897/1898 überprüfte der Karlsruher Altertumsforscher Karl Schumacher am Bodensee durch Kartierung und Profilschnitte die von Raubgrabungen beeinträchtigten Pfahlbauten von Bodman, Maurach und Unteruhldingen. Die damals vorgenommene Aufnahme der Schichtenfolgen und die Größe der Pfahlfelder machte dabei erstmals die Unterscheidung zeitlich aufeinanderfolgender Siedlungen möglich (Schumacher 1899).

3.5.3   Pfahlbauten und politische Ideologien

Die Entdeckung der Pfahlbauten verstärkte nach 1871 in Deutschland das Bedürfnis nach nationaler Identität und auch „[d]ie Entfaltung der Vor- und Frühgeschichte als Wissenschaft ist nur vor dem Hintergrund der Denkmuster des 19. Jahrhunderts erklärbar." (Steuer 2004, S. 358). Die Begriffe „völkisch", „deutsch" und „national" waren schon lange vor der NS-Zeit als Synonyme in den fachlichen Diskurs aufgenommen worden, etwa als Johann Gottlieb Fichte 1811 schrieb: „Deutsch heißt schon der Wortbedeutung nach völkisch." (Fichte 1831, S. 147). Die Vorstellung von einer gemeinsamen Vergangenheit führte zur Gründung von Geschichts- und Altertumsverbänden, in denen sich aus dem bildungsbürgerlichen Milieu auch viele Anhänger der völkischen Bewegung mit der Vorgeschichte befassten und spätestens nach der Reichsgründung oft germanophil und national-chauvinistisch argumentierten. Ähnliche Erscheinungen gab es in Dänemark und Schweden, in Frankreich und der Schweiz vgl. Geary (2002, S. 47); (Steuer 2004, S. 472 f.). Der Begriff der Rasse hatte in diesem Kontext zunächst noch einen recht unbestimmten Inhalt, doch gab es in Deutschland unter vorgeschichtlich interessierten Lehrern, Professoren, Geistlichen und Freiberuflern zunehmend Tendenzen, das Volk nicht nur als kulturelle und sprachliche Einheit innerhalb des Staates, sondern auch als biologisch konstituierte ethnische Gemeinschaft zu sehen. „Rassenfragen" gerieten so ebenfalls in den Fokus von Prähistorikern. Das Interesse an der Vorgeschichte nahm zu, die Beschäftigung mit der klassischen Antike mit ihrer „ex oriente lux"-Vorstellung ging

---

[40]Correa de Serra (1799) behandelte das Heben und Senken des Wasserspiegels sowie die Abdeckung der Pfähle von Birke, Tanne und Eiche; Göppert (1850), Heer (1865, S. 38–41) und Heer (1883) untersuchten fossile Hölzer und Jahrringstrukturen.

zurück. Prähistorische Forschung sollte von jetzt an nachweisen, dass es Zeugnisse altgermanischer Kulturhöhe gebe und dass vor allem die Zivilisierung der Germanen nicht durch Einflüsse aus dem Orient, der griechisch-römischen Antike und dem Christentum erfolgte. Parallel dazu entwickelte sich eine anthropologische Arbeitsrichtung mit starkem Einfluss auf die Altertumsverbände, deren prominentester Vertreter der Mediziner Rudolf Virchow war. Zunehmende öffentliche Aufmerksamkeit bedeutete aber noch keine Etablierung der Disziplin Vorgeschichte auf wissenschaftlicher Basis. Sie begann erst mit Gustav Kossinna (1858–1931), einem der bis heute umstrittensten Vertreter der prähistorischen Forschung (vgl. Wiwjorra 1996).[41] Aus Gründen einer konsistenten Behandlung der „Pfahlbauten" greifen die nachfolgenden Ausführungen zwar weit ins 20. Jahrhundert aus, beruhen aber auf Tatsachen und Überlegungen des 19. Jahrhunderts. In Abschn. 6.3 und 6.4 werden sie noch einmal aufgegriffen.

Kossinna erschien in diesem sozialen Klima zunächst als wissenschaftlicher Außenseiter, trat aber bald mit seinem dogmatisch formulierten Deutungsmuster zur Siedlungsarchäologie als Verkünder einer „neuen Weltanschauung" hervor, erstmals 1895 auf der Anthropologen-Versammlung in Kassel, und dann 1911: „Scharf umgrenzte archäologische Kulturprovinzen decken sich zu allen Zeiten mit ganz bestimmten Völkern und Völkerstämmen, wobei Kulturprovinzen über die Kartierung von Fundtypenkombinationen beschrieben werden" (Kossinna 1911, S. 3). Mit einer solchen Argumentation stützte er deutsche territoriale Ansprüche in den östlichen Grenzgebieten, außerdem das Bewusstsein rassischer Überlegenheit und kultureller Vorrangstellung. Historiker bezeichneten ihn deshalb als einen „Wegbereiter der nationalsozialistischen Ideologie" (Grünert 2002)[42], der in seiner prähistorischen Disziplin seit Beginn der 1920er-Jahre in Hans Reinerth einen der wichtigsten Adepten fand. Seine programmatischen Aussagen standen in auffälligem Gegensatz zu seiner Forschungsleistung. So schrieb er 1912: „Unsere heutige Begeisterung für angestammte deutsche Art […] ruht auf dem tiefen, sichern und unverrückbar festen Grunde mächtig erweiterter geschichtlich-naturwissenschaftlicher Erkenntnis" (Kossinna 1934, S. 3). Gerade die Naturwissenschaften sollten „archäologische Tatsachen" liefern, die „eine jahrtausende alte Kultur Mittel- und Nordeuropas vor der Römerzeit dartun" und „unwiderleglich sind" (ebd., S. 10 f.). Doch nach heutigem Konsens von Prähistorikern bedeutete für Kossinna wissenschaftliches Arbeiten nicht,

Objekte in ihrer Beschränktheit exakt zu untersuchen. Vielmehr sollten die von ihm genannten Naturwissenschaften wie Geologie, Landeskunde und Rassenforschung seine Vorstellung von der Synthese prähistorischer Erkenntnisse unterstützen. „Naturforscher" gäben nach Kossinna weit bessere Vorgeschichtler ab als klassische Archäologen (ebd., S. 228). Sein fachwissenschaftlicher Ansatz blieb jedoch rein antiquarisch, da er sich vor allem auf die Kleinfunde aus Museen und deren geographische Verbreitung stützte, während er die 1903 von Oskar Montelius als wesentlich bezeichneten Fundumstände der neuen typologischen Methode völlig vernachlässigte. Meist operierte Kossinna mit unscharfen Begriffen, legte keine detaillierten Fundlisten vor, vertröstete auf spätere Veröffentlichungen und blieb so unüberprüfbar. Trotzdem erhielt er die erste ur- und frühgeschichtliche Professur in Deutschland und war deshalb für die Etablierung der Prähistorie als Universitätsfach von großer Bedeutung.

Nach dem Ersten Weltkrieg versuchte der Tübinger Prähistoriker Hans Reinerth das von Montelius erarbeitete und von Kossinna modifizierte chronologische System des Nordens auf Süddeutschland zu übertragen (Reinerth 1923), stieß damit aber bei anderen Prähistorikern ebenso auf Widerspruch wie in der „Pfahlbaufrage" mit den von ihm postulierten Seeufersiedlungen statt der Seesiedlungen (Schöbel 2002, S. 328 f.)[43] Im Jahr 1919 hatte das Urgeschichtliche Forschungsinstitut unter Leitung von Rudolf Robert Schmidt und seines Mitarbeiters Reinerth mit finanzieller Unterstützung der Notgemeinschaft der deutschen Wissenschaft eine planmäßige Ausgrabung in Riedschachen am Federsee begonnen. 1920/1921 wurde die Westhälfte des Pfahldorfes aufgedeckt, 1922 die Osthälfte, Nachuntersuchungen erfolgten 1926 und 1928. Anhand der Befunde entwickelte Reinerth seine Vorstellung von Pfahlbauten am Seeufer, mit der er der Idee von Schutzburgen im Sinne Kellers entgegentrat (Reinerth 1929, S. 74–78). Im Herbst 1923 besuchte Reinerth auf einer Studienreise die schweizerischen Pfahlbaugebiete und Museen. Anschließend fasste er die kulturelle und zeitliche Einordnung der schweizerischen neolithischen Pfahlbaukulturen nach „sorgfältige[r] typologische[r], stratigraphische[r] und siedelungsarchäologische[r] Vergleichung" zusammen, indem er von der „Mischung zweier Kulturelemente, des westischen und des nordischen" ausging, die nacheinander die Seeufer besiedelt hätten. Wie im Norden und in Süddeutschland sei das „Kennzeichen der nordischen Kultur das grosse zweiräumige Rechteckhaus, das in Wauwil

[41]Biographisches zu Kossinna: NDB 12, S. 617–619 (H. Jankuhn), sowie Brather (2001, S. 263–267).

[42]Vergleichend zur Wirkung Kossinnas s. Velt (1984).

[43]Es überrascht, dass die Reaktion schweizerischer Prähistoriker vor allem der Pfahlbaufrage galt, während sie bei der Frage nordischer Einflüsse weit zurückhaltender war, vgl. Heierli und Scherer (1924, S. 175–179) sowie 10. und 11. Pfahlbaubericht (Viollier 1924/1930).

vorzüglich erhalten vorliegt." (Heierli und Scherer 1924, S. 175).

Die Grabungsarbeiten am Federsee durch Schmidt und Reinerth in Riedschachen, denen sich weitere in Aichbühl, Taubried und Dullenried (alle neolitisch) und Buchau (spätbronzezeitlich) anschlossen, waren zwar allgemein abgestimmt mit dem Landesamt für Denkmalpflege in Stuttgart, aber es kam immer wieder zu Missstimmungen und Auseinandersetzungen (vgl. Strobel 2002, S. 278 f.); (Keefer 1992, S. 32). Wesentlicher Vorteil des Tübinger Forschungsinstituts gegenüber den Stuttgartern war ihre naturwissenschaftliche Ausrichtung. So kooperierte man über die engeren Fachgrenzen hinaus mit Fachleuten für Moorgeologie, Botanik, Zoologie, Anthropologie und Luftbildarchäologie. Methodisch arbeitete das Institut bei seinen Ausgrabungen im Vergleich zu denen der sich langsamer entwickelnden Landesdenkmalpflege nach heutiger Ansicht auf einem hohen Niveau. In dieser Phase begann Reinerth auch seine enge Zusammenarbeit mit dem Schweizer Ernst Neuweiler auf dem Gebiet der Holzbestimmung, die erst 1939 nach einer Vereinbarung mit Bruno Huber endete (vgl. Abschn. 5.4.4). Dieser methodische und technische Vorsprung erstreckte sich auch auf die Verwertung der gewonnenen Erkenntnisse für die interessierte Öffentlichkeit, denn parallel zu seiner Forschungsarbeit im nichtuniversitären und deshalb auf private Unterstützung angewiesenen Forschungsinstitut richtete Reinerth zwischen 1921 und 1928 zahlreiche Museen rings um den Bodensee sowie in Buchau und Tübingen neu ein. Dabei orientierte er sich an den methodischen Forderungen Virchows, dem Befürworter eines Volkstummuseums, und an der Kritik Kossinnas an trostlosen deutschen Museumspräsentationen. Durch seinen Arbeitseinsatz, seine Erfolge am Tübinger Institut und die Entfaltungsfreiheit unter Schmidt war Reinerth schließlich im Bereich der Präsentation von Ausgrabungsergebnissen anderer Kollegen weit voraus (Schöbel 2002, S. 326).

Das Ergebnis der Untersuchungen Reinerths während der 1920er-Jahre war u. a. die Aufgabe des Konzepts der Packwerk- oder Floßbauten zugunsten des ebenerdigen Moorbaus. 1922 verlegte er die „Seedörfer" vom offenen Wasser in den Strandbereich, gestützt auf Arbeiten der Klimaforscher Helmut Gams und Rolf Nordhagen über Klima- und Seespiegelschwankungen in der Nacheiszeit Mitteleuropas. Die Seeufer lägen im Winter weitgehend trocken und seien nur im Sommer überflutet (Gams und Nordhagen 1923, S. 187).

Mit seiner neuen Ansicht verzichtete aber Reinerth nicht vollständig auf die Pfahlbauweise mit schwebendem Hausboden und wurde deshalb von Walter Staudacher kritisiert, der ausschließlich (Moor-)Bauten am Ufer oberhalb der Hochwasserzone für möglich hielt (Staudacher 1925); vgl. Speck (1981, S. 119 f.); Keefer (1992, S. 38–40).

Auch schweizerische Prähistoriker wie David Viollier äußerten sich kritisch zu Reinerths Konzept einer einheitlichen Pfahlbautheorie: Reinerth sei zwar das Wiederaufgreifen der Pfahlbaufrage zu verdanken, doch er beabsichtige, „die Tatsachen zu seinen Gunsten umzubiegen, um eine als Einheit aufgestellte Theorie zu stützen." Und weiter: „Seine ganze Beweisführung beruht auf einer einseitig berechneten Auslegung von Tatsachen, die unsere Vorgänger klar festgestellt haben." (Viollier 1924/1930, S. 7 f.).

3.6 Die Weiterentwicklung der Forstbotanik bis 1914

Die Probleme einer umfassenden Erklärung der Wachstumsursachen des Gewebes von Bäumen – und damit der Bildung neuer Jahrringe – führten nach 1870 zu jahrzehntelangen, oft erbittert geführten Auseinandersetzungen zwischen Botanikern und Forstleuten. Dabei ging es um weit mehr als nur die Klärung von Sachfragen über Auslösereize, Haupt- oder Nebenfaktoren für die Zellbildung, sondern um die Dominanz bei der Deutung des Wachstums höherer Pflanzen. Die Argumente der an der Diskussion beteiligten Personen erinnern an den Streit um die Zellbildungstheorie von Schleiden und Schwann etwa 50 Jahre zuvor. Als Vertreter eines rein induktiven Forschungsansatzes hatten diese die Zellbildung aus einem Zellkern postuliert, der durch „Kristallisierung" aus der Substanz des Zellinhalts entstehe, während ihre Gegner die Auffassung vertraten, neue Zellen entstünden ausschließlich durch Teilung anderer Zellen. Es liegt deshalb nahe, beim Streit um das Baumwachstum an Ludwik Flecks Lehre vom „Denkstil" und „Denkkollektiv" zu erinnern, um die unterschiedlichen Positionen besser einordnen zu können, in Anlehnung an den Zytologen Thomas Cremer (1985, S. 323–344), der die Auseinandersetzungen um die Zellentheorie von Schleiden/Schwann anhand der Konzepte Flecks erläuterte. Nach Fleck ist ein Denkstil die „Bereitschaft für gerichtetes Wahrnehmen und entsprechendes Verarbeiten des Wahrgenommenen" (Fleck 1980, S. 130) und ein Denkkollektiv die „Gemeinschaft der Menschen, die im Gedankenaustausch oder in gedanklicher Wechselwirkung stehen" (ebd., S. 54). Die wissenschaftliche Erkenntnis beruht dabei „immer auf Wissen und Fertigkeiten, die von vielen anderen überliefert worden sind." (Fleck 1983, S. 176). Den Mitgliedern eines solchen Kollektivs sind die dort herrschenden Zwänge meist nicht bewusst, und erst nach Austragung interner Widersprüche kann es zu Erweiterung und Ergänzung bestehender Konzepte kommen („Denkstilumwandlung"). Beliebigkeit ist selten, weil in der Regel dasjenige Denkprinzip bevorzugt wird, welches „mehr Details und mehr zwangsmäßige Koppelungen" anbietet (Fleck 1980, S. 34). Berücksichtigt man diese

Fleck'schen Prämissen, weisen die im Folgenden skizzierten Auseinandersetzungen von Botanikern einen gewissen Reiz hinsichtlich der jeweiligen Argumentationslinien auf.

Viele Grundlagen für das Verständnis von Struktur und Wachstum pflanzlicher Zellen waren gegen Ende des 19. Jahrhunderts vorhanden: Der Streit um die Vorgänge der Teilung normaler Zellen war entschieden, die mikroskopische Technik einschließlich der Polarisationsverfahren war gegenüber früheren Jahrzehnten deutlich verbessert worden, und die Präparation dünner Gewebeschnitte mit Anfärben von Gewebeteilen wurde zum Untersuchungsstandard.[44] Für die Gewinnung von Holzproben aus lebenden Bäumen entwickelte der Forstmann Max Pressler (1815–1886) den später nach ihm benannten Zuwachsbohrer, der zunächst für die Berechnung des Holzertrags ganzer Waldbestände wichtig wurde, dann aber auch in der Holzforschung Verwendung fand. Mit dem Zuwachsbohrer der ersten Version ließ sich in kurzer Zeit ein zylindrischer „Querspan" von der Rinde in Richtung Mark erbohren. Das Holzstäbchen von 5 mm Durchmesser wurde dann mit dem Messer geglättet und war anschließend fertig für die Prüfung. Eine Ausnahme war Buchenholz, das erst nach Bestreichen mit alkoholischer roter Anilinfarbstofflösung einen besseren Kontrast der Jahrringe zeigte (Pressler 1866, S. 48). Der Bohrvorgang verlief schonend: „Da die Schneide den Spahn nicht presst, sondern ihn gleichsam nur umhobelt, so findet auch ein Zusammenpressen der Jahrringbreiten nicht im entferntesten statt." (Ebd., S. 158, vgl. hierzu Abb. 3.9).

Die Auseinandersetzung um das Wachstum der Bäume, vor allem das dabei umstrittene anatomische und physiologische Grundproblem gegen Ende des 19. Jahrhunderts beschrieb 1899 der Forstwissenschaftler Frank Schwarz von der Forstakademie Eberswalde so:

Die Physiologie hat nicht nur die Funktionen der einzelnen Organe und Gewebe festzustellen, sondern auch die Abhängigkeit der Pflanzenform und der Ausbildung der Gewebe von den wirksamen Faktoren zu untersuchen. Einer derartigen Untersuchung sind hauptsächlich nur die quantitativen Unterschiede in der Ausbildung der Gewebe und in der Größe des Wachstums zugänglich, während die durch Vererbung gegebenen qualitativen Unterschiede einer physiologischen Begründung entzogen sind (Schwarz 1899, S. 1).

Damit machte Schwarz deutlich, dass nur durch die Kombination von mikroskopischen Verfahren, makroskopisch beobachtbaren Phänomenen und der Untersuchung externer Einflüsse wie Witterung und Bodengüte die Ursachen des Baumwachstums erklärt werden könnten. Einflüsse

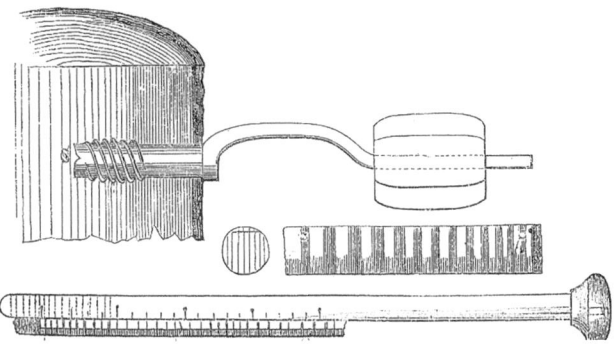

Abb. 3.9 Der Pressler'sche Zuwachsbohrer: oben Hohlbohrer, Mitte erbohrter runder Holzkern, unten Feldmessstab zur Messung der Ringbreiten. (Nach Pressler 1866)

durch Vererbung ließen sich noch nicht überprüfen, da die Mendel'schen Kreuzungsexperimente zu dieser Zeit ebenso wenig bekannt waren wie mögliche Träger der Erbinformation.

Bei verholzenden Pflanzen war die Analyse des teilungsaktiven Kambiumgewebes der entscheidende Schlüssel für die Verfolgung des Wachstums, wobei Zellteilung und -entwicklung mit anschließender Morphogenese und Zelldifferenzierung die einzelnen Entwicklungsstufen kennzeichneten. Großen Anteil an der mikroskopischen Aufklärung der Kambiumstruktur während der unterschiedlichen Wachstumsphasen hatte der Botaniker Carl Sanio (1832–1891)[45], der als Autodidakt mit lange unerreichter Gründlichkeit der Beobachtung und Präzision bei der Herstellung dünner Schnitte seine Zeitgenossen und spätere Holzforscher beeindruckte. Er erklärte als einer der ersten die zellulare Entstehung der Bastfasern aus dem Kambium (Sanio 1860, S. 210), außerdem die Feinstruktur des Druckholzes. Obwohl er als wissenschaftlicher Außenseiter galt – möglicherweise aber auch gerade deshalb –, beriefen sich einige der an der Kontroverse über das Baumwachstum Beteiligten häufig auf seine sorgfältigen Zelluntersuchungen. Nach Auffassung Sanios war die Entstehung der primären Gefäßbündel des Kambiums mikroskopisch sehr schwer zu beobachten; man benötige eine hohe Auflösung des Mikroskops sowie Serien von Präparaten. Man müsse dabei „[...] zu den ersten Theilungen zurückgehen und den Entwickelungsprocess in seine einzelnen Stadien zerlegen." Dies sei aber nur mit Präparaten möglich, „aus denen der Inhalt entfernt ist, weil nur diese die zarten Scheidewände deutlich zeigen." (Sanio 1863, S. 359). Die erste Bildung der Gefäßbündel erfolge durch Teilung der Zellen in Längsrichtung, die schließlich zur Bildung eines geschlossenen

---

[44]Zum Stand der Mikroskopie vgl. Dippel (1867, S. 213–215), zur Präparation (S. 254–270), zur histologischen Färbung (S. 284–286 und S. 333–336).

[45]Biographisches zu Sanio: Ascherson (1893, S. XLI–IL) sowie Timell (1980). Sanio blieb eine Hochschulkarriere versagt, der Forstbotaniker Robert Hartig ignorierte seine Arbeiten.

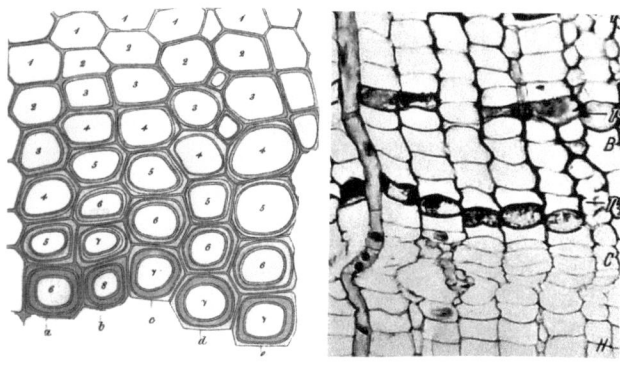

Abb. 3.10 a Zellschichten 1–8 mit allmählicher Verholzung durch Zellulose- und Ligninbildung unter dem Kambium (aus Sanio 1873); **b** Homologie von Bast- und Holzzuwachs oberhalb und unterhalb des Kambiums (aus Huber 1939)

Rings aus Kambiumbündeln und einem „Zwischengewebe" führe. Erst aus diesem Gebilde entstünde auf der einen Seite Holz, auf der anderen Seite quasi spiegelbildlich Bast. Abb. 3.10 zeigt die Abfolge der Verholzung von acht Zellenreihen bei der Kiefer, wobei „die radialen Reihen des Holzes sich durch das Cambium in den Bast fortsetzen" (Sanio 1873, S. 58). Die mikroskopische Aufnahme von Tannenholz verdeutlicht, wie sehr sich die Bastzellen B und Holzzellen H ober- und unterhalb des Kambiums C morphologisch ähneln (Huber 1939).

Was aber löst die Aktivität des Kambiums aus, das aus „Initialzellen" zur Bildung spezialisierter Zellen besteht? Julius Sachs (1932–1897), eine der Autoritäten der damaligen Botanik, schrieb 1868 die Ursache der Holzbildung dem Druck zu, den die Rinde während der Wachstumsphase zwischen Frühjahr und Herbst auf das Kambium ausübt. Bei Laubholzarten der Gattungen Quercus, Acer, Populus oder Juglans seien die Holzzellen im Frühjahr größer als im Herbst, außerdem erschienen die Letzteren zusammengedrückt und wiesen eine stärkere Zellwand auf. Grund sei die Verdickung des Jahrringes und die Austrocknung der äußeren Baumrinde während des Sommers, so dass der verstärkte, jetzt nach innen wirkende Druck das radiale Wachstum der jungen Herbstholzzellen einschränke (Sachs 1870, S. 541).[46] Sachs' Schüler Hugo de Vries (1848–1935) überprüfte diese Hypothese, indem er 2 bis 3 Jahre alte Äste von Weide und Pappel im April fest mit einem Bindfaden umwickelte. Anschließend fand er eine tangentiale Verdickung des Basts, eine gegenüber dem Vergleichsmaterial verringerte Jahrringdicke bei größerem prozentualem Anteil des Herbstholzes und Holzwülste auf beiden Seiten der Einschnürung. De Vries schloss daraus, „[…] dass unter künstlich erhöhtem Druck im Frühling in radialer Richtung

abgeplattete Libriformfasern mit einer geringeren Anzahl von Gefässen als wie [sic] im normalen Holze entstehen, dass dagegen im Hochsommer eine Verminderung des Druckes die Entstehung eines weitzelligen, gefässreichen Gewebes statt des Herbstholzes zur Folge hat." (De Vries 1872, S. 246).

Der Botaniker Edmund Russow (1841–1897) stimmte dieser Rindendruckhypothese von Sachs und de Vries nicht zu, weil eine allmähliche Änderung des Durchmessers der Holzzellen von Frühjahr bis Herbst – die eine zwangsläufige Folge dieser Hypothese sein müsste – in Bäumen gar nicht auftrete. Das unterschiedliche Wachstum von Früh- und Spättrachëiden müsse vielmehr auf Turgoränderungen infolge der wechselnden Konzentrationen osmotisch wirksamer Stoffe zurückgeführt werden, d. h. auf Ernährungsunterschiede. Der Rindendruck spiele nur eine sehr untergeordnete Rolle, da der Turgor die Rinde häufig sprenge und so den Druck vermindere (Russow 1882). Auch die Auffassung Sanios, nach der das Kambium aus einer einfachen hohlzylindrischen Schicht von Initialzellen bestehe, war für Russow unhaltbar. Die Wände der Kambialzellen seien nämlich nicht glatt, sondern schon in den jüngsten radialen Zellwänden gebe es Tüpfel. In einer Rezension der Arbeit Russows meinte Sanio, die Verteilung der Tüpfel an fertig ausgebildeten Holzzellen stehe nicht mit der Verteilung an den kambialen Zellwänden in Einklang. Die „Cambiummutterzelle" als Initiale teile sich in tangentialer Richtung in zwei Tochterzellen, von denen die eine weiter als Initiale wirkt, die zur Holz- bzw. Bastzelle wird. Diese Erklärung Sanios versuchte Russow zu entkräften: Die Initiale für eine spätere Zelldifferenzierung sei schon in der „Cambiummutterzelle" vorhanden. Die dort entstehenden Tüpfel bildeten nach innen die Hoftüpfel der Holzzellen und nach außen die Poren der Siebröhren im Bast. Durch Beobachtung unter dem [gerade erst in Deutschland eingeführten, H.H.R.] Polarisationsmikroskop seien die sehr feinen ersten Strukturen nach Anfärben mit Chlorzinkjod sehr wohl erkennbar; Sanio habe sie offenbar nicht entdeckt (Sanio 1882); (Russow 1882). Schließlich präzisierte Russow seine Auffassung von der Ursache des Zellwachstums: „Die Verdünnung der gesammten Membran der Cambiumzellen kommt in den Jungholzzellen durch Dehnung und Wasserverlust zu Stande in Folge des reichlichen Auftretens einer Wasser anziehenden Substanz, die den Turgor bewirkt." (Ebd., S. 7).

Mit einem anderen Argument als Russow lehnte der Botaniker Gustav Krabbe (1855–1895) die Sachs-de Vries'sche Rindendrucktheorie ab. Zunächst stellte er die Frage nach der während der Wachstumsphase wirksamen Kraft des Rindendrucks und ermittelte bei Labormessungen Werte zwischen 0,5 und 1 atm. Ein derart geringer Druck habe aber für das Gewebewachstum fast keine Wirkung, da der Gegendruck der Kambiumzellen 10- bis 20-mal höher sei.

---

[46]Mit Anmerkung der 1. Aufl. 1868, S. 409.

Krabbe bezog sich bei seinen Untersuchungen zwar nicht direkt auf die Russow'schen Überlegungen zur Wirkung des Turgors als steuernder Größe des Zellwachstums, aber seine Ergebnisse unterstützten Russows Ansicht nicht. Vielmehr bezeichnete Krabbe das Produkt aus der Anzahl von Zellen einer Radialreihe und der radialen Ausdehnung der Kambiuminitiale in der Zellteilungszone als maßgeblich für die Größe der Jahrringbildung. Auch die Größe der Zellstreckung habe einen gewissen Einfluss (Krabbe 1885, S. 41). Eine rein mechanische Wachstumserklärung sei nicht ausreichend: „Die radiale Ausdehnung der Cambiumzellen eines Baumes oder Astes bleibt unter jedem beliebigen Druck dieselbe." (Ebd., S. 48).

Der Botaniker Arwed Wieler (1858–1943) wandte sich wie Russow und Krabbe gegen die Theorie eines rein mechanisch wirkenden Rindendrucks, nach der ein gesteigerter Druck von außen einer tangentialen Abplattung der Zellen und eine kleinere Ausbildung der Gefäße entsprechen müsse. Dies sei aber nicht der Fall. Die Bildung gelegentlich auftretender Jahrringverdopplungen lasse sich damit auch nicht erklären (Wieler 1887, S. 72). Außerdem war Wieler – anders als Russow – gegen die Trennung des Problems der Jahrringbildung in einen mechanischen und einen ernährungsphysiologischen Teil. Dazu überprüfte er anhand einer Studie über Bäume des Köpenicker Forsts die Druckkräfte junger Holzzellen von *Pinus sylvestris* und *Populus nigra* und fand mit 13 bis 16 atm für Kiefern und 14 bis 15 atm für Pappeln ähnliche Werte wie vorher Krabbe (ebd., S. 82). Voraussetzung dafür war die gleiche Stärke der Zellplasmolyse und damit des Turgors bei neuen Holzzellen und Kambiuminitialzellen. Wielers Ergebnisse bestätigten seine Vermutung, weil im Herbstholz junger Holzzellen der gleiche hydrostatische Druck auftrat wie im Frühholz. Russows Annahme der verminderten Streckung von Herbstholzzellen bei kleinerem Turgor erschien demnach nicht gültig, ebenso wenig wie die von Russow beschriebene Abhängigkeit der Ringbildung von der Ernährungssituation der Pflanze während der Vegetationsperiode (ebd., S. 86). Wieler erklärte dagegen das Wachstum der Holzzellen als indirekte Folge der Bildung von „Anhangsorganen" wie den Blättern. Nehme deren Wachstum und damit die transpirierende Fläche zu, steige der Wasserbedarf, und es bildeten sich zahlreiche Gefäße im homogenen Kambiumgewebe. Diese heuristische Erklärung schien ihn aber selbst nicht vollständig befriedigt zu haben, und er wies deshalb auf die Notwendigkeit weiterer Forschungsarbeiten hin. Damit solle man entweder die unmittelbaren Ursachen des Zellwachstums überprüfen, oder „[…] man geht von einer mittelbaren Ursache aus und sucht die Kette, welche zwischen jener und der endlichen Wirkung ausgespannt ist, Glied für Glied zu lösen." (Ebd., S. 125–130).

Im Gegensatz zu Russow und Wieler hielt der Forstbotaniker Robert Hartig (1839–1901) das Herbstholz für besser ernährt als das Frühjahrsholz, wobei er dem Rindendruck einen erheblichen Anteil an diesem Unterschied zusprach und besonders die Rolle der Reservestoffe hervorhob:

> Im Frühjahre, bei Beginn der Vegetation werden die gelösten Reservestoffe grossentheils zur Ausbildung der neuen Triebe und Blätter verwendet. Die Bildungsstoffe, die in diesen producirt werden, dürften zunächst wohl zur weitern Ausbildung der neuen Triebe selbst verbraucht werden. Es wird desshalb das Cambium, dessen Thätigkeit in den jüngeren Baumtheilen ja gleichzeitig mit dem Laubausbruch beginnt, anfänglich nur spärlich ernährt. Die ersten Organe des Frühlingsholzes werden desshalb dünnwandiger sein, als die später sich entwickelnden […] (Hartig 1880, S. 148).

Hartig hielt beim Spätholz demnach die Wandverdickung für das wesentliche Merkmal des Wachstums, während Wieler ihm (und Krabbe) vorwarf, sie hätten die unterschiedliche Zellstreckung in radialer Richtung und damit den „eigentlichen Kernpunkt des ganzen Jahrringproblems" ignoriert (Wieler 1887, S. 87). Auch bei der Frage der Reservestoffe gingen Wielers und Hartigs Meinungen nach Vorliegen weiterer Untersuchungsergebnisse auseinander: Wieler zeigte, dass die verfügbaren Reservestoffe gar nicht für die Breite der ganzen Frühholzzone ausreichen könnten und verwies auf das kleinere Lumen und die radiale Abplattung der Spätholzzellen (Wieler 1896, 361–374); (vgl. Schwarz 1899, S. 242 f.). Hartig blieb aber nach Untersuchungen von Eichen bei seiner teleologisch erscheinenden Auffassung, im Frühjahr sei der Baum bestrebt, weitlumige und mit Hoftüpfeln versehene Gefäße zu bilden, um die neuen Blätter mit genügend Wasser versorgen zu können (Hartig 1894, S. 175, 180).

Der Botaniker Ludwig Jost (1865–1947) sah als Grund für den Widerspruch zwischen den Ergebnissen Wielers und Hartigs vor allem deren unzureichende Problemanalyse. Es sei nämlich unklar, ob der Begriff der „Ernährung" Wasserzufuhr, Zufuhr anorganischer Salze oder organischer Verbindungen bedeute. Die fehlende Übereinstimmung der Auffassungen könne deshalb kaum verwundern (Jost 1891). Josts eigene Untersuchungen bewiesen, dass die Blattbildung die wesentliche Voraussetzung für die Bildung von Gefäßen aus dem Kambium war. Selbst bei günstigen externen Wachstumsbedingungen und der Bereitstellung aller für die Zellbildung notwendigen Stoffe finde manchmal kein Wachstum statt (ebd., S. 507). Alle bisherigen Ernährungshypothesen zum Dickenwachstum der Bäume hätten sich als nicht tragfähig erwiesen, da offenbar die in den Blättern ablaufenden Prozesse das Protoplasma des Kambiums auf eine noch nicht erklärte Weise beeinflussten. Gleichermaßen ungeklärt sei die Bedeutung von stammabwärts wandernden Stoffe für die Auslösung des Zellwachstums, ebenso wie diejenige bisher noch unbekannter mechanischer Reize (ebd., S. 544).

Bei dem zu Beginn des 19. Jahrhunderts bekannten Forschungsstand ließ sich der Streit um die Ursache des Baumwachstums und die Zwischenstufen der Zelldifferenzierung im Kambium nicht auflösen. Die in Ludwik Flecks späteren wissenschaftssoziologischen Untersuchungen über den „Denkstil" festgestellte „Bereitschaft für gerichtetes Wahrnehmen" findet man auch hier, ebenso das „Missverstehen" zwischen Gruppen mit gleicher Forschungsausrichtung. Erst die Entdeckung chemischer „Botenstoffe" wie dem Phytohormon Auxin (Indol-3-essigsäure) eröffnete nach 1920 der Forschung neue Wege zum Verständnis der Knospenbildung, dem Beginn der Zellteilung im Kambium und der Stimulation des sekundären Dickenwachstums (Kögl 1937); (Höxtermann 1994). (Vgl. Abschn. 5.2.1)

Neben den meist holzanatomischen und -physiologischen Forschungsbemühungen gab es auch Versuche, dem Phänomen der Jahrringe im Rahmen von forst- und waldwirtschaftlichen Erhebungen nachzugehen. Hier ist zunächst der Forstwissenschaftler Arthur von Seckendorff-Gudent (1845–1886) zu nennen, der in seiner Monographie über die Schwarzföhre (*Pinus nigra* Arnold) ein Verfahren beschrieb, das der später von A. E. Douglass als „cross-dating" bezeichneten Auswertung von Jahrringkurven nahekam. Ein Vergleich zwischen Bäumen verschiedener Standorte und Wuchszeiten wurde so anhand einzelner Jahrringe oder Jahrringsequenzen möglich.[47] Als Nutzholz war die Schwarzföhre mit ihrem Hauptverbreitungsgebiet im Mittelmeerraum und großen Beständen in Teilen Österreichs und Ungarns von großer Bedeutung. Seckendorff-Gudent beschrieb in seiner Arbeit vor allem die Besonderheiten des Habitus' und der Wurzelstruktur unter verschiedenen Standortbedingungen, erweiterte seine Arbeit zur Holznutzung aber um einen Abschnitt, der sich mit der Altersbestimmung der Bäume befasste. Hierzu wertete er abgeschnittene und geglättete Scheiben von 6410 Bäumen aus zahlreichen Bezirken Niederösterreichs und Ungarns aus und entdeckte Ringmuster, die ihm schon bei früheren Untersuchungen aufgefallen waren:

> Diese auffallenden Jahrringbildungen, denen ich den Namen „Charakeristische Jahresringe" beilegte, gaben nun ein trefflisches Mittel an die Hand, das Alter selbst von auf schlechter Bonität erwachsenen Stämmen genau zu bestimmen. Von der ziemlich grossen Anzahl dieser so gefundenen charakteristischen Ringe waren zumeist auf jeder Scheibe einige vorhanden. Um ganz sicher zu sein, dass ein Ring auch ein charakteristischer sei, d. h. einem bestimmten Jahrgange angehöre, wurde nie ein charakteristischer Ring allein in Rechnung gezogen, sondern deren mehrere berücksichtigt (Seckendorff-Gudent 1881, S. 47); (vgl. Wimmer 2001).

Fehler durch Mitzählen sogenannter Scheinringe vermied er erstens durch die Untersuchung einer großen Anzahl von Bäumen und zweitens, indem er sich nicht nur auf markante Einzelringe verließ. Zum Einfluss der für die Jahrringbildung entscheidenden externen Faktoren führte er aus:

> Ein Vergleich dieser, einzelnen Jahrgängen eigenthümlichen Holzringformen mit den Temperaturen und den Niederschlägen in den betreffenden Jahren zeigt uns den Zusammenhang zwischen dem Zuwachsgange und den meteorologischen Verhältnissen. Allerdings hat der Standort den Haupteinfluss auf die Jahrringbildung, doch wirken auch besonders warme und kalte, sowie niederschlagsarme und reiche Jahre auf die Holzringbildung nicht unwesentlich ein (ebd., S. 48).

Seckendorff-Gudent räumte am Standort des Baumindividuums damit den Bedingungen von Untergrund und Mikroklima Vorrang vor den großräumigen Einflüssen von Klimafaktoren wie Durchschnittstemperatur und -niederschlag ein. Diese Einschätzung teilten zeitgenössische Forstwissenschaftler meist nicht, und auch bei späteren Untersuchungen wurde überwiegend das regionale, manchmal auch überregionale Klima während der Wachstumsphase als ursächlich für Breite und Struktur des Jahrrings angesehen (vgl. Zukrigl 1999).

Der Forstwirtschaftler Bernhard Eduard Fernow (1851–1923), der nach seiner Auswanderung in die Vereinigten Staaten eine wichtige Position im Landwirtschaftsministerium übernahm, ist ein zweites Beispiel für die praktische Nutzung von Jahrringen. Vor allem über die riesigen Waldgebiete des westlichen Landesteils der USA gab es nur beschränkte Kenntnisse, und von einer Forstwirtschaft als staatliche Aufgabe konnte man bis in die 1870er-Jahre nicht sprechen. Im Jahr 1886 wurde Fernow zum Leiter der Abteilung Forstwirtschaft im Landwirtschaftsministerium ernannt und versuchte hier, das mitteleuropäische Konzept einer nachhaltigen Waldbewirtschaftung umzusetzen (Rodgers 1951, S. 3–34). Als Absolvent einer deutschen Forstakademie verfügte Fernow über gute botanische Kenntnisse, wie sich seinen dienstlichen Berichten zur Wald- und Holzwirtschaft entnehmen lässt.[48] Darin ordnete er alle Texte zur Physiologie des Baumwachstums und zur Jahrringbildung seinem Hauptanliegen als Forstmann unter, nämlich dem Erhalt des Waldertrags und der Holznutzung:

> While plant physiology, biology, chemistry, anatomy, and especially xylotomy, or the science of wood structure, are more or less developed and contribute toward building up this new branch of science, but little knowledge exists in regard to the interrelation between the properties of wood on one side and the modifications in its composition and structure on the other (Fernow 1998, S. 379).

---

[47]Biographisches zu Seckendorff-Gudent: NDB 24, S. 122–123.

[48]Zu deutschen Institutionen hielt er zeitlebens Kontakt und besuchte z. B. 1893 die Forstschulen in Eberswalde, München, Tharandt, Gießen, Eisenach, Tübingen, Münden und Zürich (Rodgers 1951, S. 201).

Als Forstpraktiker war er sich der Möglichkeit von Falsch-datierungen bei Jahrringmessungen bewusst, hervorgerufen durch doppelte Ringe, „falsche" Ringe, Ringausfälle nach Insektenfraß oder durch industrielle Rauchgasschäden. Fernows technische Anleitungen – darunter solche für die Mikroskopie – waren präzise und beruhten überwiegend auf den in Europa erprobten Holzmessverfahren. Er warnte vor nachlässigen Messungen und der in populären Schriften oft zu hohen Schätzung des Baumalters. Diese ließen meist eine präzise Messung vermissen und folgten der Vor-stellung eines Laienpublikums (Briand et al. 2006, S. 61). In einem Rundschreiben seines Ministeriums erläuterte er die an besonderen Baumexemplaren („line-trees" oder „witness-trees") angebrachten Markierungen, die gesetz-lich geschützt waren und der Vermessung dünn besiedelter Landstriche dienten. Besonders wichtig sei es, die Jahr-ringe nach dem unvermeidbaren Überwachsen der Wund-stelle auch nach vielen Jahren noch erkennen und korrekt zuordnen zu können (Abb. 3.11).

Trotz allem wäre es aus heutiger Sicht übertrieben, Fernow als Wegbereiter der im 20. Jahrhundert ein-setzenden Entwicklung der Dendrochronologie zu betrachten. Für ihn wie für fast alle Forstwissenschaftler seiner Zeit war die Ringzählung ein Verfahren, das allein dem Zweck der möglichst genauen Altersbestimmung diente. Eine genauere Überprüfung unsicherer Ringe durch ein „cross-dating" mit Hilfe der Querschnitte meh-rerer Bäume aus benachbarten Regionen erschien Fernow für praktische Zwecke nicht erforderlich; eine möglichst geringe Messvarianz reiche nach seiner Meinung für die Altersschätzung völlig aus.

In Mitteleuropa befassten sich zwischen 1900 und 1914 einige botanische Monographien mit dem Phänomen der Jahrringe, behandelten aber meist spezielle Probleme der Tropen, des Hochgebirges oder des Baumwachstums nach Störungen von außen. Grundlegende physiologische Unter-suchungen über die zelluläre Ursache des Wachstums fin-det man aber kaum noch. Bei der meist makroskopischen

Untersuchung von Tropenhölzern ging es beispielsweise darum, die Entwicklung der Zuwachszone auf klimatische Faktoren zurückzuführen. Der schweizerische Forstwissen-schaftler Alfred Ursprung (1876–1952) bestätigte diese Abhängigkeit für zahlreiche Baumarten Süd- und Ost-asiens, indem er nachwies, dass selbst in einem für Dauer-wachstum günstigen Klima die periodische Ringbildung vom Temperatur- und Feuchtewechsel abhängt:

> Allerdings brauchen in den Tropen die periodischen Bewegungen in den einzelnen Gliedern desselben Baumes der Zeit nach nicht zusammenfallen, sondern können mehr oder weniger gegen einander verschoben sein. Nichts desto weni-ger ist hier ebenso gut eine periodische Abwechslung zwischen Ruhe und Bewegung vorhanden, wenn sie nach Aussen auch nicht so deutlich hervortritt wie in unsern Gegenden (Ursprung 1900, S. 66).

Der Botaniker Carl Holtermann (1866–1923) fand dagegen in trockenen und feuchten Gebieten Ceylons benach-barte Bäume derselben Art mit oder ohne Jahrringe. Nur wo der neue Wuchs mit dem Anfang der Regenperiode zusammenfiel, gab es eine zweifelsfreie Ringbildung (Holtermann 1907, S. 187 f.). Holtermann prüfte außer-dem die Stärke des Zusammenhangs zwischen der pflanz-lichen Transpiration und der Jahrringbildung. Wegen des raschen Wachstums der Blätter müsse sich das wasser-leitende Holzgewebe nach Laubfall an die neuen Gegeben-heiten anpassen: „Mit absoluter Notwendigkeit müssen nun schnell neue Leitungsbahnen angelegt werden; denn die trachealen Elemente, die für die Bedürfnisse der alten Blätter genügten, reichen nicht mehr aus, nachdem die Transpiration bedeutend vergrößert ist." (Ebd., S. 190). Ob diese Phänomene der Holzzuwachszone der Pflanzen auf Vererbung zurückzuführen sind – Holtermann sprach von der „inneren Befähigung zur Differenzierung" – ließ sich um 1907 weder bestätigen noch widerlegen (ebd., S. 207). Bei Untersuchungen an Teakbäumen (*Tectona grandis*) auf Java fand der Botaniker Fritz Geiger wie schon Hol-termann keinen eindeutigen Zusammenhang zwischen der

Abb. 3.11 a Überwachsen von Baummarkierungen: Zeitpunkt der Markierung (l.), 5 Jahre später (M.), 12 Jahre später (r.) (nach Fernow 1897); **b** Überwachsen einer Brandstelle bei *Fraxinus excelsior* (Photo: H. H. Rump)

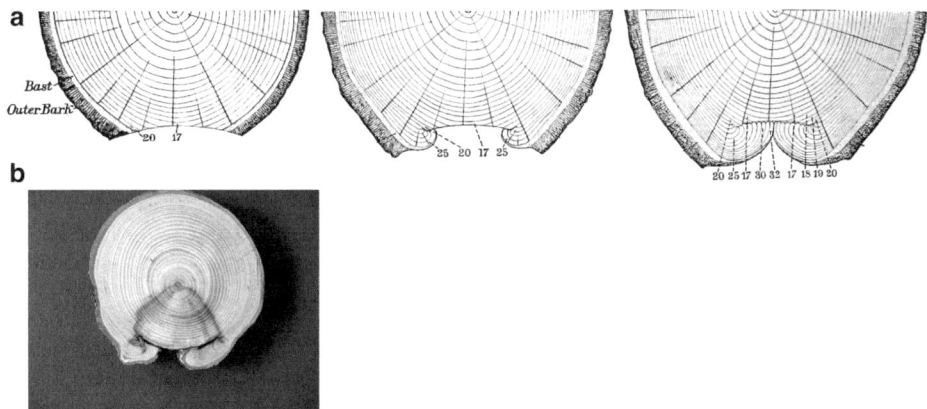

Bildung von Jahrringen und äußeren Faktoren, obwohl ihm für jeden einzelnen Baum Informationen über Alter, Blattfall, Standort und Bodenbeschaffenheit vorlagen. Neben geschlossenen und scharf begrenzten Ringen traten auch unscharfe und verschwommene auf, manchmal waren sie auch unvollständig ausgebildet. Dabei stellte Geiger eine allgemeine Abnahme von Schärfe und Regelmäßigkeit der Ringe von Ost- nach Westjava fest, offenbar als Folge der schwächer werdenden klimatischen Periodizität (Geiger 1915, S. 80).

Im Jahr 1904 knüpfte der Berliner Biologielehrer Markus Rosenthal (1874–unbek.) mit einer Arbeit über die Jahrringbildung von Laub- und Nadelhölzern an der alpinen Baumgrenze an die Arbeit der Brüder Schlagintweit aus den 1850er-Jahren an (vgl. Abschn. 3.3.1). Die Hochgebirgsstandorte in Höhenlagen bis 2600 m bei Innsbruck und Luzern mit ihren niedrigen Durchschnittstemperaturen und starker Einstrahlung wiesen eine kurze Vegetationsdauer und im Vergleich zum Tal eine deutlich verringerte Assimilation auf. Als zusätzliches Referenzmaterial untersuchte Rosenthal die entsprechenden Baumarten im botanischen Garten in Berlin-Dahlem, die gewissermaßen „Tallagen" simulierten. Die Zuwachsringe des Holzes reagierten insbesondere auf Temperatur und Strahlung, während das Wasserangebot nur eine untergeordnete Rolle spielte (Rosenthal 1904, S. 11). Unerwartet zeigte sich bei den Messungen in großer Höhe, dass die Spättracheïden der Koniferen bei wenigen Zelllagen zwar in Querschnittsrichtung verkürzt waren, die Zellmembranen hier aber im Vergleich zum Tal eine weit geringere Dicke aufwiesen. Bei Hochgebirgslärchen waren die letzten Tracheïden des Jahres manchmal nur noch sehr schmal und zeigten eine plankonkave oder konvex-konkave Gestalt (ebd., S. 13). Am Ende der Vegetationsperiode war das zelluläre Plasma der Gefäße nicht mehr vorhanden und die Zelle verholzt. Beim Kambiumwachstum des folgenden Jahres drückte der Turgor der neuen Zellen auf die nicht verdickten Zellwände der vorjährigen Tracheïden, woraufhin diese sich deformierten, um den Druck aufzufangen. Rosenthal überprüfte nun, ob die innere Organisation des Zellgewebes den hohen Transpirationsansprüchen der Höhenlagen entsprach und ermittelte dazu den Anteil der wasserleitenden Gefäße und Tracheïden mit Hilfe einer speziellen Präparationstechnik. Nach Auswertung aller Messungen ergab sich kein regelhaftes Bild: Während sich bei alpinen Weiden (*Salix retusa* und *Salix reticulata*) das Leitungsgewebe des Holzkörpers gegenüber tieferen Lagen gut entwickelt zeigte, erschienen die Holzfasern (Libriform) in den Jahresringen stark vermindert. Er zog daraus folgenden Schluss: „[…] die große Zahl an Gefäßen und gefäßähnlichen Tracheïden legt ein untrügliches Zeugnis davon ab, daß die Pflanze mehr noch als das Exemplar in der Ebene auf einen starken Wasserstrom im Innern vorbereitet ist." (Ebd., S. 20). Bei anderen Baumarten gab es diese Phänomene aber

nicht, so dass Rosenthal den Jahrringzuwachs schließlich als „regellos" bezeichnete und auf die Notwendigkeit weiterer Untersuchungen verwies.

Dem Problem einer veränderten Gewebebildung der Jahrringe nach Entlaubung ging der Zahnarzt und Botaniker Robert Kühns (o. J.) nach. Seine 1897 am botanischen Institut der Landwirtschaftlichen Hochschule Berlin durchgeführten und erst 1910 veröffentlichten Labor- und Freilanduntersuchungen zeigten bei allen sechs untersuchten Laubbaumarten eine Verdopplung der Jahrringe nach Entfernen der Blätter. Oft fand er auf der Innenseite des „falschen" Ringes Zonen dünnwandiger Zellen, die auf mangelhafte Ernährung deuteten. Abnorme Gewebestrukturen mit Einflüssen auf das Holzparenchym und die libriformen Fasern traten vor allem bei Rosskastanie und Weißpappel nur an dieser Stelle auf. Außerdem verringerten sich bei diesen Arten Anzahl und Umfang der Frühholzgefäße des „falschen" Ringes gegenüber der normalen Holzbildung (Kühns 1910, S. 53). Die später nur noch selten zitierte Arbeit von Kühns ist durch die Beschreibung ungewöhnlicher Gewebestrukturen nach geplanter Entlaubung auch heutigen Jahrringforschern noch eine wertvolle Hilfe bei der Identifizierung eindeutiger Jahrringgrenzen.[49]

Einen höheren Anspruch als Kühns bei der Erklärung des abnormalen sommerlichen Gehölzwachstums verfolgte der Botaniker und Baumschulenbesitzer Hellmut Späth (1885–1945), als er die als „Johannistrieb" bekannten sommerlichen Wachstumserscheinungen untersuchte. Für seine Arbeit standen ihm nicht nur die Erfahrung des pflanzenphysiologischen Instituts der Universität Berlin zur Verfügung, sondern auch die Kenntnisse von mehreren Hundert Mitarbeitern der Baumschulen Späth in Treptow.[50] Späth interessierte sich insbesondere für die Stärke des Zusammenhangs zwischen Blattbildung und Knospenentfaltung der Holzgewächse einerseits und der Jahrringbildung andererseits, um so selbstregulatorische Prozesse in der Pflanze zu verstehen. Gartenfachleuten war lange bekannt, dass bei Jungpflanzen und manchmal bei alten Bäumen die Periodizität des Johannistriebs unabhängig von äußeren Reizen auftrat, während die periodische Jahrringbildung immer von inneren und äußeren Faktoren abhängig war (Späth 1912). Zunächst müsse man bei dem populären Begriff „Johannistrieb" unterscheiden zwischen:

---

[49]Zur Bedeutung der Korrelation zwischen Defoliation und Jahrringstruktur vgl. Schweingruber 2001, S. 269–330.

[50]Hellmut Späth wurde 1912 Leiter des 1720 gegründeten Unternehmens, damals einer der weltweit größten Baumschulen. Seit 1933 Mitglied der NSDAP, wurde er wegen „Umgangs mit Juden und versteckter Hetz- und Wühlarbeit gegen Deutschland" am 15.02.1945 im KZ Sachsenhausen ermordet.

1) sylleptischen Trieben als „Normalfall" des pflanzlichen Längenwachstums ohne Knospenstadium, 2) Johannistrieben, deren Periodizität auf Vererbung beruht und 3) proleptischen Trieben durch vorgezogenes Austreiben von Sprossen. Nach Späths Auffassung entsteht nur beim ersten Austreiben das typische großlumige Frühjahrsholz, „[…] während weder durch das folgende Austreiben die Bildung des Frühjahrsholzes wiederholt, noch in den dazwischenliegenden Ruhepausen die Bildung herbstholzähnlicher oder radial verkürzter Zellen angeregt wird." (Ebd., S. 90). Allein beim proleptischen Treiben entfalte sich deshalb im Sommer eine Wirkung, die den normalen Abklingprozess im Kambium überlagert und ein Holzgewebe entstehen lässt, das eine andere Struktur besitzt als das unter normalen Verhältnissen entstandene Gewebe. Auch die Altersbestimmung von Bäumen werde vom Johannistrieb beeinträchtigt, weil bei bloßem Abzählen der Jahrringe „falsche" Ringe zu fehlerhaften Resultaten führten. Nur durch mikroskopische Prüfung des Gewebes könne man echte und falsche Jahrringgrenzen unterscheiden (ebd., S. 91).

Anhang 1 zu Abschn. 3.3.2 Charles Babbage

Babbage, C. 1837. On the age of strata as inferred from the rings of trees embedded in them. In: Ders., The ninth Bridgewater treatise (S. 114). 2. Aufl. London: Murrey.

Such a group might be indicated by the letters –

o L L s o o o s L L o o

where *o* denotes an ordinary year or ring, *L* a large one, and *s* a small or stinted ring. If such a group occurred in the sections of several different trees, it might fairly be attributed to general causes. Let us now suppose such a group to be found near the centre of one tree, and towards the external edge or bark of another; we should certainly conclude, that the tree near whose bark it occurred was the more ancient tree; that it had been advanced in age when *that* group of seasons occurred which had left their mark near the pith of the more recent tree, which was young at the time those seasons happened. If, on counting the rings of this younger tree, we found that there were, counting inward from the bark to this remarkable group, three hundred and fifty rings, we should justly conclude that, three hundred and fifty years before the death of this tree, which we will call A, the other, which we will call B, and whose section we possess, had then been an old tree. If we now search towards the centre of the second tree B, for another remarkable group of rings; and if we also find a similar group near the bark of a third tree, which we will call C; and if, on counting the distance of the second group from

the first in B, we find an interval of 430 rings, then we draw the inference that the tree A, 350 years before its destruction, was influenced in its growth by a succession of ten remarkable seasons, which also had their effect on a neighbouring tree B, which was at that time of a considerable age. We conclude farther, that the tree B was influenced in its youth, or 420 years before the group of the ten seasons, by another remarkable succession of seasons, which also acted on a third tree, C, then old. Thus we connect the time of the death of the tree A with the series of seasons which affected the tree in its old age, at a period 770 years antecedent. If we could discover other trees having other cycles of seasons, capable of identification, we might trace back the history of the ancient forest, and possibly find in it some indications for conjecturing the time occupied in forming the stratum in which it is embedded.

Anhang 2 zu Abschn. 3.3.2

Shvedov, F. N., 1892: Der Baum als Chronik von Trockenheiten. Meteorologgicheskii Vestnik 5, 163178 (russisch); mit einem Kurz-Lebenslauf von Shvedov am Ende des Textes. (Typoskript der Originalvorlage); Nachdruck in: Shiyatov, S. 1972. *Dendroclimatochronology and Radiocarbon*. (Russ.), S. 17–26. Kaunas. (Mit freundlicher Genehmigung von © Stepan Shiyatov, Ekaterinburg/Russia 2018. All Rights Reserved.)

Aus dem Russischen übersetzt von Andreas Schürmann, Wiesbaden. Text mit Erläuterungen: Pers. Mitteilung an H.H.R., 2005 von Prof. Stepan Shiyatov, Labor für Dendrochronologie, Ekaterinburg/Russland.

I.

Im Jahre 1881 geriet ich an den Stamm einer Akazie, die im selben Jahr in der Nähe der Universität in Odessa gefällt wurde. Bei der Betrachtung seines Querschnitts bemerkte ich, dass die Jahresringe, die sich auf der Holzoberfläche abzeichneten, bezüglich ihrer Dicke einer bestimmten Ordnung folgten und dass sich die konzentrischen Zonen in regelmäßiger Weise ausdehnten und zusammenzogen.

Diese Beobachtung veranlasste mich zu folgender Überlegung: Es ist bekannt, dass neben vielen anderen Bedingungen die Stärke des Jahreszuwachses eines Baumes von der Menge der Nährstoffe abhängt, die über die Wurzeln aus dem Boden aufgenommen werden und in Form von Zellen zwischen Rinde und Stamm im Laufe der Wachstumsperiode angelagert werden. Und so wie dieser Zuwachsprozess im Wesentlichen durch die Bodenfeuchte, also der Menge der atmosphärischen Niederschläge, bedingt ist, so folgt daraus, dass die Verteilung der unterschiedlichen Stärken der Jahresringe auf eine bestimmte

Abfolge trockener und feuchter Jahre hinweist und dass diese Abfolge durch das gründliche Studium von Jahresringen bei mehrjährigen Pflanzen erforscht werden kann.

Im Herbst des folgenden Jahres (1882) wurde beschlossen, die Alleebäume der Chersoner Straße in Odessa zu fällen, und ich nutzte die Gelegenheit zur Überprüfung meiner These. Ich wählte von verschiedenen Stellen zwei gesunde Exemplare einer Akazie mit einem Meter Umfang aus. Nach zwei Jahren, als die Baumstämme vollständig getrocknet waren, ließ ich ihre Stirnoberfläche polieren und unterzog sie einer forschenden Betrachtung. Indem mir das letzte Lebensjahr der Pflanzen bekannt war, konnte ich jeden Jahresring dem entsprechenden Jahr zuordnen, von den ersten zwei oder drei Jahren im Leben des Baumes abgesehen, da ich diese Ringe nicht klar genug erkennen konnte. Das Jahr des Einsäens konnte ich somit mit 1841 oder 1842 datieren.

Die Abb. 3.A1 zeigt eine annähernd genaue Kopie der Jahresringe der o. a. Exemplare. Die beigefügten Jahreszahlen verweisen auf die entsprechende Zeit der Ringbildung.

Es zeigt sich, dass in beiden Exemplaren die größte Dichte der Ringe, und damit ihre geringste Stärke auf die Jahre 54, 55 und 72, 73 fällt, womit sich ein zeitlicher Abstand von 18 Jahren ergibt. Dieser Abstand unterteilt sich noch einmal in zwei relativ gleiche Abschnitte durch dünnere Ringe im Jahr 1863. Wenn diese Verteilung dünner Schichten nicht zufällig ist, sondern in einer ständigen periodischen Wiederholung der Niederschlagsmengen begründet liegt, dann ist zu erwarten, dass sich im Jahr 1882 das Neben- und im Jahr 1891 das Hauptminimum der Niederschlagsmenge wiederholen wird.

Diese meine Schlussfolgerung aus dem Jahre 1885 erwies sich bereits im ersten Zeitraum als zutreffend, indem sich nämlich das Jahr 1882 im Chersoner Gouvernement in der Folge einer anhaltenden Dürre als sehr wenig ertragreich erwies. Jetzt, im Jahre 1891, bewahrheiteten sich meine Überlegungen in vollem Maße für den gesamten Steppengürtel Russlands, und das gibt mir das Recht, die

Erforschung der atmosphärischen Niederschlagstätigkeit als die von mir angewandte dendrometrische Methode samt der von mir erzielten Resultate zu veröffentlichen.

II.

Der Schwerpunkt der Ergebnisse dieser Forschungen besteht darin, dass die Dicke der Jahresringe funktional von der Jahresniederschlagsmenge abhängt, und dass deshalb der Baumschnitt pluviometrische Messungen da ersetzen kann, wo sie nicht vorgenommen wurden. Auch würde sich der pluviometrische Beobachtungszeitraum zeitlich zurückverschieben, da Bäume mit jahrhundertelanger Lebensdauer keine Seltenheit sind.

Jedoch sollte man nicht denken, dass die Jahresringdicke nur einfach proportional zur Niederschlagsmenge ist. Der Jahreszuwachs von Bäumen stellt eine komplizierte Funktion nicht nur der Niederschläge, sondern auch vieler anderer Bedingungen dar, von denen einige nur Ausnahmen sein können, andere jedoch stärker in Betracht gezogen werden müssen.

Zu diesen Bedingungen gehören:

1. hydrographische Besonderheiten des Ortes,
2. das Alter des Baumes,
3. der Radius des zu erforschenden Jahresringes,
4. die exzentrische Gegebenheit des Ringes,
5. der Radius des vorjährigen Ringes,
6. die individuellen Besonderheiten des Exemplars und
7. zufällige Einflüsse.

Bei der Auswahl der Pflanzen mit dem Ziel, die Periodizität der Jahresniederschlagsmengen festzustellen, hat der Ort ihres Gedeihens eine herausragende Bedeutung. Überhaupt nicht geeignet hierfür sind Bäume, die in bewässerten Gärten wachsen, an Fluss- oder Bachufern, in Sümpfen und sich von diesen Gewässern ernähren, also unabhängig sind von den Niederschlägen, die in der Umgebung fallen. Wahrscheinlich aus diesem Grunde bemerkte ich keine Periodizitäten der Jahresringdicke bei Kiefern- und Tannenstämmen, die aus Polesje und überhaupt vom Oberlauf des Dneprbeckens nach Odessa importiert wurden. Ebenso sind Bäume ungeeignet, die auf hohen Gebirgsrücken, etwa dem Kaukasus, wachsen, wo fast allnächtlicher Tau die Feuchtigkeit nicht weniger beeinflusst als Niederschläge in Form von Schnee oder Regen, welcher zudem schnell in die Täler abfließt. Ich glaube weiterhin, dass in Ländern unter unmittelbarem maritimen Einfluss (und daher feucht) Nebel die Einwirkung der pluviometrisch messbaren Niederschläge überdecken. Für die angegebenen Ziele in besonderem Maße günstig erweisen sich die Steppen im Allgemeinen und die südrussischen im Besonderen, und hier wiederum die Gegenden, die ein wenig über dem allgemeinen Niveau liegen. Bei starker Trockenheit der Steppenluft ist die Pflanze gezwungen, jeden Tropfen

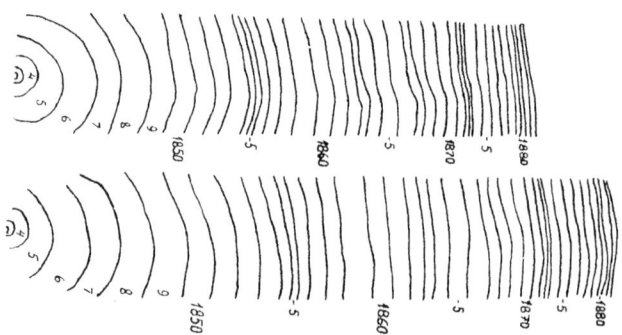

Abb. 3.A1 Jahrringe von zwei Akazien aus Odessa

Feuchte aus dem Boden zu ziehen und reagiert daher sehr fein auf mangelhafte Jahresniederschläge. Selbst das äußere Erscheinungsbild der Steppe hängt davon ab, dass hier nur einjährige Pflanzen übermäßig wachsen können. Nur wenige Holzpflanzen können die Steppendürren überstehen, darunter die Akazie und die „ejlant" [nicht im Akademiewörterbuch]. Die Waldlosigkeit der Steppe ist die unabdingbare Folge der anhaltenden Sommerdürren.

Was die Örtlichkeit angeht, auf die ich freilich zufällig gestoßen war, so hätte man auch eine andere, bessere finden können. Odessa grenzt an die aride Steppe, die Chersoner Allee liegt im höher gelegenen Teil der Stadt. Wie alle Bäume der Stadt, außer denen in den Gärten und auf Plätzen, sind die Bäume in ihrem Wuchs und ihrer Bewässerung einzig der Natur unterworfen. Außerdem – und dies ist von grundsätzlicher Wichtigkeit – wachsen diese Bäume nur wenige Schritte von der Universität entfernt, wo pluviometrische Untersuchungen durchgeführt werden, was es ermöglicht, die meteorologischen Daten mit den Resultaten aus den Jahresringen zu vergleichen.

Der Einfluss des Baumalters auf die Dicke der Jahresringe zeigt sich in Folgendem: In den ersten Lebensjahren liefert ihm der Boden Nährstoffe im Überfluss. Da aber die Wurzel noch nicht voll entwickelt sind, können die Nährstoffe noch nicht in vollem Maße genutzt werden. Außerdem fällt in diesen Jahren noch die Verpflanzung aus der Baumschule in die neue Erde ins Gewicht, was sich in der Stärke der Jahresringe widerspiegeln kann. Deshalb sind die Wachstumsbedingungen in den ersten Jahren recht schwierig, und die ersten zehn Jahresringe eignen sich nicht für unsere Ziele. Im Gegensatz dazu sind die Wurzeln in den späten Lebensjahren voll entwickelt, der ausgelaugte Boden jedoch bietet dem Boden nicht mehr genügend Nahrung. Auch diese Jahresringe dienen nicht als ausreichende Grundlage Erfolg versprechender Schlussfolgerungen.

Nur im mittleren Alter vereinigen sich die wachstumsförderlichen Bedingungen. Klimatologische Schlussfolgerungen sollten sich auf diese Lebensphase beschränken.

Der Radius des Jahresrings hat für seine Dicke eine reine geometrische Bedeutung, unabhängig vom Alter. Genauer gesagt ist der Jahreszuwachs des Stammes nicht proportional zu der Dicke des neu entstandenen Jahresringes, sondern zur Fläche seines Querschnitts. Vorausgesetzt, der Querschnitt habe die Form eines regelmäßigen Kreises, so ist der innere Radius r und der äußere r + e: dann bezeichnet folgender Ausdruck die Fläche des Rings: $\pi(r+e)2 - \pi r2$, dessen Differenz gerundet $2\pi re$ ergibt. Deshalb sollte bei gleichmäßigem Jahreszuwachs die Dicke des Jahresringes umgekehrt proportional zu seinem Radius sein, und zwar unabhängig vom Alter. Anders ausgedrückt wird sich die Kurve, die das Maß der Ringdicke bezeichnet, unter rein geometrischen Bedingungen mit der Zeit stetig neigen, und

diese Neigung sollte für uns kein Anzeichen dafür sein, dass im betreffenden Zeitraum die Niederschlagsmenge abgenommen hat.

Die Exzentrizität der Jahresringe besteht darin, dass ihre Dicke nicht ständig in der gleichen Richtung zunimmt. In diesem Fall bestimmt sich die Dicke des Jahresringes aus dem Mittelwert aller Richtungen. Da aber die erwähnte Exzentrizität von einem stärkeren Wachstum des Baumes in eine Richtung abhängt, und da sich die stärkere Verdickung in den meisten Fällen nur auf eine Seite beschränkt, so reicht es, die Messungen in einer beliebigen Richtung durchzuführen, wenn man davon ausgehen kann, dass die bezeichnete Verdickung sich nicht in verschiedene Richtungen vollzieht. Lässt man die letzte Bedingung außer Betracht, kann man zu einer falschen Schlussfolgerung bezüglich der Stelle der Minimaldicke der Ringe kommen.

Bei gleichmäßigem Wuchs erreicht der Durchmesser des Baumes dann die größten Werte, je günstiger seine Wachstumsbedingungen sind. Daher können bei verschiedenen Exemplaren ein und derselben Pflanzung die Radien sich entsprechender Jahresringe äußerst verschieden sein. Um die einzelnen Resultate verschiedener Exemplare miteinander verrechnen zu können, müssen wir zunächst die Jahresringe jedes Exemplars auf den normalen Durchmesser zurückrechnen. Als solchen setzte ich 1 m, was einem normalen Radius des letzten Rings von 500 mm entspricht. Ich verstehe unter Radius die Entfernung vom Baummark zum Rand seines letzten Jahresrings, und zwar gemessen in einer festgelegten Richtung. Zurückgerechnet wird wie folgt: Die Dicke jedes Jahresrings des einen wie des anderen Baumes multipliziert sich im Verhältnis von 500 mm zum Radius der Außenschicht in der festgelegten Richtung. Es versteht sich von selbst, dass eine solche Multiplikation aller Dicken mit einem gleichbleibenden Koeffizienten weder das Verhältnis zwischen ihnen verändert noch die Lage der kleinsten Ringstärken in der Zeitabfolge.

Indem man einige Exemplare auf den Grunddurchmesser zurückrechnet, kann man die Ergebnisse der Messungen miteinander vergleichen und die durchschnittlichen Werte nehmen, wenn die Ergebnisse der einzelnen Exemplare sich nicht widersprechen. Durch diese Methode können individuelle Abweichungen ausgeschlossen werden.

Der Hauptnutzen meiner Methode besteht in der anzunehmenden Möglichkeit, eine Periodizität der atmosphärischen Niederschläge auf der Grundlage der Periodizität von Jahresringen eines Baumes nachzuweisen. Es kann aber passieren, dass die Periodizität der Letzten durch zufällige und undurchschaubare Nebeneinflüsse verfälscht wird. In diesem Falle muss man diese Einflüsse ausschalten, um ein wahrhaftiges Bild der Periode zu erhalten.

Um das zu erreichen, gehe ich wie folgt vor: angenommen, die Verteilung der Ringe weist auf eine neunjährige Periode und der erste Ring geringster Stärke fällt auf das Jahr 1855. In diesem Fall nehme ich den Durchschnitt der Ringdicken des vorliegenden Jahres und jener Jahre, die analog zu den nächsten anzunehmenden Perioden sind. Diese Jahre sind im vorliegenden Fall 1864, 1873 usw. Die errechnete Durchschnittsdicke wird der wahren Dicke des ersten Jahres der vorliegenden Epoche entsprechen. Ebenso kann ich bei der durchschnittlichen Dicke des zweiten Jahres verfahren, d. h. bis zum ersten Jahr der folgenden Periode. Die erhaltenen Daten nehme ich als Ordinaten und konstruiere die Kurve. Wenn die Kurve einen unregelmäßigen Verlauf hat und sie sich der Parallele der Abszisse annähert, so zeigt dies die Fehlerhaftigkeit der angenommenen 9-jährigen Periodizität. Im Gegenfall, d. h., wenn sie sich in einer bestimmten Regelmäßigkeit krümmt, bestätigt sie den Charakter der Periode.

Fußnote: Ich erachte es als nötig anzumerken, dass dieses Nachweisverfahren von Periodizitäten bei Naturerscheinungen nicht von mir ist, sondern bereits zum Nachweis der Periodizität von Sonnenflecken benutzt wird.

Das Gesagte bzgl. der Methode möchte ich mit folgenden Bemerkungen vervollständigen.

Bei der Erforschung von Jahresringen muss man sein Augenmerk darauf richten, dass die Baumscheibe vom Hauptstamm und nicht von einzelnen Nebenästen des Baumes stammt. Die Äste ernähren sich auf Kosten der anderen Äste. Es kann passieren, dass während des Baumwuchses einzelne oder mehrere Äste vertrocknen. Das mag vom verstärkten Wachstum der übrigen Äste, unabhängig vom Niederschlag, herrühren.

Bei der Zählung der Ringe und der Bestimmung der Jahre reicht kein flüchtiger Blick auf die Verteilung der Jahresringe. Die Schichtung der Stirnoberfläche rührt daher, dass im Frühjahr der Nahrungszufluss reichhaltiger ist, was die Bildung großer Zellen bewirkt und dem Gewebe ein lockeres Aussehen verleiht. Im Herbst bilden sich kleine Zellen und somit ein dichtes Gewebe als Ergebnis eines verlangsamten Zuflusses der Nährstoffe. Aber während des Sommers kann eine anhaltende Dürre eintreten, wobei sich der Wachstumsprozess verlangsamt, sich kleinere Zellen bilden und so dem mittleren Teil des Jahresringes ein dichtes Aussehen verleihen. Ein ähnlich verlangsamtes Wachstum resultiert auch vom Verlust der Blätter oder Äste. Unter diesen Bedingungen zerteilt sich der Jahresring in zwei Hälften, und sehr oft ist die Unterteilung so stark, dass diese Hälften bei oberflächlicher Betrachtung für zwei einzelne Jahresringe gehalten werden können, was zur fehlerhaften Einschätzung des Alters des Jahresringes oder aber des gesamten Baumes führen kann. Um einen solchen Fehler zu vermeiden, muss man anmerken, dass die Verdichtung, die in der Mitte des Sommers durch zufällige Erscheinungen entstanden ist, eine verschwommene, unbestimmte Kontur hat und sich in einem unterbrochenen Kreis durch den Jahresring zieht. Daher muss jeder Jahresring mit der größten Aufmerksamkeit in

seiner ganzen Fläche und mit Hilfe einer Lupe betrachtet werden.

III.

Indem ich diese beschriebene Methode in allen Einzelheiten bei der Erforschung der beiden o. a. Akazienexemplare anwendete, erhielt ich die Ergebnisse der folgenden Tabelle (vgl. Abb. 3.A2), wobei die Zahlen der ersten Spalte auf die Jahre der Bildung der einzelnen Jahresringe verweisen.

Fußnote: Die Jahre bis 1847 wurden aus oben erläuterten Gründen ausgespart.

Alle aufgeführten Werte sind mm. Da der Radius des letzten Jahresrings des ersten Exemplars 250 mm und des zweiten Exemplars 190 mm betrug, so entsprechen die Koeffizienten den Verhältnissen 500/250 und 500/190.

Die Resultate dieser Tabelle können graphisch in einer Kurve wiedergegeben werden mit den Jahren auf der x-Achse (Abszisse) und den Ringdicken auf der y-Achse (Ordinate). Eine solche Kurve nenne ich einfachheitshalber Dendrogramm. Die Kurve ppp … (vgl. Abb. 3.A3, Reihe I) ist das Dendrogramm des ersten Exemplars. Zu seiner Erstellung diente die zurückgerechnete Dicke E auf der y-Achse. Die Kurve p′p′p′ hat die gleiche Bedeutung für das zweite Exemplar.

Wenn man beide Kurven miteinander vergleicht, stellt man eine gewisse Abweichung fest. Aber trotzdem verweisen beide Kurven auf eine Periodizität bezüglich des Schichtenwachstums: Sie steigen und fallen gleichzeitig, und die Hauptsache ist, dass sie gleichzeitig den Tiefpunkt erreichen.

Die Kurve AA′A″ … der 2. Reihe ist mit der Ordinate E0 entstanden, also mit der durchschnittlichen zurückgerechneten Dicke der Ringe. Dies ist das Durchschnittsdendrogramm des Zeitraums zwischen den Jahren 1847 und 1882.

Wenn wir bei der Betrachtung dieses Dendrogramms auf die Ausgangsfrage dieser Untersuchung zurückkommen, so machen wir folgende Schlussfolgerungen:

1. Aride und humide Jahre wechseln sich in einer bestimmten Reihenfolge ab;
2. Das Jahr der Dürre tritt nicht unvermittelt auf; zumeist geht ihr eine geschwächte Niederschlagstätigkeit der Atmosphäre voraus;
3. Die Niederschlagsminima, d. h. die Dürrejahre der beobachteten Periode fallen auf die Jahre 1854/1855, 1863, 1872/1873, 1882, was auf eine 9-jährige Periode verweist.

Was den Charakter dieser 9-jährigen Periode angeht, so verweist die direkte Betrachtung des Dendrogramms AA′A″ … auf nichts Bestimmtes. In der ersten Periode von 1854 bis 1863 steigt sie stetig bis zur Mitte der Periode an, um

Abb. 3.A2 Tabelle der gemessenen [Tabelle]
Jahrringbreiten

	r	e	E	r'	e'	E'	E₀
1847	45,5	12,0	24,0	35,0	10,0	26,4	25,2
8	59,5	14,0	28,0	45,3	10,3	27,1	27,5
9	72,0	12,5	25,0	55,0	9,7	25,5	25,2
1850	81,0	9,0	18,0	61,8	6,8	17,9	17,9
1	91,0	10,0	20,0	66,7	4,9	12,9	16,4
2	99,0	8,0	16,0	71,0	4,3	11,3	13,6
3	107,6	8,6	17,2	76,3	5,3	14,0	15,6
4	111,6	3,9	7,8	78,7	2,4	6,3	7,0
5	115,0	3,5	7,0	81,7	3,0	7,9	7,4
6	120,0	5,0	10,0	85,7	4,0	10,7	10,2
7	126,0	6,0	12,0	91,2	5,5	14,5	13,2
8	132,3	6,3	12,6	97,5	6,3	16,6	14,6
9	143,0	10,7	21,4	105,8	8,3	21,8	21,6
1860	152,0	9,0	18,0	113,2	7,4	19,5	18,7
1	160,0	8,0	16,0	120,3	9,7	18,7	17,3
2	166,8	6,8	13,6	125,5	5,2	13,7	13,6
3	171,4	4,6	9,2	128,2	2,7	7,1	8,1
4	177,3	5,9	11,8	132,5	4,3	11,3	11,5
5	186,0	8,7	17,4	136,7	4,2	11,0	14,2
6	194,5	8,5	17,0	142,3	5,6	14,6	15,5
7	199,1	4,6	9,2	146,0	3,7	9,6	9,4
8	203,7	4,6	9,2	150,0	4,0	10,5	9,8
9	208,8	5,1	10,2	154,5	4,5	11,8	11,0
1870	214,3	5,5	11,0	159,5	5,0	13,2	12,1
1	218,2	3,9	7,8	164,6	5,1	13,4	10,6
2	219,9	1,6	3,2	166,5	1,9	5,0	4,1
3	221,0	1,2	2,4	167,6	1,1	2,9	2,6
4	225,0	4,0	8,0	171,5	3,9	10,3	9,1
5	229,5	4,5	9,0	175,0	3,5	9,2	9,1
6	233,5	4,0	8,0	178,0	3,0	7,9	7,9
7	237,0	3,5	7,0	181,0	3,0	7,9	7,4
8	240,0	3,0	6,0	183,0	2,0	5,3	5,6
9	243,4	3,4	6,8	185,2	2,2	5,8	6,3
1880	245,6	2,2	4,4	186,7	1,5	4,0	4,2
1	248,1	2,5	5,0	188,7	2,0	5,3	5,1
2	250,0	1,9	3,8	190,0	1,3	3,4	3,6

[Legende]
r –   gemessener Radius des Jahrringes
e –   gemessene Breite des Jahrringes
E –   zurückgerechnete Dicke des Jahrringes
r', e', E'– die entsprechende Bedeutung für das zweite Exemplar
E₀ –   das arithmetische Mittel der Zahlen E und E'

dann ebenso stetig bis zum Minimum zu fallen. In der zweiten Periode von 1863 bis 1872 ist das Dendrogramm in der Mitte eingedrückt. In der dritten Periode sinkt sie unstetig. Das verweist auf irgendwelche Schwankungen, welche vielleicht von unregelmäßigem Wuchs, vielleicht auch von Schwankungen der Niederschlagsmenge in der vorliegenden Periode bedingt wurden. Diese Schwankungen oder Abweichungen könnten periodisch oder zufällig sein, aber im gegebenen Fall stellen sie etwas Fremdartiges dar, was unsere 9-jährige Periode angeht. Es bleibt nichts anderes übrig, als diese Schwankungen zu vernachlässigen und beim 9-jährigen Rhythmus zu bleiben.

Dazu gehe ich in Übereinstimmung mit dem zuvor Gesagten wie folgt vor:

Ich ordne die Jahre der vorliegenden dendrometrischen Untersuchung wie folgt an:

1855	−56	−57	−58	−59	−60	−61	−62	−63	−64
64	−65	−66	−67	−68	−69	−70	−71	−72	−73
73	−74	−75	−76	−77	−78	−79	−80	−81	−82

Diesen Jahren entsprechend stelle ich die Dicken E0 zusammen und errechne die Durchschnittsdicke für jede Spalte:

7,4	10,2	13,2	14,6	21,6	18,7	17,3	13,6	8,1	11,5
11,5	14,2	15,5	9,4	9,8	11,0	12,1	10,6	4,1	2,6
2,6	9,1	9,1	7,9	7,4	5,6	6,3	4,2	5,1	3,6

Durchschnitte:

7,2	11,2	12,9	10,6	12,9	11,8	11,9	9,8	5,8	5,9

Abb. 3.A3 Kurven der Tabellen-
daten

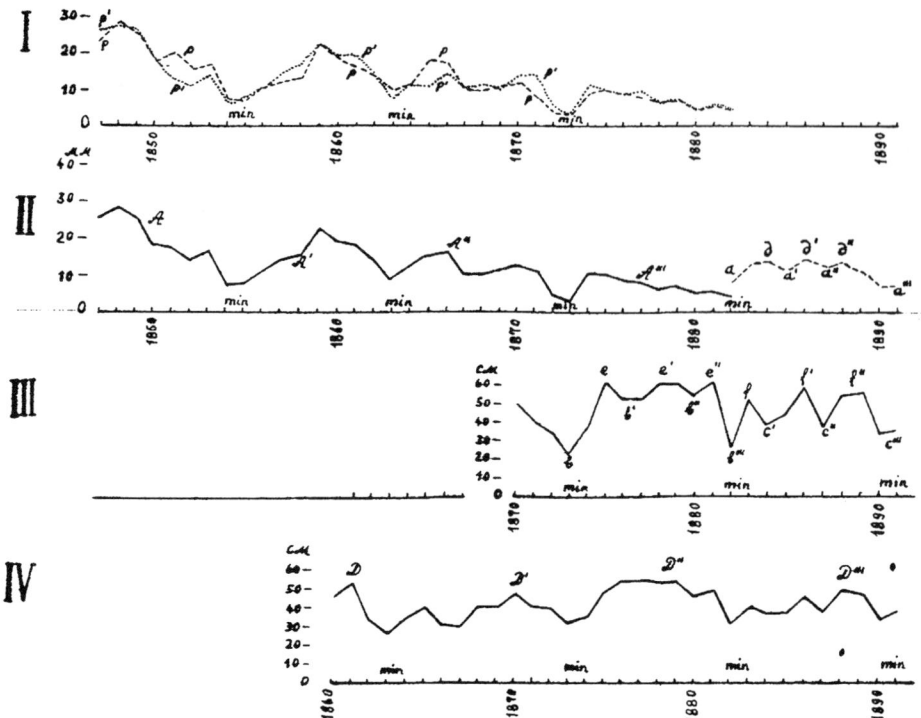

Indem ich diese Mittelwerte als Ordinaten und die Jahre als x-Achse setze, erhalte ich die Kurve aa′a″ … (vgl. Abb. 3.A3, Reihe 2). Diese Kurve, welche ich „Norm-dendrogramm der Periode" nenne, verweist klar auf zwei Hauptminima am Anfang und am Ende der Periode in a und a‴, und in a′ und a″ auf zwei Nebenminima. Anders gesagt lässt sich von der Form dieser Kurve eine 9-jährige Periode mit einer großen Schwankungsamplitude und drei 3-jähri-gen Schwankungen einer kleineren Amplitude ableiten.

IV.

Alle diese Auslegungen haben nur in dem Falle ein zweifelloses meteorologisches Interesse, wenn nach-gewiesen werden kann, dass die Jahresringdicke mit der Menge des Jahresniederschlages in einer solchen Wechsel-wirkung steht, dass jeder Krümmung des Dendrogramms die jeweilige Krümmung des Pluviogramms entspricht. Die Kurve entspricht dann genau der Schwankung der Nieder-schlagstätigkeit.

Bei diesem Teil der Aufgabe angekommen, kann ich nicht vermeiden, auf ein zu erwartendes Hindernis hin-zuweisen. Die Sache ist die, dass die Beobachtungsergeb-nisse nur dann eine Deutungsrelevanz erhalten, wenn die Differenz zwischen ihnen nicht von den möglichen Fehler-grenzen herrührt. Dies finden wir in den pluviometrischen Messungen. Jahres- und Einzelbeobachtungen werden bis zu einem Zehntel Millimeter gemessen; doch werden die Zahlen auch in Hundertstel Millimeter aufgeteilt. So fie-len in Kiew im Jahre 1861 654 mm gemäß den Messungen von Basiner, jedoch nur 504 mm gemäß der Messungen der

Universität. Im Jahr 1858 fielen nach der einen Messung 661 mm, nach der anderen 348 mm. [Anm.: Wild: Über die Niederschläge im russischen Imperium. Sankt-Petersburg, 1888]

Es ist offensichtlich, dass ein solcher Unterschied in der Datenauswahl genügend Material bereithält sowohl für die Beweisführung als auch für die Widerlegung einer solchen Periode, sobald man jeweils auch ohne Anlass den einen oder den anderen Daten den Vorzug gibt.

In Anbetracht dieser ausweglosen Lage flüchte ich wie-der zu den Durchschnittswerten, muss aber dabei zugeben, dass der Rückgriff auf Durchschnittswerte sich nur aus-nahmsweise bei unausweichlichen Messfehlern anbietet, jedoch nicht zum Ausgleich auftretender Widersprüche.

Man darf nicht vergessen, dass es mir nicht möglich ist, jene mehrjährigen und höchstwahrscheinlich ungemein akkuraten pluviometrischen Messungen zu nutzen, die in Petersburg und anderen größeren meteorologischen Statio-nen durchgeführt werden.

Es wäre merkwürdig, die Beziehungen zwischen den Niederschlagsmengen in Berlin und der Pflanzenent-wicklung in Odessa zu suchen. Ich bin auf die wenigen Beobachtungspunkte angewiesen, die auf die russische Steppenlandschaft um Odessa verstreut sind. Auf einigen dieser Stationen werden schon lange pluviometrische Mes-sungen durchgeführt (in Lugan′ seit 1837). Ich kann daher erst mit dem Jahr 1860 beginnen, weil erst seit dieser Zeit parallele Messungen von drei der vier Wetterstationen Odessa, Nikolaev, Kischinjov und Lugan′ vorliegen.

In dem o. a. Sammelband des Herrn Wild, aber auch in den Chroniken des Physikalischen Hauptobservatoriums sind die Jahresniederschlagsdaten für die genannten Punkte angegeben. Jedoch eignet sich der allgemein gesetzte Jahresbegriff, also mit dem ersten Januar beginnend, nicht gänzlich für unsere Ziele. Im Frühjahr nährt sich der Baum von der Feuchte, die sich in den Wintermonaten, und nicht nur vom ersten Januar an, angesammelt hat. Im Gegenteil haben die Niederschläge der letzten drei Monate des Kalenderjahres nichts mit dem Wachstum des Baumes im vergangenen Sommer zu tun. Wir geraten daher, wenn wir die Daten gemäß des Kalenderjahres benutzen, in die Falle der relativen Verbindung zwischen Jahresniederschlägen und Jahresringen. So fielen im Herbst 1882 in Odessa 274 mm Niederschläge, d. h. mehr als die Hälfte des mittleren Jahresniederschlages. Wenn wir diese Menge zum Kalenderjahr 1882 hinzurechnen, erhalten wir einen überdurchschnittlichen Jahresniederschlag, der Tiefpunkt der Niederschläge fällt jedoch in das Jahr 1883, was weder mit den Jahresringen noch mit den vorliegenden Ernteberichten des Verwaltungskreises übereinstimmt. Als Konsequenz des Gesagten werden alle Jahresergebnisse nach dem meteorologischen Jahr aufgeteilt, welches mit dem 1. Oktober beginnt und mit dem 30. September endet, d. h. dann, wenn der Wachstumsprozess der Bäume nahezu völlig abgeschlossen ist.

In der folgenden Tabelle bezeichnet die erste Spalte die Jahre, die zweite die durchschnittliche Niederschlagsmenge (mm) von den genannten vier Punkten, die dritte den Beobachtungsort, wobei Odessa, Nikolaev, Kischinjov und Lugan' entsprechend durch die Buchstaben O, H, K und L wiedergegeben werden.

1860	451	H,K,L	1877	537	
1	529	H,K,L	8	510	
2	335	O,H,K,L	9	515	
3	265		1880	448	
4	339		1	488	
5	387	H,K,L	2	290	
6	314		3	386	
7	302		4	366	
8	405		5	367	O,H,L
9	403	O,H,K,L	6	435	
1870	466		7	364	O,H,L
1	404	O,H,K	8	485	
2	386		9	471	
3	327		1890	320	
4	340		1	357	O
5	474				
6	527	O,H,K,L			

Die Zahlendaten sind durch das Pluviogramm DD′D″ … (Abb. Anhang 2.03 Reihe IV) dargestellt. Wenn wir diese Kurve mit dem Dendrogramm AA′A″ … (Reihe II) vergleichen, erkennen wir, dass sich alle Hauptkurven der ersten Kurve in der zweiten wiederholen. Beide Kurven fallen von 1860 bis 1863. Nach diesem ersten Minimum steigen beide wieder an, zeigen ein Nebenminimum in den Jahren 1867/1868, steigen wieder bis zum Jahr 1870 an und zeigen ein zweites Minimum im Jahr 1873. Im weiteren Verlauf erweisen sich beide Kurven als unterschiedlich, was daher rührt, dass das Dendrogramm aus oben angeführten Gründen langsam fällt. Für uns ist es jedoch wichtig, dass die Niederschlagsminima des Pluviogramms auf die Jahre 1863, 1873 und 1882 fallen, was mit den Aussagen des Dendrogramms übereinstimmt. Was das spätere Minimum der Jahre 1890/1891 betrifft, so zeigt es eine völlige Übereinstimmung mit der dendrographischen Vorhersage des Jahres 1882.

Und somit haben wir das Recht, den dendrometrischen Ergebnissen die gleiche Beweiskraft bezüglich der Zeiträume der Niederschlagsminima, d. h. der Dürren, zuzugestehen wie den pluviometrischen. Indem wir beide kombinieren, erhalten wir die Möglichkeit, im Zeitraum von 1855 bis 1891 fünf Dürren mit gleichmäßigem Abstand zueinander zu konstatieren.

Ich sagte bereits, dass man ohne ausreichende Begründung keinen Beobachtungspunkt den anderen vorziehen darf. Ich behaupte jedoch, dass für das Meteorologische Observatorium von Odessa solche Voraussetzungen gelten, dass man seine Beobachtungen aus den übrigen südrussischen Beobachtungen herausheben kann. Erstens liegt das Observatorium nur wenige Schritte von dem Ort entfernt, wo die Bäume wuchsen, die als Grundlage dieser Untersuchung dienten. Zweitens ist dieses Observatorium von der ersten Kategorie und muss daher strengere Anforderungen erfüllen. Drittens erlaube ich mir, die Aufmerksamkeit auf die Tatsache zu lenken, dass von 1870 bis 1882 das Odessaer Observatorium unter meiner Führung stand und danach unter der Führung von Professor Klossovskij. Letzthin können wir, Professor A.V. Klossovskij und ich – und das ist die Hauptsache –, die beispielhafte Genauigkeit des ständigen Observators V. O. Stalevitsch bezeugen. In Anbetracht dessen trenne ich die pluviometrischen Messungen dieses Observatoriums in einer gesonderten Tabelle, die unten folgt.

Die Jahresergebnisse sind so aufgeführt, dass das Jahr mit dem ersten Oktober beginnt.

1870	493	1881	608
1	394	2	217
2	344	3	509
3	221	4	375

4	338	5	427
5	602	6	568
6	522	7	351
7	519	8	534
8	597	9	553
9	604	1890	320
1880	528	1	357

Die Kurv e bb′b″ … (Reihe III) stellt die graphische Übertragung dieser Tabelle dar. Wir sehen, dass dieses Pluviogramm nicht nur die Hauptminima von 1873, 1882 und 1890/1891 wiedergibt, sondern auch jene drei Nebenauslenkungen eb′ e″b″′ e‴b‴ und fc′ f″c″ f‴c‴, welche das normale Dendrogramm der 9-jährigen Periode (Kurve ada′ d′ a″d″a‴ Reihe II) vorhergesagt hat.

V.

Das Gesagte in den vorhergehenden Kapiteln schöpft mein gewähltes Thema voll aus. Korrekt durchgeführte dendrometrische Untersuchungen bestätigen die pluviometrischen und können daher der Meteorologie einen unschätzbaren Dienst für die Erweiterung unserer Forschungen über Niederschläge in jenen Ländern leisten, in denen keine solchen Messungen durchgeführt wurden, sowie als Kontrolle existierender pluviometrischer Beobachtungen. Dem letzteren Punkt schenke ich besondere Aufmerksamkeit. Die Jahresringe der Bäume liefern uns eine ebenso verlässliche Chronik der atmosphärischen Niederschlagtätigkeit wie die Blätter der automatischen Aufzeichnungsapparate.

Aber trotzdem stellt sich die Frage des praktischen Nutzens. Könnte man nicht das Wissen um die von mir aufgezeigte Periodizität der Trockenzeiten zur Prognose von Missernten nutzen, zur Vermeidung von Hungersnöten oder für landwirtschaftliche Ziele?

Ohne Zweifel könnte man aus der von mir aufgezeigten 9-jährigen Niederschlagsperiode nützliche Hinweise bezüglich der Verteilung landwirtschaftlicher Arbeit in der Zukunft ableiten. Auf jeden Fall aber darf man an meine Forschung keine Anforderungen stellen, für die sie nicht gedacht ist. Erstens sind Dürre, Missernte und Hungersnot völlig verschiedene Begriffe. Falls ein arides Jahr wirklich eine Missernte zur Folge hat, so folgt daraus nicht, dass eine Missernte nur von einer Dürre abhängt. Ausgiebige Niederschläge zur unrechten Zeit haben die gleiche Auswirkung auf die Aussaat wie eine Dürre oder wie eine stümperhafte Feldarbeit u. Ä. Die Hungersnot, für sich genommen, ist keine notwendige Folge mehr von Dürre oder Missernte, sondern hängt in der Hauptsache vom herrschenden ökonomischen System ab. Die biblische Legende über die sieben mageren und die sieben fetten Kühe zeigt uns, dass schon im Altertum ein solches

volkswirtschaftliches System möglich gewesen ist, das ein dicht besiedeltes Land ungeachtet häufiger Missernten vor dem Hunger zu schützen vermochte. Wenn uns in dieser Beziehung das Wissen um die Periodizität von Dürren helfen kann, so doch nur in dem Sinne, dass in uns die feste Überzeugung gesät ist, das eine Missernte nichts Zufälliges ist, sondern eine Erscheinung, die unausweichlich, im engsten Sinne alle neun Jahre auftritt und die man nicht wegbeten oder umgehen kann.

Zweitens sollte man nicht aus den Augen verlieren, dass neben den 3- und 9-jährigen Schwankungen in der atmosphärischen Niederschlagtätigkeit auch längerfristige Periodizitäten existieren könnten, welche man nicht mit Klarheit in einem solch kurzen Zeitraum von 36 Jahren, in welchem ich mich bewege, nachweisen kann. Sowohl das Dendrogramm als auch das Pluviogramm der zweiten Tabelle zeigen einmütig einen Abfall in den Jahren 1877 und 1878 und einen Überschuss der Jahresniederschlagsmenge am Beginn der 60er-Jahre, welche dem regelmäßigen Verlauf der 9-jährigen Periode widersprechen. Es kann sein, dass diese Abweichungen, die abwechselnd alle neun Jahre mit umgekehrten Vorzeichen auftauchen, ebenfalls periodisch sind und sich in Zukunft wiederholen werden. Aber diese längerfristigen Schwankungen können nur dann deutlich festgestellt werden, wenn wir aus dem allgemeinen Niederschlagsjahr bekannte und kurzfristigere Schwankungen ausschließen.

Drittens: So umfassend unser Wissen über die Niederschläge in der Vergangenheit auch sein mag, so kann ihm doch nur empirische Bedeutung beigemessen werden. Die Werte dürfen solange nicht ohne Weiteres in die Zukunft extrapoliert werden, bis wir den trügerischen Bedingungen der Periodizität auf die Spur gekommen sind.

Kurz-Lebenslauf Fjodor Nikiforovic Schwedov [Schreibweise meist: Shvedov]

- Fjodor Nikiforovic Schwedov wurde am 14.02.1840 (alter Kalender) in Kilie (Gouvernement Bessarabien) in einer Offiziersfamilie geboren.
- Schulzeit in Odessa.
- 1859: Studium an der Mathematischen Fakultät der Universität St. Petersburg.
- 2 Jahre Ausbildung zum Lehrer an Höheren Lehranstalten.
- 1865: Leiter des Physikalischen Labors von Prof. Carl Gustav Magnus in Berlin.
- 1867: Rückkehr nach St. Petersburg und Dissertation bei Prof. F. F. Petruschevskij.
- 1868: Verteidigung der Dissertation „Über die Bedeutung der Nichtleiter in der Elektrostatik"; diese fand großen Anklang, da man an Isolatoren interessiert war.

- 1865: Gründung der Neurussischen Universität in Odessa; ab 1868 war Schwedov hier Dozent des Fachbereichs Physik. Nach zwei Jahren verteidigte er seine Doktorarbeit „Über die Gesetze der Umwandlung elektrischer Energie in Wärme".
- ab 19.08.1870: ordentlicher Professor der Physik und Leiter des Physikalischen Kabinetts, das er erweiterte und ausstattete; er arbeitete mit physikalischen Demonstrationsversuchen und führte die Laborarbeit für Studenten ein.
- In dieser Zeit wurde in der Phys.-Mathematischen Fakultät die Abteilung Landwirtschaftstechnik eröffnet, wo Schwedov Vorlesungen über physische Geographie und Meteorologie hielt. Dafür benutzte er eigens hergestellte Lehrgeräte, z. B. Lehrwaagen, Lehrgalvanometer, Spindelpumpen für Säuren usw.
- Entwicklung eines „Zielentfernungsmessers" für die Küsten- und Marineartillerie.
- Er beherrschte die griechische und lateinische Sprache und sprach hervorragend Deutsch und Französisch; zahlreiche Publikationen in diesen beiden Sprachen; insgesamt 59 Veröffentlichungen.
- Mitarbeiter der neu gegründeten Neurussischen Naturforschenden Gesellschaft.
- von 1877 bis 1880 und von 1889 bis 1895: Dekan der Physikalisch-Mathematischen Fakultät der Neurussischen Universität.
- von 1896 bis 1903: Rektor der Universität.
- Schwedov starb am 12.12.1905 mit 66 Jahren an einem Herzschlag durch eine Angina.

Literatur

Agassiz, L., A. A. Gould. 1851. *Outlines of comparative physiology.* London: Bohn.

Anonymus. 1787. *Letters on Egypt,* Bd. I. 2. Aufl. London: Robinson.

Antevs, E. 1917. Die Jahresringe der Holzgewächse und die Bedeutung derselben als klimatischer Indikator. *Progressus Rei Botanicae* 5: 285–386.

Ascherson, P. 1893. [Zu Gustav Sanio] *Verh. d. Bot. Vereins d. Provinz Brandenburg,* 34: XLI–IL.

Ashworth, W. J. 1996. Memory, efficiency, and symbolic analysis: Charles Babbage, John Herschel, and the industrial mind. *Isis* 8: 629–653.

Atwater, C., 1820: Description of the antiquities discovered in the state of Ohio and other western states. *Am. Antiquarian Society* 1, 171–177.

Babbage, C. 1838. On the age of strata as inferred from the rings of trees embedded in them. In: Ders., *The ninth Bridgewater treatise* (S. 256–264). 2. Aufl. London: Murrey.

Babbage, C. 1847. Observations on the Temple of Serapis, at Pozzuoli, near Naples. *Quarterly J. Geological Soc. London* 3: 186–216.

Babbage, C. 1989. The economy of machinery and manufactures. In: M. Campbell–Kelly (Hrsg.), *The works of Charles Babbage,* Bd. 8. London: Pickering.

Barton, B. S. 1803. *Elements of botany.* Philadelphia: Author.

Bechstein, J. M. 1821. *Forstbotanik oder Naturgeschichte der deutschen Holzgewächse und einiger fremder für Oberförster, Förster und Forstgehilfen.* 4. Aufl. Erfurt: Henning.

Bergthaller, H. 2004. *Ökologie zwischen Wissenschaft und Weltanschauung.* Dissertation, Univ. Bonn.

Bernardini, W. 2004. Hopewell geometric earthworks: a case study in the referential and experiential meaning of monuments. *J. Anthropological Archaeology* 23: 331–356.

Beust, F. 1885. *Untersuchung über fossile Hölzer aus Grönland.* Dissertation, Univ. Zürich.

Bichat, X. 1805. *Recherches physiologiques sur la vie et la mort.* 3. Aufl. Paris: Brosson.

Biesele, R. L. 1930. *The history of the German settlements in Texas 1831–1861.* Reprint 1987. San Marcos: German-Texan-Heritage Soc.

Bland's Reports. 1837–1841. Patterson Case, 1830. In: High Court of Chancery. *Reports of cases argued and adjudged in the High Court of Chancery of Maryland* 3 (1841), S. 69–94. Baltimore: Cushing & Bailey. [Maryland State Archives Online: Http://www.aomol.net/html/index.html. Zugegriffen: 3.10.2016.]

Blumenbach, J. F. 1791: Über den Bildungstrieb. Göttingen: Dieterich.

Borkhausen, M. B. 1800. *Theoretisch-praktisches Handbuch der Forstbotanik und Forsttechnologie.* Gießen: Heyer.

Bowker, G. 1994. Die Ursprünge von Lyells Uniformitarismus: Für eine neue Geologie. In: M. Serres (Hrsg.), *Elemente einer Geschichte der Wissenschaften* (S. 687–719). Frankfurt: Suhrkamp.

Brather, S., 2001, [zu G. Kossinna] In: J. Hoops, H. Beck, (Hrsg.), *Reallexikon der German. Altertumskunde* 3 (S. 17). Berlin: de Gruyter.

Briand, C. H. et al. 2006. Tree-rings and the aging of trees: A controversy in 19th century America. *Tree-Ring Research* 62: 51–65.

Bridge, M. C., B. A. Haggart, J. J. Lowe. 1990. The history and palaeoclimatic significance of subfossil remains of Pinus sylvestris in blanket peats from Scotland. *J. of Ecology* 78: 77–99.

Brison, A.-L., M. Philippe, F. Thevenard. 2001. Are Mesozoic wood growth rings climate-induced? *Paleobiology* 27: 531–538.

Bubner, B. 2008. The wood cross sections of Hermann Nördlinger (1818–1897). *IAWA Journal* 29: 439–457.

Bueno, G. 1990. Holismus. In: H. J. Sandkühler (Hrsg.), *Europäische Enzyklopädie zu Philosophie und Wissenschaften* (S. 552–559). Hamburg: Meiner.

Campbell, T. N. 1949. The pioneer tree-ring work of Jacob Kuechler. *Tree-Ring Bulletin* 15: 17–20.

Candolle, A. P., de 1828. *Organographie der Gewächse,* Bd. 1. Stuttgart: Cotta.

Candolle, A. P., de 1833. On the longevity of trees and the means of ascertaining it. *Edinbourgh New Philosophical J.* 15: 330–348.

Cannon, W. F. 1960. The uniformitarian-catastrophist debate. *Isis* 51: 38–55.

Conwentz, H. 1892. Untersuchungen über fossile Hölzer Schwedens. *Kongl. Svenska Vetenskaps–Akademiens Handlingar* 24(13): 1–99.

Correa de Serra, J. 1799. On a submarine forest, on the east coast of England. *Philos. Transactions* 89: 145–156.

Creber, G. T., W. G. Chaloner. 1984a. Influence of environmental factors on the wood structure of living and fossil trees. *Botanical Review* 50: 357–448.

Creber, G. T., W. G. Chaloner. 1984b. Climatic indications from growth rings in fossil woods. In: P. Brenchley (Hrsg.), *Fossils and climate* (S. 49–74). New York: Wiley.

Cremer, T. 1985. *Von der Zellenlehre zur Chromosomentheorie. Naturwissenschaftliche Erkenntnis und Theorienwechsel in der frühen Zell- und Vererbungsforschung.* Berlin: Springer.

Cuvier, G. 1825. *Discours sur les révolutions de la surface du globe.* 3. Aufl. Paris: Dufour.

Daston L. 2001. *Wunder, Beweise und Tatsachen.* Frankfurt: Fischer TB.

De Vries, H. 1872. Über den Einfluss des Druckes auf die Ausbildung des Herbstholzes. *Flora* 55: 241–246.

DFG (Hrsg.) 1990. *Siedlungsarchäologische Untersuchungen im Alpenvorland* [Kolloquium März 1990]. Mainz: Zabern.

Dippel, L. 1867. *Das Mikroskop und seine Anwendung,* Teil I. Braunschweig: Vieweg.

Douglass, A. E. 1937: [Note on Kapteyn]. *Tree-Ring Bulletin* 3: 29.

Du Bois-Reymond, E. 1848. *Untersuchungen über thierische Elektricität,* Bd. 1. Berlin: Reimer.

Dubec, K., V. Ore. 1980. Gregor Mendel's scientific activity in meteorology. *Folia Mendeliana* 15: 215–242.

Eckermann, J. P. 1999. *Gespräche mit Goethe in den letzten Jahren seines Lebens.* Frankfurt/M.: Dt. Klassiker-Verl.

Emerson, R. W. 1982. *The journals and miscellaneous notebooks of Ralph Waldo Emerson 1866–1882,* Teil 16. Cambridge: Harvard Univ. Press.

Fellenberg, E. v. 1874. Bericht an die Tit. Direktion der Entsumpfungen über die Ausbeutung der Pfahlbauten des Bielersees in den Jahren 1873 und 1874. *Mitt. Naturforsch. Ges. in Bern:* 823–873 und 263–358.

Ferguson, C. W. 1968. Bristlecone pine: Science and esthetics. *Science* 159: 839–846.

Fernow, B. E. 1897. Age of trees and time of blazing determined by annual rings. *U.S. Dep. Agric., Div. Forestry, Circular No. 16:* 1–11.

Fernow, B. E. 1998. Report upon the Forestry Investigations of the U. S. Department of Agriculture, 1877–1898. *House Document No. 181.* [Forestry Pamphlets History, Bd. III, U. S. 55th Congr., 3rd sess.].

Fichte, J. H. 1831. *Johann Gottlieb Fichte's Leben und litterarischer Briefwechsel,* 2. Teil. Sulzbach: Seidel.

Finkelstein, G. 1999. Headless in Kashgar. *Endeavour* 23: 5–9.

Finkelstein, G. 2000. „Conquerors of the Künlün?" The Schlagintweit mission to high Asia, 1854–1857. *History of Science* 38. 179–218.

Fleck, L. 1980. *Entstehung und Entwicklung einer wissenschaftlichen Tatsache.* Frankfurt/M.: Suhrkamp.

Fleck. L. 1983. *Erfahrung und Tatsache. Gesammelte Aufsätze.* Frankfurt/M.: Suhrkamp.

Foncave, M. 2010. Das Leben molekular verstehen: Reduktionismus gegen Vitalismus. *Angewandte Chemie* 122: 4108–4112.

Fritts, H. C. 1969. Bristlecone pine in the White Mountains of California, growth and ring-width characteristics. *Papers of the Laboratory of Tree-Ring Research,* No. 4. Tucson: Univ. of Arizona Press.

Füchsel, G. C. 1773. *Entwurf zu der ältesten Erd- und Menschengeschichte.* Frankfurt u. Leipzig (o. V.). Http://www.deutsches-textarchiv.de/book/show/fuechsel_entwurf_1773. Zugegriffen: 2.11.2017.

Gams, H., R. Nordhagen. 1923. Postglaziale Klimaänderungen und Erdkrustenbewegungen in Mitteleuropa. *Landeskundliche Forschungen* 25: 14–336.

Garraty, J. A. 1999a. [A. C. Twining]. *Amer. National Biography* 22 (S. 63 f.). New York: Oxford Univ. Press,

Garraty, J. A. 1999b: *[John Muir].* Amer. Nat. Biography 16 (S. 63 f.). New York: Oxford Univ. Press.

Geary, P. J. 2002. *Europäische Völker im frühen Mittelalter: Zur Legende vom Werden der Nationen.* Frankfurt: Fischer TB.

Geiger, F. 1915. *Anatomische Untersuchungen über die Jahresringbildung von Tectona grandis.* Dissertation, Univ. Heidelberg.

Germann, D. et al. 1975. Über Goethes Mikroskope. *Acta Historica Leopoldina* No. 9: 361–401.

Goethe J. W. v. 1963. *Italienische Reise,* I/II, Bd. 25. München: DTV.

Goethe, J. W. v. 1790. *Versuch die Metamorphose der Pflanzen zu erklären.* Gotha: Ettinger.

Goethe, J. W. v. 1982. *Naturwissenschaftliche Schriften. Zur Morphologie.* Bd. 13 [Hamburger Ausgabe]. München: Beck.

Gohau, G. 1990. *A history of geology.* New Brunswick: Rutgers State Univ.

Göppert, H. R. 1841. Über ein in Wolynien gefundenes versteintes Holz, sowie über das Studium der versteinten Hölzer überhaupt. *Hist.-philol. Memoiren d. Akad. St. Petersburg* 1: 493–513.

Göppert, H. R. 1850. *Monographie der fossilen Coniferen.* Leiden: Arnz.

Gothan, W. 1904. Die Jahresringbildung bei den Araucaritenstämmen in Beziehung auf ihr geologisches Alter. *Naturwiss. Wochenschrift* 19: 913–917.

Gothan, W. 1905 Zur Anatomie lebender und fossiler Gymnospermen-Hölzer. *Abh. d. Königl. Preußischen Geol. Landesanstalt* N. F., H. 44: 89–94.

Gothan, W. 1911. Die Jahresringlosigkeit der paläozoischen Bäume und die Bedeutung dieser Erscheinung für die Beurteilung des Klimas dieser Perioden. *Naturwiss. Wochenschrift* 26: 442–446.

Gothan, W. 1948. *Die Probleme der Paläobotanik und ihre geschichtliche Entwicklung.* Berlin: Wiss. Editionsgesellschaft.

Gould, S. J. 1990. *Die Entdeckung der Tiefenzeit.* München: Hanser.

Gregory, H. E. 1921. History of Geology. *Scientific Monthly* 12: 91–127.

Greguss, P. 1968. Einführung in die Paläoxylotomie. *Geologie 17,* Beih. 60: 1–88.

Großherzogl. TH Darmstadt. 1885. *Adressen-Verzeichniss d. ehem. Studierenden der Höheren Gewerbeschule Darmstadt.* Darmstadt: THD.

Grünert, H. 2002. Gustaf Kossinna – Ein Wegbereiter der nationalsozialistischen Ideologie. In: A. Leube, (Hrsg.), *Prähistorie und Nationalsozialismus* (S. 307–320). Heidelberg: Synchron-Verl.

Guntau, M. 1978. The emergence of geology as a scientific discipline. *History of Science* 16: 280–290.

Hagner, M. 2001. Ansichten der Wissenschaftsgeschichte, In: Ders. (Hrsg.), *Ansichten der Wissenschaftsgeschichte* (S. 7–39). Frankfurt: Fischer.

Hard, G. 1973. *Die Geographie – eine wissenschaftstheoretische Einführung.* Berlin: de Gruyter.

Harris, H. 1999. *The birth of the cell.* New Haven: Yale Univ. Press.

Hartig, R. 1880. Zersprengen der Eichenrinde nach künstlicher Zuwachssteigerung. In: R. Hartig (Hrsg.), *Untersuchungen aus dem forstbotanischen Institut zu München* (S. 145–150). Berlin: Springer.

Hartig, R. 1894. Untersuchungen über die Entstehung und die Eigenschaften des Eichenholzes. *Forstlich-naturwissenschaftliche Zeitschrift* 3: 1–13, 49–68, 172–191, 193–203.

Hartig, T. 1838. Über die Vegetationsperioden der Waldbäume und die sie begleitenden Erscheinungen. In: Ders. (Hrsg.), *Jahresber. über die Fortschritte der Forstwissenschaft und forstlichen Naturkunde im Jahre 1836 und 1837* (S. 601–637). Berlin: Förstner.

Heer, O. 1865. *Die Pflanzen der Pfahlbauten.* Zürich: Zürcher u. Furrer.

Heer, O. 1874. *Nachträge zur miozänen Flora Grönlands.* Stockholm: Norstedt.

Heer, O. 1883. *Die Urwelt der Schweiz.* Zürich: Schultheß.

Heierli, J. 1901. *Die Urgeschichte der Schweiz.* Zürich: Müller.

Heierli, J., P. E. Scherer. 1924. *Die neolithischen Pfahlbauten im Gebiete des ehemaligen Wauwilersees.* Mitt. Naturforsch. Ges. Luzern, H. 9. Luzern: Haag.

Heinemann, H. 1994. Die Auswanderung der Vierziger aus Darmstadt nach Texas im Jahr 1847 und ihre kommunistische Kolonie Bettina. *Archiv. f. Hessische Geschichte u. Altertumskunde,* N.F. 52: 283–352.

Herlihy, P. 1986. *Odessa: A history, 1794–1914.* Harvard Ukrainian Research Institute, Monograph Series. Cambridge: Harvard Univ. Press.

Heyer, C. 1841. *Die Waldertrags-Regelung.* Gießen: Ferber.

Heyer, G. 1852. *Über die Ermittlung der Masse, des Alters und des Zuwachses der Holzbestände.* Dessau: Katz.

Hill, E. G. 1918. *A modern history of New Haven and eastern New Haven County.* New York: Clarke.

Hintsche, E. et al. 1943. Die Entwicklung der histologischen Färbetechnik. *Ciba-Zeitschrift* 8: 3074–3108.

Historisches Lexikon der Schweiz. 2017. [Johannes Aeppli] Http://www.hls-dhs-dss.ch. Zugegriffen: 20.11.2017.

Hobsbawm, E., T. Ranger (Hrsg.) 1983. *The invention of tradition.* Cambridge: Cambridge Univ. Press.

Holtermann, C. 1907. *Der Einfluss des Klimas auf den Bau der Pflanzengewebe. Anatomisch-physiologische Untersuchungen in den Tropen.* Leipzig: Engelmann.

Hölzl, J., E. Bancher, F. Kotlan. 1969. Simon Plößl (1794–1868) Optiker und Mechaniker in Wien. *Blätter für Technikgeschichte,* H. 31, 45–89.

Hooke, R. 1665. *Micrographia.* London: Martyn & Allestry.

Hoops, J., H. Beck (Hrsg.) 2004. *Reallexikon der Germanischen Altertumskunde.* Berlin: de Gruyter.

Hoppe, B. 1976. Biologie–Wissenschaft von der belebten Materie von der Antike zur Neuzeit. *Sudhoffs Archiv,* H. 17. Wiesbaden: Steiner.

Hough, R. B. 1894. *The American Woods.* Part IV. Lowville: Author.

Höxtermann, E. 1994. Zur Geschichte des Hormonbegriffs in der Botanik und zur Entwicklungsgeschichte der 'Wuchsstoffe'. *History and Philosophy of the Life Sciences* 16: 311–337.

Huber, B. 1939. Das Siebröhrensystem unserer Bäume und seine jahreszeitlichen Veränderungen. *Jahrbücher f. wiss. Botanik* 88: 176–242.

Huber, B. 1948. Die Jahresringe der Bäume als Hilfsmittel der Klimatologie und Chronologie. *Die Naturwissenschaften* 35: 151–155.

Humboldt, A. v. 1794. *Aphorismen aus der chemischen Physiologie der Pflanzen.* Leipzig: Voss.

Humboldt, A. v. 1795. Etwas über die lebendige Muskelfaser als anthracoscopische Substanz. *Crells Chemische Annalen* 12: 3–5.

Humboldt, A. v. 1845. *Kosmos. Entwurf einer physischen Weltbeschreibung,* Bd. 1. Stuttgart: Cotta.

Humboldt, A. v. 1849.. *Ansichten der Natur,* Bd. 2. 3. Aufl. Stuttgart: Cotta.

Hutton, J. 1788. Theory of the earth. *Transactions of the Royal Society of Edinburgh* 1: 209–305.

Hyman, A. 1987. *Charles Babbage 1791–1871. Philosoph, Mathematiker, Computerpionier.* Stuttgart: Klett-Cotta.

Iltis, H. 1924. *Gregor Johann Mendel. Leben, Werk und Wirkung.* Berlin: Springer.

Ishihara, A. 2005. *Goethes Buch der Natur. Ein Beispiel der Rezeption naturwissenschaftlicher Erkenntnisse und Methoden in der Literatur seiner Zeit.* Würzburg: Königshausen.

Jahn, I. (Hrsg.) 2004. *Geschichte der Biologie.* 3. Aufl. Heidelberg: Spektrum.

Jahn, I., F. G. Lange (Hrsg.) 1973. *Die Jugendbriefe Alexander von Humboldts 1787–1799.* Berlin: Akad. Verl.

Jost, L. 1891. Über Dickenwachstum und Jahresringbildung. *Botanische Zeitung* 49: 485–495, 501–510, 525–531, 541–547, 557–563, 573–579, 589–596, 605–611, 625–630.

Jussieu, A. de. 1858. *Die Botanik.* Übers. v. J. Kurr. Stuttgart: Rieger.

Kapteyn, J. C. 1912. Definition of the correlation-coefficient. *Monthly Notices of the Royal Astron. Soc.* 72: 518–525.

Kapteyn, J. C. 1914. Tree-growth and meteorological factors. *Recueil des Travaux Botaniques Neerlandais* 11: 70–93.

Kapteyn, J. C., J. M. van Uven. 1916. *Skew frequency curves in biology and statistics.* Groningen: Hoitsema.

Keefer, E. (Hrsg.) 1992. *Die Suche nach der Vergangenheit. 120 Jahre Archäologie am Federsee.* Katalog zur Ausstellung. Stuttgart: Württ. Landesmuseum.

Keller, F. 1854. Die keltischen Pfahlbauten in den Schweizerseen. [1. Pfahlbaubericht] *Mitt. d. Antiquarischen Ges. Zürich* 9: 65–100.

Kirschner, M. J., G. T. Mitchison. 2000. Molecular vitalism. *Cell* 100: 79–88.

Knight, T. A. 1805. Concerning the state in which the true sap of trees is deposited during winter. *Philos. Transactions of the Royal Society of London* 95: 88–103.

Kögl, F. 1937. Wirkstoffprinzip und Pflanzenwachstum. *Die Naturwissenschaften* 25: 465–470.

Kossinna, G. 1911. *Die Herkunft der Germanen.* Würzburg: Kabitzsch.

Kossinna, G. 1934. *Die deutsche Vorgeschichte: Eine hervorragend nationale Wissenschaft.* 6. Aufl. Leipzig: Kabitzsch.

Krabbe, G. 1885. Über das Wachstum des Verdickungsringes und der jungen Holzzellen in seiner Abhängigkeit von Druckwirkungen. *Abh. Preußische Akad. d. Wiss. Berlin,* Anhang: 1–83.

Kräusel, R., G. Schönfeld. 1924. Fossile Hölzer aus der Braunkohle von Süd-Limburg. *Abh. d. Senckenb. Naturforschenden Ges.* 38: 253–289.

Kruit, P. C., van der, K. van Berkel. 2000. *The legacy of J. C. Kapteyn.* Dordrecht: Kluwer.

Küchler, J. 1859. Das Clima von Texas. *Texas Staats-Zeitung v. 6.8.1859.* [Depositum F. H. Schweingruber/Birmensdorf]

Kühns, R. 1910. *Die Verdoppelung des Jahresringes durch künstliche Entlaubung.* Bibliotheca Botanica, H. 70. Stuttgart: Schweizerbart.

Landesdenkmalamt BW (Hrsg.) 2004. *Ökonomischer und ökologischer Wandel am vorgeschichtlichen Federsee.* Hemmenhofener Skripte 5. Hemmenhofen-Gaienhofen: Landesdenkmalamt BW.

Leuzinger, U., G. Schöbel. 2004. *Pfahlbauquartett. 4 Museen präsentieren 150 Jahre Pfahlbau-Archäologie* [Ausstellungskatalog]. Frauenfeld.

Levasseur, E. 1892. The Russian famine. *J. of the Royal Statistical Soc.* 55: 80–87.

Liebig, J., 1859: *Chemische Briefe,* Bd. 1. 4. Aufl. Leipzig: Winter.

Lyell, C. 1830/1832/1833. *Principles of geology.* Bde. I–III. London: Murrey.

Lyell, K, (Hrsg.) 1881. *Charles Lyell, Life Letters and Journals,* Bd. II. London: Murray.

Martin-Kilcher, S. 1979. Ferdinand Keller und die Entdeckung der Pfahlbauten. *Archäologie der Schweiz* 2: 3–11.

Meyen, F. J. F. 1830. *Phytotomie.* Berlin: Haude u. Spener.

Meyen, F. J. F. 1839. *Neues System der Pflanzenphysiologie.* Bd. 3. Berlin: Haude.

Meyer-Abich, A. 1954. Organismen als Holismen. *Acta Biotheoretica* 11: 85–106.

Milovidov, P. F. 1935. Mendel as a microscopist. A new chapter in the life of Gregor Mendel. *J. of Heredity* 26: 337–348.

Milovidov, P. F. 1968. Gregor Mendel's microscopic preparations. *Folia Mendeliana* 3: 35–53.

Mohl, H. v. 1844. Über die Abhängigkeit des Wachsthum der dicotylen Bäume in die Dicke von der physiologischen Thätigkeit der Blätter. *Bot. Zeitung* 2: 89–92.

Muir, J. 1894. *The mountains of California.* New York: Century.

Muir, J. 1901. *Our national parks.* Boston: Houghton.

Müller, C. C., W. Raunig. 1982. *Der Weg zum Dach der Welt.* Innsbruck: Pinguin.

Müller-Stoll, H. 1951. Vergleichende Untersuchungen über die Abhängigkeit der Jahrringfolge von Holzart, Standort und Klima. *Bibliotheca Botanica,* H. 122: 1–93.

Munro, R. 1890. *The lake-dwellings of Europe.* London: Cassell.

Nägeli, C., S. Schwendener. 1877. *Das Mikroskop, Theorie und Anwendung desselben.* Leipzig: Engelmann.

Netolitzky, F. 1901. Über die Anwendung des Mikroskopes in der Urgeschichtsforschung. *Correspondenzblatt Dt. Ges. f. Anthropologie, Ethnologie u. Urgeschichte* 32 (1): 1–2.

Neuweiler, E. 1901. *Beiträge zur Kenntnis schweizerischer Torfmoore.* Dissertation, Univ. Zürich.

Neuweiler, E. 1905. Die historischen Pflanzenreste Mitteleuropas mit besonderer Berücksichtigung der schweizerischen Funde. *Vierteljahresschrift Naturforsch. Ges. Zürich* 30: 21–127.

Nöggerath, J. 1819. *Über aufrecht im Gebirgsgestein eingeschlossene fossile Baumstämme und andere Vegetabilien.* Bonn: Weber.

Nördlinger, H. 1858. *Fünfzig Querschnitte der in Deutschland wachsenden hauptsächlichsten Bau-, Werk- und Brennhölzer.* Stuttgart: Cotta.

Nuttonson, M. Y. 1947. Agroclimatology and crop ecology of the Ukraine and climatic analogues in North America. *Geographical Review* 37: 216–232.

PALAFITTES. 2009. *UNESCO Welterbe Kandidatur „Prähistorische Pfahlbauten rund um die Alpen".* Bern.

Pannekoek, A. 1922. J. C. Kapteyn und sein astronomisches Werk. *Die Naturwissenschaften* 10: 967–980.

Paul, E. R. 1993. The life and works of J. C. Kapteyn by Henrietta Hertzsprung-Kapteyn (annotated transl. of the Dutch edition 1928). *Space Science Reviews* 64: 1–92.

Poe, E. A. 1836. [Bland's chancery reports]. *Southern Literary Messenger* II (11): 731 f.

Pokorny, A. 1865. Über Grösse und Alter österreichischer Holzpflanzen. *Verhandlungen d. zool.- bot. Ges. Wien* 15: 249–256.

Pokorny, A. 1867. Über den Dickezuwachs und das Alter der Bäume. *Schriften d. Vereins zur Verbreitung naturwissenschaftlicher Kenntnisse in Wien* 6: 207–233.

Pressler, M. R. 1866: Der forstliche Zuwachsbohrer. *Tharandter Forstl. Jahrbuch* 17 (3): 137–223.

Rahemipour, P. 2009. *Archäologie im Scheinwerferlicht. Die Visualisierung der Prähistorie im Film 1895–1930.* Dissertation, FU Berlin.

Reinberg, A. E., H. Lewy. 2000. Julien Joseph Virey et la naissance de la chronobiologie. *Vesalius* 6: 90–99.

Reinerth, H. 1923. *Die Chronologie der jüngeren Steinzeit in Süddeutschland.* Augsburg: Filser.

Reinerth, H. 1929: *Das Federseemoor als Siedlungsland des Vorzeitmenschen.* 4, Aufl. Augsburg: Filser.

Reinhold, G. 1957. Die Geschichte der Forstwissenschaft an der Universität Gießen. In: Univ. Gießen (Hrsg.): *Festschrift zur 350-Jahrfeier* (S. 348–374). Gießen: Schmitz.

Reukauf, E. 1906. Goethe als Mikroskopiker. *Aus der Natur* 2: 449–458.

Rheinberger, H.-J. 2003. Präparate – ‚Bilder' ihrer selbst. In: H. Bredekamp, G. Werner (Hrsg.), *Bildwelten des Wissens* (S. 9–19). Berlin: Akademie-V.

Richards, R. K., 2000: Kant and Blumenbach on the Bildungstrieb: A historical misunderstanding. *Stud. Hist. Phil. Biol. and Biomed. Sci.* 31, 11–32.

Rink, H. 1854. Physikalisch-geographische Beschreibung von Nord-Grönland. *Z. f. Allgemeine Erdkunde* 2: 177–239.

Rodgers, A. D. 1951. *Bernhard Eduard Fernow. A story of North American forestry.* Princeton: Princeton Univ. Press.

Roemer, F. 1849. *Texas. Mit besonderer Rücksicht auf deutsche Auswanderung und die physischen Verhältnisse des Landes nach eigener Beobachtung geschildert.* Bonn: Mattus.

Romero, M. 1897. The United States and the liberation of the Spanish-American colonies. *The North American Review* 165: 70–87.

Roose, T. 1797. *Grundzüge der Lehre von der Lebenskraft.* Braunschweig: Thomas.

Roosevelt, T. 1903. *California addresses.* San Francisco: California Promotion Committee 71.

Rosenthal, M. 1904. *Über die Ausbildung der Jahrringe an der Grenze des Baumwuchses in den Alpen.* Dissertation, Univ. Berlin.

Roßmäßler, E. A. 1847. Versuch einer anatomischen Charakteristik des Holzkörpers der deutschen Waldbäume. *Forstwirthschaftliches Jahrbuch Tharandt* 4: 179–222.

Rudwick, M. J. 1970. The strategy of Lyell's Principles of Geology. *Isis* 61: 4–33.

Rupke, N. A. 1998. "The end of history" in the early picturing of geological time. *History of Science* 36: 61–90.

Russow, E. 1882 [Replik zum Beitrag Sanio]. *Botanisches Centralblatt* 10: 1–9.

Sachs, J. 1870. *Lehrbuch der Botanik.* 2. Aufl. Leipzig: Engelmann.

Sachs, J. 1875. *Geschichte der Botanik vom 16. Jahrhundert bis 1860.* München: Oldenbourg.

Sanio, C. G. 1860. Einige Bemerkungen über den Bau des Holzes. *Botanische Zeitung* 18: 193–217.

Sanio, C. G. 1863. Vergleichende Untersuchungen über die Zusammensetzung des Holzkörpers. *Botanische Zeitung* 21: 355–363.

Sanio, K. G. 1873. Anatomie der gemeinen Kiefer. *Jahrbücher f. wiss. Botanik* 9: 50–126.

Sanio, C. G. 1882. [Rezension Beitrag Russow]. *Botanisches Centralblatt* 9: 316–320

Sarton, G. 1934. The founder of lake–dwelling archaeology [Rezension]. *Isis* 22: 308–311.

Schaffer, S. 1994. Babbage's intelligence: Calculating engines and the factory system. *Critical Inquiry* 21: 203–227.

Schaffer, S. 2007. Babbage's intelligence. Http://www.imaginaryfutures.net/2007/04/16/babbages-intelligence-by-simon-schaffer/. Zugegriffen: 9.11.2016.

Schenk, A. 1882. Die von den Gebrüdern Schlagintweit in Indien gesammelten fossilen Hölzer. *Botanische Jahrbücher* 3: 353–358.

Schlaginhaufen, O. 1924. Die Ergebnisse der Untersuchungen an anthropologischem Material aus dem Wauwilersee. In: J. Heierli, E. Scherer: *Die neolithischen Pfahlbauten im Gebiete des ehemaligen Wauwilersees.* Mitt. Naturforsch. Ges. Luzern, H. 9: 187–204.

Schlagintweit, [A., H. und R.]. 1858. Magnetic survey progress report, Nov. 1855 to Apr. 1856. *J. of the Asiatic Soc. of Bengal* 26: 97–132.

Schlagintweit, H., A. Schlagintweit. 1850. *Untersuchungen über die physicalische Geographie der Alpen in ihren Beziehungen zu den Phänomenen der Gletscher, zur Geologie, Meteorologie und Pflanzengeographie.* Leipzig: Barth.

Schleiden, M. J. 1838. Beiträge zur Phytogenesis. *Archiv für Anatomie, Physiologie und wissenschaftliche Medicin* 5: 137–176.

Schleiden, M. J. 1842. *Grundzüge der wissenschaftlichen Botanik,* Teil 2. Leipzig: Engelmann.

Schleiden, M. J. 1844. *Schelling's und Hegel's Verhältnis zur Naturwissenschaft.* Leipzig: Engelmann.

Schlichtherle, H. 1988. Die Pfahlbauten von Wangen. *Hegau-Bibliothek des Hegau-Geschichtsvereins Singen* 63: 21–46.

Schlichtherle, H. 1997. Der Federsee, das fundreichste Moor der Pfahlbauforschung. In: Ders. (Hrsg.), *Pfahlbauten rund um die Alpen* (S. 91–99). Stuttgart: Theiss.

Schlichtherle H., B. Wahlster. 1986. *Archäologie in Seen und Mooren.* Stuttgart: Theiss.

Schöbel, G. 2002. Hans Reinerth: Forscher – NS-Funktionär – Museumsleiter. In: A. Leube (Hrsg.), *Prähistorie und Nationalsozialismus* (S. 321–396). Heidelberg: Synchron-Verl.

Schöbel, G. 2004. Lake-dwelling museums. In: F. Menotti (ed.), *Living on the lake in prehistoric Europe* (S. 221–236). Abington: Routledge.

Schönfeld, G. 1921/23. Zersetzungserscheinungen an fossilen Hölzern und ihre Bedeutung für die Genesis der Braunkohlenflöze. *Palaeontologia Hungarica* 1: 305–321.

Schulman, E. 1958. Bristlecone pine, oldest known living thing. *National Geographic Magazine* 113: 354–372.

Schumacher, K. 1899. Untersuchung von Pfahlbauten des Bodensees. *Veröff. d. Großherzogl. Badischen Sammlungen f. Altertums- und Völkerkunde,* H. 2: 27–38.

Schwann, T. 1839. *Mikroskopische Untersuchungen über die Überein-stimmung in der Struktur und dem Wachstum der Tiere und Pflanzen.* Neudruck in: Klassische Schriften zur Zellenlehre. Ostwalds Klassiker der exakten Wissenschaften, Bd. 275 (2003), S. 79–130. Frankfurt: H. Deutsch.

Schwarz, F. 1899. *Dickenwachstum und Holzqualität von Pinus silvestris.* Berlin: Parey.

Schweingruber, F. H. 2001. *Dendroökologische Holzanatomie. Anatomische Grundlagen der Dendrochronologie.* Bern: Haupt.

Schweingruber, F. H. et al. 1978. The x-ray technique as applied to dendroclimatology. *Tree-Ring Bulletin* 38: 61–91.

Seckendorff-Gudent Frhr. A. v. 1881. *Beiträge zur Kenntnis der Schwarzföhre (Pinus austriaca* Höss.), I. Teil. Wien: Gerold.

Seward, A. C., S. O. Ford. 1906. The Araucarieae, recent and extinct. *Philos. Transactions*, Ser. B 198: 305–411.

Shvedov, F. N. 1892. Der Baum als Chronik von Trockenheiten. *Meteorologicheskii Vestnik* 5: 163–178 [russisch].

Simms, J. Y. 1982. The crop failure of 1891: Soil exhaustion, technological backwardness, and Russia's „agrarian crisis". *Slavic Review* 41: 236–250.

Smith, G. M. 1915. The development of botanical microtechnique. *Transactions American Microscopical Soc.* 34: 71–129.

Smith, W. 1816. *Strata identified by organized fossils containing prints on colored paper of the most characteristic specimens in each stratum.* London: Arding.

Spaemann, R., R. Löw. 2005. *Natürliche Ziele. Geschichte und Wiederentdeckung des teleologischen Denkens.* Stuttgart: Klett-Cotta.

Späth, H. L. 1912. *Der Johannistrieb. Ein Beitrag zur Kenntnis der Periodizität und Jahresringbildung sommergrüner Holzgewächse.* Dissertation, Univ. Berlin.

Speck, J. 1981. Pfahlbauten: Dichtung oder Wahrheit? Ein Querschnitt durch 125 Jahre Forschungsgeschichte. *Helvetia Archaeologica* 12: 98–138.

Staudacher, W. 1925. Gab es in vorgeschichtlicher Zeit am Federsee wirklich Pfahlbauten? *Prähistorische Z.* 16: 45–58.

Steuer, H. 2004. Das „völkisch" Germanische in der deutschen Ur- und Frühgeschichtsforschung. In: H. Beck et al. (Hrsg.), *Zur Geschichte der Gleichung „germanisch – deutsch". Sprache und Namen, Geschichte und Institutionen* (S. 357–502). Berlin: de Gruyter.

Strahm, C. 1983. Das Pfahlbauproblem. Eine wissenschaftliche Kontroverse als Folge falscher Fragestellung. *Germania* 61: 353–360.

Strobel, M. 2002. Die Ausgrabungen des Reichsbundes für Deutsche Vorgeschichte. In: A. Leube (Hrsg.), *Prähistorie und Nationalsozialismus* (S. 277–287). Heidelberg: Synchron-Verl.

Studhalter, R. A. 1955. Tree Growth I. Some Historical Chapters. *Botanical Review* 21: 1–72.

Swinton, W. E. 1975. Historical interrelations of geology and other sciences. *J. History of Ideas* 36: 729–738.

Taylor, B. 2008. The tributaries of radical environmentalism. *J. for the Study of Radicalism* 2: 27–61.

Teumer, T. 1922. Was beweisen die Stubbenhorizonte in den Braunkohlenflözen? *Jahrb. des Halleschen Verbandes für die Erforschung der mitteldeutschen Bodenschätze und ihrer Verwertung* 3: 1–39.

Timell, T. E. 1980. Karl Gustav Sanio and the first scientific description of compression wood. *IAWA Bulletin* 1: 147–153.

Topham, J. R. 1998. Beyond the „common context": The production and reading of the Bridgewater Treatises. *Isis* 89: 233–262.

Tredgold, T. 1875. *Elementary principles of carpentry.* 2. Aufl. London: Spon.

Treviranus, L. C. 1835/38. *Physiologie der Gewächse*, 2 Bde. Bonn: Marcus.

Twining, A. C. 1833. On the growth of timber. *Amer. J. of Science and Arts* 24: 301–303.

Unger, D. F. 1840. *Über den Bau und das Wachstum des Dicotyledonen-Stammes.* Gekrönte Preisschrift d. Kaiserl. Akad., St. Petersburg.

Unger, D. F. 1842. Über die Untersuchung fossiler Stämme holzartiger Gewächse. *Neues Jahrbuch f. Mineralogie, Geognosie, Geologie u. Petrefakten-Kunde*, o. B.: 149–171.

Unger, D. F. 1858 Der versteinerte Wald bei Cairo und einige andere Lager verkieselten Holzes in Ägypten. *Sitzungsberichte Kaiserl. Akad. d. Wiss. Wien*, math.-nat. Classe 33: 209–232.

Ursprung, A. 1900. *Beiträge zur Anatomie und Jahresringbildung tropischer Holzarten.* Dissertation, Univ. Basel.

Velt, U. 1984. Gustav Kossinna und V. Gordon Childe. Ansätze zu einer theoretischen Grundlegung der Vorgeschichte. *Saeculum* 35: 326–364.

Ventenat, E. P. 1802. *Principes de botanique.* Dt. von A. von Haller (Sohn). Zürich: Orell.

Viollier, D. et al. 1924/1930. *10. und 11. Pfahlbaubericht* (S. 149–163 bzw. 5–14). Zürich: Leeman.

Virey, J. J. 1823. *De la puissance vitale considérée dans ses fonctions physiologiques* […]. Paris: Crochard.

Vogt, E. 1955. Pfahlbaustudien. In: W. U. Guyan et al. (Hrsg.), *Das Pfahlbauproblem* (S. 119–222). Basel: Birkhäuser.

Wieler, A. 1887. Beiträge zur Kenntnis der Jahresringbildung und des Dickenwachstums. *Jahrbücher f. wiss. Botanik* 18: 70–132.

Wieler, A. 1896. Über die Beziehung der Reservestoffe zu der Ausbildung der Jahresringe der Holzpflanzen. *Forstwissenschaftliches Centralblatt* 18: 361–374.

Williamson, W. C. 1887. *Morphology and histology of Stigmaria ficoides.* London: Palaeogr. Soc.

Wimmer, R. 2001. Arthur Freiherr von Seckendorff-Gudent and the early history of tree-ring crossdating. *Dendrochronologia* 19: 153–158.

Witham, H. 1833. *The internal structure of fossil vegetables found in the carboniferous and oolitic deposits of Great Britain.* Edinbourgh: Black.

Wiwjorra, I. 1996. Die deutsche Vorgeschichtsforschung und ihr Verhältnis zu Nationalismus und Rassismus. In: U. Puschner et al. (Hrsg), *Handbuch zur „Völkischen Bewegung" 1871–1918* (S. 186–207). München: Saur.

Worster, D. 2005. John Muir and the modern passion for nature. *Environmental History* 10: 8–19.

Zeuner, F. E. 1950. Dating the past. 2. Aufl. London: Methuen.

Zittel, K. A. v. 1899. *Geschichte der Geologie und Paläontologie bis Ende des 19. Jahrhunderts.* München: Oldenbourg.

Zukrigl, K. 1999. Die Schwarzföhrenwälder. *Wiss. Mitt. Niederösterr. Landesmuseum* 12: 11–20.

Inhaltsverzeichnis

Die Entwicklung der Jahrringforschung im heute geltenden Sinn unter Einsatz des „cross-dating" für die Gewinnung langer Zeitreihen begann Anfang des 20. Jahrhunderts in den Vereinigten Staaten; auch der Begriff „Dendrochronologie" wurde dort geprägt (McGraw 2001, S. 71). A. E. Douglass verwendete diesen Begriff erstmals am 27.02.1923 in einem Brief an den mexikanischen Archäologen Manuel Gamio sowie in seiner zweiten Carnegie-Publikation von 1928. Das Entstehen jährlicher Zuwachsringe in Bäumen und die differenzierte Ausprägung der Ringe unter äußeren Einflussfaktoren war bereits Naturforschern des 18. und 19. Jahrhunderts als ein einfaches Phänomen erschienen. Vor allem Nicht-Botaniker hatten auf die enge Korrelation zwischen Witterungs- und Klimaeinflüssen einerseits und der Jahrringbreite aufmerksam gemacht und so ein neues chronologisches Konzept vorbereitet (vgl. Abschn. 3.3.2). Aber erst zu Beginn des 20. Jahrhunderts legte der amerikanische Astronom Andrew Ellicott Douglass im Südwesten der Vereinigten Staaten die methodischen Grundlagen zur wissenschaftlichen Entwicklung einer modernen Jahrringforschung. Mehr als fünf Jahrzehnte lang arbeitete Douglass an der Verbesserung seines Datierungsverfahrens (Abb. 4.1) und schaffte es als

Erster, eine absolute, ca. 1000-jährige Chronologie durch „cross-dating" zu erstellen, ein wichtiger Schritt zur archäologischen Datierung ehemaliger Pueblosiedlungen im Südwesten der Vereinigten Staaten.

Zu Beginn dieses Kapitels wird beschrieben, wie Douglass seine Aufgaben als Astronom bewältigte, um so die von ihm später in der Jahrringforschung verwendete Forschungs- und Arbeitsmethodik besser einordnen zu können. Aus dem vorliegenden biographischen Schrifttum und den Urteilen von Zeitgenossen ist die selbstkritische und akribische Art überliefert, mit der er Messdaten aufnahm, dokumentierte und bewertete. Dies bewahrte ihn meist vor gravierenden Fehlern und übereilten Schlüssen, bot aber auch den Anlass, ihm gelegentliche Entschlusslosigkeit vorzuwerfen, z. B. während archäologischer Kampagnen in den 1920er-Jahren. Anzusprechen sind auch Douglass' soziale Bindungen, die für seine Entwicklung der neuen wissenschaftlichen Methode eine ebenso große Rolle wie die Astronomie spielten. Dabei ist zu fragen, wie intensiv seine Interaktion mit anderen war und auf welchen Arbeitsfeldern er sich flexibel oder eher dogmatisch verhielt. Schließlich ist mit Hilfe von Douglass' wesentlichen Beiträgen zur Jahrringforschung und der Einschätzung

© Springer-Verlag GmbH Deutschland, ein Teil von Springer Nature 2018
H. H. Rump, *Bäume und Zeiten – Eine Geschichte der Jahrringforschung,* https://doi.org/10.1007/978-3-662-57727-1_4

Abb. 4.1 Andrew Ellicott Douglass 1946 mit Holzbohrer und Bohrkern. (Mit freundlicher Genehmigung der © Special Collections, The University of Arizona Libraries 2018. All Rights Reserved.)

durch Zeitgenossen und Biographen zu prüfen, wie er sein dendrochronologisches Konzept entwickelte und durchsetzte. Im Vergleich zu europäischen Ländern begann in den Vereinigten Staaten der historische Diskurs über die Jahrringforschung als Methode schon kurz nach dem Zweiten Weltkrieg. Mittlerweile liegen mehrere Monographien vor, was die wissenschaftshistorische Einordnung der Entwicklung in den USA erleichtert, obwohl auch sie noch nicht als abgeschlossen betrachtet werden kann.

4.1 Andrew Ellicott Douglass – Begründer der Dendrochronologie

Douglass studierte Geologie, Physik und Astronomie am Trinity College in Hartford/CT und schloss 1889 mit dem Bachelor-Degree ab. Botanik zählte nicht zu seinen Studienfächern (Webb 1983, S. 1–7); (McGraw 2003, S. 21 ff.). Bis 1891 arbeitete er als Astronom am Harvard Observatorium in Arequipa in Peru und anschließend am Lowell-Observatorium in Flagstaff/Arizona. Seine dendrochronologische Arbeit begann er 1901 mit der Suche nach dem Zusammen-

hang zwischen Sonnenfleckenaktivität, dem Klimageschehen auf der Erde und den Jahrringbreiten ausgewählter Baumarten. Nach seiner ersten Veröffentlichung von 1909 im *Monthly Weather Review* (Douglass 1909) bestimmte dieses Motiv fortan sein berufliches Leben. Douglass suchte zunächst über die Messung der Jahrringbreiten von *Pinus ponderosa* und *Sequoiadendron giganteum* eine Verbindung zwischen dem ca. 11-jährigen Zyklus der Sonnenflecken und dem auf der Erde herrschenden Klima herzustellen. In der Rückschau von 1938 erinnerte er sich an erste Überlegungen zu diesem Thema während einer 3-wöchigen Reise durch Nordarizona im Jahr 1901: Während des Abstiegs vom 2800 m hoch gelegenen Kaibab-Plateau auf eine Höhe von 960 m am Colorado-River bei Lee's Ferry sah er die rasche Änderung der Baumvegetation ausgehend von dichtem Wald über die Waldtrockengrenze bis hinab zur waldfreien Wüste. Offensichtlich verringerte sich die Niederschlagsmenge mit abnehmender Höhe und damit auch das Baumwachstum. Douglass stellte sich rückschauend die Frage, ob es neben der Varianz des Baumwachstums in den unterschiedlichen Höhenstufen dieses Gebiets dort nicht auch eine zeitliche Wachstumsvarianz gebe:

> Since the sun's heat keeps our atmospheric machinery in motion, wouldn't it be quite reasonable to think of slow changes in the sun impressing themselves on our weather and so on trees; and therefore wouldn't it be reasonable to search for the sunspot or other solar cycles in tree-ring growth? (Douglass 1938/1944, S. 81).

Douglass' letztlich gescheiterter Ansatz, eine Verbindung zwischen kosmischen und terrestrischen Phänomenen herzustellen, wurde gleichwohl zum Ausgangspunkt einer wissenschaftlichen Methode, die aber erst Ende der 1920er-Jahre nach archäologischen Datierungserfolgen die Aufmerksamkeit einer breiten Öffentlichkeit erreichte. Institutionell festigte Douglass die wachsende Anerkennung, indem er 1937 in Tucson/Arizona das Laboratory of Tree-Ring Research (LTRR) gründete, bis heute eine der wichtigsten Einrichtungen auf dem Gebiet der Jahrringforschung und Dendrochronologie.

Im Jahr 1910 bereiste Douglass zahlreiche europäische Länder, 1912 ein weiteres Mal mit Unterstützung des amerikanischen Landwirtschaftsministeriums, um dort die von den USA verschiedenen klimatischen Verhältnisse in ihrer Wirkung auf das Baumwachstum kennenzulernen. Die Reise führte ihn dabei auch zu deutschen und österreichischen forstwissenschaftlichen Einrichtungen, etwa nach Tübingen, Eberswalde und Wien, außerdem nach Skandinavien und Großbritannien. Nach seiner Rückkehr begann er mit der mehrere Jahre dauernden Untersuchung der mitgebrachten Proben, veröffentlichte die Ergebnisse jedoch erst 1919 in einer Schriftenreihe der Carnegie-Stiftung. Während dieser Zeit war sich Douglass als Nicht-Botaniker bei der Ausarbeitung dendrochronologischer

Grundlagen der komplexen zellbiologischen Vorgänge des Baumwachstums durchaus bewusst und suchte deshalb den Rat von Fachleuten auf diesem Gebiet, so bei dem Forstbotaniker Irving Bailey in Harvard[1] und dem Leiter des Desert Laboratory der Carnegie-Stiftung in Tucson, Daniel MacDougal, für den er Serien von Holzbohrkernen für dessen Studie *Growth in Trees* bereitstellte (MacDougal 1921, S. 30).

Zwischen 1910 und 1920 arbeitete Douglass eng mit Ellsworth Huntington (1876–1947) zusammen, einem Geographen aus Yale mit Verbindungen zur Carnegie-Stiftung und zu Regierungsvertretern in Washington. Huntington suchte die Zusammenarbeit mit Douglass, weil er glaubte, in den Jahrringen der Mammutbäume des amerikanischen Westens Hinweise auf markante Klimazyklen gefunden zu haben. Diesen Zyklen, vor allem solchen mit einem von ihm vermuteten Einfluss auf Wirtschaft und Gesellschaft, blieb Huntington zeitlebens auf der Spur und wurde damit zu einem der Protagonisten des Klimadeterminismus. Indem er die Ergebnisse eigener Untersuchungen mit weitverbreiteten Ideen über Klima und Gesundheit sowie mit ethnischen und rassischen Ideen verknüpfte, führte Huntington die „zivilisatorische Überlegenheit" einiger Völker mit großer Selbstverständlichkeit auf herrschende klimatische Bedingungen zurück (vgl. Huntington 1924); (ders. 1945).

Zum ersten Mal schrieb Douglass 1916 über seine Pläne, neben klimatischen Fragestellungen auch archäologische Probleme aufzugreifen und informierte Huntington über seine Bemühungen bei der Suche nach einer ausreichenden Anzahl alter Bäume in Nordarizona. Nach Bestimmung ihrer Jahrringe könne er so möglicherweise die Hölzer aus den Ruinen ehemaliger Pueblosiedlungen im „Four Corner Area" der Staaten Arizona, Nevada, Colorado und New Mexico datieren. Noch seien die Grundlagen dafür aber nicht vorhanden.[2]

Im Jahr 1919 fragte ihn der Meteorologe William Humphreys, ob er eine Möglichkeit sehe, das Alter früher Pueblos („cliff dwellings") in Arizona durch Untersuchung der dort verbauten Hölzer bestimmen zu können. Douglass bejahte und fügte hinzu, in niederschlagsreichen Regionen erkenne er vor allem Anzeichen für den Einfluss von Sonne und Sonnenflecken auf die Ringbreite, während in trockenen Regionen der Einfluss des Niederschlages vorherrsche (Douglass 1919a). Aber erst 1929 war es so weit: Douglass fand das fehlende Glied zwischen seiner rezenten Standardchronologie von *Pinus ponderosa* und einer aus

prähistorischen Bauhölzern erstellten älteren „schwimmenden" Chronologie im „Four Corner Area" von New Mexico. Eine etwa 2000 Jahre alte, zusammenhängende Chronologie lag nun fast vollständig vor. Das in Fachzeitschriften und im *National Geographical Magazine* veröffentlichte Untersuchungsergebnis (Douglass 1929) führte letztlich bei Fachleuten, interessierten Laien und wissenschaftspolitischen Kreisen in Washington zur Anerkennung der Jahrringforschung als einer neuen wissenschaftlichen Methode.

Douglass' Entwicklungsarbeit wurde schon zu seinen Lebzeiten rezipiert, wobei die meisten historisierenden Texte deskriptiv sind und darunter leiden, dass sie die Entwicklung der Jahrringforschung als eine Folge von Entdeckungen begreifen und so das komplexe Geflecht inner- und außerwissenschaftlicher Einflüsse wissenschaftshistorisch nicht näher untersuchen. Nach Aufnahme der „Douglass Papers" in das Archiv der Universität Tucson änderte sich das, nachdem sich die wissenschaftshistorischen Studien von George Webb (1983) und Donald McGraw (2001) eingehend mit Douglass befassten, während eine Arbeit von Stephen Nash (1999) die Bedeutung der Dendrochronologie für die nordamerikanische Archäologie in den Blick nahm.

Auf eine These des Biographen McGraw soll hier näher eingegangen werden. Nach seiner Auffassung habe Douglass sein erstes Untersuchungsobjekt, die Gelbkiefer in Arizona *(Pinus ponderosa)* als Modellorganismus für einige Zeit zugunsten des kalifornischen Mammutbaums *(Sequoia sempervirens* bzw. *S. gigantea)* aufgegeben. McGraw verglich diesen bewussten Wechsel mit einem anderen, für die Molekularbiologie bedeutsamen Wechsel von der Fruchtfliege *Drosophila melanogaster* zum Schlauchpilz *Neurospora crassa* („the right organism for the job") (McGraw (2001, S. 1–4). Abgesehen davon, dass ein solcher Wechsel zu keinem Zeitpunkt von Douglass wissenschaftstheoretisch begründet wurde, hinkt der Vergleich nicht nur, er ist auch unzulässig: Ein Modellorganismus ist – folgt man der Ansicht des Wissenschaftshistorikers Hans-Jörg Rheinberger – ein für Experimente zugerichtetes Lebewesen, „[…] dessen Manipulation zu Einsichten in die Konstitution, das Funktionieren die Entwicklung oder Evolution einer ganzen Klasse von Organismen führen kann." (Rheinberger 2006, S. 14). Diese Zuschreibung erfüllt die Gattung Sequoia aber nicht, da sie für Douglass nicht „Wissensobjekt" als Gegenstand der Forschung im engeren Sinn war (ein „technisches Ding"), sondern er mit ihrer Hilfe besonders lange, nicht unterbrochene Jahrringchronologien als eigentliches „epistemisches Ding" im Sinne Rheinbergers konstruieren konnte (vgl. Rheinberger 2001, S. 24). Hier prägten weniger Planung und Kontrolle als vielmehr Improvisation und Zufall den Forschungsalltag. Die Begründung zur eingehenden Untersuchung von Sequoia ist nach Meinung des Autors demnach banaler,

---

[1] Douglass Papers, Univ. of Ariz., AZ72, Box 75: I. Bailey, Harvard, Bussey Institution for Research in Applied Biology, Forest Hills, Boston, an E. Huntington, Yale, v. 05.10.1916.

[2] Douglass Papers, Univ. of Ariz., AZ72, Box 75, Douglass an Huntington v. 25.01.1916.

als von McGraw zunächst vermutet, und in einer späteren Arbeit konkretisiert dieser sie selbst. Douglass war nämlich 1909 vor einer Veröffentlichung über kosmische Einflüsse auf terrestrische Phänomene vom Herausgeber des *Monthly Weather Review* wegen zu kurzer Zeitreihen bei der Gelbkiefer kritisiert worden:

> Douglass did not have a very long record of weather history in his specimens of ponderosa pine. At that point, he had only several centuries' worth of data. The argument that the 11 year solar cycle could be seen easily in such material was contested by the Abbes [meteorologists] and several reviewers of the 1909 paper. Furthermore, Douglass himself felt the need for very long chronologies. It is in that sense, among others, that the Giant Sequoia would eventually come into the picture [...] (McGraw 2003, S. 23).

Douglass' Publikationen und Schriftwechsel machen deutlich, wie pragmatisch er unterschiedliche Baumarten für seine Forschungsarbeit auswählte. So verlegte er nach 1926 den Schwerpunkt seiner Untersuchungen wieder auf *Pinus ponderosa* und andere Kiefernarten, nachdem Sequoia sich aus mehreren Gründen nicht als optimale Gattung herausgestellt hatte. Die Jahrringe von Sequoia sind nämlich an den meisten Standorten „complacent", d. h., die Ringbreiten weisen nur eine schwache Varianz auf. Zudem lassen sich Sequoia-Ringsequenzen nur schlecht mit Baumarten anderer Regionen korrelieren. Douglass arbeitete deshalb ab 1926 überwiegend mit lokalen Chronologien, die er durch „cross-dating" zusammenführte. Die von Douglass zwischen 1910 und 1926 intensivierte Arbeit mit Hölzern der Gattung Sequoia lässt sich einerseits mit Huntingtons Interessenlage und seinen guten Verbindungen zu finanzierenden Institutionen erklären, andererseits vermutlich auch mit der besonderen Rolle, welche die riesigen Bäume im Westen der Vereinigten Staaten im Bewusstsein der Öffentlichkeit besaßen. Unter dem Einfluss der Schriften des Naturforschers und „Environmentalists" John Muir, der um 1900 die Wälder der Mammutbäume euphorisch beschrieben hatte, gab es nämlich eine starke romantisierende Bewegung, die über die Liga „Saving the Redwoods" in eine Nationalparkbewegung mündete. Nach 1908 folgte die US-Regierung unter Präsident Theodore Roosevelt dieser Bewegung und erließ grundlegende Gesetze zur Einrichtung von Nationalparks (vgl. Rump und Schürmann 2005); siehe auch Abschn. 3.3.2.

Auch die Feststellung McGraws, Huntington habe während seiner Zusammenarbeit mit Douglass kein Interesse an dem Zusammenhang zwischen solaren Einflüssen und dem Klima auf der Erde gezeigt (McGraw 2003, S. 23), erscheint nach Auffassung des Autors nicht haltbar. Ein umfangreicher Beitrag Huntingtons belegt das: 1918 stellte er nämlich in drei aufeinanderfolgenden Ausgaben des *Monthly Weather Review* seine Sicht auf den Zusammenhang zwischen Sonnenphänomenen, großräumigen Luftdruckunterschieden auf der Erde und den damit verbundenen Witterungserscheinungen dar (Huntington 1918). Auch die Auswertung des Schriftwechsels zwischen Douglass und Huntington lässt das permanente Interesse des Geographen an dem Thema solarer Einflüsse auf das Klima der Erde erkennen, wodurch Douglass bei seiner Methodenentwicklung offenbar bestärkt wurde. Deutlich wird darin auch, dass Huntington das für die Entwicklung der Dendrochronologie entscheidende theoretische Konstrukt des „cross-dating" in seiner Bedeutung nicht verstanden zu haben schien oder es zumindest unterschätzte.

Bei aller Anerkennung der wissenschaftlichen Leistung, die Douglass als Astronom und vor allem als Dendrochronologe durch die zeitgenössische und die spätere „scientific community" erfuhr, blieb eine gewisse Irritation über Zyklen spürbar: Biographen wie Webb und McGraw bezeichneten seine ständigen Versuche, periodischen oder nur manchmal auftretenden periodischen Phänomenen nachzuspüren, als obsessiv und als sein „too many cycles"-Problem (Webb 1983, S. 153 f.); (McGraw 2001, S. 89–97). Douglass' eigene Erläuterungen zu „Zyklen" waren immer erstaunlich diffus, wie in Abschn. 4.2 näher erläutert. Auch Bryant Bannister, ein enger Douglass-Mitarbeiter nach dem Zweiten Weltkrieg und später Leiter des Tree-Ring Laboratory in Tucson, äußerte sich 1998 bei einer Rückschau kritisch: „Douglass was always trying to understand how climate acted upon earth. Were there patterns? Cycles? Was there repetition that he could relate to astronomical events to come up with a way of predicting future climatic conditions?" (Bannister et al. 1998, S. 311). Und er kam zu dem Schluss:

> He continued for the rest of his life searching for sunspot records through tree rings but was never able to conclusively demonstrate that there were significant sunspot effects in tree rings. [...] [During the 1970s NASA] hypothesized that sunspot activity was reflected in the earth's climate and in turn could be measurable in tree rings. So we entered into a sizeable contract with NASA for an intensive two-year study of our tree-ring records to see if we could find any evidence of sunspot variability. We used what were the latest high-tech computers and analytical techniques, but we still couldn't find any clear-cut evidence supporting predictable credibility in tree-ring series (ebd., S. 317).

Bei Durchsicht der biographischen Schriften über Douglass fällt auf, dass sich nirgendwo ein Hinweis auf seine von 1921 bis 1959 dauernde Korrespondenz mit dem schwedischen Geochronologen Gerard de Geer und dessen Frau Ebba Hult de Geer findet. Die drei tauschten nämlich laufend ihre Erfahrungen über „Zyklen", solar verursachte Klimawirkungen und interkontinentale „Fernwirkungen" von Klima- und Jahrringphänomenen aus. Ein Grund für diese Lücke könnte nach Auffassung des Autors sein, dass die Biographen die Bedeutung des im Archiv Tucson vorhandenen Briefwechsels unterschätzten. Auch könnten sie den Einfluss der beiden schwedischen Forscher auf Doug-lass' Arbeitskonzepte ignoriert haben, da dies nicht in das von ihnen verfolgte biographische Schema passte. Der Schriftwechsel zwischen Douglass und dem Ehepaar de Geer wird deshalb auszugsweise in Anhang 3 zusammen-gestellt und kommentiert. In den folgenden Abschnitten wird gelegentlich auf diesen Anhang verwiesen.

4.2 Astronomie und Sonnenflecken

Andrew Ellicott Douglass wurde am 5. Juli 1867 in Wind-sor, Vermont, geboren. Er war das fünfte von sechs Kindern von Reverend Malcolm Douglass und seiner Frau Sarah, Tochter des Präsidenten des Hobart College, Benjamin Hale. Vater Malcolm war Professor für Philosophie und christliche Ethik an der Norwich University in Vermont und von 1871 bis 1875 Präsident dieser Institution. Im ruhigen Umfeld der bildungsbürgerlichen Familie wuchs der junge Andrew auf und interessierte sich schon als Kind für die Naturwissenschaften und besonders für die Astronomie. Spielerisch nutzte er die Messinstrumente und ein klei-nes Teleskop aus dem Nachlass seines Urgroßvaters und Namensgebers Andrew Ellicott Douglass (1754–1820), eines ehemaligen Landvermessers und Sekretärs am Penn-sylvania Land Office. Eine Tante unterstützte die Liebe des jungen Schülers zur Astronomie und schenkte ihm einen Sternenatlas. Aus der Schulzeit sind seine Präsentatio-nen zum Teleskop von 1880 und der Lichterscheinung bei Sonnenfinsternissen von 1881 überliefert. Als älterer Schü-ler der Punchard Highschool durfte er gemeinsam mit sei-nen Lehrern jüngere Schüler mit der Astronomie vertraut machen (Webb 1983, S. 1 f.). Nach dem Schulabschluss endete 1884 sein erster Versuch zur Aufnahme am Trinity College in Hartford/Connecticut enttäuschend, weil er keine ausreichenden Kenntnisse in Griechisch, Latein und Geschichte aufwies. Während der intensiven Vorbereitung auf die Wiederholungsprüfung nutzte er seine freie Zeit für Himmelsbeobachtungen, etwa im März 1885 während einer partiellen Sonnenfinsternis. Nach erfolgreicher Prü-fung in den alten Sprachen sowie in Arithmetik und Geo-metrie studierte Douglass vier Jahre lang am College, erhielt 1886 als „freshman" eine Auszeichnung in Geo-metrie, 1888 eine Ehrung für die beste chemische Arbeit und wurde in die angesehene akademische Gemeinschaft Phi Beta Kappa aufgenommen. Der Beobachtung des Himmels konnte er verstärkt nachgehen, nachdem er die Erlaubnis zur Nutzung des College-Observatoriums wäh-rend einer Phase rascher astronomischer Entwicklungen erhielt. Besonderes Interesse entwickelte er für die Anordnung und Variabilität von Sonnenflecken. Auf diese Weise verbesserte Douglass seine Kenntnisse der Photo-graphie von Himmelsobjekten und übernahm hierfür die

neue Aufnahmetechnik mit Hilfe trockener photographi-scher Platten, die anschließend Eingang in das Astronomie-Curriculum des Trinity College fanden. Flavel Luther, sein Professor für Mathematik und Astronomie, meinte ver-mutlich diese besondere Leistung, als er am 17.12.1891 an Douglass' Mutter Sarah schrieb, ihr Sohn sei „the best student I ever had." (Ebd., S. 5). Mitte 1889 schloss er sein Studium als Bachelor of Arts mit hervorragenden Noten in Astronomie, Mathematik und Physik ab.

4.2.1 Douglass' astronomische Arbeit

Wenige Monate nach seinem Abschluss am Trinity College schrieb Douglass dem Direktor des Harvard College Obser-vatory, Edward C. Pickering, von seinen Berufsplänen als Astronom und bat ihn um eine Anstellung in Harvard. Nach einem im September 1889 in Boston geführten Gespräch wurde er von Edward Pickering und dessen Bruder William als Assistent eingestellt, und Douglass machte sich mit der Arbeit an einer der großen astronomischen Einrichtungen vertraut. Als 1890 die Pläne zum Bau eines Harvard Sout-hern Hemisphere Observatory reiften, wählte man ihn im Sommer 1890 als Teilnehmer einer Expedition in die peru-anischen Anden aus, um dort einen geeigneten Standort zum Aufbau eines Teleskops zu suchen. Die Gruppe fand nach der ersten und einer zweiten größeren von Harvard finan-zierten Standortsuche unter Leitung des Astronomen Solon Bailey den Ort Arequipa in einer Höhe von 2500 m als besonders geeignet. Nach dem Eintreffen von E. Pickering mit seinen Assistenten Douglass und Vickers Mitte Januar 1891 begann man mit dem Aufbau eines 13-Inch-Teleskops, der ersten Anlage zur Untersuchung des südlichen Himmels seit John Herschels Beobachtungen von 1833 bis 1838 in der Kapprovinz Südafrikas. In Arequipa verbrachte Doug-lass die folgenden drei Jahre als Assistent des Leiters des neuen Boyden-Observatoriums, William Pickering (Webb 1983, S. 8).

Die wesentliche astronomische Arbeit bestand für Douglass in der photographischen Aufnahme der Objekte des südlichen Himmels, die programmgemäß auf acht Jahre angelegt war. Im Mittelpunkt des Interesses stan-den die Planeten Merkur, Mars, Venus, Jupiter und Nep-tun, deren Durchmesser die Astronomen überprüften und neu bestimmten. Beim Mars bestätigten sie das Phänomen uneinheitlicher Strukturen auf dessen Oberfläche, die dem Italiener Giovanni Schiaparelli bereits 1877 aufgefallen waren. Dieser hatte sie als „canali" bezeichnet, weshalb sie in die englischsprachige astronomische Literatur als „channels" eingingen. Douglass war auch von Leucht-erscheinungen entlang der Ekliptik fasziniert, dem durch Streuung der Sonnenstrahlung entstehenden Zodiaklicht. Als erfahrener Photograph des Sternenhimmels hielt er sie durch zahlreiche Aufnahmen fest und bezeichnete diese Dokumentation später als den wichtigsten astronomischen Beitrag seiner Arbeit in Peru (ebd., S. 10–12).

Neben seiner Tätigkeit am Observatorium bereiste Douglass große Teile Perus und Boliviens, bestieg einige der mehr als 5000 m hohen Andengipfel, interessierte sich für archäologische Befunde und sammelte Artefakte und Fossilien. Dadurch ergab sich die Verbindung zu Frederic Putnam (1839–1915), dem Kurator des Harvard Peabody Museums für amerikanische Anthropologie und Ethnologie, der später „Vater der amerikanischen Archäologie" genannt wurde (vgl. Snead 2001, S. 32–57). Bis zu seinem Tod förderte Putnam die Archäologie des amerikanischen Südwestens und untersuchte gemeinsam mit dem Ethnologen Franz Boas indianische Befunde dieser Region. Dabei bereiste er auch das Mesa-Verde-Plateau und den Chaco Canon, wo Douglass 1929 seinen großen Erfolg der Datierung von Ruinenhölzern erzielte.

Im Hinblick auf die erst später durch Douglass entwickelte Methode der Dendrochronologie kann man diesen frühen Kontakt mit der Archäologie als eines der Motive bezeichnen, welches ihn in den 1920er-Jahren bei der Datierung von Hölzern im Südwesten der USA die Zusammenarbeit mit Archäologen von der Ostküste suchen ließ. So studierten die Archäologen Alfred Kidder und seine jüngeren Kollegen Neil Judd und Emil Haury bei Putnam und waren deshalb eng mit dem Peabody Museum der Universität Harvard verbunden (Kidder 1924). Als Douglass 1919 seinen ersten Versuch unternahm, Chronologien prähistorischer Hölzer der Puebloruinen mit denen rezenter Hölzer zu verbinden, untersuchte er auch einige der 1896 von Frederic Putnam während der Hyde-Expedition gesammelten Fundstücke von Pueblo Bonito, die Putnam später an Clark Wissler, Kurator des New Yorker Museums of Natural History, abgegeben hatte (Robinson 1976, S. 10).[3]

Bei seinen privaten Ausflügen in Peru fielen Douglass klimatische und hydrologische Erscheinungen beim Übergang vom hochalpinen Gebiet im Norden Arequipas bis hinab in die wüstenhafte Pampa bei La Joya auf. So fand er bei der meteorologischen Station Chachani in 5500 m Höhe an zwei Stellen den Beweis für den erheblichen Niederschlagsüberschuss in früherer Zeit, da der dortige Gletscher sich weit zurückgezogen und dabei Seiten- und Endmoränen zurückgelassen hatte. Im Tiefland der Pampa deuteten tiefe Rinnen der Trockenflüsse ebenfalls auf frühere hohe Niederschläge hin. Am Titicacasee stellte Douglass

fest, dass dessen Wasserfläche früher offenbar weit größer war als in der Neuzeit, da Fossilien in Ufernähe auf einen Wechsel zwischen trockenen und feuchten Zeitabschnitten deuteten. Die schon an anderen Stellen Perus vermuteten Niederschlagsänderungen der Vergangenheit schienen deshalb keine lokale Besonderheit zu sein (Douglass 1892).

Im März 1893 verließ die Gruppe um William Pickering Arequipa. Auf der Rückreise machte Douglass einen Abstecher von Rio de Janeiro in Richtung Europa, um die Observatorien von Greenwich und Paris zu besuchen. Nach seiner Rückkehr in die USA fuhr er im August dieses Jahres zur Weltausstellung und zum astronomischen Kongress nach Chicago. Hier traf er den deutschen Astronomen Max Wolf aus Heidelberg, der 1891 als Erster einen Kleinplaneten allein durch geschickten Einsatz der verbesserten Phototechnik gefunden hatte und tauschte mit ihm Erfahrungen über die Himmelsphotographie aus.[4] Douglass ging in Harvard schließlich daran, seine umfangreichen Messergebnisse aus Arequipa auszuwerten. Im Januar 1894 traf er mit Percival Lowell zusammen, einem wohlhabenden Amateurastronomen aus Harvard, eine Begegnung, die Douglass' beruflichen Weg der nächsten sechs Jahre bestimmen sollte. Unterstützt durch William Pickering, dem mit seinem Bruder Edward ein Verbund mehrerer Observatorien unter Führung Harvards vorschwebte, stellte Lowell den Bau und Betrieb eines Teleskops im Südwesten der Vereinigten Staaten in Aussicht. Als Bewunderer Schiaparellis, der wegen mangelnder Sehkraft 1892 seine Arbeit über die „canali" des Planeten Mars eingestellt hatte, sahen Lowell und W. Pickering eine günstige Gelegenheit, dessen Untersuchungen fortzuführen. Für die Suche nach dem passenden Standort für ein Südwest-Observatorium erschien Douglass ihnen als der geeignete Mann (Webb 1983, S. 13 f.).

Im März 1894 begann Douglass in Arizona mit der Standortsuche nach vorher festgelegten Prüfkriterien, zunächst in Tombstone, dann in Tucson, Phoenix, Prescott und Flagstaff. In einem Telegramm an Lowell legte er sich schließlich auf Flagstaff als den nach seiner Meinung am besten geeigneten Standort fest (ebd., S. 14–19).

Der Bau dieses neuen großen Observatoriums in Flagstaff stand in enger Verbindung mit den Bemühungen des Harvard College, sich in der astronomischen Forschung eine führende Rolle zu sichern. Der Schritt von Lowell war ungewöhnlich während einer Phase überwiegend staatlicher Neugründungen, er passte allerdings zu dem oben erwähnten Konzept der Brüder Pickering, sich zusätzlichen Einfluss in dem Forschungsgebiet der Planetenbeobachtung zu verschaffen. Der Bau der Anlage erregte erhebliches

---

[3]In den Douglass Papers der Universität Arizona in Tucson findet man Douglass' Briefwechsel mit den im Text genannten Archäologen zwischen 1921 und 1959, vgl. Douglass Papers, AZ72, Box 75, Folder 1–5, 8.

[4]NL Prof. Max Wolf, Univ. Heidelberg (Biographen): Douglass, vom Lowell Observatory Flagstaff, an Wolf v. 09.01.1901.

Aufsehen, da hier jemand der noch vagen Vorstellung von Leben auf dem Mars nachgehen wollte. In William Pickering fand der gelegentlich als „Stiefkind" des Harvard College Observatory bezeichnete Lowell dabei den notwendigen fachlichen und organisatorischen Unterstützer. Gleichzeitig erschien seine Unternehmung aber auch als ein Kampf gegen die Ostküstenelite, da er seine Pläne zu einer Zeit umsetzte, als die Astronomie sich zu professionalisieren begann und kleinere Einrichtungen ins Hintertreffen gerieten. Im Gegensatz zu anderen, ähnlich großen Gründungen der 1890er-Jahre war das Lowell-Observatorium nicht mit einer Universität verbunden, sondern entstand überwiegend nach Vorstellungen seines privaten Gründers. Sparsamkeit bei der Mittelverwendung und beim technischen und wissenschaftlichen Personal waren angesichts von Lowells Vermögenslage geboten. Zunächst schien für Außenstehende die Unabhängigkeit des Observatoriums nicht unbedingt gesichert, da Pickering und Douglass dem Harvard College angehörten und man es trotz seines Standorts in Arizona für ein Bostoner Projekt hielt, das ohne das Harvard-Netzwerk nicht bestehen könne (Strauss 1994, S. 37–39). Lowell bewies aber der Öffentlichkeit bald, dass er unabhängig zu bleiben gedachte.

Lowell hatte mit Pickering schon vor dessen Aufenthalt in Peru über die Möglichkeiten zur Untersuchung des Mars gesprochen. 1892 bat er um die ersten Karten der Planetenoberfläche und um Einzelheiten zu der am Observatorium in Harvard vorhandenen photographischen Ausrüstung. Besonders beeindruckt war er von dem Konzept und der instrumentellen Bestückung der Anlage in Arequipa; auch die Aufnahmen von Sternspektren interessierten ihn. Im Gegensatz zu den Vorstellungen der beiden Pickerings – die ihren Plänen von einem Observatorium in der südlichen Hemisphäre und eines weiteren in Kalifornien mit Cambridge/Mass. als Auswertezentrale nachgingen – kam für Lowell nur die völlige Eigenständigkeit seiner Anlage mit ihm als Chef in Frage. Ausschlaggebend für seine Entscheidung, sich auf den Mars als wichtigstes Untersuchungsobjekt zu konzentrieren, war vermutlich das Geschenk des Buches *La planète Mars* durch den französischen Astronomen und Schriftsteller Nicolas Flammarion (Hockey et al. 2007, S. 372 f.). Die Wahl dieses Planeten lag auch im Interesse Pickerings, der sich schon in Südamerika mit ihm befasst hatte und der während seiner Vorbereitungen zum Bau des Teleskops 1894 an den Pittsburger Instrumentenbauer John Brashear schrieb, Lowell – „a wealthy Boston gentleman" –, der sich für ein geeignetes Großteleskop interessiere, reise demnächst mit ihm nach Arizona, um dort den Mars während der Annäherung an die Erde zu beobachten (Strauss 1994, S. 46 f.).

Im März 1894 kündigte Pickering seine Pläne einer „Arizona Astronomical Expedition" an und nannte die Beobachtung von Mars und anderer Planeten sowie des Mondes als deren Ziel. Die Leitung der „Expedition" liege bei Lowell, der auch die Gehälter von Pickering und Douglass bezahle. Wahrscheinlich dachte man in der Leitung des Harvard-Observatoriums zunächst an eine indirekte Mitwirkung beim Betrieb der neuen Anlage, da Douglass und auch Pickering Einfluss auf die Auswahl des Standorts und der Technik genommen hatten. Allerdings beabsichtigte Lowell nicht, nur die Rolle eines Finanziers zu spielen und behielt die Fäden in der Hand. Nach widersprüchlichen Pressemeldungen kabelte er zur Namensgebung der Anlage an Douglass „Simply call it the Lowell Observatory". (Ebd., S. 51 f.). Den Kontakt zum Instrumentenbauer in Pittsburgh hielt er während der Planungsarbeiten selbst, so dass Pickerings Einfluss zurückgedrängt wurde und ihm nur die Rolle eines Tutors blieb. Im November 1894 kündigte Pickering seine Demission an, weil er die Probleme vermutlich voraussah, die Lowell mit öffentlichen Äußerungen zum intelligenten Leben auf dem Mars hervorrufen würde. Ein weiterer Grund für den Weggang war vermutlich auch Lowells große Zahl wissenschaftlicher und populärer Veröffentlichungen, durch die sich Pickering überflügelt sah. Douglass blieb jedoch in Flagstaff und unterstützte Lowell auch weiterhin, die Leitung des Harvard College ließ es nicht zum Bruch kommen und reagierte besonnen (ebd., S. 53 ff.).

Douglass war nun Hauptbeobachter an dem größten damals kommerziell erhältlichen 18-Inch-Refraktor, zu dem 1896 ein 24-Inch-Refraktor hinzukam, damals einer der größten in den USA vorhandenen Instrumente. Auf Lowells Anweisung konzentrierten sich alle Mitarbeiter in der Zeit vom Mai 1894 bis April 1895 auf die Untersuchung des Mars. Douglass schrieb dazu in einer Zeitschrift:

> In 1894 Mr. Lowell found in its light regions a large number of new canals, and greatly increased the known number of lakes and oases, first recognized by Professor W. H. Pickering at Arequipa in 1892. His other most important work in 1894, was in tracing the seasonal changes taking place on the planet, facts which have the most direct bearing or its physical condition and its adaptability to habitation (Douglass 1899a, S. 2).

Erstmals sprach Lowell während dieser Zeit von intelligentem Leben auf dem Mars, obwohl Douglass und Pickering sich dazu nicht eindeutig äußerten und sich später von dieser Hypothese distanzierten. Lowell spürte jedoch die Resonanz, die eine solche Aussage in der breiten Öffentlichkeit auslösen würde und veröffentlichte ein populärwissenschaftliches Buch über den Mars, in dessen Vorwort er Pickering und Douglass für ihre Mitarbeit dankte (Lowell 1895, S. 211).[5] Bei der Einschätzung einzelner

---

[5] Lowells Buch online: http://archive.org/details/mars01lowegoog. Zugegriffen: 03.11.2017. Es fachte die Phantasie der Leser an, insbesondere nach Erscheinen von H. G. Wells' Roman *The War of the World* im Jahr 1898.

Beobachtungen von Douglass blieb Lowell dagegen sehr viel vorsichtiger. Hinsichtlich der auf dem Mars vermuteten bis zu 30 Meilen hohen Erhebungen räumte er ein: „This would seem to have been cloud[s], for the details of its changes in appearance seem quite incompatible with a mountainous character." Und weiter: „We now come to a highly interesting class of observations bearing upon the question of clouds, – Mr. Douglass's terminator observations. During the last opposition, seven hundred and thirty-six irregularities upon the terminator of the planet were detected at Flagstaff." (Ebd., S. 63).

Douglass teilte diese Interpretation Lowells, allerdings nicht seine Einschätzung der „channels". Nach Erscheinen des Buches weigerte sich der Astronom George Hale, Veröffentlichungen von Lowell wegen zu weitgehender Spekulationen in das von ihm herausgegebene *Astrophysical Journal* aufzunehmen. Kritik kam auch vom Lick Observatory (Webb 1983, S. 45 f.). Pickering distanzierte sich sogar von einzelnen Beobachtungen und erklärte, er habe niemals doppelte Kanäle wie Lowell gesehen. Trotz vorübergehender Verlegung des Lowell-Observatoriums nach Mexiko und anschließender Rückkehr nach Flagstaff setzte Douglass seine Marsbeobachtungen ohne Unterbrechung fort, ebenso wie die von Venus, Merkur und den Jupitermonden (Douglass 1897a); (ders. 1897b); (ders. 1898a); (ders. 1898b). Nach Auswertung von eigenen Beobachtungen der Marsoberfläche empfahl Douglass Lowell dringend, systematische Versuche zum Problem der Beobachtungsfehler durchführen zu lassen, da er gesicherte Belege für Augenirritationen und psychologische Fehleinschätzungen vorliegen habe. Schon geringste Temperaturänderungen im Dom des Teleskops ergäben Störungen, außerdem rührten die im Himmelsausschnitt beobachteten feinen Linien von Luftströmungen in 3400 bis 5400 Fuß über Grund her, die sich mit einer Geschwindigkeit von etwa 17 Meilen/h bewegten. Breite Linien entstünden dagegen durch bodennahe Strömungen mit einer Geschwindigkeit von etwa 8 Meilen/h (Douglass 1895, S. ff.), vgl. Abb. 4.2.

Dass die Lowell'schen Entdeckungen von anderen Observatorien nicht nachvollziehbar waren, führte Douglass erstens auf subjektive Ursachen zurück, die mn den beobachtenden Astronomen zuordnen müsse, und zweitens auf die spezifischen Bedingungen am Standort Flagstaff mit seiner besonders reinen Luft. Seine Erklärung der von Augen hervorgerufenen Beobachtungsfehler beschrieb er folgendermaßen:

> But perhaps the most harmful imperfection in the eye is the lack of homogeneity within the more dense transmitting media, either the lens or membranes, probably the former. Under proper conditions the lens (presumably) displays irregular circles and radial lines, the whole resembling a spider-web structure. Under actual tests this structure is so very prominent that we wonder how the eye is able to give such good definition as it does (Douglass 1897a, S. 81).

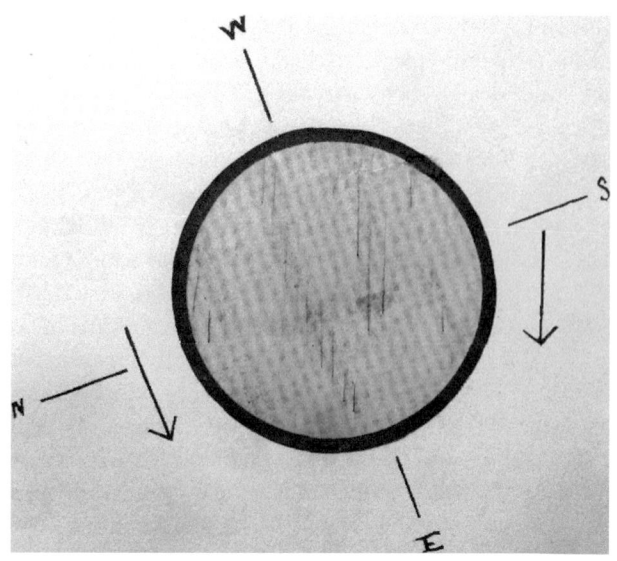

Abb. 4.2 Von Douglass beobachtete Linienstörungen am Lowell-Observatorium, Beispiel vom 24.12.1894. (Nach Douglass 1895)

Diese Beschreibung von Douglass stellte, zusammen mit seinen und Pickerings Anleitungen zum „scale of seeing" bis in die 1920er-Jahre die gültige Standardauffassung für die astronomische Beobachtung dar. Überprüft man die Veröffentlichungen genauer, kann man aus heutiger Sicht kaum von Zufall sprechen, wenn Douglass darin die astronomische Beobachtungsqualität mit Hilfe von „concentric rings" – d. h. der zahlreichen Refraktionsringe um die helleren Sterne – definierte und er sich mehrere Jahrzehnte später bei der Arbeit an dendrochronologischen Chroniken ebenfalls auf die Güte von „concentric rings" berief. Diese bisher nirgends erwähnte Analogie ist auffällig, ohne dass Douglass sich hierzu je geäußert hätte.

Nach der Beobachtung von Oberflächenstrukturen auf der Marsoberfläche, die Lowell als „Marskanäle" deutete (vgl. Abb. 4.3), übernahm Douglass auch während der nächsten Marsannäherung zwischen August 1900 und März 1901 wieder die Hauptlast der Beobachtung und sah am 07.12.1900 eine helle Lichterscheinung auf der Marsoberfläche. Lowell meldete das Ereignis telegraphisch sofort nach Harvard und an Astronomen in Europa, wo Zeitungen berichteten, Douglass habe ein Signal von Marsbewohnern empfangen. Das Interesse flaute erst ab, als die Astronomen in Flagstaff mehrfach erklärten, es habe sich nur um eine Wolke gehandelt. Solche Debatten wurden Douglass zunehmend lästig, und er vermutete bei Lowells astronomischen Bemühungen eher literarische als wissenschaftliche Motive. Zunehmend bedauerte er seine langjährige Unterstützung Lowells und bat William Pickering um eine Anstellung in Harvard. Seine Sorgen um seine berufliche Zukunft wurden noch größer, als Pickering ihm mitteilte, Lowell verfüge bei vielen Astronomen nur noch über ein

Abb. 4.3 „Kanäle" auf der
Marsoberfläche, festgestellt im
Dezember 1898 und Januar 1899.
(Nach Douglass 1899b)

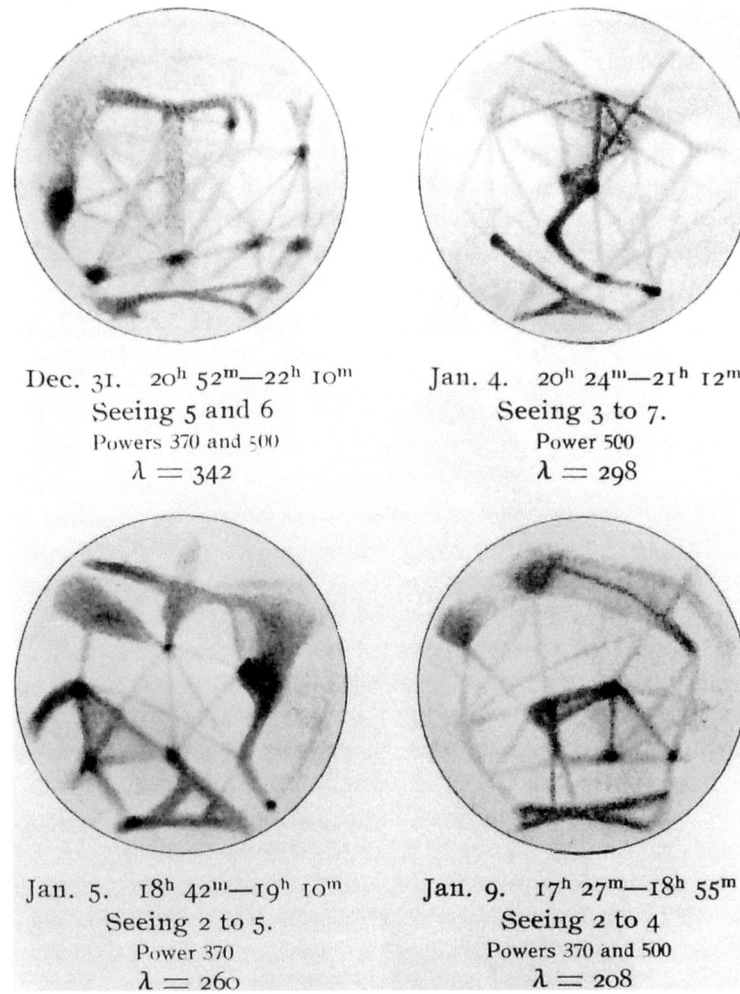

geringes Ansehen; allerdings könne er ihm keine Stellung in Harvard anbieten. Lowell erfuhr jedoch von diesem Bemühen und entließ Douglass ohne nähere Erklärung im Juli 1901 (Webb 1983, S. 44 f.).

Im Jahr 1903 bewertete der Astronom Edmund Ledger vom Grisham College in England die Auseinandersetzungen um die am Lowell-Observatorium von Lowell, Douglass und anderen beobachteten Marskanäle neu und gab zu bedenken, die angeblich beobachteten linienhaften Marsstrukturen könnten schon wegen ihrer Länge von bis zu 4000 Meilen und einer Breite von 30 bis 60 Meilen keine Kanäle oder Flussbetten sein. Trotz dieser Größenordnungen bleibe Lowell bei seiner Meinung, dass sich durch das Schmelzen von Eiskappen der Marspole unterirdische Wasserspeicher gebildet hätten, die Fließgewässer von der Größenordnung des Nils speisten. Ledger wies außerdem auf den Astronomen Walter Maunder hin, der sich ebenfalls abwertend über Marskanäle geäußert habe (Ledger 1903, S. 777 f.). Nach Maunders Auffassung gebe es störende Einflüsse bei der Verknüpfung von Beobachtung und der zeichnerischen Wiedergabe von

Einzelheiten aus dem Gedächtnis, wahrscheinlich durch eine Barriere zwischen Auge und Gehirn. Es sei deshalb nicht überraschend, dass man in Flagstaff auch Kanäle auf den Planeten Merkur und Venus sowie auf zwei Jupitermonden gefunden habe, obwohl die Venusoberfläche von dichten Wolken abgeschirmt sei. Nach Ledgers Auffassung erzeugten Akkomodation, Astigmatismus und Diplopie des Auges imaginäre zerebrale Bilder, die zu Fehldeutungen führten: „When much has been seen, more is wished for, and then more is seen." (Ebd., S. 784). 1907 nahm auch Douglass noch einmal Stellung im Streit um den Mars, als er das Sehen von angeblichen „Seen" und „Oasen" auf Streuungen des Lichts („Halo") zurückführte, wobei die in Flagstaff beobachteten Abbildungen im festen Glauben an ihre Echtheit interpretiert worden seien (Douglass 1907b, S. 116 ff.); (ders. 1907a, S. 473.). Probleme bei der Betrachtung heller Objekte durch kleine Lochblenden und durch die Strahlung um einen dunklen Fleck herum seien schon vorher gut bekannt gewesen. Dies habe vermutlich bei kristallinen Linsen zu verschwommenen linienhaften Figuren geführt.

In neuerer Zeit wurden Lowells Leistungen weit weniger kritisch als von seinen Zeitgenossen beurteilt, trotz seiner fachlichen Defizite als Astronom und der starren Haltung, mit der er an einmal aufgestellten Hypothesen festhielt. Seine überschäumende Vorstellungskraft in einer „harten" naturwissenschaftlichen Disziplin wie der Astronomie erscheine nicht ungewöhnlich, sie sei durchaus legitim und entspreche einer spekulativen astronomischen Tradition, wie sie etwa William Herschel gepflegt habe. Andererseits müsse man Lowell mit seiner Auffassung von möglichem Leben auf dem Mars als „champion of the amateur side" bezeichnen. Er sei ein Mann gewesen, „who too readily found what he expected to find". (Hetherington 1981, S. 159 ff.).

4.2.2   Untersuchung von Zyklen

Douglass empfand seine Entlassung am Lowell-Observatorium als einen schweren persönlichen und beruflichen Rückschlag. Anfragen wegen einer Anstellung am Lick-Observatorium in Kalifornien, in Harvard und beim US Naval-Observatorium blieben erfolglos, so dass er zunächst in Flagstaff versuchte, sich mit Beteiligungen an kleinen Bergbauprojekten und der Arbeit in einem chemischen Prüflabor für Erze über Wasser zu halten. 1902 wurde er Kandidat der republikanischen Partei für das Richteramt in Erbschaftsangelegenheiten („probate judge"), eine Funktion, für die eine juristische Ausbildung nicht unbedingt erforderlich war. In einer Kampfkandidatur bezwang er seinen Gegner der demokratischen Partei und wurde im Jahr 1904 wiedergewählt. Seinen astronomischen Ambitionen konnte er in der Freizeit am kleinen Mt. Lowe Observatorium in Kalifornien nachgehen, während Versuche zur Veröffentlichung seiner früheren Untersuchungsergebnisse am Observatorium in Flagstaff trotz Unterstützung aus Harvard wegen des Einspruchs von Percival Lowell erfolglos blieben.

Am 1. Juli 1905 heiratete Andrew Ellicott Douglass in Los Angeles seine aus Baltimore stammende Verlobte Ida Whittington, die seit 1904 als Musiklehrerin in Flagstaff tätig war. Nach seiner Rückkehr erteilte Douglass einige Monate lang Schulunterricht in Spanisch und Geschichte neben dem Richteramt, bevor er 1906 als Dozent für Astronomie und Physik an der Universität Tucson angestellt wurde (Webb 1983, S. 51 ff.). Hier gedachte er, seine Arbeit als Astronom fortzusetzen und drängte deshalb die Verantwortlichen zur Finanzierung entsprechender Instrumente, beispielsweise im Februar 1907, als er in einem öffentlichen Vortrag die Vorzüge des Standorts Tucson zur Errichtung eines neuen Observatoriums hervorhob. Während seiner früheren Standortsuche für Percival Lowells Teleskop hatte er Tucson wegen der dort gelegentlich auftretenden atmosphärischen Störungen nicht als erste Wahl

bezeichnet. Nun aber schätzte er die Situation angesichts der neuen beruflichen Situation anders ein, zumal seine Pläne von Universitätspräsident Wilde, dem Gouverneur des Arizona-Territoriums und von William Pickering in Harvard unterstützt wurden. Dieser drängte vor allem auf die Errichtung eines guten Teleskops im amerikanischen Südwesten und auf einen vertrauenswürdigen Astronomen als dessen Leiter. Bald darauf wurden in Harvard nicht mehr benötigte Gerätschaften, beispielsweise ein 8-Inch-Refraktor und ein drahtloser Empfänger für offizielle Wettermeldungen, nach Tucson ausgeliehen. Mit dieser provisorischen Ausrüstung begann Douglass mit der Beobachtung der Jupiteroberfläche, beteiligte sich an Messungen während der Annäherung des Halley'schen Kometen und griff seine früheren Arbeiten zum Zodiaklicht wieder auf. Die Universität Tucson rechnete für den Bau des Observatoriums mit Kosten von 80.000 $, einer Summe, die sich zunächst nicht aufbringen ließ. 1922 wurde die Sternwarte schließlich fertig gestellt; Douglass war zu diesem Zeitpunkt bereits 55 Jahre alt (ebd., S. 54 ff.).

Wie eingangs erwähnt, befasste sich Douglass nach seinem Weggang vom Lowell-Observatorium wissenschaftlich neben der Beobachtung von Planeten vor allem mit der Analyse von Sonnenflecken, allerdings nicht auf der Basis eigener astronomischer Untersuchungen, sondern durch Auswertung vorhandener Daten. Wann genau er damit begann, lässt sich den vorhandenen Dokumenten nicht entnehmen, und auch der Hinweis seines Biographen McGraw, Douglass sei seit seiner frühen astronomischen Beschäftigung im Elternhaus von ihnen fasziniert gewesen, ist nicht belegt. Sein Interesse an der Verknüpfung von Sonnenaktivität und Wetter glaubte sein zweiter Biograph Webb auf das Jahr 1906 datieren zu können, nachdem Douglass Holzhändler in Flagstaff aufgesucht und in den Chroniken der Ringbreiten von Baumquerschnitten zyklische Schwankungen festgestellt hatte (ebd., S. 294 f.). Douglass selbst nannte rückschauend das Jahr 1901 als Beginn seiner Arbeit auf diesem Gebiet, obwohl sich dies nach Durchsicht der Veröffentlichung und biographischer Notizen durch den Autor nicht zwingend erschließt. Fest steht nur, dass er mit den wichtigsten Abhandlungen zum Phänomen der Sonnenflecken spätestens 1907 vertraut war und sie in seiner ersten Publikation über dieses Thema und erneut in späteren Arbeiten zitierte. Es erscheint deshalb sinnvoll, an dieser Stelle den historischen und zeitgenössischen Stand der Diskussion um die Einflüsse von Sonnenflecken auf das Erdklima kurz darzustellen.

Bereits im frühen 19. Jahrhundert hatten sich Naturforscher intensiv mit der solaren Physik, insbesondere den Sonnenflecken, beschäftigt und suchten dabei deren Auftreten mit der Stellung der Planeten in Zusammenhang zu bringen (Hufbauer 1991, S. 42–80). 1850 stellte Alexander

v. Humboldt in seinem Werk *Kosmos* Überlegungen zum möglichen Einfluss der Flecken auf das Erdklima an, aber eine systematische Auswertung von Messdaten setzte erst in den 1870er-Jahren ein. So begann beispielsweise Norman Lockyer, Leiter des Sonnenobservatoriums in South Kensington und Herausgeber der Zeitschrift *Nature* 1871 mit Untersuchungen von Klimadaten aus Indien und stellte die Ergebnisse 1879 der „Royal Commisssion on Indian Famines" vor. Die in dem Bericht konstatierte Übereinstimmung solarer und terrestrischer Phänomene veranlasste 1873 den Astronomen Richard Proctor zu einer heftigen Kritik, der Lockyers Forschungsansatz für unseriös hielt (Anderson 1999, S. 203 f.). Auch General Richard Strachey, ein britischer Verwaltungsbeamter und Kenner Indiens, stellte 1877 dazu fest: „[…] not only has no such correspondence been established, but that there has been no sufficient evidence adduced to any periodicity at all." (Strachey 1877, S. 259). Andererseits war etwa zur gleichen Zeit der Astronom und Meteorologe Charles Meldrum nach seiner jahrelangen Auswertung der Klimadaten von Messstationen im südlichen Indien und von Schiffslogbüchern der Auffassung, es sei ganz unwahrscheinlich, dass die Tatsachen von „sunspots" und Erdklima nicht kausal zusammenhingen (Meldrum 1875/1876, S. 386). Norman Lockyer hielt nach der Jahrhundertwende jedoch unbeeindruckt an seiner Hypothese vom Einfluss der Sonnenflecken auf das Erdklima fest und versuchte dies durch die starken Korrelationen zwischen Sonnentemperatur, Luftdruck und Starkregen in der Region des Indischen Ozeans zu belegen (Lockyer 1903, S. 615).

Solche Veröffentlichungen und Informationen zum Zyklus der Sonnenflecken muss Douglass 1907 gekannt haben, als er einen umfangreichen Beitrag für die *Monthly Weather Review* auf der Grundlage eigener Untersuchungen verfasste. Auch kannte er vermutlich die Auffassung des von Edward Pickering geförderten Astronomen George Hale, der weitreichende Magnetfelder als die wesentliche Wirkung beim Auftreten der Sonnenflecken bezeichnete. Douglass blieb trotz der in der Fachliteratur ausgetragenen Kontroversen bei seiner festen Überzeugung einer zunächst nur statistisch belegbaren Verknüpfung von Sonnenflecken, Klima und Jahrringbreite, die er jedoch später in einen kausalen Zusammenhang uminterpretierte. Während seiner Reise im Jahr 1912/13 nach Europa beeindruckten ihn die Untersuchungen deutscher und österreichischer Meteorologen wie Wladimir Köppen und Wilhelm Schmidt, welche die Übereinstimmung langjähriger Niederschlagsereignisse mit Zyklen der Sonnenflecken bestätigten (König 1914, S. 242 f.).

Als Zwischenfazit ist festzuhalten, wie kritisch Douglass bei der Bewertung der Zusammenhänge zwischen Klima und Jahrring vorging und wie wenig kritisch er sich bei der Verlängerung der Zusammenhangskette Sonne → Klima → Jahrring verhielt. War er letztendlich trotz seiner Verdienste nicht ein Mann wie sein ehemaliger Chef Percival Lowell, „who too readily found what he expected to find"? Douglass' oft starrsinnig verfolgte „Obsession", in Zeitreihen den unterschiedlichsten Zyklenlängen nachzuspüren, blieb jedenfalls ein wesentliches Merkmal seiner lebenslangen Arbeit, wobei der Einfluss des Geographen und „Klimadeterministen" Ellsworth Huntington unverkennbar ist (vgl. Abschn. 4.4). Douglass' Klimauntersuchungen kommentierte Huntington 1914 so: „All things considered, the solar hypothesis seems to fit the facts better than any other, so far as the changes of climate indicated by our tree curves are concerned." (Huntington 1914, S. 253).

Während seiner Tätigkeit als Astronom der Universität Tucson und lange vor dem Bau des neuen Observatoriums suchte Douglass mit seiner theoretischen und handwerklich-praktischen Erfahrung die solare Hypothese messtechnisch zu untermauern. Angeregt durch den deutsch-britischen Astronomen Arthur Schuster, der 1898 eine Vorrichtung zur Aufnahme rhythmisch auftretender Messsignale empfohlen hatte, sowie durch Arbeiten des japanischen Astronomen Hisashi Kimura und des Briten Herbert Turner, die Zyklen der Sonnenflecken seit 1750 durch Fourier-Analyse überprüft hatten, stellte er ein eigenes Verfahren und ein Gerät (Douglass 1915, S. 176) zur photographischen Erstellung von Periodogrammen vor.[6] Außerdem beschaffte er sich ein Pyroheliometer des Herstellers Leeds & Northrop, um mit Direktmessungen den möglichen Zusammenhang zwischen Sonnenaktivität und Witterungsphänomenen zu überprüfen (Douglass 1916). Bei diesen Untersuchungen in den Jahren 1915 und 1916 fand er Hinweise auf Zyklen mit Längen von 8,3, 10,2, 11,4 und 14,7 Jahren.

Das Periodogramm der Sonnenfleckenkurve von 1755 bis 1911 stellte Douglass nach einem photographischen Verfahren her (vgl. Abb. 4.4a). Auf der rechten Seite sind die verfügbaren Sonnenfleckenkurven zu sehen, die aus weißem Papier ausgeschnitten und mehrfach auf einen schwarzen Hintergrund geklebt wurden. Das linke Ende von jeder der oberen zehn Zeilen beginnt jeweils im Jahr 1755. Jede nachfolgende Zeile wird zehn Jahre nach links bewegt, so dass beim Übergang von oben nach unten jede untere Zeile ein zehn Jahre späteres Datum als das der darüberstehenden aufweist. Dies setzt sich fort, bis die gesamte Periode von 1755 bis 1911 abgedeckt ist. Die unteren zehn Zeilen zeigen dieses letzte Jahr auf der rechten Seite. Durch geschickte Drehung der Kurvendarstellung konnte schließlich ein photographisches Gesamtbild erstellt werden (links), welches Rhythmen innerhalb eines bestimmten Zeitraums aufgrund von perlschnurförmigen bzw. gerippten Effekten

---

[6]Ein verbessertes Instrument wurde später in Deutschland von der Erda AG in Göttingen gebaut, vgl. Stumpff (1924).

Abb. 4.4 a Photographisch erstellte Periodogramme (nach Douglass 1914b); **b** Bryan Bannister um 1952 mit dem historischen Zykloskop. (Mit freundlicher Genehmigung des © LTRR Tucson/Arizona 2018. All Rights Reserved.)

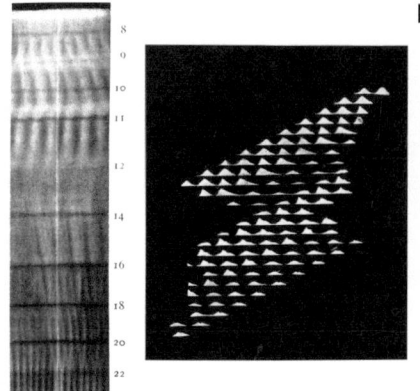

deutlich machte. Die praktische Arbeit mit der verwendeten Geräteanordnung ist nicht einfach nachvollziehbar, doch ist vor allem die 11-jährige Sonnenflecken-Periode mit einem mittleren Wert von 11,4 Jahren deutlich zu erkennen, wenn auch gegenüber anderen Perioden weniger dominant als erwartet. Zwischen 9,5 und 10,5 Jahren zeigte sich eine zweite Periode, weitere Perioden zwischen 8,0 und 8,8 Jahren, ebenso Doppelungen dieser Perioden bei 16, 20 und 22 Jahren. Abb. 4.4b zeigt Bryant Bannister – der spätere Leiter des LTRR – Anfang der 1950er-Jahre an dem optisch-mechanischen Gerät von 1915.

Die astronomische Arbeit von Douglass beschränkte sich ab 1915 meist auf den Versuch, die Verbindung solarer Phänomene mit globalen und regionalen Klimaänderungen auf der Erde herzustellen und Signale dafür in den Jahrringen der Bäume zu suchen. Erst dadurch wurde er zum eigentlichen Wegbereiter einer neuen wissenschaftlichen Methode, der Dendrochronologie. Auch nach der endgültigen Fertigstellung des Steward-Observatoriums im Jahr 1922 ordnete Douglass als dessen Leiter seine astronomischen Untersuchungen der neuen Jahrringforschung unter. Während neue große Observatorien wie die von Mt. Wilson und wenig später von Mt. Palomar sich auf stellare und galaktische Beobachtungen konzentrierten, blieben Douglass und Mitarbeiter bei ihren Untersuchungen des Mondes und der Planeten des Sonnensystems. Gelegentlich kamen Anfragen zur Kooperation bei der Untersuchung von Sternnebeln, z. B. vom Lowell-Observatorium in Flagstaff oder von Edwin Hubble vom Mt. Wilson (Webb 1983, S. 79 f.).

Wichtig für seine dendrochronologische Forschung wurde im Jahr 1922 der Informationsaustausch mit dem britischen Astronomen Walter Maunder (1851–1928) vom Solar Department in Greenwich. Maunder hatte 1890 über die Phase geringer Sonnenfleckenaktivität zwischen 1645 und 1715 berichtet – auf die zuerst Gustav Spörer 1862 hingewiesen hatte –, ohne zunächst befriedigende Belege vorlegen zu können. Im Februar 1922 fand er einen Hinweis auf Douglass' Arbeit *Climatic Cycles and Tree-Growth* von 1919 und fragte in Tucson nach, ob es bei den Baumringen Hinweise auf ungewöhnliche Witterungsbedingungen im 17. und frühen 18. Jahrhundert gebe. Douglass antwortete postwendend, dass ihm diese Anomalität tatsächlich aufgefallen sei und fand sich wegen der Übereinstimmung mit Maunders Beobachtung in seiner Absicht bestärkt, die Arbeit über Zyklen fortzusetzen (Soon und Yaskell 2003, S. 140 ff.). Unterstützt wurde er auf diesem neuen Forschungsfeld vor allem durch die Carnegie-Stiftung, später auch durch die National Science Foundation, die American Philosophical Society und kleinere Institutionen.

Die Zyklenhypothese von Douglass hatte eine beträchtliche und lange Nachwirkung und wird heute noch oft zitiert. Aus diesem Grund erscheint es lohnenswert, auch einen kurzen Blick auf die Literatur nach 1920 zum Thema Sonnenfleckenzyklen und Jahrringe zu werfen. Kurz nachdem Ellsworth Huntington im Jahr 1924 sein Buch *Earth and sun* veröffentlichte und darin Douglass' Vorstellungen vom Zusammenwirken solarer und terrestrischer Zyklen erweiterte, setzte heftige Kritik ein. Zeitgenössische Wissenschaftler bemängelten vor allem Huntingtons nachlässige und unzureichende statistische Bearbeitung der Messdaten mit Hilfe der Korrelationsanalyse, deren „Ergebnisse er als kausale Beziehungen zwischen Ursache und Wirkung interpretiert habe. Das Fazit der Kritik war: „The book has no particular value either to the meteorologist or the astronomer." (Brunt 1924, S. 164 f.). Andere Wissenschaftler zeigten sich ebenfalls zurückhaltend, während einige zumindest der Zyklenvorstellung von Douglass zustimmten. Während der 1950er-Jahre hatten selbst Mitarbeiter des Laboratory of Tree-Ring Research in Tucson Zweifel an der Validität der Zyklenforschung des damals über 80-jährigen Douglass.[7] Die Untersuchung langer Temperaturzeitreihen

---

[7]Interview H.H.R. mit Harold Fritts im Mai 2005 in Tucson: Diese Kritik wurde offenbar aus Gründen der Pietät damals nicht offen geäußert.

in England, den Niederlanden und New York mit Hilfe der mathematischen Spektralanalyse ergaben ebenfalls keinerlei Hinweise auf Zyklen von mehr als 12 Monaten Länge, die einen Zusammenhang mit Sonnenfleckenzyklen nahgelegt hätten. In jüngerer Zeit wurde die Diskussion über den Einfluss von Sonnenflecken auf terrestrische Erscheinungen erneut aufgegriffen, so etwa bei einem Expertentreffen der Royal Society of London im Februar 1990, bei dem über die beobachteten 20-jährigen Trockenheitsrhythmen im Westen der Vereinigten Staaten im Zusammenhang mit dem 22-jährigen magnetischen solaren Hale-Zyklus diskutiert wurde (Eddy 1990). Die Experten waren sich nicht einig, ob möglicherweise eine Überlagerung mehrerer Effekte vorliege, so dass zumindest kurzfristige Zyklen innerhalb langer Zeitreihen kaum noch zu identifizieren seien. Neueste Untersuchungen am Max-Planck-Institut für Sonnensystemforschung in Göttingen ergaben zwar keinen direkten Zusammenhang zwischen der Sonnenaktivität und dem „global warming", aber man fand eine signifikante Übereinstimmung der zeitlichen Varianz der Menge des durch Sonnenmagnetismus in der Erdatmosphäre gebildeten Radiokohlenstoffs (^{14}C) der vergangenen 11.000 Jahre mit der Varianz der Sonnenflecken (Reimer 2004); (Solanki et al. 2004). In diesem langen Zeitraum habe es erhebliche Klimaschwankungen gegeben; aber es stehe auch fest: „The cycles, however, are not coherent with changes in solar activity […], indicating that Holocene North Atlantic climate variability at the millennial and centennial scale is not driven by a linear response to changes in solar activity." (Turney 2005, S. 511).

Berücksichtigt man die Forschungsergebnisse der vergangenen 30 Jahre über das Auftreten und die Wirkung von Sonnenfleckenzyklen auf die Erde, erscheint es dem Autor gerechtfertigt, die Untersuchungen von Andrew Ellicott Douglass zu diesem Thema zumindest für den Zeitraum zwischen 1909 und 1935 historiographisch zu würdigen und sie trotz problematischer Schlussfolgerungen nicht als bloße Obsession abzutun.

4.3 Ein Konzept entsteht

Die dendrochronologische Methode war weder 1901 noch 1904 abgeschlossen oder in sich schlüssig – wie später manchmal behauptet wurde –, und selbst nach Douglass' erster wissenschaftlicher Veröffentlichung zu diesem Thema im Jahr 1909 konnte von einem konsistenten Konzept noch nicht die Rede sein. Vielmehr lässt sich von einem allmählichen Abtasten und Ausprobieren beim Arbeiten mit den Jahrringen sprechen, so dass Douglass erst ab 1911 endgültig an die Tragfähigkeit seiner Methode für die Lösung klimatologischer und kosmologischer Fragestellungen glaubte. Er selbst nannte später das Jahr 1901

als Beginn seiner Überlegungen zum Zusammenhang von Ringbreite und regionalem Niederschlag. Dies erscheint heute durchaus plausibel, obwohl er zu diesem Zeitpunkt die entscheidenden drei Arbeitsschritte noch gar nicht formuliert hatte, nämlich: 1. Das Erstellen der Wachstumskurve des Baums, 2. die Suche nach dem Zusammenhang von Ringbreite und Niederschlag und 3. die Suche nach der Verbindung zwischen Niederschlag und solaren Phänomenen. Eine von ihm erst 1914 erwähnte und Ellsworth Huntington zugeschriebene 4. Annahme, mit der er die Jahrringkurven der Bäume in Zusammenhang mit historischen Bedingungen und Ereignissen zu bringen gedachte, verstärken diesen Eindruck (vgl. Douglass 1909, S. 226); (ders. 1914a, S. 321).

Im Januar 1904 begann Douglass mit einer größeren Untersuchung, bei der er Baumabschnitte direkt nach dem Fällen oder später im Holzlager der Arizona Lumber & Timber Comp. in Flagstaff mit Unterstützung ihres Inhabers Timothy Riordan entnahm. Die zahlreichen Baumscheiben untersuchten er und sein Mitarbeiter Willard Steele danach im Labor der Universität Tucson.

1906 bat Douglass die Carnegie-Stiftung um finanzielle Unterstützung für eine Reise nach Australien, um dort seine Erfahrungen aus dem Südwesten der USA anhand von Bäumen anderer Trockenregionen zu erweitern. Trotz der Ablehnung des Antrags nahm sein Biograph McGraw diesen Versuch als Beleg für sein gewachsenes Selbstbewusstsein auf dem neuen Arbeitsgebiet und für seine Rolle als „originator of this investigation" (McGraw 2001, S. 10). Bis 1909 arbeitete Douglass ohne Felduntersuchungen weiter an der Hypothese, dass Jahrringe Informationen über die Wasser- und Nahrungsaufnahme von Bäumen liefern könnten, deren Wachstum vorwiegend von der verfügbaren Feuchtigkeit abhänge. Nach seiner Auffassung war die Ringbreite somit eine indirekte Reaktion auf das Wasserdargebot des jeweiligen Standorts. 1909 präsentierte er hierzu seine erste Veröffentlichung im *Monthly Weather Review*. Ungewöhnlich waren die vor endgültigem Druck in den Text eingefügten Anmerkungen der beiden Herausgeber der Zeitschrift, Cleveland Abbe Sr. und sein Sohn gleichen Namens. Beide teilten nämlich Douglass' Ansichten zum Zusammenhang von Sonnenfleckenzyklen und Jahrringbreiten nicht und stellten hierzu fest, „[…] that this whole question of sun spots and terrestrial meteorology still remains in the realm of speculation and has not advanced beyond." (Douglass 1909, S. 228, Anm. 2). Man solle besser den naheliegenden Einflüssen des Wetters und des Grundwassers auf das Pflanzenwachstum nachgehen als irgendwelchen Fernwirkungen. Überraschend erscheint auch ihre Bemerkung, Douglass' wertvolles Material sei in Diagrammform für Leser unverständlich und werde deshalb vollständig in Form von Tabellen präsentiert. Zum klimatologischen Ansatz meinten die Herausgeber: „Most climatologists will agree that the great distance and complete topographic change covered by this ‚jump' are sufficient to make abortive any attempt to correlate Pacific coast precipitation with tree growth in northern Arizona." (Ebd.).

Biograph McGraw vermutete hier nicht ohne Grund eine Kampagne gegen die Hypothese über kosmische Einflüsse auf das Wetter durch einen meteorologischen Seiteneinsteiger. Vergleicht man Tabellen und Diagramme des Aufsatzes miteinander, wäre deren Lesbarkeit mit Abbildungen vermutlich besser gewesen, obwohl sie manchmal nicht belegen, wofür sie eigentlich stehen. Auch halten die Kurven einer statistischen Signifikanzprüfung nicht immer stand. Hinter der von McGraw 1998 interviewten anonymen Person im Laboratory of Tree-Ring Research, die Douglass' Tabellen von 1909 für völlig unverständlich hielt, ist unschwer Prof. Harold Fritts, Tucson, zu erkennen, der sich dem Autor H. H. R. im Jahr 2005 gegenüber ähnlich äußerte. In Bezug auf das exzentrische Wachstum von Bäumen hatte Douglass zudem Schlüsse gezogen, die bei solideren Kenntnissen des damaligen Wissensstandes der Pflanzenphysiologie sicher anders ausgefallen wären. So stellte er ein verstärktes Wachstum auf der Nordseite der Bäume fest und begründete dies mit höherer Bodenfeuchte aufgrund der späteren Schmelze von Schneeresten in dieser Himmelsrichtung. Dabei dachte er vermutlich nicht an die Möglichkeit eines exzentrischen Wachstums unter Zug- bzw. Druckbeanspruchung, obwohl die Bäume eine Neigung nach Süden aufwiesen (vgl. Abschn. 5.2). Der Archäologe und Dendrochronologe Peter Kuniholm bewertete dies unlängst so: „If he had been a biologist, he probably would have considered all the reasons why the method ought not to work and would have abandoned it at the outset." (Kuniholm 2001, S. 37). Außerdem funktioniere Douglass' einfaches und sehr effektives Auswerteverfahren des „skeleton-plotting" in gemäßigten feuchten Klimazonen nicht, sondern nur in Trockenregionen wie dem amerikanischen Südwesten.

Douglass teilte in seiner Arbeit von 1909 im Gegensatz zu anderen Jahrringforschern des 19. und frühen 20. Jahrhunderts die überprüften Bäume in unterschiedliche Standortgruppen ein: Gruppe A mit sechs Individuen stammte aus der Gegend 3 Meilen südlich von Flagstaff, Gruppe B mit neun Bäumen lag 12 Meilen südwestlich und C mit zehn Bäumen eine Meile östlich von Gruppe B. Diese Gruppenuntersuchung hatte das Ziel, mögliche Unterschiede zwischen Zufallsabweichungen vom Mittelwert und den am Standort der jeweiligen Gruppe wirksamen äußeren Einflüssen aufzudecken. Für den Vergleich mit der Niederschlagsmenge nutzte er die seit 1867 aufgezeichneten Messwerte der 70 Meilen von Flagstaff entfernten Beobachtungsstation in Prescott. Die Gruppenmittelwerte der individuellen Kurven dienten Douglass dabei als Referenzgrößen und ähnelten damit den Basiswerten der später

als „Standardchronologien" bezeichneten Kurven (Douglass 1909, 226 f.).[8] Diese Vorgehensweise bewährte sich auch bei späteren Untersuchungen, und man geht im Prinzip noch heute so vor. Ein wirkliches „cross-dating" zur Verlängerung von Zeitreihen oder zur Aufdeckung fehlerhafter Kurvenabschnitte, wie sie z. B. durch ausfallende oder doppelte Jahrringe verursacht werden, gab es damit aber noch nicht. Auf diese erste Untersuchungsserie passt deshalb der Begriff „cross-identification" besser. Douglass' eigene Aufzeichnungen geben auch keinen Aufschluss darüber, weshalb er 1909 keine Vergleichsproben aus Prescott untersuchte, um die Ähnlichkeit der Jahrringbreiten mit denen aus Flagstaff zu vergleichen. Diesen Schritt zu einem „cross-dating" machte er erst bei Untersuchungen ab 1911, und er war sehr überrascht, wie gut die Jahrringkurven beider Ortschaften übereinstimmten: „It was a surprise then to find that rings in the Flagstaff sections could be identified at once in terms of the rings at Prescott." (Douglass 1914a, S. 325). Auch die nach ersten Untersuchungen angenommene 2 %ige Fehlerquote der Auswertung ließ sich durch „cross-dating" während des Standortvergleichs nahezu beseitigen. Da Douglass seine Aufzeichnungen stets äußerst gewissenhaft („religiously") anlegte und aufbewahrte, kann man den Zeitpunkt dieser überraschenden Erkenntnis exakt auf den 1. Januar 1912 datieren.

Ein wesentlicher Bestandteil von Douglass' dendrochronologischem Konzept wurde die Bestimmung der mittleren Sensitivität der Jahrringe während der Jahre nach 1912. Diese definierte er als die Differenz zwischen zwei aufeinanderfolgenden Ringbreiten, geteilt durch ihr arithmetisches Mittel. Die Quotienten teilte er danach beispielsweise durch 10 und bezeichnete das Ergebnis als mittlere Sensitivität für diesen Zeitraum. Abb. 4.5 zeigt oben die Kurve einer kalifornischen Sequoia auf sumpfigem Untergrund mit geringer Variation und einer mittleren Sensitivität von 0,11. Darunter besitzt eine „sensitive" Sequoia derselben Region unter erhöhtem Niederschlagseinfluss einen Wert von 0,33, während unten eine „stark sensitive" Gelbkiefer aus Prescott/Arizona einen Wert von 0,64 aufweist. Für die Vorauswahl geeigneter Baumindividuen bzw. geeigneter Standorte zur Erstellung von standardisierten Chronologien spielten diese Sensitivitätswerte für Douglass und spätere Bearbeiter von Jahrringchronologien stets eine wesentliche Rolle.

Douglass' Konzept seiner dendrochronologischen Arbeitsmethode war auch nach den öffentlichkeitswirksamen archäologischen Untersuchungen gegen Ende der 1920er-Jahre für interessierte Fachleute nicht immer

---

[8]Den Zusammenhang zwischen Niederschlag und Ringbreite hatte in den USA schon vor Douglass der Agrarmeteorologe Ernest Bogue (1905) an 42 Baumindividuen von 15 Arten festgestellt.

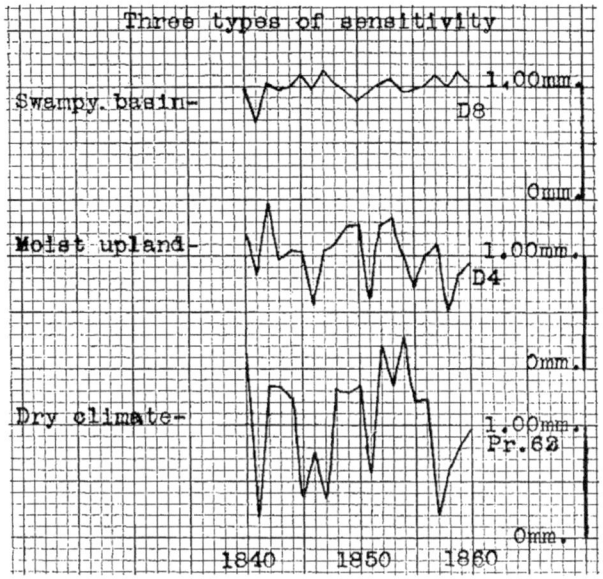

Abb. 4.5 Mittlere Sensitivität von Jahrringen. (aus Douglass 1920)

notwendigen „normal records" zu nennen, die sich zu Standardchronologien („master charts") zusammenfügten (Glock 1933, S. 6–11). Kurz darauf fasste Glock zum ersten Mal zahlreiche komplexe Arbeitsregeln in einer auf 25 Punkte beschränkten Anweisung zusammen und eröffnete damit auch weniger routinierten Untersuchern den Zugang zu der neuen Methode (Glock 1934b, S. 12). Wie bedeutsam diese Bemühungen in ihrer Außenwirkung waren, belegt die Tatsache, dass Bruno Huber und andere Forscher ab 1937 Glocks umfassende und leicht verständliche Beschreibung der Douglass-Methode als Grundlage für die eigenen Forschungsansätze betrachteten (Glock 1937); zu Huber: vgl. Rump (2011, S. 70–81). Douglass schätzte die Zusammenarbeit mit Glock, und auch Kollegen wie der Anthropologe William Stallings lobten dessen Arbeiten.[9] Es erstaunt deshalb, warum Ernest Webb, Douglass' erster Biograph, Glock in seiner Arbeit nicht erwähnte. Möglicherweise unterließ er es, um an der manchmal hagiographisch anmutenden Darstellung von Douglass' Lebensleistung durch eine faire Bewertung von Glocks Beiträgen keine Abstriche vornehmen zu müssen.

4.4 Ellsworth Huntington und der Klimadeterminismus

Zwischen den Jahren 1910 und 1920 arbeitete A. E. Douglass eng mit Ellsworth Huntington (1876–1947) zusammen, einem der wohl einflussreichsten, aber auch umstrittensten Geographen des 20. Jahrhunderts. Dessen zahlreiche humangeographische Schriften übten großen Einfluss sowohl auf Fachkollegen als auch auf Vertreter anderer Disziplinen wie Soziologen, Epidemiologen und Politikwissenschaftler aus. Auch der britische Geschichtsphilosoph Arnold J. Toynbee gestand, er sei von Huntingtons Ideen über das Verhältnis zwischen Menschen und ihrer physischen Umwelt maßgeblich beeinflusst worden. Die enge Verknüpfung von Klima und menschlichem Verhalten führte darüber hinaus zu außerwissenschaftlichen Kontakten, etwa zum amerikanischen Klempnerhandwerk und dem Verband der Heizungs- und Lüftungsingenieure (Martin 1973, S. XIV). Huntington führte auf diese Weise den seit den 1920er-Jahren umstrittenen und heute weitgehend diskreditierten „Klimadeterminismus" in den wissenschaftlichen Diskurs ein. Seine Überzeugung drückte er schon im Jahr 1905 so aus:

nachvollziehbar. Irritierend waren für manche Jahrringforscher die Verweise auf kosmische Parameter und die verwirrende Zahl kurzer, mittlerer und langer Zyklen. Andere störten sich an der klimatologisch-kosmologischen Ausrichtung mancher Arbeiten zur Bewertung archäologischer Befunde, obwohl der Erfolg Douglass durchaus recht zu geben schien: „Thus the development of a climatic chronology in the southwest has led to the construction of a precise human chronology in the Pueblo area." (Douglass 1931, S. 2).

Große Verdienste um die Verbreitung der dendrochronologischen Arbeitsmethode auch außerhalb der Vereinigten Staaten erwarb sich Douglass' Mitarbeiter Waldo Glock, der 1931 als Geologe an die Universität Tucson kam, dort engen Kontakt zur Carnegie-Stiftung hielt und sich intensiv mit der Dendrochronologie beschäftigte. Als Mitglied der ersten „Tree-Ring Conference" im Juni 1934 und danach Mitherausgeber des *Tree-Ring Bulletin* bis 1939 erkannte er rasch die Notwendigkeit zur Vereinfachung der Beschreibung von Methoden und Arbeitsanweisungen. Seine erste Übersichtsarbeit erschien 1933 in einer geologischen Zeitschrift und deckte die gesamte Untersuchungskette von der Standortwahl über Probennahme, Holzpräparation, Bewertung der Zellstruktur bis zur Auswertung von Jahrringkurven ab. Um die Durchführung der Untersuchungen zu beschleunigen, wies er auf drei Arten der Auswertung hin: „by memory, on the wood and by skeleton plots", empfahl aber, nur die markanten schmalen Ringe auszuwerten. Für die Erstellung langer Zeitreihen aus Teilchronologien besäßen „floating chronologies" einen besonderen heuristischen Wert, daneben seien die für regionale Betrachtungen

---

[9]In den Douglass Papers, Universität Tucson, ist die Korrespondenz zwischen Douglass und Glock bis 1958 enthalten, außerdem die Dokumentation ihrer gemeinsamen Vorarbeit zu Douglass' „Climatic cycles and tree growth" von 1936; vgl. Stallings (1938).

A complete study of geography must consider not only the external habits of plants, animals, and men in relation to their environment, but also human character and methods of thought in so far as they are directly or indirectly, the product of physical conditions (Huntington 1905, S. 139).

4.4.1 Vorstellungen von klimatischer Fluktuation

In seinen Büchern *The Pulse of Asia* (1907) und *Palestine and its transformation* (1911) stellte Huntington die Frage nach den Ursachen klimatischer Fluktuation, die er in geomorphologischen und hydrologischen Phänomenen zu erkennen glaubte und durch die Hypothese eines solaren Einflusses zu erklären suchte. Für eine zukünftige klimatische und archäologische Forschung im Südwesten der USA und in Mexiko regte er damals an, Standorte ehemaliger Siedlungen der indianischen Bevölkerung genau zu untersuchen (Huntington 1907); (ders. 1911). Allerdings sah er aus späterer Sicht solche Pläne für vergleichende Studien immer aus dem Blickwinkel seiner eigenen Thesen über die essentialistischen Zusammenhänge zwischen Klima und Zivilisation.

Huntington griff in seinen Texten auf Vorstellungen des 18. Jahrhunderts zurück, die mit großer Selbstverständlichkeit die „zivilisatorische Überlegenheit" bestimmter Völker auf herrschende klimatische Bedingungen zurückgeführt hatten. Montesquieus Werk *Vom Geist der Gesetze, oder von der Beziehung, die die Gesetze mit den Regierungsformen, mit den Sitten, dem Klima, der Religion, dem Handel etc. haben sollen* steckte voller Determinismus. Seine Hypothese beschrieb er, beeinflusst von dem Frühaufklärer Du Bos, im vierzehnten Buch: „Wenn es wahr ist, dass der Charakter des Geistes und die Leidenschaften des Herzens in den verschiedenen Klimaten außerordentlich verschieden sind, dann müssen die Gesetze auf die Unterschiedlichkeit dieser Charaktere Bezug haben." (Montesquieu 1748, S. 310); (vgl. Du Bos 1719, S. 136–155).[10] Dabei habe kalte Luft eine günstigere Wirkung auf Körper und Geist. Die grenzenlose Vielfalt der Sitten und Gebräuche der einzelnen Völker ließe sich so auf eine begrenzte Anzahl wirkender Ursachen zurückführen, außerdem könne man mit Hilfe objektiver Maßzahlen die Veränderung des Klimas nachprüfen. In der zweiten Hälfte des 19. Jahrhunderts hatten schließlich Prognosen auf Klimabasis Konjunktur, etwa bei Getreidepreisen und besonders nach der Entdeckung des zyklischen Phänomens der El Niño Southern Oscillation im Jahr 1870 (Pfister 2001, S. 8).

Huntington dachte aber weiter als frühere Klimainterpreten und versuchte mit meist unzureichenden Mitteln, die von ihm postulierten Klimaänderungen statistisch abzusichern und zu stützen. Dabei ging er oft selektiv und wenig selbstkritisch vor und war sogar bei der von ihm verwendeten Messtechnik unpräzise,[11] was trotz seines Anspruchs auf einen hohen wissenschaftlichen Standard zu unklaren und subjektiven Wahrnehmungen führte. Außerdem kehrte der von ihm vertretene klassische Klimadeterminismus die Kausalität der Beziehung zwischen Klima und Gesellschaft um, und er war offenbar nicht fähig, sich die Anpassung sozialer Gruppen an klimatische Gegebenheiten vorzustellen. Ab 1920 baute er seine Zivilisationstheorien weiter aus und legitimierte beispielsweise die hegemonialen Kolonialansprüche der Industrieländer durch klimatisch bedingte Verschiedenheiten menschlicher Rassen.

Schon bevor Douglass mit seinem Konzept zur Klimaforschung durch Jahrringuntersuchungen an die Öffentlichkeit trat, hatte Huntington als Mitglied der Pumpelly-Expedition nach Turkestan in Anan in der Region Nordkargan Holzkohlen verschiedener Kulturschichten unter klimatischen Gesichtspunkten überprüft. Dabei zeigte sich an den Kohlestücken je nach Holzart eine unterschiedliche Struktur bei Markstrahlen, Zellen und Ringen, von denen Letztere beim Weichholz eine durchschnittliche Breite von 0,14 mm und beim Hartholz von 0,05 mm aufwiesen (Pumpelly 1908, S. 321).

1908 präsentierte Huntington seine Vorstellung von zyklischen Klimaänderungen der historischen Zeit in einem Beitrag für die *Monthly Weather Review*, in dem er an die Erfahrungen seiner Reisen nach Zentral- und Vorderasien anknüpfte und sie auf die nordamerikanischen Verhältnisse übertrug:

> An exceptionally rainy season may flood the Ohio River and cause the loss of millions of dollars' worth of property. Such floods inevitably give rise to want and misery, and perchance to crime, among the hundreds of families whose means of livelihood are destroyed. In India and China a scarcity or even a postponement of the monsoon rains often subjects millions of people to the horrors of famine. Similar scarcity of water in Arabia has more than once so impoverished the Arabs [...] (Huntington 1908, S. 359).

Meteorologen hätten bei der Beurteilung historischer Klimate bisher zu wenig Wert auf schlüssige qualitative Indikatoren gelegt und ausschließlich auf Messwerte gesetzt. Huntington rührte damit am Selbstverständnis zahlreicher Klimaforscher in der Zeit um 1910. Die nach

---

[10]Zur Wirkung dieser Theorien auf Huntington vgl. Stehr und Storch (1999).

[11]So stellte Douglass bei Labor-Nachprüfungen der von Huntington 1911/1912 durch Feldmessung ermittelten Zahl der Jahrringe von Sequoien zahlreiche Fehler fest.

Gründung der World Meteorological Organisation im Jahr 1950 gängige Definition des Klimas als Durchschnitt einer 30-jährigen Zeitreihe von Temperatur, Niederschlag, Windstärke, Windrichtung, Luftfeuchte, Sonnenscheindauer und Wolkenbedeckung waren von ihrer Vorgängerin, der IMO, schon lange zuvor ähnlich beschrieben worden. Klima war demnach ein statistisches Konstrukt, in das möglichst wenige qualitative Angaben einfließen sollten. Verglichen damit darf man Huntingtons Ansatz als veraltet bezeichnen. Aus seinen geographischen Beobachtung von Flusslängen, Seespiegelhöhen, alluvialen Terrassen oder Relikten von Pflanzen, Tieren und Menschen einer Großregion von Lop Nor über Persien bis nach Indien leitete er klimatische „pulsations" mit Längen von 3, 11, 35 bis hin zu 300 Jahren ab, ohne dafür exakte Belege zu liefern. Huntington erweiterte seine Spekulationen auch auf die damals diskutierten Theorien über das Entstehen von Eiszeiten und stellte die Frage, ob diese in der alten und neuen Welt gleichzeitig aufgetreten seien und ob auch die Südhalbkugel in die Überlegungen einbezogen werden müsse. Im Jahr 1908 waren die Ursachen der eiszeitlichen Vergletscherung noch ungeklärt, Alfred Wegener erläuterte seine Kontinentalverschiebungstheorie erst 1915. Huntington aber postulierte: „[T]here is no gap between the great climatic cycles of the glacial period on the one hand, and the small 11-year or 36-year cycles of the present day on the other hand." (Ebd., S. 449).

4.4.2   Untersuchung der „Big Trees"

Wichtig für die Entwicklung der Dendrochronologie wurde Huntingtons Beschäftigung mit den „Big Trees" von Kalifornien, bei denen er weit häufiger als bei seinen Arbeiten zuvor eigene Messungen vornahm und die Daten mit Hilfe statistischer Verfahren auswertete:

> His most important performance, from the point of view of his sense of geographical mission, was the measurement and counting of the annual rings in many of the „big trees" of California [… and] he believed that its extreme fluctuations corresponded to the climatic fluctuations he had deduced from geomorphological, archaeological, and historic evidence in the deserts of North America and Central Asia. He showed great ingenuity in seeking, if not finding, confirmation of his thesis through other manifestations of nature […] (Aurousseau 1975, S. 75).

Bei der Suche nach finanzieller Unterstützung für seine Untersuchungen stieß Huntington auf Daniel MacDougal, den Leiter des Desert Laboratory der Carnegie-Stiftung, der ihn zu einer Zusammenarbeit einlud. Das Labor war 1902 in Tucson, einer Stadt mit damals 12.000 Einwohnern, gegründet worden. Doch erst 1910 schloss sich Huntington der Arbeitsgruppe um MacDougal an und begegnete hier auch Douglass, mit dem er danach zwei Jahre lang

eng zusammenarbeitete. Huntington fuhr 1911 mehrmals nach Kalifornien, um geeignete Standorte für die Untersuchung der „Big Trees" ausfindig zu machen und wies bei seiner Arbeit besonders auf Douglass' Vorarbeiten hin: „The necessary result was most opportunely suggested by an article published in the Monthly Weather Review in 1909 by Prof. A. E. Douglass, of the University of Arizona." (Huntington 1912, S. 295).

In den Jahren 1911 und 1912 führte er insgesamt 900 Messungen an 451 Bäumen durch und zählte dabei etwa 1,3 Mio. Ringe. Die durchschnittliche Kurve der Jahrringbreiten von Sequoia verglich er anschließend mit den gemittelten Temperaturkurven aus der Region Palästina und der Umgebung des Kaspischen Meers. Dabei stieß er auf erhebliche Unzulänglichkeiten seiner eigenen Messungen, vor allem auf die Nicht-Übereinstimmung einzelner Jahrringe mit der Abfolge der Kalenderjahre. Trotz solcher Probleme zweifelte er nicht an der Bedeutung der neuen Methode und versuchte gemeinsam mit Douglass' „cross-dating", Fehler zu beseitigen und die zu kurzen Temperaturmessreihen mit den langen Kurven der Jahrringbreiten rechnerisch zu vergleichen.

Douglass' Arbeit verlief ab 1910 zweigleisig: Zum einen war er an der Universität Tucson als Astronom angestellt, andererseits richtete sich sein Interesse zunehmend auf die Jahrringforschung. Im März dieses Jahres brach er mit dem Passagierschiff „Friedrich der Große" zu einer mehrwöchigen Reise nach Europa auf, um dort Kontakt mit Astronomen aufzunehmen, etwa am Londoner Science Museum, in Brüssel bei der belgischen astronomischen Gesellschaft und in Potsdam mit Karl Schwarzschild vom Astrophysikalischen Observatorium. In Wien traf er mit dem Klimaforscher Eduard Brückner zusammen, in Berlin mit dem Botaniker Henry Potonié und in Eberswalde mit dem Forstwissenschaftler Adam Schwappach.[12] Zwei Jahre später entschloss sich Douglass nach erfolgreichen Jahrringuntersuchungen in Arizona und der engen Zusammenarbeit mit Huntington bei den „Big Trees" zu einer weiteren Reise nach Europa. Diesmal konzentrierte er sich auf Gespräche mit Forst- und Waldexperten, besuchte aber auch das Labor des Physikers Heinrich Rubens an der Berliner Universität. Die Kontaktaufnahme zu Forstinstitutionen wurde unterstützt von der Forstabteilung des amerikanischen Landwirtschaftsministeriums:

> I take pleasure in introducing to You Doctor A. E. Douglass, Professor of Botany [sic] at the University of Arizona. Prof. D. has for several years been engaged in a study of the climate of past times as evidenced in the growth of trees. His present trip abroad is made largely with the object of securing tree sections

---

[12]Douglass Papers, Univ. of Ariz., AZ72, Box 154, European trips Diary v. April 1910.

and stump analyses for use in determining the relation between climate and tree growth. I shall greatly appreciate any courtesy that You may extend to him. A. J. Potter, Associate Forester.[13]

Douglass trat diese Reise gut vorbereitet an, denn er besaß jetzt erhebliche Erfahrungen bei der Beurteilung des Baumwachstums. Außerdem lag Ende 1912 eine erste erfolgreiche Phase gemeinsamer Arbeit mit Huntington hinter ihm, der nach umfangreichen Felduntersuchungen und etlichen Enttäuschungen bei der Auswertung seiner Messergebnisse auf Douglass' Unterstützung vertraute: Bei Nachmessungen deckten sie gemeinsam zahlreiche Messfehler Huntingtons auf, der in Einzelfällen bis zu 300 ausfallende oder doppelte Jahrringe falsch bewertet hatte. Huntington verzichtete bei all seinen Feldmessungen an Jahrringen im Gegensatz zu Douglass auf die anschließende Überprüfung der unter relativ ungünstigen Bedingungen vorgenommenen Ringzählung im Labor. Die so auftretenden und nahezu unvermeidbaren Abweichungen konnten sich bei der Rekonstruktion mehrjähriger Klimazyklen verheerend auswirken. Fehlerhafte Kurvenabschnitte waren aber nicht nur auf unpräzise Einzelmessungen oder mangelnde Mehrfachbestimmungen zurückzuführen, sondern manchmal auch auf ungeeignete Sequoia-Standorte, an denen die geringe Varianz der Witterung die Ringbreiten kaum beeinflusste. Solche Standorte kennzeichnete man später mit den Begriffen „complacent" oder „semi-complacent".

Im Mai 1912 schrieb Huntington an Douglass, er habe eine große Übereinstimmung ihrer jeweiligen Messergebnisse für die Regionen Nordarizona und Kalifornien festgestellt und kündigte eine größere Veröffentlichung über die eigenen Untersuchungen der Mammutbäume an. Außerdem lud er Douglass ein, seine Ergebnisse in einer Zeitschrift der Geographical Society zu publizieren. Einige Monate später schrieb er Douglass, der sich kurz vor Abreise nach Europa in seiner Heimatregion Massachusetts aufhielt, von seinen Bemühungen, den Einfluss aktueller und früherer Niederschläge auf das Wachstum von *Sequoia gigantea* nachzuweisen. Es habe ihn nur drei Tage Arbeit gekostet, „[…] to find the relation of my sequoias to the conservation factor, as compared with the rainfall of the seasons immediately preceding their time of growth. The final result, after trying five or six methods, comes out very clearly in a diagram like this."[14] Bei raschem Baumwachstum erscheine der Niederschlag des unmittelbar vorhergehenden Jahres weniger nachhaltig als derjenige der weiter

zurückliegenden Jahre. Bei einem geringeren Wachstum zeige der Niederschlag des Vorjahres fast keine Wirkung. An dem Vergleich des Baumwachstums mit der Sonnenfleckenkurve arbeite er noch (handschriftlicher Zusatz: „My curve resembles yours").

Am 29. Oktober 1912 berichtete er Douglas nach Berlin von der Übereinstimmung seiner Ringchronologien mit den Zeitreihen von Sonnenflecken und erinnerte ihn daran, für weitere Prüfungen unbedingt Holzproben aus Europa mitzubringen. Im folgenden Januar schickte er sogar eine Nachricht an das Passagierschiff „Mauretania", mit dem Douglass zurück in die USA fuhr. Lange Wachstumskurven europäischer Bäume könnten ihnen weiterhelfen, denn Klima und Sonnenflecken hingen offensichtlich eng zusammen. Er erwarte ihn nach Rückkehr deshalb ungeduldig im Peabody Museum von New Haven.[15]:

Huntington war 1912/1913 an Douglass' Meinung über die klimatologische Aussagekraft seiner langen Messreihen von Sequoia deshalb besonders gelegen, weil er damit die von ihm postulierten Zusammenhänge mit historischen Ereignissen in den Kulturräumen Asiens, Europas und Amerikas zu festigen hoffte. Seine im Juli 1912 in der populärwissenschaftlichen Zeitschrift *Harper's Monthly Magazine* erschienene Arbeit wurde 1913 vom U.S. Department of Interior, Governmental Print Office, nachgedruckt und erhielt so den Charakter eines offiziellen Papiers. Huntingtons Einleitung in seine Untersuchungsergebnisse ähnelte nach Meinung des Autors der romantisierenden Beschreibung derselben Gattung Sequoia durch den Naturforscher John Muir in dessen Buch *The Yosemite* aus dem Jahr 1912. Muirs Beschreibung des „Totaleindrucks" von Landschaft und Vegetation war darin überwiegend auf die sinnliche Anschauung gerichtet. Diese Vorstellungen findet man auch in Huntingtons Schriften über Politik und Gesellschaft immer wieder. So schwärmte Huntington ähnlich wie Muir: „The connecting link between the past and the present, between the ancient East and the modern West, is found in the big trees of California, the huge species known as *Sequoia washingtoniana*." Es folgten Passagen, in denen er einzelne Jahrringe direkt historischen Ereignissen wie dem Trojanischen Krieg, dem Auszug der Juden aus Ägypten oder ähnlichen Vorkommnissen im antiken Rom und im Mittelalter zuordnete (Huntington 1913, S. 3 f.). Solche Stimmungsbilder wurden später von Kinofilmen aufgegriffen wie „Romance of the Redwoods" (1917) oder „Vertigo – aus dem Reich der Toten" (1958) von Alfred Hitchcock, der bei einer Sequenz im Muir Wood National Park seinen Protagonisten Anmerkungen zu markanten Ereignisse der Weltgeschichte in den Mund legte.

---

[13]Ebd., Forest Service, Washington, an Dr. Anton Bühler, Kgl. Württ. Forstl. Versuchsanstalt, Tübingen. Gleiche Schreiben an Karl Petraschek, in Wien und William Somerville, Prof. of Rural Economy, Univ. Oxford.

[14]Douglass Papers, Univ. of Ariz., Az 72, Box 75, F 6, Huntington an Douglass v. 30.05.1912 und 18.09.1912.

[15]Ebd., Huntington an Douglass (c/o steamship Mauritania) v. 07.01.1913.

Huntingtons Arbeit in den Sequoia-Wäldern Kaliforniens war insofern einmalig, als er sich hier – anders als bei seinen früheren und späteren Arbeiten – auf eine mühevolle Bestimmung exakter Messdaten einließ, jedoch ohne den Anforderungen an Messqualität, Mehrfachbestimmung und an eine selbstkritische Bewertung von Ergebnissen zu genügen. Meist nutzte er die nach Fällung der Mammutbäume vorhandenen Baumstümpfe für seine Untersuchungen, etwa im Mai 1911 auf einer von der Hume-Bennett Lumber Co. hinterlassenen Rodungsfläche am Tulare River östlich von Portersville. Meist ließ er zur Untersuchung ein Gerüst aufbauen und danach die Holzoberfläche glätten oder in einigen Fällen Holzstücke herausschneiden. Jeweils zwei Mitarbeiter führten, ausgerüstet mit Taschenmesser, Lineal und Lupe, auf dem Bauch liegend die Messung der Ringbreiten durch. Douglass stieß bei Nachuntersuchungen mehrfach auf Mess- und Zuordnungsfehler Huntingtons, die dieser selbst so beschrieb: „Often we found a difference of 20 or 30 years in radii at right angles to one another; and in one extreme case, one side of a tree 3000 years old was 500 years older than the other, according to our count." (Ebd., S. 12–18).

Beharrlich verglich Huntington 1911/1912 vorläufige Messergebnisse der Baumringe mit amerikanischen und zentralasiatischen Klimadaten, um damit seine bereits fest gefügte Theorie des ausschließlich klimatischen Einflusses auf das Verhalten großer Bevölkerungsgruppen untermauern zu können. Aufgrund der unterschiedlichen Wachstumsgeschwindigkeiten alter und junger Bäume korrigierte er die einzelnen Ringbreiten und berechnete daraus eine Kurve des mittleren Niederschlags, die bei 1300 BC beginnt und im Jahr 1900 endet. Dabei setzte er voraus, dass der entscheidende Faktor für das Baumwachstum der Niederschlag war, eine Einschätzung, die sich 30 Jahre später als falsch herausstellen sollte (vgl. Glock 1941, S. 692).

4.4.3 Huntingtons Wirkung

In Beiträgen von 1915 für das *Harper's Monthly Magazine* präsentierte Huntington erstmals das Gesamtergebnis seiner Überlegungen zur Verknüpfung klimatischer und humanökologischer Variablen. In einem gleichzeitig erschienenen Buch erweiterte er diesen Ansatz und bezeichnete ihn als eine neue geographische Betrachtungsweise, die er der herkömmlichen gegenüberstelle. Schon hier findet man Ausführungen über menschliche Rassen und deren Vitalität, über Fragen von Bildung und Erziehung oder zur Verschiebung historischer Machtzentren. All dies entwickelte er bereits in Schriften aus dem Jahr 1915 zu weltumspannenden Zivilisationstheorien (Huntington 1915a); (ders. 1915b); (ders. 1915c), insbesondere aber während seiner aktiven Rolle in der American Eugenics Society nach

1920. Dabei behielt er immer die enge Verbindung von Klima und historischen Vorgängen im Blick:

> Enough has been said to show, in the first place, that the theory of pulsatory changes of climate appears to be firmly grounded. [...] In the second place we have shown that there are many and important ways in which it is possible that climatic pulsations, directly or indirectly, may have modified the course of history (Huntington 1914, S. 233).

Ein großer Teil der Bevölkerung der Vereinigten Staaten fühlte sich durch Huntingtons Erklärungsmuster bestätigt und akzeptierte, dass den drohenden Einwanderungsschüben mit einer Verschärfung der Einwanderungsgesetze begegnet werden müsse, die sich vor allem gegen Menschen richtete, deren Herkunft nicht Nord- und Mitteleuropa war. Der durchschlagende Erfolg von Huntingtons Schriften wird seinem „poetisierenden" Schreibstil als „Klimadeterminist" und den manchmal banalen und redundanten Kernsätzen zugeschrieben, aber auch seiner Orientierung am Mainstream der öffentlichen politischen Meinung: „Huntingtons generalizations clearly do not raise the issue of intelligibility. Perhaps they raise the opposite dilemma. They are too impressive. They do not have a sense of ‚unreality' surrounding them." (Stehr und Storch 1999, S. 182).

Vertreter der amerikanischen „humanities" kritisierten Huntingtons Erklärung sozialer Phänomene gelegentlich mit der Begründung, er habe sie aus singulären klimatischen Ereignissen nach undurchsichtiger Datenauswahl abgeleitet. Der Orientalist Albert Olmstead bezeichnete Huntingtons Regionalgeschichte des Mittleren Ostens sogar als unbrauchbar: „He seems to have claimed for his theory all facts which at first sight seemed to be in favor of it, without analyzing the antecedents or testing it for modification or rejection." (Olmstead 1912, S. 440). Huntington reagierte gereizt, warf Olmstead Ignoranz der klimatologischen Fakten vor und stellte fest: „[...] that the theory of pulsatory changes of climate appears to be firmly grounded." (Huntington 1913, S. 232). Heftiger Widerstand kam in den 1920er-Jahren auch aus Kreisen der Soziologen, besonders von Pitirim Sorokin von der University of Minneapolis, der in seinem Buch *Contemporary sociological theories* grundsätzlich mit Huntingtons Methode abrechnete. Dabei deckte er vor allem dessen statistisch-methodische Schwächen auf: „He has made a fundamental statistical fallacy in that he tried to solve a problem of multiple correlation by the use of inadequate methods of gross correlation" (Sorokin 1928, S. 150) und bemängelte die Herleitung kausaler Beziehungen aus der undifferenzierten Interpretation korrelativer Zusammenhänge. Detailliert wies Sorokin nach, wie Huntington angeblich exakte Niederschlagswerte aus der Zeit des antiken Roms kritiklos aus Untersuchungen der „Big Trees" Kaliforniens abgeleitet habe. Diesen Vorwurf der Datenmanipulation neben dem der leichtfertigen

Interpretation historischer Tatsachen ließ Huntington unbeantwortet. Sorokins Kritik führte dazu, dass der Kontakt zwischen Soziologie und Geographie zumindest in den USA mehr als drei Jahrzehnte lang fast vollständig abriss. Erst seit Ende der 1960er-Jahre interessierten sich Soziologen im Rahmen der Umweltforschung wieder für „geographical factors" (Quah und Sales 2000, S. 40). Der vor allem von Huntington vertretene klassische Klimadeterminismus, der Klima und Gesellschaft monokausal miteinander verbinden wollte, war zu dieser Zeit bereits obsolet geworden (Stehr und v. Storch 2000, S. 189).

Aufgrund der Fixierung Huntingtons auf die Verbindung von Klima und Zivilisation drängte er Douglass 1916 dazu, sich nach den ersten gemeinsamen Plänen stärker mit der Untersuchung von Ruinen früherer Siedlungen der Puebloindianer zu befassen. Hierzu schickte er ihm einige Vorschläge, wie man die Jahrringe der Bauhölzer dieser Ruinen mit denen der ältesten lebenden Bäume korrelieren könne. Als Untersuchungsgebiete geeignet seien die relativ spät besiedelte Gran-Quiver-Region in New Mexico, Casa Grande zwischen Phoenix und Tucson oder Busani dicht an der amerikanisch-mexikanischen Grenze.[16] Douglass meinte jedoch, in Nordarizona eine genügende Anzahl alter Bäume für derartige archäologische Arbeiten zu finden. Auch die „Big Trees" in Kalifornien hielt er durchaus für geeignet:

> I hope, however, that with the measurements which I am now making on the sequoias from California I can get a comparison that will have a good deal of reliability. I believe I shall be able to tie up the modern trees to the sequoias by some relations of growth and then perhaps find a similar connection between the old pueblo trees and the sequoias.[17]

Schon 1915 habe er geeignete Querschnitte von sechs Bäumen aus der Gegend ihres früheren gemeinsamen Camps nördlich von Hume erhalten, von denen das jüngste Stück 700 Jahre und drei weitere mehr als 2200 Jahre alt seien. Beobachtete Ausfälle von 20 bis 30 Jahrringen könne er dem Jahr 930, vor allem aber dem Zeitabschnitt von 1120 bis 1170 zuordnen. Wie auch Huntington in früheren Untersuchungen habe er, Douglass, in dem Jahrhundert zwischen 1300 und 1400 ein stärkeres Baumwachstum als davor und danach festgestellt.

Erst im Oktober 1919 berichtete Douglass vom Anfang seiner Arbeit zur Datierung von Pueblo-Ruinen, und Huntington äußerte sich zuversichtlich zu dem Plan, alte und neue Hölzer zu überlappen und auf diese Weise sogar bis zum „Jahr 0" zu gelangen. Mit den kalifornischen Bäumen würde man sogar noch weiter in die Vergangenheit zurückreichen:

„I believe you can do it, but it takes great care and patience so that I doubt whether anyone would succeed unless he has something of your experience."[18] Douglass' Fortschritte bei der Verlängerung regionaler Jahrringchronologien für die Datierung der Pueblosiedlungen nahm Huntington noch während der 1920er-Jahre zur Kenntnis, obwohl sich die wissenschaftlichen Wege der beiden bereits getrennt hatten. So teilte er Douglass nach erfolgreicher Bestimmung alter Bauhölzer von Chaco Canyon mit, dass der Korrelationskoeffizient zwischen seinen [Douglass'] Daten des Baumwachstums im Südwesten der USA und den Niederschlagsdaten von Jerusalem 0,43 betrage und damit gleich groß sei wie der Koeffizient zwischen Baumwachstum und dem Niederschlag in Sacramento.[19]

Nach 1920 nahm Huntington keinen erkennbaren Einfluss mehr auf Douglass' Forschungsarbeit, obwohl der Autor nach Durchsicht der jeweiligen Biographien keine direkten Hinweise auf eine Entfremdung finden konnte. Allenfalls lässt sich eine Passage im Schreiben des Grabungsleiters Neil Judd (1887–1976) an Douglass nach der absoluten Datierung der „Whipple Ruin" im Sommer 1929 als Hinweis auf Missstimmigkeiten deuten: Douglass hatte mit Hilfe von „tree-ring specimen HH-39" eine durchgehende Jahrringchronologie erstellt und so die genaue Datierung der Pueblosiedlungen des Südwestens ermöglicht (vgl. Abschn. 4.6). Nach ersten Erfolgsmeldungen in der Presse erinnerte Judd Douglass daran, dass nur die National Geographic Society als Finanzier der archäologischen Untersuchung das Recht auf die Veröffentlichung des „bridging the gap" habe. Zuerst müssten alle Resultate noch einmal sorgfältig überprüft werden, denn „[d]isbelief is certain to arise from the biologists, the astronomers, and perhaps other groups. The odor of Huntington still permeates scientific halls wherever tree-rings are concerned."[20] Huntington habe mit Unterstützung der Carnegie-Institution seine „simplistic tree-ring research" verfolgt, die bei Fachleuten nicht vergessen sei und die es Douglass schwer machen werde, Skeptiker zu überzeugen. Dieser ordnete die Warnung Judds vermutlich richtig ein, hatten sich doch nach der früheren engen Zusammenarbeit zwischen Huntington und Douglass ihre Forschungsziele völlig unterschiedlich entwickelt. Während Douglass versuchte, die von ihm begründete Jahrringforschung auf naturwissenschaftlicher Grundlage auszubauen, um klimatologische und archäologische Probleme zu lösen, gab Huntington nach 1915 seine experimentelle Arbeit völlig auf und vertiefte sich zunehmend in politische,

---

[16]Douglass Papers, Univ. of Ariz., AZ72, B75, Huntington an Douglass v. 16.01.1916.

[17]Ebd., Douglass an Huntington v. 25.01.1916.

[18]Ebd., Huntington an Douglass v. 08.11.1919.

[19]Ebd., Huntington an Douglass v. 13.03.1922; ein Jahr später berichtete Douglass von seinen Datierungsversuchen im Chaco Canyon, vgl. Douglass an Huntington v. 24.03.1923.

[20]Ebd., Judd an Douglass v. 26.11.1929, zit. in Nash (1999, S. 62 f.).

ökonomische und soziale Fragestellungen, die ihn schließ-lich zu einem der bedeutendsten Vertreter der amerikani-schen eugenischen Bewegung werden ließen (vgl. Allen 1986, S. 236).[21] Ihr Verhältnis war zweifellos eine wechsel-seitige Zweckgemeinschaft, die für Douglass den Vorteil guter Kontakte zur Carnegie-Stiftung und später auch zur Rockefeller-Stiftung mit sich brachte. Huntington profitierte dabei von Douglass' exakter Untersuchung und Auswertung von Jahrringen, wodurch er seine weitreichenden Klima- und Zyklenstudien zu stützen gedachte. Persönlich standen sich beide offenbar nicht besonders nahe, da Douglass zwei Jahre nach Huntingtons Hochzeit mit Rachel Brewer im Jahr 1917 von diesem Ereignis nichts wusste und Hunting-ton ihm auch nach dem Ende des Ersten Weltkriegs nichts von seiner früheren Tätigkeit als Offizier im amerikanischen militärischen Geheimdienst berichtet hatte (Martin 1973, S. 142, 148).

Beim Vergleich der beiden aus dem bürgerlichen Milieu der amerikanischen Ostküste stammenden Männer findet man nach Auffassung des Autors deutliche Unterschiede in ihrer Persönlichkeit und in ihrer wissenschaftlichen Arbeitsweise: Beide schafften den gesellschaftlichen Auf-stieg nach einer schwierigen ersten Berufsphase. Douglass blieb immer ein besonnener, von Kollegen und Mitarbeitern geschätzter Mensch und Wissenschaftler. Mit wenigen Aus-nahmen, etwa in „Sunspots and climatic cycles", neigte er nicht zu spekulativen Ausflügen, sondern suchte seine Pläne in der astronomischen und der Jahrringforschung zuerst klar zu definieren und dann umzusetzen. Biographen und Rezensenten erwähnten häufig seine präzise Arbeitsweise und hartnäckige Geduld.[22] Huntington neigte demgegen-über zu Sprunghaftigkeit, Ad-hoc-Hypothesen und aus-ufernden Verallgemeinerungen, wobei er wissenschaftliche Standards oft nicht beachtete: Sein deutscher Promotions-gutachter Albrecht Penck schrieb 1912: „[…] I must con-fess that sometimes his thoughts run ahead of the facts. He works more with a vital scientific imagination than with a critical faculty." (Martin 1973, S. 86). Andere kritische Stimmen meinten, Huntington solle weniger schreiben und mehr nachdenken, und William Humphreys vom U.S. Weat-her Bureau urteilte in seiner Besprechung von Huntingtons Buch *Climatic Changes* zum „Abracadabra" des Klima-determinismus geradezu vernichtend: „Its broader concep-tions are mere fantasies, while its details show little regard for facts and none for physics." (Humphreys 1923, S. 389).

Bei der Übertragung klimatologischer Erkenntnisse auf Fragen von Zivilisation und Rasse gingen Douglass und Huntington vollständig getrennte Wege: Douglass ver-mied weitreichende Hypothesen zur Verwendung von Jahrringforschung und Dendrochronologie und zeigte sich auch angesichts der durch die eugenischen Bewegung der 1920er-Jahre emotional aufgeladenen Stimmung im Lande besonnen. In einer Rede äußerte er sich zum wach-senden Rassismus, der mit der Uneinigkeit von Teilen der amerikanischen Gesellschaft in grundsätzlichen Fragen zusammenhänge. Es werde derzeit zwar die – eindeutig auf Huntington zielende – Frage „Vererbung vs. Milieu" („her-edity versus environment") diskutiert; laute die Frage aber „Rasse vs. Bildung", werde das derzeitige amerikanische Problem deutlich. Eine Lösung sei aber möglich: „Shall we have race rivalries and riots or shall we work together and educate ourselves to become one people, dropping our noti-ons of race boundaries and admit that there are good things in other races?" (Douglass 1926).

Ganz anders Huntington, der als Neo-Lamarckist von der Vererbbarkeit der durch Umwelteinflüsse erworbenen menschlichen Eigenschaften überzeugt war: „The conclu-sion that variation of temperature, either directly or indi-rectly, produce corresponding alterations in bodily form and presumably in mental activity is fraught with the gra-vest consequences." (Huntington 1919, S. 183). Dabei ging er von der Überlegenheit der Gruppe alter puritanischer Familien aus, der er selbst angehörte, während beispiels-weise Schwarze und Puertoricaner weniger kompetent seien als Europäer. In der *Yale Review* vertrat er eine von Doug-lass völlig verschiedene Auffassung, indem er warnte: „The whole lesson of biology is that America is seriously endan-gered her future by making fetishes of equality, democracy and universal education. They are of great value, but only when they have good hereditary material upon which to work." (Huntington 1917, S. 670). An dem 1921 in New York stattfindenden 2. Int. Congress of Eugenics war Huntington aktiv beteiligt und steuerte Pläne und Karten-material bei. 1923 wurde er in das Beratergremium des Eugenics Committee der USA berufen, der Beginn einer 24-jährigen Beschäftigung mit diesem Thema, das die Ein-wanderungspolitik der Vereinigten erheblich beeinflusste. 1932 wurde er Schatzmeister der American Eugenics Society, von 1934 bis 1938 war er ihr Präsident. Er blieb überzeugt davon, dass die eugenische Bewegung die ganze Gesellschaft durchdringen müsse.

Der Schriftwechsel zwischen Douglass und Huntington erlosch auch nach 1926 nicht vollständig, doch blieben ihre Wege getrennt. 1942 informierte Douglass ihn über hydro-logische Auswertungen am Colorado River mit Hilfe der Jahrringforschung durch seinen Mitarbeiter Edmund Schul-man, außerdem über seine Pläne zur Jahrringforschung in der südlichen Hemisphäre. Huntington bot daraufhin an,

---

[21]Ab 1910 finanzierte Mary Harriman, Witwe des Eisenbahnbarons Edward Harriman, das Eugenics Record Office. 1917 überführte sie es nach Dotierung mit 300.000 $ vollständig in die Carnegie-Institution.

[22]Auch Huntington erwähnte mehrfach Douglass' präzises Arbeiten, während sich umgekehrt kein Lob in Douglass' Schriften für seinen Kollegen findet.

sich für ihn bei der Rockefeller-Stiftung, außerdem beim argentinischen und brasilianischen Wetterdienst einzusetzen.[23] 1945 schrieb er kurz vor seinem Tode, er habe sich immer als Douglass' Schüler („disciple") gefühlt. Für den Empfang seines dem Schreiben beigefügten Buches *Mainsprings of civilization,* in dem er den Verlauf geschichtlicher Entwicklungen durch den Einfluss von „biological inheritance" und „physical environment" zu erklären versuchte, bedankte sich Douglass und fügte hinzu, Mrs. Douglass habe es ganz gelesen [!].[24] Kurz darauf starb Ellsworth Huntington, einer der aus heutiger Sicht zwischen 1920 und 1945 wirkungsmächtigsten, aber auch umstrittensten amerikanischen Geographen, dessen Name noch immer Assoziationen zum Klimadeterminismus und zur Eugenik hervorruft und der aus diesem Grund für den zeitweiligen Bedeutungsverlust der amerikanischen Geographie nach dem Zweiten Weltkrieg mitverantwortlich war (Murphy 2007, S. 1 f.).

4.5   Klimaforschung

Douglass unterschied bei seiner Interpretation von Jahrringsequenzen in der Regel nicht zwischen der Wirkung „normaler" klimatischer Faktoren auf das Baumwachstum und den von ihm postulierten extraterrestrischen Ursachen von Klimazyklen, die er in den Zeitreihen nachzuweisen hoffte. Drei große Veröffentlichungen über *Climatic cycles and tree growth* aus den Jahren 1919, 1928 und 1936 – häufig als *Carnegie-Books* I bis III bezeichnet – belegen dies deutlich. Seine nicht immer konsistente Erklärung des Klimas historischer Zeiträume und des Klimawandels lässt sich darin leicht nachvollziehen, während die anderen Jahrbücher der Carnegie-Institution zwischen 1921 bis 1938 zusätzliche Hinweise auf einzelne Arbeitsschritte und Kontroversen zur Methode der Datenauswertung geben (Douglass 1919b); (ders. 1928); (ders. 1936). Douglass erscheint hier als exzellenter Beobachter, der eigene und fremde Untersuchungsergebnisse auf Schwachstellen prüfte, der aber andererseits das damals zur Verfügung stehende mathematisch-statistische Rüstzeug für seine dendroklimatologischen Forschungen nur eingeschränkt nutzte (vgl.Abschn. 5.1.3 zur Zusammenarbeit von Douglass und dem schwedischen Warvenforscher de Geer). Er bevorzugte einfache Verfahren und Hilfsmittel und verließ sich bei der Überprüfung der Jahrringe und der Konstruktion langer Zeitreihen auf seine Intuition und langjährige

Erfahrung. Nur sporadisch befasste er sich mit den internen Faktoren des Baumwachstums, obwohl er intensiven Kontakt mit dem Pflanzenphysiologen MacDougal vom Carnegie Laboratory of Desert Research in Tucson pflegte und er sicherlich die Monographien der Forstbotaniker Henry Gibson über amerikanische Waldbäume und Edward Jeffrey über die Anatomie der Hölzer kannte. Gibson hatte über Jahrringmessungen an zahlreichen Mammutbäumen mit mehr als 2,5 m Durchmesser durch den U.S. Forest Service berichtet, bei denen für frühere Jahrhunderte häufig starke Wachstumsschwankungen festgestellt worden waren. Jeffrey, der nach eigener Aussage an die pflanzenanatomische Tradition des deutschen Botanikers Anton de Bary anknüpfte, hatte u. a. die Jahrringsstruktur von *Sequoia gigantea* und ihre Einordnung in die Evolution der Holzgewächse beschrieben (Gibson 1947); (Jeffrey 1917); (MacDougal 1921).[25]

Es ist nicht immer einfach, in Douglass' Veröffentlichungen über Klimazyklen seine Auffassung zum Einfluss der heute als „Klimafaktoren" bezeichneten meteorologischen Erscheinungen auf das Wachstum der Bäume zu erkennen. Nur selten versuchte er nach Meinung des Autors, klar zwischen extraterrestrischen und terrestrischen Einflüssen zu unterscheiden, weil er von dem unmittelbaren Einfluss zyklischer solarer Phänomene auf die „records" der Baumringe überzeugt war, nicht wie die meisten damaligen Meteorologen von der komplexen Wirkung solarer Einstrahlung auf die Temperaturverteilung der Erde mit ihren Folgen für die regionalen Klimate. Von den für das Pflanzenwachstum im Südwesten und Westen der USA entscheidenden Klimafaktoren schrieb er dem Niederschlag eine herausragende Bedeutung zu, während die Temperatur weniger wichtig und andere Größen wie Einstrahlung, Wind und Exposition unbedeutend seien. Diese Auffassung teilte zwischen 1920 und 1937 die Mehrzahl der amerikanischen Meteorologen aber nicht, was 1925 sogar zu einer Überprüfung der Sequoia-Daten von Huntington und Douglass durch die Carnegie-Foundation führte. Nach dem Zweiten Weltkrieg wurde die genannte Vorstellung auch von Dendrochronologen abgelehnt, z. B. von Douglass' früherem Mitarbeiter Waldo Glock und von Harold Fritts vom Laboratory of Tree-Ring Research. Glock stellte bissig fest, Douglass' Fixierung auf den Niederschlag habe die Erforschung anderer Wachstumsfaktoren auf Jahrzehnte behindert, während Fritts den Anteil verschiedener Klimafaktoren für die Erklärung von Wachstumsvarianzen statistisch überprüfte und eine erhebliche Pufferwirkung durch die im Baum gespeicherten Nährstoffe annahm: „Tree ring widths in certain coniferous species growing on semiarid

---

[23]Douglass Papers, Univ. of Ariz., AZ72, B75, Douglass an Huntington v. August 1942 (o. D.), Huntington an Douglass v. 31.08.1942.

[24]Douglass Papers, Univ. of Ariz., B 75: Huntington an Douglass v. Okt. 1945 (o. D.); Douglass an Huntington v. Dez. 1945 (o. D.).

[25]Auch Bruno Huber wies später in seinem Lehrbuch der Pflanzenanatomie auf Einflüsse Anton de Barys hin: Huber (1961), Widmung.

sites appear to represent the integrated effect of climate on food-making and food accumulation in the crown throughout the 14 to 15 months previous to and including the period of growth." (Fritts 1967, S. 62).[26]

Während des Aufenthalts in Europa 1912/1913 sah sich Douglass in seiner Überzeugung vom dominierenden Einfluss des Niederschlags auf das Baumwachstum bestätigt, beispielsweise durch den Paläobotaniker Henry Potonié vom Geologischen Museum Berlin, der ihm fossile Kiefernhölzer feuchter und trockener Standorte zeigte, oder durch den norwegischen Forstdirektor Henrik Jelstrup, mit dem er in Oslo den Feuchteeinfluss auf *Pinus sylvestris* diskutierte (Douglass 1917, S. 731).

Im Jahr 1919 bewertete Douglass im *Carnegie-Book I* (1919b) seine früheren Untersuchungen von 1908 bis 1910 in Flagstaff und Prescott neu. Dabei verglich er die Kurven der 43 Jahre langen Niederschlagsaufzeichnung von Prescott mit der mittleren Jahrringbreite von Baumgruppen und fand eine deutliche Ähnlichkeit. Die beste Übereinstimmung ergab sich bei Verwendung eines 9-jährigen Intervalls des gleitenden Niederschlagsmittels, das ans Ende des jeweiligen 9-jährigen Zeitabschnitts statt in dessen Mitte platziert wurde. Douglass fand dafür zunächst keine Erklärung, doch 1919 glaubte er die Lösung gefunden zu haben, indem er sowohl das unterschiedliche Wachstum von jungen und alten Bäumen als auch die Wasserspeicherung durch empirische Gleichungen beschrieb:

> This existence of the lag in long periods agrees in principle with the 'accumulated moisture' effects observed in the Prescott trees and with the idea of a tree exhibiting a reserve power or vitality which may run low or be built up by varying environment. […]t seems quite reasonable to find no lag in yearly correlation with rainfall and at the same time a very considerable lag in the slower variations (Douglass 1919b, S. 65).

Die Genauigkeit („accuracy"), mit der die Gelbkiefern von Prescott die unkorrigierten Jahresmittel des Niederschlags widerspiegelten, bezifferte er auf 70 %, die nach Berücksichtigung der Wasserspeicherung auf 82 % zugenommen habe:

> It signifies that the rings in these dry-climate trees vary not merely in proportion to the rainfall of the year, but also in proportion to the sum of the profits and losses of the preceding years. The „credit balance" in their books at the beginning of the year has only somewhat less importance than the income during the current year (ebd., S. 66 f.).[27]

Bei seinen dendroklimatischen Studien hielt Douglass 1919 eine regionale Differenzierung durch getrennte Bearbeitung von „meteorological districts" für erforderlich, während er im Gegensatz zu Huntington und dem schwedischen Warvenforscher Gerard de Geer skeptisch gegenüber weitreichenden oder gar globalen „teleconnections" war (vgl. Abschn. 4.1 und Anhang 3 zu Abschn. 4.5).

1920 erläuterte Douglass einer breiten Leserschaft in der ersten Ausgabe der Zeitschrift *Ecology* sein Konzept zur Anwendbarkeit von Jahrringuntersuchungen auf die Rekonstruktion des Klimas der Vergangenheit und auf die Abgrenzung von „agro-meteorological districts" für Zwecke einer verbesserten land- und forstwirtschaftlichen Planung (Douglass 1920). Bäume ließen sich als Indikatoren für solche Klima- und Witterungsfaktoren heranziehen, die einen bestimmten Vegetationstyp begünstigen. Dabei könne man unter Zuhilfenahme des Kriteriums der mittleren Sensitivität aus den Zeitreihen geeigneter Mammutbäume Informationen über die vergangenen 3200 Jahre ableiten. Douglass beschrieb damit qualitativ den Zusammenhang zwischen klimatischen Gegebenheiten eines Standorts und der Reaktion im Holz. In den 1960er-Jahren knüpfte Harold Fritts an diese Überlegungen an, indem er verfügbare Feuchte und Baumreaktion in einen quantitativen Zusammenhang brachte und so gleichzeitig die Auswahl geeigneter Bäume für Klimauntersuchungen erleichterte (vgl. Abb. 4.6). Dargestellt ist dort die Charakteristik von Jahrringen und die Baumvegetation entlang eines Gradienten von dichtem Waldbestand bis zur semiariden Baumgrenze. Die klimatischen Unterschiede sind unten angegeben, die dendrochronologischen Kategorien zur Sensitivität oben. Nur zwischen den Linien J und M erscheint Fritts eine Datierung sinnvoll, während K zwischen den Kategorien „complacent" und „sensitive" trennt. Bei Linie L ergibt sich die beste Übereinstimmung von Ringbreite und Klimaänderung.

Wie schon in Douglass' erster Veröffentlichung zur Dendroklimatologie von 1909 fügte auch in seinem Beitrag von 1920 der Herausgeber der Zeitschrift ein längeres Nachwort hinzu, in dem er von einem völlig neuen Standpunkt im Verhältnis zwischen Baumwachstum und Klima sprach und vor einer übereilten praktischen Anwendung des Verfahrens warnte, nicht zuletzt wegen der unübersichtlichen Wachstumsvorgänge: „Foresters have been a little skeptical of direct correlations between climate and annual rings because their work has thrown them into direct contact with the intricacies of tree growth." (Ebd., S. 32).[28]

---

[26]Zur Überprüfung durch die Carnegie-Institution vgl. McGraw (2001, S. 81 f.); zum Temperatureinfluss vgl. Coile (1936, S. 535 ff.) sowie Glock (1955, S. 159).

[27]Was Douglass hier unter „accuracy" versteht, ist unklar. Als „accuracy" bezeichnet man in der Statistik das Maß für die systematische Abweichung der Messwerte vom „wahren" Wert, während „precision" den zufälligen Fehler kennzeichnet.

[28]Biograph McGraw sprach vom „Huntington odor", den der Herausgeber wegen dessen umstrittener Publikationen indirekt zum Anlass für seine Kritik an Douglass genommen habe, vgl. McGraw (2001, S. 63).

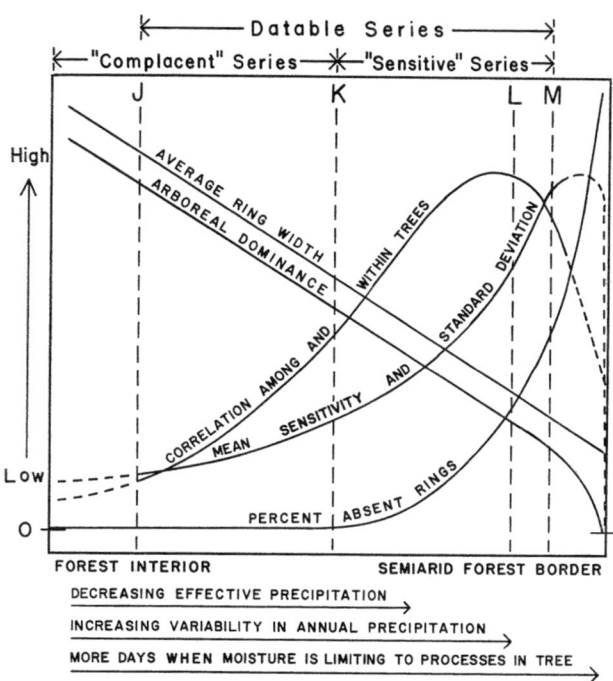

Abb. 4.6 Sensitivität von Jahrringen im Vergleich zur Feuchte. (aus Fritts 1965; mit freundlicher Genehmigung von © Elsevier AG 2018. All Rights Reserved.)

Nach 1920 erkannte Douglass die Notwendigkeit der regionalen Differenzierung seiner dendroklimatischen Arbeit und steckte dafür ein großes Gebiet vom nördlichen Colorado bis zur mexikanischen Grenze und von Westkansas bis zur Pazifikküste ab (Carnegie Yearbook 1922, S. 354). Innerhalb dieser Großregion ordnete er zunächst geeignete Baumgruppen – meist bestehend aus 300 bis 600 Jahre alten Gelbkiefern – einzelnen Untergruppen zu, indem er auch die Effekte unterschiedlicher Höhenlagen und die bei vorherrschend westlichen Strömungen durch Gebirgszüge geschützten Gebiete im Niederschlagsschatten berücksichtigte (Carnegie Yearbook 1923, S. 263). Von der Carnegie-Foundation von Lehrverpflichtungen freigestellt, ergänzte er seine Messungen an den Gelbkiefern des Westens im Sommer 1925 während einer Reise mit dem Auto, begleitet von seiner Frau Ida. Sein Ziel war vor allem eine bessere Verknüpfung zwischen den „Arizona pines" und „California sequoias". Ihre Fahrt führte sie nach einem östlichen Schlenker zum Rio Grande, über Albuquerque, Santa Fe und Denver weiter nach Wyoming, Idaho, Oregon, Washington, British Columbia und schließlich nach Kalifornien. Schon während der Probennahmen an Bäumen der Pazifikküste bis hinauf nach British Columbia stellte Douglass fest, dass sich die Hölzer dieser Region wegen der hohen und gleichmäßigen Niederschläge und der daraus resultierenden gleichmäßigen Ringbreiten kaum für Zwecke einer klimatologischen Auswertung eigneten. Bei einem

Besuch des Observatoriums am Mount Wilson nördlich Los Angeles fand er, dass die in etwa 1700 m Höhe wachsenden Kiefern die lokalen Niederschläge in ihren Ringen weniger gut als die Bäume Nordarizonas wiedergaben, außerdem Temperatur und Einstrahlung wahrscheinlich doch eine größere Rolle spielten (ebd., S. 321 f.). Die Probenbearbeitung im Labor konnte mit Hilfe eines neu eingeführten „plotting micrometers" und eines „longitudinal plotters" rascher als vorher durchgeführt werden, während er für die Auswertung von Zyklen seinen bewährten „white cyclograph" verwendete.[29]

Ende 1924 erhielt Douglass die Chance, seine Forschungsergebnisse einem breiten Laienpublikum nahezubringen. Unter Federführung des Smithsonian Institutes fanden im Rahmen der „Radio talks on Science" gelegentliche Rundfunkübertragungen statt, in denen er am 31.12.1924 über „Tree rings and climate" berichtete (Douglass 1925). Darin betonte er insbesondere die gleichartige Reaktion der Bäume auf das Klima weit voneinander entfernter Gebiete und ging daneben auf die Datierungsmethode von Hölzern aus den Ruinen von Pueblosiedlungen ein. Insgesamt erwiesen sich Gelbkiefern gegenüber Sequoien als die deutlich besseren Indikatoren, allerdings ohne so lange Zeitreihen wie diese zu bieten. Bei der Auswertung der Gelbkiefer-Ringbreiten ergaben sich außerdem Hinweise auf historisch belegte Dürrezeiten im Südwesten: „I found easily enough the historic drouths [sic] of 1682–1686, 1748, 1777–1782, 1822, 1879–1887 and 1902–1904. But I found also a very severe drouth from 1729 to 1741 and a still worse one from 1573 to 1587. Both of these were felt from New Mexico to California." (Ebd., S. 97).

1925 gab John Merriam, Präsident der Carnegie-Foundation, dem Geowissenschaftler Ernst Antevs den Auftrag, Sequoia-Daten Huntingtons und Douglass' von 1914 bzw. 1919 wegen der daraus gezogenen klimatologischen Schlüsse noch einmal mit statistischen Methoden zu überprüfen. Nach Vorlage des im selben Jahr veröffentlichten Berichts wurde deutlich, dass Antevs' Feststellungen zum Klima sich nicht mit denen Huntingtons, manchmal auch nicht mit denen von Douglass deckten, da beide vorwiegend den Faktor Niederschlag, nicht aber die Temperatur berücksichtigt hatten. Vielmehr wies Antevs wie schon vorher der Botaniker MacDougal der saisonalen Aktivität des Kambiums und damit der unterschiedlichen Entwicklung holzbildender Zellen die eigentliche Wachstumssteuerung zu (Antevs 1925, S. 119, 128); vgl. MacDougal (1924, S. 6, 83). Antevs fiel bei den Mammutbäumen auf, dass die von

---

[29]Das „plotting micrometer" ist eine optische Apparatur zu Messung kleiner Positionsänderungen, bestehend aus einem Fernrohr und in Höhe und Breite verstellbaren Spindelschrauben.

der meteorologischen Station Fresno gemessenen starken Niederschläge der Jahre 1862, 1867 und 1868 keine Reaktion bei den Ringbreiten ausgelöst hatten, während bei den Gelbkiefern Arizonas deutliche „after effects" regnerischer Jahre auftraten. Auf gut dränierten Böden habe schon MacDougal ein Anhalten des sekundären Holzwachstums bei Frühjahrstrockenheit nach winterlichen Niederschlägen gefunden, welches bei eintretendem Regen sofort in eine Wachstumsreaktion übergehe. Solche Reaktionen ließen die Mammutbäume mit ihrer eingeschränkten Abhängigkeit vom Niederschlag gegenüber anderen Baumarten für die Auswertung historischer Klimadaten als nur begrenzt geeignet erscheinen. Wegen fehlender Vergleichsdaten von Feuchte, Temperatur und Strahlungsintensität sah sich Antevs aber außerstande, eine umfassende Analyse vorzulegen, da nicht einmal die grundlegenden physiologischen Gesetzmäßigkeiten bekannt seien (ebd., S. 139). Solche Probleme bei den klimatologischen Auswertungen von Sequoia-Daten wurden in jüngster Zeit bestätigt (Hughes und Brown 1992). Ein kurzer Blick auf die vier Jahrzehnte später eingesetzten Forschungsmethoden soll hier als Vergleich zu 1925 genügen: Nach 1965 gelang es Harold Fritts und Mitarbeitern mit Hilfe multivariater statistischer Verfahren, den bis dahin nicht erklärbaren Varianzanteil des Baumwachstums als „response" auf klimatische und standörtliche Wirkungen besser zu verstehen. Für seine Berechnungen mit Gelbkiefern des Südwestens verwendete Fritts monatliche Niederschläge und Temperaturen, außerdem das Verdunstungsdefizit für einige saisonale Intervalle. Danach bestimmte er mit Hilfe der multiplen Regression normierte Indices der Ringbreiten und konnte so geeignete Prediktorvariablen herausfiltern (Fritts et al. 1965, S. 425 f.); (ders. 1971, S. 430). Am Ende der Untersuchungen stand ein qualitatives Modell, das die physiologischen Parameter Zellvergrößerung, Wasserstress, Verdunstungskühlung, Hormonbildung, Assimilationsvermögen, Nahrungsreserven und Veränderung der Kambialaktivität berücksichtigte und damit weit über die von Douglass vertretene, überwiegend monokausale Erklärung des Baumwachstums hinausreichte.

Nach seinem ersten *Carnegie-Book* von 1919b bereitete Douglass ab Ende 1923 eine zweite grundlegende Veröffentlichung zum Zusammenhang von Jahrring und Klimazyklen vor, für die er bis 1925 von der Stiftung etwa 8000 $ erhielt. Bis 1928 belief sich die Zahl der von ihm und seinen Mitarbeitern gemessenen Jahrringe auf über 175.000. Wie schon während seiner frühen Untersuchungen von 1910 erwies sich *Pinus ponderosa* als die für klimatische Auswertungen am besten geeignete Baumart, da sie im Südwesten und Westen weitverbreitet war, ein Alter von 500 Jahren erreichte und ihre Ringe zuverlässig auf Änderungen der Witterung reagierten. Mit der Gattung Sequoia ließen sich zwar deutlich längere Zeitreihen bis 1000 BC

erzielen, doch gelang ihre Verknüpfung mit den Zeitreihen von *Pinus ponderosa* zur Erstellung einer einzigen Chronologie für den Südwesten nur manchmal. Wichtig war für Douglass die Zuordnung der an vielen Stellen entnommenen Proben zu Regionen mit einem möglichst einheitlichen Verhaltensmuster. Als einen Zwischenerfolg auf diesem Weg betrachtete er die mit Hilfe der Bäume aus Arizona ermittelten Dürrezeiten während des 16., 18. und 19. Jahrhunderts (vgl. Webb 1978, S. 260–264); (Carnegie Yearbook 1927, S. 262). Alle Ergebnisse gedachte er ausführlich im *Carnegie-Book II* (1928) zu diskutieren, und er war überzeugt davon, dass die Dendrochronologie neben ihrer erfolgreichen Anwendung in der Archäologie über ein ähnliches Potenzial für die langfristige Wettervorhersage verfüge. In dem 1928 erschienenen Buch stellte er im ersten Teil sein methodisches und technisches Instrumentarium, z. B. Auswahl der Bäume, Entnahme der Proben, Verwendung von Feld- und Laborgeräten, ausführlich dar. Als Kern der Arbeit ist aber die differenzierte Analyse der klimatisch und geographisch homogenen Regionen zu bezeichnen, in denen Douglass seine von Umwelt und Klimazyklen gesteuerten Jahrringbreiten detailliert untersuchte. Im Dezember 1928 fand mit Unterstützung der Carnegie-Foundation auch die zweite „Conference on Cycles" in Washington statt, bei der Douglass' Erkenntnisse gemeinsam mit den baumphysiologischen Forschungsergebnissen von Daniel MacDougal im Mittelpunkt des Interesses standen.

Im Frühjahr 1930 plante Douglass mit Unterstützung durch die Carnegie-Foundation eine Europareise mit dem Ziel, die im amerikanischen Westen gemessenen Ringbreiten mit Hölzern höherer Breiten zu vergleichen. Anlass der Reise war eine Einladung des schwedischen Quartärgeologen und Warvenforschers Gerard de Geer, der Douglass um Unterstützung bat, Abschnitte geschichteter Tonablagerungen auf ihre Ähnlichkeit mit Jahrringzeitreihen von Sequoien zu überprüfen (zum Schriftwechsel de Geer – Douglass vgl. Anhang 3 zu Kap. 4). Während der von Juli bis September dauernden Reise nahm Douglass Mitte August auch an einem Treffen der International Union of Geodesy and Geophysics teil und war in einer Klima-Arbeitsgruppe aktiv. Die Schwierigkeit des Vergleichs von Warven („Doubtless there are vertical variations as well as horizontal") und Jahrringen von Sequoia („The chief difficulty with this species of Sequoia is the splitting and merging of rings at any point") erkannte er sofort (Carnegie Yearbook 1930, S. 278)[30], während er schwedischen Hölzern ähnlich günstige Datierungsmöglichkeiten attestierte wie den Gelbkiefern des amerikanischen Südwestens:

---

[30]Douglass erkannte im Gegensatz zu de Geer, dass überregionale und globale Verknüpfungen nicht sinnvoll waren.

Very satisfactory cross-dating with climatic significance was found in pine trees near Abisko, north of the arctic circle. A preliminary study of south Sweden specimens disclosed some variability in the pine rings, *Pinus sylvestris*, and more favorable steadiness in the spruce, *Picea excelsa*. Especial appreciation is here expressed for the privilege of securing specimens from the logs used in the old Swedish houses at Skansen, the open-air museum at Stockholm, maintained under the direction of the Nordisk Museum (ebd., S. 279).[31]

Allerdings zeigte sich für Schweden, dass hier nicht der Niederschlag, sondern Einstrahlung und Temperatur die dominanten und das Baumwachstum steuernden Faktoren waren.

Kurz vor seiner Europareise nahm Douglass Kontakt zu dem jungen Botaniker und Paläoklimatologen Waldo Glock von der Ohio State University auf und bat ihn, sich der dendrochronologischen Arbeitsgruppe an der Universität von Arizona in Tucson anzuschließen. Die Carnegie-Foundation werde die Stelle finanzieren. Glock nahm das Angebot an und begann im Juli 1931 mit seiner Arbeit, die sich zunächst auf die Messung von Sequoienhölzern der Westküste und der Konstruktion „synthetischer" Jahrringkurven aus gleitenden Mittelwerten konzentrierte. Bei den Sequoien Nordkaliforniens zeigten sich bei der Ringauswertung signifikante Zusammenhänge mit dem Auftreten von Küstennebel. Douglass sah darin die Möglichkeit, über eine „history of fog intensity" sogar die ehemalige Stärke der Küstenwinde und küstennahen Meeresströmungen aufzudecken (Webb 1978, S. 332). Das Jahr 1931 endete erfreulich für Douglass, denn am 18. Dezember wurde er auf einer Veranstaltung im National Museum des Smithsonian Instituts in Washington als einer von zwei Preisträgern mit einem Preisgeld von 2500 $ für seine dendroklimatologische Arbeit geehrt. Der zweite Preisträger war der Quartärgeologe Ernst Antevs, der die geologischen Relikte der großen Inlandvereisung Nordamerikas untersucht und teilweise anhand von Tonwarven datiert hatte (Abbot 1931).

Zahlreiche Wissenschaftler wurden während der frühen 1930er-Jahre auf die in Tucson durchgeführte Forschung über historische Klimaschwankungen aufmerksam, und Douglass erhielt Anfang 1932 vom Komitee für die Langfrist-Wettervorhersage der National Academy of Sciences die Einladung zu einer Veranstaltung in Washington. Das Problem der „Zyklen" sollte dabei im Mittelpunkt stehen und Douglass die Veranstaltung mit einem Vortrag über „Evidences of cycles in tree-ring records" eröffnen. Dies bot ihm erstmals die Gelegenheit, seine langjährige Arbeit über die Verbindung von Sonnenflecken, Klimazyklen und Jahrringphänomenen den Wissenschaftlern anderer Disziplinen nahezubringen. Dabei war ihm bewusst, dass

nicht alle Teilnehmer seine Erklärung der Zusammenhänge akzeptieren würden. In der Diskussionsrunde stellte er fest, dass der solare Zyklus keine exakte invariable Periode besitze. Trotzdem könne man ihn als einen Zyklus bezeichnen: „Therefore a cycle may be defined as the recurrence of similar conditions at similar intervals." (Zit. in: Webb 2002, S. 67). Solche Zyklen finde man in Klimaaufzeichnungen wie in Jahrringkurven; am besten könne man sie mit Methoden untersuchen, die nicht auf exakten mathematischen Gleichungen beruhen, z. B. mit dem von ihm entwickelten „cyclogram". Diese Art der Betrachtung von Zyklen wurde jedoch von dem Mathematiker Ernest Brown aus Yale heftig kritisiert. Allein mathematisch beschreibbare Zyklen seien verlässlich, und nur sie könnten die eigentlich hinter den gemessenen Werten stehenden Ursachen aufdecken helfen. Brown stieß sich vor allem an der von Douglass festgestellten Vielzahl sich überlagernder Zyklen, da doch nur Tages- und Jahreszyklen eine reale Bedeutung hätten. Ein weiterer Kritiker war der Astronom Henry Norris Russell aus Harvard, der sich skeptisch zu möglichen Wettervorhersagen auf der Grundlage von solaren Zyklen und Jahresringen äußerte. Douglass war von dieser Kritik tief enttäuscht. Um für das von ihm präsentierte Forschungskonzept zu werben, schickte er eine Serie von Briefen an ihm bekannte Wissenschaftler. Die Kritik an Douglass' Zyklendeutung verstärkte sich jedoch, so dass Ende 1932 auf einer Carnegie-Tagung sogar sein ganzes, auf Jahrringbreiten beruhendes Datierungsverfahren von einigen Jahrringforschern von der amerikanischen Ostküste in Frage gestellt wurde. Douglass reagierte ungehalten und warf den Kritikern vor, die Forscher aus dem Osten hätten keinerlei Erfahrung mit den sensitiv auf Wetter und Klima reagierenden Bäumen (ebd., S. 68–70). Gewichtiger als die Einwände erschienen ihm statistisch begründete Bedenken von Russell, die dieser im September 1933 Douglass schriftlich übermittelte: Es komme vor allem auf die Stärke der Korrelation zwischen dem Auftreten von Sonnenflecken und dem Wetter auf der Erde an, doch leider sei in Douglass' Aufzeichnungen die Schwäche („looseness") einer solchen Verknüpfung deutlich geworden. Douglass fühlte sich missverstanden und schrieb an den Briefrand: „How does he know their ‚looseness'?" (Zit. in: Webb 1978, S. 339). Als auch die Carnegie-Foundation auf den Methodenkonflikt aufmerksam wurde und Präsident John Merriam hinsichtlich weiterer finanzieller Unterstützung in einem Brief feststellte, archäologische Arbeiten und die Verlängerung von Chronologien seien zwar wichtig, im Mittelpunkt der Forschung sollten aber die Klimaaspekte der Jahrringforschung stehen, akzeptierte Douglass dies in seiner Antwort.

Douglass verstärkte bald nach Beginn seiner Kooperation mit Waldo Glock die Arbeit zum Zusammenhang zwischen Jahrringbreite und Niederschlag, um Kritiker von seiner

---

[31]Douglass fand ähnlich günstige Datierungsmöglichkeiten auch bei Proben aus Eberswalde, die ihm Walter Wittich, Professor an der dortigen Forsthochschule, beschafft hatte.

Methode zu überzeugen. War im ersten *Carnegie-Book* von 1919 (Douglass 1919b) nur allgemein von „accumulated moisture" und seinem Einfluss auf die Ringbreite die Rede (S. 65), ließ sich nach Glocks Untersuchungen von einer 2½-jährigen Verzögerung der Reaktion der Ringbreite auf den jeweiligen Wert der geglätteten Niederschlagskurve ausgehen, offensichtlich hervorgerufen durch Speichereffekte. Berücksichtigte man diese Verzögerung, verbesserte sich die Korrelation beider Zeitreihen auf 0,7 bis 0,75. Beide Forscher gingen deshalb von zwei Reaktionen auf zuvor fallende Niederschläge aus: Während die erste Reaktion noch im selben Jahr wirksam werde, weise die zweite eine Verzögerung von bis zu vier Jahren mit einem Schwerpunkt bei 2½ Jahren auf (Carnegie Yearbook 1933, S. 197). Zusätzliche Proben brachten neue Erkenntnisse für die Unterscheidung konstanter Standorteinflüsse („local environment") einerseits und den von Jahr zu Jahr wechselnden Witterungsbedingungen („climatic environment") andererseits. Der für das „cross-dating" von Bäumen maßgebliche Anteil des Klimas ließ sich so aus dem Standardmuster eines Ringes erkennen (ebd., 1934, S. 215 f.). Etwa 30 Jahre später überprüfte Harold Fritts die von Douglass und Glock postulierten klimatischen Zusammenhänge im Gebiet von Mesa Verde in Colorado, indem er die wesentlichen Faktoren für seine Berechnung der multiplen Regression verwendete, nämlich Mittelwerte von Niederschlag und Temperatur einzelner Monate sowie Monatsgruppen des aktuellen und des vergangenen Jahres. Damit konnte er die von Douglass erzielten Resultate mit Ausnahme des Bodenspeichereffekts grundsätzlich bestätigen: „[…] the growth-climatic model is largely a relationship of precipitation and temperature, food accumulation, and conversion of stored food into cell parts. The actual soil moisture during the growing season has only a small but significant and direct effect upon growth" (Fritts et al. 1965, S. 116). Im Jahr 1937 fanden Douglass und Glock, dass in vielen Fällen die Niederschlagsmenge von November bis April bei einer zeitlichen Verzögerung von einem Jahr der beste Indikator für die Prognose der Jahrringbreite war (Carnegie Yearbook 1937, S. 235).

Douglass' Zyklenuntersuchungen stellten seine Kritiker allerdings nicht zufrieden. Nach vier von der Carnegie-Foundation veranstalteten Tagungen stimmten im August 1935 die Teilnehmer zunächst darin überein, dass die bisher verwendeten analytischen, graphischen, optischen und mechanischen Techniken nicht zu beanstanden seien. Allerdings habe die unzulängliche Anwendung mathematischer Verfahren, etwa der harmonischen Analyse, Wissenschaftler mit geringer mathematischer Erfahrung gegenüber der gesamten Arbeitsrichtung skeptisch werden lassen. Dies sei verständlich, da die Untersuchung von Zyklen oft nicht mit den Methoden der allgemeinen Statistik

und der Wahrscheinlichkeitstheorie übereinstimmten und die angewandte Mathematik zur Theorie der Zyklen bisher wenig beigetragen habe. Eine „mathematical analysis of the morphology of time-curves" sei deshalb notwendig, um biologische, geophysikalische und kosmische Phänomene besser beschreiben zu können (Carnegie Yearbook 1935, S. 234 f.). Erst nach Bereitstellung geeigneter Methoden und der Prüfung zunächst seltsam erscheinender Kurven und der „bewildering variety of cycles" könne man auf solider Grundlage weiterarbeiten. Diese einhellig vertretene Meinung nahm damit Bezug auf die Untersuchungen von Douglass, weil gerade er die Besonderheit von nichtperiodischen Zyklen betont hatte, die sich mit herkömmlichen Rechenverfahren kaum untersuchen ließen.

Während dieser methodischen Auseinandersetzungen arbeitete Douglass 1935 am dritten Band der *Carnegie-Books* (Douglass 1936), den er im Dezember 1936 fertig stellte und der sich vor allem mit der Analyse von Klimazyklen und den Möglichkeiten der langfristigen Wettervorhersage befasste. Das Vorwort schrieb der Statistiker Edwin Wilson aus Harvard, der 1932 erklärt hatte, man müsse Douglass' Untersuchungen über ungleichmäßige und nichtperiodische „Zyklen" ernst nehmen. Band III unterschied sich deutlich von den beiden ersten, die sich vor allem mit der Darstellung und Anwendung einer neuen Untersuchungsmethode befassten, und stellte die Möglichkeiten einer praktischen Verwendung der von Douglass gemessenen Zyklen zur Aufklärung terrestrischer Phänomene vor. Als ermutigend für die Klimasimulation sah Douglass dabei die enge Korrelation zwischen dem periodischen Auftreten von Sonnenflecken und dem Niederschlag. Ein wichtiges Ziel sei die langfristige Wetter- und Klimavorhersage mit Hilfe seiner Zyklenanalyse (Webb 2002, S. 71), obwohl ihm die Grenzen solcher Prognosen durchaus bewusst waren:

> We feel that prediction and verification in the popular sense can hardly be a reliable guide as to validity of method at the present time. Percentage success or failure is very deceptive when watched for a year or two and means little in such a complex problem. The problem at this moment is not to predict but to lay a basis of knowledge and method out of which conservative prediction will develop. It therefore is best at this time to carry through a prediction process in a crude preliminary way without any attempt to make it exact in the sense of a prediction itself (Douglass 1936, S. 138).

Im Februar 1937 erläuterte Douglass der Carnegie-Foundation seine Pläne für eine zukünftige Klimaforschung: Zunächst sei die Berechnung absoluter historischer Niederschlagswerte notwendig, außerdem eine exakte Verknüpfung der Daten von Sonne und Klima und schließlich die Einrichtung eines „clearinghouse" für Klimaanalysen an der University of Arizona. Doch die Stiftung zeigte sich nicht mehr interessiert und beendete damit die unmittelbare

Förderung der Forschungsarbeit über Klimazyklen. Ein auffälliges Zeichen für unterschiedliche Auffassungen ist nach Meinung des Autors, dass Douglass' Arbeiten nach seinem dritten *Carnegie-Book* über Klimazyklen in den nach 1938 erschienenen Carnegie-Jahrbüchern nicht mehr erwähnt wurden. Ob dies mit der Kritik an der Art der Datenauswertung und der Nichtberücksichtigung pflanzenphysiologischer und -anatomischer Faktoren zusammenhing oder auf eine veränderte Forschungsorientierung der Stiftung zurückgeht, sei dahingestellt und lässt sich anhand der überprüften Literatur nicht entscheiden.

Douglass wurde am 5. Juli 1937 70 Jahre alt, setzte aber seine dendroklimatische Forschungsarbeit an dem im selben Jahr gegründeten Laboratory of Tree-Ring Research in Tucson bis ins hohe Alter fort. Bei Großprojekten der Regierung wurde er um seine fachliche Unterstützung gebeten, etwa Mitte der 1930er-Jahre bei hydrologischen Problemen der Tennessee Valley Authority und anderer Institutionen während der Zeit des New Deal. 1940 finanzierte ihm das US-Innenministerium eine Reise zur Beschaffung von Proben, um das Niederschlagsmuster für den Betrieb des Coolidge Staudamms in Arizona zu verbessern. Ähnliche Arbeiten führte Douglass' Mitarbeiter Edmund Schulman von September 1941 bis Mai 1942 im Einzugsgebiet des Colorado River zur Regelung der dortigen Wassernutzung durch (vgl. Abschn. 4.7.1).

Douglass' Bemühungen um die Methode der Dendroklimatologie blieben zu seinen Lebzeiten und auch danach nicht unumstritten; allerdings setzten sie aus heutiger Sicht eine neue Forschungsrichtung in Gang, die angesichts der heutigen Debatte über den Klimawandel an Bedeutung zugenommen hat. Der Wissenschaftshistoriker George Sarton stellte 1938 in seinem Review von Douglass' *Carnegie-Book III* seinen Lesern den neuen Wissenschaftszweig vor („shall we call it ‚natural chronology'?") und urteilte darin: „Douglass' own contributions are among the most original and fruitful" (Sarton 1938, S. 275 f.). 1959 machte der französische Historiker Emmanuel Le Roy Ladurie auf die Bedeutung der in den USA entstandenen Dendroklimatologie, insbesondere im Vergleich zur europäischen Klimaforschung, aufmerksam:

> [Les arbres] peuvent nous apporter des présomptions, nous fournir d'utiles hypothèses sur certains aspects de notre propre histoire climatique. [...] Si les indicateurs biologiques, en Europe même, se montraient, pour l'époque moderne, aussi indifférents et insensibles aux fluctuations séculaires qu'en Amérique, il faudrait admettre que le petit âge glaciaire ne fut qu'une oscillation longue, mais faible, de la climatologie, sans importance pour la vie des hommes (Le Roy Ladurie 1959, S. 13 ff.).

Für Europa gebe es durch Bruno Hubers dendrochronologische Arbeit seit 1937 bereits einen erfolgreichen Ansatz, aber: „[I]l faut les établir pour chaque continent, pour chaque grand ensemble regional." An solche Bemühungen knüpften in jüngster Zeit zahlreiche Untersuchungen an, die indirekte Klimaanzeiger („proxy climate indicators") verwendeten, hierfür die Wachstumstrends von Bäumen standardisierten und Jahrringindices für die Abschätzung von Trockenzeiten berechneten. Ein solcher Index ist der 1965 entwickelte und noch heute für Dürreprognosen eingesetzte Palmer Drought Severity Index (PDSI), in den auch die Überlegungen des klimatologischen Forschungskonzepts von Douglass und seinen Mitarbeitern am Tree-Ring Laboratory einflossen.[32]

4.6   Anasazikulturen

Im späten 11. Jahrhundert beherrschten die Chaco Anasazi auf der Höhe ihrer Macht ein großes Territorium des amerikanischen Südwestens, indem sie kleinere Ortschaften und Städte durch Straßen und Wege miteinander verbanden. Diese Blütezeit einer etwa 200 Jahre dauernden Epoche mit ihrer hohen Entwicklung markierte jedoch das nahe Ende der insgesamt etwa 700 Jahre bestehenden Kultur einer landwirtschaftlich geprägten Bevölkerung. Warum aber zerbrach diese Kultur Ende des 13. Jahrhunderts fast vollständig? Wer überlebte und warum? Diese Fragen versuchten Anthropologen schon um 1900 zu beantworten, insbesondere aber nach 1929, als sich die historischen Ereignisse der Region mit Hilfe der Jahrringforschung exakten Kalenderdaten zuordnen ließen. Die am Ende der 1920er-Jahre von Charles Lindbergh durchgeführten Photoflüge im Chaco Canyon verstärkten während dieser Zeit die öffentliche Aufmerksamkeit für die archäologischen Forschungsarbeiten. Manche Einzelheiten blieben bis heute ungeklärt; wahrscheinlich aber wurde der Niedergang der Anasazikultur durch die Verbindung von landwirtschaftlicher Fehlnutzung, Mangelernährung und der Unfähigkeit der Menschen im Umgang mit raschen Klimaänderungen eingeleitet. Nachfahren der Anasazi – die Puebloindianer des Südwestens wie die Hopi oder Navajos – waren später gezwungen, sich den natürlichen Änderungen anzupassen, ohne das kulturelle Niveau ihrer Vorfahren jemals wieder zu erreichen (Stuart 2000).

Aus dem frühen 19. Jahrhundert gab es Berichte über die Erkundung prähistorischer Standorte in den Vereinigten Staaten, in denen auf die Bedeutung von Jahrringen als Mittel zur Schätzung relativer Daten von Einzelbefunden hingewiesen wurde. Eine umfassende archäologische Überprüfung der Standorte fand jedoch nicht statt (vgl. Atwater 1820) (Atwater 1820); (Smith 1829, S. 2 f.); (Putnam

---

[32]Zu Indices vgl. Henderson und Grissino-Mayer (2009, S. 38); Nicault et al. (2010, S. 2); zum PDSI: Wells et al. (2004, S. 2336 f.).

1890, S. 701); (Smith 1899). Durch Berichte des Reisenden Balduin Möllhausen gelangten Einzelheiten über aufgelassene Siedlungen und Ruinen in New Mexico und die dortigen Puebloindianer auch nach Europa (Möllhausen 1854); (ders. 1860). Bis Anfang des 20. Jahrhunderts war die Öffentlichkeit der Vereinigten Staaten der Meinung, „native cultures" seien statisch und unkreativ gewesen, wobei zeitgenössische Archäologen und Anthropologen den „widespread belief in the inferiority of native peoples" wissenschaftlich zu bestätigen suchten (vgl. Trigger 1980, S. 666); (ders. 1983, S. 418 ff.). Ab 1913 änderte sich diese Einschätzung, nachdem amerikanische Prähistoriker unter dem Einfluss des deutschstämmigen Ethnologen und Naturwissenschaftlers Franz Boas (1858–1942) die in Europa praktizierten Verfahren von Seriation und Stratigraphie übernahmen: Artefakte von Fundstätten wurden nun in ihrer Kulturabfolge und regionalen Differenzierung logisch miteinander verknüpft, während vorher die in Grabungsberichten beschriebenen Innovationen wie Keramikherstellung, Landwirtschaft oder der Bau von Grabhügeln kaum als Erfindungen einer indianischen Bevölkerung interpretiert wurden. Eine Monographie Alfred Kidders über die Archäologie im Südwesten brachte 1924 die erste kulturhistorische Synthese für diese Region, die vier Hauptphasen der Entwicklung unterschied: „Basket Maker", „Post-Basketmaker", „Pre-Pueblo" und „Pueblo" (Kidder 1924, S. 162, 346–349). Diese grobe Einteilung in Verbindung mit den verwendeten naturwissenschaftlichen Untersuchungsmethoden erscheint aus heutiger Sicht als ein früher Schritt zu einer „New Archaeology", die in den USA unter diesem Namen erst Anfang der 1960er-Jahre begann. Der Anthropologe Bruce Trigger beschrieb den damaligen Gegensatz zwischen naturwissenschaftlichem und historischem Denken so:

> The most important negative legacy of earlier stages in the development of American prehistoric archaeology is a belief, that science and history are in some fashion antithetical. [...] That distinction reflects the original dichotomy between history and anthropology in America. As a result, the use of archaeological data for historical purposes continues to be stigmatized as an inferior, largely descriptive pursuit that lacks professional justification. This situation has never existed in Europe, where prehistory has been viewed as constituting a record not of an alien people but of the ancestors of modern Europe (Trigger 1983, S. 446).

Bei ihrer Arbeit zur Vorgeschichte der indianischen Bevölkerungsgruppe hatten Archäologen ursprünglich wenig Rücksicht auf die Besitzverhältnisse in den Indianerstämmen gehörenden Gebieten genommen, und auch bei Kidders Untersuchungen war dies nicht anders. Während der „Archer Huntington Southwest Survey" genannten Bestandsaufnahme archäologisch interessanter Stätten nach 1909 durch das American Museum of Natural History war der Name des Museumskomitees noch

Programm: „Committee on the Primitive Peoples of the Southwest." (Snead 2001, S. 102). Im Gegensatz dazu zeigten sich bei den nachstehend besprochenen Grabungen im „Four Corner Area" sowohl Grabungsleiter Neil Judd als auch Douglass mit ihren Mitarbeitern höflich und aufgeschlossen gegenüber lokalen „chiefs" und einfachen Menschen.

Archäologie und Dendrochronologie begegneten sich zum ersten Mal 1914, als Clark Wissler vom American Museum of Natural History von den Untersuchungen Douglass' im selben Jahr erfuhr (Douglass 1914a) und sein Interesse an Jahrringuntersuchungen bekundete. Wissler erkannte das Potenzial der neuen Methode und bot einige Holzstücke von Ruinen in New Mexico zur Untersuchung an. Douglass fand insbesondere Holz der Gattungen Pinus und Picea für die Datierung geeignet, während Juniperus keine guten Messergebnisse lieferte. 1918 schickte Wisslers Mitarbeiter Earl Morris, der in Aztec Ruins die Feldarbeiten des Museums leitete, sechs Abschnitte prähistorischer Hölzer von Aztec und drei von Pueblo Bonito im Chaco Canyon. Das trockene Holz erwies sich als ungewöhnlich hart, so dass Douglass in seinem Labor in Tucson mehrere der bekannten schwedischen 1-Inch-Zuwachsbohrer ausprobierte und diejenigen mit gehärteten kleinen Zähnen wählte. Im August 1919 besuchte er Morris in Aztec Ruins, um die nächsten Schritte zu besprechen, und erhielt bald darauf Bohrkerne von 37 Balken aus 20 Räumen des Nordteils der ursprünglich 450 Räume umfassenden Anlage (Douglass 1921, S. 27 f.).

Bis 1920 konnte Douglass alle Aztec-Proben durch „cross-dating" miteinander vergleichen, und er stellte außerdem die zeitliche Übereinstimmung dieser Proben aus der archäologisch wichtigen Fundstelle mit denen von Pueblo Bonito fest. In Europa gelang ein ähnlicher Erfolg erst während der 1940er- und 1950er-Jahre mit der Datierung prähistorischer Hölzer in Deutschland und der Schweiz durch Bruno Huber (vgl. Abschn. 5.4 und 6.3). Zum ersten Mal lag jetzt im Südwesten der USA eine in Kalenderjahren angegebene „relative Chronologie" prähistorischer Befunde mit exakt unterscheidbaren Intervallen vor:

> In order to express these conveniently a purely hypothetical date, R. D. (Relative Date) 500, was assumed for one of the larger of the outer rings and all dates expressed with reference to that year, whatever the real date in our era may have been. [...] There is no doubt that the beams in Aztec and Pueblo Bonito were living trees together during more than a hundred years and that the cutting of the timbers for Aztec followed that for Pueblo Bonito by from forty to forty-five years (ebd., S. 28).

Um 1915 hatte es nach Erkenntnissen des Ethnologen Jesse Fewkes vom Smithsonian Institute Washington in der Mesa Verde mit Ausnahme gut erkennbarer „cliff dwellings" keine Kenntnisse von anderen Puebloruinen gegeben (Fewkes

Abb. 4.7 Ruinen von Cliff Palace, Mesa-Verde-Plateau, New Mexico. (Photo: H. H. Rump)

1926, S. 279), doch bis 1921 wurden nun die bereits archäologisch und dendrochronologisch untersuchten Befunde von Aztec Ruins um die der Pueblo Bonito „cliff dwellings" im Hochland der Mesa Verde ergänzt (Abb. 4.7).

Diese Hinterlassenschaft der Anasazikultur mit ihrem hohen architektonischen Niveau war einschließlich der verbauten Holzbalken unter dem Schutz von Felsüberhängen viele Jahrhunderte ausgezeichnet erhalten geblieben:

> Many of the ruins encountered still hold the spruce and cedar logs used to support the ceilings. Now, it so happened that a specialist in the growth of trees had devised a method by which he could tell whether the trees from which logs were cut were growing at the same time, or to what extent their life periods overlapped. This again is a triumph in the precision of method by which the annual growth rings of the trees are read as time charts (Wissler 1921, S. 23).

Wie schon bei anderen Ruinen war es auch hier möglich, mit Hilfe der Form und Farbgebung kulturhistorisch unterschiedlicher Keramikfunde eine grobe relative Datierung ausgehend von den frühen „Basketmakern" bis zur historischen Phase von 1540 bis 1921 vorzunehmen. Bemerkenswert erschien nach Vorliegen von Douglass' relativer Jahrringchronologie die zeitliche Übereinstimmung von Bauperioden der „cliff dwellings" mit den Standorten Aztec Ruins und Pueblo Bonito.

Im Jahr 1920 lud die National Geographic Society den Archäologen Neil Judd vom US National Museum in Washington – dem späteren Smithsonian Museum – ein, die Region Chaco Canyon und besonders Pueblo Bonito archäologisch zu überprüfen (Brew 1978). 1921 begannen die zunächst bis 1927 dauernden Arbeiten mit dem Ziel, die Zivilisation der „Bonitians" zu erforschen. Für die dort lebenden wenigen Navajofamilien war [1921] eine echte Landwirtschaft kaum noch möglich, während es knapp

1000 Jahre vorher in der Region noch größere Kiefernwälder gab. Judd bat Douglass, sich an dem Forschungsprogramm zu beteiligen, und beide stellten sich folgende Fragen: Überstrapazierten die Bewohner diese Wälder und wenn ja, mit welchen Folgen? Welche Wirkung hatte dies für die Wasserversorgung, für landwirtschaftliche Praktiken und für das physische Erscheinungsbild von Chaco Canyon? Judd gab später zu, er sei vor Beginn der gemeinsamen Arbeit mit Douglass gegenüber der dendrochronologischen Methode skeptisch gewesen, weil sie ihm noch nicht sicher genug erschien. Außerdem hegte er die Befürchtung, sein Kollege würde sich als Astronom vor allem den Einflüssen von Sonnenflecken auf das historische Klima statt der Altersbestimmung von Pueblo Bonito widmen (Douglass 1935, S. 3 ff.). Diese Befürchtungen erwiesen sich jedoch bis zum großen Durchbruch des Jahres 1929 als unbegründet. Die reibungslose interdisziplinäre Zusammenarbeit veranlasste Judd als Leiter der „Pueblo Bonito Expedition" vielmehr zu der Einschätzung: „It is somewhat embarrassing to an archeologist to admit that the most important contribution to American archeology in the past quarter century has been made by an astronomer." (Ebd., S. 5).

Einzelheiten der drei Expeditionen und die Ergebnisse zahlreicher Einzeluntersuchungen wurden in der Literatur ausführlich beschrieben, so dass im Rahmen der vorliegenden Arbeit darauf verzichtet wird (vgl. Webb 1983, S. 132–151); (Nash 1999, S. 32–60). Douglass fasste die meisten seiner Ergebnisse in den Berichten für die Jahrbücher der Carnegie-Foundation zusammen: Aufgrund der Struktur von Kieferndruckholz in dieser Region sei er von permanent abnehmenden Waldbeständen während der Blütezeit der Chaco-Kultur sowie von einer starken Bodenerosion überzeugt. Dabei wiesen Proben aus prähistorischer und historischer Zeit im gesamten Gebiet zwischen Flagstaff und Santa Fe auf ein homogenes Baumwachstum hin, so dass Douglass auch die vorhandene Flagstaff-Chronologie problemlos verlängern konnte. Mit Hilfe weiterer prähistorischer und fossiler Holzproben aus Arizona, Kalifornien, Massachusetts und sogar von Pfahlbauhölzern aus der Schweiz entwickelte er nun seine Messtechnik weiter und war schließlich in der Lage, auch bei angebrannten Balken oder völlig verkohlten Proben Jahrringe nach einer Paraffinbehandlung präzise zu bestimmen (Carnegie Yearbooks 1925, S. 352; 1926, S. 317; 1927, S. 262).

Die erste Beam-Expedition der National Geographic Society fand 1923 statt und erbrachte ca. 100 Stücke von Balken der Pueblos und alter Missionskirchen von den Hopi Mesas bis zum Rio Grande und Mesa Verde. Das „cross-dating" gelang nicht in jedem Einzelfall, aber die klimatische Homogenität der Gesamtregion war unübersehbar. Mit Proben aus dem Gebiet um Wupatki nördlich von Flagstaff wurde zugleich eine weitere schwebende Chronologie mit einer Länge von 140 Jahren erstellt, die Judd anhand der Seriation von Keramikfunden in die Periode vor 1400 einordnete. Während der zweiten Beam-Expedition vom Sommer 1928 gelang dann die verlässliche Verlängerung der historischen Chronologie bis zum Jahr 1300, mit einem Einzelstück sogar bis 1260. Die Verantwortlichen Hargrave, Judd und Douglass sahen bei einigen der überprüften Standorte nun die Chance zur endgültigen Überbrückung der bis dahin undatierbaren Zeitlücke des 13. Jahrhunderts. Dazu schienen auch die an den Holzfundorten dominierenden polychromen Keramikfunde gut zu passen (Robinson 1976, S. 11 f.).

Es fehlte also noch die Gesamtüberbrückung der „relativen Chronologien", so dass Archäologen und Dendrochronologen einen weiteren Versuch in der Hopi-Ortschaft Oirabi unternahmen, die nach ihrer Kenntnis als Einzige schon vor Ankunft der Spanier im Jahr 1540 besiedelt war. Hier fand man etliche sehr alte Hölzer, die offenbar mit Steinäxten bearbeitet worden waren, und beschloss, Lyndon Hargrave dort für ein bis zwei Monate einzuquartieren und ihn mit Unterstützung des Häuptlings Tawa-Guap-Tiwa nach Belegstücken aus Holz suchen zu lassen. Sehr bald stellte sich die Suche an diesem Ort aber als vergeblich heraus (Douglass 1929, S. 751 f., 758).

Im Rahmen einer dritten Beam-Expedition im Sommer 1929 fanden die Teilnehmer schließlich das „missing link" zwischen den beiden vorhandenen Chronologien – der 585 Jahre langen relativen und der bis etwa 1300 zurückreichenden historischen. Da die Geschichte dieser Entdeckung für die Wahrnehmung der Dendrochronologie in der Öffentlichkeit und auch für ihre weitere Entwicklung von besonderer Bedeutung war, soll sie hier anhand der Mitteilungen von Expeditionsteilnehmern kurz nachgezeichnet werden: Nach dem erneuten Vergleich bereits datierter Proben erfuhren sie von einem früheren Brand in der Ortschaft Showlow [heute: Navajo County in Arizona], wo angeblich verkohlte Balken vorhanden seien. Hargrave und Emil Haury verließen Flagstaff am 11. Juni, während Douglass zunächst zurückblieb, um mit Unterstützung von Harold Colton am Museum of North Arizona ein kleines Feldlabor aufzubauen. Während der folgenden Tage kam es in Showlow nicht zu besonderen Funden. Haurys Tagebuch vermerkte mehrfach „nothing out of the ordinary today"; den Arbeitern versprach man 5 $ für jedes Holzstück mit mehr als 100 Jahrringen (Haury 1962, S. 12).

Doch dann fanden die Feldarchäologen kleinere Holzkohlenstücke von Balken, deren Ringe offenbar zu beiden Chronologien passten. Judd und Douglass machten sich sofort auf den Weg von Flagstaff nach Showlow und trafen dort am Abend des 22. Juni ein. Ein paar Tage zuvor waren Mitarbeiter bei Schürfarbeiten 30 cm unter der Erdoberfläche auf ein verkohltes Ende eines Balkens gestoßen. Der Fundort erschien zunächst wenig aufregend, da in der Umgebung neue Häuser, Steinmauern und Zisternen gebaut worden waren. Ursprünglich dort vorhandene Puebloruinen waren vollkommen zerstört und dienten nun als Schuttabladeplatz. Bis zum Eintreffen von Judd und Douglass umwickelte man das Ende des waagerecht liegenden, abgerundeten Holzbalkens an der verkohlten Stelle mit Baumwollfäden, um das Abbrechen von Teilen zu verhindern. Der Grundstücksbesitzer Edson Whipple stellte einen Werkzeugschuppen für Felduntersuchungen zur Verfügung, und Douglass machte sich sofort daran, das Fundstück HH39 aus der Probenserie HH zu überprüfen, weil sie als Markierung diese Buchstabenkombination – nach Hargrave und Haury – erhalten hatte. Sofort identifizierte er ein ihm bekanntes Jahrringmuster um 1300. Besonders erfreulich war aber das Vorhandensein weiter zurückreichender Ringe. Die meisten von ihnen waren bis zum Jahr 1280 sehr eng, wobei die Ringbreiten der Jahre 1278, 1276 und 1275 zu denen von Oirabi passten, welche allerdings nur bis zum Jahr 1260 zurückreichten (Douglass 1929, S. 764 ff.).

Am Standort Showlow zeigte HH39 bei genauerer Überprüfung einen weiteren Abschnitt meist schmaler Ringe rückwärts bis zum Jahr 1247, gefolgt von etwas breiteren Ringen bis 1237 (vgl. Abb. 4.8).

Allen Expeditionsteilnehmern wurde rasch bewusst, dass sie mit diesem Grabungserfolg das Ziel ihrer jahrelangen archäologischen Bemühungen um die absolute Datierung der Pueblokultur des Südwestens erreicht hatten:

> As we studied these rings the answer came. The ring in our old chronology that represented its 551st year matched perfectly with that of the ring for the year 1251 in beam HH39. And then our big surprise! We had not a gap to bridge, as we had thought, but one we had closed without knowing it (Douglass 1929, S. 767).

Douglass erklärte später, er habe kleine Holzstücke dieser zeitlichen Lücke zwar schon vorher untersucht, sie wegen ihrer wenigen Ringe und daher nur begrenzten Aussagekraft aber nicht zur Chronologieverlängerung verwenden wollen. Erst die Sicherheit einer längeren Überbrückung durch HH39 habe einen zusätzlichen Nutzen gebracht. Am Abend des 23. Juni 1929 waren alle Teilnehmer davon überzeugt, dass die inneren Ringe von HH39 [d. h. alle vor dem Jahr 1288] mit der alten Chronologie bis 1237 zurück um 49 Jahre überlappten, während die äußeren Ringe bis 1380 mit der vorhandenen historischen Jahrringchronologie konform gingen. Douglass' alte, 585 Jahre lange „schwimmende" Chronologie war demnach exakt eingeordnet worden: Sie begann im Jahr 700, und der erste Balken von Pueblo Bonito wurde 919 AD aus einem 219 Jahre alten Baum geschlagen. Der lange nicht durch Jahrringe belegte

Abb. 4.8 a Douglass'
Originaldiagramm, Juli 1929: Die
langen Linien beider „skeleton
plots" bedeuten schmale Ringe
in sehr trockenen Jahren, die
kürzeren markieren feuchtere
Jahre. Unten: Diagramm von
HH39 aus Showlow, oben:
vorher datierte Hölzer (aus
Douglass 1929); **b** oben:
Holzkohlenstück HH17 aus der
prähistorischen Sequenz, unten:
das Holzkohlenstück HH39
schloss die Datierungslücke. (Mit
freundlicher Genehmigung von
© LTRR Tucson 2018. All Rights
Reserved.)

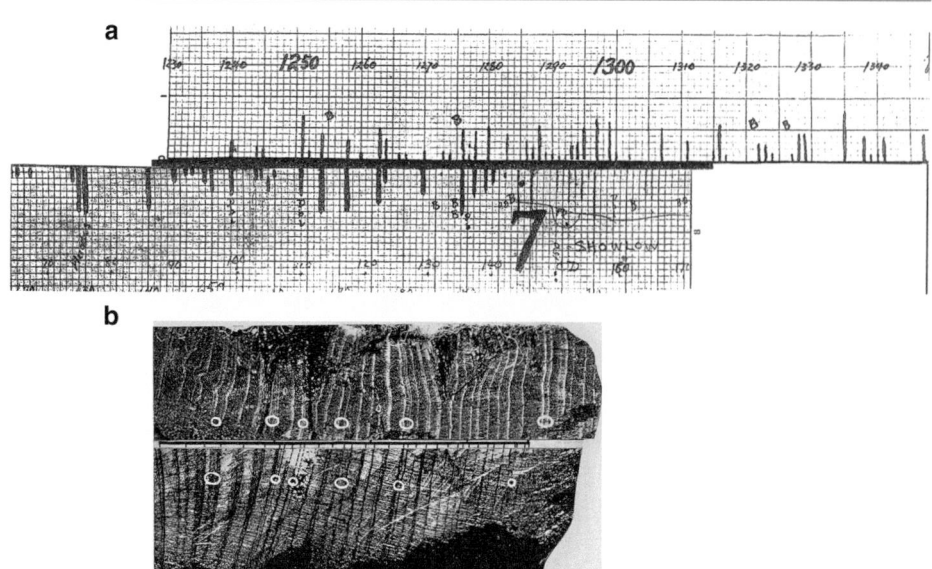

Zeitabschnitt zwischen 1260 und 1295 war bereits einige
Monate vorher durch einen Balken aus Oirabi abgedeckt
und als Startzeit der historischen Chronologie erkannt worden (ebd., S. 767); (vgl. Douglass 1935, S. 36 f.).[33]

Den Archäologen wurde durch dieses Ergebnis klar,
dass Pueblo Bonito und die großen prähistorischen Siedlungen des Chaco Canyon im 11. und frühen 12. Jahrhundert ihre Blüte hatten, während Mesa Verde, Betatakin
und Keet Seel mit einem Höhepunkt um die Mitte des 13.
Jahrhunderts etwas jünger waren. Haury schrieb in seinen
Aufzeichnungen, Douglass habe „a totally new and vital
short course in Southwestern prehistory" erbracht und weiter: „The astronomer turned archaeologist." (Haury 1962,
S. 14). Die noch Anfang der 1920er-Jahre von Anthropologen vertretene Auffassung, die Pueblokultur habe etwa
um 2000 BC begonnen und sei im 14. Jahrhundert zu Ende
gegangen, war obsolet geworden. Auch musste man die
Vorstellung einer überraschend kurzen Entwicklung der
materiellen Anasazikultur zur Kenntnis nehmen. So wurde
etwa die große Anlage von Aztec Ruins innerhalb von nur
12 Jahren vollständig errichtet. Trotzdem brauchten diese
Entdeckungen längere Zeit, bis sie die Mehrheit der amerikanischen Prähistoriker erreichten und in den Diskurs über
die Kulturleistungen der frühen Bewohner Nordamerikas
eingingen (vgl. Stuart 2000, S. 67–88). Die Frage, ob die
Dendrochronologie die Arbeitsweise der amerikanischen
Archäologie verändert habe, wurde später nicht eindeutig
beantwortet. Manche Prähistoriker sahen einen gewissen

Fortschritt darin, Anfang und Ende von Siedlungsbefunden
jetzt eindeutig festlegen zu können, während etablierte
ältere Wissenschaftler für Detailanalysen weiterhin nur die
ihnen vertrauten Arbeitstechniken verwendeten. Eine breite
Akzeptanz der neuen Methode setzte in den historischen
Wissenschaften im Grunde erst mit dem Erfolg des „radiocarbon dating" seit Beginn der 1950er-Jahre ein.

Nach 1930 ging es bei weiteren Datierungen um die
Betätigung der Messungen von 1929, vor allem aber um das
Schließen noch verbliebener Lücken. Bei archäologischen
Nachuntersuchungen an vier bereits bekannten Standorten
bestätigte 1930 Emil Haury mit Lyndon Hargrave die Richtig-
keit der ein Jahr zuvor erstellten Datierung verschiedener
Fundstätten und kam zu einer eigenständigen Überbrückung
des „missing link" (Haury und Hargrave 1931). In der Region
Rio Grande erstellte eine Arbeitsgruppe unter der Leitung
von Sidney Stallings vom dendrochronologischen Labor in
Santa Fe eine separate Chronologie für das Territorium von
New Mexico östlich der kontinentalen Wasserscheide. Diese
historische Chronologie bis 1205 zurück gelang ihm im Frühjahr 1931 durch eine mehr als 15-fache Probenbelegung in
Abstimmung mit Douglass und Kidder. Dabei datierte er
auch Ruinen und Ortschaften, etwa das 1275 erbaute Lamy
(Stallings 1933); vgl. Robinson (1976, S. 15). Die vorliegende, nunmehr 1230 Jahre überdeckende Gesamtchronologie wurde in den 1930er-Jahren weiter verlängert, zunächst
von Florence Hawley mit Hölzern aus dem Chaco Canyon
von 700 AD zurück bis 643 und ungefähr zur gleichen Zeit
mit Material von Mummy Cave durch Earl Morris. Mitte
1933 gelangte man bis ins Jahr 200 AD und mit noch nicht
völlig gesicherten Messergebnissen sogar bis ins Jahr 11 AD
(Carnegie Yearbooks 1932, S. 211, 1933, S. 197 f.). Schließlich veröffentlichte Douglass von 1935 bis 1939 seine eigenen

---

[33]Haury hob in seinem Tagebucheintrag Douglass' phänomenales
Gedächtnis hervor, das es ihm erleichterte, fast alle bisherigen Mess-
ergebnisse ohne weitere Hilfsmittel miteinander zu vergleichen
(Haury 1962, S. 13).

Datierungsergebnisse gemeinsam mit denen anderer Forscher nach endgültiger Verifizierung in Form einheitlicher „skeleton plot"-Diagramme im *Tree-Ring Bulletin.*[34]

Nach dem Zweiten Weltkrieg hatte die dendroarchäologische Forschung am Laboratory of Tree-Ring Research in Tucson etwa zehn Jahre lang keinen besonders hohen Stellenwert. 1951 legte das Labor eine Dokumentation zu mehr als materiellen 5600 Belegstücken von 365 Standorten des Südwestens vor, die 1953 ergänzt und ab 1965 durch Bryant Bannister teilweise überarbeitet wurde (Bannister et al. 1966); (Robinson 1976, S. 15 f.).

4.7 Das Laboratory of Tree Ring Research (LTRR)

Das mit der Entwicklung der Jahrringforschung eng verbundene Laboratory of Tree-Ring Research (LTRR) in Tucson durchlief seit seiner Gründung verschiedene Entwicklungsphasen. Legt man nur das formale Gründungsdatum zugrunde, lässt sich von einer ersten Phase sprechen, die von 1937 bis zu Douglass' Rücktritt als Direktor und dem Tod des vorgesehenen Nachfolgers Edmund Schulman im Jahr 1958 dauerte. In dieser Zeit blieb die Bindung an die University of Arizona trotz bescheidener Mittel und Personalausstattung und trotz der Schwierigkeiten, die der Zweite Weltkrieg mit sich brachte, stabil. Methodisch wurde die Forschungsarbeit bis zum Beginn der 1950er-Jahre überwiegend von Douglass dominiert, obwohl sich Mitarbeiter wie Schulman oder Smiley in Dendroklimatologie bzw. Dendroarchäologie durchaus profilieren konnten. Die zweite Phase des LTRR begann nach 1960, als mit der Borstenkiefer *(Pinus aristata)* nun ein Untersuchungsobjekt zur Verfügung stand, das mehrere Tausend Jahre lange Zeitreihen zu untersuchen erlaubte und schon deshalb für eine Forschungsbelebung sorgte. Diese Baumart eignete sich außerdem vorzüglich zur Kalibrierung der Radiokohlenstoffmethode, die nach ihrem euphorisch gefeierten Start um 1950 anschließend mit Schwierigkeiten kämpfte. Schließlich ergänzten und verstärkten Geowissenschaftler, Biologen, Klimaforscher und Prähistoriker das Team in Tucson, so dass hier eine der größten und renommiertesten Institutionen der Dendrochronologie entstand.

Bryant Bannister, Direktor des LTRR von 1964 bis 1982, unterteilte die historische Entwicklung des LTTR in drei Abschnitte: 1. Gründungsphase von 1906 bis 1929, 2. prämoderne Phase von 1930 bis 1958/1960 und 3. moderne Phase (Creasman et al. 2012, S. 81). Dabei ließ sich Bannister offensichtlich vom Einfluss des „Gründervaters" Douglass auf die Entwicklung der Dendrochronologie leiten, denn dieser hatte bis 1929 noch keinerlei Absicht zur Gründung einer zentralen Untersuchungsstelle für die Jahrringforschung erkennen lassen. Auch die zweite prämoderne Phase erschließt sich aus wissenschaftshistorischer Sicht nicht, da für Douglass und seine Mitarbeiter der heutige Wissensstand nicht als Referenz oder gar als Gipfel einer Entwicklung geltend gemacht werden kann. Viele Arbeiten dieser Forscher stellten zum Zeitpunkt ihrer Veröffentlichung einen deutlichen wissenschaftlichen Fortschritt dar; ihre Erkenntnisse werden noch heute zitiert und praktisch umgesetzt. Möglicherweise verstand Bannister unter „prämodern" die von Douglass favorisierte, intuitiv geprägte Art der Objektuntersuchung und Konstruktion von Chronologien, die schon Douglass' Zeitgenossen manchmal kritisierten. Als „modern" hätte demnach allein der Einsatz fortschrittlicher Techniken und Methoden zu gelten, die, rational gehandhabt, der Phantasie und dem Einfühlungsvermögen wenig Spielraum lassen. Folgt man Bannisters Schema, könnte man die Forschungsarbeit von 1960 bis 1980 gegenüber der von heute ebenfalls als nicht mehr modern bezeichnen. Andererseits hielten sich LTRR-Forscher wie Smiley, Fritts, Ferguson und auch Bannister glücklicherweise nicht an diese Einteilung und waren deshalb zugleich „prämodern" und „modern".

Im Rückblick erscheint das LTRR als die einzige dendrochronologische Institution, die trotz erheblicher Schwierigkeiten während des Zweiten Weltkrieges durch Umwidmung finanzieller Mittel für die militärische Forschung eine Art Zuflucht für die noch junge naturwissenschaftliche Datierungsmethode war. Diese war zuvor durch zwei entscheidende Vorgänge geprägt worden: Erstens von der spektakulären Datierung archäologischer Befunde im Südwesten der Vereinigten Staaten nach Schließen einer kritischen Datierungslücke („bridging the gap"), wodurch man das Alter von mehr als 40 bedeutenden prähistorischen Standorten im amerikanischen Südwesten auf einer absoluten 1200-jährigen Zeitskala festlegen konnte. Zweitens gab es ein Angebot dendrochronologischer Lehrveranstaltungen an der University of Arizona, z. B. Douglass' erster Kurs „Astronomy 211: Tree Ring Interpretation" ab Frühjahr 1930, der 1941 in „Anthropology 160: Introduction to Dendrochronology" umbenannt wurde. Douglass wurde auf diese Weise zum Hüter der dendrochronologischen Datierungen, was ihm die Teilnehmer einer Fachtagung von 1934 gern bestätigten: „Dr. Douglass kindly consented to the requests of the assembled scientists that he take sufficient of his time to check all dates before

---

[34]Im *Tree-Ring Bulletin* 1940, Bd. 6 (4), S. 261, findet man ein Faltblatt für alle Daten von 150 AD bis 1934 mit Douglass' Erläuterungen.

they are published with finality" (Webb 1978, S. 82); (vgl. Glock 1934a).[35]

Ab 1930 entstanden außerhalb von Tucson weitere Untersuchungslabors unter der Leitung von Douglass' Vertrauten; das Erste mit John McGregor als Dendrochronologe an Harold Coltons Museum of Northern Arizona (MNA) in Flagstaff. William Stallings untersuchte prähistorische Hölzer am Laboratory of Anthropology in Santa Fe/New Mexico, und Emil Haury, neben Hargrave der Entdecker des berühmten „gap"-Holzstücks HH39, übernahm das Dendrolabor der Gila Pueblo Archaeological Foundation von Harold Gladwin in Globe/Arizona. 1938 wurde Haury Direktor des Arizona State Museums in Tucson und gleichzeitig Leiter der Abteilung Archäologie der Universität. Als nach dem Krieg der Erhalt dieser Einrichtungen schwieriger wurde, übergaben 1950 das MNA und das Labor in Santa Fe dem LTRR mehrere Tausend dendrochronologische Belegstücke, 1957 übergab Harold Gladwin seine Bestände von Gila Pueblo (Creasman 2012, S. 83).

Eine umfassende Darstellung der Geschichte des LTRR ist ihm Rahmen dieser Arbeit nicht beabsichtigt, zumal die von Bannister als „Gründungsphase" bezeichnete Zeit bis 1930 schon in den Abschn. 4.2, 4.3, 4.4, 4.5 und 4.6 behandelt wurde. Die folgenden Ausführungen greifen nur solche Ereignisse auf, die spezielle Entwicklungen des Labors deutlich machen, beispielsweise die Zeit kurz nach der formellen Gründung des Labors, die Auseinandersetzungen um die Douglass-Methode um 1945 und (in Abschn. 6.1) die Neuausrichtung der LTRR-Forschung ab 1950 unter dem Einfluss von Radiokohlenstoffmethode und Borstenkieferchronologie.

4.7.1   Startphase

Auf der ersten Tree-Ring Conference im Juni 1934 in Flagstaff beschlossen die Teilnehmer die Gründung einer „Tree-Ring Society" sowie einer vierteljährlich erscheinenden Zeitschrift *Tree-Ring Bulletin* mit den Herausgebern Douglass, Glock, Colton und McGregor, denen sich bald darauf Haury und Stallings anschlossen (Anonymus 1934, S. 116). Am 1. Februar 1935 stellte die University of Arizona der Arbeitsgruppe offiziell Arbeitsräume und ein Labor zur Verfügung, die von Douglass und seinen Mitarbeitern Glock, Schulman und Baldwin für Jahrringuntersuchungen genutzt werden sollten. Dabei lief die Vereinbarung über die Zusammenarbeit zwischen der Carnegie-Foundation, dem ihr angeschlossenen Desert

Laboratory in Tucson und der Universität in diesem und im folgenden Jahr weiter. Im Sommer 1937 kam unerwartete Unterstützung vom United States Forest Service: Die Behörde stellte dem Labor umfangreiches Kartenmaterial über die Standorte der früher gefällten Mammutbäume in der Nähe des General Grant National Parks und der Region Springville zur Verfügung, wo in der Zeit von 1915 bis 1931 Holzstücke aus Baumstümpfen als „V-cuts" entnommen worden waren. Glock besuchte daraufhin die in den Karten bezeichneten Positionen und vervollständigte dadurch die in Tucson vorhandenen Unterlagen (Carnegie Yearbooks 1934, S. 240, 1936, S. 230 und 1937, S. 235). Im Herbst 1937 erschienen zwei für die Reputation des Labors und für die Außenwirkung wichtige Veröffentlichungen: 1. Glock fasste in „Principles and methods of tree ring analysis" die Untersuchungsmethoden der Jahrringforschung einprägsam zusammen, und 2. erläuterte Douglass' in „Tree rings and chronology" nach einer tour d'horizon durch die Entstehungsgeschichte der Methode den momentanen Stand der Forschung (Glock 1937); (Douglass 1937). Ende 1937 lief die drei Jahre dauernde Zusammenarbeit zwischen der Carnegie-Foundation und der University of Arizona aus, und nur Glocks Untersuchung der Region Prescott zum Verhältnis zwischen Jahrring und Niederschlag wurde noch ein halbes Jahr länger finanziert. Anfang Oktober 1937 stellte Douglass bei der Universität Tucson den Antrag auf Errichtung eines „Laboratory of Tree-Rings, Human History and Climate", nachdem er schon ab 1933 den Namen „Laboratory of Tree-Ring Research" auf dem Briefbogen des Steward-Observatoriums verwendet hatte. Die Einrichtungskosten bezifferte er auf 77.000 $ für Gebäude und Ausrüstung, die jährlichen Kosten auf 35.000 $ für Unterhaltung und Personal. Universitätspräsident Alfred Atkinson empfahl ihm daraufhin, sich an Warren Weaver, Direktor der Abteilung Naturwissenschaften der Rockefeller-Foundation, wegen finanzieller Unterstützung zu wenden. Doch die Stiftung lehnte eine solche Hilfe ab (Webb 1978, S. 356 ff.).[36] Auch Bemühungen um eine Anbindung des Labors an das Arizona State Museum blieben erfolglos.

Das LTRR wurde somit eine Abteilung der Universität, die direkt an den Präsidenten berichtete, während die Carnegie-Foundation die Weiternutzung aller von ihr finanzierten Geräte in Form einer Dauerleihgabe gestattete. Dabei erwies es sich als vorteilhaft, dass Emil Haury und Edwin Carpenter zwei von Douglass' Protegés, 1938 in Hochschulfunktionen gelangten, die für den weiteren Bestand des Labors nützlich waren – Carpenter als Leiter

---

[35]Die letztgenannte Lehrveranstaltung wurde unter derselben Bezeichnung noch 2014 am LTRR angeboten.

[36]Die Ablehnung wurde mit Weavers „ignorance of experimental biology", aber auch mit der Stiftungspräferenz für die Großforschung begründet (Kohler 1991, S. 279).

des Steward-Observatoriums und damit Douglass' Nachfolger an dieser Einrichtung (Creasman et al. 2012, S. 84). Am 4. Dezember 1937 stimmten die Regents der University of Arizona der Gründung des LTRR formal zu und Präsident Atkinson empfahl das Labor der Aufmerksamkeit der Öffentlichkeit:

> […] for the purpose of caring for the collections, equipment, property and activities connected with tree-ring work which has been carried on during the past 30 years and for the further purpose of recognizing the priority of the University of Arizona in pioneering this most important field of study (Anonymus 1938, S. 2).

Douglass beschrieb die Aufgabe des LTRR einige Jahre später so:

> […] it is important to maintain a laboratory where methods may be improved and extensive, and in many cases unique collections may be preserved and extended, and where, by cooperation with the appropriate departments, elementary and advanced instruction in methods may be given (Douglass 1938/1944, S. 86 f.).

Auch nach Gründung des LTRR wurde es nicht leichter, einen geordneten Forschungsbetrieb aufrechtzuerhalten. Die finanziellen Mittel blieben wegen der anhaltenden Wirtschaftskrise knapp, und einige Jahrringforscher suchten sich am Anfang des Krieges besser bezahlte Positionen: Glock verließ Tucson schon im Oktober 1938 und nahm eine Stelle am Texas Technological College in Lubbock an, McGregor wurde 1942 Direktor des Illinois State Museums, Stallings ging 1938 nach Harvard und 1942 zum Army Air Corps, Gidding 1943 zur Army. Douglass, für den die archäologische Datierung trotz ihrer Erfolge um 1930 keine hohe Priorität besaß, konnte jedoch gemeinsam mit Schulman durch kriegswichtige klimatologische Studien den Betrieb aufrechterhalten (Nash 1999, S. 14). Diese Entwicklung lässt sich am *Tree-Ring Bulletin* ablesen: Die Zahl der eingereichten Manuskripte nahm nach 1940 ab, 54 % aller Texte wurden bis 1949 von Douglass und Schulman selbst verfasst, und pro Quartalsheft gab es nur noch ein oder zwei Beiträge. 1940 veröffentlichte Schulman eine Bibliographie zur Jahrringforschung für die Bereiche Klimatologie und Archäologie mit 412 Veröffentlichungsnachweisen, darunter zahlreiche deutschsprachige bis 1930 und skandinavische bis 1938. Arbeiten von Heinrich Walter und Bruno Huber von 1936 bis 1940 waren darin nicht enthalten (vgl. Schulman 1940). Nach Auswertung dieser Veröffentlichungen und aufgrund eigener Erfahrungen stellte Schulman zu Baumauswahl, „cross-dating" und Sensitivität der Bäume fest:

- jede Änderung des Ringwachstums ist an der äußeren Jahrringgrenze klar zu erkennen;
- verschiedene Typen „falscher" Jahrringe lassen sich erst nach dem „cross-dating" von echten Ringen unterscheiden;

- das Zellwachstum im Kambium etlicher Baumarten kann je nach Standort mehrere Jahre aussetzen;
- der Anteil der Wirkung eines einzelnen Umweltfaktors auf das Baumwachstum ist je nach Standort und Region verschieden (Schulman 1941).

Unterstützung erhielt das LTRR zu Beginn des Zweiten Weltkriegs von der US-Regierung, die den am Boulder Dam erzeugten Stromüberschuss für die kriegswichtige Magnesiumherstellung in Kalifornien einsetzen wollte. Das Los Angeles Bureau of Power and Light als Betreiber der Talsperre am Colorado River hatte Wasserbauexperten der Scripps Institution of Oceanography in La Jolla mit hydrologischen Studien beauftragt. Diese verlangten die Beteiligung eines Jahrringforschers zur Schätzung der zukünftig zu erwartenden Niederschlagsverteilung. Douglass und Schulman wurden im September 1941 zu einer Tagung nach La Jolla eingeladen, und kurz darauf erhielt Schulman einen Vertrag zur Überprüfung des gesamten Colorado-Einzugsgebietes. Mit zwei Assistenten untersuchte er insgesamt 250 Baumproben und konnte Mitte Mai 1942 einen Großteil seiner Arbeit abschließen. Auch der 74-jährige Douglass beteiligte sich noch an ausgedehnten Reisen entlang der Wasatchkette durch Utah bis ins südliche Wyoming. Frühere Erfahrungen mit solchen Untersuchungen am Gila River und am Coolidge Dam in Arizona halfen den Forschern bei der Abschätzung der Wahrscheinlichkeit für regionale Niederschläge und Dürreperioden: Schulman rechnete in dem Zeitabschnitt von 100 Jahren für das Gebiet des Colorado mit fünf starken Dürrejahren, außerdem mit einigen 9-jährigen Perioden mit über- oder unterdurchschnittlichem Niederschlag (Webb 1978, S. 385 ff.); (ders. 1983, S. 175).

Bis zum Ende des Krieges bildeten dendroklimatische Untersuchungen den Arbeitsschwerpunkt des LTRR, finanziert von Los Angeles Light and Power, der US-Army und dem US-Weather Bureau. Aber auch die Arbeit zu Klimazyklen wurde vom LTRR mit Unterstützung der American Geographical Society und der American Philosophical Society weitergeführt. Schulmans Pläne für eine Südamerikareise mussten dagegen bis 1948 warten, ehe er mit Unterstützung durch die American Academy of Arts and Science in Boston für vier Monate nach Argentinien und Brasilien reiste und in den südlichen Anden Holzproben sammelte. Nach der Einladung durch argentinische und chilenische Forstbehörden kam er im März 1950 für zusätzliche Untersuchungen dorthin zurück. Das „cross-dating" der Baumbestände war in dieser Region ähnlich günstig wie im Südwesten der USA, der Erkenntniszuwachs zur Beurteilung globaler Wetterphänomene blieb aber gering (ebd., S. 177). Die in Südamerika gesammelten Erfahrungen sollten sich wenige Jahre später als nützlich bei der Entwicklung der Radiokohlenstoffmethode erweisen: Als Bruno Huber während einer USA-Reise im Mai 1957 Schulmann im LTRR in Tucson traf, empfahl ihm dieser das Holz der patagonischen Zypresse *(Fitzroya cupressoides)* zur Kalibrierung der atmosphärischen C14-Konzentration der südlichen Hemisphäre (Rump 2011, S. 161 ff.).

Die dendroklimatischen Arbeiten von Schulman und Douglass lassen sich nach Meinung des Autors einer Phase der „modernen Klimatologie" zuordnen, die den Zeitraum von etwa 1930 bis 1970 umfasste und sich inhaltlich teilweise mit der „klassischen Klimatologie" (bis 1950) und der „Klimaforschung" (etwa von 1950 bis 2000) überschnitt (Heymann 2009, S. 189 ff.). Allerdings bedürfen solch groben Einteilungen immer einer Einzelfallprüfung nach vorher festgelegten Kriterien. Beide LTRR-Forscher waren durchaus erfolgreich bei ihrem Bemühen, lokale und regionale Klimaentwicklungen vorherzusagen, was mit später von anderen Forschern eingesetzten mathematischen Modellen zum globalen Klimawandel oft nicht gelang und sich als deren wesentliche Schwäche herausstellte. Zu den Phasen der klimatologischen Forschung vgl. Weart (2012). https://www.aip.org/history/climate/climogy.htm. Zugegriffen: 08.11.2017.

Nach dem Krieg ließen sich Pläne für einen Neubau des LTRR nicht realisieren, so dass man in der Nähe des Baseballstadions von Tucson und mit Arbeits- und Archivräumen sogar in den Katakomben unterhalb des Stadions blieb. 1948 kam Terah Smiley – Direktor des LTRR von 1958 bis 1960 – als Verstärkung der Dendroarchäologie hinzu, und 1949/50 entspannte sich die finanzielle Lage des Labors allmählich (vgl. Webb 1983, S. 178); (Davis 1997, S. 17 f.).

Bryant Bannister – Direktor des LTRR von 1964 bis 1982 – hatte als Anthropologe aus Yale schon kurz nach Ende des Krieges Kontakte nach Tucson, zuerst 1948/49 während eines archäologischen Sommerkurses. Hier traf er mit Smiley – damals Doktorand am LTRR – und Emil Haury zusammen, die als Kursverantwortliche Wert auf Kenntnisse von der Dendrochronologie und speziell der Douglass-Methode legten. Später lernte Bannister als Graduierter Douglass näher kennen und empfand die Zusammenarbeit mit ihm stets als angenehm („He was always very, very kind to me"). (Bannister et al. 1998, S. 308).

4.7.2 Streit um die Douglass-Methode

Im Oktober 1945 kam es zu einem Konflikt zwischen dem Amateurarchäologen Harold Gladwin und der Gruppe um Douglass über die richtige methodische Arbeitsweise bei der Datierung archäologischer Befunde von Pueblosiedlungen im Südwesten des Landes. Der wohlhabende

Gladwin hatte sich in Kreisen der Archäologie einen gewissen Ruf erworben, nachdem er in den 1920er-Jahren in Globe, Arizona, die Gila Pueblo Archaeological Foundation gegründet hatte, um mit eigenen Mitteln prähistorische Siedlungen der Region zu untersuchen. 1930 zeigte er sich nach einem dendrochronologischen Einführungskurs von der Douglass-Methode enttäuscht („dissapointed in the 'art' aspect of the science of dendrochronology") und bot im selben Jahr Douglass' Weggefährten Haury die Leitung eines noch zu installierenden Jahrringlabors in der Kleinstadt Globe/Arizona an. Die Präparation der Hölzer solle mit Hilfe neuer Verfahren schneller und zuverlässiger werden, etwa durch den Einsatz von Sandstrahlgeräten statt Rasierklingen für die Glättung der Holzoberflächen (Webb 1983, S. 161 ff.). Haury nahm das Angebot an und schied erst nach Auseinandersetzungen mit Gladwin über Datierungsfragen im Jahr 1937 aus dessen Diensten aus. Von Haury wurde Douglass ständig über das Arbeitsprogramm in Globe informiert, teilte aber einige der dort gängigen Vorstellungen nicht. So bestand Gladwin auf der Zufallsauswahl für die Untersuchung rezenter Bäume, während Douglass nur die als „sensitiv" bezeichneten Exemplare für untersuchenswert hielt. 1940 versuchte Gladwin, mit Hilfe unterschiedlich gewichteter gleitender Mittelwerte den Vergleich von Ringen verschiedener Bäume zu verbessern. Dies und die berechneten Korrelationskoeffizienten zwischen den Mittelwertpaaren sollten als Beweis für die Objektivität des Verfahrens dienen. Die „artistic method" von Douglass lehnte er strikt ab, offenbar ohne sich bei seiner eigenen Methode der Subjektivität von Datenauswahl und -transformation voll bewusst zu werden (Gladwin 1940). Nach 1950 sah E. Schulman Gladwins statistischen Ansatz differenzierter und stellte ihn gleichwertig neben Douglass' eher intuitive Vorgehensweise.

Diese Kontroversen führten dazu, dass Gladwin im Jahr 1943 frühere archäologische Datierungen McGregors in der Nähe von Flagstaff in Frage stellte. Ähnliche Vorwürfe wiederholte er Ende 1944 anlässlich der Befunde im Medicine Valley, wo McGregor 1930 bis 1932 ebenfalls Hölzer untersucht hatte. Eine genaue Datierung der dortigen Puebloruinen sei nicht allein mit der Dendrochronologie zu leisten, vielmehr müssten die Untersuchungsergebnisse zusätzlich mit archäologischen Methoden verglichen und verifiziert werden (Webb 1983, S. 165 f.). Zu den überwiegend archäologischen Aspekten des Streits zwischen Gladwin einerseits und Colton/McGregor andererseits vgl. Downum (1988), S. 203–249.

Im Oktober 1945 beschwerte sich McGregor schließlich bei Colton und Douglass, Gladwin mache die „Douglass-Methode" schlecht, und zwar in einer herausfordernden und wenig zurückhaltenden Weise. Ohne vorherige Rücksprache habe Gladwin an zahlreiche Kollegen geschrieben und nur die eigene Arbeitsweise als korrekt dargestellt.

Vor allem beschuldige Gladwin ihn, McGregor, der Fehldatierung von Siedlungen in Nordarizona. 1940 habe er Gladwin zum Austausch von Erfahrungen und Proben in das Museum of Northern Arizona eingeladen, doch dieser habe das Angebot nicht wahrgenommen. Gladwins Überprüfung seiner [McGregors] früheren Messungen sei deshalb mit Hilfe wenig geeigneter Restproben durchgeführt worden. Methodisch sei außerdem das Sandstrahlen von Holzkohlen in Gladwins Labor zu beanstanden, weil fehlende Jahrringe anschließend nicht mehr identifiziert werden könnten. In jedem Fall habe Gladwin eine Grenze überschritten, die eine Antwort erfordere.[37] Douglass schrieb daraufhin an McGregor und teilte ihm mit, er selbst, Haury, Sayles und Schulman seien sich darüber einig, dass Gladwin mit seiner Kritik völlig falsch liege („[We] decided G. was guilty of gross incompetence"). Gladwin direkt zu antworten, sei aber momentan die schlechteste Lösung. Er werde früher ausgewertete Holzproben seiner eigenen Flagstaff-Chronologien photographieren, deren Datierung Gladwin als falsch bezeichne, und diese Arbeit bis Januar 1946 erledigen; anschließend könne man Gladwin antworten.[38]

Entscheidende Bedeutung bei dieser Kontroverse besaß ein Memorandum von Douglass über Proben aus Flagstaff, das er bereits im November 1931 verfasst hatte und auf das sich McGregor nun bezog („An example of a major dating operation")[39]. Darin erklärte Douglass genau die Mess- und Auswerteschritte und hob die Bedeutung des „cross-dating" für die absolut sichere Bestimmung der Zeitreihen hervor: „This brings the series from 877 to 920 into a good sequence in which John [McGregor] has done considerable dating." All dies belege die Anforderungen an gute regionale Vergleichsdaten: „This is a good typical example of building up a separate chronology and letting it grow in the certainty that it is essentially correct and has an important value." Und abschließend:

> Note that this sequence, developed from many pieces, has no errors over its larger part. That is because many pieces entered into its construction. The errors in it were all bunched in the neighborhood of the 920's A. D. in a region which we had covered by perhaps only one specimen. This shows how duplication of specimens eliminates errors.[40]

Der Konflikt setzte sich weiter fort, als der Quartärgeologe Ernst Antevs zwei Publikationen Gladwins von 1940 und 1944 zur Korrelation bzw. zur Datierung der Proben aus Medicine Valley wohlwollend rezensierte. Gladwins objektives Vorgehen biete Vorteile: „The personal factor being essentially eliminated and all rings being taken into consideration, the method is relatively easy to use and should be reliable." (Antevs 1946a, S. 436). Die archäologische Absicherung dendrochronologischer Daten sei zudem unverzichtbar:„[…] archaeological evidence should always be used to determine the general period, the approximate age." (Antevs 1946b, S. 437). Antevs sah sich im Hinblick auf die besondere Rolle der Archäologie durch Harold Colton bestätigt (Colton 1946, S. 310), der sein Manuskript zuvor gelesen hatte. Colton vom Museum of North Arizona griff nun ebenfalls in den Methodenstreit ein, indem er die Datierungen seines ehemaligen Mitarbeiters McGregor zwar als korrekt bezeichnete, aber zu bedenken gab: „Lacking historic perspective, Gladwin forgot that the technique of tree ring dating was evolving during the 1930's, so that the presentation of data in the first part of the decade was quite different from the presentation of the same data toward the end." Das von seinem Museum angebotene Probenmaterial der Periode 900 bis 1000 A. D. habe Gladwin allerdings unberücksichtigt gelassen, und er habe das Alter der gefundenen Keramik falsch zugeordnet (ebd., S. 33 f.). Douglass stellte in einer Veröffentlichung seine Auffassung von präziser dendrochronologischer Arbeit ebenfalls derjenigen Gladwins gegenüber. Eine korrekte Datierung erfordere 1. die korrekte Auswahl geeigneter Bäume, die nicht dem Zufallsprinzip folgt, 2. die richtige Präparation der Holzoberfläche, um jeden einzelnen Ring beurteilen zu können und 3. den Ringmustervergleich an verschiedenen Bäumen durch „cross-dating". Gladwin beachte keine dieser drei grundlegenden Forderungen, seine Ergebnisse seien Unsinn („bunk"). Bei allen Fragen der Datierung gebe es erst völlige Sicherheit, wenn man Unklarheiten der Ringstrukturen erkannt und verstanden habe. Deshalb weise er jeder Datenliste einen Vertrauensbereich zu, der durch einen „certainty index" auf einer Skala von 1 bis 10 gekennzeichnet werde (Douglass 1946, S. 5, 15).

Ende 1946 zeigte sich Douglass zufrieden mit der Weigerung Coltons, Gladwins Datierungsergebnisse in sein Buch über die Sinaguakultur aufzunehmen. Gladwin sei die Bedeutung der Jahrringe nie klargeworden, vor allem mangele es ihm an Verständnis für die Struktur von Holz und Holzkohle. Auch gebe es in seinen Veröffentlichungen keine Photographien oder graphische Darstellungen, was die Überprüfung der Ergebnisse erschwere. Außerdem bat Douglass Colton um Erläuterungen zu dem im Buch beschriebenen Unterschied zwischen Gladwins angeblich

---

[37]Douglass Papers, Univ. of Ariz., Az 72, Box 73, F1: McGregor an Colton v. 16.10.1945; Gladwin verwendete für die Präparation von Holzkohle ein kommerzielles Ruemelin-Sandstrahlgerät in geschlossener Kammer mit Carborundumpulver No. 400.

[38]Ebd., Douglass an McGregor v. 30.11.1945.

[39]Ebd., Douglass an Colton v. 14.11.1931.

[40]Ebd.; das vollständige Douglass-Memorandum ist abgedruckt in Rump (2017, S. 462–466).

„quantitativer" Arbeitsweise gegenüber der „qualitativen" nach der Douglass-Methode.[41] Colton erklärte in seiner Antwort, Gladwin folge einer festgelegten statistischen Arbeitsroutine, während Douglass jeden Arbeitsschritt einzeln beurteile („skilled judgement must govern every step"). Er [Colton] habe sich der Auffassung seines Kollegen Stallings angeschlossen: „Because the Gladwin method requires absolute measurements in every stage, I still think it is more quantitative than yours, but does not mean that I think it is a more accurate method."[42] Zehn Tage zuvor habe Gladwin ihm in Santa Barbara mitgeteilt, er wolle Frieden schließen. Ein Besuch im dortigen Labor habe außerdem gezeigt, dass zum „Sand"-Strahlen von Holzkohle kein Sand, sondern Holzkohlenstaub verwendet werde. Er empfehle aber, Schulman nach Gila Pueblo zu schicken, um mit dem Laborleiter Derec Nusbaum über technische Fragen zu sprechen.

Auch Douglass schien den Streit nun beilegen zu wollen und stellte in einem Schreiben an Colton noch einmal den Kern seiner Arbeitsmethode derjenigen Gladwins gegenüber: Er bearbeite Baum für Baum bis zum endgültigen „cross-dating", während Gladwin Mittelwerte der Ringbreiten mit Hilfe von Korrelationskoeffizienten vergleiche. Es gelte aber: „[The ring pattern] is built of individuals, not of averages, and is therefore precise to the individual ring, which is not true of correlation coefficients."[43] Dieses Prinzip werde auch beim Erkennen von Gesichtern und auch beim Vergleich von Keramikbefunden erfolgreich eingesetzt. Er unterstelle Gladwin gar keine betrügerische Absicht, sondern nur pure Ignoranz. Dendrochronologische Arbeitsmethoden sollten nicht durch Begriffe wie „quantitativ" oder „qualitativ" charakterisiert werden, sondern allein durch die Einteilung in „richtig" oder „falsch". Jeder einzelne Jahrring müsse identifiziert werden. Fehle nur ein einziger Ring, könne der Korrelationskoeffizient einen völlig falschen Zahlenwert erhalten. Die Voraussetzung für korrektes Arbeiten sei deshalb: „[W]e measure all our rings but do it after identification of the ring and not before."

Im selben Jahr 1947 bezeichnete der Statistiker Gordon Gibson die Methode Gladwins als „theoretically unsound" und tat die verschieden langen gleitenden Mittelwerte als „jumping averages" ab. Gladwin ignoriere bei der Berechnung der Produkt-Moment-Korrelation auch, dass viele Datenpaare nicht normalverteilt und statistisch nicht voneinander unabhängig seien, was die Interpretation mancher Ergebnisse unmöglich mache. Dagegen lobte er Gladwins Versuch, die Auswertung dendrochronologischer Messdaten auf eine besser überprüfbare und rechnerisch abgesicherte Grundlage zu stellen (Gibson 1947).

Der Methodenstreit nahm so zwar ein günstiges Ende für die Gruppe um Douglass, doch ließen sich Gegner einer stark intuitiv geprägten Jahrringforschung wie Harold Gladwin, Waldo Glock oder Gordon Gibson nun nicht mehr ignorieren (Creasman et al. 2012, S. 84); (Haury 1988, S. 53 ff.). Glock blieb auch weiterhin kritisch gegenüber Douglass' und Schulmans Standortauswahl sensitiver Bäume nur auf trockenen Steillagen, welche baumphysiologische Faktoren kaum berücksichtige. Auch führe das „cross-dating" zur Identifizierung „falscher" Ringe oft nicht zum Ziel (Glock 1955, S. 107 ff., 123 f.).[44] Die Kritik blieb unbeantwortet, obwohl sie sicher nicht wirkungslos war, da es während der 1950er-Jahre am LTRR zu einer Neuausrichtung der Forschungsarbeit kam, die die quantitativen Aspekte stärker als zuvor berücksichtigte. Nach Auffassung des Autors lassen sich hier Ähnlichkeiten zu der Kontroverse über das Baumwachstum um 1870 feststellen (vgl. Abschn. 3.6). In beiden Fällen erschienen die Gruppen der Kontrahenten erschöpft, beharrten schließlich kaum noch auf allen eigenen Argumenten und ließen damit mehr oder weniger freiwillig Raum für eine andere Sicht auf die Methodenentwicklung. Waren es gegen Ende des 19. Jahrhunderts neue Erkenntnisse zu den steuernden Mechanismen des Wachstums, entschärften nun vor allem statistische Überlegungen den Streit. Ein Vergleich mit den etwa zur selben Zeit an Bruno Hubers Münchener Institut durchgeführten Arbeiten zur Sicherheit von Jahrringdatierungen erscheint in diesem Zusammenhang besonders aufschlussreich (vgl. Abschn. 6.2).

Anhang 3 zu Kap. 4

Regesten des Briefwechsels zwischen A. E. Douglass, Tucson, und dem Ehepaar Gerard und Ebba Hult de Geer, Stockholm, zwischen 1921 und 1959.

Quelle: Archiv der Universität Tucson, Douglass Papers, Box 73/5

(Der Briefwechsel wurde vom Autor chronologisch angeordnet. Texte innerhalb eckiger Klammern sind Kommentare des Autors H.H.R.)

- Douglass an G. de Geer v. 08.02.1921: In einer kurzen Notiz teilt D. mit, er habe von den Warvenuntersuchungen Gs. Kenntnis erhalten.

---

[41]Ebd., Douglass an Colton v. 06.12.1946.
[42]Ebd., Colton an Douglass v. 14.01.1947.
[43]Ebd., Douglass an Colton v. 22.01.1947.

---

[44]Schon 1941 hatte Glock vorsichtige Kritik an Douglass geübt (Glock 1941, S. 660, 689).

- Douglass an G. de Geer v. 10.03.1928: D. beglück-wünscht G. zu dessen Erfolgen bei der Warvenfor-schung.
- Douglass an G. de Geer v. 20.05.1930: D. kündigt eine Forschungsreise nach Schweden an, da er beabsichtige, mehr über die Warvenforschung zu erfahren und eine mögliche Verbindung mit seiner Jahrringforschung der „big trees" herzustellen.
- Douglass an G. de Geer v. 06.06.1930: D. bedankt sich bei G. für sein Interesse an der Jahrringforschung.
- G. de Geer an Douglass [adressiert an das Steward Observatory] v. 07.06.1930, Er lädt D. zur Konferenz der International Geodetic and Geophysic Union vom 15. bis 23. August 1930 nach Stockholm und zu einer anschlie-ßenden Warvenexkursion ein.
- G. de Geer an Douglass v. 17.11.1930: G. dankt D. für dessen Besuch und zieht einen Vergleich zwischen ihren jeweiligen Arbeitsmethoden. Außerdem berichtet er von einem Forschungsaufenthalt gemeinsam mit seiner Frau in Kurland, um den Eisrückzug des großen Ost-seegletschers zu studieren, außerdem von seinen Vor-bereitungen auf ein Forschungsprojekt im Rahmen des Internationalen Polarjahres in Lappland und Spitzbergen. [de Geer und Douglass kamen sich bei diesem Treffen offensichtlich näher: vor dem Treffen lautet de Geers Anrede „My Dear Sir", danach „Dear Friend".]
- Douglass an G. de Geer v. 21.01.1931: Trotz Gs. Ein-ladung könne er 1931 keine erneute Reise nach Europa antreten.
- G. de Geer an Douglass v. 12.05.1931: G. berichtet von der Auswertung von Daten der Warven am Lake Superior [Die Messungen stammen wahrscheinlich von dem Geo-logen Ernst Antevs, einem früheren Mitarbeiter de Geers] und über seine neuen Grabungen nahe Stockholm.
- E. H. de Geer an Douglass v. 28.10.1931: Sie schickt D. („Our dear Professor") Kopien ihrer „semi popular study", die G. einem Brief zuvor erwähnt hatte. D. solle nicht zu enttäuscht über sie als Autorin der Veröffent-lichung sein [Es handelte sich um den Artikel Geer de, E. H., 1931: Geokronologi och biokronologi. En jam-förande studie. Ymer 51, 249–312; darin verglich sie die Methoden von Douglass und G. de Geer]: „As his argilochronology is as yet the only geochronology, so your dendrochronology is the only biochronology". Ds. Arbeiten seien in Schweden weitgehend unbekannt, und deshalb habe sie Gs. Arbeit nur knapp dargestellt „to accentuate the fundamental difference between *radial* and *tangential* connections." [Hervorhebung: E. H. G.]. Die Ersteren habe G. in der Anfangsphase seiner For-schungen verwendet, vor allem bei nahe beieinander gelegenen Messstellen. G. hatte 1915 die Idee, einige der längsten Warvenserien für Verbindungen über große Distanzen zu nutzen. In solchen Serien wäre die Kurve

„of much more quiet and distal type", und dies sei das Geheimnis der „teleconnections". Doch noch sei es nicht so weit. Außerdem fragt sie D., ob er die von Carl von Linné mit Kreuzchen versehene Kurve der Jahrringe von Eichen durch eigene Auswertungen bestätigen könne. [E. H. G. bezieht sich offenbar auf Linnés Reise nach Schonen, in der dieser auch über Jahrringmessungen berichtete, s. Linné, C. v. 1751. Skanska Resa. Stock-holm: Salvi. S. 68–69.] Außerdem erbittet sie von D. in Schweden kaum verfügbare Exemplare des „National Geographic Magazine", da sie beabsichtige, einen Arti-kel über die astronomischen Observatorien im Westen der USA zu schreiben.
- G. de Geer an Douglass v. 25.01.1932: G. bedankt sich für das in den USA durch D. geweckte Interesse an der biochronologischen Arbeit seiner Frau. [Die Ansichts-karte zeigt beide de Geers in formeller Kleidung bei der Arbeit an Warvenaufschlüssen].
- G. de Geer an Douglass, o. D., 1932: Grußkarte der de Geers vor einem Wasserflugzeug.
- E. H. de Geer an Douglass v. 23.02.1932: Sie meint, es wäre gut, schwedische Fachleute auf Ds. Arbeit auf-merksam zu machen und bittet ihn um einen Beitrag für eine schwedische Fachzeitschrift. Gs. Arbeit mit ame-rikanischen Warvenproben für die Arbeit an der Tele-konnexion kämen gut voran.
- E. H. de Geer an Douglass v. 12.03.1935: Die [offenbar vorher von D. übersandten] „Sequoia graphs" seien sehr wertvoll für ihre biochronologische Arbeit.
- G. de Geer an Douglass v. 04.02.1937: G. vergleicht die Varianzen seiner Warvenforschung und der Dendro-chronologie und hält erst nach Vorliegen größerer Daten-mengen exaktere Berechnungen für möglich.
- E. H. de Geer an Douglass v. 11.04.1938: Sie stellt fest: „your cycle study is far more embracing and complica-ted than the method tried by de Geer."
- Douglass an Prof. James Walter Goldthwait v. 24.09.1938: Er berichtet von seinem Besuch 1930 in Gs. Geochronologischem Institut in Stockholm. Zu de Geers Fernvergleichen äußert er sich distanziert: „I believe he calls them tele-connections". [Goldthwait war Chairman einer Veranstaltung des Dartmouth College im Oktober 1938 zu Ehren von de Geers 80. Geburtstag und bot auch praktische Übungen und Warvenmessungen an.]
- E. H. de Geer an Douglass v. 08.11.1938: Sie informiert ihn darüber, dass Schweden die Forschungsförderung für Ausländer eingestellt habe und D. keine Aussicht auf Genehmigung seines Antrags habe. [Ob D. tatsäch-lich einen Forschungsantrag in Schweden gestellt hat, ist dem Schriftwechsel nicht zu entnehmen.]
- E. H. de Geer an Douglass v. 13.03.1939: Sie schreibt vom harten Existenzkampf der Wissenschaften in Schweden. Doch versuche man, D. zu unterstützen, und:

„In science and politics, there are formed great blocks of ‚truths' [handschr. Zusatz.: „or personal interests"] contesting each other. It is only not to give up."

- E. H. de Geer an Douglass v. 18.04.1939: Sie berichtet von einem Treffen mit dem schwedischen „Riksantiquarian" des staatlichen historischen Museums, der ihr ein Stipendium in Aussicht gestellt habe, um so wichtige Jahrringdatierungen der Wikingerzeit in Skandinavien und Polen durchzuführen. Das Oseberg-Schiff in Oslo habe sie schon bearbeitet. Sie erbittet Fürsprache durch D. [Es fällt auf, dass E.H. de Geer Deutschland in ihrem Brief nicht erwähnt. Im Grabungsbericht von Herbert Jankuhn zur Wikingersiedlung Haithabu hieß es „Frau Prof. de Geer erbot sich freundlicherweise, die Jahresringbestimmungen für uns durchzuführen in dem Augenblick, als die Bachbettuntersuchungen einen gewissen Abschluß erreicht hatten."]

- Douglass an E. H. de Geer v. 06.05.1939: D. schickt das gewünschte Empfehlungsschreiben: „Your experience of so similar a type in working with the varves makes you highly competent to do any work with the rings of trees." [Ein Memorandum liegt dem Brief nicht bei, ist aber in den „Douglass Papers" enthalten. Darin notiert er die Erfahrungen seines Besuchs von 1930 mit dendrochronologischen Messungen an schwedischen Bäumen und alten Hölzern der Art *Picea excelsa*.]

- E. H. de Geer an Douglass v. 22.07.1939: Sie teilt mit, dass [der Riksantiquarian] Mr. Curman ihr bald ein Stipendium bewilligen wolle, doch sei diese Unterstützung unzureichend. G. de Geer bereite die erste große Publikation seiner Warvenforschungen vor, die hoffentlich im September zum 200sten Jahrestag der Schwedischen Akademie der Wissenschaften fertig werde. Dazu lädt sie D. ein, entweder als Delegierter oder privat. [Die folgende Passage über die Beschaffung von finanziellen Mitteln ist aufschlussreich für die Kooperation zwischen D. und den de Geers]: „Sometimes I wonder if you could not get some money from Mr. Gilette? [Ein einflussreicher schwedischer Großindustrieller] His enthusiasm is great, but Gerard dreads all the mysterious cycles he presents. However, the only way, as I believe, to get great sums of money, that is by stirring up the enthusiasm of one single person [...] If you could put up a broad plan of a cooperation in varve study together with tree rings, and if you could afford to go to Mr. Gilette and speak him warm – perhaps that you could get a hundred thousand dollars? And then you should be so fine as to leave the half to us of any sum you get, because of my having induced you to try. Would you try?" Sie ergänzt, ihre dendrochronologischen Datierungen hätten in Norwegen Aufsehen erregt, und man sei dort dabei, den Hügel von Raknehaugen [größter Grabhügel in Nordeuropa, angelegt im 7. Jh. n. Chr.] auszugraben.

- E. H. de Geer an Douglass v. 18.07.1943: Sie schreibt über G. de Geers Krankheit, weshalb kein Symposium zu seinen Ehren veranstaltet werde.

- E. H. de Geer an Douglass v. 10.08.1943: Sie informiert D. über Gs. Tod. Seine Hauptarbeit, die Geochronologie, werde die Zeit überdauern.

- Douglass an E. H. de Geer v. 01.11.1943: D. schickt einen Kondolenzbrief.

- E. H. de Geer an Douglass v. 01.09.1944: Sie berichtet von zwei dendrochronologischen Aufträgen zur Untersuchung von Hölzern vom Damm eines Stausees von 1660 bzw. 1772 sowie von Palisadenhölzern einer alten Burgruine [möglicherweise Haithabu].

- E. H. de Geer an Douglass v. 29.11.1944: Mitteilung über Warvenmessungen vor 1920 durch Prof. Sauramo in Finnland, in der sie die große Übereinstimmung von dessen Messergebnisse mit denen ihres Mannes betont.

- Douglass an E.H. de Geer v. 08.05.1945 [D. datiert seinen Brief mit „May 8, 1945, V-E DAY"]: Er erinnert an die gemeinsame Korrespondenz und den Photoaustausch seit 1930 und drückt seine Bewunderung für ihre Jahrringarbeit aus. Er berichtet über die Weiterentwicklung eigener Arbeiten, auch über das von ihm genutzte 36-Zoll-Teleskop in Tucson, das wegen des Stadtlichtes einen neuen Standort benötige.

- Douglass an E. H. de Geer v. 08.05.1949: D. erinnert an frühere Reisen nach Europa, z. B. nach Bergen im Januar 1913, unterstützt vom Botaniker der Forststation in Sapteland. Damals habe er drei Holzstücke von Os mit (*Pinus sylvestris* oder *Pinus excelsior*) mitgenommen. Dabei verweist D. auf die Seiten 38, 114 und 115 seiner ersten Carnegie-Studie *Climatic cycles and tree growth* von 1919: „The best records that showed a sunspot cycle came from Eberswalde". Er erinnert außerdem an die Mitarbeiter de Geers von 1930, Ragnar Lidén [erweiterte die Warvenchronologie de Geers um mehrere tausend Jahre] und Lennart von Post [ab 1929 Nachfolger de Geers auf dessen Lehrstuhl].

- E. H. de Geer an Douglass v. 09.05.1949: Sie schreibt über eine Tagung, in der sie über Ds. Arbeiten berichtete und bedankt sich für den von D. geschickten „Sequoia Record". Es wäre schön, wenn man lange skandinavische Zeitreihen von Jahrringen damit verknüpfen könnte. Sie empfiehlt hierfür, die Barlind trees [d. h. Eiben, *Taxus baccata*] nahe Bergen zu untersuchen. Diese seien zwar alt, Messungen aber schwierig, da es dort den „Holy Ghost of Nature's Protection" gebe. Sie bittet D. um eine Empfehlung, drei Exemplare fällen oder zumindest Bohrkerne entnehmen zu dürfen.

- Douglass an E. H. de Geer v. 17.05.1949: Taxus sei nicht leicht zu bearbeiten; die Gattung erinnere ihn an Juniper, die sich kaum für die Jahrringmessung eigne. Er erklärt die Vorteile der Bohrtechnik mit dem

„Swedish increment borer". Er und Dr. Schulman [Mitarbeiter von D.] seien sehr erfahren bei der Standortwahl, die für „climatic records" geeignet seien. Vorteilhaft seien Bohrungen an fünf unterschiedlich alten Bäumen; auch im oberen Baumteil könnten Bohrungen erfolgen. Die Proben solle man ihm zuschicken. Für hartes Holz empfiehlt er den „tubular borer". Es wäre hilfreich, wenn Prof. Knut Faegri aus Bergen seine Genehmigung zum Bohren geben könnte.

- Douglass an Dr. Brown [Leiter der Abt. Pflanzenpathologie der Universität Arizona, Tucson.] v. 25.05.1950: Er bittet ihn, E. H. de Geer in Stockholm bei seiner Reise nach Schweden aufzusuchen, da eine Sequoia-Scheibe dorthin geschickt werden solle. D. stellt einen Vergleich an: „There are many problems in connection with those annual clay layers that are very similar to our problems in identifying the rings of trees."

- E. H. de Geer in einem Interview mit B. Cosulich vom „Tucson Daily Citizen" v. 7.6.1954 in Stockholm: Dieses Gespräch im Geochronologischen Institut kreist um das enge freundschaftliche und wissenschaftliche Verhältnis zwischen dem Ehepaar de Geer und Douglass, dessen Bild im Institut neben einer Sequoiascheibe hänge. Sie erklärt: „He [Douglass] originally came to Stockholm in 1912, returned in 1930 to learn whether the dating chronology of glacial varves as studied by the late Dr. de Geer, agreed with the climatic curves he had found in the annual growth rings of trees. They do agree, and both were affected by the sun's spots, which control the earth's climate."

- E. H. de Geer an Douglass v. 23.07.1959: Sie hätte die ihr vertraute jüngste Tochter von Svante Arrhenius [Nobelpreis für Chemie, 1903] brieflich gebeten, während deren Reise zu ihrem Neffen Gustav Arrhenius in La Jolla/CA auch D. aufzusuchen. [Der Geochemiker Gustav Arrhenius arbeitete dort am Scribbs Institute for Oceanography und war mit der C14-Methode vertraut. Mit dem ebenfalls in La Jolla arbeitenden Radiokohlenstoffexperten Hans Sueß war er bekannt.] Wahrscheinlich würde sie mit Ernst Antevs in den USA Kontakt aufnehmen, der mit Dr. Olof Arrhenius in Stockholm befreundet sei. Sie hoffe, dass Antevs seine geplante Reise nach Schweden um ein Jahr verschiebt, nennt ihn als Wissenschaftler „eingebildet" (conceited) und „unverbesserlich" (inveterate). Er besitze „no keen eye for the development really going on, nor any chronologic sense". Deshalb sei es nicht vertretbar, ihn an der modernen Universität Stockholm zum Professor zu machen: „I will not accept Antevs as leader of this de Geer's institute". Mit der Warvenarbeit sei sie noch eng verbunden, beklagt sich aber über deren schlechte Presse in Schweden und darüber, dass der Arrhenius-Clan hier

wissenschaftlich alles kontrolliere. [Eine persönliche Bemerkung am Schluss des Briefes lässt sie resigniert erscheinen; offen schreibt sie vom Trinken.]

Literatur

Abbot, C. G. 1931. Research corporation awards to A. E. Douglas and Ernst Antevs for researches in chronology. *Smithsonian Report for 1931*, Publ. No. 3152: 303–324.

Allen, G. E. 1986. The Eugenics Record Office at Cold Spring Habor, 1910–1940: An essay in institutional history. *Osiris* 2: 225–264.

Anderson, K. 1999. The weather prophets: Science and reputation in Victorian meteorology. *History of Science* 37: 179–216.

Anonymus. 1934. [Gründung Tree-Ring Bulletin]. *Science* 80: 116.

Anonymus. 1938. Tree-Ring Laboratory. *Tree-Ring Bulletin* 4: 2.

Antevs, E. 1925. The big tree as a climatic measure. *Carnegie Institution of Washington*, Publ. No. 352: 115–153.

Antevs, E. 1946a. [Review zu Gladwin: Methods of Correlation, 1940.] *American Anthropologist* 48: 433–436.

Antevs, E. 1946b. [Review zu Gladwin: Tree-Ring Analysis, Medicine Valley Sites, 1944]. *American Anthropologist* 48, 436–438.

Atwater, C. 1820. Description of the antiquities discovered in the state of Ohio and other western states. *Am. Antiquarian Soc.* 1: 171–177.

Aurousseau, M. 1975. [Review Ellsworth Huntington: His life and thought]. *Annals of the Assoc. of Amer. Geographers* 65: 73–76.

Bannister, B., J. W. Hannah, W. J. Robinson. 1966. *Tree-ring dates from Arizona K: Puerco-wide Ruin-Ganado area.* Tucson: Laboratory of Tree-Ring Research.

Bannister, B., R. E. Hastings, J. Bannister. 1998. Remembering A. E. Douglass. *J. of the Southwest* 40: 307–318.

Bogue, E. E. 1905. Annual rings of tree growth. *Monthly Weather Review* 33: 250–251.

Brew, J. O. 1978. Neil Merton Judd, 1887–1976. *American Anthropologist* 80: 352–354.

Brunt, D. 1924. [Buchreview]. *Geographical J.* 63: 164 f.

Carnegie Institution of Washington Yearbooks. No. 21 (1922), 23 (1923/24), 24 (1924/25), 25 (1926/26), 26 (1926/27), 27 (1927/28), 30 (1930/31), 31 (1931/32), 32 (1932/33), 33 (1933/34), 34 (1934/35), 35 (1935/36), 37 (1937/38).

Coile, T. S. 1936. The effect of rainfall and temperature on the annual radial growth of pine in the southern United States. *Ecological Monographs* 6: 533–562.

Colton, H. S. 1946. *The Sinagua: A summary of the archaeology of the region of Flagstaff, Arizona.* Flagstaff: Museum of Northern Arizona Bulletin 22.

Creasman, P. P. et al. 2012. Reflections on the foundation, persistence, and growth of the Laboratory of Tree-Ring Research, circa 1930–1960. *Tree-Ring Research* 68: 81–89.

Davis, O. K. 1997. Memorial to Terah L. Smiley, 1914–1996. *Geol. Soc. of America Memorials* 28:17 f.

Douglass, A. E. 1892 Indications of a rainy period in Peru. *Science* 20: 231 f.

Douglass, A. E. 1895: The study of atmospheric currents by the aid of large telescopes, and the effect of such currents on the quality of the seeing. *Amer. Meteorological J.* 11, 1–22.

Douglass, A. E. 1897a. Atmosphere, telescope and observer. *Popular Astronomy* 5: 64–84.

Douglass, A. E. 1897b. Drawings of Jupiter's third satellite. *Astronomische Nachr.* 143: 412–414.

Douglass, A. E. 1898a. The first satellite of Jupiter. *Astronomische Nachr.* 146: 345–356.

Douglass, A. E. 1898b. The markings on Venus. *Monthly Notices Royal Astron. Soc.* 58: 382–385.

Douglass, A. E. 1899a. A summary of planetary work at the Lowell observatory and the conditions under which it has been performed. *Popular Astronomy* 7: 1–11.

Douglass, A. E. 1899b. Mars. *Popular Astronomy* 7: 113–117.

Douglass, A. E. 1907a. Illusions of vision and the canals of Mars. *Popular Science Monthly* 70: 464–474.

Douglass, A. E. 1907b. Is Mars inhabited? *The Harvard Illustrated Magazine* 8: 116–118.

Douglass, A. E. 1909. Weather cycles in the growth of big trees. *Monthly Weather Review* 37: 226–237.

Douglass, A. E. 1914a. A method of estimating rainfall by the growth of trees. *Bull. Amer. Geogr. Soc.* 46: 321–335.

Douglass, A. E. 1914b. A photographic periodogram of the sun-spot numbers. *Astrophysical J.* 40: 326–331.

Douglass, A. E. 1915. An optical periodograph. *Astrophysical J.* 41: 173–186.

Douglass, A. E. 1916. The callender sunshine recorder and some of the world-wide problems to which this instrument can be applied. *2. Amer. Scientific Congress* (Dec.1915), Sec. 2: 570–579.

Douglass, A. E. 1917. Climate records in the trunks of trees. *American Forestry* 23: 730–735.

Douglass, A. E. 1919a. [Short communication]. *Monthly Weather Review* 47: 881.

Douglass, A. E. 1919b. Climatic cycles and tree growth: A study of the annual rings of trees in relation to climate and solar activity. Bd. I. *Carnegie Institution of Washington*, Publ. No. 289.

Douglass, A. E. 1920. Evidence of climatic effects in the annual rings of trees. *Ecology* 1: 24–32.

Douglass, A. E. 1921. Dating Our Prehistoric Ruins. *Natural History* 21: 27–30.

Douglass, A. E. 1925. Tree rings and climate. *Scientific Monthly* 21, 95–99 [Rundfunksendung v. 31.12.1924 WRC Washington, am 3.1.1925 WJZ New York]

Douglass, A. E. 1926. The significance of honor societies. *Phi Kappa Phi Journal* 6: 3–6.

Douglass, A. E. 1928. Climatic cycles and tree growth: A study of the annual rings of trees in relation to climate and solar activity., Bd. II. *Carnegie Institution of Washington* (S. 1–166), Publ. No. 289.

Douglass, A. E. 1929. The secret of the southwest solved by talkative tree rings. *National Geographic Magazine* 56: 737–770.

Douglass, A. E. 1931. Tree ring and dating of southwestern prehistoric ruins. Proc. 158th meeting of Amer. Soc. of Civil Engineers, San Francisco.

Douglass, A. E. 1935. *Dating Pueblo Bonito and other ruins of the Southwest.* Pueblo Bonito Series 1. Washington: Nat. Geogr. Soc.

Douglass, A. E. 1936. Climatic cycles and tree growth: A study of the annual rings of trees in relation to climate and solar activity. Bd. III. *Carnegie Institution of Washington*, Publ. No. 289.

Douglass, A. E. 1937. Tree rings and chronology. *University of Arizona Bulletin* 8 (1). Mit Douglass' Randnotizen: https://ltrr.arizona.edu/content/tree-rings-and-chronology. Zugegriffen: 13.6.2016.

Douglass, A. E. 1938/1944. Tree-rings and climatic cycles. Lecture to the Ass. of Western State Engineers, Phoenix. [Überarbeitete Version in: *Phi Kappa Phil. J.* 24 (1944), 81–87.]

Douglass, A. E. 1946. Precision of ring dating in tree-ring chronologies. *Univ. Arizona Bulletin* 17(3): 4–22.

Downum, C. E. 1988. *„One grand history": A critical review of Flagstaff archaeology, 1851 to 1988.* Dissertation, University of Arizona.

Du Bos, J. B. 1719. *Réflexions critiques sur la poésie et sur la peinture.* Bd. 2. Paris: Mariette.

Eddy, J. A. 1990. Some thoughts on sun-weather relations. *Phil. Transactions R. Soc. London* A 330: 543–545.

Fewkes, J. W. 1926. The Chronology of the Mesa Verde. *American J. of Archaeology* 30: 270–282.

Fritts, H. C. 1967. Growth rings of trees: A physiological basis for their correlation with climate. In: R. A. Shaw (Hrsg.) *Ground level climatology* (S. 45–65). AAAS-Publ. No. 86.

Fritts, H. C. 1971. Dendroclimatology and dendroecology. *Quaternary Research* 1: 419–449.

Fritts, H. C., D. G. Smith, M. A. Stokes. 1965. The biological model for paleoclimatic interpretation of Mesa Verde tree-ring series. *Memoirs of the Soc. for Amer. Archaeology* 19: 101–121.

Gibson, G. D. 1947. On Gladwin's methods of correlation in tree-ring analysis. *American Anthropologist* 49: 337–340.

Gladwin, H. S. 1940. Tree-ring analysis: methods of correlation. *Medallion Papers* 28.

Glock, W. S. 1933. Tree-ring analysis on Douglass system. *The Pan-American Geologist* 60: 1–14.

Glock, W. S. 1934a. Report on the First Tree-Ring Conference. *Tree-Ring Bulletin* 1: 4–6.

Glock, W. S., 1934b. Necessary information on tree-ring specimens from living trees. Tree Ring Bulletin 1: 12.

Glock, W. S. 1937. Principles and methods of tree-ring analysis. *Carnegie Institution of Washington*, Publ. No. 486.

Glock, W. S. 1941. Growth rings and climate. *Botanical Review* 7: 649–713.

Glock, W. S. 1955. II. Growth rings and climate. *Botanical Review* 21:73–188.

Haury, E. 1962. HH-39: Reflection of a dramatic moment in southwestern archaeology. *Tree-Ring Bulletin* 74: 11–14.

Haury, E. W., 1988: *Gila Pueblo Archaeological Foundation: A History and Some Personal Notes.* Kiva 54, 1–77.

Haury, E. W., L. L. Hargrave. 1931. Recently dated Pueblo ruins in Arizona. *Smithsonian Miscellaneous Collections* 82, No. 11, Washington, D. C.

Henderson, J. P., H. D. Grissino-Mayer. 2009. Climate-tree growth relationships of longleafpine (*Pinus palustris* Mill.) in the Southeastern Coastal Plain, USA. *Dendrochronologia* 27: 31–43.

Hetherington, N. S. 1981. Percival Lowell: Professional scientist or interloper. *J. of the History of Ideas* 42: 159–161.

Heymann, M. 2009. Klimakonstruktionen – Von der klassischen Klimatologie zur Klimaforschung. *NTM* 17: 171–197.

Hockey, T. et al. (Hrsg.) 2007. *Biographical Encyclopedia of Astronomers.* New York: Springer.

Huber, B. 1961. *Grundzüge der Pflanzenanatomie.* Berlin: Springer.

Hufbauer, K. 1991. *Exploring the sun. Solar science since Galileo.* Baltimore: Johns Hopkins Univ. Press.

Hughes, M. K., P. M. Brown. 1992. Drought frequency in central California since 101 B.C. recorded in giant sequoia tree rings. *Climate Dynamics* 6: 161–167.

Humphreys, W. J. 1923. [Review]. *Science* 57: 386–391.

Huntington, E. 1905. The mountains of Turkestan. *Geographical J.* 25: 139–158.

Huntington, E. 1907. *The pulse of Asia.* Boston: Houghton Mifflin.

Huntington, E. 1908. The climate of the historic past. *Monthly Weather Review* 36: 359–364, 446–450.

Huntington, E. 1911. *Palestine and its transformation.* Boston: Houghton Mifflin.

Huntington, E. 1912. The secret of the big trees. *Harper's Monthly Magazine* 125: 292–301 [Nachdruck in US-Dep. of Interior, Washington, Gov. Print. Office, 1913, 1–24].

Huntington, E. 1913. Changes of climate and history. *Amer. Historical Review* 18: 213–232.

Huntington, E. 1914. The climatic factor as illustrated in arid America. *Carnegie Institution of Washington.* Publ. No. 192: 233–253.

Huntington, E. 1915a. *Civilization and climate.* New Haven: Yale Univ. Press.

Huntington, E. 1915b. Work and weather. *Harper's Monthly Magazine* 131: 233–244.

Huntington, E. 1915c. Is civilization determined by climate? *Harper's Monthly Magazine* 132: 943–951.

Huntington, E. 1917. [Review von "Theory of Evolution" von T. H. Morgan] *The Yale Review* 6: 667–670.

Huntington, E. 1918. Solar disturbances and terrestrial weather. *Monthly Weather Review* 46: 123–141, 168–177, 269–277.

Huntington, E. 1919. *World power and evolution.* New Haven: Yale Univ. Press.

Huntington, E. 1924. Geography and natural selection. A preliminary study of the origin and development of racial character. *Annals of the Assoc. of Amer. Geographers* 14: 1–16.

Huntington, E. 1945. *Mainsprings of civilization.* New York: Wiley & Sons.

Jeffrey, E. C. 1917. *The anatomy of woody plants.* Chicago: Univ. of Chicago Press.

Kidder, A. W. 1924. *Introduction to the study of southwestern archaeology.* Rev. 1962. New Haven: Yale Univ. Press.

König, W. 1914. Berliner Regenfall und Sonnenflecken. *Meteorologische Zeitschrift* 31: 242 f.

Kohler, R. E., 1991: *Partners in Science: Foundations and natural scientists, 1900–1945.* Chicago: Univ. of Chicago Press.

Kuniholm, P. I. 2001. Dendrochronology and other applications of tree-ring studies in archaeology. In: D. Brothwell, A. Pollard (Hrsg.), *The handbook of archaeological sciences* (S. 35–46). London: Wiley.

Le Roy Ladurie, E. 1959. Histoire et climat. *Annales Histoire, Sciences Sociales* 14: 3–34.

Ledger, E. 1903. The canals of Mars – are they real? Nineteenth Century and after. *Monthly Review* 53: 773–785.

Lockyer, N. 1903. Simultaneous solar and terrestrial changes. *Science* 18: 611–623.

Lowell, S. 1895. *Mars.* Boston: Houghton. https://archive.org/details/mars01lowegoog. Zugegriffen: 9.11.2017.

MacDougal, D. T. 1921. Growth in trees. *Carnegie Institution of Washington*, Publ. No. 307.

MacDougal, D. T. 1924. Growth in trees and massive organs of plants. *Carnegie Institution of Washington*, Publ. 350: 1–88.

Martin, G. J. 1973. *Ellsworth Huntington. His life and thought.* Hamden: Archon.

McGraw, D. J. 2001. *Andrew Ellicott Douglass and the role of the giant sequoia in the development of dendrochronology.* Lewiston: Mellen.

McGraw, D. J. 2003. Andrew Ellicott Douglass and the giant sequoias in the founding of dendrochronology. *Tree-Ring Research* 59: 21–27.

Meldrum, C. 1875/76. On a secular variation in the rainfall in connexion with the secular variation in amount of sun-spots. *Proc. Royal Soc. of London* 24: 379–387.

Möllhausen, B. 1854. Die Pueblos – Indianer Nord-Amerikas. *Z. f. Allg. Erdkunde* 3: 231–237.

Möllhausen, B. 1860. *Wanderungen durch die Prairien und Wüsten des westlichen Nord-Amerika.* 2. Aufl. Leipzig: Mendelssohn.

Montesquieu, C.-L. de. 1748. *De l'esprit des loix.* Geneva: Barrillot. [Dt. Übers. v. E. Forsthoff, 1951. Tübingen: Mohr].

Murphy, A. B. 2007. [George J. Miller Award]. *J. of Geography* 106: 1 f.

Nash, S. E. 1999. *Time, trees, and prehistory. Tree-Ring dating and the development of North American archeology, 1914–1950.* Salt Lake City: Univ. of Utah Press.

Nicault, A. et al. 2010. Preserving long-term fluctuations in standardisation of tree-ring series by the adaptive regional growth curve (ARGC). *Dendrochronologia* 28: 1–12.

Olmstead, A. T. 1912. Climatic Changes in the Nearer East. *Bull. Amer. Geographical Soc.* 44: 432–440.

Pfister, C. 2001. Klimawandel in der Geschichte Europas. *Österr. Z. f. Geschichtswiss.* 12: 7–43.

Pumpelly, R. 1908. *Explorations in Turkestan.* Bd. 2. Washington: Carnegie Inst.

Putnam, F. W. 1890. Prehistoric remains in the Ohio valley. *The Century* 39: 698–703.

Quah, S., A. Sales (Hrsg.) 2000. *The International Handbook of Sociology.* London: Sage.

Reimer, P. J. 2004. Spots from rings. *Nature* 431: 1047 f.

Rheinberger, H.-J. 2001. *Experimentalsysteme und epistemische Dinge.* Göttingen: Wallstein.

Rheinberger, H.-J. 2006. *Epistemologie des Konkreten. Studien zur Geschichte der modernen Biologie.* Frankfurt: Suhrkamp.

Robinson, W. J. 1976. Tree-ring dating and archaeology in the American southwest. *Tree-Ring Bulletin* 36: 9–19.

Rump, H. H. 2011. *Bruno Huber (1899–1969) – Botaniker und Dendrochronologe.* TU Dresden: Forstwissenschaftliche Beiträge Tharandt, H. 32.

Rump, H. H. 2017. *Die historische Entwicklung von Jahrringforschung und Dendrochronologie in Europa.* Diss. Univ. Frankfurt/M.

Rump, H. H., A. Schürmann. 2004/05. Dendrochronologie im 19. Jahrhundert? *Plattform* 13/14: 88–96.

Sarton, G. 1938. [Review von Douglass' Carnegie-Monographie Vol III]. *Isis* 28: 275 f.

Schulman, E., 1940: A bibliography of tree-ring analysis. *Tree-Ring Bulletin* 6: 27–39.

Schulman. E. 1941. Some propositions in tree-ring analysis. *Ecology* 22: 193–195.

Smith, H. I. 1899. Archaeological investigations on the north pacific coast of America. *Science* 9: 535–539.

Smith, W. 1829. *The history of the late province of New York, from its discovery to the appointment of governor Golden in 1762.* Bd. I. New York: N. Y. Historical Soc.

Snead, J. 2001. *Ruins and Rivals: The Making of Southwest Archaeology.* Tucson: Univ. Arizona Press.

Solanki, S. K. et al. 2004. Unusual activity of the sun during recent decades compared to the previous 11,000 years. *Nature* 431: 1084–1087.

Soon, W., S. H. Yaskell. 2003. *The Maunder Minimum and the variable sun-earth connection.* Singapore: World Scientific Publ.

Sorokin, P. A. 1928. *Contemporary sociological theories.* New York: Harper.

Stallings, W. S. 1933. A tree-ring chronology for the Rio Grande drainage in Northern New Mexico. *Proc. Nat. Acad. of Sciences of the U.S.A.* 19: 803–806.

Stallings, W. S. 1938. [Review von Glocks Veröffentlichung 1937]. *American Anthropologist* 40: 320 f.

Stehr, N., H. v. Storch. 1999. Climate works. In: H. Kaupen-Haas, C. Saller (Hrsg.): *Wissenschaftlicher Rassismus* (S. 137–185). Frankfurt: Campus.

Stehr, N., H. v. Storch. 2000. Von der Macht des Klimas. *Gaia* 9: 187–195.

Strachey, R. 1877. On the alleged correspondence of the rainfall of Madras with the sun-spot period, and on the true criterion of periodicity in a series of variable quantities. *Proc. Royal Soc. of London* 26: 249–261.

Strauss, D. 1994. Percival Lowell, W. H. Pickering and the founding of the Lowell Observatory. *Annals of Science* 51: 37–58.

Stuart, D. E. 2000. *Anasazi America.* Albuquerque: Univ. of New Mexico Press.

Stumpff, K. 1924. Eine neue photographische Methode zur Herstellung von Periodogrammen. *Astronomische Nachr.* 223: 187–192.

Trigger, B. G. 1980. Archaeology and the image of the American Indian. *American Antiquity* 45, 662–676.

Trigger, B. G. 1983. American archaeology as native history: A review essay. *The William and Mary Quarterly* 40: 413–452.

Turney, C. et al. 2005. Testing solar forcing of pervasive Holocene climate cycles. *J. of Quaternary Science* 20: 511–518.

Weart, S. 2012: Climatology as a profession. American Institute of Physics, o. S. https://www.aip.org/history/climate/climogy.htm. Zugegriffen: 9.11.2017.

Webb, G. E. 1978. *The scientific career of A. E. Douglass 1894–1962.* Diss. Univ. of Arizona.

Webb, G. E. 1983. *Tree Rings and Telescopes: The career of A. E. Douglass.* Tucson: Univ. of Arizona Press.

Webb, G. E., 2002: *Science in the American Southwest. A topical history.* Tucson: Univ of Arizona Press.

Wells, N., S. Goddard, M. J. Hayes. 2004. A self-calibrating Palmer Drought Severity Index. *J. of Climate* 17: 2335–2351.

Wissler, C. 1921. Dating our prehistoric ruins. *Natural History* 21: 13–26.

Inhaltsverzeichnis

Dieses Kapitel befasst sich vor allem mit einer zeitlichen Phase, in der sich die Jahrringforschung in einigen Ländern Europas nach bescheidenen Anfängen zu einer ernst zu nehmenden wissenschaftlichen Methode entwickelte. Skandinavische Naturwissenschaftler hatten schon Anfang der 1930er-Jahre auf das in den Vereinigten Staaten durch A. E. Douglass erprobte Datierungsverfahren hingewiesen, ebenso zwei deutsche Forschergruppen, die in der Türkei und in Südwestafrika ihre Felduntersuchungen durchführten. Ab 1937 begann Bruno Huber von der Forsthochschule Tharandt mit systematischen dendrochronologischen Untersuchungen, indem er versuchte, bei Holzdatierungen die im Vergleich zum amerikanischen Südwesten völlig anderen botanischen und klimatischen Bedingungen Mitteleuropas zu berücksichtigen. Dabei kam er in Kontakt mit Hans Reinerth, einem Prähistoriker, der u. a. durch seine Ausgrabungen in der Region Bodensee bekannt geworden war und der nach 1933 im „Amt Rosenberg" die deutsche Vorgeschichte und ihre Organisation in Forschung und Lehre

vertrat. Huber und Mitarbeiter hatten entscheidenden Anteil an der methodischen Fortentwicklung der Dendrochronologie in Europa, vor allem durch die Vielseitigkeit ihrer Arbeit bei der Konstruktion regionaler Standardchronologien in Verbindung mit der Bearbeitung forstbotanischer, archäologischer und klimatologischer Fragestellungen. Außerhalb Deutschlands begannen Wissenschaftler in der Schweiz, Großbritannien, Frankreich oder der Sowjetunion erst in den späten 1950er-Jahren mit eigenständigen dendrochronologischen Untersuchungen.

5.1 Geo- und Dendrochronologie in Skandinavien

Nur in Skandinavien gab es eine parallele Entwicklung zwischen der geochronologischen Datierung quartärer Tonablagerungen und einer Erforschung der Jahrringe von Bäumen. Der schwedisch-finnische Ökonom Carl Fredrick

Nordensköld war vermutlich der erste nachweisbare Naturforscher, der schon im frühen 18. Jahrhundert die Muster von Bändertonen mit denen der Jahrringe von Bäumen
verglichen hatte (Sauramo 1944, S. 4 f.). Nach 1900 entstanden in den nordischen Ländern gleichzeitig die Kern-
begriffe der Methoden wie „schwimmende Chronologie"
oder „Crossdating" auf dem Weg zur Verknüpfung einzelner und oft isolierter Sequenzen. Dabei entwickelten die
Protagonisten der Bänderton- und Jahrringforschung – der
Schwede Gerard de Geer bzw. der Amerikaner Andrew
Ellicott Douglass – ähnliche Vorstellungen vom globalen
Einfluss der Sonneneinstrahlung auf die Dicke der individuelle Tonschichten (Warven)[1] bzw. die Dicke der Baumringe, außerdem von „Telekonnektionen" und der Ursache
unterschiedlich langer Zyklen. Seit 1920 hatten sie fachlichen und persönlichen Kontakt, den nach de Geers Tod
im Jahr 1943 seine Frau Ebba Hult de Geer fortführte.
Diese Konstellation führt den Autor zu folgenden Thesen:
1. Zentrale Begriffe der Dendrochronologie sind von der
Warvenforschung beeinflusst worden. 2. Das 1916 von de
Geer entwickelte und von ihm energisch vertretene Konzept von Telekonnektion und monokausalem Einfluss der
Sonne auf die Warvenentwicklung wäre ohne Kenntnis von
Douglass' Jahrringforschung wohl nicht entstanden. Es ist
deshalb sinnvoll, zunächst die Zusammenhänge zwischen
Quartärgeologie, solarer Einstrahlung und Klima näher zu
beleuchten, an der sich nach 1920 etliche wissenschaftliche Kontroversen über die Zuverlässigkeit von Messdaten, Eichproblemen und Analysen langer Zeitreihen
entzündeten. Viele Jahrzehnte später sollten sich ähnliche
Auseinandersetzungen nach Einführung der C14-Methode
und der Verlängerung von Jahrringchronologien auf etwa
12.000 Jahre wiederholen.

5.1.1 Gerard de Geer, Warvenforschung und die „Swedish Time Scale"

Bereits vor 1900 beschrieben skandinavische Quartärgeologen Bändertone am Rande der ehemaligen Grenze des
Inlandeises der letzten Eiszeit und begannen, deren optisch
unterscheidbare Sequenzen für eine geochronologische
Datierung zu nutzen. Bändertone sind feinkörnige Sedimente, die durch regelmäßige Wechsellagerung im vertikalen
Anschnitt gebändert erscheinen. Das den Grund- und Endmoränen der Gletscher entstammende Material lagerte sich
nahe der Gletscheraußenseite beim Abfluss großer Schmelz-
wassermengen in den entstehenden Schwemmfächern oder

in Gletscherseen ab. Hier führte die nachlassende Schlepp-
kraft des Wassers zu einer Differenzierung der Korngröße, so
dass geschichtetes Geschiebematerial nach außen schließlich
in laminierten Ton überging. Während des Sommerhalb-
jahres setzten sich hellere sandreiche Schichten ab, während
es im darauffolgenden Winter bei turbulenzfreiem Wasser zur Sedimentation eines dunklen Tons mit organischen
Bestandteilen kam („Warven"). Scharf gebändert erscheinen
Warven bei geringer Sinkgeschwindigkeit der Teilchen, d. h.
in kaltem, höher viskosem Wasser. Im Brackwasser neigen
sie hingegen durch Flockung der Feinpartikel oft zu verschwommenen Schichtgrenzen. Während des Postglazials
begünstigten anaerobe Zustände am Boden des Gewässers
bei erhöhter biologischer Produktion die Bildung einer
deutlichen Bänderung, da hier eine die Schichten störende
Fauna fehlte, während im vorausgehenden Spätglazial bei
vorherrschenden nährstoffarmen Verhältnissen nur geringe
Mengen Organismen auftraten. Die Dicke der einzelnen
Warven ist sehr unterschiedlich und kann zwischen weni-
ger als 1 mm und mehreren Dezimetern betragen (vgl.
Schwarzbach 1974); (Boygle 1993). Ihre Struktur hängt
zusammen mit dem Rückzug der Vergletscherung der
Inlandeismassen der nördlichen Hemisphäre und kann nach
Auszählen der Schichten für einen „Bändertonkalender"
genutzt werden. Unter Idealbedingungen beginnt dabei ein
Ablagerungszyklus mit einer hellen Lage aus einem Schluff/
Ton-Gemisch, gefolgt von einer braunen und schwarzen
Schicht. Darauf folgt mit deutlicher Grenze erneut die helle
Schicht des folgenden Sommers.

Dem schwedischen Geologen Gerard de Geer
(1858–1943) gelang es durch Auswerten zahlreicher
Ablagerungssequenzen, das Phänomen der Warven zu
einer umfassenden Geochronologie auszubauen. De Geer
war Sohn des ersten schwedischen Premierministers Louis
Gerard de Geer und Bruder des Premierministers Gerard
Louis de Geer. Nach dem Studium an der Universität Lund
war er 19 Jahre im geologischen Dienst seines Landes,
von 1897 bis 1924 Geologieprofessor an der Universität
Stockholm und dort zeitweilig Universitätspräsident. Seine
Familienreputation half ihm danach, trotz seines fortgeschrittenen Alters ein Institut für Geochronologie zu
gründen, dem er dann bis zu seinem Tod vorstand (vgl.
Antevs 1944).

In seinem Hauptwerk von 1940, der *Geochronologia
Suecica Principles*, beschrieb de Geer rückschauend die
frühe Konzeption seiner Arbeit und ihre Weiterentwicklung,
neigte aber aus heutiger Sicht auch zu einer nachträglichen
Rechtfertigung von Arbeitsschritten und zielgerichteter
Forschungsplanung. Zur Situation von 1878 stellte er fest:
„Thus, during my very first geological field-work in the
Stockholm region, I was struck by the marked cyclical
banding of the varved clay. [...] From the obvious simila-
rity with the regular, annual rings of trees I got at once the

---

[1]Das schwedische Wort „varv" bedeutet eine periodische Wiederkehr
von Schichten. Für die deutsche Schreibweise wird heute oft Warv
verwendet (de Geer 1912, S. 458).

impression that both ought to be annual deposits" (De Geer 1940, S. 13).

Nachweislich sprach er zuerst 1884 und dann ein Jahr später bei den Jahrestreffen der Geologischen Gesellschaft Stockholm (GFF) von der Möglichkeit, eine Chronologie der Eiszeit aus Sedimentschichten zu entwickeln (de Geer 1884, S. 3); (ders. 1885, S. 512 f.) und verglich dabei drei Warvendiagramme der Region Stockholm miteinander. Diese Arbeit unterbrach er bald darauf für mehrere Jahre, und erst 1905 begann er eine neue Untersuchungsserie, um seine geochronologische Methode auszuarbeiten. Die nur 700 m von der 1884er-Untersuchung entfernte Messstrecke begann südlich von Stockholm und endete 200 km weiter nördlich in Gävle. 20 Studenten aus Stockholm und Uppsala bearbeiteten in den Jahren 1905 und 1906 unter de Geers Leitung Teilstücke von jeweils 10 km Länge; eine 800 Jahre lange geochronologische Zeitspanne wurde so abgedeckt. Ernst Antevs bezeichnete es später als einen Fehler de Geers, sich relativ unerfahrener Personen bei der Warvenidentifizierung und -messung zu bedienen, so dass sich danach kaum noch Korrekturen anbringen ließen. Schwierigkeiten gab es nämlich bei der optischen Unterscheidung der einzelnen Warven und der Zuordnung der jeweiligen Schicht zum Zyklus eines einzelnen Jahres. De Geer selbst wurde sich dessen relativ früh bewusst, nachdem er einige Male in Südschweden völlig fehlende Jahresschichten bei postglazialen Warvensequenzen festgestellt hatte.

De Geers Mitarbeiter Ragnar Lidén (1880–1969) (de Geer 1940, S. 240 f.); (Cato 1998, S. 5) hatte ebenfalls 1906 mit Untersuchungen im Tal des mittelschwedischen Flusses Ångermanälven begonnen und wies de Geer auf günstige Ablagerungsfolgen im unteren Flussabschnitt hin. Aber selbst hier gab es gelegentliche Probleme mit der korrekten Zuordnung, da die Gletscherwässer nicht überall gleichmäßig und flächenhaft abgeflossen waren, sondern manchmal Rinnen bildeten. Die lokale Sedimentationsgeschwindigkeit konnte deshalb unterschiedlich sein. Anfängliche Schwierigkeiten mit dem Verknüpfen einzelner postglazialer Warvensequenzen, verursacht durch die Landhebung und die damit verbundene Verlagerung der Mündung Richtung Ostsee ließen de Geer nach einer besseren Lösung suchen. Der westlich des Ångermanälven gelegene Ragundasee, eine ehemals subglaziale Schmelzwasserrinne (Oser), wurde im Herbst 1909 zu seinem Untersuchungsobjekt. Ein Dammdurchstich des Sees mit katastrophalem Auslaufen des Seewassers im Jahre 1796 hatte gut erhaltene und trocken liegende Bändertonpakete hinterlassen. Hier bestimmte de Geer in drei Wochen Feldarbeit gemeinsam mit seiner Frau 700 Warven und schloss auf eine postglaziale Warvenserie von insgesamt 7000 Jahren (de Geer 1912). Nachuntersuchungen im Jahr 1911 durch drei seiner Mitarbeiter bestätigten aber nur 3700 Warven,

weil die Seesedimente sich nicht wie vorher angenommen jahrgenau abgelagert hatten. Heute ist bekannt, dass sich die Sedimente glazial gebildeter Binnenseen wegen kaum reproduzierbarer Ablagerungsbedingungen grundsätzlich nicht für geochronologische Zwecke eignen.[2] Für die Gesamtchronologie war der Standort deshalb ungeeignet, und de Geer übernahm schließlich ohne nähere Erläuterung die Sequenzen Lidéns vom Ångermanälven.

Den Begriff Swedish Time Scale (STS) prägte de Geer bereits vor 1900. Er bezeichnete so sein Konstrukt einer im Idealfall lückenlosen geochronologischen Abfolge jahreszeitlich geschichteter Feinsedimente, zusammengestellt aus zahlreichen schwedischen Warvenserien, die sich sukzessiv hinter dem zurückweichenden Eisschild der letzten Eiszeit abgesetzt hatten. Auf dem 11. Internationalen Geologenkongress in Stockholm im Jahre 1910 stellte er eine „Geochronologie der letzten 12.000 Jahre" vor, die allerdings zum großen Teil schwimmend war und die er durch Extrapolation laufend ergänzte. Dadurch war es erstmals möglich, die Rückzugsgeschwindigkeit des Inlandeises regional abzuschätzen.

Am 4. Mai 1911 erläuterte Lidén auf einer GFF-Tagung die Ergebnisse seiner am Ångermanälven begonnenen Sedimentuntersuchungen, mit deren Hilfe er die Landhebung und die damit verbundene Änderung der Küstenlinie während des Postglazials berechnet hatte. De Geer beglückwünschte ihn zu diesem Ansatz der Erforschung des Postglazials, der auch für die Erweiterung der STS hilfreich sei. 1913 fügte Lidén eine geochronologische Studie aus Ångermanland hinzu, die eine 1073 Jahre dauernde Periode am Ende des Spätglazials abdeckte und von de Geer als „finiglaziale Periode" bezeichnet und von ihm übernommen wurde. Diese wie auch Lidéns abschließende Arbeit von 1938 wies allerdings keine Dokumentation der Originalmessdaten oder Graphiken auf, d. h., fast die komplette postglaziale Warvenserie der STS blieb unveröffentlicht. Kritik an de Geers Arbeit gab es deshalb schon in den 1930er-Jahren von Ernst Antevs, in jüngster Zeit von einigen Quartärgeologen[3]. Cato konnte erst ab 1983 die von Lidéns Schwester dem schwedischen Geological Survey übergebenen nachgelassenen und bis dahin unveröffentlichten Manuskripte und Diagramme auswerten und verknüpfte so Lidéns Messungen mit eigenen Bohrergebnissen (Cato 1998).

De Geer hatte bis etwa 1910 vorwiegend mit Warvendiagrammen der Region Stockholm gearbeitet, da ihm hier die Zuordnung der Schichten zu den Kalenderjahren besonders günstig erschien. Er nannte die zeitliche Verknüpfung der

---

[2]Pers. Mitteilung 2008 durch Prof. Barbara Wohlfarth, Univ. Stockholm.

[3]Sehr kritisch: Mikkel Sander, Kopenhagen, pers. Mitteilung 2006.

verfügbaren Warvensequenzen „Normalkurve", die ihm zu Vergleichszwecken diente und an die sich zukünftige Warvenserien anknüpfen ließen. Ab 1913 baute er die von Lidén am Ångermanälven beschriebenen 8000 Warven endgültig in seine STS ein, um so die bis dahin unvollständige und in großen Teilen durch Extrapolation ermittelte Normalkurve zu erweitern und abzusichern. Methodisch blieb ein geochronologischer Vergleich verschiedener Standorte und Regionen bei der Zuordnung der Warvensequenzen nicht ohne Probleme: Grundsätzlich ging es um den Nachweis, dass Warvensequenzen derselben geologischen Zeiträume sich an verschiedenen Standorten in ihrem Muster gleichen. Dazu waren zunächst die Warvendicken mit ausreichender Genauigkeit zu messen, was bereits kein triviales Problem darstellte (vgl. Abb. 5.1).

Zahlreiche Mitarbeiter de Geers bearbeiteten die einzelnen Messstellen, so dass persönliche Eigenarten die Resultate beeinflussten und diese nachträglich redigiert werden mussten. De Geers Arbeitsweise folgte hier nach Meinung des Autors einer für die naturwissenschaftliche Forschung seit Mitte des 19. Jahrhunderts wesentlichen Forderung, dass nämlich die gemeinschaftliche Wahrheitssuche durch eine Art wechselseitiger Tilgung individueller Irrtümer zu verbessern sei. Gemeinschaftliches wissenschaftliches Arbeiten führe so zu einer fortwährenden „Mittelung" der Standpunkte, wodurch sich individuelle Eigenarten ausschalten ließen (vgl. Daston 2001, S. 140–147). Ab 1925 machten de Geers Schriften allerdings einen eher hermetischen Eindruck und entfernten sich von der vorherigen kollektiven Arbeitsweise.

Für einen Vergleich verschiedener Messstellen waren neben Präzision und Wiederholbarkeit der Messung vor allem die Schichtdickenvarianzen innerhalb einer Sequenz wichtig. Hierbei erleichterten einzelne dünne oder dicke Warven den Vergleich, während durchgehend gleichförmige Warven die Festlegung einer Übereinstimmung erschwerten. Mehrfachbestimmungen an derselben Messstelle hätten die Zuordnungsprobleme bei Erstellung der STS erleichtern können, doch unterblieben sie zumeist. Die Anordnung der Warven beurteilte de Geer aufgrund seiner langen Erfahrung fast ausschließlich nach optischer Prüfung, anders als Matti Sauramo, ein Geologe und Paläontologe der Universität Helsinki,[4] der einzelne Warven auch quantitativ charakterisierte. Den Anstoß für die Forschung Sauramos in Finnland gab ein Vortrag de Geers im Frühjahr 1914 bei der Geographischen Gesellschaft Finnlands, aber erst 1915 begann er unter Leitung des finnischen Geologen Wilhelm Ramsay mit Felduntersuchungen. Ihr Ziel war – wie schon bei Ragnar Lidén in Schweden –, die Geschwindigkeit der Landhebung beim Rückzug des Inlandeises festzustellen. Sauramo bezeichnete die Identifizierung einer bestimmten Schicht in den Tonablagerungen unterschiedlicher Standorte als wichtigste und zugleich schwierigste methodische Aufgabe. Er folgte weitgehend den von de Geer beschriebenen Arbeitsanweisungen, nutzte aber anders als dieser neben der Warvendicke auch andere Kriterien für den regionalen Vergleich, z. B. die Dicke der Sommerzone, die Korngrößenanalyse nach Aufschlämmen im Kopecky-Apparat, dunkle Linien und die Farbe des Materials (Sauramo 1918, S. 6, 10 ff.). Gelegentlich führte er auch chemische und physikalische Analysen der Hauptelemente des Tons durch.

Vergleicht man die Art der Warvenbestimmung mit derjenigen der Jahrringforschung, so wurden bei dieser von Anfang an komplette Wuchswertfolgen statistisch bearbeitet, während Erstere bei Sequenzvergleichen nur sukzessive Dickeneinzelmessungen betrachteten. Einige Jahre später schrieb de Geer im Rückblick auf beide Datierungsverfahren an A. E. Douglass:

Abb. 5.1 Warvensequenz von Ångermanälven/Schweden. (Photo: Ragnar Lidén 1909; aus Cato 1998, mit freundlicher Genehmigung von © Sveriges Geologiska Undersöning 2018. All Rights Reserved.)

---

[4]Matti Sauramo untersuchte wie de Geer den Gletscherrückgang und die Küstenverschiebung Skandinaviens, darüber hinaus die Geschichte der Ostsee, die Veränderungen des Klimas und der Vegetation Nordeuropas.

But your tree rings have one advantage in comparison with my warves in having, for every single tree more regular sources of error than the warves. Thus, it is necessary, as to the clay warves, to sift these by careful comparison, so as to make out which are conform and normal and which parts of the curves are divergent and determined by irrelevant, local causes, often without any visible connection with the climate.[5]

Nur gelegentlich wurden Mehrfachmessungen und Mittelwertberechnungen bei der Erstellung der Standardkurve durchgeführt (de Geer 1940, S. 26–30). Dadurch blieb die STS immer mit erheblichen Unsicherheiten behaftet, sei es wegen fehlender oder doppelter Schichten innerhalb eines Jahres oder wegen nicht vergleichbarer Sedimentationsbedingungen an unterschiedlichen Standorten. Erst in jüngster Zeit wurden Korrekturen vorgenommen, nachdem Kernbohrungen und die C14-Datierung gezeigt hatten, wie bedeutsam die regionalen geologischen Ablagerungsbedingungen waren und wie wenig geeignet die ursprüngliche STS als globaler Standard war (Fromm 1970); (Wohlfahrt 2000); (Berglund 2004).

Eine groß angelegte Revision begann ab 1975 innerhalb des International Geological Correlation Programmes (IGCP) in Schweden damit, die Untersuchungen de Geers und Lidéns an den ursprünglichen Standorten zu überprüfen, die Belegungsdichte einiger Warvensequenzen an ihren Überlappungszonen zu verbessern und eine erneuerte, weniger ambitiöse STS durch Auswertung von Bohrkernen bis in die heutige Zeit fortzuführen (Cato 1987, S. 8). Die Zahl der frühen Fehlmessungen an den überprüften Standorten stellte sich dabei als relativ gering heraus: Für die postglaziale Periode ging man nun (im Jahr 1986) von 9273 +10/–180 Warven (d. h. Jahren) aus. Die Untersuchungen zeigten außerdem, dass sich die Sedimentationsbedingungen im Postglazial bereits zwischen benachbarten Tälern – wie denen von Ångermanälven und Indalsälven – unterschieden, d. h., eine Großregionen umfassende oder gar global gültige Swedish Time Scale war damit endgültig obsolet geworden.

Wie lässt sich die Entwicklung der STS im Vergleich mit der Dendrochronologie bewerten? War das Konzept STS überhaupt tragfähig oder besaß es zumindest einen heuristischen Wert? De Geer erkannte als Erster die Möglichkeit, dass sich ein bekanntes Naturphänomen – die jährliche Schichtung von Feinsedimenten – für die exakte Datierung von bis dahin nicht datierbaren quartärgeologischer Ereignissen nutzen ließ. Neben wissenschaftsinternen Aspekten spielten hierbei aber auch soziale und kulturelle Einflüsse für seinen Erfolg eine wichtige Rolle. So beleuchtete der schwedische Wissenschaftshistoriker Staffan Bergwik (2014) die Entwicklung der schwedischen

Quartärgeologie in der ersten Hälfte des 20. Jahrhunderts im Allgemeinen und speziell die Arbeitssymbiose zwischen Gerard de Geer und seiner Frau Ebba Hult. Deutlich wird, wie sehr beide voneinander profitierten, obwohl – anders als von Ebba Hult gedacht – ihre Bedeutung in der Community nicht als gleichwertig wahrgenommen wurde. Gerard war bewusst, wie sehr die Labor- und Feldarbeit der Warvenforschung eine enge Kooperation zwischen den Mitarbeitern notwendig machte und war deshalb auf seine Frau als gesellschaftliche Stütze in einem konservativen Umfeld und gleichzeitig als wichtigste Mitarbeiterin besonders angewiesen (ebd., S. 430–436). Bergwik erläuterte:

He was the authority in geochronology, and as such he represented the program and placed himself in the middle of its central institution. Hult on the contrary came to inhabit a fractured position, between participation and exclusion. On the one hand she was acknowledged as the wife and assistant of an influential scholar, indeed intermittently even described as an independent scholar. On the other hand, she never managed to get out of the position of being merely Gerard De Geer's partner (ebd., S. 447).

Dem Autor erscheint es an dieser Stelle lohnend, kurz auf einen Aspekt der Forschung, ihre Objekte und Irrwege einzugehen (vgl. Rheinberger 2001, S. 24–27). De Geer hatte am Ende des 19. Jahrhunderts nicht viel mehr als seine Idee, geologische Zeiträume gliedern zu wollen. Das Wie des Vorgehens war noch ganz unbestimmt, aber das Ziel der Anstrengung war ihm bewusst, nämlich eine Zeitskala mit einem weitreichenden Gültigkeitsanspruch zu entwickeln, die er STS nannte. Diese war nach Rheinberger kein Objekt im engeren Sinn und trotzdem ein „epistemisches Ding", dessen begriffliche Unbestimmtheit aber nicht defizitär, sondern handlungsbestimmend war. Die für den Forschungsprozess erforderlichen „technischen Dinge" und disziplinären Arbeitstraditionen mit ihrem handwerklichen Können als Teil einer stabilen Umgebung waren am Geochronologischen Institut in Stockholm vorhanden. Nach de Geers Auffassung war die STS etwa ab 1920 ausreichend stabilisiert, so dass sie sich vom epistemischen Ding zum technischen Ding wandelte. Sie bekam Routinecharakter und wurde verwendet bei den nun folgenden Untersuchungen zum Zusammenhang zwischen dem Strahlungszyklus der Sonne und dem Klima, den man aus den Warven herauslesen sollte. De Geer konnte jedoch nie schlüssig beweisen, dass die STS ein fertig entwickeltes Werkzeug war. Kritik setzte schon früh ein, und selbst die neueren Versuche einer Revision, die in Schweden nach 1975 offenbar eine hohe forschungspolitische Bedeutung hatten, führten nicht zu eindeutigen Resultaten: Während Ingemar Cato 1998 der Auffassung war, die Revision insbesondere des postglazialen Teils der STS sei gelungen, wiesen C14-Messungen auf erhebliche zeitliche Lücken in den Jahren 2000–5000 BP hin, die nachträglich kaum zu

---

[5]Douglass Papers, Univ. of Ariz., AZ72, B73, Folder 5, de Geer an Douglass v. 4.2.1937.

beheben waren (Schove und Fairbridge 1983); (Björck et al. 1987); (Wohlfahrt 2000).

Gleichwohl kann man heute die Entwicklung der STS nicht als einen Irrweg der Forschung bezeichnen, selbst wenn sie nicht mehr als global anwendbare Skala anerkannt wird. Sie löste und löst noch immer eine intensive Forschungstätigkeit in der Gemeinschaft der Wissenschaftler aus, die sich mit Fragen der naturwissenschaftlichen Datierung befassen. Sie wurde kein umfassender Datierungsstandard, wie von de Geer beabsichtigt, blieb aber als Konstrukt auch für die zukünftige Forschung wichtig und lässt sich deshalb als ein epistemisches Ding bezeichnen. Insofern ist Mikkel Sander und Brigitte Wohlfarth zuzustimmen, de Geers frühe Arbeiten seien verdienstvoll und für die weitere Forschung von erheblicher Bedeutung gewesen (pers. Mitteilungen 2006 bzw. 2008).

Ob die Arbeiten de Geers über die Verknüpfung von Sonnenfleckenzyklen und Klimageschichte zur Wissenserweiterung beitrugen, war schon bei seinen Zeitgenossen umstritten. Offensichtlich gab es um 1920 einen Bruch in seiner wissenschaftlichen Arbeit, daran erkennbar, dass er von diesem Zeitpunkt an das alleinige Interpretationsrecht für die zusammengetragenen Daten beanspruchte. Erst lange nach seinem Tod lehnte die Mehrheit der Fachwissenschaftler die Schlussfolgerungen de Geers über Zyklen auf der Grundlage einfacher Kurvenvergleiche ab. Seine Versuche, spätglaziale und postglaziale Warvenserien auch weit voneinander entfernter Regionen in Form von Telekonnektionen miteinander verknüpfen zu wollen, wurden dagegen von Anfang an von vielen Naturwissenschaftlern als unwissenschaftlich abgelehnt, mit erheblicher Verzögerung auch von seinen Mitarbeitern. Manche seiner Forschungskonzepte stellten sich schon früh als Irrwege heraus. Mikkel Sander bezeichnete de Geers Arbeiten zur Telekonnektion als „bad science" und ging mit dieser Eischätzung vermutlich zu weit, da die Auseinandersetzungen um seinen Ansatz einer Telekonnektion die Forschung voranbrachten. Auch de Geers Vorstellungen vom Einfluss der Sonnenfleckenzyklen auf die Breite der Warven ist ähnlich einzuschätzen, die im Übrigen bei Douglass ihre Entsprechung im Einfluss der Sonnenflecken auf die Jahrringbreiten hatten. Beide Forscher vertraten ihre jeweiligen Zyklentheorien offensiv bis zu ihrem Lebensende in den Jahren 1943 bzw. 1962.

5.1.2   Umstrittene Telekonnektionen

Vor 1915 hatte de Geer nur wenige Warvenserien untersucht, deren Messstellen mehr als 50 km voneinander in Richtung der spätglazialen Eisgrenze entfernt waren. Erst danach erweiterte er diese Distanz auf mehr als 100 km

und verglich schwedische mit finnischen und schwedische mit norwegischen Warvenfolgen. Im Januar 1916 erwähnte er erstmals den engen Zusammenhang zwischen Warvendicke und Sonneneinstrahlung, ein Thema, dem er den größten Teil seiner Forschungsarbeiten in den folgenden 25 Jahren widmen sollte. Dabei entstand schließlich die Vorstellung von einer gleichartigen Warvenentwicklung auch über sehr große Distanzen hinweg, von ihm „Telekonnektion" genannt. Sie postulierte die kausale Verknüpfung zwischen der Menge des abgelagerten Sediments pro Jahr und der jährlichen mittleren Sonneneinstrahlung. Da die Solarkonstante weltweit gelte – so argumentierte de Geer –, seien die Ablagerungsbedingungen für Sedimente im Spät- und Postglazial auch an weit voneinander entfernten Standorten gleich oder zumindest ähnlich gewesen. Die in Schweden erarbeitete STS erklärte er damit zum weltweit maßgebenden Standard.

Kritik an dieser Bedeutungsausweitung der STS setzte schon 1916 ein: Auf einem GFF-Treffen bezeichnete der Geograph Arvid Högbom de Geers Fernverknüpfungen als „strange connections" und sah aufgrund aktueller Klima- und Wettermuster keinen Beleg für dessen solare Theorie. Im Jahr 1917 stellte er die Robustheit transatlantischer Telekonnektionen gänzlich in Frage und wies auf die viel zu kurzen Niederschlagszeitreihen hin, die eine solche Theorie nicht rechtfertigten (vgl. Sander 2003). In Finnland distanzierte sich 1918 der Geologe Matti Sauramo von de Geers Konzept der Telekonnektion und dessen Versuchen, das Paläoklima unterschiedlicher Regionen mit solchen Verknüpfungen zu rekonstruieren. Schon kleine Unterschiede der Toneigenschaften würden jeden Warvenvergleich erschweren, und deshalb verglich Sauramo nur Standorte, die nicht mehr als 10 km auseinanderlagen. Außerdem seien die Schwierigkeiten einer Verknüpfung zwischen Standorten in der Rückzugsrichtung des Inlandeises größer als in Richtung des Eisrandes; schon dies spräche gegen die Relevanz von Telekonnektionen. Auf Vorschlag de Geers datierten 1918 beide Wissenschaftler nach Teilung identischer Proben unabhängig voneinander dieselben Warvenproben aus Südfinnland. Die zeitliche Übereinstimmung der jeweiligen Messergebnisse bezeichnete Sauramo als unbefriedigend, während de Geer von einer guten Übereinstimmung sprach (Sauramo 1918).[6]

Auch Sauramos Untersuchungen an Bändertonen in den baltischen Ländern stützten seine eigene Einschätzung, da hier die Warvendicken kaum vom Klima, sondern von der

---

[6]Sauramo, M., 1918, S. 33–37, sowie briefliche Mitteilung von E. H. de Geer an Douglass: Sie erwähnte darin die Warvenarbeit Sauramos und hob die starke Übereinstimmung seiner Ergebnisse mit denen ihres Mannes hervor (Douglass Papers, Univ. of Ariz., AZ72, B73, letter 29.11.1944).

Schlammzufuhr durch die dortigen Urstromtäler abhängig waren. In seiner Publikation von 1924 stellte er fest:

> A restriction of this method is involved by the fact that the physical characters, or facies, may change from place to place. Therefore correlation in this way is practicable in continuously investigated areas only. Sediments from separated areas, as a rule, can not be correlated by a comparison of their physical characters (Sauramo 1924, S. 14).

Dies grenze jedoch die Bedeutung großräumiger Vergleiche ein, z. B. während der Entwicklung der Ostsee, so dass dieses Problem allein mit Warvenuntersuchungen nicht zu lösen sei. Darüber hinaus seien Klimaänderungen nie monokausal, und der Rückzug des Inlandeises könne nicht nur durch Erwärmung, sein Anhalten nicht als Abkühlung gedeutet werden. Auch andere Faktoren müsse man beachten, etwa die Eisbewegung auf dem Land, das Kalben des Eises am Meer mit dem Rückgang der Wassertemperatur, das Vorhandensein von Salz- oder Süßwasser: „The subsequent position of the ice border do not afford any direct measure of the changes in climate." (Ebd., S. 161).

Vor allem aber wandte sich Sauramo gegen die nach seiner Meinung falsche Annahme de Geers, geologische und klimatische Prozesse seien weltweit zeitlich synchron verlaufen mit der Konsequenz des Auftretens von Telekonnektionen. Die Warvenforschung in Finnland habe diese Annahme jedenfalls nicht bestätigen können. Im Jahr 1920 finanzierte die Wallenberg-Stiftung eine Forschungsreise nach Nordamerika, an der außer de Geer und seiner Frau auch seine Mitarbeiter Antevs und Lidén teilnahmen. Geplant wurde, die glazialen und postglazialen Ablagerungen insbesondere im Bereich der großen Seen zu untersuchen und die Ergebnisse mit der schwedischen Skala zu vergleichen (de Geer 1926, S. 278).

Seine feste Überzeugung vom dominanten Einfluss der Sonneneinstrahlung auf die Entwicklung von Warvensequenzen in aller Welt führte schließlich dazu, dass de Geer ab 1926 die STS nicht mehr als „Normal Curve", sondern als „Solar Curve" bezeichnete. Die abgelagerten Sedimente bezeichnete er deshalb als einen „gigantic, natural registrering [sic] thermograph oder einem selfregistering pyrheliograph." (Ebd., S. 253, 276). Forschungsreisen seiner Mitarbeiter Norin in den nordwestlichen Himalaya im Jahr 1925, Caldenius nach Argentinien (1926) und Nilsson nach Ostafrika (1929 und 1933) bestärkten ihn in seiner Theorie. Doch der Widerstand gegen den monokausalen Erklärungsansatz wurde stärker, schien er doch kaum vereinbar zu sein mit vielen glazialen und postglazialen Phänomenen von Erosion und Sedimentation. In Klimauntersuchungen galten Vielfaktoreneinflüsse schon lange als gesichert, so dass Einstrahlung oder Temperatur als alleinige erklärende Größen nicht mehr dem Forschungsstand um 1930 entsprachen. So schloss sich etwa der dänische Quartärgeologe

Vilhelm Milthers der Auffassung Sauramos an und verwarf nicht nur interkontinentale Telekonnektionen, sondern auch die skandinavischen. Er widersprach außerdem de Geers Auffassung, Dänemark sei das Bindeglied der Telekonnektion zwischen Europa und Nordamerika und kritisierte, dass mangels Originaldaten eine Überprüfung der Arbeit unmöglich sei (Milthers 1927, S. 162, 172). Auf die Kritik Milthers ging de Geer ebensowenig ein wie auf später geäußerte, sondern beharrte unbeeindruckt auf seiner Solartheorie.

Für die deutschsprachige Leserschaft fasste de Geer seine seit 1915 durchgeführten Arbeiten über die Telekonnektion zusammen und spitzte sie durch die Aussage zu: „Die Solarkurve [d. h. die Swedish Time Scale] als Selbstzeichner der Sonnenstrahlung." (De Geer 1927, S. 440). In dieser Publikation erklärte er auch, dass er den Begriff „Normalkurve" durch den der „Solarkurve" ersetzt habe, weil der Erstere für die Durchschnittskurve eines einzelnen Tales bereits bekannt sei. Die Eindeutigkeit, mit der de Geer die Strahlungsunterschiede der Sonne in den Warvendicken wiederzufinden glaubte, veranlasste den Klimatologen Wladimir Köppen zu einer ausführlichen Stellungnahme: De Geer behaupte, am Ende des Eiszeitalters hätten sich die warmen und kalten Jahre in Nordeuropa, Nordamerika, Indien und Argentinien gleichsinnig entwickelt, und zwar verursacht durch Schwankungen der Sonnenstrahlung. In der Gegenwart und bereits seit einigen Jahrhunderten sei eine solche Gleichsinnigkeit aber nicht feststellbar. Zwar sei von einer großräumigen Kompensation der Temperaturen auszugehen, aber keine der bisherigen Untersuchungen weise eine dauerhafte Übereinstimmung zwischen weit entfernten Gebieten auf. Auch müsse man fragen, ob Schwankungen der Sonnenstrahlung in der letzten Eiszeit und der Postglazialzeit völlig anders gewesen seien als heute (Köppen 1928). Diese unwahrscheinliche Annahme lasse sich nicht mit der Ähnlichkeit einzelner Stücke aus langen „Zackenreihen" begründen. Köppen verwies bei seinen klimatologischen Bedenken auf Ernst Antevs, des vermutlich wichtigsten Mitarbeiters de Geers, der 1928 meinte, die Änderung des Klimas sei in den großen Vereisungsgebieten der Welt zwar ähnlich gewesen, aber die Sommertemperaturen, die Eisschmelze und die jährliche Warvenablagerung seien keineswegs gleichsinnig verlaufen.

Antevs hatte sich bis etwa 1926 kaum an den Kontroversen um die Telekonnektion beteiligt. Er war nach der gemeinsam mit de Geer 1920 durchgeführten Forschungsreise nach Nordamerika dort geblieben und arbeitete für kanadische und US-amerikanische Dienststellen und Forschungseinrichtungen an quartärgeologischen Problemen. 1926 notierte de Geer, Antevs glaube offenbar nicht an das Gesamtkonzept der Telekonnektion. Während der folgenden Jahre rückte Antevs aufgrund seiner eigenen geochronologischen Datierungen in Nordamerika zunehmend von de Geers Konzept ab. Ab 1930 wurde der Ton der Auseinandersetzung schärfer, als Antevs und Ragnar Sandegren zwei Review-Artikel zu de Geers erneuter Feststellung von Telekonnektionen zwischen Skandinavien und dem amerikanischen Kontinent verfassten. Ihre Auffassung, die Fernverknüpfungen seien aus geologischen und aus klimatologischen Gründen abzulehnen, stellten den endgültigen Bruch zwischen de Geer und seinem Schüler Antevs dar.

Der Autor vermutet, dass de Geer bei der Erweiterung des Konzeptes von Telekonnektionen durch Douglass' Arbeiten über die Zyklen langer Jahrringreihen der Bäume in den USA bestärkt wurde. Nach einem längeren Briefwechsel lud de Geer seinen Kollegen im Juni 1930 zu einem persönlichen Treffen nach Stockholm anlässlich der dort vom 15. bis 23. August 1930 stattfindenden Konferenz der International Geodetic and Geophysic Union ein. Er, de Geer, sei sehr interessiert an Douglass' Arbeiten „concerning the geochronology [!] of the giant trees in the far West." Am Ende der Tagung könne man gemeinsam interessante Warvenaufschlüsse besuchen, da Douglass die Absicht geäußert habe, sich über die Swedish Time Scale informieren zu wollen.[7] Nach dem Besuch schrieb ihm de Geer erfreut: „It was a most cheerful encounter between the annual rings of the trees and those of the meltwater." Es sei interessant, aber auch ermutigend gewesen, wie ähnlich sich die Methoden von Warvenanalyse und Dendrochronologie seien; auch die Schwierigkeiten bei der Untersuchung der Zeitreihen seien vergleichbar, doch hoffe man sie in Kürze zu überwinden. Seine Überzeugung sei „[…] those two scientific sisters have found each other, and I feel convinced that their cooperation will be most helpful to the family."[8] Auch Douglass schien vom Treffen mit de Geer und dem Besuch im geochronologischem Institut beeindruckt gewesen zu sein. Mehrere Jahre später schrieb er ausführlich an den Geologen Walter Goldthwait in Dartmouth/NH über seine Filmarbeiten in de Geers Institut und die „crossdating comparison". Zu de Geers Fernvergleichen äußerte er sich aber nur knapp: „I believe he calls them tele-connections".[9]

Im weiteren Verlauf des Streits um Telekonnektionen stellte sich Isaiah Bowman von der American Geographical Society auf Antevs' Seite, mahnte mehr Vorsicht bei Vergleichen an und stellte die Frage, was der von de Geer verwendete Begriff „Korrelation" eigentlich bedeute. Seien dies die Resultate mathematisch-statistischer Untersuchungen mehrerer langer Zeitreihen oder vielmehr Kurvenvergleiche nach Augenschein? Reine Formähnlichkeit könnte auf den ersten Blick suggestiv wirken, hätte aber oft keine tiefere Bedeutung. Bowman forderte deshalb eine fundierte Kurvenanalyse, etwa mit Hilfe der statistischen Korrelationsrechnung, um die Objektivität der Ergebnisse zu verbessern. Außerdem sei eine differenzierte Betrachtung notwendig. Warven seien nämlich keine eigenständigen Einheiten („self-contained entities"), sondern nur Teile von Aufzeichnungen, die die ganze Geschichte der Eiszeit in ihrer Komplexität ausmachten (Bowman 1933, S. 380 ff.).

1935 kam es zwischen Antevs und de Geer wegen der Bedeutung von Telekonnektionen zum endgültigen Bruch. In dieser Auseinandersetzung argumentierten beide Seiten ungewöhnlich scharf und teilweise verletzend. In einer zuvor von de Geer veröffentlichten Übersicht seiner Methode hatte dieser erneut auf der Ähnlichkeit der Kurvenverläufe auf beiden Seiten des Atlantiks bestanden, denn diese seien „[…] so striking with respect to the quite dominating majority of years that a mistake at such a teleconnection would have been rather impossible." Um Muster von zeitlichen Kurvenabschnitten leichter vergleichen und sich darüber verständigen zu können, benannte er typische Vertreter nach Linnés botanischen Klassen (vgl. Abb. 5.2): Abschnitte mit sechs aufeinanderfolgenden 2-jährigen Maxima „Hexandria", solche mit acht solcher Maxima „Octandria", andere Muster „Tripus", „Thronos" oder „Baldakin". Ergänzt wurden die als markant betrachteten Kurvenabschnitte und Maxima durch Schattierung und fette oder magere Pluszeichen, je nach Signifikanz der Abfolge (de Geer 1934, S. 4 ff., 13).

Kurven wie die STS wurden so nach Auffassung des Autors von de Geer zu ganz eigentümlichen Wesenheiten gestaltet. Eine statistische Kurvenanalyse, wie von Bowman gefordert, lehnte er bis zuletzt strikt ab. Offenbar vertraute er allein auf seine Erfahrung als Geologe und die Plausibilität optischer Darstellungen und wollte möglicherweise auch sein Gedankengebäude zur Telekonnektion nicht von Einflüssen gefährden lassen, die er nicht kontrollieren konnte. Die exakte Analyse seiner modifizierten Kurven war für ihn ein Beleg dafür, „how dangerous it would be to draw conclusions from a naked mathematical comparison between two arbitrarily chosen curves." (Ebd., S. 17). Einwänden seiner Kritiker begegnete er mit dem Argument, die vorhandene STS sei besonders verlässlich bei Vergleichen, obwohl man sie bei mehr Messdaten in Zukunft durchaus einer mathematischen Analyse unterziehen könne. Für den Augenblick bleibe es aber dabei, dass er allein an der Ausarbeitung der Telekonnektion weiterarbeiten müsse.

---

[7]Douglass Papers, Univ. of Arizona, AZ72, B73, de Geer an Douglass v. 6.6.1930. Vor dem Treffen lautet de Geers Anrede „My Dear Sir", nach dem Besuch „Dear Friend".

[8]Ebd., de Geer an Douglass v. 17.11.1930.

[9]Douglass Papers, Univ. of Ariz., AZ72, B73, Douglass an Goldthwait v. 24.9.1938.

Abb. 5.2 De Geers „Swedish Time Scale" (Mitte) mit Benennung markanter Signaturen; außerdem weitere Warvenkurven aus Europa, Kanada und Argentinien. (Nach de Geer 1934)

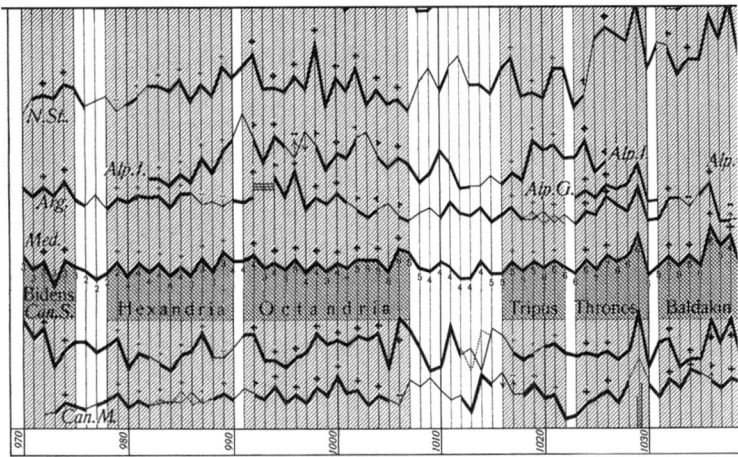

Manchmal bestehe der Lohn der Arbeit in plötzlichen Erkenntnissen, etwa so wie ein Vorhang eine Szene freigibt: „[I]t reminded me lively of the feelings described by old Fresenius, when after a long quantitative analysis, the achieved result after weighing finally is found to be exact." (Ebd.).

Weil de Geer auch weiterhin die alleinige Kontrolle über seine Daten behalten und so seinen Einfluss stärken wollte, fiel die Fachkritik durch Ernst Antevs in dessen letzter Veröffentlichung in einer schwedischen Fachzeitschrift besonders heftig aus. Seine bisher geübte Zurückhaltung gab er hier auf und bezeichnete Fernverknüpfungen nur noch als „telecorrelations", nicht mehr als „teleconnections". Für ihn war dies nicht eine bloße Namensänderung, vielmehr wollte er das deterministische Konzept de Geers durch ein probabilistisches ersetzen. Dies sei die einzige Möglichkeit, die Vorstellung von Fernverbindungen überhaupt zu retten: „If so, transatlantic correlations of clay varves might be possible in the future". Weiter reichende Folgerungen könne man aus den Originaldaten nur schrittweise ableiten, mit der Einschränkung „step by step from large and long to small and short features, not vice versa" (Antevs 1935, S. 48). Antevs forderte deshalb die deduktive Kurvenanalyse, während nach seiner Meinung die induktive, vor allem aber die intuitive Arbeitsweise ungeeignet sei. Außerdem sei de Geers Methodik der Untersuchung langer Kurven dubios, und wissenschaftlich unangemessen sei auch sein Versuch, Kurvenvergleiche allein auf „keybord or skeleton plots" (schwed.: klaviaturdiagram) zu stützen. In diesen seien zu viele subjektive Kriterien enthalten, wobei die oft großen Lücken zwischen den als signifikant erkannten „constellations" unberücksichtigt blieben. Zum Beleg stellte Antevs vier von ihm und de Geer auf „keybord plots" reduzierte Datensätze gegenüber und fand keine überzeugende Übereinstimmung. Sein Fazit fiel eindeutig aus: De Geers Suche nach Übereinstimmungen zwischen bereits korrelierten Graphen statt zwischen

unabhängigen, nicht korrelierten sei wissenschaftlich verhängnisvoll. Sein Vorwurf, de Geer habe bereits modifizierte Kurvenabschnitte nachträglich durch Änderungen an der Signatur der Maxima passend gemacht („so that they may match"), wog schwer und grenzte an den Vorwurf der Fälschung (ebd.).

Der Erwiderung de Geers ist nicht zu entnehmen, ob ihn Antevs' Methodenkritik an seiner eigenen Arbeit zweifeln ließ. Die Unterscheidung zwischen „teleconnections" und „telecorrelations" bezeichnete er als unnötige Umbenennung, wahrscheinlich erkannte er die methodische Konsequenz einer Datenauswertung auf Wahrscheinlichkeitsbasis durchaus. Seine persönliche Enttäuschung über den ehemaligen Schüler Antevs schien aber so groß, dass er mit teilweise bitteren Worten eine endgültige Trennung konstatierte (de Geer 1935a).

5.1.3   Datierungsversuche mit Tonablagerungen und Hölzern

Im Verlauf des langjährigen persönlichen Kontakts zwischen G. de Geer und A. E. Douglass ergaben sich mehr Berührungspunkte zwischen der Warven- und der Jahrringforschung, als bisher angenommen, obwohl man in den Douglass-Biographien von G. Webb, S. Nash und D. McGraw keine Hinweise auf Kontakte zum Ehepaar de Geer findet. Auch in Douglass' Publikationen wird de Geer kaum erwähnt, ebenso wenig die europäischen Jahrringforscher wie Antevs, Ording, Erlandsson oder Huber, während Douglass' Mitarbeiter Schulman deren Arbeiten durchaus würdigte. So bezeichnete dieser de Geers späteiszeitliche Warvenchronologie als eine mögliche Basis für nacheiszeitliche Jahrringchronologien (Schulman 1945, S. 60).

Aufschlussreich ist der Briefwechsel zwischen den de Geers und Douglass, insbesondere im Hinblick auf ihre Auffassungen von Perioden und Zyklen in der Natur.

Deshalb werden die in Abschn. 5.1 formulierten Thesen nach Lektüre dieser Briefe im Folgenden aufgegriffen, ebenso die Literaturhinweise zum Stand der frühen Jahrringforschung im Review-Artikel „Die Jahresringe der Holzgewächse" des Quartärgeologen Ernst Antevs (1917) (vgl. Abschn. 5.2.1). Darin hatte Antevs das botanische Wissen zum Wachstum der Holzgewächse und deren Bedeutung als Klimaindikatoren ausführlich dargestellt und dabei auch die Untersuchungen von Douglass und Huntington in den USA gewürdigt. Diese später viel zitierte Veröffentlichung hatte vermutlich einen großen Einfluss auf die Forschungsarbeit de Geers und auch auf dessen Verhältnis zu Douglass.

Im Jahr 1921 begann eine Gruppe von Wissenschaftlern auf Gotland unter Leitung des pensionierten Majors Arvid Zetterling im Binnensee Tingstäde Tresk mit prähistorischen Untersuchungen, um den Ursprung einer dort vermuteten alten Befestigungsanlage aufzuklären. Die Einheimischen der Insel kannten schon seit Jahrhunderten eine „Bulverket" genannte Stelle, an der eine große Menge von Hölzern gut sichtbar auf dem Grund des hier nur etwa zwei Meter tiefen Sees lag (Rönnby und Adams 2006, S. 173). Systematische Erkundungen hatte es dort vorher nicht gegeben, weder durch Einzelwissenschaftler noch Museen oder andere staatliche Institutionen. 1868 hatte der schwedische Archäologe Oskar Montelius (1841–1923) den Tingstäde Tresk auf einer Reise zu Gotlands Altertümern besucht und fand die bearbeiteten, an den Enden mit Löchern und Zapfen versehenen Balken recht sonderbar; er fertigte aber nur eine kleine Skizze an. Die nun beginnende Sichtung mit Aufnahme der Befunde zeigte eine der größten Ansammlungen dieser Art in Europa: Nach ersten Schätzungen bestand sie aus mehreren Zehntausend am Seeboden und im kalkhaltigem Seesediment liegenden behauenen Stämmen von unterschiedlichem Durchmesser, außerdem hölzerne Fundamentteile von Gebäuden. Sie wurden teilweise von Lennart von Post, nach 1929 Nachfolger G. de Geers auf dem Lehrstuhl für Geologie an der Universität Stockholm, geborgen (vgl. Abb. 5.3).

Grabungen unter Wasser ließen sich bis Anfang der 1930er-Jahre wegen fehlender Mittel nicht durchführen, so dass außer Hölzern nur wenige andere Befunde und Einzelfunde gesichert werden konnten. Etwa 100 bis 200 Holzstücke, meist abgeschnittene Stammenden, wurden ab 1931 Ebba Hult de Geer zur Untersuchung übergeben. 1935 berichtete sie ausführlich über die Umstände der Probenentnahme, den Zustand der Hölzer und die von ihr gewählte Methode der Datierung (de Geer 1935b). Durch Ähnlichkeitsvergleich der Jahrringkurven ausgewählter Baumstämme mit der Kurve einer 3200 Jahre alten Sequoia aus Kalifornien, die Douglass 1930 dem Geochronologischen Institut Stockholm zur Verfügung gestellt hatte, ordnete sie die Befunde der Periode zwischen 350 und 585 n. Chr. zu,

Abb. 5.3 Lennart von Post beim Bergen einer Holzkonstruktion im Tingstäde Tresk/Gotland. (Photo: Ture Arne 1927; Source: The Swedish National Heritage Board. No copyright restrictions.)

d. h. der spätrömischen Eisenzeit und der Zeit der Völkerwanderung.

Wie gelangte sie zu dieser Einschätzung? Zunächst kannte sie die eindeutige Aussage Zetterlings, dass aufgrund der archäologischen Erfahrungen in Mittel- und Nordeuropa eine so große Anlage wie das „Bulverket" nur aus der spätrömischen Periode stammen könne. Auch der Geologe Gösta Lundquist hatte sich 1928 nach Auswertung von pollenanalytischen Untersuchungen dieser Auffassung angeschlossen (ebd., S. 507). In einem persönlichen Schreiben an den Autor H.H.R. v. Dez. 2007 versuchte der Archäologe Johan Rönnby eine Erklärung: Nach seiner Meinung war die Pollenanalyse damals noch keine entwickelte Methode, und Lundquist ließ seine Datierungsversuche aus den 1920er-Jahren in den eigenen späteren Publikationen zur C14-Datierung unerwähnt. Wahrscheinlich lasse sich die Fehldatierung E. H. de Geers auf die damalige Auffassung zurückführen, eine Wehranlage wie das Bulverket könne nur aus der Zeit zwischen 300 und 600 n. Chr. stammen. E. H. de Geers dendrochronologische Erfahrungen seien jedenfalls 1931 noch sehr begrenzt gewesen und hätten sich methodisch eng an das von Douglass beschriebene Vorgehen angelehnt (vgl. de Geer 1931). Bei ihren Messungen der Bulverkethölzer schied sie Proben aus, deren Ringe Kompressionsmerkmale aufwiesen oder die sich nicht im ganzen Stammumfang identifizieren ließen. Die eigentliche Messung beschrieb sie ausführlich: Messung der Ringbreite mit einer 10-fachen Lupe von E. Leitz mit Strichskala; Markierung bei jedem 10. Ring, um die Ringfolge nicht zu verlieren; keine Mittelwertbildung bei einzelnen zusammengehörigen Gruppen von Hölzern, sondern Auswahl besonders geeigneter Stämme mit gut auswertbaren Ringfolgen (de Geer 1935a, S. 511 f.). Sie beschrieb den farblichen und strukturellen Unterschied zwischen äußerem Splint- und innerem Kernholz der vorherrschenden Baumart *Pinus sylvestris* und legte sich zunächst nicht auf ein Fälldatum der Bäume fest, da wegen der ursprünglichen Bearbeitung der Stämme mit Werkzeugen die äußeren Ringe fast immer fehlten.

Danach trug sie die Jahrringbreiten ausgewählter Holzproben in linearer Darstellung gegen die Zeitachse auf und suchte anschließend nach Koinzidenzen mit entsprechenden Abschnitten in der langen Sequoia-Jahrringkurve. Die oft nur 5 bis 10 Jahre langen Übereinstimmungen erschienen ihr überzeugend genug, die Bauzeit von „Bulverket" auf die Zeit um 450 n. Chr. festzulegen und weitere Hölzer bei Kurvenähnlichkeit in späteren Jahren dem Ausbau der Anlage zuzuordnen. Beim Vergleich der graphisch dargestellten Ringbreiten war sie stets auf der Suche nach möglichen Zyklen: „Almost all the sections show a peculiar cyclic or quasi cyclic [?] variation in width of rings […] but seemingly not always with the strict regularity of the eleven-year sunspot cycle." (Ebd., S. 511–516).

Diese und weitere dendrochronologische Datierungen E. H. de Geers wurden zuerst wohlwollend, später aber kritisch bis abwertend kommentiert. Dabei tritt das grundsätzliche Dilemma einer retrospektiven historischen Bewertung in besonderer Weise zutage: Aus heutiger Sicht war ihre Datierung des „Bulverket" vollkommen falsch. In einer neuen Bestandsaufnahme nach 1990 wurde die Anlage mit dendrochronologischen und C14-Verfahren in die späte Wikingerzeit um das Jahr 1130 datiert (Bräthen 1993); (Rönnby und Adams 2006).

Es ist hier zu fragen, ob die Ursache der falschen Bewertung durch E. H. de Geer in ihrer Mess- und Darstellungstechnik zu suchen ist oder in der unkritischen Übernahme von Erfahrungen, die unter ganz anderen klimatischen Bedingungen mit anderen Baumarten im Südwesten und Westen der USA gemacht wurden. Soweit man aus ihren Publikationen ableiten kann, unterschied sich die technische Durchführung ihrer Messungen kaum von der anderer Jahrringforscher. Auffällig ist jedoch ihre Fixierung auf G. de Geers dauerhafte Suche nach zyklischen Mustern in Warvenkurven und auf Douglass' Credo des Einflusses periodisch auftretender Sonnenflecken auf das Klima. Dabei nahm sie nach Meinung des Autors den pflanzenphysiologischen, klimatologischen und mathematisch-statistischen Diskurs der 1920er- und 1930er-Jahre kaum

zur Kenntnis, während sie Douglass' Auffassungen zum Zusammenhang von Klima und Pflanzenwachstum selektiv übernahm. So zitierte sie seine Feststellung: „One might say that the trees respond each year to the amount of rainfall, but that their vitality is affected by the conditions for some years back" (Douglass 1928, S. 100), erwähnte aber nicht, dass Douglass dies auf eine nur 35-jährige Zeitreihe aus Prescott/Nordarizona bezogen hatte und er die Ursache des Baumwachstums deshalb ungeklärt ließ. Intuitives Vorgehen und die Evidenz gleichartiger Kurvenabschnitte erschienen ihr für eine eindeutige Datierung angemessen und ausreichend: „By plotting full and detailed graphs of growth for every single year we get the best and clearest evidence […] Such a sifting of evidence by means of graph experiments is essential before any mathematical processes are applicable." (De Geer 1936a, S. 151). Ihre Publikationen aus den 1930er-Jahren sind qualitativ unterschiedlich zu bewerten, denn es befinden sich darunter populäre Übersichtsartikel, akzeptable wissenschaftliche Arbeiten und kaum redigierte Beiträge, die normalen wissenschaftlichen Ansprüchen nicht genügen (hier z. B.: de Geer 1936b).

Die Prominenz der de Geers als Ikonen der schwedischen Naturwissenschaften ist bis in die jüngere Vergangenheit spürbar. Kritik kam und kommt meist von außerhalb: Der Norweger Asbjørn Ording machte 1941 auf die methodischen Fehler E. H. de Geers aufmerksam und verwarf ihre bei der norwegischen Grabung Raknehaugen erzielten Datierungsergebnisse. Die Telekonnektion zwischen norwegischen Kiefern und Sequoia-Kurven habe keine statistische Signifikanz. Der deutsche Prähistoriker Herbert Jankuhn äußerte 1939 die Erwartung, einige der an Frau de Geer geschickte Holzproben aus einem Bachbett der Wikingersiedlung Haithabu könnten zur Datierung beitragen. Messergebnisse legte sie hierzu aber nie vor. Die Holzforscherin Hildegard Müller-Stoll verglich 1951 mit Hilfe des Gegenläufigkeitsverfahrens zahlreiche Datenserien aus Mittel- und Nordeuropa mit amerikanischen Zeitreihen und fand wie Ording keine signifikante Übereinstimmung (vgl. Jankuhn 1943, Anm. 67); (Ording 1941, S. 293–296); (Müller-Stoll 1951, S. 40 f.). Bruno Huber nannte im selben Jahr die archäologischen Datierungen de Geers „übereilte Synchronisierungen" und wurde in diesem Beitrag noch deutlicher:

> Zwar glaubt kaum jemand an diese Telekonnektion, aber beim hohen Ansehen der Familie, welche mehrfach Schwedens Reichskanzler gestellt hatte, vermied man es, das offen zu sagen oder gar zu veröffentlichen, während durch Flüsterpropaganda die Arbeitsrichtung in Misskredit zu geraten drohte (Huber 1951, S. 188).

Die Dänen Klavs Randsborg und Kjeld Christensen zitierten 2006 aus einer Notiz des Nationalmuseums Kopenhagen vom 1.9.1938, nach der Frau de Geer in jenem Jahr das Museum aufgesucht habe, um Proben für die Datierung prähistorischer Eichensärge zu entnehmen. Am 24.9.1938 hatte sie geschrieben, sie wolle zunächst auf geeignetere Bohrgeräte warten. Ihren Datierungsplan ließ sie schließlich fallen, woraufhin dänische Prähistoriker ihre Arbeitsweise und eine „controversial dating method" kritisierten, wegen der mit soliden Ergebnissen ohnehin nicht zu rechnen gewesen sei (Randsborg und Christensen 2006, S. 165).

Beide de Geers lehnten die Auswertung der von ihnen erarbeiteten Jahrring- und Warvenzeitreihen mit mathematischen Methoden wiederholt ab, und auch Douglass zeigte hier eine deutliche Zurückhaltung. Dies erstaunt insbesondere bei Douglass, da er als Astronom mit der lange erprobten Korrelations- und Regressionsrechnung vertraut gewesen sein muss. Auch die Berechnung von Autokorrelationen langer Zeitreihen und die Fourier-Analyse gehörten zum Rüstzeug eines Astronomen. So hatte der zeitweise mit Douglass am Mount-Wilson-Observatorium arbeitende niederländische Astronom Kapteyn mehrfach auf die Vorzüge dieser Verfahren hingewiesen, auch für die Auswertung von Jahrringen (Kapteyn 1912); (ders. 1914). Die Theorie der Korrelationsrechnung war schon vor 1900 durch Karl Pearson und George Yule vorgelegt worden, und in den 1920er-Jahren waren es vor allem Ronald A. Fisher und George Yule, die parametrische Schätzverfahren und Zeitreihenanalyse in die Forschungspraxis einführten. Beide hatten die Bedeutung der Häufigkeitsverteilung von Daten vor Durchführung statistischer Tests betont und vor Nonsenskorrelationen gewarnt (vgl. Fisher 1925); (Yule 1926). Douglass verzichtete bei der Auswertung von Zeitreihen jedoch meist auf Berechnungen und verwendete zur Suche nach Zyklen ein von ihm selbst entwickeltes „Cycloscope". Eine ausführliche Beschreibung findet man bei Douglass (1936, S. 17–50); vgl. Abschn. 4.2.2.

In Schweden unternahm 1935 der Pflanzenökologe Stellan Erlandsson den ersten größeren Versuch, Einflüsse unterschiedlicher Klimafaktoren auf das Wachstum von Nadelbaumarten im Norden Skandinaviens mit Hilfe mathematischer Methoden zu prüfen. Originaldaten, verwendete Methode und die Schritte der Auswertung sind gut dokumentiert. Für die Analyse der Zeitreihen mehrerer Variablen berechnete er gleitende Mittelwerte, lineare Regressionen, einfache und partielle Korrelationen und nutzte für die Zyklenprüfung die harmonische Analyse. Wegen des meist geringeren Alters der Bäume normierte er die gemessenen Ringbreiten mit einer selbst erarbeiteten Altersfunktion und prüfte das gesamte Material vor der jeweiligen statistischen Untersuchung auf Normalverteilung (Erlandsson 1936). An den Erklärungsmustern G. de Geers und Douglass' zu Telekonnektionen und Zyklen übte er keine Kritik, auch nicht an E. H. de Geers schwacher Begründung der Datierung von Hölzern des „Bulverket" auf Gotland. Nach Meinung des Autors blieb Erlandsson nicht unbeeinflusst vom „Denkstil" der de Geers und

dem „Denkkollektiv" etablierter Wissenschaftler der Universitäten Uppsala und Stockholm, zumal er seine Dissertation in einer Schriftenreihe des Geochronologischen Instituts Stockholm veröffentlichte.

Während schwedische Wissenschaftler bis lange nach dem Zweiten Weltkrieg keine offene Methodenkritik an den geochronologischen und dendrochronologischen Datierungen der de Geers übten und andere es meist bei vorsichtigem oder pauschalem Widerspruch beließen, versuchte der norwegische Forstwissenschaftler Asbjørn Ording (1905–1944) (vgl. Ihlen 1945) als einer der Ersten, die grundlegenden Probleme dieser Chronologien aufzudecken. Auch Douglass' Arbeitsweise bezog er in seine Kritik ein. Wissenschaftshistorisch sind die wenigen dendrochronologischen Arbeiten Ordings bedeutsam, weil er darin vor zu großer Datierungseuphorie warnte und Zurückhaltung bei weitreichenden Erklärungsversuchen empfahl. Insbesondere betonte er die Notwendigkeit handwerklich solider Messungen und hielt die Verwendung mathematisch-statistischer Prüfverfahren für unverzichtbar. Nach Meinung des Autors H.H.R. war er vermutlich der Erste, der ein größeres Experiment zur Auswertung dendrochronologischer Zeitreihen genau beschrieb, um so die kognitiven Fähigkeiten von Probanden und deren Wege zur Entscheidungsfindung bei unvollständigen Informationen deutlich zu machen. Ording überprüfte nach heutiger Auffassung hier, was mit den Begriffen „begrenzte Rationalität" und „Wiedererkennungsheuristik" belegt wird (vgl. Gigerenzer und Selten 2001). Etwa gleichzeitig mit Ording begann Bruno Huber mit seiner Arbeit zur Adaption nordamerikanischer Erfahrungen an europäische Verhältnisse von Klima und Wald. In seinen Arbeiten zur Methodik der Dendrochronologie findet man eine ähnliche Auffassung zur Datenauswertung wie die von Ording, doch war Hubers Wirkung innerhalb der „scientific community" später ungleich größer.

Ordings Auffassung von guter Datenauswertung und ein Experiment mit Probanden werden nachstehend wegen ihrer besonderen Bedeutung ausführlich besprochen, da seine überwiegend in Norwegisch verfassten Publikationen nicht leicht zugänglich sind. Als Forstwissenschaftler berücksichtigte er wie Huber das Zellwachstum, die Bedeutung des Kambiums der einzelnen Baumarten und den Einfluss von Witterung, Klima und Boden auf das Pflanzenwachstum. Erland Eide von der norwegischen Forstversuchsanstalt, an der auch Ording arbeitete, hatte bereits 1926 für Skandinavien die Juni- und Julitemperatur als dominanten Klimafaktor identifiziert, während in den USA und in Mitteleuropa meist der Jahresniederschlag das Baumwachstum bestimmte (Eide 1926). Die von den de Geers verwendete „prozentuale Ähnlichkeit" zur Einpassung neuer Zeitreihen in eine Standardkurve nannte er undefiniert und viel zu grob. Die als „constellations" bezeichneten markanten Abschnitte könnten nämlich in die Irre führen. Korrelationsanalysen, auch solche mit einer zeitlichen Verschiebung von ein bis zwei Jahren vorwärts oder rückwärts, könnten die Sicherheit der Zuordnung zwar deutlich verbessern, aber nur wenn unterschiedliche Daten für Vergleich und Test herangezogen würden (Ording 1941, S. 325–329). Die Kurvenauswertung von Douglass durch „skeleton plots" verminderten wie die „constellations" de Geers nach seiner Auffassung die verfügbaren Informationen, wobei sich dies unter den Klimabedingungen des amerikanischen Südwestens allerdings kaum auswirke. Ordings entscheidendes Fazit lautete: „I am of a decided opinion that both the constellation method, if used separately, and the American ‚skeleton plots' may result in a dangerous reduction to forms and modification of the original material." (Ebd., S. 333).

Um die Sicherheit der Zuordnung von Jahrringen zu überprüfen, führte Ording mit zehn ausgewählten Personen mit Erfahrung in der Daten- und Kurvenauswertung ein Experiment durch, das aus heutiger Sicht an „Ringversuche" der analytischen Chemie zur Absicherung der Messqualität erinnert. Jeder Proband erhielt folgende Materialien und Informationen (ebd., S. 334–337):

- Eine 500 Jahre lange Kiefernstandardkurve aus einer eng umgrenzten Region im östlichen Norwegen, erstellt aus 50 einzelnen Bäumen.
- Drei verschiedene jeweils 50 Jahre lange und gemittelte Kurvenabschnitte A, B und C, deren Alter den Versuchsteilnehmern unbekannt waren.
- Die Daten lagen in Tabellenform und zusätzlich als Kurvenzüge auf transparentem Papier vor. Mit ihrer Hilfe war zu prüfen, ob die Abschnitte signifikant zu einem Abschnitt der Standardkurve passten:
  - Kurvenabschnitt A: gemittelte Kurve aus mehr als 10 Einzelkurven von Fichten.
  - Kurvenabschnitt B: wie (C) von einem anderen Standort.
  - Kurvenabschnitt C: gemittelte Kurve aus 12 Einzelkurven von Kiefern.

Anschließend stellte Versuchsleiter Ording den Probanden die Frage: Ist es möglich, die Kurven A, B und C nachvollziehbar und begründet in die Standardkurve einzupassen? Die Auswertung der Versuchsreihe ergab danach Folgendes:

Kurve A: Sie wurde von keinem der Probanden begründet zugeordnet. Von 13 Vorschlägen war keiner korrekt. Der Korrelationskoeffizient betrug $r_A = 0,14 \pm 0,14$, wobei die Standardkurve aus dem Hurdal-Distrikt 42 Kiefern eines Nadelmischwaldes umfasste und Kurve A aus 43 Fichten desselben Standorts konstruiert wurde; Kiefern und Fichten in dem zeitlich übereinstimmenden Abschnitt besaßen unterschiedliche Wuchsleistungen.

Kurve B: Sie ließ sich von keinem der Probanden gut begründet zuordnen; 4 hatten keinen Vorschlag, von den restlichen 6 Teilnehmern waren 3 Vorschläge mit Einschränkungen korrekt. Der Korrelationskoeffizient betrug $r_B = 0,53 \pm 0,10$, wobei die Standardkurve aus dem Hurdal-Distrikt 50 Kiefern eines Nadelmischwaldes umfasste und Kurve B aus 70 Fichten desselben Standorts konstruiert wurde.

Kurve C: Sie wurde von allen 10 Versuchsteilnehmern richtig zugeordnet. Der Korrelationskoeffizient betrug $r_C = 0,93 \pm 0,10$, wobei die Standardkurve des Standorts Sörfold 25 Kiefern umfasste und Kurve C aus 12 Kiefern desselben Standorts konstruiert wurde.

Aufgrund der so gewonnenen Versuchsergebnisse zog Ording folgende Schlüsse: Bei hohen Korrelationskoeffizienten ist eine optische Zuordnung einfach, aber nur bei gleichen oder sehr ähnlichen Arten aus derselben klimatischen Region, ein Zusammenhang, den schon mehrere Jahre zuvor auch der schwedische Forstmann Åke Berg (1927) hervorgehoben hatte. Kiefern- und Fichtenkurven wiesen manchmal ähnliche Muster auf, in anderen Fällen aber nicht, da das Wachstum verschiedener Arten offenbar auf identische externe Bedingungen unterschiedlich reagiert. Aus forstbotanischer Sicht ist daher eine Verknüpfung z. B. von *Sequoia gigantea* mit *Pinus sylvestris* ohne vorherige genaue Prüfung auf Kovarianz bei rezentem Material unbedingt abzulehnen.

Ording konnte aufgrund der durch dieses Experiment gewonnenen Erfahrungen die Fehler E. H. de Geers bei ihrem Datierungsversuch bei der Grabung Raknehaugen nachweisen: Den Abschnitt von 1715 bis 1914 einer von Douglass ausgearbeiteten Sequoia-Standardkurve aus 11 Bäumen (Douglass 1919, S. 63) stellte er einer ostnorwegischen Standardkurve desselben Zeitabschnitts mit 64 Exemplaren von *Pinus sylvestris* aus der Gegend von Raknehaugen gegenüber. Der Korrelationskoeffizient zwischen beiden Datensätzen betrug $r = 0,07 \pm 0,07$. Zeitlich um 1 und 2 Jahre voraus oder nachlaufend verschobene Berechnungen ergaben ebenfalls Korrelationen nahe 0, d. h., ein statistischer Zusammenhang ließ sich mit rezentem Probenmaterial nicht belegen. Ording wies außerdem auf einen weiteren methodischen Fehler der Raknehaugen-Datierung hin, nämlich auf die zu geringe Länge der Kurvenüberlappung. Zwei Proben von *Pinus sylvestris* mit 41 bzw. 62 Ringen, eine Probe von *Betula alba* mit 29 Ringen und eine Probe von *Pyrus malus* mit 34 Ringen seien für eine exakte Datierung durch „cross-dating" statistisch bei weitem nicht ausreichend (Ording 1941, S. 338–341).

Wie Ording war auch sein norwegischer Landsmann Tollef Ruden von der Notwendigkeit einer Bearbeitung dendrochronologischer Zeitreihen mit mathematisch-statistischen Methoden überzeugt. Auf der Grundlage von Aandstads (1938) und Ordings Versuchen zur Untersuchung gleitender Mittelwerte und zur Normierung von Wachstumsunterschieden je nach Baumalter führte er die Autokorrelationsrechnung für die Zeitreihenanalyse ein. Dabei berücksichtigte er auch die von Huber (1943) erarbeiteten Vorschläge zur Auswertung von Jahrringkurven nach dem „Gegenläufigkeitsprinzip" (Ruden 1945, S. 255–267).

5.1.4   Zyklenhypothesen

Sowohl A. E. Douglass als auch G. de Geer blieben von der Vorstellung eines direkten Einflusses solarer Strahlung auf die Erdoberfläche ihr Leben lang überzeugt. Wegen des Anstiegs der Solarkonstante während des Sonnenfleckenmaximums glaubten sie außerdem an die unmittelbare Wirkung eines etwa 11,3-jährigen Sonnenfleckenzyklus auf die Natur der Erde. Einige historische Hinweise sollen hier das Entstehen solcher Vorstellungen näher beleuchten, im Übrigen wird auf die Darstellung zur Entwicklung der Jahrringforschung in den Vereinigten Staaten in Abschn. 4.2 und 4.5 verwiesen.

Um 1880 hatte man nach Auswertung langer meteorologischer Aufzeichnungen in Südasien und in der Karibik einen Zusammenhang zwischen Sonnenfleckenmaximum und Luftdruck in einem 11-jährigen Zyklus festgestellt, wobei minimale Sonnenfleckenhäufigkeit mit maximalem Druck konform ging. Hohem Luftdruck folgte meist ein Niederschlagsminimum mit anschließender Hungersnot (Chambers 1881). Die damalige meteorologische Forschung definierte mehrere Kräfte, welche die Erdatmosphäre beeinflussen: die Erdanziehung, die ablenkenden Kräfte der Erdrotation, die „equatorial radiant energy" des elektromagnetischen Felds und die „polar radiant energy" aus den polaren Sonnenregionen. Die ersten beiden Parameter sind Konstanten, während die restlichen eine hohe Variabilität aufweisen. Daraus folgerte man, dass die Sonnenflecken allein keinen erkennbaren Einfluss auf das Wettergeschehen haben könnten (Bigelow 1895). Am 21.06.1901 veröffentlichte das U.S. Weather Bureau eine offizielle Stellungnahme zum solaren Einfluss auf die Niederschläge:

I beg to advise you that the only relation between sun spots and terrestrial weather that appears to be definitively fixed is an increase in the number and violence of magnetic storms corresponding to years of maximum sun spots. No connection has thus far been shown between the spottedness of the sun and the fall of rain on this planet (Kimball 1901).

Am 02.11.1903 stellte Willis L. Moore, Leiter des U.S. Weather Bureaus nach widersprüchlichen Meldungen in

der Presse in einer eigenen Erklärung für „The Press" (Philadelphia) fest, es gebe derzeit keinen Beleg für einen unmittelbaren Einfluss der Sonnenfleckenhäufigkeit auf Wetter und Klima auf der Erde (Moore 1903).

Douglass arbeitete nach seiner ersten Veröffentlichung über Jahrringe und Wetter in den folgenden Jahrzehnten unbeeindruckt von der Meinung amerikanischer Meteorologen an dem Problem der Zyklen. Auch G. de Geer suchte bei seiner Warvenforschung stets nach solchen Erscheinungen. 1931 nahm Douglass im Smithsonian Institute den Forschungspreis der Research Corporation of New York für seine Arbeit über Datierungen und Zyklen entgegen. Von der Zyklenvielfalt war er fest überzeugt, da er bei seinen Auswertungen von Hölzern nicht nur den bekannten 11,3-jährigen Sonnenfleckenzyklus, sondern weitere acht unterschiedliche Jahrringzyklen mit Intervallen zwischen 7 und 17 Jahren glaubte nachweisen zu können, obwohl der schottische Statistiker George Yule (1927) bei der Prüfung von Zeitreihen der Sonnenfleckenhäufigkeit mit Hilfe von Fourieranalyse, Regressions- und Autokorrelationsrechnung nur den ca. 11-jährigen Zyklus gefunden hatte. Douglass hielt vor allem die harmonische Analyse als Prüfverfahren für ungeeignet und beharrte auf einer ungewöhnlichen Definition für Zyklen: Dies seien Phänomene, die sich nicht in großer Regelmäßigkeit wie Sinuskurven wiederholten, aber trotzdem evident seien. Der von ihm verwendete Cyclograph sei das geeignete Werkzeug, um sie aufzuspüren. Rechenverfahren betrachtete er mit Skepsis: „I protest against the idea that the only solutions of problems are algebraic",[10] und sein Mitarbeiter Edmund Schulman assistierte: „Ordinary mathematical methods for the analysis of data containing periodic variations become extremely cumbersome, and fail completely, when the factor of unknown variability is present in the length, duration and other elements of those variations." (Schulman 1936, S. 20).

Dieser Auffassung stellte sich der Astronom Henry N. Russel 1933 bei einem „Symposium on Climatic Cycles" der Carnegie-Foundation entgegen, indem er auf die unpräzise Zyklendefinition Douglass' hinwies und die Berechnung zyklischer Witterungserscheinungen als ungelöste Aufgabe bezeichnete. In einem Brief an Edward Dewey – den späteren Gründer der Foundation of Cycles – schrieb Douglass: „I was entirely misunderstood when I applied the word cycle to phenomena that I knew temporary or unstable."[11] Dabei kam es ihm auf den Unterschied

---

[10]Douglass Papers, Univ. of Ariz., box, 111, folder 1, zit. in Webb (1983), S. 156.

[11]Douglass Papers, Univ. of Ariz., AZ72, B73, folder 8, Douglass an Dewey v. 19.12.1940; darin benannte Douglass Anhänger und Gegner seiner Zyklenhypothese.

zwischen Periode und Zyklus an: Perioden seien – wie bei Planetenbewegungen – Wiederholungen exakt gleicher Intervalle, während er Zyklen so definierte:

> The word cycle seems to us a more general term with fewer requirements as to duration and to the stability of its length, phase and amplitude. [...] Thus we refer to the sunspot cycle as a series of discontinuous periods in order to describe the fact that it remains steadily at one period length through a number of repetitions and then changes slightly to some other value, to which it clings for a time (Douglass 1936, S. 6).

Nach dem Zweiten Weltkrieg setzte vor allem in den Wirtschafts- und Sozialwissenschaften eine Zykleneuphorie nach Erscheinen des Buches *Cycles: The science of prediction* von Dewey und Dakin (1947) ein, obwohl der Ökonom Milton Friedman das Buch und mit ihm die Zyklenhypothese in einer Rezension in der von Dewey vertretenen Form als unwissenschaftlich, ideologisch und fehlerbehaftet charakterisierte (Friedman 1948).

5.2 Studien über Baumwachstum und Jahrringe 1914–1938

Das Jahr 1914 war zwar ein markantes historisches Datum, aber keine entscheidende Zäsur bei den Forschungsarbeiten zum Baumwachstum. Vielmehr hatte es schon vor 1900 schwerwiegende Meinungsverschiedenheiten über Ursache und Steuerung des Wachstums der Pflanzen gegeben, die sich nun fortsetzten. Die Kontroverse entwickelte sich zwischen solchen Wissenschaftlern, die Wachstum ausschließlich als Ergebnis der Wirkung äußerer Faktoren betrachteten und ihren Gegnern, die einen von der Außenwelt unabhängigen Wachstumsrhythmus zu begründen versuchten. Methodisch gingen bei Arbeiten zum sekundären Baumwachstum beide Ansätze sowohl von direkt beobachtbaren Phänomenen als auch von entwicklungs- und zellphysiologischen Analysenergebnissen aus. Dabei erwies sich die Wachstumsfrage im Verlauf der Kontroverse als wesentlich komplexer als zunächst angenommen, und sie blieb es bis heute.

5.2.1 Interne und externe Wachstumsursachen

Verteidiger einer streng kausalen Begründung des Wachstums und dessen Rhythmus war der Botaniker Georg Klebs, einer der Begründer der Entwicklungsphysiologie.[12] Schon 1888 hatte er die von Julius Sachs und Hugo de Vries vertretene Auffassung über die Wachstumsursache durch Zelldruck (Turgor) bestritten, sah sie vielmehr in den noch

---

[12]Biographisches zu Klebs: NDB 11, S. 720 f.; Jahn 2004, S. 871.

„unbekannten Verhältnissen des Protoplasmas" und wies auf erhebliche Kenntnislücken beim Wachstumsmechanismus hin (Klebs 1888, S. 564; online verfügbar: http://publikationen.ub.uni-frankfurt.de/frontdoor/index/index/docId/17423. Zugegriffen: 16.11.2017).

1903 setzte er sich mit Teleologen wie Eduard Pflüger und Vitalisten wie Hans Driesch auseinander. Anhand der pflanzlichen Regeneration abgeschnittener Pflanzenteile, an denen sich neue Wurzeln und Knospen bildeten, habe Pflüger ein „teleologisches Kausalgesetz" aufgestellt: „Die Ursache jeden Bedürfnisses eines lebendigen Wesens ist zugleich die Ursache der Befriedigung des Bedürfnisses." (Pflüger 1877, S. 76). Dies hielt Klebs für eine Scheinerklärung, ebenso die von Driesch vertretene Auffassung, die Art des Entwicklungsvorganges sei immer als eine durch die innerste Natur des Organismus begründete Eigenschaft anzusehen. Vielmehr solle man die kausalen äußeren Entwicklungsbedingungen zunächst finden und dann experimentell überprüfen (Klebs 1903, S. 23). Im Jahr 1910 überprüfte Klebs die Rhythmik des Pflanzenwachstums unter tropischen Klimabedingungen am botanischen Garten Buitenzorg auf Java und in einem 1400 m hoch gelegenen Berggarten. Die meisten der dort von ihm untersuchten Holzpflanzen wiesen ebenso wie mehrjährige krautige Pflanzen ein fortdauerndes Wachstum auf. Nur bei *Fraxinus excelsior, Fagus sylvatica* und Quercus-Arten blieben periodische Ruhephasen wie in Mitteleuropa erhalten, da diese Bäume eine bekannt feste Ruheperiode besitzen (Klebs 1911, S. 7). Seine Erkenntnisse führten ihn zu drei Hauptfaktoren, welche die Ruhe der wachstumsfähigen Knospen herbeiführen: niedrige Temperatur, geringer Wasser- und Nährsalzgehalt. Je nach Pflanzenart könnten einzelne Faktoren oder auch Faktorenkombinationen eine Wachstumsruhe hervorrufen. Bei Pflanzen mit fester Ruheperiode schränke die allmähliche Abschwächung einer der Faktoren das Wachstum ein, obwohl deren Blätter mit der Produktion organischer Substanz noch eine Zeit lang fortfahren. Klebs' Fazit lautete:

> Eine relativ feste Ruheperiode tritt ein, wenn durch Verminderung eines oder mehrerer Faktoren, Temperatur, Feuchtigkeit, Nährsalzgehalt, die Wachstumstätigkeit allmählich eingeschränkt wird und bei anfangs noch fortdauernder Assimilationstätigkeit die Speicherung organischen Materials die Fermente inaktiv macht (ebd., S. 46 f.).

Einen von der Außenwelt unabhängigen Wachstumsrhythmus gebe es entgegen der noch immer gängigen Vorstellung nicht, lediglich eine „Periodizität des Klimas". Der von Klebs hier noch verwendete Begriff „Ferment" war von vielen Physiologen schon vor 1900 allmählich durch den des „Enzyms" ersetzt worden. Darunter versteht man vorwiegend Proteine, die man heute als Katalysatoren biochemischer Reaktionen bezeichnet. Bei den von Klebs und anderen um 1900 als „Fermente" bezeichneten Stoffen handelte es sich eher um später als Phytohormone bezeichnete Botenstoffe wie Auxine oder Ethylen. Sie steuern offenbar jahreszeitlich bedingt die Aktivität des Kambiums und führen so zur Frühholz- bzw. Spätholzbildung des Baumes.

Seine eigenen Untersuchungsergebnisse über die Bedingungen des Baumwachstums in gemäßigten Breiten und den Tropen fasste Klebs 1914 schließlich in einer umfangreichen Arbeit zusammen, wobei er die Diskussionen der vorangegangenen Jahrzehnte bei seinen Überlegungen rekapitulierte (Klebs 1914). Die Begründung einer einheitlichen Auffassung über alle periodischen Vorgänge des Baumes erschien ihm trotz noch vorhandener Forschungslücken vordringlich. Bereits bekannt sei der Zusammenhang zwischen der Erregung der kambialen Tätigkeit und dem Wachstum neuer Triebe, in denen „die lebhaftesten Stoffwechselprozesse" stattfinden und die Atmung durch Enzymwirkung sich von oben nach unten fortsetzt. Allerdings müsse die kambiale Tätigkeit nicht unbedingt an das Austreiben der Knospen gebunden sein. Vielmehr zeigten die von Robert Hartig im Jahr 1891 durchgeführten Versuche mit den ihrer Knospen beraubten Bäume im Jahresverlauf ebenfalls ein gewisses Dickenwachstum, weil – nach Auffassung von Klebs – durch die Wirkung der Temperatur und des Lichtes auf die Rindenzellen die inneren Stoffwechselprozesse allmählich in Bewegung gesetzt werden. Es sei derzeit aber noch nicht möglich, „[...] die inneren und äußeren Bedingungen für die Entstehung der Holzelemente: Gefäße, Holzfasern u. dergl., genau anzugeben. So weit sind wir noch lange nicht." (Ebd., S. 84 f.) [149]. Keinesfalls sei die Bildung von Jahrringen ein erblich festgelegter Vorgang. Die Beobachtung bestätige, dass eine einheitliche Spezies zahlreiche Variationen der äußeren Form, der inneren Struktur und des physiologischen Verhaltens aufweist, die sich nur durch die Schwankungen der Außenwelt erklären ließen. Die entscheidende Bedeutung für das Wachstum habe das Kambium:

> Das Kambium hat als embryonales Zellgewebe alle die mannigfaltigen Potenzen, die der spezifischen Struktur anhaften und die je nach den inneren Bedingungen zur Verwirklichung gelangen – aber eben die Beschaffenheit der entscheidenden inneren Bedingungen wird durch die Außenwelt notwendig mitbestimmt. Es fragt sich jetzt, welches sind diese Einflüsse der Außenwelt auf die Jahresringbildung? (Ebd.).

Das weniger dichte Frühholz entsteht nach Klebs, wenn das aktivierte Kambium günstige Wachstumsbedingungen wegen der Zufuhr von Wasser und Nährsalzen vorfindet. Entscheidend für diesen Teilprozess ist die Assimilation der Laubblätter bei zunehmender Lichtmenge im Frühsommer, wodurch das Kambium lösliche C-Assimilate zugeführt bekommt, deren Überschuss sich in der Rinde und im Holz ablagert. Beim Überwiegen der C-Assimilate ändern sich dann die Wachstumsbedingungen für das Kambium.

Es bilden sich nun Holzelemente, die allmählich den Charakter des Spätholzes annehmen, wobei auch der relative Wassermangel im Spätsommer etwas zur Spätholzbildung beiträgt. Das Übermaß der gespeicherten Stoffe führt schließlich zum Ende der Holzbildung. Klebs fasste seine Überlegungen zu den Wachstumsursachen der Bäume folgendermaßen zusammen: „Es gehört zu den dringendsten Aufgaben der modernen Botanik, von dem kausalen oder entwicklungsphysiologischen Standpunkt aus die ganze Lehre von der Anatomie neu aufzubauen." (Ebd., S. 91).

Im Jahr 1915 erschien ein Review-Beitrag des Pflanzenpathologen John Grossenbacher von der Agricultural Experiment Station der Cornell University, in dem dieser die Hoffnung ausdrückte, das verfügbare Wissen über das periodische sekundäre Wachstum der Bäume, einschließlich steuernder Faktoren, Wachstumsauslösung und -störung, könne schon jetzt zur Klärung verwickelter Zusammenhänge beitragen oder zumindest ein Ansporn für eine moderne Darstellung auf quantitativer Grundlage sein. Grossenbacher war Kenner der europäischen botanischen Literatur und sah sich deshalb imstande, diese mit den weniger zahlreichen Arbeiten in den Vereinigten Staaten zu vergleichen. Vermutlich zielte er auf die amerikanische Leserschaft, um sie mit den europäischen Arbeiten über das Baumwachstum vertraut zu machen, während seine eigene Darstellung wegen der Schwerzugänglichkeit der Zeitschrift in Europa kaum rezipiert wurde. Beim Vergleich zahlreicher Beiträge über die Ursachen des periodischen Wachstums hob Grossenbacher die Untersuchungen von Klebs besonders hervor. Dieser habe deutlich gemacht, dass es nur auf wenige Einflussfaktoren ankomme, und weiter: „[...] that the periodic or discontinuous habit of vegetative activity in plants is due to an alternation of favorable and unfavorable seasons of the year or to a periodicity of the climate." (Grossenbacher 1915, S. 3).

Sollte sich beispielsweise die Beobachtung von Klebs bestätigen, dass große Mengen der produzierten und in den Holzstrahlen gespeicherter Reservestoffe das weitere Baumwachstum behindern, ließe sich damit das schwache Wachstum der Strahlen im jungen Baum und ihr schnelleres Wachstum im älteren Baum gut erklären. Der Aufmerksamkeit der Fachleute sei es bisher offenbar entgangen, wie sehr die zeitliche Verteilung des radialen Wachstums die Art des Holzes und damit des Jahrrings beeinflusse. Zwar gebe es mittlerweile mehrere Hypothesen zur Jahrringbildung sowie große Datenmengen als Beleg für die einzelnen Konzepte, doch wegen des begrenzten Wissens von den Einflüssen auf die Zelldifferenzierung noch keine zufriedenstellende Gesamterklärung. Erst Klebs habe erst damit begonnen, die Aufmerksamkeit der Forscher auf periodische Erscheinungen überall in der Welt und nicht nur in Mitteleuropa zu richten und die hierfür auslösenden Größen zu überprüfen. Dabei habe er auch Baumarten identifiziert, die eine nur zeitweilige und irreguläre Periodizität in den Tropen aufweisen (ebd., S. 30, 47 f.).

Grossenbacher stellte in seiner Literaturdurchsicht fest, es müsse beim weltweiten Vorkommen von Bäumen mit Jahrringen einen oder mehrere klimatische, periodisch variierende Einflussfaktoren für die Holzzonierung während kalter oder trockener Saisonabschnitte geben, doch könne auch die periodische Schwankung der anorganischen Nährstoffversorgung eine Rolle spielen, wie bereits Klebs betont habe. Gleichwohl seien in den bis dahin nur auf die gemäßigten Breiten gerichteten Untersuchungen die Phänomene deutlicher. Verantwortlich für das Vorkommen der Jahrringe sei nach Robert Hartigs Auffassung überwiegend die Nährstoffversorgung vom Frühjahr bis zum Spätsommer, obwohl die wechselnden Nährstoffmengen weder für die Schwankung des radialen Durchmessers der Holzzellen noch für den höheren Zellanteil im Frühholz maßgeblich seien. Vielmehr werde die Zellgröße durch das Zusammenwirken von Nährstoffen und dem Transpirationsstrom bestimmt. Die Differenzierung innerhalb der einzelnen Jahrringe gehe nach Hartig primär auf die Nährstoffarmut im Frühjahr, die von einer Phase ausreichender Nährstoffe im Sommer abgelöst wird, zurück und nur sekundär auf die Abnahme des Transpirationsstroms gegen Ende des Dickenwachstums. Andere Botaniker wie Arwed Wieler stimmten dieser Auffassung von der Dominanz der Nährstoffe nicht zu und führten als Beleg Experimente mit unterschiedlichen Nährstoffmengen an (ebd., S. 60–64). Ein weiteres, bis dahin noch nahezu ungeklärtes Problem sei die nicht eindeutige Wirkung von „Enzymen". Auch hier fand Grossenbacher bei seiner Literaturdurchsicht keine schlüssige Begründung ihrer Funktion, doch sah er in den wissenschaftlichen Kontroversen darüber Ansätze für eine noch zu entwickelnde Theorie. Nach seiner Auffassung könnten aber selbst die derzeit geringen Kenntnisse eine Grundlage für weitergehende Untersuchungen zum sekundären Wachstum sein und beispielsweise die Fragen beantworten, weshalb Holzzellen im Sommer einen geringeren radialen Durchmesser haben als im Frühjahr und warum es im Spätholz oft gar keine Zellen gibt (ebd., S. 65).

Die von Klebs vertretene Auffassung von den rein außengesteuerten Ursachen der physiologischen Vorgänge beim Pflanzenwachstums beherrschte nach 1914 die Diskussionen der Forstbotaniker, wenngleich die Vertreter eines Einflusses erblich bedingter Faktoren keineswegs verstummten. Die experimentellen Belege von Forschern der ersten Gruppe erschienen zunächst überzeugender. So nahmen Forstleute wie Moritz Buesgen von der Forstakademie Hannoversch-Münden oder der Botaniker Karl Müller von der Badischen Landwirtschaftlichen Versuchsanstalt Augustenberg in ihren Schriften eine erblich bedingte Wachstumsruhe als falsch an bzw. sahen in der Nährstoffzufuhr der Pflanze die alleinige Ursache für den Dickenzuwachs (Buesgen

1917, S. 93); (Müller 1916). Müller fand bei Bergkiefern (*Pinus montana*) auf Hochmooren im Schwarzwald nur dann lebhafteres Wachstum mit breiteren Jahrringen von durchschnittlich 2,7 mm, wenn die Pflanzenwurzeln bis in den Boden unterhalb des nährstoffarmen Torfes reichten. Bei zahlreichen Krummholzkiefern, die den Torf nicht durchdrangen, lagen die Durchschnittsbreiten wegen des Nährstoffmangels unter 1 mm, ebenso wie bei Hochgebirgslatschen mit oft unter 0,5 mm. Schwachwüchsige Bergkiefern im Hochmoor (Kuscheln) mit einem Alter von über 100 Jahre wiesen Breiten von nur 0,15 mm auf. Hinzu kam ein stark verspätetes Baumwachstum nach dem langsamen Auftauen des Torfbodens im Frühjahr.

Während Grossenbacher 1915 in seinem Review vor allem seine amerikanischen Kollegen über den Fortschritt der Wachstumsphysiologie in Europa informiert hatte, beschritt 1917 der schwedische Quartärgeologe Ernst Antevs mit seiner ca. 100-seitigen kommentierten Literatursichtung gewissermaßen den umgekehrten Weg, indem er die Jahrringe als klimatisch gesteuerte Wachstumsindikatoren betrachtete. Die Arbeit wird bis heute häufig von Jahrringforschern zitiert und war zu Beginn der Jahrringforschung bei den meisten Quartärforschern, Meteorologen und Forstwissenschaftlern in Europa und – trotz deutscher Sprache – in Amerika bekannt (Antevs 1917). Antevs berücksichtigte darin fast dieselben Autoren aus der Zeit vor und nach der Jahrhundertwende wie kurz zuvor Grossenbacher, setzte in der Bewertung aber andere Schwerpunkte. Er hatte bei Gerard de Geer und Alfred Nathorst Geologie und Paläobotanik studiert und sich auch mit den „Warven" genannten jahreszeitlichen Ablagerungen von Trübstoffen der nacheiszeitlichen Schmelzwässer in Skandinavien befasst. De Geer und seine Mitarbeiter analysierten die Abfolgen der Warven und suchten so einen Zusammenhang zwischen der Menge der jährlich abgesetzten Tonsedimente und klimatischen Faktoren herzustellen (vgl. Abschn. 5.1.1). Antevs Veröffentlichung ging inhaltlich weit über eine „Literaturübersicht" hinaus, denn er beurteilte die Arbeiten vieler Autoren nicht nur hinsichtlich ihres heuristischen Wertes für die Klimaanalyse und -prognose, sondern verglich sie auch mit eigenen Beobachtungen an rezenten Hölzern in Schweden, mit Holzsammlungen aus tropischen und gemäßigten Zonen und mit fossilen Belegstücken. Vor allem aber wies er auf die Bedeutung der umfangreichen Untersuchungen von Andrew E. Douglass und Ellsworth Huntington in den USA zum Zusammenhang zwischen Jahrringentwicklung und Klima hin (ebd., S. 286, 367–373) [12]. In seiner wertenden Befassung mit den Primärstudien deutscher und französischer Botaniker versuchte Antevs, aus deren Forschungsergebnissen qualitative und gelegentlich auch quantitative Schlüsse auf Faktoren zur Wachstumssteuerung zu ziehen. Dadurch erhielt seine „Literaturübersicht" den Charakter einer Metastudie zum Wachstumsproblem.

Die entscheidenden Ursachen für das Wachstum hielt Antevs für noch viel zu wenig erforscht und bezog dabei die von Forstexperten beschriebenen Phänomene wie ausgefallene Ringe, Ringverdopplungen, Frostringe oder Insektenfraß und ihre Wirkungen in sein Urteil mit ein. Außerdem gab es nach seiner Meinung fehlerhafte Untersuchungen zur Kambialtätigkeit, die er auf Unterschiede bei den pflanzlichen Individuen zurückführte (ebd., S. 334 f.) [12]. Manchmal nehme auch die Schärfe der Jahrringe bei stark ausgeprägter klimatischer Periodizität ab bis hin zum „vollständigen Verwischen der Jahresringe", wobei grundsätzlich gelte:

> Alles in allem: Für die Deutlichkeit der Jahresringe bei den Nadelbäumen ist der spezifische Charakter in erster Linie bestimmend. Erst an zweiter Stelle kommen klimatische und andere äußere Faktoren. Von einer gewissen, relativ schwachen Klimaperiodizität wird die Schärfe der Jahresringe nur unbedeutend und bis zu einem gewissen Grade mit einer fühlbareren Ausprägung der genannten Periodizität gesteigert (ebd., S. 318).

Während der verschiedenen Altersstadien der Bäume müsse man drei oder zwei Wachstumsperioden unterscheiden: Zunahme, Konstanz und Abnahme oder auch nur Zunahme und Abnahme; in der Literatur gebe es aber keine Hinweise auf ein regelhaftes Verhalten. Den wenigen Untersuchungen von Tropenhölzern komme nach Antevs eine besondere Bedeutung zu. So sei in Java zwar ein enger Zusammenhang zwischen Laubfall und „echter" Jahrringbildung mit ihrer Rhythmik von Bewegung und innerer Ruhe nachgewiesen worden, ohne jedoch bei der großen Variation der Ringbreiten über den Anteil innerer und äußerer Einflüsse endgültig etwas sagen zu können. Die „innere Disposition" beim Erwachen des Kambiums gehe nicht unbedingt mit dem Laubausschlag konform, vielmehr wiesen Antevs' eigene Untersuchungen auf ein Erwachen erst nach der Laubentwicklung hin. Deshalb sei es wegen der divergierenden Literaturangaben „[…] untunlich, ein generelles Gesetz für die Verbreitung des Kambiumerwachens aufzustellen" und weiter: „Welche Rolle die innere Periodizität gegenüber den äußeren Faktoren spielt, lässt sich noch nicht entscheiden" (ebd., S. 304 ff., 338–341). Von der teleologischen Sicht der Botaniker und Forstbotaniker Haberlandt, Strasburger, R. Hartig und Holtermann zum Bau des Jahrringes distanzierte sich Antevs. Man dürfe nämlich wegen des Bedarfs neuer Leitungsbahnen im Frühjahr keinen Nützlichkeitsstandpunkt beziehen (ebd., S. 356).

Einen Abschnitt seiner Arbeit widmete Antevs dem Zusammenhang zwischen dem Klima des Paläozoikums und Mesozoikums und den Jahrringen dieser Erdzeitalter. Darin widersprach er dem Paläontologen Walter Gothan, der fehlende Jahrringe der Bäume des Karbons auf das ausgeglichene Klima während dieser geochronologischen Periode zurückgeführt hatte. Antevs begründete diese Erscheinung dagegen mit den evolutionär bedingten Entwicklungsphasen der Bäume:

> Es ist wohl anzunehmen, daß die Pflanzen damals wie jetzt sich spezifisch verschieden verhielten in Bezug auf die periodischen Erscheinungen. Heutzutage gestaltet sich die Sache ja so, daß derselbe Prozeß, der bei der einen Art zustande kommt oder deutlich periodisch wird, bei einer kaum nennenswerten Klimaperiodizität, bei einer anderen Art erst bei einem scharfen Gegensatz zwischen Winter und Sommer oder Regen- und Trockenzeit, oder aber unter keinen Umständen zum Ausdruck kommt (ebd., S. 364); (vgl. Eckardt 1918).

Andere Erklärungen bei der Ausbildung von Jahrringen griffen die Forstbotaniker Arnold Engler und Paul Jaccard von der ETH Zürich in zwei Preisschriften für die schweizerische Stiftung Schnyder von Wartensee auf, in denen sie das Baumwachstum unter starken äußeren Einflüssen wie Schwerkraft, Licht oder Wind untersuchten. Lange bekannt war in der forstlichen Praxis die Bildung von Reaktionsholz nach anhaltend einseitiger Belastung der Bäume durch Schiefstand, Winddruck oder einseitige Kronenbildung. Bei Gymnospermen entwickelt sich auf der Seite der Belastung Druckholz, bei Angiospermen auf der gegenüberliegenden Seite Zugholz, verbunden mit der Verbreiterung der Jahrringe auf der weniger belasteten Seite und der Entwicklung eines exzentrischen Stammquerschnitts. Das Reaktionsholz nimmt so die Belastung auf und lässt den Stamm oft wieder senkrecht wachsen.

Engler bemängelte in seiner Arbeit (Engler 1918) die bisher ausschließlich verwendete statistisch-deskriptive Methode, welche die äußeren Bedingungen und das Milieu der untersuchten krummen und exzentrischen Äste und Stämme nicht berücksichtige. Dabei wies er auf die Erklärung der Anisotropie von Ästen hin, die der Botaniker Karl Goebel als Erster so formuliert hatte:

> Die Oberseite [bei Ästen] muß zugfest, die Unterseite druckfest gebaut sein, und zwar so, daß die Zugfestigkeit der Oberseite gleich ist der Druckfestigkeit der Unterseite. Die Anisotrophie wird eintreten, wenn das Gewebe der Unterseite Druckfestigkeit hat, welche geringer ist, als die Zugfestigkeit der Oberseite. Es muß dann sozusagen mehr davon gebildet werden, der Ast wird hypotroph (und vice versa) (Goebel 1913, S. 215).

Englers eigene Messungen an Nadelbäumen bestätigten Goebels Annahme: Das stärkere Dickenwachstum trat tatsächlich meist auf der Seite des Querschnitts auf, wo Druckspannungen vorherrschten, etwa auf der Unterseite von Ästen oder bei schief stehenden Bäumen. Longitudinale Druckspannungen übten hier einen Reiz auf das Kambium aus, was eine vermehrte Zellteilung und eine besondere Beschaffenheit der Holzelemente zur Folge habe. Bei den Laubhölzern Buche, Esche und Ahorn beobachtete Engler das größere Dickenwachstum auf der Bergseite, was dort wie auch das Aufbiegen des Stammes als Reaktion auf den Schwerkraftreiz und den Reiz von Längsdruck-spannungen auf der Unterseite anzusehen sei. Nach Erreichen der lotrechten Stellung des Sprosses höre die Reizung des Kambiums auf (Engler 1918, S. 101 f.). Eng-ler verknüpfte auf diese Weise die auf den Baum wirkenden äußeren mechanischen und klimatischen Reize mit physio-logischen Vorgängen:

> Es müssen demnach Veränderungen im Holzkörper vor sich gehen, und diese können nur in der Verschiebung inaktiver Gewebeteile durch aktive sowohl auf der konkaven als auf der konvexen Seite bestehen. Als aktiver Gewebeteil aber kommt vor allem das lebende Holzparenchym in Betracht. […] Beachtet man weiterhin, daß das gesamte Holzparenchym unter sich, mit dem Kambium und mit den jüngsten, unverholzten Organen des Baumes in Verbindung steht, so ist begreiflich, daß die von diesen perzipierten Reize auch im Holz weiter-geleitet werden und in den lebenden Zellen desselben die ent-sprechenden Reaktionen hervorrufen können (ebd., S. 104).

Die einzelnen physiologischen Prozesse seien aber noch völlig ungeklärt, so dass der Forschung ein schwieriges, aber dankbares Feld offenbleibe. Der amerikanische Bota-niker Irving Bailey stimmte in einer Rezension Englers Feststellung zu, dass sich während des Baumwachstums der verschiedenartige Licht- und Schwerkrafteinfluss in den jüngeren, höheren Teilen des Baumes anders auswirke als an der Stammbasis, wo die dominierende Schwerkraft oft zu einem exzentrischen Querschnitt führt. Engler habe gezeigt, wie sehr die Veränderungen der Form mit den von außen einwirkenden Kräften zusammenhängen. Nicht alle Formänderungen könnten aber so gedeutet werden. So sei das plötzliche Abbiegen dünner Stämme nach ihrer Frei-stellung wohl nicht nur mit dem Lichteinfluss zu erklären. Außerdem müsste sich bei der von Engler postulierten Stimulation lebender Parenchymzellen durch Lichtein-fluss die Struktur des Stammes stärker verändern. Englers deduktive Ableitung des Baumwachstums setze zu sehr auf eine indirekte Beweisführung und müsse deshalb durch ein-deutige Experimente bestätigt werden (Bailey 1920).[13]

In einer zweiten Preisschrift[14] betrachtete Paul Jaccard die Frage des Zusammenhangs zwischen Form und Wachs-tum der Bäume von einem anderen Standpunkt. Zunächst trat er dem unter Forstbotanikern bekannten Konzept ent-gegen, demzufolge der Wind der entscheidende Faktor für die endgültige Gestalt der Bäume und der Stamm Träger des Widerstandes gegen die Windbiegung sei. Dabei werde für jeden Stammquerschnitt die gleiche Festigkeit mit einem möglichst geringen Materialaufwand erreicht. Nach

Jaccards Auffassung erzeugten jedoch physiologische Fak-toren die kreisförmige Gestalt und konzentrische Struktur normaler Baumstämme, außerdem die Holzstruktur, um Wasser und andere Stoffe auf kürzestem Wege zu trans-portieren. Ohne die Anforderungen der Statik außer Acht zu lassen, müsse man daher sowohl die Form des Stamms als auch seine zellulären Strukturen physiologisch erklären. Dabei sei ihm bewusst, dass das Dickenwachstum der Bäume zu den „allerschwierigsten Problemen der Botanik" zähle (Jaccard 1919, S. 330 f.). Um die Wirkung mecha-nischer, „geotropischer" und „heliotropischer" Reize auf Form und Anatomie des Holzes aufzuklären, führte Jaccard viele Freilandversuche durch und prüfte dabei, ob sich die Zusammensetzung des Holzes, die periodische Jahrringbil-dung und die im Laufe des Wachstums erworbene Gestalt als Resultat der Jahrringbildung änderten. Je nach Reiz-intensität und -dauer ergaben sich bei Laub- und Nadel-hölzern beträchtliche Zellveränderungen. Hinsichtlich der periodisch auftretenden Ruhephase folgte Jaccard der Auf-fassung von Klebs, dass das Baumwachstum eingestellt werde, wenn äußere Bedingungen die normale Lebens-funktion nicht mehr gestatten (Jaccard 1916, S. 16); (vgl. ders. 1915).

Entscheidend für die Formbildung des Baumes waren für Jaccard die hydraulischen Anforderungen an das Wachstum. Den Stamm betrachtete er als einen Schaft gleicher Wasserleitungskapazität, bei dem jede Biegung des wasserleitenden Organs gegenüber geradewachsenden Stammteilen als Verlängerung des kürzesten Weges beim Wassertransport anzusehen sei. Als Folge der langsameren Wasserzirkulation nehme am untersten Stammteil das Dickenwachstum zu. Außerdem nahm er an, dass zwi-schen der wasserleitenden Querschnittsfläche (des Splint-holzes) und der von ihr versorgten Blatt- oder Nadelmasse ein festes Verhältnis bestehe. Neuere Untersuchungen, etwa die von Bruno Huber, bestätigten eine solche Proportionali-tät jedoch nicht (vgl. Tyree und Zimmermann 2002, S. 143–146) [238]. Die Bedeutung osmotischer Kräfte für die anatomische Differenzierung der Zellelemente des Reaktionsholzes erschien Jaccard noch nicht geklärt. Auch 20 Jahre später sah er sich außerstande, „[…] den unmittel-baren Determinismus der histologischen Differenzierung in Zug- und Druckholz zu erklären." Die Mitwirkung mecha-nischer Kräfte stehe dagegen fest (Jaccard 1934, S. 56); (ders. 1938, S. 536).

Im Gegensatz zur Mehrheit der Botaniker bot der Natur-philosoph und Gegner des Neodarwinismus Hans André (1891–1966) eine weitgehend teleologische Erklärung des Baumwachstums an. Als Anhänger einer idealisti-schen Morphologie und Schüler von Georg Klebs vertrat er dessen Auffassung vom Zusammenhang zwischen dem Wachstum der Vegetationspunkte und der Weitholzbildung des Kambiums, solange ein Überschuss stickstoffhaltiger

---

[13]Bailey (1885–1967) war Botanikprofessor in Harvard und veröffent-lichte zwischen 1918 und 1934 zehn Beiträge zum Thema „The cam-bium and its derivative tissues."

[14]Die Arbeit ist schwer zugänglich, weshalb die Kurzfassung und Einzelbeiträge verwendet werden.

Substanzen zur Verfügung steht. Seine experimentellen Untersuchungen mit Hybriden von Tabakpflanzen an Klebs' Institut zur Erzeugung „künstlicher Jahrringe", die er 1920 als Dissertation in Würzburg vorlegte, ließen ihn zunächst von einer gemeinsamen Ursache für stärkeres Blattwachstum und der Frühholzbildung ausgehen, nämlich der Zunahme von Wasser und Nährsalzen im Saftstrom (André 1920a, S. 180). Damit bestätigte er zwar Klebs' Postulat, orientierte sich bei der Erklärung der Wachstumsphänomene aber an der vitalistischen Naturlehre von Hans Driesch, da er die „[…] kausale Verkettung, die durch die Pflanze hindurch die Wachstumsformen der embryonalen Gewebe bestimmt", erkannt zu haben glaubte. Die zwischen Außenwelt und dem embryonalen Wachstum wirksamen Kausalreihen innerhalb der Pflanze seien nur teilweise variabel, und dies nur innerhalb der Grenzen der spezifischen Pflanzenstruktur. Das Dickenwachstum sei das Resultat der Überlagerung von Rezeptionsbewegungen mit autogenen Reaktionen, bei der die modifizierenden Ursachen der Wachstumsform in der Pflanze selbst lägen (ebd., S. 213 f.). Einen zweiten Beitrag widmete André dem Zweckbegriff bei der Jahrringbildung und bezeichnete darin die Wirkursache des Dickenwachstums als kompatibel mit der teleologischen Betrachtungsweise, die durch logische Analyse zu einer kausalen führe, während Jaccard bei seinen Untersuchungen ausschließlich die Letztere habe gelten lassen (André 1920b, S. 1001, 1024). Wesentlich sei die Einstellung des embryonalen pflanzlichen Zellgewebes auf die Bedürfnisse des Ganzen, obwohl vordergründig das Wachstum allein kausal determiniert erscheine (ebd., S. 1027). Mit seinem Erklärungsmuster kam aus heutiger Sicht André den in den 1920er- und 1930er-Jahren von Jan Smuts und Adolf Meyer-Abich vertretenen holistisch-biologischen Ansichten sehr nahe. Arthur Tansley lehnte den Missbrauch ökologischer Begriffsbildung im holistisch-organismischen Sinne dagegen ab und bezeichnete sie als „mysterious" (Tansley 1935, S. 298).

5.2.2 Empirische Untersuchungen

Nach dem Ersten Weltkrieg wandten sich die Untersuchungen zum Baumwachstum und zur Bildung von Jahrringen – unter denen sich auffällig viele Arbeiten schweizerischer Forstwissenschaftler befanden – pragmatischeren Fragestellungen zu, etwa technischen Verbesserungen bei der präzisen Messung des Baumdurchmessers. 1920 stellte der amerikanische Botaniker Daniel MacDougal ein robustes mechanisches Gerät vor, das sich in beliebigen Baumhöhen anbringen ließ und neben der Tag-Nacht-Kurve der Stammausdehnung auch längere Perioden aufzeichnen konnte. Mehrmonatige Versuchsreihen an vielen

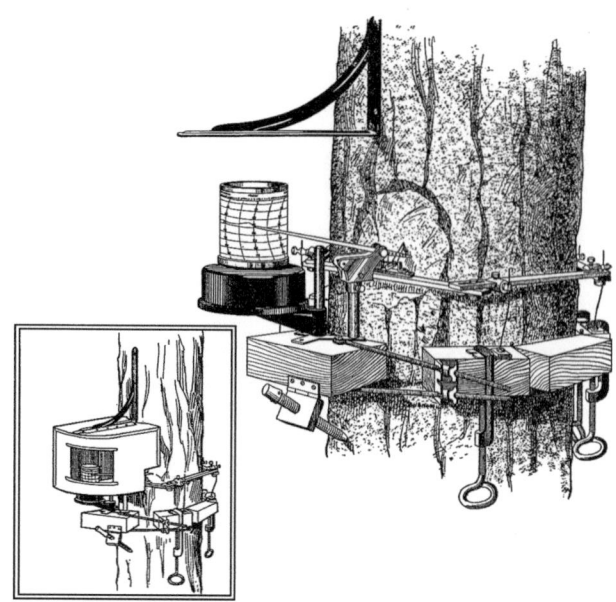

Abb. 5.4 Dendrograph zur Bestimmung des Stammdurchmessers. (Aus MacDougal 1921)

Baumarten unter verschiedenen Klimaten wiesen die Eignung des Geräts nach (s. Abb. 5.4).

Ein ähnliches Gerät mit einem um den Stamm gelegten und auf Rollen gleitenden Stahlband war schon in den 1890er-Jahren an der Forstlichen Versuchsanstalt Mariabrunn von Josef Friedrich entwickelt worden. Das anschließend von den physikalischen Werkstätten Starke & Kammerer in Wien hergestellte Instrument setzte sich aber nicht durch (Friedrich 1890); (ders. 1905). Einen anderen Weg ging 1917 der Instrumentenbauer Arnulph Mallock, der ein optisches Instrument für die Messung feinster Gebäuderisse während des Baus der U-Bahn in London entwickelt hatte. Um damit auch das Wachstum von Bäumen aufnehmen zu können, verringerte er die Empfindlichkeit der optischen Interferenzmessung von ursprünglich etwa 10 bis 5 mm und baute ein Instrument, das die Ausdehnung einer um den Baum gelegten Bandage mit Hilfe von Prismen in einen registrierbaren Lichtstrahl umwandelte. Damit war es noch immer 10-mal empfindlicher als rein mechanische Vorrichtungen. Eine längere Erprobung im Kew Botanical Garden bewies zwar die Praxistauglichkeit, aber Mallocks Gerät wurde später nicht mehr eingesetzt (Mallock 1918); (Anonymus 1933, S. 98 f.).

In den 1920er- und 1930er-Jahren beschrieben mehrere Autoren die Schwierigkeiten bei der Zuordnung gemessener Jahrringe zu dem wirklichen Baumalter. Standardisierte Anweisungen zur Altersbestimmung ganzer Bestände gab es noch nicht. Nach der Baumfällung wurden die Ringe deshalb in der Regel meist in Schnitthöhe nahe der Erdoberfläche ausgezählt. Bei systematischen Vergleichen stellte der Schweizer Forstmann Philipp Flury fehlerhafte Altersangaben insbesondere bei dieser Vorgehensweise fest. So zeigten „unterdrückte" Bäume wegen gelegentlicher Wachstumsstockung und extremer Zug- und Druckwirkung oft eine undeutliche Differenzierung im Herbst- und Frühjahrsholz bis hin zum vollständigen Aussetzen der Jahrringbildung. Außerdem täuschte das sukzessive Einsinken älterer und schwerer werdender Stämme in den Boden im Übergang des Schaftstückes in den Wurzelstock ein zu geringes Baumalter vor. Messungen an Fichten in Solothurn ergaben unmittelbar an der Erdoberfläche ein Alter von 18 bis 20 Jahre, während schon 15 cm höher das korrekte Alter mit 22 bis 24 Jahren abzulesen war. Flury forderte deshalb für die korrekte Altersbestimmung einen angemessenen Abstand von der Bodenoberfläche (Flury 1924, S. 252).

Für tropische Holzarten hatten bereits Autoren wie Klebs auf Unterschiede zwischen der Tätigkeit des Kambiums und der Ausbildung von Zuwachszonen hingewiesen. Der Niederländer Charles Coster fand bei Messungen im Botanischen Garten Buitenzorg auf Java, dass nur solche Arten geschlossene Zuwachszonen ausbilden, die periodisch ihre Blätter verlieren und deshalb eine zeitweilige Kambiumruhe aufweisen. Aber nicht alle Arten mit einer periodischen Ruhephase bildeten zugleich deutliche Zuwachszonen aus. Anders als in gemäßigten Breiten waren die anatomischen Merkmale tropischer Bäume oft sehr verschieden, und zwar nicht nur bei unterschiedlichen Baumarten, sondern auch innerhalb der eigenen Art. Daneben fand er Periodizitäten bei der Breite der Wechsellagerung von Libriform- und Parenchymbändern, ebenso bei der Größe und der Anordnung der Gefäße. Die Altersbestimmung durch Abzählen der Zuwachszonen tropischer Hölzer war nach Costers Auffassung nicht besonders zuverlässig, da die ausgebildeten Ringe oft ungleichmäßig sind und bei Jungbäumen manchmal fehlen. Trotzdem gab es einige Holzarten, die im periodischen Klima Ost-Javas recht genaue Ergebnisse liefern, während bei anderen die Datierungsfehler zwischen 20 und 30 % lagen (Coster 1927, S. 119 f., 218 f.). Im Holz von Teakbäumen (*Tectona grandis*) in Zentraljava fand der niederländische Geophysiker Hendrik Berlage jr. Ende der 1920er-Jahre einen engen Zusammenhang zwischen Niederschlag und Holzzuwachs. Dabei dienten ihm die von A. E. Douglass und E. Huntington im gemäßigten Klima Kaliforniens in den Jahren 1909 und 1912 durchgeführten Untersuchungen der Mammutbäume als Vorbild. Die Breite der Ringe des Teakholzes spiegelte in Java offenbar die Dauer der Regenzeit exakt wider. Breite Ringe erklärte Berlage mit dem frühen Einsetzen bzw. späten Ende der Regenperiode, während schmale Ringe auf ein spätes Einsetzen bzw. frühes Ende des Regens deuteten. Durch Auswerten der Jahrringe von 28 Stämmen mit einem Alter von bis zu 400 Jahren schätzte er die Intensitätszyklen des pazifischen Monsuns ab und

kam so auf periodische Schwankungen mit einer mittleren Dauer von 3,32 Jahren. Dieses Ergebnis deckte sich mit dem Zahlenwert, der sich bei der Analyse langjähriger meteorologischer Monsunbeobachtungen in Java ergeben hatte (Berlage 1931).

In der Schweiz wiesen der Forstwissenschaftler Hermann Knuchel und der Meteorologe Walter Brückmann – früher als deutsche Forscher – auf die klimarelevanten Arbeiten von Douglass und Huntington, außerdem auf die Untersuchungen des Pflanzenphysiologen Robert Marshall von der Rocky Mountains Forest Experimental Station über den Zusammenhang zwischen Niederschlagszyklen und Baumzuwachs hin. Dabei glaubten sie wie Douglass, die Perioden der Sonnenfleckenaktivität im Ringmuster von Tannen (*Abies pectinata* D. C.) feststellen zu können (Knuchel und Brückmann 1930, S. 400 f.) [151]; (Marshall 1927). Nach zusätzlichen Untersuchungen vertraten sie die Auffassung, dass die Lebensgeschichte eines Baumes und damit der Witterungscharakter vergangener Zeiten sich annähernd am Stammquerschnitt ablesen lasse. Allerdings stellten die Autoren nur die Klimarelevanz der Jahrringbreiten heraus, erkannten aber nicht die Bedeutung des von Douglass beschriebenen „cross-dating"-Verfahrens. Von Knuchel geleitete Untersuchungen der Schweizerischen Forstlichen Versuchsanstalt zeigten auch, wie unterschiedlich sich Klimafaktoren in trockenen und feuchten Beständen auswirken, aber: „Ein direkter Einfluss der Witterung des Vegetationsjahres auf die Größe des Höhenwachstums des gleichen Jahres [war] nicht nachzuweisen." Die Standorte verhielten sich einerseits ähnlich wie solche im Norden Skandinaviens, wo die Temperatur das Baumwachstum des folgenden Jahres maßgeblich beeinflusse, andererseits wie in niedrigeren Alpenregionen, wo die Feuchtigkeit diese Rolle übernehme (Knuchel 1933, S. 265). Bei den zunächst von 12 Weißtannen im Forstgebiet von Zofingen im schweizerischen Mittelland entnommenen Stammscheiben aus 4, 8 und 12 m Höhe bestimmte Knuchel den Dickenzuwachs durch Messung und Mittelung von drei um 120° versetzten Radien. Die Zuwachskurven waren in den verschiedenen Höhen fast deckungsgleich, wobei Maxima und Minima auf dieselben Jahre fielen. Brückmann von der Eidgenössischen Meteorologischen Zentralanstalt in Zürich ergänzte, dass die Untersuchungsergebnisse eine alleinige Abhängigkeit der Ringentwicklung vom Niederschlag nicht bestätigten. Seine Schlussfolgerung war, „[…] dass der Charakter der Wachstumsschwankungen im großen ein Abbild des Charakters der Klimaschwankungen im großen ist. Längerperiodischen Vorgängen der Witterung entsprechen ebensolche im Wachstum der Bäume." (Ebd., S. 268 f.).

Eine anschließende Ausweitung der Untersuchungen auf 40 Forstämter und acht Baumarten ergab weit stärkere Schwankungen als bei den Messungen in Zofingen, wobei die Variation der Werte in der Ebene größer war als im Gebirge, bei starkem Niederschlagseinfluss wie im Schweizer Jura am größten (ebd., S. 374). Für die Bildung korrekter Mittelwert sollten wegen der erheblichen Varianzen der Einzelbäume nur die Stämme mit ähnlicher Wachstumsenergie zusammengefasst werden. Im Grunde seien aber die Ursachen für die Zuwachsschwankungen noch nicht endgültig geklärt.

Nach den sporadischen Hinweisen schweizerischer und niederländischer Forstexperten auf die Jahrringforschung von A. E. Douglass brachte der Frankfurter Paläontologe und Direktor des Senckenberg-Museums, Rudolf Richter, 1933 erstmals Informationen aus erster Hand zum aktuellen Stand der Dendrochronologie aus den Vereinigten Staaten mit. Nach einer Reise durch den Südwesten des Landes bat er seinen Reisebegleiter John McGregor (1905–1995), damals Kurator am Museum of Northern Arizona in Flagstaff, um einen Beitrag zum neuesten Stand der Methode für die Senckenberg-Zeitschrift *Natur und Museum*. Nach Richters Auffassung lasse sich diese Methode mit der „biochemischen Geochronologie" von Boris Perfiliev vergleichen, der in den periodischen Ablagerungen des Schlamms großer Binnenseen eine Funktion der Sonneneinstrahlung erkannt habe (McGregor 1933, S. 398); (vgl. Perfiliev 1929). Allerdings erwähnte Richter dabei nicht die Vorstellung des geochronologischen Datierungsverfahrens mit Hilfe von Bändertonen in einer anderen Senckenberg-Schriftenreihe einige Jahre zuvor durch den Geographen Wilhelm Credner. Credner hatte Anfang der 1920er-Jahre in Uppsala studiert und dort die Arbeit des Quartärgeologen Gerard de Geer kennengelernt. Dabei schloss er sich dessen Auffassung an, dass die periodische Schichtung der Tone den Ablagerungsjahren entsprechen müsse und es eine Analogie zwischen Jahreswarven und den Jahresringen der Bäume gebe (Credner 1921, S. 118).

McGregor arbeitete Anfang der 1930er-Jahre eng mit Douglass zusammen und hatte mit ihm im Medicine Valley nördlich Flagstaff zahlreiche Belegstücke aus Holz dendrochronologisch auf den Zeitabschnitt von 877 bis 1114 datiert, die Eruption des nahe gelegenen Sunset Crater auf etwa 800.[15] Ende 1931 sprach er von der Bedeutung regionaler Teilchronologien für die archäologische Forschung, um damit die Sicherheit der zeitlichen Einordnung zu verbessern: „I should like to build up separate chronologies like this for the various regions, and feel that is our best problem at present."[16] In seinem von Richter ins Deutsche übersetzten Beitrag für „Natur und Museum" erläuterte

McGregor die Jahrringvergleiche von 1910 bis 1920 zwischen der Gattung Sequoia in Kalifornien und der Gelbkiefer *(Pinus ponderosa)* in Arizona durch Douglass, die zunächst wenig ermutigend verlaufen waren. Erst Hölzer aus den prähistorischen Pueblosiedlungen des Südwestens hätten die Datierungsarbeit erleichtert, da sich dort durch Zusammenschluss älterer und jüngerer Stammstücke die Möglichkeit bot, die Periode zwischen Bau und Niedergang ganzer Siedlungskomplexe zeitlich festzulegen. Die hierfür verwendete Methode des „cross-dating" – von Richter seltsam mit „Überschneide-Einzeitung" übersetzt – wurde für Douglass und andere etwa ab 1919 das entscheidende Konzept bei längeren und regional übergreifenden Datierungen. Auch ökologische und klimatologische Probleme der Vergangenheit, wie etwa das Vordringen der Gelbkieferwälder nach dem Ascheausstoß des Sunset Crater um das Jahr 800 von feuchteren Höhenlagen bis in die Halbwüste hinein, ließen sich so klären. McGregors sah die Rolle der neuen Methode so: „Schon heute kann die archäologisch vervollständigte Baum-Zeitrechnung vorgeschichtliche Kulturen über ein immer größeres Verbreitungsgebiet annähernd einzeiten. Es eröffnet sich die Möglichkeit, diese Forschungsweise für weltweite Fragen der Vorgeschichte auszubauen" (McGregor 1933, S. 399 ff.). Daneben seien die Aussichten für die Anwendung der neuen Methode in Geologie und Klimatologie nahezu unbegrenzt. Der Frankfurter Paläontologe Richard Kräusel, Vater der späteren Mitarbeiterin von Bruno Huber in Tharandt, Hildegard Müller-Stoll, und Schwiegervater des Botanikers Wolfgang Müller-Stoll, rezensierte diese Arbeit McGregors und machte sie so auch bei Biologen bekannt.

Fast alle Autoren, die sich mit der Messung von Jahrringen befassten, berichteten aufgrund eigener Erkenntnisse oder durch Hinweise anderer Forscher von gelegentlichen Ringausfällen oder von Scheinringen. Im Hinblick auf die Sicherheit von Datierungen warf dies Probleme beim Vergleich von Messreihen auf. Die Ursache von Diskrepanzen lag oft an der Tatsache, dass die Aktivität des Kambiums und das von ihm gesteuerte Dickenwachstum nicht gleichzeitig einsetzt, sondern in den Spitzen der Zweige und am Wurzelanlauf beginnt und danach die Holzbildung von der Krone bis zum unteren Stammteil allmählich voranschreitet. Nach externen Störungen oder nach Erschöpfung der Reservestoffe war ein Anhalten des Zuwachses in den unteren Abschnitten des Stamms möglich, verbunden mit einer Übergangszone auskeilender Ringe. Abb. 5.5 zeigt drei Arten eines Auskeilens: Während auf der jeweils linken Seite der Zeichnungen a, b und c die vier Ringe normal ausgebildet sind, lassen sich rechts drei Arten des Auskeilens unterscheiden: Bei a keilt nur das Frühholz aus, während das Spätholz aller Ringe noch vorhanden ist. Bei b keilt nur das Spätholz aus, so dass die Frühholzzonen von Ring 2, 3 und 4 aufeinanderliegen. Hier kann man in

---

[15]Douglass Papers, Archiv Univ. Tucson, AZ 72, B73, Folder 1: Bericht Douglass zum „Flagstaff Type 1".

[16]Ebd., McGregor an Douglass v. 27.11.1931, zit. in Nash (1999), S. 155.

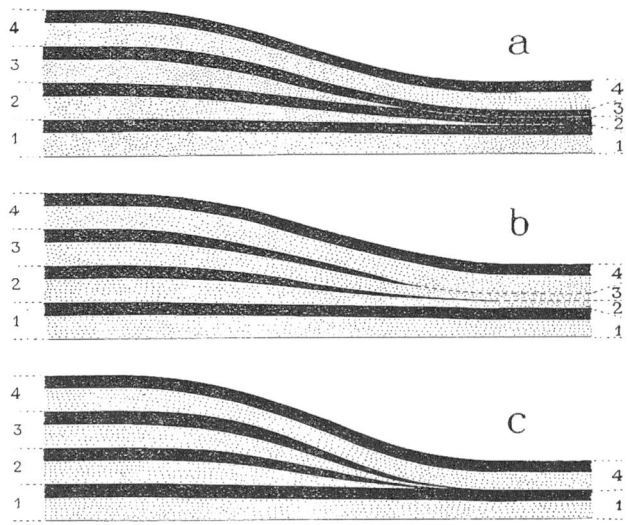

Abb. 5.5 Auskeilen bei Jahrringen, Frühholz punktiert, Spätholz dunkel. (Aus Nägeli 1935)

diesem Abschnitt nur einen einzigen Ring erkennen. Bei c keilen schließlich Früh- und Spätholz vollständig aus, so dass man nur hier von einem völligen Ausbleiben des Rings sprechen kann. Ein solches Aussetzen des Zuwachses fand sich manchmal wegen der Verminderung der Assimilationsmasse im Bestand von unterdrückten Bäumen, aber auch nach künstlicher Entlaubung oder Insektenfraß. Untersucht man mehrere Radien, lassen sich auskeilende Ringe zumindest an einer Stelle des Querschnitts sicher identifizieren, während man die „wahre" Ringzahl bei ausfallenden Ringen nicht mehr festlegen kann (Nägeli 1935, S. 212).

Besonders in Höhenlagen der Alpen nahe der Baumgrenze zeigte sich bei kleinwüchsigen Fichten *(Picea excelsa)*, wie schwierig die Zuordnung der gemessenen Jahrringanzahl zum wirklichen Baumalter war. Bei Krüppelformen wiesen die mit einem Zuwachsbohrer gewonnenen Holzkerne meist Ringbreiten von deutlich weniger als 0,5 mm auf, so dass die Zuordnung der Ringe zu bestimmten Jahren nicht immer möglich war. Wegen der Höhenlage dominierten die klimatischen Wachstumsfaktoren (vgl. Lüdi 1938). Ganz ähnliche Ergebnisse gab es auch bei fossilen, bronzezeitlichen Artefakten aus Holz im alten Bergbaugebiet der Kelchalpe bei Kitzbühel mit einem Alter von 1400 bis 1200 BC. Hier zeigten sich ebenfalls sehr schmale Ringe, die auf die ungünstigen Wachstumsumstände für die hochalpinen Kümmerformen der Nadelhölzer zurückzuführen waren. Für die Herstellung von Holzwerkzeugen war offensichtlich die dichte Holzstruktur besonders vorteilhaft (Kisser 1937); (Pichler et al. 2009). Weit größere Ringbreiten zeigten sich zwar bei der Untersuchung norddeutscher Eichen, doch dominierte hier die Niederschlagsverteilung

als Einflussfaktor, der im Gegensatz zu Nadelhölzern zu einer Differenzierung in Früh- und Spätholzanteilen führte (Krahl-Urban 1939, S. 29–34, 44 f., 66 f.).

Bereits im 19. Jahrhundert waren viele Forstbotaniker den physiologischen Ursachen der Lebensdauer von Holzgewächsen nachgegangen, und auch in den 1920er- und 1930er-Jahren gab es einige Erklärungsversuche. Der Botaniker Hans Molisch wertete in einer Monographie zahlreiche Beobachtungen aus und stellte fest, dass Bäume und Sträucher auch nach voller Reife noch sehr lange leben können. Im Freistand ist nach Molisch bei der Eiche der Reifezustand mit dem Eintritt der Blüte oft erst nach 80 bis 100 Jahren erreicht, bei der Fichte nach 30 bis 50 Jahren und bei der Tanne nach 60 bis 70 Jahren (Molisch 1929, S. 63), wobei im Holz kurz- und langlebige Zellbestandteile nebeneinander existieren. Zu den kurzlebigen gehören Tracheen, Trachëiden und Libriformfasern mit einem Lebensalter von nur wenigen Wochen, zur langlebigen Gruppe zählen Parenchym- und Markstrahlzellen, die bis zu 80 Jahre alt werden können (ebd., S. 92, 97). Untersuchungen an Eiben zeigten außerdem, dass frühere Altersbestimmungen oft falsch waren: Meist schätzte man das Alter einer Baumart aus ihrem Durchmesser und ging aufgrund von Extrapolationen dabei von viel zu kleinen Ringbreiten aus. So kam es in der Vergangenheit auch bei der berühmten mexikanischen Sumpfzypresse *(Taxodium mucronatum)* in Santa Maria del Tule zu einer Schätzung von 6000 Jahren durch Candolle, später von 4000 Jahren durch Alexander von Humboldt, während neuere Schätzungen nur noch von ca. 2000 Jahren ausgingen (vgl. Stahl 1904, Tafel 14/15). Bei Eiben erkannte man als Ursache solcher Diskrepanzen die nach Verletzung von Stamm oder Wurzel aus Adventivknospen entstehenden neuen Triebe, die sich dicht an den Stamm anlegen und mit ihm zu einem Scheinstamm verschmelzen können (Eddelbüttel 1935).

Nach Entdeckung der Phytohormone gingen Botaniker in Labor- und Freilandversuchen auch experimentell dem Einfluss der natürlichen Auxine auf das Dickenwachstum und damit der für die Jahrringbildung periodisch wirksamen Ursache nach. Fritz Went aus Utrecht arbeitete hierzu ein Standardisierungsverfahren aus und berichtete darüber 1932 in der Versammlung Deutscher Naturforscher und Ärzte in Mainz (Went 1933), während Hans Söding Wachstumsversuche mit Indol-3-essigsäure unternahm. Mit diesem synthetisch herstellbaren Wachstumshormon versuchte er bei einigen Laubhölzern die Kambiumtätigkeit anzuregen, indem er den festen Wuchsstoff auf Zweige sowie nach Ringelung direkt auf den Stamm aufgab, um so den Transport nach unten zu verhindern. Dabei zeigte sich die Wuchsstoffneubildung an den behandelten Stellen des Baumes, nicht nur in der Spitze, und Söding folgerte, dass der Wuchsstoff nicht die Ursache, sondern die Folge des

Wachstums sei (Söding 1936, S. 301 f.)[17]. Wahrscheinlich wandere die Kette von Ursache und Wachstum – d. h. die Abfolge Wuchsstoff → Wachstum → Wuchsstoff – polar abwärts, um sich je nach den Randbedingungen zu verstärken oder abzuschwächen.

Für die Praxis der Forstwirtschaft waren diese grundlegenden Untersuchungen zum Wachstum wichtig, weil sich damit die bereits 1914 von Klebs vermutete Wirkung der „Fermente" als Wachstumsstimulatoren bestätigte. Außerdem erkannte man bei Experimenten mit Nadelbäumen die stimulierende Wirkung von Knospen und jungen Längstrieben auf das Kambiumwachstum, das letztlich die Verteilung des Dickenwachstums über die gesamte Stammlänge entscheidend beeinflusst. Demzufolge gibt es zwei Ursachen für die Ausbildung der Stammform: den geotropischen Druckreiz und die regulierende Wirkung der Triebe, ausgelöst durch die stammabwärts wandernde Neubildung von Wuchsstoffen.

Der schwedische Anthropologe Gaston Backman (1883–1964)[18] berücksichtigte bei seinen Erklärungsversuchen zur mathematischen Beschreibung des Baumwachstums zahlreiche Gesetzmäßigkeiten und Einflussfaktoren. Hierzu wertete er gut dokumentierte Messungen des Höhenwachstums von Bäumen für die Zeit zwischen 1750 und 1940 aus und postulierte ähnlich wie beim Tierwachstum drei Wachstumszyklen: den embryonalen, den primordialen und den juvenilen (Backman 1942, S. 458 f.). Das Reifealter der Individuen weise zwar große Unterschiede auf, etwa ob ein Baum einzeln oder im Bestand aufwuchs, aber man könne feststellen, wie sich bei größerer maximaler Wachstumsgeschwindigkeit die Lebensdauer verkürze. Außerdem sei bei einer erst später auftretenden maximalen Geschwindigkeit mit einer längeren Lebensdauer zu rechnen, während sich bei frühem Reifealter die Lebensdauer verkürze (ebd., S. 491). Aufgrund der Erfahrungen vieler Forstleute sei das Höhenwachstum der Bäume dem Massenwachstum direkt proportional, anders als bei den übrigen Pflanzen. Bei seinen Überlegungen ging Backman immer von einer logarithmisch definierten „organischen Zeit" aus, in der die Wirkung der physikalischen Zeit auf den Zuwachs mit zunehmenden Alter abnehme: „I consider that living organisms develop in a logarithmical world, where the spatial and temporal values have a logarithmical scale" (Backman 1943, S. 43). Seine Schlussfolgerung: „The possibility to foresee the events of life's run is based on the knowledge of the fact that the organisms have their ‚own time', what I call

organic time." (Ebd., S. 178). In der Zeit nach dem Zweiten Weltkrieg erprobten einige Wissenschaftler zwar das Backman'sche Konzept bei ihrer Zuwachsforschung, konnten es jedoch in der forstlichen Praxis nicht durchsetzen, da die Wachstumsvorgänge der Bäume offensichtlich komplexer waren, als der Autor der Modellbeschreibung angenommen hatte. Über derartige Erfahrungen berichteten z. B. Wenk (1973) und Maurins (1995).

5.3 Deutsche Wissenschaftler im Ausland

Bevor Bruno Huber im Jahr 1938 in Deutschland seine dendrochronologische Forschungsarbeit aufnahm, befassten sich zwei andere deutsche Forschergruppen in der Türkei und in Südwestafrika mit Untersuchungen der Jahrringe von Bäumen. Beide Einsätze wären ohne die besonderen politischen Umstände in der Zeit nach dem Ersten Weltkrieg und insbesondere nach 1933 wohl nicht zustande gekommen. Die Bedingungen für die Gruppen waren unterschiedlich: Während Gustav Gassner und Fritz Christiansen-Weniger in der Türkei bewusst Distanz zum nationalsozialistischen Regime hielten, profitierte die Gruppe um Heinrich Walter in Südwestafrika von der nationalsozialistischen Kolonialplanung.

Die Türkei hatte nach Gründung der Republik im Jahr 1923 durch Mustafa Kemal „Atatürk" versucht, ihre Beziehungen zum Deutschen Reich zu verbessern und nahm deshalb das deutsche Angebot an, sie beim Aufbau neuer Universitäten und wissenschaftlicher Einrichtungen zu unterstützen. Nach der Machtergreifung Hitlers war die Türkei eines der Länder, die vielen Wissenschaftlern und Künstlern Schutz vor Verfolgung in Deutschland boten (Bozay 2001); (vgl. Grothusen 1987).

Die ehemalige Kolonie Deutsch-Südwestafrika war nach dem Ende des Ersten Weltkrieges im Vertrag von Versailles zum Mandatsgebiet des Völkerbundes erklärt und unter die Verwaltung der Südafrikanischen Union gestellt worden. Als deren Bemühungen um eine völlige Eingliederung Südwestafrikas in ihr Staatsgebiet scheiterten, waren nationale Kräfte in Deutschland bemüht, die ehemaligen kolonialen Bindungen nicht abreißen zu lassen. Nach 1933 gab es zunächst inoffizielle Bestrebungen zur Wiederherstellung früherer Zustände, die ab 1936 durch das nationalsozialistische Regime aufgegriffen und so Teil der expansionistischen deutschen Außenpolitik wurden (Townsend 1938).

5.3.1 Gustav Gassner und Fritz Christiansen-Weniger in der Türkei

Friedrich Christiansen-Weniger (1897–1989) kam 1928 als einer der ersten deutschen Wissenschaftler in die Türkei.

---

[17]Söding stellte die Holzschnitte in Bruno Hubers Tharandter Labor mit Hilfe eines Mikrotoms her.

[18]Backman wurde 1933 Professor für Anatomie in Lund; seine Rasseforschung stand dem NS-Gedankengut nahe. Zur Aufarbeitung der Institutsgeschichte nach 2000, vgl.: https://www.sydsvenskan.se/2005-02-09/professor-var-nazist. Zugegriffen: 17.11.2017.

Nach dem Studium der Landwirtschaft in Göttingen und Breslau und seiner Habilitation von 1924 erhielt er 1927 ein Angebot von Erwin Baur, am Aufbau eines neuen Kaiser-Wilhelm-Instituts für Züchtungsforschung in Müncheberg mitzuwirken und die Position eines Abteilungsleiters zu besetzen. Wenig später bat ihn der preußische Kultusminister Becker, sich als Teilnehmer einer deutschen Delegation in der Türkei um Fragen des Getreideanbaus zu kümmern und sich an Planung und Aufbau einer landwirtschaftlichen Hochschule in Ankara zu beteiligen. Baur unterstützte diese Bemühungen, und Mitte März 1928 erfolgte die Ausreise Christiansen-Wenigers. Nach einer ausgedehnten Studienreise gemeinsam mit dem Agrikulturchemiker Fritz Giesecke durch Mittel- und Westanatolien musste er nach Querelen mit seinem Delegationsleiter nach Deutschland zurückkehren. Mit Unterstützung durch Baur und die Notgemeinschaft der Deutschen Wissenschaft überbrückte er die Wartezeit bis zu einem zweiten Besuch der Türkei mit der Sammlung von Weizensorten in Polen. Im Januar 1931 reiste er schließlich nach Ankara aus (Christiansen-Weniger 1930); (ders. 1931); (ders. 1981, S. 78–90).

Gustav Gassner (1881–1955) hatte in Halle und Berlin Elektrotechnik, Mathematik und Naturwissenschaften studiert und 1905 in Berlin über den „Galvanotropismus der Wurzeln" promoviert. Nach kurzer Tätigkeit an der Landwirtschaftlichen Hochschule Berlin ging er von 1907 bis 1910 als Professor für Botanik und Phytopathologie an die Landwirtschaftliche Hochschule Montevideo/Uruguay. Gegen Ende des Ersten Weltkrieges wurde er Professor für Botanik und Leiter des Botanischen Gartens an der TH Braunschweig. Dort legte er als Vertreter der angewandten Botanik den Schwerpunkt seiner Forschung auf Anbaubedingungen, Keimungsphysiologie und Krankheiten der Getreidearten. An der Errichtung des Instituts für landwirtschaftliche Botanik, das nach 1934 als Zweigstelle der Biologischen Reichsanstalt weitergeführt wurde, war er maßgeblich beteiligt. Als er 1932 zum Rektor der TH Braunschweig und im selben Jahr von den Gremien der Biologischen Reichsanstalt zu deren Präsident gewählt wurde, geriet Gassner in Konflikt mit der nationalsozialistisch geführten braunschweigischen Regierung. Der Senat der Hochschule sprach am 21.11.1932 nämlich ein Verbot der Ortsgruppe des NS-Studentenbundes (NSDStB) aus, woraufhin Gassner von „Volksbildungsminister" Klagges verwarnt wurde.[19] In einer Entschließung der deutschen Rektoren in Halle am 04.12.1932 lehnten sie im Hinblick

auf den Streit in Braunschweig das Hineintragen von Parteipolitik in die Hochschule grundsätzlich ab. Die Berufungsverhandlungen über die Präsidentschaft der Reichsanstalt konnten 1932/33 nicht mehr abgeschlossen werden. Am 31.03.1933 legte Gassner unter Druck sein Rektoramt nieder und wurde am 04.04.1933 unter dem Vorwurf, sich an „Vorbereitungen zu hochverräterischen Handlungen" beteiligt zu haben, kurzfristig verhaftet. Nach Einleitung eines Dienststrafverfahrens beim Landgericht Braunschweig vom 02.09.1933 wurde er am 30.9. „wegen politischer Unzuverlässigkeit" gemäß § 4 des „Gesetzes zur Wiederherstellung des Berufsbeamtentums" aus dem Dienst entlassen. Er verzichtete aber auf eine Berufung, weil ihm als Vertreter des Legalitätsprinzips vermutlich klar war, dass die Nationalsozialisten zum Mittel der Rechtsbeugung griffen, um missliebige Personen von der Hochschule zu entfernen. Sein Eintrag im politischen Fragebogen nach 1945 lautete: „War niemals Mitglied einer politischen Partei oder deren Gliederungen" und sein Eintrag der Überprüfung durch den öffentlichen Kläger für die besonderen Berufsgruppen im Verwaltungsbezirk Bez. Braunschweig vom 10.02.1949: „Nicht betroffen".[20]

1934 scheiterte Gassner auch bei seiner Berufung zum Leiter des Kaiser-Wilhelm-Instituts für Züchtungsforschung und Nachfolger von Erwin Baur am Widerstand von Mitgliedern des Verwaltungsausschusses der KWG, an Johannes Stark – damals Präsident der Physikalisch-Technischen Reichsanstalt – und an Reichsinnenminister Frick, obwohl Gassner vom Senat zweimal „primo et unico loco" vorgeschlagen worden war. Max Planck versuchte als Vorsitzender des Ausschusses in einer Sitzung zu differenzieren zwischen Aufgaben des Unterrichts und der Forschung: Die reine Forschung habe kein anderes Ziel als die Erkenntnis der Wahrheit und deshalb lehne er ab, alle Bestimmungen des Beamtengesetzes auf die in der Forschung tätigen Wissenschaftler anzuwenden. Stark schloss sich dieser Sichtweise jedoch nicht an.[21] Ende 1934 emigrierte Gassner heimlich in die Türkei und wurde in Ankara Sachverständiger des Landwirtschaftsministeriums und Direktor des türkischen Pflanzenschutzdienstes. Den Kontakt zu Kollegen und Institutionen in Deutschland gab er trotz der widrigen Umstände aber nicht völlig auf. Er blieb weiterhin Mitglied von Vereinigungen wie der Deutschen Botanischen Gesellschaft und der Deutschen Akademie der Naturforscher – Leopoldina. Er blieb auch Herausgeber der *Phytopathologischen Zeitschrift* und korrespondierte noch 1935/36 mit der Deutschen Forschungsgemeinschaft über

---

[19]Biographisches zu Gassner: NDB 6, 83 f.; TUBS-Archiv, B7 G:6, S. 2, 14 und AI, S. 33; Brandes, D., 2006. https://digisrv-1.biblio.etc.tu-bs.de:8080/docportal/servlets/MCRFileNodeServlet/DocPortal_derivate_00002018/Gustav_Gassner.pdf?hosts=local. Zugegriffen: 18.11.2017.

[20]TUBS-Archiv, B7 G:6, S. 1–42, hier: S. 2–4.

[21]MPGA Berlin, I. Abt. Rep. 1A, Nr. 93, Bl. 141–149, Sitzung Verwaltungsausschuss der KWG am 15.4.1934.

die Gewährung eines Druckkostenzuschusses an den Verlag Paul Parey sowie über seinen Verlängerungsantrag, der von DFG-Referent Karl Griewank wie auch bei anderen Emigranten unterstützt wurde.[22]

Im Sommer 1937 trafen sich türkische Landwirtschaftsexperten mit Christiansen-Weniger und Gassner, um über das Auftreten von Weizensteinbrand zu diskutieren, der in den Vorjahren fast 25 % der türkischen Weizenernte vernichtet hatte. Die beiden Deutschen erhielten danach vom Minister die Erlaubnis, die betroffenen Regionen zu besuchen. Bei der türkischen Regierung und den nachgeordneten Verwaltungsstellen besaßen sie einen guten Ruf, ahnten aber nicht, dass deutsche Dienststellen und die deutsche Botschaft in Ankara über ihre Einsätze und ihren Umgang stets gut informiert waren. Beide wohnten in Ankara zeitweise in einer Wohngemeinschaft, ihre freundschaftlichen Kontakte zu deutschen Emigranten wie Ernst Reuter, Fritz Baade oder Albert Eckstein blieben deutschen Dienststellen aber nicht verborgen (Christiansen-Weniger 1981, S. 104, 109); (Grothusen 1987, S. 80).

Während ihrer Besichtigungsreise entwickelten Gassner und Christiansen-Weniger einen Plan zur historischen Datierung früherer Trocken- und Dürrezeiten im anatolischen Hochland. Aus diesem Gebiet waren meteorologische Aufzeichnungen bisher kaum bekannt; einige Messreihen lagen erst ab 1926 vor. Im Frühjahr 1937 bot sich beiden Wissenschaftlern zum ersten Mal ein Ansatz für umfassende Jahrringuntersuchungen, nachdem sie die Stümpfe von zwei gefällten Kiefern näher untersucht hatten. Bei ihrer mikroskopischen Holzprüfung stießen sie auf einige sehr schmale Ringe, die offenbar auf regionale Dürreperioden in der Vergangenheit hinwiesen. Die dendrochronologische Felduntersuchung dauerte von 1937 bis 1939. Gassner und Christiansen-Weniger betrachteten diese Arbeit zunächst als private Forschung, die vom türkischen Landwirtschaftsministerium erst unterstützt wurde, als es sich von der Nützlichkeit der Ergebnisse für die Agrarwirtschaft der Region überzeugt hatte. Als Untersuchungsgebiet legten sie zunächst einen 40.000 km^2 umfassenden quadratischen Kartenausschnitt im Norden und Nordwesten von Ankara fest und wählten für die Jahrringuntersuchungen 16 Standortgruppen mit insgesamt 76 Bäumen der Arten *Pinus sylvestris* L. und *Pinus nigra* Arnold var. in Höhenlagen zwischen 550 und 1500 m. Andere Arten gab es in der nahezu waldfreien Hochebene Anatoliens entweder nicht, oder sie erwiesen sich für die vorgesehenen Messungen als ungeeignet (Gassner und Christiansen-Weniger 1942, S. 8–13).

Die gesamten Untersuchungsergebnisse veröffentlichten sie erst im Jahr 1942. Die umfangreiche Monographie lässt erkennen, wie gut Gassner und Christiansen-Weniger die einschlägige Literatur zur Jahrringforschung bis 1937 kannten, insbesondere die von der Carnegie-Foundation geförderten Arbeiten von Douglass und Huntington zwischen 1909 und 1936 und die verbesserte Methodenbeschreibung von Waldo Glock aus dem Jahr 1937. Auch eine 1936 erschienene Publikation von Heinrich Walter über die Jahrringbildung während der Trocken- und Regenperioden in Südwestafrika war ihnen bekannt. Möglicherweise gab diese nach Auffassung des Autors sogar den letzten Anstoß für die Untersuchungen in der Türkei, da die beiden Forscher mit pflanzenphysiologischen und forstbotanischen Fragen aufgrund ihrer beruflichen Orientierung ohnehin vertraut waren. Es überrascht jedoch, dass sich weder in der erhaltenen Personalakte Gassners, in Christiansen-Wenigers Autobiographie noch in ihren Veröffentlichungen bis 1937 ein Anlass für ihre Gemeinschaftsarbeit über die Jahrringe von Kiefern in Anatolien angeführt wird. Dort findet man zum Motiv ihrer Forschungen nur die Angabe, man wolle die bisher unzureichenden agrarmeteorologischen Informationen in der Türkei erweitern helfen. Es sollte ihre einzige Arbeit zu diesem Thema bleiben.

Die Baumuntersuchungen konzentrierten sich zunächst auf Jahre mit geringen Niederschlägen, die unter den anatolischen Klimabedingungen immer auch Jahre schmaler Zuwachsringe des Holzes waren. Da während der 1930er-Jahre in den Steppengebieten Inneranatoliens etwa zwei Drittel des türkischen Brotgetreides erzeugt wurde, waren zunächst Kenntnisse über die Häufigkeit sehr schmaler Ringe für die grundlegende Planung der türkischen Agrarpolitik von erheblichem Interesse. Die schlimme Dürre der Jahre 1873/1874 mit der anschließenden katastrophalen Hungersnot war im kollektiven Gedächtnis der türkischen Bevölkerung noch präsent (ebd., S. 6 f.).

Die Gewinnung von Holzproben war nicht einfach, da Baumscheiben frisch gefällter Bäume selten waren und Bäume geschützter Bestände nicht gefällt werden durften. Gassner und Christiansen-Weniger entschlossen sich deshalb zur Entnahme von Bohrkernen mit dem sogenannten schwedischen Zuwachsbohrer, eine Technik, auf die sie der deutsche Forstsachverständige Robert Bernhard vom türkischen Landwirtschaftsministerium hingewiesen hatte. Jeweils vier sich kreuzende Bohrkerne von 4,5 mm Durchmesser und bis zu 40 cm Länge wurden mit diesem Spezialbohrer aus jedem Stamm entnommen, mit Alkohol sterilisiert und in Blechdosen verpackt. Im Labor wurden die vier Bohrkerne jedes Baumes in Längsnuten eines Vierkantholzes verleimt, so dass die oberen Seiten der jeweiligen Kerne die Holztracheiden im Querschnitt zeigten. Nach Abschleifen mit unterschiedlich feinem Sandpapier wurden die Flächen am Ende mit einer Rasierklinge abgezogen.

---

[22]BAK R73/15977: Gassner aus Ankara an die DFG-Notgemeinschaft v. 24.01.1935; vgl. Mertens (2004, S. 22 f.).

Da den Bearbeitern kein Mikroskop mit Schlittenvortrieb für die mikroskopische Untersuchung der Bohrkerne zur Verfügung stand, mussten sie behelfsweise mit normalen Binokularmikroskopen arbeiteten, von dem ein Tubus mit einem Mikrometerokular bestückt war (1 Teilstrich = 0,11 mm). Erst gegen Ende der 1930er-Jahre hatte die Universität Ankara einen Typ binokularer Standardmikroskope der Fa. E. Leitz beschafft, die höchstwahrscheinlich auch Gassner und Christiansen-Weniger dort für ihre Untersuchungen verwendeten.

Für gelegentliche Schräglichtuntersuchungen bestrichen die beiden Wissenschaftler Teile der Bohrkerne vor der Untersuchung mit dünnem Mineralöl. Ein kleiner Teil der präparierten Bohrkerne wurde später in Deutschland noch einmal mit einem Horizontalmikroskop (1 Teilstrich ≙ 0,038 mm) untersucht. Für die vergleichende Datierung der Bohrkerne zogen Gassner und Christiansen-Weniger historisch bekannte Dürrejahre wie 1887, 1873 und 1845 mit einer schwachen Jahrringentwicklung als markante Vergleichsjahre heran („Weiserjahre"). Als Agrarwissenschaftler interessierte sie besonders die am jeweiligen Ring abzulesende Differenzierung der Wuchsleistung im Verlauf eines Jahres und nicht nur die Ringbreite. Dies erforderte allerdings einen weit größeren Aufwand für Messung und Auswertung als bei den bisherigen, rein dendrochronologisch ausgerichteten Untersuchungen in den USA: Frühholz- und Spätholzanteile mussten separat vermessen werden, um den „Holzwert" für jeden Jahrring und damit die jährliche Wuchsleistung eines Baumes festzustellen. Da der Aufbau des dichteren Spätholzes eine größere Menge organischen Materials verbraucht als die Bildung einer gleich breiten Frühholzzone, war das Gesamtvolumen der Zellwandungen beim Spätholz natürlich größer als beim Frühholz. Das Spätholz der Jahrringe eines jungen Baumes erhielt deshalb den Faktor 1,2–1,5, das Spätholz eines älteren Baumes den Faktor 3–4. Zur Vereinfachung wurde der Holzwert danach als die Summe von Frühholzbreite und dreifacher Breite des Spätholzes berechnet. Die für jeden Baum einzeln vorgenommene Berechnung von Relativwerten als Prozentanteile des Durchschnitts der drei jeweiligen Höchstwerte einer 11-jährigen Periode sollte dann die Jahresholzentwicklung ganzer Baumgruppen mit der Entwicklung anderer Gruppen vergleichbar machen. Die Bearbeiter waren sich darüber im Klaren, dass sich relative Werte kaum für den Nachweis von Klimaschwankungen längerer Zeitabschnitte eigneten und deshalb auch absolute Wachstumswerte der Jahrringentwicklung zu bestimmen waren. Diese stellten sie, wie bei meteorologischen Zeitreihen üblich, durch Kurven gleitender Mittelwerte dar (ebd., S. 19–28). Das von Bruno Huber (1941a) empfohlene Verfahren, die gemessenen Jahrringbreiten halblogarithmisch darzustellen, um sich eine Umrechnung auf mittlere Wuchsleistung zu ersparen, verwendeten Gassner

und Christiansen-Weniger bewusst nicht, da es ihnen für den Vergleich von Durchschnittswerten anatolischer Hölzer einer Standortgruppe nicht optimal erschien.

Obwohl Gassner und Christiansen-Weniger sich vorwiegend für landwirtschaftliche Ertragsfragen interessierten, war ihre Untersuchung die erste außerhalb der USA, welche die enge Korrelation zwischen der Häufigkeitsverteilung saisonaler Niederschläge und der Jahrringentwicklung für ein Trockengebiet nachwies. Außerdem stellten sie folgende Zusammenhänge fest (Gassner und Christiansen-Weniger 1942, S. 108–111):

- Ausreichende Winter- und Frühjahrsniederschläge ergaben Jahrringe mit breiter Frühholz- und Spätholzzone.
- Ausreichende Winter- und geringe Frühjahrsniederschläge führten zu schwacher Frühholz- und guter Spätholzbildung.
- Geringe Winter- und gute Frühjahrsniederschläge ergaben starkes Frühholz- und geringes Spätholzwachstum.
- Geringe Winter- und geringe Frühjahrsniederschläge führten zu schmalen Ringen, d. h. einer geringen Holzbildung. In Extremjahren waren die Jahrringe nicht an jeder Stelle des Radius erkennbar.

Regelmäßige zeitliche Schwankungen der Jahrringbreiten (d. h. Zyklen) ließen sich bei der Ex-post-Datenanalyse aus den Jahrringen nicht ableiten. Aufgrund ihrer langjährigen Erfahrung in Agrarmeteorologie, Fehlerstatistik und Mikroskopie verzichteten Gassner und Christiansen-Weniger auf weitreichende Klimaprognosen und Spekulationen über historische Witterungsphänomene. Sie erarbeiteten vielmehr pragmatische Verhaltensregeln für die Landwirtschaft in Anatolien. Erst in jüngster Zeit wurden die Untersuchungsergebnisse ihrer „Gelegenheitsarbeit" zur Jahrringforschung im Kernland der Türkei aufgegriffen und mit modernen Hilfsmitteln erweitert (Touchan et al. 2005); (Nicault et al. 2008).

Gustav Gassner kehrte Ende 1939 nach Deutschland zurück. Kurz zuvor hatte er über Generaldirektor Dr. Katter von der Fahlberg-List AG in Magdeburg die Möglichkeit seiner Rückkehr bei voller Rehabilitation vom Vorwurf der „nationalen Unzuverlässigkeit" auszuloten versucht. Katter nahm persönlich Kontakt zu Minister Klagges in Braunschweig und anderen Parteidienststellen auf, aber eine Rehabilitation unter Wiederberufung in den Hochschuldienst gelang nicht. Die deutsche Botschaft teilte Gassner lediglich mit, dass gegen seine freie und uneingeschränkte Arbeit in Deutschland keine Bedenken mehr bestünden.[23]

---

[23]Regest-Nr. 20816 in: De Gruyter Online-Datenbank „Nationalsozialismus, Holocaust, Widerstand und Exil 1933–1945" (eingeschränkter Zugang). Zugegriffen: 19.11.2017.

Daraufhin nahm Gassner die Position eines Leiters der biologischen Forschungsabteilung der Fahlberg-List AG an. Nach 1945 wurde Gassner auf eine „Wiedergutmachungsprofessur" berufen, auch das Hinausschieben seiner Emeritierung 1948 erfolgte unter dem Aspekt der Rehabilitierung, ebenso seine Berufung zum kommissarischen Präsidenten der Landwirtschaftlichen Forschungsanstalt Volkenrode (Kertz und Albrecht 1995, S. 604).

Christiansen-Weniger verließ die Türkei am 1.3.1940, nachdem ihm vom deutschen Botschafter v. Papen Ende 1939 die Anweisung aus Deutschland übermittelt worden war, er solle die Oberaufsicht über die landwirtschaftliche Forschung im besetzten Polen übernehmen (Christiansen-Weniger 1981, S. 116 f.). Diese Rückkehr wird in der neueren Literatur unterschiedlich bewertet, so dass ein kurzer Blick auf den weiteren Berufsweg Christiansens weiterhilft. Dabei wird deutlich, wie ambivalent das Verhältnis einiger deutscher Wissenschaftler gegenüber dem nationalsozialistischen Deutschland war. Der „Scurla-Bericht" wies auf mehrere im Jahr 1936 erstellte und Christiansen-Weniger zur Kenntnisnahme übersandte Gutachten hin, die seine Wiederverwendung in Deutschland angeblich ausschlössen. In Ankara hätten sich Botschaft, [NS-]Ortsgruppe und sämtliche Hochschullehrer aber nachdrücklich für ihn eingesetzt, da er „[…] nicht nur der einflussreichste Sachverständige im türkischen Landwirtschaftsministerium sei, sondern sich kulturpolitisch und als Mensch hervorragend bewährt und eine jederzeit loyale Einstellung zum Dritten Reich gezeigt habe." Zwar sei er eine eigenwillige Person, seine Rehabilitation im Reich aber möglich (Grothusen 1987, S. 80 f.). Kemal Bozay erwähnte 2001 in einem Beitrag über deutsche Emigranten in Ankara einen Bericht des deutschen militärischen Nachrichtendienstes vom 18.03.1940, aus dem er schloss, Christiansen-Weniger sei als Spitzel für die Nazis tätig gewesen und habe an der Verbreitung nationalsozialistischer Propaganda mitgewirkt. Bozays Bewertung stützte sich ausschließlich auf eine Feststellung von Johannes Glasneck aus dem Jahr 1966, in dem der Begriff Spitzel allerdings nicht verwendet wird:

> Wie aus einem Bericht des Amts Ausland/Abwehr im OKW am 18. März hervorgeht, rief ihn die Auslandsorganisation der NSDAP nach Deutschland zurück, um ihn in den okkupierten deutschen Gebieten einzusetzen. Das wird in dem Bericht schärfstens kritisiert: Es wäre viel wichtiger gewesen, diesen Mann in Ankara zu belassen, wo er ein wertvoller Exponent des Deutschtums geblieben wäre und wo gleichzeitig seine Kenntnis des Landes in deutschem Interesse hätte ausgewertet werden können (Glasneck 1966, S. 26) [24]; (vgl. Bozay 2001, S. 62).

Wahrscheinlich geht die vorstehende Beurteilung jedoch auf den mit Christiansen-Weniger befreundeten Sachverständigen

für Kriegs- und Völkerrecht im Amt Ausland/Abwehr des OKW, Helmut J. Graf v. Moltke zurück, der den Vorgang in Ankara zuständigkeitshalber kennen musste.

Im sogenannten Generalgouvernement übernahm Christiansen-Weniger die Leitung der polnischen landwirtschaftlichen Forschungseinrichtung in Pulawy, sein Stellvertreter wurde der ihm aus Ankara bekannte Veterinärmediziner Valentin Horn. Pulawy umfasste insgesamt 15 wissenschaftliche Institute mit 12 deutschen und 245 polnischen Wissenschaftlern, 195 Laborkräften und weiteren 1412 polnischen Beschäftigten. Mit der deutschen Verwaltung des besetzten Polen in Krakau und Gouverneur Hans Frank hielt Christiansen-Weniger engen Kontakt, betonte jedoch in seinen Erinnerungen die korrekte und sogar humane Zusammenarbeit mit seinen polnischen Untergebenen, darunter auch Juden (Christiansen-Weniger 1981, S. 122–139) [45]; (Meducki 2002). In die als kriegswichtig eingestuften Entwicklungsarbeiten für die Kautschukersatzpflanze Kok Saghys („russischer Löwenzahn", *Taraxacum kok-saghyz*) war er als Experte für den Pflanzenanbau frühzeitig einbezogen. Auf Veranlassung Himmlers, der von Hitler und Göring mit der Bearbeitung aller Fragen des Pflanzenkautschuks beauftragt worden war, fand am 25. 6.1943 eine Arbeitstagung im SS-Hauptamt mit 32 Teilnehmern statt. Anbau und Züchtung waren u. a. vertreten durch Wilhelm Rudorf (Direktor des KWI für Züchtungsforschung Müncheberg), Joachim Caesar (Landwirtschaftliche Versuchsstation Auschwitz), Fritz Christiansen-Weniger, Pulawy, und Heinrich Walter vom Wirtschaftsstab-Ost, Gruppe LA (Heim 2004, S. 268–270). Die Menge des im besetzten Polen angebauten Kok Saghys konnte jedoch trotz dieser Bemühungen die vorgesehenen Planzahlen bis 1944 nicht erreichen.[25] Ein anderes Licht auf Christiansen-Weniger wirft seine Mitgliedschaft im „Kreisauer Kreis" und seine Einbeziehung in die politischen Pläne der Grafen v. Moltke und York v. Wartenburg (Moltke 1991, S. 355, 477 f., 543). Für die Zeit nach einer Neuordnung war er offenbar als Verantwortlicher für ein Ressort Ernährung und Landwirtschaft vorgesehen.

Ende Juli 1944 musste Christiansen-Weniger wegen der vorrückenden sowjetischen Armee Pulawy verlassen und gelangte über Halle Mitte 1945 wieder in seine Heimat bei Eckernförde. Für den britischen Entnazifizierungsfragebogen erbat er Ende 1945 von dem Pädagogen Herman Nohl einen „Persilschein" über seine politische Haltung (Christiansen-Weniger 1981, S. 154–159).[26]

---

[24]Glasneck zitierte als seine Quelle: DZA Potsdam (DDR), AA, Pol., Nr. 61179, Bl. 40 f.

[25]Regesten Nr. 16680 und 17209 in: De Gruyter Online-Datenbank „Nationalsozialismus, Holocaust, Widerstand und Exil 1933–1945" (eingeschränkter Zugang). Zugegriffen: 19.11.2017.

[26]Handschriftensammlung Univ. Göttingen: Cod. Ms. H. Nohl 793: Schreiben Chr.-Weniger an Nohl v. 17.08.1945 und 02.11.1945.

Auf welche Weise die zwischen 1937 und 1939 in der Türkei durchgeführte Gemeinschaftsarbeit zur Jahrringforschung von Gassner und Christiansen-Weniger nach ihrer Rückkehr nach Deutschland fertiggestellt wurde, ist nicht mehr festzustellen. Nach Meinung des Autors verfügte Gassner in seiner Position bei der Fahlberg-List AG größere Freiräume als Christiansen-Weniger im besetzten Polen und übernahm vermutlich die Federführung bei der Datenauswertung. Belegt ist ein Zusammentreffen der beiden im Sommer 1941 in Pulawy (ebd., S. 135), wahrscheinlich für die abschließende Besprechung ihres Textes vor Veröffentlichung in der „Nova Acta Leopoldina". Ein 1939 schon geplanter zweiter Teil ihrer Arbeit über Jahrringe mit Darstellung von Anwendungsmöglichkeiten für die Landwirtschaft und Regionalklimatologie kam nicht mehr zustande.

5.3.2 Heinrich Walter und Walter Huß in Südwestafrika

Die offiziellen kolonialen Restitutionsbestrebungen in Deutschland boten nach 1936 für manche Wissenschaftler eine willkommene Gelegenheit zur Ausweitung ihrer Arbeit in Übersee. Deutschland war als eine „späte" Kolonialmacht erst gegen Ende des 19. Jahrhunderts darangegangen, die Kenntnisse über naturräumliche Ausstattung, Klima oder Land- und Waldwirtschaft seiner Kolonien zu erweitern. Das oberste Ziel war dasselbe wie bei anderen Kolonialmächten: Die überseeischen Besitzungen seien in das imperialistische Machtkalkül einzubeziehen und sie als Rohstofflieferanten und potenzielles Siedlerland zu betrachten. Dabei versuchte der deutsche Staat, seine Bürger schon früh für dieses politische Ziel einzunehmen, indem er durch periodisch veranstaltete Ausstellungen den Nutzen von Kolonien erklärte und durch Kolonialpropaganda die Überzeugung der Bevölkerung von dieser Nützlichkeit stärkte (Anonymus 1896); (Anonymus 1910). Nach dem Ersten Weltkrieg musste Deutschland auf seine Kolonien aufgrund der Artikel 119 und 120 des Versailler Vertrages verzichten. In der deutschen Öffentlichkeit gab es aber weiterhin starke Kräfte, die im Widerspruch zur offiziellen Politik der verschiedenen Regierungen der Weimarer Republik standen und eine Korrektur forderten. Die wohl wichtigste Kraft war dabei die als „Speerspitze des Kolonialrevisionismus" bezeichnete Deutsche Kolonialgesellschaft (DKG), die sich den Entscheidungsträgern der Weimarer Zeit als Ansprechpartner anbot. Nach 1933 wurde im Rahmen der „Schluss mit Versailles"-Diskussion durch deutsche konservative und nationalsozialistische Kräfte offen die Rückgabe der Kolonien gefordert. Die 1922 gegründete Kolonialarbeitsgemeinschaft KORAG setzte gemeinsam mit der DKG auf den kolonialen Revisionismus durch den Staat und begann durch neue Kolonialausstellungen das „koloniale

Bewusstsein" der Bevölkerung zu beeinflussen (Ilsley 1934, S. 301 f.); (Townsend 1938, S. 190–197). Die Kolonialausstellung 1936 in Hamburg zeigte deutlich die Interessenlage der Institutionen: Veranstalter waren u. a. Reichskolonialbund, Unterrichtsbehörde, NS-Lehrerbund, Missionsgesellschaften und Firmen. Die Deutsche Kolonialausstellung vom 21.6. bis 10.9.1939 in Dresden war dann eindeutiges Sprachrohr offizieller Politik, die entsprechend dem Geleitwort des „Führers" die Erwartungen an Wissenschaft und Technik formulierte (Anonymus 1936); (Anonymus 1939). Ab 1936 konzentrierte die staatliche Politik dann alle privaten und halbstaatlichen kolonialen Kräfte im Reichskolonialamt und im Reichskolonialbund und forderte offiziell die Rückgabe der Kolonien. Die Kolonialgesellschaften wurden gleichgeschaltet, und Hitler verkündete auf dem Reichparteitag 1936 das „Recht auf Kolonien", Anstoß für die neue offizielle Außenpolitik des Deutschen Reichs ab 1937.

Ab 1938 bot die Nische der Kolonialwissenschaften zahlreichen Fachkräften ein anspruchsvolles Forschungsfeld mit guter finanzieller Ausstattung. Forscher wie der Geobotaniker Heinrich Walter aus Stuttgart oder der Forstwirtschaftler Franz Heske aus Tharandt, die über lange Auslands- und vor allem Afrika-Erfahrung verfügten, wurden schon frühzeitig in die offiziellen Planungen eingebunden. Sie gehörten zu denjenigen, die „dem Führer entgegen arbeiten" wollten und sicherlich keine Oppositionellen waren. Franz Heske (1892–1963) war ab 1928 Professor der Forstwissenschaften an der TH Dresden in Tharandt und wurde später als Leiter des Reichsinstituts für ausländische und koloniale Forstwirtschaft in Reinbek zu einem der einflussreichsten Forstexperten. Die forstwirtschaftlichen Probleme in Indien, Afrika und Nordamerika waren ihm durch Beratungsaufträge vertraut, etwa durch seine Tätigkeit im „New Deal"-Programm der US-Regierung (vgl. Lemhöfer und Rozsnyay 1985); (Linne 2003, S. 281). Der Reichsforschungsrat (RFR) koordinierte dabei die zunehmenden Aktivitäten in seiner kolonialwissenschaftlichen Abteilung anfangs mit ca. 500 Mitarbeitern bei 200 Forschungsanträgen und rief im November 1940 zur Ideenfindung für ein koloniales Forschungsprogramm auf. Ein ähnlicher Aufruf war schon im Januar 1937 an Heinrich Walter ergangen.[27] Allerdings verlagerte sich mit Beginn des Zweiten Weltkrieges die expansionistische Politik Deutschland von den ehemaligen Kolonien in Richtung Osteuropa, und die Kolonialforschung wurde 1943 schließlich eingestellt.

Im Gegensatz zur Jahrringforschung von Gassner und Christiansen-Weniger ist das Entstehen der Arbeitsgruppe um Heinrich Walter (1898–1989) recht gut dokumentiert. Walter wurde in Odessa geboren, studierte zunächst

---

[27]BAK, DFG-Akte Heinrich Walter R 73/15383.

dort und anschließend in Dorpat Botanik, wechselte nach Jena und wurde 1927 Professor in Heidelberg. Als Rockefeller-Stipendiat ging er kurz darauf für ein Jahr an das Desert-Laboratory der Carnegie-Stiftung nach Arizona und nach Nebraska. Größere Reisen führten ihn ins östliche und südliche Afrika. Die Idee zur Durchführung von Jahrring-untersuchungen in Südwestafrika kam ihm 1935 bei einem Kurzaufenthalt in Windhoek (vgl. Walter 1989). Durch die Neuausrichtung der deutschen Kolonialpolitik im Jahr 1936 sah Walter hier gute Chancen, seine Forschungspläne zu verwirklichen. Noch im selben Jahr genehmigte ihm die Deutsche Forschungsgemeinschaft (DFG) mit Unterstützung der Reichsarbeitsgemeinschaften der Landbauwissenschaft seinen Antrag „Zum Wasserhaushalt unserer Kulturpflanzen", allerdings überwog sein Interesse für die Forschungsarbeit in Afrika. Wohlwollend beurteilt von den Gutachtern Walter Mevius, Friedrich von Faber und vor allem Konrad Meyer vom Reichsforschungsrat, unterstützte die DFG Walters nun mehrere ökologische Forschungsprojekte in Südwestafrika, da wirkliche Afrika-Kenner rar waren.[28]

Am 19.2.1937 stellte Walter einen Antrag an die DFG auf Finanzierung einer Reise nach Südwestafrika und skizzierte darin folgende Forschungsthemen und Untersuchungs-objekte: Die Periodizität von Trocken- und Regenjahren, die Verbrackung bewässerter Kulturböden, Futterwerte von Weidepflanzen sowie die Wasserführung arider Böden. Gleichzeitig übermittelte er dem DFG-Fachreferenten Dr. Greite in einem Begleitschreiben seine Vorschläge „für den Ausbau der Kolonial-biologischen Forschung", die Greite zuvor bei einer Besprechung am 20.01.1937 in Berlin angemahnt hatte und bat um Unterstützung dieser Reise „im Rahmen der Arbeitsgemeinschaft für Kolonialbiologie". Die koloniale Arbeit stünde im Stuttgarter Biologischen Institut ohnehin im Vordergrund, zwei Staatsexamensarbeiten und drei Doktorarbeiten habe er bereits vergeben. Insbesondere für die Jahrringuntersuchung sei die Reise zum Sammeln von Stammscheiben unverzichtbar, um Fragen periodischer Trocken- und Regenjahre zu klären. Ein junger Biologe solle diesen Teil der Arbeit übernehmen. Die mit DFG-Präsident Rudolf Mentzel abgestimmten Pläne für eine kolonialbiologische Arbeitsgemeinschaft nahm Walter kurz darauf zum Anlass für konkrete Reisevorbereitungen. Auf ausdrücklichen Wunsch des Auswärtigen Amtes solle eine offizielle Einladung der südafrikanischen Regierung eingeholt und außerdem auf Anregung der Filmprüfstelle des Reichspropagandaministeriums Verbindung mit der Reichs-stelle für den Unterrichtsfilm in Berlin aufgenommen werden. Die Finanzierung sei eilig.[29]

DFG-Gutachter Walter Mevius – von 1937 bis 1944 nationalsozialistisch ausgerichteter Rektor der Universität Münster – lehnte den Antrag jedoch mit der Begründung ab, alle vier Teilaufgaben ließen sich von Walter nicht ordnungsgemäß bearbeiten. Außerdem dränge sich die Vermutung auf, „[…] dass Herr Prof. Walter krampf-haft nach angewandten Problemen sucht, um die Deutsche Forschungsgemeinschaft zur Unterstützung seiner Forschungsreise zu bringen."[30] Bei der DFG war die Förderung vermutlich jedoch schon vorher beschlossen worden. Am 7.5.1937 befürwortete die Gesandtschaft der Südafrikanischen Union in Berlin die Pläne Walters durch eine Verbalnote und wies auf dessen frühere gute Zusammenarbeit mit Frau Dr. Henrici in Fauresmith im Oranje-Freistaat hin. Nach formeller Genehmigung des Antrags durch die DFG und der Bewilligung von 5000 RM schlug Walter seinen Mitarbeiter Walter Huß (1913–2013) als Projektbiologen vor. Huß habe seine Zulassungsarbeit über die Periodizität bei Baumringen gemacht, sei gut eingearbeitet und solle das Thema zu einer Doktorarbeit ausbauen. Nachdem die DFG die Deutsche Kongress-Zentrale darüber informierte, dass sie und der RFR „größten Wert auf die Ausbildung eines jungen biologischen Nachwuchses" lege, der sich in koloniale Fragen einarbeiten solle, übersandte Walter den Personalfragebogen von Huß. In einem Begleit-schreiben betonte Walter, Huß wolle sich ganz der kolonial-biologischen Arbeit und nicht dem zunächst angestrebten Schuldienst widmen. Nach Erteilen der Genehmigung durch RFR und DFG traten Walter und Huß auf getrennten Wegen ihre Forschungsreise ins südliche Afrika an und erhielten im Mai 1938 weitere 4000 RM Unterstützung.

Als zusätzlicher Mitarbeiter Walters reiste der Botaniker Wolfgang Müller-Stoll im Oktober 1938 ebenfalls nach Südwestafrika. Durch sein Studium in Heidelberg und die anschließende von 1934 bis 1938 dauernde Tätigkeit am badischen Weinbauinstitut in Freiburg, war er mit Walter in Kontakt getreten. Nach Bewilligung seines DFG-Antrags über die südafrikanische Flora[31] unterstützte ihn, der seine sozialdemokratische Einstellung während dieser nicht verhehlte, Walter bei seinem Vorhaben. Nach Ausbruch des Krieges wurde er 1940 bei Windhoek und anschließend im südafrikanischen Transvaal interniert. Dort war er u. a. Lehrer für andere Internierte und kehrte im April 1944 als Repatriierter nach Deutschland zurück, um im forstbotanischen Institut Bruno Hubers in Tharandt weiter pflanzenanatomisch zu arbeiten.[32]

---

[28]BAK, DFG-Akte H. Walter R 73/15383.

[29]Ebd., Walter an DFG v. 15.4.1937; die geplanten Filmarbeiten sollten das Leben der Siedler dokumentieren.

[30]Ebd., Mevius an DFG v. 17.04.1937 und Schreiben DFG an Auswärtiges Amt v. 07.05.1937.

[31]BAK, DFG-Akte W. Müller-Stoll R 73/13315, DFG an Müller-Stoll v. 10.8.1938.

[32]Interview H.H.R. mit Hildegard Müller-Stoll v. 21.6.2004, vgl. Kössler und Höxtermann (1999, S. 159–161).

Die Holzproben seiner ersten Reise nach Südwestafrika hatte Walter 1935 von einigen Farmern des Landes erhalten, die er für seine Pläne zur Untersuchung von Dürreperioden interessierte. Im Stuttgarter Labor zeigte sich bei der mikroskopischen Überprüfung, dass die Jahrringgrenzen verschiedener Baumarten des Landes schwieriger zu messen waren als bei Nadelbäumen der nördlichen Hemisphäre, etwa bei *Pinus ponderosa* in Arizona. Von mehreren überprüften Arten hielt Walter besonders *Acacia giraffae* für geeignet, während andere Arten entweder keine ausgeprägten Jahrringe aufwiesen oder nur an wenigen Standorten anzutreffen waren. Wegen des meist exzentrischen Wuchses von *Acacia* erschien die Untersuchung ganzer Stammscheiben als die beste Problemlösung, um Fehler durch unvollständig ausgebildete Ringe besser erkennen zu können. Jeweils zehn einzelne Radien wurden dabei präpariert, mikroskopisch untersucht und das aus den Einzelwerten errechnete arithmetische Mittel für weitere Kurvenvergleiche verwendet. Schon bei dieser ersten Untersuchungsserie versuchte Walter, mögliche Periodizitäten in den Ringfolgen zu finden. Hauptziel aber war es, die jahreszeitlich differenzierte Entwicklung der Einzelringe mit den örtlichen Bedingungen des jeweiligen Standorts, etwa dessen Niederschlagsmenge, Niederschlagsverteilung, Bodenwassergehalt und Brandschäden in Zusammenhang zu bringen (Walter 1936).

Aus heutiger Sicht wird bei der Lektüre von Walters Veröffentlichungen zu den Themen Klimaänderung, Ökologie und Farmwirtschaft deutlich, wie er die vom Staat gebotenen Forschungsmöglichkeiten ausschöpfte. Manchmal verknüpfte er wissenschaftliche und kolonialpolitische Aussagen miteinander, während er sich in der Zeitschrift *Die Naturwissenschaften* auf die Ergebnisse seiner ökologischen Forschung in „Deutsch-Südwestafrika" konzentrierte (Walter 1940a). Einen am 07.08.1939 auf der Botanikertagung in Graz gehaltenen Fachvortrag schloss er jedoch mit dem Appell ab: „Wir alle aber hoffen, dass bald […] die deutsche koloniale wissenschaftliche Arbeit sich frei in deutschen Kolonien entfalten kann!" (Walter 1939b). In ausschließlich der kolonialen Forschung gewidmeten Zeitschriften passte sich Walter zwar dem überwiegend fachlich-nüchternen Stil an, verzichtete aber nicht auf einen obligatorischen Hinweis zur „praktischen Lösung" der deutschen Kolonialprobleme „nach der siegreichen Beendigung des uns aufgezwungenen Kampfes" (Walter 1940b, S. 8). In *Der Biologe,* einer Zeitschrift des nationalsozialistischen Reichsbundes für Biologie, die von renommierten deutschen Wissenschaftlern meist gemieden wurde, lobte Walter ausdrücklich die kolonialen Erfolge des faschistischen Italien bei der Kolonisation Libyens und zog einen Vergleich mit Südwestafrika:

Alle diese Erkenntnisse kann und will die Mandatsregierung nicht lösen. Das nationalsozialistisch ausgerichtete Großdeutsche Reich wird sie dagegen in derselben *großzügigen Weise* meistern, wie wir es am Beispiel des faschistischen Italiens in Libyen sehen. Drum [!] fordern wir die Rückgabe unserer Kolonien (Walter 1939a, S. 301).

Solche Bekenntnisse waren sicher mehr als eine bloße Ergebenheitsadresse an den nationalsozialistischen deutschen Staat. Die autobiographische Lebensbeschreibung Walters (1989) unterscheidet sich von vielen nach 1945 entstandenen apologetischen Schriften deutscher Wissenschaftler im nationalsozialistischen Staat: Seiner deutsch-russischen Sozialisation war er sich sehr bewusst und verschwieg auch nicht seine intensiven Kontakte mit nationalsozialistischen Institutionen. Eine kritische Reflexion über seine eigene Vergangenheit findet man dort jedoch nicht.

Die Forschungsergebnisse über den Zusammenhang zwischen Jahrringentwicklung und dem Klima von Südwestafrika wurden in einer erst im Januar 1944 vorgelegten Dissertation von Walter Huß ausführlich dokumentiert (Huß 1944); die Anregung für das systematische Sammeln von Hölzern kam Mitte der 1930er-Jahre von dem deutschstämmigen Geologen Ernst Reuning aus Kapstadt. Huß begann seine Arbeit 1935 zunächst mit Material, das Walter von seiner ersten Reise nach Südwestafrika mitgebracht hatte und das er durch Proben des Lehrers Georg Boss aus Swakopmund und des Gießener Geographen Fritz Klute ergänzte. Boss hatte schon längere Zeit vorher die weitverbreitete Ansicht korrigiert, dass der nächtliche Nebel an der Atlantikküste erheblich zum Jahresniederschlag der Region beitrage; Nachmessungen ergaben aber nur eine Niederschlagsmenge von max. 40 mm pro Jahr (Walter 1937).

Die holzanatomischen Messungen, insbesondere die Festlegung der Jahrringgrenzen und die Beurteilung der Zellstruktur, erwiesen sich als schwieriger als bei den Hölzern höherer Breiten, so dass zunächst umfangreiche Voruntersuchungen notwendig wurden. Bei den Proben von 1935 fehlten wichtige Standortinformationen, und deshalb war Huß bei seiner Auswertung zumeist auf die von ihm selbst 1937/1938 in Südwestafrika entnommenen Proben angewiesen. Nach Beginn des Zweiten Weltkriegs und seiner Einberufung zur Wehrmacht verzögerten sich die meist von Frau Dr. Fleischmann, einer wissenschaftlichen Hilfskraft des Stuttgarter Instituts, ausgeführten Messarbeiten. Trotzdem stellten bis 1942 die kolonialwissenschaftliche Abteilung des RFR und die DFG im Einvernehmen mit dem kolonialpolitischen Amt der NSDAP-Mittel für die Arbeit von Walter und Huß zur Verfügung.[33]

---

[33]BAK, DFG-Akte H. Walter R 73/15383: RFR an Walter v. 22.04.1941; Walter an RFR v. 09.01.1942 und RFR an Walter v. 21.04.1942.

Die Vermessung der Stammscheiben mit einem Gewicht von bis zu 50 kg erfolgte zunächst mit einer Lupe, anschließend mit einem Auflichtmikroskop mit verschiebbarer Vorrichtung für den Schwenk über die gesamte Scheibe, die auf einer drehbaren Unterlage positioniert wurde. Ein Teilstrich des Okularmikrometers entsprach bei der gewählten Anordnung 0,766 mm, die Messgenauigkeit lag bei < 0,1 mm. Nach dem Glatthobeln der Holzoberfläche und Schleifen mit Sandpapieren unterschiedlicher Korngröße wurden zehn festgelegte Radien mit einer Rasierklinge abgezogen. Der Versuch einer Oberflächenbehandlung mit Öl blieb erfolglos, weil dabei die Helligkeitsunterschiede der Holzstruktur abnahmen. Nach Benetzen mit Wasser erschienen dagegen das Kernholz dunkelrot und das außenliegende Splintholz gelbbraun. Für eine zusätzliche detaillierte Analyse der Holzstruktur wurden Mikrotomschnitte angefertigt und diese nach Entfernen der Zellinhalte mit Eau de Javelle (d. h. Kaliumhypochloritlösung, KClO) in Glycerin-Gelatine eingebettet (Huß 1944, S. 19–21, 74 f.).

Bei der Suche nach Zuwachszonen ließen sich makroskopisch gut sichtbare helle Bänder nicht immer über den ganzen Umfang eines Stammquerschnitts verfolgen. Ihre häufigen Verzweigungen und Vereinigungen deuteten nicht auf echte Jahrringe hin. Mit der Lupe waren jedoch in ungleichmäßigen Abständen durchgehend feine helle „Binden" zu erkennen, an die auf beiden Seiten unterschiedliche Zellstrukturen angrenzten und die deshalb mit dem Zuwachs in Verbindung zu stehen schienen. Erst nach einer genauen mikroskopischen Analyse in Verbindung mit der Auswertung der Literatur über tropische und subtropische Hölzer fand Huß seine Vermutung bestätigt, dass dies die Grenzen der jährlichen Zuwachszonen waren. Im Quer- und Längsschnitt der Binden wurden 1 bis 3 Reihen rechteckiger, platt gedrückter Zellen mit dazwischenliegenden Kristallkammerfasern sichtbar, während der radiale Längsschnitt zeigte, dass die Binden in senkrechter Richtung im Stamm eine zusammenhängende Schicht bildeten (vgl. Abb. 5.6). Das Gefüge der Binden war vermutlich parenchymatischen Ursprungs, wobei die im Grundgewebe enthaltenen Kristalle von weißem wasserunlöslichem Calciumoxalat den optischen Effekt verstärkten. Botaniker wie Alfred Ursprung (1900), Carl Holtermann (1907) und Charles Coster (1927) hatten dieses Phänomen bei tropischen Hölzern schon früher allgemein beschrieben, während Huß durch seine differenzierte Untersuchung der Zweige und Stammabschnitte von Acacia nachwies, dass sich nur eine einzige Binde pro Jahr bildet. Auch die Kambialtätigkeit unterschied sich bei den untersuchten Baumarten Südwestafrikas offensichtlich von derjenigen der gemäßigten Breiten: Während sie sich hier von den Knospen und Verzweigungen rasch bis zur Stammbasis fortpflanzte, war sie dort erheblich verzögert. Erst stärkere

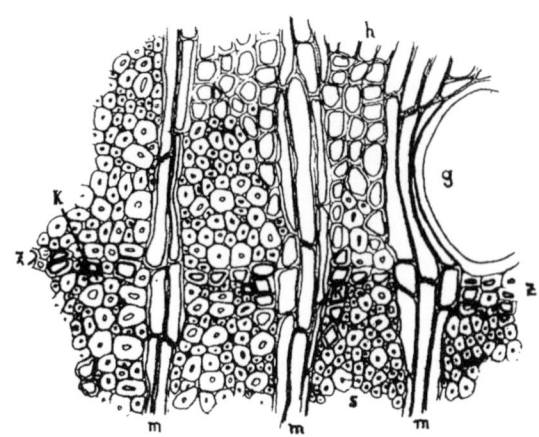

Abb. 5.6 Querschnitt durch Acacia giraffae: h Holzparenchym; g Gefäß, z Zuwachszonengrenze, k Kristallkammern, s Sklerenchym, m Markstrahlen. (Photo: W. Huß; aus Huß 1944; mit freundlicher Genehmigung von © Walter Huß 2005. All Rights Reserved.)

Niederschläge regten die Zellneubildung an (Huß 1944, S. 20–33, 51).

Huß war zum Zeitpunkt der Fertigstellung seiner Arbeit im Jahr 1943 die graphische Methode Bruno Hubers aus dem Jahr 1941 zur Auswertung von Jahrringkurven bekannt. Auf halblogarithmischem Papier aufgetragen, wurden dabei die Maxima stark gedämpft und die Minima hervorgehoben. Auf diese Weise erübrigte sich eine Standardisierung von Altersabschnitten der Bäume aufgrund ihrer unterschiedlichen Wachstumsraten. Bei *Acacia giraffae* war wegen der erheblichen Fehlerrate von 2 bis 5 % bei der Ringzählung und starker Wachstumsschwankungen die Huber'sche Methode aber ebenso unvorteilhaft wie die Darstellung von „skeleton-plots" nach der Methode von Douglass. Als Lösung blieb Huß nur der unmittelbare graphische Vergleich nicht transformierter Daten (ebd., S. 86–99). Bei der Überprüfung von biologischen Wachstumsfaktoren südafrikanischer Bäume stellte er außerdem fest, dass vom 1. bis zum 10. Lebensjahr manchmal ein steiler Wachstumsanstieg auftrat, gefolgt von einem jahrzehntelangen Wachstumsrückgang und schließlich gleichbleibendem Wachstum. An anderen Standorten wichen Baumgruppen derselben Arten aber von dieser Faustregel ab, so dass auch Erfahrungen aus Nordamerika oder Europa nicht weiterhalfen (ebd., S. 107–119). Bei den klimatischen Faktoren waren in dem ariden Gebiet Südwestafrikas erwartungsgemäß Niederschlagsmenge und Niederschlagsverteilung dominant, bei den edaphischen Wachstumsfaktoren solche, die die Verfügbarkeit von Wasser steuern, etwa die Verwitterungstiefe des Untergrundes, die Bodenmächtigkeit und die Art des örtlichen Reliefs (ebd., S. 119–133).

In seinem DFG-Forschungsantrag von 1937 hatte Walter vor allem das Problem des Zusammenhangs zwischen der

Klimaänderung und den Perspektiven für die Farmwirtschaft in einer wiedererrichteten Kolonie Südwestafrika thematisiert und so das Interesse von Institutionen des Dritten Reiches geweckt. In seinen Publikationen bis 1942 stellte er die unmittelbar verwertbaren Ergebnisse seiner Arbeit heraus: Die seit 1900 aufgetretene Dürre sei hauptsächlich Teil eines Klimazyklus, verstärkt durch die bisher praktizierte Bewirtschaftung des Landes, eine Vermutung, die Walter aber nicht wirklich belegen konnte. Die Flachseen der Etosha-Pfanne und des Okavangobeckens sollten in Zukunft für die Bewässerungslandwirtschaft genutzt werden, um so die Agrarerträge zu steigern. Die klimatologische Beurteilung durch Huß fiel dagegen weit nüchterner aus: Die Korrelation zwischen regionalen Mittelwerten der Jahrringbreiten und den gemessenen Niederschlägen sei nur schwach. Die Originalmesswerte könnten wegen ihrer starken Abweichung von der Normalverteilung zudem nicht den üblichen statistischen Auswerteverfahren und Signifikanztests unterzogen werden. Rein optische Kurvenvergleiche seien deshalb vorzuziehen (ebd., S. 144 f.). Darüber hinaus fand er die Feststellung Walters, dass der Rückgang der Jahrringbreiten der letzten Jahrzehnte auf die Besiedlung und Nutzung des Landes zurückzuführen sei, nicht ausreichend begründet. Messergebnisse für nicht landwirtschaftlich genutzte Flächen gebe es noch nicht, obwohl die wenigen verfügbaren Untersuchungsergebnisse eine rein klimatische Ursache für den Holzzuwachs nicht ausschlössen (ebd., S. 175–177).

Bei aller Skepsis gegenüber einer praktischen Nutzung seiner Ergebnisse sah Huß Möglichkeiten für die zukünftige klimatologische Arbeit im südlichen Afrika, die vor allem auf die Erfahrungen der geographischen Vegetationsforschung zurückgreifen könne. Sein Fazit zum Primärziel der eigenen Arbeit lautete: „Eine Voraussage über die Weiterentwicklung des Klimas in S.W.A. in den kommenden Jahrzehnten ist leider aufgrund der Jahresringkurven nicht möglich." (Ebd., S. 193). Der Versuch, in den Jahrringkurven eventuelle Wachstumsperioden mit Hilfe der harmonischen Analyse festzustellen, sei nicht erfolgreich gewesen, da die Wachstumsfaktoren der Pflanze wie auch die meteorologischen Faktoren sich nicht in periodische Einzelschwingungen hätten zerlegen lassen. Die in einigen Kurvenabschnitten gefundenen Zyklen seien bloße Illusion, ebenso die Zusammenhänge zwischen den Kurven von Sonnenflecken und Jahrringen (ebd., S. 194 f., 208).

Im Schlussabschnitt seiner Arbeit berührte Huß einen Aspekt, der in den 1940er-Jahren noch gar nicht thematisiert worden war: die gelegentliche Verlagerung der klimatischen südlichen Oszillation (SO), die an der südwestafrikanischen und der südamerikanischen Westküste zu El-Niño-Erscheinungen führt. Walter und Huß waren bei ihren Aussagen zur Varianz des Klimas in Südwestafrika von Zufallsschwankungen oder unter dem Eindruck

der Untersuchungen von A. E. Douglass auch vom Einfluss der Sonnenflecken auf das Klima ausgegangen. Aufzeichnungen über das jährliche Wettergeschehen waren aber spärlich oder rein deskriptiv (vgl. Vedder 1942), in einem Bericht der UNESCO von 1952 finden sich noch keine Hinweise auf ein El-Niño-Phänomen, und erst nach 1970 ließen sich historische Klimaschwankungen durch die SO erklären (UNESCO 1952); (Tyson 1986, S. 67–92, 165–177); (Kelso und Vogel 2007).

Der Forschungsplan Walters, klimatische Einflüsse auf die südwestafrikanische Farmwirtschaft mit Hilfe von Jahrringuntersuchungen besser verstehen und gegebenenfalls vorhersagen zu können, ließ sich nach Beginn des Zweiten Weltkriegs nur noch zu einem vorläufigen Abschluss bringen. Nach dem Krieg war es nicht mehr möglich, die Arbeit fortzusetzen. Eine Kolonialforschung mit ihren finanziellen Ressourcen gab es nicht mehr, und das Interesse von Jahrringforscher konzentrierte sich auf näherliegende Probleme. Außerdem erschien nach Ansicht des Autors das in dem ariden und semiariden Gebiet Südwestafrikas unter speziellen forstbiologischen Bedingungen generierte Wissen zu isoliert und nicht leicht auf andere Regionen zu übertragen. Walter Huß wandte sich nach Abschluss seiner Dissertation ebenso wie Heinrich Walter anderen Themen zu.[34] Nur Wolfgang Müller-Stoll griff nach Ende des Krieges bei seinen paläobotanischen und pflanzenökologischen Forschungen gelegentlich dendrochronologische Fragestellungen auf (vgl. Abschn. 6.2).

Heinrich Walter war spätestens nach Beginn des Krieges mit der Sowjetunion darauf eingestellt, aufgrund seiner russischen Sprachkenntnis sowie der Vegetation und Landwirtschaft Südrusslands für die militärische Planung herangezogen zu werden. Nach seiner Einberufung zur Wehrmacht im Jahr 1941 war er erst Dolmetscher im Osten, und Fritz von Wettstein vom KWI für Biologie schlug vor, ihm die Kontrolle über die wissenschaftlich tätigen landwirtschaftlichen Einrichtungen im besetzten russischen Gebiet zu übertragen (Walter 1989, S. 120–122). In dieser Situation wurde er im April 1942 zum Professor an der „Reichsuniversität" in Posen ernannt, jedoch ohne seine Position in Stuttgart aufzugeben. Gleichzeitig nahm er als Kriegsverwaltungsrat hinter der Front von der Ukraine bis zum Nordkaukasus besondere Aufgaben wahr, etwa bei der Suche nach geeignetem Material für die Pflanzenzucht. Dabei war Walter auch an der Planung für den Anbau der Kautschukpflanze Kok-Saghys beteiligt und traf dazu auch mit Fritz Christiansen-Weniger in der Landwirtschaftsstation Pulawy in Ostpolen zusammen (vgl. Abschn. 5.3.1). Seine Erfahrungen aus Südwestafrika verlor er nach dem

---

[34]Schriftliche und telephonische pers. Mitteilung Walter Huß an H.H.R. v. 09.12.2004.

Krieg nicht völlig aus den Augen und konnte 1945 nach Übernahme einer Professur für Botanik in Hohenheim relativ bruchlos seine frühere geobotanische und klimatologische Arbeit fortsetzen.

5.4   Bruno Huber und die Konstruktion mitteleuropäischer Jahrringchronologien

In diesem Abschnitt wird die These vertreten, dass Bruno Hubers Ausrichtung in der Jahrringforschung gegenüber dem amerikanischen Vorbild stärker „biologisch" orientiert war, was zunächst zu einer methodisch eigenständigen Entwicklung auf diesem Gebiet führte. Ohne erkennbaren Bruch hatte er ab 1937 Untersuchungen über die Jahrringe von Bäumen und daraus abgeleitete Chronologien in seine bisherige forstbotanische Forschung integriert und so seine bisherigen Arbeitsschwerpunkte Pflanzenphysiologie, -anatomie und -ökologie erweitert. Wie sehr ihm dabei seine botanische und forstbotanische Ausbildung zugutekam, wurde bereits in einer Biographie des Autors H.H.R. über Huber ausführlich dargestellt (vgl. Rump 2011), so dass im Rahmen der vorliegenden Arbeit auf Einzelheiten meist nur noch kursorisch Bezug genommen wird.

Während der 1920er- und 1930er-Jahre widmete sich Huber vor allem einem gegen Ende des 19. Jahrhunderts aufgetauchten Forschungsproblem zur Wasserbilanz der Bäume. Auf der „mikroskopischen Ebene" beschrieb er zunächst einige Phänomene mit Hilfe einer funktionalen Holzanatomie, wobei er nach Meinung des Autors der erste Botaniker war, der die Analogie zwischen dem Fließen des Wassers im Stamm und dem elektrischen Stromfluss nach dem Ohm'schen Gesetz herstellte. Auf der „makroskopischen Ebene" der Pflanzenphysiologie versuchte er die durch die von der Umwelt beeinflussten Wachstumsbedingungen des einzelnen Baums oder ganzer Waldbestände zu berücksichtigen. Beide Ebenen verlor er selten aus den Augen, wodurch sich Wachstumsphänomene wie die zelluläre Entwicklung von Jahrringen anders als zuvor begründen ließen. Nach seiner Vorstellung solle „[...] mit der morphologisch-anatomischen Betrachtung der Organe auch gleich die Darstellung ihrer physiologischen Funktionen" verbunden sein (Huber 1961, S. 52).

Beispiele für diese Denkweise Hubers findet man häufig in seinen Veröffentlichungen. So erweiterte er beispielsweise die Vorstellung von den Wegen des aufsteigenden und absteigenden Saftstromes im Baum. Als erfahrener Mikroskopiker war ihm bewusst, dass die submikroskopischen Eigenschaften des mizellaren Gefüges bei verschiedenen Holzarten erst unzureichend bekannt waren (Huber 1948, S. 349); (ders. 1951, S. 81). Im Hinblick auf den Assimilatstrom, den Transport organischer Nährstoffe von den Blättern

stammabwärts, machte er deutlich, dass nicht die gesamte Rinde daran teilnimmt, sondern nur eine etwa 0,2 bis 0,3 mm dicke Schicht, die „Safthaut" (Huber 1958, S. 367). Ab 1934 erweiterte Huber seine bisherige anatomisch-physiologische Forschungsarbeit um pflanzenökologische Fragestellungen, wobei sich für ihn die günstigen Arbeitsbedingungen in Tharandt und die Kontakte zu anderen forstwissenschaftlichen Teildisziplinen als positiv herausstellten. Seine verschiedenen Konzepte zur Betrachtung von Gehölzpflanzen – die Physiologie der Zelle, die Ökologie der Pflanze und die ganzheitliche Betrachtung von Bäumen – verlor er dabei selten aus den Augen.

Im Jahr 1937 begann er nach der Rezension (Huber 1938b) einer umfassenden Beschreibung der „Douglass-Methode" durch dessen Mitarbeiter Waldo Glock mit eigenen dendrochronologischen Untersuchungen. Die Erstellung einer mitteleuropäischen Jahrringchronologie wurde nun Hubers vorrangiges Ziel, das er im Zusammenwirken mit der im nationalsozialistischen Staat ideologisch aufgeladenen prähistorischen Forschung einschließlich der Pfahlbauforschung leichter zu erreichen hoffte. Institutionen wie die Deutsche Forschungsgemeinschaft und der Reichforschungsrat sowie der Prähistoriker Hans Reinerth, Leiter der Abteilung Vorgeschichte im „Amt Rosenberg", sorgten dabei für die notwendige materielle und personelle Unterstützung. Seine ersten systematischen Untersuchungsergebnisse waren ihm Anlass genug für die Feststellung: „Die Datierung von Holzproben nach der Jahrringfolge ist auch in Mitteleuropa möglich!" (Huber 1941, S. 125).

5.4.1   Ausbildung und beruflicher Start

Bruno Huber kam am 19. August 1899 in Hall/Tirol als Sohn des promovierten Juristen Rudolf Huber und seiner Frau Maria, geb. von Wildauer, zur Welt. Sein Großvater der väterlichen Linie, Alfons Huber,[35] war nach Geschichtsstudium und Promotion in Innsbruck dort Professor, wechselte 1887 auf den Lehrstuhl für österreichische Geschichte nach Wien und wurde 1893 Generalsekretär der Österreichischen Akademie der Wissenschaften. Bruno Hubers Großvater der mütterlichen Seite, Tobias von Wildauer, war Professor für Altphilologie in Wien und Abgeordneter der liberalen Partei im Reichsrat. Anders als beide Großväter war Rudolf Huber tief im Katholizismus verwurzelt, während seine Frau Maria liberalere Züge aufwies, die sich manchmal in heftigen Attacken gegen die Klerikalen Luft machten (vgl. Rump 2011, S. 5).

Als Kind genoss Bruno Huber ab 1904 nach dem Umzug seiner Eltern nach Bozen die häufigen Aufenthalte auf dem

---

[35]Biographisches zu Alfons Huber: NDB 9, S. 689; Mang (1953).

Familiensitz der „Koburg" in Gufidaun, einem kleinen Ort im Eisacktal, besonders aber die gemeinsamen Exkursionen mit der Familie oder allein mit seinem Bruder Paul (Huber 1945, S. 29 f.). Für seine spätere Entscheidung, Botaniker zu werden, waren diese frühen Eindrücke in den südlichen Alpen im späteren Rückblick Hubers ausschlaggebend. In der Umgebung Bozens und nach 1911 wieder in Innsbruck sammelten Bruno und Paul zuerst spielerisch und dann systematisch Pflanzen für ihr gemeinsames Herbarium, die sie zunächst mit Hilfe von Heimerls *Schulflora von Österreich* und später mit Hegis Sammelwerk *Illustrierte Flora von Mitteleuropa* einordneten. Im Wintersemester 1917/1918 schrieb sich Bruno Huber an der Universität Innsbruck als Student der Biologie ein. Die von den Professoren für Botanik, Emil Heinricher und Adolf Sperlich, angebotenen Vorlesungen und Übungen deckten ein breites Spektrum der Anatomie und Physiologie der Pflanzen ab, beide Professoren waren erfahrene Mikroskopiker (Oberkofler und Goller 1991, S. 22–24, 145–147). Hubers experimentell ausgerichtete Promotionsarbeit „Zur Biologie der Torfmoororchidee *Liparis loeselii* Rich" lässt nach Meinung des Autors H.H.R. in ihren anatomisch-entwicklungsgeschichtlichen und physiologisch-ökologischen Abschnitten erkennen, wie gut er nun mit mikroskopischen, chemisch-analytischen und mikrobiologischen Methoden vertraut war (vgl. Huber 1921).

Nach seinem Wechsel an das Botanische Institut der Hochschule für Bodenkultur (BOKU) in Wien als Assistent von Otto Porsch im Jahr 1920 arbeitete er sich in die für ihn neuen Arbeitsgebiete wie forstliche Phytopathologie, Meteorologie, Klimatologie und experimentelle Geländeuntersuchungen ein und gewann dadurch Erfahrungen, die deutlich über die übliche botanische Ausbildung hinausführten. Durch den Kontakt zum Institut des renommierten Pflanzenphysiologen Hans Molisch an der Universität Wien erhielt er zusätzlichen Einblick in Pflanzensoziologie, Pollenanalyse und die Mikromethoden der Pflanzenchemie. Entscheidend für Hubers spätere experimentelle Forschungsrichtung wurde aber der Kontakt mit Karl Höfler und Josef Kisser, beide versiert in der mikroskopischen Gewebepräparation und -untersuchung. 1921 wandte er sich einem wissenschaftlichen Problem zu, das gegen Ende des 19. Jahrhunderts der Pflanzenphysiologe Josef Boehm von der BOKU durch eine mechanistische Erklärung bereits gelöst zu haben glaubte, das aber umstritten blieb und experimentell erhebliche Schwierigkeiten bereitete: die Erklärung der Ursache des Saftsteigens in der Pflanze (Boehm 1889, S. 56). Huber fand hier ein vielversprechendes Forschungsfeld, das er von 1921 bis 1925 bearbeitete und das ihn auch danach noch viele Jahre beschäftigen sollte.

Im Herbst 1925 wechselte Huber als Assistent von Johannes Buder an das Botanische Institut der Universität

Greifswald, da er sich in Deutschland bessere Aufstiegschancen ausrechnete als in Österreich. Die Arbeits- und Forschungsbedingungen an der kleinsten preußischen Hochschule – seit der Reichsgründung für etliche Wissenschaftler ein Karrieresprungbrett – waren günstig, und Huber schätzte auch die enge und fast familiäre Atmosphäre (Rump 2011, S. 33 f.). Fachlich knüpfte er an seine früheren Untersuchungen an der BOKU zur Wasserbilanz der Bäume an, indem er sich experimentell mit dem Problem der Blatttranspiration und der anatomischen Struktur von Asthölzern auseinandersetzte. Wie schon in Wien konnte er auch in Greifswald auf die Hilfe erfahrener Kräfte bei der Herstellung von Dünnschnitten und Untersuchung mikroskopischer Präparate zurückgreifen, so auf Pflanzenmaterial aus Ägypten, das ihm der ebenfalls über die Transpiration forschende Botaniker Otto Stocker nach einer Forschungsreise zugesandt hatte (Huber 1928, S. 881 f.); (Lüttge et al. 2005, S. 95, 168). So gelang es ihm beispielsweise, das Verhältnis zwischen der wasserleitenden Fläche des Stammquerschnitts und der Blattoberfläche festzulegen und die kapillare Saugkraft im Stamm aus den bekannten physiologischen und ökologischen Parametern rechnerisch herzuleiten.

1927 entschied sich Huber, ein Angebot von Friedrich Oltmanns, Leiter des Botanischen Instituts der Universität Freiburg, anzunehmen. Das dortige Institut besaß trotz knapper Finanzmittel in den sogenannten „kleineren" Disziplinen einen guten Ruf; namhafte frühe Vorgänger Oltmanns waren die Biologen Carl Naegeli, Anton de Bary und Julius Sachs gewesen. Huber glaubte deshalb, in der ihm vertrauten süddeutschen Stadt die einmal eingeschlagene Forschungsrichtung zum Wasserhaushalt der Bäume fortsetzen zu können. Hier lernte Huber eine Pharmazeutin kennen, die eine Promotion in Botanik anstrebte und die er im August 1928 in Freiburg heiratete: Lucie Gerber, Tochter eines Arztes aus Tiengen am Oberrhein und dessen aus Basel stammender Frau. Gemeinsam mit dem Wiener Physiologen Karl Höfler arbeitete Huber, unterstützt von seiner Ehefrau, drei Jahre lang experimentell an der Bestimmung des Wassertransports auf der Zellebene, um damit den Saftaufstieg der Bäume im Vergleich mit dem axialen Wasserfluss im Holzgewebe besser erklären zu können (Huber und Höfler 1930); (Rump 2011, S. 37–43). Ein weiterer wichtiger Erfolg gelang Huber, nachdem er neue Messtechniken zur raschen direkten Bestimmung des Transpirations- und Assimilationsstroms in Pflanzen ausprobierte: Der Einsatz von Farbstoffen oder Salzen zur Verfolgung der Flüssigkeiten war bereits bekannt, jedoch umständlich, nicht zeitnah und ungenau. Deshalb versuchte er nun gemeinsam mit Physikochemikern der Universität zunächst, das als „Thorium B" bezeichnete radioaktive Bleiisotop ^{212}Pb als Strömungsindikator einzusetzen. Wegen der unzureichenden Strahlungsdetektion mit einem „Elektroskop" – ein geeignetes Zählrohr war damals nicht verfügbar – entschied er sich schließlich für die Entwicklung eines thermoelektrischen Verfahrens, über dessen möglichen Einsatz er schon mehrere Jahre vorher mit Meteorologen an der Wiener BOKU diskutiert hatte (Huber 1932).

Trotz seiner engen Bindung an Freiburg wechselte Bruno Huber im Frühjahr 1932 als „planmäßiger a. o. Professor und Direktor des Botanischen Instituts und Botanischen Gartens" an die Technische Hochschule Darmstadt und wurde dort Nachfolger von Friedrich Oehlkers, der seinerseits die Nachfolge von Oltmanns in Freiburg antrat. Ungeachtet der finanziellen Schwierigkeiten während der Weltwirtschaftskrise waren Hubers Arbeitsbedingungen nicht schlecht, da ihm nach Umzug in ein Hochschulgebäude der Innenstadt ein modernisiertes Institut mit Mikroskopiersaal, Dunkelräumen und chemischen, physiologischen und bakteriologischen Labors zur Verfügung stand, während sich ein botanischer Garten ca. 1 km entfernt am Stadtrand befand (Lüttge et al. 2005, S. 11 ff., 24 ff.). Die wissenschaftliche Arbeit Hubers in Darmstadt konzentrierte sich nun vor allem auf das Problem der Messung des Gaswechsels während der Assimilation und Atmung von Pflanzen unter natürlichen Bedingungen. Huber versuchte deshalb gemeinsam mit seinem Mitarbeiter Walter Schwarz und unterstützt von Otto Stocker zunächst, die instrumentellen Voraussetzung für die Analyse des Gasstoffwechsels zu schaffen, was aber erst 1935 endgültig gelang (ebd., S. 129–139); (Holdheide et al. 1936).

Im Wintersemester 1932/1933 wurde Bruno Huber von der Universität Bern gebeten, sich bei der Neubesetzung des dortigen Lehrstuhls für Botanik zu bewerben. Nach ersten Verhandlungen in Darmstadt mit zwei schweizerischen Professoren wurde er auf Position 1 der Berufungsliste gesetzt. Als aber am 7. April 1933 im deutschen „Gesetz zur Wiederherstellung des Berufsbeamtentums" das rechtliche Kriterium der Staatsangehörigkeit durch das der „Rassezugehörigkeit" ersetzt wurde [§ 3, „Arierparagraph"] und Wissenschaftler jüdischen Glaubens mit Bindungen zur Schweiz wie Albert Einstein (Berlin/Princeton) oder Philipp Schwartz (Frankfurt/M.) in Deutschland nicht mehr lehren und forschen durften, stoppte die Schweiz die Besetzung von Hochschulstellen mit Deutschen, und die Universität Bern zog ihr Angebot an Huber zurück. Auch seine Verhandlungen bei der Wiederbesetzung des Botanik-Lehrstuhls von Ludwig Jost in Heidelberg endeten ungünstig, da niemand von der „Dreierliste" der Universität – Otto Renner, Heinrich Walter und Bruno Huber – zum Zuge kam, vielmehr der Privatdozent und NS-Gefolgsmann August Seybold (Deichmann 2006, S. 1193–1211).

Nach diesen Rückschlägen nahm Huber einen Ruf auf den Lehrstuhl für Forstbotanik der Forstlichen Hochschule Tharandt als Nachfolger von Ernst Münch an. Diese 1929

der TH Dresden angegliederte Hochschule mit ihren forstwissenschaftlichen Einrichtungen einschließlich eines artenreichen Forstgartens bot günstige Arbeitsmöglichkeiten. Hier konnte Huber seine bisherigen Forschungsschwerpunkte von Pflanzenphysiologie und -ökologie weiterentwickeln, die sich entsprechend der Ausrichtung der Hochschule auf Gehölzpflanzen konzentrierte. Der neue Kontakt mit Franz Heskes Institut für ausländische und koloniale Forstwirtschaft bot zudem Chancen zur Untersuchung tropischer und subtropischer Baumarten. Hubers Vorstellung, in der kleinen Stadt Tharandt von den aufziehenden nationalistischen Erschütterungen weitgehend verschont zu bleiben, sollte sich jedoch nicht erfüllen: Politisch unerwünschte Dozenten wurden auch hier entfernt oder drangsaliert, und der mächtige und selbst unter Parteigenossen gefürchtete sächsische Gauleiter Mutschmann griff nicht selten in den Universitätsbetrieb ein. Huber passte sich der politischen Lage an und verhielt sich weitgehend systemkonform. Als Mitglied des NS-Lehrerbundes wurde er 1938 von dort automatisch in den NS-Dozentenbund überführt und trat nach Übernahme von Heskes kolonialer Holzsammlung 1936 dem Reichskolonialbund bei (vgl. Schuster 2002, S. 112–130); (Rump 2011, S. 53 f.)[36].

5.4.2 Forschungen zum Wasser-, Wärme- und Stoffhaushalt der Bäume

Bruno Hubers besondere Bedeutung, die botanische Grundlagenforschung mit dem Wissen über das Verhalten von Jahrringen verbunden zu haben, erscheint aus heutiger Sicht zwar konsistent, ist aber nicht leicht zu erklären. Untersucht man seine Veröffentlichungen, Forschungsanträge und -berichte genauer, werden die Wirkungen außergewöhnlicher Umstände in Deutschland um die Mitte der 1930er-Jahre deutlich, die eine solche Verknüpfung erst möglich machten. Nach Auffassung des Physiologen François Jacob trat zu Beginn des 20. Jahrhunderts nämlich die Physiologie in den Vordergrund biologischer Forschung; sie war nicht mehr vorwiegend das Referenzsystem der Anatomie wie bis zur Mitte des 19. Jahrhunderts. Organisation und Tätigkeit der Pflanze wurden nun gemessen, analysiert und in Subsysteme zerlegt. Zwar blieb die Beobachtung wichtig, doch griffen Wissenschaftler jetzt stärker in den Organismus ein, arbeiteten mit isolierten Teilen, veränderten die experimentellen Bedingungen und analysierten die Variablen (Jacob 1972, S. 198–200). Hubers wissenschaftliches Forschungskonzept folgte nach Meinung des Autors einer solchen Entwicklung, indem er die Voraussetzungen für eine bislang noch nicht vorhandene

---

[36]UAM Personalakte Bruno Huber.

umfassende Erklärung des Wachstums der Bäume schaffte, welche zellphysiologische und ökologische Prozesse sowie Gestaltphänomene einbezieht. In einem ersten Schritt identifizierte er die quantitative Erfassung des Wasserstroms von der Wurzel bis zu den Stomata der Blätter, arbeitete dann über die dort ablaufende Kohlensäureassimilation und behandelte schließlich den nach unten gerichteten Assimilatstrom in den Siebröhren der inneren Rinde. Die gesamten Prozesse der Wachstumsdynamik betrachtete er von Beginn an als eng verknüpft mit den statischen Gegebenheiten der Holzanatomie.

Für Hubers Forschungsausrichtung nach 1937 erwiesen sich dabei drei Faktoren als vorteilhaft: 1. Die Stärkung der Ausstattung natur- und ingenieurwissenschaftlicher Hochschulinstitute im Rahmen des ersten Vierjahresplans und dessen „ordnender Einflussnahme auf den Wissenschaftsbetrieb" (Flachowsky 2008, S. 224 f.). 2. Seine praktische Erfahrung mit der instrumentellen Vermessung von Holzoberflächen, etwa durch die Bestimmung von Faseranteilen mit der „Integriervorrichtung Sigma" der Berliner Fa. Fuess. Deren zunächst nur für Gesteinsuntersuchungen gedachte Anordnung konnte sechs Komponenten eines Präparates separat messen und bestand aus einem Kreuztisch mit elektrischem Antrieb, dessen Bewegung durch Knopfdruck mit sechs Zählwerken aufgenommen werden konnte. Der gemessene Flächenanteil ergab sich durch Integration einer Reihe von „Lineartaxationen" (Huber und Prütz 1938c). 3. Günstige Voraussetzungen zur Erstellung einer mitteleuropäischen Jahrringchronologie, wie seine Rezeption der dendrochronologischen Methodenbeschreibung des Amerikaners Waldo Glock (Huber 1938a) und der Kontakt mit Hans Reinerth, Prähistoriker und Reichsamtsleiter für Vorgeschichte im „Amt Rosenberg".[37] Im Folgenden wird die in der Einleitung von Abschn. 5.4 aufgestellte These geprüft, Bruno Huber habe bei der von ihm 1937 angestoßenen Entwicklung der Jahrringforschung in Deutschland einen spezifisch „biologischen" Weg beschritten. Auf seine breit gefächerten Erfahrungen in Pflanzenanatomie und -physiologie hat er sich jedenfalls auch in dem neuen Arbeitsfeld bis zum Ende seines Berufslebens immer verlassen können.

Schon vor Abschluss seiner Promotion in Wien war Huber auf das 1893 an der BOKU durch Josef Boehm formulierte Problem des Wasseraufstiegs in Pflanzen gestoßen, und er versuchte danach, den Fragen nach der unterschiedlichen Aufstiegsgeschwindigkeit in Stamm und Ästen der Bäume nachzugehen. Die Kohäsionstheorie, welche die Transpiration der Blätter als wesentliche Kraft für das Hochsaugen des Wassers durch die kapillaren Gefäße der Pflanzen postulierte, erschien ihm trotz mancher Einwände als

gesicherte Tatsache. Ein Blick auf die Entwicklung dieser Theorie und den Forschungsstand bis in die 1920er-Jahre lässt jedoch erkennen, dass etliche Fragen sich noch keineswegs hatten klären lassen.

Josef Boehm war bei seiner Theorie über Wasseraufnahme und Saftsteigen allein von kapillaren Kräften ausgegangen und zeigte durch Serienexperimente, dass überwiegend Saugkräfte und nicht Wurzeldruck und zellulare Osmose den Wasseraufstieg ermöglichten. Die Transpiration der Blätter sei für die erforderliche Saugkraft in den pflanzlichen Kapillaren verantwortlich, die insbesondere bei hohen Bäumen die „normale" physikalische Saugkraft von 1 atm oft weit übertreffe. Die Widerstände des Leitungssystems gemeinsam mit dem statischen Druckunterschied zur Überwindung der Höhe benötigten nämlich einen Sog, der niedriger als der Vakuumdruck und deshalb negativ sein müsse. Nur die sehr hohen Kohäsionskräfte des Wassers kämen als Erklärung für das Phänomen des Wasseraufstiegs in Frage, wobei Boehm bewusst war, dass das Problem der Kapillarität noch ein „dunkles Gebiet der Physik" sei (Boehm 1893). Seine Überlegung war, dass bei einem angenommenen Durchmesser der wasserleitenden Kapillaren von $d = 3\,\mu m$ ein Kapillardruck von 1 atm 10 m Wassersäule vorliegt. Die engsten Gefäße im Holz hätten aber einen Durchmesser von $>10\,\mu m$ und erreichten diesen Druck deshalb nicht. Dabei müsse man von einem kontinuierlichen Flüssigkeitssog vom Blatt bis zum Bodenwasser ausgehen, der aber nur zu einem geringeren Teil durch die kapillare Aufstiegskraft erklärt werden könne:

> Im Vergleich mit der in Folge der Cohäsion theoretisch möglichen Länge eines Wasserfadens wäre selbst der höchste Baum der Erde ein fast verschwindend kurzer Zweig. Solche, an den verdunstenden Blattzellen hängende Wasserfäden, deren untere Enden mit dem Bodenwasser in Verbindung stehen, finden sich zweifellos in den Pflanzen (ebd., S. 210 f.).[38]

Zwei Jahre nach Boehms Veröffentlichung bestätigten der Botaniker Henry Dixon und der Physiker John Joly aus Dublin Boehms Annahme durch eigene Messreihen (Dixon und Joly 1895) [63], und etwa gleichzeitig kam Eugen Askenasy nach Saugversuchen mit feuchten Gipsblöcken zu dem Schluss:

> Immerhin sind meiner Ansicht nach die von mir erzielten Resultate vollkommen beweisend dafür, dass eine verdunstende poröse Substanz Wasser auf Höhen heben kann, die beträchtlich die Länge einer dem Drucke einer Atmosphäre entsprechenden Wassersäule übertreffen (Askenasy 1896, S. 443).[39]

---

[37]BAK, DFG-Akte B. Huber R 73/11819, Huber an DFG v. 6.10.1938.

[38]Einen Überblick über die Kohäsionskräfte des Wassers aus heutiger Sicht gibt Tötzke (2008): http://www.diss.fu-berlin.de/diss/receive/FUDISS_thesis_000000009525. Zugegriffen: 20.11.2017.

[39]Zum zeitgenössischen Prioritätenstreit über die Kohäsionstheorie vgl. Copeland (1902).

Dixon, der sich wie Boehm gegen eine vitalistische Erklärung des Wasseraufstiegs in der Pflanze aussprach, ohne dessen Leistung später angemessen zu würdigen, blieb diesem experimentell schwierigen Thema mehr als zwei Jahrzehnte lang verbunden. 1909 stellte er fest: „From this examination it appears that, unless an exceedingly large number of the conducting tubes contain air and are arranged in a special manner, there is no likelihood of the tensile column being broken." (Dixon 1909, S. 43). Der Pflanzenphysiologe Otto Renner stützte 1911 Dixons Ergebnisse über die Gültigkeit der Kohäsionstheorie, indem er die negativen Drücke in den pflanzlichen Leitbahnen fast ausschließlich auf die Transpirationskraft lebender Blätter zurückführte, während der schweizerische Botaniker Alfred Ursprung Dixons Ergebnisse zum geringen Einfluss von Luftblasen auf mögliche Kavitationen der Gefäße nicht bestätigte (Renner 1911); (Ursprung 1913). Mit Hilfe einer einfachen Versuchsanordnung (vgl. Abb. 5.7) verglich Renner die Saugkraft eines pflanzlichen Sprosses mit der einer Pumpe: Mit Hilfe eines „Potometers" – einem Gerät zur Messung des Wasserverbrauchs durch Transpiration – bestimmte er zuerst den durch Blätter erzeugten Unterdruck von oft mehr als 1 atm. Danach klemmte er die Leitbahnen der Pflanze ab und stellte anschließend einen raschen Rückgang der Transpiration fest, bis nach einiger Zeit die Saugstärke erneut zunahm. Der Zweig förderte also trotz erhöhtem Filtrationswiderstand wieder die ursprüngliche Wassermenge durch einen ähnlich hohen Unterdruck wie zu Beginn des Versuchs. Schließlich saugte nach Abschneiden der Blätter eine Vakuumpumpe durch den Zweigstumpf, ohne jedoch den natürlichen Saugdruck des beblätterten Zweigs zu erreichen. Trotz wiederholbarer Versuchsergebnisse blieb Renner bei der Erklärung des Phänomens vorsichtig (Renner 1911, S. 196).

Die beiden Möglichkeiten einer aktiven Pumpwirkung von Holzzellen zur Unterstützung der Wasserhebung oder von „Ruhepunkten" im Pflanzengewebe zur Verminderung der notwendigen Saugkraft schloss Renner aus. Der Transpirationsstrom überwinde vielmehr den hohen Widerstand der Leitbahnen mit einer Schnelligkeit, als wenn zwischen Schnittfläche und der Baumspitze ein Druckunterschied

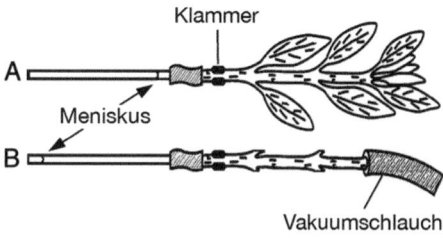

Abb. 5.7 Saugversuche Renners: A Saugung durch Blätter, B Saugung mit Pumpe am Zweigstumpf. (Nach Renner 1911)

von >10 atm bestünde. Die Direktmessung des Drucks in den Leitbahnen sei jedoch nicht möglich, da ein Bohrloch zur Aufnahme des Messgerätes nicht nur diese Bahnen anschneide, sondern auch das interzellulare Gewebe beeinträchtige, und deshalb gelte: „Die Manometermessungen sagen demnach über den Druck im unverletzten Holzkörper gar nichts aus." (Ebd., S. 230, 243). Während der 1920er-Jahre nutzte auch Bruno Huber bei seinen Lehrveranstaltungen eine solche Versuchsanordnung und erläuterte später Renners Ergebnisse (Huber 1956, S. 559).

Die Gültigkeit der Kohäsionstheorie blieb bis in die jüngste Zeit umstritten, wobei Renners Aussage zur Störung des Saugdrucks durch die Messeinrichtung noch immer gilt. In Deutschland sah die Arbeitsgruppe um den Biotechnologen Ernst Steudle in der Theorie die einzige Erklärung für den Wasseraufstieg, während die Gruppe um seinen Kollegen Ulrich Zimmermann unterschiedliche Kräfte postulierte. Innerhalb des DFG-Schwerpunkts SPP 717 „Der Apoplast der höheren Pflanze: Speicher-, Transport- und Reaktionsraum" nahmen sich von 1995 bis 2002 einige Antragsteller dieses Problems ebenfalls an. Literatur findet man bei Steudle (2001) und Zimmermann et al. (2004).

Bruno Huber war schon an der BOKU mit den damaligen Kontroversen über die Kohäsionstheorie vertraut und versuchte, sie bei Feldmessungen an Bäumen deshalb als Erklärungsmuster auch für die Wasserleitfähigkeit und damit für die Abschätzung forstwirtschaftlicher Erträge zu nutzen. Im Hochschularboretum prüfte er an einem 15 m hohen Mammutbaum die von Otto Renner 1911 aufgeworfene Frage, ob die zwischen Wurzel- und Blattzellen auftretende Potenzialdifferenz für den Wasseraufstieg als Erklärung ausreicht, oder ob man von zahlreichen Potenzialsprüngen von Zelle zu Zelle ausgehen müsse (Huber 1923, S. 465). Ein Vergleich zwischen der Transpirationsstärke der Nadeln in Bodennähe und in 12 m Höhe ergab oben einen sehr viel höheren Wert als unten, was Huber als differenzierte Steuerung des Mechanismus der Spaltöffnungen deutete. Bei erschwerter Wasserversorgung nahm die Leitfähigkeit der wasserführenden Leitbahnen offenbar mit der Höhe tendenziell zu. Die dazu erforderliche Änderung des Leitbahnquerschnitts in Stamm und Zweigen war aber nach abgeschlossener Xylembildung unmöglich und konnte nur während des Baumwachstums erfolgen. Die Wasserleitfähigkeit eines Sprossquerschnitts berechnete Huber aus der mikroskopisch ermittelten Fläche der Leitbahnen pro Gesamtfläche des Stamms. Weiterhin bestimmte er die mittlere Strömungsgeschwindigkeit als Verhältnis zwischen Gesamtwasserverbrauch und leitendem Querschnitt nach Wägung abgeschnittener, ständig wassergesättigter Zweige, woraus sich der Maximalwert für den ganzen Baum ableiten ließ. Dabei bezog er sich auf frühere Untersuchungen von Farmer (1918). Auf diese Weise erhielt er Vergleichszahlen zum Durchgang der stündlichen

Wassermenge in Kubikzentimeter je 1 cm^2 Querschnitts-fläche bei einer Holzlänge von 1 cm. Die Ergebnisse zeigten, dass der Transpirationsstrom aller Hölzer auf 10 m Leitbahnlänge nur wenige Atmosphären Unterdruck benötigt.

Für eine genauere Abschätzung der Gesamtwasserbilanz von Bäumen bestimmte Huber die wasserleitenden Holz-flächen in verschiedenen Höhen und teilte die Werte [bei Nadelhölzern] durch die jeweilige Nadeloberfläche bzw. das Nadelgewicht. Der so gewonnene Index mit der Bezeichnung „Hundertstel Quadratmillimeter relativer Leitfläche pro Gramm Nadelfrischgewicht" wird in der neueren Literatur als „Huber-Value" bezeichnet. Bei Dikotyledonen entspricht 1 g Frischgewicht einer Blattfläche von ca. 1 bis 2 dm^2 (Tyree und Zimmermann 2002). Schließlich versuchte Huber mit Hilfe einer empirischen Gleichung die Saugkraft zu berechnen, die für den vollständigen Ersatz des durch Transpiration verloren gegangenen Wassers erforderlich war. Den zu überwindenden Gesamtwiderstand zerlegte er dafür in einen statischen Funktionsterm S_b, der den Übergang von Wasser aus dem Boden über die Wurzel bis in die Höhe beschrieb, und einen dynamischen Term T/fl_w für die sich rasch ändernden Werte der Transpiration pro Einheit der aufnehmenden Wurzelfläche:

$$S = S_b + \frac{h}{10} + T \cdot \left(\frac{const}{fl_w} + \frac{l}{L \cdot V} + p\right) \text{ mit } T = E \cdot \frac{t}{fl_s} \cdot fl_s$$

Dabei sind:

S Saugkraft

S_b statischer Saugkraftanteil

T Transpiration

h Höhe der Pflanze

fl_w Wurzelfläche

fl_s Sprossoberfläche

l Länge der Leitbahnen

L Leitfläche

V spezifisches Leitvermögen

p Parenchymwiderstand

E Verdunstungskraft der Atmosphäre

t/fl_s Transpirationsvermögen

Die Größen h, fl_s, fl_w, l, L, V und p sind pflanzenspezifische Konstanten, S_b und E kennzeichnen variable Standortbedingungen. Dabei kann die Pflanze nur ihre eigene Saugkraft und ihr Transpirationsvermögen regulieren. Eine Verschlechterung der äußeren Bedingungen bei größerem S_b oder E führt deshalb zwangsläufig zu einer physiologischen Erhöhung von S oder t. Dies bedeutet bei Pflanzen, die gegen eine hohe Verdunstungskraft kämpfen, eine Vergrößerung des Transpirationswiderstandes, während Pflanzen, die einer starken Bodentrockenheit ausgesetzt sind, für ihr Überleben hohe Saugkräfte entwickeln müssen, die mindestens gleich der des Bodens ist. Wie sehr diese

übertroffen werden muss, ist von der pflanzlichen Wasserdurchströmung und -leitfähigkeit abhängig. Keine Pflanze kann deshalb, so Huber, dauerhaft ohne Wasserreserve an einem Standort existieren, an dem die Bodensaugkraft größer ist als der osmotische Pflanzendruck (Huber 1925, S. 106–116). In enger Zusammenarbeit mit dem vorwiegend über das pflanzliche Protoplasma forschenden Karl Höfler erbrachte Huber 1930 dann durch Laborexperimente den Nachweis, „[…] dass der Parenchymwiderstand im Pflanzengewebe vorwiegend plasmatisch bedingt ist und kaum vom Widerstand der Zellwände und Zellmembranen abhängt" (Huber und Höfler 1930, S. 106–116); (vgl. Höfler 1931).

Im Jahr 1931 entwickelte Huber mit Unterstützung der Notgemeinschaft der Deutschen Wissenschaft an der Universität Freiburg ein batteriebetriebenes Instrument, mit dem er außerhalb des Labors die Strömungsgeschwindigkeit des Wassers gleichzeitig an mehreren Stellen im Baum messen konnte. Die an jedem Messpunkt aus einem Heizdraht und zwei Thermoelementen bestehende Anordnung erlaubte die exakte Bestimmung der Zeit, die das durch den Draht punktuell erwärmte Wasser bis zum höher gelegenen zweiten Messelement benötigte (Huber 1932). Seine Versuche setzte er auch an der Forsthochschule in Tharandt fort, nachdem er die Deutsche Forschungsgemeinschaft vom Wert einer genaueren Untersuchung des Transpirationsstroms in forstlich genutzten Baumarten überzeugt hatte:

> Es zeigt sich deutlich, dass in der Zahl der beteiligten Jahresringe, der Geschwindigkeit der Strömung, ihrer Verteilung im Baum, den täglichen und jahreszeitlichen Schwankungen, insbesondere auch der Beeinflussung durch die frühsommerliche Trockenperiode von Art zu Art bezeichnende Unterschiede bestehen, die eingehendes weiteres Studium verdienen.[40]

Ausgestattet mit zahlreichen neuen Instrumenten untersuchte Huber daraufhin größere Bäume im Freiland, z. B. im September 1935 eine 9,5 m hohe frei stehende Eiche, die er mit 19 Messstellen ausstattete. Nach Bildung des arithmetischen Mittels von sieben Einzelwerten an jeder Stelle ergab sich insgesamt eine apikale Verlangsamung des Wasserflusses in Stamm und Ästen. Bis zur jeweils vorletzten Messstellen nahm der Ausgangswert etwa auf die Hälfte ab, weiter in Richtung der Spitzen wurde er rasch sehr klein (vgl. Abb. 5.8).

Die Art des Wassertransports in Bäumen weist allerdings aufgrund der pflanzlichen Entwicklungsgeschichte und der Anpassung an die Umgebung nicht nur große Unterschiede zwischen Nadel- und Laubhölzern, sondern auch innerhalb dieser Gruppen auf. So erfolgt bei ringporigen Arten

---

[40]BAK, DFG-Akte B. Huber R 73/11819, Huber an DFG v. 08.10.1934.

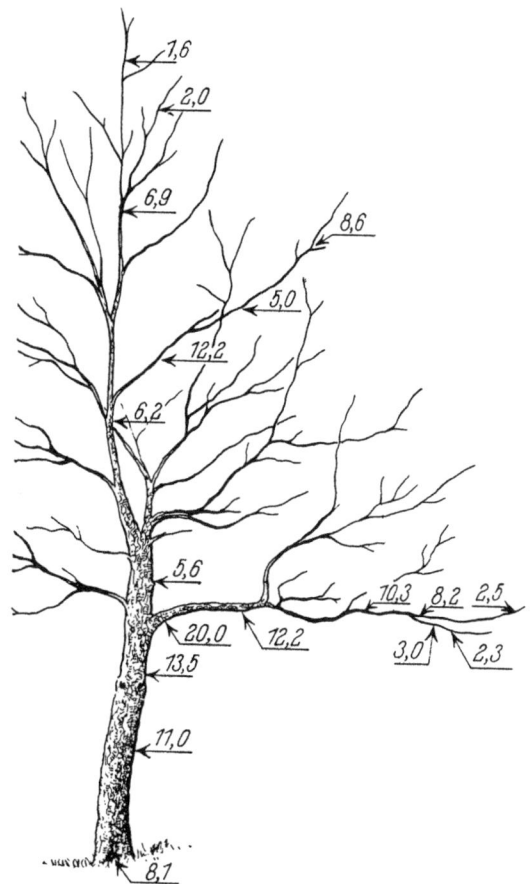

Abb. 5.8 Strömungsgeschwindigkeit in einer Eiche. (Aus Huber und Schmidt 1936)

wie der Eiche der Transport fast ausschließlich innerhalb des äußersten Jahrrings, bei der zerstreutporigen Buche sind dagegen zahlreiche Ringe am Wasseraufstieg beteiligt. Nach Hubers Auffassung entwickelte sich Ringporigkeit in der Natur durch Selektion nur als Sonderfall, bei der im Gegensatz zu den meisten Nadelhölzern und zerstreutporigen Laubhölzern größere Flüssigkeitsmengen rasch bis zu den Blättern geleitet werden können. Dabei gelte, „[…] daß größere Gefäßweite eine Selektion auf Ringporigkeit zur Folge haben muß; denn weite Gefäße sind wegen ihrer kurzen Funktionsfähigkeit nur dann biologisch möglich, wenn in der neuen Vegetationsperiode zu allererst wieder frische Gefäßbahnen erzeugt werden". (Huber 1935b, S. 715 f.). Allerdings sei der langsamere Transport in Nadelhölzern auch der sichere, da Schadensfälle wie Entlaubung oder Brandschäden den Wassertransport im Xylem weniger beeinträchtigen. Auf Extremstandorten hätten ringporige Bäume aber Vorteile, da hier die Transportleistung weiter Gefäße entscheidend für das Überleben sein könne. Die experimentelle Ökologie müsse deshalb vor allem beim Baumwachstum das pflanzenphysiologische Wissen beachten: „[…] daß verschiedene Organismen zu

ihrer Erhaltung nicht nur morphologisch, sondern auch physiologisch verschiedene Wege einschlagen, welche i. a. nicht als besser und schlechter gewertet, sondern als gleichberechtigte Möglichkeiten bezeichnet werden müssen." (Huber 1937, S. 59).

Nachdem sich die thermoelektrische Messmethode bei der Messung des aufsteigenden Saftstroms bewährt hatte, versuchte Huber sie auch zur Verfolgung des abwärts gerichteten Assimilatstroms in der inneren Rinde, dem Bast, einzusetzen. Bekannt war bis dahin nur, dass der meist weiche Bast keine Jahrringgliederung aufweist und aus sogenannten Siebröhren und begleitenden Parenchymfasern besteht, die anders als Holzfasern angeordnet sind. Gemeinsam mit seinem Assistenten Ernst Rouschal untersuchte Huber im Sommer 1937 eine Serie von Mikrotomschnitten des Siebröhrensystems einiger mitteleuropäischer Baumgattungen wie Quercus, Fraxinus, Fagus und Picea, und sie stellten fest: „Die Kurzlebigkeit der Siebröhren steht in auffälligem Gegensatz zur Langlebigkeit des begleitenden Parenchyms und macht die Homologie zwischen den Siebröhren der Rinde und den Gefäßen des Holzes besonders deutlich." (Huber und Rouschal 1938a, S. 381). Allerdings funktionierte die thermoelektrische Methode bei dem relativ langsamen Assimilatstrom zunächst nicht zufriedenstellend, und erst die Zusammenarbeit mit Rouschal – die dieser in seine Habilitationsschrift einbrachte – lieferte neue Erkenntnisse.[41] Offenbar hatte Huber Glück mit seinen Assistenten Eberhard Schmidt und Ernst Rouschal: So lobte er Schmidt in einem Schreiben an die DFG, dieser habe sich unter seiner Leitung zum besten deutschen Spezialisten der Holzanatomie entwickelt, und den 1942 in Russland gefallenen Rouschal nannte er seinen „begabtesten Schüler" (Huber 1945, S. 163 f.).

Diese baumphysiologischen Untersuchungen zum Assimilatstrom zeigten bei den forstlich genutzten Waldbäumen Eiche und Kiefer eine im Verhältnis zur Stoffproduktion hohe Atmungsintensität bei weitgehend parallel laufendem Wasserverbrauch. Jede Verbesserung der Wasserversorgung wirkte sich dabei voll auf die Produktion an Trockensubstanz der Pflanze aus. Hubers Untersuchungen ergaben hierzu pro Gramm assimiliertes Kohlendioxid eine transpirierte Wassermenge von 60 bis 340 g, eine Größe, die bei seinen späteren Betrachtungen über den Zuwachs von Jahresringen eine wesentliche Rolle spielte.[42]

Der dritte komplexe Wachstumsfaktor neben dem Wasserhaushalt und der Atmung der Bäume war deren Wärmehaushalt, mit dem sich Huber in Tharandt ebenfalls befasste. Physiologisch steuerten vor allem die Temperaturunterschiede

---

[41]BAK, DFG-Akte B. Huber R 73/11819, Huber an DFG v. 6.10.1938 über die Untersuchungsergebnisse 1938; Rouschal (1941, S. 135–200).
[42]BAK, DFG-Akte B. Huber R 73/11819, Huber an DFG v. 30.12.1939.

und weniger die absoluten Temperaturen den Holzzuwachs im Kambium mitteleuropäischer Holzgewächse, wobei „[...] die Pflanzen wirklich selbst durch Bau und Stellung ihrer Organe und durch physiologische Vorgänge wie Transpiration und Atmung in die Temperaturgestaltung eingreifen." (Huber 1935a, S. 14). Ähnlich wie beim Wasserhaushalt ergäben sich dadurch Einflüsse auf das Baumwachstum, abzulesen an der Breite der Jahrringe. In erster Linie sei die Verdunstung der Blätter bei erhöhten Außentemperaturen für den Wärmeentzug bei der Steuerung des Wärmehaushalts verantwortlich, aber auch die innere Kühlung durch den aufsteigenden Wasserstrom trage mit dazu bei (ebd., S. 86) [104]. 1936 wollte Huber gemeinsam mit seinem Darmstädter Kollegen Otto Stocker den Einfluss hoher Außentemperaturen auf das pflanzliche Wachstum in Marokko untersuchen. Ein von der DFG genehmigter Forschungsantrag wurde aber wegen Devisenmangels abgelehnt.

5.4.3 Erste Datierungen

Für Bruno Huber stellte die dendrochronologische Jahrringforschung ab 1937 eine gewisse berufliche Zäsur dar, die beeinflusst wurde durch die vom NS-System gewollte Veränderung der Ausrichtung der deutschen Hochschulen. Seine persönliche Situation in Tharandt beurteilte er insgesamt positiv: „Allem Zeitenlärm entrückt, verbrachte ich hier die fruchtbarsten Jahre meines Lebens." (Huber 1945, S. 137). Seine wohlwollende Einschätzung der politischen Verhältnisse erscheint heute angesichts der Eingriffe des Staates in das private Leben der Menschen allerdings fragwürdig und ist wohl nur durch selektive Wahrnehmung zu erklären:

> Die Jahre 1935–37 waren die verhältnismäßig ruhigsten und glücklichsten des Dritten Reiches: Die Stürme der Gleichschaltung waren verrauscht, an die unvermeidlichen Äußerlichkeiten gewisser nationaler Feste hatte man sich gewöhnt, die Jugend machte pflichtgemäß und ohne größeren Schaden ihren HJ-Dienst, Arbeitsdienst und Militär mit. Die Greuelmärchen von sittlicher Verwilderung waren im Ausland erfunden oder bestenfalls falsch verallgemeinert (ebd., S. 138).

Der Historiker Ian Kershaw beurteilte diese Zeit später so: Zwischen August 1934 und Anfang Februar 1938 habe der „Führerstaat" Gestalt angenommen: „Das waren die ,normalen' Jahre des Dritten Reiches, die viele Zeitgenossen als ,gute' Jahre in Erinnerung behielten, (auch wenn das wohl kaum für die Zahl der wachsenden Opfer des Nationalsozialismus galt)." (Kershaw 2002, S. 665). Beruflich schien dieser Zeitabschnitt für Huber nach einem geradlinigen und erfolgreichen Karrieremuster abzulaufen mit seiner Einbindung in den Forschungs- und Ausbildungskanon der Hochschule, der Mitarbeit in Fachgremien und seinen zahlreichen pflanzenphysiologischen

und holzanatomischen Veröffentlichungen. Aber auch im angeblich ruhigen Tharandt waren die Einflüsse des Nationalsozialismus spürbar: So wurde der mit einer jüdischen Frau verheiratete Ordinarius für Volkswirtschaft, Finanzwissenschaft und Forstpolitik, Friedrich Raab, nach vorherigem Boykott durch nationalsozialistische Studenten am 1. Oktober 1933 in den Ruhestand versetzt, sein Lehrstuhl von dem Professor für Forsteinrichtung Franz Heske „mehr oder weniger usurpiert." Der sächsische Gauleiter Mutschmann unterstellte sich die Landesforstverwaltung, wachte über die „richtige" Besetzung der Tharandter Lehrstühle und griff häufig in die Verwaltung der Landeshochschulen ein. In seiner Eigenschaft als Gaujägermeister ließ er zudem das gesamte Lehrrevier des Tharandter Waldes eingattern und entzog es damit seinem ursprünglichen Zweck (Rubner 1997, S. 79–81).

Mit dem im Oktober 1936 verkündeten Vierjahresplan begann in Deutschland eine außerordentlich dynamische wirtschaftliche Entwicklung, die Hitlers ideologischer Ausrichtung entsprach und die bis in die Hochschulen hineinwirkte. Viele arbeiteten nun „dem Führer entgegen", eine Sentenz des Staatssekretärs Werner Willikens von 1934, verbunden mit der Drohung: „Wer dabei Fehler macht, wird es schon früh genug zu spüren bekommen." (Kershaw 2002, S. 665). Auch Angehörige der Hochschulen orientierten sich an dieser Vorgabe des „Entgegenarbeitens", die eine „außerordentlich kräftige Plattform der Unterstützung für Hitler" (ebd., Bd. II, S. 1079) [142] darstellte. Für Huber erwies sich nun die enge Zusammenarbeit mit Heskes „Institut für ausländische und koloniale Forstwirtschaft" als vorteilhaft, wie bei der Vergabe staatlicher Fördermittel. Heskes internationale Kontakte, vor allem solche zu britischen und amerikanischen Forstinstitutionen, wurden vom Reichsforstamt und anderen staatlichen Stellen geschätzt, seine Forderung nach Rückgewinnung ehemals deutscher Kolonialgebiete – für ihn wegen der Bereitstellung dringend benötigter Tropenhölzer eine deutsche „Lebensfrage" – fand bei den Dienststellen des Vierjahresplans Gehör. So war Heske u. a. Moderator des deutsch-amerikanischen Austauschs von land- und forstwirtschaftlichen Experten und vertrat in seinem in den USA erschienenen Buch die Auffassung, Wälder der Kolonien hätten im Gegensatz zu den deutschen nur der Ausbeutung zu dienen (Heske 1938b, S. 180 f.); (ders. 1938a/39). Ein Mitarbeiter des U.S. Forest Service widersprach damals dieser Auffassung, wie auch Heskes Konzept eines forstlichen Monopolkapitalismus in Verbindung mit dem „Führerprinzip" (Zon 1938), während heftige Kritik an Heskes holistisch-organismischen Waldvorstellungen aus England kam (Tansley 1935, S. 298 f.).

Im Jahresbericht an die Deutsche Forschungsgemeinschaft für das Jahr 1937 schrieb Huber, er habe sich neben seiner Arbeit über den Assimilatstrom der Bäume den „vordringlicheren Aufgaben des Vierjahresplans einschließlich

Rohstoffbeschaffung aus den Kolonien" zugewandt.[43] Dies betraf 1936/37 zunächst seine Untersuchungen zur Festigkeit von Holzarten in Abhängigkeit von klimatischen Einflüssen, zur Nährstoffversorgung der Bäume und zur Dichte von Wurzelhölzern und anschließend die Prüfung von etwa 500 Tropenholzexemplaren aus Heskes Institut. Dünnschnitte, Mikrophotographien und mechanische Tests unter Hubers Leitung dienten zur Überprüfung der Eignung des Materials für die Anforderungen der Holz- und Zellstoffindustrie.

Auch Lehrangebote Hubers wie „Die Holzanatomie im Dienste der holzverarbeiteten Industrie", die „Einführung in die Biologie des Tropenwaldes" oder ein Sonderlehrgang der Deutschen Arbeitsfront für Holzwerker im Rahmen der Veranstaltungsreihe „Forstbotanische Lehre und Propaganda" deuteten die Neuausrichtung der Tharandter forstlichen Ausbildung an. Spätestens nach einem Schreiben im April 1937 von Ernst Telschow vom „Amt für deutsche Roh- und Werkstoffe beim Beauftragten für den Vierjahresplan (Ministerpräsident H. Göring)" an den Präsidenten der Deutschen Forschungsgemeinschaft Rudolf Mentzel konnte sich Huber der besonderen Aufmerksamkeit dieser Einrichtungen sicher sein. Telschow – ab Juli 1937 Generalsekretär der Kaiser Wilhelm-Gesellschaft – verwies auf Hubers Forschungsantrag vom Ende des Vorjahres und teilte Mentzel mit: „Die darin aufgeführten Forschungsarbeiten liegen durchaus im Rahmen der für die Durchführung des Vierjahresplanes vordringlichen Aufgaben. Ich erlaube mir daher, den Antrag von Professor Huber zu befürworten."[44] Erste Anzeichen für einen bevorstehenden Wegzug von Heskes Institut veranlassten Huber indes, sich neuen praxisorientierten Aufgaben zuzuwenden, um die guten Verbindungen zur DFG und zum wichtigen Reichsforschungsrat (RFR) nicht zu gefährden. Dieser war am 16.3.1937 als Koordinations- und Entscheidungsgremium der NS-Forschungsförderungspolitik gegründet worden, wodurch die DFG dadurch einen Großteil ihrer Kompetenzen verlor und fortan mit dem RFR eng verflochten war (Flachowsky 2008, S. 480). Ein geeignetes neues Arbeitsgebiet fand Huber schließlich in der Jahrringforschung, wofür er die von A. E. Douglass im Südwesten der USA gewonnenen Datierungserfahrungen auf die besonderen Bedingungen Mitteleuropas zu übertragen gedachte.

Seit seinen Studienjahren an der Hochschule für Bodenkultur in Wien war Huber mit der Bedeutung der Jahrringe vertraut, vor allem durch Karl Wilhelms (1918) umfangreichen Abschnitt „Hölzer" in der Monographie *Die Rohstoffe*

des Pflanzenreiches und die umfangreiche Arbeit des Quartärgeologen Ernst Antevs (1917) über Jahrringe als klimatisch gesteuerte Wachstumsindikatoren (vgl. Abschn. 5.2.1). Auch die Veröffentlichungen der Schweizer Knuchel und Brückmann (1930) oder Heinrich Walter (1936) waren ihm bekannt (vgl. Abschn. 5.2.2 und 5.3.2), in denen beide auf die Datierungsarbeit der Amerikaner Douglass und Huntington hingewiesen hatten. Hubers Holzuntersuchungen von 1932 bis 1934 für das Römisch-Germanische Zentralmuseum Mainz und das Pflanzen eines Exemplars von *Sequoia sempervirens* im Jahr 1932 am Haus seiner Schwiegereltern in Waldshut-Tiengen wiesen ebenfalls auf seine Rezeption der dendrochronologischen Methode hin (pers. Mitteilung Dr. Rolf Huber, 2005).

Für den Einstieg in die Jahrringforschung vergab Huber Ende 1937 eine Diplomarbeit an Joachim Zittwitz, der sich bereits bei der mikroskopischen Präparation tropischer Hölzer bewährt hatte. Zittwitz verfolgte mit Hilfe von etwa 100 Jahre alten Bäumen aus dem Tharandter Forst zwei Ziele: Erstens wollte er prüfen, „inwieweit die für unsere Verhältnisse zweifellos sehr guten Ergebnisse der amerikanischen Untersuchungen für unsere Verhältnisse zutreffen", und zweitens galt es, „eine objektive Methode bei der Vergleichung der Jahrringperioden untereinander und bei der Datierung unbekannter Hölzer […] zu finden." (Zittwitz 1939, S. 2). Die Reaktion der Jahrringmale auf die variablen Einflussgrößen von Klima und Boden (engl. „sensitivity") waren hierfür von besonderer Bedeutung. Weiterhin war zu klären, ob die Zeitreihen der Ringbreitenschwankungen mehrerer Exemplare derselben Baumart an einem definierten Standort gleichsinnig verliefen und wie groß ggf. die Abweichungen vom Erwartungswert waren. Diese für ein „cross-dating" – d. h. die Synchronisierung der Ringmuster mehrerer Bäume zur Festlegung des Entstehungsjahres einzelner Ringe – erforderlichen Messungen führte Zittwitz an Stammscheiben und Bohrkernen von Kiefer (*Pinus sylvestris*), Fichte (*Picea excelsa*) und Buche (*Fagus sylvatica*) durch. Messtechnisch orientierte er sich an einer Arbeit des indischen Forstexperten Syed Ali, der 1935 bei Franz Heske über den Holzzuwachs promoviert und dieselben Baumarten aus dem Tharandter Forst und aus naturbelassenen Wäldern des Bayerischen Waldes und Böhmerwaldes untersucht hatte. Alis Ziel war, längere Zeitreihen der Jahrringbreiten beider Waldtypen miteinander zu vergleichen. Dabei zeigte sich für den Wirtschaftswald der stärkste Zuwachs bei jüngeren Bäumen und danach ein stetiger Wachstumsrückgang, der wie üblich zu einem forstwirtschaftlichen Umtrieb von etwa 90 Jahren führte. Bei den bis zu 370 Jahre alten Bäumen aus seltenen natürlichen Wäldern war die Zuwachsentwicklung völlig anders:

Die [gemittelte] Idealkurve steigt bis zum 160. Jahre nur sehr langsam an bzw. bleibt auch manchmal stationär. Es ist dies die Periode der Unterdrückung im ersten Lebensabschnitt eines

---

[43]BAK, DFG-Akte B. Huber R 73/11819, Huber an DFG, Schreiben v. 20.12.1937.

[44]BAK, DFG-Akte B. Huber R 73/11819, Telschow an Mentzel v. 01.04.1937.

Urwaldbaumes. Danach aber steigt sie lebhaft und ständig an bis zum 330. Jahre, ohne aber auch hier ein merkliches Nachlassen des Anstieges zu zeigen […] (Ali 1936, S. 18).

Diese Erkenntnisse waren auch für Zittwitz' dendrochronologische Untersuchungen wichtig, weil sie die Bedeutung des Standorts und die Art des Aufwuchses von Bäumen für die Jahrringentwicklung berücksichtigten. Zum Einfluss des Niederschlages auf das jährliche Wachstum stellte er nach Auswertung der Kurven fest: „Meines Erachtens eignen sich die Niederschlagsreihen der Vegetationsmonate besser zu einem Vergleich mit Jahrringperioden als die jährlichen Niederschläge." (Zittwitz 1939, S. 29). Allerdings sei es nicht möglich, aus den Jahrringkurven auf die exakte Niederschlagsmenge zu schließen. Seine Datierungsversuche bestätigten zumindest für die untersuchte Region Tharandt die Möglichkeit einer exakten zeitlichen Zuordnung noch unbekannter Proben. Huber übernahm dabei die Rolle des Versuchsleiters für die Validierung und Überprüfung der Methode, indem er dem Probanden nur ihm bekannte Holzproben zur Bestimmung vorlegte. Die Güte der Vorhersage und die bei vorgegebenem Signifikanzniveau notwendige Mindestzahl von Jahrringen für eine sichere Datierung ließ sich so statistisch abschätzen. Der Norweger Asbjørn Ording erweiterte wenig später dieses Verfahren der Signifikanzprüfung und deckte dabei archäologische Fehldatierungen auf (vgl. Abschn. 5.1.3). Die Art der Darstellung und Auswertung aller gemessenen Ringbreiten durch Maximum-Minimum-Diagramme bezeichnete Zittwitz als „objektive Methode", die für die Klimaverhältnisse Mitteleuropas besser geeignet sei als das in den Vereinigten Staaten verwendete „skeleton-plot-Verfahren". Dieselbe Auffassung vertrat Huber in allen späteren Beiträgen zur Dendrochronologie. Für die Trockenzonen des amerikanischen Südwestens schienen dagegen die einfach zu handhabenden „skeleton-plots" fast immer ausreichend.

Einen ersten Erfolg bei der Anwendung ihrer Methode erzielten Zittwitz und Huber bei der Untersuchung von Nadelholzstämmen aus dem Schlamm des Teiches von Schloss Grillenburg bei Tharandt, die nach pollenanalytischen Prüfungen etwa 2000 Jahre alt waren. Ein „cross-dating" ergab, dass Fichten im Abstand von sechs Jahren vom Schlamm des Teiches bedeckt wurden, während ca. 100-jährige Tannen keine Ringkongruenz aufwiesen und diese offensichtlich in einem Abstand von mindestens 100 Jahren in den Schlamm gelangt waren. Als vorläufiges Resultat dieser ersten erfolgreichen Jahrringdatierung unbekannter Proben im Hinblick auf ihre Verwendung in der Archäologie teilte Huber Ende 1938 der DFG mit:

Cand. forest. Zittwitz hat die Anwendbarkeit der amerikanischen Jahrring-Chronologie für Mitteleuropa geprüft und zunächst für Holzproben des 19. Jahrhunderts aus der Umgebung Tharandts zeigen können, dass eine eindeutige zeitliche Zuordnung von Proben unbekannter Datierung aufgrund der Jahrringfolge möglich

ist. Bei der grossen Zahl und Bedeutung geschichtlicher und vorgeschichtlicher Holzfunde in Deutschland sollen im nächsten Jahr in erweitertem Umfange die Unterlagen für die Datierung älterer Holzproben geschaffen werden.[45]

Der anschließend von ihm gestellte Forschungsantrag zur Untersuchung historischer und prähistorischer Moor- und Bauhölzer mit dem Ziel einer Verlängerung der chronologischen Reihe wurde im April 1939 genehmigt.[46] Daraufhin vergab Huber eine weitere Diplomarbeit zum Thema „Bausteine zu einer mitteleuropäischen Jahrringchronologie" an seinen Studenten Waldemar Wittke, um mit Hilfe von Stammscheiben toter Wurzelstöcke von Tannen aus dem Staatsforst Tegernsee eine 250 Jahre umfassende regionale Chronologie aufzustellen und dabei Baumart, Baumexposition, Mikroklima und vor allem die Höhenlage in ihrer Wirkung auf die Jahrringbreiten zu berücksichtigen. Anders als Zittwitz arbeitete Wittke nicht mit absoluten, sondern mit relativen Ringbreiten, wodurch er die graphische Darstellung vereinfachte und die Auswertung verkürzte. Aufgrund der nicht bekannten Fällungsjahre der Bäume verwendete er den sehr schmalen Ring des Trockenjahres 1911 („Weiserring") als Referenz für die Verknüpfung mit den Ringen lebender Eiben von der Gan-Alm in Tirol und erhielt so eine durchgehende absolute Chronologie der Region. Bei ähnlicher Höhenlage könne man nach seiner Meinung unabhängig von Holzart und Standort „mit einer für größere Gebiete gültigen einheitlichen Chronologie rechnen." (Wittke 1940, S. 29 f.). Die in tieferen Lagen gewonnene Jahrringchronologie dürfe aber nicht einfach auf Hochlagen übertragen werden, da hier die Temperatur der entscheidende Faktor für die Ringbreitenentwicklung sei, unten jedoch die Menge des Niederschlags.

Aufgrund der positiven Ergebnisse von Zittwitz und Wittke teilte Huber Ende 1939 der Deutschen Forschungsgemeinschaft mit, er werde seine dendrochronologischen Forschungen weiterführen und dabei die noch offenen Probleme zu lösen versuchen:

Die Hauptarbeit der Synchronisierung der verschiedenen Proben muß ganz vorsichtig und ohne vorschnelle Festlegung vorgetrieben werden. Einige Zeitabschnitte sind bereits durch mehrere genügend übereinstimmende Jahrringfolgen gekennzeichnet. Die Untersuchungen sind noch in vollem Gange und versprechen mit der Verdichtung der Proben immer eindeutigere Ergebnisse. Sobald die Grundkurve feststeht, soll mit der Datierung unsicherer Holzreste begonnen werden.[47]

---

[45]BAK, DFG-Akte B. Huber R 73/11819, Jahresbericht Bericht Huber an die DFG v. 06.10.1938.

[46]Ebd, Antrag Hubers an die DFG vom 06.10.1938 und Bewilligungsschreiben DFG an Huber vom 18.04.1939.

[47]BAK, DFG-Akte B. Huber R 73/11819, Huber an die DFG im Jahresbericht v. 30.12.1939.

Die Untersuchung mittelalterlicher Holzfunde auf der vogt-
ländischen Wasserburg Obergöltzsch im Jahr 1939 hatte
Huber wohl endgültig von der Eignung der dendrochronologischen Methode für die Datierung archäologischer
Befunde überzeugt. Die von ihm und seinem Assistenten
Eberhardt Schmidt durchgeführten Bestimmungen zahlreicher Holzgeräte sowie Wittkes Prüfung von Kiefern-
stammscheiben aus Obergöltzsch und vom Chiemsee
zeigten die Ähnlichkeit zwischen dem historischen, teilweise fossilierten Material und lebenden Bäumen (Huber
und Schmidt 1939); (Wittke 1940, S. 13–15). Auch die
Resonanz ihrer Arbeiten in der regionalen Presse war für
Huber ermutigend. So schrieb etwa die Vogtländische Zeitung aus Oelsnitz am 11.01.1939: „Überrascht von der
Reichhaltigkeit, vorzüglichen Erhaltung und künstlerischen
Vollendung vieler Funde, machten sie sich mit Rasier-
messer und Reisemikroskop ans Werk, um an kleinsten
Dünnschnitten die botanische Zugehörigkeit der Proben
festzustellen."

5.4.4   Bedeutungszuwachs der Vor- und Frühgeschichte und die Rolle Hans Reinerths im Nationalsozialismus

Für die spezifische Methodenentwicklung der Dendrochronologie in Deutschland nach 1938 durch Bruno Huber
spielte der Status der Vor- und Frühgeschichte dieser
Zeit eine besondere Rolle, deren Entwicklung ohne den
„Hintergrund der Denkmuster des 19. Jahrhunderts" kaum
zu erklären war. Geschichts- und Altertumsverbände des
Bildungsbürgertums und völkisch orientierte Gruppen übernahmen in Deutschland nach 1871 allmählich die Deutungs-
hoheit über die frühe Geschichte Mittel- und Osteuropas und
bedienten damit die Vorstellung von einer eigenständigen
germanischen Kulturentwicklung, die von Einflüssen aus
dem Orient weitgehend frei sei (vgl. Abschn. 3.5.3). Vor
allem Gustav Kossinna vertrat ab 1885 solche Deutungsmuster, dass abgegrenzte archäologische Kulturprovinzen
sich immer mit bestimmten Volksstämmen deckten
(Kossinna 1896); (vgl. Steuer 2004, S. 358) und trug damit
vor allem in den Grenzregionen Ostdeutschland erheblich
zur Vorstellung eines völkisch-kulturellen Primats der deutschen Bevölkerungsgruppen bei. Kossinna war nicht wegen
seiner Forschungsleistungen von Bedeutung, sondern weil
er 1902 als Erster eine Professur für „deutsche Archäologie"
in Berlin erhielt und nach dem Ersten Weltkrieg großen Einfluss auf jüngere, konservativ bis völkisch ausgerichtete
deutsche Prähistoriker wie Hans Reinerth gewann.

Nach 1933 zählte die deutsche Vor- und Frühgeschichte
neben Rassenkunde, Volks- und Symbolkunde nach dem
erklärten Willen der Machthaber zu jenen „Weltanschauungs-
wissenschaften", die ihre disziplinäre Etablierung weitgehend

den Nationalsozialisten verdankten. Es kam deshalb zu jener
erstaunlichen Aufwertung des Faches mit der Einrichtung
zahlreicher neuer Lehrstühle und Institutionen, die dazu beitragen sollten, eine völkisch orientierte Geschichte und mit
ihr die herausragende Rolle des germanischen Einflusses zu
legitimieren. In wenigen Jahren entstanden 20 ordentliche
Lehrstühle, Museen und Denkmalämter wurden ausgebaut,
was die breite Verankerung der Vorgeschichtsforschung in der
damaligen Öffentlichkeit erklärt (vgl. Schöbel 2002, S. 362);
(Grüttner 2003, S. 98).

Als das Reichserziehungsministerium (REM) 1934
den Vorgeschichte-Lehrstuhl Kossinnas neu besetzen
wollte, benannte Alfred Rosenberg Hans Reinerth als
die geeignete Kraft. Durch Moorausgrabungen sei dieser
bekannt geworden, „[…] in denen er als erster die Anfänge
der nordisch-indogermanischen Baukunst und Siedlung
erschlossen hat", und weiter:

> Pg. Dr. Reinerth gehört zu den wenigen Hochschullehrern, die
> sich schon 1929/30 zum Nationalsozialismus bekannten. […]
> Es wird Ihnen bekannt sein, dass auch der Begründer der völ-
> kischen Vorgeschichtsforschung, Geheimrat Gustav Kossinna,
> Herrn Reinerth schon 1929 dem Ministerium und der Fakultät
> als seinen Nachfolger vorgeschlagen hat.[48]

Wenige Monate zuvor hatte Rosenberg der Parteikanzlei
mitgeteilt, Reinerth habe von Minister Rust den Auftrag zur
Errichtung eines Reichsinstituts für Deutsche Vorgeschichte
erhalten.[49] Um Einsprüchen Himmlers vorzubeugen,
schrieb Rosenberg diesem, er [Himmler] solle gegenüber
dem REM erklären, Reinerth habe sein volles Vertrauen,
und es gebe keine Differenzen zwischen beiden Dienststellen.[50] Himmlers Antwort war konziliant: Er wolle sich
wegen dieser Angelegenheit nicht mit Rosenberg entzweien
und Minister Rust informieren, doch halte er an seiner kritischen Haltung gegenüber Reinerth fest.[51] Nach einem
Treffen von Rosenberg und Rust bei Hitler im Frühjahr
1936 schrieb Rust an Geheimrat Wiegand, den Präsidenten
des Deutschen Archäologischen Instituts (DAI), Rosenberg
habe die Zusammenarbeit zwischen dem DAI und einem
selbständigen Institut für deutsche Vor- und Frühgeschichte
akzeptiert, welche beide dem REM zu unterstellen seien.
Hitler wünsche keine weiteren Verhandlungen mehr.[52]

---

[48]Regest-Nr. 2073, Rosenberg an REM v. 29.09.1934 in: De Gruyter
Online-Datenbank „Nationalsozialismus, Holocaust, Widerstand und
Exil 1933–1945" (eingeschränkter Zugang). Zugegriffen: 21.11.2017.

[49]Ebd., Regest-Nr. 20586, Rosenberg an Heß' Stabsleiter Bormann v.
21.06.1934. Zugegriffen: 21.11.2017.

[50]Ebd., Regest-Nr. 21414, Rosenberg an Himmler v. 21.10.1935.
Zugegriffen: 21.11.2017.

[51]Ebd., Regest-Nr. 21414, Himmler an Rosenberg v. 31.10.1935.
Zugegriffen: 21.11.2017.

[52]Ebd., Regest-Nr. 26275, Rust an Wiegand v. 30.04.1936.
Zugegriffen: 21.11.2017.

Anfang 1937 beklagte sich Rosenberg bei Rudolf Heß über seine unzureichende Einbindung in Verhandlungen über ein „Reichsgesetz zum Schutze und zur Erforschung der Denkmale deutscher Vorzeit", zu dem sein Mitarbeiter Reinerth im Februar 1936 einen Entwurf an die Parteikanzlei geschickt hatte. Im REM werde darüber verhandelt, ohne seine Dienstelle hinzuzuziehen. Zwar habe Himmler den Auftrag des „Führers" hierzu anerkannt, ihn aber ständig unterlaufen. Außerdem sei das REM mit SS-Leuten wie Mentzel und Harmjanz besetzt. Im Gesetzentwurf des Amts Rosenberg wurden folgende Kompetenzen eines zu errichtenden Reichsinstituts aufgeführt: 1. Aufsicht über die Landesmuseen, 2. Aufsicht über die vorgeschichtliche Abteilung der Heimatmuseen, 3. Unterstellung des gesamten staatlichen Vertrauensmännerwesens für die Bodendenkmalspflege, 4. Aufsicht und Zensur über die wissenschaftlichen Arbeiten.[53]

Die selbst für die polykratischen Strukturen des NS-Staates ungewöhnlichen Querelen zwischen zwei sich für die Vorgeschichte als zuständig betrachtenden Parteiinstitutionen außerhalb der staatlichen Verwaltung waren 1938 Anlass für kritische Anmerkungen zur Vorgeschichte in einem Lagebericht des SD: In „einsichtigen nationalsozialistischen Kreisen" setze sich die Überzeugung durch, dass „[…] eine unfruchtbare Dogmatisierung und Festlegung auf irgendwelche Lehrmeinungen abzulehnen [sei]."[54] Dadurch komme es zu Spannungen zwischen Dienststellen, Ämtern und selbst zwischen einzelnen Forschergruppen. Die Stellung des Reichsbundes für Vorgeschichte und die Reinerths sei weiter geschwächt worden. Hans-Ulrich Wehler bezeichnete solche Auseinandersetzungen in der „Polykratie miteinander rivalisierender Partikulargewalten" und den allmählichen Machtübergang von staatlichen Dienststellen auf „Sonderstäbe" in Anlehnung an Max Weber als typisch für die „charismatische Herrschaft" im „Dritten Reich" (Wehler 2003, S. 623–635).

Karl Hans Reinerth wurde 1900 in Bistritz/Siebenbürgen geboren, das bis 1919 zu Österreich-Ungarn gehörte. Im Sommer 1918, noch vor dem Zusammenbruch der Doppelmonarchie, kam er als Stipendiat nach Tübingen und begann im folgenden Wintersemester mit dem Studium der evangelischen Theologie. Daneben studierte er anorganische Chemie, Himmelskunde, Botanik, Geologie, Geographie, Kunstgeschichte, Völkerkunde und schließlich am geologischen Institut Urgeschichte bei Richard Rudolf Schmidt. 1921 promovierte er dort nach

nur zwei Semestern Hauptfachstudium mit der Arbeit „Die Chronologie der jüngeren Steinzeit in Süddeutschland." Erst im Februar 1922 wurde er nach Einbürgerung Deutscher, nachdem er als gebürtiger Siebenbürger staatsrechtlich zuerst Ungar und nach dem Friedensvertrag von Trianon im Jahr 1920 Rumäne geworden war (Schöbel 2002, S. 323 f.).

In seiner Dissertation adaptierte Reinerth (1923) das ursprünglich von dem schwedischen Prähistoriker Oskar Montelius ausgearbeitete chronologische System Nordeuropas auf den Süden Deutschland, traf damit aber auf den Widerstand der meisten Archäologen (vgl. Abschn. 3.5.3). Auf die deutsche und schweizerische Pfahlbauforschung und ihre museologische Präsentation behielt er jedoch beachtlichen Einfluss, z. B. bei der Konzeption von Museen in der Region Bodensee, in Tübingen und Buchau am Federsee. Bei der Bestimmung von Hölzern arbeitete Reinerth mit dem schweizerischen Botaniker Ernst Neuweiler zusammen und beendete diese Kooperation erst 1939 nach einem Vertrag mit Bruno Huber.

Als Hochschullehrer der Berliner Universität griff Reinerth den unter Prähistorikern in Deutschland vorherrschenden methodischen Konsens frontal an, indem er programmatisch eine „Umwertung der deutschen Geschichte" forderte, was keinen Raum für „langatmige wissenschaftliche Streitfragen und noch weniger für persönliche Auseinandersetzungen kleiner und großer Forschergeister" lasse (Reinerth 1936b, Vorwort). Der Romanismus in all seinen Erscheinungsformen sei der weltanschauliche Gegner völkischer Vorgeschichte. Inhaltlich ergänzte er dies durch die apodiktische Aussage, Süddeutschland sei immer ein Vorposten des Nordens gewesen, lange bevor die Römer dorthin gekommen seien (Reinerth 1936a). In welche ideologische Richtung die nordisch-germanische „Forschung" gehen sollte, machte er vor Diplomaten und Pressevertretern im Februar 1937 klar, indem er die „nationalsozialistische Vorgeschichtsforschung" in „das politische Bild Alteuropas" einordnete. Hier finden sich die wichtigsten völkischen und rassistischen Begriffe wieder, die typisch für die NS-Ideologie und den von ihr vertretenen Germanenkult waren: „Überfremdung", „liberalistische Anschauung", das „nordische Urvolk der Indogermanen", „blutgebundene Gemeinschaft", „Kampftüchtigkeit der nordisch-germanischen Menschen" und „rassische Kraft" (Reinerth 1937). Dass diese Stoßrichtung auch Breitenwirkung entfaltete und deshalb durchaus ernst zu nehmen war, wurde deutlich bei den Schulungen für den NS-Lehrerbund. Hier stellte Reinerth Leitlinien für die „Vorgeschichte als Grundlage unserer Geschichtslehre" auf, welche die erzieherischen Aufgaben deutlich umrissen. Als solche hätten zu gelten: „1. Die Germanen sind Träger einer hohen arteigenen Kultur. 2. Die Geschichte des deutschen Volkes beginnt, wie Alfred Rosenberg es ausgesprochen

---

[53]Ebd., Regest-Nr. 21414, Rosenberg an Heß v. 06.01.1937 und 21.07.1937. Zugegriffen: 21.11.2017.

[54]Ebd., Dok. ID: MAR-0006. Jahreslagebericht 1938 des Sicherheitshauptamtes (o. S.). Zugegriffen 22.11.2017.

hat, bei den Hünengräbern der nordischen Heide. 3. Die politische Geschichte Alteuropas ist undenkbar ohne den Anteil Germaniens und des Nordens." (Anonymus 1938, S. 61).

Reinerths Lehrveranstaltungen waren eine Mischung aus „normaler" antiquarischer Methode und stark politisierender Darstellung mit enger Bindung an die Lehre des Rassentheoretikers Hans F. K. Günthers, die Deutsche Volkskunde und die Naturwissenschaften. Sein Ausbildungskanon umfasste neben Museumspraktika auch die Mitarbeit an Ausstellungen und in Modellwerkstätten. Achim Leube war der Auffassung, Reinerths von der von NS-Ideologie beeinflusste wissenschaftliche Arbeit habe keine theoretische Erweiterung der Grundlagen des Faches Vor- und Frühgeschichte erbracht, während Georg Kossack meinte, die „völkische Vorgeschichtsforschung" beinhalte generell das Unvermögen, „mit der rasanten Entwicklung von Naturwissenschaft und Technik Schritt zu halten" (Leube 2004, in: https://www.geschichte.hu-berlin.de/en/forschung-und-projekte-en-old/foundmed/dokumente/forschung-und-projekte/ns-zeit/ringvorlesung/teilIIordner/4februar. Zugegriffen: Nov. 2017). Reinerths Grabungs- und Forschungsprojekte lassen allerdings auch andere Urteile zu. So wies Hans-Ulrich Wehler darauf hin, dass trotz des Einflusses einer anachronistischen Agrarideologie die industrielle Aufrüstung Deutschlands mit dem Primat moderner industrieller Wirtschaft und Technik ein tragender Pfeiler des Dritten Reiches war, erst recht nach Kriegsbeginn. Auch Sören Flachowsky beschreibt in seiner Studie zum Reichsforschungsrat die pragmatisch-funktionale Ausrichtung in den Natur- und Technikwissenschaften (Wehler 2003, S. 711 ff.); (Flachowsky 2008, S. 230 f.).

1935 legte Reinerth dem Präsidenten der DFG ein umfassendes Konzept für prähistorische Forschungsgrabungen vor. Erste Untersuchungsobjekte waren ein germanisches Dorf der Bronzezeit von Viesecke bei Perleberg/Westprignitz, der Hof Oesterholz (Haus Gierke) bei den Externsteinen/Lippe-Detmold sowie zwei Warftsiedlungen bei Emden/Ostfriesland und Töning/Schleswig-Holstein.[55] Diesem Konzept waren offenbar Absprachen des Amtes Rosenberg mit der Spitze der DFG vorausgegangen, denn Reinerth wies in seinem Antrag auf „Vorarbeiten zu dem geplanten Werk der Erforschung germanischer Siedlungen" der Abteilung Vor- und Frühgeschichte der Deutschen Forschungsgemeinschaft in den Monaten zuvor hin.[56] Seine Diktion unterschied sich hier nicht grundsätzlich von

der in seinen Publikationen verwendeten. So sprach er von der „Zurücksetzung jeder artbewussten Volksforschung in Deutschland, die Nichtbeachtung und Geringwertung der germanischen Kulturhinterlassenschaft zur Folge [hatte]", und weiter „Hier kann nur ein von der völkischen Vorgeschichtsforschung geschlossen in Angriff genommenes und von der Deutschen Forschungsgemeinschaft getragenes Forschungswerk Abhilfe schaffen." Dazu kontrastierte vordergründig – für Reinerths Arbeitsweise allerdings nicht untypisch – die Absicht, für die „planmäßige Ausgrabung germanischer Siedlungen für die entscheidenden drei Jahrtausende von der Bronzezeit bis zum germanischen Kulturbruch im 8. und 9. Jahrhundert" moderne Forschungsmethoden wie Planphotographien, Pollenanalysen oder chemische Untersuchungsmethoden einzusetzen, mit dem Ziel „wissenschaftlich einwandfreier Rekonstruktionen". Mit den Arbeiten solle im Sommer und Herbst 1935 begonnen werden, die Leitung der Ausgrabungen wollte Reinerth selbst übernehmen. Mit der Wasserbaudirektion des Reichslandwirtschaftsministeriums und den örtlichen Behörden seien für technische Unterstützungen bereits Abkommen getroffen worden. Reinerth erbat eine erste Finanzierung für 1935 in Höhe von 6000 RM. Nach der Ablösung Starks als Präsident der DFG im Jahr 1936 wurde es für Reinerth schwieriger, seine Forschungsprojekte von dieser Institution finanzieren zu lassen, da DFG und REM zunehmend in den Einflussbereich der SS gerieten und sie nun die ihnen weniger ideologisch erscheinende prähistorische Arbeit des „Ahnenerbes" favorisierten. 1936 begründete Reinerth einen Antrag zum Gräberfeld von Gross-Tschernoseck damit, dass die anthropologische Seite gesondert betrachtet werden müsse, „da die rassenkundlichen Fragen gerade im Zusammenhang mit dem Indogermanenproblem von besonderer Bedeutung sind."[57]

Mitte 1936 wollte Reinerth seine früheren Grabungen im Federseemoor wieder aufnehmen, doch wies ihn das Stuttgarter Kultusministerium darauf hin, es müssten in einem solchen Fall zusätzliche Sachverständige, insbesondere der Direktor der staatlichen Altertümersammlung Prof. Veek, zur Begutachtung herangezogen werden. Im Frühjahr 1937 war dem Kultusminister von konkreten Plänen Reinerths auf Anfrage des REM aber nichts bekannt.[58] Im April 1937 stellte Reinerth dann an DFG und REM neben zwei kleineren Grabungsanträgen für Oerlinghausen und Oesterholz auch Anträge zu zwei großen Standorten: 1. Die Untersuchung von Großsteingräbern in der Ahlhorner Heide (Südoldenburg). Hier wolle er klären, ob es sich um Gräber oder Stätten des Ahnenkults oder sogar Tempelanlagen handele.

---

[55]BAK, DFG Akte Reinerth R73/13886, Reinerth an DFG, Dr. Wildhagen, v. 22.7.1935.

[56]DFG-Präsident Johannes Stark hatte Reinerth am 1.9.1934 als Verbindungsmann zwischen DFG und dem Amt Rosenberg ernannt, vgl. BAK, DFG-Akte Reinerth R73/13886, Reinerth an DFG v. 22.07.1935.

[57]BAK, DFG-Akte Reinerth R73/13886, Reinerth an DFG v. 30.6.1936.

[58]Ebd., Kultusminister Stuttgart an REM v. 02.04.1937.

2. Die Untersuchung bronzezeitlicher Siedlungen im oberschwäbischen Federseemoor. Während der von 1921 bis 1928 von der Notgemeinschaft unterstützten Ausgrabungen hätten nämlich ca. 2000 m² Fläche wegen unklarer Besitzverhältnisse nicht vollständig aufgedeckt werden können:

> Im Zusammenhang mit dem Abschluß der Ausgrabungsarbeiten an der Wasserburg Buchau sollen gleichzeitig zur Klärung des Wohnbaues und der Wehranlage Paralleluntersuchungen an zwei weiteren Bronzezeitsiedlungen des Federseemoores, so bei Alleshausen, durchgeführt werden, bei denen zunächst je 1000 qm in einer Tiefe von 40–120 cm aufzudecken sind. Bekanntlich sind bei der Wasserburg Buchau und den anderen vorgeschichtlichen Siedlungen des Federseemoores die Erhaltungsbedingungen für die Häuser und Wehrbauten so ausgezeichnet, daß wertvolle wissenschaftliche Neuerkenntnisse gerade hier erwartet werden können. Allerdings erfordert auch die langwierige Präparation der Holzteile besondere Aufwendungen an Zeit und Geld.[59]

Die beantragte Fördersumme für die beiden großen Projekte betrug 13.000 RM. DFG-Präsident Mentzel empfahl in einem Schreiben an Minister Rust vom REM, Oerlinghausen und Osterholz zu genehmigen, während Ahlhorner Heide und Federseemoor nicht vordringlich seien und zurückgestellt werden könnten. In einem Schreiben an Rosenberg erklärte Mentzel, er habe die Ausgrabungsanträge an Rust weitergeleitet, da man sie ggf. aus Mitteln des Deutschen Archäologischen Instituts finanzieren könne.[60] Nach einer internen Abstimmung zwischen Mentzel und Rust erhielt Reinerth von der DFG die knappe Mitteilung, für seine größeren Ausgrabungsvorhaben stünden keine DFG-Mittel bereit, da das REM im Oktober 1937 Reinerth 8800 RM aus Mitteln des DAI bewilligt habe, so dass von einer Bewilligung durch die DFG abzusehen sei.[61]

5.4.5 Datierungserfolge Hubers mit prähistorischen Hölzern

Für Bruno Huber erwies sich nach ersten Versuchen einer dendrochronologischen Holzbestimmung in Grillenburg und Obergöltzsch der Ausbau der Vor- und Frühgeschichte im nationalsozialistischen Deutschland, insbesondere die von Hans Reinerth betriebene Pfahlbauforschung, als vorteilhaft. Da 1938 Franz Heskes kolonialforstliches Institut den Weggang aus Tharandt vorbereitete und Huber damit in Zukunft einen wichtigen Unterstützer seiner Forschungen zur physiologischen Holzanatomie zu verlieren drohte,

hoffte er, durch Anlehnung an die völkisch orientierte und als staatswichtig eingestufte prähistorische Arbeit Reinerths möglichen Finanzierungsproblemen zu begegnen:

> Als mir daher mit der Verlegung des Reichsinstitutes für ausländische und koloniale Forstwirtschaft von Tharandt nach Hamburg-Reinbek die koloniale Holzanatomie, die ich mit Begeisterung hatte entwickeln helfen, zu entgleiten drohte, beschloß ich, die großen holzanatomischen Erfahrungen meines Institutes in den Dienst dieser staatspolitisch gleichfalls äußerst fesselnden Aufgabe zu stellen (Huber 1941, S. 112).

Huber nahm etwa Mitte 1939 Kontakt zu Reinerth auf. In seinem Jahresbericht an die Deutsche Forschungsgemeinschaft ging er näher auf die vorgesehene Zusammenarbeit bei der Untersuchung vorgeschichtlicher Hölzer ein und erläuterte die Vorteile für beide Seiten:

> [Es schien] mir richtig, die holzanatomischen Erfahrungen meines Institutes in einer anderen, in Deutschland wenig gepflegten Richtung einzusetzen und die Bestimmung und Auswertung historischer und prähistorischer Holzfunde aufzunehmen. Die Umstellung wurde in diesem Jahr vor allem durch Fühlungnahme mit Prof. Reinerth als Leiter des Reichsbundes für deutsche Vorgeschichte vorbereitet und soll im nächsten Jahr voll in Erscheinung treten. Wie erwünscht eine solche Arbeitsrichtung ist, geht u. a. daraus hervor, daß Prof. Reinerth bisher die Holzfunde zur Bestimmung nach Zürich geschickt hatte, weil man ihm erklärt hatte, in Deutschland gäbe es keine Fachleute für solche Bestimmungen.[62]

Die Arbeitsgruppen von Reinerth und Huber arbeiteten erstmals Ende 1939 auf einem Grabungsgelände am Dümmer zusammen, einem Flachsee etwa 30 km nordöstlich von Osnabrück. Reinerth hatte hier im Juli 1938 am nördlichen Seeufer eine zunächst inoffizielle kleinere Grabung zu einer Flächengrabung ausgeweitet. Der Grabungsgenehmigung gingen erhebliche Querelen voraus: Karl H. Jacob-Friesen, Direktor des Niedersächsischen Landesmuseums Hannover, hatte am Dümmer ebenfalls mit Grabungen begonnen. Ähnlich wie bei früheren Streitigkeiten zwischen Reinerths „Reichsbund für Vorgeschichte" und dem „Ahnenerbe" der SS um die Dominanz in der archäologischen Forschung schalteten sich auch hier die Schutzpatrone beider Institutionen, Alfred Rosenberg und Heinrich Himmler, ein. Sie vereinbarten schließlich, Reinerth solle mit seinen Grabungsarbeiten beginnen, da die SS mit den Grabungen am Dümmer-See nichts zu tun habe und auch nicht beabsichtige, sich einzumischen (Kossian 2007, S. 34 f.); (vgl. Bollmus 2002, S. 21–48). Im Verlauf von drei Grabungskampagnen zwischen 1938 und 1940 gelang es, auf einer Fläche von etwa 5000 m² zwei Dutzend Gebäude freizulegen, die als „Hunte I" oder manchmal auch „Huntedorf I" bezeichnet wurden. Vor allem die tragenden Bauwerkspfosten mit Durchmessern

---

[59]Ebd., Reinerth an REM, MR Dr. Frey v. 29.06.1937 (Abschr. v. 23.04.1937).

[60]Ebd., Mentzel an Rust v. 4.5.1937 und Mentzel an Rosenberg v. 13.07.1937.

[61]Ebd., REM an DFG v. 28.10.1937.

[62]BAK, DFG-Akte Huber R 73/11819, Jahresber. Huber 1939 an DFG v. 30.12.1939; vgl. Billamboz (2004a, S. 119).

von bis zu 20 cm und Teile der Palisadenhölzer der Siedlung waren meist in sehr gutem Erhaltungszustand. Die im Torf eingelagerten Hölzer und Holzkohlen der Kulturschichten waren oft ebenfalls gut erhalten und eigneten sich deshalb für holzanatomische Untersuchungen. Funde gespaltener und behauener Stämme mit Längen von 3 bis 10 m und Breiten von bis zu 5 m deuteten auf hölzerne Hausböden hin (Kossian 2003, S. 80, 83).

Hubers Assistent Wilhelm Holdheide untersuchte am Dümmer zunächst Proben von kleinen Holzstücken und Holzkohlen,[63] während Reinerth bei der vorangehenden Grabungskampagne von 1938/39 noch 1540 Holzproben zur Artenbestimmung vom Botaniker Ernst Neuweiler in Zürich-Oerlikon hatte prüfen lassen. Huber berichtete in seinem Jahresbericht an die DFG, dass er aufgrund seiner Untersuchungsergebnisse nunmehr die pflanzengeographische Zusammensetzung der prähistorischen Urwälder des Standorts am Dümmer nach Arten und ihrer Verbreitung habe festlegen können. Auch die „historisch-technologische Verwendungsweise der verschiedenen Hölzer und Baste durch unsere Vorfahren und relative Datierung der Palisadenpfähle mittels Jahrringmessung" sei nun klar.[64] Im Begleitschreiben des im März 1940 an Reinerth übersandten Untersuchungsberichts von Holdheide schrieb Huber, dass sich die Untersuchungsmethode bewährt habe, da z. B. 19 von 23 Palisadenstämme hätten einander zugeordnet werden können:

> Anbei überreiche ich Ihnen den Bericht meines Assistenten Dr. habil. W. Holdheide über die Bearbeitung der bisherigen Holzproben vom Dümmer. Ohne Ihrem Urteil vorgreifen zu wollen, glaube ich doch feststellen zu dürfen, daß Holdheide schon aus dem bisher vorliegenden Material erstaunlich viel über Klima, Waldaufbaubau, Holzartenwahl und Fällungsdatum herausgearbeitet hat. *Insbesondere hat sich die in meinem Institut seit zwei Jahren gepflegte Jahrringforschung zum ersten Mal an europäischem Material auch praktisch voll bewährt.* […] Wir betrachten daher den vorliegenden Zwischenbericht nur als einen ermunternden Anfang und hoffen und bitten, daß Sie uns recht bald Gelegenheit geben, die bewährten Verfahren auf weiteres und umfangreicheres Material anzuwenden.[65]

Bei seinem Besuch Ende November 1939 in der Ortschaft Dümmerlohhausen übernahm Holdheide Scheiben von 24 Palisadenstämmen und 9 Proben hölzerner Geräte und bewahrte sie in Tharandt wegen der Gefahr des Austrocknens in großen Glasgefäßen auf. Bemerkenswert war der trotz weicher Konsistenz hervorragende Zustand der Hölzer mit Erhaltung der ursprünglichen Struktur, was er

mit der Verminderung des Ligningehalts beim langsamen sekundären Wachstum der Bäume erklärte.[66] Vermutlich spielte hierbei aber die Aufnahme von Huminsäuren und die „Versinterung" der Holzstruktur eine größere Rolle. Zu Einzelheiten der von Holdheide verwendeten Präparations- und Untersuchungsmethode vgl. Rump (2011, S. 88–96). Für die Aufstellung einer relativen Jahrringchronologie („schwimmende Chronologie") einer später noch zu festzulegenden absoluten Bauzeit der Siedlung bestimmte Holdheide an den verfügbaren Stammquerschnitten das arithmetische Mittel von jeweils drei einzelnen Sektoren in Anlehnung an Lyon (1939). Dabei fiel ihm die unterschiedliche Aussagekraft der Ringbreiten während aufeinanderfolgender Zeitabschnitte besonders auf:

> Außer Gegenläufigkeiten ist auch die geringe oder nachlassende ‚Sensibilität' mancher Hölzer und die damit verbundene Abschwächung oder gar Verwischung wichtiger Minima und Maxima auf Teilen des Stammquerschnittes ein Grund mehr, Durchschnittsdiagramme aufzustellen, weil sie die wesentlichen Depressionen und Gipfel doch deutlicher und sicherer zeigen als eine ixbeliebige einmalige Messung. Die größere Zuverlässigkeit und Sicherheit von Durchschnittskurven wird sich dann auch bei der Aufstellung einer relativen Jahrringchronologie für einen bestimmten Zeitabschnitt vorteilhaft bemerkbar machen. Diese auf der Grundlage einer größeren Anzahl Bäume […] aufzubauende endgültige Standart-Chronologie [sic] kann auf zuverlässige Mittelwerte um so weniger verzichten, als sie ja späterhin als Bezugssystem dienen muß.[67]

Für die Bestimmung von Holzarten und Ringbreiten erwiesen sich die verwitterungsresistenten Holzkohlen vom Dümmer als nützlich, da sie eine saubere, wenngleich unebene Oberfläche besaßen. Holdheide prüfte hier ausschließlich die üblicherweise gut erhaltene Struktur der Quer- und Längsbrüche im Auflicht bei einer bis zu 70-fachen Vergrößerung. Später erweiterte er seine am Dümmer mit prähistorischen Holzkohlen gemachten Datierungen durch Proben anderer Standorte und versuchte, diese Ergebnisse mit der Pollenanalyse und Waldgeschichte zu verbinden (Holdheide 1941). Dabei kamen ihm und Huber Erfahrungen zugute, die sie zuvor bei der Analyse jungsteinzeitlicher Holzkohleproben von Buxus und *Quercus ilex* aus der Bukowina gewonnen hatten.[68] Methodisch stützten sie sich bei der mikroskopischen Präparation vorwiegend auf ältere Untersuchungen aus Brünn und Hallstatt (Fietz 1926); (Hofmann 1926), außerdem auf eine grundlegende Arbeit des Botanikers Wolfgang Müller-Stoll (Müller-Stoll 1936), in der dieser die Anteile der Baumarten am

---

[63]APM, Holdheide an Frau Dr. Schneider vom Reichsbund für Vorgeschichte v. 11.12.1939.
[64]BAK, DFG-Akte Bruno Huber R 73/11819, Jahresbericht Huber an DFG v. 30.12.1939.
[65]APM, Huber an Reinerth v. 21.03.1940, Hervorhebung durch Huber.

[66]APM, Arbeitsbericht Holdheide v. 21.03.1940, Bl. 1, 6 f.
[67]Ebd., Bl. 4 f.
[68]BAK, DFG-Akte Bruno Huber R 73/11819, Jahresbericht Huber an DFG v. 30.12.1939.

Waldbestand (S. 15 f.), die Untersuchungstechnik (S. 28 ff.) und mehrere Bestimmungstabellen (S. 51 f.) aufführte.

Große Teile der Ergebnisse der Ausgrabung „Hunte I" mit Fundbüchern, Messprotokollen, Photos und Funden waren nach 1945 nicht mehr auffindbar. Erst während der Rekonstruktion der Arbeiten Reinerths Ende der 1990er-Jahre unter Leitung von Rainer Kossian vom Landesamt für Denkmalpflege in Brandenburg fand man einen großen Teil davon in Archiven, Museen und Ämtern wieder. 2001 erhielt Burghart Schmidt, damals Leiter des Dendrolabors des Kölner Instituts für Ur- und Frühgeschichte, Kopien von Arbeits- und Messprotollen dieser ersten dendrochronologischen Untersuchung. Ihn beeindruckte die Gründlichkeit und Sorgfalt, mit der die Holzfunde der Grabung am Dümmer holzanatomisch und dendrochronologisch dokumentiert und ausgewertet worden waren. Anhand von 31 Hölzern hatte Holdheide folgendes Artenspektrum ermittelt: Erle 75 %, Esche 15 %, Ahorn 3 %, Birke 2 %, Weide 2 %, Kiefer 1 %, Hasel 1 %, Eiche 0,5 % und Weißdorn 0,5 %. Den weitaus größten Anteil stellte demnach die Erle, die als Baum nasser und zur Vermoorung neigender Böden die Ufer des Sees besiedelte.[69] Einige Ergebnisse von Schmidts Durchsicht liegen auch in gedruckter Form vor (vgl. Kossian 2007, S. 545–549). Bereits vor den Arbeiten von Huber und Holdheide führte 1938 der Moorbotaniker Kurt Pfaffenberg am Dümmer paläobotanische Untersuchungen durch, die jedoch erst 1947 veröffentlicht wurden. Auch der Botaniker Karl Bertsch war im Auftrag von Reinerth an solchen Untersuchungen beteiligt (ebd., S. 51). Von den gesammelten Pflanzen bestimmte er Himbeere, Brombeere, Holunder und Apfel. Als „Unkräuter" erwähnte er u. a. Melde, Ampfer und Kümmel. Unter den Sumpf- und Wasserpflanzen fand er Sauergras, Simse, Tannwedel, Laichkraut, Hornkraut und Tausendblatt. Hierzu notierte Holdheide in seinem Bericht:

> Vom biologischen Gesichtspunkt aus ist also die Zusammensetzung des Materials durchaus heterogen, da neben den Sammelpflanzen und den Unkräutern, die in Beziehung zur menschlichen Siedlung stehen, auch Wasser- und Sumpfpflanzen eine Rolle spielen. […] Das Bild, das wir vom See als Lebensraum für Pflanzen und Tiere auf Grund der Funde erhalten, stimmt mit dem heutigen ziemlich genau überein. Wir vermuten sogar, daß er damals noch stärker eutroph war als heute. Diese Frage kann allerdings erst ein genauer Vergleich mit der heutigen Flora des Sees entscheiden.[70]

Die Palisadenhölzer von „Hunte I" bestanden zu gleichen Teilen aus Kiefer und Erle, die Pfosten der Gebäude vorwiegend aus Erle und einige aus Esche. Holdheide zog für eine grobe Schätzung des Siedlungsalters die Werte der

noch jungen Pollenanalyse heran, die nach Fritz Overbeck für das Untersuchungsgebiet in der spätatlantischen Zeit um 3000 v. Chr. die Erle als dominant ansah, während die Kiefer schwächer vertreten sei. Andere Pollenanalysen, etwa durch den Moorgeologen Dodo Wildvang, aus Emden, verwiesen bei zahlreichen Moorwegen ebenfalls ins 4. Jahrtausend v. Chr.[71] (vgl. Overbeck 1939); (vgl. Michaelsen 1938, S. 77).

Jahrringmessungen führte Holdheide vor allem an Erle, Esche, seltener auch an Birke und Kiefer durch. Beim Vergleich der aufgenommenen Jahrringkurven zeigten alle Baumarten eine Minimumzone mit einer Serie schmaler Ringe von etwa acht Jahren Dauer, die Holdheide als Trockenperiode interpretierte.[72] Vergleichbare Zeitabschnitte seien auch bei Untersuchungen im Südwesten der USA festgestellt worden, wobei er sich auf die Erstellung von Standardchronologien für den Südwesten der USA durch A. E. Douglass ab 1930 bezog, die in mehreren Jahrgängen des *Tree-Ring Bulletin* von 1935 bis 1940 abgedruckt waren.

Diese erwähnte 8-jährige Wuchsdepression nutzte Holdheide auch für die Synchronisierung der einzelnen Jahrringkurven, sogar bei unterschiedlichen Baumarten, und fand dabei kleinere Gruppen von Hölzern, die er relativ zueinander datieren konnte. Da die Anzahl von Hölzern mit weniger als 50 Ringen recht groß war und sich deshalb die Signifikanz der Zuordnung abschwächte, zögerte er mit der Erstellung einer Jahrringchronologie. Burghart Schmidt wertete im Jahr 2007 111 Holzproben vom Dümmer aus und kam auf eine mittlere Jahrringzahl von 52. Allerdings wiesen viele Hölzer der Palisaden nur 20 bis 40 Ringe auf [nachgeprüft durch H.H.R. anhand der Aufzeichnungen]. Holdheides Beurteilung lautete:

> Auch hier muß zunächst wieder vorausgeschickt werden, daß aufgrund des vorliegenden Materials ein abschließendes Urteil und vor allem die Aufstellung einer relativen Jahrringchronologie für den betreffenden Zeitabschnitt noch nicht möglich ist; immerhin haben sich aber doch Perspektiven eröffnet, die zu einer Weiterarbeit sehr ermutigen. Der Aufstellung einer endgültigen Chronologie hinderlich war vor allem das meist nur geringe Alter der Stämme, was jedoch nicht hinderte, daß sie größtenteils bezügl. ihres relativen Alters eingeordnet werden konnten.[73]

Alle untersuchten Hölzer waren während eines zusammenhängenden Zeitraums von 116 Jahren geschlagen wurden mit der Ausnahme nach einer längeren Trockenperiode, wobei die Fällungszeit bei Kiefern früher lag als bei den Laubhölzern. Holdheide vermutete in diesem Fall, dass für den Palisadenbau zuerst Kiefernholz verwendet wurde

---

[69]Der Autor bedankt sich bei Burghart Schmidt für Erläuterungen und Manuskripteinsicht.

[70]APM, Arbeitsbericht Holdheide v. 21.3.1940, Bl. 16 f.

[71]Ebd, Bl. 8 f.

[72]Ebd., Bl. 12, 15 (hier als Abb. 5.8).

[73]Ebd., Bl. 15.

und Erle später als Ergänzung diente.[74] Dabei erkannte er in der prinzipiellen Übereinstimmung der Messergebnisse bei Nadel- und Laubhölzern der Norddeutschen Tiefebene eine wichtige Möglichkeit, die Jahrringchronologie methodisch zu erweitern. Das Gebiet des Dümmer sei klimatisch einheitlich, weshalb hier alle Bäume gleiche Wachstumsbedingungen vorgefunden hätten. Jahrringmessungen seien deshalb nicht nur für die Chronologie, sondern auch für die Klimatologie von Bedeutung. Möglicherweise lasse sich für einige zeitliche Abschnitte sogar das Wetter eines geographisch begrenzten Gebiets mit Hilfe des mittleren jährlichen Wachstums rekonstruieren.[75]

Reinerth bot im März 1940 nach diesen ermutigenden Ergebnissen Huber eine engere Zusammenarbeit an mit dem Ziel, eine prähistorische Jahrringchronologie zu erarbeiten, die später vielleicht bis ins Mittelalter verlängert werden könne:

> Nach allen Überlegungen glaube ich es verantworten zu können, wenn ich Ihnen heute eine großzügige, planmäßige Zusammenarbeit auf dem Gebiete der Jahrringforschung vorschlage und dafür gleichzeitig die Organisation des Reichsbundes für Deutsche Vorgeschichte zur Verfügung stelle. Glücklicherweise habe ich an allen den gut erhaltenen vorgeschichtlichen Moorsiedlungen bei meinen Ausgrabungen der letzten Jahrzehnte jeweils einen Teil der Siedlungen wie auch des Holzmaterials unversehrt im Boden stehen lassen. Dadurch bietet sich die Möglichkeit für alle Zeitstufen ausreichend Jahrringe zu erhalten, so daß wir die Aufstellung einer vollständigen Reihe von der Mittleren Steinzeit bis zum Mittelalter erwarten dürfen.[76]

Der im März 1940 von Reinerth in Aussicht gestellte formale Vertrag mit Huber und Holdheide wurde im Juli desselben Jahres abgeschlossen, nachdem Reinerth sich bei beiden für die gemeinsame Zusammenarbeit am Dümmer bedankt und sie zu dem schönen Ergebnis auf dem Gebiet der Jahrringforschung beglückwünscht hatte. Zugleich verwies er auf seine Überlegungen von 1930, die auch das dendrochronologische Verfahren für die Aufklärung prähistorischer Zeit- und Lebensverhältnisse einbezogen hätten. In den vergangenen Wochen habe er sich wieder in die Jahrringforschung eingelesen und vor allem die „für uns wichtigen schwedischen Arbeiten aus der Schule de Geers" verfolgt. Bei dem damaligen Erkenntnisstand sei ihm aber die Verbindung von Jahrringbeobachtungen bei unterschiedlichen Baumarten nicht möglich gewesen, nicht zu reden vom Versuch der Erstellung einer zeitlichen Jahrringfolge über Jahrtausende hinweg. Für die weitere Zusammenarbeit stehe die Organisation des Reichsbundes für Deutsche Vorgeschichte zur Verfügung, so dass bald eine viele Jahrhunderte lange

Chronologie zu erwarten sei.[77] Seine späte Begeisterung für die Jahrringforschung wirkt allerdings nicht sonderlich überzeugend: In einer Veröffentlichung schrieb Reinerth (1940, S. 532), er habe zwischen 1919 und 1928 während seiner Grabungen am Federsee die Arbeiten von Douglass kennengelernt. In all seinen früheren Veröffentlichungen findet man dafür aber keinen Beleg. Liest man seinen Aufsatz von 1940 genauer, wird deutlich, wie er sich Begriffe und Ergebnisse von Hubers Jahrringuntersuchungen angeeignet hatte. Wie dieser sprach er etwa von „Durchschnitts- und Sammeldiagrammen", „Landschaftlichen europäischen Standardreihen" und „Signaturen" und lehnte die „Telekonnektionen" der von ihm geschätzten schwedischen Warvenforscher Gerard und Ebba Hult de Geer strikt ab.

Der Vertrag zwischen Reinerth und Huber (vollständig als Anhang 4) regelte für den Bereich der Jahrringforschung die gemeinsame wissenschaftliche Arbeit bei Ausgrabungen in Mooren und Seen von Nord- und Süddeutschland sowie im Ausland. Auch die Untersuchung von Einzelstücken aus Museen und Sammlungen des Reiches fielen darunter. Die Zuständigkeit Hubers solle sich nach einem jährlich abzustimmenden Arbeitsplan auf Klimaforschung, Botanik und Forstbotanik beschränken, während Reinerth die Chronologie und Vor- und Frühgeschichte als sein alleiniges Arbeitsgebiet beanspruchte. Eine Kooperation mit anderen Wissenschaftlern, Ämtern und Instituten auf dem Gebiet der Jahrringforschung schloss der Vertrag aus, während die Zusammenarbeit von Holdheide mit dem Zentralmuseum für deutsche Vor- und Frühgeschichte in Mainz bei der Holzbestimmung und mit dem Pommerschen Landesmuseum in Stettin bei den Ausgrabungen auf Wollin unberührt bleiben solle.

Jüngste Ausgrabungen nach 1990 im Bereich der ursprünglichen Grabungsstandorte am nördlichen Ufer des Dümmer bestätigten im Großen und Ganzen die Befunde und Interpretationen Reinerths mit den relativen Datierungen von Huber und Holdheide. Kleinere Holzfunde traten bereits in geringer Tiefe auf, während die meist tiefer liegenden Kulturschichten Holzkohlen, Baumstämme und Hölzer von Hausböden und Hauspfosten von etwa zwei Dutzend Gebäuden enthielten. Reinerths Feststellungen zu mehreren aufeinanderfolgenden Phasen von Hausböden und Feuerstellen und zur Umschließung der 100 x 40 m großen Siedlung durch Palisaden erwiesen sich als valide. Auch die Überlegungen von 1940 zur zeitlichen Einordnung der Befunde wurden durch die neuen Untersuchungsergebnisse größtenteils bestätigt. Es zeigte sich, dass um 3000 v. Chr. im Dümmergebiet erhebliche Klimaänderungen mit längeren Dürreperioden und anschließenden sehr feuchten Phasen auftraten. Die Fällzeiten der Hölzer in der Nähe

---

[74]Ebd., Bl. 12 f.

[75]Ebd., Bl. 14.

[76]APM, Reinerth an Huber v. 21.03.1940.

[77]APM, Reinerth an Huber aus Dümmerlohhausen v. 21.6.1940.

von Reinerths „Huntedorf I" lagen entsprechend der durchgeführten C14-Analysen bei 2900 bis 2882 v. Chr. Auch C14-Messungen von Speiseresten an Keramikscherben ergaben kalibrierte Daten von 2896 von 3027 v. Chr. Demnach wäre die von Holdheide ermittelte Wachstumsdepression der Bäume um das Jahr 2870 v. Chr. einzuordnen (Kossian 2003); (Metzler 2003); (Leuschner et al. 2007).

Für Huber stellten die Ergebnisse der Grabungen am Dümmer für die Erstellung einer mitteleuropäischen Jahrringchronologie einen großen Erfolg dar. Bei einer forstwissenschaftlichen Tagung in Salzburg präsentierte er im September 1940 das vorläufige Ergebnis seiner Bemühungen und stellte nach Schluss der Aussprache fest, dass die Datierung von Holzproben nach der Jahrringfolge auch in Mitteleuropa möglich sei (Huber 1941, S. 125). Im Januar 1941 berichtete er an die Deutsche Forschungsgemeinschaft:

> *Die Entdeckung einer großen (8–15jährigen) Trockenperiode* ermöglicht nicht nur die Synchronisierung der meisten Holzproben, sondern beweist auch den wiederholt angezweifelten trockenen Charakter jener Zeit (Steppenheiden-Theorie Gradmanns), zumal auf die große Trockenperiode schon 35–40 Jahre später eine zweite mehrjährige Trockenperiode folgt. [...] Aufgrund dieser „Dümmer-Signaturen" kann vorläufig die Jahrringfolge für 240 Jahre (150 vor bis 90 nach Beginn der großen Trockenperiode) sicher erfaßt werden. Da so scharfe Trockenperioden sicher über ganz Mitteleuropa ausgeprägt waren, beabsichtigt Prof. Reinerth, uns durch erneute Aufdeckung der lückenlosen Kulturschichten des Federsees die *Aufstellung einer möglichst vollständigen Chronologie des Neolithikums* zu ermöglichen.[78]

Die Datierungsversuche Holdheides und Hubers erwiesen sich neben den Pollenuntersuchungen auch für Reinerth als außerordentlich nützlich. Im *Germanen-Erbe* schrieb er: „42 Wohnplätze des Menschen der mittleren Steinzeit um 8000 v. d. Ztr." habe er entdeckt; während der jüngeren Steinzeit zwischen 3000 und 1800 v. Chr seien am Dümmer „Menschen gleichen Blutes und gleicher Kulturtradition" sesshaft gewesen, nicht aber eingewanderte (Reinerth 1939, S. 228 f.). Die archäologischen Befunde von „Huntedorf I" behandelte er meist sachlich und deutete sie erst am Schluss auf die für ihn typische ideologische Art: Bereits im 3. Jahrtausend vor der Zeitenwende sei hier nämlich „[...] die gleiche fälische Rasse in Nordwestdeutschland Trägerin einer hohen bodenverbundenen Kultur [gewesen], genau wie später in germanischer Zeit und wie auch heute." (Ebd., S. 241 f.).

Huber konnte 1940 davon ausgehen, dass seine Arbeit zur Jahrringchronologie wegen der Kooperation mit Hans Reinerth selbst nach Beginn des Krieges finanziell unterstützt werden würde. Ihre „Staatswichtigkeit" hatte er schon Ende 1939 im Jahresbericht an die DFG betont, und als diese Anfang 1940 seinen neuen Forschungsantrag nur mit Abstrichen genehmigte, widersprach er und hob die Bedeutung seines Antrags erneut hervor:

> Der Vorschlag, die Arbeiten an der Jahrringchronologie auf Kriegsdauer zurückzustellen, hat sich nun insofern als untunlich erwiesen, als die Ausgrabungen Prof. Reinerths als Bundesführer des Reichsbundes für deutsche Vorgeschichte weiterlaufen. [...] Insbesondere die Synchronisierung sämtlicher Palisaden aufgrund der Jahrringfolge hat Prof. Reinerth so überrascht und befriedigt, daß er mir kürzlich einen förmlichen Vertrag großzügiger Zusammenarbeit vorschlug. [...] Die Staatswichtigkeit meiner Jahrringuntersuchungen ist wohl durch die Zusammenarbeit mit dem Reichsbund für deutsche Vorgeschichte, der vom Führer selbst mit der ausschließlichen Bearbeitung dieser Fragen betraut ist, ohne weiteres gegeben.[79]

Die Ausgrabungen am Federsee ab 1939 sind das zweite Beispiel archäologischer Untersuchungen in Deutschland, bei denen die Dendrochronologie einen wesentlichen Beitrag zur Datierung der Befunde leistete. Der heutige See mit einer Fläche von nur noch 1,4 km² liegt 50 km nördlich des Bodensees nahe Bad Buchau und ist von dem „Naturschutzgebiet Federsee" umgeben. Das Schutzgebiet besteht vorwiegend aus einem sehr jungen Moor, das nach menschlichen Eingriffen in den Jahren 1787/88 und 1808/09, den sogenannten Seefällungen, entstand. Mit mehr als 35 km² ist es eines der größten Moorgebiete Südwestdeutschlands, dessen Verlandung mit allmählicher Moorbildung um 6000 v. Chr. begann.

Die Existenz früherer Siedlungen im Moor war bereits gegen Ende des 19. Jahrhunderts bei den ersten Grabungen bekannt geworden, doch erst ihre systematische Untersuchung während der 1920er- und 1930er-Jahre durch das Tübinger Archäologische Institut und das Landesmuseum Stuttgart erlaubte eine wissenschaftliche Interpretation der Siedlungsgeschichte. Die ersten Befunde im Moor waren von besonderem Interesse, weil hier an einem nacheiszeitlichen Restsee zahlreiche stein- und bronzezeitliche Moorsiedlungen auf engem Raum gegründet worden waren. Bei den ersten Grabungskampagnen von 1919 bis 1928 durch das Tübinger Institut unter Leitung von Robert Rudolf Schmidt und seinem Mitarbeiter Hans Reinerth wurden zahlreiche Hölzer der Außenpalisade der Wasserburg Buchau sowie Hölzer von Gebäuden mehrerer Siedlungen von Ernst Neuweiler von der Eidgenössischen Landwirtschaftlichen Versuchsanstalt Zürich-Oerlikon untersucht. Die Palisade bestand aus Kiefer, die Gebäude bestanden

---

[78]BAK, DFG-Akte Bruno Huber R 73/11819, Jahresbericht Huber an DFG v. 4.1.1941, Hervorhebungen durch Huber.

[79]BAK, DFG-Akte Bruno Huber R 73/11819, Huber an RFR v. 22.7.1940.

aus unterschiedlichen Hölzern.[80] Ein lange schwelender Streit entzündete sich an der Lage von Siedlungen im Moor: So wies Reinerth zu Beginn seiner Ausgrabungen der prähistorischen Siedlung bei Buchau den Status einer „Wasserburg" zu, während Oscar Paret vom Landesmuseum Stuttgart sie trotz leicht erhöhter Lage als Moordorf bezeichnete (Paret 1941a, S. 6). Die Auseinandersetzung sollte sich mehr als 20 Jahre hinziehen und war vermutlich einer der Gründe für Reinerth, Bruno Huber 1939 mit der Untersuchung der Hölzer der Wasserburg, vor allem aber mit deren Datierung zu betrauen.

Den Kontakt zum Federseemoor gab Reinerth auch nach Abschluss seiner ersten Grabungsserien nicht auf und besuchte gelegentlich markante Fundstellen (vgl. Abb. 5.9). Mitte 1936 plante er in seiner Funktion als Leiter des Reichsbundes für deutsche Vorgeschichte, seine früheren Grabungen im Federseemoor wiederaufzunehmen. Nach Querelen mit dem Stuttgarter Kultusministerium[81] im April 1937 stellte er schließlich bei DFG und REM einen Antrag zur Untersuchung bronzezeitlicher Siedlungen im Federseemoor mit der Begründung, er habe während der 1921 bis 1928 von der Notgemeinschaft mitfinanzierten Ausgrabungen etwa 2000 m² Fläche nicht vollständig aufdecken können. Das Problem für Reinerth war die verweigerte Genehmigung für die ihm rechtlich unzugängliche „Parzelle Staudacher". Allerdings gelang es Oscar Paret vom Landesdenkmalamt Stuttgart gemeinsam mit Walther Veek von der Sammlung für Altertümer Stuttgart trotz ihrer Eingaben nicht, Reinerths Grabung zu verhindern (Kimmig 1992, S. 17).

Nach erneuter Aufdeckung der Grabungsfläche lud er Ende Oktober 1937 „Reichsleiter" Alfred Rosenberg und andere wichtige Funktionäre ein und präsentierte die spektakulärsten „vorzeigbaren" Befunde ganz im Sinne der nationalsozialistischen Ideologie. Die Neuaufnahme der Fläche ergab Folgendes: Die prähistorische Siedlung mit den Maßen 118 x 151 m wurde von einem äußeren Ring aus etwa 15.500 Kiefernpfählen gebildet. Die an einem Ende angespitzten, ursprünglich 8–9 m langen Stämme waren bis zu 3 m tief durch Torf und Mudde in eine darunterliegende feste Kiesschicht gedrückt worden und bildeten einen durchschnittlich 1 m breiten Palisadenring bei einer Varianz von 0,6–3 m. Die Ausgrabungen der Gebäude waren während der 1920er-Jahre nur bis zur Oberkante der Fußböden vorgedrungen und nach den Grundwasserabsenkungen der Neuzeit teilweise zerstört (vgl. Kimmig 1992, S. 29); (Schöbel 1999, S. 38 f.).

Abb. 5.9 Hans Reinerth (l.) um 1930 im Federseemoor bei Ödenbühl. Bildunterschrift im Original „Einbaum aus der Eisenzeit um 400 v. d. Ztr." (aus Hufnagel 1937)

Während dieser ersten Phase der Nachuntersuchungen stellte Neuweiler in Zürich 1937 fest, dass die Verteilung des Holzartenspektrums der prähistorischen Siedlungen des Federsees ungefähr der Zusammensetzung der Baumarten in der Umgebung des Sees während der untersuchten Zeitabschnitte entsprach.[82] Andere kleine und nicht dokumentierte Grabungen wurden vermutlich auch in der Zeit von 1938 bis 1939 durchgeführt. Im Fundbuch für die Grabung in Taubried fand sich Ende 1940 die Eintragung „Holzprobenentnahmen". Die von André Billamboz überprüften Dendrokurven aus dem Nachlass Huber schienen dies zu bestätigten (Strobel 2000, S. 52 f.). Bei den weiteren Untersuchungen der Wasserburg Buchau übernahm dann Huber ab 1939 Neuweilers Aufgabe, neben der Bestimmung der Holzarten vor allem die dendrochronologische Datierung der Proben. In einer gemeinsamen Veröffentlichung von 1940/41 beschrieben Huber und Holdheide das von ihnen verwendetet standardisierte und statistisch überprüfbare Messverfahren und wiesen dabei auf die verschiedenen Wuchsphasen der Bäume mit ihren holzanatomischen Phänomenen ebenso hin wie auf die Erfahrungen der Jahrringforscher in Skandinavien und der deutschen Wissenschaftler in der Türkei (Huber und Holdheide 1942); vgl. Abschn. 5.3.1 und 5.3.2.

Ende 1940 schickte Reinerth eine zweite Serie Hölzer der Wasserburg Buchau nach Tharandt. Es handelte sich um 112 Stammabschnitte eines 10 m langen Teils der Außenpalisade mit einem Holztor, außerdem 40 Abschnitte der Innenpalisade und Bauholz vom Inselrand. Die Jahrringkurven aller Stämme waren stark bewegt mit meist heftigen Schwankungen der Jahrringbreiten innerhalb weniger Jahre, die Außenpalisade besaß kräftige Bäume mit sehr breiten

---

[80]APM, Tabellen von Neuweiler zu 1038 Holzresten der Wasserburg Buchau der Ausgrabung Reinerth von 1928.

[81]BAK, DFG Akte Reinerth R73/13886, Kultusminister in Stuttgart an REM v. 02.04.1937.

[82]APM, Schreiben Neuweiler an Reinerth v. 12.04.1938 mit Tabellen.

Ringen kurz vor dem Fällungsdatum, was die Synchronisierung im Labor erheblich erleichterte. Um die Gesamtkurven der Befunde von Außen- und Innenpalisade besser mit den Kurven anderer Fundstellen wie in Unteruhldingen vergleichen zu können, bezogen Huber und Holdheide die Varianzen der Einzelmessungen in die graphische Darstellung ein (vgl. Abb. 5.10) und beschrieben ihre manuelle Auswertung so:

> Wir gingen dabei so vor, dass wir zunächst in jeder Einzelkurve die Maxima und Minima ganz objektiv durch alternierende Punkte markierten […]. Nach dieser Vorarbeit wurde abgezählt, wie oft jedes einzelne Jahr als Maximum oder Minimum ausgebildet ist, was graphisch in der Höhe der über und unter dem betreffenden Jahr errichteten Striche zum Ausdruck kommt. Vergleichen wir die Höhe dieser Striche mit der als Rahmen eingetragenen Gesamtzahl der dieses Jahr enthaltenen Kurven, so erhalten wir ein Maß für die Konstanz der betreffenden Extremwerte. (Ebd., S. 268).

Diesen Typus standardisierter und vollständige Jahrringkurven verwendete Huber während der folgenden Jahrzehnte bei fast allen Synchronisierungsarbeiten zur Datierung, im Gegensatz zu amerikanischen Dendrochronologen, die sich nur auf markante Minimumwerte in Form von „skeleton plots" stützten (ebd., S. 262–264) [120]. Bei den geringeren Schwankungen der Ringbreiten in großen Teilen Mitteleuropas war Hubers Methode nach Auffassung des Autors im Vorteil, besonders bei Stämmen mit weniger als 50 Ringen. Die besonders markanten Jahre („Weiserjahre"), bei denen dem Extrem in einer Richtung kein Extrem der entgegengesetzten Richtung gegenübersteht, lassen sich aus den Huber'schen Kurven unschwer ablesen. Eine mindestens 80%ige Konstanz kennzeichnete er mit k. Im Verlauf ihrer umfangreichen Auswertungen des Materials vom Federsee verglichen sie hier zum ersten Mal Jahrringkurven auch durch die Indices „Gegenläufigkeit" bzw. „Gegenläufigkeitsprozent" (d. h. der Kurvenabschnitt

von Ringfolge 1 fällt, während derjenige von Ringfolge 2 steigt). Eine korrekte Synchronisierung von Holzproben war dann anzunehmen, wenn die „Gegenläufigkeitsprozente" zweier Kurven von Jahrringbreiten unter dem statistischen Erwartungswert von 50 % nichtsynchroner Kurven lag. Dies bedeutet: Je einheitlicher das Material nach Standort und Holzart war, desto kleiner musste demnach dieser Indexwert sein.

Bei dem untersuchten Abschnitt der äußeren Palisade waren sich Huber und Holdheide sicher, dass alle Pfähle innerhalb von vier Jahren gefällt und auch verbaut wurden. Ihr unterschiedliches Alter erklärten sie mit der normalen Altersverteilung der damaligen Wälder und hielten eine bewusste Auslese bei der Fällung für unwahrscheinlich. Nach der Untersuchung von 40 Pfählen aus der inneren Palisade stuften sie diese ebenfalls als ein zeitlich einheitliches Bauwerk mit 4-jähriger Hauptbauzeit mit zwölf „Vorläuferpalisaden" ein. Allerdings ließen sich die Jahrringkurven beider Palisaden trotz ihrer jeweiligen Längen von etwa 120 Jahren nicht zur Deckung bringen. Die Innenpalisade müsse daher mindestens 100 Jahre vor oder nach der Außenpalisade errichtet worden sein; ihr Bau sei „[…] in eine Zeit großer und nachhaltiger Wachstumsdepression [gefallen], während die Außenpalisade kurz nach der auf die W-Signatur folgenden starken Erholung errichtet wurde." (Ebd., S. 277). Als „W-Signatur" bezeichneten die Autoren die seltene Erscheinung eines Musters enger und breiter Ringe in Form dieses Buchstabens. Einige Eichenholzproben von Grabungen in Unteruhldingen am Bodensee zeigten synchron zum Material vom Federsee die gleiche Signatur, was den regionalen Vergleich erleichterte.

Die dendrochronologischen Untersuchungen entschieden schließlich auch den Streit zwischen Hans Reinerth und Oscar Paret bzw. anderen Befürwortern und Gegnern einer

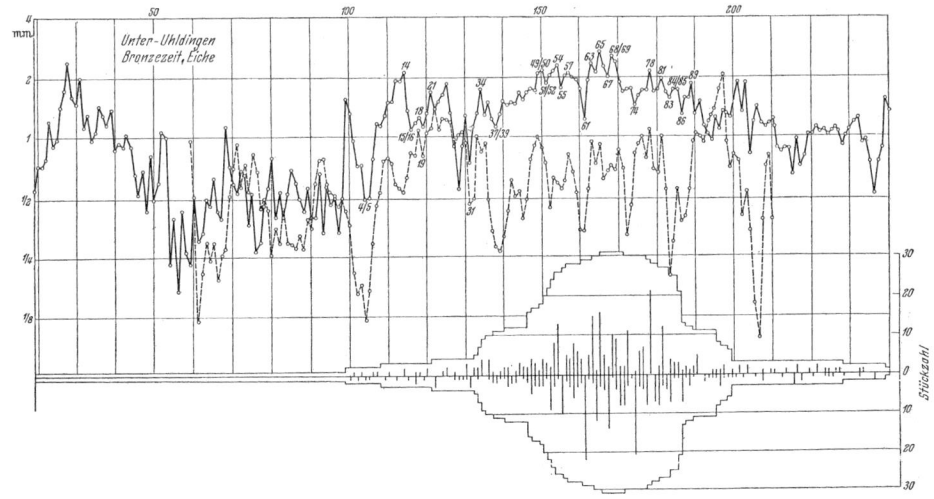

Abb. 5.10 Synchronisierung der Mittelkurven von 33 Pfahlbau-Eichen aus Unter-Uhldingen (ausgezogen) und von 92 Bergkiefern der Außenpalisade der „Wasserburg Buchau" (gestrichelt); unten die Stückzahlen und Häufigkeiten der Maxima und Minima der Hölzer aus Unter-Uhldingen. (Mit freundlicher Genehmigung des © Archivs und Forschungsinstituts des Pfahlbaumuseums Unteruhldingen (APM) 2018. All Rights Reserved.)

„Wasserburg"-Theorie. Paret hielt noch 1940 daran fest, dass es sich bei der „Wasserburg Buchau" nicht um eine – wie Reinerth annahm – kurz vor ihrer Besiedlung entstandene und dann rasch vertorfte Insel mitten im Federsee gehandelt habe. Vielmehr sei sie der letzte Rest einer älteren einst großen geschlossenen Moordecke gewesen. Bei seiner eigenen Frage: Wehrpalisade oder Dorfzaun? entschied er sich für den Dorfzaun. Selbst die Untersuchung der Jahrringe hätten bei ihrer erstmaligen prähistorischen Verwendung noch keine Wissenserweiterung gebracht (Paret 1941b, S. 47); (ders. 1941/1942, S. 367). Wesentliche Proben der Wasserburgpalisaden wurden allerdings erst Ende 1940 entnommen; Paret kannte deshalb die Untersuchungsergebnisse bei Niederschrift seiner Veröffentlichung von 1941 noch nicht, sondern erst vor Veröffentlichung seiner zweiten Schrift zur „Wehrpalisade".

Huber war sich seiner Sache jedoch sicher und argumentierte nach Auswertung von 250 Stammscheiben und 15.000 Ringen mit dem starken Argument einer zeitlichen Übereinstimmung von Materialien verschiedener Federseekulturen. An den Reichsforschungsrat schrieb er:

> Die zeitliche Einordnung in diese relative Chronologie ließ sich fast für das gesamte Material durchführen und erweist die Außenpalisade der Wasserburg Buchau als einheitliches Bauwerk mit etwa vierjähriger Bauzeit. Die Gegenhypothese Parets, daß hier nur ein in Jahrhunderten immer wieder nachgesteckter Zaun vorliege, ließ sich auf Grund der Jahrringchronologie einwandfrei widerlegen und damit ein zehnjähriger Streit der Urgeschichtler entscheiden.[83]

Als Nachtrag zu den Untersuchungen von 1940/1941 sind an dieser Stelle im Hinblick auf ihre Verlässlichkeit Hinweise auf neuere Messungen hilfreich: Im Jahr 1966 erfolgte eine Überprüfung einiger relativer Datierungen von 1941 mit Hilfe der Radiokohlenstoffmethode. Sechs Palisadenhölzer aus Buchau wurden dazu noch einmal dendrochronologisch von Bruno Huber und seiner Mitarbeiterin Veronika Giertz-Siebenlist und außerdem radiometrisch vom Niedersächsischen Landesamt für Bodenforschung in Hannover analysiert. Dabei ergab sich ein nicht kalibriertes gemitteltes C14-Alter für fünf Pfähle der Innenpalisade von 2895 ±40 Jahren BP und für einen einzelnen Stamm der Außenpalisade mit 91 Jahrringen von 2640 ±85 Jahren BP. Die Untersuchungsergebnisse wurden erst 32 Jahre später publiziert (Wall 1998); (Huber und Giertz-Siebenlist 1998), wobei die mit „bp" versehenen Daten unkalibriert waren und sich deshalb nicht ohne weiteres auf Kalenderjahre umrechnen ließen. BP („before present") ist hier das „konventionelle" C14-Alter, bezogen auf das Jahr 1950.

Eine absolute Datierung gelang erst dem dendrochronologischen Labor Hemmenhofen des Landesdenkmalamts Baden-Württemberg nach neuen Grabungen ab 1982. Dafür wurden an mehreren Abschnitten des gesamten Palisadenumfangs Proben entnommen und diese durch Verknüpfung mit einer mittlerweile vorhandenen Regionalchronologie datiert. Dies erfolgte mit Hilfe von Einzelchronologien verschiedener Holzarten der Region. Hubers Sequenz der Außenpalisade (AP) und Teile der inneren Palisade (A und Hauptteil B) wurden von André Billamboz (2004b/05, S. 98 ff.) darin einbezogen. Die einzelnen Schritte zur Erstellung der Regionalchronologie durch Heterokonnexion zwischen Buche, Eiche, Esche und Kiefer sowie eine 500-jährige schwimmende Chronologie der „Siedlung Forschner" hatte er schon früher beschrieben (Billamboz 1992). Billamboz' Analysen zeigten, dass in der Zeit von 1058 bis 1054 v. Chr. eine innerste lockere Stangenpalisade entstand, gefolgt von Abschnitten der eigentlichen Innenpalisade zwischen 1006 und 988 v. Chr. Die Außenpalisade mit mehreren Nachpfählungen im Umkreis der gesamten Siedlung wurde dagegen etwa 140 Jahre später während des kurzen Zeitraums zwischen 867 und 852 v. Chr. gebaut. Nach Überprüfung von Hölzern der Gebäude vertrat Billamboz die Auffassung, die Wasserburg sei zwischen 1050 und 850 v. Chr. nicht durchgehend besiedelt gewesen.

Auch nach heutigen Standards halten nach Auffassung des Autors die Untersuchungsergebnisse von Huber und Holdheide am Dümmer und Federsee einer methodischen und inhaltlichen Kritik stand. Die archivierten Laboraufzeichnungen belegen die sorgfältige Messarbeit bei der Datenerfassung in Form von Tabellen und Diagrammen sowie bei der statistischen Prüfung zur Sicherheit der jahrringchronologischen Datierung. Da 1942 für Mitteleuropa eine kontinuierliche, 2000 Jahre zurückreichende Standardchronologie wie in den USA noch nicht vorlag, erschien Hubers Versuch bemerkenswert, sich der damals unerreichbar erscheinenden absoluten Datierung zunächst durch die Erstellung relativer Chronologien annähern zu wollen. Immerhin hatte auch A. E. Douglass mehr als fünf Jahre benötigt, bis er 1939 eine etwa 1800-jährige verlässliche Standardchronologie für den Südwesten der USA präsentieren konnte (vgl. Abschn. 4.6).

5.5   Herbert Jankuhn und Hans Reinerth: Ein Vergleich

Für die Entwicklung der Jahrringforschung in Deutschland spielte der Prähistoriker Herbert Jankuhn nur eine untergeordnete Rolle. Von 1933 bis 1945 war er wie sein Rivale Reinerth einer der prominentesten Vertreter seiner Zunft, konnte im Gegensatz zu diesem trotz enger Bindung an das NS-System seine Tätigkeit als Hochschullehrer nach

---

[83]BAK, DFG-Akte Bruno Huber R 73/11819, Huber an RFR v. 10.01.1942, Bericht über die Untersuchungen 1941.

dem Krieg aber wieder aufnehmen. Schon vor der Promotion hatte Jankuhn im Auftrag des Kieler „Museums vaterländischer Alterthümer" die Ausgrabungen in Haithabu übernommen, die er mit einer Unterbrechung durch Arbeiten im Orient bis 1938 leitete und die ab 1934 unter der Schirmherrschaft von Heinrich Himmler standen. Jankuhn war Mitglied in mehreren nationalsozialistischen Organisationen, von denen besonders die Zugehörigkeit zur SS für seine Karriere zuträglich war, weil er nach offizieller Übernahme der Ausgrabungen in Haithabu durch das „SS Ahnenerbe" mit materieller Unterstützung rechnen konnte. Als Dozent für europäische Vorgeschichte an der Universität Kiel wurde er 1938 Leiter des dortigen Museums für Vorgeschichte und 1940 Professor (Steuer 1992); (Mahsarski 2011, S. 35–71).

Zum Zerwürfnis zwischen Jankuhn und Reinerth kam es im Sommer 1936 während einer vorgeschichtlichen Tagung in Lübeck. Zuvor hatte sich Reinerth noch bemüht, das Kieler Museum bei dessen Vorhaben, die Grundstücke von Haithabu aufzukaufen, durch ein Gutachten zu unterstützen. Die Entfremdung der beiden nahm in der Folgezeit weiter zu, und auch die Auseinandersetzungen zwischen den sie stützenden Institutionen – dem Reichsbund für Vorgeschichte im „Amt Rosenberg" und Himmlers „Ahnenerbe" – verstärkten sich. Jankuhns Biograph Dirk Mahsarski erläuterte den Hintergrund der persönlichen Auseinandersetzung so: „Dabei wird von einer weitestgehend einheitlichen Politik der SS gegenüber Reinerth, dem Reichsbund und dem Amt Rosenberg ausgegangen. Diese hat aber vor Jankuhns Aufstieg im Ahnenerbe nicht existiert." (Ebd., S. 58, 75).

Bei seiner Grabung in Haithabu erkannte Jankuhn vermutlich schon früh die Notwendigkeit, auch hölzerne Fundstücke zeitlich einem Gesamtbild zuzuordnen, während dies bei anderen Funden vor allem durch die bekannten Methoden der Fundstratigraphie und mit Hilfe datierbarer Schmuck- und Münzfunde erfolgte. Für ihn war die Einbeziehung naturwissenschaftlich-technischer Verfahren selbstverständlich, etwa die Auswertung von Luftbildern, hydrologische Prüfungen im Gelände oder die Phosphatanalyse für die Anzeige ehemaliger Siedlungen (Steuer 1997, S. 552). Erst relativ spät schien er die Vorteile der Dendrochronologie erkannt zu haben und suchte Unterstützung natürlich nicht bei Reinerth – den er nicht für kompetent hielt – oder bei Bruno Huber – der mit Reinerth zusammenarbeitete –, sondern bei der schwedischen Expertin für Tonablagerungen („Warven") und Jahrringe, Ebba Hult de Geer. Sie war 1935 vielen Prähistorikern durch ihre Datierung von Hölzern einer frühen Feuchtbodensiedlung auf Gotland und 1937 durch Untersuchung des größten norwegischen Grabhügels Raknehaugen bekannt geworden (vgl. Abschn. 5.1.3). Jankuhn bezeichnete 1940 das Potenzial von Jahrringanalysen und den Kontakt zum Geochronologischen

Institut in Stockholm als „eine sehr wichtige Grundlage für die relative und absolute Chronologie der Wikingerfunde" (Jankuhn 1941, S. 183), während er bald darauf zu den Datierungsversuchen Frau de Geers an Hölzern aus Haithabu in seinem vorläufigen Grabungsbericht anmerkte:

> Diese Methode verspricht, auch wenn sie heute noch in einzelnen Fällen sehr umstritten ist, sichere Ergebnisse. Sie beruht auf Erkenntnissen, die im Geochronologischen Institut de Geers in Stockholm gewonnen wurden. Frau de Geer hat selbst über diese Methode und ihre Voraussetzungen berichtet. […] so wird mit Anwachsen des für solche Untersuchungen geeigneten und zeitlich einigermaßen klar bestimmbaren Materials die Sicherheit der Methode zunehmen. Sie beruht auf der Erkenntnis, dass Jahresringe entsprechend der Klimaentwicklung periodische Schwankungen aufzuweisen haben und dass durch die Einreihung der Jahresringe in das bisher vorliegende Schema eine auf Jahre genaue zeitliche Festlegung der verwendeten Hölzer möglich ist (Jankuhn 1943, S. 64 f.).

Allerdings legte Ebba Hult de Geer weder bis 1943 noch später Ergebnisse ihrer Untersuchungen vor. Kritik an der Sorgfalt ihrer Jahrringmessungen hatten der Norweger Asbjørn Ording und Bruno Huber bereits 1941 geübt, und Huber ließ ihre Auswertemethode 1951 noch einmal überprüfen. Das Ergebnis fiel negativ aus.

Am Schluss dieses Abschnitts stellt sich die Frage, welche wesentlichen Unterschiede zwischen Reinerths und Jankuhns prähistorischer Arbeit und der Bewertung ihrer Grabungsbefunde bestehen. Die Antworten von Historikern fallen nicht einheitlich aus, machen aber deutlich, dass beide bis 1945 ideologiegetrieben handelten und die „Frage nach der politischen Leistung des Germanentums" (Mahsarski 2011, S. 103) in den Vordergrund ihrer Forschungsarbeit stellten. Der ideologisch geprägten Arbeit von Jankuhn und Reinerth steht ihre Verwendung moderner technischer Verfahren nur scheinbar entgegen. So beantragte Reinerth beispielsweise 1942 bei der DFG einen Vakuumspektrographen für die Erforschung der frühen europäischen Eisenerzeugung und begründete dies mit der kulturpolitischen Bedeutung „für unser Geschichtsbild und für die Wertung unserer germanischen Kultur."[84] Eine ausführliche Aufarbeitung dieses Aspekts würde den thematischen Rahmen der vorliegenden Arbeit jedoch sprengen, weshalb hier lediglich auf Abschn. 5.4.4 und auf die einschlägige Literatur verwiesen wird (vgl. Heuss 2000); (Steuer 2001); (Leube 2002); (Schnapp 2003); (Beck 2004); (Eickhoff 2005).

In der Nachkriegszeit verlief das weitere Berufsleben von Reinerth und Jankuhn sehr unterschiedlich: Die Mehrheit der deutschen Prähistoriker machte fast ausschließlich Reinerth und den Reichsbund für Vorgeschichte für

---

[84]BAK, DFG-Akte Reinerth R73/13886, Reinerth an DFG v. 30.01.1942.

die Ideologisierung ihrer Disziplin verantwortlich und verhinderte damit die Fortsetzung seiner Hochschullaufbahn. Reinerths 1956 an die Deutsche Forschungsgemeinschaft gerichteter Beihilfeantrag zum endgültigen Abschluss einer Monographie *Die mittlere Steinzeit am oberschwäbischen Federsee* wurde ohne Begründung abgelehnt. Das Ablehnungsschreiben nach erneutem Antrag vom April 1959 enthielt die Passage: „Aufgrund der damals von uns eingeholten zahlreichen, in ihrem ablehnenden Inhalt ungewöhnlich eindeutigen und durchaus übereinstimmenden gutachtlichen Äußerungen hatten wir allerdings angenommen, daß auch Sie über die Einstellung Ihrer Fachkollegen keine Zweifel haben könnten."[85] Obwohl auch Jankuhns „durchaus fortschrittliche Arbeiten auf jeder Ebene von der NS-Ideologie durchdrungen" waren (Mahsarski 2011, S. 172, 301), fand er die Unterstützung von Fachgenossen, die ihm selbst seine Mitgliedschaft in der SS und seine Beteiligung an Plünderungen von Kulturgut in der Ukraine im Jahr 1944 nachsahen. Der Prähistoriker Gustav Schwantes erklärte am 16.04.1947 eidesstattlich in einem „Persilschein", Jankuhn sei unfreiwillig in die SS eingetreten, habe nie SS-Dienst gemacht und habe keiner Einheit der SS angehört. Zu Beginn der 1950er-Jahre konnte er die Ausgrabungen in Haithabu wiederaufnehmen und war bis zu seiner Emeritierung 1973 erneut Hochschullehrer in Kiel und Göttingen. Auf ihn trifft im Gegensatz zu Reinerth das Diktum des Wissenschaftshistorikers Herbert Mehrtens besonders zu: „Methodisch korrektes Arbeiten wird als moralischer Wert in den politischen Diskurs über die NS-Zeit genommen" (Mehrtens 1994, S. 17).

Anhang 4 zu Abschn. 5.4.5

Schreiben von Hans Reinerth an Bruno Huber v. 21.06.1940 mit Entwurf eines Arbeitsvertrages inkl. Zusatz. Typoskript der Originalvorlage.

Dümmerlohhausen, den 21.06.1940
Der Bundesführer
Prof. Dr. H. Reinerth
Herrn Prof. Dr. Br. Huber
Tharandt/bei Dresden
Forstbotanisches Institut

Sehr geehrter Herr Kollege!

Zunächst möchte ich Sie herzlich um Entschuldigung bitten, dass ich Ihr Schreiben vom 21.03.1940, mit dem Sie mir die Ergebnisse Ihres Assistenten Dr. Holdheide über die Bearbeitung der Holzproben aus unseren Ausgrabungen am Dümmer übermittelte, noch nicht beantwortet habe.

Ich habe mich damals über den schönen wissenschaftlichen Erfolg, den die Bearbeitung bereits der ersten, wahllos herausgegriffenen Holzproben unseres Steinzeitdorfes Hunte 1 erbracht haben, sehr gefreut. Es war meine Absicht, ausführlich Stellung zu nehmen und Ihnen damals schon eine gemeinsame Weiterarbeit vorzuschlagen. Leider haben mich viele Reisen und auswärtige Unternehmungen, dazu die Arbeitsüberlastung des Krieges nicht dazu kommen lassen.

Heute möchte ich Ihnen und Herrn Dr. Holdheide meinen Dank für die Bearbeitung der Holzproben vom Dümmer aussprechen und Sie gleichzeitig zu dem schönen Ergebnis auf dem Gebiete der Jahrringforschung beglückwünschen. Als vor über 10 Jahren die amerikanischen Ergebnisse der Jahrringforschung in Deutschland bekannt wurden, habe ich ebenfalls überlegt, ob die Anwendung dieser Forschungsrichtung für die weitere Aufklärung der vor- und frühgeschichtlichen Zeit- und Lebensverhältnisse von Bedeutung sein könne. Die Verkettung von Jahrring-Beobachtungen bei verschiedenen Baumarten erschien mir nach dem damaligen Forschungsstande aber nicht als möglich und damit war auch der Versuch der Aufstellung einer zeitlichen Jahrringfolge über Jahrtausende hinweg so gut wie ausgeschlossen. Aus diesem Grunde habe ich im Vorjahre Ihrem Vorschlag, das Material meiner Ausgrabung am Dümmer für die Jahrringforschung auszuwerten, zunächst sehr skeptisch gegenübergestanden. Die Probeuntersuchung von Dr. Holdheide bringt nun aber den einwandfreien Beweis, dass die Gleichsetzung der Jahrringforschungen bei verschiedenen Holzarten durchaus möglich ist, und damit glaube ich auch, dass nicht nur die Botanik, sondern auch die Vorgeschichte aus einer planmässig betriebenen Jahrringforschung grossen wissenschaftlichen Gewinn ziehen kann.

Soweit meine Zeit es erlaubte, habe ich mich in den letzten Wochen wieder etwas in die Jahrringforschung eingelesen und vor allem die für uns wichtigen schwedischen Arbeiten aus der Schule de Geers verfolgt. Nach allen Überlegungen glaube ich es verantworten zu können, wenn ich Ihnen heute eine grosszügige, planmässige Zusammenarbeit auf dem Gebiet der Jahrringforschung vorschlage und dafür gleichzeitig die Organisation des Reichsbundes für Deutsche Vorgeschichte zur Verfügung stelle. Glücklicherweise habe ich in allen den gut erhaltenen vorgeschichtlichen Moorsiedlungen bei meinen Ausgrabungen der letzten Jahrzehnte jeweils einen Teil der Siedlungen, wie auch des Holzmaterials unversehrt im Boden stehen lassen. Dadurch bietet sich die Möglichkeit, für alle Zeitstufen ausreichend

[85]DFG-Archiv (Schriftgutverwaltung): zur Altakte Reinerth R 73/13886, Schreiben DFG an Reinerth v. 04.06.1959 [Unterschrift: Dr. Treue].

Jahrringe zu erhalten, so dass wir die Aufstellung einer vollständigen Reihe von der Mittleren Steinzeit bis zum Mittelalter erwarten dürfen. Dieses einzigartige Material stelle ich gern zur Verfügung, wenn auch die Neuaufdeckung ganz erhebliche Mühe und viel Geld erfordert. Die dann noch bestehenden Lücken werden durch die Organisation unseres Reichsbundes, dem u. a. alle Museumsleiter und Fachvereine angehören, leicht geschlossen werden können.

Um unserer Zusammenarbeit eine klare Grundlage zu geben, halte ich den Abschluss eines Vertrages für richtig, dessen Entwurf ich Ihnen hier beifüge. Ich bitte Sie, den Vertrag gründlich zu prüfen und mir Ihre Stellungnahme mit evtl. Ergänzungen und Abänderungen bald zukommen zu lassen. Sobald der Vertrag unterzeichnet ist, können wir, trotz des Krieges, in bescheidenem Umfang mit der Arbeit sogleich beginnen.

Die Ausgrabungen in dem Steinzeitdorf Hunte 1 am Dümmer haben wir vor 2 Wochen wieder aufgenommen. Nachdem auch die Ausgrabungsfläche von 1939 wieder trocken liegt, müssten jetzt die Holzproben für die vorjährige Grabung entnommen werden. Anschliessend wird das Gelände von Mitte Juli an endgültig eingedeckt. Ich bitte Sie daher um Nachricht, ob Dr. Holdheide im Felde steht oder für einige Zeit an den Dümmer kommen kann.

Ich hoffe, dass Ihnen meine Vorschläge zur Zusammenarbeit entsprechen und freue mich meinerseits sehr darauf.

Heil Hitler

Ihr ergebener

1 Beilage

[H.H.R.: Reinerth übersandte den Vertrag, Huber akzeptierte ihn offenbar ohne eigene Korrekturen, allerdings mit Ergänzungen.]

Vertrag

Zwischen Herrn Prof. Dr. Bruno Huber bezw. dem von ihm geleiteten Forstbotanischen Institut Tharandt der Technischen Hochschule Dresden und Prof. Dr. Hans Reinerth, Leiter des Reichsamtes und Bundesführer des Reichsbundes für Deutsche Vorgeschichte, Berlin W 35. Matthäikirchplatz 8, ist heute nachfolgender Vertrag abgeschlossen worden.

1. In Erkenntnis der Bedeutung, die der Jahrringforschung sowohl für die Forstbotanik, wie auch für die Vor- und Frühgeschichte zukommt, haben die Vertragsschliessenden eine gemeinsame wissenschaftliche Arbeit auf dem Gebiete der Jahrringforschung beschlossen.

2. Prof. H. Reinerth stellt aus seinen Ausgrabungen in den Mooren und Seen Nord-und Süddeutschlands, wie auch des Auslandes, das vor- und frühgeschichtliche, in jedem Falle einwandfrei datierte Holzmaterial zur Jahrringforschung zur Verfügung. Er besorgt die zur Gewinnung des Materials notwendigen Ausgrabungen, bezw. Neuaufdeckungen im Gelände und stellt die

dazu erforderlichen Fachkräfte und technischen Mitarbeiter. Um eine lückenlose zeitliche Reihe über die gesamte Jahrtausende der Vor- und Frühgeschichte zu erhalten, wird Prof. H. Reinerth als Bundesführer die Organisation des Reichsbundes für Deutsche Vorgeschichte in den Dienst der Jahrringforschungsstellen und dadurch ermöglichen, dass auch sämtliche in den Museen und Sammlungen des Reiches vorhandenen wichtigen Einzelstücke in Holz erfasst und erforscht werden können.

3. Prof. Dr. Huber übernimmt mit den Mitarbeitern seines Instituts, u. a. Herrn Dr. Holdheide, die wissenschaftliche Bearbeitung des von Prof. Reinerth erschlossenen, bezw. übermittelten Materials, wobei vorgesehen ist, dass die Mitarbeiter Prof. Hubers in wichtigen Fällen das Material auf den Ausgrabungsstätten, bezw. in den Museen selbst entnehmen, bezw. bearbeiten.

4. Die Bestimmung der Hölzer, die Zählung und Vermessung der Jahrringe und die Aufstellung der Diagramme usw. erfolgt im Forstbotanischen Institut von Prof. Huber, doch steht es Prof. Reinerth frei, auch Mitarbeiter des Reichsamtes oder des Reichsbundes für Vorgeschichte ebenfalls mit der Bearbeitung des Holzmaterials zu beauftragen. (Für sie gelten die Bestimmungen von Stück 5 und 6).

5. In die Auswertung der gewonnenen wissenschaftlichen Erkenntnisse teilen sich Prof. Dr. Huber und Prof. H. Reinerth, bezw. ihre Mitarbeiter in der Weise, dass die Auswertung für das Gebiet der Klimaforschung, wie der Botanik und Forstbotanik ausschliesslich Prof. Huber, für das Gebiet der Chronologie und der Vor -und Frühgeschichte ausschliesslich Prof. Reinerth zusteht. Für die genannten Teilgebiete gilt jeweils der zuständige als Urheber im wissenschaftlichen und rechtlichen Sinne.

6. Um eine ertragreiche Zusammenarbeit zu ermöglichen, wird der Arbeitsplan für ein Jahr jeweils zu Beginn des Jahres gemeinsam von den beiden Vertragschliessenden vereinbart und schriftlich festgelegt. Nach Zustellung des Materials erfolgt die wissenschaftliche Bearbeitung grundsätzlich sogleich. Die Ergebnisse der Holzbestimmung, der Zählung und Messung der Jahrringe. der Aufstellung der Diagramme, Fotografie und sw. werden jeweils in doppelter Ausführung niedergelegt und 1 Exemplar dieser Niederschrift an Prof. Huber, das andere an Prof. Reinerth unmittelbar nach Abschluss der Bearbeitung übergeben.

7. Die Veröffentlichung der Forschungsergebnisse erfolgt entsprechend dem Aufteilungsplan in Stück 5 in der Weise, dass die Auswertung der Ergebnisse auf den Gebieten der Klimaforschung, Botanik und Forstbotanik·durch Prof. B. Huber, auf den Gebieten der

Chronologie, Vor- und Frühgeschichte durch Prof. Reinerth durchgeführt wird. Den jeweiligen Mitarbeitern, für die die Aufteilung nach Stück 5 ebenfalls gilt, ist eine Veröffentlichung mit Einverständnis der Urheber gestattet. Jeder der beiden Vertragsschliessenden kann selbstverständlich, unter Erwähnung der Urheberschaft in der wissenschaftlich üblichen Art, die Ergebnisse des andern nennen und heranziehen. Auch gemeinsame Veröffentlichungen sind vorgesehen.

8. Sowohl Prof. H. Reinerth als auch Prof. Br. Huber verpflichten sich auf dem Gebiete der Jahrringforschung mit keinen anderen Wissenschaftlern, Aemtern und Instituten eine Zusammenarbeit einzugehen. Anträge auf Forschungsbeihilfen aus staatlichen oder privaten Quellen können von jedem der Vertragschliessenden direkt, jedoch nur nach vorhergehender Vereinbarung gestellt werden.

9. Die Kosten für die gesamten Arbeiten auf dem Gebiete der Jahrringforschung, soweit sie nicht ohnehin in den Haushalt, des Forstbotanischen Instituts Tharandt bezw. des Reichsamtes und des Reichsbundes für Deutsche Vorgeschichte eingestellt werden können, werden von den beiden Vertragschliessenden je hälftig getragen. Prof. H. Reinerth erklärt sich bereit die besonders hohen Aufwendungen zur Ausgrabung des Materials in der Regel allein zu tragen.

10. Die aus der gemeinsamen Forschungsarbeit erzielte Sammlung von Holzproben und Jahrringquerschnitten der gesamten vor und frühgeschichtlichen Zeit wird Eigentum des Forstbotanischen Instituts Tharandt, jedoch sind von einer Auswahl von Jahrringquerschnitten und Holzproben Doppelstücke anzufertigen, die als kleine Lehr- und Anschauungssammlungen in den Besitz des Reichsamtes, bezw. des Reichsbundes für Deutsche Vorgeschichte übergehen.

Hierzu ein Beiblatt „Erläuterungen und Ergänzungen"!
Tharandt, den 1. Juli 1940 (gez.) Dr. Bruno Huber
(gez.) Dr. W. Holdheide
Berlin, den 9. Juli 1940 Prof. H. Reinerth
Stempel des Reichsbundes für Deutsche Vorgeschichte
Erläuterungen und Ergänzungen zu vorstehendem Vertrag.

1. Die Beteiligten sind sich darüber einig, das [!] die Beurteilung, welche Holzproben auf Grund der Jahrringfolge einander zeitlich zugeordnet werden können, also die Aufstellung der botanischen Chronologie, den botanischen Bearbeitern zusteht, während die geschichtliche und urgeschichtliche Anwendung dieser Feststellungen völlig Prof. Reinerth und seinen Mitarbeitern überlassen bleibt.

2. Durch Punkt 8 des Vertrages wird die Wetterführung der bereits bestehenden Zusammenarbeit Dr. Holdheides

mit dem Zentralmuseum für deutsche Vor- und Frühgeschichte in Mainz (Hölzerbestimmung) und dem pommerschen Landesmuseum im Stettin (Ausgrabungen auf Wollin) nicht berührt, doch gelten für die dort erzielten Ergebnisse der Jahrringforschung ebenfalls Stück 5 u. 6 des Vertrages. Ebenso geniesst das Forstbotanische Institut Tharandt in der Beschaffung von Holzproben aus dem letzten Jahrtausend volle Freiheit. Prof. Huber wird aber Prof. Reinerth bei der Aufstellung des Jahresplanes über solche laufende oder geplante Untersuchungen unterrichten.

3. Da das Forstbotanische Institut Tharandt während der Sommermonate mit der Durchführung baumphysiologischer Untersuchungen stark beschäftigt ist, erfolgt die Aufarbeitung der Holzproben in der Hauptsache während der Wintermonate. Dringliche Arbeiten, insbesondere die Bergung von Material werden aber grundsätzlich sofort durchgeführt.

Tharandt, den 1. Juli 1940
Berlin, den 9. Juli 1940 (gez.) Dr. Bruno Huber
(gez.) Dr. W. Holdheide.
(gez.) Dr. H. Reinerth

Literatur

Aandstad, S. 1938. Die Jahresringbreiten der Kiefer und die Zeitbestimmung älterer Gebäude in Solør im östlichen Norwegen. *Nytt* 78: 201–268.
Ali, S. A. 1936. *Vergleichende Untersuchungen über den Zuwachsgang der Fichte im Natur- und Kulturwald.* Dissertation, Forsthochschule Tharandt.
André, H. 1920a. Über die Ursachen des periodischen Dickenwachstums des Stammes. *Z. f. Botanik* 12: 177–217.
André, H. 1920b. Über die teleologische und kausale Deutung der Jahresringbildung des Stammes. *Die Naturwissenschaften* 8: 998–1006 und 1021–1027.
Anonymus. 1933. Henry Reginald Arnulph Mallock. 1851–1933. *Obituary Notices of Fellows of the Royal Society* 1 (2): 95–100.
Anonymus. 1896. *Deutsche Kolonialausstellung Berlin 1896.* Offizieller Katalog und Führer. Berlin: Mosse.
Anonymus. 1910. *Verzeichnis der Kolonialausstellung zu Glogau.* Glogau: Döring.
Anonymus. 1933. Henry Reginald Arnulph Mallock. 1851–1933. *Obituary Notices of Fellows of the Royal Society* 1 (2), 95–100.
Anonymus. 1936. *Ausstellungsführer „Deutschland braucht Kolonien".* Hamburg: Köbner.
Anonymus. 1938. [1. Reichslehrgang der Gausachbearbeiter für Vorgeschichte im Nationalsoz. Lehrerbund. Bayreuth, 30. Januar bis 5. Februar]. *Germanen-Erbe* 3: 60–63.
Anonymus. 1939. *Amtlicher Ausstellungsführer Deutsche Kolonialausstellung Dresden.* Dresden: Ala.
Antevs, E. 1917. Die Jahresringe der Holzgewächse und die Bedeutung derselben als klimatischer Indikator. *Progressus Rei Botanicae* 5: 285–386.
Antevs, E. 1935. Telecorrelations of varve curves. *Geologiska Föreningens i Stockholm Förhandlingar* 57: 47–58.

Antevs, E. 1944. Memorial to Gerard de Geer. *Ann. Report Geol. Soc of America* for 1943: 117–133.

Askenasy, E. 1896. Beiträge zur Erklärung des Saftsteigens. *Verh. Naturhist.-Med. Ver. Heidelberg* 5: 429–448.

Backman, G. 1942. Das Wachstum der Bäume. *Wilhelm Roux' Archiv f. Entwicklungsmechanik d. Organismen* 141: 455–499.

Backman, G. 1943. *Wachstum und organische Zeit.* Leipzig: Barth.

Bailey, I. W. 1920. Form and growth of trees. *Botanical Gazette* 70: 169–172.

Beck, H. et al. (Hrsg.) 2004. *Zur Geschichte der Gleichung „germanisch – deutsch".* Berlin: de Gruyter.

Berg, Å. 1927. Möjligheterna för en absolut postglacial kronologie. *Fornvännen* 22: 137–142.

Berglund, M. 2004. Holocene shore displacement. *Boreas* 33: 48–60.

Bergwik, S. 2014. A Fractured Position in a Stable Partnership: Ebba Hult, Gerard De Geer, and Early Twentieth Century Swedish Geology. *Science in Context* 27: 423–451.

Berlage, H. P. 1931. Über die dreijährige Klimaschwankung in der Jahresringbildung des Djatiholzes auf Java. *Gerlands Beitr. z. Geophysik* 32: 223–225.

Bigelow, F. H. 1895. The connection between the sun spots and the weather. *Monthly Weather Review* 23: 91 f.

Billamboz, A. 1992. Bausteine einer lokalen Jahrringchronologie des Federseegebiets. *Fundberichte aus Baden-Württemberg* 17/1: 293–306.

Billamboz, A. 2004. Dendrochronology in lake-dwelling research. In: Menotti, Francesco (Hrsg.): *Living on the lake in prehistoric Europe* (S. 117–131). London: Routledge.

Billamboz, A. 2004/05. Die Wasserburg Buchau im Jahrringkalender. *Plattform* 13/14: 97–105.

Björck, S. et al. 1987. A magnetostratigraphic comparison between 14C years and varve years. *J. of Quaternary Science* 2: 133–140.

Boehm, J. 1889. Ursache des Saftsteigens. *Ber. Dt. Bot. Ges.* 7: 46–56.

Boehm, J. 1893. Capillarität und Saftsteigen. *Ber. Dt. Bot. Ges.* 11: 203–212.

Bollmus, R. 2002. Das „Amt Rosenberg", das „Ahnenerbe" und die Prähistoriker. In: A. Leube (Hrsg.), *Prähistorie und Nationalsozialismus* (S. 21–48). Heidelberg: Synchron-V.

Bowman, I. 1933. Correlation of sedimentary and climatic records. *Proc. of the Nat. Acad. of Science USA* 19: 376–388.

Boygle, J. 1993. The Swedish varve chronology – a review. *Progress in Physical Geography* 17: 1–19.

Bozay, K. 2001. *Exil Türkei – Ein Forschungsbeitrag zur deutschsprachigen Emigration in der Türkei (1933–1945).* Münster: LIT.

Bräthen, A. 1993. A dendrochronological project on Gotland. In: M. Gläser, M. (Hrsg.), *Archäologie des Mittelalters und Bauforschung im Hanseraum* (S. 497–504). Rostock: Reich.

Buesgen, M. 1917. *Bau und Leben unserer Waldbäume.* Jena: G. Fischer.

Cato, I. 1987. On the definitive connection of the Swedish time scale with the present. *Sveriges Geologiska Undersökning Ca68:* 1–55.

Cato, I. 1998. Ragnar Lidén's postglacial varve chronology from the Ångermanälven valley, northern Sweden. *Sveriges Geologiska Undersökning Ca88:* 1–82.

Chambers, F. 1881. Abnormal variations of barometric pressure in the tropics, and their relation to sun spots, rainfall and famine. *Nature* 23: 88–91, 107–110, 399 f.

Christiansen-Weniger, F. 1930. Die Weizen Anatoliens. *Der Züchter* 2: 269–276.

Christiansen-Weniger, F. 1931. Sammelreise in Polen. *Der Züchter* 3: 61–76.

Christiansen-Weniger, F. 1981. *Jahrgang 1897. Bürger in vier deutschen Staaten.* Eckernförde: Selbstverlag.

Copeland, E. B. 1902. The rise of the transpiration stream: An Historical and Critical Discussion. *Botanical Gazette* 34: 161–193.

Coster, C. 1927. *Zur Anatomie und Physiologie der Zuwachszonenund Jahrringbildung in den Tropen.* Proefschrift [Diss., dt.], Univ. Wageningen. Leiden: Brill.

Credner, W. 1921. De Geer's Geochronologie der Spät- und Postglazialzeit. *51. Ber. d. Senckenbergischen Naturforschenden Ges. H.* 3: 113–134.

Daston L. 2001. *Wunder, Beweise und Tatsachen.* Frankfurt: Fischer TB.

De Geer, E. H. 1931. Geokronologi och biokronologi. En jamförande studie. *Ymer* 51: 249–312.

De Geer, E. H. 1935. Prehistoric bulwark in Gotland biochronologically dated. *Geografiska Annaler* 17: 501–531.

De Geer, E. H. 1936a. Biochronology. *Scottish Geogr. Magazine* 52: 145–157.

De Geer, E. H. 1936b. Jahresringe und Jahrestemperatur – eine Warenstudie. *Geografiska Annaler* 18: 277–297.

De Geer, G. 1884/85. [Bericht v. 5. Januar 1884]. *Geologiska Föreningens i Stockholm Förhandlingar* 7: 3 und ders. 1885. [Bericht v. 6. Februar 1885], ebd., 7: 512–513.

De Geer, G. 1912. Geochronologie der letzten 12 000 Jahre. *Geologische Rundschau* 3: 457–471.

De Geer, G. 1926. On the solar curve: As dating the ice age, the New York moraine, and Niagara Falls through the Swedish Time Scale. *Geografiska Annaler* 8: 253–283.

De Geer, G. 1927. Schwankungen der Sonnenstrahlung seit 18 000 Jahren. Geologische Rundschau 18: 417–454.

De Geer, G. 1934. Geology and geochronology. *Geografiska Annaler* 16: 1–52.

De Geer, G. 1935. Teleconnections contra so-called telecorrelations. *Geologiska Föreningens i Stockholm Förhandlingar* 57: 341–346.

De Geer, G. 1940. *Geochronologia Suecica principles.* Kungl. Svenska Vetanskapsakademiens Handlingar 18 (6). Stockholm: Almqvist & Wiksells.

Deichmann, U. 2006. Botanik und Zoologie. In: W. Eckart, V. Sellin, E. Wolgast (Hrsg.), *Die Universität Heidelberg im Nationalsozialismus* (S. 1193–1211). Berlin: Springer.

Dewey, E. R., E. F. Dakin. 1947. *Cycles: The science of prediction.* New York: Holt.

Dixon, H. H. 1909. Transpiration and the ascent of sap. *Progressus Rei Botanicae* 3: 1–66.

Douglass, A. E. 1919. Climatic cycles and tree growth: A study of the annual rings of trees in relation to climate and solar activity. Vol. I. *Carnegie Inst. of Washington, Publ. No. 289.*

Douglass, A. E. 1928. Climatic cycles and tree growth: A study of the annual rings of trees in relation to climate and solar activity. Vol. II. *Carnegie Inst. of Washington, Publ. No. 289.*

Douglass, A. E. 1936. Climatic cycles and tree growth: A study of the annual rings of trees in relation to climate and solar activity, Vol. III, *Carnegie Inst. of Washington, Publ. No. 289.*

Eckardt, W. 1918. Was sagen Jahresringbildung und Jahresringlosigkeit des fossilen Baumwuchses über das Klima der geologischen Perioden? *Die Naturwissenschaften* 6: 114–116.

Eddelbüttel, H. 1935. Zur Altersbestimmung von Eiben. *Mitt. d. Dt. Dendrologischen Ges.* 47: 147–154.

Eickhoff, M. 2005. German archaeology and national socialism. Some historigraphical remarks. *Archaeological Dialogues* 12: 73–90.

Eide, E. 1926. Om sommervarmens innflydelse på ärringbreden. *Meddeleser Norske Skogforsøksvesen* 7: 87–104.

Engler, A. 1918. *Tropismen und exzentrisches Dickenwachstum der Bäume.* Ein Beitrag zur Physiologie und Morphologie der Holzgewächse. Zürich: Beer.

Erlandsson, S. 1936. *Dendro-chronological studies.* Dissertation, Univ. Uppsala.

Farmer, J. B. 1918. On the quantitative differences in the water-conductivity of the wood in trees and shrubs. Part I. *Proc. Royal Soc. London,* Ser. B, 90: 218–232.

Fietz, A. 1926. Prähistorische Holzkohlen aus der Umgebung Brünns. I. Teil. *Planta* 2: 414–423.

Fisher, R. A. 1925. *Statistical methods for research workers*. Edinbourgh: Oliver & Boyd.

Flachowsky, S. 2008. *Von der Notgemeinschaft zum Reichsforschungsrat*. Stuttgart: Steiner.

Flury, P. 1924. Über Altersbestimmung mittels Jahrringzählung. *Allg. Forst- und Jagd-Zeitung* 100: 352–355.

Friedman, M. 1948. [Review]. *J. of the Amer. Statistical Ass.* 43: 139–141.

Friedrich, J. 1890. Zuwachsmesser. *Centralbl. ges. Forstwesen* 16: 174–176.

Friedrich, J., 1905. Zuwachsautograph. *Centralbl. ges. Forstwesen* 31: 456–461.

Fromm, E. 1970. An estimation of errors in the Swedish varve chronology. In: I. U. Olsson, (Hrsg.) *Nobel Symposium 12* (S. 163–172). Stockholm: Wiley.

Gassner, G., E. Christiansen-Weniger. 1942. Dendroklimatologische Untersuchungen über die Jahresringentwicklung der Kiefern in Anatolien. *Nova Acta Leopoldina* N. F. 12.

Gigerenzer, G., R. Selten (Hrsg.) 2001. *Bounded rationality, the adaptive toolbox*. Dahlem Workshop Reports. Cambridge/MA: MIT Press.

Glasneck, J. 1966. Methoden der deutsch-faschistischen Propagandatätigkeit in der Türkei während des Zweiten Weltkriegs. *Wiss. Beitr. Martin-Luther-Univ. Halle-Wittenberg*, Bd. 12.

Goebel, K. 1913. *Organographie der Pflanzen*. Jena: Fischer.

Grossenbacher, J. G. 1915. The periodicity and distribution of radial growth in trees and their relation to the development of „annual“ rings. *Transactions Wisconsin Acad. of Sci., Arts, and Letters* 43: 1–77.

Grothusen, K.-D. (Hrsg.) 1987. *Der Scurla Bericht. Die Tätigkeit deutscher Hochschullehrer in der Türkei 1933–1945*. Frankfurt: Dağyeli.

Grüttner, M. 2003. Die deutschen Universitäten unter dem Hakenkreuz. In: J. Connelly, M. Grüttner (Hrsg.), *Zwischen Autonomie und Anpassung: Universitäten in den Diktaturen des 20. Jahrhunderts* (S. 67–100). Paderborn: Schöningh.

Heim, S. 2004. Naturkautschuk im Zweiten Weltkrieg. Boom und Scheitern eines Forschungsprojekts. *Theresienstädter Studien und Dokumente* 11: 261–305.

Heske, F. 1938. *German Forestry*. New Haven: Yale Univ. Press.

Heske, F. 1938/39. [Kolonialforstlicher Einführungskurses in Tharandt am 13.12.1937] *Kolonialforstliche Mitt.* 1: 1–3.

Heuss, A. 2000. *Kunst- und Kulturraub. Eine vergleichende Studie zur Besatzungspolitik der Nationalsozialisten in Frankreich und der Sowjetunion*. Heidelberg: Winter.

Höfler, K. 1931. Plasmolyseverlauf und Wasserpermeabilität. *Protoplasma* 12: 565–579.

Hofmann, E. 1926. Die prähistorischen Holzfunde des Hallstätter Ortsmuseums. *Öst. Bot. Z.* 75: 206–214.

Holdheide, W. 1941. Über zwei Funde prähistorischer Holzkohlen. *Ber. Dt. Bot. Ges.* 59: 85–98.

Holdheide, W., B. Huber, O. Stocker. 1936. Eine Feldmethode zur Bestimmung der momentanen Assimilationsgröße von Landpflanzen. *Ber. Dt. Bot. Ges.* 54: 168–188.

Holtermann, C. 1907. *Der Einfluss des Klimas auf den Bau der Pflanzengewebe. Anatomisch-physiologische Untersuchungen in den Tropen*. Leipzig: Engelmann.

Huber, B. 1921. Zur Biologie der Torfmoororchidee *Liparis loeselii* Rich. *Sitz. berichte d. Akad. d. Wiss. Wien*, Math.-Nat. Kl., Abt. I, 130: 307–328.

Huber, B. 1923. Transpiration in verschiedener Stammhöhe. I. Sequoia-gigantea. *Z. f. Botanik* 15: 465–501.

Huber, B. 1925. Die Beurteilung des Wasserhaushaltes der Pflanze. Ein Beitrag zur vergleichenden Physiologie. *Jb. f. Wiss. Botanik* 64: 1–120.

Huber, B. 1928. Weitere quantitative Untersuchungen über das Wasserleitungssystem der Pflanzen. *Jb. f. Wiss. Botanik* 67: 877–959.

Huber, B. 1932. Beobachtung und Messung pflanzlicher Saftströme. *Ber. Dt. Bot. Ges.* 50: 89–109.

Huber, B. 1935a. *Der Wärmehaushalt der Pflanzen*. München: Datterer.

Huber, B. 1935b. Die physiologische Bedeutung der Ring- und Zerstreutporigkeit. *Ber. Dt. Bot. Ges.* 53: 711–719.

Huber, B. 1937: *Methoden, Ergebnisse und Probleme der neueren Baumphysiologie*. Ber. Dt. Bot. Ges. 55, (47)–(62).

Huber, B. 1938. [Rezension W. S. Glock, 1937]. *Z. f. Botanik* 32: 489–491.

Huber, B. 1941. Aufbau einer mitteleuropäischen Jahrring-Chronologie. *Mitt. Hermann-Göring Akad. Dt. Forstwissenschaft* 1: 109–125.

Huber, B. 1943. Über die Sicherheit jahrringchronologischer Datierung. *Holz als Roh- und Werkstoff* 6: 263–268.

Huber, B. 1945. *An der Schwelle zweier Jahrtausende. Erlebnisse und Betrachtungen eines Zeitgenossen*. München [Typoskript, unveröff.; Depositum H.H. Rump].

Huber, B. 1948. Kurzer Bericht über botanische Auslandsliteratur der Kriegs- und Nachkriegsjahre. *Forstwiss. Centralblatt* 67: 315–319.

Huber, B. 1951. Mikroskopische Untersuchung von Hölzern. In: H. Freund (Hrsg.), *Handbuch der Mikroskopie in der Technik*, Bd. 5, T. (S. 79–192). Frankfurt/M.: Umschau.

Huber, B. 1956. Die Gefäßleitung. In: W. Ruhland (Hrsg.), *Handbuch der Pflanzenphysiologie*, Bd. 3 (S. 541–582). Berlin: Springer.

Huber, B. 1958. Anatomical and physiological investigations on food translocation in trees. In: K. Thimann, W. Critchfield, M. Zimermann (Hrsg.), *The physiology of forest trees* (S. 367–379). New York: Ronald Press.

Huber, B. 1961. *Grundzüge der Pflanzenanatomie*. Berlin: Springer.

Huber, B., V. Giertz-Siebenlist. 1998. Nachträge zur Dendrochronologie der „Wasserburg Buchau“. *Forsch. u. Ber. zur Vor- und Frühgesch. in BW* 68: 87–89.

Huber, B., K. Höfler. 1930. Die Wasserpermeabilität des Protoplasmas. *Jb. f. Wiss. Botanik* 73: 351–511.

Huber, B., W. Holdheide. 1942. Jahrringchronologische Untersuchungen an Hölzern der bronzezeitlichen Wasserburg Buchau am Federsee. *Ber. Dt. Bot. Ges.* 60: 261–283.

Huber, B, G. Prütz. 1938. Über den Anteil von Fasern, Gefäßen und Parenchym am Aufbau verschiedener Hölzer. *Holz als Roh- und Werkstoff* 1: 377–381.

Huber, B., E. Rouschal. 1938. Anatomische und zellphysiologische Beobachtungen am Siebröhrensystem der Bäume. *Ber. Dt. Bot. Ges.* 56: 380–391.

Huber, B., E. Schmidt. 1936. Weitere thermoelektrische Untersuchungen über den Transpirationsstrom der Bäume. *Tharandter Forstl. Jb.* 87: 369–412.

Huber, B., E. Schmidt. 1939. Die mittelalterlichen Holzfunde der Wasserburg Obergöltzsch bei Rodewisch. *Tharandter Forstl. Jb.* 90: 146–154.

Hufnagel, F. 1937. Die Einbäume des Federseemoores. *Germanen-Erbe* 2: 52–55.

Huß, W. 1944. *Jahresringuntersuchungen an Acacia giraffae und Copaifera coleosperma und ihre Auswertung für die Frage einer Klimaänderung in Südwestafrika*. Dissertation, TH Stuttgart.

Ihlen, N. 1945. Asbjørn Ording. Emner fra skogforskningen. *Tidsskrift for Skogbruk* 53: 141–145.

Ilsley, L. 1934. The administration of mandates by the British Dominions. *The Amer. Political Science Review* 28: 287–302.

Jaccard, P. 1915. Neue Untersuchungen über die Ursachen des Dickenwachstums der Bäume. *Naturwiss. Z. Forst- und Landw.* 13: 321–359.

Jaccard, P. 1916. Was wissen wir vom Dickenwachstum der Bäume? *Schweiz. Z. f. Forstwesen* (o. Bd.): 1–26.

Jaccard, P. 1919. [Kurzfassung „Nouvelles recherches…"]. *Bot. Centralbl.* 141: 330 f.

Jaccard, P. 1934. Über Versuche zur Bestimmung der Zellsaftkonzentration in der Kambialzone bei exzentrischem Dickenwachstum II. *Jb. f. Wiss. Botanik* 81: 35–58.

Jaccard, P. 1938. Exzentrisches Dickenwachstum und anatomisch-histologische Differenzierung des Holzes. *Ber. d. Schweiz. Bot. Ges.* 48: 491–537.

Jacob, F. 1972. *Die Logik des Lebenden*. Frankfurt: S. Fischer.

Jahn, I. (Hrsg.) 2004. *Geschichte der Biologie*. 3. Aufl. Heidelberg: Spektrum.

Jankuhn, H. 1941. Der deutsche Beitrag zur Erforschung der Wikingerzeit. *Forschungen und Fortschritte* 17: 181–186.

Jankuhn, H. 1943. *Die Ausgrabungen in Haithabu (1937–1939) – Vorläufiger Grabungsbericht*. Berlin: Ahnenerbe–Stiftung Verl.

Kapteyn, J. C. 1912. Definition of the correlation-coefficient. *Monthly Notices of the Royal Astron. Soc.* 72: 518–525.

Kapteyn, J. C. 1914. Tree-growth and meteorological factors. *Recueil des Travaux Botaniques Neerlandais* 11: 70–93.

Kelso, C., C. Vogel. 2007. The climate of Namaqualand in the nineteenth century. *Climatic Change* 83: 357–380.

Kershaw, I. 2002. *Hitler 1889–1936 und 1936–145*. München: dtv.

Kertz, W., P. Albrecht. 1995. *Technische Universität Braunschweig: Vom Collegium Carolinum zur technischen Universität, 1745–1995*. Hildesheim: Olms.

Kimball, H. H. 1901. Sunspots and the weather. *Monthly Weather Review* 29: 248 f.

Kimmig, W. 1992. *Die „Wasserburg" Buchau – eine spätbronzezeitliche Siedlung*. Stuttgart: Theiss.

Kisser, J. 1937. Untersuchungen von Holzfunden aus dem Bergbaugebiet der Kelchalpe bei Kitzbühel, Tirol. *Mitt. d. Prähist. Kommission der Akad. d. Wiss. Wien* 3: 120–130.

Klebs, G. 1903. *Willkürliche Entwicklungsänderungen bei Pflanzen*. Jena: G. Fischer. Online: Urn:nbn:de:hebis:30:3–91599. Zugegriffen: 24.11.2017.

Klebs, G. 1911. Über die Rhythmik in der Entwicklung der Pflanzen. *Ber. d. Heidelberger Akad. d. Wiss., Math.-Naturwiss. Kl.*, 23. Abhdl.: 31–84.

Klebs, G. 1914. Über das Treiben der einheimischen Bäume, speziell der Buche. *Ber. d. Heidelberger Akad. der Wiss., Math.-Naturwiss. Kl.*, 3. Abhdl.: 1–116.

Knuchel, H. 1933. Über Zuwachsschwankungen. *Schweiz. Z. f. Forstwesen* 84: 261–272 und 369–380.

Knuchel, H., W. Brückmann. 1930: Holzzuwachs und Witterung. *Forstwiss. Centralbl.* 52: 380–403.

Köppen, W. 1928. Zum Aufsatz von Prof. G. de Geer: Schwankungen der Sonnenstrahlung seit 18000 Jahren. *Geol. Rundschau* 19: 314 f.

Kossian, R. 2003. The Neolithic settlement site „Hunte I" near lake Dümmer, in Diepholz District (Lower Saxony, Germany) – a survey. In: A. Bauerochse, H. Haßmann (Hrsg.), *Peatlands. Proceedings of the peatland conference 2002 in Hannover* (S. 78–88). Rahden: Leidorf.

Kossian, R. 2007. Hunte 1. Ein mittel- bis spätneolithischer und frühbronzezeitlicher Siedlungsplatz am Dümmer, Ldkr. Diepholz (Niedersachsen). Die Ergebnisse der Ausgrabungen des Reichsamtes für Vorgeschichte in den Jahren 1938 bis 1940. *Veröff. d. archäol. Sammlungen des Landesmuseums Hannover* 52: 51 f., 34 f. und 545–549.

Kossinna, G. 1896. Die vorgeschichtliche Ausbreitung der Germanen in Deutschland. *Z. d. Ver. f. Volkskunde* 6: 1–14.

Kössler, F., E. Höxtermann. 1999. Zur Geschichte der Botanik in Berlin und Potsdam. Wandel und Neubeginn nach 1945. In: Dies. (Hrsg.), *Zur Geschichte der Botanik in Berlin und Potsdam. Wandel und Neubeginn nach 1945* (S. 159–161). Berlin: Verlag Wiss.- und Regionalgeschichte.

Krahl-Urban, J. 1939. *Untersuchungen über den Jahrringbau der Eichen im Preußischen Forstamt Freienwalde*. Neudamm: J. Neumann.

Lemhöfer, D., Z. Rozsnyay. 1985. *Leben und Werk von Franz Heske*. Göttinger Beitr. Land- u. Forstwirtsch. i. d. Tropen u. Subtropen, H. 9. Göttingen: Inst. Pflanzenbau.

Leube, A. (Hrsg.) 2002. *Prähistorie und Nationalsozialismus*. Heidelberg: Synchron.

Leube, A., 2004. *Ringvorlesung: Die Berliner Universität unterm Hakenkreuz* II, T. 1. https://www.geschichte.hu-berlin.de/en/forschung-und-projekte-en-old/foundmed/dokumente/forschung-und-projekte/ns-zeit/ringvorlesung/teilIIordner/4februar. Zugegriffen: 23.11.2017.

Leuschner, H.-H., A. Bauerochse, A. Metzler. 2007. Environmental change, bog history and human impact around 2900 B.C. in NW Germany. *Vegetation History and Archaeobotany* 16: 183–195.

Linne, K. 2003. Aufstieg und Fall der Kolonialwissenschaften im Nationalsozialismus. *Ber. z. Wissenschaftsgesch.* 26, 275–284.

Lüdi, W. 1938. Alter, Zuwachs und Fruchtbarkeit der Fichten (Picea excelsa) im Alpengarten Schinigeplatte. *Schweiz. Z. f. Forstwesen* 89: 104–110.

Lüttge, U., E. Fischer-Schliebs, S. Schneckenburger (Hrsg.) 2005. *Botanik an der Technischen Universität Darmstadt 1814–1970*. Darmstadt: TUD.

Lyon, C. J. 1939. Objectives and methods in New England tree-ring studies. *Tree-Ring Bulletin* 5 (4): 27–30.

MacDougal, D. T. 1921. Growth in trees. *Carnegie Institution of Washington, Publ. No. 307*.

Mahsarski, D. 2011. *Herbert Jankuhn (1905–1990)*. Rahden: Leidorf.

Mallock, A. 1918. Growth of trees, with a note on interference bands formed by rays at small angles. *Proc. of the Royal Soc. London*, Ser. B, 90: 186–199.

Mang, G. 1953. *Alfons Huber*. Dissertation, Univ. Wien [ders., 2. Aufl. 2010, bereitgestellt von M. Huber].

Marshall, R. 1927. Influence of precipitation cycles on forestry. *J. of Forestry* 25: 415–429.

Maurins, A. 1995. G. Backman's conception of organic time and the experience of its application. In: A. P. Levich (Hrsg.), *On the way to understanding the time phenomenon: The constructions of time in natural science* (S. 47–56), Part 1. Singapore: World Scientific Publ.

McGregor, J. C. 1933. Das Einzeiten nach Jahresringen (Dendro-Chronologie). *Natur und Museum* 63: 397–404.

Meducki, S. 2002. Agrarwissenschaftliche Forschungen in Polen während der deutschen Okkupation. In: S. Heim (Hrsg.), *Autarkie und Ostexpansion. Pflanzenzucht und Agrarforschung im Nationalsozialismus* (S. 233–249). Göttingen: Wallstein.

Mehrtens, H. 1994. Kollaborationsverhältnisse: Natur- und Technikwissenschaften im NS-Staat und ihre Historie. In: C. Meinel, P. Voswinckel (Hrsg.), *Medizin, Naturwissenschaft, Technik und Nationalsozialismus. Kontinuitäten und Diskontinuitäten* (S. 13–32). Stuttgart: GNT.

Mertens, L. 2004. *„Nur politisch Würdige". Die DFG-Forschungsförderung im Dritten Reich 1933–1937*. Berlin: Akademie-Verlag.

Metzler, A. 2003. Early Neolithic peatland sites around lake Dümmer. In: A. Bauerochse, H. Haßmann (Hrsg.), *Peatlands. Proceedings of the peatland conference 2002 in Hannover* (S. 62–67). Rahden: Leidorf.

Michaelsen, K. 1938. Germanische Moorstrassen. *Germanen-Erbe* 3: 66–79.

Milthers, V. 1927. On the so-called gothi-glacial limit in Denmark. Critical observations concerning de Geer: On the solar curve. *Geografiska Annaler* 9: 162–172.

Molisch, H. 1929. *Die Lebensdauer der Pflanze.* Jena: G. Fischer.

Moltke, H. J. v. 1991. *Briefe an Freya 1939–1945.* München: Beck.

Moore, W. L. 1903. [Sun spots]. *Monthly Weather Review* 31: 424.

Müller, K. 1916. Untersuchungen an badischen Hochmooren. *Naturwiss. Z. f. Land- und Forstwirtschaft* 14: 36–42.

Müller-Stoll, H. 1951. *Vergleichende Untersuchungen über die Abhängigkeit der Jahrringfolge von Holzart, Standort und Klima.* Bibliotheca Botanica (S. 1–93), H. 122. Stuttgart: Schweizerbart.

Müller-Stoll, W. R. 1936. Untersuchungen urgeschichtlicher Holzreste nebst Anleitung zu ihrer Bestimmung. *Prähistorische Z.* 27: 3–57.

Nägeli, W. 1935. Aussetzende und auskeilende Jahrringe. *Schweiz. Z. f. Forstwesen* 86: 209–215.

Nash, S. E. 1999. *Time, trees, and prehistory. Tree-Ring dating and the development of North American archeology, 1914–1950.* Salt Lake City: Univ. of Utah Press.

Nicault, A. et al. 2008. Mediterranean drought fluctuation during the last 500 years based on tree-ring data. *Climate Dynamics* 31: 227–245.

Oberkofler, G., P. Goller. 1991. Die Botanik an der Universität Innsbruck (1860–1945). *Veröff. d. Univ. Innsbruck* No. 179: 22–24 u. 145–147.

Ording, A. 1941. Årringanalyser på gran og furu. *Meddeleser Norske Skogforsøksvesen* 25: 293–296.

Overbeck, F. 1939. *Die Moore Niedersachsens in geologisch-botanischer Betrachtung.* Oldenburg: Stalling.

Paret, O. 1941. Der Untergang der Wasserburg Buchau. *Fundberichte aus Schwaben* 10: 1–50.

Paret, O. 1941/42. Wehrpalisade oder Dorfzaun? *Prähistorische Z.* 32/33: 366–369.

Perfiliev, B. W. 1929. Zur Mikrobiologie der Bodenablagerungen. *Verh. Int. Ver. d. Theor. u. Angew. Limnologie* 4: 107–143.

Pflüger, E. 1877. Die teleologische Mechanik der lebendigen Natur. *Archiv f. d. ges. Physiologie des Menschen u. d. Tiere* 15: 57–103.

Pichler, T., K. Nicolussi, G. Goldenberg. 2009. Dendrochronological analysis and dating of wooden artefacts from the prehistoric coppermine Kelchalm/Kitzbühel (Austria). *Dendrochronologia* 27: 87–94.

Randsborg, K., K. Christensen. 2006. Bronze age oak-coffin graves. *Acta Archaeologica* 77: 165.

Reinerth, H. 1923. *Die Chronologie der jüngeren Steinzeit in Süddeutschland.* Augsburg: Filser.

Reinerth, H. 1936a. Süddeutschlands nordisch-germanische Sendung. *Germanen-Erbe* 1: 203–209.

Reinerth, H. 1936b. Unser Weg. *Germanen-Erbe* 1: Vorwort.

Reinerth, H. 1937. Das politische Bild Alteuropas. *Germanen-Erbe* 2, 66–75.

Reinerth, H. 1939. Ein Dorf der Großsteingräberleute. *Germanen-Erbe* 4: 226–242.

Reinerth, H. 1940. Die Jahrring- und Warwenforschung. Ein neuer Weg zur relativen und absoluten Chronologie der vor- und frühgeschichtlichen Zeit. *Mannus* 32: 527–570.

Renner, O. 1911. Experimentelle Beiträge zur Kenntnis der Wasserbewegung. *Flora* 103: 171–248.

Rheinberger, H.-J. 2001. *Experimentalsysteme und epistemische Dinge.* Göttingen: Wallstein.

Rönnby, J., J. Adams. 2006. Identity, threat and defiance: interpreting the „bulwork", a 12th century lake building on Gotland, Sweden. *J. of Maritime Archaeology* 1: 170–190.

Rouschal, E. 1941. Untersuchungen über die Protoplasmatik und Funktion der Siebröhren. *Flora* 35: 135–200.

Rubner, H. 1997. *Deutsche Forstgeschichte 1933–1945.* 2. Aufl. St. Katharinen: Scripta Mercaturae.

Ruden, T. 1945. En vurdering av anvendte arbeidsmetoder innen trekronologi og årringanalyse. *Meddelangen fra det Norske Skogforsoksvaesen* 9 (32): 181–267.

Rump, H. H. 2011. *Bruno Huber (1899–1969) – Botaniker und Dendrochronologe.* TU Dresden, Forstwissenschaftliche Beiträge Tharandt, H. 32.

Sander, M. 2003. *Climatic signals and frequencies in the Swedish Time Scale, River Ångermanälven, Central Sweden,* Annex IV. Dissertation, Univ. Lund.

Sauramo, M. 1918. Geochronologische Studien über die spätglaziale Zeit in Südfinnland. *Fennia* 41(1): 1–44.

Sauramo, M. 1924. Studies on the quaternary varve sediments in Southern Finland. *Fennia* 44 (1): 1–164.

Sauramo, M. 1944. Gerard Jakob de Geer. (Sitzungsbericht vom 21. Feb. 1944). *Societas Scientiarium Fennica Årsbok* 22 C: 2–10.

Schnapp, A. 2003. L'autodestruction de l'archéologie allemande sous la régime nazi. Viengtième Siècle. *Revue d'Histoire* 78: 101–109.

Schöbel, G. 1999. Bad Buchau: die „Wasserburg". *Archäologie in Deutschland,* H. 1: 38 f.

Schöbel, G. 2002. Hans Reinerth: Forscher–NS–Funktionär–Museumsleiter. In: A. Leube (Hrsg.), *Prähistorie und Nationalsozialismus* (S. 321–396). Heidelberg: Synchron.

Schove, D. J., R. Fairbridge. 1983. Swedish chronology revisited. *Nature* 304: 583.

Schulman, E. 1936. Tree-rings and cycle analysis. *Tree-Ring Bulletin* 2: 19–22.

Schulman, E. 1945. Runoff histories in tree rings of the Pacific slope. *Geographical Review* 35: 59–73.

Schuster, E. 2002. Chronik der Tharandter forstlichen Lehr- und Forschungsstätte 1811–2000. *Forstw. Beitr. Tharandt,* Beiheft 2.

Schwarzbach, M. 1974. *Das Klima der Vorzeit.* 3. Aufl. Stuttgart: Enke.

Söding, H. 1936. Über den Einfluß von Wuchsstoff auf das Dickenwachstum der Bäume. *Ber. Dt. Bot Ges.* 54: 291–303.

Stahl, E. 1904. *Mexikanische Nadelhölzer.* Jena: Fischer.

Steudle, E. 2001. The cohesion-tension mechanism and the acquisition of water by plant roots. *Ann. Rev. Plant Physiol. Plant Mol. Biol.* 52: 847–875.

Steuer, H. 1992. Herbert Jankuhn (1905–1990). *Jb. d. Akad. d. Wiss. in Göttingen* (S. 208–216). Göttingen.

Steuer, H. 1997. Gedenkrede für Herbert Jankuhn am 21. November 1991 in Göttingen. In: H. Beck, H. Steuer (Hrsg.), *Haus und Hof in ur- und frühgeschichtlicher Zeit* (S. 547–568). Abh. d. Akad. d. Wiss. Göttingen, Phil.-Hist. Kl., H. 218.

Steuer, H. (Hrsg.) 2001. *Eine hervorragend nationale Wissenschaft. Deutsche Prähistoriker zwischen 1900 und 1995.* Berlin: de Gruyter.

Steuer, H. 2004. Das „völkisch" Germanische in der deutschen Ur- und Frühgeschichtsforschung. In: H. Beck et al. (Hrsg.), *Zur Geschichte der Gleichung „germanisch – deutsch". Sprache und Namen, Geschichte und Institutionen* (S. 357–502). Berlin: de Gruyter.

Strobel, M. 2000. *Die Schussenrieder Siedlung Taubried I (Bad Buchau, Kr. Biberach).* Stuttgart: Theiss.

Tansley, A. G. 1935. The use and abuse of vegetational concepts and terms. *Ecology* 16: 285–307.

Tötzke, C. 2008. *Untersuchungen über den Zustand tensilen Wassers.* Dissertation, FU Berlin. Online: http://nbn-resolving.de/urn:nbn:de:kobv:188-fudissthesis000000009525-7. Zugegriffen: 24.11.2017.

Touchan, R. et al. 2005. Reconstructions of spring/summer precipitation for the Eastern Mediterranean from tree-ring widths and its connection to large-scale atmospheric circulation. *Climate Dynamics* 25: 75–98.

Townsend, M. E. 1938. The German colonies and the Third Reich. *Political Science Quarterly* 53: 186–206.

Tyree, M. T., M. H. Zimmermann. 2002 (1983). *Xylem structure and the ascent of sap.* (Rev. ed.) Berlin: Springer.

Tyson, P. D. 1986. *Climatic change and variability in southern Africa.* Cape Town: Oxford Univ. Press.

UNESCO. 1952. *Arid zone programme* [literature review southwest and south Africa]. Paris: UNESCO.

Ursprung, A. 1900. *Beiträge zur Anatomie und Jahresringbildung tropischer Holzarten.* Dissertation, Univ. Basel.

Ursprung, A. 1913. Zur Demonstration der Flüssigkeitskohäsion. *Ber. Dt. Bot. Ges.* 31: 388–400.

Vedder, H. 1942. 100 Regenzeiten in Südwestafrika. *Afrikanischer Heimatkalender 1943* (S. 63–70). Windhoek.

Wall, E. 1998. Archäologische Federseestudien. *Forsch. u. Ber. z. Vor- und Frühgesch. in BW* 68: 11–76.

Walter, H. 1936. Die Periodizität von Trocken- und Regenjahren in Deutsch-Südwestafrika aufgrund von Jahresringmessungen an Bäumen. *Ber. Dt. Bot. Ges.* 54: 608–620.

Walter, H. 1937. Die ökologischen Verhältnisse in der Namib-Nebelwüste (Südwestafrika) unter Auswertung der Aufzeichnungen des Dr. G. Boss (Swakopmund). *Jahrb. f. Wiss. Botanik* 84: 58–222.

Walter, H. 1939a. Die biologischen Grundlagen der Kolonisation in Libyen. *Der Biologe* 7/8: 288–301.

Walter, H. 1939b. Ökologische Untersuchungen in Deutsch-Südwestafrika und ihre Bedeutung für die Farmwirtschaft. *Ber. Dt. Bot. Ges.* 57: (53)–(77).

Walter, H. 1940a. Die Jahresringe der Bäume als Mittel zur Feststellung der Niederschlagsverhältnisse in der Vergangenheit, insbesondere in Deutsch-Südwestafrika. *Die Naturwissenschaften* 28:607–612.

Walter, H. 1940b. *Die Farmwirtschaft in Deutsch-Südwestafrika.* Berlin: Parey.

Walter, H. 1989. *Bekenntnisse eines Ökologen.* 6. Aufl. Stuttgart: G. Fischer.

Wehler, H.-U. 2003. *Deutsche Gesellschaftsgeschichte.* Bd. 4. München: Beck.

Wenk, G., 1973. Mathematische Formulierung von Wachstumsprozessen. *Biometrische Z.* 15: 345–362.

Went, F. 1933. Die Bedeutung des Wuchsstoffes (Auxin) für Wachstum, photo- und geotropische Krümmungen. *Die Naturwissenschaften* 21: 1–7.

Wilhelm, K. 1918. Hölzer. In: J. v. Wiesner (Hrsg.), *Die Rohstoffe des Pflanzenreiches.* 3. Aufl., Bd. 2 (S. 277–829) Leipzig: Engelmann.

Wittke, W. 1940. *Bausteine zu einer mitteleuropäischen Jahrringchronologie.* Diplomarbeit, Forsthochschule Tharandt.

Wohlfahrt, B. 2000. AMS radiocarbon measurements from the Swedish varved clays. *Radiocarbon* 42: 323–333.

Yule, G. U. 1926. Why do we sometimes get nonsense-correlations between time-series? *J. of the Royal Statistical Soc.* 89: 1–63.

Yule, G. U. 1927. On a method investigating periodicities in disturbed series, with special reference to Wolfer's sunspot numbers. *Phil. Trans. Royal Soc. London,* Ser. A 226: 267–298.

Zimmermann, U. et al. 2004. Water ascent in tall trees: does evolution of land plants rely on a highly metastable state? *New Phytologist* 162: 575–615.

Zittwitz, J. 1939. *Untersuchungen zur Jahrringchronologie.* Diplomarbeit Forsthochschule Tharandt.

Zon, R. 1938. New trends in German forestry. *Science* 88: 259–261.

Inhaltsverzeichnis

In den Vereinigten Staaten stellte das Kriegsende für die Jahrringforschung keinen so starken Bruch dar wie in Mitteleuropa, und auch während der ersten Nachkriegsjahre zeigte sich – vor allem am Laboratory of Tree-Ring Research in Tucson – eine gewisse institutionelle Kontinuität. Von einem „Modernisierungsschub" lässt sich jedoch ähnlich wie in Europa während der ersten Nachkriegsjahre noch nicht sprechen. Ab 1950 erfolgte nach Formulierung neuer Arbeitsziele und Einführung verbesserter Methoden aber eine Umorientierung, vor allem bei der Verlängerung von Chronologien mit Hilfe der Borstenkiefer *(Pinus aristata)* und der Kooperation mit dem Radiokohlenstoffverfahren. In Europa schienen nach 1945 die bescheidenen Ansätze der Forschungsrichtung in Skandinavien weniger beeinträchtigt zu sein als in anderen Ländern, wo man sich mit dendrochronologischen Fragen nicht vor 1950 zu befassen begann. In Deutschland herrschte zunächst Stillstand: Bruno Huber wechselte 1946 von der TH Dresden zur Universität München und musste sich und seine Forschungsarbeit erst neu ausrichten. Fachlich gelang dies schneller als erwartet, weil die deutschen Forstinstitutionen kaum geschwächt waren und eine solide Arbeitsplattform boten. Auch neue und engagierte Mitarbeiter wurden mitentscheidend für eine positive Weiterentwicklung, weil sie

in einer Teildisziplin der Forstwissenschaften ein mögliches Sprungbrett für ihr Fortkommen sahen. Die finanzielle Unterstützung durch die DFG trug Hubers längerfristiges Forschungsprogramm ab 1949 mit, ihre Gutachter waren bei ihren Stellungnahmen mehrheitlich von ihm überzeugt.

Blickt man zurück auf den Beginn der modernen Entwicklung der Jahrringforschung während der 1950er-Jahre, die nur Teil der gesamten Modernisierung von Wissenschaft und Technik während dieser Zeit war, ist zu fragen, was unter dem Begriff der „wissenschaftlichen Moderne" subsumiert wird. Gemeinhin wurde sie mit rationalistischen und technozentrischen Prozessen in Verbindung gebracht, außerdem mit linearem Fortschritt und absolutem Wahrheitsanspruch, meist ohne die kulturellen Geltungsbedingungen der modernen Wissenschaft zu berücksichtigen. Max Weber hatte diese 1919 aber durchaus im Blick, als er davon sprach, es gebe von nun an keine geheimnisvollen und unberechenbaren Mächte mehr. Er nannte dies die „Entzauberung der Welt". In jüngster Zeit findet man Ansätze, die wichtigsten politischen, wirtschaftlichen, sozialen und kulturellen Ereignisse der Jahrzehnte nach 1900 als Antwort auf die zuvor aufgetretenen gesellschaftlichen Herausforderungen zu begreifen. Dies führte u. a. zu dem Vorschlag, die Phase zwischen 1890 und

© Springer-Verlag GmbH Deutschland, ein Teil von Springer Nature 2018
H. H. Rump, *Bäume und Zeiten – Eine Geschichte der Jahrringforschung*, https://doi.org/10.1007/978-3-662-57727-1_6

1980 mit ihrer Industrialisierung als „Epoche der Hoch-
moderne" zu deuten (Herbert 2007); (vgl. Knöbl 2012). Die
Debatte um „moderne Wissenschaft" kann hier nicht weiter vertieft werden, der Autor verweist stattdessen auf eine
Definition, welche die Gegebenheiten im 20. Jahrhundert
scharf umreißt:

> Modern science is a discovery as well as an invention. It was
> a discovery that nature generally acts regularly enough to
> be described by laws and even by mathematics; and required
> invention to devise the techniques, abstractions, apparatus, and
> organization for exhibiting the regularities and securing their
> law-like descriptions (Heilbron 2003, S. vii).

6.1 Das Laboratory of Tree-Ring Research: Neuausrichtung

Für die Entwicklung der Dendrochronologie am LTRR
während der 1950er-Jahre waren Edmund Schulman und
Terah Smiley von besonderer Bedeutung. Schulman (Straka
2008) steht dabei für die systematische Weiterentwicklung
der Dendroklimatologie mit Hilfe quantitativer Methoden, besonders aber für die Erkundung und Untersuchung
von bis zu 4000 Jahre alten Borstenkiefern in den White
Mountains im Osten Kaliforniens (vgl. Abb. 6.1). Smiley
war – ab 1954 gemeinsam mit Bryant Bannister – für die
kontinuierliche dendroarchäologische Arbeit des LTRR verantwortlich. Er vor allem führte nach dem plötzlichen Tod
Schulmans im Januar 1958 und dem gleichzeitigen Rückzug des fast 91-jährigen Douglass aus der Tagesarbeit das
LTRR mit Geschick bis 1960 weiter, welches ohne sein
Engagement als selbständige Einrichtung vermutlich kaum
überlebt hätte. Während dieser schwierigen Phase war
es von Vorteil, dass Smiley zugleich Leiter des Labors
für Geochronologie an der University of Arizona war
(Creasman et al. 2012;Davis 1997).

Im Januar 1945 hatte Schulman ein ehrgeiziges Ziel formuliert, als er den Blick auf die Möglichkeit einer globalen
Forschungsausrichtung des LTRR lenkte:

> The ultimate objectives of the studies at the Tree-Ring labora-
> tory are (1) the mapping through tree rings of the mean seaso-
> nal atmospheric fluctuations year by year, for many centuries,
> over the entire world in all forested regions and (2) the inter-
> pretation of such chronologies in terms of possible solar or
> other extraterrestrial forces and their use as aids in long-range
> weather forecasting (Schulman 1945, S. 61).

Nach Auffassung des Autors H.H.R. wäre jedoch bei Realisierung von Ziel (2) bald deutlich geworden, dass die
1919, 1928 und 1936 von Douglass ausgearbeiteten Zyklenstudien einer Nachprüfung durch neuere Methoden nicht
standgehalten hätten, ebenso wenig wie die von ihm und

Abb. 6.1 Edmund Schulman bei der Probennahme an einer Borstenkiefer *(Pinus aristata)* in den „White Mountains", Kalifornien. (Mit
freundlicher Genehmigung des ©Inyo National Forest/Bishop 2018.
All Rights Reserved.)

anderen häufig postulierte Übereinstimmung des Baumwachstums mit periodischen kosmischen Vorgängen.

Schulmans Maximalziele waren zu ehrgeizig, um
sie innerhalb weniger Jahre mit beschränkten Mitteln
auch nur annähernd zu erreichen, aber trotzdem gab es
beachtliche Erfolge, zunächst bei der systematischen
Verlängerung regionaler Chronologien und der Klimageschichte großer Flusseinzugsgebiete im amerikanischen
Westen. Hilfreich waren dabei die von Harold Gladwin
trotz vorheriger Querelen mit dem LTRR zur Verfügung
gestellten Douglasien-Hölzer aus ehemaligen Pueblosiedlungen des San-Juan-Gebietes (Schulman 1952a);
(ders. 1952b). An den Untersuchungen des Jahres 1952
beteiligte sich auch der Student Wesley Ferguson, der nach
1960 die Borstenkiefer-Chronologie auf über 7000 Jahre
verlängern und für die Kalibrierung der Radiokohlenstoffmethode verfügbar machen sollte. Auf seine Initiative ging

später auch die Nutzung der Jahrringe von Sträuchern wie *Artemisia tridentata* aus dem Innenausbau von Pueblogebäuden für ergänzende Datierungen zurück (Ferguson 1959, S. 25).[1] Wegweisend für die weitere Entwicklung der Dendroklimatologie wurde aber Schulmans Monographie über Klimaschwankungen in den Trockengebieten Nordamerikas, in der er auch die Forschungsergebnisse der Gruppe um Bruno Huber einfließen ließ. In seiner Einführung plädierte er für ein offenes Untersuchungsprogramm, um so auch die Entdeckung des hohen Alters von *Pinus aristata* und die aufstrebende C14-Methode für die Klimaforschung nutzbar zu machen. Solche Untersuchungen befänden sich trotz langer Vorarbeit erst noch in ihrer Anfangsphase:

> The overriding objective of this research has been the discovery and development of the longest significant chronologies of year-by-year rainfall and river flow obtainable from the annual growth-rings of the oldest suitable trees. [...] Since gage [gauge] records of rainfall, temperature, and river flow in this region are yet available in series only a few score years ago, at best, the significant extension of these series, if possible, for many centuries into the past by means of growth indices is obviously a prime desideratum (Schulman 1956, S. 7).

Die Bemühungen um erweiterte Klimatheorien sollten sich nach Schulmans Meinung aber nicht zu stark von komplexen biologischen Prozessen, etwa dem Kambiumwachstum, leiten lassen, eine Auffassung, der sein früherer Kollege Waldo Glock in einer Rezension heftig widersprach: „It is the biological approach, the detailed investigation of physiology and anatomy of tree growth, from which the most lasting achievements may be expected." Die Verlässlichkeit von Schulmans statistisch unterlegter Datenanalyse sei deshalb zweifelhaft („doubtful reliability"). (Glock 1957, S. 608).[2]

Einen weiteren wichtigen Schub für die internationale Reputation des LTRR gab es durch Labormessungen für Willard Frank Libby während seiner frühen Radiokohlenstoffanalysen, die eine Basis für eine dauerhafte Zusammenarbeit auch mit anderen C14-Labors darstellten. Libby hatte außer Hölzern von Befunden aus altägyptischen Kulturen auch zwei dendrochronologisch exakt datierte Proben aus Tucson untersucht und diese in seiner „Curve of Knowns" berücksichtigt. Die jüngere Probe war Teil des Pfostens einer einfachen Pueblounterkunft („pithouse") aus dem Red Rock Valley von Nordarizona mit einer Ringsequenz von 530 bis 623 AD. Die ältere – von Libby als

„redwood" bezeichnete Probe – stammte aus dem Stumpf eines 1874 gefällten und als „Centennial Tree" bekannt gewordenen Mammutbaums *(Sequoiadendron giganteum)* (Arnold und Libby 1949); (vgl. Leavitt und Bannister 2009, S. 375, 380), den Douglass schon 1946 beschrieben hatte. Hier zeigte sich die Übereinstimmung der C14-Aktivität im Innern des Baumes mit den vorliegenden Dendrodaten, ein Beleg für das Fehlen von Abbauvorgängen und einem Saftaustausch zwischen den Jahrringen. Auf Initiative des Chemikers Hans Suess aus La Jolla stellte das LTRR anschließend für ^{13}C-Isotopenversuche weitere datierte Holzproben zur Verfügung.

Schulman prüfte alle Messergebnisse auf ihre Korrelation mit eigenen Klimadaten und informierte anschließend Suess und die Nuklidforscher Willard F. Libby und Harold Urey in Chicago (Craig 1954). Erst nach Beginn eines LTRR-Forschungsprogramms zur Untersuchung von Borstenkiefern intensivierte sich die Zusammenarbeit mit den Fachleuten der Radiokohlenstoffmethode zum Vorteil für beide Seiten: Die Jahrringforscher konnten nun schneller als vorher den noch undatierten prähistorischen Hölzern ein vorläufiges Alter zuordnen, während die C14-Labors exakt datierte Proben für die Kalibrierung ihrer Methode erhielten. Zu den Schwierigkeiten bei der Standardisierung historischer C14-Daten in den 1950er- und 1960er-Jahren vgl. Abschn. 6.3.1, 6.3.2 und 6.3.3. Dort wird auch die Zusammenarbeit zwischen europäischen Dendrochronologen und C14-Fachleuten nach 1950 diskutiert, die in der englischsprachigen Fachliteratur meist unerwähnt blieb. So arbeitete beispielsweise Mitte der 1950er-Jahre die Arbeitsgruppe um Bruno Huber eng mit Karl-Otto Münnich vom Heidelberger C14-Labor zusammen. Huber und der Prähistoriker Hermann Schwabedissen stellten zahlreichen C14-Labors in Europa und den USA prähistorische Hölzer und Rückstände aus Mooren zur Verfügung und kooperierten auch mit Hans Suess in La Jolla.

Das für die Zukunft des LTRR bedeutsame Bristlecone-Forschungsprogramm begann Mitte der 1950er-Jahre mit der Erkundung der Standorte von *Pinus aristata*. Der auch als „foxtail pine" oder „hickory pine" bekannte Baum kommt in Höhen von bis zu 4000 m vor, aber nur selten unterhalb 2000 m. Er wächst überwiegend an Steillagen auf trockenem und steinigem Untergrund, besitzt bei verdrehtem Wuchs fast immer eine bizarre Form und war deshalb als Bauholz kaum geeignet. Seine gelegentliche Nutzung in den Minen Nevadas, für Zäune und die Herstellung von Holzkohle hatte nur lokale Bedeutung (Gibson 1913, S. 67 f.).[3]

---

[1]Jahrringe strauchiger Holzgewächse wurden erst mehrere Jahrzehnte später wieder systematisch untersucht, z. B. von Schweingruber und Poschlod (2005).

[2]Die Rezension ist ungewöhnlich negativ, so dass dafür auch außerwissenschaftliche Motive in Frage kämen, wie Personalquerelen am LTRR im Jahr 1937/1938.

[3]Der Naturforscher John Muir bezeichnete die Baumart als „foxtail pine". Dem Botaniker Carl A. Purpus fiel die Art 1898 bei seiner Sammeltätigkeit für den Darmstädter botanischen Garten auf (Rump 2013, S. 159).

Schulmans Suche nach sehr alten Bäumen für dendro-klimatologische Untersuchungen begann schon 1939. Während des Krieges stieß er auf 1000 Jahre alte Kiefern in Arizona und Utah und im Jahr 1952 in Idaho auf eine 1650 Jahre alte *Pinus flexilis*. Bald darauf berichtete ihm Alvin Noren vom U.S. Forest Service von einer Borstenkiefer in den White Mountains mit einem Fußumfang von mehr als 10 m. Nach einem gemeinsamen Besuch ergab Schulmans vorläufige Prüfung ein unerwartet geringes Baumalter von etwa 1500 Jahren (Schulman 1954). Ihre weitere Suche war schließlich erfolgreich, als sie in der schwer zugänglichen Region in großer Höhe zahlreiche besonders alte Exemplare der „bristlecone pine" entdeckten. Von nun an arbeitete Schulman im Gelände und im Labor an der Untersuchung dieser außergewöhnlichen Baumart. Auf sein Betreiben und mit Unterstützung zahlreicher Wissenschaftler und Institutionen wurde Ende 1953 eine erste Fläche mit altem Bestand unter staatlichen Schutz gestellt. Als er kurz darauf an einer bis heute geheim gehaltenen Stelle das bis dahin älteste Exemplar der „bristlecone pine" – den „Methuse-lah Tree" – entdeckte, wurde am Rande des Inyo National Forest eine Fläche gesondert ausgewiesen und später als „Schulman Grove" bezeichnet.

In den Jahren bis zu seinem frühen Tod im Januar 1958 versuchte Schulman, möglichst alte Exemplare zu finden und so die Borstenkiefer-Chronologie zu verlängern. Die National Science Foundation unterstützte das Projekt „Mil-lennium-Long Tree-Ring Histories of Climatic Change" ab Januar 1956 mit zunächst 18.000 US$. Die National Geographic Society erkannte auch hier wie schon im Jahr 1929 bei Douglass' Suche nach dem archäologischen „mis-sing link" die besondere wissenschaftliche Bedeutung und Publikumswirksamkeit der Untersuchungen. Im März 1958 veröffentlichte sie für die Leser des *National Geogra-phic* einen mit eindrucksvollen Farbphotos ausgestatteten Bericht Schulmans über das „oldest known living thing" und erzielte damit eine weit über wissenschaftliche Kreise hinausgehende Resonanz (Schulman 1958).[4]

Nach Schulmans Tod schlug wie bereits erwähnt LTRR-Mitarbeiter Bryant Bannister im Juni 1958 dem Scripps-Institut in La Jolla vor, den Radiochemiker Hans Suess in die Untersuchungen von *Pinus aristata* einzu-beziehen. Dazu stelle er ihm Teile von bis zu 4000 Jahre alten Bristlecone-Hölzern mit jeweils 10 bis 20 Jahrringen für Radiokohlenstoffdatierungen zur Verfügung als „a stan-dardized control for the correlation of C-14 dates" (Leavitt und Bannister 2009, S. 379). Die meisten Arbeiten an diesen Hölzern ruhten jedoch etwa zwei Jahre lang. 1960 beantragte

William McGinnies als Leiter des LTRR bei der National Science Foundation (NSF) die Fortführung der von Schul-man begonnenen Analysen und stellte die Verlängerung der Borstenkiefer-Chronologie auf mehrere Tausend Jahre in Aussicht. Nach Zusage beschloss die NSF 1963 eine Anschlussfinanzierung, nachdem die Wissenschaftler eine 3850 Jahre lange Chronologie vorlegen konnten (McGinnies 1960); (ders. 1963). In den darauffolgenden Jahren wurden die Arbeiten mit *Pinus aristata* immer wichtiger für Klima-forschung, Archäologie und die C14-Kalibrierung. Am LTRR arbeitete nun Wesley Ferguson mit fossilen „bristleco-ne"-Hölzern an der weiteren Verlängerung der Chronologie auf 7100 Jahre. Valmour LaMarche nutzte die Jahrringe als Indikator für historische Klimaverhältnisse, während Harold Fritts versuchte, die physiologischen und ökologischen Wachstumsbedingungen der Baumart aufzuklären (Ferguson 1968); (LaMarche und Bannister 1968); (Fritts 1969) (vgl. Abb. 6.2). Solche Untersuchungen gehören zeitlich aber nicht mehr zu diesem Buchabschnitt und werden deshalb in Abschn. 6.4 erneut aufgegriffen.

Nach 1950 gab es am LTRR nur noch wenige Unter-suchungen, die sich kritisch mit dem Thema des solaren Einflusses auf Klima, Jahrringe und Warven befassten. Die Prüfung langer Zeitreihen von Sonnenfleckenintensitäten und Niederschlägen mit Hilfe der mathematischen Spektral-analyse ergab keine signifikanten Zusammenhänge (Brier 1961). Mit demselben Verfahren wurden Paralleluntersuchungen von Jahrringfolgen der Baumgattungen Sequoia und Pinus mit einer Länge von bis zu 3000 Jahren einerseits und einem 970 Jahre langen Abschnitt der schwedischen Warvenserie von Ragnar Lidén andererseits untersucht. In keinem Fall waren Einflüsse des solaren Strahlungszyklus statistisch nachweisbar (Bryson und Dutton 1961). Wissen-schaftler des Tree-Ring Laboratory in Tucson kamen 1972 nach umfangreichen eigenen Untersuchungen zu dem Schluss: „[…] we conclude that a continued search for empirical associations between terrestrial time series such as tree-ring indices, and the record of sunspot numbers is likely to prove unrewarding." (LaMarche und Fritts 1972, S. 31).

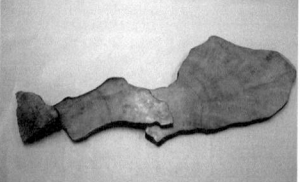

Abb. 6.2 Die Verlängerung der Borstenkieferchronologie gelang am LTRR oft mit Einzelsegmenten abgestorbener Bäume. Hier drei durch „cross-dating" verbundene Baumscheiben mit einem Gesamtalter von knapp 5000 Jahren. (Photo: H. H. Rump)

---

[4]Das Naturschutzgebiet um den „Schulman Grove" und den „Methu-selah Trail" ist eines der wenigen weltweit, das vor allem wegen sei-ner wissenschaftlichen Bedeutung streng geschützt ist.

Am 20. März 1962 starb Andrew Ellicott Douglass in Tucson im Alter von 94 Jahren. Das Laboratory of Tree-Ring Research verlor mit seinem „Gründervater" auch den international wohl bekanntesten und einflussreichsten Wissenschaftler. Sein früherer Mitarbeiter Terah Smiley würdigte in einem Nachruf den von Mitarbeitern respektvoll „Doctor D" genannten Douglass, der neben einem phänomenalen Gedächtnis über die besondere Gabe der Vereinfachung verfügte: „He never lost sight of the need to keep a broad outlook on life and its many ramifications. […] he reduced his activities, research, and writing to such a point that several professional people doubted his ability to see the true, complex situation." (Smiley 1962, S. 614). Manche seiner Kritiker der Nachkriegszeit hatten sich gründlich in ihm getäuscht, denn Douglass besaß neben einem tiefen Verständnis für naturwissenschaftliche Zusammenhänge auch die Fähigkeit, Menschen für sich und seine Idee von der exakten Messung langer Zeitabschnitte zu gewinnen.

6.2 Verlängerung und Absicherung europäischer Jahrringchronologien

In einem Review-Artikel zur Jahrringforschung zwischen 1938 und 1945 in *Die Naturwissenschaften* wies Bruno Huber 1948 auf die besondere Bedeutung der amerikanischen dendrochronologischen Untersuchungen hin und benannte als Forschungsdesiderate für seine zukünftige Arbeit die Verlängerung der noch kurzen regionalen Jahrringchronologien, die statistische Absicherung von Messdaten und die Überprüfung der Korrelation zwischen Jahrringbreite und klimatischen Faktoren. Diese Ziele seien angesichts des gemäßigten Klimas in weiten Teilen Europas nicht einfach zu erreichen, da es – anders als im Westen der USA – hier keine Baumarten gebe, die so alt werden wie die Mammutbäume Kaliforniens oder die so deutlich auf Klimaänderungen reagieren wie *Pinus ponderosa*. Allerdings dürfe man das Phänomen der Jahrringe bei der Prüfung prähistorischer Hölzer nicht isoliert betrachten, sondern im Zusammenhang mit den jeweiligen anatomischen und möglichst auch physiologischen Merkmalen des ehemaligen Baumbestandes (Huber 1948b).

Erstmals nahm Bruno Huber 1947 Kontakt mit den Jahrringforschern vom Tree-Ring Laboratory in Tucson auf, als er dem langjährigen Mitarbeiter von A. E. Douglass, Edmund Schulman, seine dendrochronologischen Arbeiten in München schilderte und darum bat, über die neuere Entwicklung in Tucson informiert zu werden. In seiner Antwort erinnerte Schulman an die von 1938 bis 1941 bestehende Subskription des *Tree-Ring Bulletin* durch die Forsthochschule Tharandt und bekundete ebenfalls Interesse an Hubers aktuellen Untersuchungsergebnissen und

einer in München noch in Bearbeitung befindlichen Doktorarbeit, bei der es sich höchstwahrscheinlich um die 1946 begonnene Untersuchung von Hildegard Müller-Stoll handelte.[5]

Wie schon vorher an der Forsthochschule Tharandt versuchte Huber auch in München die von ihm energisch betriebene Jahrringforschung konzeptionell mit baumphysiologischen, -anatomischen und -ökologischen Untersuchungen zu verbinden. So entwickelte er zu Beginn der 1950er-Jahre ein Konzept, das er in den folgenden Jahren umzusetzen versuchte und das drei Arbeitsschwerpunkte umfasste: 1. Die Physiologie des pflanzlichen Metabolismus, indirekt ermittelt durch Saftströme, Assimilation von Stoffen, Transpiration und Atmung, 2. die Physiologie von Wachstum und Entwicklung der Bäume und 3. die Physiologie der pflanzlichen Reproduktion (Huber 1952a). Mit diesem zunächst ganzheitlich anmutenden Vorgehen führte er nach Auffassung seines Mitarbeiters Walter Liese schließlich die „Erkenntnisse über den Wasserumsatz, die Kohlensäure-Assimilation und die Atmung in die für den Ertrag der Forstwirtschaft wichtige Fragestellung nach der Produktivität der Bäume und des Waldes zusammen." (Liese 1969, S. 173). Die Deutsche Forschungsgemeinschaft und ihre Gutachter unterstützten dieses Konzept während der folgenden Jahre.[6]

Hinzuweisen ist an dieser Stelle auch auf einige kurze historische Beiträge zur Jahrringforschung während der Nachkriegszeit außerhalb Deutschlands. So stellte Dieter Eckstein (1972) die bis dahin bekannt gewordenen europäischen Teilchronologien zusammen, während 1976 bei einem Symposium in Greenwich zum Thema „Dendrochronology in Europe" Beiträge von Forschern aus zahlreichen europäischen Ländern diskutiert wurden (Fletcher 1976).

6.2.1 Hubers Neubeginn am Forstbotanischen Institut in München

Im April 1944 schlug der gesundheitlich beeinträchtigte Ernst Münch, Leiter des Forstbotanischen Instituts der Universität München und Vorgänger Bruno Hubers in Tharandt, diesen mit dessen Einverständnis als Nachfolger vor. Aber erst zu Beginn des Jahres 1945 drängte die staatswissenschaftliche Fakultät, der die Forstbotanik damals angehörte, auf rasche Neubesetzung des Lehrstuhls, um das nach ihrer Auffassung führende Forstbotanische Institut über die besonderen Kriegsschwierigkeiten hinweg in seinem

---

[5]BIH, Nachlass Bruno Huber, Huber an Schulman v. 28.09.1947 und Schulmann an Huber v. 02.12.1947.
[6]DFG-Archiv (Schriftgutverwaltung), Akte Bruno Huber, Hu 5/18, Stellungnahme DFG HA v. 28.06.1957.

Bestand zu sichern: „In Betracht kommt nach allgemeiner und einstimmiger Auffassung als Nachfolger in erster Linie Prof. Dr. Bruno Huber, seit 11 Jahren o. Professor für die entsprechenden Fachgebiete an der Forstlichen Hochschule Tharandt (Techn. Hochschule Dresden)."[7] Wichtig sei auch, dass Huber politisch jetzt voll entspreche.

Beim Herannahen der Roten Armee und nach Einstellung des Unterrichtsbetriebes an der TH zog Bruno Huber Anfang Mai 1945 mit seiner Frau, zwei halbwüchsigen und zwei kleinen Kindern von Tharandt vorübergehend in ein Forstamt im Erzgebirge. Nachdem der sowjetische Stadtkommandant die Einrichtungen der Hochschule unter den Schutz der Armee gestellt hatte, kehrte Huber zurück. Zunächst ohne Lehrpflichten fand er im Herbst 1945 die Muße zur Niederschrift eines Rückblicks auf sein bisheriges privates und berufliches Leben. Die dem Autor H.H.R. von den Söhnen Hubers 2005 zur Verfügung gestellte unveröffentlichte Schrift lässt erkennen, wie ambivalent sich ein deutscher Hochschullehrer in der Zeit der NS-Herrschaft verhielt, da er zum einen als Wissenschaftler von seiner staatlichen Stellung profitierte und andererseits die Beschränkung seines eigenen und des Lebens anderer erkannte.

Kurzfristig beurlaubte die TH Dresden Huber nach München, um die Frage einer Lehrstuhlbetreuung persönlich zu klären. Am 01.03.1946 übernahm er nach Zustimmung des Education Branch der amerikanischen Militärregierung und des Bayerischen Kultusministeriums die neue kommissarische Aufgabe, während ihn die sächsische Landesverwaltung dauerhaft freistellte. Zum Sommersemester 1946 kam Huber zunächst in einer Behelfsschlafstelle im Münchener Institut unter, bevor er die ihm zugesagte Wohnung gemeinsam mit der Familie beziehen konnte.[8] Doch im November 1946 wurde er auf Weisung der Militärregierung für Bayern mit sofortiger Wirkung aus dem Dienst entlassen, da er den Anforderungen „im Hinblick auf die verlangten positiven politischen, liberalen und sittlichen Eigenschaften" nicht entspreche. Grund dafür waren seine Angaben in dem sorgfältig von ihm ausgefüllten Fragebogen der Amerikaner über mögliche Mitgliedschaften in den 57 aufgelisteten staatlichen, nichtstaatlichen und/oder NS-Organisationen. Nach Stellungnahme der sächsischen Verwaltung zu Hubers früherer Mitgliedschaft im NS-Dozentenbund stufte Ende März 1947die Spruchkammer München in einem mündlichen Verfahren unter dem Vorsitzenden Georg Raab Huber

als „Nicht-Betroffenen" ein.[9] Daraufhin erfolgte seine Wiedereinstellung an der Staatswirtschaftlichen Fakultät München durch den Bayerischen Staatsminister für Unterricht und Kultus, Alois Hundhammer. Hubers Verfahren zur Berufung als Hochschullehrer wurde am 02.08.1947 nach Verkündigung im Bayerischen Staatsanzeiger offiziell abgeschlossen.[10] (Vgl. Rump 2011, S. 121 ff.).

Huber hatte bereits 1941 seine beiden Forschungsfelder – Physiologie und Anatomie der Bäume einerseits und die Jahrringforschung andererseits – definiert und versuchte, nach 1945 unter zunächst erschwerten Bedingungen beide Teile weiterzuentwickeln. Die Holzanatomie war für ihn zuvor eine wichtige Hilfswissenschaft für die aufstrebende prähistorische Forschung gewesen, für die man eine absolute Datierung wagen müsse. Eine Einladung des schwedischen Instituts für kulturelle Verbindungen im Jahr 1947 nutzte er dazu, sich in Stockholm zwei Monate lang mit der neuesten botanischen Fachliteratur und der Entwicklung der Geochronologie durch den 1943 verstorbenen Gerard de Geer vertraut zu machen. Außerdem führte er am physikalischen Institut des Nobelpreisträgers Manne Siegbahn gemeinsam mit dem Diatomeenforscher Robert Kolbe elektronenmikroskopische Messungen von Assimilatleitbahnen der Lärche, Birke und Robinie durch. Erste Erfahrungen mit solchen Messungen hatte Huber schon 1943 gemeinsam mit Magda Staudinger an der Universität Freiburg gesammelt. Bei 6000-facher Vergrößerung ließen sich dabei unbekannte Feinstrukturen erkennen, die bei der Lichtmikroskopie verborgen geblieben waren (Huber 1948a); (Huber und Kolbe 1948).

Hubers Bemühen um Mitarbeiter mit Interesse an forstbotanischer und dendrochronologischer Forschung war nicht sofort erfolgreich, da viele Studenten wegen des Krieges oft keinen regulären Studienverlauf vorzuweisen hatten und deshalb den „normalen" Studienabschluss einem unkonventionellen fächerübergreifenden Arbeitsgebiet vorzogen. Schließlich fand er mit Hildegard Müller-Stoll,[11]

---

[7]UAM-LMU, Personalakte Bruno Huber: Dekan Lukas an Rektor LMU v. 12.03.1945.

[8]Ebd., Huber in Dresden an den Dekan der LMU München vom 19.01.1946 und Notiz des Dekans vom 20.07.1946.

[9]Vom Autor H.H.R. am 04.12.2006 im Archiv der Ludwig-Maximilian-Universität München eingesehen. Der Spruchkammervorsitzende Georg Raab war am 15.10.1948 auch Vorsitzender eines Verfahrens der Spruchkammer München I, der den Einzug des Vermögens von Adolf Hitler verfügte.

[10]Ebd., Bayer. Staatsministerium an den Rektor der LMU vom 11.07.1947; Bayer. Staatsanzeiger vom 02.08.1947.

[11]Interview H.H.R. mit Hildegard Müller-Stoll am 21.06.2004: Tochter des Frankfurter Paläontologen Richard Kräusel, Studium der Botanik an der TH Dresden sowie 1944–1946 der Forstwissenschaften in Tharandt.

Alfred Artmann,[12] Wita von Jazewitsch,[13] Wilhelm Wellenhofer und Klaus Brehme geeignete und motivierte Mitarbeiter, von denen einige ihm noch viele Jahre lang eng verbunden blieben.

Ein wichtiger dauerhafter Kontakt kam 1948 zustande, nachdem sich der Prähistoriker Hermann Schwabedissen (1911–1996) vom Schleswig-Holsteinischen Museum für vorgeschichtliche Altertümer in Schloss Gottorp für Hubers Veröffentlichung zur Sicherheit von Datierungen bedankte und ihm über die derzeitige Situation in der Vor- und Frühgeschichte berichtete. So sei Gustav Schwantes nach seiner Emeritierung als Leiter des Kieler vorgeschichtlichen Instituts noch aktiv, aber „[b]etreffs Ihrer Frage teile ich Ihnen mit, dass es für die deutsche Urgeschichtsforschung vorläufig kein Zentralinstitut gibt und in absehbarer Zeit wohl auch kein solches geben wird".[14] Schwabedissen spielte hier auf die Stellung Hans Reinerths bis 1945 an, der als „Reichamtsleiter" für Vorgeschichte eine solche zentrale Stellung beansprucht hatte. In Gottorp befasse man sich vor allem mit der Moorforschung, an der mehrere Fachleute für die Pollenanalyse beteiligt seien, während Schwantes sich für Jahrringuntersuchungen interessiere. Er sei der erste Fachprähistoriker gewesen, der schon vor dem Krieg auf die Bedeutung dieser Methode hingewiesen habe, etwa auf die Datierungsversuche der Schwedin Ebba Hult de Geer (vgl. Schwantes 1939); [H.H.R.: ohne deren Schwächen jedoch kritisch hinterfragt zu haben]. Schwabedissen weiter:

> Auf dem Gebiet der Jahrringforschung haben wir bisher Verbindung mit Frau de Geer aufgenommen. Da Frau de Geer bereits in höherem Alter steht, die Verbindung nach Stockholm etwas ungünstig ist und ausserdem die Verhältnisse in Skandinavien doch etwas anders liegen als bei uns, würden wir es ganz außerordentlich begrüßen, wenn wir in Zukunft mit Ihnen zusammenarbeiten dürften. An Hölzern aus vorgeschichtlichen Siedlungen haben wir z. Zt. folgende 1. Haithabu, grosse Anzahl von Pfählen Wikingerzeit, einzelne Phasen z. T. genau datiert, 2. Frühgeschichtliche Götterfiguren von 3 m Höhe [...], 3. Mehrere Einbäume, 4. Eine Moorsiedlung [...], 5. Mehrere Siedlungen aus der jüngeren und mittleren Steinzeit mit verschiedenen Hölzern.

Schwabedissen berichtete außerdem von erfolgreichen Untersuchungen steinzeitlicher Siedlungen im Satrupholmer Moor südöstlich von Flensburg, die er ab 1947 mit Unterstützung der Notgemeinschaft der Deutschen Wissenschaft durchgeführt habe (vgl. Feulner 2009). Nach ersten Datierungen mit Hilfe der Pollenanalyse fragte er Huber,

ob dieser die neo- und mesolithischen Hölzer schon jetzt genauer aufnehmen wolle oder ob er Material späterer Perioden bevorzuge. Aus den verfügbaren Unterlagen geht nicht hervor, ob das Institut in München während der folgenden drei Jahre prähistorische Hölzer aus Schleswig-Holstein oder anderen Regionen untersuchte. Hinweise darauf findet man erst wieder im Jahr 1951 (vgl. Abschn. 6.2.3).

Ein kurzer Rückblick auf Hubers Untersuchungen von 1943 soll an dieser Stelle die Anknüpfung an seine Arbeit nach 1950 erleichtern: Huber hatte die methodische Prüfung auf Verlässlichkeit von Jahrringmessungen schon während der Untersuchungen seiner Diplomanden Zittwitz und Wittke in Tharandt für notwendig betrachtet. Als ab 1942 archäologische Ausgrabungen weitgehend eingestellt werden mussten und kaum noch neues Material zur Verfügung stand, wandten er und seine Mitarbeiter sich mit ihrer Erfahrung aus der Analyse von ca. 1000 Holzproben mit 50.000 Jahrringen vermehrt dem Problem der Sicherheit von Datierungen zu. Bei einer Veranstaltung mit Historikern und Naturwissenschaftlern an der Universität Innsbruck verglich er das Verfahren der Auswertung von Jahrringkurven mit einem Sicherheitsschloss, bei dem schon geringfügige Änderungen der Ringbreite einen praktisch unvertauschbaren Schlüssel ergäben. Berücksichtige man nämlich bei der Beurteilung einer Zeitreihe von Jahrringbreiten nur die Möglichkeit „Fallen" oder „Steigen" gegenüber dem Vorjahr, so gebe es in zehn Jahren $2^{10} = 1000$ verschiedene Möglichkeiten, in 50 Jahren aber schon $2^{50} \approx 1$ Trillion, was die Einmaligkeit dieser Zeitreihe unterstreiche. Da selbst bei den in unterschiedlichen Höhen eines Baumstamms entnommenen Querschnitten keine absolut identischen Richtungsänderungen aufträten, stehe deshalb fest:

> Wir haben es nie mit Gleichheiten, sondern stets nur mit mehr oder weniger großen Ähnlichkeiten zu tun. Damit erhebt sich die für das ganze Verfahren entscheidend wichtige Aufgabe, Maßstäbe dafür zu finden, bei welchem Grad von Ähnlichkeit Gleichzeitigkeit anzunehmen ist, bei welchem Grad von Unähnlichkeit sie bestritten werden kann (Huber 1943, S. 263 f.).

Als statistisches Maß für die Ähnlichkeit bzw. Unähnlichkeit legte Huber die prozentuale „Gegenläufigkeit" fest (d. h., die standardisierte Mittelkurve steigt, während die zu vergleichende Kurve fällt und umgekehrt). Serientests mit 10-jährigen Abschnitten datierter Fichten aus dem Erzgebirge wiesen dabei erwartungsgemäß einige Zufallsdeckungen völlig ohne Gegenläufigkeit auf, wenn die zu prüfenden Kurven jahrweise vorwärts oder rückwärts gegenüber der Standardmittelkurve verschoben wurden. 25-jährige Abschnitte zeigten maximal 20 % Gegenläufigkeit, 50-jährige 26 % und 100-jährige 36 %, was den Erwartungswerten statistischer Testverfahren entsprach. Bei unpräzisen Jahrringmessungen oder bei irrtümlicher Berücksichtigung

---

[12]Interview H.H.R. mit Alfred Artmann am 20.03.2004: 1933–1945 Berufssoldat, Studium der Forstwissenschaft während der Kriegsgefangenschaft in einer „Lageruniversität" in England.

[13]1935–1941 Lehrerin in Memel, Studium in Breslau. Nach Flucht Kontaktstudium und Dissertation in München.

[14]BIH, Nachlass Bruno Huber, Schwabedissen an Huber v. 05.07.1948.

doppelter oder ausfallender Ringe traten schwerwiegende Fehler auf, da hier bei einer Zeitverschiebung von nur einem Jahr eine 50 %ige Gegenläufigkeit auftrat, was zur Falschannahme der Nichtübereinstimmung führte. Huber kam so nach Auswerten der vorhandenen Messkurven zu einer Prüfstatistik in Diagrammform, die den Einfluss der Kurvenlänge auf Mittelwert, Streuungsmaße und die Wahrscheinlichkeit für signifikante Unterschiede berücksichtigte. Praktische Datierungsübungen mit Fichtenhölzern, bei denen Huber seinen Labormitarbeitern ihnen unbekannte Einzelkurven dem genau passenden Abschnitt einer bekannten Standardkurve zuordnen ließ, ergänzten seine statistischen Überlegungen. Das Resultat war ein praktikables, rationelles Auswerteprogramm, in dem zunächst die kleinsten und größten Ringbreiten gesucht und danach die Anzahl der Gegenläufigkeiten bestimmt wurden. Die Untersuchung der Gegenläufigkeit von 140 Jahre langen Mittelwertkurven unterschiedlicher Holzarten und Regionen überzeugten Huber von seinem Verfahren, da alle Messserien signifikante Ähnlichkeiten anzeigten, beispielsweise die Paare Tharandt-Kiefern/Bärenfels-Fichten mit 32 %, Bärenfels-Buchen/Elsass-Buchen mit 36 %, Bärenfels-Buchen/Tharandt-Buchen mit 39 % und Elsass-Buchen/Elsass-Tannen mit 40 %. Er warnte jedoch vor einer zu schematischen Anwendung: „Wie wir sehen, nehmen die Gegenläufigkeiten selbst bei Mittelkurven stark zu, sobald die Einheit der Holzart oder des Standortes verloren geht." (Ebd., S. 267).

Nach diesem ersten grundlegenden Ansatz zur Prüfung der Verlässlichkeit von Jahrringkurven veröffentlichte Huber (1946) eine Kurzmitteilung zu Definition und Anwendung von „Gegenläufigkeitsprozenten" und „Gegenläufigkeitsstrukturen". Der vollständige Text erschien erst sechs Jahre später, in dem er als „Gegenläufigkeitsstruktur" die „mittlere und größte Länge lückenlos gegenläufiger Kurvenabschnitte" bezeichnete. Die Frage, warum er nicht mit dem Verfahren der „Gleichläufigkeit" arbeite, beantwortete er mit der Praxis des Abzählvorganges, „der sich vernünftigerweise auf die gegenüber gleichlaufenden Abschnitten in der Minderzahl befindlichen Störstellen erstreckt" (Huber 1952b, S. 34). Er und seine Mitarbeiter des Forstbotanischen Instituts in München benutzten das Gegenläufigkeitsverfahren bis in die 1960er-Jahre. Erst jüngere deutsche Dendrochronologen wie Dieter Eckstein und Josef Bauch ersetzten es wegen der besseren Vergleichbarkeit mit Kurven amerikanischer Wissenschaftler durch die zu ihr komplementäre „Gleichläufigkeit". Über ihre Erfahrungen hiermit sowie mit der teilautomatisierten Datenerfassung und der EDV-gestützten Datenverarbeitung berichteten sie in einer Publikation, die sie Bruno Huber zum 70. Geburtstag widmeten (Eckstein und Bauch 1969). Mit einer speziellen Mikroskopeinrichtung ließen sich nun Messwerte automatisch registrieren, sofort auf Lochkarten übertragen, als Jahrringkurven plotten oder mit dem Rechenprogramm FORTRAN IV im Großrechner zu einer „selbsttätigen Synchronisierung" verarbeiten. Die Gleichläufigkeitswerte wurden so nach statistischen Signifikanzen vorsortiert (vgl. Abschn. 6.4.1). Korrelationskoeffizienten als statistisches Maß für die Ähnlichkeit von Zeitreihen verwendeten deutsche Dendrochronologen vor der Einführung von Großrechnern an Hochschulen erst ab den späten 1960er-Jahren, obwohl Harold Fritts vom Tree-Ring Laboratory in Tucson schon zehn Jahre zuvor mit EDV-gestützten Verfahren der multivariaten Statistik gearbeitet hatte (vgl. Fritts 1960); (ders. 1963).[15] Zur Anwendbarkeit verschiedener statistischer Parameter für die dendrochronologische Datierung und Synchronisierung vgl. Riemer (1994).

6.2.2 Studien zur Varianz unterschiedlicher Baumarten und -standorte

Den Anfang mit systematischen Untersuchungen an Hubers Münchener Institut machte 1946 Hildegard Müller-Stoll, indem sie eine Arbeit vorlegte, für die sie zwei Jahre lang Material zusammengetragen hatte, die aber erst 1951 in Druck ging (Müller-Stoll 1951a). Ihre vorbereitenden Untersuchungen erwähnte Huber in seinem Schriftwechsel mit der DFG bis zum Ende des Kriegs nicht, da er sie vermutlich als „nicht kriegswichtig" einstufte und dies zu Problemen mit staatlichen Stellen hätte führen können. Trotz ungünstiger äußerer Umstände nach 1945 kamen ihr die praktische Erfahrung als Laborassistentin des Forstbotanischen Instituts ebenso zugute wie der Kontakt mit ihrem Vater, dem Paläobotaniker Richard Kräusel von der Universität Frankfurt und dem Senckenberg-Naturmuseum. Bei ihrer Auswertung unterstützte sie auch ihr Ehemann Wolfgang Müller-Stoll, der während eines botanischen Forschungsaufenthalts in Südwestafrika 1939 zunächst interniert und nach Repatriierung 1944 der Forsthochschule Tharandt zugewiesen worden war.[16]

H. Müller-Stoll definierte ihre wichtigsten Forschungsziele folgendermaßen: „1. Wie weit erstreckt sich die räumliche Reichweite der charakteristischen synchronen Merkmale von Jahreskurven? [...] 2. Inwieweit stimmen verschiedene Holzarten in ihren Jahrringfolgen überein, so daß sie in einer einzigen Chronologie zusammengefaßt werden können?" (Müller-Stoll 1951b, S. 3). Außerdem ging es

---

[15]Interview H.H.R. mit Harold Fritts am 03.05.2005 in Tucson/Arizona.

[16]Interview H.H.R. mit Hildegard Müller-Stoll am 21.06.2004: Am 01.05.1943 nahm sie als wissenschaftliche Hilfskraft ihre Arbeit in Hubers Institut auf; zu Richard Kräusel vgl. Dilchner und Schaarschmidt (1992), zu Wolfgang Müller-Stoll vgl. Müntz (1999).

ihr um die Abgrenzung jahrringchronologisch bedeutsamer Kurvenschwankungen von anderen als großräumig-klimatischen Ursachen. Auf diese Weise hoffte sie, auch die Jahrringfolgen unterschiedlicher Baumarten zu einer Gesamtchronologie zusammenfassen zu können. Die von ihr überprüften Holzproben von Fichte, Tanne und Buche aus Erzgebirge, Vogesen und Alpen lagen datiert vor, während frische Stammscheiben der drei Baumarten aus den polnischen Westkarpaten noch unbearbeitet waren. Teile dieser Region wiesen aufgrund geringer menschlicher Eingriffe noch „Urwaldcharakter" mit ursprünglicher Holzartenzusammensetzung auf, so dass die Jahrringbreite hier vorwiegend durch klimatische Faktoren beeinflusst war.

Zunächst prüfte sie die Varianzen der Ringbreiten an homogenen Standorten für jede einzelne Baumart und für unterschiedliche Holzarten. Im nächsten Schritt verglich sie verschiedene Standorte Mitteleuropas mit a) derselben Holzart verschiedener Herkunft und b) unterschiedlichen Holzarten verschiedener Herkunft. Durch jahrgenaues Abzählen der Gegenläufigkeit der einzelnen Ringbreiten verglich sie dann die Kurven, wobei die größte Kurvenähnlichkeit bei derselben Holzart Material von einheitlicher Herkunft anzeigte, und zwar in der Ähnlichkeitsreihenfolge Tanne > Fichte > Buche. Dies war zwar nach bisherigen Erfahrungen zu erwarten, nicht aber die Tatsache, dass Kurven derselben Holzart aus unterschiedlichen Regionen auch bei großen Distanzen noch gut übereinstimmten. Sogar unterschiedliche Holzarten verschiedener Standorte wiesen meist noch eine signifikante Übereinstimmung der Jahrringkurve auf (ebd., S. 22–31). Schwer zu erklären war jedoch die Kurvenähnlichkeit zwischen Hölzern aus den Vogesen und den Westkarpaten angesichts einer räumlichen Distanz von 850 km. Kosmologisch gesteuerte, global wirksame klimatische Ursachen für solche „Telekonnektionen" lehnten jüngere Geologen und Klimaforscher meist ab, und auch Huber sprach sich gegen solche Verknüpfungen aus (vgl. Abschn. 5.1.2). Möglicherweise hatten hier die Klimafaktoren ähnlicher „Klimaprovinzen" dieselbe Wirkung, da in den meisten Fällen außerhalb definierter räumlicher Grenzen synchrone Zuwachsreaktionen bei Bäumen nicht auftraten. Müller-Stoll erklärte dieses Phänomen mit dem engen Zusammenhang zwischen einem „arteigenen Jahrringbild" und großräumig wirkenden meteorologischen Prozessen:

> Die Gleichartigkeit im Reaktionsvermögen einer Holzart auf äußere Einflüsse spielt somit für die Jahrringausbildung eine überragende Rolle. Diese arteigentümliche Reaktionsweise setzt sich über weite räumliche Entfernungen hin durch und bedingt eine Ähnlichkeit im Kurvenverlauf, die als solche im Ost- und Westteil der mitteleuropäischen Klimaprovinz noch deutlich nachweisbar ist (ebd., S. 34).

Eine allgemein gültige Erklärung oder gar eine monokausale Deutung vermied sie, da die Einflüsse von

Temperatur und Niederschlag als Hauptfaktoren des Baumwachstums zwar bekannt waren, nicht aber andere wie die Feuchtekapazität des Bodens oder die Exposition des Standorts. Die Suche nach einem einfachen statistischen Zusammenhang zwischen langjährigen Witterungsereignissen und Jahrringbreiten mit Hilfe von Klimaaufzeichnungen der Jahre 1635 bis 1943 blieb jedoch erfolglos. Ihr Vorschlag, zuerst ein „spezifisches Reaktionsvermögen" der Baumarten auf Klima- und Standortfaktoren zu ermitteln, um dann das zu einer gemessenen Klimafolge passende Jahrringmuster zu berechnen, ließ sich nach Meinung des Autors mit den damals zur Verfügung stehenden Methoden noch nicht realisieren, ebenso wenig ihr Konzept von der Rekonstruktion des Klimas der Vergangenheit aus bekannten Jahrringfolgen. Auch ihre Vorstellung von einem multiplen „Bestimmungsschlüssel" durch Korrelation des Verhaltens von Baumarten mit den zeitlich zugehörigen Klimafaktoren blieb damals nur ein Wunsch. Erst nach 1960 standen – zunächst nur in den Vereinigten Staaten – große Rechenkapazitäten mit einer Software für multivariate Statistik und Zeitreihenanalyse zur Verfügung, um die oben genannten Fragen beantworten zu können (vgl. Fritts 1976).

Im Gegensatz zu Müller-Stoll arbeitete Hubers Doktorand Wilhelm Wellenhofer bei der Varianzprüfung von Spessarteichen in einem stark begrenzten Gebiet an den Grundzügen einer langjährigen Regionalchronologie. Forstexperten war bekannt, dass hier das Wachstum der Eichenbestände stärker als anderswo auf Niederschläge reagierte, abzulesen an der geringen Gegenläufigkeit der Jahrringkurven und an dem hochsignifikanten Zusammenfallen der Kurvenmaxima und -minima mit der Niederschlagsmenge der jeweiligen Vegetationsperiode. Eine negative Korrelation des Wachstums gab es im Spessart und ähnlichen deutschen Mittelgebirgen jedoch mit den Temperaturen der jeweiligen Vegetationsperiode, weil wärmere Perioden hier meist trockener und kalte Perioden feuchter waren. Vergleichsmessungen mit Eichen in Flussauen wiesen dagegen ein synchrones Verhalten von Ringbreite und Temperatur während der Vegetationsperiode auf. Wellenhofers fast 500-jährigen Chronologie rezenter Spessarteichen wurde später zu einer entscheidenden Grundlage für Hubers Datierung historischer Bauwerke in Ober- und Unterfranken und zum ersten Abschnitt der geplanten 1000-jährigen mitteleuropäischen Eichenchronologie (Huber et al. 1949).

Ein dritter Baustein der Varianzuntersuchung von Jahrringbreiten war Alfred Artmanns Dissertation von 1949 über das Wachstum der Zirbe (*Pinus cembra*) im alpinen Hochgebirge. Auch hier ging es um die Prüfung des synchronen Verhaltens im Jahrringmuster von Baumarten, wie dieses Verhalten räumlich verteilt war, außerdem um die Frage, ob sich die Bäume der alpinen Höhenlagen für eine mitteleuropäische Jahrringchronologie eigneten.

Artmann verglich dazu in Hochlagen Oberbayerns zwischen 1300 und 1800 m Höhe *Pinus cembra* mit Proben von Lärche, Tanne und Fichte. Für das Wachstum dieser Pinus-Art waren die auf den Baum wirkenden Standorteinflüsse entscheidend, während überregionale klimatische Einflüsse zurücktraten (Artmann 1949, S. 31). Junge Bäume besaßen wegen der Schneedämmung im Winterhalbjahr und starker Beschattung durch größere Bäume im Sommer eine hohe Gegenläufigkeit der Ringbreiten und eigneten sich deshalb nicht für einen Vergleich, während ältere Zirben meist Gegenläufigkeiten von 20 bis 30 % und damit eine hohe Synchronizität zeigten. Anders als in niedrigen Höhenlagen beeinflussten im Hochgebirge Niederschläge und Temperaturen des Winterhalbjahres das Baumwachstum nicht; steuernde Faktoren waren ausschließlich Temperatur und Sonnenscheindauer während der Vegetationsperiode (ebd., S. 45–51). Gegen die Verwendung der Zirbe für regionale oder großräumige Chronologien sprach, dass ihr Wachstum nur wenig von schwankenden Klimafaktoren abhing und sie sich deshalb im Vergleich mit den drei anderen Baumarten schwer datieren ließ. Bei der Lärche gab es demgegenüber deutliche Kurvenausschläge und hohe Absolutwerte bei gut unterscheidbaren Jahrringgrenzen. Vorteilhaft für die Erstellung von Chronologien war bei *Pinus cembra* – anders als bei Tanne und Fichte – ihr Vorkommen in großer Höhe, nachteilig die manchmal auftretenden

Jahrringausfälle. Die Frage einer möglichen dendrochronologischen Differenzierung des Alpenraums konnte Artmann nicht eindeutig beantworten, obwohl er die von Hildegard Müller-Stoll vorgeschlagene „horizontale Datierbarkeit" innerhalb homogener Regionen um eine vertikale Komponente ergänzte. Offen blieb auch, ob sich Jahrringkurven von Zirbe, Lärche, Tanne und Fichte überhaupt in eine mitteleuropäische Jahrringchronologie einfügen ließen (ebd., S. 55).

Klaus Brehme griff bei seinen Jahrringmessungen bei Lärchen auf die Erfahrungen Artmanns aus den alpinen Hochlagen Oberbayerns zurück, indem er zunächst Bohrkerne von Altbäumen an Standorten nahe des Funtensees und anschließend verbautes Lärchenholz von Hütten aufgelassener Almen analysierte, um so die Eignung dieses Baums für jahrringchronologische Vergleiche zu prüfen (Brehme 1951). Dabei arbeitete er ebenso wie seine Kollegen mit der von Huber eingeführten Gegenläufigkeitsprüfung. Die mit Hilfe von zahlreichen rezenten und verbauten Holzproben erstellte Lärchenstandardchronologie für die Region Berchtesgaden konnte Brehme schließlich bis ins Jahr 1340 verlängern (vgl. Abb. 6.3). Daneben versuchte er, den historischen Klimawandel und den Rückgang der Waldgrenze im Alpengebiet durch Berechnen des Koeffizienten einer durchschnittlichen „Wüchsigkeit" für die vergangenen sechs Jahrhunderte zu rekonstruieren (ebd., S. 72 ff.). Die Auswertung seiner Lärchenjahrringkurven

Abb. 6.3 Überlappung von Proben für eine Standardchronologie der Lärche 1340–1947, Probennummern auf der Ordinate. (Mit freundlicher Genehmigung von © Alfred Artmann 2004. All Rights Reserved.)

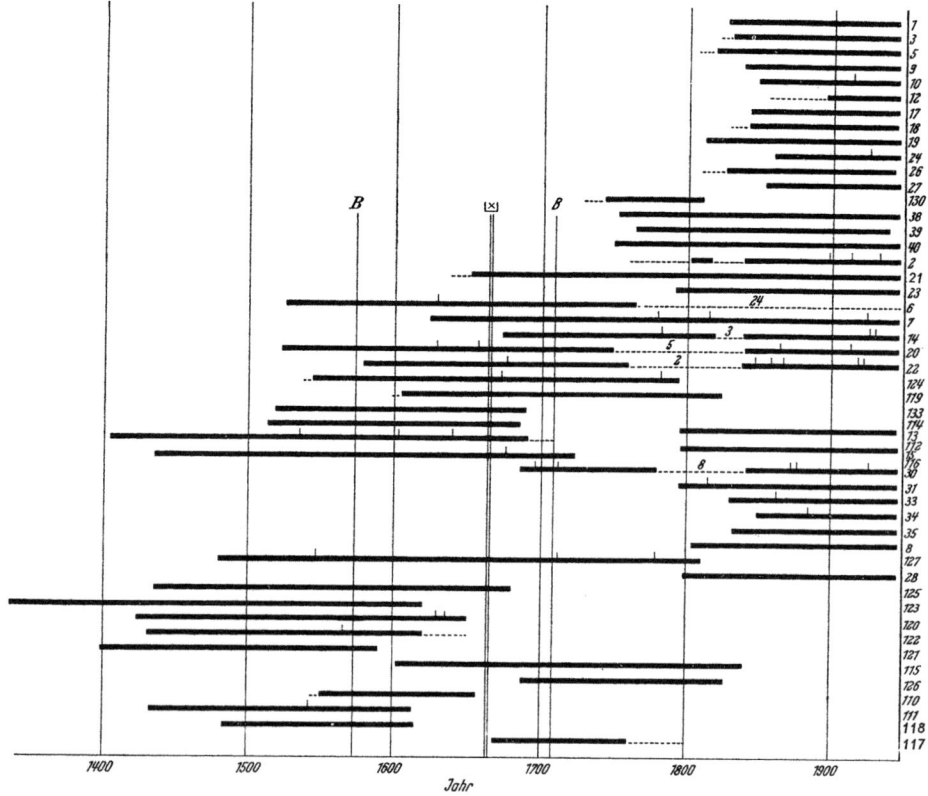

erlaubte dies aber nur bedingt, weil Ergebnisse genauer Temperaturmessungen für die „Modellüberprüfung" erst seit dem späten 18. Jahrhundert zur Verfügung standen und Brehme für die Zeit davor auf deskriptive Klimachroniken zurückgreifen musste.

Wita v. Jazewitsch versuchte 1947, Hubers Verfahren der einfachen Gegenläufigkeit zu erweitern, indem sie Daten amerikanischer, schweizerischer und deutscher Autoren auswertete und diese mit ihren eigenen Messwerten von Bäumen aus Oberfranken verglich. Dabei fand sie wie erwartet eine Zunahme der Gegenläufigkeit bei zunehmender Entfernung der Baumstandorte, daneben aber auch sehr schwach ausgeprägte („flaue") Kurvenabschnitte, die den Zahlenwert der Gegenläufigkeit ansteigen ließen. Ihre Überlegung: Würde man nur die markanten Abschnitte herausgreifen und sie mit den Merkmalen „Stärke der Ausschläge" und „Länge der Perioden mit gleichem Richtungssinn" kombinieren, erhielte man eine „fraktionierte Gegenläufigkeitsstatistik" mit verbesserter Aussagekraft. Auch könne man „Weiserjahre" einbeziehen, bei denen mindestens 90 % der Proben denselben Richtungssinn aufwiesen (Jazewitsch v. 1948, S. 14–16, 33); (vgl. dies. 1952). Zur heutigen erweiterten Definition der Weiserjahre vgl. Schweingruber et al. (1990). Den Einwänden von Forstfachleuten, die schematische Anwendung des Gegenläufigkeitsverfahrens bei nur geringfügig zu- oder abnehmenden Jahrringbreiten könne eine Zufallseinteilung in „gegenläufig" oder „gleichläufig" hervorrufen, begegnete Huber, das Problem relativiere sich nach Auswertung großer Fallzahlen. Außerdem verschwänden die grundsätzlichen Probleme nach der Einteilung der Messwerte in Klassen und deren Berechnung mit der von v. Jazewitsch erprobten „fraktionierten Gegenläufigkeitsstatistik".[17]

Nach der erfolgreichen Aufstellung einer Spessarteichenchronologie durch Wellenhofer versuchte v. Jazewitsch dasselbe auch für Spessartbuchen (*Fagus sylvatica*). Diese Baumart schien sich zwar für Chronologien ebenfalls zu eignen, doch gab es Probleme wegen der Kontrastarmut von Querschnitten unter dem Mikroskop, so dass zunächst ein spezielles Präparationsverfahren zu entwickeln war. Auch gab es nur geringe Aussichten auf eine spätere Verlängerung der Buchenchronologie, weil das Holz in der Vergangenheit selten als Baumaterial diente. Jazewitsch standen Hölzer des Forstamtsbezirks Rohrbrunn im Spessart und aus dem Bayerischen Wald für einen überregionalen Vergleich zur Verfügung. Die Datenauswertung war nicht sonderlich erfolgreich: Jahrringbreiten und Klimadaten in beiden untersuchten Regionen korrelierten nur schwach. Lediglich in trockenen, heißen Jahren waren

deutliche Minima der Ringbreiten erkennbar, vermutlich weil sich die Reservestoffe des Baumes in solchen „Mastjahren" mit starker Bucheckernentwicklung früh erschöpft hatten. Beim regionalen Vergleich ergab sich mit 35 % Gegenläufigkeit eine befriedigende Übereinstimmung mit Buchen aus den Vogesen und dem Erzgebirge, nicht dagegen mit Buchen aus den Westkarpaten und den Ostalpen (Jazewitsch v. 1953, S. 241 ff.).

In der ehemaligen DDR gab es nach dem Krieg nur wenige Wissenschaftler, die sich mit Jahrringforschung und/oder der Dendrochronologie befassten. Dies überrascht, weil das Forstbotanische Institut der Forsthochschule Tharandt bis 1945 auf diesem Gebiet so erfolgreich gearbeitet hatte und nach Kriegsende Lehrbetrieb und Zugehörigkeit zur TH Dresden beibehalten werden konnten (Schuster 2002, S. 129–137). Die dortige Zurückhaltung, weiterhin Jahrringforschung zu betreiben, lässt sich nach Auffassung des Autors H.H.R. vor allem auf zwei Ursachen zurückführen: erstens auf die schwierige wirtschaftliche Situation während der Phase des Neuaufbaus bis 1950 mit ihrer Fokussierung auf die forstwirtschaftliche Praxis und zweitens auf die Schwächung der fachlichen Expertise nach Hubers Umsiedlung. Nur der 1944 nach Internierung in Südafrika nach Tharandt zurückgekehrte Botaniker Wolfgang Müller-Stoll blieb zunächst weiterhin dort und arbeitete zum Beispiel an Methoden zur Differenzierung des Früh- und Spätholzes, vor allem aber an der Strukturanalyse fossiler Hölzer (Müller-Stoll und Mädel 1957). Nach Übernahme eines Lehrstuhls für Botanik und der Leitung des botanischen Gartens an der PH Potsdam im Jahr 1950 gelang es ihm, erfahrene Fachleute für das biologische Institut zu gewinnen und auch die Zusammenarbeit mit Institutionen in West-Berlin weiterzuführen. Als Müller-Stoll nach dem Bau der Berliner Mauer am 13. August 1961 jedoch gegen die politische und wissenschaftliche Trennung Stellung bezog, verlor er seine Funktion als Institutsleiter und erhielt Lehrverbot (Müntz 1999). Im Juli 1991 erfolgte seine Rehabilitierung bei einem Festkolloquium an der neuen Universität Potsdam.

Als Doktorandin von Müller-Stoll widmete sich die Paläontologin Ursula Meier der Jahrringforschung von fossilen Baumresten des Tertiärs. Von 1954 bis 1957 hatte sie hierfür zahlreiche Proben von Braunkohlestubben aus den Tagebaubetrieben von Piskowitz, Puschwitz, Spreetal und Berzdorf entnommen und die Jahrringe nach Präparation im Mineralogischen Institut der Bergakademie Freiberg analysiert. Zunächst stand die methodische Frage der Messbarkeit der oft 3 m mächtigen fossilen Stämme des Miozän im Vordergrund, aber sie versuchte auch das Paläoklima zu bewerten (vgl. Abschn. 3.4). Hierzu ordnete sie gleiche klimatisch bedingte Kurvenbewegungen einer Anzahl von Bäumen einander zu, die innerhalb eines Ablagerungshorizontes gewachsen waren, und probierte dann ihre

---

[17]Brief Hubers an Oberlandforstmeister Max Woelfle v. 16.02.1950 (Privatbesitz Alfred Artmann).

Synchronisierung. Für die Entnahme der feuchten Stubben-
proben trieb sie Kästen aus Eisenblech neben- und übereinander in das fossile Holz, transportierte den Inhalt nach
Herauslösen ins Labor und präparierte sie dort vor dem
Zerschneiden (Meier 1960, S. 10 ff.). Dass eine Jahrringdi-
agnose auch bei Holzproben von *Taxodioxylon sequoianum*
aus dem Tertiär möglich war, macht Abb. 6.4 deutlich: Im
Querschnitt links oben sind deutlich die Jahrringgrenzen zu
erkennen, in anderen Schnittebenen weitere Einzelheiten
der Zellstrukturen eines der charakteristischen Braunkohle-
bildners. Abb. 6.5 gibt den heutigen Zustand eines mächtigen Stubbens aus Piskowitz wieder, aufgenommen von der
Paläontologin Martina Dolezych (vgl. Dolezych 2005).

Meiers Ergebnisse zeigten nach Synchronisierung von
teilweise mehr als 2000 Jahre alten Bäumen, dass die oft
starken Schwankungen der Jahrringkurven für vergleichbare Zeiträume zueinander passten. Sie erklärte dies erstens
durch die Abhängigkeit des Holzzuwachses von den ökologischen Bedingungen am Standort entsprechend der Auf-
bauphase eines „Braunkohlewaldes" und zweitens durch
relativ rasche klimatische Änderungen im Miozän, wobei
das Erstere sich eindeutig stärker auswirke. Die Reaktion
der für Braunkohlevorkommen typischen Sumpfzypressen
(Taxodiaceae) und Zypressen (Cupressaceae) auf äußere
Einflüsse war damit bewiesen. Obwohl sich die Jahrringe
aus dem Tertiär wohl nie an neuere Chronologien werden anschließen lassen, erscheint nach Auffassung des
Autors Meiers Arbeit trotzdem bemerkenswert, weil sie
konsequent den in den 1950er-Jahren verfügbaren dendrochronologischen „Instrumentenkasten" für die Prüfung von
fossilen Bäumen einsetzte. Vermutlich wird sie auf Dauer
eine Singularität bleiben: Braunkohlevorkommen mit
unzerstörten Baumteilen sind in Mitteleuropa kaum noch
zugänglich, während bei vielen Lagerstätten im Ausland
der Inkohlungsprozess weiter fortgeschritten und deshalb
die ursprüngliche Pflanzenstruktur der Fossilien kaum noch
erkennbar ist.

In der DDR gab es im Vergleich zu anderen mittel- und
nordeuropäischen Ländern nur wenige systematische Jahrringuntersuchungen. So führte 1957 der Forstmeteorologe
Horst-Günther Koch aus Jena im Rahmen der forstlichen
Standorterkundung solche Messungen in verschiedenen
Höhenlagen des Thüringer Waldes durch. Eine Umfrage
unter Ertragskundlern hatte zuvor ergeben, „[…] daß es
wohl unmöglich sei, den Einfluß des Klimas auf das Wald-
wachstum gegenüber den Einflüssen aller übrigen Standortfaktoren exakt abzugrenzen." (Koch 1957, S. 21).
Dieser aufgrund forstwissenschaftlicher Erfahrung nicht
nachvollziehbaren Skepsis trat Koch entgegen, indem er
die Jahrringbreiten von Fichten und Kiefern zunächst einer
Altersstandardisierung unterzog und dann Klassen aus verschiedenen Höhenlagen mit den jeweiligen Temperatur- und
Niederschlagswerten korrelierte. Dabei berücksichtigte er

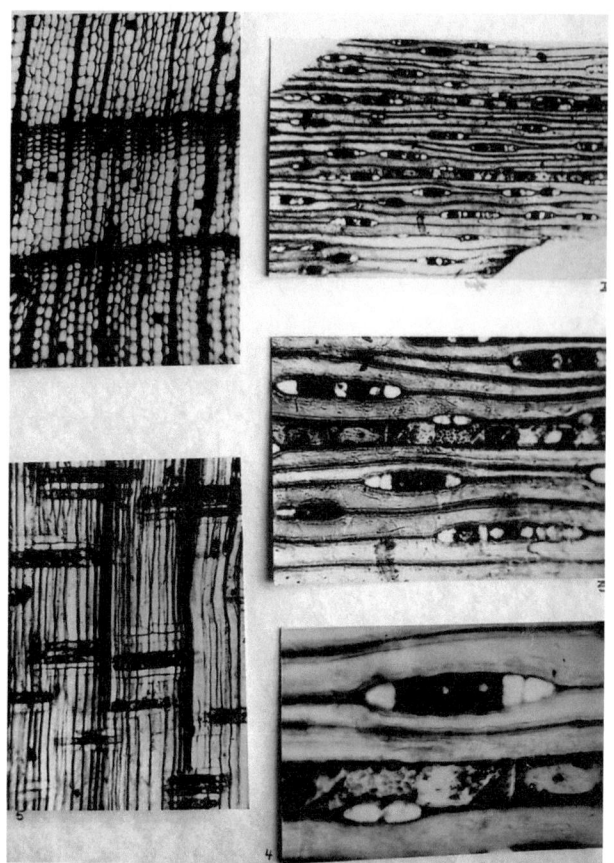

Abb. 6.4 Gut sichtbare Jahrringe und andere Details der Holzstruktur
eines tertiären Mammutbaums vom ehemaligen Braunkohletagebau
Piskowitz. (Aus Meier 1960, Tafel 27)

Abb. 6.5 Braunkohlestubben am ehemaligen Tagebau Piskowitz.
(Photo: M. Dolezych; mit freundlicher Genehmigung von © Martina
Dolezych 2018. All Rights Reserved.)

auch Sondereffekte wie die relativ trockene Leeseite und
die feuchte Luvseite des Mittelgebirges. Überraschend
ergaben sich für Fichten in tieferen Lagen (100–400 m)
starke positive Korrelationen zwischen Baumzuwachs und

der sommerlichen Niederschlagssumme, während sie ab 450 m Höhe schwächer wurden und ab 600 m Höhe gegen null tendierten. Andere Berechnungen zeigten, dass der Einfluss der Wärme geringer war als der des Niederschlags, so dass in Hochlagen selbst während Dürrejahren die Niederschlagsmenge für eine normale Wuchsleistung ausreichte. Beweise für den Einfluss der Witterung der Jahre davor ließen sich dagegen nicht erbringen (ebd., S. 28–30).

6.2.3 Die dendrochronologische Methode in Klimaforschung und Baugeschichte

Nach Abschluss der in Abschn. 6.2.2 angesprochenen fünf methodischen Beiträge zur Sicherheit der Datierung in deutschen Mittel- und Hochgebirgen wurde in den 1950er-Jahren die Verlängerung der Chronologien zum Hauptziel der Arbeit des Forstbotanischen Instituts in München, insbesondere die 1000-jährige Eichenchronologie. Dafür war es notwendig, ausgehend von rezenten bis zu 600 Jahre alten Baumbeständen, auf Hölzer alter Bauwerke zurückzugreifen. Die Schritte bis zurück in die karolingische Zeit waren dabei schwerer zu bewältigen als die für jüngere Zeitabschnitte. Ein großer Teil der Untersuchungen stützte sich auf Hölzer aus hessischen Schlössern, Kirchen und Klöstern, die teilweise von Walter Nieß, Forstmeister der Fürstlich Ysenburg und Büding'schen Forstabteilung, beschafft und in München untersucht wurden. Wichtig waren solche Teilchronologien vor allem für die Datierung der Bauwerke selbst, für die – anders als für die dendroklimatische Auswertungen – keine holzanatomische Detailanalyse der einzelnen Jahrringe erforderlich war. Vielmehr kam es ausschließlich auf die präzise Feststellung jedes einzelnen Jahrrings an, da sich unbemerkte Ringausfälle oder „Scheinringe" bei der Konstruktion langer Zeitreihen mit Hilfe der zeitlichen Überlappung unterschiedlich alter Holzproben fatal ausgewirkt hätten. Bei der dendroklimatischen Auswertung einzelner Zeitabschnitte handelte es sich eher um einen „Nebeneffekt" der Chronologieverlängerung, für die eine aufwendigere mikroskopische Differenzierung von Früh- und Spätholz notwendig wurde. Dabei hing es vom jeweiligen Forschungsplan und den Empfehlungen der DFG-Fachgutachter ab, ob Hölzer primär archäologischen, klimatologischen oder beiden Zwecken dienten. Einmal entnommene Holzproben wurden archiviert und ließen sich später auch für ursprünglich nicht vorgesehene Zwecke untersuchen. Dieser Fall trat ein, als datierte Althölzer ab 1955 für die methodische Weiterentwicklung und Kalibrierung der 1948 von W. F. Libby eingeführten Radiokohlenstoffmethode und für die Erforschung des Klimas der Vergangenheit konstitutiv wurden.

Bis Mitte der 1950er-Jahre verlängerten die Forstbotaniker des Münchener Instituts um Bruno Huber (vgl. Abb. 6.6) die Standardchronologien einiger Baumarten um mehrere Jahrhunderte, die „hessische Eichenchronologie" sogar bis ins 13. Jahrhundert. Dies war verglichen mit der 1939 von A. E. Douglass vorgelegten Chronologie von *Pinus ponderosa* mit ihrer zeitlichen Abdeckung von 150 n. Chr. bis 1934 zwar nicht sonderlich eindrucksvoll, wegen des späten Beginns von Hubers dendrochronologischer Forschung und der Arbeitsbedingungen in einer stärker gegliederten Landschaft als in den USA dennoch ein Erfolg.

Dendroklimatische Untersuchungen stellte die Gruppe um Huber – folgt man einer Mitteilung an die DFG – lange zurück, weil die Jahrringbreite in Mitteleuropa sich als ein mehrdeutiger meteorologischer Indikator herausgestellt habe: „Schmale Jahrringe können im Gebirge auf kalte Sommer, in Trockenlagen eher auf Niederschlagsmangel, bei frostempfindlichen Arten wie Tanne und Buche auch auf strenge Winter, schließlich aber auch auf physiologische oder pathologische Ereignisse wie Mastjahre und Schädlingskalamitäten zurückgeführt werden." Die vorhandenen prähistorischen Holzproben, deren Ringbreiten viel stärker schwankten als bei rezenten, sollten erst später überprüft werden, wobei man behutsam vorgehen müsse. Ein von

Abb. 6.6 Bruno Huber während einer botanischen Exkursion Mitte der 1950er-Jahre. (Mit freundlicher Genehmigung von © Rolf Huber 2011. All Rights Reserved.)

dem Göttinger Forstwissenschaftler Hans Mayer-Wege-
lin ins Spiel gebrachte Verfahren eines seiner Mitarbeiter,
die mit einem Härtetaster gemessene Spätholzwichte als
Maß für die Sommerwärme einzuführen, werde noch
überprüft.[18] Sollte ein solcher Zusammenrang tatsächlich
bestehen, bevorzuge man für die Wichtebestimmung eine
von Wolfgang Müller-Stoll (1949) in Tharandt entwickelte
und dann in München erfolgreich angewandte photometrische Messung der Lichtdurchlässigkeit von genormten
Dünnschnitten (vgl. Knigge und Koltzenburg 1964).

Huber sah sich in seiner Zurückhaltung bei der
Bearbeitung klimatologischer Fragestellungen zunächst
bestätigt durch widersprüchliche Positionen von Jahrringforschern. So zweifelte der britische Forstbotaniker
Charles Dobbs von der Universität North Wales in Bangor
daran, dass die Untersuchung von Jahrringen überhaupt
schon etwas zur Rekonstruktion historischer Klimate beigetragen habe, während dies beim gegenwärtigen Klima
durchaus der Fall sei. Man müsse sich stärker als zuvor
auf die differenzierte Untersuchung der Wachstumsschicht
(„annual growth layer") konzentrieren und erst danach
das Wachstumsmuster („growth pattern") für jede Region
und Baumart festlegen. Eine monokausale Ursache des
Wachstums gebe es in den meisten Fällen nicht (Dobbs
1951, S. 32). Ausdrücklich lobte Dobbs aufgrund eigener Datierungsarbeiten in Wales Hubers Vorgehensweise
(Dobbs 1952, S. 125), verwendete allerdings nach Meinung
des Autors H.H.R. auch esoterisch anmutende Erklärungen.
So sei eine gezeichnete Ringkurve nur ein äußerst grobes
zweidimensionales Surrogat für die echten Ringe im Stamm
eines Baumes, ebenso wie aufgelistete Niederschlags-
summen weit entfernt seien („comically remote") von dem
aktuell vom Baum gespürten Regen. Solche Erklärungsmuster vermied Dobbs zwar bei späteren Publikationen,
blieb aber skeptisch, ob sich das Baumwachstum überhaupt
werde exakt erklären lassen („unlikely to prove a simple
phenomenon") (Dobbs 1953, S. 107).

Ähnliche Feststellungen hatten schon einige Jahre
zuvor A. E. Douglass und sein Mitarbeiter Schulman
anders beurteilt: „[…] crossdating between many trees is
itself the evidence of the climatic origin of the dating features." (Douglass 1946, S. 3); (Schulman 1950). Allerdings
bezogen sie sich fast ausschließlich auf die Trockenzonen
des amerikanischen Südwestens, in dem der Niederschlag
den eindeutig stärksten Einfluss auf das Wachstum hat.
Schulman hielt auch in den folgenden Jahren bei seiner
Arbeit zur Dendroklimatologie an dieser Überzeugung fest
(vgl. Schulman 1956). Demgegenüber hatte der Botaniker

Waldo Glock schon 1941 die von Douglass betonte Beweiskraft des „cross-datings" wegen der Vorauswahl sensitiver
Bäume auf trockenen Steillagen kritisiert, und er wiederholte 1955 seine Kritik mit dem Argument, neben dem
Niederschlag seien andere baumphysiologische Einflüsse
kaum berücksichtigt worden (Glock 1941, S. 660, 689);
(ders. 1955, S. 107 ff., 123 f.); (vgl. Abschn. 4.7).

Wie in der Einleitung zu Kap. 6 angedeutet, setzte sich
nach dem Krieg die klimatologische Ausrichtung der Jahrringforschung in allen vier skandinavischen Ländern fort,
während Arbeiten zur archäologischen Datierung hier selten waren.[19] Der Finne Ilmar Hustich stellte 1949 als einer
der Ersten einen großräumigen Vergleich zwischen Klimaaufzeichnungen in Finnland, Labrador und Alaska und dem
Baumwachstum der jeweiligen Jahre an, fand aber kein
gleichläufiges Verhalten. Auch beim Vergleich der Messwerte identischer Breiten in Ostfinnland und Norwegen
ergaben sich bei *Pinus sylvestris* keine signifikanten Korrelationen, woraus er die Notwendigkeit kleinräumiger und
differenzierter Untersuchungen selbst in klimatisch ähnlichen Großregionen ableitete (Hustich 1949). Einige Jahre
später wies er für Nordfinnland den dominanten Einfluss
der Julitemperatur für das Wachstum dieser Baumart nach
und kritisierte damit abweichende Erklärungen zu Klimaeinflüssen in den Übergangszonen des Nordens wie solche des Briten Charles Dobbs und des Amerikaners Waldo
Glock:

> Tree-ring studies in regions between the northern forests and
> the forests near the step or the semidesert do not show the same
> high coefficients for the relation growth/climate as do simi-
> lar studies farther north or farther south. Investigators in such
> intermediate regions tend to underestimate the influence of the
> climate on the annual variations in growth (compare DOBBS
> 1951). On the other hand, dendrochronologists from the semi-
> arid regions in USA have earlier overestimated the value of
> tree-rings as climatological tools (compare GLOCK 1941 and
> 1955) (Hustich 1956).

Eine Beschleunigung für die Registrierung von Jahrringen
erbrachte die 1948 vom Schwedischen Holzforschungsinstitut in Auftrag gegebene und von Bo Eklund entwickelte
Jahrringmessmaschine, die im Prinzip aus einem Mikroskop und einer mit ihm verbundenen Addiermaschine
bestand. Versuche mit präparierten Bohrkernen von Kiefer
und Fichte verliefen meist ohne Fehlzählungen bei einem
Durchsatz von etwa 2000 Ringen/h; unter Berücksichtigung
aller vorbereitenden Arbeitsschritte lag die Zahl bei mehr
als 500/h (Eklund 1950, S. 75). Bruno Huber hatte 1948
einen Prototyp des Gerätes in Schweden kennengelernt
und beantragte später bei der DFG Mittel für eine ähnliche
Maschine, um damit die Erstellung langer Chronologien zu

---

[18]BIH, Nachlass Bruno Huber, v. Jazewitsch an DFG v. 29.01.1954
zum Antrag Ja 9/5; zum Härtetaster vgl. Mammen (1952).

[19]Einen Überblick findet man im *Tree-Ring Bulletin* von 1956, Bd. 21.

beschleunigen. Zum Einsatz einer im Forstbotanischen Institut München selbstgebauten Synchronisiermaschine und Jahrringmessmaschine siehe v. Jazewitsch et al. (1956) bzw. v. Jazewitsch et al. (1957), zur Fehleranalyse bei der Messmaschine vgl. Aretz (1960).

Für einen besseren Vergleich von Jahrringen schlug Eklund einen Indexwert vor, den er aus mehreren klimatischen und physiologischen Einzelfaktoren mit Hilfe der multiplen Regression berechnete und danach für die Klassifikation unterschiedlich guter Wuchsperioden einsetzte. Abweichend von der Auffassung Hustichs betrachtete er das Baumwachstum nicht nur als von der Temperatur geprägt, sondern von zahlreichen anderen Einflüssen: „It is necessary, therefore, to reckon with the fact that the variation in the annual ring width due to climatic conditions is not caused exclusively by the weather conditions during the vegetation period when the rings are formed." (Eklund 1954, S. 143).

Mit einer weiteren Untersuchung erweiterte Eklund seinen statistischen Ansatz für die Untersuchung des Zusammenhangs zwischen Jahrringbreite und Klimafaktoren in Nordschweden. Als Untersuchungsobjekte verwendete er ca. 50 Jahre alte Fichtenbestände, bei den Klimadaten griff er auf die Aufzeichnungen zahlreicher Messstationen zurück und bildete daraus Monatsgruppen während der Wachstumsperiode von Anfang Mai bis Ende August. Weiterhin betrachtete er Früh- und Spätholzanteile getrennt, wobei er hochsignifikante Korrelationen der Ringbreiten mit den Klimadaten feststellte. Die partiellen Korrelationskoeffizienten wiesen auf eine deutliche Wachstumsabhängigkeit von der Temperatur im Mai hin, d. h. während der beginnenden Wachstumsphase. Im Sommer gab es eine deutliche Korrelation zwischen Ringbreite und der Tagesanzahl mit sehr niedrigen Temperaturen. Aufgrund solcher Ergebnisse – so glaubte Eklund – könne die schwedische Forstverwaltung zukünftig aus den gemessenen Klimaparametern das Wachstum ganzer Baumbestände in Nordschweden voraussagen. Die Überprüfung derartiger Prognosen sei mit Hilfe der großflächigen Waldbestandsaufnahme von 1954 möglich und erfolgversprechend (Eklund 1957/58, S. 57, 63).

In Dänemark überprüfte Erik Holmsgaard 1955 aus forstwirtschaftlicher Sicht eine große Anzahl der Nutzhölzer Eiche, Buche und Fichte und versuchte, den Baumwuchs während der vergangenen 200 Jahre aus den klimatischen Faktoren einer Region mit deutlich milderen Klimabedingungen als denen von Nordskandinavien abzuleiten. Die Temperaturen erwiesen sich in Dänemark als weit weniger dominant als weiter im Norden, wichtiger waren Exposition und Entfernung vom Meer, vor allem aber die jährliche Niederschlagsmenge. Regressionsrechnungen zum Wachstum der Fichte, dem wichtigsten Baum der dänischen Forstwirtschaft, zeigten nicht nur einen Zusammenhang mit dem Niederschlag des aktuellen Jahres, sondern auch zu dem des Vorjahres mit mehr als einem Viertel der statistisch erklärbaren Varianz (Holmsgaard 1955).

In Großbritannien interessierten sich während der 1950er-Jahre nur einzelne Forstwissenschaftler und Klimaforscher für Jahrringe, ohne über eine institutionelle Basis wie ihre Kollegen in Skandinavien und Deutschland zu verfügen. Der britische Klimaforscher Justin Schove arbeitete als akademischer Außenseiter vorwiegend an der Erforschung des Klimas der Vergangenheit und sah in den Jahrringchronologien amerikanischer und europäischer Forscher ein Hilfsmittel für dessen Beschreibung. Nach Auswertung von fünf fertigen Chronologien der skandinavischen Jahrringforscher Erlandsson, Ording und Eidem aus dem nördlichen Schweden und Norwegen war er von der Möglichkeit einer Übertragung der Ergebnisse auf andere Regionen Europas und weit darüber hinaus überzeugt (Schove 1950, S. 37), obwohl ihn nach Meinung des Autors voreilige Interpretationen des amerikanischen Klimadeterministen Ellsworth Huntington aus den 1920er-Jahren hätten zur Vorsicht mahnen müssen (vgl. Abschn. 4.4).

Früh erkannte Schove die Bedeutung von Hilfsdaten für die Erforschung des historischen Klimas, in jüngster Zeit „Proxydaten" genannt. So trug er für Nordskandinavien die verfügbaren Informationen zusammen und schätzte mit ihrer Hilfe einen „tree-ring index" ab, den er mit echten Jahrringmessungen zu verbinden suchte und der nach seiner Auffassung durch „teleconnections" beispielsweise auch die Wälder in Großbritannien einschließe (Schove 1954). Dabei sah er in diesem Konstrukt des schwedischen Warvenforschers Gerald de Geer ein tragfähiges Modell, das damals jedoch von den meisten Dendrochronologen abgelehnt wurde. Ab 1955 versuchte er schließlich, die Jahrringmuster von Bauhölzern englischer Gebäude aus dem 8. und 9. Jahrhundert als „schwebende Chronologie" auszuarbeiten, d. h. als eine nicht bis in die Gegenwart reichende datierte Reihe. Dazu orientierte er sich an einem einzigen, extrem schmalen Ring des Jahres 764, den er mit einem sehr trockenen Jahr in Verbindung brachte: „In the same year (764) many towns, monasteries and villages [...] were suddenly devastated by fire." (Schove 1955, S. 370). Nach Auswertung mittelalterlicher Klimaaufzeichnungen u. a. von irischen Mönchen und eigenen Holzmessungen an Eichentruhen aus dem Westminster Abbey und dem Winchester College erstellte Schove gemeinsam mit dem Architekten und Dendrochronologen Anthony Lowther eine geglättete Jahrringkurve für den Zeitraum von 1200 bis 1300 und bezog sich dabei auf Messungen von v. Jazewitsch et al. (1956, S. 140).

Die Aufzeichnungen des Sommer- und Winterhalbjahres über Temperaturen und Niederschlägen verknüpften beide Autoren mit den gemessenen Jahrringbreiten und erhielten so ein Muster, das allerdings einen großen Interpretationsspielraum eröffnete (Schove und Lowther 1957, S. 83). Ihre eigenen Schätzwerte verglichen sie anschließend mit Jahreswerten von unveröffentlichten Eichenmittelwertkurven aus Deutschland, vor allem mit „absoluten" Eichenchronologien aus Hessen:

> Unpublished tree-ring curves from Germany were kindly lent by Professor Huber and it was found that, between 1221 and 1260, the principal maxima occurred at the same dates in S.-E. England and in Germany (1221, 27, 31, 38, 49/50, 56, 60). The German maxima for the period 1351/1450, that is, 1359, 76/7, 89, 98/9, 1406, 10, 15/16, 21, 24, 27/8, 33, 35/7,4°/1,45 and 49 […] were thus used as a rough check on the maxima of the single fifteenth-century beam (WA/4) and the general agreement suggested that errors of one to five years were less likely than exact synchronism (ebd., 1957, S. 88).

In Deutschland begannen ab Mitte der 1950er-Jahre Huber und Jazewitsch schließlich auf Anraten der DFG-Gutachter mit dendroklimatologischen Untersuchungen, in deren Verlauf sich mit dem Meteorologen Franz Baur von der Forschungsstelle für Großwetterkunde ein intensiver Meinungsaustausch entwickelte, etwa über mögliche Einflüsse von Solarkonstante und Sonnenflecken auf die Jahrringentwicklung. Dabei wies Huber auf eine Arbeit des finnischen Geographen Ilmari Hustich hin, die gezeigt habe, „[…] dass auch an der arktischen Baumgrenze Skandinaviens und Kanadas die eindeutig temperaturbedingten Jahrringbreite ganz verschieden schwanken, weil sich eben die Großwettergebiete mehr räumlich verlagern als gleichsinnig ändern."[20] Wita v. Jazewitsch wertete parallel dazu die in München vorhandenen Jahrringkurven aus und führte in Mittenwald, Imst/Tirol und Würzburg zusätzlich dendroklimatische Messungen durch. Ihre Ergebnisse – erst 1961 posthum veröffentlicht – zeigten bei Lärchenproben von der Baumgrenze bei Mittenwald eine gute Übereinstimmung zwischen Jahrringbreite und Sommertemperatur bei nur 17 % Gegenläufigkeit, die sich bei alleiniger Berücksichtigung der Monatsgruppe Mai bis Juli noch verbesserte. An einem trocken-alpinen Kiefernstandort bei Imst zeigte sich dagegen mit 26 % Gegenläufigkeit eine hochsignifikante Abhängigkeit der Jahrringbreite vom Niederschlag dieser Monatsgruppe, jedoch keine Temperaturabhängigkeit. Im Nachwort zu v. Jazewitschs Arbeit nannte Huber als wesentliches Forschungsziel die Berechnung von Mehrfachkorrelationen, um so die Abhängigkeit der Ringbreite von mehreren Einflussgrößen besser zu erklären, während der Zusammenhang mit Temperatur und Niederschlag mit Hilfe einfacher graphischer Darstellungen erklärt werden könne (Jazewitsch v. 1961, S. 181 f., 188).

1961 begann Hubers Mitarbeiter Otto Fürst mit der dendroklimatologischen Auswertung von Einzel- und Gruppenkurven und verwendete dafür auch die 1946 von Hildegard Müller-Stoll erhobenen Originaldaten von Bäumen aus den Westkarpaten. Nach Auswertung aller Eichenkurven rezenter, mittelalterlicher und prähistorischer Proben stellte Fürst große Unterschiede bei den Kurvenschwankungen fest, die von der Jungsteinzeit bis zur Bronzezeit deutlich abnahmen, um danach bei jüngeren Eichen wieder anzusteigen. Er erklärte dies mit den ausgeglichenen Klimabedingungen während der Bronzezeit: „Es besteht eine direkte Gleichläufigkeit zwischen den durchschnittlichen Jahrringbreitenschwankungen und den für die jeweiligen Standorte angegebenen Klimadaten, vor allem der Jahresamplitude der Temperaturen und dem Schwankungsquotienten der Niederschläge." (Fürst 1963, S. 491, 504).

Das grundsätzliche Problem, aus der Breite des gesamten Jahrrings oder des Spätholzanteils verlässliche Klimadaten zu rekonstruieren, war damit aber keineswegs gelöst. Huber und seine Mitarbeiter überprüften deshalb die Varianzen zahlreicher langer Jahrringkurven und fanden, dass die Tendenz für den jährlich fallenden oder steigenden „Richtungssinn" gewissen säkularen Klimaphänomenen folgte, etwa dem mittelalterlichen Temperaturoptimum und der „Kleinen Eiszeit". Die festgestellten Abweichungen der Periodenlänge von Kurvenabschnitten erklärten sie mit der statistisch zu erwartenden Abfolge der Potenzreihe 1 : 2n, wie sie etwa beim Münzwurf („Kopf" oder „Zahl") auftreten. Ihnen fiel auf, dass 1-jährige Perioden – d. h. die Umkehr des Richtungssinns schon nach einem Jahr – seltener, 2-, 3- oder 4-jährige Perioden aber häufiger auftraten als nach der Vergleichsreihe zu erwarten war (Huber et al. 1964b). Der Meteorologe Karl Höschele fand ihre Erklärung wenig überzeugend, da die drei Autoren keine wirklich unabhängigen Ereignisse betrachtet hätten und weil außerdem die Ereignisse „Steigen" oder „Fallen" bei einer aufeinanderfolgenden Serie von Kurvenwendepunkten stochastisch voneinander abhängig seien (Höschele 1964). Das gewählte Verfahren sei deshalb für klimatologische Interpretationen nicht zuverlässig genug.

Vermutlich wurden Huber nach diesem Einwand Höscheles zur Autokorrelation von Zeitreihen die fachlichen Grenzen des Münchener Instituts bewusst, weitreichende klimatologische Analysen auf der Grundlage von Jahrringen vorzunehmen. Huber räumte in seiner Antwort die grundsätzliche Berechtigung des Vorwurfs ein, gab aber zu bedenken, dass für ihn als Empiriker solche Kurvenauswertungen wichtige Hinweise auf periodische Phasen erbracht hätten. In einer zusätzlichen Arbeit hob Huber noch einmal die Bedeutung der Schwankungen der Jahrringbreite und der Perioden für eine breitere klimatologische Erklärung hervor. So seien bei der archäologischen

---

[20]BIH, Nachlass Bruno Huber: Huber an Baur v. 18.02.1958; vgl. Hustich (1956).

Grabung in Thayngen-Weier/Schweiz die Gegenläufigkeits-unterschiede zwischen jungsteinzeitlichen und rezenten Hölzern desselben Standorts gering, was sehr wahrscheinlich auf klimatische Ursachen zurückzuführen sei. Da viele der bisherigen Berechnungen den Ansprüchen der meteorologischen Forschung aber nicht mehr genügten, müsse man zukünftig bei der Untersuchung von mehreren Einflussfaktoren auf die Jahrringentwicklung auf die Unterstützung durch „Elektronenrechner" setzen, wie dies der Botaniker Harold Fritts vom Tree-Ring Laboratory in Tucson bereits seit mehreren Jahren tue (Huber 1964c); vgl. Fritts (1960). Fritts erläuterte am 3.5.2005 in einem Interview dem Autor H.H.R., wie konsequent er ab 1960 Großrechner für seine dendrochronologischen Berechnungen eingesetzt hatte, etwa den ILLIAC der University of Illinois mit Trommelspeicher und mehreren Tausend Röhren. In München erfolgte ein solcher Schritt erst einige Jahre später, als Hubers Mitarbeiter Wolfram Elling mit Hilfe eines Rechners Jahrringbreiten und fünf steuernde Klimafaktoren mit Hilfe der multiplen Regression untersuchte (Elling 1966, S. 192–197).

Im Vergleich mit den dendroklimatologischen Untersuchungen waren die Arbeiten zur Verlängerung der Jahrringchronologien mit Hilfe von Hölzern alter Bauwerke in ihrer Außenwirkung deutlich erfolgreicher. So kam es etwa in Norwegen etwa 15 Jahre nach Untersuchungen des Grabhügels von Raknehaugen im Jahr 1941 durch Asbjørn Ording (vgl. Abschn. 5.1.3) zu einem erneuten Versuch der Datierung historischer Befunde, als Per Eidem in dem Gebiet nahe der Ortschaft Valdres in Südnorwegen Bauhölzer eines alten Badhauses analysierte. Bei sechs Baumscheiben von *Picea abies* mit insgesamt ca. 1000 vermessenen Jahrringen konnte er die jeweiligen Außenringe anhand einer früher von Ording aufgestellten Fichtenchronologie von 1690 bis 1939 exakt dem Jahr 1817 zuordnen, während die inneren Ringe bis 1662 reichten. Dabei gelang Eidem mit seinen eigenen, vorwiegend forstwirtschaftlich ausgerichteten Messungen, in Trøndelag/Mittelnorwegen und durch Auswertung von Fremdmessungen in Hallingdal/Ostnorwegen eine Synchronisierung durch „cross-dating". Trotz erheblicher Distanzen zwischen den drei Untersuchungsgebieten bestätigte die gute Übereinstimmung der jeweiligen Mittelwertkurven die ähnlich gelagerten Klimaverhältnisse einer Großregion und eröffnete außerdem die Möglichkeit für eine einheitliche Regionalchronologie (Eidem 1955).

Ebenfalls um 1955 begann Hubers Arbeitsgruppe in München mit einer Serie von Datierungen spätmittelalterlicher Gebäude in Hessen, zunächst im Ziegenhain durch Wita v. Jazewitsch. Hier verlängerte sie erstens die regionale Eichenchronologie bis 1289 und eröffnete zweitens die Aussicht auf eine baldige Fertigstellung der angestrebten 1000-jährigen Zeitreihe. Für diesen Arbeitsschritt stellte

sich die Unterstützung durch Walter Nieß aus Büdingen als entscheidend heraus, weil dieser nicht nur mit den Ortschaften in Mittel- und Nordhessen vertraut war, sondern auch über Kontakte zu Heimatforschern, Architekten und kommunalen Entscheidungsträgern verfügte.[21]

Im Juli 1959 starb überraschend Hubers langjährige Mitarbeiterin Wita v. Jazewitsch, ein großer Verlust für die laufenden dendrochronologischen Institutsarbeiten. Nach ihrem Tod übernahm Huber die alleinige Antragstellung bei der DFG. Der zuständige DFG-Hauptausschuss stimmte der Fortsetzung des Forschungsprogramms ohne Vorbehalte zu und betonte ausdrücklich Hubers führende Stellung auf diesem Gebiet in Europa: „Es wäre nach diesen Erfolgen ungemein bedauerlich, wenn Herr Huber durch andere Arbeitsgebiete und seine sonstigen Verpflichtungen davon abgehalten würde, die Dendrochronologie weiter zu pflegen, d. h. zunächst die laufenden Arbeiten zu unterbrechen." Der Fachausschuss Forst- und Holzwissenschaft urteilte ähnlich: „Es ist auch vom Standpunkt der biologischen Holzforschung aus dringend erwünscht, dass die im Münchener Forstbotanischen Institut gepflegte Forschungsrichtung der Jahrringanalyse nach dem tragischen Ausfall der bewährten Mitarbeiterin keine Unterbrechung erfährt."[22]

Als Nieß 1960 eine Sendung von Hölzern des 12. und 11. Jahrhunderts aus der Büdinger Region ankündigte, sprach Hubers Mitarbeiter Walter Merz bereits von einem möglichen „Stoß in die karolingische Epoche", und Nieß rechnete mit einer Verknüpfung der „großartigen Forschungsergebnisse aus dem Büdinger Raume mit den karolingischen und salischen Holzproben".[23] Trotz erster Erfolge beim „cross-dating" vereinbarten sie, zunächst die Ergebnisse von „Mehrfachbelegungen" und die Datierung älterer Hölzer abzuwarten, obwohl der hessische Landeskonservator in Wiesbaden zuvor auf rasche Veröffentlichung der Daten gedrängt hatte.[24] Nach der Entnahme von Balkenabschnitten aus der Einhardsbasilika in Steinbach, deren älteste Jahrringe wahrscheinlich aus dem 9. Jahrhundert stammten, meinte Nieß: „Mit diesen Proben müssten wir Anschluss finden an die älteren Proben der Remigiuskirche [in Büdingen] und des Schlosses in Büdingen, also an die Proben, die bisher nicht verankert werden

---

[21]BIH, Nachlass Bruno Huber: Huber an Nieß v. 22.12.1955.

[22]DFG-Archiv (Schriftgutverwaltung), Akte Huber Hu 5/27, Sitzung HA v. 25.11.1959; Gutachter Herbert Zycha, v. 11.11.1959, Gutachter Hans Meyer-Wegelin an DFG v. 12.11.1959.

[23]BIH, Nachlass Bruno Huber: Merz an Nieß vom 04.04.1960, Nieß an Huber v. 09.06.1960.

[24]Ebd., Huber an Nieß v. 15.12.1960, Nieß an Huber v. 12.01.1961.

konnten."[25] Obwohl bald sehr alte Hölzer von Steinberg und Forchheim und der Kirche Altenhaßlau[26] sowie Bauholz der alten Reichsstadt Gelnhausen aus dem 12. und 11. Jahrhundert hinzukamen, hielten Huber und Nieß eine Veröffentlichung noch für verfrüht.[27] Ihre Vorsicht erwies sich als richtig, weil Nieß erst im Juni 1962 die entscheidenden Proben nach München sandte, nämlich 17 vollständige Stammscheiben von Eichenholz aus der Basilika Ilbenstadt/Wetterau, deren Bau zwischen 1149 und 1159 als Klosterkirche urkundlich belegt war.[28] Erst nach deren Untersuchung fasste Huber die bisherigen Datierungen einschließlich der Verlängerung der Chronologie zunächst bis 1050 und dann sogar bis 942 zusammen:

> Die Etappen sind folgende: die Proben 360–362 des Kirchturms von Altenhaßlau ergaben die beiliegende Mittelkurve, die trotz kleiner Abweichungen […] zu der Standardmittelkurve Forchheim, Gelnhausen, Dreieichenhain usw. passt. Anfangsjahr 1137. Also zunächst noch kein Fortschritt. Die 4. Probe von diesem Kirchturm (Nr. 359) liegt aber früher: 1052–1205. Die fast 70-jährige Verzahnung mit den drei anderen ist so gut, daß wir die Synchronisierung für sicher halten. Damit besitzen wir nun erstmals eine absolut datierte Kurve, die um 76 Jahre weiter zurückreicht, als alle bisherigen. […] An der Altenhaßlauer Probe Nr. 359 läßt sich mit einiger Wahrscheinlichkeit die Basilika Ilbenstadt Ihrer letzten Sendung mit einer 85-jährigen Verzahnung Endjahr 1135 anhängen.[29]

Nieß empfand dieses kaum erwartete Resultat als eine „echte Weihnachtsfreude", die anhielt, als die bis dahin „schwebenden" und bisher noch nicht datierbaren Kurven von Wita v. Jazewitschs aus den Ortschaften Büdingen, Gelnhausen und Darmstadt in die hessische Eichenchronologie eingefügt werden konnten.[30]

Die jahrelange Entwicklung der hessischen Eichenchronologie wurde weiter ergänzt durch eine Untersuchung des „Watterbacher Hauses" im Odenwald, dessen Jahrringkurve sehr gut in die fertige Chronologie passte und die erneut deutlich machte, weshalb für die Datierung die Eiche von allen Baumarten eine herausragende Rolle spielte (Huber und Siebenlist 1963): Bis 1962 war nämlich bei dieser Baumart während der ca. 100.000 Einzelmessungen noch kein einziger Ringausfall aufgetreten, physiologisch erklärbar durch den Wassertransport in dem vom Kambium gebildeten „Frühjahrsporenkreis" des jeweiligen Jahres, bei dessen Ausfall der Baum abgestorben wäre.

Das „Watterbacher Haus" als ältestes unterfränkisches Bauernhaus mit Hölzern aus dem 13. Jahrhundert ergänzte sowohl die fertige Mittelkurve rezenter Spessareichen als auch die Kurven anderer historischer Bauten, z. B. der Forchheimer Kaiserpfalz (1127–1377) (vgl. v. Lerchenfeld 1953), der Brüderkirche Kassel (1124–1393) und der romanischen Häuser in Gelnhausen (1131–1356). Die Proben deckten vor allem den für die Verknüpfung von rezenten und historischen Hölzern wichtigen Zeitabschnitt von 1287 bis 1583 ab, wobei eine auffällige „Sägesignatur" von zehn abwechselnd schmalen und weiten Ringen in der Zeit von 1530 bis 1540 die Zuordnung erleichterte (ebd., 1963, S. 259). In einer zweiten Veröffentlichung erläuterten Huber und Mitarbeiter die bis 1963 in mehreren Schritten erreichte Verlängerung der hessischen Eichenchronologie, ergänzt durch einen baugeschichtlichen Teil von Nieß (Huber et al. 1964a). Durch die mehrfache Probenbelegung des zuvor spärlich vertretenen 13. Jahrhunderts und die Einfügung der Mittelkurve der Forchheimer Kaiserpfalz von 1127 bis 1377 passten die Ergebnisse auch gut zur Kurve der Brüderkirche in Kassel, die zunächst das Rückgrat der Datierung gebildet hatte (vgl. Abb. 6.7[31]). In allen Proben war die „absolut einmalige Sägesignatur 1530–1540" zu erkennen und bestätigte dadurch erneut deren Bedeutung (ebd., S. 30–33).

Als schließlich die letzten Lücken geschlossen wurden und eine 84-jährige Überlappung mit der abgesicherten Mittelkurve der Basilika des Klosters Ilbenstadt gelang, war die angestrebte 1000-jährige Eichenchronologie fertig, und Huber fühlte sich nachträglich darin bestätigt, keine voreilige Interpretation versucht zu haben: „Eine Synchronisierung gelingt entweder überzeugend oder überhaupt nicht." (ebd., S. 34 ff.). Noch vor ihrer Veröffentlichung berichtete der Trierer Dendrochronologe Ernst Hollstein nach München, er habe die vorläufige 1000-jährige hessische Eichenchronologie mit eigenen Holzproben bis ins Jahr 822 verlängert und dabei die Ilbenstädter Kurven ab 942 und die noch nicht endgültig zugeordneten Teilkurven aus Büdingen zwischen den Jahren 871 bis 1092 bestätigt (ebd., S. 81). 1962 hatte Ernst Hollstein aus Trier Huber nach dem Stand der Eichenchronik gefragt und aus München zunächst nur die vorläufige Kurve mit einigen Teilkurven erhalten.[32] Als Nahziel der Dendrochronologie bezeichnete er die „Konstituierung einer Standardkurve Eiche für das Gebiet Hessen – Mittelrhein – Mosel"[33] und arbeitete daraufhin gemeinsam mit Walter Nieß zunächst an der Verlängerung der hessischen Eichenmittelkurve bis

---

[25]Ebd., Nieß an Huber v. 10.04.1961.

[26]Ebd., Nieß an Huber v. (o. D.) Sept. 1961, Huber an Nieß vom 29.11.1961.

[27]Ebd., Nieß an Huber, v. (o. D.) Dez. 1961.

[28]Ebd., Nieß an Huber v. 28.06.1962.

[29]Ebd., Huber an Nieß v. 20.12.1962.

[30]Ebd., Huber an Nieß v. 12.03.1963.

[31]Ebd., Anhang, Bild 3.

[32]BIH, Nachlass Bruno Huber, Hollstein an Huber v. 24.11.1962, Huber an Hollstein v. 27.11.1962.

[33]Ebd., Hollstein an Huber v. 11.05.1964.

Abb. 6.7 Baudaten der für die hessische Eichenchronologie verwendeten Bauwerke. (Aus Huber/Siebenlist/Nieß 1963a; mit freundlicher Genehmigung von © Büdinger Geschichtsverein e. V. 2018. All Rights Reserved.)

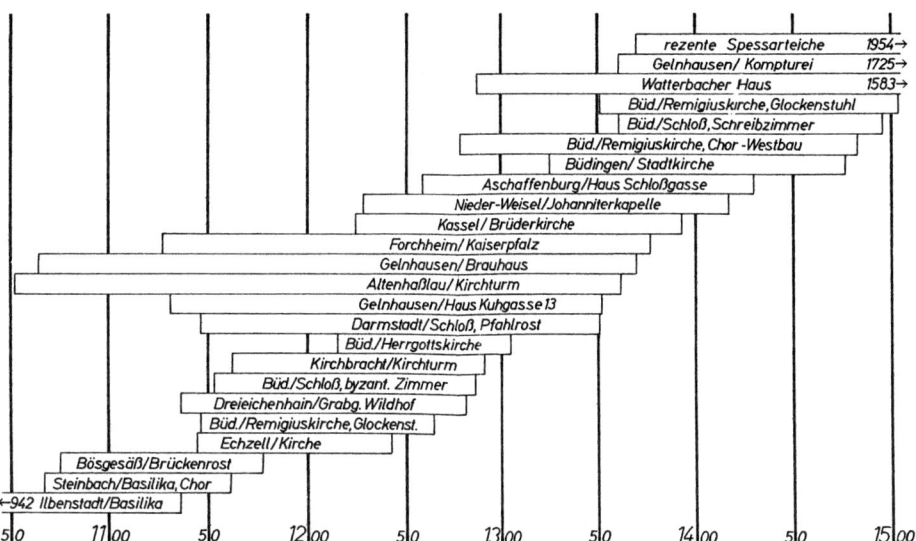

ins 9. und im Jahr 1966 sogar bis ins 8. Jahrhundert. Über die reibungslose Zusammenarbeit berichtete Nieß nach München: „Herr Hollstein arbeitet mit größter Sorgfalt, wie ich feststellen konnte und rechnet alle Kurven nochmals mathematisch durch."[34] So bestimmte Hollstein bei seiner statistischen Datenüberprüfung neben der bekannten Gegenläufigkeit zweier Kurven auch ihre Korrelations- bzw. Autokorrelationskoeffizienten nach vorheriger Datennormierung mit Hilfe der Handrechenmaschine „Curta" (vgl. Maier 2014).[35] Die weitere Verlängerung bis in die merowingische Periode und die endgültige Verknüpfung mit historisch belegten Datierungen aus der Römerzeit erschien nun greifbar nah (Nieß 1966/67, S. 72).

Die Zusammenarbeit mit Hollstein erwies sich ab 1964 für das Münchener Institut bei der Verlängerung einer mitteleuropäischen Eichenchronologie, insbesondere aber bei der Datierung archäologischer Befunde des Mittelalters und der Römerzeit, als außerordentlich hilfreich, und Bruno Huber versuchte, Hollstein bei seiner Arbeit und seiner Suche nach einer institutionellen Anbindung zu unterstützen. Als gelernter Schreiner und Holzbildhauer hatte Hollstein sich nach 1954 die Untersuchungsmethoden Hubers selbst beigebracht und widmete sich als Berufsschullehrer in seiner Freizeit der Präparation und Mikroskopie von Hölzern. 1960 wurde das Rheinische Landesmuseum Trier auf ihn aufmerksam und beauftragte ihn mit der Untersuchung von Befunden aus der Römerzeit und dem Mittelalter. Seine erste Veröffentlichung befasste sich mit dem mittelalterlichen „Haus Britanien" in einer Trierer Ufersiedlung an der Mosel, einem der ersten Bausteine für die Verbindung rechts- und

linksrheinischer Jahrringkurven. Nach seiner Meinung zeige sich hier, wie gut die Jahrringkurven auch relativ weit auseinanderliegender Gebiete zu eindeutigen Datierungen führten, wenn nur die landschaftlichen und klimatischen Gegebenheiten relativ homogen seien. Zur Biographie und Bibliographie Hollsteins vgl. Cüppers (1988) und Rump (2011, S. 188–195); eine Lebensbeschreibung von ihm selbst findet man in: BIH, Nachlass Bruno Huber, vom 23.02.1965.

Durch diese Arbeit und mit Hilfe noch unveröffentlichter Jahrringkurven von Trier, dem „Grauen Haus" in Winkel/ Rheingau und der Stiftskirche in Münstereifel versuchte Hollstein Huber davon zu überzeugen, die Kurven zweier Großregionen zu einer einzigen zusammenzuführen. Drei Wochen später gelang der Versuch: Die hessischen und moselländischen Eichenkurven ließen sich vereinigen, und Huber zeigte sich hocherfreut über diesen Erfolg.[36] Nach einem längeren Besuch Hubers in Trier, bei dem er Hollsteins Arbeitstechnik kennenlernte und sie über die Datierung von Hölzern aus der Römerzeit diskutierten, stellte Huber fest: „Jedenfalls ist z. Zt. Hollstein der erfolgreichste Dendrochronologe in Europa", einen eigenen Schüler könne er leider noch nicht vorweisen.[37] In Abschn. 6.3.3 und 6.4.2 wird die Mitwirkung von Ernst Hollstein bei der Kalibrierung der C14-Methode bzw. bei der Verlängerung der Eichenchronologie bis in die prähistorische Zeit noch einmal aufgegriffen.

Im Vergleich zur Arbeit an der 1000-jährigen Eichenchronologie waren Untersuchungen von Tannen- und Buchenhölzern zunächst weniger bedeutsam. So reichten

---

[34]Ebd., Nieß an Huber v. 04.09.1964.

[35]Ebd., Hollstein an Huber v. 15.06.1964.

---

[36]BIH, Nachlass Bruno Huber, Hollstein an Huber v. 11.05.1964 und 01.06.1964, Huber an Hollstein v. 02.06.1964.

[37]BIH, Nachlass Bruno Huber, Huber an Schwabedissen v. 17.11.1966.

1960 die Tannenchronologien rezenter Bäume für die Regionen des Alpennordrands und des Bayerischen Waldes nur bis ins 16. Jahrhundert. Mit Unterstützung von Denkmalspflege und Kirchenverwaltungen konnten aber in kurzer Zeit verbaute Tannenhölzer aus den Dachstühlen des Freiburger und des Konstanzer Münsters sowie der Klosterkirche Maulbronn untersucht werden. Hubers Mitarbeiter Josef v. Hornstein entnahm dort Bohrspäne und Teilstücke von bis zu 60 cm starken Balken eines Zeitabschnitts zwischen den Jahren 860 und 1300. Obwohl sich die „schwebende" Datierung nicht an einen rezenten Kurvenabschnitt von Tannenholz anbinden ließ, war sie aber durch absolute Zeitmarken von Einweihungsdaten der Gebäude urkundlich belegt (Hornstein 1963). Ernst Hollstein gelang zwischen 1966 und 1968 gemeinsam mit Hubers Mitarbeiter Bernd Becker die Synchronisierung von Teilchronologien der Tanne aus dem Trierer Dom mit zeitgleich verbauten Eichenhölzern (Hollstein 1968). Kurz vorher hatte Hollstein römische Tannen- und Eichenholzteilchronologien aus der Römerzeit durch Untersuchung der Römerbrücken in Köln, Trier und Mainz erarbeitet, den Anschluss an die Kurven des Mittelalters aber noch nicht herstellen können. Nachdem die von der Spätantike bis in die Neuzeit reichenden Tannenhölzer der Dome von Trier und Speyer ebenfalls gut zur Westdeutschen Eichenchronologie und auch zu v. Hornsteins mittelalterlicher Chronologie der Tannen aus Konstanz, Freiburg und Maulbronn passten, erschien auch eine über 1000-jährige Tannenchronologie möglich. Buchenholz war im Vergleich zur Tanne während des Mittelalters kaum verbaut worden, und deshalb hielten Jahrringforscher die Verlängerung der schon 1953 von v. Jazewitsch aufgestellten Buchenchronologie für wenig aussichtsreich. Mit Hilfe dünner Buchenbretter aus einer Dorfkirche bei Trier gelang es Hollstein jedoch, Anschluss an das bis dahin älteste datierte Jahr 1654 zu finden, wodurch er die Kurve bis 1397 verlängerte. Sowohl Tannen- als auch Buchenproben stimmten mit der Eichenkurve gut überein (ebd., S. 160).

Gegen Ende des Jahres 1969 präsentierten Hubers Mitarbeiter Bernd Becker und Veronika Giertz-Siebenlist schließlich eine 1100-jährige Tannenchronologie nach Abdecken einer zeitlichen Lücke zwischen den Jahren 1300 und 1541 durch Treppenhölzer aus Landshuter Kirchen. Eine einzelne Holzprobe aus Sulzburg im Markgräflerland erlaubte kurz darauf eine nochmalige Verlängerung bis ins Jahr 820 (Becker und Giertz-Siebenlist 1970, S. 330). Die Veröffentlichung der Bruno Huber zum 70. Geburtstag gewidmeten Ergebnisse erlebte dieser jedoch nicht mehr; er starb am 14. Dezember 1969 in München.

6.3 Modernisierungsschub durch die Radiokohlenstoffdatierung

Als „modern" wird oft die von Rationalismus getriebene Entwicklung einer Disziplin oder Methode bezeichnet, wenn als Referenz der Beschreibung vorwiegend der heutige wissenschaftliche Stand dient. Ein zweites wesentliches Kriterium wird außerdem berücksichtigt, nämlich die Beschleunigung der Technik, die nicht trivial, sondern ihr immanent ist, und die durch Einführung neuer Verfahren und Geräte die Entwicklung der Wissenschaften vorübergehend oder dauerhaft beeinflussen kann. Bei dieser eher ahistorischen Sichtweise kann es vorkommen, dass „Modernisierern" gegenüber „Traditionalisten" ein zu hoher Stellenwert zugesprochen wird. Für einen moderneren Wissenschaftsbegriff ist aber auch die Vorstellung von Öffentlichkeit und Transparenz zentral, d. h., ein Forschungsprozess sollte nachvollziehbar und kontrollierbar sein. Der Wissenschaftshistoriker Reijer Hooykas (1987, S. 455) postulierte weitere Schwerpunkte zur Charakterisierung moderner Wissenschaften, darunter das Experiment und die mathematische Problembehandlung:

1. Sie anerkennt keine anderen Autoritäten als die Natur selbst; es dominiert ein kritischer Empirismus.
2. Sie arbeitet experimentell und stützt sich dabei nicht nur auf direkte Naturbeobachtung, sondern auch auf „künstliche" Experimente.
3. Sie beruht auf einem mechanistischen Weltbild.
4. Sie versucht, Dinge der Natur möglichst quantitativ durch mathematische Begriffe zu erfassen.

Nach 1960 gab es neben der Wirkung, den die Radiokohlenstoffmethode während der 1950er-Jahre auf die moderne Konstituierung von Jahrringforschung und Dendrochronologie ausübte, noch andere methodische und instrumentelle Neu- und Weiterentwicklungen, die die Arbeit historischer Subdisziplinen wie Regionalgeschichte, Prähistorie, historische Ökologie und Klimageschichte beeinflussten. Die ersten wissenschaftlichen Nutzer naturwissenschaftlicher Datierungsmethoden waren fast ausschließlich Archäologen und Anthropologen wie bei den Ausgrabungen von Pueblo Bonito und Mesa Verde in den USA oder bei den Pfahlbauten in Mitteleuropa, doch seit den 1970er-Jahren kamen Paläoklimatologen, Geomorphologen, Hydrologen und Waldschadensforscher hinzu. In jüngster Zeit erwies sich die Jahrringforschung für die Untersuchung des Klimawandels im Rahmen des Zusatzprotokolls der UN-Klimarahmenkonvention („Kyoto-Protokoll") als unverzichtbar, um die Zunahme von Treibhausgasen in der Erdatmosphäre verfolgen und langfristige Maßnahmen für ihre Minderung begleiten zu können.

6.3.1   Willard Frank Libby und die Emergenz der Methode

Im März und Dezember 1949 erschienen in *Science* zwei kurze Mitteilungen aus dem Institute of Nuclear Studies in Chicago, in denen Willard Libby gemeinsam mit seinen Mitarbeitern Ernest Anderson und James Arnold über „Age determination by radiocarbon contents" berichtete. Diese von vielen Wissenschaftlern zunächst kaum beachteten Veröffentlichungen beschrieben die Möglichkeit einer genauen Datierung unterschiedlich alter organischer, d. h. kohlenstoffhaltiger, Materialien mit einer Altersbegrenzung von ca. 20.000 Jahren. Einige Geologen und Archäologen waren aber wie elektrisiert von der neuen Methode, die das schwierige Problem einer zeitlichen Zuordnung vieler Fundstücke zu lösen versprach. Libby und Mitarbeiter schienen mit einer solchen Wirkung gerechnet zu haben, als sie die Bedeutung ihrer Untersuchungsergebnisse einschätzten: „Having established the world-wide uniformity of the radiocarbon assay at the present time, it seems a logical assumption that this would have been true in ancient times." (Libby et al. 1949); (Arnold und 1949). Störende Einflüsse von außen oder Eichschwierigkeiten gebe es nicht, erinnerte sich Libby später: „There were no ‚adjustable constants' in the theory; the measurements gave absolute answers." (Libby 1981, introd. publ. No. 46). Nach diesem spektakulären Anfangserfolg einer korrekt und absolut erscheinenden Datierung alter Fundstücke mit Hilfe des Radiokohlenstoffisotops ^{14}C wurde Libbys Labor in Chicago mit Proben überhäuft, und auch in Europa gab es nun Anstrengungen, Messstellen einzurichten. In Deutschland informierte Bruno Huber die noch überschaubare Gruppe von Jahrringforschern und Forstexperten, als er 1951 in einer Rezension von Frederick Zeuners Buch *Dating the past* auf die neuartige Altersbestimmung hinwies: „Kombiniert mit der Jahrringchronologie verspricht diese Methode die absolute Datierung unserer Frühgeschichte auf eine neue exakte Zahlengrundlage zu stellen." (Huber 1951). Zu einer breiten Rezeption und Diskussion in der Fachöffentlichkeit kam es aber erst, als Libby 1952 eine kurze Beschreibung seiner neuen Datierungsmethode veröffentlichte (Libby 1952)[38] (vgl. Abschn. 6.3.2 und 6.3.3).

Historische Darstellungen lassen die Geschichte der Radiokohlenstoffmethode meist mit Libbys Publikation von 1949 beginnen und vermitteln dabei den Eindruck der Emergenz eines völlig neuen wissenschaftlichen Konzepts. Die Prähistorikerin Géraldine Delley weist jedoch zu Recht auf die „normale" Entstehung der Methode hin:

> L'invention de Libby se trouve dans ce que Thomas S. Kuhn a défini comme la ‚science normale' (Kuhn 1962), dans le sens où la méthode de datation par le ^{14}C est guidée par une série d'hypothèses – théoriques, méthodologiques et empiriques – qui ont déjà été acceptées par les acteurs de la discipline. Les normes cognitives que la méthode mobilise sont déjà partagées par les nombreux chercheurs formés dans le domaine de la chimie et de la physique nucléaire (Delley 2014, S. 65).

Es bedarf keiner weiteren Begründung, dass ohne die mehrere Jahrzehnte zurückreichende Erforschung kosmologischer und kernphysikalischer Prozesse ein praktikables C14-Verfahren wohl nicht so bald nach dem Zweiten Weltkrieg hätte entwickelt werden können. Als Impulsgeber spielte dabei der rasante wissenschaftlich-technische Wissenszuwachs während der Atomwaffenentwicklung in den USA und anderen Staaten eine herausragende Rolle, der nach 1945 von günstigen wissenschaftspolitischen Rahmenbedingungen für die zivile Nuklearforschung profitierte.

Die nachfolgende Beschreibung soll kursorisch die wesentlichen Details bei der Erforschung der kosmischen (Höhen-)Strahlung, des Stickstoffzerfalls unter Neutronenbeschuss und des künstlichen und natürlichen Radiokohlenstoffs einschließlich der messtechnischen Entwicklung beleuchten. Ein vorangestellter Überblick über die Mechanismen der Radiokohlenstoffbildung erleichtert das Verständnis für die Terminologie und die Kontroversen zur Anwendbarkeit der C14-Methode, wobei mit einer (gekennzeichneten) Ausnahme meist auf den Wissensstand von 1952 Bezug genommen wird.

Das Radionuklid ^{14}C entsteht nach heutiger Kenntnis,[39] wenn kosmogene Strahlung von sehr hoher Energie die oberen Schichten der Erdatmosphäre durchdringt. Die dabei durch Spallation freigesetzten Neutronen können beim Auftreffen auf ein Stickstoffisotop ^{14}N bei der Kernreaktion.

$$^{14}N + n \rightarrow {}^{14}C + p$$

das radioaktive Isotop ^{14}C unter Abspaltung eines Protons entstehen lassen. Die direkte solare Strahlung ist an diesem Vorgang wegen ihrer relativ geringen Energie mit weniger als 3 % beteiligt (Bodemann et al. 1993). Der gebildete Radiokohlenstoff oxidiert anschließend zu CO_2 und nimmt

---

[38]Libby erhielt 1960 für seine Entdeckung den Nobelpreis für Chemie.

[39]Radiokohlenstoff wird im Folgenden meist korrekt als „^{14}C" gekennzeichnet. Bei Wortverbindungen wie „C14-Methode" wird diese Version bevorzugt, beim Zitieren von Publikationen die dort verwendete Originalschreibweise.

mit $10^{-10}\%$ der Gase der Atmosphäre in dieser Form am globalen Kohlenstoffkreislauf teil.

Das Alter kohlenstoffhaltiger Substanzen lässt sich mit Hilfe der Radiokohlenstoffmethode feststellen, weil das instabile, radioaktive Isotop ^{14}C mit einer Halbwertzeit von 5730 Jahren durch Abgabe von ß-Strahlen zu ^{12}C zerfällt. Bei der Assimilation der Pflanzen wird außer den stabilen Kohlenstoffisotopen ^{12}C und ^{13}C auch das instabile ^{14}C aus der Atmosphäre aufgenommen und für den zellulären Aufbau verwendet. Nach dem Tod der Pflanze hören Assimilation und Atmung auf, so dass kein weiteres ^{14}C mehr in den Organismus eingebaut wird und sich das anfangs konstante Verhältnis von ^{14}C zum nichtradioaktiven Kohlenstoffisotop ^{12}C wegen des Zerfalls von ^{14}C allmählich ändert. Nach dem radioaktiven Zerfallsgesetz lässt sich bei Kenntnis der Zerfallskonstante von ^{14}C der Zeitpunkt des Absterbens einer Pflanze berechnen, wenn man die zum Messzeitpunkt vorhandene Radiokohlenstoffmenge bestimmt:

$$N(t) = N_0 \cdot e^{-\lambda \cdot t}$$

N_0 ist hier die anfängliche Anzahl und $N(t)$ die zum Zeitpunkt t zerfallene Anzahl der Atomkerne, λ die Zerfallskonstante von 14 C und t die seit der Messung vergangene Zeit. Die aktuell zerfallenden ^{14}C-Kerne werden mit einem Messinstrument gezählt, um so das Alter der Pflanze zu berechnen.

Im Jahr 1912 hatte der österreichische Physiker Victor Hess nach Auswertung von elektroskopischen Strahlungsmessungen bei Ballonaufstiegen bis 5400 m Höhe erklärt: „[…] daß eine Strahlung von sehr hoher Durchdringungskraft von oben her in unsere Atmosphäre eindringt, und auch noch in den untersten Schichten einen Teil der in geschlossenen Gefäßen beobachteten Ionisation hervorruft." (Hess 1912, S. 1090). Die Sonne sei nicht die Ursache für diese Strahlung. Ende der 1920er-Jahre fanden Forschergruppen um Walther Bothe von der Physikalisch-Technischen Reichsanstalt in Berlin und um Robert Millikan vom California Institute of Technology in Pasadena nach Messungen vom Meeresniveau bis zur oberen Atmosphäre heraus, dass es sich um eine korpuskulare, ungerichtete Strahlung mit Anteilen von unterschiedlichem Durchdringungsvermögen handeln müsse. Die energiereichsten seien vermutlich bei einer plötzlichen Bildung höherer Atomkerne aus Protonen und Elektronen im interstellaren Raum entstanden, die in der Erdatmosphäre eine Sekundärstrahlung hervorriefen. Bothe verwendete bei seinen Versuchen erstmals zwei Zählrohre nach Geiger statt der vorher üblichen Ionisationskammern und erfasste mit seiner „Koinzidenzmessung" nur solche Teilchen, die beide Zählrohre gleichzeitig durchliefen (Millikan und Cameron 1928); (Bothe und Kolhörster 1929).

Die Möglichkeit der Entstehung von Radiokohlenstoff beschrieb 1934 Franz Kurie, nachdem er die beim Deuteronen-Beschuss von Beryllium entstehenden Neutronen in eine mit Stickstoff gefüllte Wilson'sche Nebelkammer leitete. Nach Prüfung der photographisch registrierten Zerfallsspuren neu auftretender Teilchen deutete er einige als Isotop ^{14}C mit dem zugleich freigesetzten Proton. Einen ähnlichen Versuch führten William Burcham und Maurice Goldhaber am Cavendish Laboratory in Cambridge unter der Leitung von Ernest Rutherford durch, indem sie stickstoffhaltige Emulsionen von Photoplatten mit langsamen Neutronen bestrahlten. Als Neutronenquelle verwendeten sie eine Mischung von Radium- und Berylliumpulver. Störende γ-Strahlung schirmten sie mit Bleiplatten ab, während eine 10 cm starke Paraffinschicht die Neutronengeschwindigkeit abbremste. Die Spuren auf dem Film deuteten sie als entstandenes ^{14}C. Auch andere Forscher hielten die Bildung von ^{14}C neben der des Borisotops ^{11}B beim Neutronenbeschuss des Stickstoffs für möglich und nahmen vorläufig eine Halbwertzeit von drei Monaten an (Kurie 1934); (Burcham und Goldhaber 1936); (Bonner und Brubaker 1936). In Deutschland war Otto Haxel während dieser Zeit über amerikanische Experimente mit Neutronen zwar informiert, fand aber bei seinen Untersuchungen über Kernspektren der leichten Elemente wie Bor, Kohlenstoff und Stickstoff sowie beim Protonen- und Deuteronenbeschuss von Stickstoff keine Hinweise auf die Entstehung von ^{14}C (Haxel 1936, S. 43 f.); (ders. 1937). Beim Beschuss von Kohlenstofftargets mit den in einem Zyklotron beschleunigten Deuteronen konnte wenig später dagegen Radiokohlenstoff nachgewiesen werden, dessen Halbwertzeit zunächst auf mehrere Jahre geschätzt wurde (Pollard 1939).

Durch Messungen mit einem Bortrifluorid-Zählrohr während des Aufstiegs von Freiballons bis in die Stratosphäre bestätigten Serge Korff und Mitarbeiter schließlich die Zunahme der Neutronenaktivität mit der Höhe, obwohl Messungen von Scott Forbush (Forbush 1938) gezeigt hatten, dass die Intensität der kosmischen Strahlung in Bodennähe aufgrund magnetischer Störungen erheblich schwankte:

Stratosphere flights […] indicate an increase of the neutron counting rate with elevation which is more rapid than the increase in the total radiation. At an elevation of three meters of water equivalent below the top of the atmosphere, the neutron intensity in the cosmic radiation is of the order of 100 times the sea level neutron intensity (Korff und Danforth 1939).

Für die obere Atmosphäre bedeutete der Neutroneneinfang erstmals die Bestätigung, dass Radiokohlenstoff höchstwahrscheinlich auch in der Natur vorkommt: „Since each will most probably be eventually captured by nitrogen, nitrogen will be disintegrated, forming long-lived C14 at a rate of $q = 10^{-6}$ atoms per cc per second in the upper atmosphere." (Korff 1940).[40]

Die Anfang 1939 im Institut von Ernest Lawrence in Berkeley betriebenen zwei Zyklotrone waren für die an Isotopenuntersuchungen interessierten in- und ausländischen Physiker und Chemiker vor dem Zweiten Weltkrieg eine wichtige Forschungsadresse, darunter auch für die deutsche Physikergruppe um Walther Bothe in Heidelberg. Ende 1938 schickte er seinen Assistenten Wolfgang Gentner mit Unterstützung durch die Helmholtz-Gesellschaft nach Berkeley, um praktische Erfahrungen zu sammeln. Vor allem interessierten sich die Deutschen für die konstruktiven Details des neuen 60-Zoll Zyklotrons (vgl. Abb. 6.8), in die sie von ihren kalifornischen Kollegen mit großer Offenheit ebenso eingeweiht wurden wie in die Geheimnisse und Probleme des Beschleunigerbaus (Gentner 1940); (vgl. Hoffmann und Schmidt-Rohr 2006, S. 14–17).

Radiokohlenstoff wurde zum ersten Mal am 27.02.1940 künstlich im Radiation Laboratory Berkeley durch Martin Kamen und Samuel Ruben hergestellt. Der neue Zyklotron lieferte dafür die auf 7–8 meV beschleunigten Deuteronen, die 120 h lang auf ein Graphittarget gerichtet waren. Mit ^{13}C angereichertem Graphit konnte die experimentelle Ausbeute weiter verbessert werden (Ruben und Kamen 1940); vgl. Kauffman (2000, S. 260 f.).[41] Ziel ihrer Arbeit war weniger die von Lawrence favorisierte Erforschung der Wege der Isotopenentstehung als vielmehr die Bereitstellung von Tracern für die Verfolgung von Reaktionsprozessen: „Long-lived radiocarbon will be of great importance for many chemical, biological, and industrial experiments." (Ruben und Kamen 1940, S. 549). Derartige Anwendungen hatte zuvor Harold Urey von der Columbia Universität New York und gleichzeitig Berater des Chemieunternehmens Eastman Corp. als vorrangig bezeichnet und physikalisch-chemische Schritte zur Isotopenreinigung aufgezeigt, und auch Kamen war sich der Bedeutung radioaktiver Tracer bewusst, nachdem er 1939 das durch Beschuss des Borisotops ^{10}B entstandene Kohlenstoffisotop 11 C untersucht hatte (Urey 1939); (Ruben et al. 1939).

Im Februar 1941 legten Ruben und Kamen aufgrund verbesserter Messinstrumente eine neue Schätzung der Halbwertzeit des Kohlenstoffisotops ^{14}C vor, an der sich auch Robert Oppenheimer beteiligte: „The C^{13} (d, p)C^{14} experi-

Abb. 6.8 Zustand des 60-Zoll-Zyklotrons in Berkeley, August 1939; Magnet (links) und Elektrodenhalterung für Deuteronen (Mitte). (U.S. Dep. of Energy, NAID 558.594, ohne Copyright)

ments indicate 103–104 years while the N^{14}(n, p)C^{14} data suggest 104–105 years. A lower limit of 1000 years is not unreasonable." (Ruben und Kamen 1941, S. 353); vgl. Kamen (1963). Als empfindlichstes Strahlungsmessgerät verwendeten sie den von Libby 1934 gebauten und später verbesserten „screen wall counter", bei dem die Probe als Paste auf die Innenwand der Messröhre aufgetragen wurde.

Spätestens nachdem am 28. Juni 1941 Präsident Roosevelt die Gründung des Office of Scientific Research and Development (OSRD) ankündigte, unterlagen alle kernphysikalischen Forschungsarbeiten strikter Geheimhaltung. Die Abteilung Uran („S1 Section") erhielt ihren Standort in New York, wo unter der Leitung von Harold Urey u. a. die Gasdiffusion von Uranhexafluorid zur Anreicherung von ^{235}U erprobt wurde. Verantwortlich für die damit zusammenhängenden naturwissenschaftlichen und technischen Fragen war der Chemiker Willard F. Libby. Die kurz nach dem Krieg publizierten Reviews der amerikanischen und deutschen Forschungsanstrengungen zur Isotopentrennung und analytischen Chemie lassen erkennen, wie während des Krieges die Kernforschung des „Manhattan-Projekts" und – weniger umfangreich – die Bemühungen des „Uranvereins" in Deutschland zu einer rasanten Zunahme des Wissens führten, ohne das die Entwicklung der Radiokohlenstoffmethode nach 1945 kaum möglich gewesen wäre (Rodden 1950); (Bothe et al. 1948). Einen tieferen Einblick in den „Laboratory war" gibt das Buch *Image and logic* von Peter Galison (1997, S. 239–311).

Viele der am „Manhattan-Projekt" zur Entwicklung von Atomwaffen beteiligten Wissenschaftler mussten sich nach dem Krieg neue Aufgaben suchen oder wendeten sich bewusst von militärischen Entwicklungsarbeiten ab. Nach Unstimmigkeiten über die Zukunft der Kernwaffenentwicklung entstand unter der Führung von Lewis Strauss, dem Leiter der Atomic Energy Commission, eine

---

[40]Libby würdigte 1960 in seiner Nobel-Prize Lecture die Leistung von Korff; Samuel Ruben († 1943) und Martin Kamen († 2002), die 1940 erstmals ^{14}C künstlich herstellten, erwähnte er nicht.

[41]Mitte 1944 wurde Kamen auf Veranlassung des militärischen Geheimdienstes in Berkeley entlassen, vgl. Bird und Sherwin (2009, S. 179 f.).

„Schwerter zu Pflugscharen"-Bewegung, die neue Möglichkeiten für die zivile Nutzung der Kernenergie suchte (vgl.
Anonymus 1946); (Hewlett und Anderson 1962); (Hewlett
und Duncan 1990). Libby gab wie sein Vorgesetzter Urey
die militärische Forschung auf und folgte diesem an das
Institute of Nuclear Studies der University Chicago. Den
„Libby-Papers" ist zu entnehmen, dass er sich Ende 1945
dem Problem zuwandte, mit Hilfe der Reststrahlung des
radioaktiven Isotops ^{14}C das Alter organischer Materialien zu bestimmen. Nach eigenen Angaben ließ er außer
Urey seine Kollegen bis 1948 über sein Forschungsziel
im Unklaren, und es hieß, er würde an frühere Arbeiten
über die kosmische Strahlung anknüpfen. Libbys Arbeit
von 1946 über die Bildung von Tritium und Radiokohlenstoff in der oberen Atmosphäre schien diese Vermutung zu
bestätigen. Über die Möglichkeit der Datierung mit ^{14}C und
über dessen Halbwertzeit äußerte er sich nicht, ein möglicher Hinweis auf die absichtliche Tarnung seiner Pläne
(Libby 1946). Anfang September 1946 wiesen er und
seine Mitarbeiter eine gleichbleibend hohe C14-Aktivität
im „Biomethan"-Anteil des aus Methan und Kohlendioxid
bestehenden Gases der Abwasseranlage Baltimore nach,
während die C14-Vergleichswerte von Methan aus Erdgas-
quellen („petromethane") gegen null tendierten. Da sich
Libby bis dahin nicht zu Halbwertzeiten geäußert hatte,
überraschte sein knapper Hinweis vom 30. Mai 1947: „The
discovery of cosmic-ray carbon has a number of interesting
implications in the biological, geological, and meteorological fields; a number of these are being explored, parti-
cularly the determination of ages of various carbonaceous
materials in the range of 1,000–30,000 years." (Anderson
et al. 1947).

Diese von Libby genannte Spanne für mögliche Altersbestimmungen lässt vermuten, dass er schon lange vorher
daran gedacht haben muss, die C14-Methode mit archäologischen Funden von eindeutig bekanntem Alter zu überprüfen. Durch diskrete Vermittlung von Harold Urey und
mit Unterstützung durch den Viking Fund nahm Libby Kontakt zu Museen in Chicago und New York auf und erhielt
so Holzproben altägyptischer Särge und Grabbeigaben,
u. a. Akazien- und Zypressenholz aus den Grabmälern der
Könige Zoser in Sakkara und Sneferu in Meydum. Die für
die weitere Entwicklung der C14-Methode entscheidenden
wissenschaftlichen Veröffentlichungen über die Untersuchung von „samples of known age" erschienen schließlich in März und Dezember 1949 in der Zeitschrift *Science*
(Libby et al. 1949); (Arnold und Libby 1949). Eine historische Betrachtung bietet Marlowe (1980) und Marlowe
(1999).

Libby wusste bei der Validierung seiner neuen Methode
mit Hilfe von Museumsstücken und anderen Materialien, dass die „Richtigkeit" der Messergebnisse vor allem
von einer korrekten Halbwertzeit des C14-Isotops abhing.

Schätzungen aus der Zeit vor 1941 waren viel zu unpräzise,
und erst die im „Manhattan-Projekt" durch Alfred Nier verbesserten Massenspektrometer ließen genauere Isotopen-
messungen zu. An der Columbia University New York, an
der auch Libby am Uranprojekt gearbeitet hatte, bestimmte
eine Forschergruppe um Allen Reid 1946 zunächst ein Alter
von 4700 Jahren. Kurz darauf schlugen nach Messungen
mit einem Nier-Spektrometer Forscher aus Oak Ridge, dem
Standort für die militärische Uran-Anreicherung, einen
Wert von 5300 Jahren vor (Nier 1981); (Reid et al. 1946);
(Norris und Inghram 1946).

Schließlich erbrachten 1949 Messungen am Argonne
National Laboratory in Chicago, an der sich auch Libby
beteiligte, eine Halbwertzeit von 5720 ± 47 Jahren (Engelkemeier et al. 1949). Dieses Alter war nahezu deckungsgleich mit den später (1962 und 1990) konventionell
festgelegten und heute gültigen Werten von 5730 ± 40 bzw.
5715 ± 30 Jahren (Holden 1990, S. 952). Libby schien diesem Wert von 1949 misstraut zu haben und verließ sich bis
Ende der 1950er-Jahre auf den Mittelwert eigener Untersuchungen von 5568 ± 30 Jahren. Um Datierungsergebnisse besser vergleichen zu können, beschlossen Experten
1961 auf der 5. Radiocarbon Dating Conference in Cambridge trotz der Festlegung auf den Wert 5730: „Radiocarbon age results continue to be reported on the basis of
,Libby half-life' 5568 y" und ergänzten: „[…] to confirm
the practice of using A.D. 1950 as the reference year of
,zero age B.P.' for purposes of radiocarbon measurements."
(Godwin 1962). Diese konventionelle „Libby-Halbwertzeit"
musste anschließend in die jeweils gültige Halbwertzeit
umgerechnet werden.

Nach dem Vorbild von Libbys C14-Messstelle in Chicago wurden nach 1950 auch Labors in Europa errichtet,
z. B. am National Museum in Kopenhagen (1951), dem
Naturkundemuseum in Groningen (1952) und an den physikalischen Instituten von Cambridge (1953), Heidelberg
(1954) und Bern (1957). Auf die Motive für den Aufbau der
Einrichtungen in Groningen, Heidelberg und Bern soll im
Folgenden kurz eingegangen werden:

Der Leiter des Groninger Naturkundemuseums, der
Archäologe Albert van Giffen, wurde 1950 auf die Radiokohlenstoffmethode aufmerksam und überzeugte den Physiker Hessel de Vries, am Museum ein modernes Labor
einzurichten und sich dort um die C14-Datierung zu kümmern. De Vries verbesserte zunächst die Messgenauigkeit
der Methode durch mehrstufige Reinigung der CO_2-hal-
tigen Verbrennungsgase und die vollständige Entfernung
von störendem Radon (de Vries 1956); (ders. 1957). Eine
spektakuläre Altersbestimmung archäologischer Funde
rechtfertigten diese Maßnahmen. Bei Ausgrabungen in
Groningen waren nämlich zahlreiche Holzpfähle geborgen
worden, die van Giffen zu Libby nach Chicago schickte
und deren Alter man dort auf 2222 ± 200 Jahre datierte,

was für eine römische Besiedlung gesprochen hätte, allerdings Irritationen bei niederländischen Archäologen hervorrief. De Vries überprüfte Libbys Ergebnisse daraufhin durch eigene 10-fach-Messung derselben Holzprobe und erhielt einen Altersmittelwert von etwa 1000 Jahren, der ungefähr dem Alter der benachbarten Kirche St. Walburg entsprach. Nachmessungen in den C14-Labors in Heidelberg und London mit Hilfe eines mit CO_2 bzw. Acetylen (C_2H_2) betriebenen Zählrohrs bestätigten schließlich seine Ergebnisse (de Vries und Barendsen 1954, S. 1141); (vgl. Engels 1960).[42] 1957 stellte de Vries unerklärbare Abweichungen zahlreicher C14-Messwerte von den Erwartungswerten fest und führte dies auf säkulare und sich möglicherweise überlagernde Oszillationen („wiggles") der C14-Konzentration in der Atmosphäre im Verlauf von Jahrhunderten und Jahrtausenden zurück. Derartige Abweichungen wurden später als „de Vries-Effekt" bezeichnet und auf Schwankungen des Dipolmoments im Erdmagnetfeld, wechselnde Sonnenaktivität und eine variable Verteilung von CO_2 in den Reservoirs von Atmosphäre, Meer und Pflanzen zurückgeführt. Der bis dahin als weitgehend linear angenommene Zusammenhang zwischen gemessener C14-Konzentration und der Zeit musste deshalb durch eine Eichkurve korrigiert werden, die den jeweils „wahren" C14-Werten entsprach. Der Abgleich der Radiokohlenstoffdatierung mit einem „absoluten" chronologischen Verfahren wie der Dendrochronologie schien dafür die geeignete Lösung zu sein (vgl. hierzu und zum „Suess-Effekt" Abschn. 6.3.2).

An der Universität Heidelberg waren die Voraussetzungen für den Aufbau einer C14-Messstelle anders als in Groningen: Walter Bothe blieb als ehemaliger Mitarbeiter des „Uranvereins" nach dem Einmarsch amerikanischer Truppen 1945 zunächst Leiter des Physikalischen Instituts, auf Weisung des US-Hauptquartiers allerdings nur innerhalb des ehemaligen KWI für medizinische Forschung, dem sich von 1948 bis 1952 auch der Experimentalphysiker Heinz Maier-Leibnitz anschloss. Im Januar 1949 wurde Hans Jensen, ebenfalls ein früheres Mitglied des „Uranvereins", auf einen Lehrstuhl für theoretische Physik nach Heidelberg berufen, und im Herbst 1950 vervollständigte Otto Haxel aus Göttingen als Direktor des neu geschaffenen II. Physikalischen Instituts das kernphysikalische Expertenteam der Universität. Als Ende 1952 die Amerikaner Walther Bothe sein früheres Institut zurückgaben, waren die personellen und institutionellen Voraussetzungen günstig, sich in Heidelberg maßgeblich an der Kernforschung einschließlich der Radiokohlenstoffforschung zu beteiligen.

Unter Haxel erfolgte der Aufbau eines C14-Labors, dessen Leitung sein Doktorand Karl Otto Münnich übernahm und das einige Jahre lang das einzige seiner Art in Deutschland bleiben sollte. Neben Bothe und Jensen waren vor allem Haxel und sein früherer Kollege Wolfgang Gentner aus Freiburg – nach 1957 ebenfalls in Heidelberg als Direktor des MPI für Kernphysik – Mitte der 1950er-Jahre hervorragend vernetzt mit anderen maßgeblichen Naturwissenschaftlern wie Otto Hahn und Werner Heisenberg. Haxel war nach 1955 Mitglied der Deutschen Atomkommission, der Kommission Wissenschaft und Technik der Euratom, Aufsichtsrat des Kernforschungszentrums Karlsruhe, Unterzeichner des „Göttinger Manifests" gegen die atomare Bewaffnung der Bundeswehr (Gentner 1980), hatte wie Gentner Zugang zu finanziellen Ressourcen deutscher staatlicher Stellen und war wie dieser an der physikalischen Datierung interessiert. Schon im April 1948 hatte Gentner bei einer Rede in Freiburg auf Libbys C14-Arbeiten hingewiesen (Gentner 1949, S. 30). Bei Fragen der Reaktorentwicklung verfügten außerdem beide über gute Kontakte zum damaligen Ministerium für Atomfragen unter den Ministern Franz Josef Strauß und Siegfried Balke (Hoffmann und Schmidt-Rohr 2006, S. 22–40).

In der Schweiz hing die Institutionalisierung der Radiokohlenstoffmethode eng mit der Besetzung des Lehrstuhls für Physik der Universität Bern durch Friedrich Houtermans zusammen. Zu Beginn der 1950er-Jahre war man dort zunächst auf der Suche nach einem experimentell orientierten Festkörperphysiker. Nach langwierigen Berufungsverhandlungen trat im Januar 1952 Houtermans seine neue Position an (Landrock 2003); (Delley 2014, S. 66–70). In den folgenden Jahren richtete dieser das Institut neu aus und widmete sich gemeinsam mit seinem Mitarbeiter Hans Oeschger vorwiegend geochronologischen Problemen und der Datierung mit Hilfe von Isotopen. Maßgebliche Akteure bei der Planung eines schweizerischen C14-Labors waren aber nicht Physiker, sondern zwei Hochschullehrer der Archäologe und der Botanik aus Bern: Hans-Georg Bandi, Leiter des Instituts für Urgeschichte und Paläoethnographie, und Max Welten, Professor für systematische Botanik, die 1956 ein Finanzierungskonzept beim Schweizerischen Nationalfonds einreichten. Kurz zuvor hatte Welten dem Fonds einen Antrag mit dem Titel „Pollenanalytische Erforschung der Vegetation und Florengeschichte des Wallis, speziell der Südseite der Berner Alpen, unter Ergänzungen durch C14-Alterbestimmungen" vorgelegt (ebd., S. 70). Der Vorstoß von Bandi und Welten hatte Erfolg, weil er der Absicht der Schweizer Regierung entsprach, sich stärker als bisher beim Ausbau der Forschung und der zivilen Nutzung der Kernenergie zu engagieren. Geraldine Delley stellte hierzu fest: „Au final, il apparaît que de telles collaborations ont profité autant aux physiciens et chimistes qu'aux archéologues." (Ebd., S. 89).

---

[42] Siehe dazu Libbys Messergebnis von Probe C-621 in: Libby (1955, S. 89).

Gegen Ende der 1950er-Jahre war die Zahl der Radio-kohlenstofflabors weltweit auf fast 30 gestiegen, und man war zuversichtlich, Eich- und Datierungsprobleme bald lösen zu können. Im Hinblick auf die Genauigkeit der Radiokohlenstoffdatierung und die Zuverlässigkeit der Messergebnisse schienen vor 1957 vor allem die Wahl der physikalischen und chemischen Untersuchungsschritte und die optimierten Messparameter von Bedeutung zu sein. Bei dem ersten, von Libby in Chicago entwickelten Verfahren wurde das bei der Verbrennung von bis zu 20 g Probe entstehende CO_2 mit Magnesium zu elementarem Kohlenstoff reduziert und dieser danach als Paste auf die Innenwand des Zählrohres aufgetragen. Präparation und Probenwechsel waren zeitaufwendig, erforderten viel Geschick und führten häufiger zu Fehlmessungen als die C14-Messung gasförmiger Verbindungen. Deshalb war es günstiger, den Kohlenstoff nach Verbrennung und Aufreinigung als Kohlendioxid (CO_2), Acetylen (C_2H_2) oder Methan (CH_4) direkt in das Messrohr eines Proportionalzählers einzuleiten. Die Labors in Groningen und Heidelberg entschieden sich wie die meisten anderen früh für die Direktmessung von CO_2, während die später errichteten Labors in Bern und Belfast zunächst mit C_2H_2 bzw. mit der Flüssigkeit-Szintillation arbeiteten. Wesentlich für alle Verfahren war die vollständige Befreiung des Verbrennungs-CO_2 von Spurengasen wie Sauerstoff, Wasserdampf und Freonen, da diese wegen ihrer Elektronenaffinität zur Bildung negativer Ionen und damit zu Fehlmessungen führten. Die Libby'sche Messanordnung zur Ausschaltung der Hintergrundstrahlung durch einen Kranz von vier Antikoinzidenzzählern wurde in jedem Fall beibehalten (Suess 1956, S. 540 f.); (Haxel 1957, S. 165 f.); (Münnich 1957b, S. 4–27). Nach 1957 stellte man jedoch fest, dass die Richtigkeit der C14-Datierung weniger von der Präzision der Laboranalyse als vielmehr von externen Faktoren wie der historischen Änderung der C14-Konzentration, der Zunahme von „fossilem" CO_2 in der Atmosphäre seit 1850 und der C14-Emission bei oberirdischen Kernwaffenversuchen zwischen 1950 und 1963 abhing. Nur eine Kalibrierkurve, die solche Einflüsse möglichst exakt und jahrgenau widerspiegelte, konnte das bestehende Dilemma beheben.

6.3.2 Forschungskooperation für eine zuverlässige Datierung

In den Vereinigten Staaten und mit einer gewissen Verzögerung in Europa wurde die neue physikalische Methode der C14-Datierung von vielen Prähistorikern und Geowissenschaftlern zunächst sehr positiv aufgenommen, da man nun über ein präzises Werkzeug zur absoluten Altersbestimmung zu verfügen glaubte. Vor allem der

amerikanischen prähistorischen Forschung eröffnete das Verfahren neue Möglichkeiten, da ihre historischen Materialien nur selten in die Zeit vor der europäischen Entdeckung des Kontinents zurückreichten und es deshalb keine Befunde mit verbürgtem Alter gab. Die Erfolge des Dendrochronologen A. E. Douglass, der 1929 im Südwesten der USA zwei relative Jahrringchronologien überbrückt und damit etliche Befunde der Anasazikultur datiert hatte (vgl. Abschn. 4.6), lagen weit zurück und schienen verblasst zu sein. Die mit erheblicher staatlicher und privater Unterstützung[43] angeschobene C14-Methode des prominenten Willard F. Libby dominierte deshalb von 1950 bis 1955 die naturwissenschaftliche Altersbestimmung. Nach dem Aufbau zahlreicher C14-Messstellen in den USA, Europa, Neuseeland und Australien sah es ab Mitte der 1950er-Jahre danach aus, als sei der dendrochronologischen Datierungsmethode ein übermächtiger Wettbewerber erwachsen und sie habe nur noch den Status eines wenig modernen Nischenverfahrens. Zwar konnte durch die C14-Analyse keine Probe jahrgenau datiert werden, doch dafür besaß sie den Vorteil, außer Holzproben auch andere kohlenstoffhaltige Materialien wie Torf, Knochenbestandteile oder Textilien bestimmen zu können.

In Deutschland betrachtete Bruno Huber nach Meinung des Autors die C14-Methode seit ihrer Einführung jedoch nicht als Konkurrent der sich weiter entwickelnden Dendrochronologie, sondern als Partner für das Problem der Überbrückung jahrringchronologischer Lücken oder der Zeiträume einer schwachen „Belegung" mit Holzproben. Die entscheidenden Vorteile der Dendrochronologie im Vergleich zum C14-Verfahren waren für ihn: 1. Eine jahrgenaue Datierung. 2. Es ließen sich an einem datierten Baumstamm Zeiträume von bis zu mehreren Hundert Jahren jahrgenau bestimmen. 3. Jeder Jahrring eines datierten Baumes enthielt die jeweils abgelagerte Menge an ^{14}C, aus der man bei konstanter radioaktiver Zerfallsrate auf historische Unterschiede der Bildungsrate in der Atmosphäre schließen konnte.

Schon vor Veröffentlichung der ersten Auflage von Libbys Buch *Radiocarbon dating* im Jahr 1952 gab es Archäologen, die auf Probleme bei der Kalibrierung von C14-Messwerten und auf mögliche systematische Fehler während der Probenentnahme, Labormessung und Auswertung aufmerksam machten und die Validität der Methode wegen manchmal uneindeutiger Resultate insgesamt anzweifelten (Bliss 1951); vgl. Johnson (1951). Libby ging zu Beginn der 1950er-Jahre von einer dauerhaft konstanten C14-Neubildungsrate aus und kalibrierte deshalb seine instrumentellen Messwerte linear. Bald aber

---

[43]U. a. von der US Science Foundation, der US Air Force, der Wenner-Gren-Foundation und dem Viking Fund.

mehrten sich die Anzeichen für erheblich schwankende Bildungsraten in der Vergangenheit, so dass die Aufstellung einer an die „wahren Werte" angepassten Kalibrierkurve erforderlich wurde. Hierfür konnte die Dendrochronologie die geeigneten Informationen liefern, so dass sie, statt als Methode der Altersbestimmung archäologischer Funde von der C14-Datierung verdrängt zu werden, nun zu einer unverzichtbaren Methode zur Absicherung der Validität von C14-Messungen wurde. Es ist bemerkenswert, dass der Hauptausschuss der Deutschen Forschungsgemeinschaft schon im Januar 1951 anlässlich eines Antrages von Hubers Assistentin Wita v. Jazewitsch zum Ausbau der mitteleuropäischen Jahrringchronologie als historisches Hilfsmittel auf eine mögliche Kooperation der beiden Methoden hingewiesen hatte: „Insbesondere wird von der bevorstehenden Verbindung der Arbeit mit physiko-chemischen Altersbestimmungen eine Beschleunigung und Zusammenfügung bisher isolierter Teilchronologien erwartet." Dabei erhoffe man auch „[…] für die breite Öffentlichkeit in die Augen springende Datierungserfolge."[44] Als einer der ersten deutschen Nicht-Physiker ergriff der Prähistoriker Hermann Schwabedissen vom Landesmuseum in Schleswig die Initiative, seine Grabungsbefunde des jungsteinzeitlichen Moorwohnplatzes Oldesloe-Wolkenwehe zeitlich abzusichern, als er 1951 Proben an Libby zur C14-Bestimmung nach Chicago und zugleich an Huber zur Holzbestimmung schickte. Im Januar 1952 fragte er in München nach, ob man dort nicht auch die Errichtung eines C14-Labors plane und erhielt die Antwort, dass im Institut für physikalische Chemie nach Installation eines Messinstruments die erforderlichen Eicharbeiten angelaufen seien.[45] Diese Bemühungen waren aber nicht erfolgreich, so dass Huber, Schwabedissen und andere in den folgenden Jahren mit dem C14-Labor in Heidelberg zusammenarbeiteten.

1954 war man in Heidelberg messbereit und hatte mit der Altersbestimmung der 1949 sichergestellten hölzernen Brückenteile einer römischen Siedlung im Heidelberger Stadtteil Neuenheim einen spektakulären Erfolg. Der C14-Messwert von 2060 ± 110 Jahren stimmte nämlich gut mit der archäologischen Datierung überein, aber Münnich wollte sichergehen und den bis dahin als linear angenommenen Trend der Kalibrierung auf mögliche Abweichungen prüfen (Münnich 1957a, S. 197). Seine Skepsis erwies sich als berechtigt, nachdem er aus einem von Huber bereitgestellten 408 Jahre alten Eichenholzstamm

zunächst den Abschnitt von 1840 bis 1850 untersuchte und dabei ein deutlich zu niedriges C14-Alter berechnete. 185 Jahre mussten hinzugefügt werden, um das wahre Alter des Stammabschnitts zu erhalten. Münnichs Laboraufzeichnung vom 19.07.1954 zur Verbrennung der Probe H11-31 ist zu entnehmen, dass er schon zu diesem Zeitpunkt von einer stärkeren historischen Schwankung der C14-Konzentration in der Atmosphäre ausging. Seine Nachprüfung mit Eichenholz desselben Zeitabschnitts durch Laborprobe H11-81 am 21.03.1955 bestätigte die erste Messung. Auch seine, Bruno Huber schon Anfang 1954 mitgeteilte Vermutung, die C14-Konzentration der Atmosphäre habe sich mit Zunahme der Industrialisierung nach 1850 wegen der Emission von CO_2 aus fossilen Brennstoffen verändert, erwies sich als richtig (ebd., 1957a, S. 195). Münnich ging nach diesen ersten Messungen von einem 1 %igen C14-Rückgang in der Atmosphäre aus und bat Huber um weitere rezente Holzproben, auch solchen aus der südlichen Hemisphäre, „[…] denn es besteht Grund anzunehmen, daß die Durchmischung der Atmosphäre zwischen Nord- und Südhalbkugel schlecht ist, und da die Südhalbkugel weniger Industrie besitzt, könnte eine Abweichung durchaus erwartet werden."[46] Auch dieser bisher noch nicht überprüften Möglichkeit wolle er nachgehen und Einzelheiten dazu während eines Symposiums der europäischen C14-Labors im September 1954 in Kopenhagen mit Kollegen besprechen.

Bis 1956 überprüfte Münnich vor allem die Kalibrierung jüngerer historischer Zeiträume mit einigen der von Huber und v. Jazewitsch dendrochronologisch datierten Proben und verglich sie auch mit Hölzern der Römerbrücke in Mainz und der Pfahlbausiedlung Wauwil im Kanton Luzern, die ihm Huber ebenfalls zur Verfügung stellte.[47] Die C14-Verminderung nach 1850 ließ sich dadurch eindeutig nachweisen. Allerdings traten andere Interpretationsprobleme auf, als Münnich in drei Proben des von ihm schon untersuchten Eichenstamms für den Zeitraum der Jahre 1505 bis 1560 die C14-Werte bestimmte, die bis zu 3,4 % höher lagen als für die Zeit um 1900. In einem Arbeitsbericht vom April 1955 bezeichnete er als mögliche Ursachen für derartige Schwankungen der C14-Neubildungsrate vor allem die Änderung des Erdmagnetfeldes, möglicherweise auch des marinen Kohlenstoffreservoirs oder des Vulkanismus. Als weniger wahrscheinlich erschien ihm ein durch Umwelteinflüsse selektiver Einbau der Isotope ^{13}C und ^{14}C in die Pflanze oder die Einlagerung von rezentem Harz oder Saft in das Stamminnere von totem

---

[44]DFG-Archiv (Schriftgutverwaltung): Akte v. Jazewitsch Ja 9/1–5, Stellungnahme DFG-HA zur Genehmigung des Antrages Ja 9/2 v. 11.01.1951.

[45]BIH, Nachlass Huber, Schwabedissen an Huber v. 17.01.1952 und Antwort v. Jazewitsch v. 12.2.1952.

[46]BIH, Nachlass Huber, Münnich an Huber v. 12.07.1954.

[47]PIH, Nachlass K. O. Münnich, Probeneingangsbuch 1953 bis 1956, Einsender No. 1–34 und 35–73.

Holz.[48] Ende 1956 schloss er einen ungleichen Isotopenein-bau jedoch aus, da sich in den USA bei Messungen der Gattung Sequoia keine Korrelation zwischen den Isotopen ^{13}C und ^{14}C und dem Probenalter ergeben habe. Für ^{14}C betrage der Isotopentrenneffekt maximal 4 ‰ und sei deshalb für die Erklärung der beobachteten zeitlichen Schwankung des Radiokohlenstoffs nicht relevant. Allerdings sei entgegen bisheriger Annahme das Kernholz von Laubbäumen nicht völlig tot, so dass eine spätere Verlagerung des ^{14}C von außen nicht auszuschließen sei. Weitere Untersuchungen seien deshalb erforderlich (vgl. Craig 1954).[49] Huber fand diese von Münnich in Betracht gezogene Möglichkeit aufregend und sandte Münnich weitere datierte Proben aus der Zeit des Spätmittelalters an, z. B. Eichenkernholz aus Ziegenhain und dem Kloster Haina sowie Splintholz aus dem Büdinger Schloss, dem Mainzer Kellereigebäude, der Burg Fürsteneck und der Brüderkirche in Kassel. Außerdem erhielt Münnich erstmals jungsteinzeitliches Eichenholz aus der schweizerischen Grabung Thayngen bei Schaffhausen. Für Dezember 1956 vereinbarten sie eine Besprechung in Heidelberg, um ihre jeweiligen Datierungsergebnisse aufeinander abzustimmen.[50]

Die Frage des Austauschs von atmosphärischem Radiokohlenstoff zwischen Nord- und Südhemisphäre war noch völlig ungeklärt, und Münnich schickte deshalb einige Proben aus Zentral- und Südafrika zur dendrochronologischen Prüfung nach München. Ziel der Untersuchungen war neben der Klärung des Luftmassenaustausches in der Erdatmosphäre vor allem die Zunahme der C14-Konzentration aufgrund oberirdischer Atomwaffenversuche. Willard F. Libby sei als Mitglied der amerikanischen Atomenergiekommission an solchen Messungen wegen der laufenden Atomwaffenversuche außerordentlich interessiert.[51] Die Untersuchung der tropischen und subtropischen Hölzer durch Wita v. Jazewitsch verlief jedoch nicht erfolgreich, da erwartungsgemäß keine echten Jahrringe, sondern meist periodische Niederschlagsringe auftraten und eine jahrgenaue Datierung schwierig war. In seinem Begleitschreiben zum Untersuchungsbericht schlug Huber vielmehr chilenische Zypressen wie *Fitzroya patagonica* vor, die ihm Edmund Schulman bei ihrem Zusammentreffen 1957 im Tree-Ring Laboratory in Tucson für Baumuntersuchungen der Südhalbkugel empfohlen hatte. Außerdem warnte er vor einer unkritischen Nutzung der Messdaten von Hölzern aus der Nähe des Äquators:

Ein Großteil dieser Hölzer besitzt einen endonomen Rhythmus, bei dem die Struktur mehrmals im Jahr (oft fünfmal und mehr) zwischen Gefäßen und Fasern wechselt. [...] ich kann nur dringend raten, Ihre Untersuchungen auf Hölzer mit einwandfrei identifizierbaren Jahresringen zu beschränken, wie dies die gemäßigten Zonen überreichlich liefern. Grundlagenforschung hat nicht nur das Recht, sondern auch die Pflicht, ihre Untersuchungen an den bestmöglichen Objekten durchzuführen.[52]

Ebenfalls mit Hilfe von Radiokohlenstoffmessungen überprüften Forscher Ende der 1950er-Jahre die Zuverlässigkeit stratigraphischer und pollenanalytischer Proben und Untersuchungsverfahren im Rahmen der Bewertung der nacheiszeitlichen Wald- und Hochmoorentwicklung. Dabei erwiesen sich C14-Fehldatierungen selbst nach vertikaler Verlagerung von Huminstoffen mit unterschiedlicher Löslichkeit als gering und kompensierbar, so dass in der Folge neben Holz- auch Torfproben als Vergleichsstandards dienen konnten (Overbeck et al. 1958); (Firbas et al. 1958); (vgl. Rump et al. 1976).

Im März 1958 schickte Münnich sein Publikationsmanuskript über Radiokohlenstoff nach Atomexplosionen an Huber, in dem er Messergebnisse und Berechnungen zum globalen Austausch des ^{14}C vorlegte. Demzufolge ergebe sich auf der Nordhalbkugel wegen der Zunahme von „fossilem" CO_2 ein Rückgang des C14-Gehaltes um 4 %, auf der Südhalbkugel dagegen um nur 2,7 %. Für die Gegenwart legte sich Münnich schließlich auf einen im Vergleich zum berechneten Wert um 4 % geringeren C14-Wert für Mitteleuropa und einen um 2,7 % geringeren Wert für die Südhalbkugel fest. Dies stehe mit der mittleren Verweilzeit des CO_2 in den Luftmassen über Europa von 1 bis 2 Monaten in Einklang und erkläre auch den Befund von Huber und Pommer, dass der CO_2-Gehalt der Luft zwar einen Tagesgang, aber keine merkliche jahreszeitliche Übereinstimmung mit der periodischen Assimilationsintensität der Pflanzendecke aufweise (Münnich und Vogel 1958); (vgl. Huber und Pommer 1954). Nach Münnichs Berechnungen ergab sich schließlich für den 1954 in Pflanzen beobachteten und durch oberirdische Atomwaffentests verursachten C14-Anstieg von 3,2 % pro Jahr in der Atmosphäre in Europa, in Südafrika weniger als die Hälfte. Er berücksichtige dabei die Austauschzeit zwischen Atmosphäre und der Meeresoberfläche sowie die Tatsache, dass bei der Atomexplosion das bis in die Stratosphäre hochgerissene Isotop ^{14}C dort eine mittlere Verweilzeit von zehn Jahren besitzt. Huber zeigte sich diesen Untersuchungen Münnichs sehr interessiert, weil er bisher vergeblich nach solchen jahreszeitlichen Schwankungen gesucht hatte, um

---

[48]BIH, Nachlass Bruno Huber, Arbeitsbericht Nr. 2 Münnich v. 01.04.1955.

[49]BIH, Nachlass Huber, Münnich an v. Jazewitsch v. 25.10.1956.

[50]Ebd., Huber an Münnich vom 27.11.1956; die Messergebnisse findet man z. T. in Münnich (1957a).

[51]Ebd., Münnich an v. Jazewitsch vom 17.01. 1958.

[52]BIH, Nachlass Bruno Huber, v. Jazewitsch und Huber (Begleitschreiben) an Münnich v. 22.02.1958.

damit einen ausreichenden Luftmassenaustausch zwischen den Hemisphären ableiten zu können.[53]

Damit waren die Probleme der Kalibrierung von C14-Messwerten aber erst teilweise gelöst, denn Anfang 1958 teilte Münnich Huber mit, dass de Vries vom C14-Labor in Groningen in Holzproben des alten ägyptischen Reiches deutlich geringere Radiokohlenstoffwerte gefunden hatte als nach der archäologisch-historischen Datierung zu erwarten seien. Der Unterschied lag bei mehreren Hundert Jahren und ließ sich mit statistischen oder systematischen Analysenfehlern nicht erklären. Aufgrund dieser Hinweise untersuchte Münnich Holz von bekanntem Alter aus der ägyptischen Sammlung des Museums in Heidelberg, die de Vries' Messergebnisse weitgehend bestätigten. Diese „aufregenden" Ergebnisse ließen sich möglicherweise mit einer „verbogenen", unregelmäßigen C14-Standardkurve erklären, obwohl die Wahrscheinlichkeit dafür gering sei.[54]

Diese Überlegungen bestärkten Huber darin, seine dendrochronologische Arbeit noch intensiver mit den C14-Forschern zu verknüpfen. In den folgenden Jahren griffen das Labor in Heidelberg und andere Einrichtungen in aller Welt bei der Verbesserung und Anpassung der C14-Kalibrierkurve immer wieder auf die Erfahrungen des Pflanzenphysiologen und Jahrringforschers Huber zurück. Diese Zusammenarbeit bewährte sich zunächst während einiger scharfer Kontroversen mit Archäologen und Prähistorikern über nicht immer plausibel erscheinende naturwissenschaftliche Datierungen. Aber auch bei der Frage der unterschiedlichen C14-Verteilung in den zwei Erdhemisphären mit ihren mehr oder weniger industrialisierten Regionen war eine Zusammenarbeit zwingend. Ende 1961 schrieb Huber nach Bern, Heidelberg und Kopenhagen und wies dabei auf die Vermutung Henrik Taubers aus Kopenhagen hin, „[...] daß die Radiocarbonzufuhr aus der Stratosphäre zur Alten und Neuen Welt auch in früheren Jahrhunderten ungleich gewesen sein könnte." Für eine systematische Überprüfung dieser Hypothese schickte er den drei Labors datierte Hölzer: rezente Spessarteichen mit einer Wuchszeit von 1420 bis 1957, Eichenbalken aus dem Schreibzimmer von Schloss Büdingen mit Abschnitten von 1375 bis Ende des 15. Jahrhunderts sowie Eichenbalken aus Gelnhausen, Haus Kuhgasse 13, mit allen Jahrringen des 13. Jahrhunderts.[55] Wenige Monate später berichtete Tauber von weiteren Untersuchungen zum großräumigen Luftmassenaustausch. Hierzu habe er Anfang Juni 1961 innerhalb von zehn Tagen Grasproben an jedem zweiten

Breitengrad von Tromsø in Nordnorwegen bis Syrakus in Sizilien gesammelt und auf ^{14}C untersucht, bevor die Russen ihre Atomwaffenversuche wiederaufgenommen hätten. Sein Fazit:

> If a part oft he atmospheric oscillation in C^{14} activity is due to a variable supply from the stratosphere via the gaps in the tropopause this part oft he oscillations should have faded away at the time when the air has diffused to tropical regions, and the activity of year-rings from tropical trees, thus, should show smaller or no oscillations in C^{14} activity.[56]

In dieser Phase der Zusammenarbeit nahm nach Auffassung des Autors das Verständnis der an C14-Datierungen beteiligten Physiker für botanisch-ökologische und archäologische Zusammenhänge zu, während Botaniker wie Huber und Welten oder Prähistoriker wie Schwabedissen und Bandi die Probleme der C14-Messtechnik und -Dateninterpretation besser kennenlernten. So führte eine Gruppe von Physikern einen „Ringversuch" mit Hilfe eines Mammutbaums *(Sequoia gigantea)* aus der botanischen Museumssammlung Cambridge für den Zeitabschnitt von 659 AD bis 1859 durch. Dabei bestätigte sie die von Münnich 1954 und de Vries 1958 geäußerte Vermutung einer erheblichen Schwankung der C14-Kalibrierkurve und ging von der Überlagerung kurz- und langfristiger Oszillationen aus:

> These results appear to confirm the existence of short-term oscillations in the radiocarbon concentration, perhaps with a period of the order of 150 to 200 years, superimposed upon an oscillation having a longer period of the order of 1200 years. The underlying cause of the oscillations, however, remains obscure, as does their possible correlation with climatic phenomena. [...] The experiment has served to demonstrate that over the past 1200 years the fundamental assumptions of the radiocarbon dating method are empirically correct to about 1.5%. Whereas the implications of an error of this magnitude might be disturbing for very recent samples, with older samples the effect might be expected to be of little significance (Willis et al. 1960, S. 3 f.).

In den USA wurden außer den bekannten Physikern Libby und Suess nun auch andere Forscher auf die europäischen Arbeiten zur großräumigen Verteilung von ^{14}C aufmerksam und suchten die Zusammenarbeit, beispielsweise Edwin Olsen vom C14-Labor in Spokane/Washington. Gemeinsam mit dem Forstbotaniker Arbo Høeg sammelte er 1962 während seines Aufenthalts an der Universität Oslo Kiefern- und Fichtenholz an der maritimen Südküste und bat Huber, ihm jüngere, bereits datierte Hölzer aus Mitteleuropa zur Verfügung zu stellen. Ein Vergleich beider Probenserien könne möglicherweise Aufschluss über kurzfristige C14-Schwankungen nach 1800 und regionale

[53]BIH, Nachlass Bruno Huber, Huber an Münnich v. 24.03.1958.

[54]Ebd., Münnich an Huber v. 20.01.1958.

[55]BIH, Nachlass Huber, Huber an Welten (Bern), Münnich (Heidelberg) und Tauber (Kopenhagen) v. 14.12.1961.

[56]BIH, Nachlass Huber, Tauber an Huber v. 10.05.1962.

Konzentrationsunterschiede liefern.[57] Auch in diesem Fall war Huber behilflich, und spätestens seit Beginn der Aufstellung langer Jahrringchronologien von amerikanischer Borstenkiefer (*Pinus aristata*) und von Eiche und Kiefer in Europa Ende der 1960er-Jahre wurde die Kooperation zwischen Naturwissenschaftlern und Archäologen zum Normalfall. Um die bisher noch Unentschlossenen zu überzeugen, empfahl 1967 der Prähistoriker Hermann Schwabedissen, einen Text mit dem provokanten Titel „Ist die C14-Datierung für die Urgeschichte noch brauchbar?" zu veröffentlichen, in dem Vorteile und Probleme der archäologischen Datierung mit Hilfe naturwissenschaftlicher Methoden offen dargelegt werden sollten. Autoren der interdisziplinären Methodenbeschreibung sollten Suess, Münnich, Huber und er selbst sein, um einen möglichst großen Kreis von Wissenschaftlern anzusprechen.[58] Obwohl die Veröffentlichung in der geplanten Form nicht realisiert wurde, trug ihr Konzept im Folgenden doch dazu bei, das Verhältnis zwischen Naturwissenschaftlern und Archäologen zu entspannen und auf eine bessere Grundlage zu stellen (vgl. Abschn. 6.4.2).

6.3.3 „C14-Revolution" in der Archäologie?

Dieser Abschnitt behandelt vor allem die Wechselwirkung zwischen der prähistorischen Forschung mit ihren Paradigmen und der C14-Methode als physikalisches Datierungsverfahren nach 1949. Zahlreiche Archäologen in den Vereinigten Staaten begrüßten die von Libby entwickelte neue Methode vor allem mit dem Argument ihrer „absoluten Richtigkeit", doch gab es auch Stimmen, die davor warnten, instrumentell erzeugte Messwerte ohne fundierte Kenntnis des Messverfahrens zu verwenden. So wies Frederick Johnson, Vorsitzender einer C14-Arbeitsgruppe der American Anthropological Association und Kurator der Peabody Foundation, darauf hin, Datierungen möglichst im Kontext eines archäologischen Gesamtbefundes zu übernehmen (Johnson 1951, S. 62). Nach Überprüfung von Libbys zahlreichen Messergebnissen bis 1955 warb er bei Prähistorikern um Akzeptanz für die neue Methode, da diese ihre Forschung erheblich erleichtern könne: „The results were surprisingly consistent, and our early qualms were unjustified". (ders. 1955, S. 97). Die meisten Archäologen in Mitteleuropa blieben gegenüber der C14-Datierung aber weit reservierter als ihre amerikanischen Kollegen und sahen sich in ihrer Skepsis bestätigt, als Kontroversen über die zeitliche Zuordnung von zuvor als sicher geglaubten

Befunden begannen. Mehrheitlich war man der Auffassung, Archäologen sollten sich vorrangig auf die von der eigenen Disziplin entwickelten Verfahren stützen. Eine Ausnahme war in Deutschland der Prähistoriker Hermann Schwabedissen, der frühzeitig die Vorteile des neuen Verfahrens erkannte und sich auch mit seinen instrumentellen Details vertraut machte. So verzeichnen Münnichs Probeneingangsbücher von 1954 bis 1956 außer Schwabedissen nur einige Museumsfachleute als Einsender von Untersuchungsmaterial. Ab 1960 begann Schwabedissen an der Universität Köln mit dem Aufbau eines eigenen C14-Labors und einer dendrochronologischen Arbeitsgruppe (Schwabedissen und Freundlich 1966); (Schwabedissen 1983).

Nach Auffassung der Prähistorikerin Géraldine Delley habe die Historiographie bisher nur eine unzureichende Beschreibung der langen Zeitspanne zwischen der Emergenz der neuen Methode und ihrer endgültigen Anerkennung durch Archäologen geliefert. So sei etwa die entscheidende Rolle der Dendrochronologie für die Kalibrierung zunächst als bloßes technisches Detail behandelt worden, was ihrer Bedeutung für die Akzeptanz der Radiokarbondatierung nicht gerecht geworden sei. In der Schweiz, so Delley, hätten einige Prähistoriker nach dem Krieg die Stellung ihrer Disziplin dadurch zu verbessern versucht, dass sie enger mit den exakten Wissenschaften, vor allem der Kernphysik, zusammenarbeiteten. Der Schweizerische Nationalfonds habe dieses Bemühen besonders gefördert, wodurch sich die verführerische Kraft („seductive power") der in den USA entwickelten C14-Methode noch verstärkt habe (Delley 2015, S. 97).

Emil Vogt vom Landesmuseum in Zürich war einer der ersten Prähistoriker des Landes, der die neue Methode in die Untersuchungen der Cortaillod-Kultur am Neuenburger See und der Egolzwiler-Kultur in der Zentralschweiz einbezog, obwohl die ersten Ergebnisse des Kopenhagener Labors vom Januar 1953 eine enttäuschend große Fehlerbreite aufwiesen, die sich erst durch eine weitere Messserie verringern ließ. Nach Vogts Auffassung sei es nicht Aufgabe des Archäologen, naturwissenschaftliche Probleme zu erforschen, doch könne er in die Lage kommen, „wesentliche Aussagen beizutragen, die naturwissenschaftliche Theorie oder gar Resultate positiv oder negativ beurteilen [zu] helfen." (Vogt 1955, S. 209). Bereitwillig kam Vogt deshalb dem Wunsch seines deutschen Kollegen Schwabedissen nach, der ihn um Belegproben von Holz, Holzkohle und Knochen aus der untersten Schicht der neolithischen Siedlung Egolzwil 3 bat, um sie mit Messergebnissen eigener Proben zu vergleichen.

Für den Abschnitt der Cortaillod-Kultur von Burgäschisee hatte Max Welten aufgrund früherer pollenanalytischer Untersuchungen einen Besiedlungszeitraum zwischen 2750 und 2150 v. Chr. angenommen, was sich weitgehend mit den parallel vorgenommenen C14-Messungen des Kopenhagener

---

[57]BIH, Nachlass Huber, Olsen an Huber v. 09.08.1962.
[58]Ebd., Schwabedissen an Huber v. 06.09.1967.

Labors deckte. Zwar bezeichnete er die Kopenhagener Datierung von 2730 ± 100 v. Chr. als „wahrscheinlich zuverlässige Zuordnung", doch hielt er die Lösung bisher ungeklärter methodischer Probleme für notwendig (Welten 1955, S. 78, 85 f.). Schon Bruno Huber und seine Mitarbeiterin Wita v. Jazewitsch hatten nach 1952 durch die Übernahme des Auftrages zur Holzartenbestimmung und zur zeitlichen Synchronisierung von Hölzern aus der Grabung Egolzwil 3 die Bereitschaft der schweizerischen Prähistoriker zur Kooperation mit den naturwissenschaftlichen Disziplinen offensichtlich positiv beeinflusst. 1956 kamen im Auftrag von Walter Guyan vom Museum Allerheiligen in Schaffhausen Untersuchungen der neolithischen Siedlung Thayngen-Weier hinzu, die nach Festlegung der Holzartenzusammensetzung wenige Monate später zum ersten Abschnitt einer jungsteinzeitlichen Eichenchronologie führten: „Die 37 Proben ergeben zusammengenommen eine über 200-jährige Chronologie, die in ihrer markanten Ausprägung als Brückenpfeiler für Synchronisierungen mit anderen Fundstätten dienen müsste."[59]

Etwa ein Jahr nach diesen Jahrringuntersuchungen bestätigten C14-Messungen die Annahme, dass die prähistorischen schweizerischen Siedlungen einer Zeitspanne von 3000 bis 1000 v. Chr. angehörten, z. B. Egolzwil 3 mit 2740 ± 90 v. Chr. und Zug-Sumpf mit 1220 ± 110 v. Chr. Die für C14-Messungen typische Streuung bereitete nach Hubers Auffassung der archäologischen Interpretation einige Probleme und sollte deshalb durch eine eindeutige dendrochronologische Datierung präzisiert werden. Das Ziel einer längeren Chronologie für die genannten Standorte erschien zunächst unerreichbar, da es hier nur wenige kurze Bauperioden mit ähnlich alten Hölzern gab. Dieser Nachweis einer kurzen jungsteinzeitlichen Siedlungsphase erschien Huber als das wesentliche Ergebnis seiner Jahrringanalysen, und es gelte jetzt, „nach den Ursachen dieser gesicherten Tatsache zu fragen". (Huber und v. Jazewitsch 1958, S. 464–469). Einen Lösungsansatz bot schließlich die Ausgrabung in Burgäschisee im Berner Mittelland. Hans-Georg Bandi vom Bernischen Historischen Museum bat Huber um die Datierung und Artbestimmung von Hölzern aus einem kurz vor der Schließung stehenden Grabungsteil.[60] Die Holzartenbestimmung wolle Max Welten vom Berner Botanischen Institut übernehmen, der diese Arbeit ab 1960 dem damals 23-jährigen Lehrer Fritz Schweingruber neben der Untersuchung von Holzkohlen übertrug.[61] Die notwendigen C14-Messungen der Holzproben sollten

Fritz Houtermans und Hans Oeschger vom Physikalischen Institut der Universität Bern übernehmen.[62]

Die Einstellung deutscher Archäologen gegenüber der C14-Datierung war nach Libbys ersten Messergebnissen an Artefakten nahöstlicher Kulturen während der frühen 1950er-Jahren zurückhaltend, und auch als in der amerikanischen Fachliteratur Kontroversen über Datierungsprobleme auftauchten, blieb die Resonanz in Deutschland gering. Als Gegner der Radiokohlenstoffmethode bekannt sich in Deutschland der Heidelberger Prähistoriker Vladimir Milojčić (1918–1978). Im Rahmen seiner Forschungsarbeit zum Einfluss des Orients auf die Vorgeschichte Südosteuropas hatte er ein Chronologiesystem mit Hilfe der vergleichenden Stratigraphie entwickelt, von dessen Verlässlichkeit er überzeugt war. Sein Interesse galt vor allem dem Vergleich zwischen minoischer Kultur – die nach seiner Auffassung ein Bindeglied zwischen den frühen Hochkulturen des Mittelmeerraums einschließlich des alten Orients und den jungsteinzeitlichen Kulturen Mitteleuropas darstellte – und der ägyptischen Kultur. In der Zeitschrift *Germania*[63] wandte er sich gegen die C14-Methode, mit deren Hilfe zwar schon viele Datierungsversuche präsentiert worden seien, aber „bedauerlicherweise [sei] die Zahl der kontrollierbaren aus historischen Epochen im Verhältnis zu unkontrollierbaren verschwindend gering geblieben" (Milojčić 1957). Die vom „Radiochemiker" erzielten Zeitansätze würden bedenkenlos mit solchen gleichgesetzt, die durch historische Überlegungen gewonnen worden seien. Vor allem aber können man „naturwissenschaftliche Mittelwerte" historischen Daten nicht gleichsetzen:

> Was bedeutet er aber für die Historiker und was für den Naturwissenschaftler? Für den Prähistoriker eine Datierung der Siedlung Egolzwil 3 und der dort stammenden Funde in die Zeit von 2650–2830 v. Chr., wodurch auch die durch Egolzwil 3 repräsentierte Cortaillod-Kultur dieser Zeit zugewiesen werden. Für den Naturwissenschaftler ist die Zahl lediglich eine mathematische, aus verschiedenen Zahlen errechnete Durchschnittszahl oder, wie man sie bezeichnet, der Mittelwert der physikalischen Messungen des Stadiums des Zerfalls der ursprünglichen absoluten spezifischen Radioaktivität (ebd., S. 109 f.).

Besonders empörten Milojčić die Datierungsergebnisse der Michelsberger und Schussenrieder Schicht für die neolithische Siedlung Ehrenstein bei Ulm mit 3250 ± 200 Jahren v. Chr. bzw. 3190 ± 130 Jahre v. Chr. im Vergleich zu denen von Thayingen bei Schaffhausen:

---

[59]BIH, Nachlass Huber, Huber an Guyan v. 08.09.1956 und v. 21.12.1956.

[60]BIH, Nachlass Huber, Bandi an Huber v. 25.10.1957.

[61]Interview H.H.R. mit Fritz Hans Schweingruber v. 06.02.2010.

[62]BIH, Nachlass Huber, Huber an Bandi v. 28.10.1957 und Bandi an Huber v. 29.12.1957.

[63]Erschien 1917 zunächst unter dem Titel *Germania. Korrespondenzblatt der Römisch-Germanischen Kommission des kaiserlichen Archäologischen Instituts*, heute: *Germania. Anzeiger der Römisch-Germanischen Kommission des Deutschen Archäologischen Instituts*.

Es fällt schwer, zu glauben, dass bei fast völliger Gleichheit der Funde zwischen Thaingen und Ehrenstein ein Zeitunterschied von fast 500 Jahren bestehen soll! Immerhin würde das Datum von 3250–2750 v. Chr. im Verhältnis zu der Bandkeramik, der Stichbandkeramik, der Rössener und der Vinča-Kultur relativ-chronologisch passen (Milojčić 1958, S. 415).

Schwabedissen und Münnich widersprachen diesen Argumenten in der folgenden Ausgabe der *Germania*. Die ursprünglich vorhandenen methodischen Berührungspunkte zwischen den Naturwissenschaften und der Urgeschichte seien durch deren historische Ausrichtung nach 1900 teilweise verdeckt worden. Heute liefen beide Linien in einer „gesamtheitlich orientierten Ur- und Frühgeschichtsforschung" wieder zusammen, und weiter:

> Die extreme Betonung von „historischen Daten" innerhalb der Urgeschichtsforschung gegenüber den Mittelwerten der C14-Messung ist nicht recht verständlich, liegt es doch im Wesen unseres Faches, dass wir von uns aus gar keine echten ‚historischen Daten' zu geben vermögen. Wenn wir zu absoluten Zahlen gelangen, sind diese von historischen Überlieferungen teils weitentfernter Gebiete herangeholt und mit Hilfe von Importen oder mittels Kulturvergleich in unser Fundmaterial hineinprojiziert (Schwabedissen und Münnich 1958, S. 138 f.).

Und zu den von Milojčić angesprochenen Datierungsdifferenzen stellten sie fest: „Wahrscheinlich liegt das Alter der in mehreren Einzelmessungen untersuchten Kulturschicht etwa zwischen 2830 und 2650 v. Chr. (innerhalb des ± einfachen mittleren Fehlers von 90 Jahren)." (Ebd., S. 139).

Milojčić beharrte aber gegenüber den „beiden Hauptrepräsentanten der deutschen Forschung" für die urgeschichtliche Anwendung der C14-Methode darauf, „zuerst die Möglichkeiten unseres Faches voll aus[zu]schöpfen, bevor Übernahmen aus anderen Disziplinen erfolgen". Widersprüche zwischen Stratigraphie und archäologisch-historischen Beobachtungen einerseits und C14-Datierungen andererseits sollten diejenigen aufklären, welche die neue Methode „als verbindlich in die Vorgeschichtsforschung bringen wollen". (Milojčić 1958, S. 410). Eine pragmatische und auf Ausgleich bedachte Position vertrat während dieser Kontroverse der Prähistoriker Hansjürgen Müller-Beck. C14-Datierungen seien zwar kein Allheilmittel, mit dem man schwierige Chronologieprobleme lösen könne, manchmal aber der Schlüssel zum Anschluss sehr früher Befunde an historische Daten. Man könne statt der üblichen Kalenderjahre auch mit „C14-Jahren" arbeiten, „kommt es doch in der Regel bei prähistorischen Daten viel eher auf ihren Vergleichswert als auf ihren Absolutwert an." (Müller-Beck 1959).

Die Auseinandersetzungen über die Nutzung der C14-Methode durch die in Deutschland und anderen europäischen Ländern stark von den Geisteswissenschaften geprägten historischen Disziplinen setzten sich auch in den 1960er-Jahren fort. Müller-Beck, der bei Grabungen in der Schweiz eng mit Bruno Huber und anderen Naturwissenschaftlern zusammenarbeitete, beschrieb 1961 die Zukunft seiner eigenen Disziplin so: „Die C14-Methode führt den Prähistoriker unweigerlich in die Bereiche des statistisch-mathematischen Denkens. Sie verstärkt damit andere schon vorhandene Tendenzen, denen sich auch die Urgeschichte auf die Dauer nicht ohne Schaden entziehen kann." (Müller-Beck 1961, S. 433). Ein grundlegender Wandel sollte allerdings noch lange auf sich warten lassen. Nach Auffassung des Autors sind bei dem Streit zwischen Milojčić und seinen Kontrahenten neben fachlichen Aspekten auch ideologische Differenzen nicht von der Hand zu weisen. So beteiligte sich Milojčić vor 1968 an Bestrebungen einiger deutscher Prähistoriker, die nach 1945 als „belastet" eingestufte und deshalb eingestellte prähistorische Zeitschrift *Mannus* wiederzubeleben. Auch bemühte er sich um die Gründung einer rechtsideologisch ausgerichteten „Gesellschaft für Deutsche Vorgeschichte". Schwabedissen und andere versuchten dies zu verhindern und hatten schließlich Erfolg damit (Banghard 2015, S. 435).

In der Schweiz war die C14-Methode auf weniger Ablehnung gestoßen als in Deutschland, so dass die Verständigung zwischen Prähistorikern und Naturwissenschaftlern hier relativ reibungslos verlief. So teilte Bruno Huber aufgrund einer dendrochronologischen Mittelkurve aus 13 Eichenstämmen von Burgäschisee dem Grabungsleiter Hans-Georg Bandi mit: „Am interessantesten für uns wäre nun natürlich die Synchronisierung dieser immerhin 229 Ringe umfassenden und ziemlich bewegten Mittelkurve mit denen anderer neolithischer Siedlungen." Als Nachtrag fügte er handschriftlich hinzu: „Wir halten sie für synchron mit Thaingen-Weier […] und sind gespannt, was der Vorgeschichtler dazu sagt."[64] Bandi bestätigte Hubers Ergebnis: Die Keramik von Burgäschisee-Süd weise „Michelberger-Einschüsse" auf, die mit der „Michelsbergerstation im Kanton Schaffhausen" zeitlich übereinstimmten, woraufhin sich Huber festlegte: „Wir haben alle Kurven von Thaingen-Weier und Burgäschi-Süd inzwischen einzeln miteinander verglichen und können die Gleichaltrigkeit mit voller Sicherheit behaupten."[65] Die Römisch-Germanische Kommission habe frühzeitig von diesem Synchronisierungserfolg erfahren und biete eine Veröffentlichung in ihrer Zeitschrift an. Nach Hubers dendrochronologischer Bestätigung einer etwa 200 Jahre

[64]BIH, Nachlass Huber, Huber an Bandi v. 27.05.1960.

[65]Ebd., Bandi an Huber v. 30.06.1960; Huber an Bandi v. 14.07.1960; Bandi an Huber v. 17.07.1960.

dauernden Siedlungsphase für die spätbronzezeitliche Siedlung Zug-Sumpf (Huber und Merz 1962) schrieb er der Kommission:

> Inzwischen ist uns in der neuen Ausgrabung Guyans von Thayngen-Weier die jahrringchronologische Überbrückung zweier Kulturschichten gelungen, die 70 Jahre auseinanderliegen und der Vorstellung von Wanderbauern neuen Auftrieb geben. Guyan sucht in der Umgebung bereits nach den Ausweichsiedlungen, wo sie die Zwischenzeit verbracht haben könnten.[66]

Die 229-jährige Kurve von Burgäschisee-Süd stimmte mit der bereits 1958 erstellten 250-jährigen Mittelkurve von Thayngen-Weier so gut überein, dass sich die Einzelkurven mit der Mittelkurve der jeweils anderen Station synchronisieren ließen. Für diese erste Synchronisierung prähistorischer Siedlungen in Europa empfahl Guyan, wie schon bei Zug-Sumpf das Ergebnis der C14-Datierung als absolute Zeitmarke trotz der statistischen Streumaße zu verwenden, und Huber legte zunächst willkürlich den mittleren Wert seiner „relativen Chronologie" auf 2700 ± 250 v. Chr. fest. Nach dieser Maßnahme wiesen die Befunde von Thayngen-Weier ein um 40 Jahre höheres Alter auf als die von Burgäschisee-Süd. Die Bedeutung dieser vorläufigen Datierung von Jahrringkurven mit Hilfe der C14-Methode war den Projektbeteiligten durchaus bewusst, da eine Unabhängigkeit beider Methoden zunächst nicht gegeben war. Noch in den 1990er-Jahren wurde dies von naturwissenschaftlichen Außenseitern stereotyp wiederholt. Sie ignorierten nach Auffassung des Autors dabei aber die Möglichkeit einer iterativen Lösung des Kalibrierproblems; außerdem erkannten sie nicht die sukzessive Beseitigung vorher vorhandener Datierungslücken mit Hilfe der Jahrringforschung.

Der Botaniker Max Welten empfahl vor Veröffentlichung der Ergebnisse von Burgäschisee eine weitere Überprüfung der C14-Kalibrierkurve und bat Huber, hierfür eine mindestens 500-jährige Reihe bereits datierter Hölzer zur Verfügung zu stellen. Die Analyse solle mit der in Bern weiterentwickelten Messtechnik vorgenommen werden: „Das Zählrohr von Dr. Oeschger in Bern hat einen derart niedrigen Nulleffekt wie kaum ein anderes in der Welt; es eignet sich darum gut für derart knifflige Grundlagenuntersuchungen."[67] Huber antwortete, er habe schon vorher an die Abgabe datierter Hölzer an die C14-Labors in Amsterdam, Bern, Heidelberg und Kopenhagen gedacht, aber bisher habe nur Otto Münnich vom C14-Labor Heidelberg Holz von Spessarteichen erhalten. Außerdem gab er zu bedenken: „Unsere vorgeschichtlichen Proben

sind noch in keinem Falle an die rezente Dendrochronologie angeschlossen, sondern nur ungefähr C14-datiert." Gern würde er dieses wichtige Thema in Bern mit ihm und Bandi besprechen. Aus diesem Grund sei es erforderlich, das „unanfechtbare Ergebnis unserer Jahrringanalysen", das immerhin einigen Spielraum für die archäologische Typologie lasse, für eine gesicherte absolute Datierung der Befunde einzusetzen und „die Eichenchronologie von Burgäschi/Thayngen auch an andere jungsteinzeitliche Chronologien anzuschließen".[68] Für die Veröffentlichung empfahl Bandis Mitarbeiter Müller-Beck, die Ausdrucksweise „C14-Jahre v. Chr." zu verwenden. Um sicher zu gehen, ließ Huber einige seiner Holzproben aus Thayngen-Weier daraufhin noch einmal vom C14-Labor in Heidelberg untersuchen, das die Messergebnisse aus Bern bestätigte.[69]

Vor 1960 nahm Bruno Huber zu den Kontroversen über die Bedeutung der Radiokohlenstoff-Methode für die Archäologie nicht öffentlich Stellung. Seine einschlägigen Veröffentlichungen und sein Briefwechsel mit Kollegen zeigen aber, dass er die komplementären Vorzüge von C14-Methode und Jahrringforschung für die Validierung bzw. die vorläufige Datierung des jeweils anderen Verfahrens bereits Mitte der 1950er-Jahre sehr wohl kannte. Während einer gemeinsamen Bewertung von Hölzern mit dem Prähistoriker Milojčić im Jahr 1962 im Kloster Frauenwörth versuchte er, diesen vom Vorteil einer Zusammenarbeit zwischen Archäologen und Naturwissenschaftlern zu überzeugen. Milojčić blieb jedoch ablehnend, ließ neben der herkömmlichen archäologischen Datierung allein die Dendrochronologie als naturwissenschaftliches Verfahren gelten und fand es „mehr als beunruhigend, wie Theorie und Praxis voneinander abweichen".[70]

Die Datierung prähistorischer Hölzer der Schweiz erhielt einen neuen Schub, nachdem Hans Suess (1909–1993) von der University of California in La Jolla ein stark verbessertes Kalibrierverfahren in die C14-Analytik einführte (Waenke und Arnold 2005). Während des Zweiten Weltkrieges war er auf deutscher Seite an der Schwerwassertrennung beteiligt gewesen, danach gemeinsam mit Otto Haxel und Hans Jensen an der Entwicklung eines Kernschalenmodells. 1960 begann Suess mit einer Serie von Messungen, für die er Hochpräzisionsmessgeräte vom „Oeschger-Houtermans-Typ" mit verringerter Streuung einsetzte. Seine Kalibrierung für den stärker schwankenden Altersbereich von mehr als 2000 Jahren stützte sich

---

[66]BIH, Nachlass Huber, Huber an RGK-Direktor Werner Krämer v. 05.09.1962.

[67]BIH, Nachlass Huber, Welten an Huber v. 05.04.1961.

[68]Ebd., Huber an Welten v. 18.07.1961; Huber an Bandi v. 01.03.1962.

[69]Ebd., Müller-Beck an Huber v. 23.07.1962; Huber an Münnich v. 02.05.1962.

[70]Ebd., Huber an Milojčić v. 02.02.1966; Milojčić an Huber v. 27.05.1966.

vor allem auf dendrochronologisch datierte Hölzer des Mammutbaums *(Sequoia gigantea)*, ab 1965 auch auf solche der kalifornischen Borstenkiefer *(Pinus aristata)*. Mit Huber trat Suess erstmals 1963 in Kontakt, als er um jüngere Proben für die Kalibrierung seiner C14-Messkurven bat, woraufhin ihm Huber datiertes Holz aus den Jahren zwischen 1508 und 1955 schickte. Nach Veröffentlichung einer aufsehenerregenden Arbeit über die historischen C14-Schwankungen in der Atmosphäre (Suess 1965); (vgl. Huber 1963a) bedankte sich Suess bei ihm für die Unterstützung und fragte, ob er ihm auch Daten der „floating chronology for wood from Swiss lake dwellings" zur Verfügung stellen könne, um sie mit den von ihm bereits erarbeiteten Ergebnissen der Präzisionsmessungen für den Zeitraum 2300 bis 2000 v. Chr. zu vergleichen.[71]

Die Publikation zur schweizerischen Grabung Seeberg Burgäschisee-Süd mit der Zusammenfassung der prähistorischen und naturwissenschaftlichen Untersuchungsergebnisse verzögerte sich bis 1967, da man erst die Messergebnisse mit denen anderer Grabungen in der Schweiz vergleichen und die Überprüfung früherer C14-Datierungen durch Suess abwarten wollte. Dieser erzielte schließlich nach Revision der bisher üblichen Kalibrier- und Messmethode ein deutlich höheres Alter für die Hölzer aus Thayngen, als man bis dahin vermutete:

> [So] kann ich Ihnen schon jetzt mitteilen, dass die Hölzer von den Pfahlbauten von Thayngen um rund tausend Jahre älter sind, als Ihren Angaben entsprechen würde. Das „konventionelle" Radiocarbonalter ist um etwa 400 Jahre größer als angegeben und die Eichung mit Bristle Cone Pine ergibt dann den weiteren Unterschied.[72]

Bruno Huber stellte seine dendrochronologische Datierung im Abschlussbericht zu Burgäschisee-Süd in Form einer „halbabsoluten" Chronologie auf Grundlage der noch unkorrigierten C14-Messungen vor, ohne die ab 1966 diskutierte Höherdatierung zu berücksichtigen. Für den Vergleich der Befunde von Burgäschisee und Thayngen-Weier erschien das absolute Datum zunächst weniger wichtig, da man später noch eine Gesamtkorrektur vornehmen könne. Nach seiner Auffassung sei es für eine vollständige Chronologie aller schweizerischen Befunde zu früh, und er empfahl, zumindest die Ergebnisse weiterer Grabungen am Egelsee und dem Neuenburger See abzuwarten (Huber 1963b).

Im selben Abschlussbericht griffen der Prähistoriker Müller-Beck und der Physiker Oeschger die Korrektur der C14-Resultate durch Suess auf und wiesen auf die neue Möglichkeit der Absolutdatierung in Sonnenjahren hin, nachdem es schon seit 1958 die Bezeichnung „C14-Jahre" gebe (Müller-Beck und Oeschger 1967, S. 162). Unter der Voraussetzung, dass die Jahrringfolge der Borstenkiefern wirklich ohne Ausfälle mit dem Sonnenkalender in Verbindung stehe und sie sich deshalb als Referenz für die C14-Kalibrierung eigne, müsse man nach dem derzeitigen Kenntnisstand dem bisher geschätzten Alter der schweizerischen Siedlungen im Mittel etwa 500 Jahre hinzufügen (ebd., S. 163). Eine solche Einstufung erschwere aber den Anschluss an die „extrapolierte absolute Chronologie des mesopotamisch-ägyptischen Raumes", beispielsweise mit den rein archäologisch bestimmten Daten im mesopotamischen Uruk. Ohne eine grundlegende Diskussion komme man jedenfalls hier nicht weiter.

Diese Erkenntnis hatte für den Abgleich des Alters von Befunden einiger Grabungen in der Schweiz eine außerordentliche Bedeutung, und Suess schlug Huber deshalb eine gemeinsame Veröffentlichung mit Wesley Ferguson vom Tree-Ring Laboratory in Tucson vor, die in einem Sonderheft der *Zeitschrift für Naturforschung* dem Heidelberger Physiker Wolfgang Gentner zum 60. Geburtstag gewidmet werden solle. Außerdem sei die Bereitstellung weiterer Hölzer wichtig, darunter solcher aus der Römerzeit, um die Ergebnisse noch besser absichern zu können. Huber berichtete Guyan von Suess' „sensationelle[r] Arbeit" und der Absicht einer gemeinsamen Publikation, was sich auch auf die Ergebnisse der Ausgrabung von Thayngen positiv auswirken werde. Er begrüße die Bereitschaft der C14-Fachleute zur Revision und Korrektur ihrer Daten, mahne aber zugleich zur Vorsicht, „weil auch in der Dendrochronologie Fehlermöglichkeiten beachtet werden müssen, um sie nicht in Misskredit zu bringen." Huber informierte auch Milojčić über Suess' Vorschlag und erklärte: „Er verlässt die ursprüngliche These eines konstanten Ausgangsgehaltes und erstrebt nun umgekehrt eine exakte Erfassung der C14-Schwankungen als wertvolles Maß wechselnder Sonnenaktivität."[73]

Die von Suess vorwiegend mit Hilfe der *Pinus aristata*-Sequenz erzielte C14-Neukalibrierung wies jetzt gegenüber dem bisher bestimmten „konventionellen" C14-Alter eine Höherdatierung um 800 Jahre auf. Für die mittlere Siedlung der Grabung Thayngen wiesen die Autoren Ferguson, Huber und Suess ein Alter von 3700 v. Chr. nach, für die darunterliegende Siedlung eines von 3760 v. Chr. (Ferguson et al. 1966). Die meisten Prähistoriker reagierten nicht auf diese Korrekturen, einige warteten ab. Eine archäologische Neubewertung hielten sie für unnötig, während Huber unsicher war, wie Archäologen und Prähistoriker die Korrektur der C14-Daten um ca. 1000 Jahre

---

[71]BIH, Nachlass Huber, Suess an Huber v. 10.11.1965.
[72]Ebd., Suess an Huber v. 01.01.1966.

[73]Ebd., Huber an Guyan v. 10.02.1966; Huber an Milojčić v. 02.02.1966.

aufnehmen würden. Die Neubewertung nannte er eine „wissenschaftlichen Sensation" und eine „Revolution". Die Bedeutung der Jahrringforschung für die C14-Methode sah er nun gestärkt: „Das Aufregendste ist, [...] daß die C14-Leute nun die Hypothese eines konstanten C14-Ausgangsgehaltes aufgeben und mit Hilfe der Dendrochronologie die C14-Schwankungen als Maß wechselnder Sonnenaktivität eichen wollen."[74] Zu diesem Zeitpunkt war die Fluktuation der Sonnenaktivität und deren Einfluss auf die Stärke des Magnetfeldes der Erde bereits bekannt, die ihrerseits die wechselnde C14-Neubildungsrate steuerte. Hermann Schwabedissen erkannte den Vorteil, die bisherigen Fehlerquellen allmählich zu eliminieren, erwartete aber in seinem Kollegenkreis erneut Akzeptanzprobleme:

> Sollten wirklich die bisherigen Daten für die Zeit ab 3000 v. Chr. Geb. um 1000 Jahre zu jung sein, dann würde dies Herrn Milojčić noch mehr beunruhigen, weil dieser der Meinung ist, daß schon die bisherigen Daten um 1000 Jahre zu alt lägen. Doch leider haben wir ja ab dem 3. Jahrtausend v. Chr. Geb. in Mitteleuropa gar keine archäologischen Kontrollen. Um so wichtiger ist in der Tat eine Kontrolle auf dendrochronologischem Wege.[75]

Die von Müller-Beck angeregte Diskussion zum Anschluss der neuen C14-Daten für Mitteleuropa an die Chronologie der orientalischen Hochkulturen setzte allerdings erst ein, als im Jahr 1973 der britische Ärchäologe Colin Renfrew mit seinem Buch *Before civilization. The radiocarbon revolution and prehistoric Europe* das Paradigma einer kulturellen „Diffusion" von Ost nach West ebenso in Frage stellte wie die Annahme einer Region der Mutterkulturen im Nahen Osten, wo allein Ackerbau, Metallurgie und die Domestizierung von Tieren und Pflanzen entstanden seien, die sich dann durch Migration ausgebreitet hätten. Auch anderswo habe es Tendenzen zu höherer sozialer Organisation gegeben, so dass die Vorstellung einer einzigen Herkunftskultur abzulehnen sei (Renfrew 1973a). Renfrew war als Anhänger der Annales-Schule an langfristigen Entwicklungen interessiert und sah in den naturwissenschaftlichen Datierungsverfahren eine Alternative für die Bearbeitung kultureller Migrationen. Seine Argumentation stützte sich auf die kalibrierten C14-Werte und die Arbeit von Ferguson, Huber und Suess, vor allem auf die Älterdatierung prähistorischer Siedlungen in der Schweiz. Die Archäologen forderte er auf, nach der „radiocarbon revolution" und einem „collapse of the traditional framework" ein neues tragfähigeres Konzept zu entwickeln (ebd.,

S. 53–75).[76] Eine Harmonisierung der unterschiedlichen Datierungsansätze sei nicht immer einfach:

> The historical calendar of Ancient Egypt has been used several times for checking the value of radiocarbon method although more recently the divergence between the dates and the historical chronology has given grounds for disquiet. The discrepancies are reduced by applying the bristlecone pine calibration to the Egyptian radiocarbon dates, but some scholars have suggested that this now makes these Egyptian dates systematically too old instead of too recent (Renfrew und Clark 1973b, S. 266).

Auch das Problem der exakten Zuordnung von C14-Daten zu Kalenderdaten war ihm sehr wohl bewusst: Jedem einzelnen Kalenderdatum entspricht zwar ein C14-Datum, umgekehrt gilt dies jedoch nicht zu jedem Zeitpunkt (vgl. Abb. 6.9).

Die Diskussion um die Verwendung von C14-Daten durch Archäologen waren mit Renfrews Diktum allerdings noch nicht beendet, sondern dauerten an. So klagte der Prähistoriker Manfred Eggert 1988 über die negative Nachwirkung von Milojčićs ablehnender Einstellung gegenüber der C14-Methode, die in der deutschen archäologischen Forschung noch immer zu spüren sei. Eggert bezeichnete die sogenannten historischen Daten als ebenso wenig selbstevident und eindeutig wie C14-Daten. Beide seien „fremdbestimmt" und wegen ihrer Einbindung in fachspezifische Normen und Verfahrensweisen auch mit fachspezifischen Unsicherheiten behaftet. Der deutschen Archäologie warf er wegen ihres Misstrauens gegen die Methode eine tief verwurzelte anti-naturwissenschaftliche Geisteshaltung vor. Dieses Klima wirke bis heute nach (Eggert 1988, S. 54). In ihrer Monographie über die Wirkung der Radiokohlenstoffmethode auf die prähistorische Forschung der Schweiz lenkt Géraldine Delley aber auch den Blick auf die Folgen der von Renfrew losgetretenen Debatte zur „C14-Revolution": Dieser britische Archäologe und frühe Befürworter der C14-Datierung habe das Wort „Revolution" für die Beschreibung des Neuen verwendet und behauptet, die wissenschaftliche Gemeinschaft werde einen Paradigmenwechsel in Bezug auf die Interpretation des Kulturwandels erleben, wenn sie erst einmal die Verlässlichkeit von C14-Messungen verstehe. Seine Beschreibung der Rezeption des Neuen durch die archäologische Gemeinschaft habe den damaligen archäologischen Diskurs aber nur teilweise widergespiegelt. Sie sei keineswegs die Sichtweise der meisten gewesen, sondern nur die eines einzelnen archäologischen „C14-Mannes" (Delley 2015, S. 96), eine Auffassung, der sich der

---

[74]BIH, Nachlass Huber, Huber an Hollstein v. 27.01.1966.

[75]BIH, Nachlass Bruno Huber, Schwabedissen an Huber v. 13.06.1966.

[76]Zum bis dahin akzeptierten Konzept des Nahen Ostens als Mutterkultur Europas vgl. Childe (1958).

Abb. 6.9 Verhältnis von Radiocarbon-Alter und Kalenderalter: Schwankungen zwischen AD 950 und 1950; a (aus Stuiver und Suess 1966; mit freundlicher Genehmigung von © Cambridge University Press 2018. All Rights Reserved.); b (aus Renfrew und Clark 1973a; mit freundlicher Genehmigung von © SpringerNature 2018. All Rights Reserved.)

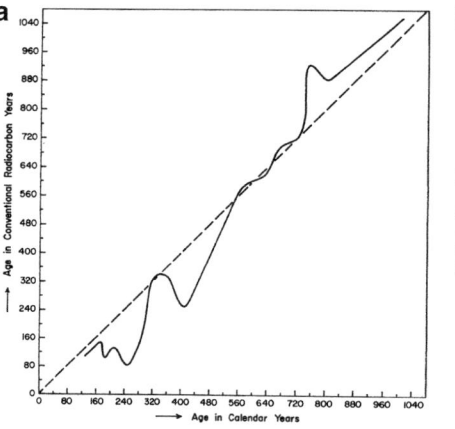
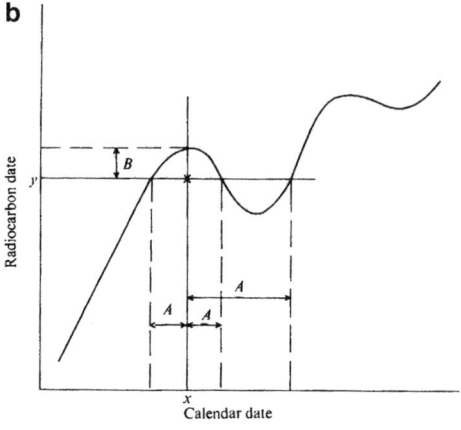

Autor H.H.R. nicht anzuschließen vermag, da es bereits vor Renfrew etliche europäische und amerikanische Archäologen gab, die eine starke Veränderung ihrer Disziplin vorausgesehen hatten.

6.4   Belebung der Forschung nach 1960

Jahrringforscher fühlten sich nach Ansicht des Autors spätestens ab 1965 in einigen Ländern Europas und in den Vereinigten Staaten nicht mehr als wissenschaftliche Außenseiter; ihre professionelle Identität war angesichts der Gründung spezialisierter Einrichtungen an Hochschulen und kommerzieller Untersuchungsstellen allmählich gewachsen. In diesem Umfeld schien trotz partieller Rückschläge auch die Selbstreproduktion innerhalb der Jahrringforschung und Dendrochronologie gesichert, sei es durch eigenständige oder die bei Forstwissenschaft, Geographie, Vor- und Frühgeschichte und Klimatologie angesiedelten Ausbildungsangebote, daneben durch Fachzeitschriften, Lehrbücher und Monographien sowie durch regelmäßig abgehaltene wissenschaftliche Tagungen. In den beiden folgenden Abschnitten wird versucht, die bisherige Betrachtung von Jahrringforschung und Dendrochronologie durch eine knappe, gelegentlich auch kursorische Darstellung ihrer neueren und neuesten Entwicklungen abzurunden. Wegen der Einführung zahlreicher Mess- und Auswerteverfahren seit den 1960er-Jahren und wegen der sich verändernden Forschungsnetzwerke muss sich die historiographische Einordnung hier auf wesentliche Aspekte beschränken. Eine angemessene Darstellung dieses Zeitabschnitts ist vermutlich erst mit einem größeren zeitlichen Abstand möglich.

6.4.1   Verbesserte Datengewinnung und -auswertung

In einem Rückblick auf die Geschichte des Laboratory of Tree-Ring Research (LTRR) in Tucson bezeichnete dessen Leiter Bryant Bannister die Entwicklung von 1930 bis 1958/1960 als „prämodern" und die Zeit danach als „modern" (zur „Moderne" vgl. die Einführungen zu Kap. 6 und Abschn. 6.3 in diesem Buch). Dabei bezog er sich bei der Ersteren auf eine Lebensphase des LTRR-Gründers Douglass, die zwar die Entwicklung der Dendrochronologie entscheidend geprägt habe, die aber später aus Sicht mancher Labormitarbeiter dogmatisch und unmodern erschien. Nach der Ära Douglass kamen nach diesem Narrativ die „Modernisten" zum Zuge (Creasman et al. 2012, S. 81). Eine solche Einteilung erscheint dem Autor jedoch nicht tragfähig, da sie verkennt, wie „modern" und wegweisend manche früheren Arbeiten des LTRR zum Zeitpunkt ihrer Veröffentlichung waren (vgl. auch Einführung zu Abschn. 4.7). Wahrscheinlich hat Bannisters Fehleinschätzung trotzdem einen wahren Kern: Der Arbeitsstil des Laboratoriums änderte sich ab 1960 angesichts der regionalen, methodischen und instrumentellen Ausweitung von Forschungsaufgaben und Projekten. Einzelne Personen wie zuvor Douglass oder Schulman konnten nun die wissenschaftlichen Probleme nicht mehr allein bewältigen; Teamarbeit in kleinen Arbeitsgruppen und die interdisziplinäre Kooperation verschiedener Institutionen wurden nun zur Regel. Auch die Forschergruppe um Bruno Huber in München durchlief ab 1960 solche Veränderungen, obwohl Huber im Gegensatz zu Douglass in seinem letzten Lebensjahrzehnt undogmatisch agierte und keinen Starrsinn erkennen ließ. Die Zeit maßgeblicher Einzelpersönlichkeiten, die aus ihrem individuellen Wissen schöpften, schien aber vorbei, um von einer Phase des Gruppenwissens abgelöst zu werden, welches von Individuen geteilt und mit einer gewissen Kontinuität weitergegeben wird. Forschungsergebnisse wurden jetzt weniger einzelnen Forschern zugeordnet, sondern Gruppen oder Institutionen als Ergebnis einer innerfachlichen Kommunikation. Die schnellere Informationsverbreitung auch außerhalb der Gruppen ließ das implizite Wissen von Einzelpersonen oder Kleingruppen – „knowledge that usually is not openly expressed or taught" (Wagner und Sternberg 1985, S. 436) – zugunsten des frei verfügbaren Wissens zurücktreten.

In Mitteleuropa blieb die dendrochronologische Forschung fast bis zur Mitte der 1960er-Jahre weitgehend auf Bruno Huber und das Münchener Forstbotanische Institut fixiert, ohne dass hier die Nachteile des impliziten Wissens erkennbar waren, da fast alle Institutsmitglieder fleißig publizierten und mit anderen Einrichtungen kommunizierten. Spätestens nach seiner Emeritierung wurden Huber aber die Probleme einer Fixierung auf seine Person bewusst, die beispielsweise eine abnehmende Unterstützung durch staatliche Stellen nach sich zog. So schrieb er am 13.01.1966 an Ulrich Ruoff vom Labor für Dendrochronologie der Stadt Zürich: „Die Bayerische Staatsforstverwaltung möchte die weltfremde Jahrringchronologie loswerden, und selbst die DFG verlangt nach 12-jähriger Förderung den Abschlussbericht." (Zit. in Delley 2014, S. 525). Einige Zeit später versuchte er der Staatsforstverwaltung Bayern zu erklären, wie sehr die Forschungsleistung seines Instituts während der vergangenen Jahre vom Einsatz moderner Verfahren profitiert habe. Kritikern in der Behörde, die zuweilen von „weltfremder Grundlagenforschung" gesprochen hatten, gab er zu bedenken, dass sein Institut neben der Forschung auch praxisnahe Arbeit leiste, aber ohne moderne Instrumente und Methoden werde es seine bisher führende Stellung nicht halten können (vgl. Rump 2011, S. 196 f.).

Nach 1968 wurde die dauerhafte institutionelle Verankerung der Dendrochronologie im Forstbotanischen Institut München angesichts der ungeklärten Huber-Nachfolge immer unwahrscheinlicher. Hubers Mitarbeiter Bernd Becker berichtete später der Deutschen Forschungsgemeinschaft: „Herr Prof. Huber hatte noch selbst mit Herrn Prof. Frenzel, Vorstand des Botanischen Instituts Hohenheim, wegen einer möglichen Übernahme und Fortführung der Jahrringchronologie am dortigen Institut Verbindung aufgenommen, nachdem sein Nachfolger an einer weiteren Unterstützung dieser Arbeitsrichtung kein Interesse zeigte."[77] Dabei war Huber nicht vorzuwerfen, neue

Arbeitsmethoden und Techniken ignoriert zu haben, ganz im Gegenteil: Jahrringmessmaschine und Synchronisiermaschine im Eigenbau des Instituts, Mikroskopie, ein AEG/Zeiss EM8-Elektronenmikroskop (Liese 2007) und „Elektronenrechner" waren ihm selbstverständliche Hilfsmittel, deren Weiterentwicklung er aufmerksam verfolgte. Doch mit seinem Tod im Dezember 1969 ging ein wichtiger Zeitabschnitt zu Ende, in dem noch ein Einzelner außer der pflanzenanatomisch und -physiologisch fundierten Jahrringforschung auch die speziellen Eigenarten der Dendrochronologie kompetent vertreten hatte.

An dieser Stelle sollte auch ein Jahrringforscher gewürdigt werden, der die Arbeit Hubers und seiner Mitarbeiter in den 1960er-Jahren intensiv von außen begleitete: Ernst Hollstein aus Trier. Gemeinsam mit Huber spielte er eine maßgebliche Rolle bei der Verlängerung der hessischen Eichenchronologie und arbeitete später in Köln und Trier vorwiegend als „Einzelkämpfer" an der Erstellung einer mitteleuropäischen Chronologie mit einer Länge von etwa 2500 Jahren (vgl. Abschn. 6.4.2). Auf den ersten Blick erschien der Autodidakt mit oft introvertiertem Verhalten manchen Kollegen als „unmodern". Angesichts seiner unsicheren institutionellen Anbindung sah er sich genötigt, bei seiner Arbeit mit bescheidenen Mitteln auszukommen. Das meiste machte er selbst: Probennahme, Holzpräparation, Mikroskopie, Berechnung der statistischen Kennwerte der Jahrringkurven und die Reinzeichnungen. In einem Brief an Max Frei vom Wissenschaftlichen Dienst der Stadtpolizei Zürich schilderte sein Kollege Ulrich Ruoff Hollsteins Arbeitsweise recht distanziert:

> Herr Hollstein benützt ein ganz gewöhnliches Mikroskop, das er direkt auf die Proben stellen kann. Vergrösserung normalerweise ca. 20–50fach und höchst selten 100fach. […] Trotzdem, wäre ich natürlich sehr interessiert zu wissen, ob es nicht etwas gibt, mit dem rationeller gearbeitet werden könnte als mit einem einfachen Mikroskop. Es müsste dies ja nicht ein Gerät sein, das die Kurven selbst zeichnet. Es schien mir, dass Herr Hollstein kaum je Reihenuntersuchungen durchführt und sich ohnehin für seine Freizeitbeschäftigung nie Gedanken über die Rationalisierung des Arbeitsprozesses machen musste (zit. in Delley 2014, S. 528).

Anders als hier suggeriert war Hollstein jedoch keineswegs ein Gegner technischer Neuerungen. Nach Lektüre seiner Veröffentlichungen erscheint er als vorzüglicher Kenner statistischer Auswerteverfahren. Für einfache Kurvenberechnungen verwendete er eine leistungsfähige Handrechenmaschine (System „Curta") und synchronisierte nach Kenntnis des Autors lange Jahrringchronologien mit Hilfe des Großrechners CDC-Cyber am Rechenzentrum der Universität Köln[78] (zu Hollstein vgl. auch Abschn. 6.4.2).

[77]DFG-Archiv (Schriftgutverwaltung), Akte Bruno Huber: B. Becker an Dr. Treue (DFG) v. 23.02.1970 (Eingangsstempel); Hubers Nachfolger in München wurde 1970 der Forstwissenschaftler Peter Schütt.

[78]BIH, Nachlass Huber, Schwabedissen an Huber v. 30.01.1969.

Losgelöst von Diskussionen über den Begriff der „Modernität" kamen während der 1960er-Jahre neue instrumentelle Techniken und Erklärungsmuster ins Spiel, die meist eine Gruppenarbeit erforderlich machten. Noch immer waren es aber auch Einzelne wie Harold Fritts in den Vereinigten Staaten, Fritz Schweingruber in der Schweiz oder Dieter Eckstein, Bernd Becker und Burghart Schmidt in Deutschland, die neue methodische Entwicklungen anstießen.

Für die Community der Jahrringforscher eher unerwartet kamen nach 1963 aus Frankreich – einem Land, das bis dahin durch dendrochronologische Forschung fast nicht hervorgetreten war[79] – Hinweise auf die Entwicklung eines neuen Verfahrens zur Messung der Holzdichte. Veröffentlichungen dazu fanden erst einen gewissen Widerhall, nachdem der Forstingenieur Hubert Polge vom Centre National de Recherches Forestières in Nancy das neue Verfahren der Röntgendensitometrie für die Messung unterschiedlicher Holzarten als praxistauglich bezeichnete. Hierbei wurde das nach Durchstrahlen eines dünnen Holzprüfkörpers mit Röntgenstrahlen entstandene Röntgennegativ mit einem Mikrodensitometer in Intervallen von maximal 0,01 mm ausgewertet. Um ein gleichmäßiges Röntgenbild zu erzielen und Parallaxenfehler zu verringern, erfolgte die Röntgenbestrahlung aus einer Entfernung von bis zu 2 m. Polge ließ sich nach eigenen Angaben bei seiner Entwicklung von Untersuchungen zur mechanischen Stabilität von Grubenhölzern durch den Forstingenieur Jean Venet und Vorversuche zur Holzanalyse mit Röntgenstrahlen durch den Schweizer Oscar Lenz[80] inspirieren (Venet 1958); (Lenz 1957). Er definierte zwei Arbeitsziele: 1. Die exakte Dichtebestimmung zur Beurteilung holztechnischer Eigenschaften und 2. die Aufklärung des Zusammenhangs zwischen den Kurven der Dichteänderung und der Jahrringbildung. Hierbei erwiesen sich die minimale und maximale jährliche Dichte, die Unterschiede zwischen Früh- und Spätholz und der Dichtekontrast an der Jahrringgrenze als wesentliche Verfahrensmerkmale (vgl. Abb. 6.10). Nur in ungünstigen Fällen wurde die Präzision der Messung bei nicht orthogonal zur Wachstumsrichtung entnommenen Proben oder durch Streuung der Strahlung an Dichtegrenzen beeinflusst (Polge 1966, S. 104). Die Absorption der Röntgenstrahlung erklärte Polge vor allem mit dem Wassergehalt des durchstrahlten Holzes:

> La présence d'eau dans les membranes cellulaires, par l'absorption supplémentaire qu'elle entraîne, provoque une baisse d'opacité générale et une diminution du contraste; il est par

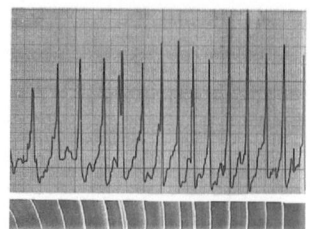

Abb. 6.10 Radiodensitometrische Messung von Jahrringen. (Photo H. Polge 1972; mit freundlicher Genehmigung von © SpringerNature 2018. All Rights Reserved.)

> suite nécessaire que, dans la pratique, les échantillons présentent, lors de leur radiographie, un taux d'humidité uniforme; lorsqu'on utilise des étalons en bois, ils doivent, eux aussi, être conditionnés à cette même teneur en eau qu'il faut également prendre comme teneur de référence lorsqu'on établit une équivalence entre des étalons en cellophane et des étalons en bois (ebd., S. 87).

Polges Verfahren eröffnete für die weitere Entwicklung der Dendrochronologie ein wichtiges Werkzeug, Jahrringe noch genauer als bisher zu analysieren und sie insbesondere für klimatologische Auswertungen besser zu nutzen. Bruno Huber nahm 1966 Kontakt mit Polge auf und schrieb ihm: „Mir neu und aussichtsreich erscheint die Abgrenzung von Splint und Kernholz, besonders eine künstliche Kontrastierung durch Aufnahme von Bariumsalzen in den Splint."[81] Fritz Schweingruber von der WSL in Birmensdorf besuchte um 1970 Polge einige Male in Nancy, um sich über die Weiterentwicklung der Radiodensitometrie und ihre Kalibrierung zu informieren und das Verfahren danach auch in der Schweiz zu implementieren (vgl. Lenz et al. 1976).[82] Zu Beginn der 1980er-Jahre waren die instrumentellen und methodischen Grundlagen so weit entwickelt, dass Forstbotaniker und Dendrochronologen nach Standardisierung der Verfahrenskennwerte die Radiodensitometrie als Routineverfahren einsetzen konnten, etwa für die Untersuchung von *Pinus radiata* in Waldbeständen Südafrikas (Bues 1983, S. 14–41).

Von entscheidendem Einfluss für die numerische Behandlung großer Datenmengen war ab etwa 1960 die Einführung von Computern einschließlich geeigneter Rechenprogramme für die Jahrringanalyse. Hier waren amerikanische Wissenschaftler führend, allen voran Harold Fritts, den der spätere LTRR-Direktor Thomas Swetnam später so beschrieb:

---

[79]Kurzmitteilungen zur Dendrochronologie nur von der Universität Montpellier, vgl. Serre (1964).

[80]Lenz verwendete medizinische Röntgengeräte, konnte aber Früh- und Spätholz unterscheiden.

[81]BIH, Nachlass Bruno Huber, Huber an Polge v. 28.07.1966; Huber bezieht sich hier vermutlich auf Polge (1964, S. 615 f.).

[82]Interview H.H.R. mit Fritz Schweingruber v. 06.02.2010. Die WSL stellte damals 50.000 Fr. für Gerätschaften zur Verfügung.

Schulman [Douglass' Mitarbeiter in Tucson] had started collecting tree-ring samples from all over the western U. S., but he hadn't really gone to the next level to understand the mechanisms and biological basis of tree response to climate. Hal [Fritts] brought this biological background and really superb mathematical and statistical ability to try to model tree-ring growth (Mayden 2003, S. 4).

Fritts erkannte schon Mitte der 1950er-Jahre bei seinen Untersuchungen von *Fagus grandifolia* und *Quercus alba* in Ohio, dass die einfache Zusammenhangsanalyse zwischen zwei Faktoren für eine ökologische Interpretation bei weitem nicht ausreicht. Im Jahr 1960 übertrug er deshalb kurz vor seinem Wechsel an das LTRR in Tucson seine alten Daten über das tägliche Baumwachstum mit den steuernden Umweltfaktoren auf Lochkarten und erstellte ein Wachstumsmodell mit Hilfe eines ILIAC-Rechners der Universität Illinois und des multiplen Regressionsprogramms K-14. Im nächsten Schritt verwendete Fritts 1962 mit neuen Daten aus Arizona die multiple Regression zur dendroklimatischen Prognose, wofür sich die Ringbreiten von Früh- und Spätholz als ebenso geeignet erwiesen wie die gesamte Breite. Wegen langer Rechenzeiten wertete er die Daten von insgesamt 50 gemessenen bzw. abgeleiteten Parametern dann auf einem IBM-Großrechner des Argonne National Laboratory in Chicago aus (Fritts 1960); (ders. 1962). Bald verfügten auch andere Rechenzentren wie das der University of Arizona in Tucson über erste Standardrechenprogramme für die multivariate statische Analyse („A computer package of this nature is a major necessity"), die Fritts nach Modifikation für seine Zwecke verwendete, wenn er nicht sogar seine in FORTRAN programmierten numerischen Berechnungen mit Hilfe des IBM-Rechners 7072 selbst vornahm (Fritts 1963). Ab 1968 standen dann ausgereifte Programmpakete wie SPSS (Statistical Package for the Social Sciences) zur Verfügung, die eine Vielzahl von Anwendungsvarianten bereithielten und das eigene Programmieren oft überflüssig machten. Diese verwendete Fritts zunächst im Rahmen des „Wetherill Mesa Archaeological Projects" und erstellte mit Unterstützung von US-Bundesbehörden ein biologisches Modell zum Zusammenhang des Wachstums verschiedener Baumarten und dem Klima zwischen den Jahren 1210 und 1963. Mit statistischen Verfahren wie der Hauptkomponentenanalyse und der kanonischen Analyse erweiterte er seinen Ansatz später für die Rekonstruktion von Schwankungen und Anomalien des nordamerikanischen Klimas im 18. und 19. Jahrhundert, indem er Jahrringcluster unterschiedlicher Regionen auswertete. Über seinen methodischen Ansatz schrieb er: „We believe that the multivariate approaches described herein could revolutionize dendroclimatic analysis." (Fritts et al. 1971, S. 862). Die dendroklimatische Ursachenforschung blieb während der nächsten Jahrzehnte sein großes Arbeitsthema, das Fritts 1976 in der Monographie *Tree Ring and Climate* zusammenfassend bearbeitete, eine der seither weltweit meistzitierten Publikationen zur klimatologisch-ökologischen Jahrringforschung und Dendrochronologie (Fritts 1976).

In Deutschland gab es schon gegen Ende der „Ära Huber" Anzeichen für eine thematische und regionale Ausweitung der Forschung und die Installierung neuer Untersuchungseinrichtungen: So informierte Burkhard Frenzel vom Botanischen Institut der TU München Huber darüber, als Nachfolger von Heinrich Walter an der Landwirtschaftlichen Hochschule in Stuttgart die postglazialen Klimaschwankungen mit Hilfe der Jahrringforschung untersuchen zu wollen und fragte an, ob Huber ihm einen Assistenten empfehlen könne.[83] Aus dem Institut für Ur- und Frühgeschichte der Universität Köln schrieb Hermann Schwabedissen anlässlich der Fertigstellung seines dendrochronologischen Labors und über seinen guten Kontakt zu den Holzforschern in Reinbek.[84] Dort arbeiteten Hubers frühere Mitarbeiter Walter Liese und Josef Bauch sowie Dieter Eckstein an der Bundesforschungsanstalt für Forst- und Holzwirtschaft an der Erstellung regionaler Eichenchronologien für das norddeutsche Flachland und waren dabei auf erhebliche Schwierigkeiten beim Vergleich mit Jahrringkurven aus anderen deutschen Regionen gestoßen. Als problematisch erwies sich insbesondere die Absolutdatierung von Eichen, die erst nach Verwendung eng abgegrenzter standortbezogener Vergleichskurven möglich wurde:

Der Anteil des Klimas an der Jahrringbreitenstreuung scheint von Standort zu Standort und von Jahr zu Jahr je nach Faktorenkonstellation sehr stark zu schwanken. Er kann sowohl signifikant als auch unbedeutend sein. So ist es zu erklären, daß keine allgemeine, der süddeutschen entsprechende Jahrringcharakteristik ausgeprägt ist (Bauch et al. 1967, S. 290).

Bereits 1960 hatte der Forstwissenschaftler Joachim Weitland nach wenig erfolgreichen eigenen Datierungsversuchen kleinräumige Vergleichschronologien empfohlen (Weitland 1960, S. 85). Huber schlug den Reinbeker Forschern vor, auch die 1940 von Wilhelm Holdheide erstellten Jahrringkurven der Insel Wollin in die vorgesehene Arbeit an einer „Ostseechronologie" einzubeziehen, für die sich auch Prähistoriker der Akademie der Wissenschaften in Berlin (Ost) interessierten. Ein anderer Hinweis auf neue Arbeitsgebiete erreichte Huber aus Nepal. Von dort berichtete der Innsbrucker Geograph Helmut Heuberger über Bestände der Gattung Juniperus auf den Moränen des Khumbu-Gletschers am Mount Everest und bot an, Holzproben für die dendrochronologische Auswertung nach

---

[83] BIH, Nachlass Huber, Frenzel an Huber v. 20.10.1966, Antwort Huber v. 27.10.1966.

[84] Ebd., Schwabedissen an Huber v. 27.10.1966.

München zu schicken. Dadurch ergab sich die seltene Gelegenheit, Hochgebirgsbäume der Subtropen mit denen alpiner Bestände in Europa zu vergleichen, da Heuberger wegen seiner Teilnahme an dem von der Fritz Thyssen Stiftung geförderten „Research Scheme Nepal Himalaya" Zugang zu einer Region erhielt, die aus politischen Gründen bis dahin nicht besucht werden konnte.[85]

Gegen Ende der 1960er-Jahre gingen die Holzforscher aus Reinbek daran, die herkömmlichen und erprobten dendrochronologischen Untersuchungsmethoden angesichts der fortgeschrittenen technischen Entwicklungen auf ihre aktuelle Tauglichkeit zu überprüfen. Die Veröffentlichung hierzu widmeten sie Bruno Huber zum 70. Geburtstag (Eckstein und Bauch 1969). Aus Gründen der leichteren Vergleichbarkeit mit amerikanischen Datensätzen hatte man schon vorher auf die von Huber 1946 eingeführte statistische Überprüfung der Gegenläufigkeit verzichtet und sie durch die dazu komplementäre Gleichläufigkeitsprüfung ersetzt. Im Wesentlichen ging es aber darum, aufwendige und zeitraubende Arbeiten wie Probennahme, mikroskopische Messung, manuelle Kurvensynchronisierung und zeichnerische Darstellung zu optimieren und ihre Fehleranfälligkeit zu verringern. Die Probennahme erfolgte von nun an routinemäßig mit einem generatorbetriebenen Elektrobohrer, außerdem mit der in der forstlichen Ertragskunde erprobten Jahrringmessmaschine nach Eklund, die es ebenso wie das neu entwickelte Jahrringmessmikroskop der Firma ADDO ermöglichte, absolute Ringbreiten bereits beim Messvorgang auf Lochkarten zu speichern. Ein vollständiger Vergleich von zehn 200-jährigen Kurvenpaaren erforderte nun nach Programmierung in FORTRAN IV etwa 5 min Rechenzeit auf dem Großrechner TR4 des Rechenzentrums der Universität Hamburg (ebd., S. 232–234). Nur noch in Ausnahmefällen war die manuelle Synchronisierung durch Verschieben auf einem Leuchttisch notwendig, der Huber bis zuletzt vertraute (vgl. Abb. 6.11).

Die technische Weiterentwicklung der Dendrochronologie in der Schweiz nach 1969 wurde von Géraldine Delley in ihrer Monographie über die Radiokohlenstoffmethode anhand von Archivmaterial erläutert. Demnach war das „Dendrolabor" in Zürich im Juli dieses Jahres arbeitsfähig, um die vorhandenen spätbronzezeitlichen Kurven von Hölzern der Uferzone des Zürichsees zu datieren. In der Folge versuchte der Leiter des Labors, Ulrich Ruoff, auch die ihm zur Verfügung gestellten Proben der Grabungen von Auvernier, Zug-Sumpf und Zürich-Alpenkai zu überprüfen, die längere Zeit vorher in Hubers Münchener

Abb. 6.11 Bruno Huber am Leuchttisch etwa 1962. (Mit freundlicher Genehmigung von © Rolf Huber 2011. All Rights Reserved.)

Institut untersucht worden waren. Doch erst Mitte 1971 war das Labor imstande, große Stückzahlen zu bearbeiten, da es bis dahin noch keine Verknüpfung mit einem leistungsfähigen Rechner gab (Delley 2014, S. 528). Die Messung der Kurvenbreiten könne im Prinzip wie bisher erfolgen, allerdings solle jetzt ein elektronischer, digital arbeitender Aufnehmer eingesetzt werden, um die Daten direkt auf ein Magnetband übertragen zu können. Trotz der Bemühungen des Züricher Stadtrats hing das Labor aber vor allem bei der Datenverarbeitung zunehmend von einer Kooperation mit der Eidgenössischen Technischen Hochschule ab.

An der Eidgenössischen Anstalt für das forstliche Versuchswesen (EAFV) – nach späterer Reorganisation umbenannt in Eidgenössische Forschungsanstalt für Wald, Schnee und Landschaft (WSL) – begann 1971 mit ihrem neuen Direktor Walter Bosshart für die Jahrringforschung eine Blütephase, die maßgeblich von Fritz H. Schweingruber geprägt wurde. Für einen Wissenschaftler war dessen Vita außergewöhnlich:[86] Geboren wurde er 1936 in Krauchthal im Kanton Bern. Wie sein Vater strebte er zunächst den Beruf eines Primarlehrers an und war nach Besuch des Lehrerseminars von 1956 bis 1965 Volksschullehrer in Rüderswil im Emmental. Im Seminar hatte ihn sein Biologielehrer Fritz Schüler mit Mikroskopie und Holzanatomie vertraut gemacht, als Lehrer für Naturkunde sammelte und bestimmte er gemeinsam mit Kollegen die Pflanzen seiner Umgebung und besuchte nach seiner Dienstzeit Lehrveranstaltungen des Paläoökologen Max Welten an der Universität Bern. Nach einer Vorlesung von Welten fragte ihn der Tübinger Prähistoriker Müller-Beck, ob er ihm einen Experten für die Holzanalyse der Grabungsbefunde von Seeberg Burgäschisee-Süd

[85]BIH, Nachlass Huber: Heuberger an Huber v. 29.09.1966, Huber an Heuberger v. 24.10.1966; nach Messung von 11 Proben der Gattung Juniperus mit einem Alter von 88 bis 345 Jahren: Huber an Heuberger v. 14.03.1967.

[86]Interview H.H.R. mit Fritz H. Schweingruber v. 06.02.2010; vgl. Fritts (2002).

empfehlen könne. Welten schlug Schweingruber vor, obwohl dieser kein Hochschulstudium absolviert hatte, und sorgte anschließend über den Nationalfonds für die notwendigen Mittel einschließlich eines Wild-Mikroskops. Nach dieser Einführung Schweingrubers in die wissenschaftliche Forschung gelang es Welten, ihm für 1963/1964 über den Nationalen Forschungsrat ein Stipendium an der ETH Zürich zu verschaffen. Nach endgültiger Freistellung durch die Schulbehörde setzte Schweingruber danach sein Studium an der Universität Bern in den Fächern Botanik, Geologie und Archäologie fort, musste aber zur Studienfinanzierung mehrmals pro Woche an einer Privatschule unterrichten. Sein Gymnasiallehrerexamen legte er 1971 ab, wobei ihm die holzanatomische Arbeit für die Grabung Burgäschisee als Diplom anerkannt wurde. Bei Antritt seines Dienstes in der WSL 1971 forderte ihn Direktor Walter Bosshard auf: „Machen Sie etwas in Holzforschung" und gab ihm ein Jahr Zeit für eine Dissertation. Das Ergebnis war eine Untersuchung über subalpine Zwergstrauchheiden (Schweingruber 1972), ein Thema, das er viel später nach seiner Pensionierung noch einmal aufgreifen sollte. Die formale wissenschaftliche Laufbahn setzte sich fort mit seiner Habilitation an der Universität Basel über die Bedeutung prähistorischer Hölzer (Schweingruber 1976) und schließlich einer Professur für Botanik daselbst. Die von Schweingruber abgedeckten und zum Teil neu erschlossenen Forschungsgebiete, aber auch seine umfangreichen Anleitungen zur Holzanalyse und Dendroökologie setzen bis heute Maßstäbe und beeinflussten Dendrochronologen in aller Welt. Es ist deshalb nach Meinung des Autors nicht übertrieben, ihn in eine Reihe mit Andrew E. Douglass, Bruno Huber und Harold Fritts zu stellen.

In der Eidgenössischen Anstalt für Wald, Schnee und Landschaft (WSL) in Birmensdorf war Fritz Schweingruber während der 1970er-Jahre vor allem verantwortlich für den instrumentellen Aufbau und die Durchführung von Jahrringanalysen, einschließlich der Untersuchung der in großer Zahl anfallenden Hölzer der Grabungen von Auvernier-Port im Labor Neuchâtel. Nach Verzögerungen bei der Holzuntersuchung schrieb er im Mai 1975 gereizt an Michel Egloff, Professor für Vorgeschichte an der dortigen Universität und Konservator des Archäologischen Museums, man solle die zur Verfügung gestellte Jahrringmaschine nicht längere Zeit ungebraucht lassen, damit die geplante archäologische Publikation rechtzeitig erscheinen könne. Einige Monate später hatte sich die Zusammenarbeit wegen des weiterhin geringen Probendurchsatzes offensichtlich weiter abgekühlt:

> Vor bald zwei Jahren wurde für 50.000 Fr. eine sehr gute Apparatur mit Geldern des Nationalfonds gekauft. Damals haben wir vereinbart, dass nun mit aller Kraft Hölzer aus der Bucht von Auvernier gemessen werden sollten. […] Da ich mich für das

schweizerische Material verantwortlich fühle, möchte ich sehr gerne wissen in welchem Zustand das ausgegrabene Material eigentlich ist (zit. in Delley 2014, S. 529).

Im Verlauf der 1970er-Jahre nahm die Zahl der gut ausgestatteten dendrochronologischen Messeinrichtungen in Europa deutlich zu, obwohl 1970 das Münchener Botanische Institut seine Tätigkeit auf diesem Gebiet einstellte. Huber selbst bereitete noch kurz vor seinem Tod mit Zustimmung seines Nachfolgers die Verlagerung der Jahrringforschung von München nach Hohenheim vor, und die DFG stellte bei einem Treffen von Prähistorikern auch weiterhin Forschungsmittel für die Jahrringforschung in Aussicht. Hubers langjähriger Mitarbeiter Bernd Becker wechselte nach Hohenheim ins Botanische Institut zu Burkhard Frenzel, und beide bereiteten ein Projekt vor, in welchem fossile Baumstämme aus Flussablagerungen als Basismaterial für möglichst weit zurückreichende Jahrringchronologien untersucht werden sollten. Auf diese Weise könne man eventuell auch Rückschlüsse auf historische Veränderungen des Erdmagnetfeldes ziehen und die Kausalanalyse alter und jüngerer Klimaschwankungen angehen. Frenzel und der von ihm um Unterstützung gebetene einflussreiche Geograph Carl Troll von der Mainzer Akademie der Wissenschaften und der Literatur waren sich darüber einig, eine Neuausrichtung der Jahrringforschung ohne die Dominanz der Archäologie zu versuchen. Der Neustart gelang, denn Beckers Forschungsantrag „Absolute südmitteleuropäische Eichenjahrringchronologie des Postglazials" wurde von der DFG genehmigt und ein Teil der Kosten durch die Mainzer Akademie getragen.[87] Wegen der besonderen Probleme von Eichenchronologien in Norddeutschland regte Troll an, im Rahmen zukünftiger Projekte engen Kontakt mit Walter Lieses Arbeitsgruppe am Holzforschungsinstitut Reinbek zu halten.

Ein wesentlicher Teil der Forschung verlagerte sich in der Folgezeit auf die Dendrochronologie der postglazialen Klimaschwankungen. Als Grundlage gab es bereits Eichenchronologien für Süddeutschland, Hessen und Westdeutschland, bis 1980 kamen weitere für Mecklenburg, das Weserbergland, Norddeutschland, Südengland, Süddänemark, Nordirland und die nördliche Schweiz hinzu. Da sich die Flachlandregionen im Norden, d. h. Nordniedersachsen

[87]BIH, Nachlass Huber, zum Prähistoriker-Treffen: Treue (DFG) an Werner v. 08.12.1969; zur Forschungsplanung Beckers: DFG-Archiv (Schriftgutverwaltung): Treue an Frenzel v. 30.01.1970, Frenzel an Treue v. 03.02.1970 und Becker an Treue v. 10.02.1970; zur Neuausrichtung in Hohenheim: GIB, NL Troll, Frenzel an Troll v. 25.06.1970, Troll an Frenzel v. 20.10.1970, Frenzel an Troll v. 21.10.1970, Forschungskonzept Frenzel/Becker v. 12.02.1971 und DFG-Antrag Becker v. 10.07.1972.

mit seiner Küstenzone, Schleswig-Holstein, der Großraum Hamburg, die Niederlande und Dänemark, nicht in eine einheitliche Gesamtchronologie einordnen ließen, waren hier kleiner gegliederte Einzelchronologien zu erstellen. Vor allem die Labors in Hohenheim und Köln forcierten die Untersuchung subfossiler Eichen aus Flussschottern von Donau, Main, Weser, Lahn mit einigen Nebenflüssen sowie aus vermoorten Altarmen von Rhein und Werra.[88] Als Reaktion auf die neueren technischen Entwicklungen und um die Arbeitsweise amerikanischer Forscher kennenzulernen, versuchte Bernd Becker in Hohenheim die Leistungsfähigkeit des neuen Labors zu erweitern. Hans Suess aus La Jolla zeigte Interesse an den Untersuchungen in Hohenheim, da diese eine gute Basis für die Analyse der C14-Entstehung der Vergangenheit darstellten. So berichtete Frenzel an Troll:

> Herr Dr. Becker, der hier ja als Schüler von Prof. Huber die Dendrochronologie betreibt, hat sich in der Auswertung der Befunde bereits auf die Computer-Technik umgestellt, so daß viel Zeit gespart wird. Von Mitte Februar bis Mitte April 1971 will er außerdem über ein NATO-Stipendium nach Tucson/ Arizona fahren, um dort im Laboratory for Tree Ring Research neueste Methoden der statistischen Analyse und der Dendroklimatologie zu erlernen.[89]

Das nach Unstimmigkeiten zwischen den Labors Hohenheim und Köln über die Zukunft der Forschungsrichtung[90] von Frenzel vorgeschlagene Symposium „Die Dendrochronologie und postglaziale Klimaschwankungen in Europa" fand schließlich vom 13. bis 16.06.1974 in Mainz statt. Es dokumentierte für die Jahrringforschung den damaligen Forschungsstand der Laboratorien in Belfast, Birnbach, Göttingen, Hamburg, Köln, Stuttgart, Trier und Tucson. Die beteiligten Wissenschaftler waren Klimatologen, Geologen, Geographen, Botaniker, Forstbotaniker und Archäologen sowie Spezialisten für Pollen- und Isotopenanalyse. Aufgrund des Informationsaustausches kam es anschließend zu einer vertieften Kooperation der Laboratorien Hohenheim, Göttingen und Köln, die schon vorher über Erfahrungen mit postglazialen Chronologien verfügten. Die ausgetauschten Eichenchronologien fossiler Stämme von Donau, Main, Fulda und Weser (vgl. Abb. 6.12) wiesen Gemeinsamkeiten auf, so dass nach Belegung durch weitere Proben mit ihrer Verknüpfung zu

Abb. 6.12 Bernd Becker ca. 1985 mit einem fossilen Eichenstamm vom oberen Main. (Mit freundlicher Genehmigung von © Wolfgang Schirmer 2018. All Rights Reserved.)

rechnen war (Becker et al. 1977a). Der Untersuchungsgruppe schloss sich später das dendrochronologische Labor der Queen's University in Belfast an, nachdem Mike Baillie dort mit rezenten Eichen sowie Hölzern historischer Bauten einen Jahrringkalender für Nordirland bis zum Jahr 1379 erstellt hatte und gemeinsam mit den Kollegen eine Verlängerung des Kalenders subfossiler Eichen gelang (Baillie 1977); (Pilcher et al. 1984).

Nach Auffassung des Symposiumteilnehmers Harold Fritts vom LTRR Tucson ließ sich aber selbst nach dieser Tagung und trotz der Erfolge bei der Verlängerung von Chronologien zumindest für die Dendroklimatologie noch nicht von „modernen" Auswerteverfahren sprechen:

> Except for some early Scandinavian and other pioneering studies, it has become customary in Europe to convert data to logarithms and to bypass the indexing procedure. This, unfortunately, has prohibited the development of European dendroclimatic work. Perhaps it was done this way because the specific research was concerned only with the dating information that the ring widths can provide, and the conversion to logarithms was simpler than the calculation of indices (Fritts 1978, S. 51).

Fritts kritisierte hier nach Auffassung des Autors vor allem die unzureichende Berücksichtigung des „Altersfaktors" der Bäume bei der Berechnung paläoklimatischer Ereignisse und empfahl zur Vermeidung von Fehleinschätzungen, ausschließlich standardisierte Indices der Jahrringstruktur zu verwenden. Das Arbeiten mit Indexfolgen nach Datentransformation wurde nach 1980 auch in Europa zum Standard. Dies bot zudem erweiterte Möglichkeiten der Datenanalyse: Mit „Hochpassfiltern" ließen sich nun kurzfristige Schwankungen hervorheben und langfristige eliminieren, während „Tiefpassfilter" kurzfristige Schwankungen eliminierten und nur die Langzeittrends hervorhoben (vgl. Wenk 1997, S. 14).

---

[88]Der Autor dankt Burghart Schmidt, Lohmar, für die Einsicht in seine Aufzeichnungen, 2012.

[89]GIB, NL Troll, Frenzel an Troll v. 09.12.1970.

[90]GIB, NL Troll C114, insbes. Schriftwechsel 1972/1973 zwischen C. Troll und B. Frenzel.

6.4.2   Chronologieverlängerung im Netzwerk von Klimaforschung, Ökologie und Archäologie

Für die weitere Entwicklung der Dendrochronologie, ihr Ansehen in der „scientific community" und ihre Bedeutung als sichere Datierungsmethode hatte der Aufbau eines lückenlosen nacheiszeitlichen Eichenjahrringkalenders für Mittel- und Westeuropa ab Ende der 1960er-Jahre hohe Priorität und besitzt auch aus heutiger Sicht einen besonderen Stellenwert. Die hierfür notwendigen Überlegungen und Vorarbeiten einschließlich fast unvermeidlicher Fehlschlüsse sollen deshalb in diesem, mit dem Jahr 1985 abschließenden Kapitel aufgegriffen und nachgezeichnet werden. Andere Teilentwicklungen der Jahrringforschung werden an dieser Stelle nur noch in Form eines „Ausblicks" angesprochen.

Ernst Hollstein machte sich ab 1965 daran, die vorhandenen Eichenteilchronologien von Huber, v. Jazewitsch und anderen bis in die frühe römische Zeit zu verlängern und dabei die durch nur wenige Holzfunde belegten Abschnitte der Merowingerzeit mit zusätzlichem Material zu überbrücken. Zu Beginn seiner Arbeit war er fast auf sich allein gestellt, und erst einige Jahre später fand er in Bruno Huber einen Mentor, der seine rastlose Suche nach Material zur Verlängerung einer Westdeutschen Eichenchronologie unterstützte, gelegentlich schlichtend in Auseinandersetzungen mit Fachkollegen eingriff und sich gemeinsam mit Hermann Schwabedissen für ihn als zukünftigen Leiter eines Kölner Dendrolabors einsetzte. Hollstein sei der geeignetste Mann, der „an unsere Arbeiten anknüpfend, fürs Rheinland ganz hervorragende Eichenchronologien erarbeitet hat". Die Stellenbesetzung schien nach einem Gutachten Hubers nahezu gelungen:

> Es ist mir eine „großväterliche" Beruhigung, daß Ihnen die Errichtung einer Jahrringabteilung an Ihrem Institut mit Herrn Hollstein als Abteilungsleiter gelungen ist und ich beglückwünsche Sie umso mehr zu diesem Erfolg, als unser lahmes Ministerium hier noch immer keinen Nachfolger für mich gefunden hat, und daher die Zukunft der Jahrringchronologie in München unsicher ist.[91]

Huber stellte in seinem „Gutachten über die Aufgaben einer dendrochronologischen Abteilung beim Institut für Ur- und Frühgeschichte der Universität zu Köln" die enge Zusammenarbeit von Naturwissenschaftlern und Prähistorikern unter einem Dach besonders heraus. Für die Datierung prähistorischer Befunde müsse vor allem die 1965 von dem Physiker Hans Suess in La Jolla ausgearbeitete Neuinterpretation der historischen C14-Neubildungsrate in

der Atmosphäre berücksichtigt werden. Die Dendrochronologie sei dabei für die Kalibrierung der C14-Eichkurve auch im Kölner Institut unverzichtbar, zumal Hollstein bei seinen Untersuchungen besonders kritisch vorgehe, „so daß seine Datierungen in unserem Erfahrungsbereich als unbedingt gesichert gelten können."[92]

Hollstein war über die für ihn günstigen Perspektiven begeistert und schrieb Huber: „Wenn das alles wahr würde –: Jahrringforschung als Beruf! Eigenes Laboratorium!" Er hoffe, „die Jahrringforschung in Ihrem Namen und Geiste weiterführen zu können". Nachdem alle Gremien der Universität Köln der Stellenbesetzung zugestimmt hatten, kam die Ernüchterung: Völlig überraschend lehnte das Kultusministerium Nordrhein-Westfalen die Bewerbung Hollsteins auf die beantragte Planstelle ab. Nach dem „Schock dieser Enttäuschung" schrieb Hollstein an Huber: „Damit sind auch weitreichende Pläne hinfällig geworden, die ich im Hinblick auf a) elektronische Datenverarbeitung, b) Zusammenwirken mit C14-Datierungen und c) schrittweise Überbrückung der noch offenen Lücken vorbereitend entwickelt habe." Huber versuchte den enttäuschten Hollstein aufzurichten, indem er ihn von der Erlaubnis des Württembergischen Landesmuseums in Stuttgart zur Untersuchung von sechs Holzsärgen, sogenannten „Totenbäumen", aus der Merowingerzeit unterrichtete. Dies eröffne die einmalige Möglichkeit zur Verlängerung der Eichenchronologie zurück bis in die Römerzeit: „Die Überbrückung der Völkerwanderungslücke ist ein so hohes Ziel, daß es schon einigen Einsatz verdient." Allerdings solle Hollstein bei dendrochronologischen Wertungen, von denen noch nicht alle Archäologen überzeugt seien, vorsichtige Zurückhaltung walten lassen: „Bei der C14-Methode haben sich ja solche Bedenken als wohlbegründet erwiesen."[93] Schwabedissen machte einige Monate später einen erneuten Vorstoß zur Anstellung Hollsteins, und Huber nahm hierfür mit dem ihm persönlich bekannten DFG-Präsidenten Julius Speer wegen der Möglichkeit eines Forschungsprojekts in Köln Kontakt auf. Trotz der raschen Zusage der DFG für eine 18-monatige Förderung dauerte es noch ein ganzes Jahr, bis Hollstein seine Arbeit in Köln aufnehmen konnte; seine Festanstellung gelang danach nicht mehr, aber es blieb zunächst bei einer engen Zusammenarbeit mit dem Kölner Institut. Anfang der 1970er-Jahre verlagerte Hollstein seine Forschungsarbeit zunehmend wieder in seine Heimatstadt Trier zum Rheinischen Landesmuseum, wo er gegen Ende seines Berufslebens zum Obermuseumsrat ernannt wurde.

---

[91]BIH, Nachlass Huber, Huber an Schwabedissen v. 15.09.1965 und v. 24.05.1966.

[92]BIH, Nachlass Bruno Huber, Gutachten Huber zu Hollstein an Schwabedissen v. 24.05.1966.
[93]Ebd., Hollstein an Huber v. 14.01.1967; Huber an Hollstein v. 18.01.1967.

Bis 1969 gelang Hollstein mit Hilfe bedeutsamer Objekte und Bauten wie den römischen Brücken von Trier, Mainz, Cornaux/Les Sauges (schweiz. Kanton Neuchchâtel), Haut-Vully (schweiz. Kanton Freiburg) oder dem Westbau des Trierer Domes und mittelalterlichen Chorgestühlen in Köln und Xanten eine absolute Altersbestimmung (Neyses-Eiden 1988). Dabei führte er eine wichtige, noch heute verwendete Neuerung ein, indem er bei Eichen ohne vorhandene äußere Ringe im Splintholz („ohne Waldkante") den Zusammenhang zwischen der Jahrringanzahl im Splint- und Kernholz aufgrund von Wahrscheinlichkeitskalküls auf eine rationale Basis stellte. Als urkundlich belegte zeitliche Fixpunkte nutzte er dabei beispielsweise den von Tacitus auf das Jahr 7 v. Chr. datierten Bau der Trierer Moselbrücke oder den auf 310 n. Chr. festgelegten Bau der Kölner Rheinbrücke. Eine erhebliche Zahl mächtiger Holzpfeiler wie in Trier mit etwa 400 Wuchsjahren bis zum Jahr 353 v. Chr. erleichterten seine Auswertung. Mit Hölzern aus Mainz gelang schließlich die Verlängerung der „latènezeitlichen und römischen Kurve" in jüngerer Zeit bis 530 n. Chr. Wenig später korrigierte Hollstein aufgrund verbesserter Grabungszuordnungen die Bauzeit der Trierer Brücke auf 51 v. Chr. und den Kölner Brückenbau im Jahr 1975 von 310 auf 336 n. Chr. (Hollstein 1967, S. 78, 82 f.); (ders. 1980, S. 5). Bei der Verknüpfung der Teilchronologien, nämlich der „römisch-latènezeitlichen" und der „mittelalterlich-rezenten", verwendete er – wie später auch Michael Baillie und Jonathan Pilcher bei ihrer irischen Eichenchronologie – die Korrelationsrechnung, da Eichen keine Ringausfälle aufweisen und die jahrgenauen Daten nicht korrigiert werden müssen. Hierfür änderte er seine statistische Prüfmethode, ohne sie jedoch näher zu erläutern: „Dabei wird nicht mehr – wie bisher üblich – eine sogenannte Irrtumswahrscheinlichkeit vorweg und willkürlich gewählt, sondern die Wahrscheinlichkeit des richtigen Ansatzes als Funktion der eingegebenen Beobachtungswerte und der vorhandenen Hypothesen dargestellt." (Hollstein 1970, S. 148).

Nach Untersuchung weiterer Proben von Baumsärgen und Brunnenhölzern aus dem Zeitabschnitt von 811 bis 472 hatte Hollstein 1970 seine Gesamtchronologie nahezu fertig, und er fasste zusammen: „Im Durchschnitt muß man offenbar mit etwa 7 Objekten und rund 40 Holzproben je Jahrhundert rechnen, bis man wirklich sichere Überbrückungen mit unseren relativ kurzen Jahrringfolgen zustande bringt. [...] Besonders schwach belegt ist das fünfte, ‚dunkle' Jahrhundert. Aber auch aus der nachkarolingischen Epoche liegen bis jetzt nicht viele Funde vor." (Ebd., S. 153). Der gelegentlich geäußerte Vorwurf an Hollstein, er habe auch Buchenhölzer zur Synchronisierung verwendet, ist nicht stichhaltig, da deren Jahrringe oft konform mit Ringen der Eiche gehen und nach sorgfältiger Prüfung hilfreich sein können. Die von ihm

schließlich 1980 vorgelegte *Mitteleuropäische Eichenchronologie* reichte von der Gegenwart bis in die Eisenzeit und umfasste die Jahrringfolgen von ca. 2000 Holzproben aus 300 Fundstellen (Neyses-Eiden 1995). Diese Pionierarbeit der Erstellung einer Jahrringserie für Westdeutschland bis ins 8. Jahrhundert v. Chr. fand ein reges Interesse vor allem bei Archäologen, etwa bei der Datierung von Fundplätzen der vorrömischen Eisenzeit wie Manching und Trier „Römersprudel" oder älteren Fundstellen in Villingen und Hallstadt.

Die Verlängerung der europäischen Eichenchronologie bis weit ins erste vorchristliche Jahrtausend gelang Hollstein schließlich unter Verwendung der Vorarbeiten von Huber und v. Jazewitsch, nachdem er zunächst eine lückenlose Datierung bis etwa 500 v. Chr mit Hölzern aus Profan- und Kirchenbauten sowie archäologischen Grabungsbefunden erreichte. Für weiter zurückliegende Zeitabschnitte mit einer gesamten Länge von etwa 5000 Jahren war aber nur noch mit wenigen Proben aus prähistorischen Siedlungen zu rechnen, so dass sich die Untersuchungen nun auf subfossile Baumreste konzentrierten. In Deutschland waren an dieser Arbeit vor allem die dendrochronologischen Labors in Hohenheim und Köln beteiligt, außerdem die Labors in Göttingen und Reinbek. Unabhängig davon bemühte sich an der Queen's University in Belfast/Nordirland eine weitere Arbeitsgruppe um die Verlängerung der Eichenchronologie. Den folgenden Ausführungen des Autors liegen neben Veröffentlichungen der an der Entwicklung beteiligten Personen und Institutionen auch unveröffentlichte schriftliche und mündliche Informationen zugrunde, vor allem solche von Burghart Schmidt (Köln) und Michael Baillie (Belfast).

Die Forschungssituation in den deutschen Labors lässt sich für die 1970er-Jahre so beschreiben:[94] Im Labor Hohenheim hatte Bernd Becker seit seiner Anstellung im April 1970 nach Angaben seines Chefs Frenzel „zentnerweise" Stammscheiben von Eichen aus den Flussterrassen der Donau und ihrer Nebenflüsse gesammelt und plante schon zu diesem Zeitpunkt eine Jahrringchronologie, die nach Möglichkeit bis zu 10.000 Jahre umfassen und u. a. dazu dienen sollte, die ursprüngliche C14-Produktion in der hohen Atmosphäre festzulegen und damit auch die Geschichte des erdmagnetischen Feldes der letzten Jahrtausende nachzuzeichnen. Frenzel schrieb hierzu an Carl Troll:

Auf jeden Fall wird es notwendig sein, in Süddeutschland die Dendrochronologie unabhängig von den norddeutschen Vorhaben, gegebenenfalls auch von dem Vorhaben von Herrn Schwabedissen, voranzutreiben. Dies umsomehr, als wir ja

---

[94]Vgl. Manuskripte von Burghart Schmidt [Kopien: Depositum Rump]; vgl. auch GIB, NL Troll, C T 114.

ganz klar in die Quartärgeologie und in die Verzahnung mit der Grundlagenforschung auf dem Gebiet der Physik einsteigen wollen, da wir ja auf diese Art und Weise die Zuverlässigkeit der Radiokarbonmethode über einen längeren Zeitraum hinweg überprüfen wollen.[95]

In einem Fortsetzungsantrag an die DFG vom Juli 1972 präzisierte Frenzel dieses Fernziel einer absoluten Chronologie des Postglazials und hob die erforderliche Zusammenarbeit mit C14-Experten, namentlich Hans Suess von der University of California und Mebus Geyh vom Niedersächsischen Landesamt für Bodenforschung in Hannover, hervor. Als Unterziele nannte er die Erforschung der postglazialen Flussgeschichte, der Paläoklimatologie und der Befunde jungsteinzeitlicher Grabungen und hob insbesondere den engen Kontakt mit Joachim Werner vom Münchener Institut für Vor- und Frühgeschichte hervor. Als dendrochronologische Kooperationspartner seien die Jahrringlabors in Reinbek b. Hamburg, Trier und Köln vorgesehen, darüber hinaus André Munaut aus Louvain/Belgien und Harold Fritts vom LTRR Tucson. In Köln habe in Schwabedissens Institut für Vor- und Frühgeschichte mittlerweile ein Dendrochronologe [H.H.R.: Burghart Schmidt] seine Arbeit aufgenommen.[96] Aufgrund dieses Plans erstellte das Hohenheimer Labor bis Mitte 1974, d. h. bis zum gemeinsamen Symposium in Mainz (vgl. Abschn. 6.4.1), 25 Teilchronologien subfossiler Auwaldeichen mit Kurvenlängen von 150 bis 1307 Jahren und verglich sie anschließend mit den jeweils 19 Teilchronologien der Kölner und Göttinger Labors. Danach unterzogen die Bearbeiter Becker (Hohenheim), Delorme (Göttingen) und Schmidt (Köln) am Rechenzentrum der Universität Köln alle Kurvenabschnitte einem Gleichläufigkeitstest und prüften sie auf mögliche Synchronlagen. Die in Hohenheim und Köln getrennt erarbeiteten Teilchronologien des Maintals bildeten die Brücke zur Synchronisierung der Flussgebiete von Fulda/Werra und Donau, während es noch nicht gelang, weitere Flussgebiete in diese Synchronisierung einzubeziehen. Die Gleichläufigkeitswerte von durchschnittlich 65 % erschienen angesichts der Entfernung der einzelnen Wuchsstandorte von bis zu 300 km bemerkenswert hoch (Becker und Frenzel 1977b).

Im Jahr 1977 verfügten Becker und Frenzel für ihre Untersuchungen bereits über etwa 1000 Proben subfossiler Eichen von Donau, Main, Oberrhein, Inn und Lahn und stellten fest, dass Anzahl und Verbreitung subfossiler Stammlagen nach dem Ende des Atlantikums deutlich zunahmen und damit einschneidende Veränderungen der Flussgebiete anzeigten. Die zeitliche Häufung solcher Stämme in „Haupthorizonten" der Flusssedimente wurde

auch im Spätneolithikum, der Bronzezeit, dem Beginn der Römerzeit und dem frühen Mittelalter beobachtet. Hans Suess korrelierte zwei der Donauteilchronologien durch 47 C14-Analysen einzeln präparierter Jahrringe mit den entsprechenden Sequenzen der amerikanischen Borstenkiefer *Pinus aristata* und fand völlige Übereinstimmung (ebd., S. 51); (Suess und Becker 1977, S. 161). Erleichtert wurden die Arbeiten mit diesem Material aus Süddeutschland durch eine überdurchschnittlich gute Übereinstimmung der Jahrringmuster zeitgleich gewachsener Bäume, erklärbar durch die Ähnlichkeit standörtlicher Wuchsbedingungen am Rand der Flussauen. Hervorzuheben war der Aufbau einer etwa 1300 Jahre umfassenden Jahrringserie zwischen 2600 und 1300 v. Chr. mit Hilfe der Funde in Donauschottern. Hier war es offenbar während dieser langen Zeitspanne wiederholt zu Überschwemmungsphasen gekommen, wobei mehrere Baumgenerationen sukzessiv von Sedimenten zugedeckt worden waren.

Becker hatte schon an der Universität München als Assistent Hubers Kontakt zur amerikanischen C14-Community und kannte Libby persönlich. Nicht zuletzt wegen seiner engen Zusammenarbeit mit dem Geochemiker Mince Stuiver in Seattle wurde die C14-Datierung von Hölzern während der 1970er-Jahre deutlich systematischer. Beide schätzten und förderten sich gegenseitig, besuchten sich häufig und trugen so zum nachhaltigen Erfolg einer von Stuiver initiierten Kalibrierungsgruppe bei. Diesem Netzwerk gehörten beispielsweise C14-Experten aus Groningen und Heidelberg sowie Dendrochronologen aus Tuscon und Hohenheim an, die sich gegenseitig über Koordination, Aufgabenverteilung und Finanzierung von Forschungsprojekten abstimmten (pers. Mitteilung Michael Friedrich, Univ. Hohenheim v. 30.07.2007).

Das Labor in Köln begann 1972 unter Leitung von Burghart Schmidt mit dem Aufbau postglazialer Eichenchronologien nach ersten Holzfunden aus den Einzugsgebieten von Weser und Ems sowie vom Niederrhein. Etwa 75 % der Stämme wurde aus Flussschottern geborgen, der Rest aus vermoorten Alt- oder Totarmen von Rhein und. Dabei erleichterten „C14-Vordatierungen" von bereits mit anderen Eichen synchronisierten Hölzern die Zuordnung der einzelnen Chronologieabschnitte mit Längen zwischen 300 und 400 Jahren innerhalb einer Zeitspanne vom 1. bis 8. Jahrtausend v. Chr. Um 1980 kamen etwa 500 subfossile Mooreichen aus dem östlichen Schleswig-Holstein hinzu, die sich als außerordentlich hilfreich für den Vergleich mir Eichen aus Nordirland erwiesen (Schwabedissen und Schmidt 1982).

Im Labor Göttingen begann Axel Delorme 1973 mit ersten relativen Datierungen subfossiler Eichen aus dem Flussgebiet von Fulda und Werra, und er bestätigte, was auch andere Dendrochronologen bei solchen Hölzern bereits festgestellt hatten: „Einzelkurven aus den verschiedenen

---

[95]GIB, NL Troll C T 114, Frenzel an Troll v. 21.10.1970.

[96]Ebd., Becker an DFG v. 10.7.1972.

Flußgebieten [weisen] zu geringe Übereinstimmungen auf, […] um sich synchronisieren zu lassen. Sogar wenig belegte Mittelkurven der einen Herkunft lassen in der Regel noch keine Überbrückung mit Einzelkurven der anderen zu." (Delorme 1977, S. 65). Bei ausreichender Belegungsdichte war zwar die gute Übereinstimmung der Jahrringmuster wegen der relativ geringen Entfernungen der Baumfundorte nicht überraschend, wohl aber die gut zu denen der Baumstämme vom Main passenden Jahrringkurven. Diese ergaben wiederum eine gute Deckung mit dem Ringmuster von Eichenpfählen der Grabung „Am Brand" in der Mainzer Innenstadt von 1965 bis 1967, die Hollstein 1969 beschrieben hatte.

Einige verbleibende Lücken entlang der Nordseeküste konnten durch Untersuchungen des Labors Reinbek geschlossen werden. Ein besonderer Erfolg waren die dendrochronologischen Ergebnisse zur Datierung der wikingerzeitlichen Siedlung Haithabu mit insgesamt 4000 Holzfunden, wodurch sich die Chronologie für Schleswig-Holstein bis zum Jahr 436 n. Chr. verlängern ließ (Eckstein und Bauch 1977). Schließlich wurde 1974 bei dem oben erwähnten Mainzer Symposium eine engere Zusammenarbeit zwischen den einzelnen Labors verabredet, insbesondere zwischen Hohenheim, Köln und Göttingen, um das selbstgesteckte Ziel einer vollständigen postglazialen Eichenchronologie möglichst rasch zu erreichen.

Das Labor in Belfast war an den ersten Abstimmungen über eine postglaziale Eichenchronologie noch nicht beteiligt, spielte aber nach 1980 neben den Arbeitsgruppen in Hohenheim und Köln eine Schlüsselrolle.[97] Bis 1968 existierte in Nordirland noch keine Jahrringforschung, und im übrigen Großbritannien gab es hierzu nur wenige Ansätze. In dieser ungünstigen Situation begann Michael Baillie seine Tätigkeit als neuer Mitarbeiter des C14-Nuffield Laboratory, dem späteren Palaeoecology Centre der Queen's University in Belfast. Erste Überlegungen zum Aufbau einer langen irischen Chronologie ließen erhebliche Schwierigkeiten erwarten: Baillie und sein Kollege Gordon Pearson, der als Physiker für die Durchführung von C14-Hochpräzisionsanalysen eingestellt worden war, sahen nach Lektüre der Veröffentlichungen von Huber, Hollstein und Giertz zunächst nur geringe Chancen zur Realisierung ihres Plans. Wegen des überwiegend feuchten Klimas in Irland war der Baumzuwachs nämlich gleichmäßiger als in Deutschland, was sich ungünstig auf die statistische Datenanalyse auswirkte. Baillie versuchte es trotzdem: „Why not treat tree growth as a ‚black box' wherein it does not matter why trees have a pattern of growth? […I]rrespective of all

the reasons why the method might not work, was it possible to cross-match their ring patterns anyway?" (Baillie 2009, S. 362). Ein Problem blieb das „cross-dating", das sich nicht durch „skeleton-plots" wie bei Hölzern des trockenen amerikanischen Südwestens lösen ließ, aber vermutlich auch nicht durch Überprüfung der Gleichläufigkeit von Kurven wie für norddeutsche Hölzer durch Bauch und Eckstein in Reinbek. Mit dem in FORTRAN IV programmierten Korrelationsverfahren CROS in Kombination mit einer Sichtprüfung („visual matching") fand Baillie jedoch eine zuverlässige Lösung seines Problems (Baillie und Pilcher 1973). C14-Voruntersuchungen zeigten, dass der größte Teil subfossiler Eichen aus den fünf vorchristlichen Jahrtausenden stammte. Für die jüngsten 2000 Jahre gab es zwar einige archäologische Holzfunde, im Gegensatz zu Deutschland aber weit weniger gut beschriebene und erhaltene mittelalterliche Gebäude.

Ausgehend von rezenten Eichen und mit Hilfe von Eichenproben aus dem Cadzow Forest in Schottland und dem Sherwood Forest in England stellte das Labor Belfast bis etwa 1975 eine Chronologie bis zum Jahr 1350 auf, die bis Anfang der 1980er-Jahre das Datum 13 v. Chr. erreichte. Die weitere Verlängerung mit subfossilen Eichen, die in Irland vor Jahrtausenden auf der Oberfläche lebender Torfmoore gewachsen und anschließend vom Moor überdeckt worden waren, erwies sich einfacher als die Datierung in jüngerer Zeit. Eine gute Belegung ergab sich vor allem durch Mooreichen („black oaks") aus dem 1. Jahrtausend, die nach Maßnahmen zur Entwässerung der Moore in der Nähe ihrer Ursprungslage mit Maschinen auf große Haufen zusammengelegt worden waren. Viele der Stämme waren 250 bis 450 Jahre alt und wiesen durchschnittliche Ringbreiten von 1 mm auf. Im Labor versuchte man dann durch „try and error", die Baumscheiben der Probengruppen aus fünf Jahrtausenden miteinander zu korrelieren, was für einige Zeitabschnitte gut gelang, während bei anderen erhebliche Lücken klafften. Eine 4300 Jahre umfassende Teilchronologie von etwa 5300 bis 1000 BC, „Long Chronology" genannt, war als Erste fertig, gefolgt von einem 719 Jahre langen Abschnitt von etwa 1000 bis 200 BC („Garry Bog II"). Beide Teilchronologien ließen sich aber nicht überlappen, obwohl C14-Analysen ihre Nachbarschaft nahelegten. Nach einem ersten Vorschlag, englische Mooreichen oder sogar die deutsche Chronologie für die Überlappung zu verwenden, gelang jedoch die Verknüpfung durch weitere Proben von Standorten in Nordengland und North Ulster. Die Zeitspanne von 5289 BC bis zum Ende von „Garry Bog II" im Jahr 229 BC war schließlich 1982/83 vollständig datiert und ließ sich mit der jüngeren Chronologie bis in die Gegenwart verbinden (Baillie 1995); (ders. 2009).

Während des abschließenden Vergleichs der jeweils mehrere Jahrtausende abdeckenden „deutschen" und „irischen"

---

[97]Zu den folgenden Erläuterungen vgl. Baillie (2009, S. 361–371).

Eichenchronologie kam es zu Überraschungen. Die zunächst zwischen Becker und Schmidt abgestimmten und als korrekt erachteten Jahrringdaten – u. a. von Eichen aus „Toteislöchern" in Schleswig-Holstein – wiesen eine deutliche Kurvenähnlichkeit zwischen den Proben vom Obermain und dem Genfer See auf (Distanz 500 km), was auf großklimatische Ähnlichkeiten hindeutete (Becker und Schmidt 1982, S. 104). Diese Nachricht wurde über Fernschreiber sofort an Baillie nach Belfast geschickt, um keine Zeit zu verlieren. Nach längerem Vergleich meldete sich Baillie mit der Mitteilung, in den deutschen Jahrringchronologien müsse ein Fehler in der Mitte des 1. Jahrtausends v. Chr. vorliegen, da der Vergleich mit der irischen Eichenchronologie nicht die erwartete Übereinstimmung mit den Eichenchronologien für Schleswig-Holstein gezeigt habe.

Die signifikanten Übereinstimmungen im Wuchs der Bäume zwischen diesen Standorten und Süddeutschland einerseits und Schleswig-Holstein und Irland andererseits hatten schon vorher die wichtige Brückenfunktion der norddeutschen Chronologien für den überregionalen Vergleich bestätigt. Aufgrund der sehr großen Entfernung und der erheblichen regionalen Klimaunterschiede waren erwartungsgemäß die Jahrringmuster der irischen und der süddeutschen Teilchronologien nicht mehr ähnlich genug, um eine erfolgversprechende Fehleranalyse durchzuführen. Becker, Schmidt und Baillie trafen sich deshalb 1983 an einem Wochenende im Kölner Labor, um ungestört auf Fehlersuche zu gehen. Jeder der drei war von der Fehlerfreiheit seiner eigenen Daten überzeugt, und der gemeinsam durchgeführte Kurvenvergleich am Leuchttisch bestätigte diese Überzeugung. Nach Baillies Erinnerung wurde bei dem informellen Treffen kein Protokoll geführt, obwohl er schon vorher die fehlende Übereinstimmung der Daten kritisiert hatte: „I had already published a detailed criticism in an Edinburgh occasional paper, showing that there must be an error in Hollstein's chronology." (Pers. Mitteilung M. Baillie an H.H.R. v. 17. und 18.07.2016). Schließlich engte Baillie den Fehler durch Vergleich nordirischer und schleswig-holsteinischer Teilchronologien auf die Zeit um 550 v. Chr. ein. Eine Betätigung für einen Fehler fand Baillie in den C14-Messungen der von Becker zur Verfügung gestellten Eichenproben des betreffenden Zeitabschnitts durch Hans Suess in La Jolla/USA:

> These Suess dates told us that the German prehistoric chronologies were wrongly dated by around 70 years. In fact, for a short time Bernd corrected his tree ring dates by 70 years and then once. We had agreed on the tree ring evidence he moved to 71 years. So there was no controversy at the meeting as we all accepted that the chronologies had to be revised. If I remember correctly the meeting was at a conference and Hollstein was present but he was not included in the discussion partly because we were discussing an error in his work and partly because he was of an older generation and, I was told, was uncomfortable with all these „Young Turks" (pers. Mitteilung Baillie an H.H.R. v. 17.7.2016).

Der Grund für die Diskrepanz war nun klar: Die gut belegte nordirische Gesamtchronologie für den Zeitabschnitt um 550 v. Chr. hatte sich eindeutig als fehlerfrei erwiesen. Die nord- und süddeutschen Eichenchronologien für diese Zeit waren jedoch zunächst nur schwach belegt, so dass Becker und Schmidt für eine hinreichende Absicherung auf Teile von Hollsteins westdeutscher Eichenchronologie zurückgegriffen hatten. Das 4. und 5. Jahrhundert v. Chr. erwies sich auch bei Hollsteins Datierung als extrem fundarmer Zeitabschnitt, vergleichbar mit der Völkerwanderungszeit im 4./5. Jahrhundert. Er nahm 1973 an, durch Einbeziehung von Resten eines hölzernen Strebewerks der ehemaligen Ringmauer auf dem Bremerberg von Kirnsulzbach bei Bad Kreuznach den Zeitabschnitt zwischen 450 und 550 v. Chr. eindeutig abgesichert zu haben, doch er datierte die Proben insgesamt um 71 Jahre zu jung. Angesichts des Zustandes der Befunde, zu denen mehrere verkohlte Balken und Bohlen von bis zu 60 cm Breite bzw. 5 cm Dicke mit einer mittleren Jahrringbreite von 0,56 mm gehörten, war sich Hollstein vermutlich seiner eigenen chronologischen Zuordnung nicht völlig sicher gewesen, da zwei Balken durch eine Lücke unterbrochen waren und er einige fragile Teile durch aufgeleimte Leinenstreifen und Einbettung in Paraffin schützen musste. Auch die „Waldkante" war nicht eindeutig (Hollstein 1973). Durch diese Fehleinschätzung der Kirnsulzbacher Kurve war ein Fehler von exakt 71 Jahren in die Chronologien Nord- und Süddeutschlands gelangt.[98]

Zweifellos war das Ergebnis der gemeinsamen Bemühungen um eine europäische Eichenchronologie einer der Höhepunkte der dendrochronologischen Forschungsarbeit; die Veröffentlichung erfolgte 1984 in *Nature* (Pilcher et al. 1984). Erleichtert wurde dies dadurch, dass eine zuvor kaum für möglich gehaltene signifikant hohe Übereinstimmung der Jahrringkurven von Nordirland und Norddeutschland und eine fast ebenso gute Übereinstimmung zwischen Nord- und Süddeutschland bestand. Dabei ließ sich die hier während der Bronzezeit festgestellte überdurchschnittliche Übereinstimmung des Eichenwuchses im Vergleich zu früheren und späteren Zeitabschnitten mit ihrem ausgeglichenen Klima in Westeuropa erklären. Da das Göttinger Labor während der Endphase der Abstimmung zwischen Belfast, Hohenheim und Köln nicht beteiligt gewesen war, ließen sich nun deren Daten von zwei Teilchronologien der Zeitabschnitte von 3824 v. Chr. bis 606 n. Chr. bzw. von 4008 v. Chr. bis 785 n. Chr. für

---

[98]Baillie bezeichnete Hollsteins Neigung, „historische Evidenzen" in Standardchronologien einzubeziehen, als Fehler: „Tree-ring master chronologies should depend only on definitive tree-ring matches" (Baillie 1995, S. 38 f.).

die statistische Überprüfung und Absicherung der europäischen Eichenchronologie verwenden, womit die vorherige Korrektur um 71 Jahre bestätigt wurde (Leuschner und Delorme 1984). Mit Hilfe der fertigen Eichenchronologie wurden nun auch die absoluten Kalenderjahre aller von Stuiver in Seattle und von Pearson in Belfast verwendeten Eichenkalibrierproben endgültig festgelegt und 1986 publiziert. Auch die einwandfreie Verkettung mit neu erstellten lokalen Jahrringsequenzen schweizerischer und südwestdeutscher Pfahlbausiedlungen war nun möglich (Pearson et al. 1986); (Stuiver und Becker 1986); (Billamboz und Becker 1985, S. 82).

Nach Fertigstellung ihrer Eichenchronologie wagte die irisch-deutsche Arbeitsgruppe eine Prognose: „The long tree-ring sequences clearly have potential for long-term palaeoclimatic studies not only by palaeoecological and climatological interpretation of their growth patterns, but also to their use for radiocarbon and stable isotope studies." (Pilcher et al. 1984, S. 152). Im Anschluss an die Diskussionen zu Beginn der 1980er-Jahre über die Möglichkeit eines globalen Klimawandels. Spätestens nach der UN-Konferenz für Umwelt und Entwicklung in Rio de Janeiro im Jahr 1992 meldeten sich neben Klimatologen und Geophysikern auch Jahrringforscher mit folgenden Fragen zu Wort: Ändert sich das Klima? War es früher konstant? Wie beeinflussen Menschen das Klima? Wissenschaftliche Einrichtungen wie die Climate Research Unit (CRU) an der East Anglia University in Norwich und der politisch agierende Weltklimarat der UN (IPCC) hielten den Klimawandel nun für erwiesen und drängten auf Fördermittel zur Aufklärung der Ursachen und für die sich abzeichnende Klimafolgenforschung. Internationale Absprachen über die CO_2-Emissionsminderung und handelbare Verschmutzungsrechte wurden zu Politikfeldern; das Wort „Klimapolitik" wurde geprägt.

In dieser Situation, welche die wissenschaftlichen und materiellen Ressourcen einzelner Staaten überforderte, wurde Fritz Schweingruber von der schweizerischen WSL zu einer der treibenden Kräfte bei der Errichtung von Klimanetzwerken, die sich teilweise über mehrere Kontinente erstrecken sollten. Zunächst versuchten er und seine Kollegen 1987, an Nadelhölzern nahe der Baumgrenze in subalpinen und borealen Lagen durch Holzdichtemessungen Hinweise über die mittleren Sommertemperaturen der vergangenen 300 bis 400 Jahre zu gewinnen. Für die Standortauswahl in mehreren europäischen Ländern bevorzugten sie ökologische Kriterien gegenüber einem regelmäßigen Untersuchungsnetz. Die so erstellten Karten der Dichteanomalie von Hölzern während der Sommermonate Juli bis September ergaben einen eindeutigen Zusammenhang mit den zugehörigen Sommertemperaturen, während die gesamte Jahrringbreite als Referenzwert weniger geeignet erschien (Schweingruber

et al. 1987). Nach diesen ermutigenden Ergebnissen baute die WSL-Forschergruppe gemeinsam mit der CRU aus Norwich mit Unterstützung durch den Schweizerischen Nationalfonds ihr Netzwerk in Europa aus und verglich die Resultate mit Chronologien aus dem Westen der USA und Kanadas. Für die Datenauswertung bei den Baumgattungen Pinus, Picea und Abies verwendete die CRU multivariate statistische Verfahren, vor allem Hauptkomponentenanalyse und multiple Regression (Schweingruber et al. 1991).

Messreihen aus Sibirien schienen bis Mitte der 1980er-Jahre für europäische und amerikanische Jahrringforscher unerreichbar zu sein, aber nach Abschluss einer russisch-schweizerischen Kooperation war es erneut Schweingruber, der mit seinen Kollegen aus Ekaterinburg und Krasnoyarsk Messungen im nördlichen Russland die Arbeiten vorantrieb. Im Jahr 2000 fasste er die Arbeit des Programms so zusammen:

> 1986 kontaktierten Briffa und ich unsere russischen Kollegen, [denn] unsere Idee zum Aufbau des eurasiatischen Netzwerkes musste in Russland Fuss fassen. Im August 1990 war es soweit. Auf dem Oberdeck eines Schiffes auf dem Weissen Meer nördlich von Archangelsk meinte Anatoly Schwidenko [Forscher am IIASA in Laxenburg] zu unserem Plan: „Yes Fritz, we do it and you pay". Meine Freunde Stepan Shiyatov aus Ekaterinburg und Eugene Vaganov aus Krasnoyarsk organisierten in den folgenden sieben Jahren Expeditionen mit Helikoptern, Schiffen, Eisenbahn und Autos. Kollegen aus Archangelsk sammelten während dreier Sommer Material im europäischen Russland. […] Auf 13 Expeditionen entstand das heute vorliegende eurasiatische Netzwerk (Schweingruber et al. 2000, S. 47 f.).

Als Ergänzung zu diesen Studien im hohen Norden wurden anschließend auch Jahrringmessungen in den Hochgebirgen Tibets und des Karakorums durchgeführt und die Resultate in das vorhandene Netzwerk eingefügt (Bräunig 1999); (Esper 2000).

Besonderes Aufsehen erregte 1998 eine Veröffentlichung in *Nature* über die Temperaturverteilung der vergangenen 600 Jahre, die u. a. aus „Proxydaten" von Jahrringanalysen abgeleitet wurden. Auszug aus der Zusammenfassung der Autoren:

> Spatially resolved global reconstructions of annual surface temperature patterns over the past six centuries are based on the multivariate calibration of widely distributed high-resolution proxy climate indicators. Time-dependent correlations of the reconstructions with time-series records representing changes in greenhouse-gas concentrations, solar irradiance, and volcanic aerosols suggest that each of these factors has contributed to the climate variability of the past 400 years, with greenhouse gases emerging as the dominant forcing during the twentieth century. Northern Hemisphere mean annual temperatures for three of the past eight years are warmer than any other year since (at least) AD 1400 (Mann et al. 1998, S. 779).

Die Arbeit enthielt eine Kurve des Temperaturtrends, die bereits 1997 im „Kyoto-Protokoll" als wissenschaftlicher

Beleg für den rapiden Temperaturanstieg der jüngsten Zeit und für die Ausgestaltung der Klimarahmenkonvention der Vereinten Nationen diente. Der markante Kurvenverlauf wurde als „Hockeystick" bekannt, ihre Autoren und Unterstützer als „Hockeyteam". Bei genauerer Analyse wies der „Hockeystick" jedoch Qualitätsmängel auf: Er war ein Artefakt aus Vergleichen, Auslassungen und Extrapolationen von Daten, mit dem offensichtlich Einfluss auf die klimapolitische Debatte genommen werden sollte. Eine spätere Auswertung rekonstruierter Temperaturen ergab, dass das 20. Jahrhundert wahrscheinlich nicht die wärmste und nicht die extremste Klimaperiode des letzten Jahrtausends war. Vor allem zeigte sich eine wesentlich größere natürliche Variabilität im Kurvenverlauf als die vom „Hockeyteam" konstruierte. Der Autor Stephen McIntyre kam zu dem Urteil: „Method Wrong + Answer Correct = Bad Science". Den Forschungsansatz der Arbeitsgruppe Esper/Cook/Schweingruber zum selben Thema stufte er dagegen als überzeugend ein (McIntyre 2009, S. 74 f., 79); (vgl. Esper et al. 2002).

Die von verschiedenen Forschergruppen gewonnenen Informationen dienten etwa ab 2001 mit dem des 3. Sachstandsbericht des IPCC („Weltklimarat") zunehmend als Grundlage für die nun immer stärker in den Vordergrund rückenden globalen und regionalen Anpassungsmaßnahmen an den Klimawandel. Auch große Versicherungsgesellschaften, internationale Förderbanken und Einzelstaaten mit ihren Untergliederungen bis zu Kommunen beteiligten sich nun an Plänen zur Anpassung an den Klimawandel. Einen Überblick über die Akteure, Klimaschutz- und Anpassungspotenziale unterschiedlicher Sektoren gibt eine technisch-ökonomische Studie, erstellt 2014 für die KfW-Bankengruppe.[99] Dass es immer wieder auch überraschende Neufunde geben kann, mit deren Hilfe sich das Klima der Vergangenheit neu bewerten lässt, zeigt Abb. 6.13. Die hier dargestellte Kiefernstammscheibe stammt aus einer Baugrube mitten in Zürich und ist Relikt des vermutlich ältesten „fossilen Waldes", entstanden nach der letzten Vereisung der Alpen. Die Untersuchungen dazu sind noch im Gange.

Den akuten Stand und die Aussichten der Dendrochronologie in der Klimaforschung sah Malcolm Hughes vom Laboratory of Tree-Ring Research in Tucson 2002 positiv: „It can be described in a single word – vibrant. Our field has matured into an international venture with a high degree of acceptance of common purpose, and major scientific achievements of relevance to science at large and to

Abb. 6.13 Stammscheibe einer fossilen Kiefer aus Zürich, nach C14-Datierung ca. 13.500 Jahre alt. Die Kiefernrinde ist zum Teil gut erhalten. (Photo: F. H. Schweingruber 2017. Mit freundlicher Genehmigung von © Fritz H. Schweingruber 2018. All Rights Reserved.)

human society." (Hughes 2002, S. 107). Auch der Archäologe Peter Kuniholm, Spezialist für die Dendrochronologie des östlichen Mittelmeerraums, äußerte sich optimistisch: „Archaeological dendrochronology is generally alive and well, and a number of new and creative applications are to be seen, especially when the ecological and climatological implications of the archaeological and tree-ring records are considered." (Kuniholm 2002, S. 63).

Literatur

Anderson, E. et al. 1947. Radiocarbon from cosmic radiation. *Science* 105: 576 f.

Anonymus. 1946. Symposium on atomic energy and its implications. *Proc. Amer. Philos. Soc.* 90 (1): 1–79. [Autoren: Smyth, Oppenheimer, Stone, Fermi, Wigner, Urey, Wheeler]

Aretz, P. 1960. Die Genauigkeit der Radialzuwachs- und Jahrringbreitenmessung mit der Eklundschen Jahrringmessmaschine an Stammscheiben und Bohrspänen. *Allg. Forst- u. Jagdzeitung* 131: 74–80.

Arnold, J. R., W. F. Libby. 1949. Age determination by radiocarbon content: Checks with samples of known age. *Science* 110: 678–680.

Artmann, A. 1949. *Jahrringchronologische und -klimatologische Untersuchungen an der Zirbe und anderen Bäumen des Hochgebirges.* Dissertation, Univ. München.

Baillie, M. 1977. The Belfast oak chronology to A.D. 1001. *Tree-Ring Bulletin* 37: 1–44.

Baillie, M. 1995. *A slice through time: Dendrochronology and precision dating.* London: Batsford.

Baillie, M. 2009. The radiocarbon calibration from an Irish oak perspective. *Radiocarbon* 51: 361–371.

Baillie, M., J. Pilcher. 1973. A simple cross-dating program for tree-ring research. *Tree-Ring Bulletin* 33: 7–14.

Banghard, K. 2015. Die DGUF-Gründung als Reaktion auf den extrem rechten Kulturkampf. *Archäologische Informationen* 38: 433–452.

Bauch, J., W. Liese, D. Eckstein. 1967. Über die Altersbestimmung von Eichenholz in Norddeutschland mit Hilfe der Dendrochronologie. *Holz als Roh- und Werkstoff* 25: 286–291.

Becker, B., B. Frenzel. 1977. Paläoökologische Befunde zur Geschichte postglazialer Flußauen im südlichen Mitteleuropa. *Erdwissenschaftliche Forschung* 13: 43–61.

---

[99] Kraft/Lottmann/Neuhauß/Rump/Seifried 2014. Sie behandelt die Konsequenzen des Klimawandels und gibt Empfehlungen für die Gestaltung von Projekten in Schwellen- und Entwicklungsländern.

Becker, B., A. Delorme, B. Schmidt. 1977. Koordination der Jahrring-forschung beim Aufbau einer postglazialen Eichenchronologie. *Erdwissenschaftliche Forschung* 13: 143–146.

Becker, B., B. Schmidt. 1982. Verlängerung der mitteleuropäischen Jahrringchronologie in das zweite vorchristliche Jahrtausend (bis 1462 v. Chr.). *Archäol. Korrespondenzblatt* 12: 101–106.

Becker, B., V. Giertz-Siebenlist. 1970. Eine über 1100jährige mittel-europäische Tannenchronologie. *Flora* 159: 310–346.

Billamboz, A., B. Becker. 1985. Dendrochronologische Eckdaten der neolithischen Pfahlbausiedlungen Südwestdeutschlands. In: Landesdenkmalamt BW (Hrsg.), *Materialhefte zur Vor- und Früh-geschichte in Baden-Württemberg* 7 (S. 80–97). Stuttgart: Theiss.

Bird, K, M. J. Sherwin. 2009. *J. Robert Oppenheimer*. 2. Ausg. Berlin: Propyläen.

Bliss, W. 1951. Radiocarbon contamination. *American Antiquity* 17: 250 f.

Bodemann, R. et al. 1993. Production of residual nuclei by proton-in-duced reaction on C, N, O, Mg, Al and Si. *Nuclear Instruments and Methods* 82 (B): 9–31.

Bonner, T. W., W. M. Brubaker. 1936. The disintegration of nitrogen by neutrons. *Physical Review* 49: 778.

Bothe, W. et al. 1948. *FIAT Review of German science 1939–1946*. Wiesbaden: OMGG-FIAT.

Bothe, W., W. Kolhörster. 1929. Das Wesen der Höhenstrahlung. *Z. f. Physik* 56: 751–777.

Bräunig, A. 1999. *Zur Dendroklimatologie Hochtibets während des letzten Jahrtausends*. Dissertationes Botanicae 312. Berlin: Cra-mer.

Brehme, K. 1951. *Jahrringchronologische und -klimatologische Untersuchungen an Hochgebirgslärchen des Berchtesgadener Lan-des*. Dissertation, Univ. Hamburg [sowie *Z. f. Weltforstwirtschaft* 14: 65–80].

Brier, G. W. 1961. Some statistical aspects of long-term fluctuations in solar and atmospheric phenomena. *Ann. New York Academy of Science* 95: 173–187.

Bryson, R. A., J. A. Dutton. 1961. Some aspects of the variance spec-tra of tree rings and varves. *Ann. New York Academy of Science* 95: 580–604.

Bues, C. T. 1983. *Radiodensitometrische Untersuchung der Varia-tion von Jahrringbreite und Holzdichte in südafrikanischen Pinus radiata-Beständen unter dem Einfluß des Klimas und ver-schiedener Durchforstungsmaßnahmen*. Dissertation, Univ. Mün-chen.

Burcham, W. E., M. Goldhaber. 1936. The disintegration of nitrogen by slow neutrons. *Math. Proc. Cambridge Phil. Soc.* 32: 632–636.

Childe, V. G. 1958. *The dawn of European civilization*. 7. Aufl. New York: A. Knopf.

Craig, H., 1954: Carbon-13 variations in sequoia ring and the atmo-sphere. *Science* 119: 141–143.

Creasman, P. P. et al. 2012. Reflections on the foundation, persistence, and growth of the Laboratory of Tree-Ring Research, circa 1930–1960. *Tree-Ring Research* 68: 81–89.

Cüppers, H. 1988. In memoriam Ernst Hollstein. *Trierer Zeitschrift* 51: 11–14.

Davis, O. K. 1997. Memorial to Terah L. Smiley, 1914–1996. *Geol. Soc. of America Memorials* 28:17 f.

De Vries, H. 1956. Purification of CO2 for use in a proportional coun-ter for 14C age measurements. *Applied Scientific Research* (B) 5: 387–400.

De Vries, H. 1957. The removal of radon from CO_2 for use in 14C age measurements. *Applied Scientific Research* (B) 6: 461–470.

De Vries, H., H. W. Barendsen. 1954. Measurements of age by the carbon-14 technique. *Nature* 174: 1138–1141.

Delley, G. 2014. *Au-delà des chronologies. Des origines du radiocar-bone et de la dendrochronologie à leur intégration dans les recher-ches lacustres suisses*. Thèse de doctorat, Univ. de Neuchâtel.

Delley, G. 2015. The Long Revolution of Radiocarbon as Seen through the History of Swiss Lake-Dwelling Research. In: G. Eberhardt, F. Link (Hrsg.), *Historiographical approaches to past archaeological research* (S. 95–114). Berlin: Edition Topoi.

Delorme, A. 1977. Möglichkeiten der Überbrückung regionaler Teil-chronologien zu einer überregionalen Postglazialchronologie der Eiche für Mitteleuropa. *Erdwissenschaftliche Forschung* 13: 62–67.

Dilchner, D. L. F. Schaarschmidt. 1992. Richard Kräusel: His life and work. *Courier Forsch.-Inst. Senckenberg* 147: 7–18.

Dobbs, C. G. 1951. A study of growth rings in trees. *Forestry* 24: 22–35.

Dobbs, C. G. 1952. A study of growth rings in trees. Part II: A ring pattern in European larch. *Forestry* 25: 104–125.

Dobbs, C. G. 1953. A study of growth rings in trees III. *Forestry* 26: 97–110.

Dolezych, M. 2005. Koniferenhölzer im 2. Lausitzer Flöz und ihre ökologische Position. Dissertation [Proefschrift] Univ. Utrecht. https://s3.amazonaws.com/academia.edu.documents/33337667/Dolezych. Zugegriffen: 10.2.2018.

Douglass, A. E. 1946. Researches in dendrochronology. *Bull. Uni-versity of Utah* 37(2): 3–19.

Eckstein, D. 1972. Tree-ring research in Europe. *Tree-Ring Bulletin* 32: 1–18.

Eckstein, D., J. Bauch. 1969. Beitrag zur Rationalisierung eines dendrochronologischen Verfahrens und zur Analyse seiner Aus-sagesicherheit. *Forstwiss. Centralblatt* 88: 230–250.

Eckstein, D., J. Bauch. 1977. Über den Aufbau von regionalen Jahr-ringchronologien entlang der Nordseeküste von Dänemark bis zu den Niederlanden. *Erdwissenschaftliche Forschung* 13: 1–8.

Eggert, M. 1988. Die fremdbestimmte Zeit: Überlegungen zu einigen Aspekten von Archäologie und Naturwissenschaft. *Hephaistos* 9, 43–59.

Eidem, P. 1955. Badstua fra Istad i Slidre. En dendrokronologisk tid-festing. *Blyttia* 13: 65–70.

Eklund, B. 1950. Skagsforskningsinstitutets arsringmätningsmaskiner. *Meddelanden Statens Skogsforskningsinstitut* 38: 1–77.

Eklund, B. 1954. Arsringbreddens klimatisk betingade variation hos tall och gran inom norra Sverige aren 1900–1944. *Meddelanden Statens Skogsforskningsinstitut* 44(8): 5–150.

Eklund, B. 1957/58. Om granens arsringvariationer inom mellersta Norrland och deras samband med klimatet. *Meddelanden Statens Skogsforskningsinstitut* 47(1): 3–63.

Elling, W. 1966. Untersuchungen über das Jahrringverhalten der Schwarzerle. *Flora, Abt. B* 156: 155–201.

Engelkemeier, A. G. et al. 1949. The half-life of radiocarbon (C14). *Physical Review* 75: 1825–1833.

Engels, J. F. 1960. Vries, Hessel de (1916–1959). In: Biografisch Woordenboek van Nederland. http://resources.huygens.knaw.nl/bwn1880-2000/lemmata/bwn5/vriesh. Zugegriffen: 16.11.2015.

Esper, J. 2000. Long term tree-ring variations in Juniperus at the upper timberline in the Karakorum (Pakistan). *Holocene* 10: 253–260.

Esper, J., E. R. Cook, F. H. Schweingruber, 2002. Low-frequency sig-nals in long tree-ring chronologies for reconstructing past tempera-ture variability. *Science* 295: 2250–2253.

Ferguson, C. W. 1959. Growth Rings in Woody Shrubs as Potential Aids in Archaeological Interpretation. *Kiva* 25: 24–30.

Ferguson, C. W. 1968. Bristlecone pine: Science and esthetics. *Science* 159: 839–846.

Ferguson, C., B. Huber, H. Suess. 1966. Determination of the age of swiss lake dwellings as an example of dendrochronologically-ca-librated radiocarbon dating. *Z. f. Naturforschung* 21a: 1173–1177.

Feulner, F., 2009: *Die spätmesolithischen und frühneolithischen Fundplätze im Satrupholmer Moor, Kr. Schleswig-Flensburg. Rekonstruktion einer Siedlungskammer*. Dissertation Univ. Kiel.

http://macau.uni-kiel.de/receive/dissertation_diss_00008395. Zugegriffen: 13.1.2016.

Firbas, F., K. O. Münnich, W. Wittke. 1958. C14-Datierungen zur Gliederung der nacheiszeitlichen Waldentwicklung und zum Alter von Rekurrenzflächen im Fichtelgebirge. *Flora* 146: 512–520.

Fletcher, J. (Hrsg.) 1976. *Dendrochronology in Europe.* [Symposium at the National Maritime Museum, Greenwich, 11th–14th July 1977]. BAR International series 51. Oxford.

Forbush, S. E. 1938. On world-wide changes in cosmic-ray intensity. *Physical Review* 54: 975–988.

Fritts, H. C. 1960. Multiple regression analysis of radial growth in individual trees. *Forest Science* 6: 334–349.

Fritts, H. C. 1962. An approach to dendroclimatology: Screening by means of multiple regression techniques. *J. of Geophysical Research* 67: 1413–1420.

Fritts, H. C. 1963. Computer programs for tree-ring research. *Tree-Ring Bulletin* 25 (3–4): 2–7.

Fritts, H. C. 1969. *Bristlecone pine in the White Mountains of California, growth and ring-width characteristics.* Papers of the Laboratory of Tree-Ring Research, No. 4. Tucson: Univ. of Arizona Press.

Fritts, H. C. 1976. *Tree rings and climate.* London: Academic Press.

Fritts, H. C. 1978. Tree rings, a record of seasonal variations in past climate. *Die Naturwissenschaften* 65: 48–56.

Fritts, H. C. 2002. Laudatio to Fritz Hans Schweingruber. *Dendrochronologia* 20: 5–8.

Fritts, H. C. et al. 1971. Multivariate techniques for specifying tree-growth and climate relationships and for reconstructing anomalies in paleoclimate. *J. of Applied Meteorology* 10: 845–864.

Fürst, O. 1963. *Vergleichende Untersuchungen über räumliche und zeitliche Unterschiede interannueller Jahrringbreitenschwankungen und ihre klimatologische Auswertung.* Dissertation, Univ. München [sowie *Flora* 153: 469–508].

Galison, P. 1997. *Image and logic. A material culture of microphysics.* Chicago: University of Chicago Press.

Gentner, W. 1940. Der neue 1,5 Meter-Zyklotron in Berkeley (Calif.). *Die Naturwissenschaften* 28: 394–396.

Gentner, W. 1949. *Die Radioaktivität in ihrer Bedeutung für naturwissenschaftliche Probleme.* [Rede des Prorektors bei der Universitätsfeier Freiburg am 16.4.1948, S. 24–38], Freiburg: Alber.

Gentner, W. 1980. *Laudatio für Otto Haxel.* [Verleihung des Otto-Hahn-Preises der Stadt Frankfurt/M. am 9.3.1980], Frankfurt: Otto-Hahn-Stiftung.

Gibson, H. H. 1913. *American forest trees.* Chicago: Hardwood Record.

Glock, W. S. 1941. Growth rings and climate. *Botanical Review* 7: 649–713.

Glock, W. S. 1955. Growth rings and climate II. *Botanical Review* 21: 73–188.

Glock, W. S. 1957. [Review von Schulmans „Dendroclimatic changes"]. *Geographical Review* 47: 606–608.

Godwin, H. 1962. Half-life of radiocarbon. *Nature* 195: 984.

Haxel, O. 1936. *Die Kernspektren der leichten Elemente.* Habil. Arbeit, Univ. Tübingen.

Haxel, O. 1937. Die Kernumwandlungen des Stickstoffs durch rasche α-Strahlen. *Z. f. Physik* 104: 400–410.

Haxel, O. 1957. Geologische und archäologische Datierungen mit C14. *Die Naturwissenschaften* 44: 163–169.

Heilbron, J. L. (Hrsg.) 2003. *The Oxford Companion to the History of Modern Science.* New York: Oxford University Press

Herbert, H. 2007. Europe in High Modernity. Reflections on a Theory of the 20th Century. *J. of Modern European History* 5: 5–21.

Hess, V. F. 1912. Über Beobachtungen der durchdringenden Strahlung bei sieben Freiballonfahrten. *Physikalische Z.* 13: 1084–1091.

Hewlett, R., O. Anderson. 1962. *A history of the United States Atomic Energy Commission.* Bd. I: The new world, 1939/1946. Univ. Park/PA: Penns. Univ. Press.

Hewlett, R., F. Duncan. 1990. *A history of the United States Atomic Energy Commission.* Bd. II: Atomic shield, 1947–1952. Berkeley: Univ. of California Press.

Hoffmann, D., U. Schmidt-Rohr. 2006. Wolfgang Gentner – Ein Physiker als Naturalist. In: Dies. (Hrsg.), *Wolfgang Gentner. Festschrift zum 100. Geburtstag* (S. 1–60). Berlin: Springer.

Holden, N. E. 1990. Total half-lives for selected nuclides. *Pure & Appl. Chemistry* 62: 941–958.

Hollstein, E. 1967. Jahrringchronologien aus vorrömischer und römischer Zeit. *Germania* 45: 70–83.

Hollstein, E. 1968. Über den gegenwärtigen Stand der westdeutschen Eichenchronologie. [Arbeitstagung „Dendrochronologische Untersuchungen an Objekten mittelalterlicher Kunst" 1. u. 2. März 1968] *Kunstchronik* 21: 159–164 u. 168–181.

Hollstein, E. 1970. Dendrochronologische Untersuchungen an Hölzern des frühen Mittelalters. *Acta Praehistorica et Archaeologica* 1: 147–156.

Hollstein, E. 1973. Jahrringkurven der Hallstattzeit. *Trierer Zeitschr.* 36: 37–55.

Hollstein, E. 1980. *Mitteleuropäische Eichenchronologie.* Mainz: Zabern.

Holmsgaard, E. 1955. Arringanalyser af Danske Skovtraeer. *Det Forstlige Forsögsvaesen i Danmark* 22(1): 1–246. [Summary des Autors in: *Tree-Ring Bull.* 1956, 21: 25–27].

Hooykas, R. 1987. The Rise of Modern Science: When and Why? *British J. History of Science* 20: 453–473.

Hornstein, J. Frhr. v. 1963. *Die Tannen-Gebälke des Konstanzer und Freiburger Münsters und ihre geschichtliche Auswertung.* Dissertation, Univ. München [sowie *Alemannisches Jb.* 1964/65: 239–291].

Höschele, K. 1964. [Zu Hubers Aufsatz „Die Periodenlänge von Jahresringbreitenkurven" und Hubers Erwiderung] *Meteorol. Rundschau* 17: 169–171.

Huber, B. 1943. Über die Sicherheit jahrringchronologischer Datierung. *Holz als Roh- und Werkstoff* 6: 263–268.

Huber, B. 1946. Gegenläufigkeitsprozent und Gegenläufigkeitsstruktur als Maßstäbe bei der Sicherung jahrringchronologischer Datierungen. *Ber. Dt. Bot. Ges.* 62 [„Übergangsheft" 1944–1948]: 12.

Huber, B. 1948a. Kurzer Bericht über botanische Auslandsliteratur der Kriegs- und Nachkriegsjahre. *Forstwiss. Centralblatt* 67, 315–319.

Huber, B. 1948b. Die Jahresringe der Bäume als Hilfsmittel der Klimatologie und Chronologie. *Die Naturwissenschaften* 35: 151–155.

Huber, B. 1951. [Rezension von F. Zeuners "Dating the past.] *Forstwiss. Centralblatt* 70: 128.

Huber, B. 1952a. Tree physiology. *Ann. Rev. Plant Physiol.* 3, 333–346.

Huber, B. 1952b. Beiträge zur Methodik der Jahrringchronologie I. *Holzforschung* 6: 33–37.

Huber, B. 1963. New discoveries in tree-ring research. In: A. Frey-Wyssling (Hrsg.), *2. Symp. IAWA Harvard Forest* (S. 2–4). *Preprint News Bull.*

Huber, B. 1964. Durchschnittliche Schwankung und Periodenlänge von Jahresring-Breitenkurven als Klima-Indikatoren. *Geol. Rundschau* 54: 441–448.

Huber, B. et al. 1949. Jahrringchronologie der Spessarteichen. *Forstwiss. Centralblatt* 88: 706–715.

Huber, B., H. Courtois, W. Elling. 1964. Die Periodenlänge von Jahresringbreitenkurven. *Meteorol. Rundschau* 17: 122–125.

Huber, B., J. Pommer. 1954. Zur Frage eines jahreszeitlichen Ganges im CO_2-Gehalt der Atmosphäre. *Angewandte Botanik* 28: 53–62.

Huber, B., R. Kolbe. 1948. Elektronenmikroskopische Untersuchungen an Siebröhren. *Svensk Botanisk Tidskrift* 42: 364–371.

Huber, B., V. Siebenlist, W. Nieß. 1964. Jahrringchronologie hessischer Eichen. *Büdinger Geschichtsblätter* 5, 29–81.

Huber, B., V. Siebenlist. 1963. Das Watterbacher Haus im Odenwald, ein wichtiges Brückenstück unserer tausendjährigen Eichenchronologie. *Mitt. d. florist.-soziol. Arbeitsgemeinschaft* N. F. 10: 256–260.

Huber, B., W. Merz, O. Fürst. 1965. Dendrochronologie in Europa. *Report of the VI. Int. Congress on Quaternary, Warsaw,* Bd. I: 677–685.

Huber, B., W. Merz. 1962. Jahrringchronologische Untersuchungen zur Baugeschichte der urnenfelderzeitlichen Siedlung Zug-„Sumpf". *Germania* 40: 44–56.

Huber, B., W. v. Jazewitsch. 1958. Jahrringuntersuchungen an Pfahlbauhölzern. *Flora* 146: 445–471.

Hughes, M. K. 2002. Dendrochronology in climatology – the state of the art. *Dendrochronologia* 20: 95–116.

Hustich, I. 1949. On the correlation between growth and the recent climatic fluctuation. *Geografiska Annaler* 31: 90–105.

Hustich, I. 1956. Correlation of tree-ring chronologies of Alaska, Labrador and Northern Europe. *Acta Geograpica* [Helsinki] 15(3): 1–26.

Jazewitsch, W. v. 1948. *Über die Möglichkeiten einer jahresringchronologischen Individualdiagnose von Bäumen mit Beiträgen zur Methodik der Jahrringforschung.* Dissertation, Univ. München.

Jazewitsch, W. v. 1952. Beiträge zur Methodik der Jahrringchronologie II. *Holzforschung* 6: 82–89.

Jazewitsch, W. v. 1953. Jahrringchronologie der Spessart-Buchen. *Forstwiss. Centralblatt* 72: 234–247.

Jazewitsch, W. v. 1961. Zur klimatologischen Auswertung von Jahrringkurven. *Forstwiss. Centralblatt* 80: 175–190.

Jazewitsch, W. v. et al. 1956. Eine Synchronisiermaschine zum Vergleich von Jahrringkurven und eine langjährige Eichenchronologie. *Ber. Dt. Bot. Ges.* 59: 128–142.

Jazewitsch, W. v. et al. 1957. Eine neue Jahrringmessmaschine mit elektrischer Messwertregistrierung. *Holz als Roh- und Werkstoff* 15: 241–244.

Johnson, F., (Hrsg.) 1951. Radiocarbon dating. A report on the program to aid in the development of the method of dating. *Memoirs of the Society for American Archaeology,* No. 8.

Johnson, F. 1955. The significance of the dates for archaeology and geology. In: W. F. Libby, *Radiocarbon dating* (S. 97–111, Nachwort). Chicago: Univ. of Chicago Press.

Kamen, M. D. 1963. Early history of carbon-14. *Science* 140: 584–590.

Kauffman, G. B. 2000. Martin D. Kamen. An interview with a nuclear and biochemical pioneer. *Chemical Educator* 5: 252–262.

Knigge, W., C. Koltzenburg. 1964. Die Bestimmung der Frühholz-Spätholzgrenze in Nadelholzjahrringen mit Hilfe eines Teilchengrößen-Analysators. *Holz als Roh- und Werkstoff* 22: 249–254.

Knöbl, W. 2012. Beobachtungen zum Begriff der Moderne. *Int. Archiv f. Sozialgesch. d. dt. Literatur* 37: 63–78.

Koch, H.-G. 1957. Jahresringauszählungen an Waldbäumen zum Nachweis witterungsbedingter Zuwachsschwankungen. *Ann. d. Meteorologie* 8: 21–33.

Korff, S. A. 1940. On the contribution of the ionization at sea-level produced by the neutrons in the cosmic radiation. *Terrestrial Magnetism and Atmospheric Electricity* 45: 133 f.

Korff, S. A., W. E. Danforth. 1939. Neutron measurements with boron-trifluorode counters. *Physical Review* 55: 980.

Kraft, G., J. Lottmann, W. Neuhauß, H. Rump, R. Seifried. 2014. *Sektorspezifische Informationen für die strukturierte Potenzialsuche für Umwelt- und Klimaschutz sowie zur Anpassung an den Klimawandel.* Studie für die KfW. Friedrichsdorf: IzN. [Depositum H.H.Rump].

Kuhn, T. S. 1962. *The structure of scientific revolutions.* Chicago: Univ. of Chicago Press.

Kuniholm, P. I. 2002. Archaeological dendrochronology. *Dendrochronologia* 10: 63–68.

Kurie, F. 1934. A new mode of disintegration induced by neutrons. *Physical Review* 45: 904–905.

LaMarche, V. C., B. Bannister. 1968. [Research Proposal, July 1st, to the NSF]: *Tree-ring growth in high-altitude bristlecone pine as related to meteorological factors.* Tucson: University of Arizona.

LaMarche, V. C., H. C. Fritts. 1972. Tree-rings and sunspot numbers. *Tree-Ring Bulletin* 32: 19–33.

Landrock, K. 2003. Friedrich Georg Houtermans (1903 – 1966) – Ein bedeutender Physiker des 20. Jahrhunderts, *Naturwiss. Rundschau* 56: 187–199.

Leavitt, S. W., B. Bannister 2009. Dendrochronology and radiocarbon dating: The Laboratory of Tree-Ring Research connection. *Radiocarbon* 51: 373–384.

Lenz, O. 1957. Utilisation de la radiographie pour l'examen des couches d'accroissement. *Mitt.- Schweiz. Anst. f. d. Forstl. Versuchswesen* 33: 125–134.

Lenz, O., E. Schär, F. H. Schweingruber. 1976. Methodische Probleme bei der radiographisch-densitometrischen Bestimmung der Dichte und der Jahrringbreiten von Holz. *Holzforschung* 30: 114–123.

Lerchenfeld, M. Frhr. v. 1953. *Jahrringchronologische Datierung verbauter Eichenhölzer.* Dissertation, Univ. München.

Leuschner, H.-H., A. Delorme. 1984. Ausdehnung der Göttinger absoluten Eichenjahrringchronologie auf das Neolithikum. *Archäol. Korrespondenzblatt* 14: 119–121.

Libby, W. F. 1934. Radioactivity of neodymium and samarium. *Physical Review* 46: 196–204.

Libby, W. F. 1946. Atmospheric helium three and radiocarbon from cosmic radiation. *Physical Review* 69: 671 f.

Libby, W. F. 1952. *Radiocarbon dating.* Chicago: Univ. of Chicago Press.

Libby, W. F. 1955. *Radiocarbon dating.* 2. Aufl. Chicago: Univ. of Chicago Press.

Libby, W. F. 1981. *Collected Papers. Bd. I: Tritium and radiocarbon.* Los Angeles: Univ. of California.

Libby, W. F., E. Anderson, J. Arnold. 1949. Age determination by radiocarbon content: World-wide assay of natural radiocarbon. *Science* 109: 227f.

Liese, W. 1969. Bruno Huber 70 Jahre. *Forstarchiv* 40: 173–177.

Liese, W. 2007. Electron microscopy of wood: The pioneering years. In: U. Schmitt et al. (Hrsg.), *The plant cell wall* (S. 3–12). Mitt. Bundesforschungsanstalt f. Forst- und Holzwirtschaft. Hamburg: Wiedebusch.

Maier, E. 2014. [*Ein Zeitzeugenbericht zur Rechenmaschine „Curta"*]. http://e-collection.library.ethz.ch/eserv/eth:47177/eth-47177-01.pdf. Zugegriffen: 26.11.2017.

Mammen, E. 1952. *Der Einfluss einiger Witterungsfaktoren auf Jahrringbreite und Spätholzbildung verschiedener Holzarten des gleichen nordwestdeutschen Standortes.* Dissertation, Univ. Göttingen.

Mann, M. E., R. S. Bradley, M. K., Hughes. 1998. Global-scale temperature patterns and climate forcing over the past six centuries. *Nature* 392: 779–787.

Marlowe, G. 1980. W. F. Libby and the archaeologists, 1946–1948. *Radiocarbon* 22: 1005–1014.

Marlowe, G. 1999. Year one: Radiocarbon dating and American archaeology, 1947–1948. *American Antiquity* 64: 9–32.

Mayden, S. 2003. [*H. Fritts, feature article*]. Tree-Ring Times, Summer 2003, Tucson: LTRR.

McGinnies, W. G. 1960. [Research proposal to NSF on dendrochronology of bristlecone pine]. Tucson: LTRR. http://ltrr.arizona.edu/content/dendrochronology-bristlecone-pine-pinus-aristata-engelm-basis-extension-dendroclimatic. Zugegriffen: 8.11.2017.

McGinnies, W. G. 1963. [Research proposal to NSF on bristlecone pine chronology]. Tucson: LTRR. http://ltrr.arizona.edu/content/continuation-studies-dendrochronology-bristlecone-pine-pinus-aristata-englem-continuation. Zugegriffen: 8.11.2017.

McIntyre, S. 2009. Auditing temperature reconstructions of the past 1000 years. In: *Int. Sem. on nuclear war and planetary emergencies*. 40th session (S. 69–84), Erice/Italy.

Meier, U. 1960. *Jahrringmessungen an Braunkohlestubben*. Dissertation, PH Potsdam.

Millikan, R. A., G. H. Cameron. 1928. The origin of the cosmic rays. *Physical Review* 32: 533–557.

Milojčić, V. 1957. Zur Anwendbarkeit der 14C Datierung in der Vorgeschichtsforschung. *Germania* 35: 102–110.

Milojčić, V. 1958. Zur Anwendbarkeit der 14C-Datierung in der Vorgeschichtsforschung II. *Germania* 36: 409–417.

Müller-Beck, H. 1961. C14-Daten und absolute Chronologie im Neolithikum. *Germania* 39: 420–434.

Müller-Beck, H., H. Oeschger 1967. Die C14-Daten aus der neolitischen Station Seeberg, Burgäschisee-Süd. In: H.-G. Bandi et al. (Hrsg.), *Seeberg, Burgäschisee-Süd*. Bd. II, T. 4, Chronologie und Umwelt (S. 157–165. Bern: Stämpfli.

Müller-Beck, H., H. Oeschger, U. Schwarz. 1959. Zur Altersbestimmung der Station Seeberg/Burgäschisee-Süd. *Jb. d. Bernischen Historischen Museums*: 37–38.

Müller-Stoll, H. 1951. *Vergleichende Untersuchungen über die Abhängigkeit der Jahrringfolge von Holzart, Standort und Klima*. Bibliotheca Botanica, H. 122 (S. 1–93) Stuttgart: Schweizerbart.

Müller-Stoll, W. R. 1949. Photometrische Holzstrukturuntersuchungen. II. Mitt: Über die Beziehungen der Lichtdurchlässigkeit von Holzschnitten zu Rohwichte und Wichtekontrast. *Forstwiss. Centralblatt* 68: 21–63.

Müller-Stoll, W. R. 1951. Mikroskopie des zersetzten und fossilierten Holzes. In: H. Freund (Hrsg.), *Handbuch der Mikroskopie in der Technik*. Bd. 5, Teil 2 (S. 725–816). Frankfurt/M.: Umschau.

Müller-Stoll, W., E. Mädel. 1957. Über tertiäre Eichenhölzer aus dem pannonischen Becken. *Senckenbergiana Lethaea* 38: 121–168.

Münnich, K. O, J. Vogel. 1958. Durch Atomexplosionen erzeugter Radiokohlenstoff in der Atmosphäre. *Die Naturwissenschaften* 45: 327–329.

Münnich, K. O. 1957a. Heidelberg natural radiocarbon measurements I. *Science* 126: 194–199.

Münnich, K. O. 1957b. *Messung natürlichen Radiokohlenstoffs mit einem CO2-Proportional-Zählrohr*. Dissertation, Univ. Heidelberg.

Müntz, K. 1999. Ein Botanikerleben in der Zeit zweier deutscher Diktaturen. In: F. Kössler, E. Höxtermann (Hrsg.), *Zur Geschichte der Botanik in Berlin und Potsdam. Wandel und Neubeginn nach 1945* (S. 159–173). Berlin: Verlag Wiss.- und Regionalgeschichte.

Neyses-Eiden, M. 1988. Ernst Hollstein [Nachruf]. *Funde und Ausgrabungen* 20: 3–8.

Neyses-Eiden, M. 1995. 25 Jahre dendrochronologische Forschungen am Rheinischen Landesmuseum Trier. *Funde und Ausgrabungen* 27: 24–32.

Nier, A. 1981. Some reminiscences of isotopes, geochronology, and mass spectrometry. *Ann. Review Earth Planet. Sci* 9: 1–17.

Nieß, W. 1966/67. Jahrringchronologie hessischer Eichen II. *Büdinger Geschichtsblätter* 6: 24–72.

Norris, L. D., M. G. Inghram. 1946. Half-life determination of carbon(14) with a mass spectrometer and low absorption counter. *Physical Review* 70: 772 f.

Overbeck, F. et al. 1958. Das Alter des „Grenzhorizonts" norddeutscher Hochmoore nach Radiocarbon-Untersuchungen. *Flora* 145: 37–71.

Pearson, G. et al. 1986. High-precision 14C-measurements of Irish oaks to show the natural 14C variations from AD 1840 to 5210 BC. *Radiocarbon* 28: 911–934.

Pilcher, J. R., M. G. Baillie, B. Schmidt, B. Becker, 1984. A 7,272-year tree-ring chronology for western Europe. *Nature* 312: 150–152.

Polge, H. 1964. Délimitation de l'aubier et du bois de coeur par analyse densitométrique de clichés radiographiques. *Ann. des Sciences Forestières* 21: 605–623.

Polge, H. 1966. *Établissement des courbes de variation de la densité du bois par exploration densitométrique de radiographies d'échantillons prélevés à la tarière sur des arbres vivants*. Thèse de doctorat, Univ. de Nancy.

Pollard, E. 1939. Mass and stability of C14. *Physical Review* 56: 1168.

Reid, A. F., et. al. 1946. Half-life of C14. *Physical Review* 70: 431.

Renfrew, C. 1973. *Before civilization. The radiocarbon revolution and prehistoric Europe*. London. Penguin.

Renfrew, C., R. M. Clark. 1973. Tree-ring calibration of radiocarbon dates and the chronology of ancient Egypt. *Nature* 243: 266–270.

Riemer, T. 1994. *Statistische Methoden für die Auswertung der jährlichen Dickenzuwächse von Bäumen unter sich ändernden Lebensbedingungen*. Ber. Forsch. Zentrum Waldökosysteme, Reihe A, Bd. 121, Göttingen.

Rodden, C. (Hrsg.) 1950. *Analytical chemistry of the Manhattan project*. New York: McGraw-Hill.

Ruben, S., M. D. Kamen. 1940. Radioactive carbon of long half-life. *Physical Review* 57: 549.

Ruben, S., M. D. Kamen. 1941. Long-lived radioactive carbon: C14. *Physical Review* 59: 349–354.

Ruben, S., W. Hassid, M. Kamen. 1939. Radioactive carbon in the study of photosynthesis. *J. Amer. Chem. Soc.* 61: 661–663.

Rump, H. H. 2011. *Bruno Huber (1899–1969) – Botaniker und Dendrochronologe*. TU Dresden, Forstwissenschaftliche Beiträge Tharandt, H. 32.

Rump, H. H. 2013. Entwicklung der Dendrochronologie in Europa und die Rolle des Botanikers Bruno Huber. *Naturwis. Ver. Darmstadt, Ber. N. F.* 35: 153–189.

Rump, H. H., K. van Werden, R. Herrmann. 1976. Über die vertikale Änderung von Metallkonzentrationen in einem Hochmoor. *Catena* 4: 149–164.

Schove, D. J. 1950. Tree-rings and summer temperatures A. D. 1501–1930. *Scottish Geogr. Magazine* 66: 37–42.

Schove, D. J. 1954. Summer temperatures and tree-rings in North Scandinavia A. D. 1461–1950. *Geografiska Annaler* 36: 40–80.

Schove, D. J. 1955. Droughts of the dark ages and tree-rings. *Weather* 10: 368–371.

Schove, D. J., A. W. G. Lowther. 1957. Tree-rings and medieval archaeology. *Medieval Archaeology* 1: 78–95.

Schulman, E. 1945. Runoff histories in tree rings of the Pacific slope. *Geographical Review* 35: 59–73.

Schulman, E. 1950. Dendroclimatic histories in the Bryce Canon area, Utah. *Tree-Ring Bull.* 17(1): 2–16.

Schulman, E. 1952a. Definitive dendrochronologies: a progress report. *Tree-Ring Bulletin* 18: 10–18.

Schulman, E. 1952b. Extension of the San Juan chronology to B.C. times. *Tree-Ring Bulletin* 18: 30–35.

Schulman, E. 1954. Longevity under adversity in conifers. Science 119: 396–399.

Schulman, E. 1956. *Dendroclimatic changes in semiarid America*. Tucson: Univ. of Arizona Press.

Schulman, E. 1958. Bristlecone pine, oldest known living thing. *National Geographic Magazine*. 113: 354–372.

Schuster, E. 2002. *Chronik der Tharandter forstlichen Lehr- und Forschungsstätte 1811–2000*. Forstwiss. Beitr. Tharandt, Beiheft 2.

Schwabedissen, H. 1983. Ur- und Frühgeschichte und Dendrochronologie. *Archäol. Korrespondenzblatt* 13: 275–286.

Schwabedissen, H., K. O. Münnich. 1958. Zur Anwendung der C14-Datierung und anderer naturwissenschaftlicher Hilfsmittel in der Ur- und Frühgeschichtsforschung. *Germania* 36: 133–149.

Schwabedissen, H., J. Freundlich. 1966. Köln radiocarbon measurements I. *Radiocarbon* 8: 239–247.

Schwabedissen, H., B. Schmidt. 1982. Mooreichen aus Schleswig-Holstein. *Die Heimat. Z. f. Natur- u. Landeskunde von Schleswig-Holstein und Hamburg* 89: 12–25.

Schwantes, G. 1939. Eine neue Methode zur absoluten Berechnung des Alters vorgeschichtlicher Fundstätten. *Nachrichtenblätter f. Dt. Vorzeit* 15: 1–3.

Schweingruber, F. H. 1972. Die subalpinen Zwergstrauchheiden im Einzugsgebiet der Aare (Schweizerische nordwestliche Randalpen). *Mitt. Schweiz. Anstalt f. d. Forstl. Versuchswesen* 48: 197–504.

Schweingruber, F. H. 1976. *Prähistorisches Holz: Die Bedeutung von Holzfunden aus Mitteleuropa für die Lösung archäologischer und vegetationskundlicher Probleme.* Bern: Haupt.

Schweingruber, F. H. et al. 1990: Identification, presentation and interpretation of event years and pointer years in dendrochronology. *Dendrochronologia* 8: 9–38.

Schweingruber, F. H., O. U. Bräker, E. Schär. 1987. Temperature information from a European dendroclimatological sampling network. *Dendrochronologia* 5: 9–22.

Schweingruber, F. H., K. R. Briffa, P. D. Jones. 1991. Yearly maps of summer temperatures in Western Europe from A.D. 1750 to 1975 and Western North America from 1600 to 1982 – results of a radiodensitometrical study on tree rings. *Vegetatio* 92: 5–71.

Schweingruber, F. H., E. Vaganov, S. Shiyatov. 2000. Klimaforschung: Einfluss des Menschen auf sibirische Wälder. *Forum f. Wissen* (o. Bd.): 47–53.

Schweingruber, F. H., P. Poschlod. 2005. Growth rings in herbs and shrubs: life span, age determination and stem anatomy. *Forest Snow and Landscape Research* 79: 195–415.

Serre, F., 1964. Une nouvelle méthode d'interdatation des anneaux ligneuses. *Comptes Rendues Acad. Sci. Paris* 259: 3603–3606.

Smiley, T. L. 1962. Obituery: Andrew Ellicott Douglass. *Geographical Review* 52: 612–614.

Straka, T. J. 2008. Biographical portrait Edmund P. Schulman (1908–1958). *Forest History Today* (spring): 46–49.

Stuiver, M., Becker, B. 1986. High-precision decadal calibration of the radiocarbon time scale, AD 1950–2500 BC. *Radiocarbon* 28(2B): 863–910.

Stuiver, M., H. E. Suess. 1966. On the relationship between radiocarbon dates and true sample ages. *Radiocarbon* 8: 534–540.

Suess, H. E. 1956. Grundlagen und Ergebnisse der Radiokohlenstoff-Datierung. *Angewandte Chemie* 68: 540–546.

Suess, H. E. 1965. Secular variations of the cosmic-ray-produced carbon 14 in the atmosphere and their interpretations. *J. Geophysical Research* 70: 5937–5951.

Suess, H., B. Becker. 1977. Der Radiocarbongehalt von Jahrringproben aus postglazialen Eichenstämmen Mitteleuropas. *Erdwissenschaftliche Forschung* 13: 156–170.

Urey, H. C. 1939. Separation of isotopes. *Reports on Progress in Physics* 6: 48–77.

Venet, J. 1958. Etude de la résistance mécanique des bois de mine en fonction des facteurs de la production forestièr. *Ann. de l'École Nationale des Eaux et Forets* 16 (I): 3–338.

Vogt, E. 1955. Pfahlbaustudien. In: W. U. Guyan et al. (Hrsg.), *Das Pfahlbauproblem* (S. 119–222). Basel: Birkhäuser.

Waenke, H., J. Arnold. 2005. Hans E. Suess 1909–1993. A biographical memoir. *National Academy of Sciences, Biographical Memoirs* 87: 1–20.

Wagner, R. K., R. J. Sternberg. 1985. Practical intelligence in real-world pursuits: The role of tacit knowledge. *J. of Personality and Social Psychology* 49: 436–458.

Weitland, J. 1960. *Jahrringchronologische Untersuchungen an Laubbaumarten Norddeutschlands.* Dissertation, Univ. Hamburg.

Welten, M. 1955. Pollenanalytische Untersuchungen über die neolithischen Siedlungsverhältnisse am Burgäschisee. In: W. Guyan et al. (Hrsg.), *Das Pfahlbauproblem* (S. 78–87). Basel: Birkhäuser.

Wenk, C. 1997. *Algorithmen für das Crossdating in der Dendrochronologie.* Diplomarbeit, FU Berlin, Inst. f. Informatik.

Willis, E. H., H. Tauber, K. O. Münnich. 1960. Variations in the atmospheric radiocarbon concentration over the past 1300 years. *Radiocarbon* 2: 1–4.

Schluss

Inhaltsverzeichnis

Mit diesem Buch versucht der Autor zu zeigen, dass sich die Dendrochronologie seit mehr als 100 Jahren zu einer von der „scientific community" und einer breiteren Öffentlichkeit wahrgenommenen naturwissenschaftlichen Methode entwickelte, während die Jahrringforschung seit dem Zeitalter der „wissenschaftlichen Botanik" im 19. Jahrhunderts als Strukturanalyse – allerdings noch nicht als funktionale Analyse – betrieben wurde. Naturforscher und Laien hatten allerdings schon lange davor das Entstehen jährlicher Zuwachsringe von Bäumen registriert und manchmal beschrieben, weil das mit bloßen Augen sichtbare Naturphänomen zu Mutmaßungen über seine Ursachen anregte.

Die in der Einleitung getroffene Unterscheidung zwischen der erkenntnisleitenden Bedeutung der Erforschung der Mikroebene des Pflanzengewebes und der Makroebene des leicht erkennbaren Naturphänomens wurde bei der Behandlung des Zeitabschnitts nach 1800 meist durchgehalten, obwohl beide Aspekte bei der Rekonstruktion zeitgenössischer Diskurse zur Methodenentwicklung im Verlauf ihrer Initial-, Konstituierungs- und Etablierungsphase häufig ineinandergreifen (vgl. Laitko 2002, S. 43). Der Wissenschaftstheoretiker Hubert Laitko kennzeichnete solche Phasen zwar nur im Hinblick auf die Disziplingenese, obwohl sie sich nach Auffassung des Autors H.H.R. auch auf die Methodengenese übertragen lassen. Zwischen Mikro- und Makroebene gibt es deshalb keine leeren Zwischenräume, sondern eher ein Argumentationskontinuum, etwa bei der Indikatorfunktion von Jahrringen für Einflüsse von außen. Bei zahlreichen botanischen Texten aus Antike, Mittelalter und manchmal auch Früher Neuzeit ist dies wegen ihrer Isoliertheit oder Zufälligkeit der Überlieferung jedoch anders: Meist handelte es sich

hier um Beschreibungen und Erfahrungsberichte von einfachen Menschen, Geistlichen, Malern, Schriftstellern und Naturforschern ohne institutionelle Anbindung oder Erfahrungsaustausch mit anderen. Sie blieben in der Regel beim Äußeren der Erscheinung, drangen vor Erfindung des Mikroskops kaum in die Tiefe des Gewebes ein und waren bei funktionalen Erklärungsversuchen zum Pflanzenwachstum auf Spekulationen angewiesen.

Systematische historiographische Untersuchungen über die europäische Geschichte der Dendrochronologie gibt im Gegensatz zur amerikanischen bisher nicht, so dass dieses Buch ohne Referenzarbeit entstand. Einige kleine, meist deskriptive Skizzen gibt es zwar; sie haben aber den Nachteil, dass sie die Entwicklung der Forschung als eine Abfolge von „Entdeckern" und „Entdeckungen" beschreiben und das komplexe Geflecht inner- und außerwissenschaftlicher Einflüsse nicht näher untersuchen, vor allem nicht mit Hilfe wissenschaftshistorischer und wissenssoziologischer Überlegungen. Es wäre deshalb unangemessen (im engl. Sprachraum als „whiggish" bezeichnet) zu behaupten, A. E. Douglass oder Bruno Huber seien auf den Plan getreten und hätten die Methode der Dendrochronologie entwickelt. Betrachtet man nämlich Archivbestände, Originalschriften, Laborjournale oder zeitgenössische Instrumente genauer, ergibt sich in Anlehnung an den Historiker Karl Lamprecht meist ein sehr viel differenzierteres Bild nicht nur darüber, wie etwas „gewesen", sondern wie es „geworden" ist.

Ein zunächst unbeabsichtigtes Nebenziel der vorliegenden Arbeit kann als weitgehend erreicht bezeichnet werden, nämlich das Auffüllen von Kenntnissen über eine bisher wenig beachtete naturwissenschaftliche Methode. So findet man etwa in den bisherigen Auflagen der von

© Springer-Verlag GmbH Deutschland, ein Teil von Springer Nature 2018
H. H. Rump, *Bäume und Zeiten – Eine Geschichte der Jahrringforschung*, https://doi.org/10.1007/978-3-662-57727-1_7

Ilse Jahn (2004) ab 1998 herausgegebenen *Geschichte der Biologie* keinen Hinweis auf Jahrringforschung oder Dendrochronologie. Selbst Hubers Pflanzenanatomie und -physiologie bleiben darin unerwähnt.

Die in Abschn. 1.4 als Arbeitsziele formulierten Fragen wurden in den jeweiligen Kapiteln ausführlich behandelt, um vor allem die historische Bedeutung der Forschungsansätze und der Veränderung von Zielsetzungen während der Arbeitsphasen sowie die abgrenzbaren Perioden von Wissensgenerierung und Erkenntniserweiterung mit ihren Wendepunkten in den Blick zu nehmen. Dies schloss auch die Betrachtung sozialer Strukturen der Forschergemeinschaften wie Hierarchien, Kommunikationsstrukturen, Netzwerke oder Karrieremuster ein, da nicht nur Wissensinhalte, sondern auch die Organisation und die Tradierung des Wissens historischen Veränderungen unterworfen waren. In Abschn. 7.2 dieser Schlussbetrachtung soll dies anhand der Fragen aus Kap. 1 noch einmal angesprochen werden.

Wie aber lässt sich ein sperriger Stoff mit seinen aus vielen Jahrhunderten stammenden historischen Materialien überhaupt aufarbeiten, ohne in Konflikt mit der eigenen Historisierungsstrategie zu geraten? Richtig historisierend vorzugehen entsprechend der Vorstellung, auch vor 1800 habe ein dendrochronologisches Wissen existiert, erscheint kaum möglich. Das Dilemma wurde bereits in Abschn. 1.1 bei der Frage nach der Definition von Wissenschaft – oder einer ihr ähnlichen Vorstufe – und deren Kontinuität während verschiedener historischer Zeitabschnitte deutlich. Die aus George Sartons Frage von 1954 „When was tree-ring analysis discovered?" ableitbare Historisierbarkeit der Begriffe „Jahrring" und „Dendrochronologie" führt nämlich zu einem Paradoxon, wenn etwa der lange Zeitabschnitt vor 1800 droht, zur teleologisch ausgerichteten Vor-Geschichte einer Wissenschaftsgeschichte mit der Referenzzeit 1954 zu werden. Dabei macht der Unterschied zwischen geschichtslosen wissenschaftlichen Objekten und historisch sich entwickelnden Begriffen, Methoden und Tatsachen die Probleme nicht einfacher. George Canguilhems Diktum zu geschichtlichen Objekten („Die Wissenschaftsgeschichte ist also die Historie eines Gegenstandes, der eine Geschichte hat") ist insofern hilfreich, als es die Aufmerksamkeit darauf lenkt, Entwicklungen der Vergangenheit so weit wie möglich in ihrem zeitlichen Kontext zu betrachten und Relativismen zu vermeiden. Dies betrifft auch die Bedeutungsverschiebung biologischer Begriffe innerhalb der in diesem Buch behandelten Zeitabschnitte, etwa bei der als statisch angenommenen „Anatomie" zur Beschreibung von Strukturen, der dynamischen „Physiologie" als Funktionsbeschreibung oder der meist nicht den „harten" naturwissenschaftlichen Disziplinen zugerechneten „Ökologie" mit ihrer Erklärung der Wechselbeziehungen zwischen belebter und unbelebter Umwelt.

Auch vermeintlich einfache Begriffe wie „Zelle", „Experiment" und vielschichtige wie „Wachstum" und „Ganzheit" sind von Veränderungen betroffen, daneben andere, häufig im Text verwendete wie „Zeit", „Zyklen" und „Modelle".

Die formale Gliederung des Buchs dient für diese Diskussion nur als erste Orientierung. Kennzeichnung und Strukturierung der Inhalte der meist zeitlich gegliederten Abschnitte richten sich nicht unbedingt an Fort- oder Rückschritten innerhalb der behandelten Arbeitsfelder aus oder legen gar deren „Höherentwicklung" nahe. Der Text folgt weitgehend einem Konzept, das nicht von Beginn an feststand, das aber dem der französischen Nouvelle Histoire nahekommt und deshalb Hierarchien und Sequenzierungen bei Fragen nach der Überlieferung des historischen Materials zu vermeiden sucht. Auch fächerspezifische Ein- und Ausgrenzungen bei der Definition von Materialien wurden möglichst vermieden, da vieles zu Material werden kann: „Historisches Material ist, was zur Beantwortung einer historischen Frage jeweils herangezogen werden kann." (Oexle 2004, S. 345). Dies entspricht der vom Autor gewählten Arbeitsweise am ehesten und weniger die Auffassung Paul Feyerabends (1983, S. 21–32), für den Regeln und Methodologien nur eine begrenzte Bedeutung haben („anything goes"). Der Eindruck von Methodenpluralismus ist dabei nicht völlig abwegig, da dieser sich bei der Thematik des Buches manchmal nicht vermeiden ließ. Beliebigkeit ist aber keinesfalls beabsichtigt.

Wo es sinnvoll erschien, wurden entsprechend einer allgemeinen Forderung Rheinbergers auch die Geschichten der Details und lokalen Experimentalsysteme in die Narration einbezogen, ohne den zweiten Teil seiner Forderung außer Acht zu lassen: „[…] wir brauchen den Mut, unsere Geschichten nicht konstanter, kohärenter und kommensurabler zu machen als sich, bei Nähe besehen, die Untersuchungen der Wissenschaftler selbst darstellen […]" (Rheinberger 1994, S. 81). Die von ihm als Gegenstände der Forschung betrachteten Wissensobjekte („epistemische Dinge") können Strukturen, Reaktion oder Funktionen sein, die durch technische Dinge wie Instrumente, Aufzeichnungsapparate und in der Biologie durch standardisierte Modellorganismen erfasst und somit historisierbar werden. Und er fügte den für das vorliegende Buch entscheidenden Halbsatz hinzu: „mitsamt den in ihnen sozusagen verknöcherten Wissensbeständen." (Rheinberger 2001, S. 24 f.). Zwar sind Querschnitte von Bäumen als entscheidende Träger der Information über die Vergangenheit verholzt und nicht verknöchert, aber die Metapher stimmt: Die Wissensbestände sind meist nicht nur in Form von teilweise bis zu 12.000-jährigen Zeitreihen auf Papier oder auf Datenträgern vorhanden, sondern befinden sich in Labors wie Tucson, Zürich oder Köln als Holzproben in gesicherten Materialarchiven, die sich möglicherweise auch in späteren Jahrhunderten noch auswerten lassen.

Allerdings verhindern staatliche Vorschriften die Auflösung materieller Archive oft nicht, anders als bei Dokumentenarchiven. Über den drohenden Verlust von „Informationen aus Holz" in Großbritannien berichtete beispielsweise der Belfaster Jahrringforscher Michael Baillie (pers. Mitteilung).

Jahrringe haben ohne erkenntnisleitende Vorstellungen noch keine Bedeutung per se, obwohl sie im physischen wie im metaphorischen Sinn „Netzwerke" sind und deshalb über ein besonderes heuristisches Potenzial verfügen: Das netzartig aufgebaute Zellmaterial lebender und abgestorbener Holzzellen ist zum einen eine materielle und dauerhafte Informationsquelle für die Gewinnung physikalischer und (bio-)chemischer Daten, etwa zur molekularen Struktur der Zellwände oder zu ihrem Element- und Isotopenanteil. Andererseits ermöglicht das makroskopische „Netz" der Jahrringe, chronologische Daten zu gewinnen, zu filtern und Hypothesen für die Forschungsarbeit mit Hilfe neuer „epistemischer Dinge" zu entwickeln. Dies ist kein trivialer Vorgang, da die Aufnahme zunächst verborgener Tatsachen meist durch Instrumente erfolgt, die ein Signal aufnehmen und in eine Anzeige verwandeln. Um den Signalverlauf theoretisch nachvollziehen zu können, sind Beobachtungstheorien oder Messtheorien zu berücksichtigen, die eine Verknüpfung zwischen den wahrnehmbaren Indikatorphänomenen des Holzes und daraus abgeleiteten Naturgrößen herstellen. Im folgenden Abschnitt wird das Problem der Theoriebeladenheit gemeinsam mit der Kalibrierung der Radiokohlenstoffmethode noch einmal aufgegriffen.

7.1 Eine historische Entwicklung?

Die wesentlichen Tatsachen, Ereignisse und Personen der in diesem Buch behandelten Zeitabschnitte werden hier noch einmal betrachtet, um zu prüfen, ob sich in Jahrringforschung und Dendrochronologie überhaupt eine historische Entwicklung vollzog oder ob manches nicht zufällig und isoliert entstand und sich damit dem Begriff der „Entwicklung" verweigert. Der Eindruck widerspruchsfreier Forschungsfelder soll unbedingt vermieden werden, was auch eine kapitelweise Zusammenfassung homogen erscheinender Tatsachen nicht sinnvoll macht. Von einem verborgenen Sinn geht der Autor ohnehin nicht aus, obwohl sich häufig Gründe dafür finden lassen, warum die Entwicklung so habe kommen müssen, wie sie eben kam.

In Texten über die Hochkulturen des Niltals und des Zweistromlandes findet man zwar Erläuterungen über Befunde aus Holz, allerdings keine direkten Hinweise auf Jahrringe. Erst im antiken Griechenland beschrieb Theophrastos von Eresos – Schüler des Aristoteles – aufgrund eigener Beobachtungen und überlieferter Berichte aus den durch Alexander den Großen eroberten Gebieten die Zusammenhänge zwischen Dicken- und Längenwachstum von Bäumen unter Einbeziehung des Saftstroms, Blatt- und Wurzelwachstums. Ähnlich wie Aristoteles in dessen zoologischen Schriften widmete sich Theophrast den Unterschieden der konstitutiven Teile von Pflanzen und ihrer Funktion. Aus seinen Schriften ist nicht eindeutig abzuleiten, ob ihm die Art der Entstehung von Jahrringen bewusst war, obwohl er auf die unterschiedliche Gewebestruktur des Früh- und Spätholzes der bei der Zurichtung von Schiffsmasten verwendeten Baumstämme hinwies. Theophrasts singuläre Stellung als Botaniker wird dadurch deutlich, dass er in der Antike nur in den Schriften des ihn oft zitierenden Plinius d. Ä. Spuren hinterließ und er während vieler Jahrhunderte bis zu Albertus Magnus der einzige Naturforscher war, der sich mit der Anatomie und Physiologie von Bäumen befasste. Auch in der arabischen Literatur des ersten nachchristlichen Jahrtausends – die in der Theophrasts Schriften unerwähnt blieb – findet man keine Erläuterungen zur inneren Struktur niederer und höherer Pflanzen, wohl aber zu den morphologisch unterscheidbaren Wuchsformen der Bäume mit ihren Teilen und Verwendungszwecken entsprechend der Bedürfnisse des Nomadenlebens.

Albertus Magnus erkannte im 13. Jahrhundert die Bedeutung von Feuchte und Wärme, Pflanzenexposition und Wasserspeicherung im Boden für die pflanzliche Entwicklung und versuchte, in seiner Schrift *De vegetabilibus* manchmal solche Einflüsse zu quantifizieren. Das sekundäre Baumwachstum erklärte er mit der Feinheit der Poren im Holz, wodurch Nahrungssäfte teilweise am Aufstieg gehindert würden, was in der Folge zur Gewebeverdickung führe. Die eigentlichen Ursachen des Saftaufstiegs seien Hohlräume in Boden und Wurzel sowie die Schwammstruktur des Holzes in den sich jährlich neu bildenden Ringen, den „tunicae ligneae". Dieser bemerkenswerte Hinweis Alberts – der die Schriften Theophrasts ebenfalls nicht kannte – erregte bei Botanikern noch zu Beginn des 19. Jahrhunderts einiges Aufsehen.

Im Verlauf der Frühen Neuzeit kamen lediglich Feststellungen von Leonardo da Vinci über den Dickenzuwachs der Bäume nach Verwandlung des weichen Basts zu Holz beim Saftsteigen den Erklärungsversuchen Theophrasts und Alberts einigermaßen nahe. Die Ringbreite werde dabei vor allem durch unterschiedlich feuchte Jahre sowie durch die Exposition nach Norden oder Süden beeinflusst, eine Beobachtung, die wenig später Michel de Montaigne während seiner Italienreise bestätigte. Über eine jedes Jahr neu entstehende Wachstumsschicht unter der Baumrinde („klein subtil heutlin") schrieb der pflanzenkundige Mediziner Leonhart Fuchs in seinem *New Kreüterbuch* und gab damit einen Hinweis auf ein verborgenes materielles Wachstumsphänomen, das später als Kambium bezeichnet wurde, in dem sich das Bildungsgewebe durch Zellteilung vermehrt. Erst lange nach Erfindung des Mikroskops gelang es in der zweiten Hälfte des 19. Jahrhunderts mit Hilfe von Experimenten auf zelltheoretischer Grundlage, der Dynamik der kambialen Entwicklung näherzukommen.

Das Mikroskop ermöglichte, tiefer in die Gewebestruktur des Holzes hineinzuschauen, aber das „neue Sehen" musste erst erlernt werden, wobei der Gewinn neuer Erkenntnisse teilweise erkauft wurde mit der Irritation bisher gewohnter Sichtweisen. Als Erster untersuchte Robert Hooke selbst hergestellte Präparate von Holzkohle, versteinertem Holz und Kork mit seinem zusammengesetzten Mikroskop, vermochte aber trotz Einblicks in deren Mikrostruktur noch keinen Beitrag zu den physiologischen Vorgängen in der Pflanze zu liefern. Dies gelang zum Teil Antoni van Leeuwenhoek mit Hilfe von einfachen, aber stark vergrößernden Linsen, wodurch er etwa beim Eichenholz den täglich durch die „Holzgefäße" nach oben transportierten Wasserstrom des gesamten Baumes abschätzen konnte. Entscheidendes anatomisches und physiologisches Wissen gewannen zwei Pioniere der Pflanzenanatomie mit Unterstützung durch das Mikroskop: Marcello Malpighi und Nehemia Grew erkannten nach Entdeckung des Blutkreislaufs durch William Harvey eine Analogie zum Saftkreislauf der Pflanzen und suchten dies durch histologische Präparation und mikroskopische Prüfung von Hölzern zu belegen. Sie fanden dabei nicht nur erhebliche strukturelle und funktionale Unterschiede zwischen den heute „Xylem" und „Phloëm" genannten Stammteilen der Bäume, sondern wiesen auch auf die Bedeutung der inneren Rinde für die Bildung von Jahrringen hin.

Nach 1500 gab es zwar in einigen Ländern Mitteleuropas bereits eine funktionierende forstwirtschaftliche Praxis, eine eigenständige Forstbotanik entstand aber erst gegen Ende des 18. Jahrhunderts. Anders als in Antike, Mittelalter und Früher Neuzeit kam es nun verstärkt zu Untersuchungen über die Art des Baumwachstums, die Funktion der Teile des Baumes und die Feinstruktur im Innern des Gewebes. Erste alchimistisch geprägte Experimente zum Pflanzenwachstum durch Johan van Helmont und Robert Boyle wiesen in eine neue Richtung der Erforschung des Pflanzenlebens, die mehr als zuvor auf Erfahrung setzte und die ihren vorläufigen Höhepunkt zu Beginn des 18. Jahrhunderts mit den systematischen Versuchen von Stephen Hales erreichte. Mit Unterstützung durch die Royal Society und Isaac Newton kam es nach über 100 „Ringelungsversuchen" – bei denen der Saftaufstieg gezielt unterbunden wurde – in der Folge von Hales' Veröffentlichung *Vegetable Staticks* zu einer verbesserten Vorstellung über den Verlauf der Saftströme im Baum. Beeindruckt von dieser Schrift legte einige Jahre später Caspar Friedrich Wolff Vertikalschnitte von Wurzel-, Stamm- und Rindengewebe der Bäume an und fand

nach mikroskopischen Studien deutliche Unterschiede der Gewebebestandteil. Das und die Eigenarten der Pflanzensäfte führten ihn zu der Vorstellung, dass es keine prinzipiellen Unterschiede in Organisation und Entwicklung von Tier und Pflanze gebe. Die epigenetischen Erklärungsversuche Wolffs zur Saftbewegung einschließlich der Funktion von Transportgefäßen und rundlichen Gebilden, insbesondere aber die von ihm angenommene Grundkraft unbekannter Art („vis essentialis") wurden von manchen Naturforschern und Physiotheologen als nicht mit dem religiösen Schöpfungsglauben übereinstimmende Vorstellung betrachtet. Die Existenz einer „Lebenskraft" bestritt Wolff jedoch. Weniger mit naturphilosophischen als mit anatomischen Fragen befasste sich Johann Gottlieb Gleditsch, der u. a. einiges zur Differenzierung beim Vergleich des Zuwachses von Kräutern, Stauden, Sträuchern und Bäumen und zur Jahrringentwicklung beitrug. So entstehe in jedem Frühjahr bei Bäumen das neue Gewebe aus einer feuchten bis zähen inneren Rindenlage, das sich schließlich zu einem holzähnlichen Gewebe fortentwickle. Für die Abfolge der Bestandteile eines Baumquerschnitts vom Mark im Zentrum bis zur außenliegenden Borke legte er die jeweiligen botanischen Begriffe durch exakte Definition fest.

Schon vor Einführung einer geregelten Forstwirtschaft und Forstbotanik und später parallel dazu hatte sich aufgrund langer Tradition eine „Baum- und Gartenkunst" entwickelt, die ebenfalls zum Erfahrungswissen über Bäume, speziell über die Strukturänderung der inneren Gewebe während der Wachstumsphase, beitrug. Eine genaue Beobachtung der Pflanzen unter definierten Bedingungen im Garten und Arboretum machte dies ebenso möglich wie Serienversuche zur Pflanzenvermehrung durch Pfropfen und Okulieren. Maßgeblich daran beteiligt waren John Evelyn in England, Louis Leclerc de Buffon und Henri Louis Duhamel du Monceau in Frankreich sowie August von Burgsdorf in Deutschland, vor allem durch Experimente zur Struktur von Holzfasern und Baumrinde, durch exakte Beschreibung der Holzringe und der Gefäße für den Safttransport, oft unterstützt durch mikroskopische Prüfungen.

Begleitet wurden seit Mitte des 18. Jahrhunderts pflanzenanatomische und -physiologische Forschungen durch die Versuche einer präzisen Charakterisierung der Pflanzen unter Verwendung verschiedener Klassifikationsprinzipien, von denen sich das von Carl von Linné vorgeschlagene mit seiner binären Namensgebung für lange Zeit durchsetzte. Linné beobachtete aber auch Pflanzen benachbarter und weiter entfernter Lebensräume und ihre Abhängigkeit von Boden, Witterung und Klima an den jeweiligen Standorten und war so wie nach 1800 Alexander von Humboldt einer der ersten Naturforscher mit ökologischer und geobotanischer Ausrichtung. So war es sicher kein Zufall, dass Linné mehrfach die Varianz der Jahrringbreiten als Anzeiger für die jahreszeitlichen

Wuchsbedingungen von Bäumen in unterschiedlichen Klimazonen Skandinaviens beschrieb und bei seinen Überlegungen zahlreiche Mitarbeiter und Kollegen in sein kommunikatives Netzwerk einbezog. Auf Grundlage der Linné'schen Pflanzentaxonomie gelang auch die Materialisierung des „Buches der Natur", zunächst durch die populären Schaustücke von „Holzbibliotheken" während der Zeit des Übergangs von der Naturgeschichte zur Geschichte der Natur, danach durch die Holzsammlungen von Forsthochschulen und Naturkundemuseen.

Nach der Wende vom 18. zum 19. Jahrhundert wurden vergleichende Anatomie, Physiologie und Paläontologie zu Schlüsselbereichen für die Jahrringforschung innerhalb einer jetzt übergreifend „Biologie" genannten Disziplin. Als Reaktion auf vitalistische Vorstellungen findet man zunehmend reduktionistische Erklärungen bei der Morphogenese und Ontogenese der Pflanze, für ihre innere Struktur (Anatomie), die Funktion ihrer Teile (Physiologie) und für den Auslöser pflanzlichen Wachstums (Zelltheorie). Naturforscher waren nun institutionell oft besser verankert als vorher, und sie folgten bei Forschung und Lehre einem disziplinären Kanon, der den Erfahrungsaustausch vereinfachte. Nicht gering einzuschätzen sind für die weitere Entwicklung von Jahrringforschung und Dendrochronologie die durch „Nicht-Botaniker" gewonnenen Erfahrungen.

Eine wichtige Figur als Naturforscher und Forschungsförderer war nach 1800 Alexander von Humboldt, der sich schon vorher mit der Struktur und der Wachstumsdynamik des pflanzlichen Gewebes befasst und in einigen Schriften die Analogie zum Wachstum der Tiere gesucht hatte. Hierbei geriet er vorübergehend in den Bann einer neuen Bewegung der chemischen Physiologie der Lebewesen, der „vitalen Chemie". Trotz seiner Bewunderung für Lavoisier und die „Antiphlogistoniker" waren bei Humboldt zu dieser Zeit noch alchimistische Vorstellungen vorhanden. Als Begründer des Vitalismus gilt Aristoteles, für den er die Kraft darstellt, die sich selbst im Stoff verwirklicht (Entelechie). Der überwiegende Teil der Naturforscher des 19. Jahrhunderts sah die Lebenskraft aber nicht als etwas Mystisches, sondern als Teil der physikalischen Kräfte, etwa der Physiologe Johannes Müller oder der Chemiker Justus von Liebig. Hermann von Helmholtz (über Liebig: „liederliche Arbeit") und vor allem Emil du Bois-Reymond sahen dagegen nach 1850 in jeder Art von Vitalismus eine gefährliche Entwicklung:

Die unermesslichen Aufgaben, welche damals in Frankreich der Forschung durch Cuvier in der vergleichenden Morphologie, durch Bichat in der Histologie gestellt wurden, während in Deutschland die Geisteskrankheit der falschen Naturphilosophie traurige Verheerungen anrichtete, lenkten dann wohl für längere Zeit von dem Streit über Vitalismus und Mechanismus ab, wenn sie nicht ersterem von vornherein ein siegreiches Übergewicht sicherten (Du Bois-Reymond 1974, S. 212); (vgl. Botsch 1997).

Hervorzuheben sind weiterhin zwei Personen, die durch eigene Untersuchungen, vor allem durch ihre Einbindung in ein internationales Forschungsnetzwerk, die Vorstellung von Bäumen als „Zeitkapseln" verbreiteten. Der Engländer Charles Babbage führte aufgrund paläontologischer Überlegungen ein Gedankenexperiment zur exakten Bestimmung langer Zeiträume mit Hilfe fossiler Hölzer aus Mooren durch und kam damit der heutigen Bedeutung des Begriffs „Dendrochronologie" am nächsten. Eine ähnliche Beschreibung lieferte zur gleichen Zeit Charles Darwin, als er 1835 aus Valparaíso an seine Schwester Susan schrieb:

I found a clump of petrified trees, standing up right, with layers of fine sandstone deposited round them, bearing the impression of their bark. These trees are covered by other sandstones and streams of lava to the thickness of several thousand feet. These rocks have been deposited beneath water; yet it is clear the spot where the trees grew must once have been above the level of the sea, so that it is certain the land must have been depressed by at least as many thousand feet as the superincumbent sub-aqueous deposits are thick (Charles Darwin an Miss Susan Darwin vom 23.4.1835, in: Darwin 1905, S. 232 f.).

Die drei Brüder Schlagintweit erweiterten das Mitte des 19. Jahrhunderts vorhandene Wissen über den Zusammenhang zwischen externen Faktoren – vor allem von Witterung und Klima – und dem Holzzuwachs und stützten sich bei ihren Expeditionen in den Alpen und im Himalaya auf Arbeitsmethoden, die heute als Paläoklimatologie und Klimaforschung durch „Proxydaten" bezeichnet werden. Auf den ersten Blick haben die Gruppen um Humboldt, Babbage und die Schlagintweits kaum etwas gemeinsam, aber die Klammer war die damals im Aufblühen befindliche geologische Wissenschaft. An ihr entzündeten sich naturphilosophische und religiöse Kontroversen über die Art der Entstehung der Erde oder über deren weitere Entwicklung in Form gleichförmiger oder alles zerstörender Vorgänge. So stritten etwa Neptunisten wie Abraham Gottlob Werner – bei dem Humboldt in Freiberg Geognosie studierte – mit Plutonisten, und die Erklärung der Abfolge von erdgeschichtlichen Perioden wurde zum Glaubensstreit.

Ein weiterer Schlüssel zu Jahrringforschung und Dendrochronologie waren im 19. Jahrhundert paläobotanische Kenntnisse, mit denen sich wichtige Hinweise auf das Klima geologischer Epochen anhand des jährlichen Wachstums der Bäume ergaben, obwohl bei manchen sehr alten versteinerten Hölzern keine Jahrringe vorhanden waren, ohne dass sich dafür eine sofortige Erklärung finden ließ. Erst gegen Ende des Jahrhunderts erkannte man als Grenze dieses Phänomens den Übergang vom Karbon zum Perm und besaß damit einen weiteren Beweis für die Entwicklung der Naturgeschichte innerhalb langer Zeiträume. Die Diagnostik von Jahrringen fossiler Hölzer wurde nun für die Bestimmung geologischer Formationen ein wichtiges Hilfsmittel, das auch Hinweise auf den Wechsel von warm–kalt und feucht–trocken erlaubte.

Die Mitte des 19. Jahrhunderts beginnende Pfahlbau-forschung gab auf lange Sicht der Holzforschung eben-falls entscheidende Impulse, nachdem im Anschluss an die ersten Beschreibungen aus der Schweiz durch Ferdinand Keller eine oft fieberhafte Suche nach Siedlungsbefunden stein- und bronzezeitlicher Bewohner von Seeufern begann, die sich bis weit ins 20. Jahrhundert fortsetzte. Dass es dabei nicht selten zu ideologischen oder gar national-chau-vinistischen Erklärungsmustern kam, sei hier noch einmal angemerkt.

Wesentlich für das Wissen um die Ursachen und die jahreszeitliche Entwicklung des Baumwachstums ein-schließlich des vertikalen und horizontalen Safttrans-ports wurde auch die Arbeit der Forstbotaniker gegen Ende des 19. Jahrhunderts mit ihren stark holzanatomisch und -physiologisch ausgerichteten Forschungsmethoden. War zur Zeit Cuviers vorwiegend die Physiologie das Referenzsystem für die Anatomie, wurde es jetzt die Ana-tomie als „Gehilfin der Physiologie", so der französische Molekularbiologe François Jacob (1972, S. 198). Forst-botaniker entnahmen nun mit dem Pressler'schen Zuwachs-bohrer Bohrkerne aus lebenden Bäumen, um anschließend Holzabschnitte nach selektiver Gewebefärbung mikro-skopisch zu untersuchen. Dabei konnten sie im jeweils jüngsten Jahrring das Auslösen des Wachstums im Kam-bium, danach die Zellteilung und Zellentwicklung mit anschließender Morphogenese und Zelldifferenzierung verfolgen. An der Erklärung zur Art und Geschwindigkeit des jährlichen Wachstums hatten etwa die Forstbotaniker R. Hartig, Krabbe, Russow, Schwarz, de Vries und Jost erheblichen Anteil, während Sanio als Autodidakt ent-scheidende Kenntnisse über das Entstehen von Holzzellen und Bastfasern aus dem Bildungsgewebe des Kambiums beisteuerte. Die Auswertung von Serien makroskopisch sichtbarer Jahrringmuster gelang in Österreich durch v. Seckendorff, während der Forstwirtschaftler Fernow nach seiner Auswanderung in die USA die Jahrringfolgen für die Abschätzung der Walderträge von Großregionen zu nut-zen suchte. Zu Beginn des 20. Jahrhunderts setzte sich bei der Erklärung von Ursachen des Pflanzenwachstums all-mählich die von Georg Klebs vertretene Auffassung einer reinen Außensteuerung gegenüber teleologisch argumentie-renden Botanikern wie Hans André und Neovitalisten wie Hans Driesch durch. Diese waren davon überzeugt, dass Prozesse im Pflanzeninnern das Wachstum maßgeblich beeinflussten. Erst nach der Entdeckung der Steuerungs-funktion von Phytohormonen in den 1920er-Jahren ergaben sich neue wissenschaftliche Argumente in diesem Richtungsstreit.

Das Kapitel über die dendrochronologische Forschung in den Vereinigten Staaten unter dem Einfluss von Andrew Ellicott Douglass – die botanisch-analytisch ausgerichtete Jahrringforschung spielt hier nur eine untergeordnete Rolle –

erläutert vor allem, wie verschieden die Forschungsmotive und institutionellen Ausgangsbedingungen im Vergleich zu Europa waren. Wie aber sind diese verschiedenartigen Muster zu erklären? Die vorliegende Arbeit macht deutlich, wie sehr sich das Vorwissen und die beruflichen Voraus-setzungen der beiden Protagonisten, Douglass und Huber, voneinander unterschieden: Douglass' berufliche Soziali-sation erfolgte innerhalb der Community von Astronomen, und er sprach früh über konzentrische Ringe, zyklische Prozesse oder Einflüsse der solaren Physik auf die belebte Natur der Erde. Zeitlebens vertrat er die Auffassung, dass die von ihm zunächst nur statistisch nachgewiesenen Korrelationen zwi-schen dem Auftreten von Sonnenflecken, dem Klima auf der Erde und den Jahrringbreiten auf kausale Zusammen-hänge zurückzuführen seien. Allerdings ging er in der Pra-xis umsichtig vor, wertete sein Probenmaterial mit großer Sorgfalt aus und vermied so – anders als sein zeitweiliger fachlicher Weggenosse, der Geograph Ellsworth Huntington – vorschnelle Festlegungen und die Verwendung der Daten für ausgreifende gesellschaftliche Betrachtungen. Vor allem bei der Übertragung ihrer dendrochronologisch-klimato-logischen Erfahrungen auf eine ideologisch aufgeladene Debatte über Zivilisation und Rasse gingen Douglass und Huntington völlig getrennte Wege. Demgegenüber durchlief in Europa Huber eine klassische Ausbildung als Botaniker mit einem Schwerpunkt in Pflanzenanatomie und -physio-logie, wobei ihn seine mikroskopischen Untersuchungen in Verbindung mit experimentellen forstbotanischen Arbei-ten bei seiner Suche nach einem neuen Aufgabengebiet fast zwangsläufig zur Jahrringforschung und Dendrochronologie führten. Doch auch hier blieb er geprägt durch seine Kennt-nisse und Erfahrungen als Botaniker.

Europäische Jahrringforscher nahmen trotz der erfolg-reichen archäologischen Datierungen der Anasazikultur im Südwesten der USA die Douglass-Methode erst richtig zur Kenntnis, nachdem sie Waldo Glock 1937 systema-tisch und in Form eines gut verständlichen Kompendiums zusammengefasst hatte und mit klaren Arbeitsanleitungen versah. Skandinavische Forscher wurden als Erste auf sie aufmerksam, bald darauf in Deutschland Heinrich Walter und Bruno Huber. Allerdings blieb für die meisten Doug-lass' Zyklenforschung mit ihren kosmischen Einflusspara-metern eher verwirrend. Während dieser Zeit wurde auch der Wissenschaftshistoriker George Sarton auf Douglass' Pionierleistung, seine „natural chronology" sowie auf die finanzielle Unterstützung der Forschungsrichtung durch die Carnegie-Stiftung aufmerksam.

In dem schwedischen Quartärgeologen und Warvenfor-scher Gerard de Geer fand Douglass einen Kollegen, der seine Vorstellungen von zyklischen kosmischen Einflüssen auf das Klima der Erde, die Jahrringbreite und die jähr-lichen Tonablagerungen während des Postglazials teilte. Jahrringsequenzen und Warvensequenzen schienen bei ihrer

Genese vergleichbare Wirkursachen zu haben. Stärker noch als Douglass war de Geer überzeugt von „teleconnections", d. h. von der Vergleichbarkeit der Phänomene über Hunderte oder sogar Tausende von Kilometern hinweg. Die „Swedish Time Scale" sollte ähnlich wie die Holzchronologie alter Mammutbäume das Auffinden markanter klimatischer Ereignisse in der Vergangenheit erleichtern. Da beide Wissenschaftler aber einer Auswertung ihrer Zeitreihen mit Hilfe mathematischer Methoden misstrauisch gegenüberstanden, regte sich bald Widerstand bei Klima- und Jahrringforschern, und die Telekonnektion erschien lange Zeit als Synonym für einen methodischen Irrweg.

Nicht lange nach Beginn der ersten, noch tastenden dendrochronologischen Arbeiten durch Bruno Huber und seine Mitarbeiter wurde deutlich, dass auch in Mitteleuropa eine Datierung von Holzproben nach der Jahrringfolge möglich war. Dabei verlor Huber aber weder die ökologischen Umweltbedingungen ganzer Waldbestände noch die Mikroebene einer funktionalen Holzanatomie einschließlich der zellulären Entwicklung des Jahrringgewebes aus den Augen und blieb deshalb nicht bei der Auszählung und der statistisch abgesicherten Auswertung der Jahrringe stehen. Auf diese Weise verband er botanische Grundlagenforschung mit einem neuartigen Verfahren, das von manchen Kollegen gelegentlich mit einer Haltung wissenschaftlicher Herablassung angesehen wurde. Wissenschaftshistorisch sind hier auch Studien skandinavischer Forstbotaniker und hier vor allem die Arbeiten des Norwegers Asbjørn Ording zu nennen, der wie Huber vor übereilten Datierungen warnte und das Zellwachstum, die Bedeutung des Kambiums und den Einfluss von Witterung, Klima und Boden auf das Pflanzenwachstum hervorhob.

Als besonders vorteilhaft erwies sich für Huber der Bedeutungszuwachs der Vor- und Frühgeschichte während der Zeit des Nationalsozialismus und hier insbesondere die Unterstützung durch die Grabungstätigkeit von Hans Reinerth, Prähistoriker an der Berliner Universität und „Reichsamtsleiter" für Vorgeschichte im „Amt Rosenberg". Nach Abschluss einer vertraglichen Vereinbarung erhielt Huber bis etwa 1943 nach Erklärung der „Staatswichtigkeit" solcher Untersuchungen zunächst prähistorische Holzproben vom Dümmer und danach von zahlreichen Standorten aus der Region Bodensee.

Nach dem Krieg kam es mit Unterstützung durch die Deutsche Forschungsgemeinschaft zu einer intensiven Zusammenarbeit von Hubers Arbeitsgruppe in München mit Archäologen, die sich nach Einführung komplexer Kalibrierverfahren für die 1950 entwickelte Radiokohlenstoffmethode intensiv verstärkte und bis Ende der 1960er-Jahre zu spektakulären Datierungserfolgen in Deutschland und in der Schweiz führte. Begleitet wurde dies von der schrittweisen Erstellung einer zunächst 1000-jährigen hessischen Eichenchronologie, die im Verlauf der 1970er-Jahre als mitteleuropäische Eichenchronologie auf ca. 2500 Jahre und bis Ende des Jahrhunderts schließlich auf mehr als 8000 Jahre verlängert werden konnte.

Unter dem Begriff der „modernen Konstituierung" ist schließlich das vermehrte Eindringen theorieförmigen, nomologischen Wissens in die überwiegend beobachtenden und beschreibenden Wissenszweige wie Pflanzenanatomie und -ökologie sowie Vor- und Frühgeschichte zu verstehen, das sich in den 1950er-Jahren allmählich entwickelte und sich danach beschleunigt bis heute fortsetzte. Dieses Wissen mit hohem Theoriegehalt wie bei der C14-Datierungsmethode führte nicht selten zu Zerwürfnissen zwischen Fachleuten der Naturwissenschaften und der historischen Wissenschaften (Rüsen 2003, S. 34). Die Annahme des Alters einer Probe war nur scheinbar unproblematisch, und erst durch geeignete Messtheorien war es möglich, die Kette vermuteter kausaler Zusammenhänge, z. B. vom Wachstum eines Baumes vor mehreren Tausend Jahren bis zur Endanzeige eines C14-Messwertes, nachzuverfolgen. In einem solchen Fall waren einige theoretische Annahmen zu treffen: 1. Zur Bildung und zum Zerfall des radioaktiven Isotops ^{14}C, 2. zur Aufnahme des Kohlenstoffisotops ^{14}C in den lebenden Organismus, 3. zur Genauigkeit der instrumentellen C14-Messung und 4. zur dendrochronologischen Kalibrierung des C14-Instruments (Carrier 2006, S. 70–73). Bei diesem Verfahren wird die Jahrringforschung ein wesentlicher Teil der gesamten Messmethode.

Archäologen wie Colin Renfrew und Hermann Schwabedissen, die die neue Verbindung von Natur- und historischen Wissenschaften begrüßten und wie Renfrew das Konzept der Annales-Schule einer „longue durée" vertraten, warben nun für ein neues Geschichtsverständnis. So wurde beispielsweise die ältere Vorstellung einer „Diffusion" kultureller Neuerungen des Orients in Richtung Westen neu interpretiert und damit die Kulturgeschichte Europas nicht mehr als eine kohärente Geschichte eingestuft. Jahrringforscher sahen sich weltweit nun nicht länger als wissenschaftliche Außenseiter, wobei allerdings die Bedeutung maßgebender Einzelpersönlichkeiten allmählich zugunsten kommunizierender Forschergruppen – „Denkkollektiven" im Sinne Ludwik Flecks – abnahm. Materielle Neuerungen wie Computer für die Datenauswertung und die Steuerung von Messinstrumenten (Hardware) und die Einführung von Rechenprogrammen wie auch die Errichtung internationaler Forschungsnetzwerke (Software), machen die Veränderung während der Phase der „modernen Konstituierung" besonders deutlich. Für sie mögen hier stellvertretend die Namen Harold Fritts vom Laboratory of Tree-Ring Research in Tucson und Fritz H. Schweingruber von der Eidgenössischen Forschungsanstalt WSL in Birmensdorf/Schweiz stehen.

7.2   Resümee und Ausblick

Eine erste vorläufige Antwort auf die Frage nach den Ergebnissen der in diesem Buch präsentierten Geschichte einer Forschungsmethode, die auch die Frage „Was lernen wir?" einschließt („lessons learned"), könnte vielleicht so aussehen: Eine geradlinige Methodenentwicklung ist aus heutiger Sicht bei Jahrringforschung und Dendrochronologie angesichts der vielen historischen Möglichkeiten von Verzweigung oder sogar Abbruch nicht festzustellen, und zwar aus prinzipiellen Gründen nicht. Der Wissenschaftsphilosoph Michel Serres drückte es so aus: „Wer forscht, *weiß* nicht, sondern tastet sich vorwärts, bastelt, zögert, hält seine Entscheidungen in der Schwebe [...] Tatsächlich gelangt der Forscher auf beinahe wundersame Weise zu einem Ergebnis, das er nicht deutlich voraussah, auch wenn er es tastend suchte." (Serres 1994, S. 35). Vieles bei der Entwicklung war unabsehbar: die Konstruktion sehr langer Jahrringchronologien nach dem Schließen entscheidender „missing links" durch A. E. Douglass 1929, B. Huber und E. Hollstein um 1965 oder durch B. Becker, M. Baillie und B. Schmidt Mitte der 1980er-Jahre. Unabsehbar war nach dem Auftauchen der C14-Methode auch die veränderte Rolle der Jahrringforschung als Kalibrierverfahren, ebenso ihre Bedeutung bei der Aufdeckung der Varianz des Paläoklimas und bei der Verfolgung des aktuellen Klimawandels.

Die in Abschn. 1.4 der Einleitung als Fragen formulierten Arbeitsziele werden in diesem Schlussabschnitt trotz dieser grundlegenden Feststellung noch einmal kurz angesprochen. Dabei ist zu vergleichen, ob sich die zunächst angestellten Überlegungen mit den in den einzelnen Kapiteln behandelten Antwortversuchen als tragfähig erwiesen haben. Hierbei geht es vor allem darum, die wesentlichen Aspekte noch einmal kurz zu beleuchten und einige „Leitideen" herauszustellen, die für die historische Entwicklung von Jahrringforschung und Dendrochronologie entscheidend waren.

Die eingangs gestellten übergreifenden Fragen nach der Neuinterpretation von Jahrringforschung, nach der Intensität der Kooperation zwischen Naturforschern und einer möglichen „Katalysatorfunktion" der handelnden Personen sind nicht leicht zu beantworten. Es ist festzuhalten, dass es historisch unkorrekt wäre, die Gegenwart als unverrückbaren Bezugspunkt für die einzelnen Geschichten über singuläre und/oder gruppenorientierte Arbeiten mit Jahrringen zu betrachten. Auch die Untersuchungen längst vergangener Zeitabschnitte haben ihre Bedeutung „sui generis", obwohl man bis ins späte 17. Jahrhundert häufig von einem nicht-zirkulierenden Wissen ausgeht und schon deshalb bei einer Bewertung der heutige Kenntnisstand nicht völlig ausgeblendet werden kann. Für Antike, Mittelalter und die Frühe Neuzeit ist dies besonders zu beachten, weil einzelne Beobachtungsergebnisse nur selten mit einer sicheren zeitgenössischen Wissensreferenz verglichen werden können. Unbedingt zu vermeiden ist für diese Zeitabschnitte, verstreut vorliegende Fakten willkürlich zusammenzufügen oder fiktionale Zusammenhänge zu konstruieren.

Ganz anders erscheint die Situation ab Ende des 17. Jahrhunderts: Durch die Einführung des Mikroskops, die forstwirtschaftliche Praxis auf rationaler Grundlage und die Etablierung wissenschaftlicher Institutionen, Publikationsorgane und Schausammlungen verbreiteten sich in raschem Tempo Kenntnisse über das Pflanzenwachstum in vielen Ländern Europas. Arbeitsgruppen wie solche um Linné in Schweden, um Buffon und Duhamel in Frankreich oder um C. F. Wolff, Burgsdorf und Gleditsch in Deutschland kommunizierten mit Forschern anderer Länder und trugen so erheblich zur Wissenserweiterung bei. Nach Beginn des Zeitalters der „wissenschaftlichen Botanik" im 19. Jahrhundert erweiterte und intensivierte sich der Diskurs über die Ursachen des Pflanzenwachstums und damit auch über die Gewebestrukturen von Hölzern, so dass man schon während dieser Zeit unter Experten manchmal von einem weltweiten Informationsaustausch sprach.

Für das erst nach 1900 entstandene Konzept der Dendrochronologie gelten die vorgenannten Aussagen nur sehr eingeschränkt. Eine Kommunikationsstruktur zur Verbreitung neuer Erkenntnisse war zwar grundsätzlich vorhanden, aber es fehlte an speziellen Publikationsorganen, um interessierte akademische Institutionen und Zirkel zu bedienen. Es dauerte deshalb im ersten Drittel des 20. Jahrhunderts fast zwei Jahrzehnte, bis Informationen über die Leistungsfähigkeit der Douglass-Methode breite wissenschaftliche Kreise erreichten. Die bis dahin unbeachtet gebliebenen Hinweise von Forschern des 19. Jahrhunderts wie Babbage, Kapteyn oder Shvedov auf die Möglichkeit einer Nutzung von Jahrringen als dendrochronologische „Zeitkapsel" beeinflussten die Arbeiten von Douglass oder Huber jedenfalls nicht, obwohl diese Nutzung beim Entstehen der neuen Forschungsmethode aus heutiger Sicht nahe liegend gewesen wäre.

Konstitutiv entscheidend bei der Erforschung des sekundären Wachstums der Bäume und der Entstehung von Jahrringen waren vor allem die ersten systematischen Untersuchungen zur Gewebestruktur von Holz und Rinde mit Hilfe des Mikroskops durch Malpighi, Grew und van Leeuwenhoek. Um 1800 und danach waren die Untersuchungen zu Ursache-Wirkungsbeziehungen zwischen Holzstruktur und den internen und externen biologischen Regelmechanismen ebenfalls besonders wichtig. Praktische Gesichtspunkte der Forstwirtschaft und Fragen des Waldertrags, später unterstützt durch die Forstbotanik, steckten dabei den Rahmen dieser Untersuchungen ab, für die hier namentlich nur Forstexperten wie Burgsdorf, Theodor und Robert Hartig genannt werden sollen. Für die später von Douglass in den USA entwickelte Dendrochronologie waren diese Grundlagen zunächst allerdings nicht von größerer Bedeutung, sondern eher die Vorstellungen zum zyklischen Einfluss der Sonne auf Erdklima und Baumwachstum. Anders war dies in Skandinavien und Mitteleuropa, wo sich etwa ab 1930 Forschergruppen mit meist großer botanischer oder forstbotanischer Erfahrung daran machten, die Douglass-Methode für europäische Länder mit ihrer starken Klimavarianz nutzbar zu machen. Erst ab den späten 1950er-Jahren glich sich nach Auffassung des Autors die Forschungsentwicklung in Europa und Nordamerika weitgehend an. Für die Jahrringforschung und Dendrochronologie moderner Prägung wurden in jüngster Zeit interdisziplinär ausgerichtete Forschungsfelder wie Klimaforschung, Paläoklimatologie oder Umweltforschung von größter Bedeutung, bei denen Messdaten oft mit Unterstützung durch komplexe Prognosemodelle und Rechenverfahren gewonnen bzw. ausgewertet werden.

Für die historiographische Behandlung des Pflanzenwachstums versuchte der Autor, wesentliche interne Abläufe der pflanzlichen Entwicklung aufzuzeigen, d. h. sowohl die unmittelbar auf den Erkenntnisprozess wirkenden Strukturen der Pflanze als auch die funktionellen Prozesse in ihrem Gewebeinneren. Der Molekularbiologe François Jacob drückte es so aus: „Die Eigenschaften eines Lebewesens, seine Leistungen, seine Entwicklung sind somit Hinweise auf sich zwischen seinen Bestandteilen entwickelnde Wechselwirkungen. […] Die Funktionsanalyse kann nicht von der Strukturanalyse getrennt werden." (Jacob 1972, S. 266). George Canguilhem empfahl, ein historischer Bearbeiter solle sich ins Innere der jeweiligen wissenschaftlichen Werke versetzen und „[…] Hypothesen und Paradigmen ebenso verwenden wie der Wissenschaftler selbst" (Canguilhem 1979, S. 28). Die Impulse von außen und die Verfolgung kausaler Zusammenhänge sollten nach seiner Auffassung jede Gesamtuntersuchung abrunden. Dieser Empfehlung versucht auch dieses Buch zu folgen. Darüber hinaus nimmt es das soziale Umfeld der Protagonisten mit ihrem Bildungs- und Berufsweg und der Institutionen mit ihrem Einfluss auf Gesellschaft und Ökonomie in den Blick.

Von Experimenten im heutigen Sinn kann man vom Altertum bis zur Frühen Neuzeit noch nicht sprechen. Das Anfertigen histologischer Schnitte durch Theophrast kommt jedoch – wie vorher das Aufschneiden und Betrachten von Tieren durch seinen Lehrer Aristoteles – der Vorstellung von einem Experiment recht nahe. Systematische Analysen mit Hilfe von Experiment und Instrument gab es erst im 19. und 20. Jahrhundert. Für Jahrringforschung und Dendrochronologie sind hier insbesondere Experimente mit Waldbäumen einschließlich einer „Ringelung" der Baumrinde, der experimentelle Einsatz von Phytohormonen oder die Experimente zum Saftaufstieg durch Boehm, Farmer, Renner und Huber zu nennen.

Im Vergleich dazu spielten in der Dendrochronologie zwar Mess- und Auswerteinstrumente oft eine wichtige Rolle, doch erinnert die praktische Forschungsarbeit wegen ihres meist beobachtenden und messenden Charakters manchmal an naturhistorische Untersuchungen der Zeit vor 1800.

Eine bemerkenswerte Kopplung und Rückkopplung der Jahrringforschung mit anderen wissenschaftlichen Methoden und Disziplinen setzte spätestens ab 1800 ein, obwohl auch vorher ein gewisser Austausch festgestellt werden kann. Beispielhaft sind hier die Kontakte zu den Forst- und Geowissenschaften, zu Instrumentenbauern und Meteorologen zu nennen. In jüngerer und jüngster Zeit ist die enge Kooperation zwischen Jahrringforschung und Dendrochronologie einerseits und physikalischen Methoden wie der Radiokohlenstoff- oder Thermolumineszenzdatierung andererseits bei archäologischen und geologischen Untersuchungen hervorzuheben. Aus Sicht von Archäologen weist die Archäometrie eine bemerkenswert große Schnittmenge zwischen naturwissenschaftlichen und kulturhistorischen Teildisziplinen und Methoden auf, zu denen auch die Dendrochronologie zu zählen ist. Nach Durchsicht des Huber-Schriftwechsels zeigte sich dem Autor etwa für den Zeitabschnitt von 1950 bis 1970 die disziplinübergreifende Bedeutung der Dendrochronologie, die immer auch Einflüsse von außen aufnahm. Dieser Austausch setzte sich nach 1970 verstärkt fort: Untersuchungen zu Holzstruktur und Mechanik des Holzes sind hier ebenso zu nennen wie die Forschungen zu Walderträgen, zur Schutzfunktion des Waldes im Hochgebirge oder zu historischen Waldbränden und zur heutigen Brandprävention in Nordamerika.

Im Hinblick auf die Unterschiede zwischen amerikanischer und europäischer Jahrringforschung und Dendrochronologie ist hier noch einmal deutlich festzuhalten, dass die zunächst von Douglass geprägte „amerikanische Dendrochronologie" anders ausgerichtet war als die später von Huber initiierte europäische, da diese sich vor allem auf die Grundlagen von Pflanzenanatomie, -physiologie und -ökologie stützte. Erst nach 1960 ist eine Angleichung der Arbeitsmethodik festzustellen, die in jüngster Zeit kaum noch eindeutige regionale Unterschiede erkennen lässt.

Ein Ausblick auf die Zukunft von Jahrringforschung und Dendrochronologie soll dieses Schlusskapitel beenden, wobei sich ein recht differenziertes Bild ergibt. Bei Durchsicht von Lehrveranstaltungen der deutschsprachigen forstwissenschaftlichen Einrichtungen wird deutlich, dass die Untersuchung des Gewebes von Holz und Rinde der Bäume nach wie vor zu einem festen Bestandteil des Ausbildungskanons gehört, während sich Forschungsprojekte oft mit der funktionellen Holzanatomie, der Baumphysiologie auf molekularer Ebene sowie der Physiologie des Wasserhaushaltes befassen. Als aktuelle und möglicherweise zukünftige Themen sind insbesondere Fragen der

Anpassung an den Klimawandel mit den Anpassungspotenzialen unterschiedlicher Baumarten bei sich ändernden äußeren Bedingungen zu nennen. Für andere lebenswissenschaftliche Disziplinen der Hochschulen, die sich mit dem pflanzlichen Wachstum befassen, ist eine Einschätzung weniger einfach, da es vielerorts klassische botanische Institute nicht mehr gibt und die dort vorher gepflegten Untersuchungen teilweise in disziplinübergreifende Einrichtungen wie Schwerpunktprogrammen, Sonderforschungsbereichen oder Forschungsclustern integriert wurden.

Die Jahrringforschung, die in der Vergangenheit oft über dieselbe institutionelle Basis wie die botanisch ausgerichtete Forschung über Holzgewebe und Jahrringe verfügte, musste sich während der vergangenen Jahre umorientieren. Viele Hochschulinstitute für Archäologie und Vor- und Frühgeschichte und Denkmalämter verzichten mittlerweile völlig auf eigene Untersuchungseinrichtungen und überlassen die Arbeit privaten Dienstleistern. Von einer geregelten Forschungsarbeit lässt sich dann oft nicht mehr sprechen. Die Dendrochronologie verteidigt ihre bisherige Bedeutung nur dort, wo neue Strukturen einer interdisziplinär ausgerichteten Umwelt- und Klimaforschung entstehen. Eine Erhebung aus dem Jahr 2004 zur Zukunft der Methode stellte vor allem die Bearbeitung ökologischer Fragen als zukunftsweisend heraus (Cherubini et al. 2004). An dieser Einschätzung hat sich offenbar bis heute kaum etwas geändert. Vermeidet die Dendrochronologie, nur Hilfsmittel für „Großdisziplinen" zu sein, dürfte es sie als fächerübergreifende wissenschaftliche Methode noch lange geben. Ihre Einbindung in eine konsequent naturwissenschaftlich ausgerichtete Ökologie wäre eine der interessanteren Optionen. Dabei müsste sie der Versuchung widerstehen, sich einem Zeitgeist anzupassen, der Teilprobleme des Umweltschutzes und der Klimadeutung wie eine neue Religion betrachtet („Umweltsünden") oder der das „Gleichgewicht der Natur" bzw. das „Gleichgewicht des Klimas" auf nichtwissenschaftlicher Grundlage fordert (vgl. Behringer 2007, S. 275 ff.).

Für eine sich momentan in der Orientierungsphase befindende modernisierte Jahrringforschung sollte es nicht um den unmöglichen Versuch gehen, die Entwicklung komplexer ökologischer Zusammenhänge gewissermaßen „holistisch" anzugehen, sondern nach der Auffassung des Biologen und Wissenschaftshistorikers Olaf Breidbach nur darum, „[…] ein uns zugängliches Detail nicht herauszulösen, sondern in seinen Bezügen, die dieses in der Sequenz der jeweiligen Vernetzungen verfügbar machen, darzulegen" (Breidbach 2011, S. 256).

Literatur

Behringer, W. 2007. *Kulturgeschichte des Klimas*. München: Beck.
Botsch, W. 1997. *Die Bedeutung des Begriffs Lebenskraft für die Chemie zwischen 1750 und 1850*. Dissertation, Univ. Stuttgart.
Breidbach, O. 2011. *Radikale Historisierung. Kulturelle Selbstversicherung im Postdarwinismus*. Frankfurt/M.: Suhrkamp.
Canguilhem, G. 1979. *Wissenschaftsgeschichte und Epistemologie*. Frankfurt/M.: Suhrkamp.
Carrier, M. 2006. *Wissenschaftstheorie zur Einführung*. Hamburg: Junius.
Cherubini, P. et al. 2004. Jahrringe als Archive für interdisziplinäre Umweltforschung. *Schweiz. Z. f. Forstwesen* 155: 162–168.
Darwin, F. 1905. *The life and letters of Charles Darwin*. Bd. I. New York: Appleton.
Du Bois-Reymond, E. 1974. Über Neovitalismus. In: Ders., *Vorträge über Philosophie und Gesellschaft* (S. 209–232). Berlin: Meiner.
Feyerabend, P. 1983. *Wider den Methodenzwang*. Frankfurt/M.: Suhrkamp.
Jacob, F. 1972. *Die Logik des Lebenden*. Frankfurt: S. Fischer.
Jahn, I. (Hrsg.) 2004. *Geschichte der Biologie*. 3. Aufl. Heidelberg: Spektrum.
Laitko, H. 2002. Die Disziplin als Strukturprinzip und Entwicklungsform der Wissenschaft-Motive, Verläufe und Wirkungen von Disziplingenesen. In: E. Höxtermann, J. Kaasch, M. Kaasch (Hrsg.), *Die Entstehung biologischer Disziplinen* (S. 19–55). Beitr. 10. Jahrestagung der DGGTB. Berlin: VWB.
Oexle, O. G. 2004. Was ist eine historische Quelle? *Die Musikforschung* 57: 332–350.
Rheinberger, H.-J. 1994. Experimentalsysteme, Experimentalkulturen, Wissenschaftsgeschichte. *Jb. f. Geschichte und Theorie der Biologie* 1: 69–83.
Rheinberger, H.-J. 2001. *Experimentalsysteme und epistemische Dinge*. Göttingen: Wallstein.
Rüsen, J. 2003. Theorie der Geschichte. In: R. van Dülmen (Hrsg.), *Fischer Lexikon Geschichte* (S. 15–37). Frankfurt/M.: Fischer TB.
M. Serres M., (Hrsg.) 1994. [Vorwort]. In: Ders., *Elemente einer Geschichte der Wissenschaften* (S. 11–37). Frankfurt/M.: Suhrkamp.

Archive und Materialien

Archiv der Bayerischen Staatsbibliothek München

- Schlagintweitiana

Archiv der Deutschen Akademie der Naturforscher Leopoldina, Halle

- Wahlgutachten Bruno Huber, Matr. Nr. 5973

Archiv der Ludwig-Maximilian-Universität München (UAM)

- Personalakte Bruno Huber, EII 1816
- Personalakte Ernst Münch, M-IX-34

Archiv der Universität Tucson/Arizona

- Special Collections: Andrew Ellicott Douglass Papers, A2/72

Archiv des Max-Planck-Instituts für Wissenschaftsgeschichte, Berlin (AMPGWG)

- Niederschrift des Verwaltungsausschusses der KWG v. 1.5.1934, I., 1A, 93

Archiv des Pfahlbaumuseums und Forschungsinstituts Unteruhldingen (APM)

- Nachlass Hans Reinerth
- Schreiben, Berichte, Graphiken von Bruno Huber und Wilhelm Holdheide zu Grabungen in Buchau, Taubried, Sipplingen u. a.

Archiv der Technischen Universität Braunschweig (TUBS)

- Ansprache des Rektors G. Gassner v. 14.1.1946
- Bestand Gustav Gassner, B7 G: 6

Bayerischer Rundfunk (BR), Schallarchiv

- Tonaufnahme Bruno Huber v. 16.3.1958, „Von den Mammutbäumen zur Nevadawüste"

- Tonaufnahme Bruno Huber v. 28.6.1961, „Eine Fahrt in die kanadische Tundra"

Botanisches Institut der Universität Hohenheim (BIH)

- Schriftwechsel Bruno Huber (Forstbotanik, Jahrringforschung) 1947–1969

Bundesarchiv Koblenz (BAK), DFG-Unterlagen 1933–1945

- Gustav Gassner R73/15977
- Wolfgang Grassmann, R73/11317
- Karl Höfler R73/11717
- Bruno Huber, R73/11819
- Herbert Jankuhn R73/11934
- Kurt Mantel, R73/12884
- Wolfgang Müller-Stoll R73/13315
- Ernst Münch R73/13317
- Hans Reinerth R73/13886
- Ernst Rouschal R73/14087
- Konrad Rubner R73/14089
- Heinrich Walter R73/15383

Deutsche Forschungsgemeinschaft Bonn-Bad Godesberg, Schriftgutverwaltung (DFG-Archiv)

- DFG-Akte Bruno Huber, Hu 5/1-41 (1949–1970)
- DFG-Akte Wita v. Jazewitsch, Ja 9/1–5 (1950–1955)

Geographisches Institut der Universität Bonn, Archiv (GIB)

- Nachlass Carl Troll, NL 112, 114

Hessisches Staatsarchiv Darmstadt (HStAD)

- Großherzogl. Hess. Forstdirektionsunterlagen mit Vorlesungslisten der Univ. Gießen 1843–1845
- Studienunterlagen Jakob Küchler mit Zeugnissen und Beurteilung u. a. von Justus Liebig
- Studienunterlagen Gustav Schleicher

Laboratory of Tree-Ring Research, Tucson/Arizona (LTRR)

© Springer-Verlag GmbH Deutschland, ein Teil von Springer Nature 2018
H. H. Rump, *Bäume und Zeiten – Eine Geschichte der Jahrringforschung*, https://doi.org/10.1007/978-3-662-57727-1

- Schriften zu A. E. Douglass und zur Entstehung des LTTR; Photomaterialien

Maryland State Archives Online: http://aomol.msa.maryland.gov/html/index.html (Zugegriffen: 10.6. 2016)

- Bland's Reports, 1837–1841, Akte Patterson ./.McCausland, 1830
(Reports of Cases Argued and Adjudged in the High Court of Chancery of Maryland, Vol. 198 (3), 55–80)

Niedersächsische Staats- und Universitätsbibliothek, Göttingen, Abteilung für Handschriften und seltene Drucke

- Korrespondenz Bruno Huber mit Ernst Georg Pringsheim (Prag)

Physikalisches Institut II der Universität Heidelberg (PIH)

- Nachlass Karl Otto Münnich, Laborjournale

Universität Frankfurt, Universitätsbibliothek, Handschriftenabteilung

- Schreiben Alfons Huber, Innsbruck an N. N., 1867

Universität Heidelberg, Universitätsbibliothek, Handschriftenabteilung

- Schreiben A. E. Douglass an den Astronomen Max Wolf, 1901

Huber, Rolf, München

- Huber, B., 1945: An der Schwelle zweier Jahrtausende. Erlebnisse und Betrachtungen eines Zeitgenossen (Autobiographie als Typoskript, unveröff. Manuskript)

Liese, Walter, Universität Hamburg

- Abschrift Lebenslauf Bruno Huber
- Verzeichnis der von Bruno Huber betreuten Doktor-Dissertationen in Freiburg, Darmstadt, Tharandt und München

Saur-Verlag, online-Datenbank Nationalsozialismus, Holocaust, Widerstand und Exil 1933–1945, http://db.saur.de.ubproxy.ub.uni-frankfurt.de/ (über Univ. Frankfurt/M.)

- Regesten zu Hans Reinerth, Herbert Jankuhn
- Regesten zu „Amt Rosenberg" mit Amt für Vorgeschichte, Ahnenerbe
- Regesten zu Reichskanzlei, Rudolf Heß, Bernhard Rust, Rudolf Mentzel u. a.

Vorlesungsverzeichnisse der Universitäten Freiburg, Darmstadt, Dresden (mit Forsthochschule Tharandt), München

Vorlesungsverzeichnisse forstlicher Hochschulen bzw. Forstinstitute 1934–1944: Freiburg, München, Tharandt, Eberswalde, Zürich, Gießen, Hannoversch-Münden

Interviews/Gespräche mit:

- Rex Adams, Tucson/Arizona
- Alfred Artmann, Oberammergau
- André Billamboz, Hemmenhofen
- Dieter Eckstein, Hamburg
- Jan Esper, Mainz
- Michael Friedrich, Hohenheim
- Harold C. Fritts, Tucson/Arizona
- Uwe Heußner, Berlin
- Walter Huß, Stuttgart
- Bernd Kromer, Heidelberg
- Hildegard Müller-Stoll, Potsdam
- Mechthild Neyses-Eiden, Trier
- Helmut Schlichtherle, Hemmenhofen
- Burghart Schmidt, Lohmar
- Fritz H. Schweingruber, Birmensdorf
- Thorsten Westphal, Frankfurt

Autorenverzeichnis

A

Abu Hanifa al-Dinawari, 17
Abul al Abas, 17
Aeppli, Johannes, 77
Agassiz, Louis, 50, 54
Agricola, Georg Andreas, 19, 36
Albertus Magnus, 1, 17, 18, 267
André, Hans, 165
Antevs, Ernst, 9, 126, 128, 139, 149, 153, 155, 156, 163, 164
Arduino, Giovanni, 5
Aristoteles, 18, 38, 39, 269
Artmann, Alfred, 217, 219
Askenasy, Eugen, 183
Aurispa, Giovanni, 18

B

Babbage, Charles, 63, 269
Backman, Gaston, 170
Bacon, Francis, 21, 34
Bailey, Irving, 105, 165
Baillie, Michael, 252, 256, 257
Bandi, Hans-Georg, 235, 241–243
Bannister, Bryant, 106, 114, 135, 138, 214, 246
Barton, Benjamin, 57
Bary, Anton de, 124
Bauch, Josef, 218, 249
Baur, Erwin, 171
Baur, Franz, 226
Bayerl, Günter, 29
Bechstein, Johann, 57
Becker, Bernd, 230, 247, 248, 251, 254, 255, 257
Bellermann, Bartholomäus, 43
Berlage, Hendrik, 167
Beust, Fritz, 75
Bichat, Xavier, 50
Billamboz, André, 198, 200
Bland, Theodorick, 62
Blumenbach, Johann Friedrich, 50
Boas, Franz, 108, 131
Bock, Hieronymus, 20
Boehm, Josef, 181, 183
Borchardt, Rudolf, 34
Borkhausen, Moritz, 56
Bosshard, Walter, 251
Bothe, Walther, 232, 233, 235
Bowker, Geoffrey, 54
Bowman, Isaiah, 154
Boyle, Robert, 30, 268
Bozay, Kemal, 174

Brehme, Klaus, 217, 220
Breidbach, Olaf, 31
Briffa, Keith, 258
Brown, Ernest, 128
Brückmann, Walter, 167
Brückner, Eduard, 119
Brunfels, Otto, 20
Buder, Johannes, 181
Buesgen, Moritz, 163
Buffon, Georges-Louis Leclerc de, 34, 36, 39, 268
Burgsdorf, August von, 37, 42, 268

C

Caesalpinus, Andreas, 20, 39
Candolle, Augustin Pyrame de, 57
Canguilhem, Georges, 1, 8, 11, 266, 273
Carlowitz, Hanns Carl von, 27, 28, 30
Cato, Ingemar, 151
Christiansen-Weniger, Friedrich, 170, 172–175
Clusius, Carolus, 20, 21
Colbert, Jean-Baptiste, 28
Colton, Harold, 133, 136
Conwentz, Hugo, 75
Coster, Charles, 167
Cotta, Heinrich, 29
Credner, Wilhelm, 168
Cremer, Thomas, 82
Cuvier, Georges, 54

D

Darwin, Charles, 54, 269
Darwin, Erasmus, 38
de Geer, Ebba Hult, 106, 148, 156, 159, 201
de Geer, Gerard, 9, 11, 106, 125, 127, 148–154, 160, 225, 270
Delley, Géraldine, 231, 235, 240, 250
Delorme, Axel, 255
Dixon, Henry, 183
Dobbs, Charles, 224
Dolezych, Martina, 222
Douglass, Andrew Ellicott, 11, 62, 66, 103, 106, 109, 112, 113, 115–120, 122–129, 131–140, 148, 154, 155, 157–160, 215, 224, 236, 265, 270
Douglass, Andrew Ellicott sen., 107
Driesch, Hans, 52, 161
Droysen, Johann Gustav, 7
Du Bois-Reymond, Emil, 52
Duhamel du Monceau, Henri Louis, 27, 28, 34, 36, 268
Dürer, Albrecht, 19

© Springer-Verlag GmbH Deutschland, ein Teil von Springer Nature 2018
H. H. Rump, *Bäume und Zeiten – Eine Geschichte der Jahrringforschung*, https://doi.org/10.1007/978-3-662-57727-1

MIX
Papier aus verantwortungsvollen Quellen
Paper from responsible sources
FSC® C105338

FSC
www.fsc.org

If you have any concerns about our products,
you can contact us on
ProductSafety@springernature.com

In case Publisher is established outside the EU,
the EU authorized representative is:
**Springer Nature Customer Service Center GmbH
Europaplatz 3, 69115 Heidelberg, Germany**

Printed by Libri Plureos GmbH
in Hamburg, Germany